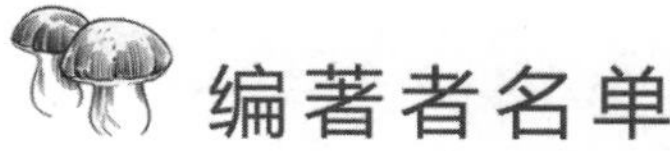

编著者名单

主　编　张金霞　蔡为明　黄晨阳

编著者　安秀荣　边银丙　蔡为明　陈青君　程继红
邓优锦　方东路　冯伟林　甘炳成　高　巍
宫志远　胡清秀　胡秋辉　黄晨阳　黄志龙
解文强　金群力　兰阿峰　李荣春　林衍铨
莫美华　倪淑君　曲绍轩　申进文　史文全
宋金佛　谭　琦　谭　伟　唐　杰　王　波
王　丽　王　琦　王守现　魏银初　魏云辉
吴应淼　谢宝贵　徐章逸　杨仁德　姚方杰
应国华　于海龙　张　波　张春霞　张光忠
张介驰　张金霞　张瑞颖　赵明文　赵永昌
周廷斌　Ian Robert Hall　Alessandra Zambonelli

“十三五”国家重点图书出版规划项目

中国食用菌栽培学

张金霞　蔡为明　黄晨阳　主编

中国农业出版社

北　京

前言

进入20世纪以来，全球人口持续快速增长。1920年至今的百年时间里，世界人口从20亿增加到如今的77亿以上。根据2019年联合国人口展望报告，全球人口预计在2030年将增至85亿，2050年将增至97亿。尽管目前总体增长逐渐变缓，到21世纪末，全球人口仍将增长至110亿左右。然而，全球的工业化、城镇化、农业的绿色革命等，导致为人类提供食物的耕地不断减少，农业生产环境不断恶化，人类的食物供给，特别是优质食物的供给，面临严峻挑战。随着我国社会经济的发展，生活工作节奏加快，公众亚健康问题凸显，对食物供给提出了新的要求。生产充足的食物，为人类提供美味健康的食物，是人类延续发展的基础，是人类社会发展的永恒主题。

食用菌生产利用各种农、林、牧副产品，将人类不能直接作为食物的木质纤维素等转化为营养美味的优质食物，是可以不占用耕地、立体高效生产、环保可循环的生物产业。食用菌不仅营养丰富，味道鲜美，还含有多种活性物质，可增进人类健康。近40年，我国食用菌产业迅速形成并发展壮大，成为全球产量最大、栽培种类最多的国家。我国千万菇农通过生产食用菌增加收入，摆脱贫困。同时，食用菌产业还带动了机械制造、化工、食品、肥料、环保、文旅等诸多行业的发展，创造了巨大的社会经济价值。中国食用菌产业的迅速发展，引起了国际社会的关注，更得到发展中国家的赞赏。我国的食用菌生产技术已经走向世界，亚洲、非洲、美洲、大洋洲等都有中国食用菌生产技术的应用。

栽培是食用菌产业链中的主要生产环节。我国幅员辽阔，生态环境多样，不同区域的自然禀赋千差万别，社会经济条件各有不同，多样化的栽培种类，多年的探索实践，形成了符合我国国情的栽培技术体系和适合不同环境条件的各类栽培模式，彰显着中华民族的聪明智慧。

1986年，中国农业出版社出版了杨新美教授主编的《中国食用菌栽培学》。近40年来，哺育了我们一代代食用菌科技工作者。2012年前后，中国农业出版社力邀我组织编撰本书。本人深知自己学疏才浅，实不敢妄为。承蒙业内专家积极响应方始得以成稿。然而，食用菌基础研究薄弱与产业粗放型快速发展的失衡，生产实践经验尚缺乏科学分析与总结，成为本书编纂的巨大挑战。同时，生产方式的变化，对各环节技术不断提出新的要求。本书编撰过程中，虽然力邀相关擅长者，但是受诸多条件限制，难以将所有科技成果均纳于笔下，使成稿不尽如人意，甚至存在诸多不妥或错误之处，恳请读者给予批评指正。

40余年产业发展的全力追赶，我国已然成为世界食用菌产业大国，产量占全球75%以上。但是，相关科技基础仍相对薄弱，比较系统的产业技术研发从2008年国家食用菌产业技术体系建设才开始，不过短短十余年。在科技基础和研发上，食用菌只是刚刚破土而出的幼苗。科学研究和技术创新都亟需系统化，需要我们坚持不懈，共同努力。

衷心感谢国家食用菌产业技术体系的持续资助，感谢为本书编纂做了大量审校编辑工作的郑玲、周礼、邬向丽、赵梦然、张妍、侯潞丹。

张金霞

2020年11月16日于国家食用菌改良中心

目 录

下篇　各　　论

ZHONGGUO SHIYONGJUN
ZAIPEIXUE

上　篇

总　论

ZHONGGUO SHIYONGJUN ZAIPEIXUE

第一章

食用菌概论

第一节 食用菌的定义及其在自然生态中的作用

一、食用菌的定义

食用菌（edible mushroom）即日常所见的各类菇、耳、芝等大型真菌的统称，俗称蘑菇，它不是分类学概念，而是应用真菌学概念。食用菌仅指那些可成为人类食物的子实体肉眼可见、赤手可得的大型真菌，不包括同样可食的酵母、霉菌。食用菌按照用途、形态和质地、生境、营养生理需求可分为不同的类型或类群。

1. 按照用途划分的类型 按照广义食用菌的定义，只要是无毒的大型真菌都在这一范围内。按照用途划分为食用、药用、食药兼用三大类型。食用类是指直接作为食物食用的种类，如作为菜肴的香菇、木耳、平菇、松茸、羊肚菌等。药用类是指不适宜直接作为食物，而作为中药或药物原料的种类，如灵芝、云芝、猪苓等。食药兼用类是指既可直接作为食物又可作为药用或药物原料的种类，如茯苓、蜜环菌、虫草等。事实上，由于食用菌中大量次生代谢产物和多种生理活性物质对人类健康的诸多作用，使这三类的严格划分遇到挑战。如，作为蔬菜食用的榆黄蘑含有降血脂功能的他汀类物质；香菇含有对肿瘤具辅助疗效的香菇多糖，并已为成药在临床上应用；被誉为山珍的猴头菇为原料制成中成药猴菇菌片；传统“八珍中药”之一茯苓多年来用于利水祛湿和健脾宁心，同时也是茯苓饼、茯苓糕的重要原料。

这里需要指出的是，这种分类会随着人们对大型真菌研究的不断深入而变化，比如，在目前大量未认知的种类或有毒种类中，将会不断划分出新的药用种类。如裸盖菇属（*Psilocybe*）过去一直被认作为毒蘑菇，现代研究表明该属的几个种都含有裸盖菇素，其结构与著名的致幻剂麦角酸二乙基酰胺相似，在治疗精神疾病、帮助吸毒者戒毒或吸烟者戒烟、辅助心理治疗等方面都有作用。目前，裸盖菇素已用于精神分裂症、阿尔茨海默病、强迫性神经失调、身体畸形恐惧症等疾病的研究和治疗。

2. 按照形态和质地划分的类群 大型真菌千姿百态，形态多样。大型真菌中的食用菌，按照形态和质地划分主要有：形似伞状的伞菌，如双孢蘑菇、香菇、牛肝菌等，伞菌多为肉质；菌盖下方的繁殖结构呈孔状的多孔菌，如灵芝、云芝等；形似耳状或片状的胶质菌，如黑木耳、毛木耳、银耳、金耳、榆耳等；有大型无性结构菌核和繁殖结构包裹在菌体内的外观呈块状的菌类，前者如茯苓、猪苓，后者如块菌、马勃、猴头菇等。此外，还有形似马鞍状、棒状、花头状、不规则状等种类。

3. 按照生境划分的类型 不同真菌的生长发育和完成生活史需要不同的生态环境条件。否则，其生活循环将被打破，物种便不能延续。经过数亿年的进化，大型真菌分化形成了不同的生态类型。按照它们自然发生的生态环境，大型真菌中的食用菌主要有林地真菌、草地真菌、土生真菌、粪生真菌、木材腐朽菌、地下真菌等。顾名思义，林地真菌发生于林地，子实体发生处及其周边常找不到直接栖息的基质，这类真菌多是林木共生菌，如牛肝菌目（Boletales）中的多数牛肝菌、美味乳菇（*Lactarius deliciosus*）；草地真菌发生于草地，有的散生，有的群生，有的形成蘑菇圈，它们多与禾本科草本植物形成共生关系，如蒙古白丽蘑（*Leucocalocybe mongolica*）、大秃马勃（*Calvatia gigantea*）；土生真菌自然发生在田间、地头，如羊肚菌（*Morchella* spp.）、田头菇（*Agrocybe* spp.）；粪生真菌发生在各类动物的粪便上，如粪生鬼伞（*Coprinus sterquilinus*）；木材腐朽菌通常发生在各类树木枯死或半枯死的部位，如常发生在树蔸树桩上的亮盖灵芝（*Ganoderma lucidum*）、毛木耳（*Auricularia cornea*），发生在树干上的桦滴拟层孔菌（*Fomitopsis betulina*）、药用拟层孔菌（*Fomitopsis officinalis*），树坎树洞的榆耳（*Gloeostereum incarnatum*）、牛樟芝（*Taiwanofungus camphoratus*），发生在树杈上的猴头菇（*Hericium erinaceus*）、树枝树梢上的黑耳（*Exidia glandulosa*），有的种类，在枯死和半枯死的树蔸、树下部、树干、树杈、树枝、树梢等各个部位都可发生，如黑木耳、裂褶菌。

对大型真菌来说，地下真菌严格意义上是指子实体完全生于地下，地上无任何可见物的种类，如块菌（*Tuber* spp.）。这就不包括在土中行营养生长子实体形成于地表的各类虫生真菌了。

大型真菌对生态和环境的要求是人工驯化实施栽培的重要依据。

4. 按照营养生理要求划分的类型 在长期的进化中，随着自然界环境的变化及由此带来的相关生物的变化，大型真菌逐渐分化形成了不同的生理类型，食用菌的生理类型大致分为木腐菌（白腐菌、褐腐菌）、草腐菌、共生菌（菌根菌、虫生菌、真菌共生菌）、寄生菌。

木腐菌，自然发生于腐木上，在维护森林健康、保持森林生物的动态平衡上发挥独特作用。按照腐朽木材所呈现的颜色，分为白腐菌和褐腐菌两大类。不论白腐菌还是褐腐菌，都可以降解木本型基质和草本类基质。白腐菌具有完善的降解木质纤维素的酶系统，能较好地降解木材中的木质素、纤维素和半纤维素，特别是降解木质素的能力大大强于其他微生物。在自然环境条件下，木材在白腐过程中大部分纤维仍保持完整，且纤维素结晶度变化不大。人工栽培的食用菌多数为白腐菌，如香菇（*Lentinula edodes*）、平菇（*Pleurotus* spp.）、黑木耳（*Auricularia*）等。褐腐菌虽然也能降解木质纤维素，但是降解木质素的能力不及白腐菌。在自然生态环境条件下，褐腐菌更多地降解纤维素和半纤维素，使木材外观呈红褐色，质脆，破裂成砖形或立方形的碎块，这些碎块很易碎成褐色的粉末。人工栽培的食用菌有的为褐腐菌，如滑菇（*Pholiota nameko*）、榆耳（*Gloeostereum incarnatum*）、绣球菌、茯苓。

草腐菌，自然发生在腐烂的草本植物残体上，常见种类有蘑菇属（*Agaricus*）、包脚菇属（*Volvariella*），以及鬼伞属（*Coprinus*）的一些种类。草腐菌对木质纤维素降解能

力较差，尤其是降解木质素的能力很差。但是，偶尔也可在腐烂的枯木上或自然发酵的木屑堆上发现草腐菌草菇（*Volvariella volvacea*）（图 1-1）。

图 1-1 发生在自然堆放的梧桐木屑上的草菇
（高 强 提供）

共生菌，根据共生生物的不同，大致可分为与植物共生的菌根菌，与动物共生的虫生菌。著名的与树木共生的菌根菌如松茸（*Tricholoma matsutake*），只发生在云南松或栎树为主的混交林中；著名的与草本植物共生的菌根菌如蒙古白丽蘑，永远隐藏在广袤的绿色草原，与牧草为伴；著名的与动物共生的虫生菌如鸡枞（*Termitonyces albuminosus*），总发生在地下有白蚁菌圃的地方，与白蚁相伴。

寄生菌，寄生的大型真菌多侵染树木的根，先行一段寄生生活，如奥氏蜜环菌（*Armillaria solidipes*）侵染树木的边材，形成根状菌索，在树皮下或树木间延伸，甚至随树根的生长而生长，最终导致树木枯死，从而毁损森林。最著名的是奥氏蜜环菌引起美国俄勒冈州马卢尔国家森林公园（Malheur National Forest）成片的树木枯死。经分析，该菌存活达2 400 年，总重量可能高达 605t。奥氏蜜环菌在我国大兴安岭和长白山地区均有分布。

二、食用菌在生物系统中的地位及其在自然生态系统中的作用

1. 食用菌在生态系统中的作用 地球在数亿年的进化中，几百万种植物、动物、微生物形成了生物圈，庞大的生物群体与环境构成了相对稳定的统一体，形成了自然的生态系统。各种生物在生态系统中分别扮演着生产者、消费者和分解者的角色，它们彼此之间进行着能量流动和物质循环，也作用于环境。这种生物和环境的相互影响、相互制约，使人类赖以生存的地球丰富多彩、朝气蓬勃、充满活力。

太阳作为太阳系的中心天体，是地球生态系统形成和存在的动力源。太阳持续不断地发射到地球上的光和热，为自养生物提供了能量，以光合作用合成有机物的绿色植物得以生长繁殖。绿色植物植根于地球，以光合作用建造自身，生长、发育、成熟、死亡，进行着碳、氮等多种基础物质在生态系统中的循环。另一方面，这些植物也成了地球生态系统中异养型生物——动物生存的食物源，各类动物，不论是植食性动物还是肉食性动物，植物都是它们的食物源。

不论是作为生产者的自养型的植物，还是作为消费者的异养型的动物，它们的能量都来自太阳，构成其机体的物质来自地球，这些物质最终都将回归地球。作为植物有机体的

最大量成分木质纤维素，除了反刍动物外，其他生物几乎不能利用，它们固定的大量的碳以植物残体的形式存在于生态系统；动物则固定了更多的氮，最终以尸体的状态存在于生态系统中。不论是植物的残体还是动物的尸体在自然界的存在，都将不同程度地影响生态系统的平衡。而自然界的微生物在生态平衡中则发挥着不可替代的作用。它们的降解酶系统可以将植物残体和动物尸体逐渐分解，将碳、氮等多种基础物质还原到土壤中，形成良性循环，建造良好的生态系统，维护生态系统的平衡。大型真菌正是木质纤维素的强有力的分解者，在碳循环中有着独特的作用。

大型真菌除了分解木质纤维素，在自然界发挥着碳循环的独特作用外，在树木的生长和森林的发育中也发挥着重要作用。多种真菌与多种植物形成菌根，这类真菌大部分是大型真菌。据调查，丛枝菌根菌的寄主超过 20 万种，外生菌根菌的寄主植物约 2 万种（王浩然等，2020）。菌根菌与植物之间建立共生的生理整体，因此这类真菌也常被称为共生菌。

植物赖以生存的土壤，为其提供除 CO_2 外的全部营养和水分。对于远不及耕地肥沃的土壤来说，各种植物生长需要的营养素不足，环境恶劣，如多数森林形成的山地，树木生长需要的氮、磷、钾大大不足，钙、镁、铜、铁等微量元素也远远不够。另一方面，气候环境的变化，如干旱或多雨、高温或严寒，都对树木的生长和森林的发育产生不利的影响。在树木抵御营养不良和环境胁迫的作用中，菌根菌有着不可替代的作用。研究表明，菌根菌菌丝交织形成的鞘套式结构将树的幼根包起来，菌鞘套内和幼根接触的菌丝侵入幼根间隙，菌鞘套外的菌丝则呈绒毛状向四周岩石细缝或土壤延伸，使土壤和根系紧紧结合，以其巨大的表面，帮助植物吸收悬崖上的无机物质，并能从泥炭、腐殖质、木质素和蛋白质等有机物中吸收被分解的养分，使宿主在极端恶劣的环境下生长。更为极端的情况是，若没有菌根真菌共生，萌发的兰科植物的种子不能成苗，杜鹃科植物的植株发育不良。

在一望无际的草原，放眼望去，往往能发现更为茂密的深绿色环带，环带上的牧草生长得格外苍翠夺目，走近便可见到发生的环状蘑菇圈。这种蘑菇圈也可十分醒目地出现在高尔夫球场和成片的公园草坪上，蘑菇圈上断断续续生长着许多蘑菇。土壤中的大型真菌菌丝年复一年地生长，菌落不断扩张，其生长的分泌物促进了宿主植物的生长，从而形成了深绿色的环带。据调查，可形成蘑菇圈的大型真菌至少有 60 种，主要是蘑菇属、杯伞属（*Clitocybe*）、口蘑属（*Tricholoma*）、马勃属（*Lycoperdon*）的种类。每种大型真菌形成的蘑菇圈年扩展量相对一致，如草地蘑菇形成的蘑菇圈平均每年扩展约 12cm，而杯形秃马勃（*Caluatia cyathiformis*）形成的蘑菇圈每年扩展约 24cm，因此根据蘑菇圈的大小可推算出这个蘑菇圈生存的年限。硬柄皮伞（*Marasmius oreades*）又称仙环菌，在美国西部曾发现存活 600 年之久的硬柄皮伞蘑菇圈。

2. 食用菌的生物学分类地位 生物分类是生物学研究的基础。随着科学技术的进步，人类对生物的认知不断深入，生物分类的理念不断变化，不论形态分类、进化分类还是系统分类、分子分类，不论是细菌域（domain bacteria）、古菌域（domain archaea）、真核生物域（domain eukarya）的三域说，还是原生生物（protista）、原核生物（monera）、动物（animalia）、菌物（fungi）、植物（plantae）的五界说，食用菌都属于真菌界（kingdom fungi）中的真菌亚界（subkingdom true fungi）。绝大多数食用菌为担子菌门的成员，少数归属子囊菌门，如虫草（*Cordyceps* spp.）、羊肚菌（*Morchella* spp.）、马鞍

菌（*Heluella* bachu）、块菌（*Tuber* spp.）等。由此可见，食用菌在生物分类学中是跨了两个门的一大类庞杂的生物。

3. 食用菌的多样性及其生物进化 进化研究表明，真菌与动物的亲缘关系更近，而与植物更远。尽管真菌和植物都是真核生物，都起源于单细胞的原生生物，但是二者存在着巨大的差异。虽然二者都有细胞壁，但是细胞壁的成分明显不同，植物是纤维素，真菌则是几丁质，而这一细胞壁成分与动物更加接近（Ruiz - Herrera J，1992）。同时，真菌和动物的细胞结构特征更为相似（Cavalier - Smith T，1987）。此外，同样有很多的分子证据也显示了真菌与动物具有更近的亲缘关系（Wainright et al.，1993）。

人类的进化形成只有 5 万～10 万年，而大型真菌已存在亿年以上。2016 年，德国科学家在一块距今 1.45 亿年的琥珀中发现了捕食微小生物的远古食肉蘑菇（图 1－2），这种食肉蘑菇可追溯至恐龙生活的时代，可能是世界上最古老的食肉类蘑菇（Schmidt et al.，2007）。这项发现显示，生活在距今 1.45 亿年前白垩纪早期的远古菌类蘑菇已具有复杂的诱捕猎物策略，这块珍贵的远古琥珀现保存于法国国家自然历史博物馆。

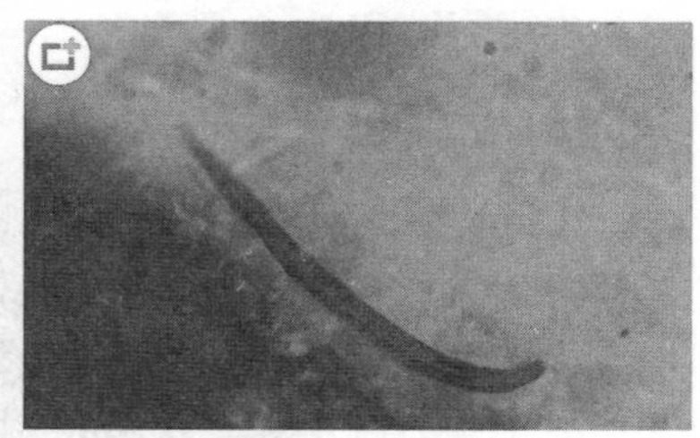

图 1－2 琥珀中的食肉蘑菇

（Schmidt et al.，2007）

2011 年，中国科学院南京地质与古生物研究所科学家在内蒙古宁城和辽宁北票发现了两块奇特的隐翅虫化石，距今已 1.25 亿年，它们都属于巨须隐翅虫（图 1－3）。因为巨须隐翅虫只吃“蘑菇”，据此推断，早在 1.25 亿年前就已经有了蘑菇（Cai et al.，2017）。

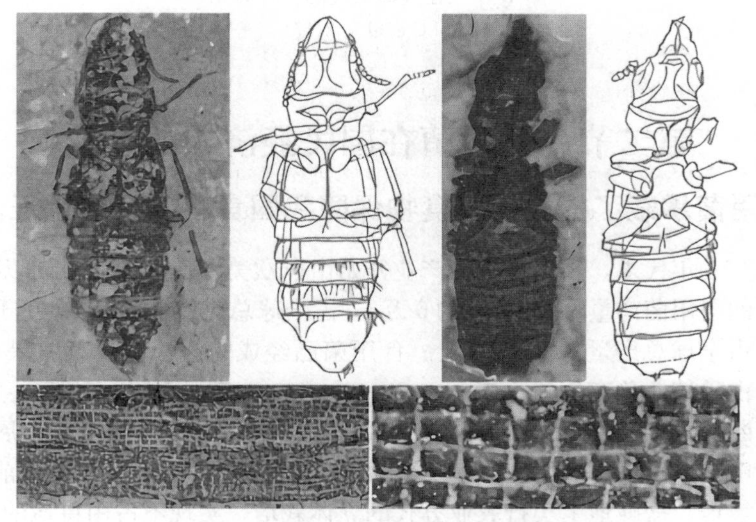

图 1－3 食蘑菇的巨须隐翅虫化石及其结构图

（Cai et al.，2017）

在美国新泽西州曾发现两枚蘑菇化石，经过核磁共振技术测定，其形成年代在距今 9 000 万～9 400 万年恐龙繁盛的白垩纪（图 1－4）。在缅甸也相继发现多种蘑菇化石（图 1－5）。

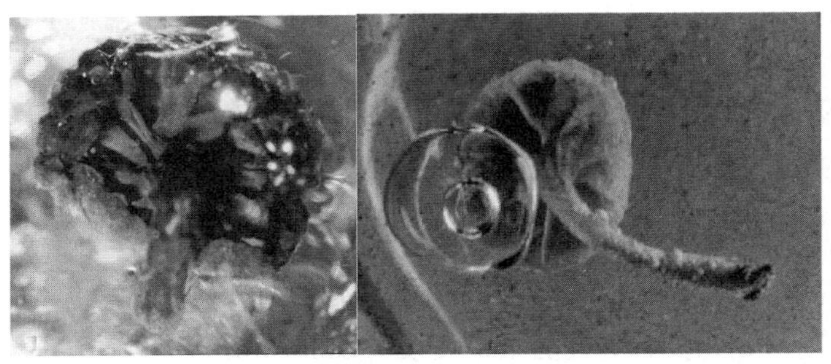

图 1-4　美国发现的蘑菇化石

（Hibbett et al.，1997）

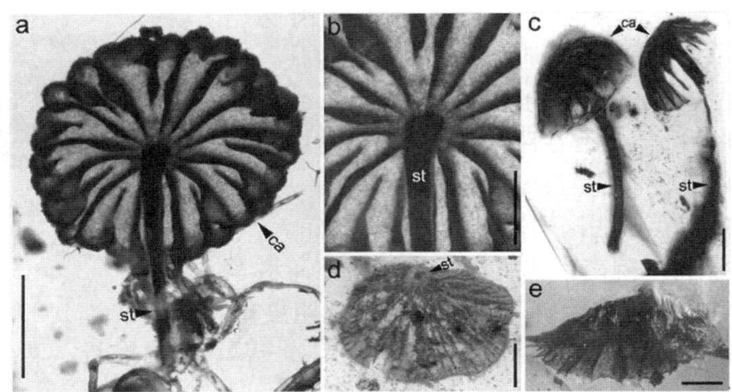

图 1-5　在缅甸发现的多种蘑菇

（Cai C et al.，2017）

（张金霞）

第二节　食用菌在国民经济中的地位

一、食用菌承载了提供优质食物保障我国食物安全的重任

自 20 世纪 70 年代末，现代食用菌产业开始由以欧美为代表的西方向以我国为主的东方转移。我国的食用菌产量从 1978 年的 6 万 t* 占全球总产量的 5.7%，上升到 2018 年的 3 789.03 万 t 占全球总产量的 75%以上。食用菌已经成为我国粮、菜、果、油之后的第五大农作物，占种植业总产值的 5%。

在耕地不断减少人口不断增加的形势下，食物供给一直是人类社会发展的一大挑战，特别是对发展中国家而言。食用菌以各类农林废弃物为原料生长，可在房前屋后、林地、山地、沙地、坡地、盐碱地上实行农业方式的立体栽培，实现不占用耕地的高效生产，一个标准大棚（667m^2）栽培平菇，每季产菇 10t 以上，每年至少可生产两季，产鲜菇 20t 以上，相当于 500kg 以上的蛋白质，折合 3.125t 牛肉，或 0.3hm^2 耕地生产的粮食。

* 当时我国食用菌主要种类香菇、黑木耳、银耳、双孢蘑菇，前三种几乎全部以干品销售，双孢蘑菇以罐头产品出口，因为统计数据要来自干品，业内专家曾估算折合现按鲜重统计的 40 万 t。

2013年，我国食用菌产量突破3 000万t大关，其蛋白质相当于480万t牛肉，而生产如此大量的牛肉则需要8 873万hm^2种植的3 360万t玉米（按照我国玉米平均单产5 745kg/hm^2，牛肉转化率1∶7计）。可见，食用菌在我国的食物安全保障中承担着耕地外增加食物供给和牧场外生产蛋白质的双重重任。

二、食用菌利用农林废弃物促进农业增效农民增收

我国是农业大国，每年产生的农作物秸秆8亿多t。此外，尚有大量的枝条、木屑等林业副产品。这些农林副产品的自然堆积存放或焚烧成为环境的污染源，会引起水系污染、河流富营养化和大气污染。农林副产品的安全、经济、高效利用一直是农业发展和农业环境的重大课题。食用菌不但可以利用各类农业秸秆和林业副产品，还能利用养殖业的副产品牛粪、屠宰副产品等，食用菌产后副产品菌渣可加工成优质的饲料或有机肥，实现“种养业→农林废弃物→食用菌→有机肥、饲料→种养业”循环经济发展模式，使农业资源得到高效、优质、生态、安全地循环利用，改善农业生态环境，获得最佳经济效益，促进农业增效、农民增收。食用菌生产劳动密集型和作业强度小的特点可吸纳各类农村劳动力，促进农民家庭增收。

三、在改善膳食结构增进国民健康上作用独特

食用菌的高蛋白、低脂肪、低热量、富含维生素和矿物质、多膳食纤维的营养特点，使其成为营养美味食品，对维护人体健康具有极高价值。同时，具有提高机体免疫力、抗氧化、抗肿瘤、抗病毒、降血糖、降脂肪、保肝、减肥、调节中枢神经等多种保健功效，是人强身健体、抗衰老、益寿延年的理想食品。2000年我国已进入老龄化社会，这对国民健康维护和疾病预防提出了新的要求；同时，我国亚健康人群比例高达70%，符合世界卫生组织健康定义的人群只占总人口数的15%，亚健康已经成为我国经济发展和国民健康的重大问题，具有丰富营养和生物活性物质的食用菌在增进人民健康中具有独特作用。

（张金霞）

第三节 食用菌的营养保健与药用价值

一、食用菌的营养价值

食用菌营养丰富，含有蛋白质、糖类、脂类、维生素、矿质元素等多种营养成分；具有高蛋白、低糖、低脂肪、无淀粉、无胆固醇、高膳食纤维、多氨基酸、多维生素、多矿物质的营养特征。

1. 蛋白质和氨基酸 食用菌有“植物肉”的美誉，粗蛋白质含量占干重的15%～40%，平均25%左右，是蔬菜、水果的几倍，与肉类、蛋类食物相近，接近大豆蛋白质质量。食用菌中的蛋白质不仅含量高，而且氨基酸种类齐全，含有8种人体必需氨基酸，占氨基酸总量的30%～50%，是可与鸡蛋蛋白相媲美的品质优良的蛋白质。尤其是含有谷物中缺乏的赖氨酸，在草菇、金针菇中含量丰富，具有促进儿童身体和智力发育的作用。

2. 糖类 糖类是有机体的主要能源物质，食用菌干品中糖类约占60%。与植物不同

的是，食用菌中不含淀粉，主要糖类为单糖和膳食纤维等成分。食用菌膳食纤维的主要成分包括β-葡聚糖、半纤维素、几丁质、甘露聚糖等，其中最重要的成分为β-葡聚糖。不同种类的食用菌β-葡聚糖的结构和含量有所不同，虎奶菌中的β-葡聚糖主要为β-1，3-葡聚糖和β-1，6-葡聚糖，而香菇中的β-葡聚糖则为β-1，3-葡聚糖。膳食纤维已被大量研究证实具有增强免疫力、抗氧化、降血糖、降血脂等多种生物活性。黑木耳、平菇等食用菌中的膳食纤维已被报道在改善胃肠功能、减肥、降"三高"等方面有显著的功效（Cheung et al.，2013）。不同种类的食用菌膳食纤维含量差别大，黑木耳膳食纤维含量占干重的35%～70%、平菇膳食纤维含量占干重的25%～50%。

3. 脂类与脂肪酸 脂类是脂肪、磷脂和胆固醇的总称，是人体主要的供能和储能营养素。食用菌干品脂肪含量1%～5%，并以不饱和脂肪酸为主。香菇不饱和脂肪酸含量占总脂肪酸含量的69%～92%，黑木耳不饱和脂肪酸含量占总脂肪酸含量的79%～81%。在食用菌所含不饱和脂肪酸中，油酸、亚油酸、卵磷脂（DHA）等多不饱和脂肪酸含量较高，有益于改善动脉硬化等心脑血管疾病症状。

4. 核酸 核酸是由核苷酸聚合成的生物大分子化合物，为生命的基本物质之一，在增强机体免疫力、延缓衰老、改善神经功能障碍等方面功效显著。食用菌的核酸含量与生长速度关系密切，快速生长阶段核酸含量高，进入成熟期时，核酸含量下降。在60～70℃的烹煮温度下，食用菌中的核酸水解为核苷酸，其中的鸟苷酸、肌苷酸和尿苷酸是主要呈味核苷酸。核酸代谢中产生的嘌呤核糖核酸，则会诱发嘌呤代谢失常人群的痛风病。总体上看，食用菌的嘌呤含量较蔬菜、水果、谷物、薯类、坚果等植物性食品高，与豆类、鱼肉相近，低于藻类、酵母等。不同种类的食用菌嘌呤含量不同，香菇、茶树菇、滑菇嘌呤含量相对较高，鸡腿菇、猴头菇、蜜环菌较低（荣胜忠等，2012）。

5. 维生素 食用菌中含有多种维生素，如维生素B_1、维生素B_2、烟酸、生物素、泛酸、叶酸、维生素C、维生素D、维生素E、维生素K等。此外，还含有叶黄素、类胡萝卜素等。其中B族维生素、维生素D的含量普遍高于其他植物性食物。维生素B_1、维生素B_{12}含量高于肉类。草菇的维生素C含量较高，是柚、橙的2～5倍，香菇的17倍。维生素D_2与佝偻病等营养缺乏性疾病关系密切，食用菌含有丰富的麦角甾醇、麦角甾-5，7-二烯醇、麦角甾-7-22-二烯醇、麦角烯醇等。麦角甾醇在紫外线作用下转变成维生素D_2，促进人体钙的吸收，可有效预防佝偻病。食用菌是唯一一种富含维生素D_2的非动物性食品（Koyyalamudi et al.，2009）。

6. 矿质元素 矿质元素是指除碳、氢、氧以外，有机体体内的元素。根据含量差别可分为大量元素（N、P、K、S、Ca、Mg、Si等）、半微量元素（Fe）和微量元素（Mn、B、Zn、Cu、Mo、Co、Na、Ni等）。食用菌在生长过程中吸收矿质元素的多寡，与种类、品种、生长环境及生长阶段等因素有关。因此，食用菌矿质元素的含量差别较大，通常野生食用菌子实体中含有常量和微量矿质元素，含量高于栽培食用菌和其他食物（Wang et al.，2014）。双孢蘑菇中不仅钾含量高，并且钠含量低，是高血压患者的优选食物；香菇、黑木耳的铁元素含量较高，可用于缺铁性贫血人群日常饮食；银耳中磷含量较高，有助于恢复和提高大脑功能；而金针菇含锌较丰富，可促进儿童智力发育。锰参与动物骨骼组织合成、影响繁殖能力及中枢神经系统，是人体不可缺少的微量元素，但是其来源却并

不丰富，而美味牛肝菌中锰含量高达 340mg/kg，是大多数食用菌中锰含量的 7～30 倍。随着富硒食物被人们所认知，富硒灵芝、富硒木耳、富硒香菇等已被用于增加机体免疫功能、预防肿瘤、延缓衰老和保护肝脏（Giannaccini et al.，2012）。

二、食用菌的保健价值

食用菌含有多糖、甾醇、三萜、多酚、黄酮等活性成分，具有增强机体免疫力、降血脂、降血糖、抗氧化、抗疲劳、保肝、改善胃肠道功能等作用，有极高的保健价值。

1. 增强免疫功能 食用菌多糖是一种非特异性的免疫促进剂，是增强机体免疫功能的主要成分之一，越来越多的食用菌多糖，如香菇多糖、银耳多糖、黑木耳多糖、虫草多糖、灵芝多糖、块菌多糖、裂褶菌多糖、口蘑多糖、草菇多糖等被发现具有免疫调节作用。食用菌多糖可促进单核巨噬细胞的吞噬功能，释放白细胞介素-1 等细胞因子，有效杀伤肿瘤细胞及病毒；激活 NK 细胞，增强机体的非特异性免疫水平。同时可通过调节 T 淋巴细胞向 Th1/Th2 细胞分化的比例，以直接杀伤和分泌细胞因子的协助杀伤方式，调节机体特异性细胞免疫水平；通过诱导 B 细胞成熟并产生特异性抗体等方式，多途径、多层面地参与宿主免疫反应，提高机体免疫水平。

2. 降血脂 研究发现，黑木耳、金耳、银耳等胶质菌均可显著降低高脂血症大鼠的血清游离胆固醇、胆固醇酯、甘油三酯、β-脂蛋白含量，降低高胆固醇血症小鼠血清总胆固醇含量，并可防止高胆固醇引起的小鼠高胆固醇血症的形成。黑木耳超微粉可显著降低试验动物大鼠体重，对高脂饲料导致的肝功能病变具有显著的改善作用；还可显著降低血糖、血清总胆固醇、甘油三酯、低密度脂蛋白水平，升高血清高密度脂蛋白含量（包怡红等，2017）；香菇素也被证实具有降低血清胆固醇的作用，可降低大鼠血浆胆固醇含量 25%～28%。

3. 降血糖 食用菌降血糖功能主要来自多糖、蛋白质、膳食纤维。黑木耳、猴头菇、灰树花、灵芝、鸡腿菇、茯苓等所含食用菌多糖均有一定的降血糖功效。高血糖人群或糖尿病患者食用蛋白质含量较高的食用菌，有利于补充对蛋白质的过度消耗。食用菌富含的膳食纤维则可改善末梢组织对胰岛素的感受性，降低对胰岛素的需求，调节糖尿病人的血糖水平。食用菌中除生物大分子外，小分子化合物在体外模拟降糖及胰岛素抵抗的细胞实验中显示出降血糖活性。在金针菇的大米培养物中，分离得到 20 个倍半萜化合物及 3 个新骨架化合物，这些化合物均具有抑制蛋白酪氨酸磷酸酶 1B、HMG-COA 的活性，可作为降糖药物的先导化合物（Liu et al.，2016）；从泡囊侧耳中分离得到的小分子化合物也具有降血糖活性。

4. 抗氧化与抗衰老 香菇、平菇、金针菇、杏鲍菇、草菇和茶树菇等食用菌具有体外抗氧化活性，其中香菇、草菇和茶树菇抗氧化活性优于其他几种食用菌；平菇和草菇子实体乙酸乙酯提取物及正丁醇提取物，可通过清除氧化自由基改善 D-半乳糖所致的衰老。此外，食用菌中的多种矿质元素，如锗、硒具有抗衰老、延年益寿的保健功效。

5. 抗疲劳 食用菌可延缓疲劳的产生，加速疲劳的消除。金针菇、杏鲍菇、香菇等可显著提高小鼠体内肌糖原和肝糖原的储备量，提高抗氧化物酶活力，减少自由基产生，从而保护细胞膜，通过减少乳酸脱氢酶和磷酸激酶的外排等途径缓解机体疲劳。

6. 修复肝损伤 食用菌可降低谷丙转氨酶、谷草转氨酶含量，修复受损肝细胞，降低抗氧化物酶活性、氧化产物的积累和脂质过氧化水平，实现对肝脏的保护。猴头菇能够通过使 GSK－3β 失活而阻止肝细胞线粒体 mPTP 的开放，并减轻乙醇对肝细胞的损害（谢宇曦等，2016）；金针菇多糖、平菇多糖、阿魏菇多糖对四氯化碳致小鼠急性肝损伤有一定的保护作用；双孢蘑菇胞内多糖和胞外多糖都可通过清除自由基、抑制脂质过氧化和调节免疫系统平衡改善免疫性肝损伤小鼠的肝功能。

7. 改善肠道菌群及肠道功能 香菇、黑木耳、平菇使小鼠双歧杆菌、乳酸杆菌等益生菌水平升高；双孢蘑菇则有利于人体控制热量吸收的菌群生长，可用于减重；食用黑木耳的小鼠肠道中克雷伯氏杆菌较多而变形菌较少，可能有较好的抗炎症和抗感染的作用（赵睿秋等，2017）。除了调节肠道菌群外，黑木耳多糖可促进正常小鼠的肠胃运动，并抑制新斯的明所致肠胃功能亢进，但不能改善肾上腺素所致的肠胃功能抑制。

8. 保护胃黏膜 猴头菇是最为知名的健胃食用菌，临床药物猴头菇片对胃黏膜损伤具有明显的修护作用，其机制与抑制胃黏膜层氨基己糖含量下降有关（王茜等，2017）；羊肚菌通过增加胃黏液分泌与提高机体抗氧化能力的方式修复急性酒精性胃黏膜损伤；低浓度杏鲍菇 β－葡聚糖能促进体外胃黏膜上皮细胞的增殖和迁移，加速损伤区域上皮细胞的生长，具有保护胃黏膜的作用。

9. 保护视力 保护视力功能在食用菌中并不普遍，但是个别种类功效显著，如蝉花、青头菌等，可在一定程度上保护并增强视力。

三、食用菌的药用功能

食用菌除了保健功能外，还具有显著的药用功能，可用于药品开发。香菇、灵芝、猴头菇、猪苓、亮菌等，已经开发为药品，用于消化道肿瘤的放化疗辅助治疗以及肝炎、胃炎、胆囊炎、慢性胆囊炎等的临床治疗。

1. 抗肿瘤作用 自 1969 年日本学者千原首次报道香菇多糖具有抗肿瘤活性以来，真菌多糖抗肿瘤活性引起了越来越广泛的关注（Chihara et al.，1969）。层孔菌属、蘑菇属、侧耳属、灰树花属、牛肝菌属、灵芝属、虫草属、猴头菇属、香菇属、马勃属、裂褶菌属等食用菌多糖均被证实有抗肿瘤活性。除食用菌多糖外，食用菌的三萜类化合物也具有较好的抗肿瘤活性。研究发现，与抗 L1210 肿瘤细胞活性关系密切的灵芝三萜类物质有灵芝酸 C2、灵芝酸 G、灵芝烯酸 B、灵芝烯酸 A、灵芝酸 K、灵芝酸 A、灵芝酸 F 和灵芝醛 A（郑洁等，2019）。

2. 对血液循环功能的影响 食用菌具有降血脂、抗凝血活性，使其可以作为血液循环调节剂。临床观察发现，黑木耳能促进体内胆固醇的分解转化，抑制血栓形成及血小板凝集；茯苓多糖具有防脑出血、脑血栓等功效；双孢蘑菇、羊肚菌都有降血压作用。

3. 强心作用 冬虫夏草具有抗心律失常作用，用于治疗房室传导阻滞、难治性缓慢型心律失常；灵芝多糖可预防缺血性休克再灌注心肌损伤；灵芝口服液对肾缺血/再灌注损伤有一定保护作用。此外，灵芝多糖肽可减轻人脐静脉内皮细胞的氧化损伤引发的细胞凋亡。

4. 抗病毒 香菇多糖对流感病毒、单纯疱疹病毒等的感染有很强的防治作用。香菇多糖还具有一定的体外抗 HIV－1 作用，可以恢复 HIV－1 感染造成的细胞因子的稳态失

衡，并能通过抑制 TNF-α的分泌而间接干扰 HIV-1 的转录；香菇多糖还是治疗各种病毒性肝炎特别是慢性迁延性肝炎的良好药物；灵芝酸具有抗乙型肝炎的活性；灰树花多糖对艾滋病毒有抑制作用；冬虫夏草菌丝体多糖能明显降低肝炎患者血清谷丙转氨酶，具有抗病毒性肝炎作用。

5. 抑菌 食用菌含有类似抗生素的抗菌活性物质。翘鳞香菇产生的抗生素能抑制木硬孔菌、酿酒酵母及枯草杆菌的生长；蛹虫草浸提液对革兰氏阳性菌的抑菌作用大于阴性菌；榆耳子实体水煎液对痢疾杆菌、绿脓杆菌、大肠杆菌、金黄色葡萄球菌和肠炎沙门氏杆菌等致病菌都有较好的抑制作用，抑菌有效成分是糖苷类物质；杏鲍菇多糖可抑制白色链球菌和产气杆菌的生长；猴头菇多糖具有显著的抗金黄色葡萄球菌和产黄青霉生长作用。

6. 止咳平喘化痰 金耳具有治疗老年人咳嗽、气管炎的功效。金耳多糖可抑制哮喘豚鼠抗原致敏后引起的肺阻力增加和肺动态顺应性下降，从而舒张气道，缓解哮喘。银耳糖浆具有一定的镇咳、祛痰、平喘作用；木耳具有止咳功效和祛痰作用；灵芝对过敏性哮喘、慢性支气管炎疗效显著。

7. 改善肾功能、抗肾炎 茯苓菌核醇提物具有利尿作用，用于利水消肿，主要作用成分为茯苓酸；茶树菇水煎液对肾功能具有一定的保护作用；杏鲍菇、口蘑、海鲜菇、平菇、香菇等糖蛋白均能恢复顺铂诱导的肾细胞毒性（徐多多等，2016）。

8. 利胆 以亮菌为原料制成的亮菌片和亮菌口服液是治疗慢性胆囊炎、胆管炎的药物，主要成分有亮菌甲素、亮菌乙素、亮菌丙素等香豆素类和人体所需的精氨酸、天门冬氨酸、苏氨酸等10余种氨基酸，以及甘露醇、多糖、蛋白质等，可缓解痉挛、镇痛、消炎、退黄疸、降低谷丙转氨酶、γ-谷氨酰转肽酶和胆红素（杨丽红等，2013）；黑木耳丰富的胶质、矿物质有助于胆结石、肾结石、尿道结石等结石的排出。

9. 抗炎症性肠病 猴头菇多糖可以通过改善葡聚糖硫酸钠，增加肠道菌群落结构多样性，维持肠道内环境稳态，起到预防并治疗结肠炎的作用（Shao et al.，2019）。巴氏蘑菇多糖可减轻结肠黏膜组织损伤，增加抗炎性细胞因子的产生，抑制炎性细胞因子的产生和炎症细胞浸润的发生，具有结肠炎药物开发潜力。

（王 琦）

第四节 食用菌栽培历史及现状与发展

一、人类对食用菌的认识

在生物进化史上，大型真菌较人类出现早得多。对大型真菌来说，人类是十分年轻的生物。人类对真菌的认识很可能来自于蘑菇。传说35万年前希腊英雄 Perseus 由于口渴，碰巧拔起一朵蘑菇（mykes），喝了从中流出的汁液，出于高兴，将该地命名为迈锡尼城（Mycenae）。迈锡尼文化，这一曾经历史上最为伟大的文明之一，可能就是以传说中的蘑菇命名的。从同一希腊语衍生出来的术语"真菌学"（mycology，希腊语 myke 意为蘑菇，logy 意为论说）就词源来讲，就是关于蘑菇的研究（阿历索保罗等，2002）。

大型真菌被人类采食已有万年以上的历史。远古人类对野生食用菌的认识，成为近代驯化和栽培生产的基础。

我国是世界上最早认识和利用食用菌的国家之一，先民采集食用野生蘑菇可追溯到5 000年以前的河姆渡文化。我国人民对食用菌的认识，不仅仅是作为食物，也是传统的中药材，用于治疗多种疾病，特别是用于防病健身。木耳入药早见于东汉时期的《神农本草经》，记载为甘、平，能补气血，凉血止血，润肺益胃，润燥利肠，舒筋活络。用于血虚气亏，肺虚咳嗽，肠丰痔血和便秘。《医林纂要》认为香菇“甘、寒，可脱痘毒”；《本经逢原》认为香菇“大益胃气”。茯苓、天麻等更是作为历代王宫的膳食补品。

二、食用菌栽培简史

虽然人类认识和利用野生食用菌有万年历史，而人为干预环境以更多的获得食用菌却不过几百年，像作物那样形成“有种（zhǒng）有种（zhòng）有管有预期收获”的近代生产只有百年。与农作物悠久的栽培历史相比，食用菌还是襁褓中的婴儿。但是，无论怎样，我国都是世界上认识和利用食用菌最早的国家，多种食用菌的栽培都起源于我国（表1-1）。

表1-1 世界食用菌栽培起源

拉丁学名	中文学名	首次记录时间	资料来源
Agaricus bisporus	双孢蘑菇	1600年	Atkins（1979）
Agaricus bitorquis	大肥菇	1961年	Singer（1961）
Agrocybe cylindracea	茶树菇	1950年	Huang（1984）
Amanita caesarea	橙盖鹅膏	1984年	Zhu & Xie（1984）
Armillaria mellea	蜜环菌	1983年	Zhang & Lu（1983）
Auricularia heimuer	黑木耳	600年	So（659）
Coprinus comatus	毛头鬼伞	1984年	Wang & Kang（1984）
Dictyophora duplicata	短裙竹荪	1982年	Lin et al.（1982）
Flammulina velutipes	金针菇	800年	Han（1590）
Ganoderma spp.	灵芝	1621年	Wang（1621）
Gloestereum incarnatum	榆耳	1989年	Zhang et al.（1989）
Grifola frondosa	灰树花	1983年	Zhao & Yang（1983）
Hericium coralloides	珊瑚猴头菇	1984年	Xu & Li（1984）
Hericium erinaceus	猴头菇	1960年	Chen（1988）
Panellus edulis	元蘑	1982年	Liu & Guo（1982）
Hypsizigus marmoreus	斑玉蕈	1973年	Zhang & Wang（1992）
Lentinus edodes	香菇	1000年	Wang（1313）
Lentinus tigrinus	虎皮香菇	1988年	Wu & Wei（1988）
Lyophyllum ulmarium	榆生离褶伞	1987年	Wang & Zhang（1987）
Morchella rufobrunnea	变红羊肚菌	1986年	Ower et al.（1986）
Oudemansiella radicata	长根菇	1982年	Ji et al.（1982）

（续）

拉丁学名	中文学名	首次记录时间	资料来源
Pholiota nameko	滑菇	1958 年	Kaga & Kondo（1958）
Pleurotus citrinopileatus	金顶侧耳	1981 年	Shen（1981）
Pleurotus cystidiosus	泡囊侧耳	1969 年	Miller（1969）
Pleurotus ferulae	阿魏菇	1958 年	Mou & Cao（1986）
Pleurotus flabellatus	扇形侧耳	1962 年	Bano & Srinvatava（1962）
Pleurotus florida	佛罗里达侧耳	1958 年	Block et al.（1958）
Pleurotus ostreatus	糙皮侧耳	1900 年	Falck（1917）
Pleurotus pulmonarius	凤尾菇（秀珍菇）	1974 年	Jandaik（1974）
Wolfiporia cocos	茯苓	1232 年	Zhou（1232）
Sparassis crispa	绣球菌	1985 年	Sun et al.（1985）
Tremella fuciformis	银耳	1800 年	Chen（1983）
Tremella mesenterica	金耳	1985 年	Liu（1985）
Tricholama gambosum	香杏口蘑	1991 年	Tian & Yang（1991）
Mycrocybe lobayensis≡*Tricholoma lobayense*	金福菇	1990 年	Ganeshan（1990）
Tricholoma mongolicum	蒙古口蘑	1991 年	Tian & Yang（1991）
Volvariella volvacea	草菇	1700 年	Yuen（1822）
Pleurotus tuoliensis	白灵菇	1987 年	牟川静等（1987）
Pleurotus eryngii	杏鲍菇	1958 年	张金霞等（2016）
Morchella importuna	梯棱羊肚菌	2007 年	杜习慧等（2014）
Oudemansiella raphanipes	卵孢小奥德蘑	1982 年	纪大干等（1982）
Ganoderma leucocontextum	白肉灵芝	2014 年	谢荣等（2014）
Pholiota adiposa	黄伞	1966 年	邓庄（1966）
Pleurotus tuber-regium	虎奶菇	1997 年	黄年来等（1997）
Phlebopus portentosus	暗褐网纹牛肝菌	2006 年	纪开萍等（2007）
Pleurotus giganteus≡*Panus giganteus*	大杯蕈	1985 年	曾金凤（1985）
Macrolepiota procera	高大环柄菇	1912 年	罗信昌等（2010）
Phallus impudicus	冬荪	20 世纪 90 年代	朱国胜（2018）

注：双孢蘑菇至草菇的信息引自（Chang，1993）。

（一）食用菌栽培的探索与启蒙

人工的环境干预以获得更多的食用菌，从严格意义上说还不是真正的栽培生产。仿生栽培食用菌在我国多部农书中都有记载，如南北朝（420—589）的《证类本草》卷十二引“陶隐居”云：“……彼土人乃假研松作之……”的茯苓栽培；《药性论》（541—643）记载“煮浆粥安槐木上，草覆之，即生蕈。次柘木者良”的黑木耳栽培。

《王祯农书》（王祯，1313）详细记载的香菇为“但取向阴地，择其所宜木（枫、楮、栲等树），伐倒，用斧碎斫成坎，以土覆压之。经年树朽，以蕈碎剉，匀布坎内，以蒿叶及土覆之。时用泔浇灌，越数时，则以槌棒击树，谓之‘惊蕈’。雨露之余，天气蒸暖，则蕈生矣”。可见，我们的祖先一直在探索着食用菌栽培的奥秘。我国的古籍文献所展现的几乎全部是对木腐菌的认识和利用。

我国文献记载最为详细的当属香菇栽培历史，文字记载虽始于1313年王祯的《王祯农书》，但香菇人工栽培发源于1130年，出生于浙江庆元龙岩村的吴三公在采摘野生香菇时发现香菇多发生在倒木树皮有刀疤处，自此悟出香菇出菇原理，发明了砍树剁花栽培法，开启了我国香菇栽培的篇章。

清朝道光年间，广东曲江县南华寺的僧侣开始栽培草菇，以稻草为材料，做堆栽培。1822年（清朝道光二年）出版的《广东通志》记载：“南华菇，南人谓菌为蕈，豫章岭南又谓之菇，产于曹溪南华寺者名南华菇，亦家蕈也。”

四川通江诺水河边村民在砍树生产黑木耳的实践中，发现时常出现白色的银耳，开始将其视为木耳的“祸害”，后来取食之，觉得非但无毒无异味，反而甜润可口，具有祛疾健身的功效。继而有意识地在山林里培育。1880—1881年，诺水河支流雾露溪畔九湾十八包培育银耳成功。

在西方的法国巴黎郊区，在种植西瓜的园子里发酵好的马粪堆肥上常采到美味的棕色蘑菇，瓜农在1650年前后用堆肥培养出了这种蘑菇。大约在20年之后的1670年法国农学家La Quintinie在路易十六的皇家花园也培养出了这种棕色蘑菇。1810年Chambry发现黑暗的地道种菇更好。此后，蘑菇种植技术逐渐向荷兰、美国等扩散，1825年荷兰首次在岩洞种植蘑菇获得成功，1865年传播到美国，1890年传播到意大利（Chang and Hays，1978）。

（二）近代食用菌栽培技术的进步

我国对香菇的栽培虽然有着近千年的历史，但是一直处于人工准备栽培基质自然接种的生产，即砍树剁花，创造自然界飘散的担孢子自然降落定殖的机会。法国的蘑菇栽培初期则采用了出过菇的堆肥做接种物，以期来日菌丝生长出菇。

近代食用菌栽培是以纯菌种的使用为标志的，这来自于对食用菌“种”的认识与获取和菌种生产技术的发明。纯菌种的使用极大地促进了食用菌栽培技术的发展。

1. 国外食用菌栽培技术的进步 近代的食用菌栽培技术发源于美国对草腐菌双孢蘑菇的研究。1902年美国Ferguson详细报道了栽培的蘑菇孢子萌发和菌丝生长的研究，1905年美国Duggar发明了子实体组织分离和菌种培养方法，奠定了菌种生产的理论和方法学基础（van Griensven，1988）。从此蘑菇开始了“有种（zhǒng）有种（zhòng）有管有预期收获”的近代技术生产。1910年美国完成了菇房标准化，随着Lambert发明的单孢分离物的谷粒菌种技术的应用，双孢蘑菇开启了产业化的生产，从地道栽培、石灰石开采隧道规模生产到1934年开始的箱栽技术。20世纪40年代，栽培蘑菇的培养料由一次发酵变成二次发酵，提高了培养料的质量，更利于蘑菇生长，有效减少了病虫害的侵袭。纯菌种的分离与谷粒菌种、标准化菇房和二次发酵三者的结合，实现了双孢蘑菇的科学生产和标准化生产（van Griensven，1988）。1955年法国率先开始机械化的隧道生产（Chang and Hays，1978），以后欧美逐步实现了双孢蘑菇的工业化生产。

木腐菌栽培的技术进步同样离不开菌种的发现和制作。香菇栽培起源于1 000年前中

国浙江的龙泉、景宁、庆元一带的砍树剁花法，后传至日本，形成了香菇千百年的段木栽培技术。1892年，日本的田中长龄发现了香菇的孢子繁殖；1904年，三村钟三郎开始采用孢子液接种。1940年，木屑纯菌种在日本全国推广应用，1942年日本森喜作发明木粒种，极大地促进了日本香菇产业的发展（黄年来，1994）。随着第二次世界大战的结束，日本大批退役军人加入了香菇生产行列，两场制的段木栽培显著减少了病虫害，提高了产量，直至1990年之前，日本香菇产量稳居全球首位。

随着全球工业化、城镇化，山区林下的段木香菇栽培受到严峻挑战。然而，随着经济的发展和社会的进步，人们对食用菌的需求却不断增长，这激发了食用菌工厂化技术的研发和应用。1965年，日本研发的木腐菌金针菇工厂化瓶栽技术成熟，并实现了机械化栽培（Chang and Hays，1978）。此后，滑菇、灰树花、杏鲍菇、斑玉蕈等相继实现了工厂化栽培。

2. 我国食用菌栽培技术的进步　我国食用菌从业者对菌种的认识来自对银耳和香菇子实体形成的观察。1923—1928年，发明了银耳干粉菌种，开始人工接种的银耳栽培试验。1930年，我国用木屑栽培平菇试验成功。1936年，李师颐取鲜香菇菌褶，自然阴干，磨成粉，制成香菇孢子粉菌种；后来又发明“木引法”，也称“嵌木法”，即取砍花3年后出菇良好的红栲菇木边材，剁成小块作为菌种，接种于砍口的菇木。

我国菌种技术成熟于1956—1965年。1956年上海农业试验站（上海市农业科学院的前身）陈梅朋制成香菇纯菌种，并指导产区试验使用。在主产区香菇人工接种段木栽培成功，增产1～5倍。此后双孢蘑菇菌种研制成功，双孢蘑菇栽培技术在上海大规模推广，继而传播到江苏和浙江等地。这期间，银耳人工接种栽培成功，增产7.5倍。菌种制作和人工接种技术成为我国20世纪70年代食用菌产业开始起飞的关键技术支撑。此后银耳伴生菌的发现和使用，将银耳栽培推向了代料栽培新阶段。

20世纪60～70年代，我国栽培的食用菌主要有香菇、黑木耳、银耳，均为段木栽培，同时有双孢蘑菇一次发酵法室内栽培和草菇生料室外堆垛栽培。

上海农业科学院何元素发明了用木屑培养压块栽培香菇的代料栽培技术，开辟了香菇段木栽培向代料栽培发展的新方向。

1972年，河南省农业厅刘纯业用棉籽壳栽培平菇获得高产。从此，棉籽壳成为我国栽培食用菌的新材料，被西方称为中国栽培食用菌的“秘密武器”。棉籽壳的发现和使用，带动了多种草本材料在木腐菌栽培中的使用。目前，玉米芯、大豆秸、甘蔗渣等已广泛应用于多种食用菌栽培。

我国食用菌代料栽培初期的20世纪70年代，几乎无一例外采用的是压块法，且在室内试验栽培。80年代，开始尝试利用温室、大棚、中棚、小棚、阳畦等各类园艺设施栽培，食用菌栽培从室内移向了室外，移到了田间，继而出现了菌菜套种、菇稻轮作、林下菇耳等多种栽培模式。为了提高空间利用率和栽培效益，20世纪70年代末至80年代初，福建古田姚淑先发明了袋栽银耳，取得了较瓶栽更好的经济效益。在此基础上，他的同乡彭兆旺加以改良创造了香菇“人造菇木”栽培技术。这为食用菌的代料栽培提供了更为便捷高效的技术路径。目前，我国木腐菌的农法栽培几乎全部是以“人造菇木”为基础的袋栽或棒栽生产模式。

纯菌种的使用、栽培原料的不断扩宽、栽培技术的不断改进完善促进了栽培种类的多样化。到2000年前后，我国食用菌的栽培种类从20世纪70年代的香菇、黑木耳、银耳、双孢蘑菇、草菇等5种增加到50种，截至2020年已经达到80余种（表1-2）。

表1-2　目前我国食用菌栽培种类

序号	中文学名	拉丁学名
1	双孢蘑菇	*Agaricus bisporus*
2	大肥菇	*Agaricus bitorquis*
3	巴氏蘑菇	*Agaricus blazei*
4	褐蘑菇	*Agaricus brunnecens*
5	蘑菇	*Agaricus campestris*
6	茶薪菇	*Agrocybe chaxingu*
7	柱状田头菇	*Agrocybe cylindracea*
8	杨柳田头菇	*Agrocybe salicacola*
9	美洲木耳	*Auricularia americana*
10	黑木耳	*Auricularia heimuer*
11	皱木耳	*Auricularia delicata*
12	毛木耳	*Auricularia cornea* Ehrenb.
13	短毛木耳	*Auricularia villosula*
14	杯伞	*Clitocybe infundibuliformis*
15	大杯蕈	*Panus giganteus*
16	毛头鬼伞	*Coprinus comatus*
17	广东虫草	*Cordyceps guangdongensis*
18	蛹虫草	*Cordyceps militaris*
19	隐孔菌	*Cryptoporus volvatus*
20	短裙竹荪	*Phallus duplicata*
21	棘托竹荪	*Phallus echinovolvatus*
22	冬荪	*Phallus impudicus*
23	长裙竹荪	*Phallus indusiatus*
24	红托竹荪	*Phallus rubrovolvatus*
25	牛舌菌	*Fistulina hepatica*
26	金针菇	*Flammulina filiformis*
27	毛腿冬菇	*Flammulina velutipes*
28	桦褐孔菌	*Fuscoporia obliqua*
29	灵芝	*Ganoderma lingzhi*
30	四川灵芝	*Ganoderma sichuanense*
31	白肉灵芝	*Ganoderma leucocontextum*

（续）

序号	中文学名	拉丁学名
32	亮盖灵芝	*Ganoderma lucidum*
33	密纹灵芝	*Ganoderma tenus*
34	松杉灵芝	*Ganoderma tsugae*
35	榆耳	*Gloeostereum incarnatum*
36	灰树花	*Grifola frondosa*
37	猪苓	*Polyporus umbellatus*
38	珊瑚猴头菇	*Hericium coralloides*
39	猴头菇	*Hericium erinaceus*
40	勺状亚侧耳	*Hohenbuehelia petaloides*
41	元蘑	*Panellus edulis*
42	斑玉蕈	*Hypsizygus marmoreus*
43	松乳菇	*Lactarius deliciosus*
44	硫黄绚孔菌	*Laetiporus sulphureus*
45	香菇	*Lentinula edodes*
46	白环柄菇	*Lepiota alba*
47	紫丁香蘑	*Lepista nuda*
48	花脸香蘑	*Lepista sordida*
49	虎乳灵芝	*Lignosus rhinocerus*
50	簇状离褶伞	*Lyophyllum aggregatum*
51	荷叶离褶伞	*Lyophyllum decastes*
52	榆干离褶伞	*Lyophyllum ulmarium*
53	高大环柄菇	*Macrolepiota procera*
54	梯棱羊肚菌	*Morchella importuna*
55	六妹羊肚菌	*Morchella sextelata*
56	超群羊肚菌	*Morchella eximia*
57	卵孢小奥德蘑	*Oudemansiella raphanipes*
58	粗柄侧耳	*Pleurotus platypus*
59	肺形侧耳	*Pleurotus pulmonarius*
60	桑黄	*Sanghuangporus sanghuang*
61	杨树桑黄	*Sanghuangporus vaninii*
62	暗褐网柄牛肝菌	*Phlebopus portentosus*
63	黄伞	*Pholiota adiposa*
64	滑菇	*Pholiota nameko*
65	鲍鱼菇	*Pleurotus abalonus*
66	榆黄蘑	*Pleurotus citrinopileatus*

（续）

序号	中文学名	拉丁学名
67	白黄侧耳	*Pleurotus cornucopiae*
68	囊盖侧耳	*Pleurotus cystidiosus*
69	淡红侧耳	*Pleurotus djamor*
70	刺芹侧耳	*Pleurotus eryngii*
71	白灵侧耳	*Pleurotus tuoliensis*
72	糙皮侧耳	*Pleurotus ostreatus*
73	阿魏侧耳	*Pleurotus ferulea*
74	长柄侧耳	*Pleurotus spodoleucus*
75	菌核侧耳	*Pleurotus tuber - regium*
76	裂褶菌	*Schizophyllum commune*
77	绣球菌	*Sparassis crispa*
78	皱环球盖菇	*Stropharia rugosoannulata*
79	金耳	*Naematelia aurantialba*
80	银耳	*Tremella fuciformis*
81	血耳	*Tremella sanguinea*
82	洛巴大口蘑	*Macrocybe lobayensis*
83	巨大口蘑	*Macrocybe gigantea*
84	印度块菌	*Tuber indicum*
85	银丝草菇	*Volvariella bombycina*
86	草菇	*Volvariella volvacea*
87	茯苓	*Wolfiporia cocos*

（三）食用菌生产现状

正如前文所述，近代食用菌栽培是以纯菌种的使用为标志的。真正形成产业规模是20世纪40年代，欧美的双孢蘑菇栽培（表1-3）。可以说，1974年以前，全球食用菌产业就是双孢蘑菇的产业。日本有了纯菌种技术后香菇产业才得以快速发展。1974年，国际食用菌学会（International Society for Mushroom Science）在东京召开了第九届世界食用菌大会，国际食用菌业界看到了双孢蘑菇之外的香菇、滑菇、平菇、金针菇等多种食用菌的栽培前景。这是食用菌产业由西方向东方转移的转折点。特别是我国改革开放以后，食用菌产业迅猛发展，使我国成为世界食用菌产业大国，产量占全球的75%以上，世界的食用菌产业已经完全由西方转移到了东方。

1. 国外 近代食用菌生产技术起源于欧美的双孢蘑菇生产技术的进步。如今，欧美仍是双孢蘑菇生产和技术研发的中心，欧美的双孢蘑菇产量见表1-3。经历百年的发展，双孢蘑菇已经成为全世界广为栽培的种类，已经完成产业链的专业化分工和生产，即专业化育种材料创制、专业化品种选育、专业化菌种生产、专业化基质制备、专业化栽培出

菇、专业化菇房设计和环境控制设备、专业化冷链物流和产后加工。就双孢蘑菇而言，不论是育种还是栽培，荷兰一直处于领先地位，实现了专业化和自动化。荷兰瓦赫宁根大学研究中心在双孢蘑菇抗褐变研究和育种材料的创制上获得了突破性进展。在荷兰的绿色生产技术体系中，荷兰CNC专业堆肥公司专门制备双孢蘑菇基质并播种行三次发酵，出售给分散种植的生产者。培养料制备过程中产生的氨气再回收到基质中，货车送货归来进场前消毒灭虫，三次发酵长满菌丝的基质冷链运输到专业的出菇房。三次发酵的基质和全自动的菇房环境控制，保障商品菇单产达到36kg/m^2。当然，达到如此先进水平的双孢蘑菇生产，离不开生产装备和设备的进步。

表1-3　1994—2018年双孢蘑菇主要生产国及其产量

国家	产量（t/年）												
	1994	1996	1998	2000	2002	2004	2006	2008	2010	2012	2014	2016	2018
美国	354 250	352 300	384 540	383 830	377 080	387 601	382 541	368 591	359 469	402 904	432 100	427 925	416 050
荷兰	220 000	237 000	246 000	265 000	270 000	260 000	235 000	255 000	266 000	307 000	310 000	300 000	300 000
波兰	101 539	105 175	103 214	109 409	120 000	150 000	169 049	185 000	230 000	230 006	263 368	280 348	280 232
法国	184 086	228 131	198 934	203 861	175 325	165 498	115 869	138 783	119 373	116 602	108 671	99 914	83 013
西班牙	70 814	71 529	80 000	63 254	134 669	138 782	135 419	133 548	133 000	147 440	149 854	148 037	166 250
英国	133 842	106 555	109 500	89 900	84 700	74 000	68 000	70 200	69 300	78 580	94 857	99 813	98 500
加拿大	56 610	59 410	72 880	80 241	75 075	84 682	87 631	79 990	126 650	137 597	134 545	130 857	138 412
日本	74 300	75 157	74 217	67 224	64 400	66 200	65 000	67 500	65 764	66 101	65 773	65 804	65 747

注：信息来源于联合国粮食及农业组织，数值为双孢蘑菇和块菌的总产量。

亚洲的木腐菌工厂化生产，主要采取了两种方式，一是培养和出菇的两场制生产，即专业的中央培养中心，完成基质制备、接种、培养、搔菌和补水，然后冷藏运输到分散出菇的家庭出菇房出菇管理和采收。二是将菌种、栽培等生物学与环境工程、设备设施等有机结合，形成了工厂设计、设备装备配备、工艺选型、运行、经济核算等整套的工程化技术体系，进行大企业一体化的大规模生产。2016年日本又推出全程全自动智能操作系统。食用菌的近代技术生产，不过百年，然而已经华丽转身为现代化的生物产业。

鉴于食用菌对中国农村发展和农民增收作用显著，引起其他有关国家的关注。食物短缺，特别是蛋白质营养的不足，一直是非洲发展的重要问题。多年的英法殖民地的历史，双孢蘑菇成为非洲的主要食用菌栽培种类。近年随着非洲对我国食用菌生产技术了解的增多，我国的食用菌生产技术逐步走出去，坦桑尼亚、赞比亚、埃及、肯尼亚、纳米比亚、南非等多国积极发展食用菌生产，适合非洲当地经济条件的平菇、杏鲍菇、斑玉蕈等得到快速发展。

亚洲是食用菌消费多样化的地区，日本是栽培食用菌种类最为丰富的国家之一。截至2019年3月31日，日本已登录食用菌达492个品种（https：//www. hinshuz. maff. go. jp/）。除我国外，亚洲食用菌产量最高的国家是日本，2019年达到45.45万t，按产量排序依次为金针菇、斑玉蕈、香菇、灰树花、杏鲍菇、滑菇（http：//www. e-stat. go. jp/），此外，还有少量平菇、双孢蘑菇、毛木耳、榆黄蘑等。虽然受品种权保护的登录种类达到数十种，但是实现商业规模生产的仅有 10 种左右。韩国是亚洲食用菌主产国之一，产量仅次于日本，栽培种类主要是平菇、金针菇和香菇，平菇和金针菇基本实现了工厂化栽培，香菇则主要从中国进口菌棒，本土仅进行出菇管理。2000 年以来，越南、马来西亚、印度尼西亚等国食用菌产业也得到了长足发展，主要以农业栽培方式生产。

2. 国内 中华人民共和国成立以来，我国的食用菌产业发展经历了 3 次热潮。第一次热潮发生在 1958—1962 年，以上海的双孢蘑菇和湖北、湖南的黑木耳生产为代表。第二次热潮发生在 1970 年前后的 3～5 年，以福建、浙江、上海、北京的双孢蘑菇生产，湖南和广东的草菇生产，浙江、广西和广东的香菇生产，湖北、陕西、四川和北京的黑木耳生产为代表。这两次的生产热潮均主要由于菌种技术的缺乏而未能持续。制种和人工接种技术的成熟和推广，推动了第三次热潮的到来，那是 1978 年。

令人兴奋的是，近 40 年来我国食用菌产业技术不断进步，产业发展朝气蓬勃，形成了多栽培种类、多生产技术模式、多生产方式的多元化的产业发展模式。我国幅员辽阔，生态环境多样。不同生态区域，不同资源禀赋，形成了适合当地经济社会条件的生产方式，农业专业化、工厂化等多元化多种类的生产。如东北的牡丹江和延吉，充分利用当地林木及其副产品优势资源，成为了我国黑木耳技术的发源地和最大产区；香菇则从华东南和长江上中游的老主产区扩展到河南、河北、陕西、山西、辽宁等地；平菇则分散栽培遍布全国各地；金针菇、杏鲍菇、斑玉蕈等的工厂化栽培全国性分布，周年生产。

我国栽培的食用菌大多为木腐菌，其自然发生于腐木的特点，启发从业者创造了袋栽方式（初期称作“人造菇木”栽培）。多年的实践、总结、完善，逐渐形成了我国特色的袋栽技术体系。不论是大袋、小袋、长袋、短袋，覆土栽培、立地栽培、码垛栽培、墙式栽培、架式栽培、网格栽培，都没有离开袋栽。在这一基础上，我国创造了独具特色的杏鲍菇、平菇、斑玉蕈等工厂化袋栽生产技术。同时，形成了与我国的多种类、多技术模式生产相适应的各类专业机械、设备和工具。

（四）食用菌产业发展方向

随着经济的发展、社会的进步，以及食用菌生产资金密集型、劳动密集型、技术密集型的特点，食用菌产业从发达国家和地区向其他国家和地区转移，由农业生产向专业化和工厂化生产转变，由普通食物消费向健康食物消费转变，市场需要由大众化向优质品多元化转变。在这些转变中，生物、食品、自动化、信息等多领域的高新技术不断被应用到食用菌产业中来，推动产业技术进步和产业升级。食用菌这类神奇的大型真菌，已经插上高新技术的翅膀，必将更为高效地造福于人类。

（张金霞）

主要参考文献

阿历索保罗 C J，明斯 C W，布莱克韦尔 M，等，2002. 菌物学概论［M］. 姚一建，李玉，译 . 北京：中国农业出版社 .

包怡红，2017. 复合黑木耳粉的研制及其体外降脂功效分析［J］. 东北农业大学学报，48（7）：41－54.

黄年来，1994. 中国香菇栽培学［M］. 上海：上海科学技术文献出版社.

罗信昌，陈士瑜，2010. 中国菇业大典：中册［M］. 北京：清华大学出版社.

荣胜忠，2012. 中国常见植物性食品中嘌呤的含量［J］. 卫生研究，41（1）：92－95，101.

王浩，吴爱姣，刘保兴，等，2020. 菌根真菌多样性与植物多样性的相互作用研究进展［J］. 微生物学通报，47（11）：3918－3932.

王茜，2017. 猴头菌片对大鼠急性酒精性胃黏膜损伤的保护作用及其机制［J］. 中成药，39（12）：2454－2461.

谢宇曦，2016. 猴头菇提取物通过抑制线粒体膜通透性转移孔的开放对酒精性肝损害的保护作用［J］. 中国煤炭工业医学杂志，19（10）：1469－1471.

徐多多，2016. 平菇等六种食用真菌糖蛋白的理化性质及对顺铂诱导肾细胞损伤恢复的作用［J］. 浙江农业学报，28（9）：1538－1543.

杨丽红，2013. 亮菌的临床应用与研究进展［J］. 北方药学，10（3）：66－67.

赵睿秋，2017. 6 种食用菌子实体水提物对肠道菌群的影响［J］. 食品科学，38（5）：116－121.

郑洁，2019. 灵芝子实体中三萜类物质抗肿瘤活性的谱效关系［J］. 菌物学报，38（7）：1165－1172.

Cai C，Leschen R A，Hibbett D S，et al.，2017. Mycophagous rove beetles highlight diverse mushrooms in the Cretaceous［J］. Nature communications，8：14894.

Cavalier－Smith T，1987. The origin of Fungi and pseudofungi［M］. //Rayner ADM，Brasier CM，Moore D. Evolutionary biology of the fungi. Cambridge：Cambridge University Press.

Chang S T，Hayes W A，1978. The biology and cultivation of edible mushrooms［M］. New York：Academic Press.

Chang S T，Buswell J A，Chiu S W，1993. Mushroom biology and mushroom products［M］. Hong Kong：The Chinese University Press.

Cheung P C K，et al.，2013. Mini－review on edible mushrooms as source of dietary fiber：Preparation and health benefits［J］. Food science and human wellness，2（3－4）：162－166.

Chihara G，et al.，1969. Inhibition of mouse sarcoma 180 by polysaccharides from *Lentinus edodes* (Berk.) Sing［J］. Nature，222（5194）：687－688.

Giannaccini G，et al.，2012. The trace element content of top－soil and wild edible mushroom samples collected in Tuscany，Italy［J］. Environ monit assess，184（12）：7579－7595.

Hibbett D S，Grimaldi D，Donoghue M J，et al.，1997. Fossil mushrooms from Miocene and Cretaceous ambers and the evolution of homobasidiomycetes［J］. American journal of botany，84（8）：981－991.

Koyyalamudi，et al.，2009. Vitamin D2 formation and bioavailability from *Agaricus bisporus* Button mushroom treated with ultraviolet irradiation［J］. Journal of agricultural and food chemistry，57：3351－3355.

Liu H W，et al.，2016. Sesquiterpenoids with PTP1B inhibitory activity and cytotoxicity from the edible mushroom *Pleurotus citrinopileatus*［J］. Planta medica，82：639－644.

Ruiz－Herrera J，1992. Structure of the fungal cell wall，Chitin［M］. Boca Raton：CRC Press.

Schmidt A R，Dörfelt H，Perrichot V，2007. Carnivorous fungi from Cretaceous amber［J］. Science，318（5857）：1743.

Shao S，et al.，2019. A unique polysaccharide from Hericium erinaceus mycelium ameliorates acetic acid－induced ulcerative colitis rats by modulating the composition of the gut microbiota，short chain fatty acids levels and GPR41/43 respectors［J］. International immunopharmacology，71：411－422.

Van Griensven L, 1988. The cultivation of mushrooms [M]. Rustington, Sussex, UK: Darlington Mushroom Laboratories Ltd.

Wainright P O, Hinkle G, Sogin M L, et al., 1993. Monophyletic origins of the metazoa: an evolutionary link with fungi [J]. Science, 260 (5106): 340-342.

Wang X M, et al., 2014. A mini-review of chemical composition and nutritional value of edible wild-grown mushroom from China [J]. Food chemistry, 151 (10): 279-285.

ZHONGGUO SHIYONGJUN
ZAIPEIXUE

第二章

食用菌的生态与分类

第一节　食用菌生态

随着人类社会的工业化和全球气候变暖，地球的自然生态不断变化，生态系统中的山林、草地等食用菌赖以生存的环境都随之变化，野生菌的生存环境不断恶化，子实体发生量总体上在减少。同时，随着我国社会经济的进步和人民生活水平的提高，对野生食用菌的需求不断增加。这种自然发生量的减少和市场需求的增加，导致野生食用菌价格高涨。笔者连续多年对我国主要野生菌的发生进行了调查，数据表明在连续干旱年份野生食用菌显著减产，但是雨水充足的条件下有些野生菌（如松茸）产量仍然持续下降。是什么原因导致的这种变化呢？过度采集引起的资源破坏，固然是部分野生食用菌（如冬虫夏草、块菌）发生量减少的原因，但松茸、块菌、羊肚菌、干巴菌等自然发生量的下降不完全是过度采集所致。

真菌生态学（fungal ecology）是研究真菌与其所处环境相互关系的科学，包括真菌的个体和群体在不同环境条件下的适应过程，环境对真菌与其他生物有机体的影响，群体在不同环境条件下的发展和演变，以及这些演变对人类的影响等（刘开启，2004）。虽然对食用菌的生态有了较多的研究，但目前还没有一个食用菌生态学的定义，参照真菌生态学我们可以定义，食用菌生态学是研究食用菌与其所处环境相互关系的科学，由于食用菌的特殊性，食用菌生态学包括宏观生态学和微观生态学，宏观生态学主要是研究物理（光、热、温、湿等）和化学（生长基质化学成分）因子对食用菌生长发育的影响，微观生态学是研究生物因子（细菌、真菌、植物根系、昆虫等）对食用菌生长发育的影响。食用菌生态学是食用菌生产的基础，可以指导我们什么时间什么环境下采集或种植食用菌，对野生食用菌的永续利用和栽培食用菌生产效益的提高，具有重大意义。

在大的生态系统中，植物是生产者，动物是消费者，食用菌是利用人类不能直接利用的动物和植物生产的副产品并将其还原到地球的还原者。在食用菌自身的小生态系统中，食用菌既是生产者也是消费者（图 2－1）。它们生产大量的菌丝和子实体，产后的菌渣成为动植物的营养，只要有生命的地方都有可能存在

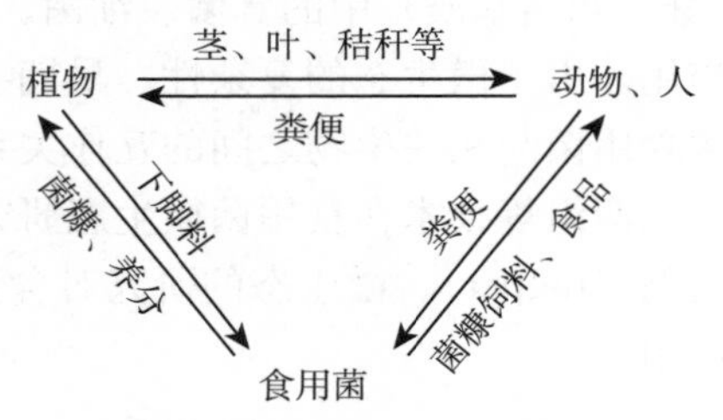

图 2－1　食用菌在生态系统中的地位与作用

食用菌，即食用菌是自然生态系统（ecology system）中的重要组成，也可以说自然生态系统类型就是食用菌的生态类型。作为食用菌所处的陆地生态系统，受地理、气候、植被及人类活动等诸多因素的影响。就野生资源的分布而言，宏观生态中的植被、生物群落结构、气象条件（温度、湿度和光照）等有着决定性的作用；对栽培种类而言，微生态的基质理化性质、温度、湿度、光照、O_2、CO_2 等均影响它们的生长发育。

一、食用菌生长相关的生态条件

（一）宏观生态

宏观生态就食用菌分布而言可分为自然生态和人工生态（图 2－2），就栽培而言可分为环境生态和营养生态。食用菌生长发育的宏观生态条件：①营养来源，腐生类主要来源于树木、落叶等，菌根类主要来源于土壤、寄主植物等，寄生型来源于活体植物、寄主昆虫；②环境条件，温度（10～20cm 土层的土壤、地表、空气的平均温度、积温和极端温度）、湿度（空气湿度、基质水分）、光照（强度、时间），决定这些因子的主要是地形因素（海拔、坡度、坡向、土壤类型、地貌）、气候条件（温度、湿度、降水量、光照等）和植被条件（树种、密度、树龄）。在生态系统分类中，虽然各类生态系统都有食用菌分布，但丰度差异较大，丰度最高的是森林生态系统，草地生态系统次之，最少的是水域生态系统和湿地生态系统。

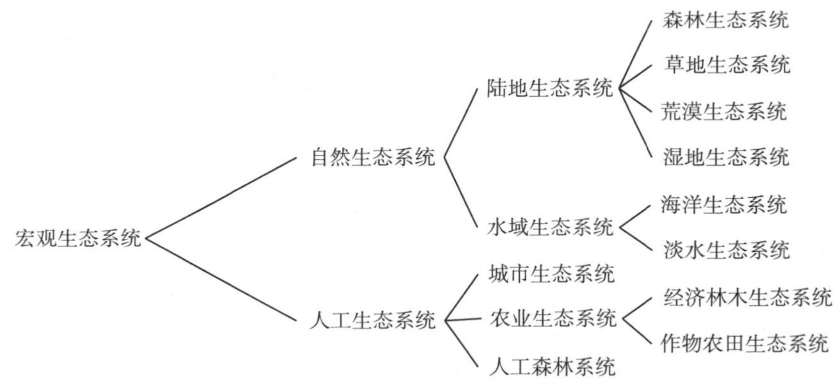

图 2－2　野生食用菌分布的宏观生态系统

（二）微生态

微生态指的是在食用菌生长发育过程中其他生物与食用菌之间的相互作用，包括基质（土壤、栽培基质）中的真菌、细菌、放线菌、菌根寄主植物、昆虫等与食用菌之间的相互作用。由于微生态的复杂性，早期主要基于细胞学、生化手段的微生态研究，较难深入了解食用菌与相关生物之间的互作关系。随着组学的发展，宏基因组、宏转录组、蛋白质组、代谢组等技术在食用菌微生态研究中的应用，发现了一些与食用菌生长发育相关的生物助剂（helper）。微生态的研究对食用菌栽培技术和食用菌品质的提高将起到巨大的促进作用。

二、食用菌营养的生态类型

在漫长的生存与环境选择中，食用菌不断适应其所处的生态环境，逐渐分化出不同营养需求的生态类型。根据食用菌生长对基质或宿主状态要求的不同，食用菌营养的生态类型主要有以下 4 大类。

（一）腐生型

腐生型食用菌分泌降解胞外酶，降解死亡植物获取生长发育所需的营养。根据被利用的植物种类又分为草腐菌和木腐菌，草腐菌一般都是土生或粪生，木腐菌是木生。一般而言，草腐菌和木腐菌的栽培原料有差别，但并不严格，如野生侧耳类菌均生长在树木上，栽培时则以农作物秸秆为主要原料，离褶伞、大球盖菇、暗褐网柄牛肝菌等虽为草腐菌，人工栽培时以发酵的木屑为原料效果更佳。

（二）菌根共生型

菌根共生型食用菌通过与活体植物形成互利的外生菌根关系吸收营养。菌根共生型食用菌种类较多，生长方式有地上生（如干巴菌、松茸等）和地下生（如块菌）两大类，目前菌根食用菌只有块菌通过菌根苗合成栽培技术实现商业化栽培，其他种类（如须腹菌、松乳菇）虽在科学研究上取得一些进展，但商业化栽培研究的进展还比较缓慢。

（三）虫菌共生型

虫菌共生型食用菌通过与昆虫形成互利共生关系完成其生长发育，在分类上目前仅蚁巢伞（*Termitomyces*）一个属，主要分布在热带和亚热带地区，21 世纪以来其分布范围逐步被突破，蚁巢伞属真菌生长发育特点极为特殊，除虫菌共生外，在蚁巢上还有众多的真菌，特别是炭角菌的作用尚不清楚，蚁巢伞生态的研究是其栽培或仿生栽培的前提。

（四）寄生型

寄生型食用菌通过寄生在活体生物上，从活体生物吸收营养，致生物体死亡（如蛹虫草、冬虫夏草等）或部分组织死亡后完成生活史。根据寄主的不同，寄生型食用菌分为虫寄生、菌寄生。虫寄生包括冬虫夏草、蛹虫草，蛹虫草实现了非寄主人工栽培；菌寄生有一定研究的主要是离褶伞科的孢寄生菇，该菇野外只在数个红菇属寄主上发生，但该菇在淀粉质含量高的基质上比较容易栽培，一般认为香灰菌和毛韧革菌分别是银耳和金耳的伴生菌，目前的研究表明它们可能分别是银耳和金耳的寄主。

食用菌的营养生态类型就是食用菌生长发育获取营养的方式，随着人类对食用菌生态研究的不断深入，发现食用菌营养类型并不简单，也许不能用简单的 4 种类型来概括，还有许多内容需要深入研究：①最初研究认为银耳和金耳的生长发育需要伴生菌香灰菌和毛韧革菌，深入的显微观察表明，银耳和金耳是寄生于香灰菌和毛韧革菌，典型特征是有吸盘结构，银耳和金耳不会随寄主香灰菌和毛韧革菌一起生长，目前这种寄生的营养关系还没有得到更深入的研究；②一般研究认为松茸是典型的菌根共生型食用菌，由于松茸的寄主有许多种，菌根合成和松茸的胞外酶研究表明，松茸可能是菌根腐生兼性菌；③生长于活立木上的侧耳、灵芝、裂褶菌等一般认为是腐生的，也有研究发现这些菌的菌丝体可以侵入植物活体细胞吸收营养；④学者们对白蚁伞的共识是与白蚁共生，但白蚁巢穴上除了白蚁伞外还有许多真菌（如炭角菌）和细菌，这些菌对白蚁伞生长发育的作用尚不清楚；

⑤研究表明，土壤中的细菌对腐生型和菌根共生型食用菌的生长发育都有影响，被称为食用菌生长发育的助手，从营养类型的角度说这些细菌的真实作用还不清楚。

三、宏观生态对野生食用菌发育的影响

（一）生态对食用菌生长发育的影响

1. 植被变化对野生食用菌生长发育的影响 掠夺性采集破坏了食用菌生长发育的环境和植被。外来生物（如紫茎泽兰、飞机草）入侵导致食用菌适宜的生存植被条件改变。经济发展使得森林中人畜活动减少，次生植被过于密集，小灌木过密，山草过密，山火隐患增加。植被变化导致食用菌生长必需的光照和通风条件的变化，直接的结果是食用菌发生的种类和产量都发生较大变化。调查表明，森林郁闭度过大，菌根共生型食用菌的发生量显著减少。

2. 动物对野生食用菌生长发育的影响 食用菌可以成为动物的食物，这对人类来说是危害。但是，孢子不易被动物消化，将随动物的活动或迁徙而传播，这给野生食用菌的生存繁衍创造了更多的机会。

3. 气候对野生食用菌的影响 气候变化对土壤温、湿度的影响较大，土壤温度、湿度直接影响真菌和细菌对碳的代谢，从而影响大型真菌从无性生殖（菌丝生长）到有性生殖（出菇）的转变。高温、干旱导致部分寄主死亡，地下氮源变化引起真菌群落变化。干旱或多雨会引起土表层（10～20cm）菌根共生型食用菌菌丝体的生物量突增或突减，结果是同一区域温度、降水量变化导致栖息环境变化或寄主转移，野生食用菌分布区域、发生期、发生持续期、产量、品质等的变化。真菌的代谢与生长对微小的温度和湿度的变化反应敏感，真菌的生态功能与宽泛的生态系统功能都强烈地依赖气候系统，会出现夏菇春出、夏菇秋出、秋菇初冬出的错季发生现象；干旱和高温导致地中海块菌产量下降。松茸的产量（子实体数量）和菌塘扩展速度与气候相关；菌塘扩展速度与空气平均温度、土壤平均温度和降水量呈正相关，与积温也呈正相关，特别是出菇前的积温，子实体形成初期的积温对子实体数量的影响大于降水量（Narimatsu et al.，2015）。同时，菌塘的扩张速度反过来影响子实体的数量。从气候上来说，我国东北地区、云南迪庆、四川甘孜、阿坝、西藏林芝与日本近似，出菇周期相似且只有一个高峰，滇中、滇西明显与日本不同，同一地区有两个出菇高峰。

（二）生态干预对食用菌生长发育的影响

1. 林地管理对野生食用菌产量的影响 对松茸产区的林地管理较长时间的调查分析结果表明，对林地进行人工管理（去除表层土、覆盖落叶、修剪枝条）对松茸的产量有持续影响，表层土去除后对松茸产量有中等程度的影响。虽然不同生态类型进行人工干预时对松茸产量的影响有差异，但在较大的生态范围内对松茸的生长发育影响都是正面的。科学合理的采集通常不会影响子实体的发生，其他的干扰也不会导致菌塘的消失。总的来说，野生菌产量随着管理强度的增加有所增加，低强度的管理可能会导致野生菌产量持续下降，中等强度的管理保持野生菌产量不变（de-Miguel et al.，2014）。

2. 野生食用菌采收方法对产量的影响 采收野生食用菌是许多国家山民的重要收入来源。有人担忧商业化采集的不断扩张会破坏真菌资源，但研究观测结果表明，科学采收

对真菌物种多样性和子实体数量没有影响，高强度地面踩踏虽然对子实体数量和真菌物种多样性有一定的影响，但不显著（Luoma et al.，2006）。没有证据表明践踏会破坏土壤中的菌丝体；适当的采收会增加出菇点，增加产量；干巴菌同一出菇点每年可采收2～3次。合理的采收，松茸菌塘和块菌菌塘都不会被破坏，产量还会有所增加。对鸡㙡菌塘而言，在菌塘不老化的情况下基本可保证每年出菇，同时也会在周边形成新菌塘。

3. 间伐疏林对野生食用菌产量的影响　间伐疏林可以加快树木的生长速度，影响真菌的多样性及产量。间伐疏林、树木生长速度和真菌群落之间有明显的相关关系，特别是菌根共生型食用菌，间伐疏林后子实体发生量显著增加。另外，子实体发生的数量与树木的年轮呈正相关（Egli et al.，2010；Bonet et al.，2012）。

4. 生态干预对野生食用菌产量的影响　对干巴菌生态环境与子实体发生关系的研究表明，在干巴菌发生的林地，于菌塘周边挖掘小塘，翌年菌塘数量可增加5～7倍，产量增加3～5倍，3～4年后重复进行可确保干巴菌稳产（赵永昌等，2017）。

（三）食用菌生态学研究的意义

1. 野生食用菌的驯化栽培　通过大量的食用菌生态学数据分析，可以确定某一种类食用菌的营养生态学类型和生长环境条件，筛选出具有驯化栽培价值的新种类，探索适宜的成套栽培技术，设计驯化栽培的技术路线，如腐生菌可按照现有的栽培技术方法驯化，土生菌则需要覆土，菌根共生菌就需要仿野生方式的人工促繁。

2. 野生食用菌产量和出菇时间的预测研究　收集分析历年的气候和野生食用菌的发生期、持续期、产量等数据资料，研究气候与野生食用菌生长发育之间的关系，分析野生食用菌发生时间与年度气候条件的相关性及这种相关性在物种之间的差异，建立计算模型预测适宜采收期，可指导不同种类野生食用菌的合理采收和市场管控，从而提高效益。

第二节　大型真菌物种概念及栽培食用菌分类地位

一、大型真菌的物种概念

物种，简称种，是生物分类学研究中的基本单元。在有性生殖的生物中，同一物种是可互相交配繁殖的自然群体，与其他物种在生殖上相互隔离，在自然界占有一定的生境，在系谱上代表一定的分支。同一物种在一定区域的自然繁殖形成不同的区域种群，这些不同区域的种群之间个体交配仍可产生可育的后代。不同专业的生物学家对物种的概念有不同的理解。现代遗传学则把物种定义为一个具有共同基因库、与其他类群有生殖隔离的群体。生态学家则认为，物种是生态系统中的功能单位，不同物种占有不同的生态位。目前，有20多种物种概念，在真菌分类中，生物学物种、形态学种和系统发育学种的应用最为广泛（姚一建，李熠，2016）。物种是生物多样性与分类学研究的基本单元，物种识别是生物学研究的基本问题之一。无论哪种物种的概念，将与其他种群之间的生殖隔离作为物种划分的基础是被广为接受的。然而，在食用菌中，尚有以下3种情况：一是自然状态下不可交配，人工条件下可交配；二是人工条件下可交配，但后代不育或少育；三是群体交配中的部分可育。如刺芹侧耳复合种族群（*Pleurotus eryngii* - species complex）、糙皮侧耳种族群（*Pleurotus ostreatus* - species complex）。可见，食用菌物种的界定和划分远较植物和动物复杂和困难。这可能是真菌在地球上2亿～3亿年进化的结果吧！

生物学种：生物学种以是否存在生殖隔离对生物种群进行分类。在自然界能够成功交配并繁殖后代的个体所组成的种群为一个生物学种，即可交配且后代可育为同一生物学种。

形态学种：以生物的生境、外观和内部显微结构等的形态学特征相似的个体所组成的群体，为形态学种。这是大型真菌分类应用最多的概念和方法。子实体发生方式及颜色、质地、大小，菌盖或菌柄的形态及附属物，菌褶着生方式及形态，菌环、菌托、菌幕的形态和质地，菌褶、菌丝结构及子实层形态结构，孢子形态等都是形态学种分类的重要依据。

系统发育学种：基于使用识别种群的特征状态或谱系，表示有机体在地球有相同形成和进化历程的最小集合体，为系统发育学种。对于大型真菌而言，生态环境对其形态特征的影响较大，加上不同分类学家经验或使用标准的差异，形态学种的分类经常存在争议。另外，由于大型真菌能实现纯培养并形成子实体的种类所占的比例较小，要通过可交配性测试区分物种也是不现实的。这就为很多食用菌，特别是难以人工栽培形成子实体种类的准确分类带来了难以克服的困难。由于食用菌所属的分类学范围过于广泛，处于不同的科、目、纲、门等，不同类群的进化路径不同，也就难以找到通用的种、属的系统发育分类学的标识，这是很大的一个挑战。现有的知识和方法会导致发生一个形态学种对应多个生物学种或系统发育学种，或一个系统发育学种对应多个形态学种或生物学种的情况。

可见，大型真菌的物种鉴定和分类学研究还有很长的路要走，需要借鉴动物、植物相关研究成果，应用多种手段综合分析。我们相信，随着各种组学技术手段的进步及研究的不断深入，将会为大型真菌的系统进化和物种的分化形成研究带来曙光，使物种的概念更加接近事实真相，使其分类地位更接近于其在自然界的本来位置。

二、用于形态学分类的食用菌特征

食用菌是一类广义可食用的大型真菌，不是真菌分类学的类群，而是应用真菌学的名词。它们种类繁多、分布广泛、质地多样、形态各异。从种类的多样性上，它们分属真菌界的担子菌和子囊菌两个门；从分布上，它们分布于高山、森林、草地、腐木、烂草、牛粪、田间、地头、虫体等多种生境中；多数生于地上，有的则生于浅土层下，如须腹菌；有的深埋于地下，如块菌。质地上，有肉质、胶质、木栓质、革质、蜡质等，以肉质和胶质者居多。形态上，有伞状、片状、喇叭状、笔状、棒状、耳状、脑状、舌状、扇状、裙状、块状等多种形状，以伞状菌（简称伞菌）最多。伞状食用菌子实体主要由菌盖（cap）和菌柄（stipe）组成，有的种类还有菌托（volva）和菌环（annulus）。子实体是组织化的菌丝体，子实体形态特征是主要的分类依据，有时营养生长阶段的培养特征，如菌落形态、色素、菌丝体结构也用于分类。

（一）菌盖

在伞状子实体的上部，由表皮、菌肉和产孢组织（菌褶、菌管、菌刺等）3部分组成，其形状和颜色是人类辨别食用菌种类的重要依据。菌盖的形状、颜色、大小是形态分类的重要宏观特征。绝大多数食用菌菌盖呈伞形，不同种类差异较大，有圆形、半圆形、

圆锥形、卵圆形、钟形、半球形、斗笠形、匙形、扇形、漏斗形、喇叭形、浅漏斗形、圆筒形、马鞍形等；菌盖边缘有平滑、波浪状、粗颗粒状、锯齿状等类型；菌盖的颜色丰富多彩，如白色、红色、黄色、灰色、青色、褐色、绿色等；菌盖大小因种而异，可分为大（直径>10cm）、中（直径 6～10cm）、小（直径≤6cm）3 种类型；菌盖表皮特征多样，有湿润或干燥，干爽或有黏液，平滑或具绒毛或纤毛，被粉末或小疣、鳞片或晶粒状小片附属物等，有的表面具皱纹、条纹、龟裂等；菌肉的色泽和伤损反应也是分类的重要特征，多数菌肉白色，也有的淡黄色、浅黄色、浅藕荷色、浅青褐色，菌肉伤损有无变色反应、有无汁液流出等都是重要的分类依据；产孢组织是着生有性孢子的栅栏组织，是大型真菌产生有性孢子的场所，分为菌褶、菌管、菌刺，其上有集中产孢的子实层；食用菌的单个有性孢子通常无色、极微小，形态多样（圆形、肾形、椭圆形、卵圆形等），只能在显微镜下才能观察到，但孢子聚集成堆时（孢子印），就呈现白、粉红、黑等多种颜色，孢子印是一些种类分类的重要形态学依据。

（二）菌柄

除胶质菌、腹菌等少数种类外，多数食用菌子实体都有菌柄。菌柄多为肉质，少数为纤维质、脆骨质、半革质、革质等，其主要功能是输送营养和水分。由于物种的不同，菌柄的形状（如柱形、棒状、纺锤形等）、长短、颜色、组织结构、表面结构（网纹、鳞片等）等有较大差异。菌柄的质地和形态都是食用菌分类的重要形态特征。此外，菌柄与菌褶的着生关系也是鉴定和分类的特征之一，这种着生关系分为离生（蘑菇属等）、直生（鳞伞属等）、延生（侧耳属等）及弯生（香菇等）4 类。

（三）菌环

有的种类，在子实体发育过程中有覆盖在幼小子实体菌褶或菌盖和菌柄之间连接处的膜状结构，称为内菌幕（inner veil）。随着子实体发育成熟，开伞后内菌幕破裂消失，或残留在菌盖边缘形成盖缘附属物最后脱落，或残留在菌柄上成为菌环。菌环一般着生于菌柄的中上部，如口蘑属、蘑菇属的食用菌；有少数伞菌的菌柄与菌环脱离，菌环可移动，成为移动菌环，如环柄菇；菌环可分为单层菌环和双层菌环两种，单层菌环为多数，如双孢蘑菇、毒鹅膏，双层菌环如双环蘑菇。大多数种类的菌环都长久地留在菌柄上，少数易消失或脱落，其大小、质地、厚薄、单层或双层因种而异，根据菌环的着生位置，有向上、向下、上位、中位、下位 5 种着生情况。菌环的有无、形态和着生位置都是大型真菌鉴定种、属的重要形态学依据。

（四）菌托

有的种类，在子实体发育过程中一直被一较坚韧物覆盖着或完全的包裹着，直到子实体快速成长后将近成熟时将其胀破、撕裂，这层包被破裂前被称为外菌幕（universal veil）。破裂的外菌幕少部分残留在菌盖上成为鳞片状附属物最后脱落，大部分或全部留在菌柄基部，形成形态各异的菌托。外菌幕的胀破、撕裂方式不同，从而形成了不同形状的菌托。许多伞菌随着自身的发育，菌托会逐渐消失。外菌幕较薄的种类，只在膨大的菌柄基部残留着数圈外菌幕残片。菌托按形态特征分为苞状、鞘状、鳞茎状、杯状、杵状、瓣裂、菌托退化、带状、数圈颗粒状。

三、栽培食用菌分类地位

食用菌的分类是野生资源采集、鉴定、驯化、栽培、育种等科学研究和技术开发的基础。根据各类群之间特征的相似程度而将食用菌分门别类地划分到门、纲、目、科、属、种 7 个分类等级，采用林奈创立的双名法，每一个种均用拉丁文给以双名制即两个词组成的名字，第一个词是属名，第二个词是种名，后面是命名人姓名的缩写，如荷叶离褶伞[*Lyophyllum decastes*（Fr.）Singer]。目前，自然界有 200 多万个已知物种，真菌大约 25 万种，其中大型真菌 1 万多种，初步统计我国食药用菌分布于子囊菌和担子菌 2 门、4 纲、11 目、39 科、92 属，约 530 种，其中 95%属于担子菌门，约 5%属于子囊菌门。我国地理和气候多样，孕育的大型真菌资源极为丰富，虽然已有不少资源被利用发掘，但仍有更多资源有待发掘。

严格意义上的栽培食用菌，仅指那些完全脱离其自然生境条件可以形成子实体的腐生菌类，不包括那些利用原生态环境促繁增加子实体数量的菌根共生菌类，如块菌。广义的栽培食用菌则包括了后一种情况的种类。根据目前的分类系统，将已经人工栽培和具有栽培潜力（菌种可分离培养）的食用菌的分类地位归纳如下。

1　子囊菌门 Ascomycota

1.1　盘菌纲 Pezizomycetes

1.1.1　盘菌目 Pezizales

1.1.1.1　羊肚菌科 Morchellaceae

1.1.1.1.1　羊肚菌属 *Morchella*

超群羊肚菌 *Morchella eximia* Boud.，野生分布于四川、云南

类超群羊肚菌 *Morchella eximioides* Jacquet.，野生分布于四川、云南

梯棱羊肚菌 *Morchella importuna* Kuo，野生分布于云南、四川、西藏

紫褐羊肚菌 *Morchella purpurascens*（Krombh. ex Boud.）Jacquet.，野生分布于四川、云南

七妹羊肚菌 *Morchella septimelata* M. Kuo，野生分布于云南、西藏、四川

六妹羊肚菌 *Morchella sextelata* M. Kuo，野生分布于云南

1.1.1.2　块菌科 Tuberaceae

1.1.1.2.1　块菌属 *Tuber*

夏块菌 *Tuber aestivum*（Wulfen）Spreng.，野生分布于云南、四川

波氏块菌 *Tuber borchii* Vittad.，野生分布于云南、四川

印度块菌 *Tuber indicum* Cooke & Massee，野生分布于云南、四川等

攀枝花块菌 *Tuber panzhihuanense* X. J. Deng & Y. Wang，野生分布于四川

假凹陷块菌 *Tuber pseudoexcavatum* Y. Wang，G. Moreno，Riousset，Manjón & G. Riousset，野生分布于云南

假白块菌 *Tuber pseudomagnatum* L. Fan，野生分布于云南

中华块菌 *Tuber sinense* K. Tao & B. Liu，野生分布于云南、四川

中华夏块菌 *Tuber sinoaestivum* J. P. Zhang & P. G. Liu，野生分布于四川

中华凹陷块菌 *Tuber sinoexcavatum* L. Fan & Yu Li，野生分布于四川

1.2　粪壳菌纲 Sordariomycetes

1.2.1　炭角菌目 Xylariales

1.2.1.1　麦角菌科 Clavicipitaceae

1.2.1.1.1　麦角菌属 *Claviceps*

紫麦角菌 *Claviceps purpurea*（Fr.）Tul.，野生广泛分布

雀稗麦角菌 *Claviceps paspali* F. Stevens & J. G. Hall，野生广泛分布

1.2.1.2　虫草菌科 Cordycipitaceae

1.2.1.2.1　虫草属 *Cordyceps*

广东虫草 *Cordyceps guangdongensis* T. H. Li，Q. Y. Lin & B. Song，野生分布于广东

古尼虫草 *Cordyceps gunnii*（Berk.）Berk.，野生分布于贵州、湖南、广东、云南等

蛹虫草 *Cordyceps militaris*（L.）Fr.，野生分布于全国

1.2.1.3　线虫草科 Ophiocordycipitaceae

1.2.1.3.1　大团囊虫草属 *Elaphocordyceps*

大团囊虫草 *Elaphocordyceps ophioglossoides*（J. F. Gmel.）G. H. Sung，J. M. Sung & Spatafora，野生分布于云南、广西、贵州、四川等

1.2.1.3.2　被毛孢属 *Hirsutella*

多颈被毛孢 *Hirsutella polycolluta* Z. Q. Liang，野生分布于贵州

云南被毛孢 *Hirsutella yunnanensis* Z. Q. Liang & A. Y. Liu，野生分布于云南

张家界被毛孢 *Hirsutella zhangjiajiensis* Z. Q. Liang & A. Y. Liu，野生分布于湖南

1.2.1.3.3　线虫草属 *Ophiocordyceps*

蝉花虫草 *Ophiocordyceps cicadicola*（Teng）G. H. Sung，J. M. Sung，Hywel-Jones & Spatafora，野生分布于全国

阔孢虫草 *Ophiocordyceps crassispora*（M. Zang，D. R. Yang & C. D. Li）G. H. Sung，J. M. Sung，Hywel-Jones & Spatafora，野生分布于云南

毛虫草 *Ophiocordyceps crinalis*（Ellis ex Lloyd）G. H. Sung，J. M. Sung，Hywel-Jones & Spatafora，野生分布于贵州

井冈山虫草 *Ophiocordyceps jinggangshanensis*（Z. Q. Liang，A. Y. Liu & Yong C. Jiang）G. H. Sung，J. M. Sung，Hywel-Jones & Spatafora，野生分布于江西

康定虫草 *Ophiocordyceps kangdingensis*（M. Zang & Kinjo）G. H. Sung，J. M. Sung，Hywel-Jones & Spatafora，野生分布于四川

兰坪虫草 *Ophiocordyceps lanpingensis* Hong Yubis & Z. H. Chen，野生分布于云南

老君山虫草 *Ophiocordyceps laojunshanensis* Ji Y. Chen，Y. Q. Cao & D. R. Yang，野生分布于云南

下垂虫草 *Ophiocordyceps nutans*（Pat.）G. H. Sung，J. M. Sung，Hywel-Jones & Spatafora，野生分布于吉林、安徽、湖北、云南等

四川虫草 *Ophiocordyceps sichuanensis*（Z. Q. Liang & Bo Wang）G. H. Sung，J. M. Sung，Hywel-Jones & Spatafora，野生分布于四川

冬虫夏草 *Ophiocordyceps sinensis*（Berk.）G. H. Sung，J. M. Sung，Hywel-Jones & Spatafora，野生分布于西藏、青海、四川、云南、甘肃

1.2.1.4　炭角菌科 Xylariaceae

1.2.1.4.1　炭角菌属 *Xylaria*

黑柄炭角菌 *Xylaria nigripes*（Klotzsch）Cooke，野生分布于全国

2　担子菌门 Basidiomycota

2.1　银耳纲 Tremellomycetes

2.1.1　银耳目 Tremellales

2.1.1.1　白耳科 Naemateliaceae

2.1.1.1.1　白耳属 *Naematelia*

金耳 *Naematelia aurantialba*（Bandoni & M. Zang）Millanes & Wedin，野生分布于云南、西藏、四川等

2.1.1.2　银耳科 Tremellaceae

2.1.1.2.1　银耳属 *Tremella*

银耳 *Tremella fuciformis* Berk.，野生分布于全国

2.2　伞菌纲 Agaricomycetes

2.2.1　伞菌目 Agaricales

2.2.1.1　伞菌科 Agaricaceae

2.2.1.1.1　蘑菇属 *Agaricus*

球基蘑菇 *Agaricus abruptibulbus* Peck，野生分布于西藏、云南

夏蘑菇 *Agaricus aestivalis* Schumach.，野生分布于广西、云南、广东

野蘑菇 *Agaricus arvensis* Schaeff.，野生分布于新疆、云南、河北等

大紫蘑菇 *Agaricus augustus* Fr.，野生分布于青海、西藏、云南等

双孢蘑菇 *Agaricus bisporus*（J. E. Lange）Imbach，野生分布于新疆、西藏、云南等

大肥菇 *Agaricus bitorquis*（Quél.）Sacc.，野生分布于新疆、西藏、云南等

蘑菇 *Agaricus campestris* L.，野生分布于新疆、西藏、云南等

褐鳞蘑菇 *Agaricus crocopeplus* Berk. & Broome，野生分布于吉林、台湾、西藏等

美味蘑菇 *Agaricus edulis* Bull.，野生分布于北京、云南

浅黄蘑菇 *Agaricus fissuratus* F. H. Møller，野生分布于内蒙古、河北、西藏等

圆孢蘑菇 *Agaricus gennadii*（Chatin & Boud.）P. D. Orton，野生分布于新疆

红肉蘑菇 *Agaricus haemorrhoidarius* Schulzer，野生分布于新疆、西藏、四川等

赭褐蘑菇 *Agaricus langei*（F. H. Møller）F. H. Møller，野生分布于云南、四川

白杵蘑菇 *Agaricus nivescens* F. H. Møller，野生分布于河北、内蒙古、北京等

橙黄蘑菇 *Agaricus perrarus* Schulzer，野生分布于新疆、西藏、山西等

双环林地蘑菇 *Agaricus placomyces* Peck，野生分布于全国

草地蘑菇 *Agaricus pratensis* Scop.，野生分布于全国

假根蘑菇 *Agaricus radicatus* Krombh.，野生分布于河北、北京、山西等

白林地蘑菇 *Agaricus silvicola*（Vitt.）Sacc.，野生分布于全国

赭鳞蘑菇 *Agaricus subrufescens* Peck，野生分布于云南、吉林、黑龙江等

紫红蘑菇 *Agaricus subrutilescens*（Kauffman）Hotson & D. E. Stuntz，野生分布于甘肃、云南、西藏

麻脸蘑菇 *Agaricus urinascens*（Jul. Schäff. & F. H. Møller）Singer，野生分布于新疆、吉林、西藏等

2.2.1.1.2 秃马勃属 *Calvatia*

白秃马勃 *Calvatia candida*（Rostk.）Hollós，野生分布于河北、山西、新疆等

头状秃马勃 *Calvatia craniiformis*（Schwein.）Fr. ex De Toni，野生分布于全国

大秃马勃 *Calvatia gigantea*（Batsch）Lloyd，野生分布于云南、四川、广东等

紫色秃马勃 *Calvatia lilacina*（Mont. & Berk.）Henn.，野生分布于全国

2.2.1.1.3 鬼伞属 *Coprinus*

鸡腿菇 *Coprinus comatus*（O. F. Müll.）Pers.，野生分布于全国

2.2.1.1.4 囊皮菌属 *Cystoderma*

金盖囊皮菌 *Cystoderma amianthinum*（Scop.）Fayod，野生分布于吉林、云南、甘肃等

朱红囊皮菌 *Cystoderma cinnabarinum*（Alb. & Schwein.）Fayod，野生分布于云南、河南、吉林等

疣盖囊皮菌 *Cystoderma granulosum*（Batsch）Fayod，野生分布于黑龙江、江苏、西藏等

2.2.1.1.5 卷毛菇属 *Floccularia*

白黄卷毛菇 *Floccularia albolanaripes*（G. F. Atk.）Redhead，野生分布于西藏、甘肃、陕西

黄绿卷毛菇 *Floccularia luteovirens*（Alb. & Schwein.）Pouzar，野生分布于西藏、甘肃、青海等

2.2.1.1.6 大环柄菇属 *Macrolepiota*

脆皮大环柄菇 *Macrolepiota crustosa* L. P. Shao & C. T. Xiang，野生分布于黑龙江、吉林

长柄大环柄菇 *Macrolepiota dolichaula*（Berk. & Broome）Pegler & R. W. Rayner，野生分布于云南、四川

高大环柄菇 *Macrolepiota procera*（Scop.）Singer，野生分布于全国

2.2.1.2 牛舌菌科 Fistulinaceae

2.2.1.2.1 牛舌菌属 *Fistulina*

牛舌菌 *Fistulina hepatica*（Schaeff.）With.，野生分布于西南、东北等地

2.2.1.3 轴腹菌科 Hydnangiaceae

2.2.1.3.1 蜡蘑属 *Laccaria*

白蜡蘑 *Laccaria alba* Zhu L. Yang & Lan Wang，野生分布于云南

双色蜡蘑 *Laccaria bicolor*（Maire）P. D. Orton，野生分布于西藏、云南、四川等

红蜡蘑 *Laccaria laccata*（Scop.）Cooke，野生分布于云南、四川、西藏等

条柄蜡蘑 *Laccaria proxima*（Boud.）Pat.，野生分布于吉林、云南、新疆等

刺孢蜡蘑 *Laccaria tortilis*（Bolton）Cooke，野生分布于西藏、云南、福建等

2.2.1.4 蜡伞科 Hygrophoraceae

2.2.1.4.1 蜡伞属 *Hygrophorus*

美味蜡伞 *Hygrophorus agathosmus*（Fr.）Fr.，野生分布于吉林、云南、新疆等

林生蜡伞 *Hygrophorus arbustivus* Fr.，野生分布于云南、吉林、四川

美蜡伞 *Hygrophorus calophyllus* P. Karst.，野生分布于湖南、吉林

红菇蜡伞 *Hygrophorus russula*（Schaeff.）Kauffman，野生分布于云南、西藏、四川等

美丽蜡伞 *Hygrophorus speciosus* Peck，野生分布于吉林、四川、福建

2.2.1.5 离褶伞科 Lyophyllaceae

2.2.1.5.1 寄生菇属 *Asterophora*

星孢寄生菇 *Asterophora lycoperdoides* Fr.，野生分布于云南、四川、西藏等

2.2.1.5.2 丽蘑属 *Calocybe*

香杏丽蘑 *Calocybe gambosa*（Fr.）Donk，野生分布于河北、甘肃、云南等

2.2.1.5.3 玉蕈属 *Hypsizygus*

斑玉蕈 *Hypsizygus marmoreus*（Peck）H. E. Bigelow，野生分布于云南

小玉蕈 *Hypsizygus tessulatus*（Bull.）Singer，野生分布于云南

榆生玉蕈 *Hypsizygus ulmarius*（Bull.）Redhead，野生分布于吉林、云南、西藏等

2.2.1.5.4 白伞菇属 *Leucocybe*

尖顶白伞菇 *Leucocybe connate*（Schumach.）Vizzini，P. Alvarado，G. Moreno & Consiglio，野生分布于湖北、甘肃、云南等

2.2.1.5.5 离褶伞属 *Lyophyllum*

荷叶离褶伞 *Lyophyllum decastes*（Fr.）Singer，野生分布于云南、西藏、吉林等

褐离褶伞 *Lyophyllum fumosum*（Pers.）P. D. Orton，野生分布于河北、甘肃、黑龙江

烟熏褐离褶伞 *Lyophyllum infumatum*（Bres.）Kühner，野生分布于青海、河北

暗褐离褶伞 *Lyophyllum loricatum*（Fr.）Kühner，野生分布于西藏、云南

浅赭褐离褶伞 *Lyophyllum ochraceum*（R. Haller Aar.）Schwöbel & Reutter，野生分布于四川、云南、青海等

方孢离褶伞 *Lyophyllum rhombisporum* S. H. Li，野生分布于云南

墨染离褶伞 *Lyophyllum semitale*（Fr.）Kühner，野生分布于西藏、青海、云南等

玉蕈离褶伞 *Lyophyllum shimeji*（Kawam.）Hongo，野生分布于云南、吉林、西藏等

棱孢离褶伞 *Lyophyllum sykosporum* Hongo & Clémençon，野生分布于云南

角孢离褶伞 *Lyophyllum transforme*（Sacc.）Singer，野生分布于云南、西藏

2.2.1.5.6　硬柄菇属 *Ossicaulis*

毛柄硬柄菇 *Ossicaulis lachnopus*（Fr.）Contu，野生分布于云南、四川

木生硬柄菇 *Ossicaulis lignatilis*（Pers.）Redhead & Ginns，野生分布于云南、四川、河北

云南硬柄菇 *Ossicaulis yunnanensis* L. P. Tang，N. K. Zeng & S. D. Yang，野生分布于云南

2.2.1.6　小皮伞科 Marasmiaceae

2.2.1.6.1　小皮伞属 *Marasmius*

安洛小皮伞 *Marasmius androsaceus*（L.）Fr. 药用，野生分布于全国

2.2.1.6.2　大金钱菌属 *Megacollybia*

宽褶大金钱菌 *Megacollybia platyphylla*（Pers.）Kotl. & Pouzar，野生分布于广西、云南、吉林等

杯伞状大金钱菌 *Megacollybia clitocyboidea* R. H. Petersen，Takehashi & Nagas，野生分布于山东

2.2.1.6.3　圆孢侧耳属 *Pleurocybella*

贝形圆孢侧耳 *Pleurocybella porrigens*（Pers.）Singer，野生分布于浙江

2.2.1.7　小菇科 Mycenaceae

2.2.1.7.1　小菇属 *Mycena*

沟纹小菇 *Mycena abramsii*（Murrill）Murrill，野生分布于西藏

香小菇 *Mycena adonis*（Bull.）Gray，野生分布于吉林

褐小菇 *Mycena alcalina*（Fr.）P. Kumm.，野生分布于西藏、吉林

金线小菇 *Mycena anoectochili* L. Fan & S. X. Guo，野生分布于云南

弯柄小菇 *Mycena arcangeliana* Bres.，野生分布于广东

兢囊小菇 *Mycena brevispina* X. He & X. D. Fang，野生分布于吉林

石斛小菇 *Mycena dendrobii* L. Fan & S. X. Guo，野生分布于云南

鼎湖小菇 *Mycena dinghuensis* Z. S. Bi，野生分布于广东

黄柄小菇 *Mycena epipterygia*（Scop.）Gray，野生分布于全国

盔盖小菇 *Mycena galericulata*（Scop.）Gray，野生分布于吉林、广东、云南等

乳足小菇 *Mycena galopus*（Pers.）P. Kumm.，野生分布于云南、黑龙江

金紫小菇 *Mycena holoporphyra*（Berk. & M. A. Curtis）Singer，野生分布于广东

粉紫小菇 *Mycena inclinata*（Fr.）Quél.，野生分布于青海、内蒙古、西藏等

垦丁小菇 *Mycena kentingensis* Y. S. Shih，C. Y. Chen，W. W. Lin & H. W. Kao，野生分布于台湾、福建

水晶小菇 *Mycena laevigata* Gillet，野生分布于海南

铅灰小菇 *Mycena leptocephala*（Pers.）Gillet，野生分布于黑龙江

黄小菇 *Mycena luteopallens* Peck，野生分布于吉林

具核小菇 *Mycena nucleata* X. He & X. D. Fang，野生分布于吉林

拟胶黏小菇 *Mycena pseudoglutinosa* Z. S. Bi，野生分布于广东

粉色小菇 *Mycena rosella*（Fr.）P. Kumm.，野生分布于广东

红边小菇 *Mycena roseomarginata* Hongo，野生分布于山东

浅白小菇 *Mycena subaquosa* A. H. Sm.，野生分布于西藏

基盘小菇 *Mycena stylobates*（Pers.）P. Kumm.，野生分布于湖南

近细小菇 *Mycena subgracilis* Z. S. Bi，野生分布于广东

亚长刺小菇 *Mycena sublongiseta* Z. S. Bi，野生分布于广东

绿缘小菇 *Mycena viridimarginata* P. Karst.，野生分布于吉林

黄囊小菇 *Mycena xanthocystidium* X. He & X. D. Fang，野生分布于吉林

2.2.1.7.2　扇菇属 *Panellus*

美味扇菇 *Panellus edulis* Y. C. Dai，野生分布于吉林、黑龙江、云南等

2.2.1.7.3　元蘑属 *Sarcomyxa*

美味元蘑 *Sarcomyxa edulis*（Y. C. Dai，Niemelä & G. F. Qin）T. Saito，T. Tonouchi & T. Harada，野生分布于吉林

2.2.1.8　脐菇科 Omphalotaceae

2.2.1.8.1　香菇属 *Lentinula*

香菇 *Lentinula edodes*（Berk.）Pegler，野生分布于全国

砖红香菇 *Lentinula lateritia*（Berk.）Pegler，野生分布于云南

新西兰香菇 *Lentinula novae-zelandiae*（G. Stev.）Pegler，野生分布于云南

2.2.1.9　膨瑚菌科 Physalacriaceae

2.2.1.9.1　蜜环菌属 *Armillaria*

北方蜜环菌 *Armillaria borealis* Marxm. & Korhonen，野生分布于陕西、青海、甘肃等

法国蜜环菌 *Armillaria gallica* Marxm. & Romagn.，野生分布于吉林、黑龙江、云南等

蜜环菌 *Armillaria mellea*（Vahl）P. Kumm.，野生分布于全国

红褐蜜环菌 *Armillaria obscura*（Schaeff.）Herink，野生分布于甘肃、新疆、四川等

奥氏蜜环菌 *Armillaria ostoyae*（Romagn.）Herink，野生分布于黑龙江、陕西、云南等

芥黄蜜环菌 *Armillaria sinapina* Bérubé & Dessur.，野生分布于黑龙江、陕西、云南等

假蜜环菌 *Armillaria tabescens*（Scop.）Emel，野生分布于全国

2.2.1.9.2　冬菇属 *Flammulina*

金针菇 *Flammulina filiformis*（Z. W. Ge，X. B. Liu & Zhu L. Yang）P. M. Wang，Y. C. Dai，E. Horak & Zhu L. Yang，野生分布于全国

喜杨冬菇 *Flammulina populicola* Redhead & R. H. Petersen，野生分布于云南

柳生冬菇 *Flammulina rossica* Redhead & R. H. Petersen，野生分布于内蒙古、云南、

西藏等

毛腿冬菇 *Flammulina velutipes*（Curtis）Singer，野生分布于云南、四川、西藏等

冬菇喜马拉雅变种 *Flammulina velutipes* var. *himalayana* Z. W. Ge，Kuan Zhao & Zhu L. Yang，野生分布于云南

云南冬菇 *Flammulina yunnanensis* Z. W. Ge & Zhu L. Yang，野生分布于云南

2.2.1.9.3　小奥德蘑属 *Oudemansiella*

杏仁形小奥德蘑 *Oudemansiella amygdaliformis* Zhu L. Yang & M. Zang，野生分布于云南

热带小奥德蘑 *Oudemansiella canarii*（Jungh.）Höhn，野生分布于云南、西藏

毕氏小奥德蘑 *Oudemansiella bii* Zhu L. Yang & Li F. Zhang，野生分布于广东

梵净山小奥德蘑 *Oudemansiella fanjingshanensis* M. Zang & X. L. Wu，野生分布于贵州

鳞柄小奥德蘑 *Oudemansiella furfuracea*（Peck）Zhu L. Yang，G. M. Muell.，G. Kost & Rexer，野生分布于云南

日本小奥德蘑 *Oudemansiella japonica*（Dörfelt）Pegler & T. W. K. Young，野生分布于云南

宽褶小奥德蘑 *Oudemansiella platensis*（Speg.）Speg.，野生分布于全国

长根小奥德蘑 *Oudemansiella radicata*（Relhan）Singer，野生分布于全国

卵孢小奥德蘑 *Oudemansiella raphanipes*（Berk.）Pegler & T. W. K. Young，野生分布于云南、西藏

膜被小奥德蘑 *Oudemansiella velata* Zhu L. Yang & M. Zang，野生分布于青海

云南小奥德蘑 *Oudemansiella yunnanensis* Zhu L. Yang & M. Zang，野生分布于云南

2.2.1.9.4　干蘑属 *Xerula*

绒干蘑 *Xerula pudens*（Pers.）Singer，野生分布于福建、海南、云南等

中华干蘑 *Xerula sinopudens* R. H. Petersen & Nagas.，野生分布于云南

硬毛干蘑 *Xerula strigosa* Zhu L. Yang，L. Wang & G. M. Muell，野生分布于云南

2.2.1.10　侧耳科 Pleurotaceae

2.2.1.10.1　亚侧耳属 *Hohenbuehelia*

圆孢亚侧耳 *Hohenbuehelia angustata*（Berk.）Singer，野生分布于内蒙古、四川

暗蓝亚侧耳 *Hohenbuehelia atrocoerulea*（Fr.）Singer，野生分布于海南

橙囊亚侧耳 *Hohenbuehelia aurantiocystis* Pegler，野生分布于海南

灰白亚侧耳 *Hohenbuehelia grisea*（Peck）Singer，野生分布于云南

巨囊亚侧耳 *Hohenbuehelia ingentimetuloidea* X. He，野生分布于吉林

橄榄绿毛亚侧耳 *Hohenbuehelia olivacea* Yu Liu & T. Bau，野生分布于吉林

勺形亚侧耳 *Hohenbuehelia petaloides*（Bull.）Schulzer，野生分布于吉林、云南、四川等

肾形亚侧耳 *Hohenbuehelia reniformis*（G. Mey.）Singer，野生分布于吉林、辽宁、云南等

林地亚侧耳 *Hohenbuehelia silvana*（Sacc.）O. K. Mill.，野生分布于海南

蹄形亚侧耳 *Hohenbuehelia unguicularis*（Fr.）O. K. Mill.，野生分布于广东

2.2.1.10.2 侧耳属 *Pleurotus*

冷杉侧耳 *Pleurotus abieticola* R. H. Petersen & K. W. Hughes，野生分布于云南、四川、西藏

白侧耳 *Pleurotus albellus*（Pat.）Pegler，野生分布于云南、海南

短柄侧耳 *Pleurotus anserinus* Sacc.，野生分布于西藏、云南

具盖侧耳 *Pleurotus calyptratus*（Lindblad ex Fr.）Sacc.，野生分布于吉林、河南

金顶侧耳 *Pleurotus citrinopileatus* Singer，野生分布于北京、吉林、云南等

白黄侧耳 *Pleurotus cornucopiae*（Paulet）Rolland，野生分布于北京、四川、云南等

盖囊侧耳 *Pleurotus cystidiosus* O. K. Mill.，野生分布于云南、四川

淡红侧耳 *Pleurotus djamor*（Rumph. ex Fr.）Boedijn，野生分布于云南、广东

栎生侧耳 *Pleurotus dryinus*（Pers.）P. Kumm.，野生分布于吉林、四川、云南等

刺芹侧耳 *Pleurotus eryngii*（DC.）Quél.，野生分布于新疆

白灵侧耳 *Pleurotus tuoliensis*（C. J. Mou）M. R. Zhao & Jin X. Zhang，野生分布于新疆

真线侧耳 *Pleurotus eugrammus*（Mont.）Dennis，野生分布于内蒙古

扇形侧耳 *Pleurotus flabellatus* Sacc.，野生分布于西藏、云南、海南等

沟纹侧耳 *Pleurotus fossulatus* Cooke，野生分布于四川、云南

巨大侧耳 *Pleurotus giganteus*（Berk.）Karun. & K. D. Hyde，野生分布于云南、湖南、广东等

木生侧耳 *Pleurotus lignatilis*（Pers.）P. Kumm.，野生分布于吉林、四川

小白侧耳 *Pleurotus limpidus*（Fr.）Sacc.，野生分布于西藏、云南、广东

蒙古侧耳 *Pleurotus mongolicus*（Kalchbr.）Sacc.，野生分布于内蒙古

黄毛侧耳 *Pleurotus nidulans*（Pers.）P. Kumm.，野生分布于北京、新疆、云南等

糙皮侧耳 *Pleurotus ostreatus*（Jacq.）P. Kumm.，野生分布于全国

宽柄侧耳 *Pleurotus platypus* Sacc.，野生分布于内蒙古、四川、云南等

贝形侧耳 *Pleurotus porrigens*（Pers.）P. Kumm.，野生分布于吉林、云南

肺形侧耳 *Pleurotus pulmonarius*（Fr.）Quél.，野生分布于全国

粉红侧耳 *Pleurotus rhodophyllus* Bres.，野生分布于云南、海南、贵州等

小白扇侧耳 *Pleurotus septicus*（Fr.）P. Kumm.，野生分布于贵州、云南、海南

长柄侧耳 *Pleurotus spodoleucus*（Fr.）Quél.，野生分布于吉林、四川、云南等

菌核侧耳 *Pleurotus tuber-regium*（Fr.）Singer，野生分布于云南

2.2.1.11 光柄菇科 Pluteaceae

2.2.1.11.1 光柄菇属 *Pluteus*

灰光柄菇 *Pluteus cervinus*（Schaeff.）P. Kumm.，野生分布于全国

2.2.1.11.2 草菇属 *Volvariella*

银丝草菇 *Volvariella bombycina*（Schaeff.）Singer，野生分布于四川、湖北、云南等

美味草菇 *Volvariella esculenta*（Massee）Singer，野生分布于广东、海南

草菇 *Volvariella volvacea*（Bull.）Singer，野生分布于广东、广西、云南等

2.2.1.12　裂褶菌科 Schizophyllaceae

2.2.1.12.1　裂褶菌属 *Schizophyllum*

耳片裂褶菌 *Schizophyllum amplum*（Lév.）Nakasone，野生分布于吉林、云南、广西等

裂褶菌 *Schizophyllum commune* Fr.，野生分布于全国

2.2.1.13　球盖菇科 Strophariaceae

2.2.1.13.1　田头菇属 *Agrocybe*

茶树菇 *Agrocybe aegerita*（V. Brig.）Singer，野生分布于福建、云南、广东等

柱状田头菇 *Agrocybe cylindracea*（DC.）Maire，野生分布于福建、云南、西藏等

杨柳田头菇 *Agrocybe salicaceicola* Zhu L. Yang，M. Zang & X. X. Liu，野生分布于云南

2.2.1.13.2　鳞伞属 *Pholiota*

多脂鳞伞 *Pholiota squarrosoadiposa* J. E. Lange，野生分布于吉林、黑龙江、云南

2.2.1.13.3　球盖菇属 *Stropharia*

皱环球盖菇 *Stropharia rugosoannulata* Farl. ex Murrill，野生分布于辽宁、云南、甘肃等

2.2.1.14　口蘑科 Tricholomataceae

2.2.1.14.1　金钱菌属 *Collybia*

雪白金钱菌 *Collybia nivea*（Mont.）Dennis，野生分布于吉林、广东、云南等

半焦金钱菌 *Collybia semiusta*（Berk. & M. A. Curtis）Dennis，野生分布于台湾

2.2.1.14.2　香蘑属 *Lepista*

白香蘑 *Lepista caespitosa*（Bres.）Singer，野生分布于吉林、内蒙古、新疆等

灰紫香蘑 *Lepista glaucocana*（Bres.）Singer，野生分布于黑龙江、甘肃、山西等

肉色香蘑 *Lepista irina*（Fr.）H. E. Bigelow，野生分布于黑龙江、山西、云南等

灰褐香蘑 *Lepista luscina*（Fr.）Singer，野生分布于河北、黑龙江、吉林等

紫丁香蘑 *Lepista nuda*（Bull.）Cooke，野生分布于黑龙江、青海、云南等

粉紫香蘑 *Lepista personata*（Fr.）Cooke，野生分布于黑龙江、内蒙古、新疆等

花脸香蘑 *Lepista sordida*（Schumach.）Singer，野生分布于云南、四川

2.2.1.14.3　白桩菇属 *Leucopaxillus*

纯白桩菇 *Leucopaxillus albissimus*（Peck）Singer，野生分布于新疆、西藏、山西

黄大白桩菇 *Leucopaxillus alboalutaceus*（F. H. Møller）F. H. Møller，野生分布于四川

苦白桩菇 *Leucopaxillus amarus*（Alb. & Schwein.）Kühner，野生分布于新疆、山西、西藏

白桩菇 *Leucopaxillus candidus*（Bres.）Singer，野生分布于黑龙江、山西、青海等

大白桩菇 *Leucopaxillus giganteus*（Sowerby）Singer，野生分布于河北、内蒙古、

新疆等

2.2.1.14.4 白丽蘑属 *Leucocalocybe*

蒙古白丽蘑 *Leucocalocybe mongolica* (S. Imai) X. D. Yu & Y. J. Yao，野生分布于内蒙古、河北

2.2.1.14.5 大伞菇属 *Macrocybe*

大伞菇 *Macrocybe gigantea* (Massee) Pegler & Lodge，野生分布于云南、广东、福建等

洛巴伊大伞菇 *Macrocybe lobayensis* (R. Heim) Pegler & Lodge，野生分布于福建、广东

2.2.1.14.6 铦囊蘑属 *Melanoleuca*

短柄铦囊蘑 *Melanoleuca brevipes* (Bull.) Pat.，野生分布于甘肃

铦囊蘑 *Melanoleuca cognata* (Fr.) Konrad & Maubl.，野生分布于吉林、江苏、云南等

钟形铦囊蘑 *Melanoleuca exscissa* (Fr.) Singer，野生分布于河北、青海、四川等

草生铦囊蘑 *Melanoleuca graminicola* (Velen.) Kühner & Maire，野生分布于甘肃

条柄铦囊蘑 *Melanoleuca grammopodia* (Bull.) Murrill，野生分布于黑龙江、西藏、山西

黑白铦囊蘑 *Melanoleuca melaleuca* (Pers.) Murrill，野生分布于黑龙江、西藏、新疆等

直柄铦囊蘑 *Melanoleuca strictipes* (P. Karst.) Jul. Schäff.，野生分布于新疆、山西、西藏

近条柄铦囊蘑 *Melanoleuca substrictipes* Kühner，野生分布于河北、甘肃、陕西

点柄铦囊蘑 *Melanoleuca verrucipes* (Fr.) Singer，野生分布于吉林、西藏

2.2.1.14.7 口蘑属 *Tricholoma*

多鳞口蘑 *Tricholoma atrosquamosum* Sacc.，野生分布于西藏

橘黄口蘑 *Tricholoma aurantium* (Schaeff.) Ricken，野生分布于云南、陕西、吉林等

假松茸 *Tricholoma bakamatsutake* Hongo，野生分布于云南、四川

黄褐口蘑 *Tricholoma fulvum* (DC.) Bigeard & H. Guill.，野生分布于四川、云南、吉林等

鳞盖口蘑 *Tricholoma imbricatum* (Fr.) P. Kumm.，野生分布于青海、四川、云南等

松茸 *Tricholoma matsutake* (S. Ito & S. Imai) Singer，野生分布于云南、吉林、西藏等

杨树口蘑 *Tricholoma populinum* J. E. Lange，野生分布于内蒙古、河北、山西等

灰褐纹口蘑 *Tricholoma portentosum* (Fr.) Quél.，野生分布于甘肃、辽宁、吉林等

粗大口蘑 *Tricholoma robustum* (Alb. & Schwein.) Ricken，野生分布于陕西、辽宁

雕纹口蘑 *Tricholoma scalpturatum* (Fr.) Quél.，野生分布于黑龙江、青海、新

疆等

黄绿口蘑 *Tricholoma sejunctum*（Sowerby）Quél.，野生分布于甘肃、西藏

棕灰口蘑 *Tricholoma terreum*（Schaeff.）P. Kumm.，野生分布于黑龙江、河北、青海等

红鳞口蘑 *Tricholoma vaccinum*（Schaeff.）P. Kumm.，野生分布于新疆、西藏、吉林等

凸顶口蘑 *Tricholoma virgatum*（Fr.）P. Kumm.，野生分布于吉林、山西、四川等

2.2.1.14.8　拟口蘑属 *Tricholomopsis*

竹林拟口蘑 *Tricholomopsis bambusina* Hongo，野生分布于福建、广西、湖北等

黄拟口蘑 *Tricholomopsis decora*（Fr.）Singer，野生分布于吉林、云南、西藏等

2.2.2　木耳目 Auriculariales

2.2.2.1　木耳科 Auriculariaceae

2.2.2.1.1　木耳属 *Auricularia*

美洲木耳 *Auricularia americana* Parmasto & I. Parmasto ex Audet，Boulet & Sirard，野生分布于四川、云南、西藏

木耳 *Auricularia auricula-judae*（Bull.）Quél.，野生分布于云南、西藏

毛木耳 *Auricularia cornea* Ehrenb.，野生分布于云南、福建、四川等

皱木耳 *Auricularia delicate*（Mont. ex Fr.）Henn.，野生分布于云南、广东、广西等

象牙木耳 *Auricularia eburnea* L. J. Li & B. Liu，野生分布于海南

褐黄木耳 *Auricularia fuscosuccinea*（Mont.）Henn.，野生分布于全国

海南木耳 *Auricularia hainanensis* L. J. Li，野生分布于海南

黑木耳 *Auricularia heimuer* F. Wu，B. K. Cui & Y. C. Dai，野生分布于全国

黑皱木耳 *Auricularia moelleri* Lloyd，野生分布于广西、海南、云南等

盾形木耳 *Auricularia peltata* Lloyd，野生分布于福建、江西、云南等

网脉木耳 *Auricularia reticulate* L. J. Li，野生分布于海南

短毛木耳 *Auricularia villosula* Malysheva，野生分布于吉林、辽宁、内蒙古等

西沙木耳 *Auricularia xishaensis* L. J. Li，野生分布于海南

2.2.3　牛肝菌目 Boletales

2.2.3.1　小牛肝菌科 Boletinellaceae

2.2.3.1.1　网柄牛肝菌属 *Phlebopus*

暗褐网柄牛肝菌 *Phlebopus portentosus*（Berk. & Broome）Boedijn，野生分布于云南、广东、海南等

2.2.3.2　须腹菌科 Rhizopogonaceae

2.2.3.2.1　须腹菌属 *Rhizopogon*

浅黄根须腹菌 *Rhizopogon luteolus* Fr.，野生分布于福建、云南

变黑须腹菌 *Rhizopogon nigrescens* Coker & Couch，野生分布于云南

黑根须腹菌 *Rhizopogon piceus* Berk. & M. A. Curtis，野生分布于福建、山西

里氏须腹菌 *Rhizopogon reae* A. H. Sm.，野生分布于广东、云南

玫红根须腹菌 *Rhizopogon roseolus*（Corda）Th. Fr.，野生分布于云南、福建

褐黄须腹菌 *Rhizopogon superiorensis* A. H. Sm.，野生分布于云南、四川

2.2.3.3 硬皮马勃科 Sclerodermataceae

2.2.3.3.1 硬皮马勃属 *Scleroderma*

云南硬皮马勃 *Scleroderma yunnanense* Y. Wang，野生分布于云南

2.2.4 锈革空菌目 Hymenochaetales

2.2.4.1 锈革孔菌科 Hymenochaetaceae

2.2.4.1.1 拟木层孔菌属 *Phellinopsis*

无干毛拟木层孔菌 *Phellinopsis asetosa* L. W. Zhou，野生分布于云南

小通草拟木层孔菌 *Phellinopsis helwingiae* L. W. Zhou & W. M. Qin，野生分布于四川

刺柏拟木层孔菌 *Phellinopsis junipericola* L. W. Zhou，野生分布于青海

欧氏拟木层孔菌 *Phellinopsis overholtsii*（Ginns）L. W. Zhou & Ginns，野生分布于甘肃、吉林、云南等

2.2.4.1.2 木层孔菌属 *Phellinu*s

贝形木层孔菌 *Phellinus conchatus*（Pers.）Quél.，野生分布于吉林、河北、河南等

硬木层孔菌 *Phellinus durissimus*（Lloyd）Roy，野生分布于海南、云南

淡黄木层孔菌 *Phellinus gilvus*（Schwein.）Pat.，野生分布于四川、海南、广东等

哈蒂木层孔菌 *Phellinus hartigii*（Allesch. & Schnabl）Pat.，野生分布于河北、吉林、云南

火木层孔菌 *Phellinus igniarius*（L.）Quél.，野生分布于吉林、陕西、云南等

无针木层孔菌 *Phellinus inermis*（Ellis & Everhart）G. Cunn.，野生分布于福建、广西、云南等

松木层孔菌 *Phellinus pini*（Fr.）A. Ames，野生分布于陕西、吉林、云南等

毛木层孔菌 *Phellinus setulosus*（Lloyd）Imazeki，野生分布于辽宁、安徽、云南等

宽棱木层孔菌 *Phellinus torulosus*（Pers.）Bourdot & Galzin，野生分布于湖南、云南、海南等

2.2.4.1.3 桑黄孔菌属 *Sanghuangporus*

高山桑黄 *Sanghuangporus alpinus*（Y. C. Dai & X. M. Tian）L. W. Zhou & Y. C. Dai，野生分布于西藏、云南、四川

栎生桑黄 *Sanghuangporus quercicola* Lin Zhu & B. K. Cui，野生分布于河南

暴马桑黄 *Sanghuangporus baomii*（Pilát）L. W. Zhou & Y. C. Dai，野生分布于北京、河北、吉林等

桑黄 *Sanghuangporus sanghuang*（Sheng H. Wu，T. Hatt. & Y. C. Dai）Sheng H. Wu，L. W. Zhou & Y. C. Dai，野生分布于吉林、黑龙江

杨树桑黄 *Sanghuangporus vaninii*（Ljub.）L. W. Zhou & Y. C. Dai，野生分布于黑龙江、辽宁、吉林等

锦带花桑黄 *Sanghuangporus weigelae*（T. Hatt. & Sheng H. Wu）Sheng H. Wu，L. W. Zhou & Y. C. Dai，野生分布于贵州、云南、湖南等

环纹桑黄 *Sanghuangporus zonatus*（Y. C. Dai & X. M. Tian）L. W. Zhou & Y. C. Dai，野生分布于吉林

2.2.5　鬼笔目 Phallales

2.2.5.1　鬼笔科 Phallaceae

2.2.5.1.1　鬼笔属 *Phallus*

棘托竹荪 *Phallus echinovolvatus*（M. Zang，D. R. Zheng & Z. X. Hu）Kreisel，野生分布于云南

香鬼笔 *Phallus fragrans* M. Zang，野生分布于湖北、云南、西藏

长裙竹荪 *Phallus indusiatus* Vent.，野生分布于广东、广西、云南等

白鬼笔 *Phallus impudicus* L.，野生分布于山西、西藏、广东等

红托竹荪 *Phallus rubrovolvatus*（M. Zang，D. G. Ji & X. X. Liu）Kreisel，野生分布于云南、广西、贵州等

2.2.6　多孔菌目 Polyporales

2.2.6.1　拟层孔菌科 Fomitopsidaceae

2.2.6.1.1　迷孔菌属 *Daedalea*

白肉迷孔菌 *Daedalea dickinsii* Yasuda，野生分布于河北、黑龙江、广西等

2.2.6.1.2　拟迷孔菌属 *Daedaleopsis*

三色拟迷孔菌 *Daedaleopsis tricolor*（Bull.）Bondartsev & Singer，野生分布于河北、海南、云南等

2.2.6.1.3　绚孔菌 *Laetiporus*

硫黄绚孔菌 *Laetiporus sulphureus*（Bull.）Murrill，野生分布于云南、四川、新疆等

2.2.6.1.4　桦剥管孔菌属 *Piptoporus*

桦剥管孔菌 *Piptoporus betulinus*（Bull.）P. Karst.，野生分布于吉林、陕西、云南等

栎剥管孔菌 *Piptoporus quercinus*（Schrad.）Pilát，野生分布于安徽、山东

索伦剥管孔菌 *Piptoporus soloniensis*（Dubois）Pilát，野生分布于福建、四川

2.2.6.2　灵芝科 Ganodermataceae

2.2.6.2.1　假芝属 *Amauroderma*

厦门假芝 *Amauroderma amoiense* J. D. Zhao & L. W. Hsu，野生分布于福建、海南

耳勺假芝 *Amauroderma auriscalpium*（Pers.）Torrend，野生分布于福建

华南假芝 *Amauroderma austrosinense* J. D. Zhao & L. W. Hsu，野生分布于海南、广西

大假芝 *Amauroderma bataanense* Murrill，野生分布于海南、广西

光粗柄假芝 *Amauroderma conjunctum*（Lloyd）Torrend，野生分布于海南

大瑶山假芝 *Amauroderma dayaoshanense* J. D. Zhao & X. Q. Zhang，野生分布于

广西

黑漆假芝 *Amauroderma exile*（Berk.）Torrend，野生分布于云南

福建假芝 *Amauroderma fujianense* J. D. Zhao，L. W. Hsu & X. Q. Zhang，野生分布于福建

广西假芝 *Amauroderma guangxiense* J. D. Zhao & X. Q. Zhang，野生分布于广西

江西假芝 *Amauroderma jiangxiense* J. D. Zhao & X. Q. Zhang，野生分布于江西

弄岗假芝 *Amauroderma longgangense* J. D. Zhao & X. Q. Zhang，野生分布于广西

普氏假芝 *Amauroderma preussii*（Henn.）Steyaert，野生分布于广东

皱盖假芝 *Amauroderma rude*（Berk.）Torrend，野生分布于福建、贵州、云南等

假芝 *Amauroderma rugosum*（Blume & T. Nees）Torrend，野生分布于福建、海南、云南等

拟模假芝 *Amauroderma schomburgkii*（Mont. & Berk.）Torrend，野生分布于福建、云南

五指山假芝 *Amauroderma wuzhishanense* J. D. Zhao & X. Q. Zhang，野生分布于海南

云南假芝 *Amauroderma yunnanense* J. D. Zhao & X. Q. Zhang，野生分布于云南

2.2.6.2.2 灵芝属 *Ganoderma*

拟热带灵芝 *Ganoderma ahmadii* Steyaert，野生分布于台湾、海南

白缘灵芝 *Ganoderma albomarginatum* S. C. He，野生分布于贵州

拟鹿角灵芝 *Ganoderma amboinense*（Lam.）Pat.，野生分布于海南、云南

树舌灵芝 *Ganoderma applanatum*（Pers.）Pat.，野生分布于全国

黑灵芝 *Ganoderma atrum* J. D. Zhao，L. W. Hsu & X. Q. Zhang，野生分布于海南

南方灵芝 *Ganoderma austral*（Fr.）Pat.，野生分布于全国

闽南灵芝 *Ganoderma austrofujianense* J. D. Zhao，L. W. Hsu & X. Q. Zhang，野生分布于福建

霸王岭灵芝 *Ganoderma bawanglingense* J. D. Zhao & X. Q. Zhang，野生分布于广东

兼性灵芝 *Ganoderma bicharacteristicum* X. Q. Zhang，野生分布于云南

褐灵芝 *Ganoderma brownie*（Murrill）Gilb.，野生分布于福建、云南、西藏等

喜热灵芝 *Ganoderma calidophilum* J. D. Zhao，L. W. Hsu & X. Q. Zhang，野生分布于海南

鸡油菌灵芝 *Ganoderma cantharelloideum* M. H. Liu，野生分布于贵州

薄盖灵芝 *Ganoderma capense*（Lloyd）Teng，野生分布于海南

册亨灵芝 *Ganoderma cehengense* X. L. Wu，野生分布于贵州

紫铜灵芝 *Ganoderma chalceum*（Cooke）Steyaert，野生分布于海南、云南

澄海灵芝 *Ganoderma chenghaiense* J. D. Zhao，野生分布于广东

琼中灵芝 *Ganoderma chiungchungense* X. L. Wu，野生分布于海南

背柄紫灵芝 *Ganoderma cochlear*（Blume & T. Nees）Merr.，野生分布于广西、云南

密纹灵芝 *Ganoderma crebrostriatum* J. D. Zhao & L. W. Hsu，野生分布于海南

高盘灵芝 *Ganoderma cupreopodium* X. L. Wu & X. Q. Zhang，野生分布于贵州

弱光泽灵芝 *Ganoderma curtisii*（Berk.）Murrill，野生分布于湖北、云南、江西等

大青山灵芝 *Ganoderma daiqingshanense* J. D. Zhao，野生分布于广西

密环灵芝 *Ganoderma densizonatum* J. D. Zhao & X. Q. Zhang，野生分布于广东

吊罗山灵芝 *Ganoderma diaoluoshanense* J. D. Zhao & X. Q. Zhang，野生分布于广东、海南、云南

唐氏灵芝 *Ganoderma donkii* Steyaert，野生分布于云南

弯柄灵芝 *Ganoderma flexipes* Pat.，野生分布于海南、云南

台湾灵芝 *Ganoderma formosanum* T. T. Chang & T. Chen，野生分布于台湾、贵州

拱状灵芝 *Ganoderma fornicatum*（Fr.）Pat.，野生分布于海南

有柄灵芝 *Ganoderma gibbosum*（Blume & T. Nees）Pat.，野生分布于云南、海南、河北等

桂南灵芝 *Ganoderma guinanense* J. D. Zhao & X. Q. Zhang，野生分布于浙江、广西、云南等

贵州灵芝 *Ganoderma guizhouense* S. C. He，野生分布于贵州、云南

海南灵芝 *Ganoderma hainanense* J. D. Zhao，L. W. Hsu & X. Q. Zhang，野生分布于海南

尖峰岭灵芝 *Ganoderma jianfenglingense* X. L. Wu，野生分布于贵州

昆明灵芝 *Ganoderma kunmingense* J. D. Zhao，野生分布于云南

白肉灵芝 *Ganoderma leucocontextum* T. H. Li，W. Q. Deng，D. M. Wang & H. P. Hu，野生分布于西藏、云南、四川等

灵芝 *Ganoderma lingzhi* Sheng H. Wu，Y. Cao & Y. C. Dai，野生分布于全国

黎姆山灵芝 *Ganoderma limushanense* J. D. Zhao & X. Q. Zhang，野生分布于海南、云南、台湾等

层叠灵芝 *Ganoderma lobatum*（Schwein.）G. F. Atk.，野生分布于河北、浙江、云南等

亮盖灵芝 *Ganoderma lucidum*（Curtis）P. Karst.，野生分布于云南、吉林

黄边灵芝 *Ganoderma luteomarginatum* J. D. Zhao，L. W. Hsu & X. Q. Zhang，野生分布于广东、贵州

大孔灵芝 *Ganoderma magniporum* J. D. Zhao & X. Q. Zhang，野生分布于广西

无柄紫灵芝 *Ganoderma mastoporum*（Lév.）Pat.，野生分布于海南、云南

华中灵芝 *Ganoderma mediosinense* J. D. Zhao，野生分布于江西、湖北、湖南

梅江灵芝 *Ganoderma meijiangense* J. D. Zhao，野生分布于广东、云南

小孢灵芝 *Ganoderma microsporum* R. S. Hseu，野生分布于台湾

奇异灵芝 *Ganoderma mirabile*（Lloyd）C. J. Humphrey，野生分布于甘肃

奇绒毛灵芝 *Ganoderma mirivelutinum* J. D. Zhao，野生分布于海南

重盖灵芝 *Ganoderma multipileum* Ding Hou，野生分布于台湾

黄灵芝 *Ganoderma multiplicatum*（Mont.）Pat.，野生分布于海南

异壳丝灵芝 *Ganoderma mutabile* Y. Cao & H. S. Yuan，野生分布于吉林

新日本灵芝 *Ganoderma neojaponicum* Imazeki，野生分布于北京、山东、海南等

亮黑灵芝 *Ganoderma nigrolucidum*（Lloyd）D. A. Reid，野生分布于海南、贵州、云南等

光亮灵芝 *Ganoderma nitidum* Murrill，野生分布于福建、海南

赭漆灵芝 *Ganoderma ochrolaccatum*（Mont.）Pat.，野生分布于海南、四川

壳状灵芝 *Ganoderma ostracodes* Pat.，野生分布于云南

小马蹄灵芝 *Ganoderma parviungulatum* J. D. Zhao & X. Q. Zhang，野生分布于广东

佩氏灵芝 *Ganoderma petchii*（Lloyd）Steyaert，野生分布于广东

弗氏灵芝 *Ganoderma pfeifferi* Bres.，野生分布于海南

橡胶灵芝 *Ganoderma philippii*（Bres. & Henn. ex Sacc.）Bres.，野生分布于海南、云南

多分枝灵芝 *Ganoderma ramosissimum* J. D. Zhao，野生分布于云南、海南

无柄灵芝 *Ganoderma resinaceum* Boud.，野生分布于湖北、广东、云南等

大圆灵芝 *Ganoderma rotundatum* J. D. Zhao，L. W. Hsu & X. Q. Zhang，野生分布于海南

三明灵芝 *Ganoderma sanmingense* J. D. Zhao & X. Q. Zhang，野生分布于福建

山东灵芝 *Ganoderma shandongense* J. D. Zhao & L. W. Xu，野生分布于山东

上思灵芝 *Ganoderma shangsiense* J. D. Zhao，野生分布于广东

四川灵芝 *Ganoderma sichuanense* J. D. Zhao & X. Q. Zhang，野生分布于海南、四川、贵州

思茅灵芝 *Ganoderma simaoense* J. D. Zhao，野生分布于云南

紫芝 *Ganoderma sinense* J. D. Zhao，L. W. Hsu & X. Q. Zhang，野生分布于台湾、福建、山东等

具柄灵芝 *Ganoderma stipitatum*（Murrill）Murrill，野生分布于江苏、浙江、云南等

拟层状灵芝 *Ganoderma stratoideum* S. C. He，野生分布于贵州

二孢灵芝 *Ganoderma subresinosum*（Murrill）C. J. Humphrey，野生分布于海南、广西、云南

伞状灵芝 *Ganoderma subumbraculum* Imazeki，野生分布于天津

密纹薄灵芝 *Ganoderma tenue* J. D. Zhao，L. W. Hsu & X. Q. Zhang，野生分布于北京、河北、云南等

茶病灵芝 *Ganoderma theaecola* J. D. Zhao，野生分布于湖北、广西、云南等

西藏灵芝 *Ganoderma tibetanum* J. D. Zhao & X. Q. Zhang，野生分布于西藏、云南

三角状灵芝 *Ganoderma triangulum* J. D. Zhao & L. W. Hsu，野生分布于广东、海南、安徽

热带灵芝 *Ganoderma tropicum*（Jungh.）Bres.，野生分布于海南

镘形灵芝 *Ganoderma trulla* Steyaert，野生分布于海南

粗皮灵芝 *Ganoderma tsunodae* Yasuda，野生分布于云南

马蹄状灵芝 *Ganoderma ungulatum* J. D. Zhao & X. Q. Zhang，野生分布于广东

紫光灵芝 *Ganoderma valesiacum* Boud，野生分布于福建、海南

芜湖灵芝 *Ganoderma wuhuense* X. F. Ren，野生分布于安徽

镇宁灵芝 *Ganoderma zhenningense* S. C. He，野生分布于贵州

2.2.6.2.3　鸡冠孢属 *Haddowia*

长柄鸡冠孢 *Haddowia longipes*（Lév.）Steyaert，野生分布于海南、云南

2.2.6.2.4　网孢芝属 *Humphreya*

咖啡网孢芝 *Humphreya coffeata*（Berk.）Steyaert，野生分布于海南、西藏、云南等

2.2.6.3　亚灰树花菌科（薄孔菌科）Meripilaceae

2.2.6.3.1　灰树花属 *Grifola*

灰树花 *Grifola frondosa*（Dicks.）Gray，野生分布于云南、四川、浙江等

2.2.6.3.2　硬孔菌属 *Rigidoporus*

榆硬孔菌 *Rigidoporus ulmarius*（Sowerby）Imazeki，野生分布于海南、浙江、云南等

2.2.6.4　皱孔菌科 Meruliaceae

2.2.6.4.1　残孔菌属 *Abortiporus*

二年残孔菌 *Abortiporus biennis*（Bull.）Singer，野生分布于云南、广西、四川等

2.2.6.4.2　烟管菌属 *Bjerkandera*

黑烟管菌 *Bjerkandera adusta*（Willd.）P. Karst.，野生分布于云南、陕西、新疆等

2.2.6.4.3　耙齿菌属 *Irpex*

鲑贝耙齿菌 *Irpex consors* Berk.，野生分布于云南

白囊耙齿菌 *Irpex lacteus*（Fr.）Fr.，野生分布于云南、湖北、广西等

绒囊耙齿菌 *Irpex vellereus* Berk. & Broome，野生分布于广西、云南、海南

2.2.6.5　多孔菌科 Polyporaceae

2.2.6.5.1　隐孔菌属 *Cryptoporus*

中华隐孔菌 *Cryptoporus sinensis* Sheng H. Wu & M. Zang，野生分布于云南

隐孔菌 *Cryptoporus volvatus*（Peck）Shear，野生分布于云南、河北、北京等

2.2.6.5.2　大孔菌属 *Favolus*

漏斗棱孔菌 *Favolus arcularius*（Batsch）Fr.，野生分布于广西

宽鳞棱孔菌 *Favolus squamosus*（Huds.）Ames.，野生分布于广西、云南、广东等

2.2.6.5.3　层孔菌 *Fomes*

木蹄层孔菌 *Fomes fomentarius*（L.）Fr.，野生分布于吉林、云南、西藏等

2.2.6.5.4　拟层孔菌属 *Fomitopsis*

红缘拟层孔菌 *Fomitopsis pinicola*（Sw.）P. Karst.，野生分布于广西、四川、云南等

2.2.6.5.5 雷丸菌属 *Laccocephalum*

雷丸菌 *Laccocephalum mylittae*（Cooke & Massee）Núñez & Ryvarden，野生分布于安徽、广西、云南等

哈氏雷丸菌 *Laccocephalum hartmannii*（Cooke）Núñez & Ryvarden，野生分布于四川

2.2.6.5.6 斗菇属 *Lentinus*

环柄斗菇 *Lentinus sajor-caju*（Fr.）Fr.，野生分布于全国

应兵斗菇 *Lentinus scleropus*（Pers.）Fr.，野生分布于广东、海南

虎纹斗菇 *Lentinus tigrinus*（Bull.）Fr.，野生分布于吉林、云南

褐绒斗菇 *Lentinus velutinus* Fr.，野生分布于云南、广东、海南等

2.2.6.5.7 褶孔菌属 *Lenzites*

桦褶孔菌 *Lenzites betulina*（L.）Fr.，野生分布于湖北、北京、四川等

2.2.6.5.8 虎乳灵芝属 *Lignosus*

虎乳灵芝 *Lignosus rhinoceros*（Cooke）Ryvarden，野生分布于海南

2.2.6.5.9 革耳属 *Panus*

纤毛革耳 *Panus brunneipes* Corner，野生分布于云南、福建、海南等

贝壳状革耳 *Panus conchatus*（Bull.）Fr.，野生分布于西藏、云南

2.2.6.5.10 多孔菌属 *Polyporus*

漏斗多孔菌 *Polyporus arcularius*（Batsch）Fr.，野生分布于吉林、海南、云南等

2.2.6.5.11 密孔菌属 *Pycnoporus*

鲜红密孔菌 *Pycnoporus cinnabarinus*（Jacq.）P. Karst.，野生分布于吉林、山东、云南等

血红密孔菌 *Pycnoporus sanguineus*（L.）Murrill，野生分布于黑龙江、湖北、云南等

2.2.6.5.12 栓菌属 *Trametes*

瓣环栓孔菌 *Trametes cingulata* Berk.，野生分布于江西、云南

迷宫栓孔菌 *Trametes gibbosa*（Pers.）Fr.，野生分布于北京、青海、云南等

毛栓孔菌 *Trametes hirsuta*（Wulfen）Pilát，野生分布于云南、西藏、安徽等

云芝栓孔菌 *Trametes versicolor*（L.）Lloyd，野生分布于全国

2.2.6.5.13 茯苓属 *Wolfiporia*

锥茯苓 *Wolfiporia castanopsis* Y. C. Dai，野生分布于云南

长白山茯苓 *Wolfiporia cartilaginea* Ryvarden，野生分布于吉林

茯苓 *Wolfiporia cocos*（F. A. Wolf）Ryvarden & Gilb，野生分布于云南、四川、西藏等

弯孢茯苓 *Wolfiporia curvispora* Y. C. Dai，野生分布于吉林

2.2.6.6 绣球菌科 Sparassidaceae

2.2.6.6.1 绣球菌属 *Sparassis*

囊状体绣球菌 *Sparassis cystidiosa* Desjardin & Zheng Wang，野生分布于云南

广叶绣球菌 *Sparassis latifolia* Y. C. Dai & Zheng Wang，野生分布于吉林、云南

亚高山绣球菌 *Sparassis subalpina* Q. Zhao，Zhu L. Yang & Y. C. Dai，野生分布于云南

2.2.6.7 科不定

2.2.6.7.1 樟芝属 *Taiwanofungus*

樟芝 *Taiwanofungus camphoratus*（M. Zang & C. H. Su）Sheng H. Wu，Z. H. Yu，Y. C. Dai & C. H. Su，野生分布于台湾

香杉芝 *Taiwanofungus salmoneus*（T. T. Chang & W. N. Chou）Sheng H. Wu，Z. H. Yu，Y. C. Dai & C. H. Su，野生分布于台湾

2.2.7 红菇目 Russulales

2.2.7.1 瘤孢多孔菌科 Bondarzewiaceae

2.2.7.1.1 瘤孢多孔菌 *Bondarzewia*

伯克利瘤孢多孔菌 *Bondarzewia berkeleyi*（Fr.）Bondartsev & Singer，野生分布于云南、广西、广东

圆瘤孢多孔菌 *Bondarzewia montana*（Quél.）Singer，野生分布于云南、广西、广东

罗汉松瘤孢多孔菌 *Bondarzewia podocarpi* Y. C. Dai & B. K. Cui，野生分布于海南

2.2.7.2 猴头菇科 Hericiaceae

2.2.7.2.1 猴头菇属 *Hericium*

珊瑚猴头菇 *Hericium coralloides*（Scop.）Pers.，野生分布于吉林、云南、西藏等

猴头菇 *Hericium erinaceus*（Bull.）Pers.，野生分布于吉林、云南、西藏

2.2.7.3 红菇科 Russulaceae

2.2.7.3.1 乳菇属 *Lactarius*

香乳菇 *Lactarius camphoratus*（Bull.）Fr.，野生分布于广西、云南、甘肃等

鸡山乳菇 *Lactarius chichuensis* W. F. Chiu，野生分布于云南

白杨乳菇 *Lactarius controversus* Pers.，野生分布于内蒙古、吉林、云南等

皱盖乳菇 *Lactarius corrugis* Peck，野生分布于安徽、广东、云南

松乳菇 *Lactarius deliciosus*（L.）Gray，野生分布于全国

红汁乳菇 *Lactarius hatsudake* Nobuj. Tanaka，野生分布于全国

蓝绿乳菇 *Lactarius indigo*（Schwein.）Fr.，野生分布于云南、海南、四川等

苍白乳菇 *Lactarius pallidus* Pers.，野生分布于福建、吉林、云南等

血红乳菇 *Lactarius sanguifluus*（Paulet）Fr.，野生分布于江苏、云南、新疆等

多汁乳菇 *Lactarius volemus*（Fr.）Fr.，野生分布于全国

2.2.7.3.2 红菇属 *Russula*

铜绿红菇 *Russula aeruginea* Lindbl. ex Fr.，野生分布于四川、云南、西藏等

黄斑红菇 *Russula aurata* Fr.，野生分布于黑龙江、云南、广东等

葡紫红菇 *Russula azurea* Bres.，野生分布于云南

矮狮红菇 *Russula chamaeleontina*（Lasch）Fr.，野生分布于台湾、云南、青海等

黄斑绿菇 *Russula crustosa* Peck，野生分布于福建、广东、云南等

花盖红菇 *Russula cyanoxantha*（Schaeff.）Fr.，野生分布于云南、四川、广东等

褪色红菇 *Russula decolorans*（Fr.）Fr.，野生分布于吉林、河北、云南等
大白菇 *Russula delica* Fr.，野生分布于云南、广东、吉林等
山毛榉红菇 *Russula faginea* Romagn.，野生分布于广东、河北、云南等
乳白绿菇 *Russula galochroa*（Fr.）Fr.，野生分布于云南、福建、贵州等
叶绿红菇 *Russula heterophylla*（Fr.）Fr.，野生分布于江苏、云南、吉林等
红菇 *Russula lepida* Fr.，野生分布于全国
细绒盖红菇 *Russula lepidicolor* Romagn.，野生分布于广东、河北
淡紫红菇 *Russula lilacea* Quél.，野生分布于福建、陕西、云南等
红黄红菇 *Russula luteotacta* Rea，野生分布于广东、四川、云南等
绒紫红菇 *Russula mariae* Peck，野生分布于江苏、广西、云南等
赭盖红菇 *Russula mustelina* Fr.，野生分布于江苏、广东、云南等
光亮红菇 *Russula nitida*（Pers.）Fr.，野生分布于四川、云南
蜜黄红菇 *Russula ochracea* Fr.，野生分布于云南、四川、西藏等
青黄红菇 *Russula olivacea* Pers.，野生分布于黑龙江、云南、新疆等
橄榄色红菇 *Russula olivascens* Fr.，野生分布于新疆、辽宁
沼泽红菇 *Russula paludosa* Britzelm.，野生分布于黑龙江、云南、西藏等
假大白菇 *Russula pseudodelica* J. E. Lange，野生分布于福建、吉林
紫薇红菇 *Russula puellaris* Fr.，野生分布于西藏、云南、四川等
俏红菇 *Russula pulchella* I. G. Borshch.，野生分布于吉林、江苏、云南等
玫瑰柄红菇 *Russula roseipes* Secr. ex Bres.，野生分布于广东
变黑红菇 *Russula rubescens* Beardslee，野生分布于河南、吉林
大朱红菇 *Russula rubra*（Fr.）Fr.，野生分布于黑龙江、福建、云南等
血红菇 *Russula sanguinea* Fr.，野生分布于河南、福建、云南等
茶褐红菇 *Russula sororia* Fr.，野生分布于辽宁、广西、云南等
粉红菇 *Russula subdepallens* Peck，野生分布于吉林、福建、云南等
黄孢紫红菇 *Russula turci* Bres.，野生分布于云南
正红菇 *Russula vinosa* Lindblad，野生分布于广东、福建、四川等
绿菇 *Russula virescens*（Schaeff.）Fr.，野生分布于云南、四川、西藏等
黄袍红菇 *Russula xerampelina*（Schaeff.）Fr.，野生分布于黑龙江、湖南、云南等

2.2.7.4 韧革菌科 Stereaceae

2.2.7.4.1 串珠盘革菌属 *Aleurodiscus*

串珠盘革菌 *Aleurodiscus amorphous*（Pers.）J. Schröt.，野生分布于甘肃、四川、黑龙江等

2.2.7.4.2 韧革菌属 *Stereum*

烟色韧革菌 *Stereum gausapatum*（Fr.）Fr.，野生分布于北京、甘肃、云南等
毛韧革菌 *Stereum hirsutum*（Willd.）Pers.，野生分布于云南、西藏、四川等

2.2.8 革菌目 Thelephorales

2.2.8.1 烟白齿菌科 Bankeraceae

2.2.8.1.1　拟牛肝菌 *Boletopsis*

灰黑拟牛肝菌 *Boletopsis grisea*（Peck）Bondartsev & Singer，野生分布于云南

亚磷拟牛肝菌 *Boletopsis subsquamosa*（L.）Kotl. & Pouzar，野生分布于新疆

2.2.8.1.2　肉齿菌属 *Sarcodon*

翘鳞肉齿菌 *Sarcodon imbricatus*（L.）P. Karst.，野生分布于新疆、西藏、云南等

粗糙肉齿菌 *Sarcodon scabrosus*（Fr.）P. Karst.，野生分布于四川、云南、山西等

（赵永昌）

主要参考文献

刘开启，2004. 真菌生态学概述［J］. 仲恺农业技术学院学报，17（4）：59－66.

姚一建，李熠，2016. 菌物分类学研究中常见的物种概念［J］. 生物多样性，24（9）：1020－1023.

赵永昌，柴红梅，陈卫民，等，2017. 干巴菌生态微干预促繁技术操作规程研究［J］. 食药用菌，25（5）：297－302.

Bonet J A，de－Miguel S，Martínez de Aragón J，et al.，2012. Immediate effect of thinning on the yield of *Lactarius* group *deliciosus* in *Pinus pinaster* forests in Northeastern Spain［J］. Forest ecology and management，265：211－217.

de－Miguel S，Bonet J A，Pukkala T，et al.，2014. Impact of forest management intensity on landscape－level mushroom productivity：A regional model－based scenario analysis［J］. Forest ecology and management，330：218－227.

Egli S，Ayer F，Peter M，et al.，2010. Is forest mushroom productivity driven by tree growth? Results from a thinning experiment［J］. Annals of forest science，67（5）：509.

Luoma DL，Eberhart JL，Abbott R，et al.，2006. Effects of mushroom harvest technique on subsequent American matsutake production［J］. Forest ecology and management，236：65－75.

Narimatsu M，Koiwa T，Masaki T，et al.，2015. Relationship between climate，expansion rate，and fruiting in fairy rings（'shiro'）of an ectomycorrhizal fungus *Tricholoma matsutake* in a *Pinus densiflora* forest［J］. Fungal ecology，15：18－28.

第三章 食用菌遗传特点

第一节 食用菌的性与繁殖

食用菌的繁殖主要有无性繁殖和有性繁殖两种方式。食用菌无性繁殖主要通过体细胞菌丝的生长和体细胞特化产生的无性孢子萌发生长来实现。根据产生过程和方式的不同，食用菌的无性孢子分为分生孢子、粉孢子、节孢子、厚垣孢子等。食用菌有性繁殖则伴随着减数分裂和有性孢子的产生，其减数分裂发生在子实层的担子或子囊中。此外，食用菌还有一种特殊的繁殖方式，即准性生殖。准性生殖是一种不经过减数分裂而实现基因重组的过程，在这一过程中，体细胞中的两个遗传组成不同的细胞核结合成暂时的杂合二倍体的细胞核，这种杂合二倍体的细胞核在有丝分裂过程中发生遗传物质的交换与重组之后再进行染色体单倍化，形成重组的异核体，因此准性生殖是在有丝分裂过程中发生遗传重组的过程。

异核体中的两类细胞核以单倍体核的形式存在，在食用菌的生长发育过程中紧密协作，作用类似于二倍体，共同调节细胞的生长和营养缺陷的互补。由于两个核在菌丝营养生长中始终保持分离状态，二者在进化过程中受到的选择压力不同。细胞核的选择压力发生在生殖生长和营养生长两个阶段。担子菌的繁殖并非仅限于可亲和担孢子之间的单单交配，还发生单双交配，即单核的同核体与双核的异核体之间的交配。异核体菌丝可作为单双交配中的细胞核供体，使得单核的同核体菌丝异核化成为双核的异核体，这种单双交配又称为布勒现象。从单双杂交的核迁移规律可以看出交配阶段的细胞核选择倾向。理论上，在单双交配中异核体菌丝中的两个细胞核有同等机会作为供体迁移到受体的同核体菌丝细胞中，但通常这两个核中只有一个核可进入受体细胞，这表明异核体内的两个细胞核在交配过程中实际存在着竞争，且受体核和供体核之间存在着直接的相互作用（Nieuwenhuis et al.，2011）。异核体菌丝营养生长过程中，两个细胞核的分裂速度可能不同，其中一个核可能以牺牲另一个核的适应性为代价增加自身的适应性。例如，丝状真菌的生长主要发生在菌落边缘，只有处于菌丝尖端的细胞核能够得到复制并参与菌丝生长。大多数子囊菌和一些担子菌，特别是那些没有锁状联合的担子菌，营养生长过程中细胞核的复制和分裂（有丝分裂）往往得不到较好的调控，可能导致两类细胞核的数量严重偏离 1∶1 的比例，进而导致同核体菌丝的逃逸和单核无性孢子的产生（James et al.，2008；Nieuwenhuis et al.，2011）。在裂褶菌中，10 个异核体菌株中的 5 类细胞核（不同交配型 A，B，C，

D，E）数量呈现出明显的等级差别，各交配型的核数量依次为 A>D>C>E=B，异核体菌株中配偶核的等级越高，另一类核在原生质体单核化过程中的恢复率（regeneration-rate）就越低，而原生质体单核化同核体菌株的恢复率与其菌丝生长速度和交配的成功率并不存在明确的相关性（Nieuwenhuis et al.，2013）。基因表达差异分析表明，在整个发育阶段双孢蘑菇两个核的基因调控机制不同，导致二者对个体表型贡献的不等；两个细胞核各司其职，协同作用调控表型；其中一个类型主导整个生长发育阶段的基因表达，而另一类型则在某些重要功能基因簇中有更多基因的上调表达，如代谢酶和糖类活性酶等（Gehrmann et al.，2018）。

除细胞核外，线粒体也是遗传物质的重要载体。菌丝融合过程中，细胞核互相迁移，核迁移速度通常比菌丝生长速度快，核迁移过程中线粒体保持静止不变。对线粒体遗传学研究表明，线粒体的遗传模式有两种，一种为单亲遗传模式，即杂交子产生的子代绝大多只携带来自单一亲本的线粒体，这种模式在动物、植物以及原生动物和真菌中普遍存在。第二种为双亲遗传模式，这种模式通常取决于用于检测分析的子代细胞类型，常见于担子菌。丝状担子菌菌落作为整体一般视为双亲线粒体遗传模式，含有来自于双亲的两种线粒体，但核型相同；然而由于在交配过程中线粒体不迁移，造成在远离交配区域位置的菌丝细胞中大多为单亲本线粒体类型。

那么，在生长发育中线粒体是否始终保持不变、是否重组？为了回答这一问题，Xu 等（2013）应用多位点关联分析和系统发育不亲和性两种方式，对双孢蘑菇 4 个遗传特异的自然种群（Alberta，Canada population；Coastal California population；Sonoran Desert California population；French population）的 9 个线粒体位点进行分析，探讨线粒体重组的可能性。研究发现，担子菌的交配过程伴随着线粒体的重组。异宗结合的 Sonoran Desert California 种群中的线粒体重组率最高；而次级同宗结合的 Alberta，Canada population 种群中未发现线粒体重组；在主要次级同宗结合的两个种群（Coastal California population 和 French population）中同时发现了系统发育不亲和性特征和线粒体重组。环境因子如高温和紫外线辐射可以提高新型隐球菌（*Cryptococcus neoformans*）中线粒体双亲遗传重组的比例；重组率最高的 Sonoran Desert California 种群来自高温干旱环境，受到高温和干旱等极端环境的胁迫，推测线粒体遗传可能对极端环境胁迫下种群的存活率和繁殖力的保持起到积极作用（Xu et al.，2013）。

第二节 食用菌的生活史

食用菌生活史是指食用菌生长发育的循环过程。大多数食用菌在分类学上属于真菌界担子菌门，只有少数种类属于子囊菌门，如羊肚菌、虫草、块菌等。典型的担子菌生活史可分为同宗结合和异宗结合两大类。同宗结合（homothallism）被定义为在完全隔离的状态下单个同核体孢子能够独立进行有性生殖的过程，而异宗结合（heterothallism）指携带不同交配型因子的两个孢子需经历交配才能完成有性生殖的过程。大多数食用菌的生活史为异宗结合类型，如平菇、香菇、杏鲍菇和金针菇等，而双孢蘑菇存在多个变种，*Agaricus bisporus* var. *eurotetrasporus* 为同宗结合类型（Callac et al.，2003），

A. bisporus var. *bisporus* 为次级同宗结合类型，而 *A. bisporus* var. *burnetti* 则为异宗结合类型（Callac et al.，1993）。因此，通常以同宗异宗结合（amphithallic）定义双孢蘑菇（*A. bisporus*）的生活史（Kühner，1977）。

异宗结合可以进一步分为二极性异宗结合和四极性异宗结合两类，二极性异宗结合受单个交配型因子 A 的控制，四极性异宗结合受两个不连锁的交配型因子 A 和 B 的控制。交配是形成新个体并出菇的必要过程，只有携带不同交配型因子的同核体才可交配，交配不亲和常常是育种实践的限制因素。四极性异宗结合系统中，交配型因子 A 调节核配对、锁状联合的形成及核分裂；B 因子促进交配过程中的细胞间隔溶解、细胞核向顶端细胞的迁移和锁状联合的融合。A 和 B 两因子共同决定单核体间的亲和性和子实体的产生（Au et al.，2014；Raudaskoski and Kothe，2010）。

双孢蘑菇（*A. bisporus*）、香菇（*Lentinula edodes*）、淡红侧耳（*Pleurotus djamor*）、刺芹侧耳（*P. eryngii*）和草菇（*Volvariella volvacea*）等交配型因子的分子结构和功能研究已取得了可喜的进展。研究表明，在四极性交配系统中，交配型因子 A 的基因座位编码同源域转录因子（HD），交配型因子 B 编码信息素受体和信息素前体基因（Raudaskoski and Kothe，2010）。A 因子的分子结构相对于 B 因子较保守，受到的选择压力更大（Niculita - Hirzel et al.，2008）。大多数 A 因子区域的侧翼序列编码线粒体中间肽酶基因（*MIP*）（van Peer et al.，2011），大小和结构差异较大，如淡红侧耳中的 *MIP* 基因与 A 因子间仅仅相隔 2.8kb；而香菇中 *MIP* 基因距离 A 因子区域较远（＞47kb），并且包含多个重复单元（Au et al.，2014）。典型的 B 因子基因座位至少包含一个信息素受体和一个信息素前体基因（Casselton and Challen，2006）。不同种类的 B 因子的结构存在差异，例如刺芹侧耳 B 因子座位分别有 4 个信息素和 4 个信息素受体基因，长度为 12kb；香菇也同样有 4 个信息素和 4 个信息素受体基因；灰盖鬼伞的 B 因子有 3 个亚基，多个信息素基因，每个亚基有一个信息素受体基因。

从细胞学上，绝大多数担子菌类食用菌的生活史大致可以分为 3 个阶段，一是孢子和孢子萌发后的同核体阶段，二是细胞质融合后的异核体阶段，三是子实体生长及减数分裂后短暂的二倍体阶段。传统的研究认为，在四极性异宗结合的担子菌中，担孢子大多为单核，而同宗结合的担孢子大多为双核。然而，许智勇（2007）以 3 个不同的金针菇菌株为材料，通过荧光染色观察显示担孢子核相以双核为主，双核、单核和无核的担孢子分别占 80.2%、7.5%和 12.3%；且担孢子中的两个核是同质的，具有相同的交配型。因此，应以异核体和同核体来区分担孢子和菌丝体的倍数性，而非双核体和单核体。

异宗结合食用菌的异核体（heterokaryon）菌丝中存在两类细胞核（$n+n$），这两类细胞核携带不同交配型因子而具性亲和性，双核分裂伴随着营养体的生长。子实体上担子细胞中两个细胞核融合之后进行一次减数分裂和一次有丝分裂，产生 4 个单倍体细胞核，进入到 4 个担孢子中；担孢子萌发形成同核体（homokaryon）菌丝，携带不同交配型因子的同核体菌丝间可亲和，细胞质融合，形成异核双核体菌丝，双核菌丝经过充分的营养生长，在适宜的环境条件下形成子实体（出菇），完成生活史（图 3 - 1）。四极异宗结合的担子菌（如糙皮侧耳、金针菇、香菇、黑木耳等）的异核双核体菌丝在生长过程中可形成明显的锁状联合结构，这种结构通常作为育种实践中同核体和异核体鉴定的显微形态特征。

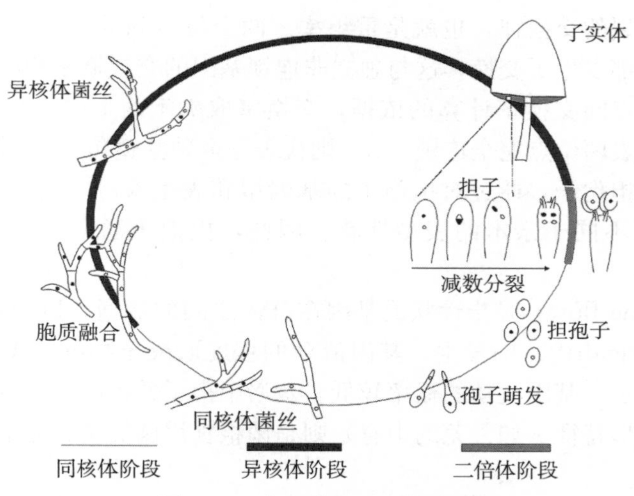

图 3-1 食用菌生活史模式图
（Sonnenberg et al.，2011）

同宗结合担子菌，例如双孢蘑菇双孢变种（*A. bisporus* var. *bisporus*）中 85%～90% 的担子上形成两个担孢子，减数分裂后形成的非姊妹核两两组合，进入到两个担孢子中，这些担孢子都为异核体，可直接萌发成异核体菌丝，无需交配即可出菇，完成有性生活史。因此，认为双孢蘑菇的双孢变种为次级同宗结合类型（Sonnenberg et al.，2016）。茯苓（*Wolfiporia cocos*）也为次级同宗结合种类，茯苓担孢子核相以双核为主，双核、单核和无核的担孢子分别占 87.2%、4.7%和 8.1%。而双孢蘑菇四孢变种（*A. bisporus* var. *burnetti*）中 90%的担子产生 4 个担孢子，这些担孢子萌发后产生同核体菌丝，因此认为双孢蘑菇四孢变种属异宗结合担子菌。Chen 等（2016）的最新研究发现，草菇中同时存在同宗结合与异宗结合两种生活史类型，担子中 9%产生双孢，21%产生三孢，70%产生四孢。这与双孢蘑菇四孢变种类似。统计发现，草菇的担孢子中 93%为同核体，7%为异核体，交配型因子 A 决定同核体的亲和性。因此，认为草菇也应属异宗结合担子菌。然而，其特殊之处在于，草菇的某些同核体可以产生子实体（Chen et al.，2016）。

第三节 食用菌的遗传与变异

食用菌同其他生物一样，在生活史中通过遗传变异产生环境适应性更强的子代来适应复杂多变的生存环境。自然选择的方式往往仅有利于某种表型而不利于另一种，这些表型由一个或多个等位基因决定，区别于亲本的新的等位基因产生以及等位基因通过重组混合导致遗传变异。变异是生物进化的动力，食用菌的变异有多种方式。

一、染色体交换和基因流动

染色体交换（chromosome crossover）发生在减数分裂过程中，同源染色体交换部分染色单体，导致遗传信息的重组，产生新的不同于两个亲本的等位基因组合。分布在相同染色体上的基因趋向于同步遗传，即连锁，连锁的基因也可能独立遗传。通过计算重组子的概率获得减数分裂的交换律，也就是重组率。两个位点间的最大重组率为 50%，此时在所有细胞中两者都发生了交换，这与独立非连锁基因的交换概率相同，即两位点独立遗传。重组率是两位点间交换率计算的依据，交换率取决于两个位点在染色体上的线性距离。重组率为 0 代表两位点完全连锁，0.5 则代表完全独立遗传。食用菌减数分裂产生的四分体细胞核进入担孢子，通过对担孢子的基因型和表型检测，可以发现重组发生的类型以及重组产生的不同于亲本的表型性状。因此，担孢子通常被用作食用菌遗传与变异分析的研究材料。

基因流动（gene flow）是指性状或基因在群体之间的流通，以阻止突变（mutation）和遗传漂变（genetic drift）的发生。基因流动的程度取决于物种的类型和群体结构，食用菌的生境相对固定，基因流动的概率较低。栽培中孢子的扩散在一定程度上影响野生种群的基因流动；地形特征（如荒芜的山脊）则是菌根食用菌类基因流动的有效障碍。

二、突变

突变是指 DNA 复制过程中序列的变化引起个体遗传信息的连锁式变化。突变的结果取决于突变区域的大小、位置以及发生突变的细胞类型。突变可能是整个染色体或者染色体片段的丢失、增加、重复或重排。DNA 聚合酶能够保证 DNA 复制的准确性，突变只是小概率事件。突变通常使原来彼此相同的细胞群体变为不再相同，在不断的继代培养（subculture）中，随着接种物人工选择和培养条件的选择，可导致突变细胞数量逐渐增加，甚至占据优势，从而导致菌种退化。突变按变化大小分为点突变和片段突变，按产生的原因分为替换、插入（缺失）两类。

（一）替换

替换是一种碱基被替换成另外一种碱基的突变，可以是单一碱基替换也可以是多碱基替换，只有一个核苷酸替换的称作点突变。替换的结果有多种，可能是密码子编码了不同的氨基酸，轻微影响蛋白质功能；可能是编码相同的氨基酸，不影响蛋白质功能；也可能密码子变成了终止密码子，蛋白质功能受到严重影响，个体因而产生表型变化；对生物体而言，替换突变包括正向和反向两种，突变往往不利于生物体生长发育，但突变过程中产生的新的等位基因或改进原有的基因功能则有利于生物体。棉花 *OsPELOTA* 基因的 556bp 位置的 T 替换成 A，导致蛋白序列的第 186 个氨基酸序列的苯丙氨酸突变为异亮氨酸，进而激活了水杨酸途径，使得水稻获得白叶枯病抗性（Zhang et al.，2018）；拟南芥的油菜类固醇不敏感基因 2 的功能获得性突变，通过调节生长素水平改变花器官发育（Li，et al.，2020）；人珠蛋白的 β 基因发生单一碱基突变，正常 β 基因的第 6 位密码子 GAG 编码谷氨酸，突变后为 GTG，编码缬氨酸，细胞膜便由正常的双凹形盘状变成镰刀形，产生镰刀型红细胞贫血症（sickle cell anaemia）。

（二）插入/缺失突变

DNA 序列发生单碱基或片段碱基插入或缺失可能严重影响生物的表型，如果发生在基因编码区或者调控区域，对表型来说可能是破坏性的。一个核苷酸的插入和缺失可以引起右侧所有密码子的改变，这种突变为移码突变（frame - shift mutation），可直接影响多肽链的合成。豌豆 *PsMLO1* 基因的 10bp 缺失突变，产生一个新的 *er1* 等位基因，使得豌

豆获得白粉病抗性（Sun et al.，2016）。

三、转座子

转座子（transposable element，TE）可插入到基因区域引起重排、插入、切除等突变，导致基因不表达或产生新的等位基因。可跳跃到同一条染色体的不同位置，也可跳跃到不同染色体上。转座子在实验室中经设计编辑，作为一种工具被用于遗传作图、突变体制备、基因克隆以及转基因等。

TE 可以分为 RNA 转座子和 DNA 转座子两类，RNA 转座子比较多见。担子菌中的 TE 含量占基因组的 0.1%～45.2%，大多数种类的基因组 TE 含量较低，平均为 11%（Castanera et al.，2017；Castanera et al.，2016）。担子菌三个亚门的 TE 含量存在差异，伞菌亚门（Agaricomycotina）RNA 转座子丰度较高，DNA 转座子通常不到 1%；锈菌亚门（Pucciniomycotina）中两类转座子的丰度相当；黑粉菌亚门（Ustilaginomycotina）中的 TE 丰度趋势不明确，在大麦坚黑粉菌（*Ustilago hordei*）基因组中，TE 含量占基因组的 7.23%，而黑粉菌亚门的其他种类没有检测到 TE 的存在。RNA 转座子中，LTR 反转录转座子超家族 *Gypsy* 和 *Copia* 在担子菌基因组中占主导地位，在基因组中成簇存在于中心粒中，如双色蜡蘑（*Laccaria bicolor*）（Labbe et al.，2012）、糙皮侧耳（*Pleurotus ostreatus*）（Castanera et al.，2016）、双孢蘑菇（*Agaricus bisporus*）（Sonnenberg et al.，2016）和灰盖鬼伞（*Coprinopsis cinerea*）（Stajich et al.，2010）。

担子菌中 TE 丰度和基因组大小无明确相关性，如布氏鹅膏菌与草菇的基因组大小相当，但 TE 丰度存在较大差异（Castanera et al.，2016）。担子菌中转座子通常插入到基因间区，因此大多是无效插入。也有少数插入到近基因或基因区域中，如在黄孢原毛平革菌中，插入到基因 *lip12* 中的转座子导致木质素过氧化物酶基因的失活。在黄孢原毛平革菌和糙皮侧耳的研究中也报道了 TE 调控的基因沉默（Castanera et al.，2016；Gaskell et al.，1995）。TE 非常活跃，动态性高，进化迅速，在维持染色体功能结构上是必要的。在双孢蘑菇中，转座子序列占基因组序列的 12.43%，其中 66%位于中心粒和端粒区域。对担子菌类酵母的寄生生活史研究发现，TE 相关的基因中有分泌效应物（Secretory effector）基因的存在，在其进化过程中起决定性作用。在腐生和共生担子菌中，TE 参与了担子菌与植物的相互作用。木质素降解真菌中的白腐菌 TE 含量仅 5.8%，大大低于平均含量 17.1%的褐腐菌。但白腐菌中的植物病原菌类如卡诺毛平革菌（*Phanerochaete carnosa*）和地中海嗜蓝孢孔菌（*Fomitiporia mediterranea*）中的 TE 丰度比其他种类都高，达到 18.4%和 41.4%。

转座子对生物体自身的影响往往是弊大于利。由于转座子的高度不稳定性，担子菌有自身防御机制以避免其扩张。糙皮侧耳中的 TE 被隔离在异染色质区域，或者以表观遗传机制使其沉默，双色蜡蘑的 TE 基因簇被转录抑制并且高度甲基化（Zemach et al.，2010）。在真菌 TE 研究报道中，主要有 RNAi 的两种机制启动转录后的 TE 基因沉默，分别为基因压制（gene quelling）沉默和未配对 DNA 介导的减数分裂沉默（MSUD）。

基于转座子与生俱来的移动和结合能力，经常作为遗传工具用于鉴定未知基因功能。在真核生物中，转座子广泛应用于基因定位和分离基因，进行基因型到表型的研究。根据测序获得的基因组信息可以选择高活力的转座子作为遗传研究工具。

第四节　食用菌的个体识别

大多数真菌的菌丝体是多细胞相互联结的网络结构，有益于资源、能量、生物化学信号的高效分配。细胞融合发生在同一菌落的菌丝细胞间或遗传上不同的菌落细胞间，是真菌生长发育、菌落建成、生境开拓的基本过程。大多数真菌细胞融合的一种结果是建成一个稳定的异核体，分享资源或完成有性或准性生活史。然而，另一种结果是遗传上不同的两个个体之间发生细胞融合，产生不稳定的异核体，进而诱发异核体细胞内的细胞程序性死亡。通常将这种反应称为异体拮抗或拮抗反应，即体细胞不亲和性（somatic incompatibility）或营养不亲和性（vegetative incompatibility）。这是真菌重要的抵御外来基因渗透和外来物种侵入的保护机制（Daskalov et al.，2017）。

体细胞融合具严格的调控机制，是融合搭档间相互识别和协调的分子过程。盲目的或遗传上有差异的个体间的细胞融合往往带来污染、损伤和缺陷异核体的产生。因此，在进化过程中细胞产生了识别机制以区分遗传上的异同。生物体有多种异体和自体遗传识别机制。哺乳动物通过异体和自体识别调控病原侵入；真核无脊椎动物如史氏菊海鞘（*Botryllus schlosseri*）和刺胞动物盐水刺胞（*Hydractinia symbiolongicarpus*）通过形成血管和造血嵌合体的方式进行自体和异体识别。细菌如奇异变形杆菌（*Proteus mirabilis*）通过在菌落间形成可见的边界来识别异体，而遗传上相同的菌落则融合在一起。原生生物如盘基网柄菌（*Dictyostelium discoideum*）通过限制自体基因型以产生芽孢体。异系杂交（out - crossing）植物的自体受精和抗病性受自体和异体识别机制的调控。丝状真菌以多细胞方式生活，细胞融合后形成互联的菌丝网络，是研究自体和异体识别的超级模型。

一、丝状真菌体细胞融合

体细胞融合对丝状真菌生长形成互联网络尤为重要。目前丝状真菌中超过 20 个属的 73 个种有关于细胞融合的报道（Gabriela Roca et al.，2005）。与动植物不同，真菌缺乏血管（或维管束）系统这一生物运输网络，取而代之的是建立了一个菌丝网络用于分配细胞质、细胞器、营养物质以及其他资源，供给菌落生长和空间拓展。菌丝细胞的融合对真菌病害和共生真菌的定殖和毒力扩散同样至关重要。

体细胞融合要求融合两者之间的遗传相似性，这种融合除了发生在菌落的内部外，还有可能发生在遗传上不同的菌落之间。这种非克隆单体之间的融合，形成具有同一种细胞质和不同细胞核的异核体。丝状真菌异核体形成的潜在益处在于能够在准性生殖过程中形成二倍体，并同时完成线粒体重组。这对真菌种类的无性繁殖尤为重要。然而，由于融合过程中可能传播污染源，异核体的形成是存在风险的。

在异核体中，同种识别程序决定着融合后细胞的命运，可亲和的基因型间形成可存活的异核体，最后完成有性生活史，例如形成各类型的子实体；不可亲和的个体融合后形成异核体细胞，二者间迅速形成间隔，并进入细胞程序性死亡（PCD），这种现象被称为异核体不亲和性（HI）或营养体不亲和性（VI）。有报道认为 HI 是丝状真菌的一种防御机

制，可有效防止自身的基因组被利用以适应高度复杂的栖息地环境，HI 可防止有害介质的传播，如真菌病毒、DNA 转座子、衰老质粒等。

体细胞融合参与了菌落建成。例如，多数真菌种类的无性孢子萌发后经体细胞融合成为一个功能单元，可快速形成菌落，并再次产生无性孢子。因此，细胞网络的形成提高了个体适应性。由于萌发个体融合后的不亲和反应很有可能导致融合个体的死亡，因此大多异核体不亲和性反应在孢子萌发阶段是受到抑制的。近年研究表明，有超过 60 种蛋白参与了孢子萌发和不同孢子间初生菌丝的融合。大多数细胞组分同时调节不同孢子萌发菌丝间的融合和成熟菌落内部自身的菌丝融合，这表明它们的分子调节机制相同。融合两者间的相互识别和吸引是通过一个错综复杂的信号网络来完成的，包含多个保守的真核因子，如激活有丝分裂过程的蛋白激酶 MAPK、NADPH 氧化酶、纹蛋白互作的磷酸酶和激酶复合体、钙调因子及真菌专属蛋白。融合的两个细胞以一种高度协调的方式在不同生理状态间相互转换。现有的研究模型提出，细胞交替变换为传导和接收信号模式，两个细胞间通过单一的受体和配合体进行信号传导。信号传输的时空协调使遗传发育一致的细胞获得相互吸引和融合，同时避免了自我刺激。

波氏块菌（*Tuber borchii*）和摩西球囊霉（*Glomus mosseae*）不亲和菌株间的预识别作用表明，不亲和菌丝体间具有避免融合机制，融合信号传输与异体识别有关联性；多态性的“绿胡子”基因 *doc*－*1*、*doc*－*2* 和 *doc*－*3* 调控粗糙脉孢菌群体中的种类识别，将群体分为独立交联的群组，只有携带相同 *doc* 基因的群组内个体才可以形成趋化性（chemotropic）生长和细胞融合。不同群组的萌发体在生长过程中越过彼此，寻找属于自己所在群组的融合对象。如果不同种类的萌发体接近，细胞分裂素激活激酶 2（MAK－2）的震荡增强反应受到抑制，使得细胞不能够进行趋化性互作。异己识别机制是在一定距离条件下进行的，同时避免趋化性互作过程中的细胞自我刺激和非同类个体间的刺激反应。

二、细胞融合后的异体识别

细胞融合经常发生于同种内遗传上不同的菌株之间。可亲和基因型个体间的融合形成可存活的异核体，而不可亲和的基因型个体间的融合会激活异核体不亲和反应，启动细胞程序性死亡，导致融合细胞的死亡——拮抗反应。这种不亲和性表现为拮抗线的出现，将遗传上不亲和的个体分隔开。拮抗反应对食用菌来说，是鉴别同种内不同菌株或品种的重要标识。但是，不同的种类、遗传差异度和培养条件等都影响拮抗反应的形成。

拮抗反应经常发生在自然界的枯木上，在实验室条件下常用琼脂平板上拮抗线的有无进行个体鉴别。在显微镜下不亲和个体间的融合细胞被形成的间隔与其他菌丝细胞隔离开来。在粗糙脉孢菌中发现了隔膜孔相关蛋白家族和 SO 融合蛋白与异核体不亲和过程中的隔离带产生相关。异核体不亲和反应导致融合细胞产生液泡、细胞壁增厚、脂质颗粒聚集、产生活性氧，以及产生细胞内隔膜。在细胞裂解过程中细胞核 DNA 降解，同时发生细胞程序性死亡和细胞凋亡。不亲和菌丝体的间隔细胞裂解时间不同，可能短至 20min，长至 6h，这取决于激发裂解反应的遗传因子。细胞的自我吞噬作用也在 HI 中起作用。与植物免疫反应相似，细胞的自我吞噬限制细胞程序性死亡信号的传递，在 HI 过程中具保护作用。

三、拮抗（异核体不亲和或体细胞不亲和）的遗传和分子调控机制

早期通过遗传作图发现了作用于少数子囊菌种类中调控异核体不亲和反应的遗传位点，即 het（异核体）或 vic（营养体不亲和）位点。遗传分析结果显示，不同种类的 het/vic 位点的数量为 7～12 个不等。HI 系统内的异己识别受同一位点 het 或不同位点的多个不同等位基因调控。对粗糙脉孢菌（*Neurospora crassa*）、柄孢霉（*Podospora anserina*）和板栗疫病菌（*Cryphonectria parasitica*）等三种模式生物的研究表明，在丝状真菌中，非等位 HI 系统占主导地位，有些种类 HI 系统中 het 位点的分子进化特点相同。

虽然目前的遗传学研究获得了多个细胞融合相关基因，但是很多基因并未明确细胞途径，不同的细胞途径如何协同作用完成细胞融合仍是未知的。细胞融合位点的等位基因是非平衡筛选的，而异己识别位点呈现出平衡筛选。丝状真菌的异己识别和 HI 在不同种类中是保守的，都诱导了细胞程序性死亡，但参与异己识别过程的蛋白可能不同。细胞程序性死亡途径中的信号网络和精确机制尚需进一步研究（Daskalov et al.，2017）。

（高　巍）

主要参考文献

许智勇，2007. 金针菇担孢子核相及遗传属性的研究［D］. 武汉：华中农业大学 .

Au C H，Wong M C，Bao D，et al.，2014. The genetic structure of the A mating - type locus of *Lentinula edodes*［J］. Gene，535：184 - 190.

Callac P，Billette C，Imbernon M，et al.，1993. Morphological，genetic，and interfertility analyses reveal a novel，tetrasporic variety of *Agaricus bisporus* from the sonoran desert of California［J］. Mycologia，85：835 - 851.

Callac P，Jacobe de Haut I，Imbernon M，et al.，2003. A novel homothallic variety of *Agaricus bisporus* comprises rare tetrasporic isolates from Europe［J］. Mycologia，95：222 - 231.

Casselton L A，Challen M P，2006. The mating type genes of the basidiomycetes［M］//Kües. U，Fischer R. Growth，Differentiation and Sexuality. Berlin，Heidelberg：Springer Berlin Heidelberg.

Castanera R，Lopez - Varas L，Borgognone A，et al.，2016. Transposable elements versus the fungal genome：impact on whole - genome architecture and transcriptional profiles［J］. PLoS genetics，12：e1006108.

Castanera R，Borgognone A，Pisabarro A G，et al.，2017. Biology，dynamics，and applications of transposable elements in basidiomycete fungi［J］. Applied microbiology and biotechnology，101：1337 - 1350.

Chen B，van Peer A F，Yan J，et al.，2016. Fruiting body formation in *Volvariella volvacea* can occur independently of its MAT - A - controlled bipolar mating system，enabling homothallic and heterothallic life cycles［J］. G3：genes genomes genetic，6：2135 - 2146.

Daskalov A，Heller J，Herzog S，et al.，2017. Molecular mechanisms regulating cell fusion and heterokaryon formation in filamentous fungi［J］. Microbiology spectrum，5（2）FUNK - 0015 - 2016.

Gabriela Roca M，Read N D，Wheals A E，2005. Conidial anastomosis tubes in filamentous fungi［J］. FEMS microbiology letters，249：191 - 198.

Gaskell J, Van den Wymelenberg A, Cullen D, 1995. Structure, inheritance, and transcriptional effects of Pce1, an insertional element within *Phanerochaete chrysosporium* lignin peroxidase gene lipI [J]. Proceedings of the national academy of sciences of the united states of america, 92: 7465 - 7469.

Gehrmann T, Pelkmans J F, Ohm R A, et al., 2018. Nucleus - specific expression in the multinuclear mushroom - forming fungus *Agaricus bisporus* reveals different nuclear regulatory programs [J]. proceedings of the national academy of sciences of the United States of America, 115: 4429 - 4434.

James T Y, Stenlid J, Olson A, et al., 2008. Evolutionary significance of imbalanced nuclear ratios within heterokaryons of the basidiomycete fungus *Heterobasidion parviporum* [J]. Evolution; International Journal of organic evolution, 62: 2279 - 2296.

Kühner R, 1977. Variation of nuclear behaviour in the homobasidiomycetes [J]. Transactions of the British Mycological Society 68: 1 - 16.

Labbe J, Murat C, Morin E, et al., 2012. Characterization of transposable elements in the ectomycorrhizal fungus *Laccaria bicolor* [J]. PloS one, 7: e40197.

Li T, Kang X, Wei L, et al., 2020. A gain - of - function mutation in Brassinosteroid - insensitive 2 alters *Arabidopsis* floral organ development by altering auxin levels [J]. Plant cell reports, 39 (2): 259 - 271.

Niculita - Hirzel H, Labbe J, Kohler A, et al., 2008. Gene organization of the mating type regions in the ectomycorrhizal fungus *Laccaria bicolor* reveals distinct evolution between the two mating type loci [J]. The new phytologist, 180: 329 - 342.

Nieuwenhuis B P, Debets A J, Aanen D K, 2011. Sexual selection in mushroom - forming basidiomycetes [J]. Proceedings of the royal society B, 278: 152 - 157.

Nieuwenhuis B P, Debets A J, Aanen D K, 2013. Fungal fidelity: nuclear divorce from a dikaryon by mating or monokaryon regeneration [J]. Fungal biology, 117: 261 - 267.

Raudaskoski M, Kothe E, 2010. Basidiomycete mating type genes and pheromone signaling [J]. Eukaryotic cell, 9: 847 - 859.

Sonnenberg A S M, Baars J J P, Hendrickx P M, et al., 2011. Breeding and strain protection in the button mushroom *Agaricus bisporus* [C]. In proceedings of the 7th International Conference of the World Society for Mushroom Biology and Mushroom Products, 04 - 07 - 10, 2011, Arcachon, France (ICMBMP): 7 - 15.

Sonnenberg A S, Gao W, Lavrijssen B, et al., 2016. A detailed analysis of the recombination landscape of the button mushroom *Agaricus bisporus* var. bisporus [J]. Fungal genetics and biology, 93: 35 - 45.

Stajich J E, Wilke S K, Ahren D, et al., 2010. Insights into evolution of multicellular fungi from the assembled chromosomes of the mushroom *Coprinopsis cinerea* (*Coprinus cinereus*) [J]. Proceedings of the national academy of sciences of the United States of America, 107: 11889 - 11894.

Sun S, Deng D, Wang Z, et al., 2016. A novel er1 allele and the development and validation of its functional marker for breeding pea (*Pisum sativum* L.) resistance to powdery mildew [J]. Theoretical and applied genetics, 129 (5): 909 - 919.

van Peer A F, Park S Y, Shin P G, et al., 2011. Comparative genomics of the mating - type loci of the mushroom *Flammulina velutipes* reveals widespread synteny and recent inversions [J]. PloS one 6, e22249.

Xu J, Zhang Y, Pun N, 2013. Mitochondrial recombination in natural populations of the button mushroom *Agaricus bisporus* [J]. Fungal genetics and biology, 55: 92 - 97.

Zemach A，McDaniel I E，Silva P，et al.，2010. Genome‐wide evolutionary analysis of eukaryotic DNA methylation [J]. Science，328：916‐919.

Zhang X B，Feng B H，Wang H M，et al.，2018. A substitution mutation in *OsPELOTA* confers bacterial blight resistance by activating the salicylic acid pathway [J]. Journal of integrative plant Biology，60 (2)：160‐172.

第四章

食用菌生理

第一节 食用菌的生长

食用菌分为菌丝体和子实体两类完全不同的组织结构，菌丝体由众多菌丝相互交织呈网状结构，行营养生长，为子实体的形成和发育积累营养；子实体由菌丝体扭结、组织化、分化和发育而形成，其需要的营养和能量物质全部来自于菌丝体，行生殖生长，进行有性繁殖，产生有性孢子。

食用菌菌丝通过顶端生长而延长，但整个菌丝体具无限生长能力，几乎来自菌丝体任何部位的微小的片段都可以形成一个新的生长点，在适宜的环境条件下定殖拓展成为菌落，成为新的个体，这也是组织分离和继代培养获取菌种的生物学基础。

食用菌是异养型生物，不能像绿色植物那样自身制造营养，而必须分解环境中的基质获得营养。因此，食用菌依靠自身分泌一系列胞外降解酶类，将难溶解的有机大分子如糖类、木质纤维素、蛋白质等降解为可溶的小分子物质，通过细胞壁和原生质膜转运到体内，然后将其吸收利用。

影响食用菌菌丝生长的环境因子主要包括湿度、温度、酸碱度、氧气和光照等。食用菌表面无保水层，对环境湿度非常敏感，需要不间断的水分供给和较高的空气相对湿度，以维持生命和生长发育，避免干燥致死。大多数食用菌的最适生长温度为 20～30℃，对低温具有很强的耐受力。也有例外，如草菇在低温条件下易发生细胞自溶。大多数食用菌喜欢在酸性培养基上生长，虽然不同种类的最适 pH 差异很大，但多数种类在 pH4～7 生长最好。大多数食用菌在生长过程中释放草酸等多种有机酸，从而改变其所处微环境的酸碱度。食用菌生长需要足够的氧气，在缺氧条件下可行厌氧呼吸产生乙醇或乳酸。食用菌的营养生长虽然不需要光照，但光照是诱导大多数食用菌有性生殖的必要因素。

一、菌丝细胞学特点

食用菌是真核生物，其细胞具有普通真核生物细胞的基本结构和特点，有细胞壁、细胞膜、细胞核、细胞器等。但是这些结构与动物和植物的细胞并不完全相同，有其自身的特点。

（一）细胞壁

食用菌的细胞壁功能诸多。其刚性决定着细胞和菌丝的形状。如果将细胞壁酶解去除，细胞被薄薄的细胞膜包裹呈球形。细胞壁具有很高的机械强度，保护细胞不因渗透压的影响而破裂，同时为菌丝体甚至子实体提供机械支持。细胞壁为许多酶提供结合位点，特别是对基质降解、养分转运和吸收利用的酶。细胞壁还是食用菌抵御不良环境和有害生物入侵的天然屏障。透射电镜观察显示，子囊菌的细胞壁为双层结构，内层较厚为电子透明层，外层较薄为电子密集层；担子菌的细胞壁多为多层结构，电子透明层和密集层交替排列。化学分析揭示，子囊菌和担子菌细胞壁的主要成分为多糖，其次为蛋白质，最后为脂肪。细胞壁的纤维骨架以几丁质和葡聚糖为主。β-1，4 糖苷键连接的 N-乙酰葡萄糖胺是食用菌细胞壁的主要成分，葡聚糖作为其分支与直链之间的填充物，在 β-1，3 糖苷键连接的骨干上分出 β-1，6 糖苷键连接成为支链。细胞壁的基质组分主要包括 β-1，3-葡聚糖、半乳糖甘露糖蛋白、木糖甘露糖蛋白等，不同的多糖链相互缠绕组成强有力的链，这些链构成的网络系统嵌入蛋白质及类脂和一些小分子多糖的基质中，使食用菌细胞壁具有良好的机械硬度、强度和柔韧度（图 4-1）。

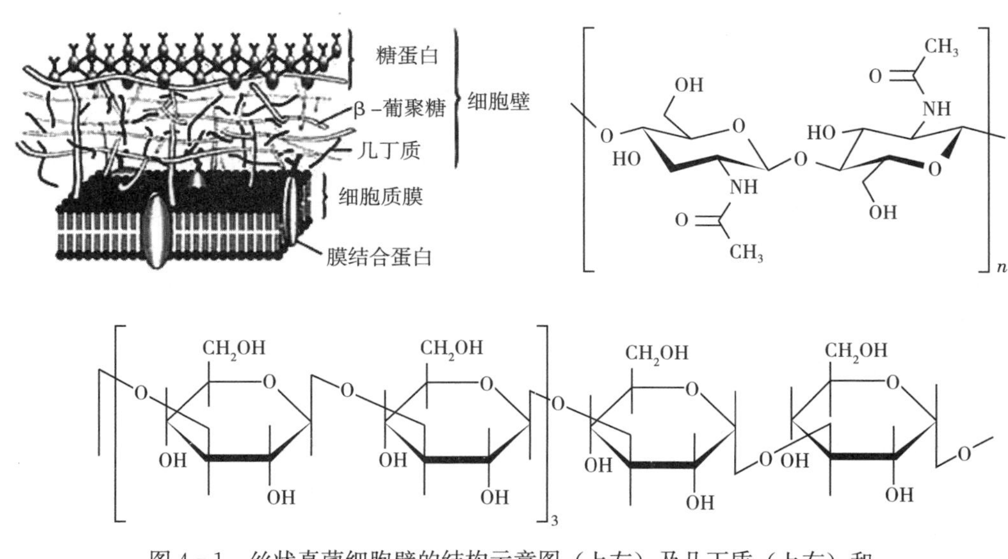

图 4-1　丝状真菌细胞壁的结构示意图（上左）及几丁质（上右）和 β-1，3-葡聚糖（下）的分子结构

（二）隔膜

食用菌菌丝中的原生质由横隔分成间隔，每一个间隔成为一个细胞，内含一个、两个或多个细胞核，细胞间的分隔称为隔膜（septa）。隔膜通常是有孔的，可允许细胞质甚至细胞核通过，严格地讲，有隔菌丝的每个间隔并不是一个细胞，而是彼此相连的腔室。隔膜孔可被存在于附近的不同类型的膜质结构所堵塞或阻碍，子囊菌中常见有伏鲁宁体（woroninbodies），担子菌中常见的为桶孔覆垫（parenthosome）（图 4-2）。隔膜的功能尚不完全清楚。隔膜可能与抵御损伤有关，

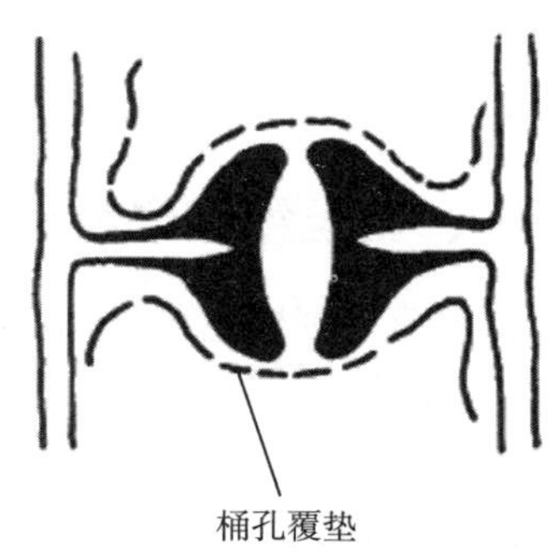

图 4-2　真菌菌丝隔膜的桶孔覆垫

当菌丝受损伤时，隔膜孔会被堵塞，将伤、健部分隔开。隔膜可能还与分化有关，当隔膜被堵塞后，两边的细胞就可以通过不同的基因表达或不同的生化反应而向不同的方向分化（邢来君等，2010）。

（三）细胞核

食用菌的细胞核很小，而且其光学性质与细胞质相似，因此在普通光学显微镜下难以观察到，常用荧光染料 DAPI（4′，6′- diamidino - 2 - phenylindole）染色后在荧光显微镜下观察。细胞核小，相应的染色体也小，难以用细胞学方法确定其数目，需要用脉冲电场凝胶电泳（pulsed - field gel electrophoresis，PFGE）进行核型分析。

（四）线粒体

线粒体的主要功能为三羧酸循环和呼吸，生长旺盛的食用菌菌丝中含有大量的线粒体。在透射电镜下多为椭圆形或棒状，典型的食用菌线粒体的嵴为扁平的盘状结构。线粒体是半自主性遗传的细胞器，具有自身的环状 DNA，编码线粒体结构蛋白和呼吸作用电子传递链中的组分，香菇线粒体基因组为 117kb，糙皮侧耳线粒体基因组为 73.242kb（图 4 - 3）。

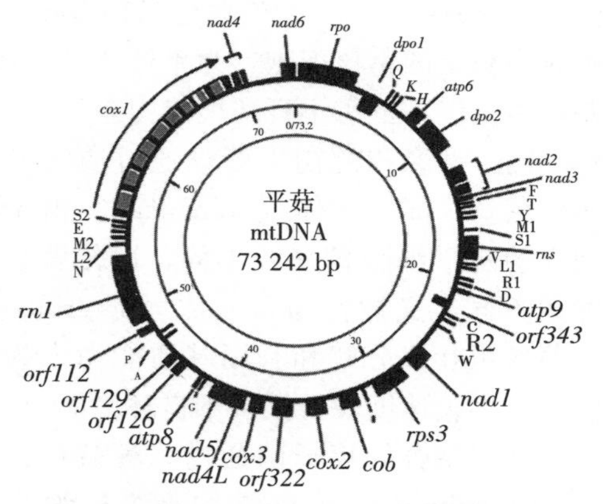

图 4 - 3 糙皮侧耳线粒体基因组图

（五）高尔基体

食用菌高尔基体的结构与动植物有所不同，动植物的高尔基体是由许多膜质的腔室堆叠而成，而大多数食用菌的高尔基体则由单个的环状腔室构成。然而其功能相同，即通过从其腔室分泌泡囊来包裹及运输物质。

（六）过氧化物酶体

过氧化物酶体（peroxisome）是单层膜包被的细胞器，不含 DNA 或 RNA，能自主分裂。过氧化物酶体含有 50 多种酶，以利用分子氧化底物的同时产生过氧化氢而得名。动物的脂肪酸一部分在线粒体内氧化，另一部分在过氧化物酶体内氧化；而大多数食用菌的脂肪酸全部在过氧化物酶体内氧化，经过 1 个循环，产生 1 分子还原型烟酰胺腺嘌呤二核苷酸（NADH）、1 分子过氧化氢、1 分子乙酰辅酶 A。NADH 经苹果酸-草酰乙酸穿梭机制进入细胞质；过氧化氢经过氧化氢酶分解为水和氧气；乙酰辅酶 A 经肉毒碱转运系统进入线粒体的三羧酸（TCA）循环。可见，过氧化物酶体在脂肪酸利用中发挥着重要作用。

二、顶端生长

食用菌菌丝通过顶端生长而延长，从顶端往后菌丝逐渐老化，最老的部分最终会自溶而裂解。菌丝细胞顶端的后方为顶端提供生长所必需的能量、酶、原料和膜，生长所需原材料通过由膜包围的泡囊携带和输送。

透射电镜观察表明，生长中的菌丝顶端聚集着很多成簇的泡囊，这一现象被称为顶部泡囊簇（apical vesicle cluster，AVC）。按其大小分为两类：直径大于 100nm 的大泡囊

(macrovesicle) 和直径小于 100nm 的小泡囊 (microvesicle)。目前小泡囊的功能尚未清晰。大泡囊似乎是分泌泡囊，内含用于合成细胞壁的酶和预合成的聚合物。这些分泌泡囊移向菌丝顶端并与原生质膜融合，泡囊的膜变成原生质膜，内含物释放到细胞质外用于细胞壁合成。

三、菌丝体类型

绝大多数异宗配合担子菌的菌丝体在其整个生活史中要经历初生菌丝和次生菌丝两个阶段。初生菌丝是直接由单核的担孢子萌发形成的，所有细胞核是相同的，又被称为同核体 (homokaryon)。初生菌丝最初多核，随着隔膜的形成，菌丝被分割成多细胞，每个细胞成为稳定的单核细胞，为单核体 (monokaryon)。初生菌丝细弱，分解利用基质能力较差，生长慢，抵御不良环境能力差，不耐保藏。

两个性亲和的初生菌丝通过质配形成双核的次生菌丝，即双核体 (dikaryon)。由于其每个细胞内的两个细胞核来源不同，遗传背景不同，交配型不同，又被称为异核体 (heterokaryon)。次生菌丝粗壮，分解和利用基质能力大为强于初生菌丝，生长速度快，抵御不良环境能力大大增强。

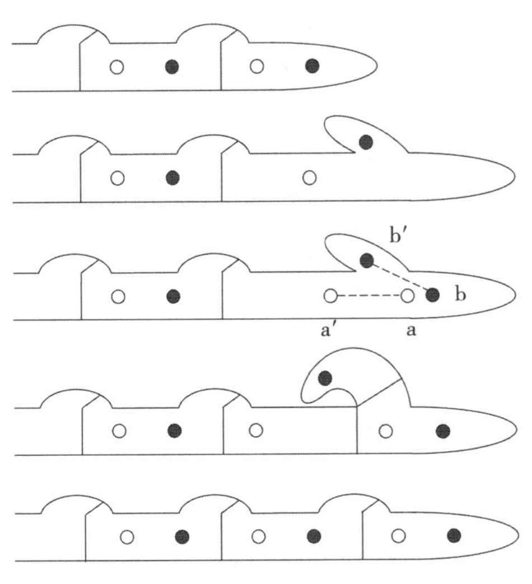

图 4-4 锁状联合形成示意图

异宗结合的担子菌通过一种被称为锁状联合 (clamp connection) 的结构来维持细胞的双核特性。当菌丝顶端的双核细胞即将分裂时，一个短枝在两核之间形成，并弯曲成钩状（锁状联合），双核并裂。其中一个核分裂是倾斜式的，一个子核 b 进入锁状联合里，另一子核 b′则在留在母细胞内。另一核分裂是平行式的，一子核 a 在细胞的一端，另一子核 a′则靠近子核 b′的一端。同时，锁状分枝弯曲，与次顶端细胞融合，形成一桥状结构，b 核通过此桥状结构进入细胞的另一端，与 a 核成对。在锁状结构下部形成隔膜将母细胞分成 2 个，其中顶端细胞称为子细胞；同时在锁状分枝的基部形成隔膜，将锁状联合与母细胞隔开（图 4-4）。最终使 a 核和 b 核在顶端的子细胞中，而 a′核和 b′核留在母细胞中。锁状联合通常是双核菌丝体的特征。

有的担子菌，次生菌丝体组织化形成子实体时，会分化形成与行营养生长的次生菌丝体形态不同的菌丝。如在非褶菌目的担子果中，有形态和功能都不相同的生殖菌丝、骨架菌丝和联络菌丝。

第二节 食用菌的营养生理

一、碳素营养

碳源是食用菌生长发育最重要的营养和能量来源，需要量大。作为碳源，除少数的糖

类外，从单糖到纤维素等各种复杂的糖类都能被食用菌利用，如：纤维素、葡萄糖、果糖、蔗糖、麦芽糖、半乳糖、糊精、淀粉、半纤维素、木质素、有机酸及某些醇类等。碳源是食用菌细胞的主要结构物质，构成糖类、蛋白质、脂肪和核酸等细胞关键组分的基本骨架。同时碳源的氧化还为食用菌的生长发育提供能量。在培养料制备时要充分考虑碳源的含量和种类。食用菌只能吸收利用有机碳。其中葡萄糖、果糖、甘露糖、乳糖等单糖是食用菌的速效碳，可通过细胞膜的主动吸收进入细胞内，不需要转化，直接参与细胞代谢。蔗糖、麦芽糖、海藻糖等二糖，部分食用菌可不经过转化被完整地吸收到细胞中去，有些食用菌则需要在相应酶的作用下水解为单糖后才能吸收利用，也是比较容易吸收利用的碳源。淀粉、纤维素、半纤维素、木质素等多糖是食用菌生长的长效碳，食用菌不能直接吸收利用，而必须先将多糖分解为单糖或双糖方可被吸收利用。其吸收机制主要是通过酶（即载体蛋白）的转运作用。

菌丝在生长中分泌分解酶的种类和数量决定了自身利用多糖的种类及利用率，这些酶包括纤维素酶、淀粉酶、蛋白酶、几丁质酶、葡聚糖酶、木聚糖酶、β-1，3-葡聚糖酶，甚至脱氧核糖核酸酶（DNase）和核糖核酸酶（RNase）。分解这些大分子的胞外酶往往是诱导酶，需要有相应的底物才能产生。影响这些胞外酶活性的因素很多，包括遗传因子、环境因素、生长速度等。

食用菌利用的最大量的碳源是木质纤维素，其中的纤维素是地球上生物量最大的天然有机物，也是食用菌生长发育需要的最主要的碳源。纤维素（cellulose）是由多个葡萄糖单体通过β-1，4-糖苷键连接形成的大分子有机物，不溶于水及一般有机溶剂，是植物细胞壁的主要成分。纤维素是自然界中分布最广、含量最多的一种多糖，占植物界碳含量的50%以上。一般木材中，纤维素占40%～50%，还有10%～30%的半纤维素和20%～30%的木质素。纤维素酶（cellulase）是降解纤维素生成葡萄糖的一组酶的总称，它不是单体酶，而是起协同作用的多组分酶系，是一类复合酶，主要由外切β-葡聚糖酶、内切β-葡聚糖酶和β-葡萄糖苷酶等组成，还有很高活力的木聚糖酶，作用于纤维素及纤维素衍生物。真菌菌丝若能向细胞外分泌纤维素酶，将纤维素分解为单糖、二糖，就能以纤维素为碳源；若不能分泌纤维素酶或虽有分泌但数量很少，这种食用菌则不能利用纤维素或对纤维素的利用率很低。纤维素通过纤维素酶（包括C1、Cx、β-1，4-葡萄糖苷酶）分解成葡萄糖的降解过程如下：葡萄糖被吸收进入真菌体内，作为营养物而进入三羧酸循环，在有氧条件下可以完全分解成有机酸或二氧化碳（CO_2）和水，在厌氧条件下分解成发酵的终产物（图4-5）。

纤维素酶的合成具有可诱导性，腺苷磷酸活化蛋白激酶（AMPK）/Sucrose-nonfermenting serine-threonine protein kinase 1（Snf1）作为生物体内感知能量信号的关键因子，参与生物体多种生理代谢过程。*Snf1* 基因在葡萄糖缺失的状态下可诱导葡萄糖抑制基因表达。研究表明，灵芝 *Snf1* 能响应纤维素的诱导，并且对纤维素相关基因的转录具有正调控作用，该调控受碳代谢阻遏因子 CreA 的介导，灵芝 *Snf1* 基因的转录，提高了灵芝纤维素酶活性（Hu，2020）。

半纤维素在植物细胞壁中含量很高，仅次于纤维素，是由木糖、阿拉伯糖、乳糖、葡萄糖、甘露糖及糖醛酸混合而成的杂聚物，分子链较纤维素更短，通常低于200个糖分

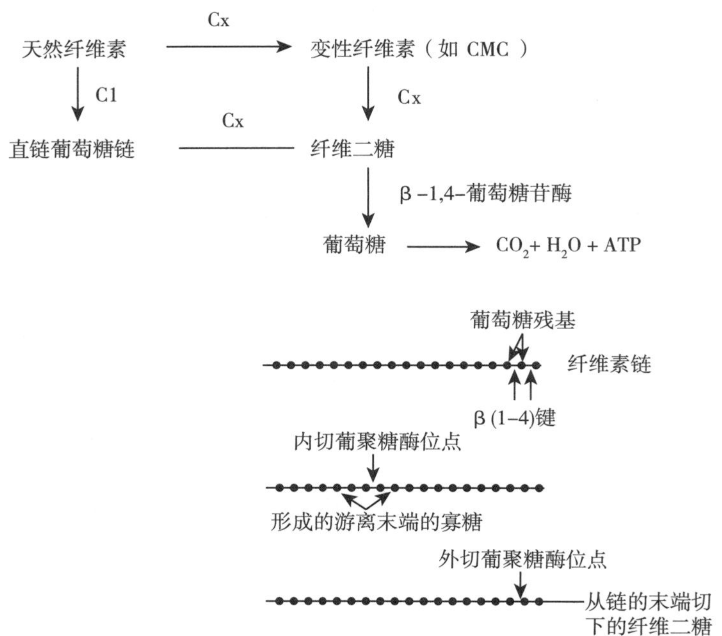

图 4－5　纤维素分解中不同纤维素酶的作用模式

子。半纤维素通过半纤维素复合酶系催化降解，水解后产生已糖、戊糖和糖醛酸。

木质素是地球上存在的仅次于纤维素的第二位最丰富的天然有机物，由 3 种苯酚丙烷单元通过脱氢聚合，由碳碳键（C—C）和醚键（C—O—C）等相互连接形成三维网状结构的生物高分子。三种单体（或称结构单元）分别是愈创木基丙烷（guaiacyl，G 型）、紫丁香基丙烷（syringyl，S 型）和对羟苯基丙烷（phydroxyphenyl propane，H 型）（图 4－6），它们对应的前体分别是松柏醇、芥子醇和香豆醇。木质素存在于木质组织中，主要位于纤维之间，起抗压和支撑有机体结构的作用。在木本植物中，木质素占 25%。自然界中木质素与纤维素、半纤维素等往往相互连接，形成木质素-糖类复合体（lignin－carbohydrate complex）。木质素只能被少部分真菌利用，而且一般不能单独被利用，往往在可利用的糖类如纤维素、纤维二糖、葡萄糖存在的情况下才能被降解。能利用木质素的食用菌通过产生木质素酶包括木质素过氧化物酶、锰过氧化物酶及漆酶等降解木质素及多环芳烃等有机化合物。食用菌对木质素的降解是通过酚氧化酶、漆酶、过氧化物酶的作用降解成原儿茶酚类化合物，再经过环裂解形成脂肪族化合物，才能被吸收。木质素不能作为主要的碳源和能源，但木质素的降解对于纤维素和其他物质的降解利用是有利的、必需的。在木质素、纤维素被分解后，木材中的淀粉、脂类、蛋白质就比较容易被利用。值得注意的是，木质素和纤维素的利用与它们的存在状态有关，天然存在状态容易利用，而被提纯的木质素和纤维素则不易被利用。

淀粉是植物残体自然存在的较易被食用菌吸收的糖类，在淀粉酶的作用下水解成麦芽糖及少量糊精，也可发生酸性水解成为葡萄糖而被食用菌吸收利用。有些食用菌对木质纤维素的降解能力较差，培养料必须经过发酵，经多种微生物的作用转化成单糖、二糖等可利用的糖类才能利用。

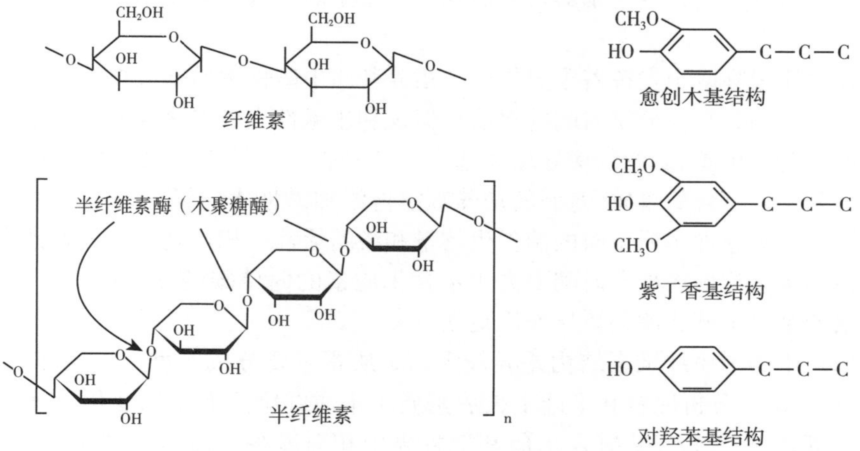

纤维素

愈创木基结构

半纤维素酶（木聚糖酶）

半纤维素

紫丁香基结构

对羟苯基结构

图 4-6　纤维素（左上）、半纤维素（左下）及木质素 3 种单体分子结构（右）

食用菌栽培中常以多种农业废弃木质纤维素（lignocellulose）作为基质。木质纤维素的结构异常复杂，各成分差异较大，由 40%～50%纤维素、20%～30%半纤维素和 15%～25%木质素这三种主要组分构成。纤维素是木质纤维素的主要骨架物质。半纤维素和一些非晶聚合物像黏结剂一样附着在纤维素上，而木质素作为一个主要的支撑结构覆盖了它们，也是相邻细胞结合的主要中间结构物质。木质素与半纤维素和纤维素主要通过氢键连接，而木质素和半纤维素之间除了氢键还存在一些共价化学键。木质纤维素的结构紧密而且稳定，难以分解。通过粉碎、热裂解反应（pyrolysis）、酸碱或强氧化剂以及微生物处理等可以提高木质纤维素资源的转化和利用（图 4-7）。

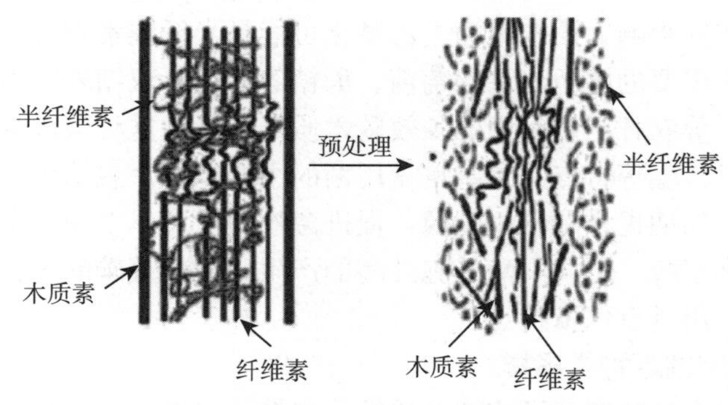

图 4-7　木质纤维素结构示意图及预处理作用

不同种类的食用菌对木质纤维素的利用能力不同，这主要是不同种类食用菌与不同木质纤维素结构的亲和力不同。研究表明，平菇在不同结构木质纤维素诱导下产生的降解酶类和活性都不同。以木屑、玉米芯、棉籽壳作为材料，分别检测分解木质素的漆酶、分解纤维素的羧甲基纤维素酶、分解半纤维素的木聚糖酶活性，结果表明，玉米芯对水解酶类的诱导作用最高，在棉籽壳上漆酶的活性大大高于木屑。平菇在选择性降解木质素的同时，优先降解半纤维素作为碳源和能量来源。平菇选择性降解麦秆中的木质素和半纤维素，使纤维素得到极大程度的暴露，从而降低木质素的结构屏障作用，增强纤维素的降解利用。

漆酶在木质素降解中发挥着重要作用。培养基质中碱性木质素或再添加葡萄糖均有利于平菇漆酶活性的升高及分泌时间的提前；但仅利用碱性木质素诱导并不利于菌丝生物量的积累；而富含简单碳/氮源的诱导培养基，无论是否含碱性木质素，均有利于菌丝生物量的积累。其中，富含简单碳/氮源的培养基中再添加碱性木质素后的菌丝生物量和漆酶活性均高于不添加碱性木质素时的菌丝生物量和漆酶活性。相比之下，含碱性木质素的培养基中测得的漆酶活性大部分时间要高于不含木质素的简单碳/氮源培养基，说明含碱性木质素的培养基对平菇漆酶的诱导作用更强。

不同原料中的木质纤维素结构差异较大。木质素主要分成S型、G型和H型。利用核磁共振（NMR）分析原料和平菇生长后基质中木质纤维素的结构变化，其中木质素之间的典型连键β-O-4′芳基醚在木屑和棉籽壳中相对减少，而玉米芯中木质素丰度低，没有检测到该单元。木质素中的紫丁香基丙烷结构（S单元）相对减少，因此S/G的值在木屑和棉籽壳中相对减少，在玉米芯中只有羟丙基丙烷结构（H单元）被检测到，而H单元在平菇生长后的基质中检测不到。平菇对木质素和半纤维素具有选择性降解的特性，对纤维素的降解效率较低，这种选择性降解可提高平菇对基质的利用率，特别是对半纤维素的利用率。

平菇选择性地降解木质素的S单元结构，而这种单元主要存在于木质素含量较丰富的硬木和种子中，棉籽壳中含有大量该单元结构，因此其木质素降解效率要高于其他两种基质，木质素的降解更有利于平菇对其他基质的利用。而在缺乏S单元结构的玉米芯中，H单元是降解的主要对象，平菇生长后，玉米芯基质中的H单元结构因为丰度太低而未能检测到。平菇对木质纤维素中多糖的影响一方面表现为对半纤维素的显著降解，另一方面表现为对木聚糖结构的影响，而木聚糖去乙酰化可能是半纤维素降解的重要机理。

食用菌生产中所需要的碳源，除葡萄糖、蔗糖等单糖、双糖外，主要来源于麦秸、玉米芯、棉籽壳、木屑等农林副产品中的长效碳木质纤维素。这种碳源具有来源广泛、取材容易、价格低廉、可再生等特点，是栽培食用菌的主要原料。栽培中适量加入葡萄糖等速效碳，可为菌丝生长初期提供易利用碳源，促进菌丝萌发、早发菌、早吃料、早定殖，诱导纤维素酶、半纤维素酶、木质素酶等胞外酶的产生，为长效碳的充分利用打好基础。

食用菌的碳源利用具有以下特点。

（一）食用菌利用碳源种类多样

食用菌可以利用多种碳源，可溶性的单糖、二糖、多糖、有机酸均是食用菌生长的良好碳源，纤维素、半纤维素、木质素、果胶、淀粉等大分子也可以被食用菌利用。但是，不同种类食用菌有各自偏好的优先利用碳源。不论怎样，葡萄糖是所有种类最为优先利用的单糖。低分子的碳源如单糖、二糖、有机酸等可直接被菌丝吸收利用，而纤维素、半纤维素、木质素、果胶、淀粉等大分子化合物则需要一系列胞外酶的分解，最终降解成为葡萄糖被利用。

食用菌栽培中以林业副产品间伐株体枝杈和农作物秸秆皮壳为主料，菌丝分解利用的

主要是植物的细胞壁组织，其成分主要为木质素、纤维素和半纤维素，它们之间通过非共价键及共价键紧密连接，形成木质纤维素复合物，其中纤维素占45％、半纤维素占30％、木质素占25％。当然，不同植物种类，这三者的比例不完全相同。总体上，木本植物木质素含量高些，草本植物纤维素和半纤维素含量高些。

（二）碳源对菌丝生长的影响

虽然食用菌可以利用多种碳源，但是，除葡萄糖外，不同种类食用菌对碳源的利用不同，在多种类碳源培养基上较单一的碳源对生长更好。研究表明，微生物对于碳源的选择趋向于使用简单的有机物如葡萄糖或蔗糖。酿酒酵母趋向使用最简单的葡萄糖分子，而诸如香菇、灵芝等大型真菌虽然可以分泌纤维素酶或漆酶利用环境中的复杂碳源，但其原理还是将复杂碳源分解成为简单碳源再加以利用。因此，理论上食用菌在复杂碳源上的生长情况会比在简单碳源上差。而对于简单碳源，菌丝生长也是有选择的，其中的趋势则是以葡萄糖为代表的简单碳源更适宜菌丝生长，以甘露醇为代表的不常见碳源对菌丝生长甚至有抑制作用。

（三）碳源对子实体生长的影响

食用菌在不同的发育阶段对碳源的要求略有不同，在不同碳源对蛹虫草子实体发育影响的研究中发现，添加不同小分子碳源对促进出草和品质都有一定的影响。接种前在培养基中添加小分子碳源（如蔗糖、葡萄糖、果糖等）后的虫草子实体的色泽、长度、干重等均优于对照组，其中又以蔗糖优于葡萄糖（方华舟，2010）。

（四）碳源对次级代谢的影响

在食用菌的研究中发现，碳源会影响次级代谢产物以及胞外酶的表达。碳源不同，对侧耳次级代谢物产量的影响也不同，半乳糖是侧耳产生胞外多糖的最佳碳源，木糖和阿拉伯糖培养则会产生较多的蛋白质。培养基中初始碳源葡萄糖、半乳糖和甘露糖的混合比例直接影响灵芝多糖的单糖组成及其比例（李洁，2015）。

二、氮素营养

在食用菌中，氮素是碳素之外的最大量的营养需求，是各类细胞不可或缺的元素，这包括氨基酸、蛋白质、嘌呤、嘧啶、核酸、氨基葡萄糖、几丁质以及各种维生素等（图4-8）。食用菌生长发育过程中所需要的氮源有简单的有机氮（氨基酸、尿素）、复杂的有机氮（蛋白质、蛋白胨）和无机氮（氨、铵盐和硝酸盐）三大类。氨基酸、尿素等是食用菌的速效氮，可以不经转化直接被菌丝吸收利用。蛋白胨、蛋白质等复杂的有机氮是食用菌的持效氮，必须经过胞外酶的分解，转化成为小分子有机氮（尿素、氨基酸等）才能被吸收利用。真菌在利用蛋白质上依赖于分泌于胞外的蛋白酶，将基质中的大分子蛋白质分解为多肽，进而分解为氨基酸后吸收利用，也有一些真菌可以通过转移系统吸收短链的肽。在食用菌的氮吸收中表现优先利用有机氮。

对食用菌来说，自然存在于天然基质中的氨基酸、蛋白质都是优质氮源。但是，作为氨基酸单独添加使用并非如此，如L-谷氨酰胺、L-天冬氨酸、L-精氨酸、L-脯氨酸等都是很好的单一氮源，但L-组氨酸、L-甘氨酸、L-异亮氨酸就较差，L-谷氨酸、L-丙氨酸更差。L-半胱氨酸是有相当毒性的。当氨基酸作为单一氮源时容易引起真菌氨中毒，因为呼吸作用还原碳的量比需要氮的量多得多（向世华，1990）。

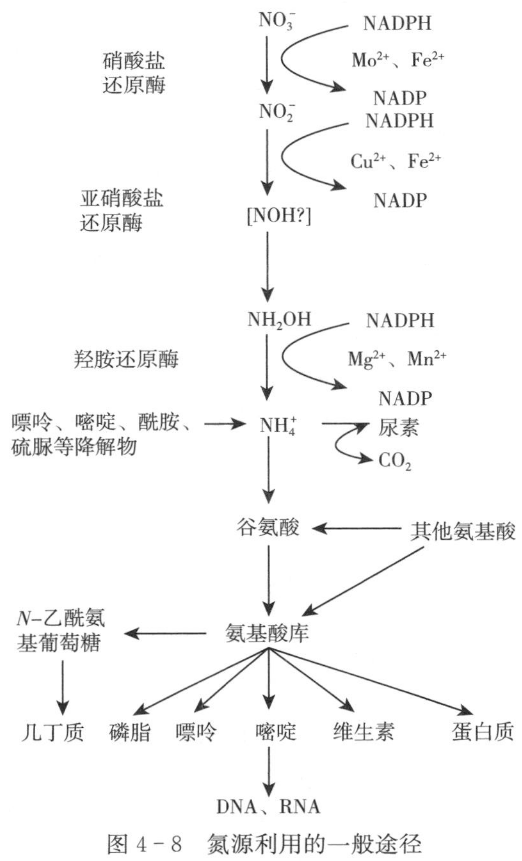

图 4－8　氮源利用的一般途径

（邢来君等，2010）

在无有机氮源的情况下，大多数食用菌也可以利用铵盐和硝酸盐等无机氮。其中的铵态氮更易被吸收利用。如果在培养料中只有无机氮而没有有机氮，则菌丝生长非常缓慢，子实体分化困难，甚至不出菇。这是由于菌丝不能以无机氮为原料合成其生长必需的全部氨基酸。在食用菌生产中常用的氮源有大豆饼、花生饼、油菜籽饼、棉籽饼、麦麸、米糠、牛粪、马粪、鸡粪等天然有机物。发酵料生产的种类，如双孢蘑菇、平菇、草菇等，也可用尿素、硝酸铵、硫酸铵等为氮源。添加尿素的培养料经过一定时长的发酵，被其他微生物利用转化为有机氮，利于食用菌的利用。尿素在高温下易分解，释放出氨和异氰酸，会造成培养料的酸碱度升高和菌丝的氨中毒，影响菌丝生长。所以，尿素不宜用于熟料栽培。栽培食用菌时尿素的使用量应掌握在 0.1%～0.2%，并且主要使用于生料和发酵料栽培的种类。

在无机氮中，相对于硝酸盐而言，真菌通常优先利用铵盐。很早就有研究发现，木腐菌利用铵态氮比利用酰胺和硝态氮更好。香菇以氯化铵、硝酸铵和乙酰胺为氮源，菌丝生长很好，而以硝酸钾和硝酸钠为氮源，菌丝不生长。NO_3^- 需经过硝酸还原酶和亚硝酸还原酶的作用还原为 NH_4^+ 才能被利用。这一还原过程需要经过 NO_2^- 阶段。因此，凡能利

用硝酸的真菌都能利用亚硝酸。

值得注意的是，介质的 pH 对亚硝酸的利用影响很大，在介质 pH 6～8 时，NO_2^- 的毒性很小，氨的利用会使介质 pH 下降。

氮源作为食用菌生长需求仅次于碳源的营养，对食用菌生长发育具有重要影响。

（一）氮源对菌丝体生长的影响

研究表明，食用菌菌丝生长阶段复合氮源优于单一氮源，有机氮优于无机氮，无机氮中铵态氮优于硝态氮。如猴头菇液态发酵时对有机氮的利用优于无机氮，有机氮中多组分复杂氮源（如蛋白胨＋干酪素＋酵母粉）优于单一组分氮源。不同食用菌对氮素的需求也是不同的，如香菇不能直接利用硝酸钾和尿素，金针菇、凤尾菇难以利用硫酸铵、硝酸钾、尿素。而干巴菌对硝酸钙的吸收利用优于硝酸铵、尿素、蛋白质。总的来说，大多数食用菌在有机氮源培养基上菌丝生长速度快、健壮；在无机氮源培养基上菌丝生长缓慢、细弱。

除氮源的种类外，氮的浓度对菌丝的生长也有影响。对灰树花的研究发现，增加培养基中氮含量有利于菌丝干重的增加。而在猴头菇深层发酵时，发酵液的含氮量在 0.14%～0.28%时菌丝生长良好，在此范围内随氮源浓度的增加可获得较大的生物量。

（二）氮源对子实体生长的影响

不同氮源对子实体生长有显著影响。研究表明，添加 1%蛋白胨的培养基，蛹虫草的生物学效率为 78.00%，显著高于 5%蛋白胨培养基 63.63%的生物学效率（杨莹，2019）。在毛木耳栽培中，添加麦麸或玉米粉在一定程度上可以增大耳片厚度并提高单片重。

氮源含量不但影响子实体产量，也直接影响子实体的营养成分。研究表明，香菇培养基中粗蛋白质含量增加 1 倍，子实体中多种人体必需氨基酸含量提高 0.48%～14.56%不等。在平菇栽培中，培养料中添加 15%的麸皮可显著提高子实体中氨基酸的含量。猴头菇在木屑为主料基质上栽培，粗蛋白质含量显著低于草本秸秆为主料的栽培。

（三）氮源对次级代谢的影响

氮代谢不仅显著影响食用菌的生长发育，对次级代谢也具有明显的调控作用。在樟芝（*Taiwanofungus cinnamomea*）液体发酵中，以麸皮作氮源的菌丝干重和胞外多糖均显著高于硝酸铵作为氮源的。在灵芝菌丝液体深层发酵中，氮饥饿能提高多糖产量。

三、碳氮比

食用菌的菌丝和子实体的生长不仅需要有充足的碳源和氮源，而且要求碳、氮适当的比例，即碳氮比（C/N）。食用菌不同生理类型对碳源和氮源的要求不同，同一种类不同生长发育阶段对碳源和氮源要求也不同。一般来说，木腐菌类适宜 C/N 为（90～130）∶1，如香菇、黑木耳；草腐菌适宜 C/N 为（20～40）∶1，如草菇生殖生长阶段适宜 C/N 为 40∶1。作为同一种类的食用菌，在营养生长阶段，即菌丝生长阶段，要求基质含氮量较低，例如，研究较明确的双孢蘑菇菌丝生长阶段 C/N 以 33∶1 为宜，而出菇期适宜的 C/N 为 17∶1。培养料初期含氮量过高会引起菌丝徒长，延长营养生长期，子实体形成推迟。生产实践表明，较高的含氮量有利于获得高产。因此，以高产为目标的栽培生产，基质制备中需要足够的氮源。为了获得更好的商品品质，氮源应以天然有机物为主，如麦麸、饼肥。若使用无机氮肥或尿素，应事先发酵，经微生物转化为有机氮后再分装制棒（袋）。培养料中添加尿素、硫酸铵等，对平菇、双孢蘑菇、草菇都有增产效果。值得注意的是，添加足够的氮源不仅仅是因为食用菌生长的需要，也有利于培养料中其他有益微生物的活动、繁殖，促进物质转化，提高碳等其他元素的利用效率（向世华，1990）。在灵芝子实体培养中，相对高的碳氮比有利于多糖及粗蛋白质的生成。

不同培养料的碳氮比差别很大，木材 C/N 为（260～600）∶1，玉米芯为 88.1∶1，稻草为 58.7∶1，大豆秸为 20.4∶1，豆饼为 16.76∶1，棉籽壳为（25～30）∶1。棉籽壳之所以能成为食用菌较理想的培养料，除持水、透气性能好之外，主要在其化学组成中含有 37%～39%纤维素、29%～32%木质素和 22%～25%半纤维素，并且含氮量丰富，粗蛋白质含量约为 7.3%。这个碳氮比非常适合多数食用菌的生长发育。

四、矿质元素

在食用菌的生长发育中需要一定量的无机盐类，如磷酸二氢钾、硫酸钙、硫酸镁、氯化钠、硫酸锌、氯化锰等。无机盐中的元素磷、钾、镁最为重要，适宜用量是每立方米培养料加 100～500mg，而铁、钴、锰、锌、钼等微量元素每立方米培养料只需 0.25mg。微量元素对食用菌生理的影响虽然十分重要和显著，但其需求量极小。在一种用无机分析方法检测不到微量元素存在的培养基上，食用菌仍然能够正常生长，而不会出现因微量元素缺乏导致的生理性病害。水及玉米芯、棉籽壳、木屑、大豆秆等植物性产品中所含的微量元素已经可以满足食用菌正常生长，所以在栽培中一般不需要另外添加微量元素；如果额外添加，不仅无益，相反还会造成盐中毒。

大量元素对食用菌生长影响较大，缺乏其中任何一种都会造成产量损失。磷是细胞的结构物质，是细胞膜、细胞核和一些酶及辅酶的成分。同时，它还以磷酸代谢的形式参与细胞能量代谢，并参与调节细胞的渗透压。磷对食用菌的生长发育有着非常重要的作用，食用菌吸收利用的磷形态是无机磷酸盐，如磷酸氢二钾、磷酸二氢钾、磷酸钾、过磷酸钙等，常用量为 1%～2%。磷酸氢二钠、磷酸二氢钠不能被食用菌吸收利用。食用菌还可利用有机磷酸盐，如肌醇三磷酸、酪蛋白等。硫是含硫氨基酸、维生素及含硫或巯基酶的组成成分，常用的硫酸盐是硫酸钙、硫酸镁、硫酸铵等，常用量为 1%～3%。

钙是食用菌细胞内重要的二价阳离子，是一些蛋白酶的激活剂，能够抵抗某些二价阳离子过量引起的毒害，还具有酸碱缓冲剂的作用。生产中常用的钙盐有硫酸钙、碳酸钙、石灰、石膏等，常用量为 1%～3%。

食用菌生长还需要一定量的镁，镁在食用菌细胞内的主要作用是构成某些酶的活性成分，如己糖磷酸化酶、异柠檬酸脱氢酶，在糖的氧化代谢中起着重要调节作用。生产中硫酸镁常用量为 0.1%～0.5%，用量过大会造成毒害。

钾在细胞内的主要作用是酶的激活，促进碳水化合物的代谢，控制原生质的胶体状态和细胞质膜的透性，影响营养物质的输送。由于植物细胞中富含钾，以植物性产品为原料栽培食用菌一般不会出现钾元素缺乏，个别种类特别需要时，加入适量的草木灰即可。

微量元素如铜、铁、锰、锌等是许多酶的活性基（化合物、离子态都可利用）。如 Cu^{2+} 能显著促进平菇漆酶基因的转录，其他金属离子如 Li^{+}、Fe^{3+}、Cr^{3+} 等可以诱导部

分漆酶基因转录水平的上调，适量 Mn^{2+} 可显著促进平菇对麦秸木质素的降解与改性。

食用菌是一类大型真菌，具有生长快、生物转化效率高等特性，不但降解人体不能直接作为食物的木质纤维素，同时可将基质中的无机物高效快速转化，产出功能性食物资源。食用菌这一特性常被用来生产富硒、富锗、富锌等功能食品，如富硒香菇、富锗灵芝等。利用深层发酵也可使羊肚菌富集微量元素锗。富硒灵芝菌丝体所含粗多糖具有较强的体外抗氧化活性。相关分析发现，其粗多糖的抗氧化活性与硒含量、富硒率呈显著的正相关。显示硒多糖在食品和药品等领域具有良好的开发利用前景。同一种类食用菌，对各种微量元素的富集能力不同，同时，这种富集能力受培养基成分和微量元素浓度的影响。食用菌对微量元素的富集机制复杂，目前的研究主要集中在生物吸附和主动吸收两个方面，其科学利用尚有待进一步深入研究。

五、维生素和生长因子

维生素是食用菌生长发育必不可少、需求微量的一类小分子有机化合物。在生物代谢中主要作为辅酶参与酶的组成和机体代谢。它虽然不能提供能量，也不是细胞和组织的结构成分，但是一旦缺少维生素，酶就会失去活性，新陈代谢就会失调，导致菌体生长和发育异常。所以，在食用菌栽培中，培养料中仅有碳源、氮源、矿质营养和水分是不够的，在缺乏维生素的培养料上食用菌生长乏力，不能实现栽培目标。在食用菌生产中，常用马铃薯、麸皮、米糠、玉米面、麦芽、酵母膏等原料制作培养基。在这些原料中一般含有种类齐全、数量充足的维生素，基本能够满足食用菌的需要，通常可不必另外添加。大多数维生素不耐高温，120℃以上就会分解而失效。因此，培养料灭菌切忌过度高温或高温时间过长。在野生食用菌的驯化中，经常遇到的问题是菌丝体在人工培养基上不生长或生长缓慢，子实体不分化或发育极其缓慢，其中一个重要原因就是培养基中缺乏某些野生食用菌生长所需要的维生素，或在对培养基进行高温灭菌时破坏了培养基中的维生素。对食用菌生长影响最大的是 B 族维生素、维生素 H 和维生素 P。维生素 B_1（硫胺素）、维生素 B_2（核黄素）、维生素 B_5（泛酸）、维生素 B_6（吡哆醇）、维生素 H（生物素或维生素 B_7）等是构成各种酶的活性基本成分。维生素 B_1 是羧基酶的辅酶，维生素 B_2 是脱氢酶的辅酶，培养基中缺少了维生素，食用菌就会生长缓慢，严重时停止生长。

除了无机营养物和维生素之外，还有许多其他有机化合物在低浓度时能够影响真菌的生长和发育。这些物质称为生长因子或生长调节剂。生长调节剂与维生素的不同在于它们的功能不是作为辅酶，且通常在稍高浓度下才能对生长产生影响。生长调节剂的范围广泛，如某些脂肪酸类、高等植物激素类、某些挥发性物质等，它们在不同真菌生长中的作用不同，目前多数作用机制尚不清楚。

目前对促进子实体分化的生长因子的作用相对清晰。这类物质主要是核酸和核苷酸，其中的环腺苷酸（cAMP）具有生育激素的功能，培养基中加入一定量（10^{-7}～10^{-5} mol）的环腺苷酸可使美味牛肝菌在人工培养基上形成子实体。植物激素如萘乙酸（NAA）、赤霉素（GA）、吲哚乙酸（IAA）、吲哚丁酸（IBA）等也能促进食用菌子实体的生长发育，在栽培中也有应用，但仍处于实验研究阶段。应用植物激素时要控制好浓度，浓度过高会抑制生长。在虎皮香菇（*Lentinula tigrinus*）子实体的形成中，不同浓度的植物激素有不同的效应。当IAA含量在100μg/g时，子实体形成的数量变少，但在300μg/g时数量增加。IAA也能刺激子实体的鲜重、菌盖直径和菌柄长度的增加，GA则只是影响子实体形成的数量和菌柄长度。像其他生长调节剂一样，浓度是植物激素对真菌作用的关键。只有浓度适宜，才能产生理想的效果，浓度过低常效果不显著，浓度过高则产生抑制作用。食用菌生产中常用浓度为吲哚乙酸10mg/L、萘乙酸20mg/L、赤霉素10mg/L、三十烷醇0.5～1.5mg/L。

第三节　食用菌的环境生理

一、温度

温度是影响生物生长发育的关键物理参数。由于近几年全球气候变化，引起环境温度异常。几乎所有的生物都进化形成信号通路感知环境温度的轻微变化，调节自身的代谢和细胞功能，以防止温度异常带来的损伤。而对于自身不能躲避恶劣温度环境的固着生物食用菌来说，温度对于其生长发育、子实体形成、次生代谢、整体产量等一系列过程尤为重要。大多数食用菌的营养生长适宜温度比较接近，而不同种类的生殖生长温度差别较大。根据食用菌子实体形成对温度要求的不同，可将其分为高温型、中温型和低温型三大类或三大温型。高温型食用菌子实体形成适宜温度在25℃以上，如灵芝、草菇、鲍鱼菇等；中温型食用菌子实体形成的适宜温度为15～25℃，如木耳、香菇、平菇等；低温型食用菌子实体形成适宜温度低于15℃，如滑菇、金针菇等。一般而言，各温型的食用菌菌丝适宜生长温度高于其子实体形成的适宜温度2～5℃。

各种食用菌都有其生长的温度范围、适宜温度范围、最适温度、致死高温和致死低温。一般而言，中温型食用菌在35℃时菌丝体停止生长，其致死高温在40℃左右。食用菌菌丝体较耐低温，在0℃以下的冷冻条件下常不会死亡，当遇到适宜温度时，又会重新生长。如香菇菌丝在菇木内即使遇到－20℃的低温仍不会死亡。但食用菌一般都不耐高温，因为高温条件下蛋白质变性，酶失活，菌丝体内各种代谢活动不能正常进行。

温度是影响食用菌生产的最为活跃的因素，它不但影响食用菌的生长速度、生长量、子实体的形成和发育，从而影响食用菌的产量和品质，而且影响栽培的成败和生产效益。特别值得指出的是，食用菌生产中菌丝适宜生长温度并不是其生物学上的最适温度。以生产子实体为目的的食用菌菌丝体生长适宜温度低于其生物学最适温度2～4℃。偏低的培养温度有利于养分积累从而达到优质高产的目的。营养生长阶段温度偏高，菌丝生长加快，呼吸作用增强，养分消耗增多，体内营养积累减少，子实体产量降低，同时增大霉菌发生概率。

（一）温度对食用菌生长发育的影响

以食用菌生长的适宜温度为基准而言，适度偏高的温度，对生物体的生长发育具促进作用，利于子实体的尽早形成；相对偏低的温度，生长发育迟缓，子实体形成相应推迟。过高的温度则对各类食用菌都具不同程度的伤害。在双孢蘑菇栽培中，已经报道高温能够引起菌丝损伤、菌盖直径减小以及子实体生物量降低。热胁迫也能够抑制灵芝菌丝生长，减少菌丝分叉。对白灵菇和杏鲍菇的相关研究表明，高温降低菌丝的表面增长率、菌丝顶

端细胞表面积、菌丝直径和菌丝的分支频率，从而菌落呈现生长势变弱和生长缓慢（刘秀明等，2017）。在香菇栽培中，高温引起香菇菌丝生长停止、子实体发生量少等生长缺陷表型。除影响菌丝生长之外，在糙皮侧耳中还发现热胁迫会引起菌丝细胞凋亡，同时出现细胞核体积缩小，DNA 碎片化等现象（Song et al.，2014）。低温延缓食用菌的生长发育，也是大多数种类子实体形成的必要条件，多数种类食用菌没有低温刺激难以形成子实体，或子实体数量少。研究发现，低温刺激是诱导白灵菇、香菇、杏鲍菇等多种食用菌原基形成的关键因素。在子实体发育过程中，低温促进菌盖生长和加厚，抑制子实层发育和担孢子的形成，抑制菌柄的伸长，延长子实体发育时间；高温的作用则相反，促进菌盖上子实层的发育，加快产孢进程，促进菌柄伸长，加快子实体成熟。此外，适合子实体发育的温度范围较菌丝生长的温度范围窄。同样，子实体发育的最适温度范围也较菌丝生长的最适温度范围窄。Aarita 等用野生的木腐菌多脂鳞伞为实验材料研究了温度的影响，确定了商业化栽培中菌丝生长的最适温度和临界温度。蛹虫草的子实体对温度十分敏感，以白天 20℃、昼夜温差 5℃为最佳原基分化温度，在这一条件下原基形成快、数量多、生长趋势好。而过高或过低的温度均显著抑制原基分化。

（二）温度对食用菌抗氧化系统的影响

温度变化会影响生物对于氧气的利用能力，因此会影响生物整个氧化平衡系统的变化。热处理或者冷处理能够通过诱导抗坏血酸过氧化物酶（ascorbate peroxidase，APX）、超氧化物歧化酶（superoxide dismutase，SOD）、过氧化氢酶（catalase，CAT）、过氧化物酶（peroxidase，POD）等一系列抗氧化物酶提高清除自由基的能力，从而提高食用菌对于温度变化的适应能力。高温导致生物体内氧暴发，产生大量过氧化氢，导致膜脂过氧化，生物膜流动性下降甚至膜结构损伤，危害有机体。以白灵菇为材料研究高温对超氧化物歧化酶、过氧化氢酶、谷胱甘肽还原酶、过氧化物酶等 4 个抗氧化酶作用的结果表明，过氧化氢酶是高温胁迫响应的主要抗氧化酶类，其活力达到以 mg/(min·mg) 计量，而其他酶类仅以 μg/(min·mg) 计量，其活性是热处理前的 5 倍，其次是过氧化物酶，活性是热处理前的 2.28 倍（孟利娟等，2015）。而在糙皮侧耳中，过氧化氢酶则没有如此活跃。

（三）温度对食用菌代谢水平的影响

环境温度对食用菌多糖、萜类、多酚等多种代谢产物的合成和积累都有重要作用(Zhang et al.，2016)。热胁迫能够诱导平菇中海藻糖的积累、增加灵芝酸和灵芝多糖的生物合成、提高香菇多酚含量。低温条件会引起杏鲍菇中纤维素和甲壳素含量的显著降低、草菇中不饱和脂肪酸合成能力的下降等。总之，温度是影响食用菌生长发育的最为活跃的环境因素。

除了对于生长发育、抗氧化系统代谢调控等方面的影响外，对于蛋白质分泌、呼吸速率、信号调控等方面也具有重要调控作用。

（四）温度对食用菌栽培中霉菌侵染的影响

高温是食用菌霉菌批量侵染甚至暴发的关键环境因子，对糙皮侧耳“侵染性烂棒”的研究表明，高温导致食用菌抗病性下降，木霉（*Trichoderma* spp.）侵染力增强，从而引起木霉暴发。在高温条件下糙皮侧耳对木霉孢子的吸附力增强，细胞壁结构疏松、完整性变差、电导率提高、敏感性增强、抵抗力降低，并产生促进木霉孢子萌发和菌丝生长的胞外代谢产物。在相同温度条件下，木霉的孢子萌发率升高、萌发加快，胞壁降解酶活性增强，侵染力增强。另一方面，木霉在侵染过程中对过氧化氢（H_2O_2）的耐受性高，因而其对高温的耐受性显著高于糙皮侧耳（Qiu et al.，2017a；Qiu et al.，2017b；Qiu et al.，2018）。

二、光照

光照，作为地球上几乎所有有机物质直接或间接的能量源头，对生物的意义非凡。同时，光照作为一种重要的环境因素，也刺激有机体的生长发育、合成代谢。光照能通过相应的感应器作用于食用菌的营养生长、生殖生长以及生物代谢，在食用菌的发育中发挥重要作用（李玉等，2011）。

（一）食用菌的光感受器

植物的叶绿体通过接收光作为基础能源，合成一系列有机质，维持植物生长和繁殖。而作为异养型生物，食用菌只能通过感受器感知光，将它作为一种信号分子在体内传递。2000 年以来，真菌中的光感受器被相继发现。其中，研究较多的光感受器是光受体蛋白。真菌中目前已经发现了 3 种光受体蛋白：含有光敏蛋白 LOV 结构域的蓝光受体，光敏色素为代表的红光受体，视紫红质。董彩虹等研究了蛹虫草蓝光受体基因 *Cmwc-1* 在光形态建成中的响应特点，*Cmwc-1* 在黑暗条件下表达，光照刺激后表达量增加，待光照时间持续 30min，其表达量不再上升，即光适应现象。对香菇菌丝转色的研究表明，光对香菇菌丝的转色起十分重要和关键的作用。对转色与未转色的菌丝的转录组测序，预测了与光诱导香菇菌丝转色相关的关键候选基因主要为光感受器、光信号转导途径、色素形成等相关基因（唐利华等，2016）。进一步的蛋白组学分析揭示了在光诱导香菇菌丝转色过程中，涉及光信号转导与调控的蛋白质如核苷二磷酸激酶（NDK）等起着重要作用。

（二）光照对食用菌营养生长的影响

生产品质优良的食用菌需要严格的生产条件，包括光照条件。而发光二极管可以使食用菌处于相对稳态的光照环境中。总体说来，自然光抑制菌丝生长，在强光条件下，菌丝生长缓慢、稀疏，气生菌丝减少。另外，需要注意的是，不同光质对不同食用菌的作用有较大差异。蓝光有利于黑木耳菌丝生长，与其他波长的光条件下比较，生长最快，生物量积累最多，与完全黑暗对照相同。红光条件下黑木耳菌丝生长速度虽然也较快，但长势较差，且生物量积累并不高。平菇则与此不同，蓝光条件下与其他波长的光照相比较，对菌丝生长没有明显变化，红光更适合平菇菌丝生长。

（三）光照对食用菌生殖生长的影响

光照对食用菌生殖生长阶段的影响要大于营养生长，直接影响子实体的发生、形态建成和商品性状。虽然许多食用菌的有性发育不受光照的影响，即无论在黑暗中还是持续光照或光暗交替的环境中都可顺利进行。然而，有些食用菌没有光照就不能产子实体。真菌对光照具有“记忆”功能，即使接受的光照极少，也会影响随后它在黑暗环境中的发育。例如裂褶菌的子实体原基的萌发需要光诱导；在子实体发育的早期阶段仍然需要光照。菌褶的形成以及随后的生长直至成熟，虽然不需要光照，但是黑暗中孢子不再产生，需要

5～6h 的光照才能清除黑暗的抑制作用。光照对子实体形成在不同食用菌中作用不同。金针菇和冬生多孔菌的菌盖的扩展需要光照。香菇在黑暗条件下可以产生埋没于培养基内的原基，但这些原基既没有形成明显的色素，又不能发展成气生性原基，仅有那些经光照处理的原基才能形成子实体，且光照刺激子实体形成仅发生在光敏期，在菌丝生长晚期进行光刺激不会形成子实体。漏斗大孔菌子实体原基的诱导需要光，原基形成后，转移到暗处，菌柄可以形成，但是不形成菌盖。只有当菌柄长度达到 5mm 时，菌盖才能被光诱导。幼小的菌柄不能被光诱导出菌盖，表明菌盖的形成还受到发育的调控。此外，另一种极端的情况是，光照能够抑制子实体的形成，如双孢蘑菇的子实体原基的形成和菌柄的伸长及菌盖的扩展都受到光的抑制。另外，金针菇、冬生多孔菌及裂褶菌等，菌柄和菌盖的空间定位在一定程度上是由菌柄的光反应特性决定的。

总体说来，光照有利于子实体原基的形成，促进菌盖生长发育，抑制菌柄的伸长，有利于子实体的健壮生长。食用菌菌丝进入生殖前会有一个光敏感期。此时，给予适宜的散射光会诱发菌丝细胞的分化，促进原基的形成及分化，缩短生育期。光照强度和光质显著影响菌柄长与菌盖宽的比值。在香菇栽培中，过强的光照会导致无法正常转色或延长转色期，光照强度以 0～200lx 为最佳，200～1 000lx 产量较高。在金针菇栽培中，随着光照强度增加，菇体色泽逐渐加深，且菌盖变大，褐斑增多，菌柄变粗变短，商品价值变低。鲍鱼菇原基分化时，100lx 散射光较好，原基分化速度快，菌丝粗壮，数量多。金针菇栽培中，光照主要起抑制作用，在抑制阶段给予强光照，金针菇生长缓慢，整齐度好，密度大，产量相对高（吕作舟，2006）。有研究表明，红光处理下的杏鲍菇子实体菌盖较小，形态最佳，形成优质菇。工厂化杏鲍菇栽培试验则表明，蓝光对杏鲍菇子实体生长发育和增产效果最显著，白光处理的综合品质最佳（张黎杰等，2014）。子实体从原基形成到最终成熟的整个过程中对光照敏感度逐渐减弱。多数种类在不同发育阶段给予适宜的光照，有利于子实体健康生长、提高品质、获得更好的栽培效益。

（四）光照对食用菌代谢过程的影响

食用菌代谢产生多种具生物学功能的活性物质，如多糖类、萜类、黄酮类等，不同波长的光照会影响这些代谢产物的积累。对蛹虫草、桑黄、灵芝等的多糖类产物的研究表明，蓝光促进前两者多糖类含量的增加，而在灵芝中含量则会下降。对于食用菌生理过程中的次级代谢产物色素来说，光照促进子实体各种色素的合成，如蛹虫草的橘黄色、金针菇的黄色、白灵菇的白色、平菇的灰褐色、香菇的茶褐色。目前关于光照对食用菌代谢过程影响的研究还较少。深入了解光照对食用菌生理的作用机制，对食用菌菌种储藏、菌丝生长、子实体发育、活性物质产生以及采摘后的储藏等有重要意义和应用价值。

三、pH

不同种类的食用菌菌丝生长阶段和子实体生长阶段均要求一定的 pH 范围，过高或过低都将使酶活力降低，导致新陈代谢减缓甚至停止。pH 还影响细胞膜的通透性，较低 pH 妨碍细胞对阳离子的吸收；较高 pH 妨碍细胞对阴离子的吸收。目前已有斑玉蕈、金针菇、杏鲍菇、灵芝及外生菌根真菌（牛肝菌、乳菇）等菌丝在不同 pH 条件下生长情况的报道。木腐类食用菌在偏酸性环境中菌丝生长较快，草腐类食用菌在偏碱性条件下菌丝生长较快，这与主要作用酶的差异有关。大多数食用菌同一般真菌一样，喜酸性环境，适宜菌丝生长的 pH 为 3～8。以金针菇为例，适宜 pH 为 5.5～6.2，pH 超过 6.5，菌丝生长稀疏、纤细，生长速度变慢；超过 7.5，生长基本停止；pH 低于 5.0，菌丝生长速度也明显变慢，不向基质表面和内部生长，而向空中生长，菌种块形成浓浓的白毛团。

（一）不同 pH 对制袋污染率的影响

不同 pH 对制袋污染率有明显的影响。对多种食用菌的研究表明，与较适宜 pH 基质比较，偏酸基质有利于霉菌滋生，导致菌袋霉菌污染率增高。因此，食用菌生产中需要调整培养料的 pH，灭菌后的 pH 应稍高于栽培最适 pH，因为菌丝生长过程中会产生大量的有机酸释放到基质中，随着菌丝生长，pH 会随之不断下降。

（二）pH 与菌丝成熟

pH 与食用菌生长的营养环境密切相关，菌丝在培养基中生长和蔓延时，通过分解基质，产生一些有机酸（如柠檬酸、延胡索酸、琥珀酸、草酸等）会引起基质的 pH 下降，而 pH 降低又将影响细胞膜对基质中离子的吸收，最终影响食用菌的生长发育。在生产中，常采取添加碳酸钙、硫酸钙等措施以中和菌丝生长产生的有机酸，调节培养基质的 pH。随着基质彻底分解，基质的 pH 逐渐趋于稳定，这是判断菌丝成熟程度的重要指标。

（三）不同 pH 对出菇起始日的影响

pH 直接影响子实体的形成，不同种类食用菌出菇起始的适宜 pH 不同。在考察灭菌前栽培基质的 pH 对三种食用菌的出菇起始日影响时发现，茶树菇 pH 5.5～6.5 菌丝满袋 13d 出菇，而 pH 4.5～5.5 和 8.5～9.5 分别为 14d 和 17d 出菇；杏鲍菇 pH 5.5～6.5 菌丝满袋后 13d 出菇，而 pH 4.5～5.5 和 8.5～9.5 分别为 14d 和 19d 出菇；白灵菇 pH 5.5～6.5 菌丝满袋后 45d 出菇，而 pH 4.5～5.5 和 8.5～9.5 分别为 47d 和 48d 出菇。茶树菇、杏鲍菇和白灵菇在偏酸性（pH 5.5～6.5）条件下要比偏碱性条件下（pH 7.5～8.5）分别提早 5d、8d 和 9d 出菇（刘叶高等，2002）。

（四）不同 pH 对子实体生长发育的影响

不同种类的食用菌在子实体生长阶段对 pH 有不同要求。每一种酶活性都受 pH 影响，过高或过低都会使酶活性降低，并且子实体生长的最适 pH 与营养生长的最适 pH 不同。随着食用菌的生长发育，培养基的 pH 随之变化，这主要是食用菌分泌到培养基中有机酸的作用。缓冲能力很强的基质或者通过添加外源化合物维持培养基的 pH 不变，不能长出子实体。这是因为子实体发育代谢所需要的 pH 没有达到。例如香菇子实体形成需要酸性环境，最佳为 pH3.4～4.6，pH 高于 5.2，子实体很难形成，即使形成产量也不高。可见 pH 对食用菌产量具显著影响。

实验表明，木腐菌菌丝体在偏酸环境中生长较快，草腐菌菌丝体在偏碱条件下生长较快（王海燕，2017）。菌丝生长健壮、长速快，则子实体个体大、健壮，产量高。反之，产量低。一般认为，草腐菌菌丝生长初始适宜 pH 为中性偏碱，菌丝体生长的同时还向周围环境分泌有机酸，环境中的有益微生物在刺激菌丝体生长的同时，也分泌有机酸，从而使覆土层的 pH 降低。如果起始环境为酸性，不利于菌丝体的生长发育，且菌丝生长缓慢，随着菌丝的生长和菌丝分泌的有机酸的积累，基质环境变得更加不适合生长，影响营养吸收转化，导致低产。随着试验栽培料的初始 pH 的上调，产量逐步提高。

（五）pH 对食用菌次生代谢的影响

在灵芝的液体培养中，初始 pH 对灵芝酸和多糖的产生影响显著。初始 pH6.5 时，生物量最大，干重达到（17.3±0.12）g/L，灵芝酸产量也最高，达到（207.9±2.7）mg/L。将初始 pH 从 6.5 降低至 3.5，导致细胞外多糖的产量逐渐增加，胞内多糖的特异性增强。

四、CO_2 和 O_2

（一）O_2 影响菌丝对养分的吸收

在食用菌袋栽生产中，装料过紧过实，不能满足菌丝有氧呼吸的要求，会抑制菌丝吸收养分，导致播种后菌丝不吃料、不发菌（古卫红，2019）。木质素的降解与胞外多酚氧化酶的活性有关，如漆酶、过氧化物酶和酪氨酸酶。木质素的化学结构因为氧化反应发生了明显变化（Iiyama，1994）。这些酶催化的氧化反应把复杂的酚类物质转化为简单的芳香环类化合物，才可以被菌丝吸收入体内而分解利用。基质中 O_2 的含量会显著影响这些酶的活性水平。因此，在缺氧条件下，木质素是不能被食用菌降解利用的。

（二）通氧量影响液体菌种质量

目前，我国的工厂化食用菌生产已经实现发酵罐的液体菌种生产。非循环式发酵罐是好气性微生物深层发酵的罐型之一，其中通用式发酵罐又是大多数工厂最常用的罐型。通风搅拌发酵罐中，通风的目的不仅供给菌种生长所需的 O_2，而且利用通入发酵罐中的空气搅拌发酵液，使发酵液体混合均匀。发酵液一般比较黏稠，O_2 在发酵液中的溶解度非常小，不能满足菌种生长代谢的需要。为了改善通气效率，发酵时必须进行振荡或搅拌。食用菌液体培养的适宜通气量一般为 1∶（0.5～1.5），搅拌速度 150～180 转/min。种类不同，对通气量要求也不同。此外，培养基成分、菌龄、培养温度等也影响发酵对氧的需求。因此，大规模发酵之前必须进行小型发酵试验确定最适通气量及搅拌速度。另外，摇床的特性影响氧的吸收系数，进而影响菌体的生长，因此应根据实际情况选用合适的摇床及振荡速度。

（三）CO_2 和 O_2 影响食用菌菌丝生长

基质内的 O_2 和 CO_2 的含量是影响食用菌菌丝体生长的重要环境因子。一般认为双孢蘑菇菌丝体生长阶段 CO_2 浓度（用百分比表示体积浓度，下同）0.6%～0.7%才能获得较好的产量。CO_2 浓度为 2%时双孢蘑菇菌丝生长显著减慢，CO_2 浓度 10%时菌丝生长量只有在正常条件下的 40%。但完全没有 CO_2 菌丝生长也受到抑制，表明适宜含量的 CO_2 对菌丝生长具有促进作用。

（四）CO_2 和 O_2 影响食用菌子实体生长发育

真菌的菌丝生长需要足够的 O_2，子实体发育对通氧量要求更高，需要更多的 O_2。CO_2 浓度太高会抑制子实体原基的形成。另外，CO_2 抑制子实体菌盖扩展，刺激菌柄伸长，过高 CO_2 浓度会抑制子实体的正常发育，引起菌柄过长、菌盖退化。栽培中不形成子实体的原因往往是呼吸作用产生的 CO_2 未及时排出。有研究表明，食用菌的不同种类，同种的不同品种，对通氧量的要求不同，CO_2 的适宜浓度不同。CO_2 过高或过低都不利于生长。CO_2 抑制子实体分化，甚至形成畸形菇；CO_2 刺激菌柄的伸长，抑制菌盖的加厚和伸展，从而形成大脚菇。与草腐菌双孢蘑菇相比，木腐菌平菇子实体可在较高 CO_2 浓度下生长发育，其子实体形成的适宜 CO_2 浓度为 0.04%～0.1%。对 CO_2 浓度变化较敏感的灵芝在 CO_2 浓度 0.1%环境下子实体分化异常，一般不形成菌盖，而菌柄分化呈鹿角状。

总体而言，食用菌不同生长发育阶段对 CO_2 浓度的敏感性有很大差异，其顺序是子实体发育>子实体原基形成>菌丝体生长。子实体发育阶段，不会产生 CO_2 浓度不足的问题，而多是 O_2 不足。

五、其他环境因子

食用菌子实体水分含量较高。食用菌生长中所需的水分主要是从培养料中吸收，但是空气相对湿度通过影响菇体表面蒸腾速率、CO_2 和 O_2 的分压以及有害生物的发生等间接影响子实体的发育。因此，较高的空气湿度是子实体原基发生和发育必需的环境因素。在香菇以及真姬菇的研究中有相关报道，空气湿度低会使培养基蒸发量大，使培养料中的水分大量丢失，阻碍子实体的分化或使子实体的生长停滞，但同时也可促进营养菌丝向子实体供应养分（于海龙等，2009）。

研究发现了一些可以激发食用菌某些特定基因表达的物质，能够诱导特定的次生代谢产物的合成与积累（Hou et al.，2017）。例如，基质添加 0.02%乙酸钠（NaAC），草菇产量增加 16.25%，子实体数量增加 35.57%，生物学效率提高 16.28%，平均单菇重增加 19.33%。适量的赤霉素、稀土单独施用均能促进滑菇菌丝生长，同时还能增加胞外多糖的产生。滑菇最适赤霉素施用量为 8mg/L、稀土施用量为 80mg/L。基质中不同浓度的赖氨酸结构类似物（AEC）能影响金针菇赖氨酸含量。此外，通过优化发酵培养条件，添加天然真菌激发子可诱导提高蛹虫草的类胡萝卜素含量。外源激素（三十烷醇、2，4-滴、6-BA）对大球盖菇液体菌种培养的菌丝体生物量、菌球密度有显著影响。还有报道，模拟微重力栽培的金针菇子实体中有 14 种氨基酸含量高于静止栽培处理。化学评分、氨基酸评分、氨基酸比值系数评分、必需氨基酸指数、生物价与营养指数 6 项蛋白质指标均高于静止栽培的金针菇。

第四节　食用菌的代谢途径

一、呼吸

呼吸作用能够提供各种生命活动所需的能量和合成重要有机物质的原料，是一切生命有机体的共同特征。食用菌也不例外，其生长发育需要的物质合成、生长动能、信息传递等的最初来源，是细胞代谢的中心枢纽。理解和掌控食用菌的呼吸作用对于调控食用菌生长发育，指导食用菌生产，有着十分重要的理论意义和应用价值。

（一）呼吸作用的概念

呼吸作用是生物体内的有机物在细胞内经过一系列的氧化分解，最终生成 CO_2 或其他产物，并且释放出能量的过程，也就是对底物的生物氧化过程，包括有氧呼吸和无氧呼吸两大类型。

有氧呼吸是指生物体在有 O_2 参与的条件下，把某些有机物质彻底氧化分解（通常以分解葡糖糖为主，生成 CO_2 和水），并释放能量的过程。葡萄糖是细胞呼吸最常利用的物质。细胞进行有氧呼吸的主要场所是线粒体。

无氧呼吸是指在无氧气存在的条件下，细胞把某些有机物质分解成为不彻底的氧化产物，同时释放能量的过程，最终电子受体不是氧，并在能量分级释放过程中伴随有磷酸化作用，也能产生较多的能量用于生命活动。研究表明，食用菌的无氧呼吸产生危害自身的产物——乳酸、乙醇、乙醛，抑制菌丝生长（Zhang et al.，2016）。

（二）呼吸作用的生理意义

细胞的物质代谢和能量代谢无不与呼吸作用相关。呼吸作用为食用菌的生命活动提供了所需要的能量。呼吸作用将有机物质氧化分解，释放能量，其中一部分能量以三磷酸腺苷（ATP）的形式储存起来，ATP 分解释放生命活动所需的能量。另一部分以热能的形式散发到环境中。在低温条件下培养的制菌袋，温度常高于环境温度 2～3℃，这是呼吸作用产生的热量。另外，在这一过程中，形成大量的还原型烟酰胺腺嘌呤二核甘酸（NADH）、还原型烟酰胺腺嘌呤二核苷酸磷酸（NADPH）等，为食用菌生长中蛋白质合成等生物学过程提供还原力。

呼吸作用产生一系列中间代谢产物，如丙酮酸、α-酮戊二酸等，是进一步合成蛋白质、核酸等各种重要化合物的原料。有研究显示，当呼吸作用发生改变时，中间产物也会随之发生改变，从而影响氨基酸、蛋白质、次级代谢物等其他诸多物质的合成与代谢。所以，呼吸作用被认为是食用菌生长过程中有机物转变的重要枢纽。

（三）呼吸作用对食用菌生长和代谢的影响

呼吸作用能够释放能量供食用菌生长发育所需，它的中间产物对食用菌体内各种有机物之间的转变起枢纽作用，所以呼吸作用被认为是代谢中心，也是食用菌生长发育生命活动的关键环节。食用菌栽培设施和栽培措施，都离不开对温度、水分、通风、光照等环境因子的调节，保证其机体正常的呼吸作用，减少呼吸消耗，增加养分积累，提高产量和品质。

研究显示，刺芹侧耳制菌袋遭遇高温时，菌丝发生无氧呼吸，菌丝内乙醇、乙醛及乳酸积累，显著影响菌丝生长和子实体产量的形成。这些代谢产物的积累与栽培中的“烧菌”现象密切相关（Zhang et al.，2016）。值得注意的是，食用菌发菌过程中，不仅仅是高温才会引发厌氧呼吸，低温条件下的通风不良也同样会导致厌氧呼吸，因为菌丝体被塑料袋包裹严实，培养料内氧气极其有限。另外，一些外源诱导因子可以通过影响食用菌的呼吸作用而改变其次生代谢产物的合成，如水杨酸通过抑制灵芝菌丝线粒体复合物Ⅲ的活性，抑制线粒体呼吸速率，增加活性氧的产生，从而促进灵芝酸的生物合成（Liu et al.，2018）。

二、碳代谢

（一）碳代谢的生理意义

作为一种典型的化能异养型生物，食用菌是以有机化合物为碳源，以有机物氧化产生的化学能为能源，这些有机化合物中的碳元素通过胞内的碳代谢途径，形成食用菌自身蛋白质与其他物质的重要“骨架”，并且为食用菌的新陈代谢提供能量。

食用菌吸收的碳中，约有20%用于合成细胞物质，80%产生能量维持生命活动。对于所有的生物体，碳都是维持生长发育的基本条件。虽然大多数生物的生活方式以及在食物链上所处位置各不相同，但是基本碳代谢是相似的，都是以糖酵解和三羧酸循环作为中心，将大分子物质降解成小分子物质并产生能量的分解代谢，以及利用简单的小分子物质合成复杂大分子物质并利用能量的合成代谢。

无论是碳的分解代谢还是合成代谢，这些代谢途径都是由一系列连续的酶促反应构成的。通过将化合物进行连续的酶促反应，进行生物转化，以特有的代谢反应与调节方式，构成代谢网络，保障生命活动的正常进行。

（二）碳源的降解吸收与利用的基本途径

单糖、二糖、多糖、有机酸等简单碳源和复杂结构的木质纤维素都可以被食用菌利用。但是，不同种类食用菌都有自身偏优先利用好的碳源。其中，葡萄糖是几乎所有食用菌最为优先利用的单糖。

低分子化合物碳源如单糖、二糖、有机酸等可直接被菌丝吸收利用，而纤维素、半纤维素、木质素、果胶、淀粉等大分子化合物则需要纤维素酶、淀粉酶、蛋白酶、几丁质酶、葡聚糖酶、木聚糖酶等一系列胞外酶分解成为单糖、二糖，进而主要以透过酶（即载体蛋白）的转运作用被吸收进入胞内。

糖酵解是最早被阐明的碳代谢途径之一，糖酵解途径位于细胞质内，是葡萄糖被分解为丙酮酸，同时释放ATP的过程，是无氧或者有氧呼吸的重要通路。这一途径为食用菌的生理活动提供能量和$NADPH+H^+$，其中的部分中间产物，也作为其他合成代谢的前体物质。

三羧酸循环（TCA）是从柠檬酸开始的。从乙酰辅酶A与草酰乙酸缩合成柠檬酸开始，经过异柠檬酸、α-酮戊二酸、琥珀酰辅酶A、琥珀酸、延胡索酸、苹果酸等多步反应又重新回到草酰乙酸而结束，消耗一个乙酰辅酶A，产生CO_2、$NADH+H^+$、$FADH_2$、ATP等物质。乙酰辅酶A不仅来自糖的分解，还来自脂肪酸和氨基酸的分解代谢，进入三羧酸循环被彻底氧化。三羧酸循环中生成的苹果酸和草酰乙酸等中间代谢产物可以直接参与许多物质的合成或被进一步氧化。草酰乙酸是合成天冬氨酸的前体，α-酮戊二酸是合成谷氨酸的前体。一些氨基酸也可通过这一途径转化为糖，为细胞代谢提供碳源和能量。三羧酸循环不仅是碳代谢的重要途径，也同时是脂、蛋白质等有机物在生物体内末端氧化的共同途径。

葡萄糖还能够不经过糖酵解和三羧酸循环，通过戊糖途径直接氧化脱氢和脱羧，产生大量的NADPH，从而为细胞的各种合成反应提供还原力，如参与脂肪酸和固醇类物质的合成。

此外，胞内碳代谢途径还有糖异生、多糖合成等糖类合成途径，β-氧化、乙醛酸循环等脂类的分解和合成代谢等。

基质中不同的碳源进入食用菌体内，将参与不同的代谢途径。纤维素最终被分解为葡萄糖被菌丝吸收，进入糖酵解途径产生相应的中间代谢产物和能量。由已糖和戊糖组成的半纤维素降解为木糖及其他单糖，被菌丝吸收后，木糖进入磷酸戊糖途径，其他单糖进入其他碳代谢途径，被食用菌利用。木质素是以一个或多个苯酚丙烷为单位组成的复合聚合

物，具有最为复杂的碳代谢过程。木腐菌能够合成多种多酚氧化酶分泌到胞外。漆酶、木质素过氧化物酶、锰过氧化物酶是目前研究最多并被认为是最重要的三种木质素降解酶。它们先将木质素降解为芳香族醇，如香豆醇、松柏醇、5-羟基松柏醇、芥子醇等，进而在芳醇氧化酶、酚氧化酶、葡萄糖氧化酶等氧化酶类作用下转变为芳环自由基和醌类，最后进入碳代谢途径。

（三）温度对碳代谢的影响

温度通过对碳代谢的影响而影响食用菌的生长发育，从而影响食用菌生产的产量和品质。尤其是高温条件，显著抑制食用菌菌丝的生长。研究表明，灵芝在热胁迫下体内代谢由呼吸作用转向无氧糖酵解，而灵芝蛋白激酶 GlSNF1 能够参与热胁迫下无氧糖酵解水平的增加（Hu et al.，2020）。这种代谢流的转变有助于灵芝应对热胁迫造成的活性氧（ROS）损伤。热胁迫下平菇代谢产物动态分析发现，热胁迫促进平菇不饱和脂肪酸和核苷酸的降解，氨基酸和维生素合成的增加，糖酵解和三羧酸循环的加速。这种碳代谢重排诱导乳酸积累，从而抑制菌丝生长。

三、氮代谢

氮是构成生物体的蛋白质、核酸及其他含氮化合物的重要元素，是影响细胞生长及代谢的主要因子之一。食用菌在生长过程中可以利用的氮源包括蛋白质、氨基酸、尿素、铵盐和硝酸盐等。其中氨基酸和尿素能被菌丝体直接吸收，大分子的蛋白质需分解成氨基酸后才能被吸收利用。

这些含氮化合物需要通透酶转运并通过代谢酶降解以产生铵。为了利用铵盐，食用菌需要将其转化为谷氨酸和谷氨酰胺。这两种氨基酸可作为细胞中所有其他含氮化合物的氮供体（Magasanik et al.，1992）。其中，NADPH 依赖的谷氨酸脱氢酶（NADPH-GDH）将铵和α-酮戊二酸转化为谷氨酸（Nagasu，1985）（图 4-9），谷氨酰胺合成酶（GS）将铵和谷氨酸转化为谷氨酰胺。谷氨酸通过 NAD 依赖的谷氨酸脱氢酶（NAD-GDH）转化为铵和α-酮戊二酸。所有的氮源都会转化为氨和谷氨酸，谷氨酸与谷氨酰胺一起在氮代谢中起着关键作用，因此也有学者提出将氨、谷氨酸和谷氨酰胺的互变称为中心氮代谢（CNM）（Eelko et al.，2000）。

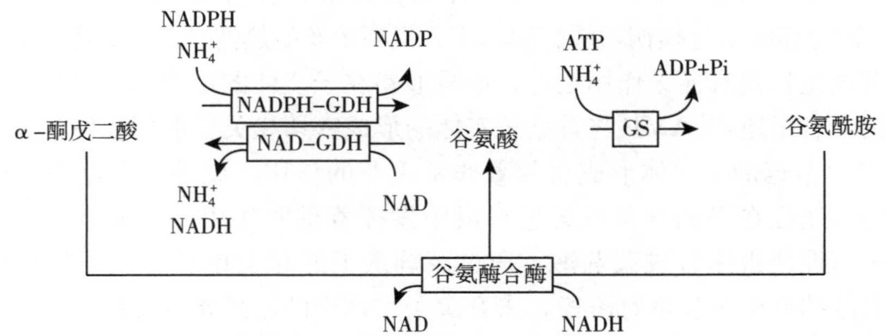

图 4-9　酿酒酵母氮代谢中铵与α-酮戊二酸和谷氨酰胺的转化

除中心氮代谢外，胞内非必需氨基酸代谢、尿素循环、多胺代谢以及硝酸盐代谢也是真菌中广泛存在的氮代谢途径。其中硝酸盐代谢和多胺代谢目前在食用菌中已经开展了相关研究，尤其是食用菌在受到热胁迫时，这两条途径中的 NO 和多胺作为重要的信号分子，参与食用菌抵御热胁迫。在哺乳动物中，胞内精氨酸能够在 NO 合酶的催化下分解产生 NO。在真菌中虽然能检测到 NO 合酶的活性，但是目前比对不到 NO 合酶的基因序列。而与植物类似，食用菌中的 NO 可以由硝酸还原酶催化产生。当灵芝遭遇热胁迫条件，灵芝硝酸还原酶活性的增加导致胞内 NO 的含量升高，从而能够缓解由热胁迫引起的次级代谢含量的升高（Liu et al.，2018）。多胺是一类脂肪含氮碱，其二胺包括腐胺、尸胺等，三胺包括亚精胺、高亚精胺等。大部分多胺都是氨基酸脱羧基作用后形成的衍生物。由于多胺通常带正电荷，对于 DNA、RNA、酸性蛋白质及细胞膜等具有高亲和性，易与其结合从而调节活性。目前在灵芝研究中发现，热胁迫能够提高鸟氨酸脱羧酶的活性，进而提高胞内腐胺的含量，以缓解热胁迫对灵芝的伤害。

四、信号通道

生物对自身发育和环境变化必须作出及时、灵敏和特异的反应才能正常生存。在这个过程中，信号转导链在生物的生理反应过程中发挥重要作用。例如，哺乳动物中 ROS 信号分子被认为是影响胚胎发育的一个重要因素。植物中 H_2S 信号分子可以促进植物根系的生长和黄瓜不定根的形成。微生物中，胞外 Ca^{2+} 信号分子能明显促进粟酒裂殖酵母的增殖。在食用菌的整个生活史中，信号分子同样扮演着重要的角色，ROS 和 NO 是肺形侧耳菌丝热胁迫条件下调控海藻糖代谢、抵御热胁迫的重要信号分子（Liu et al.，2018）。

（一）信号分子对食用菌菌丝生长发育的影响

信号分子无时无刻不在参与食用菌菌丝生长的调控，特别是遭遇不良环境条件的情况下。研究表明，灵芝遭遇热胁迫后，会诱导胞内的 Ca^{2+}、ROS 信号分子参与热击信号转导，调控灵芝的菌丝生长和菌丝分杈；MAPK 通路也会影响灵芝的菌丝生长和菌丝分杈。草菇在遭遇冷胁迫后，会增强抗氧化能力，降低胞内 ROS 的含量，进而缓解菌丝生长受冷胁迫的抑制。在培养基中添加不同量的 $CaCO_3$ 粉末，会相应地影响金针菇菌丝的代谢，这可能与 Ca^{2+} 所介导的信号级联反应有关。NO 作为上游信号分子调控白灵菇菌丝体海藻糖的合成，高温胁迫条件下，NO 调控海藻糖合成量显著增加，进而刺激抗氧化酶系活性增强，减少菌丝体的氧化损伤，缓解膜损伤，提高菌丝耐热性（孟利娟等，2015）。

除了对菌丝生长具有显著作用之外，信号通路在子实体的形态建成过程中也起到了重要的调控作用。有报道，cAMP 与香菇子实体的形成密切相关。近期的研究表明，G 蛋白介导的 cAMP 对草菇的子实体形成也起着非常重要的作用。此外，香菇中蛋白激酶级联反应的信号转导途径在光诱导菌丝转色形成中发挥着重要作用。在金针菇原基形成过程中，搔菌处理可促使机体合成茉莉酸，通过茉莉酸下游相关信号分子的作用促使原基形成。在双孢蘑菇的整个生长发育阶段，未开伞子实体中的乙烯含量很低，当双孢菇启动衰老进程、子实体开伞时，乙烯的释放量开始增加。这暗示着乙烯在食用菌发育过程中也发挥加速成熟和衰老的功能。除了以上被报道的信号通路外，还存在其他的信号途径及这些信号间的互作需要我们进一步解析。

（二）信号对食用菌次级代谢的影响

食用菌不仅具有较高的食用价值，还具有较高的保健医用价值。具有生物活性的功能性成分大都是食用菌次级代谢产物，很容易受环境因子和信号转导的调控。三萜类和黄酮类是食用菌重要的具医用价值的活性物质。CO 和 H_2S 可能调控碳和硫的代谢，促进桑黄三萜的积累。实验表明，外源添加 CO 和 H_2S 的供体，可以提高桑黄菌丝体的三萜含量；外源添加水杨酸可以提高桑黄菌丝体黄酮的含量。目前对灵芝次级代谢生物合成机制的研究较为系统。研究表明，外源添加茉莉酸甲酯、水杨酸、富氢水均能提高灵芝酸（一种三萜类物质）含量，ROS 信号参与了这一代谢过程。热胁迫也能显著提高灵芝酸的含量，而在这个过程中 ROS、Ca^{2+}、NO 都参与其中。进一步研究表明，这些信号之间存在着上下游的关系，共同调控灵芝酸的生物合成。除了这些之外，磷脂信号、多胺信号等在灵芝酸的生物合成过程中也发挥着重要的作用。

（三）信号对食用菌胞外酶的影响

食用菌生长对基质的降解利用，需要纤维素酶系、过氧化物酶类、漆酶等系列的胞外酶的参与，这与发菌的吃料和生产的基质利用率相关。信号物质感应到胞内营养状态的变化，就会产生一系列信号级联反应调控胞外酶的分泌。在里氏木霉中，Ca^{2+} 响应信号途径在纤维素酶的表达和分泌中发挥着重要的调控作用，在灵芝中也有相似的结果。外源添加 Ca^{2+} 也会调控纤维素酶相关基因的表达和纤维素酶的活性。有研究表明，添加 20mg/L 水杨酸可促进香菇胞外羧甲基纤维素酶的诱导。10mg/L 的水杨酸可以显著提高镉胁迫下香菇胞外漆酶的活性。而 20mg/L 水杨酸处理促进金针菇胞外羧甲基纤维素酶的诱导最为显著。低浓度（$\leqslant$20mg/L）的水杨酸显著提高汞胁迫下金针菇胞外漆酶的活性。这些研究表明，水杨酸作为一种信号物质可能参与了调控食用菌胞外酶的产生过程。

在食用菌采后的生理活动中，信号网络无时无刻不处在活跃状态。对金针菇采后生理的 $CaCl_2$ 作用的研究表明，最佳抑制效果为 0.01～0.06mol/L。这表明金针菇子实体中 Ca^{2+} 浓度必须维持在一定范围，才能抑制金针菇采后的生理变化。目前，我们对食用菌信号网络系统的认知还是比较肤浅的。

五、其他重要化合物的代谢途径

食用菌含有提高人体免疫能力、抗肿瘤、抗病毒、降血脂、降血压、降胆固醇等诸多功效的活性物质。相关的多糖类、萜烯类、黄酮类等多种活性成分，都是食用菌的次级代谢产物。

（一）多糖类化合物

多糖是一类非常重要的生物活性大分子，通常以胞内多糖和胞外多糖两种形式存在，在微生物的整个生命过程中起非常关键的作用，如信号转导、能量提供、细胞间的相互作用和免疫激活等。多糖是食用菌的主要活性成分之一，具有抗肿瘤、降血糖、降血脂及保肝等作用。

植物、细菌及酵母的多糖合成途径相似，为单糖代谢途径。即一般情况下，进入体内的葡萄糖会通过磷酸葡糖激酶转化为 6-磷酸葡萄糖（Glc-6-P），进而由磷酸葡萄糖变位酶（PGM）和磷酸葡萄糖异构酶（PGI）影响其碳流向，PGM 主要将 Glc-6-P 转化为 Glc－1－P 进入核苷酸糖的代谢途径。PGI 主要是将 Glc－6－P 进行异构形成果糖－6－磷酸，进而进入糖酵解等途径。

UDP－葡萄糖焦磷酸化酶（UGPase）是糖基转移酶家族中的一员，在镁离子存在的条件下催化 Glc－1－P 与 UDP－Glc 之间的可逆反应。

磷酸葡萄糖变位酶（PGM）是糖酵解途径和糖异生途径中的关键酶，在糖异生的过程中，PGM 可以将 Glc－1－P 转化为 Glc－6－P，从而进入糖酵解途径。Glc－1－P 是胞内寡糖或者多糖通过底物磷酸化降解所得到的产物。

此外，其他的碳代谢途径中，如磷酸葡萄糖异构酶（PGI）、磷酸海藻糖合成酶（TPS）、N－乙酰葡糖胺－1－磷酸变位酶（PAGM）等，也与多糖的代谢有密切关系。

多糖与外界信号的传递相关，可以调控细胞自身能量感应调控的 SNF1（sucrose nonfermenting 1 protein）/AMPK（AMP－activated kinase）家族的蛋白激酶和 mTOR 型蛋白激酶。也有与细胞应答相关的 PKC 途径、MAPK（mitogen－activated protein kinase，MAPK）途径，以及钙信号途径等。

（二）萜烯类化合物

萜烯类化合物参与生物体内的信号传递、环境响应及细胞结构的稳定等一系列生理活动。与灵芝三萜、人参皂苷、青蒿素、紫杉醇等具有同样重要的经济价值，萜类化合物及其合成途径的研究受到了广泛的关注。

研究显示，食用菌的萜烯类化合物能够通过类异戊二烯合成途径合成，即由乙酰通过经典的甲羟戊酸（MVP）代谢途径，合成异戊二烯焦磷酸和二甲基烯丙基焦磷酸。以此为底物，经过法尼基焦磷酸、鲨烯、鲨烯－2，3－氧化物和羊毛甾醇等中间体，最后经过一系列氧化、环化反应形成，如图 4－10 所示。

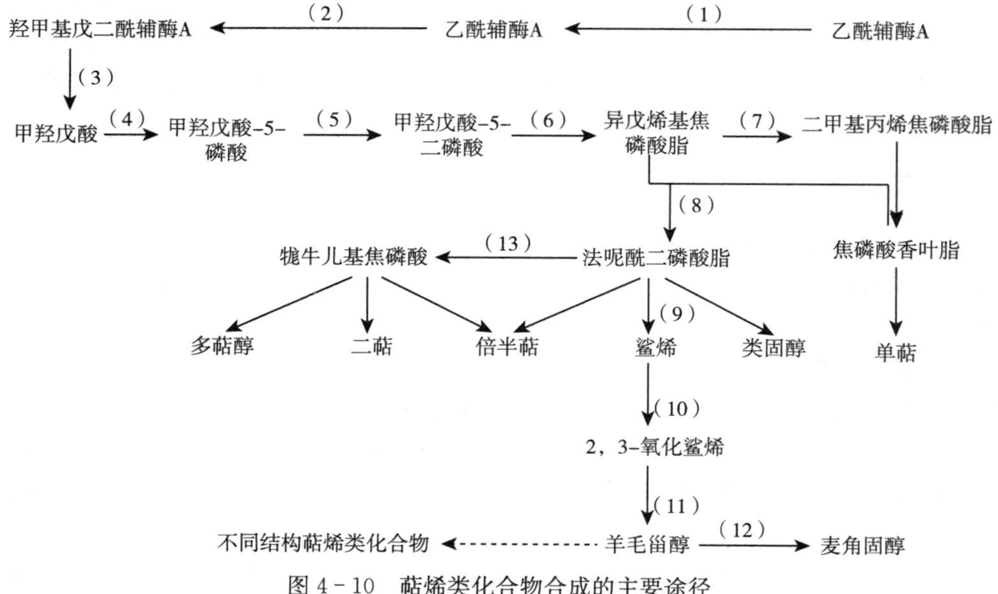

图 4－10　萜烯类化合物合成的主要途径

在该途径中，鲨烯和羊毛甾醇是最重要的中间代谢产物，可通过三萜合成过程中鲨烯

和羊毛甾醇的含量检测其合成进程，同时可以对合成萜烯类化合物的过程进行操纵，调节其产出平衡。

食用菌栽培周期长，易受环境因素和有害物质的影响。光照、温度、湿度等环境因素都能影响子实体生长及萜烯类化合物的含量。在以蔗糖为碳源，黄豆饼粉为氮源，硫酸亚铁为无机盐，pH6.0时，灵芝菌丝的萜烯类化合物灵芝三萜的含量最高。另外，在某些因子诱导下关键基因的表达上调，可以促进灵芝三萜含量的增加。添加植物信号物质茉莉酸甲酯可以显著提高灵芝三萜的含量。小分子化合物苯巴比妥以及 Cu^{2+} 和 Ca^{2+} 也可以显著增加灵芝菌丝体中三萜的含量。

（三）黄酮类化合物

黄酮类化合物是天然存在于植物、微生物中的多酚类化合物，也同样存在于食用菌中，属于次生代谢产物。具有抗病毒、抗氧化、抗菌、抗炎、降血脂和扩张血管等作用，是目前广泛应用的天然抗氧化剂。食用菌多以发酵法获得黄酮类化合物。

第五节　子实体发育生理

一、子实体形成的生理过程

子实体既是担子菌生命周期中最明显的一个阶段，又是其可食用的部分，其形成过程对食用菌生产而言十分重要。最初，食用菌菌丝在培养基质上进行营养生长，长满基质后，菌丝生长进入后熟期，基质表面的菌丝开始聚集、扭结在一起并向上隆起，逐渐形成一个直径3～5mm的小凸起，随后形成原基。原基形成是子实体发生的前期过程，也是关键时期。随着原基生长，在生长环境的影响下，细胞开始分化，原基逐步形成幼小子实体，内部形成不同组织结构，最后生长成为成熟子实体。由于不同的食用菌子实体的形态不同，在子实体分化过程中也会出现一些差异。

子实体形成过程伴随着大量基因表达显著上调，涉及细胞成分、分子功能与生物学等途径（Kües，2000）。Sakamoto等从香菇中分离编码胞外β-1，3-葡糖酶的基因，并分析细胞壁裂解酶活性与蘑菇形态发生之间的关系，结果发现，编码β-1，3-葡糖酶的基因只在子实体中表达，在菌丝中不表达，并且在菌柄中的表达量比在菌盖中高。在双孢蘑菇子实体发育过程中存在613个基因表达显著上调，其中主要为糖类作用酶和氧化还原酶类；在斑玉蕈子实体形成过程中，“氮代谢”“钙信号通路”“MAPK信号通路”等代谢途径被激活（Zhang et al.，2015）。由此可见，在子实体形成过程中涉及许多代谢途径变化，生理过程极其复杂。

二、子实体发育的营养与转运

食用菌营养生长从基质摄取营养，由菌丝体吸收、利用、积累自身需要的养分。而在生殖生长过程中自身不能合成需要的营养物质，完全以积累在菌丝体中的物质为营养源，形成原基、分化子实体、子实体伸展发育、产生孢子。应用放射性同位素（RI）示踪，对金针菇子实体发育中营养转换过程进行了分析。结果表明，菌丝体中的糖原是营养生长积累的主要储藏糖类。随着子实体的形成，糖原被分解转换为海藻糖输送入子实体，作为主要发育营养加以利用。从基质中吸收的氮素营养，大部分以蛋白质、游离氨基酸等积累在菌丝体中。子实体开始形成时，氮素最大积累量的一半左右从菌丝中消失，运送到子实体中（Gruen and Wong，1982）。

三、子实体发育与基质中菌丝体的生理代谢

子实体形成和发育过程中，菌丝体不但将体内大量的碳、氮营养转化为子实体需要的形式，同时调控酶系统及其代谢，为子实体发育提供营养和生长动力。菌丝体内相关酶活性呈现规律性变化。研究表明，在香菇整个生长发育过程中，原基出现时漆酶活性最高，子实体成熟前酶活性有小幅升高，成熟后活性降低。在天然基质上，漆酶在香菇菌丝大量生长、原基形成和子实体成熟时活性都较高。同时，漆酶降解木质素的中间产物活性醌可能返回细胞内，对细胞的代谢产生影响。在对平菇纤维素酶活性与产量形成的关系研究中发现，基质菌丝体中的羧甲基纤维素酶活性伴随着子实体的生长发育而增强，在子实体快速伸展期达到最高，并随着子实体个数的增加而增加。香菇子实体成熟时半纤维素酶活性出现高峰。淀粉酶不但在食用菌的营养生长中通过降解基质发挥作用，还参与子实体分化发育。采用定量 PCR 对金针菇不同发育时期的淀粉酶表达量的测定显示，多个淀粉酶基因在菌柄中表达量均高于菌盖，推测其在金针菇的菌柄及菌盖的形态建成过程中有着非常重要的作用。在香菇子实体发育中，淀粉酶在转色期达到最高峰。研究表明，基质菌丝中的蛋白酶活性与原基形成密切相关。桑黄原基形成时蛋白酶活性达到高峰。在白灵菇低温催蕾过程中，胞外酸性蛋白酶活性的降低和胞内中性蛋白酶活性的升高共同作用，促进白灵菇子实体原基的形成。

四、子实体发育过程中的生理变化

随着分子生物学以及多组学技术的飞速发展和应用，发现了越来越多的生理活动参与了子实体分化发育过程。

（一）转录因子

随着多种食用菌基因组学的相继报道，研究发现了许多转录因子在食用菌子实体发育中起到非常重要的作用。对香菇不同发育阶段的转录组分析表明，子实体形成的原基期与伸展期差异表达基因有 399 个，伸展期与成熟期有 1 428 个，原基期与成熟期之间有 1 830个。嘌呤代谢、不饱和脂肪酸代谢和减数分裂的途径中相关基因表达上调，且在子实体发育期间一直保持高水平表达（王莹珠，2018）。在对糙皮侧耳的研究中发现了转录因子 ltf4，它结合到糙皮侧耳漆酶基因（*poxc*）的启动子区域，促进漆酶的表达，从而促进子实体形成（刘超，2016）。

（二）光信号受体

食用菌子实体的形成需要光刺激，已经成为栽培者的共识。光信号受体（WC1）通过感受光信号调控子实体的分化发育。研究发现裂褶菌和蛹虫草的 *WC－1* 基因在接受光照刺激15min 后表达量达到最高，*WC－1* 基因敲除造成裂褶菌以及蛹虫草子实体发育的中断。

（三）疏水蛋白与热激蛋白

疏水蛋白普遍存在于真菌的气生菌丝和子实体表面，且不同的疏水蛋白在真菌的各

个发育阶段发挥着不同的功能。糙皮侧耳只有在子实体中能检测到疏水蛋白（Fbh1），在单核和双核菌丝中却不能检测到该基因的表达。对金针菇疏水蛋白基因 *Fv-Hyd1* 的研究发现，它与菌丝扭结和子实体原基形成具有一定的相关性，这一结果与裂褶菌类似。

应用 RAP-PCR 对平菇菌丝、原基、菇蕾和成熟子实体的热激蛋白（HSP）分析表明，热激蛋白 HSP70 与子实体发育相关（马爱民和关海山，2001）。双孢蘑菇子实体发育初期发现了 14 个表达差异显著的蛋白，经质谱分析得知其中有 HSP70。表明 HSP70 在食用菌子实体发育中可能起重要作用。

（四）信号分子

早在 1991 年就有报道分析生物中的第二信使 cAMP 与香菇子实体的形成密切相关。随后对草菇的研究也发现 G 蛋白介导的 cAMP 在原基形成期间含量显著高于营养阶段和子实体生长阶段，表明草菇 G 蛋白介导的 cAMP 信号通路与子实体的形成有关。

1. 钙信号　在金针菇的研究中发现，添加一定浓度的碳酸钙粉末能显著刺激金针菇菌丝体和子实体的生长，缩短出菇时间，提高产量和子实体含钙量，推测可能与胞内两条钙信号通路相关。

2. ROS 信号　在灵芝中，沉默 NADPH 氧化酶（一个胞内促成 ROS 产生的主要酶）不能够形成原基和子实体，这暗示着 ROS 可能参与了灵芝中子实体形成的过程中。

3. 双组分组氨酸激酶信号系统　在香菇中，利用 RAP-PCR 技术分析得到了和粗糙脉孢菌同源的组蛋白激酶基因（*nik1*）。该蛋白具有保守的组蛋白激酶结构域，并且转录数据表明，该基因在子实体发育期间表达量最高，暗示着双组分析信号系统可能参与了香菇子实体的发育分化（Szeto et al.，2008）。

真菌在生长发育过程中能够感受外界环境信号，并且将这些信号传递到胞内，激活相关基因的表达，从而完成真菌的生长发育。近年来通过转录组以及蛋白组学分析发现，食用菌子实体形成过程中涉及转录调控、细胞分化、蛋白合成以及代谢途径等诸多途径的协同调控。值得注意的是，结合生理学和遗传学手段研究子实体发育初期的一系列生理变化，进而调控胞内功能基因发挥作用是今后子实体分化发育的重要研究方向。

（赵明文　张瑞颖）

主要参考文献

方华舟，向会耀，王小艳，2010. 不同碳源对蛹虫草菌丝及子实体生长状况的影响［J］. 荆楚理工学院学报，25（2）：5-8.

古卫红，2019. 木腐型食用菌熟料袋栽常见问题分析与处理［J］. 河北农业（10）：20-22.

李洁，2015. 三种单糖碳源对灵芝多糖合成影响的研究［D］. 无锡：江南大学.

李玉，于海龙，周峰，等，2011. 光照对食用菌生长发育影响的研究进展［J］. 食用菌，33（2）：3-4.

刘超，2016. 糙皮侧耳漆酶转录因子基因 *ltf4* 的克隆及功能分析［D］. 郑州：河南农业大学.

刘秀明，邬向丽，张金霞，等，2015. 白灵侧耳栽培种质对高温胁迫的反应研究［J］. 菌物学报，34（4）：640-646.

刘叶高，王建宝，叶伟建，等，2002. pH 值对三种珍稀食用菌生长的影响［J］. 食用菌（4）：8-9.

吕作舟，2006. 食用菌栽培学［M］. 北京：高等教育出版社.

孟利娟，孔维威，邬向丽，等，2015. 外源一氧化氮提高白灵侧耳菌丝耐热性生化途径分析［J］. 菌物学报，34（4）：632－639.

唐利华，鲍大鹏，万佳宁，等，2016. 光诱导香菇菌丝转色阶段的转录因子表达分析［J］. 菌物学报，35（9）：1106－1116.

王莹珠，2018. 香菇子实体生长过程中的转录组学分析［D］. 长春：东北师范大学.

向世华，1990. 食用菌营养生理［J］. 中国食用菌，9（5）：13－14.

邢来君，李明春，魏东盛，2010. 普通真菌学［M］. 2版. 北京：高等教育出版社.

杨莹，张娇娇，卜宁，等，2019. 氮源对蛹虫草生长及类胡萝卜素产生的影响［J］. 微生物学通报，46（1）：130－138.

于海龙，郭倩，杨娟，2009. 不同温度下工业化瓶栽杏鲍菇生长分析［J］. 食用菌学报，16，20－24.

张黎杰，田福发，周玲玲，等，2014. 光质对工厂化栽培杏鲍菇产量和品质的影响［J］. 江苏农业学报，30（1）：225－226.

Gruen H E，Wong W M，1982. Distribution of cellular amino acids，protein，and total organic nitrogen during fruit body development in *Flammulina velutipes*. I. Growth on sawdust medium［J］. Canadian journal of botany，60（8）：1330－1341.

Hou L，Li Y，Chen M，et al.，2017. Improved fruiting of the straw mushroom（*Volvariella volvacea*）on cotton waste supplemented with sodium acetate［J］. Applied microbiology and biotechnology，101（23－24）：1－9.

Hu Y R，Hu S S，Xu W Z，et al.，2020. In *Ganoderma lucidum*，Glsnf1 regulates cellulose degradation by inhibiting GlCreA during the utilization of cellulose［J］. Environmental microbiology，22（1）：107－121.

Iiyama K，Stone B A，Macauley B J，1994. Compositional changes in compost during composting and growth of *Agaricus bisporus*［J］. Applied and environmental microbiology，60（5）：1538－1546.

Kües U，2000. Life history and developmental processes in the basidiomycete *Coprinus cinereus*［J］. Microbiology and mdecular biology reviews，64（2）：316－353.

Liu R，Shi L，Zhu T，et al.，2018. Cross talk between nitric oxide and calcium－calmodulin regulates ganoderic acid biosynthesis in *Ganoderma lucidum* under Heat Stress［J］. Applied and environmental microbiology，84（10）：e00043－18.

Magasanik B，1992. Regulation of nitrogen utilization［M］//Jones E W，Pringle J R，Broach J R. The molecular and cellular biology of the yeast saccharomyces：Gene expression. Cold Spring Harbor，NY：Cold Spring Harbor Laboratory Press.

Nagasu T，Hall B D，1985. Nucleotide sequence of the GDH gene coding the NADP－specific glutamate dehydrogenase of *Saccharomyces cerevisiae*［J］. Gene，37：247－253.

Qiu Z H，Wu X L，Gao W，et al.，2017. High-temperature induced disruption of the cell wall integrity and structure in *Pleurotus ostreatus* mycelia［J］. Applied Microbiology and Biotechnology，102（15）：6627－6636.

Qiu Z H，Wu X L，Zhang J X，et al.，2018. High-temperature induced changes of extracellular metabolites in *Pleurotus ostreatus* and their positive effects on the growth of *Trichoderma asperellum*［J］. Frontiers in Microbiology，9：10.

Song C，Chen Q，Wu X，et al.，2014. Heat stress induces apoptotic－like cell death in two *Pleurotus* species［J］. Current microbiology，69：611－616.

Szeto C Y，Wong Q W，Leung G S，et al.，2008. Isolation and transcript analysis of two－component histidine kinase gene *Le. nikl* in Shiitake mushroom, *Lentinula edodes* [J]. Mycological research, 112: 108 - 16.

ter Schure E G, van Riel N A W, Verrips C T. 2000. The role of ammonia metabolism in nitrogen catabolite repression in *Saccharomyces cerevisiae* [J]. FEMS microbiology reviews, 24 (1): 67 -83.

Zhang J, Ren A, Chen H, et al., 2015. Transcriptome analysis and its application in identifying genes associated with fruiting body development in basidiomycete *Hypsizygus marmoreus* [J]. PLoS one, 10 (4): e0123025.

Zhang R Y, Hu D D, Zhang Y Y, et al., 2016. Anoxia and anaerobic respiration are involved in "spawn - burning" syndrome for edible mushroom *Pleurotus eryngii* grown at high temperatures [J]. Scientia horticulturae, 199: 75 - 80.

第五章 食用菌栽培基本原理与工艺

我国是世界上最早认识和利用食用菌的国家。古人通过对不同食用菌生长环境条件的观察，不断探索食用菌的人工栽培技术。《名医名录》有松木栽培茯苓的记载："今随州由用松木栽培茯苓"，"彼土人乃故斫松作之，形多小，虚赤不佳。自然成者，大如三、四升器，外皮黑而皱，内坚白，形如鸟兽龟鳖者良"。《本草纲目》引用《药性论》（甄权著）木耳栽培的记载："桑、槐、榆、柳、楮此五木耳也，软者并堪啖，楮耳人常食，槐耳疗痔，煮浆粥安诸木上，以草覆之，即蕈尔。"韩鄂（9～10 世纪）所撰《四时纂要·春令三日·种菌子法》中记载："取构木及叶于地埋之，常以泔浇，令湿，三两日即生。"又法："畦中下烂粪，取构木可长六七尺，截断，磓碎，如种菜法，于畦中匀布，土盖。水浇、长令润。如初有小菌子，仰杷推之。明旦又出，亦推之，三度后出者甚大，即收食之，本自构木，食之不损人。"

南宋吴煜（1130—1208）发明了"砍花法"香菇人工栽培技术，后来逐渐形成场地选择、菇木选用、砍坎（俗称砍花）、惊蕈催蕾等系列香菇人工栽培技术。相关文字记载于宋淳熙十六年（1189）何澹所撰的《菌蕈》："香蕈，惟深山至阴处有之，其法：用干心、木橄榄木，名蕈樼，先就深山中砍倒扑地，用斧斑驳剉木皮上，候淹湿，经二年始间出，至第三年蕈乃偏出。每经立春后，地气发沾，雷雨震动，蕈交出木上，始采之，取以竹篾穿挂，焙干。至秋冬之交，再用偏木敲击，其蕈间出，名曰'惊蕈'。惟经雨则出多，所制亦如春法，但不若春蕈之厚耳，大率厚而少者，香味具佳。又有一种适当清明向日处出小蕈，就木上自干，名曰'日蕈'，此蕈尤佳，但不可多得，今春蕈用日晒干，同谓之日蕈，香味亦佳。"

在 1240 年周密撰的《癸辛杂识》中记载了茯苓的"肉引"人工接种栽培方法："茯苓生于大松之根，尚矣。近世村民乃择其小者，以大松根破而系于其中，而紧束之，使脂液入于内，然后择地之沃者而瘞之，三年乃取，则成大苓矣。"其中"择其小者"（小苓）作为种苓，即原始的菌种。

可见，我国古代的食用菌栽培在季节安排、场地选择、基质选择与配制、接种培育、催蕾与育菇方法等方面都积累了丰富的经验。

第一节　食用菌栽培基本原理

人类最初采集野生大型真菌子实体作为食物，随着对这些子实体生长及其与环境关系

的认识，逐步驯化，实现人工栽培。只有实现了有种（zhǒng）、有种（zhòng）、有管（栽培管理）、有预期收获的生产才是真正意义上的食用菌人工栽培。栽培食用菌的根本目标是按照预期收获优质高产的子实体。这就要创造食用菌生长发育的最适营养条件和环境条件。其营养条件的创造，首先在于对其生态类型和营养生理特性的了解，如木腐菌要考虑以木本材料为主要栽培原料，草腐菌应考虑以草本材料为主要栽培原料，土生菌要考虑栽培中的覆土等。在满足了食用菌营养的基础上，创造适宜其菌丝生长和子实体生长发育的温度、湿度、通风、光照等环境条件，营养条件与环境条件共同作用，才能获得理想的栽培效果。

一、栽培原料选择与培养料制备

食用菌不能像植物一样进行光合作用，其生长发育所需的一切营养物质均是通过体壁吸收的方式从基质中摄取。人工栽培中配制的培养料正是能提供菌丝和子实体生长发育所需营养的基质。基质对于食用菌来说相当于植物生长的“土壤”。可见，栽培原料的选择与培养料的配制直接影响食用菌的栽培效果，需要根据不同食用菌的生态类型、生理特点和营养需求确定栽培原料、制备方法和设计配方。

食用菌从接种到收获的全生产过程，菌丝一直生长在培养料中。影响食用菌菌丝生长的不仅有基质的营养成分及其存在状态，基质原料的孔隙度、透气性、保水性、含水量、酸碱度等构成的微生态系统，也直接影响菌丝的生长和养分积累，影响子实体的形成与生长发育。因此，栽培原料的物理性质和化学性质同等重要，这种微生态环境受原料自身结构特点的影响，同时与加工方法、新鲜度、配制方法和分装等多种因素有关。

（一）栽培原料的加工处理

根据食用菌的生态类型和营养特点，栽培种类主要是木腐菌和草腐菌两大类型。木腐菌早已从传统的段木栽培转向了以木屑、棉籽壳、玉米芯、甘蔗渣等为主料的代料栽培。草腐菌实现了基质发酵制备的程序规范化、技术参数量化与固定化。

食用菌种类不同、栽培方式不同，对原料的颗粒度、软硬度、透气性、持水性的要求不一。一般而言，出菇菌龄长、出菇周期长的种类及其栽培方式，需要材料硬度高，并需要有一定比例的大颗粒材料；出菇菌龄短、出菇周期短的种类，需要材料适当疏松些，透气性强一些。因此，要根据栽培需要粉碎加工栽培原料。加工原料的物理性质能否满足食用菌生产的需要，主要取决于粉碎机的性能。目前市场上的各类粉碎机主要适合于饲料粉碎和农作物秸秆切碎，对食用菌栽培而言，粉碎效果不能达到要求。主要问题是粉碎后的颗粒软化不够，容易扎破菌袋引起污染。这就要求食用菌原料加工机械的专业化，针对粒度和柔软度的要求设计。目前，我国食用菌原料加工使用的主要是锤片式粉碎机（王明友等，2014）。

（二）栽培原料的性状

我国食用菌栽培原料丰富，森林副产品、经济林木枝条、农业副产品的秸秆皮壳等都是食用菌栽培的主要原料。但是，不同材料、不同品种、同一材料的不同来源，它们的物理性状和化学性质都不完全相同。如栎木屑与杨木屑、苹果木屑与桃木屑，理化性质显著不同。再如，棉籽壳是棉籽经过剥壳机分离后剩下的外壳，剥壳机机型、棉花品种、产地、含水量、剥壳后碎棉仁粉过筛程度不同等均可影响棉籽壳的性质，包括棉籽壳的大小、颜色、棉绒长度、营养成分等。原料的颗粒度不同物理性状显著不同，食用菌对这些原料的降解吸收速率有着显著差别。原料选择中需要注意的理化性状主要有以下几点。

1. 颗粒度 原料颗粒的大小直接影响基质结构、持水率和通气性，从而影响菌丝生长、出菇期、产量和品质，是原料选择中需要注意的首要物理性状。不同的栽培模式和设施环控水平对栽培中基质的水分管控能力不同，自然对培养基制备时的基质含水量要求不同，也就对颗粒度的要求有所不同。如瓶栽口径大，水分挥发多；袋栽袋口小，则水分损耗少。

2. pH 培养料的 pH 直接影响整个生产期基质的稳定性和营养元素的利用效率。各种原料有其自身特有的 pH，使用中需要依据栽培种类进行选择和调节。

3. 水分 原料自身的含水量会影响基质制备中各成分配比的准确性。原料的含水量因产地、季节等而变化，同时，加工后到使用前的存贮期及其存贮条件，对含水量较高的原料会产生较大影响，如高温或通风不够的场所，含水量高的原料会产酸，导致发菌缓慢甚至菌种不萌发。

4. 吸水性 原料的吸水性与培养基的保水性、持水能力、适宜含水量关系密切，继而影响食用菌的生长。同样的材料不同的部位因质地不同持水性也不同，如玉米芯的红色表层与白色内层的吸水性不同，表层吸水性差，内芯吸水性强，不同玉米品种，二者的比例不同，吸水能力也不同。不容易吸水的原料需作预湿、预堆处理。颗粒大小不同的基质原料的持水性也不同（表 5-1），相同原料的颗粒越细小，持水率越高。

表 5-1 不同大小颗粒的持水率

料径（mm）	持水率（%）				
	桑枝屑	杂木屑	玉米芯	豆秆屑	棉秆屑
3.35～4.75	72.3	58.9	74.2	—	—
2.36～3.35	77.4	59.2	78.3	72.7	72.9
1.40～2.36	80.2	68.7	83.4	77.3	73.9
0.85～1.40	82.1	75.3	88.9	83.1	75.3
<0.85	85.1	80.8	89.1	87.8	77.6

5. 化学性质 原料的化学性质直接影响着食用菌对基质养分的利用，从而影响产量和品质。从主要营养要素的选材看，木屑和秸秆主要提供碳源，麦麸、米糠、玉米粉、饼肥等主要提供氮源。碳源主要是指以木质纤维素结构存在，而不同材料的木质纤维素的结构不同，不同种类的食用菌对木质纤维素的结构偏好不同，食（药）用真菌可以产生多种酶系家族来降解环境中的木质纤维素。食用菌栽培中麦麸、豆粕、玉米粉等作为氮源使用，还含有大量的淀粉、可溶性糖类、脂类、维生素等营养素。有些原料中含有不利于某种食用菌生长的成分，如松木中含有单宁、烯萜类物质，影响香菇、金针菇等食用菌菌丝生长和子实体发育，不能用作这些食用菌的栽培基质原料，而松木是栽培茯苓的良好原料。因此，栽培不同种类食用菌应该选择不同的原材料。原材料的化学性质是原料选择的

首要条件，这主要包括：

（1）含氮量　不论是作为主料还是辅料，含氮量都是最为重要的养分指标，是基质制备中配方、碳氮比（C/N）计算的重要依据。氮源种类和含量会影响到食用菌菌丝生长和子实体发生，如斑玉蕈对棉籽壳的要求，棉籽壳含氮量太高，菌丝生长好，后熟期延长，出菇时料面气生菌丝偏厚。

（2）纤维素、半纤维素和木质纤维素　纤维素和半纤维素是食用菌生长的最主要碳源，特别是子实体发育期间，其利用远远大于发菌期。菌龄短和子实体量多的种类需要纤维素和半纤维素含量较高的主料，如草菇、金针菇；相反，菌龄长、出菇期长、子实体分散形成、发育慢的种类要求木质素含量较高的主料，如香菇。木质纤维素分为S型、H型、SH型三大类，多数食用菌比较偏好于S型结构。棉籽壳正是S型木质纤维素结构，自从1971年刘纯业先生发明将其用于平菇栽培以来，一直在多种食用菌生产中使用。

（3）糖分　糖分反映原料新鲜程度，其中的可溶性糖类更易于利用，是菌种萌发定殖的重要碳源。

（三）原辅材料的管理

不同食用菌对原料需求的种类不同，即使同一种原料不同食用菌要求的状态也不同。如木屑，香菇和黑木耳要求使用新鲜的木屑作原料，斑玉蕈则要求自然堆放3个月以上，荷叶离褶伞（鹿茸菇）要求自然堆放6个月。这就要求对原辅材料进行科学管理，包括采购、进货检验、存放与保管。进货时主要检验原料的糖分、含氮量、pH、含水量及杂质。根据生产的需求和经验，应形成固定产地、固定种类、固定理化性质等原料的技术标准。

（四）培养料配方设计与制定

不同食用菌种类、不同生产环境条件、不同生产技术模式、不同市场需求，需要不同的栽培配方。当然，在考虑这些因素之前，首先要考虑能获得比较满意的或至少是可以接受的产量。以此为目标，以栽培种类生物学特性为核心，以适宜的原料理化性质为基础，进行配方设计。配方设计中主要考虑的方面有以下几点。

1. 碳氮比（C/N）　食用菌在生长发育过程中不仅需要足够的碳源和氮源，要获得高产优质的高效生产，还需要碳源和氮源之间有适当的比例，这个比例常称为碳氮比（C/N）。碳氮比是基质制备中最为重要的技术参数。不同栽培种类需要的碳氮比也不同。研究表明，作为典型的木腐菌香菇、黑木耳，在高的碳氮比基质中才能生长良好，其适宜碳氮比为（90～130）∶1。而草腐菌草菇、双孢蘑菇等种类需要碳氮比较低，为（20～17）∶1。现以双孢蘑菇一间菇房所用的69.6t原料为例，介绍培养料中碳氮比的计算方法。

首先要了解原辅材料的含水量、含氮量、灰分量等基本数据，计算出原料总量中的干重、氮量、灰分量，干重＝湿重×(1－含水量)，有机物量＝干重－灰分，碳量＝有机物量/1.8，氮量＝干重×含氮量，含碳量＝碳量/干重×100%，含氮量＝氮量/干重×100%，碳氮比＝碳量/氮量，加水量＝总干重/(1－目标含水量)－总湿重。通常混料时含氮量为1.4%～1.6%，碳氮比为（30～33）∶1。经一次发酵后，一般含氮量提高到1.6%～1.8%，碳氮比降低到（22～24）∶1。再经二次发酵，含氮量提高到2.0%～2.2%，碳氮比降低到（17～18）∶1（表5-2）。

表 5-2 双孢蘑菇培养料配方配比

原辅材料	干重比例（%）	湿重（t）	含水量（%）	干重（t）	含氮量（%）	氮量（t）	灰分（%）	灰分量（t）	有机物量（t）	碳量（t）
草	68.15	30.00	10	27.00	0.55	0.148 5	8	2.16	24.84	13.80
鸡粪	23.63	36.00	74	9.36	4	0.374 4	30	2.81	6.55	3.64
石膏	4.64	2.00	8	1.84	0	0	100	1.84	0	0
石灰	0.93	0.40	8	0.37	0	0	100	0.37	0	0
豆粕	2.65	1.20	12.6	1.05	7.04	0.073 8	7.5	0.08	0.97	0.54
总计		69.60		39.62	1.51	0.596 7	18.31	7.26		17.98

注：据本配方中数值计算，含碳量 45.38%，含氮量 1.51%，碳氮比 30.05∶1，目标含水量 78%，需加水 110.49t。

一般来说，以丰产为目标的生产，基质的含氮量高一些，而以强化风味品质为目标的生产要求含氮量低一些。

另外，环控条件和产量要求也是碳氮比调整的重要依据。一般情况下，含氮量高的基质，易于获得更高的产量。然而，食用菌在含氮量高的基质中生长快，产生的生物热多，通风降温的需求大。如果环控条件不能满足，就需要适当降低含氮量，以确保发菌期不受高温伤害。生产实践也表明，同等条件越夏的香菇菌棒，高氮配方发生烧菌比例高，而低氮配方菌棒能安全越夏。

2. 产品市场需求 市场对产品的需求是配方设计的重要依据。如香菇，虽然从栽培技术上和产量效益上完全可以用玉米芯等草本材料替代或部分替代木屑，但是香菇风味品质则会大大下降，难以得到市场认可，这使香菇成为木屑依赖型的食用菌；再如斑玉蕈，只有在含有木屑的基质上才能形成劲道爽口的高品质产品。

3. 经济效益 原料的种类不同成本差异也较大，栽培中的管理要求也不尽相同，这就涉及原料成本和产中综合成本等，需要综合考虑，计算投入产出效益，从中选择效益更好的材料和使用比例。

二、食用菌季节安排和环境调控

食用菌生产中，要根据生产品种的特性及其对环境条件的要求合理安排生产季节。生产季节合理，适宜食用菌生长发育的环境条件就易于获得并进行人工调控。

（一）栽培季节

传统的农法园艺设施生产是以自然条件为主，人工辅助设施调控为辅的生产。所以，栽培季节的选择就非常重要。一般而言，食用菌的栽培周期是指菌棒（袋）接种开始到全部收获完毕，主要包括发菌期和出菇期两个阶段。适宜的栽培季节应该满足这两个生产阶段对环境条件的要求，即使这期间需要一定的人工调控，也易于达到生产的需要。食用菌生产季节安排的主要依据是整个周期的自然温度，其次是接种期的大气相对湿度。一般首选是将出菇期安排在自然温度最适合的季节，以此向前推算发菌期、接种期。在相关环节操作或生长期间若出现不适环境条件，再行人工干预，调控环境条件，即调控生长温度、

相对湿度和通风。

（二）环境控制

食用菌的生长发育需要一定的环境条件，如温度、湿度、光照、通风等，这主要通过设施的合理设计和辅助设施的调整来实现。在密闭条件较好的园艺设施里，安装适当的环境工程装备则调控效果更好。需要注意的是，环控设备的环境调节程度有限，难以弥补园艺设施的严重缺陷，不能解决辅助设施缺失导致的问题。因此，若要控制好设施环境，应把设施设计的合理性放在首位，包括辅助设施，如遮阴、保温、通风等的材料、设计、安装及其互相的配套性，这种合理性可以达到最大限度的经济、实用。在栽培品种选择适宜、栽培季节选择合理、设施设计合理和辅助设施配套的情况下，园艺设施的食用菌农法生产完全可以达到高产优质高效。

在菇棚或菇房辅助设施中，遮阳网可以调节照度进而调节温度；覆盖物（棉被、草帘等）同样可有效地调节温度和照度；通风口和风机的使用，在通风增氧的同时，可调节温度和湿度；夏季风机和水帘的使用，可降温 6～8℃。可见，这些辅助设施相互间具有密切的协同作用。环控的核心在于温度、湿度和氧气三大参数的相互平衡，以利于食用菌的生长发育。

在生产中，辅助设施不能完全满足食用菌生长需要的环境条件下，环控设备或装备就显得非常重要，如秀珍菇催蕾的低温刺激，需要可移动冷气机，香菇花菇催蕾的大温差刺激，需要送热管道。高温或干燥的季节，菇棚或菇房内的喷水或喷雾设施具降温和增湿双重效果。

食用菌的工厂化栽培，是充分总结农法栽培基础上创造的食用菌工业化生产模式。根据食用菌生长发育的特点，以工业生产理念，以设备设施创造食用菌生长发育的最适环境条件，主要通过封闭式厂房内的各类环控设备和能源提供，如净化、调温、调湿、调光、通风等相关设备及工程系统，为食用菌生长发育提供最适条件。随着现代信息化技术的发展，物联网技术的嵌入，食用菌生产智能化测控系统可实现生产过程的实时监控和环境参数的精准化动态调控。

三、食用菌生产中的洁净、消毒与灭菌

虽然食用菌可以在园艺设施中生产，但是与各类绿色作物的生产原理和生产过程完全不同。食用菌通过降解基质吸收营养，自身形成大量的菌丝体积累养分而转化为子实体，菌丝体定殖生长的基本条件是需要纯培养，这就需要无菌的基质、纯培养的菌种、洁净的培养环境，否则将被环境中的多种微生物侵染而亡。生长的无菌条件通过生产中的清洁、消毒、灭菌这三项工作来完成。通过这三项工作的严格实施和相互协调，建立良好的生产环境，确保培养基质的无菌状态，食用菌菌丝才能旺盛健壮生长，才能积累子实体生长发育需要的足够养分，从而获得优质高产。

（一）洁净

主要是指食用菌生产场地与周边环境的洁净，特别是出菇之前营养生长阶段的场所要保持洁净。基质制备完成后的环境洁净至关重要，它关系到菌棒成品率。具体说来，冷却环境和接种环境洁净度不够，会导致接种操作的污染；培养环境的洁净度不够，会导致培

养期菌棒的污染。因此，冷却室、接种室和培养室均要保持应有的洁净度。

场所的清洁主要是指除尘，包括场所内各类物体表面除尘和空气除尘。灰尘或空气中的尘埃颗粒是各类微生物孢子的载体，各类微小的微生物孢子容易附着在这些颗粒上，随着颗粒下沉而落在可能发生侵染的基质表面。因此，场所使用前和使用中的清洁非常重要，可减少和避免食用菌生产污染的发生。场所的清洁，不论是使用前还是使用中，清扫应采用湿清洁的方式，严格避免用扫把直接清扫，并采用空中喷雾的方式沉降空气中的灰尘和各类颗粒物，净化空气。同时，建筑物内壁、屋顶、地面要全面进行除尘清洗，防止灰尘附着，这种除尘式的清洁应定期进行。冷却、接种和培养期间，不仅要求场所本身保持空气洁净无尘，场所周边也应尽可能地减少人流物流活动，避免产生扬尘，以减轻场所内的清洁压力。

（二）消毒

主要是指场地和物品的消毒。消毒是杀灭引起侵染的微生物的方法，但是并不能达到完全无菌的状态。食用菌生产常用的消毒方法有物理方法和化学方法两大类。

1. 物理消毒　物理消毒方法主要是紫外线照射法和空气过滤法，多应用于接种操作间及其缓冲区域，在湿清洁的基础上，进一步净化环境，杀灭或排出空气中存在的可能引起污染的微生物。

紫外线照射法多应用紫外灯。紫外线杀菌作用最强波长为250～265nm。紫外线对不同微生物的杀灭效果不同，对细菌的杀灭效果强于真菌。另外，紫外线是低能量射线，对物体的穿透力很差，消毒作用仅适用于空气和物体表面；紫外线的消毒效果取决于灯管的功率和距离，消毒的有效区为灯管周围2m内，1.2m以内效果最好。紫外线可损伤人体，特别是可引起电光性眼炎，操作人员不能在开启紫外灯的情况下工作，不要直视开启着的紫外灯。

臭氧发生器是将220V的电源变成高频的脉冲高压，通过臭氧元件，把空气中的氧气（O_2）变成臭氧（O_3），消毒原理与紫外线极其相似。

空气过滤法是通过空气滤膜将洁净无菌的空气送入室内或操作空间，并用动力排出场所原有空气的空气净化方法。这种方法适用于密闭场所，如冷却室、接种室。当然，不同场所对洁净度的要求不同，接种室的要求高于冷却室，冷却室高于培养室。

2. 化学消毒　化学消毒多用于各种物品的表面杀菌，如地面、墙面、屋顶、操作台面、菌种容器外表面、菌袋外表面、清洁和接种用具表面、操作者的手、臂等，也可用于特定场所的整个空间消毒。物体表面多以擦拭或浸泡消毒，空间多以消毒剂产生的气体熏蒸消毒，具体应用方法见表5-3。

表5-3　食用菌生产常用消毒剂及使用方法

种类	消毒对象	使用方法	备注
75%酒精	手、臂及工具、接种物和被接种物外表面	擦拭	定期更换
高锰酸钾（$KMnO_4$）	床架、器皿、用具	0.1%～0.2%溶液浸泡，表面擦拭	随配随用

（续）

种类	消毒对象	使用方法	备注
漂白粉［次氯酸钙，$Ca(ClO)_2$］	墙、地、床架和器具	2%～5%溶液，喷洒	可损伤眼睛和黏膜，具腐蚀性，使用者应做好自身安全防护；现配现用
	空间消毒	用量 $3g/m^3$，喷洒，喷洒后密闭 2h	
甲醛（CH_2O）	空间消毒	0.1%～0.25%溶液，熏蒸、喷洒，用量 $10mL/m^3$，密闭 24h 后，喷洒氨水去除刺激性气味	原药甲醛含量 37%～41%，刺激味强烈，可损伤皮肤、眼睛与呼吸道，使用者应做好自身安全防护
5%新洁尔灭（C_2H_3NBr）	手及器具、接种物和被接种物外表面	0.25%溶液，擦拭	现配现用
气雾消毒盒（二氯异氰尿酸钠）	空间消毒	点燃，烟熏 0.5h，用量参考产品说明	烟熏杀菌剂，杀灭各类霉菌效果突出
生石灰（CaO）和熟石灰［$Ca(OH)_2$］	地面、墙面和床面消毒	地面用石灰粉，墙面和床面用石灰水涂抹或喷洒	
	局部霉菌侵染的处置	撒石灰粉覆盖霉菌表面	

3. 巴氏消毒　采用巴氏消毒法制备适合于食用菌生长的栽培基质。先将栽培原料加适量的水混合均匀后建堆，令其自然发酵或人工辅助调控温度发酵，促进培养料中利于食用菌生长发育的微生物快速生长繁殖，同时抑制有害微生物的繁殖，然后将培养料发酵成为只利于食用菌生长而不利于其他微生物生长的培养基。实际上，对于食用菌来说，巴氏消毒法是制作选择性培养基的过程。通过巴氏消毒，大量增殖的荧光假单胞菌、嗜热放线菌和嗜热真菌等均可显著促进平菇、杏鲍菇、双孢蘑菇等食用菌的菌丝生长和子实体形成。

（三）灭菌

灭菌是杀灭被灭菌物品附带的一切微生物，使之达到无菌状态的方法。灭菌对象是各类物品。常用的方法有火焰灭菌、干热灭菌及湿热灭菌（常压蒸汽灭菌、高压蒸汽灭菌）。

1. 火焰灭菌法　用于耐热物品的灭菌，如金属接种铲、接种钩、接种镊等。将接种工具在酒精灯火焰的外焰，即蓝光处灼烧、来回过火两三次，一般灼烧几秒钟即可。酒精灯的火焰外焰温度高于内焰和焰心，灭菌快，效果好。酒精灯要使用 95%的酒精以确保燃烧和灭菌效果，使用完毕要及时用灯帽盖灭。

2. 干热灭菌法　用于玻璃器皿的灭菌，如培养皿、试管、三角瓶等。使用烘箱，将被灭菌物品放置箱内，接通电源，使温度缓慢上升到 65℃，再提高到 160～161℃，并保持 2h，即可达到灭菌目的。灭菌结束后，切断电源，待温度自然下降到 45℃以下，才能取出灭菌物品，以防温度剧烈变化而使玻璃器皿破裂。干热灭菌的温度不能超过 161℃，以防包装器皿的纸、棉塞等纤维材料炭化变焦（黄毅，2008）。

3. 常压蒸汽灭菌法　常压蒸汽灭菌温度为 100℃，常用于对体积大、灭菌量大的天然基质材料和外包装的灭菌。由于体积大、容量大，需要灭菌的时间相对较长。在食用菌生产中主要应用于料棒（袋）的灭菌。常压灭菌的优点在于蒸汽灭菌锅可以自行建造，投资少，大小可根据需要自行设计，一次灭菌量大，培养料营养成分破坏程度低；缺点是灭菌时间长，能源耗费多。

灭菌锅建造地点应合理，与冷却间相邻，以避免灭菌后料棒（袋）表面有尘埃和杂菌孢子沉落，确保表面洁净，防止料棒（袋）被霉菌侵染。灭菌锅的大小和建造应确保灭菌空间蒸汽流通顺畅，不留死角，灭菌彻底。目前，大多使用外源蒸汽的灭菌锅，蒸汽由专业的蒸汽发生器产生，输入到灭菌锅内。常压蒸汽灭菌中，常将待灭菌的料棒（袋）装入耐高温的铁筐或塑料筐，整筐进锅出锅，以减少搬运产生污染。

培养料制备应快，灭菌升温要快，拌料结束到入锅灭菌不应超过 6h，入锅后 6h 之内应达到 90℃以上，以控制灭菌物品的微生物基数，达到良好的灭菌效果。需要的灭菌时间与容量、基质原料组成、原料颗粒度、基质含水量、基质含氮量、个体大小及基质 pH 等相关。总体说来，容量大、基质硬度大、颗粒度大、微生物基数大、含水量低、含氮量高、体积大、pH 高需要灭菌时间较长，相反则短一些。因此，灭菌时间需要根据生产的具体情况决定。一般说来，一锅容量在 2 000 棒（袋）以内的灭菌量，达到 100℃后需保持 8～10h，灭菌时间随着容量的增加而延长，大容量灭菌需要保持 100℃16h 以上，甚至 20h 才能保证灭菌效果。这是因为温度计表示的是料棒（袋）间的温度，而升温从袋间到袋内的扩散需时较长，且料棒（袋）越多、容积越大升温越慢。一般来说，常压灭菌后，应自然降温，温度降至 60℃后出锅。

4. 高压蒸汽灭菌法　高压蒸汽灭菌需使用压力容器。高压蒸汽温度高，热穿透快，穿透能力强，灭菌需时短。主要缺点是需要专门的设备，投资较大。近年，随着食用菌装备水平的不断提高，高压蒸汽灭菌已经广泛应用于食用菌生产中，特别是专业菌棒厂几乎全部采用了高压蒸汽灭菌。由于食用菌的冷却和接种需要洁净环境，因此应选择双开门高压灭菌器，进口处于灭菌间，出口处于冷却间。

高压蒸汽灭菌时间的长短，主要取决于料棒材料、原料、含水量、料棒（袋）大小和使用压力。使用压力低，灭菌需时长；使用压力高，灭菌时间相对较短。聚乙烯材料耐高温高压性能差，需要尽可能低的压力，通过延长灭菌时间达到灭菌效果；聚丙烯材料耐高温高压性能好些，可使用 0.14MPa(126℃）灭菌。

生产者需要根据生产规模和栽培技术模式，配置高压灭菌设备。不论规模大小，都要置备 2 台以上的高压灭菌器，以每天每锅 2 次轮流使用计算，确保连续生产。

食用菌生产中，不论采用哪种灭菌方法，灭菌后的物品都应及时检测灭菌效果，以确保后续的生产成效，尤其是料棒（袋、瓶）。料棒（袋、瓶）灭菌效果可以用培养法检测，即取灭菌器内不同位置的菌棒（袋、瓶），无菌条件下取其内的基质，接种于试管斜面或平板上，28～30℃培养 24～36h，若无任何微生物生长，则可使用；如出现霉菌或细菌菌落，则表明灭菌不彻底，不能使用。

四、各环节对生产的影响

对于人工栽培食用菌而言，不论栽培品种、原料、工艺、模式有何不同，生产目标一

定都是相同的，即丰产优质和高效。这就需要将基质制备、洁净与灭菌、冷却、接种、培养、出菇等各环节技术准确及时实施到位，确保各环节达到最佳成效。任何一个技术环节的差错或不足带来的不良影响，都很难通过以后的生产措施进行补救或弥补。因此，食用菌生产的每一个环节都要规范，要精心细致地做到极致。按照生产的基本工艺流程，各环节对食用菌生产的主要影响如下。

（一）栽培原料与基质制备

栽培原料的理化性质直接影响基质的制备，决定了基质营养的利用和环境条件的调控，进而影响栽培措施的制定与实施，最终影响出菇的早晚、产菇期的长短、产量和品质。一般说来，以最适基质的含氮量、含水量、松紧度为标准，偏高的含氮量、含水量和紧实度，产菇周期长，有利于获得高产。但是，也会给环控能力较差的园艺设施生产带来风险，如增加霉菌侵染与烧菌发生的概率。在固定设施条件下，发菌期的管理措施很难克服高含氮量对越夏带来的技术风险。因此，应根据栽培设施的环控能力来设计基质的含氮量、含水量和松紧度。在控温和通风条件好的设施栽培食用菌，可以适当提高含氮量和含水量，以获得更高的产量。环控条件不好的，就应适当降低含氮量和含水量，优先保证菌棒（袋）的成品率、降低污染率，确保基本产量。以栽培原料的颗粒度为例，如果颗粒大或过于尖锐，将导致塑料袋出现过多微孔而发生较多的霉菌侵染。这一环节的关键是以生产季节、设施、环控能力、产量预期为依据，综合分析制备理化性质适宜自身生产条件的基质，切忌生搬硬套他人的基质制备技术参数。

（二）灭菌、冷却和接种

多数食用菌栽培种类培养料都需要经过灭菌、冷却、接种三个步骤实现人工栽培。这三步是关系到食用菌栽培成败的重要环节，决定了菌棒（袋）的成品率。规范的灭菌操作是料棒（袋）达到无菌状态的根本保证，其后的冷却和接种环节都要求环境足够洁净。接种遵循无菌操作规范，避免空气中杂菌孢子落在料棒（袋）表面后随着接种操作落入料棒（袋）内。

（三）培养（发菌）

接种后的菌棒（袋）或菌床放入培养场所，在适宜的环境条件下菌丝萌发、生长，为日后子实体的形成积累贮存养分，这一过程常称为发菌，这一阶段常称为发菌期。影响发菌的首要环境因子是温度，其次是通风（环境通风、菌棒内通气）和湿度。温度偏高，呼吸消耗养分过多，菌丝内的营养积累减少，从而影响产量，温度过高还容易造成霉菌侵染和烧菌烂棒的发生；温度偏低，菌丝体内养分积累多，但发菌期偏长。因此最适温度低于生物学的最适生长温度，有利于子实体菌丝内的营养积累。发菌条件的控制需要栽培者结合自身生产条件综合分析考量。通风与温度、湿度密切相关，合理通风使降温降湿效果显著，降低霉菌发生概率，确保发菌安全。适当的菌棒（袋）或菌床增氧措施，可强化菌丝抗性，促进养分积累。发菌质量直接影响产量，是高产的关键。总之，发菌期的最大威胁是环境温度的不可控，管理关键是避免高温和高湿，高温、高湿导致的高温热害、缺氧窒息和杂菌感染等危害一旦发生，轻者减产，重者可导致绝收，且往往是任何后期管理措施都无法弥补的。

(四) 出菇和产菇期

完成发菌的菌棒（袋）或菌床虽然具备了出菇的生理条件，但是要达到质和量，还是需要科学的人为干预。不同种类或同一种类的不同品种，子实体形成前的人工干预措施不同，只有科学的干预才能获得理想的效果。如香菇，出菇前的放气、转色、瘤状物形成等，不同的品种要求不同，科学施策才能获得预期效果。这包括环境条件的调控、菇潮间隔期的养菌、菇床的处理等。对于大多数品种，科学诱导，获得理想的第一潮菇的产量至关重要，第一潮菇的产量直接影响整个收获期的产量。

进入产菇期后，管理的核心是如何将菌丝体内的营养输送到子实体中，形成商品外观和理化性质都符合市场需要的子实体。相比发菌期，对多数种类而言，产菇期相对的低温和通风良好，有利于子实体的生长发育及良好外观的形成。

第二节　食用菌栽培基本工艺

根据接种前对基质的处理方法，食用菌主要有生料栽培、熟料栽培和发酵料栽培，并由此衍生了与其相适应的栽培工艺技术。

一、生料栽培

将各种培养料按配方混合，加水搅拌均匀后直接接种、发菌继而出菇的过程为生料栽培。适合菌丝生长快、抗逆性强、管理粗放的采用农法生产的食用菌栽培种类，如草菇的稻草室外栽培、大球盖菇的秸秆大棚或林下栽培、平菇的纯棉籽壳栽培。这一方法操作简单，省工、省时、无能源成本，培养料养分损失少，管理得当，产量较高。但是，由于栽培原料中自然存在病原菌、杂菌和害虫，产中病虫害发生较难控制。生料栽培要求原料新鲜，播种量大，低温接种和发菌，以控制病虫害的发生，适合在低温干燥的区域应用，高温多雨高湿区域不适合采用。

二、熟料栽培

将各种培养料按配方混合，加水搅拌均匀分装于合适的容器，经蒸汽灭菌后接种、发菌继而出菇的过程为熟料栽培。适合绝大多数食用菌栽培种类。目前栽培的木腐菌几乎全部采用这一栽培工艺，如香菇、黑木耳、金针菇等。应用这一生产工艺，原料中自然存在的所有生物体完全被杀灭，基质达到完全无菌状态，菌种萌发快、发菌快，生产中不易发生病虫害，产品质量安全保障程度高。其基本工艺为：培养料混合→加水搅拌→分装→灭菌→冷却→接种→培养（发菌）→后熟→诱导出菇→出菇管理→采收。

三、发酵料栽培

将各种培养料混合加水搅拌均匀后建堆发酵，经过一定时间，并在发酵期适当翻堆，以利发酵均匀，发酵完成后散堆降温到合适温度后接种、发菌，继而出菇的过程为发酵料栽培。不同种类的食用菌，要求发酵条件不完全相同，发酵时间的长短也不同。这种方法主要适合草腐菌类的栽培，如草菇、双孢蘑菇、巴氏蘑菇、大球盖菇等。采用发酵料栽培

工艺的种类，一般在发菌结束出菇之前需要覆土，以利子实体形成。在合适的自然气候条件下，一些木腐菌也可使用发酵料栽培，如平菇。发酵料栽培的发酵过程实际上是制备适合食用菌选择性培养基的过程。为达到这一目的，有的菇种，如双孢蘑菇，甚至需要进行两次不同技术条件的发酵，双孢蘑菇的发酵料栽培已经成为食用菌栽培的典型模式之一，其基质制备已经形成完整、系统、成熟的专业化发酵技术，可为采用发酵料栽培的多种食用菌提供借鉴。食用菌典型的发酵料栽培工艺为：培养料混合→加水搅拌→建堆发酵→翻堆、建堆（2～3 次）→散堆降温→上料铺料→播种→发菌→覆土→出菇管理→采收。

第三节 食用菌栽培方式

我国食用菌种类多样，生态区域广泛，自然和生态环境多样，不同种类的品种都可找到适宜栽培的环境条件。广大食用菌生产者总结多年生产经验，形成了与我国社会经济条件和自然气候环境相适应的生产方式和栽培模式。从生产方式上基本可分为传统的农法生产和现代化的工厂化生产两种。农法生产主要是以各类园艺设施栽培为主，也有少量的露天栽培，从栽培模式上主要是袋（棒）栽、床（畦）栽；工厂化生产是在专业设计建造的厂房内采用完全人工调控环境条件的食用菌栽培，栽培模式上有袋（棒）栽、瓶栽、床栽。此外，也有共生菌类，如松乳菇、块菌、干巴菌、松茸等，采取仿生或人工促繁方法，以增加收获量，实现永续利用。

一、农法生产

1. 袋（棒）栽 袋（棒）栽是我国独创的食用菌栽培技术，是在多年段木栽培基础上的原始技术创新。其起源于 1981 年姚淑先对瓶栽银耳技术的改进，后来应用于多种食用菌，逐渐形成了香菇、银耳、黑木耳等的菌棒（人造菇木）栽培，平菇、毛木耳、滑菇、鸡腿菇、金针菇、杏鲍菇、斑玉蕈、茶树菇、白灵菇等多种食用菌的菌袋栽培。多数种类袋栽无需覆土即可直接出菇。目前我国绝大多数种类采用袋栽。

2. 床（畦）栽 我国的床（畦）栽是根据食用菌生长特性，借鉴双孢蘑菇栽培技术，探索实践形成的栽培技术，采用床（畦）栽的有双孢蘑菇、巴氏蘑菇、双环蘑菇、大球盖菇、草菇等发酵料栽培的种类。

3. 袋式发菌床式出菇 有的食用菌种类尽管菌丝生长良好，没有覆土则不能出菇或出菇少。这些种类必须覆土才能出菇或获得较高的产量，如鸡腿菇、灰树花、长根菇、竹荪、冬荪等。因此，这些种类应采用熟料栽培工艺制作菌袋，发菌完成并达到生理成熟后脱袋置于畦内码放成床，覆土出菇。

4. 露天栽培 露天栽培是几乎没有园艺设施或设施非常简陋条件下的栽培，这种栽培方式受自然环境条件影响大，对出菇（耳）季节的把握非常重要。常见的有完全没有遮盖条件或只有临时覆盖条件，如地摆黑木耳、段木黑木耳、段木香菇、遮阳网栽培羊肚菌及林下沟畦栽培大球盖菇、茯苓、猪苓等。

二、适时栽培与周年生产

（一）适时栽培与周年栽培

根据食用菌种类的生长和生产特点及对环境条件的要求，利用最适季节的气候特点安排生产，这种适时栽培无疑是最为经济可行之举。适时栽培需要的设施投入相对较少，栽培过程的环境条件易于调控，节约人力，节约能源。对多数种类来说，我国的多数生态区域的春季 3～5 月和秋季 9～12 月比较适合这种适时栽培，这也正是我国食用菌收获的两个旺季。

我国的食用菌生产最初以适时栽培为主，随着产业的发展，由过去的家庭副业向专业生产转变，适时栽培逐渐不能满足市场的需要，也不能满足栽培者专业生产的需要。在适时栽培的基础上，通过设施改造完善、不同温型的品种搭配、增设发菌棚等，逐渐形成了我国特色的食用菌周年栽培（庞茂旺和赵淑芳，2012），如一年三季的 1～5 月平菇、6～8 月草菇、9～12 月平菇栽培。

可以在多种设施条件下实行适时栽培，如各类塑料大棚、中棚、小拱棚，也可以利用树林、菜棚墙体、光伏集热板等遮阴条件，辅以一定的环控手段，即可行生产栽培。

（二）工厂化生产

食用菌工厂化栽培的特点是：建筑专业、空间封闭、环控精准、作业机械化、技术标准化、周年栽培、持续稳定生产。根据栽培种类和品种对环境条件的要求，实现建筑、设备、设施、机械、工艺、程序、操作、参数等全部专业化和标准化。工厂化栽培主要有架式瓶栽、网格式袋栽和床栽三种方式，不同的栽培方式都有各自的优点和不足，适合不同的特点和需求种类。床栽一般适于发酵料栽培的草腐菌类，如双孢蘑菇、草菇等。

工厂化生产的特点是栽培个体之间一致性好，高度的个体一致性是获得好收成的根本保证，即需要菌种的生理和遗传上的高度一致、容器中的基质理化性质高度一致、培养和出菇接受的环境条件完全一致。工厂化栽培需要摒弃传统的经验为主的农法生产习惯，以工业化的理念和信息化的思维生产和管理为出发点，根据市场需求和综合条件，实施企业和技术的精细管理，确保各项技术措施一致、完全、准确、及时到位。

（三）野外人工促繁（仿野生栽培）

完全人工栽培的食用菌基本都属于腐生型真菌，共生型真菌则完全不可以用腐生菌栽培工艺生产。有的共生菌菌丝可以在多种基质上缓慢生长，但不能形成子实体；多数共生菌在人工培养条件下，菌丝体也不能生长。它们的菌丝体生长和子实体形成都需要特有的寄主植物参与，我国历经数十年的努力，终于实现了制备菌根菌的块菌林间栽培。

目前，对于多数共生菌，主要在其自然发生地，特别是多发的栖息地，人为干预，创造适宜的环境条件，从而获得好收成。主要措施：一是保护地下菌丝体，促进菌丝蔓延；二是保护地上子实体，减收或不收幼菇，让幼菇发育成商品菇，提高产量；三是保留有一定量的子实体自然发育成熟，以产生足够量的孢子自然接种于栖息地，促进野生资源永续利用。

第四节　食用菌栽培设施设备

狭义的食用菌栽培仅指发菌和出菇这两个阶段，甚至仅指出菇阶段。农法栽培种类的发菌和出菇阶段的基础设施主要是发菌棚、出菇棚，加上棚体内外附属设施，如遮阳网、覆盖物、出菇架、排风扇、水帘、微喷管和喷头、浸水池、采菇运输轨道等。专业化制菌棒（菌袋）的企业以工厂化生产理论为指导建设基础设施和环控系统工程，实行机械化和半自动化操作。发酵料栽培种类的基质制备还要有发酵隧道、培养料发酵、上料下料和覆土制备等机械。

一、发菌棚（室）

培养菌丝的场所，也称发菌室。香菇、平菇、毛木耳等以农户为单位的小规模分散式生产中，不需要建设专门的发菌棚，多就地养菌就地出菇，也可以利用闲置房屋和其他设施养菌。工厂化栽培的金针菇、杏鲍菇等专设发菌室，配备温度与湿度调控、空气净化与循环设备，以及光照调控装备，使菌瓶或菌包、菌袋在适宜的温度、湿度、空气（主要是 O_2 和 CO_2 浓度）和光照等环境因子控制条件下培养。

二、出菇棚（室）

子实体生长发育场所，也称出菇室或育菇室，出菇棚要求能最大限度地创造适合食用菌子实体生长发育所需的温度、湿度、光照和空气（主要是 O_2 和 CO_2 浓度）条件。

工厂化栽培中的出菇室通过智能化的环境控制系统，能自动控制各子实体生育阶段的环境，提供子实体生长最合适的温度、湿度、光照和通风等条件，提高食用菌的产量与质量。

三、发酵料发酵设施设备

根据发酵工艺，分为一次发酵隧道、二次发酵隧道和三次发菌培养隧道。一次发酵隧道由混凝土气嘴地面、风机和5～7m高的混凝土隔墙等组成。二次发酵隧道由通气格栅板铺成的隧道地板、风机和混凝土隔墙等组成，通过调整新风、回风流量和风机速度，从通气格栅板吹出的空气可以控制巴氏灭菌和控温过程。三次发菌培养隧道与二次发酵隧道基本相同。

四、环控工程和常用机械设备

1. 环控工程　环控工程主要应用于专业化制菌棒（菌袋）和发菌，主要分为两部分：一部分是净化工程，用于冷却、接种和发菌的环境除尘和净化，确保菌棒（袋）菌丝不受杂菌侵染；另一部分是温度、湿度和氧气等调控的环境调控工程，将发菌期的环境条件调控到最适，确保菌丝生长良好，为出菇积累足够的养分。

2. 常用机械设备　随着生产规模的扩大，机械化和自动化操作成为必然。常用的机械设备主要用于培养料的混合和基质的制备及其后续的分装、灭菌、接种、培养、采收和搬运。此外，尚有搬运和包装设备。

发酵料床栽种类主要机械设备有翻堆机、抛料机、上料机、下料机、拉网机、洗网机、上料运送带、播种机、搔菌机、覆土搅拌机、填料天车、采菇车等。

熟料袋（棒）栽种类主要机械设备有拌料机、装袋（瓶）机、蒸汽锅炉、灭菌锅、接种台或接种线、搬运车、上架机等。专业菌棒（袋）厂将整个制菌袋（菌棒）过程采用机械或自动化技术连接，形成了规范高效的生产线。

常用的运输工具有铲车、叉车、翻斗车、拉料车等。

不同食用菌需要的包装形式不同，农法栽培的种类多是采收后散装入库预冷后手工大包装出库。工厂化栽培种类有较大比例的中小或零售包装出厂，一般采用全自动包装机或流水线包装。

（蔡为明　陈青君）

主要参考文献

边银丙，2017. 食用菌栽培学［M］. 北京：高等教育出版社 .

蔡为明，冯伟林，金群力，等，2005. 香菇热害烂筒调查及菌丝抗高温比较试验［J］. 食用菌学报，12（1）：31－36.

董晓雅，周巍巍，张继英，等，2010. 荧光假单胞菌对食用菌的促生作用及其机理［J］. 生态学报，30（17）：4685－4690.

龚凤萍，竹玮，付强，等，2018. 不同木屑栽培香菇的对比试验［J］. 食用菌，40（5）：31－32.

胡晓艳，高继海，2013. 平菇发酵料短时高温处理技术栽培要点［J］. 中国食用菌，32（6）：52－53.

黄年来，林志彬，陈国良，2010. 中国食药用菌学［M］. 上海：上海科学技术文献出版社 .

黄毅，2008. 食用菌栽培［M］. 3 版 . 北京：高等教育出版社 .

李金海，胡俊，陈青君，等，2011. 食用菌仿野生栽培在北京生态涵养发展区的作用与展望［J］. 中国林副特产（5）：108－111.

李正鹏，鲍大鹏，李玉，等，2014. 杏鲍菇工厂化栽培主要原料理化特性的研究［J］. 食用菌（5）：28－29.

孟丽，1999. 食用菌常用培养料配方 200 种［M］. 北京：中国农业出版社 .

庞茂旺，赵淑芳，2012. 食用菌周年高效栽培模式及配套技术［J］. 西北园艺（2）：12－14.

任美虹，2018. 林下资源的利用及食用菌种植模式探讨［J］. 中国果菜，38（5）：22－24.

宋卫东，2012. 基于物联网技术的食用菌生产智能化测控系统［J］. 中国农机化，242（4）：142－144.

王贺祥，2014. 食用菌学实验指导［M］. 北京：中国农业出版社 .

王明友，宋卫东，王教领，等，2014. 食用菌栽培基质粉碎设备的研发现状与展望［J］. 食药用菌，22（6）：352－354.

韦书高，2017. 熟料栽培食用菌的原料与配方分析［J］. 南方农业，11（15）：34.

Mark den Ouden，2018. 蘑菇的信号［M］. 汪舟生，郭祖浩，译 . 荷兰：Roodbon 出版社 .

第六章

食用菌菌种

第一节　食用菌菌种类型与特点

食用菌菌种是指生长在适宜基质上具有结实性的菌丝体培养物。菌种作为食用菌栽培最基本的材料，其质量的优劣直接关系到食用菌的产量和品质，甚至是食用菌生产的成败。菌种的优劣主要取决于两个方面：一是品种特性，即种性；二是菌种本身的质量。菌种本身的质量主要包括菌种一致性（健壮度）、稳定性（种性的保持度）和活力（抗性）等三个方面。这与品种的遗传特性、菌种生产的培养基、生产工艺、培养条件等因素密切相关。

在分类学上，食用菌属于真菌界，具有真菌这类生物的遗传和生理特性。第一，食用菌是异养型生物，菌种所需要的碳、氮、矿质元素和部分维生素等营养物质都需要从培养基中获取。第二，栽培的食用菌属于异宗结合种类，尽管有的种类菌丝没有锁状联合，但是现代遗传学研究表明，它们都具有交配型因子 A 的基因片段（Chen et al.，2016）。绝大多数种类生产上使用的菌种是含有 2 个不同交配型细胞核的次生菌丝，通常具有锁状联合。生产上常将锁状联合作为鉴别菌种结实性的基本特征。第三，食用菌菌种的生产制作是一个体细胞不断生长的无性繁殖过程。虽然食用菌生活史中都包含有性世代，但在生产上一直处于双核的次生菌丝生长阶段，即使是子实体形成和发育的生殖生长阶段，有性过程也只存在于菌褶上子实层发育中担子里的减数分裂和担孢子形成的短暂过程。各级菌种的生产、栽培过程和菌种保藏等的操作都是采用无性繁殖的菌丝体。第四，食用菌菌种容易变异和退化。相对于有性繁殖来说，虽然无性繁殖能更好地保持品种的遗传特性，但食用菌对环境条件敏感，细胞分裂快、生长快、是异核体，有些种类还产生无性孢子，这些特性导致食用菌菌种在保藏和扩繁过程中易发生变异和劣化。

按照食用菌菌种生产制作的程序，我国的食用菌菌种通常分为三级，即母种、原种和栽培种。母种（一级种）是经过系统选育或杂交等规范育种程序选育得到的具备结实性、一致性和稳定性的菌丝体纯培养物及其继代培养物，一般接种在试管斜面培养基上，又称为试管种。原种（二级种）是由母种转接到以木屑、棉籽壳、麦草、谷粒等天然基质为主要原料的培养基上，扩大培养而成的菌种，常以玻璃瓶、塑料瓶或塑料袋为容器。栽培种（三级种）是使用与原种相同或相似的培养基，由原种转接扩大培养而成的菌种，常用塑料袋作为容器，也称为生产种。按照《食用菌菌种管理办法》和农业行业标准《食用菌菌种生产技术规程》（NT/T 528）的规定，栽培种只能用于栽培袋（瓶、床）的转接，不能继续扩大培养生产菌种。

按照培养基物理状态，食用菌菌种可分为固体菌种和液体菌种。固体菌种是用固体培养基生产制作的菌种，液体菌种是用液体培养基生产制作的菌种。

一、固体菌种

固体菌种作为传统菌种，其主要优点是对生产设备和生产条件要求相对较低，接种和培养技术简单，设施成本低，保藏期长，菌种质量易于用肉眼观察鉴别，稳定性好，适合农户和小企业使用，农业方式生产中应用广泛。有着几十年工业化历史的欧美国家的双孢蘑菇栽培至今仍在使用固体菌种。固体菌种的缺点是菌种生长慢，培养周期长，菌龄一致性差。

（一）母种培养基

母种常用的培养基主要包括以下几种。

1. 马铃薯葡萄糖琼脂培养基 配方为马铃薯（去皮）200g，葡萄糖 20g，琼脂 20g，水 1 000mL，pH 自然。还可以添加磷酸二氢钾 3g，硫酸镁 1.5g，维生素 B_1 10mg。适于多种食用菌的培养和保藏。

2. 马铃薯木屑综合培养基 配方为马铃薯（去皮）200g，木屑 20g，葡萄糖 20g，琼脂 20g，水 1 000mL。木屑需加适量水煮 30min，过滤后取过滤液使用，适宜木腐类食用菌菌种培养。

3. 稻草浸汁葡萄糖培养基 配方为稻草 200g，葡萄糖 20g，琼脂 20g，水 1 000mL。将稻草切碎加适量水煮 30min，过滤后取过滤液使用，适宜草菇菌种培养。

4. 堆肥浸汁葡萄糖培养基 配方为堆肥（干）100g，葡萄糖 20g，琼脂 20g，水 1 000mL。将堆肥加适量水煮 30min，过滤后取过滤液使用，适宜双孢蘑菇菌种培养。

（二）原种和栽培种培养基

按照培养基不同可以将原种和栽培种分为谷粒种、木屑种、棉籽壳种、粪草种、枝条种、木塞种等。

1. 谷粒种 是以小麦、大麦、燕麦、谷子、玉米、高粱等禾谷类作物种子为培养基的菌种。制作时一定要将谷粒充分煮透，谷粒涨而不破，切开无白心，否则容易造成灭菌不彻底。谷粒种适宜制作大多数食用菌的原种。对于栽培种来说，谷粒种主要用于蘑菇属各种类栽培，而对于其他大多数食用菌来说，谷粒种容易在出菇期引起霉菌污染。

2. 木屑种 是以阔叶树木屑为主料，以麦麸、米糠等为辅料制作的菌种。常用配方为阔叶树木屑 78%，麦麸 20%，蔗糖 1%，石膏粉 1%，含水量 55%～60%。适用于大多数木腐食用菌的原种和栽培种，如黑木耳、毛木耳、香菇、灵芝、蜜环菌、茶树菇等。

3. 棉籽壳种 是以棉籽壳为主料，以麦麸、米糠等为辅料制作的菌种。常用配方为棉籽壳 78%，麦麸 20%，蔗糖 1%，石膏粉 1%，含水量 60%～65%，适用于大多数食用菌的原种和栽培种，包括木腐类和草腐类各类食用菌，是通用型培养基。

4. 粪草种 是以发酵过的堆肥为主要原料制作的菌种。主要适用于双孢蘑菇、大肥

菇、巴氏蘑菇等蘑菇属种类。

5. 枝条种　以枝条为主要原料，以木屑和麦麸为填充辅料，枝条的长度根据栽培袋（瓶）的长度而定，一般为 15～20cm，接种时将枝条种直接插到栽培袋的中心孔，能缩短栽培袋（瓶）的培养时间，适用于平菇、杏鲍菇等大多数的木腐食用菌。

6. 木塞种　以木塞颗粒为主料，以木屑和麦麸为填充辅料，适合作段木栽培香菇、黑木耳等的栽培种。

二、液体菌种

液体菌种是使用液体培养基，利用液体发酵技术培养获得的菌种。菌丝体在液体培养基内呈絮状或球状。液体菌种具有生长快、生产周期短、菌龄一致，便于机械化和自动化接种的优点。液体种在栽培基质内分布均匀、生长点多、生长快，栽培袋（瓶）的培养时间大大缩短。但是液体菌种生产对设备、生产条件和人员技术水平要求较高，且菌种易老化，不便于运输。液体菌种适合工厂化或专业化的大规模栽培袋（瓶）的生产。目前，大多数的金针菇、杏鲍菇和真姬菇栽培工厂采用液体菌种。

按照生产程序液体菌种也分为三级：一级种一般是试管或培养皿培养的固体菌种；二级种为三角瓶培养的液体菌种；三级种为发酵罐培养的生产种，直接用于栽培袋（瓶）的接种。液体培养基的主要原料为豆粕、玉米粉、葡萄糖、磷酸氢二钾、硫酸镁等，豆粕和玉米粉在使用之前需要粉碎成超细的粉末。大多数食用菌的液体菌种使用分批培养，培养期一般 7～8d，在进入稳定期前使用，避免菌种老化和活力降低。

发酵罐是液体菌种生产的核心设备，按照灭菌方式可以将发酵罐分为两类：一类是异位灭菌，即把发酵罐推入灭菌锅中进行灭菌；另一类是原位灭菌，即将高温高压蒸汽通入发酵罐夹层和罐体内灭菌。按照通气和搅拌方式可以将发酵罐分为鼓泡式发酵罐和搅拌式发酵罐两类。鼓泡式发酵罐的气体从塔底向上经分布器以气泡形式通过液层，气相中的氧气溶入液相，气泡的搅拌作用可使液相充分混合，鼓泡式发酵罐的容积大多数在 1 000L 以下，如果太大，容易导致混合不均匀。鼓泡式发酵罐结构简单，没有运动部件，容易维护，是目前使用最广泛的一类发酵罐。搅拌式发酵罐是通过机械搅拌使空气与溶液均匀接触，使氧溶解于发酵液中，机械搅拌能提高氧气利用率，但机械设备较复杂，适用于大产能工厂和大型菌棒厂。

第二节　菌种生产制度

一、食用菌品种的管理

我国食用菌菌种的选育是与食用菌产业同步发展的，20 世纪 80 年代之前主要是野生菌株的驯化和国外引种，之后开始杂交育种、诱变育种和系统选育，90 年代以后相继开发了以原生质体技术为核心的体细胞杂交育种、以室内鉴定为核心的高效筛选定向育种和分子标记辅助育种技术等育种新技术。

为了鼓励食用菌优良品种的培育和使用，农业部（现农业农村部）制定了与《中华人民共和国种子法》《中华人民共和国植物新品种保护条例》配套实施的《非主要农作物品种登记办法》和《食用菌菌种管理办法》。除此之外，尚有《中华人民共和国专利法》适用于工业化生产种类的品种权保护。

根据《中华人民共和国植物新品种保护条例》，截至2019年底，2个属和14种食用菌被我国列入物种保护名录，实施品种权保护，它们分别是：白灵侧耳（*Pleurotus nebrodensis*）、羊肚菌属（*Morchella*）、香菇（*Lentinula edodes*）、黑木耳（*Auricularia heimuer*）、灵芝属（*Ganoderma*）、双孢蘑菇（*Agaricus bisporus*）、金针菇（*Flammulina velutipes*）、蛹虫草（*Cordyceps militaris*）、长根菇（*Hymenopellis raphanipes*）、猴头菇（*Hericium erinaceus*）、毛木耳（*Auricularia polytricha*）、蝉花（*Isaria cicadae*）、真姬菇（*Hypsizygus marmoreus*）、平菇（糙皮侧耳、佛罗里达侧耳）（*Pleurotus ostreatus*，*Pleurotus floridanus*）、秀珍菇（肺形侧耳）（*Pleurotus pulmonarius*）。

除此之外，《中华人民共和国专利法》规定动物和植物品种不授予专利权，但食用菌属于真菌，目前已经有白灵菇、杏鲍菇和真姬菇等多个品种获得专利权。

二、食用菌菌种的生产制度

菌种是食用菌栽培成败的关键，与产量、品质、生产效益密切相关。为了加强和规范食用菌菌种生产，国家出台了一系列的法规和管理办法，以及相关的技术规范和技术标准。

《食用菌菌种管理办法》规定了我国食用菌菌种为母种（一级种）、原种（二级种）、栽培种（三级种）的三级繁育体系。菌种（包括菌棒）生产经营实施市场准入制度，需要获得县级以上主管部门的许可，即需要办理生产经营许可证。主要技术要求：一是要从具备技术资质的机构获取种源，不得使用未经出菇试验的子实体组织分离物作种源；二是菌种生产设备设施和环境条件要符合行业标准；三是要有专职技术员、质检人员和技术档案。具体要求如下。

1. 生产环境 菌种场所在地要求地势高燥，通风良好，排水畅通，交通便利，300m内无规模化养殖的畜禽舍、垃圾和粪便堆积场，无污水、废气、废渣、烟尘和粉尘污染源，50m内无规模化食用菌栽培场和集贸市场。

2. 专业化场所 根据食用菌菌种生产工艺分别设置原材料库、配料分装室（场）、灭菌室、冷却室、接种室、菌种培养室、菌种贮存室、菌种检验室等专业场所。要根据工艺流程和微生物传播的特点、人流与物流、普通区域与洁净区合理布局，既能减少过程成本，流水作业，又能控制有害微生物的传播，提高生产效率。

3. 基本设备 具有与生产规模相适应的培养基（料）配制、分装、灭菌、冷却、净化、接种、环控培养、低温贮存和检验的设备，包括天平、高压灭菌器、净化接种室或接种台（箱）、控温设备、控湿设备、通风设备、水分速测仪、培养箱、显微镜等。

4. 生产品种 要从具备相应技术资质的机构获取种源；生产经营的是授权品种菌种的，应当征得品种权人的书面同意。不得使用未经出菇试验的子实体组织分离物作种源，也不得使用来历不明、种性不清、随意冠名的“品种”作种源。

5. 技术人员 具有从事菌种生产专业技术和售后专业技术服务人员2名以上。

6. 菌种生产工艺流程 菌种生产工艺流程主要包括培养基制备、菌种转接、培养等

环节。培养基制备环节中要使用新鲜的原材料，合理配方，灭菌彻底。各级菌种转接都要求严格规范的无菌操作。原始的母种数量有限，一般允许转接2～3次用来继代扩繁母种，并在培养中严格挑选，确保与种源一致，避免因母种退化造成生产损失。母种既可以继代扩繁母种，也可以用来生产原种。原种只能用来生产栽培种或直接生产栽培棒，栽培种只能用于生产栽培棒。栽培棒只能用于栽培出菇，而不能作为菌种再行扩大繁殖。菌种培养要注意控制洁净度、温度、相对湿度和通风等环境条件。生产用菌种的最适培养温度较最适生物学温度低2～3℃。培养期间特别要预防高温，并定期检测，发现有污染或生长不正常的菌种及时剔除淘汰。

7. 菌种质量检测 培养好的菌种使用前要逐瓶（袋）进行菌种质量的检查和甄选，主要根据经验进行感官检测，确定是否与该菌种原有特征相一致。

随着食用菌生产向专业化和规模化转变，对菌种质量的要求不断提高。购买母种不规范的自繁自用比例不断减少，直接购买原种或栽培种的比例不断提高。采用专业设备设施“集中制棒”、利用菇农自有设施“分散出菇”的专业化生产模式被越来越多的生产者接受。生产实践表明，这种专业化生产及其分工，利于降低生产成本，提高产品质量，减少报废菌棒造成的环境污染，也利于新品种的推广。

第三节 食用菌菌种保存与运输

一、食用菌菌种质量保持原理

食用菌菌种与作物的种子最大的不同在于其鲜活性，菌种对环境要求苛刻，要求低温和洁净条件，不耐贮存。菌种完成培养后应尽快使用。如不能在规定的较短时间内使用，则需要严格控制保存条件，以确保菌种质量不受影响。保存期间影响菌种质量的主要因素包括保存时间、场所的洁净度、温度、相对湿度、光线、搬运和运输中的机械刺激、包装的破损等。

对于母种来说，保存时间过长，菌种容易老化。培养基失水干缩，菌丝老化交织形成菌皮，老接种块周边菌丝变得稀疏，部分菌丝变黄或变褐。对于产生无性孢子的食用菌来说，保存时间过长，无性孢子增加，如金针菇的粉孢子、草菇的厚垣孢子、鲍鱼菇的分生孢子。对于金针菇、杏鲍菇等食用菌还容易形成原基甚至分化成菇蕾。

对于原种和栽培种来说，菌丝长满袋（瓶）后，适当保存一段时间菌丝会更加洁白浓密，菌块性更好，接种后萌发更快。但是如果保存时间过长，同样会出现菌种老化，形成菌皮，活力降低，香菇、平菇、杏鲍菇等很容易形成子实体原基，消耗营养。

菌种保存期间，温度越高，菌种老化越快，原种和栽培种还容易发生“烧菌”现象。洁净度不良或空气湿度过大，则易导致杂菌滋生，尤其是棉塞、瓶口和瓶盖表面容易滋生杂菌。光线刺激导致原种和栽培种产生原基。运输过程中的机械刺激会促进菌种的呼吸速率增加，从而导致菌种瓶（袋）内热量增加，“烧菌”的发生概率增加。运输过程中也可能造成菌种瓶（袋）破损或塞子脱落，都会增加菌种污染的风险。包装破损或塞子脱落的菌种不应使用，以避免接种后发生污染。

二、食用菌菌种质量保持技术要求

为了避免保存和运输对菌种质量的影响，菌种成品应严格控制保存和运输条件。保存场所要洁净，通风良好，避光。菌种要分散摆放，而不能包装存放。多数菌种保存温度2～6℃，对于草菇、竹荪、毛木耳和巨大口蘑等高温种类，菌种保存温度为13～16℃。保存场所的相对湿度应控制在70%以下。保存时间不宜过长，母种不超过20d，原种和栽培种不超过30d。菌种应冷链运输，并尽量减少因搬运和路途颠簸造成的机械震动，避免包装破损。

第四节　食用菌菌种质量及影响因素

一、食用菌菌种的质量要求

菌种质量评价主要有外观、菌丝生长速度、纯度及农艺性状等。菌种外观主要是肉眼直接观察的一些特征，如颜色、分泌物、色素、长相、长势等。容器及其标志、标签等是重要参考依据，因为菌种外观特征与品种、培养基、培养条件和培养时间密切相关。菌丝生长速度和外观特征反映菌种活力，一般优良菌种菌丝生长健壮、整齐、速度快，而劣质菌种往往生长缓慢、不整齐、菌丝纤细、抗性差。菌种的农艺性状则包括子实体形态、出菇特性、产量、适应性等。

我国食用菌菌种标准体系已基本建立，国家（行业）标准主要有：GB 19169—2003《黑木耳菌种》、GB 19170—2003《香菇菌种》、GB 19171—2003《双孢蘑菇菌种》、GB 19172—2003《平菇菌种》、GB/T 21125—2007《食用菌品种选育技术规范》、GB/T 35880—2018《银耳菌种质量检验规程》、NY 862—2004《杏鲍菇和白灵菇菌种》、NY/T 1742—2009《食用菌菌种通用技术要求》、NY/T 1846—2010《食用菌菌种检验规程》、NY/T 528—2010《食用菌菌种生产技术规程》等。

根据上述技术标准，菌种质量主要有感官检测、菌丝微观特征检测、霉菌污染检测、细菌污染检测、菌丝生长速度检测、菌种真实性检测、母种农艺性状和商品性状检测等。

1. 感官检测　用肉眼检测菌种的容器、棉塞、瓶盖、培养基等是否规范，重点观察菌落和菌丝长相是否一致、颜色和气味是否正常。用放大镜观察是否有螨类，以及是否有可见的细菌或霉菌污染的迹象。

2. 菌丝微观特征检验　一般通过插片培养，制片观察菌丝的显微特征，在显微镜下观察菌丝有无锁状联合、菌丝直径、菌丝分枝、无性孢子的数量和形态等特征，确定这些基本显微特征与该品种原有特征是否一致。

3. 霉菌污染检测　挑取少许可疑霉菌污染的培养物或有代表性的样本接种至PDA培养基中，于25～28℃培养4d，出现其他色泽或其他形态的菌落，或有异味的为霉菌污染物。必要时进行水封片镜检。

4. 细菌污染检测　细菌污染的菌种，常常是肉眼不可见的，需要微生物培养法检测，常用的是摇瓶法和平板法。摇瓶法是在无菌条件下，挑取少许疑有细菌污染的培养物接种至营养肉汤培养基中，于25～28℃振荡培养1～2d，观察培养液是否浑浊，若浑浊则有细

菌污染，澄清透明为未污染细菌。平板法是在无菌条件下，挑取可疑或有代表性的样品，接种于 PDA 培养基斜面或平板上，于 25～28℃培养 1～2d，观察培养基斜面是否有细菌菌落长出，有细菌菌落长出的做显微镜检查确认，否则为无细菌污染。

5. 菌丝生长速度检测 分别将母种、原种和栽培种重新转接到新的母种、原种和栽培种培养基上，在相应的培养条件下培养，检测菌种的生长速度和长满的时间。确定是否与该品种原有的生长速度一致。

6. 真实性检测 常用的菌种真实性检测方法主要有拮抗反应、酯酶同工酶、随机扩增的多态性 DNA（RAPD）、简单重复序列间扩增（ISSR）、简单重复序列（SSR）等。

7. 农艺性状和商品性状检测 农艺性状包括出菇需要的菌龄、出菇温度、出菇特点、菇体形态、产量、抗性等。从菌种看，农艺性状主要受遗传基因、菌种活力、退化程度等因素的影响。然而，在农业生产实践中，由于环境条件非完全人工控制，影响农艺性状的因素要更多一些。因此，农艺性状的检测必须在规范的营养和环境条件下进行。

农艺性状检测应按照规范制作菌种，按常规方法栽培，详细记录菌丝萌发时间、菌丝生长速度、发菌期、首批出菇期、子实体发生特点（单生、丛生）、出菇间隔期和潮次产量（总产量、单产）等。商品性状主要是指菇体外观，包括菌盖、菌柄或耳片的颜色、大小，单菇重，厚度，口感等。比较与该品种特性是否一致。

二、食用菌菌种质量的影响因素

在生产中影响食用菌菌种质量的因素非常多，主要包括菌种的特性、菌种种性维护、培养基、制作工艺、培养和保存条件等。

大部分食用菌属于担子菌，少部分属于子囊菌。担子菌门食用菌的菌种主要以双核体或异核体的形式保存，即每个细胞内有两个细胞核，通过锁状联合方式稳定遗传，在保存过程中相对比较稳定。担子菌门中不同种类菌种的稳定性也不同，如平菇、杏鲍菇等菌种相对比较稳定，菌种退化对生产的影响也相对比较小，而金针菇菌种容易退化，尤其是工厂化栽培使用的金针菇需要非常严格的菌株维护技术，否则菌种退化会严重影响生产。子囊菌门食用菌的菌丝细胞缺少锁状联合这一双核体保障结构，菌丝细胞多核，菌种在生长和保存中不同交配型细胞核可能发生不对等的分裂，从而发生不同交配核型的数量偏差，甚至某一交配核型丢失，都可能影响菌种的农艺性状，表现出菌种退化、出菇少甚至不出菇。因此，需要针对不同种类制订不同的菌株维护方案。

培养基主要为菌种提供充足和全面的营养，确保菌种种性稳定并且菌丝健壮，充满活力。对于原种和栽培种来说，由于使用木屑、棉籽壳、粪草、谷粒等农林牧业副产品，如在加工、运输和存放过程中管理不善，容易混入或自身发酵产生一些有害物质，影响菌种质量。另外，培养基的理化性质，如颗粒大小、孔隙度、持水力、含水量、pH 等也显著影响菌种质量。

菌种制作流程的每个工艺环节均可能影响菌种质量。灭菌时间、灭菌温度和冷却速率会影响菌种的生长；培养温度、相对湿度、CO_2 浓度、光线等环境条件都影响菌种质量，完成培养的菌种受保存和运输条件所限也会影响菌种质量。

为了确保菌种质量，除了根据菌种特性严格控制培养基和培养条件外，在培养期间需要严格进行质量检测。在菌种培养过程中定期检查，一旦发现菌落形态、颜色、长势、污染等异常个体，需要立即剔除。

第五节　菌种保藏

一、菌种保藏的基本原理

食用菌菌种保藏的目的是保持菌种不死亡、不污染、不变异，确保菌种能满足当前生产和未来科学研究的需要。食用菌和其他生物一样，都具有遗传性和变异性。遗传性保证了子代特征的相对稳定；变异性使有性生殖或无性繁殖的子代性状与亲本有所不同。生产上使用的优良菌株，由于这种变异性，其高产优质等优良特性可能逐渐衰退，原有的优良性状最终可能完全丧失。

菌种退化是当前食用菌菌种保藏中需要解决的主要问题。所谓菌种退化是指在菌种保藏、继代培养中，菌落形态、菌丝生长速度、农艺性状、商品性状等发生劣变的现象，一般不包括杂菌污染和病毒感染。导致菌种退化的原因很多，盛祖嘉（1974）将其分为两类：一类是 DNA 序列发生变异的退化，另一类是 DNA 序列不发生变异的退化。

对于 DNA 序列发生变异的退化来说，有性生殖、准性生殖、基因突变、转座子、DNA 复制过程中的错配等多方面原因都可能导致 DNA 序列改变。食用菌一般保藏菌丝体菌种，除了特殊用途，很少采用有性孢子的形式保藏，所以一般不考虑有性生殖过程中的遗传重组导致的变化。突变伴随在 DNA 的复制过程中，具有自发性和随机性的特点，因此只要有生长代谢，就可能有突变发生（Kimsey et al.，2018），目前已经在双孢蘑菇和草菇中发现了与菌种退化相关的 DNA 变异（陈美元等，2003；李丹青等，2015；Xu et al.，1996）。准性生殖也是真菌进行遗传重组的一种方式，目前已经在双孢蘑菇中发现染色体的有性重组现象，可能是准性生殖的结果（Hum et al.，2017；Xu et al.，1996）。转座子在真菌中非常普遍，转座作用会导致基因重排、基因缺失和染色体畸形等遗传效应（Castanera et al.，2016）。关于真菌转座子的激活和失活机理目前还不清楚，可能与逆境和甲基化有关。

对于 DNA 序列不发生变异的退化来说，主要包括表观遗传学的变异、生理变异等。表观遗传是指 DNA 序列没有变化，而基因表达状态的可遗传性改变。主要集中在 DNA 甲基化修饰、组蛋白修饰、非编码 RNA 的调控作用这三个方面。卷枝毛霉菌（*Mucor circinelloides*）对他克莫司（tacrolimus）的抗药性是表观遗传突变的一个典型，卷枝毛霉菌利用反义小 RNA 干扰抑制 *FkbA* 基因的表达，避免他克莫司与 FkbA 蛋白形成复合物抑制细胞生长，从而获得对他克莫司的抗药性（Calo et al.，2014；Chang et al.，2019）。生理性的变异主要与细胞内活性氧水平有关，当细胞内活性氧（ROS）平衡被打破，ROS 升高，食用菌性状发生退化（Li et al.，2014）。长期以来，DNA 序列不发生变异的退化未引起人们关注，影响这种退化发生的因素尚不清楚。

子囊菌交配型的丢失也会引起菌种退化，与担子菌不同，子囊菌在营养生长阶段很少发生细胞质融合的质配，两种交配型的菌丝体相互独立地生长在培养基质中，如果两种交配型的菌丝体生长不均衡，在菌种保藏和继代培养过程中发生偏离，其中一种交配型菌丝

体的丢失可能导致菌种失去结实性，不能形成子实体，从而发生菌种退化。目前已经在蛹虫草中发现交配型丢失引发的菌种退化现象（汪虹等，2010）。针对子囊菌类食用菌，可以采用分别独立保藏或其他控制交配型均衡的方法进行保藏和培养。

病毒也是影响菌种性状的一个重要因素，与霉菌或细菌侵染不同，病毒侵染往往很难被觉察，需要专业的核酸检测技术才能鉴定。真菌或病毒的感染一般需要媒介传播，主要发生在环境开放的栽培环节或野生环境，从大田或野外通过组织分离获取的菌株，一定要经过出菇实验或病毒检测后才能使用。目前已经在香菇、平菇、双孢蘑菇等多种食用菌中发现能显著引起农艺性状衰退的病毒，其中仅于香菇中就发现并鉴定了4种与农艺性状退化相关的病毒（Guo et al.，2017；Kim et al.，2013；Lin et al.，2019）。因此，在食用菌菌种保藏过程中，病毒感染问题也需要引起人们的关注。

为了控制菌种退化，应注意以下几点：一是通过控制生长代谢降低DNA的变异，在菌种保藏过程中控制生长代谢的方法主要包括降低温度、水活度、氧气浓度和营养水平等方法；二是尽量避免长期在PDA等单一的培养基上进行继代培养和保藏，以免产生选择，导致降解木质纤维素基因的退化；三是在保藏过程中不仅要注意细菌和霉菌的污染，还要防护病毒感染；四是根据不同食用菌的特性制订相应的保藏维护措施，例如子囊菌要注意交配型丢失问题，草菇和毛木耳等不耐低温的菌种要注意保藏温度等。综上，应根据菌种退化的主要机理，针对不同菌株的特点采取相应的菌种保藏措施。

二、菌种保藏方法

目前，常用的食用菌菌种保藏方法主要有斜面保藏、天然基质（木屑、粪草、谷粒）保藏、液氮保藏、矿物油保藏、蒸馏水保藏。

1. 斜面保藏法　斜面保藏法是最常用的菌种保藏方法。因为其简单易行，不需特殊设备，并能随时观察保藏菌种的情况，一般2～6个月转接一次，属短期保藏方法。多数种类保藏温度为2～6℃，一些高温种类，如草菇、竹荪、毛木耳等保藏温度13～16℃。使用此保藏法转接频繁，菌种发生变异概率相对较高。为了避免菌种形成培养基的定向选择，应定期更换培养基。

2. 天然基质保藏法　天然基质保藏法是以木屑培养基、粪草培养基或谷粒培养基保藏食用菌菌种的继代保藏方法。大多数食用菌属于木腐菌或草腐菌，使用木屑培养基和粪草培养基可分别保藏木腐类食用菌和草腐类食用菌，谷粒培养基则几乎可以保存所有种类食用菌。天然基质保藏有利于保持菌种对天然基质的降解和利用能力。保藏条件与斜面保藏法相同，主要优点是培养基失水慢，菌种老化慢，保藏时间更长，一般可保藏1～2年。

3. 液氮保藏法　液氮保藏法是将菌种在液氮罐的气相或液相中长期保存的保藏方法。液氮温度为－196℃，菌种在－196℃的超低温条件下，新陈代谢水平降到最低限度，能有效地控制新陈代谢导致的菌种退化。因此，液氮能够保藏几乎所有的微生物菌种。液氮超低温保藏是一种长期保藏方法，一般5～8年转接一次。

液氮保藏菌种需要保护剂，目前使用最广泛的是10%的甘油或10%的二甲基亚砜（DMSO）。液氮保藏过程中，对细胞损伤最大的是保藏之前的降温过程和取出后的复温过程。在这两个过程中形成的冰晶会对细胞造成机械损伤，降温速度越快，细胞内越容易形成冰晶；而水的冻结使细胞内溶液逐渐浓缩，形成渗透胁迫，引起细胞损伤，降温速度越慢，细胞内越容易形成渗透胁迫。目前常用程序降温仪，以 1℃/min 的速度降至−40℃，再以 10℃/min 的速度降至−90℃，之后将菌种置于液氮罐保藏。

4. 矿油保藏法 矿油保藏法是用矿物油覆盖斜面培养物，阻止水分蒸发，同时隔绝空气，降低细胞的生长代谢活动，在 15～25℃下长期保藏菌种的方法。该方法适用于大多数真菌，其优点是成本较低，保藏时间较长；缺点是转接培养慢，往往需要转接培养 2～3 次，才能去除菌丝体上的矿物油，使菌种恢复正常生长。

5. 蒸馏水保藏法 蒸馏水保藏法是用蒸馏水、缓冲液或其他不含有机营养物质的盐类溶液保存食用菌菌丝体的方法。

三、保藏效果检测

不论使用哪种保藏方法保藏菌种，从保藏状态到正常状态的继代培养，一般需要活化 2～3 次，活化过程中要仔细观察，确认生长良好，扩大繁殖后进行出菇试验。观察和检测方法与前述菌种质量检测方法相同。确认菌种保持了原有特征特性后才能投入生产使用。

（张瑞颖　黄晨阳）

主要参考文献

陈美元，王泽生，廖剑华，等，2003. 双孢蘑菇丛生变异的 RAPD 分析及差异片段的克隆［J］. 厦门大学学报（自然科学版），42（5）：657－660.

李丹青，王杰，2015. 草菇菌种退化相关分子标记的筛选［J］. 西北农林科技大学学报（自然科学版），43（8）：195－201.

盛祖嘉，1974. 关于菌种退化问题［J］. 微生物学通报，4（19）：34－38.

汪虹，魏静，林楠，等，2010. 交配型基因作为分子标记鉴定蛹虫草退化菌株的核相初步研究［J］. 食用菌学报，17（4）：1－4.

Calo S，Shertz－Wall C，Lee S C，et al.，2014. Antifungal drug resistance evoked via RNAi－dependent epimutations［J］. Nature，513：555－558.

Castanera R，López－Varas L，Borgognone A，et al.，2016. Transposable elements versus the fungal genome：impact on whole－genome architecture and transcriptional profiles［J］. PLoS genetics，12（6）：e1006108.

Chang Z，Heitman J，2019. Drug－resistant epimutants exhibit organ－specific stability and induction during murine infections caused by the human fungal pathogen *Mucor circinelloides*［J］. mBio，10（6）：e02579－19.

Chen B，van Peer A F，Yan J，et al.，2016. Fruiting body formation in *Volvariella volvacea* can occur independently of its *MAT－A* controlled bipolar mating system，enabling homothallic and heterothallic life cycles［J］. G3：genes genomes genetics，6（7）：2135－2146.

Guo M，Bian Y，Wang J，et al.，2017. Biological and molecular characteristics of a novel partitivirus infecting the edible fungus *Lentinula edodes*［J］. Plant disease，101（5）：726－733.

Hum Y F，Jinks－Robertson S，2017. Mitotic gene conversion tracts associated with repair of a defined double－strand break in *Saccharomyces cerevisiae*［J］. Genetics，207（1）：115－128.

Kim J M, Yun S H, Park S M, et al., 2013. Occurrence of dsRNA mycovirus (LeV - FMRI0339) in the edible mushroom *Lentinula edodes* and meiotic stability of LeV - FMRI0339 among monokaryotic progeny [J]. The plant pathology journal, 29 (4): 460 - 464.

Kimsey I J, Szymanski E S, Zahurancik W J, et al., 2018. Dynamic basis for dG • dT misincorporation via tautomerization and ionization [J]. Nature, 554: 195 - 201.

Li L, Hu X, Xia Y, et al., 2014. Linkage of oxidative stress and mitochondrial dysfunctions to spontaneous culture degeneration in *Aspergillus nidulans* [J]. Molecular & cellular proteomics, 13 (2): 449 - 461.

Lin Y - H, Fujita M, Chiba S, et al., 2019. Two novel fungal negative - strand RNA viruses related to mymonaviruses and phenuiviruses in the shiitake mushroom (*Lentinula edodes*) [J]. Virology, 533: 125 - 136.

Xu J, Horgen P A, Anderson J B, 1996. Somatic recombination in the cultivated mushroom *Agaricus bisporus* [J]. Mycological research, 100 (2): 188 - 192.

ZHONGGUO SHIYONGJUN ZAIPEIXUE

第七章 食用菌病虫害防控

第一节 食用菌病虫害发生概况

食用菌栽培基质营养丰富、菌种培养和出菇期间温暖潮湿的环境为病虫害的滋生提供了良好的外界条件。真菌、细菌、病毒等病原物均可引起食用菌病害。根据病害发生与病原的关系，食用菌病害可以分为由病原物引发的侵染性病害、竞争性杂菌引发的竞争性病害和环境条件不适引发的生理性病害三大类。食用菌虫害种类繁多，如眼蕈蚊、跳虫、瘿蚊、粪蚊、蓟马、蚤蝇、蛞蝓、螨虫等，这些害虫喜食食用菌菌丝体和子实体，造成菇体缺刻、空洞，其排泄物造成霉菌和细菌的二次污染。

食用菌栽培方式的不同，病虫害发生也不同。目前我国食用菌栽培方式主要是大田栽培、园艺设施栽培和工厂化栽培三大类。不同的栽培方式，环控能力不同，小生态环境也不同，病虫害发生自然不同。

一、园艺设施栽培中病虫害发生概况

我国栽培食用菌产量的80%以上是采用园艺设施生产的。操作或管理不当都可能引起菌丝体或子实体被病原菌侵染，造成不同程度的危害和损失。食用菌侵染性病害主要由真菌、细菌、病毒等病原物引起。某些病原物主要侵染菌丝体，如毛木耳的菌丝体受木栖柱孢霉菌（*Scytalidium lignicola*）侵染后引起的油疤病、香菇菌棒受木霉属（*Trichoderma* spp.）真菌侵染引起的菌棒腐烂病（Sun et al.，2012；曹现涛等，2015）。还有不少病原菌主要侵染子实体，引起斑点、腐烂或畸形。假单胞杆菌属（*Pseudomonas* spp.）细菌会引发多种食用菌子实体病害，如平菇黄斑病、金针菇黑斑病、杏鲍菇细菌性腐烂病等（Sante et al.，2011；边银丙，2016）。真菌引起的子实体病害主要有毛木耳蛛网病、金针菇绵腐病等（边银丙，2016；王刚正等，2019）。生理性病害多在管理不当或通风不良的设施内发生，香菇主要有爆出菇、小菇、早开伞、畸形菇；平菇主要有大脚菇、鸡爪菇。

随着食用菌进入设施化、专业化、周年化、规模化栽培时代，环境条件不断改善，菇房虫害发生种类随之变化。农事季节性栽培以眼蕈蚊、粪蚊和蚤蝇为主要害虫，而设施化和周年化栽培则以螨虫危害为主。据统计，我国目前发现有21个科43种螨虫危害食用菌，其中粉螨科为优势种群（汪佳佳等，2005；兰清秀，2010）。螨虫个体微小，肉眼很难辨别，加之危害症状与病害相似，给螨虫的防治和鉴定工作带来困难，加之螨虫通常从

栽培袋袋口或出菇（耳）孔处侵染袋内，钻蛀到基质内取食危害，即使喷施药剂也无法杀灭基质内的螨虫。

二、发酵料栽培中病虫害发生概况

发酵料栽培中，竞争性病害主要有木霉、曲霉、链孢霉、青霉、褐色石膏霉和胡桃肉状菌等各种真菌病原物，它们大多能产生分生孢子或小菌核，污染培养料及生产场所。由真菌引起的侵染性病害，发生较多的有双孢蘑菇疣孢霉病和干泡病、鸡腿菇黑头病等。细菌性褐斑病是发酵料栽培中较常见的病害。黏菌可能危害巴氏蘑菇的菌丝及子实体。线虫可危害双孢蘑菇菌丝、幼蕾及子实体。生理性病害主要由不适宜生长发育的菌丝培养条件或出菇环境所引起，例如鸡腿菇在栽培中出现死菇蕾、早开伞，双孢蘑菇覆土和水分管理不当导致的地雷菇、早开伞等现象。

经发酵熟化后用于栽培双孢蘑菇、草菇、平菇和鸡腿菇等的发酵料散发出特有的气味，会吸引粪蚊、蚤蝇和眼蕈蚊等昆虫，以及喜高温高湿的螨类在培养料内产卵。在一些老产区、老菇房内，由于虫口基数逐年增加，虫害危害程度加重，易出现虫害暴发，造成经济损失。

三、大田栽培中病虫害发生概况

大田栽培的黑木耳、羊肚菌、大球盖菇、冬荪等，整个生产过程或重要的生产阶段几乎处于全开放环境，土壤内隐匿着各种微生物和虫卵，场地使用前无法对土壤环境进行无菌化处理，养菌和出菇过程也是在近似完全开放的环境进行，因此各种病原物和害虫均可能侵袭培养基质和菇体。因此，加强环境控制，尽量降低病虫害基数是大田栽培食用菌病虫害防控的有效途径。

田间栽培的真菌性病害主要有羊肚菌的枯萎病和菌柄腐烂病（刘伟等，2019；Guo et al.，2016）；细菌性病害主要有红托竹荪的腐烂病（卢颖颖等，2018）、羊肚菌的软腐病等；主要害虫有蛞蝓、蜗牛、菇蚊、菇蝇、跳虫、蠓虫及螨虫等（刘伟等，2019；赵光辉等，2016）。

四、段木栽培中病虫害发生概况

段木上自然侵染的木腐菌很多，大部分是能产生子实体的担子菌，主要有红栓菌、肉色栓菌、皱褶栓菌、彩绒革盖菌、乳头炭团菌、裂褶菌、桦褶孔菌、绿色木霉、野生革耳、白栓菌、云芝等。

我国目前尚有一定量段木栽培的食用菌，主要有黑木耳、香菇、灵芝，栽培场地多在林下，主要危害种类是咀嚼式口器的害虫，如蓟马、蕈甲、隐翅甲等，有些山区会有白蚁。这些食用菌大多以干品出售，在贮藏期易遭受锯谷盗、螟蛾等害虫危害，影响产品的商品性状（宋金俤等，2013）。

第二节　食用菌病害发生规律

一、常见病害的病原物种类

食用菌在生长发育过程中，容易受到各种微生物的影响，这些引起食用菌病害的微生物称为病原物。常见的竞争性病害主要由木霉、曲霉、链孢霉、青霉、褐色石膏霉（*Papulospora byssina*）和胡桃肉状菌（*Diehliomyces microspores*）等真菌引起，它们大多能产生分生孢子或小菌核，污染培养料及生产场所，引起食用菌发菌期菌丝体的感染甚至菌袋报废。侵染性病害由真菌、细菌、病毒、线虫等病原生物引起。它们中的大多数既能危害菌丝体，也在原基、幼蕾和子实体上发生，如危害双孢蘑菇的有害疣孢霉以及多种食用菌病毒。此外，还有一些病原物，如引起毛木耳油疤病的木栖柱孢霉菌、香菇菌棒腐烂病的哈茨木霉（*T. harziarum*）、深绿木霉（*T. atroviride*）、绿色木霉（*T. viride*）、长枝木霉（*T. longibrochiatum*）和矩孢木霉（*T. oblongisporum*）等主要侵染菌丝体，引起菌丝体病害；而托拉斯假单胞杆菌（*P. tolaasii*）、蜡蚧轮枝菌（*Lecanicillium lecanii*）等仅侵染平菇和鸡腿菇的子实体，分别引起平菇黄斑病和鸡腿菇黑头病。

二、竞争性病害的发生规律

食用菌竞争性病害的病原微生物种类多，适应力强，繁殖迅速，常在短期内将培养基质完全占领，甚至将正常生长的食用菌菌丝覆盖、抑制或降解，管控不力会造成霉菌大暴发，导致绝产。

（一）培养料灭菌不彻底和栽培环境卫生状况差

各种木霉、曲霉、毛霉、根霉、链孢霉、褐色石膏霉和胡桃肉状菌等的菌丝体、分生孢子或菌核广泛存在于自然界中，其孢子和菌核可长期存活于土壤、有机肥料、植物残体、墙体缝隙和菇房床架中，通过气流、灌溉水、人工操作、工具或昆虫等进行传播。

袋栽食用菌的培养料装入塑料袋或塑料瓶中，经过高温蒸汽灭菌，正常情况下不可能存在竞争性病原物。但在实际生产中，许多菇农采用常压蒸汽灭菌，由于灭菌温度和时间不够，或培养料水分不均匀甚至夹着干料，或菌袋排放过密等原因，导致部分甚至全部菌袋（瓶）的培养料灭菌不彻底，培养料中残存的病原菌迅速扩散繁殖，导致竞争性病害暴发流行。对于覆土栽培的食用菌而言，如果培养料发酵不充分，或覆土消毒不彻底，培养料和覆土会成为主要的侵染来源。病原菌在覆土层上产生大量孢子或菌核，并迅速传播，成为竞争性病害发生的重要原因。

（二）栽培环境适于病原菌大量繁殖，不利于食用菌菌丝健康生长

通常情况下，食用菌菌丝体与竞争性病害病原菌适宜生长的温度范围非常接近，但在某些逆境条件下两者的耐受性大不相同。比如，持续28℃以上高温条件容易造成香菇、黑木耳、金针菇等菌丝体发生侵染性烧菌烂棒现象。研究表明，在袋栽的小环境下，袋内的高温一方面导致细胞厌氧呼吸，产生乙醇、乙酸、乙醛等有害物质积累，活力下降；另一方面导致细胞膜均匀度下降，密度和韧性下降，抵御侵染能力下降（Qiu et al.，2018a）。而木霉、曲霉和链孢霉等一些竞争性病原真菌正好相反，食用菌的高温代谢产物利于它们的生长和繁殖，在高温条件下它们的分生孢子萌发率更高，萌发和产孢更快，降解食用菌菌丝细胞壁的各种酶的活力增强（Qiu et al.，2018b）。双孢蘑菇栽培中，发菌期菇房温度在20℃以下时菌丝生长健壮，但当菇房温度超过24℃时双孢蘑菇菌丝活力下降，而胡桃肉状菌、褐色石膏霉的菌丝则快速生长，孢子或菌核快速繁殖，导致病害发生。

三、侵染性病害的发生规律

（一）细菌病害

细菌主要引起食用菌子实体的斑点病和腐烂病，常见病原菌是假单胞杆菌属细菌。主要病害有双孢蘑菇褐斑病、双孢蘑菇姜斑病、双孢蘑菇菌褶水滴病、平菇黄斑病（图7-1）、杏鲍菇黄斑病、杏鲍菇腐烂病、金针菇褐斑病和金针菇腐烂病等。子实体感病后，表面会出现褐色斑点或成片的黄色病斑，后期可能出现水渍、腐烂等症状。

图7-1　平菇黄斑病症状

病原菌广泛存在于自然界中，空气、培养料、覆土和不洁净的水源是其主要侵染来源。病原菌适生于潮湿、有机质丰富的基质上，适温、高湿、通风不良的环境有利于病害的发生与流行。菇房或菇棚连续使用或消毒不力、使用不洁净的水源、采收中病死菇清除不当等，均会导致发病。病原菌主要通过喷水、机械损伤和害虫咬食伤口等传播。在连续使用的菇棚中，出菇期水分管理不当，会导致细菌性病害的发生和蔓延，如过度浇水和通风不良，使菇体长期处于水饱和状态，菇体表面形成水膜，非常有利细菌的繁殖，同时浇水产生的水滴飞溅加速细菌的传播。菇棚管理不当，使得菇棚内环境温度过高、相对湿度过大或通风不良，都能增加病害发生的概率，也会导致病害的流行。

（二）真菌病害

真菌引起的子实体常见病害有双孢蘑菇湿泡病（疣孢霉）（图7-2）、双孢蘑菇干泡病（轮枝霉）、双孢蘑菇蛛网病、鸡腿菇黑头病（图7-3）、鸡腿菇蛛网病、鸡腿菇菌柄溃疡病、毛木耳蛛网病、羊肚菌菌柄腐烂病等。真菌亦能感染菌丝体引起食用菌菌丝体病害，造成菌丝凋亡和退菌，如毛木耳油疤病（图7-4）、香菇菌棒腐烂病、金针菇蛛网病等。

图7-2　双孢蘑菇疣孢霉病症状

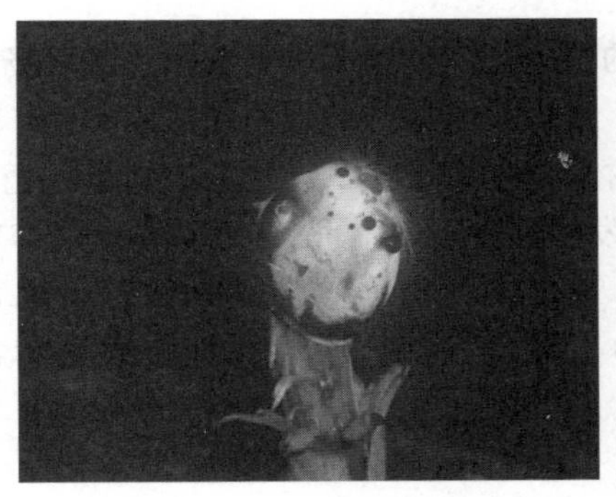
图7-3　鸡腿菇黑头病症状

图7-4　毛木耳油疤病症状

病原菌的厚垣孢子、分生孢子和病原菌菌丝碎片在消毒不彻底的覆土、灭菌不彻底的玉米芯或木屑等栽培基质、栽培场地（菇棚层架和地面环境）中常大量存在，在适宜的温度和湿度条件下萌发，成为主要初侵染源。感病部位产生的大量分生孢子和厚垣孢子，通过喷水、气流、工具等人为操作和害虫活动等方式传播，引起大面积的再侵染，加重病害的发生和蔓延。栽培环境的高温、高湿和通风的不足，将加速病原菌的生长和繁殖，加重病害的危害。栽培后的菌渣、病菇残体、覆土或者旧菇架等栽培场地中的厚垣孢子、分生孢子和菌丝碎片都可以成为下一轮病害发生的初侵染源。而香菇菌棒腐烂病的发生主要诱因是高温和木霉，香菇菌丝受到高温伤害后，抗病能力急剧下降，易被木霉属真菌感染而发病。在香菇菌丝培养期间，由于培养场所温度偏高，翻堆不及时，导致菌丝受到高温伤害，出现“烧菌”，后期极易被木霉感染而形成烂棒。受到高温伤害的香菇菌棒在注水之后，会加速菌棒腐烂。

（三）病毒病害

食用菌感染病毒后，多数情况下以潜隐状态存在，无症状表现。但在特定条件下可以暴发。也有的病毒直接使食用菌表现出明显的症状。食用菌病毒的初侵染来源主要来自有毒菌种、旧菇房残留的担孢子或菌丝碎片。成熟的带毒子实体释放出大量担孢子，带病毒担孢子萌发形成单核菌丝，健康单核菌丝和带毒单核菌丝融合形成带毒异核体，或带毒单核体与健康双核体自然杂交，通过子实体组织分离再扩繁成栽培种流入生产环节，形成病毒的侵染循环。菌种扩繁和使用是病毒病传播的主要途径。人为活动和害虫活动都是病毒病传播的重要途径。

研究表明，食用菌病毒病是否发生与病毒浓度间不存在确切的相关性，主要取决于病毒和寄主之间、寄主和环境之间的相互作用。一般来讲，菇房内外卫生条件差，菇棚管理不当，环境温度过高或通风不良，病害发生概率增加；菇体发生过密，或每潮菇采收后未及时清除病死菇，也会导致病害流行。

（四）线虫病害

适合食用菌生长发育的条件，也适合线虫生长发育，特别是在菇房或棚室栽培条件下，食用菌栽培场所的小气候条件直接影响线虫病害发生和流行程度。一般而言，温暖湿润的环境适于食用菌病原线虫生长发育。研究表明，培养料含水量影响病原线虫的生长发育速度，高含水量持续时间越长，病害发生就越严重。当培养料表面有水膜时，有利于线虫蠕动，线虫会迅速扩散，导致病害严重发生。

食用菌栽培环境极大地影响着线虫病发生的严重程度。厕所、鸡舍和仓库等场所的线虫较多，当食用菌栽培场所与这些场所毗邻时，线虫极容易传播到菇床或菌袋中，增加了病原线虫初次侵染数量。食用菌栽培的各种原材料如牛粪、稻草、甘蔗渣和棉籽壳等都可能带有线虫。培养基灭菌不彻底或培养料堆制发酵温度不够，很难完全杀死培养料中的线虫，残存的线虫是主要初侵染来源。此外，栽培中不洁净的沟渠水或池塘水，以及未经严格消毒的旧菇房、菇床、覆土、不洁净工具等，都会增加栽培中线虫病害发生的风险。

第三节　食用菌虫害发生规律

一、常见虫害的种类

在食用菌生产过程中，常受到各种昆虫、螨类及软体动物的危害，这些有害动物常取食食用菌菌丝体或子实体，造成严重的经济损失。狭义的食用菌害虫是指对食用菌生产造成损失的昆虫；广义的食用菌害虫不仅包括有害昆虫，也包括有害螨类和软体动物。据初步统计，这些害虫主要分布在昆虫纲的双翅目、鳞翅目、鞘翅目、弹尾目、缨翅目等7个目，蛛形纲的粉螨目，以及甲壳纲、腹足纲、多足纲等不同分类单元的15个目，共100多种（宋金俤等，2013；曲绍轩等，2013）。

二、主要虫害的发生规律

（一）双翅目害虫

本目主要是蚊蝇类昆虫。其典型特征是：体小至中型，口器为刺吸式、舐吸式，具膜质前翅1对，后翅退化成平衡棒。幼虫无足型，蛹多为围蛹。现有11个科的昆虫与食用菌生产关系较密切，其中眼蕈蚊科、菌蚊科、蚤蝇科的害虫为优势种群，危害寄主广泛，是园艺设施袋栽和发酵料栽培的主要害虫。双翅目主要害虫有以下几种。

1. 平菇厉眼蕈蚊　平菇厉眼蕈蚊（*Lycoriella ingenua*）属眼蕈蚊科（又称眼菌蚊科）厉眼蕈蚊属（Ye et al.，2017）。

（1）形态特征　成虫体长3.3～4mm，暗褐色（图7-5）。触角16节，腹部末节尾器尖锐细长；卵淡黄色，椭圆近圆形；幼虫体长4.6～5.5mm，头黑色，胸及腹部乳白色；蛹长2.4～3mm，初为乳白色，渐变为淡黄色，羽化前为褐色至黑色（图7-6）。

图7-5　平菇厉眼蕈蚊成虫

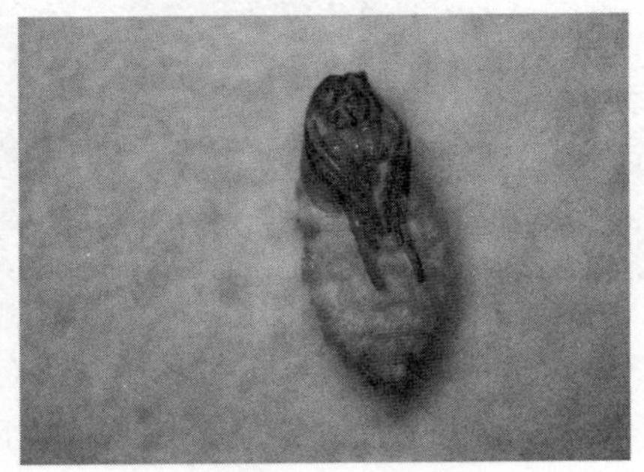

图7-6　平菇厉眼蕈蚊的蛹

（2）危害状　主要危害双孢蘑菇、平菇、香菇、秀珍菇、鲍鱼菇、杏鲍菇、金针菇、茶树菇、银耳、毛木耳等。幼虫喜食菌丝体和子实体原基，破坏菌袋、菌棒，也危害菌种、培养料（图7-7、图7-8）。成虫具趋光性、喜食腐殖质，在培养料上爬行、交配、产卵。

（3）生活习性　大部分地区可周年发生危害，无越冬期。在北方地区，菇房内的虫量高峰期集中在春季和初夏，露地栽培场高峰期在5～6月。在上海地区，各种虫态可在菇房及野外越冬。18～22℃时完成1代仅需20～21d（曲绍轩等，2015）。适温下的单雌产卵量75～120粒。干燥时，卵0.5～1d皱缩干瘪，幼虫3h死亡率60%以上。

图7-7　平菇厉眼蕈蚊幼虫危害平菇子实体症状

图7-8　平菇厉眼蕈蚊危害平菇栽培袋症状

2. 异迟眼蕈蚊　异迟眼蕈蚊（*Bradysia difformi*）属眼蕈蚊科（或眼菌蚊科）迟眼蕈蚊属。

（1）形态特征　成虫体长1.4～2.3mm，褐色，复眼黑色、无眼桥，触角16节，腹部末端的尾器宽大，端节短粗（图7-9）；卵为乳白色，椭圆形；幼虫蛆形，体长5～7mm，乳白色，头部黑色；被蛹，褐色。

（2）危害状　同平菇厉眼蕈蚊，在毛木耳中危害状见图7-10。

图7-9　异迟眼蕈蚊成虫

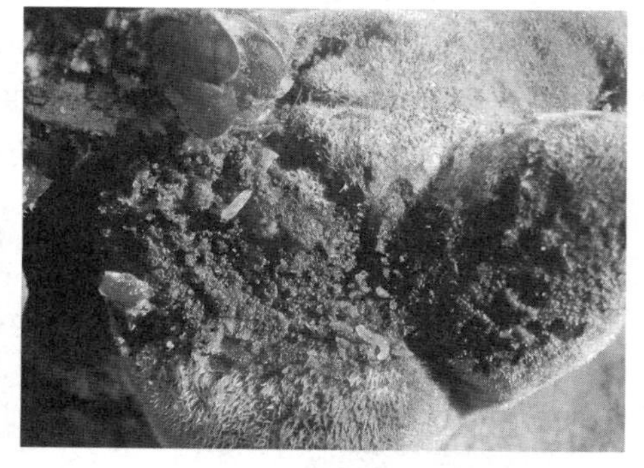
图7-10　异迟眼蕈蚊幼虫取食毛木耳

（3）生活习性　主要分布在北美、欧洲、韩国，以及我国的北京、河北、江苏、云南等地。其幼虫危害双孢蘑菇、平菇、灰树花、茶树菇、秀珍菇等食用菌的菌丝和子实体。

异迟眼蕈蚊在河北等地一年发生3～4代，雌虫产卵量为每雌50～70粒，最多可达100粒，产卵到羽化发育历期18～21d，雄虫比雌虫羽化早1～2d。一般在4月初至5月中旬为成虫羽化盛期。在长江以南地区，全年可以各种虫态越冬，除夏季高温期外，其他季节均可危害。

3. 瘿蚊　危害食用菌的瘿蚊有真菌瘿蚊（*Mycophila fungicola*）、异翅瘿蚊（*Heteropera pygmaen*）。其中以真菌瘿蚊为常见种。

（1）形态特征　真菌瘿蚊成虫体长1.07～1.12mm，展翅1.8～2.3mm。头黑色，复眼较大，左右连接；腹、足和平衡棒为橘红色或淡黄色；腹部可见8节；卵长圆锤形，初产时呈乳白色，后变为橘黄色；幼虫呈纺锤形蛆状，淡黄色，老熟幼虫体长2.3～2.5mm，橘红色或淡黄色（图7-11）；蛹倒漏斗形，前端白色，半透明，后端腹部橘红色或淡黄色（图7-12）。

（2）危害状　瘿蚊主要在秋冬春季的中低温时期危害，以幼虫侵害多种食用菌的菌丝和菇体。在丰富的食源中，幼虫以幼体繁殖，幼虫咬食菌丝和菇体。瘿蚊幼虫可携带各种杂菌危害食用菌生产，导致杂菌在菌棒定殖和侵染（图7-13、图7-14）。

图7-11　真菌瘿蚊幼虫

图7-12　真菌瘿蚊蛹

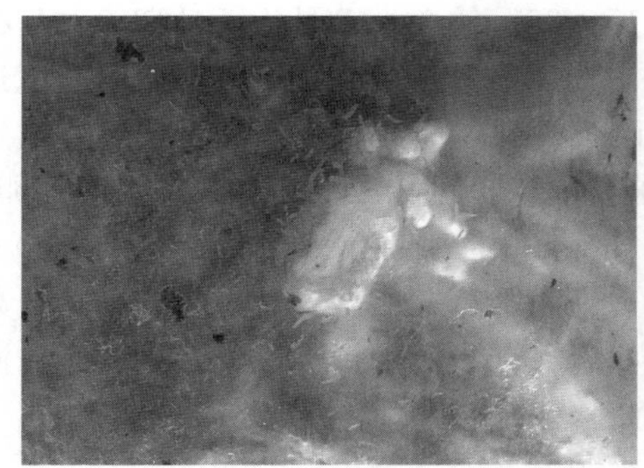

图7-13　瘿蚊危害秀珍菇栽培袋

图7-14　瘿蚊危害段木香菇

（3）生活习性　幼体生殖，3～5d繁殖一代，虫口数量迅速增加，一旦发生，虫体很快在料面或菇体呈现橘红色聚集群。在5～25℃，瘿蚊都能取食菌丝和菇体。遇干燥环境时，虫体密集，结成球状。幼虫喜潮湿环境，在干燥处虫体很快失水死亡。温度在5℃以下时，以幼虫在培养料中休眠越冬。在30℃以上时，虫体转为蛹越夏，等待温度与湿度适宜时羽化为成虫产卵，进入下一世代的繁殖。雌虫交尾后在培养料间产卵或在菇床土缝间产卵，每雌产10～28粒，产完后1～2d内死亡，未经交配的成虫寿命为2～3d。在室温18～20℃，相对湿度68%～75%时，完成一代需24～30d。

4. 蚤蝇　蚤蝇属芒角亚目蚤蝇科。危害食用菌的种类有白翅蚤蝇（*Megaselia* sp.）、东亚异蚤蝇（*M. spiracularis*）、蘑菇虼蚤蝇（*Puliciphora fangicola*）和短脉异蚤蝇（*M. curtineura*）等。其中以短脉异蚤蝇对食用菌的危害最为普遍和严重。

（1）形态特征　短脉异蚤蝇成虫体短粗壮，体长 1.1～1.8mm，体黑色或黑褐色（图 7－15）；触角 3 节，基部膨大呈纺锤形，触角芒长；卵圆至椭圆形，白色光滑；幼虫蛆形，无足，体长 2～4mm，乳白至蜡黄色，体壁多有小突起；围蛹，长椭圆状，黄至土黄色。

（2）危害状　主要以幼虫危害，喜食食用菌菌丝和子实体。如平菇和秀珍菇在发菌期极易遭受幼虫蛀食，菌袋内菌丝被蛀食一空，只剩下黑色的培养基，致使整个菌袋报废。幼虫蛀食菇体形成孔洞和隧道，使菇体萎缩，干枯失水而死亡（图 7－16）。

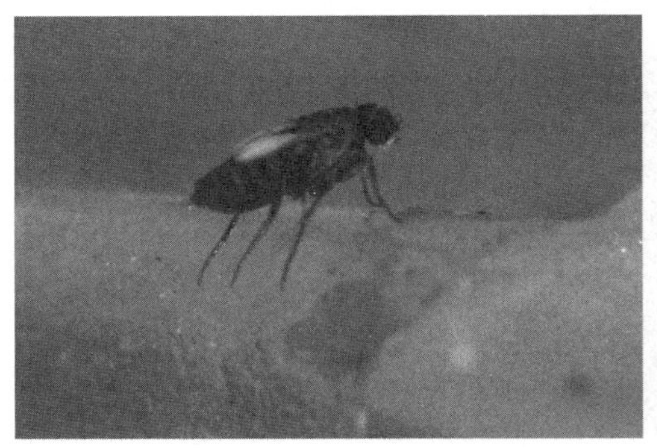
图 7－15　短脉异蚤蝇成虫

图 7－16　短脉异蚤蝇危害平菇菌丝体

（3）生活习性　短脉异蚤蝇耐高温，在气温 15～35℃的 3～11 月为活动期，尤其在夏秋季 5～10 月进入危害高峰期。在大棚保温设施条件下，春季 3 月中旬，棚内温度达 15℃以上时，开始出现第一代成虫，成虫体小，隐蔽性强，往往是进入暴发期后才被发现。成虫不善飞行，但活动迅速，善于跳跃，在袋口上产卵。第二代成虫在 4～5 月产卵，到第三代以后出现世代重叠现象。在 15～25℃，35～40d 繁殖一代。在 30～35℃，20～25d 繁殖一代。11 月后以蛹在土缝和菌袋中越冬。高温平菇、草菇、双孢蘑菇和鸡腿菇等食用菌是短脉异蚤蝇的取食对象，尤其是平菇，若在开袋后受蚤蝇危害，只长第一潮菇；若发菌期被蚤蝇蛀食，则只剩下培养料，导致菌袋报废。

（二）鳞翅目害虫

鳞翅目包括蛾、蝶两类昆虫，属有翅亚纲，为全变态昆虫。绝大多数种类的幼虫危害各类栽培植物，体型较大者常食尽叶片或钻蛀枝干。体型较小者往往卷叶、缀叶、结鞘、吐丝结网或钻入植物组织取食危害。成虫多以花蜜等作为补充营养，或口器退化不再取食，一般不造成直接危害。体小至大型。成虫翅、体及附肢上布满鳞片，口器虹吸式或退化。幼虫口器为咀嚼式，身体各节密布分散的刚毛或毛瘤、毛簇、枝刺等，有腹足2～5对，以 5 对者居多，具趾钩，多能吐丝结茧或结网。蛹为被蛹。卵多为圆形、半球形或扁圆形等。危害食用菌的害虫主要为谷蛾科食丝谷蛾（*Hapsitera barbata*）、夜蛾科平菇尖须夜蛾（*Bleptina* sp.）、平菇星狄夜蛾（*Diomea cremeta*）和螟蛾科印度螟蛾（*Plodia interpunctella*）等。

星狄夜蛾杂食性强，能以多种食用菌为食物（图 7－17）。幼虫咬食平菇子实体，将菇片咬成缺刻、孔洞并污染上粪便，在无菇可食时，幼虫咬食菌丝和原基，使菌袋无法

出菇。幼虫群集在灵芝的背面，咬食芝肉，形成凹槽、缺刻，幼小的灵芝常被食尽菇盖，剩下光柄。星狄夜蛾常在7～10月暴发，严重影响高温期栽培的食用菌产量和质量（图7-18）。印度螟蛾以幼虫蛀食多种食用菌干品。造成菇体孔洞、缺刻、破碎和褐变。菇体上满是幼虫粪便，严重影响商品性状。

图7-17　星狄夜蛾成虫

图7-18　星狄夜蛾取食平菇

（三）弹尾目害虫

弹尾目属无翅亚纲，俗称跳虫，分布广泛，常群居在土壤中，多栖息于潮湿隐蔽的场所，如土壤、腐殖质、原木、粪便、洞穴中，特别是腐殖质丰富的菜地或菇棚。体微小，长形或圆球形。无翅，身体裸出或被毛鳞片。头下口式或前口式，咀嚼式口器。触角通常4节，少数5节或6节。腹部6节。其主要特征是：第一节腹面中央具一柱形腹管突（或称黏管），有吸附的作用；第四或第五节上有成对的3节弹器，其基节互相愈合，通过肌肉收缩完成跳跃，故称跳虫。

危害食用菌的跳虫种类有：角跳虫（*Folsomia fimefaria*）（图7-19、图7-20）、长角跳虫（*Entomobrya sauteri*）、球角跳虫（*Hypogastrura matura*）、菇紫跳虫（*H. armata*）、菇疣跳虫（*Achorutes armalus*）、黑角跳虫（*E. sauteri*）、黑扁跳虫（*Xenyalla longauda*）和紫跳虫（*Proisotoma minuta*）（图7-21、图7-22）等。

图7-19　角跳虫

图7-20　角跳虫危害双孢蘑菇

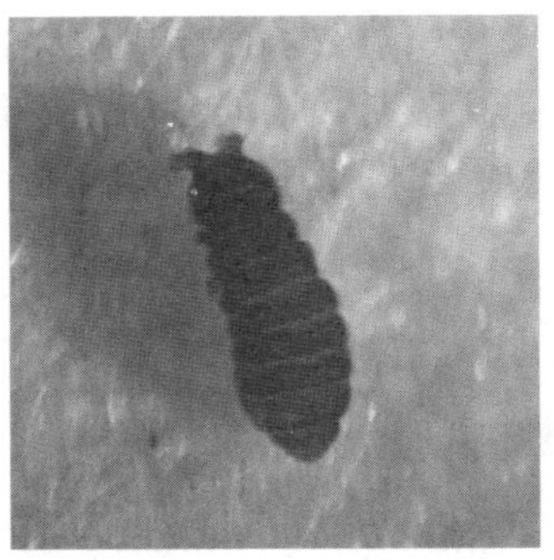
图 7-21　紫跳虫

图 7-22　紫跳虫危害段木黑木耳

(四) 螨类

危害食用菌的螨虫属节肢动物门蛛形纲蜱螨亚纲蜱螨目。体型微小，体长 0.5mm 左右，大多数种类小于 1mm，有些种类仅 0.1mm。危害食用菌的螨虫种类繁多，目前在香菇、黑木耳、双孢蘑菇、草菇、平菇等食用菌采集标本，鉴定螨类分属 21 个科 43 种，分别是蒲口螨科、肉食螨科、尾足螨科、寄螨科、巨螯螨科、囊螨科、蒲螨科、乙线螨科、粉螨科、食甜螨科等。南方双孢蘑菇栽培区以嗜木螨（*Caloglyphus* sp.）、害长头螨（*Dolichocybe* sp.）、兰氏布伦螨（*Brennandania lambi*）为主，江苏、山东一带以腐食酪螨（*Tyrophagus putrescentiae*）(Qu et al.，2015a，2015b)（图 7-23、图 7-24）、次麦矮蒲螨（*Mahunkania secunda*）（图 7-25）为主。另外，近几年在黑木耳和毛木耳上危害严重的还有木耳卢西螨（*Luciaphorus aurlculoriae*）（图 7-26）。

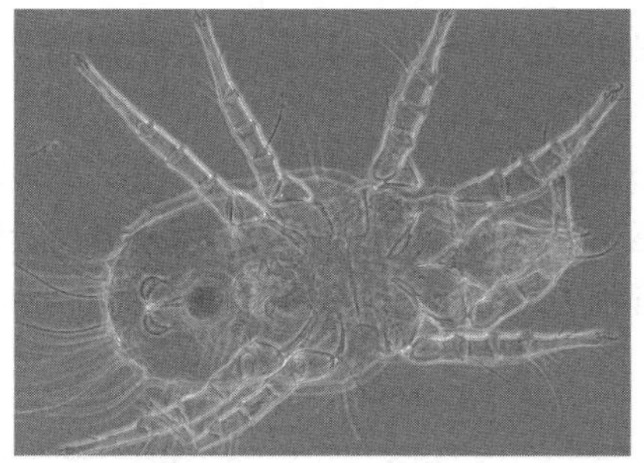
图 7-23　腐食酪螨显微图

图 7-24　腐食酪螨危害黑木耳

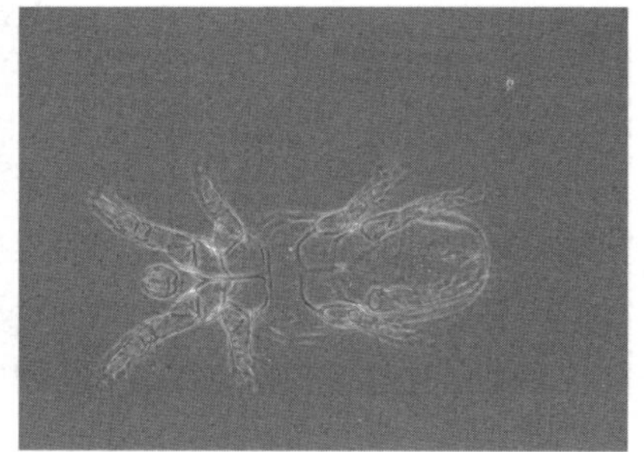
图 7-25　次麦矮蒲螨显微图

图 7-26　木耳卢西螨危害毛木耳

（五）其他有害动物

危害食用菌的还有蛞蝓、蜗牛等软体动物，马陆、鼠妇等节肢动物，这些有害动物喜温暖潮湿的环境，咬食原基和菇体，造成孔洞和缺刻，加之爬行时留下的黏液，严重影响子实体的商品价值，并能携带病原物，引发多种病害。

危害食用菌的蛞蝓主要有双线嗜黏液蛞蝓（*Phiolomycus bilineatus*）、黄蛞蝓（*Limax fiavus*）、野蛞蝓（*Agriolimax agrestis*），其中以双线嗜黏液蛞蝓危害最严重。蜗牛主要有灰巴蜗牛（*Bradybaena ravida*）、同型巴蜗牛（*B. similaris*）、江西巴蜗牛（*B. kingsinensis*）。危害食用菌的马陆主要是约安巨马陆（*Prospirobolus joannsi*）。鼠妇主要是球鼠妇（*Armadillidium vulgare*）。

第四节 食用菌病虫害防控

与植物病虫害防治策略基本一致，食用菌病虫害防治必须贯彻“预防为主，综合防控”的方针。食用菌子实体表皮薄、多为薄壁细胞，具有极强的吸水性和吸附性，菇体一旦接触农药，对食用者的危害不堪设想。因此，食用菌生产中必须杜绝菇体与化学农药接触，突出绿色防控策略，栽培措施与物理防治和生物防治相结合。不得不使用化学农药时，应避开菇体，安全使用、谨慎使用。

一、栽培措施防治

1. 全面实施洁净生产 要保持环境清洁和进行规范的消毒作业。菌种生产和栽培场所保持清洁、干燥、通风，是预防霉菌侵染、提高成品率的基础条件。在生产过程中污染菌袋不能随地丢弃、滞留，要及时清除并进行防扩散处理，如轻拿轻装、密封移除、高温灭菌、远处深埋，并及时进行环境消毒。生产场所要确保水沟通畅洁净，定期清理消毒，通风良好，空气清新，避免相对湿度过高。水源干净标准，使用生活饮用水生产，严防水源带菌带虫。场所内或附近的各类原材料要妥善保存，防霉、防虫，减少病原和虫口基数。覆土材料严格消毒处理，避免携带病原物和害虫。

2. 控温生产、低温生产 食用菌是喜冷凉的生物，其抗低温的能力远高于耐高温，甚至可以说，高温是食用菌生产的大敌。高温对食用菌的危害主要体现在三个方面：一是导致食用菌自身合成的能量和营养物质消耗过多，物质积累减少，不利于获得丰产；二是破坏食用菌菌丝细胞结构，降低食用菌抵御各类病菌侵染的能力（Qiu et al.，2018a）；三是刺激食用菌产生更多的霉菌生长诱导物质，利于霉菌的发生（Qiu et al.，2018b）。相反，相对低温减少食用菌菌丝的物质消耗，利于物质积累，获得丰产。另外，低温条件下，各类杂菌都萌发慢、定殖慢、生长慢、繁殖慢，也不利于各类害虫生长繁殖。因此，控温生产、低温生产有利于防控各种病虫害。

3. 选择符合标准规范的栽培场地 栽培场地周围500m范围内无腐烂堆积物、无畜禽舍、垃圾场和死水池塘等病虫滋生地。同时选择地势平坦、排灌方便、清洁干燥、向阳的场所。周边5km以内无化学污染源，空气质量应符合《食用菌生产技术规范》（NY/T 2375—2013）的规定。有白蚁活动的地方不适宜进行食用菌生产。天牛、吉丁虫等发生严重的地方，也不适合作为栽培场地。

4. 选用合格的栽培原料和生产资料 选择优质耐用的塑料袋或栽培瓶，避免菌袋破损、菌瓶及菌盖变形，避免病原物和害虫进入容器。使用无霉变和无虫蛀的木屑、稻草、麦秆、麦麸、玉米粉等栽培原料。

5. 选用抗病虫品种和优良菌种 尽量选用抗病或抗虫的优良品种，严格选择，使用健壮优良菌种，特别要注意避免菌种带菌或带虫（螨）。栽培场所换茬、轮作等栽培措施，有条件的可以实行菌菜轮作，减轻病虫害的发生。

6. 木腐菌与草腐菌分场制种和栽培 草腐菌类的制种和栽培都需要发酵培养料。培养料发酵期间病菌和蚊蝇类害虫常在料中繁殖，容易造成木腐菌菌种生产和栽培时发生病虫害。如发酵期产生的蚤蝇极易侵入平菇菌袋，在袋内产卵繁殖，并在发菌室内重复侵害，难以根除。

7. 改善生产设施预防病虫害发生 发菌场和栽培场所都应尽量安装环控设备，调控温度与湿度，特别要注意降温和通风的设施条件建设，避免高温对食用菌造成伤害，严防高温导致烧菌烂棒。通风良好可以有效预防细菌性病害。

二、物理防治

1. 培养料和污染菌袋的高温处理 培养料使用前建堆发酵，料温60℃以上并保持一定时间，以杀死培养料中的病原物和害虫。将生产场所发生的霉菌袋及时高温灭菌，杀死病原。栽培季节之后的掀棚、高温暴晒，可有效杀灭栽培场所的各类霉菌，减少下季的病原基数。

2. 灯光诱杀或色板诱杀 利用害虫的趋光性，在菇房内设置黑光灯，夜晚打开，可诱杀多种食用菌害虫。诱虫灯悬挂高度应距顶层床架30cm，密度为150～200m^2/盏，定期清理接虫袋。利用害虫对颜色的趋性，设置粘虫板进行诱杀，蓝色粘虫板可诱杀蓟马，黄色粘虫板可诱杀双翅目的蚊蝇类。粘虫板悬挂高度为距地面50cm左右，大小为（12～20）cm×20cm，悬挂密度为每10～12m^2一块，定期更换。

3. 物理阻隔法 温室或大棚入口处用黑色材料建造长3～4m的缓冲间，可有效减少害虫进入，入口处和通风处安装50～60目防虫网可将害虫阻挡在栽培场所之外。

三、生物防治

苏云金杆菌类生物农药对多种鳞翅目害虫有较好的控制作用，可以用来防治星狄夜蛾、食丝谷蛾、印度螟蛾等鳞翅目害虫。苏云金杆菌以色列变种（*Bacillus thuringiensis* var. *israelensis*，Bti）可用来防治菇蚊和菇蝇等害虫。

四、化学防治

1. 使用前后的场地场所消毒灭虫 化学防控主要是在产前和产后对场所场地进行消毒灭虫处理。特别是周年生产场所，空气杂菌基数较高，污染途径多，产前和产后的化学消毒灭虫就十分必要和重要。常用的消毒方法有：75%乙醇用于接种工具、子实体表面、接种台、菌种外包装、接种人员的手等表面消毒；二氯异氰尿酸钠、高锰酸钾、甲酚皂液

（来苏水）、必洁仕等用于接种室（接种箱、接种帐）、培养室（培养车间）、床架、菇房（棚）等环境表面消毒。常用的灭虫方法有：在出菇袋进入菇房（棚）前使用杀虫剂4.3%高氟·甲维盐（商品名为菇净）1 000倍液均匀喷施在菇房（棚）内表面和地面。

2. 出菇间歇期的防虫治病　出菇期病虫害发生严重，不得不使用化学防治的情况下，必须先将菇全部采收，在整个菇房无菇的出菇间歇期，方可用药。应选择已经登记可用于食用菌的、高效低毒的生物性药剂。

3. 高温季节出菇前防治　高温季节较低温季节病虫害易发生和蔓延。为了防止病虫害突发，用发酵料栽培的覆土前应注意喷施除虫剂。如发菌完成后喷施氯氟·甲维盐等，袋栽种类在开袋前喷洒杀虫剂。这样可有效杀灭菌丝体内的害虫和害螨。

4. 按照我国农药管理制度，未在食用菌上登记的农药不得使用　目前我国在食用菌上登记使用的杀菌剂有咪鲜胺锰盐可湿性粉剂、二氯异氰尿酸钠、噻菌灵、百菌清等，杀虫剂仅有氯氟·甲维盐。其他杀菌剂和杀虫剂并没有登记在食用菌上使用。

（边银丙　曲绍轩　徐章逸）

主要参考文献

边银丙，2016. 食用菌病害鉴定与防控［M］. 郑州：中原农民出版社.

曹现涛，边银丙，肖新军，等，2015. 高温胁迫对香菇菌丝生长及其抗哈茨木霉能力的影响［J］. 食用菌学报，22（4）：81-85.

江佳佳，李朝品，2005. 我国食用菌螨类及其防治方法［J］. 热带病与寄生虫学，3（4）：250-252.

兰清秀，2010. 福建食用菌螨类调查及菅原毛绥螨个体发育形态学研究［D］. 福州：福建农林大学.

刘伟，蔡英丽，何培新，等，2019. 羊肚菌栽培的病虫害发生规律及防控措施［J］. 食用菌学报，26（2）：128-134.

卢颖颖，桂阳，陈娅娅，等，2018. 红托竹荪腐烂病发生规律初步调查［J］. 食用菌，40（2）69-70.

曲绍轩，李辉平，宋金俤，等，2013. 云南楚雄和丽江地区野生食用菌害虫抽查与鉴定［J］. 食用菌学报，20（4）：61-64.

曲绍轩，宋金俤，林金盛，等，2015. 食用菌寄主和温度对厉眼蕈蚊生长发育的影响［J］. 食用菌学报，22（2）：89-92.

宋金俤，曲绍轩，马林，2013. 食用菌病虫识别与防治原色图谱［M］. 北京：中国农业出版社.

王刚正，罗义，李佳璐，等，2019. 毛木耳子实体蛛网病的病害特征及致病菌 *Cladobotryum cubitense* 的生理特性和防控策略［J］. 菌物学报，38（3）：341-348.

Guo M P，Chen K，Wang G Z，et al.，2016. First report of stipe rot disease on *Morchella importuna* caused by *Fusarium incarnatum* - *F. equiseti* species complex in China［J］. Plant disease，100（12）：2530.

Qiu Z H，Wu X L，Gao W，et al.，2018a. High-temperature induced disruption of the cell wall integrity and structure in *Pleurotus ostreatus* mycelia［J］. Applied microbiology and biotechnology，102（15）：6627-6636.

Qiu Z H，Wu X L，Zhang J X，et al.，2018b. High-temperature induced changes of extracellular metabolites in *Pleurotus ostreatus* and their positive effects on the growth of *Trichoderma asperellum*［J］. Frontiers in microbiology，9：10.

Qu S X，Li H P，Ma L，et al.，2015a. Temperature-dependent development and reproductive traits of

Tyrophagus putrescentiae (Sarcoptiformes: Acaridae) reared on different edible mushrooms [J]. Environmental entomology, 44 (2): 392-399.

Qu S X, Li H P, Ma L, et al., 2015b. Effects of different edible mushroom hosts on the development, reproduction and bacterial community of *Tyrophagus putrescentiae* (Schrank) [J]. Journal of stored products research, 61: 70-75.

Sante I N, 2011. Recent advances on bacterial diseases of cultivated mushrooms [C]. In: Savoie JM, Foulongne-Oriol M, Largeteau M, et al., eds. Proceedings of the 7th international conference on mushroom biology and mushroom products, 452-460.

Sun J, Bian Y B, 2012. Slippery scar: a new mushroom disease in *Auricularia polytricha* [J]. Mycobiology, 40 (2): 129-133.

Ye L, Leng R X, Huang J H, 2017. Review of the black fungal gnat species (Diptera: Sciaridea) from greenhouses in China: Three greenhouse sciarids from China [J]. Journal of Asia-pacific entomology, 20 (1): 179-184.

ZHONGGUO SHIYONGJUN ZAIPEIXUE

第八章 食用菌采后保鲜、流通与加工

第一节　食用菌采后生理及品质劣变

一、食用菌采后的生理特点

（一）食用菌采后呼吸作用

呼吸作用是生命存在的重要标志，它不仅为生命体的活动提供所需能量，而且是影响鲜活农产品采后贮藏品质的重要因素之一。呼吸强度可以反映农产品的采后贮藏特性，呼吸越旺盛，果蔬的营养物质消耗越快，其耐贮性就越差。由于失去了外源养料的供应，采后的新鲜食用菌为了维持子实体的正常新陈代谢，往往表现出强烈的呼吸作用。对采后新鲜食用菌采取合适的保鲜处理，对于提高其采后贮藏品质，减少损耗有着重要的意义。表 8－1 是常见食用菌和几种蔬菜的呼吸强度。

表 8－1　常见新鲜食用菌及蔬菜呼吸强度

种类	名称	呼吸强度［CO_2，mg/(kg·h)］
食用菌	香菇	200～240
	平菇	490～530
	金针菇	650～700
	杏鲍菇	520～600
	双孢蘑菇	850～1 100
蔬菜	黄花菜	32～54
	菠菜	172～287
	花椰菜	75～86
	结球甘蓝	179～252

注：环境温度（20±1）℃。

呼吸作用一般分为有氧呼吸和无氧呼吸两种类型。新鲜食用菌采后在贮藏运输过程中往往采取降温和抽气减压的方式进行包装处理，从而抑制其呼吸作用，延长贮藏期。但由于包装内部氧气消耗迅速，极易造成低氧或缺氧的状态，食用菌从有氧呼吸转变为无氧呼吸，积累乙醇并产生发酵气味，影响食用菌后期销售。因此，在低温减压包装处理时，要注意包装材料的透气性，降低食用菌在低氧环境中因呼吸作用造成的无氧伤害。

（二）食用菌采后失水

刚采收的新鲜食用菌子实体含水量极高，一般在90%以上。在贮藏过程中，随着子实体代谢活动的进行，组织中的水分会以气体的形式从菇体表面散失。与常见的植物相比，食用菌子实体表面缺少类似角质层组织的保护，采后极易发生因失水导致的萎蔫、失重和代谢紊乱等品质劣变现象，严重影响其商品价值。

（三）食用菌采后褐变

在贮运过程中，食用菌采后常发生褐变现象，影响了产品的外观和品质，白色外观的菇类，如双孢蘑菇、白灵菇等尤为严重。引起褐变的原因有很多，其中子实体中酚类化合物代谢是主要原因，在多酚氧化酶（Polyphenol oxidase，PPO）的作用下酚类物质氧化形成醌类，并生成复杂的黑色或褐色聚合物。食用菌不同组织部位的PPO活性不一样，菌盖的PPO活性最大，其次是菌褶。此外，在食用菌采后贮运过程中，机械损伤和微生物污染也会加剧子实体的褐变。

（四）食用菌采后形态变化

随着采后时间的延长，食用菌子实体一直保持后生长状态，外观形态不断变化，出现了开伞、菌柄伸长等现象。孢子形成时会伴随菌盖打开、菌柄伸长和菌褶组织暴露，这有利于子实体在空中散布成熟的孢子。菌褶的生长主要在圆周面，表现为菌褶厚度的增加，由于细胞分裂作用，菌褶外观会沿着垂周方向生长（姜天甲，2010）。

（五）食用菌采后营养物质的转化

食用菌采后是一个营养成分再分配的过程，营养物质不断地从菌柄向菌盖转移。在子实体采后生长、孢子形成的过程中，通过分解代谢提供能量，其中菌褶消耗了大部分的营养成分。碳源主要包括甘露醇、海藻糖和甘油，氮源主要是蛋白质，其他氮源也包括几丁质和其他的细胞壁成分。代谢差异引起不同食用菌部位的化学物质含量具有显著差异。随着贮藏时间的延长，可溶性糖含量下降，部分蛋白被酶解为游离氨基酸，膜脂代谢产物不断积累，细胞膜透性增加，导致子实体硬度下降，品质衰老。分解蛋白质需要蛋白酶，主要的蛋白酶是丝氨酸蛋白酶和金属蛋白酶。海藻糖是在食用菌采后发育过程中另一个主要呼吸基质，它与甘露醇一起为子实体采后呼吸作用提供能量。与此同时，几丁质含量随着采后时间的延长而不断增加，食用菌子实体细胞壁中几丁质所占比例逐渐升高。

二、食用菌采后品质劣变影响因素

（一）温度

食用菌采后生长和品质劣变受温度影响很大。0℃时子实体几乎停止生长，随着温度的升高，生长速度逐渐加快。过高的环境温度不仅会增强子实体的呼吸作用，而且加速其代谢过程，促进营养物质的损耗，导致褐变和开伞等品质劣变现象，影响采后保鲜。除了草菇等高温型菇外，0～5℃是食用菌的最适保藏温度。

（二）湿度

采后贮藏环境中的空气湿度和食用菌保鲜之间有着密切联系。不同食用菌种类对空气湿度要求不同，比如在双孢蘑菇保鲜过程中，空气相对湿度要维持在95%以上。当相对

湿度低于90%时，子实体易发生褐变和开伞，贮藏品质降低。对于香菇保鲜，适宜的相对湿度为80%～90%。过低的空气湿度会导致子实体严重失水，继而引发收缩、失重或变形。因此，在保藏新鲜食用菌时，既要保持一定的空气相对湿度，又要保证采收前不向菇体表面浇水或喷水，防止因微生物的滋长而引起软化、褐变等腐败现象。

（三）水质

水质对食用菌子实体色泽变化的影响主要取决于水中金属离子的作用。当水中铁离子含量过高时，会引起双孢蘑菇褐变。因此，在食用菌保鲜运输过程中要避免使用铁、铜等器具，而以塑料、纸制、木制、铝制、竹和草编织容器存放。

（四）气体组成

食用菌采后进行呼吸作用，会不断消耗环境中的 O_2 并释放出 CO_2。其中，O_2 为子实体细胞能量代谢提供原料，产生的 CO_2 可以抑制子实体和腐败微生物的生长。对于大部分食用菌来说，低浓度 O_2、高浓度 CO_2 可以维持较好的保鲜效果，但是 O_2 浓度过低会引发无氧呼吸作用，对子实体产生无氧伤害；而过高的 CO_2 浓度也会毒害子实体。因此，在食用菌采后贮藏过程中要选择适当的 O_2 和 CO_2 浓度比例（气调）以达到最佳保鲜效果。

（五）微生物

食用菌子实体含水量高、质地脆嫩，子实体表面缺乏角质层组织的保护，采后极易受到细菌、霉菌和酵母等微生物的污染而造成腐败现象。食用菌贮藏过程中的优势腐败菌主要是假单胞菌、嗜温菌、霉菌和酵母。

综上所述，采后食用菌生理生化变化不是独立的，而是相互关联、相互促进的。采后食用菌营养缺乏，促使食用菌利用自身贮存的氮源和碳源，导致可溶性蛋白质和细胞壁多糖迅速降解，造成食用菌老化。老化诱导食用菌组织褐变，反过来褐变又促进食用菌的老化。此外，贮藏环境因素的变化也会促进或延缓食用菌品质劣变过程。因此，在新鲜食用菌采后贮运过程中，根据其生理生化特性，采取具有针对性的保鲜措施，对保障食用菌产业发展与食用安全意义重大。

三、食用菌采后品质劣变机制

（一）能量代谢失衡导致细胞自由基损伤

根据衰老“生活速率（rate of living）”理论，三磷酸腺苷（ATP）水平是控制细胞凋亡的关键，维持细胞内能量水平可保持食用菌的正常生命活动，从而维持采后贮藏品质，延长货架期。线粒体是真核生物呼吸作用产生能量的主要场所，正常情况下，细胞内能量合成与分解代谢、自由基产生与清除，处于一个平衡状态。但是，食用菌采后由于生物或非生物胁迫，会引起细胞内呼吸链受损、ATP合成能力减弱、能量代谢失衡等现象，进而导致细胞自由基的积累。积累产生的自由基会攻击细胞膜结构和内部细胞器等，造成超微结构破坏，加速子实体衰老与褐变过程。

（二）环境胁迫加速细胞程序性死亡

细胞程序性死亡（programmed cell death，PCD）也称为细胞凋亡（apoptosis），是由生物体内广泛存在的一种细胞特定基因控制的，它以细胞DNA降解为特征，无明显细胞溶解，通过主动的生化过程的细胞自杀现象来消除不需要的细胞。在去除不需要的细胞质或整个细胞时主要通过三个机制，即自溶、裂解和木质化。食用菌含水量高，子实体表面缺乏保护组织结构，采后极易受到病菌污染或机械损伤等外界因素胁迫作用，而加速自溶、褐变等现象。例如双孢蘑菇采后易发生褐变、自溶的现象，导致其常温下仅有 1～2d 的货架期。金针菇采后由于木质化劣变，使子实体出现菌柄伸长、粗糙少汁、韧性增大等现象，逐渐失去食用品质，即使采用 4℃低温保存，也仅能贮藏 14d 左右。

第二节　食用菌贮藏保鲜和运输

一、食用菌贮藏条件

采摘后的新鲜食用菌在常温下易腐烂变质，在包装运输过程中容易破损或间接污染，从而降低商品质量，造成损失。因此，基于不同食用菌采后生理特性，应采取适宜的贮藏方案，有利于延长食用菌货架期，提升其商品品质。

对于大部分新鲜食用菌，采收后应尽快送往低温车间进行预冷、分级、整形和包装等处理。入库前应对车间、设备和器具进行全面消毒。鲜菇采收存放时应顺头排放，不使头尾相接，以免降低品质。鲜菇装箱后搬入车间要分开摆放，不得高层堆码（高度以 2～2.5m 为宜），垛顶距天花板不得少于 80cm，垛堆距墙壁 30cm，垛底可垫防潮隔板，以便子实体通风和充分降温。车间的相对湿度建议保持在 90%～95%，环境温度根据不同食用菌特性进行设定，比如双孢蘑菇低温贮藏最适温度在 0～3℃，草菇贮藏最适温度在 15～20℃，金针菇、杏鲍菇和香菇的贮藏温度控制在 0～4℃为宜。

二、食用菌保鲜方法

随着科学技术的发展，食用菌保鲜技术与方法日新月异，大致可分为三大类：物理保鲜技术、化学保鲜技术和生物保鲜技术。

（一）物理保鲜技术

食用菌物理保鲜方法包括冷藏保鲜、气调保鲜、臭氧保鲜、辐照保鲜、加压或减压保鲜等。

冷藏保鲜是目前最常用的食用菌保鲜方法。采用降低贮藏环境温度的方式，降低子实体新陈代谢和微生物活动，在一定时间范围内可以保持新鲜食用菌的外观品质和营养风味。与此同时，冷藏保鲜时需要注意温度设定，根据食用菌生理特点选择合适温度，避免因温度过低造成冷害或冻害现象。冷藏保鲜技术操作简单，成本较低，在实际生产过程中应用广泛。

气调保鲜技术是通过改变局部环境的气体组成，进而抑制新鲜果蔬呼吸作用和生理代谢活动，延缓品质劣变。该技术具有绿色、安全、保鲜效果好等特点，在研究和生产应用中逐渐成为热点方向。常用的气调包装材料有聚氯乙烯、聚乙烯、聚丙烯，其中聚乙烯最适宜用作食用菌包装保鲜材料。自发性气调包装结合低温贮藏，具有操作简便、成本低廉的优势，目前已被大部分食用菌生产企业采用。除了调节包装内部气体成分，还可以向包装基材中添加活性粒子，以增强包装材料的机械性能、阻隔性能和抑菌性能等，从而制得有利于食用菌保鲜的新型活性包装材料。

臭氧具有强氧化作用和杀菌特性，可以杀灭食品表面和环境微生物，同时也可以快速氧化分解乙烯气体，并诱导表层气孔收缩，进而达到保鲜农产品的目的。

辐照是一种非热食品加工技术，在食用菌保鲜中，辐照源主要分为3种：第一种是放射性^{60}Co和^{137}Cs产生的γ射线；第二种是机械源产生的X射线；第三种是机械源产生的电子束。食用菌保鲜辐照剂量一般在0.5～5kGy，过高的辐射剂量会直接破坏子实体细胞完整性，影响细胞正常的生理功能，导致食用菌衰老和品质劣变。

加压保鲜处理在食用菌贮藏中的应用主要有两种：一种是超高压处理新鲜食用菌；另一种是以惰性气体为载体，对包装内部进行加压处理，达到保鲜效果。

（二）化学保鲜技术

食用菌化学保鲜是指利用符合卫生标准的化学药剂或植物生长调节剂浸泡或喷洒处理食用菌，改变子实体内部pH或渗透压，抑制呼吸作用、生物酶活性和微生物的生长，延缓食用菌褐变、开伞、腐败等品质劣变过程。食用菌贮藏中常用的化学保鲜剂有抗坏血酸、焦亚硫酸盐、柠檬酸、氯化钠和L-半胱氨酸等。由于考虑到食品安全因素，化学保鲜技术在实际生产中应用较少，还需要进一步研究并加以规范。

（三）生物保鲜技术

食用菌生物保鲜技术主要可以分为两大类：一类是以微生物或微生物代谢产物为基础，利用微生物拮抗竞争作用，或者代谢产物自身抑菌、隔绝氧气等特性，达到食用菌保鲜的目的；另一类是以天然提取物质为基材进行新鲜食用菌涂膜保鲜处理。

三、食用菌包装与运输

随着食用菌工厂化栽培技术的不断发展，食用菌产量逐年提高。据中国食用菌协会统计，2018年我国食用菌总产量达到3 789万t。食用菌行业的高速发展对鲜菇采后运输和销售带来了新的压力和挑战。快速、高效、保质和低成本将是食用菌物流未来发展的重要方向。

（一）包装

新鲜食用菌经过适当的整理和分级之后，选择合理的包装方式可以避免挤压和机械损伤，方便贮运。常用的包装容器有竹筐、塑料食品袋（盒）和有孔纸箱（盒）等。采用纸盒包装时菌盖要朝上，按顺序摆放1～2层，箱底垫放吸潮纸；采用塑料食品袋包装时，每袋以0.5～1kg为宜；竹筐包装时不可过分堆挤，每筐3～5kg为宜。具体装载量根据容器实际大小进行调整。目前较为流行的食用菌包装材料多以塑料制品为主，除普通的塑料真空包装及网袋包装外，大多为托盘式的拉伸膜包装，使用这种包装时，需要在封装后的表面适当开3～5个小孔，并根据鲜菇品种、形态大小确定内包装材料的规格和内部排放方式。外包装箱体除了要坚固、轻质外，也要内置支架和隔板，防止袋与袋之间挤压，同时，箱盖与四壁应开一定大小的孔洞，便于箱内散热和通气。

（二）运输

运输装载前要将货物排列整齐，逐件扣紧，防止因移动和互相碰撞引起机械损伤。堆码不宜过高，严禁在货物上堆放重物，防止压烂鲜菇产品。装车、卸车时要逐层依次轻搬轻放，严防摔碰损坏包装，降低产品性能。根据运输中气候条件和温度情况，采用不同遮盖物，避免高温和日晒雨淋。

冷链物流和传感、信息技术的发展实现了对新鲜食用菌产品的实时追踪，确保从产地采购、加工、贮藏、运输到销售，乃至到达消费者手中的各个环节的产品新鲜度。不断完善冷链物流设施，结合食用菌保鲜技术手段，建立适合食用菌物流保鲜的技术标准和操作规程，实现食用菌冷链物流实时监控和品质动态管理。

第三节　食用菌加工

一、食用菌加工背景概述

随着食用菌产业的不断发展，工厂化栽培技术日益革新，食用菌产量逐年增加。但由于食用菌易腐败和市场容量的限制，容易造成短时产品积压、食用菌品质劣变，并使企业、菇农蒙受经济损失。除贮藏保鲜技术的应用外，大部分食用菌经过加工制成耐贮藏、易运输的商品，以调节淡旺季的市场供应。食用菌加工产品的研制与推广，不仅可以充分开发利用食用菌的营养保健价值，满足不同消费者的消费需求，而且有利于延长食用菌产业链，保障食用菌产业的良性发展。

食用菌的加工类型主要可分为初加工和深加工两类，加工技术主要包括干制技术、腌制技术、罐藏加工技术及深加工技术等。

二、食用菌初加工方法与应用

食用菌初级加工技术比较简单，可以小规模生产，也可工厂化大规模生产。食用菌初级加工方法包括干制、腌制、罐藏等，利用初级加工方法可生产一些食用菌休闲即食类产品。

（一）干制

新鲜的食用菌含水量很高，不同品种差异较大，通常为 80％～95％。水分以游离水、胶体结合水、化合水 3 种不同的状态存在。水分的外扩散是食用菌表面的游离水首先被较快地蒸发；水分的内扩散是由于菇体表面水分蒸发，菇体内外水分失衡，产生压差，从而使得水分不断地从分压高的内部向分压低的外部移动。干制是食用菌常用的加工方法，当水分的外扩散与内扩散的速度协调一致时，菌菇干制的时间最短，质量最好。新鲜食用菌经过自然干燥或人工干燥制成食用菌干制品或干品（含水量低于 13％），以便长期保藏。香菇、草菇、猴头菇、双孢蘑菇、平菇、金针菇、灰树花、银耳、木耳等均可进行干制处理。

干制的方法包括晾晒、热风干燥、真空冷冻干燥、膨化干燥、热泵干燥、微波干燥等（表 8－2）。

晾晒是一种自然干制的方式，干燥期较长，产品含水量很难达到规定标准，干燥过程容易出现霉变和腐烂，产品优质品率较低。

热风干燥即烘干法，其不受气候条件影响，干燥快，省工省时，产品质量有保证。在烘干过程中，子实体在高温下酶活性降低，呼吸作用停止，减少了因后熟作用引起的产品质量降低的问题。烘干制品色泽好，香味浓郁，外形丰满，商品价值高。

表 8-2　不同干制方法比较

干制方法	原理	特点
晾晒	于通风或阴凉处使物料干燥	干燥期较长，产品含水量很难达到规定标准，干燥过程容易出现霉变和腐烂，产品优质品率较低
热风干燥	以热空气为干燥介质，自然或强制进行对流循环的方式，与物料进行湿热交换，使物料干燥脱水	不受气候条件影响，干燥快，省工省时，产品质量有保证；烘干制品色泽好，香味浓郁，外形丰满，有利于提高食用菌商品价值
冷冻干燥	将含水物料冷冻到冰点以下，使水转变为冰，然后在较高真空条件下将冰转变为气体而除去水分	冻干制品可保持质地及风味，复水后质量与鲜菇差别小，产品分量轻，无污染，是出口创汇附加值极高的产品；能量消耗比较大，设备要求和成本较高，在推广应用上存在一定难度
膨化干燥	膨化的物料在真空（膨化）状态下除去水分的过程	利于产品长期贮藏，保持质地，且能够最大限度地保留其鲜味和维生素类物质，比烘干法节约 40%的能量
热泵干燥	利用热泵除去干燥室内湿热空气中水分并使除湿后的空气重新加热的过程	能够有效降低能源的消耗，干燥过程能够在较低温度下进行，保证了产品品质，防止易熔物质受热熔融以及物体的变性、变色和芳香类物质的散失等问题的产生
微波干燥	由微波发生器产生的微波进行干燥	干燥时间短，加热均匀，产品质量高，节能高效，设备占地面积小，可进行连续性生产，能够有效防霉、杀菌、保鲜，安全无害

真空冷冻干燥是一种全新的干燥方式，利用极低的温度，使鲜菇所含的水分在低温真空条件下，通过升华将冻结成冰的水分，直接由固态变为气态。冻干制品一般与鲜菇形状相似，质地脆嫩，在热水中浸泡后回复率较高，重新吸水后的回复质量几乎和鲜菇无多大差别，且对其风味有一定保持作用。这种加工方式生产出来的产品分量轻，无污染，贮藏、运输和销售都很方便，因此特别适合国际贸易，是出口创汇附加值极高的产品。但是，冻干处理的能量消耗比较大，设备要求和成本较高，因此推广应用上存在一定难度。

膨化干燥是将新鲜食用菌放置于膨化装置内，增加空气压力再突然降压，使子实体所含的水分立即脱出，利于产品长期贮藏，保持质地，且能够最大限度地保留其鲜味和维生素类物质，比烘干法节约 40%的能量。

热泵是一种能从低温热源吸取热量，并使其在较高温度下作为有用热能加以利用的装置。整个干燥过程无需对物料进行额外的加热，因而无需任何发热装置，这使得热泵干燥方法能够极大地降低能源的消耗。此外，热泵干燥过程能够在较低的温度下进行，可有效地抑制待干燥物料中的细菌滋生，防止蛋白质受热变性，含糖物质受热结焦，易熔物质受热熔融，以及物体的变性、变色和芳香类物质的散失等问题的产生。这对于香菇、美味牛肝菌、羊肚菌等食用菌的干燥加工具有重要意义。热泵还可以在风机上安装变频调速器，方便调控箱体内的气流速度；通过调节冷凝器控制流量大小，实现干燥温度的自动控制。

微波干燥是利用介电加热原理，使物料内部的偶极分子（如水）在高频电磁场作用下作高速运动，分子间的摩擦和碰撞产生大量的热，使物料各部分在瞬间获得热能而升温，达到干燥的目的。微波干燥所需的时间短，加热均匀，产品质量高，且节能高效，设备占地面积小，可进行连续性的生产，能够有效防霉、杀菌、保鲜，安全无害。

由于单一干燥方式往往干燥时间较长，并且为了提高产品的最终品质、降低成本，目前食用菌干燥多采用联合干燥的方式。联合干燥即将两种或两种以上的干燥方式进行联合，以达到加快加工进程、提高产品品质的目的，如热风-微波联合干燥、热风-冷冻联合干燥、热风-微波真空联合干燥、热风-微波冷冻联合干燥、热风-压力膨化联合干燥等。多数联合干燥具有速度快、时间短的特点，例如热风-微波联合干燥，由于微波加热可以使物料温度短时间内快速升高，且温度梯度和水分蒸发方向相同，致使干燥时间很短。而结合真空状态进行微波干燥不仅可以缩短干燥时间，还能避免微波干燥温度过高对物料产生不良影响，提高产品品质。多数联合干燥的产品性能价格比较高，如热风和冷冻联合干燥既具有热风干燥低成本的特点，又有冷冻干燥品质高的特点。联合干燥方式优势互补，避免了单一干燥方式的缺点，如热风干燥的食品易使产品收缩和变色，产品表面形成硬壳，风味损失，不完全复水，而通过热风-微波/冷冻联合干燥的方式能使这些缺点呈最小化表现。

目前市面上的食用菌加工产品以各类食用菌干制品为主。随着技术的更迭，干燥工艺不再局限于加工单纯的干制品，也可用于如脆片、速溶汤料等产品的加工。食用菌脆片休闲食品适口性强、食用方便、营养健康、风味独特，不同的生产工艺可以生产出风味口感各异的产品，极大地满足了广大消费者的需求。通过不同的干燥技术可以生产出非油炸杏鲍菇脆片、平菇膨化脆片、风味平菇松等休闲食品；通过真空冷冻干燥可生产香菇脆片、草菇脆片等。未来食用菌干燥加工技术的发展将以联合的干燥工艺为基础，实现高效率、高品质、低能耗和低成本的目标。应用联合干燥技术，如热风-真空联合干燥技术可生产即食杏鲍菇休闲食品，其品质高于单一干燥方式生产的杏鲍菇产品，且减少能耗。

（二）腌制

利用糖、盐、酸等辅料渗入食品组织内的加工过程称为腌制。腌制的方法按照其选择的腌制剂不同，可分为盐制、醋渍、酱渍、醉制、糖制等。收获后的鲜菇表面存在各种微生物，若保存不当或加工不及时，会导致微生物的生长繁殖，引起菇体腐败变质。腌制工艺是利用高浓度调味料等溶液的高渗透压对微生物细胞的破坏作用，达到杀菌的目的。一般腐败微生物细胞液的渗透压在 0.35～1.67MPa，盐制加工的食用菌制品含盐量可达到35%，渗透压达 20MPa 以上，远远超过一般微生物细胞液的渗透压，从而抑制或杀死微生物细胞，同时高浓度的食盐及调味剂溶液还可减少菌类腌制产品的氧含量，有效抑制好氧型微生物的生长。

各种不同腌制方法的工艺流程如下：

盐制：选料→漂洗→护色→预煮→冷却→腌制。

醋渍：选料→整理→清洗→预煮→冷却→醋渍。

酱渍：配制酱汁→选料→清洗→预煮→腌制→酱渍。

醉渍：选料→清洗→预煮→腌制→醉渍。

糖制：选料→清洗→预煮→熬煮/腌制→烘干/晾晒→糖制。

目前，食用菌腌制产品多为原料单一的产品，如盐制杏鲍菇、盐制金针菇等，但近年也出现了将食用菌与其他原料进行复合加工的产品。

（三）罐藏

把经整理的菇类鲜品或其他辅料装入密闭的容器中，经抽气密封和高温杀菌处理，隔绝外界微生物再次侵入，使其得以较长时间保藏，这一工艺和方法称为食用菌罐藏加工，这类产品称为食用菌罐藏食品。罐藏产品的保藏期限一般为1～2年。

罐藏食用菌的生产工艺包括原料准备、装罐、注液、排气、密封、杀菌、冷却、出厂检验。以双孢蘑菇罐头为例，下面介绍该技术的主要生产工艺。

1. 原料准备　按照生产要求对新鲜食用菌原料进行筛选、清洗和除杂，接着进行护色、漂洗、预煮和冷却处理。冷却后的鲜菇移入圆通转动式分级机进行分级，分别灌装、加工。

2. 装罐　食用菌原料经修整、分级和洗涤后，即可装罐。净重与固形物含量必须符合国家标准GB/T 14151蘑菇罐头；按不同等级分别装罐，绝不允许各级混装；鲜菇在罐内的分布、排列要均匀一致；鲜菇罐头的汤汁配2%～3%的盐量，另加0.05%～0.1%的柠檬酸，过滤后灌装；鲜菇罐头注汤汁时顶隙度一般为5～8mm。注液入罐温度为80～85℃，罐中心温度不低于50℃，以使罐内形成真空。

3. 密封　注入汤汁后，必须迅速进行热力排气或真空封罐排气。在热力排气时，罐中心的温度达到85℃左右，排气10～15min才可把预先尚未封口的听罐瓶盖拧紧。真空密封排气时，真空度不宜太高，一般控制真空度在40～67kPa，注液初温达到85℃时封实罐盖。

4. 杀菌　对罐内易于对流传热的汤汁产品，宜采用高温瞬时杀菌。对于真空封口产品，一般延长升温5min即可。杀菌完成应立即冷却，以清除余热，避免破坏产品的营养。冷却至罐内中心温度至37℃左右。一般冷却以淋水滚动降温为好，冷却水应保持清洁。玻璃罐冷却时应分不同温度阶段降温，每阶段相差20℃，以防破损。高压杀菌后采用反压冷却方式较好。罐体冷却温度不宜过低，一般冷却到40～50℃为宜，以便利用罐体内的余热，蒸发罐体表面的水珠，避免腐蚀。实际操作的时候，应视当时气温而定。

5. 检查　检查的目的是测定罐头杀菌条件是否充分。进行产品质量检查，从产品的感官指标、卫生学指标等方面逐项检查，包括保温检查、外观检查、敲音检查、真空度检查等。罐制品应置于室温、通风处贮存，防止贮存温度剧烈变化，及时检查出损坏漏罐，减少损失。

理论上讲，所有食用菌都可加工成罐头，但加工最多的是金针菇、双孢蘑菇、草菇、银耳、猴头菇等。

三、食用菌深加工技术与应用

我国是世界上最大的食用菌生产国、出口国和消费国。但我国的食用菌产业仍处于初加工多、综合利用差、能耗高、效益低的初级发展阶段，生产出的食用菌产品质量不高，缺乏核心竞争力。每年采收和加工后产生的食用菌边角料和残次菇的利用率不高，造成了巨大的资源浪费。据加工企业测算，每加工 1kg 食用菌，初加工后其产值可以增加 2～3 倍，而深加工产品的产值则可增加 10～20 倍。为了最大限度增加食用菌的消费量，促进食用菌栽培行业的发展，解决食用菌产业销售渠道单一、部分产能过剩、价格“过山车”等问题，食用菌深加工技术的研究与应用成为产业发展的方向。

食用菌深加工是指以新鲜或干制的食用菌子实体（从菌盖、柄部、菇脚、碎屑到加工废弃物）为原料，经破碎、提取、调配后干燥成粉，浓缩成风味基料，发酵成饮料，或制成胶囊含片等的过程。食用菌深加工不仅可以充分利用食用菌中的高营养、高活性成分，生产出高附加值产品，而且可以延长食用菌的保存期，增加食用菌产品的种类，均衡食用菌的市场供应，提高栽培食用菌的经济效益，促进产业发展的良性循环。

目前，食用菌加工方式正逐渐由传统的干制、腌制和罐藏向多元化精深加工方式转变。超微粉碎技术、非硫护色技术、超高压技术、超声辅助渗透联合干燥技术等逐渐应用于高品质食用菌主食产品、发酵产品和风味调理食品的研发。食用菌功能成分的制备也从传统的热水浸提技术逐渐向超声波辅助提取、酶法辅助提取、膜分离、超临界流体萃取和动态逆流提取技术发展，显著提升了食用菌功能成分的得率、纯度和生物活性。工业上常将两种及以上技术相结合来制备食用菌功能性产品，既能提高活性物质的释放率，又可减少热敏成分的损失，降低成本，简化工艺。

由于不同食用菌的生物学特性和商品性质不同，加工工艺也有差异，下面从食用菌主食化产品、食用菌调味产品、食用菌风味饮料和食用菌功能产品四个加工方向进行介绍。

（一）食用菌主食化产品加工技术

随着人口的急剧增长，自然资源过度消耗，在引发粮食危机的同时，还存在着营养结构不合理和食品安全等问题，直接影响到人类未来的健康生存。我国是世界上认识和栽培食用菌最早的国家，同时也是食用菌物种最丰富的国家之一。食用菌不仅营养丰富，而且具有“不与农争时、不与人争粮、不与粮争地、不与地争肥，占地少、用水少、投资小和见效快”等特点，是未来解决粮食危机的发展方向。

食用菌主食化是指利用现代加工技术将新鲜食用菌子实体或食用菌干粉与小麦粉、玉米淀粉等谷物原料进行复配，复合加工制成面包、馒头、面条等主食食品。一方面，食用菌的主食化发展可以延长食用菌的保存期，通过复配加工技术，制成不同风味的主食产品，极大地丰富主食产品的种类，增加日常营养元素的摄取。另一方面，主食产品的巨大需求量可以带动市场上干鲜成品菇的消费，提高食用菌的附加值，同时也可促进食用菌栽培行业的发展，对进一步提高食用菌的经济效益大有裨益。

食用菌主食化产品主要包括食用菌面包、食用菌饼干、食用菌面条和食用菌杂粮粉等。常用的食用菌主食产品的加工技术有食用菌干制技术、超微粉碎技术、复配面团调制技术、面团质构重组技术、面团发酵技术、冷冻定型技术、切割成型技术、分段变温烘焙技术、食用菌谷物复配技术、挤压预糊化技术及产品风味评价技术等。其中，营养复配技术尤为关键，研发食用菌与谷物复配食品的加工技术，提高食用菌在主食产品中的占比，使食用菌的优质蛋白质弥补谷物原料营养缺陷的同时，赋予产品独特的食用菌风味和功

能性。

在加工过程中，这些现代化技术的运用和研发可以有效地解决添加食用菌粉后面团难以成型、延展性差、颗粒感强的缺陷，很大程度上解决了添加食用菌粉或提取物影响面制品加工工艺和产品品质的技术难题。

下面以黑木耳面包、松茸曲奇和毛木耳挂面为例介绍其生产技术路线。

1. 黑木耳面包　生产工艺：新鲜黑木耳→清洗除杂→热风干燥→粉碎过筛→物料配比→成团→发酵→醒发→焙烤→成品。

挑选新鲜的黑木耳，洗净、烘干后打粉，过筛。将纯净水、白砂糖、鸡蛋加入搅拌机中慢速搅拌均匀，加入面粉、奶粉、酵母、单脂肪酸甘油脂搅拌，最后加盐搅拌均匀。

将面团置于30℃、相对湿度70%的发酵箱中发酵2～3h，具体时间根据发酵程度判断，在发酵时间的2/3时翻盘。计量分块和搓圆，做成各种形状摆入烤盘；在温度38～42℃、相对湿度70%条件下，醒发2h左右；170～200℃焙烤12～15min。面包出炉后立即在表面刷一层油；室温放置冷却即为成品（付永明等，2017）。

2. 松茸曲奇　生产工艺：新鲜松茸→洗净除杂→热风干燥→超微粉碎→物料配比→成团→挤压成型→焙烤→成品。

挑选新鲜松茸，将其平铺于覆有一层纱布的烘箱架上进行热风干燥，采用大风量、长排湿模式，在60℃条件下维持4h，完全烘干后取出。将干燥后的松茸进行超微粉碎，过300目筛得到松茸粉，备用。

将白豆沙、花生酱放入搅拌机中慢速搅打，并逐步加入蛋液、大豆磷脂、松茸粉、食盐调制成均一的面团；将面糊灌入裱花袋，于烤盘内挤压成型，后将烤盘放入烤箱，烘烤至表面呈金黄色；取出后，冷却至中心温度35℃以下时包装，即可得成品（陶虹伶等，2016）。

3. 毛木耳挂面　生产工艺：原料制备→超微粉碎→物料配比→面团滚揉→面团熟化→压片制坯→挤压成型→四段干燥→切分→成品。

选取新鲜的毛木耳，将泥沙等杂质冲洗干净后烘干。应用超微粉碎技术将洗净干燥后的毛木耳超微粉碎并过筛即可得毛木耳粉末。制作挂面的原料选用中筋小麦粉中的一等粉或二等粉，新磨制面粉不宜直接用来加工挂面。调配食盐水用于和面，盐水浓度一般为2%～3%。

按面粉重量35%～38%的食盐水将毛木耳粉、食用增稠剂（海藻酸钠）、乳化剂（鸡蛋）、谷朊粉、黄原胶、瓜尔豆胶等品质改良剂融化调成浆液，搅拌均匀后放置，让毛木耳粉充分吸湿膨胀，形成稳定的浆液后，加入面粉和面。

和好的面团静置熟化，以利于面团充分吸水，形成面筋网络结构，并保持面团温度在20～30℃。熟化后的面团在小型压面机上反复压片以形成组织细密、互相粘连、厚薄均匀、平整光滑的面带。当厚度为1mm时，切成宽窄2mm左右面条即可进行干燥（清源，2014）。

（二）食用菌调味产品加工技术

食用菌具有怡人的风味和香气，是饮食文化中不可或缺的元素。食用菌不仅富含营养物质和活性因子，而且口感鲜嫩，香气馥郁，其所具有的特殊的食用菌风味主要来源于子实体自身所含有的呈味物质，包括引起嗅觉反应的挥发性香气和引起味觉反应的非挥发性滋味两个部分。其中，挥发性香气主要包括八碳化合物、辛烷的挥发性衍生物、含硫化合物，以及酮、醛、酯、酸类化合物；非挥发性滋味主要包括一些水溶性或油溶性物质，如有机酸、可溶性糖、呈味氨基酸等，以及一些无机离子。这些呈味物质相互作用，赋予了食用菌不同的风味特征。

目前已开发的食用菌调味品可替代市场上现有的盐、味精和鸡精类产品，兼顾健康与口感，实现低钠低盐和天然增鲜的目的。因此，利用食用菌或其提取物开发天然风味食品是食用菌深加工领域的一个重要研究方向。

目前，我国调味品主要有以下 3 种形式：①以食用菌子实体、残次菇和下脚料为原料，经过预处理后混合调配、接种微生物、发酵、培养、杀菌等步骤加工而成，如灵芝醋、草菇老抽、竹荪酱油、香菇保健醋、蘑菇方便面汤料等；②根据生物酶解技术和原理，利用食用菌自身酶的自溶作用或外加酶作用，借助超声、微波、超高压等技术破碎细胞加速酶解，将菇体内的风味物质提取出来，经美拉德增香、葵花籽油增香等增香工艺处理后，离心浓缩制得食用菌抽提液作为食用菌风味基料，既可直接作为产品生产，又可作为一种食用菌风味添加剂或增鲜剂与其他产品复配，如香菇酱、海鲜菇调味汁、茶树菇风味料等；③以冻干后的食用菌鲜品为原料，经超微粉碎技术或普通粉碎处理后得到食用菌粉，加入其他调味辅料混合复配后，喷雾干燥成微胶囊状或粉状，制备食用菌调味粉，如双孢蘑菇盐、蘑菇精等。下面以食用菌方便汤料、茶树菇调味料、双孢蘑菇盐和平菇精粉 4 种食用菌调味品为例，介绍其工艺技术路线。

1. 食用菌方便汤料 生产工艺：新鲜食用菌→清洗除杂→沸水烫漂→冷冻干燥→调配→微波间歇式灭菌→成品。

挑选新鲜食用菌，清洗除去泥沙，切去菇脚，采用沸水烫漂 5～6min，冷却后切成大小均一的小块。将处理完的食用菌均匀平铺于平皿中，－20℃条件下预冻 12h，进行冷冻干燥。

称取适量食盐、白糖、味精等调味料与冻干后的食用菌物料混合，装入真空袋封口，采用微波间歇式灭菌法杀菌后即可得成品（吕呈蔚等，2016）。

2. 茶树菇调味料 生产工艺：新鲜茶树菇→清洗除杂→分段酶解→灭酶→真空浓缩→干燥粉碎→调配→成品。

将茶树菇去除杂质、烘干、粉碎，加入 10 倍体积的蒸馏水，分段加入纤维素酶、木瓜蛋白酶和 5′-磷酸二酯酶进行水解，水解完成后在 100℃下灭酶 15min，经真空浓缩、烘干、粉碎后，加入一定比例的食盐和味精，拌匀后即为茶树菇调味料成品（纪莹双等，2016）。

3. 双孢蘑菇盐 生产工艺：新鲜双孢蘑菇→清洗除杂→切片→沸水烫漂→匀浆→分段酶解→微波干燥→旋转造粒→流化床干燥→成品。

挑选新鲜的双孢蘑菇，清洗后均匀切成厚度为 1～2cm 的薄片，沸水烫漂 1min，以杀死菇体表面微生物，降低菇体内部的酶活性，以防后期加工过程中发生菇体褐变或自溶。将烫漂后的双孢蘑菇片加水打浆，加酶分段水解，灭酶后采用微波干燥技术，去除多余水分，加料调配，利用微胶囊技术进行旋转造粒，最后经流化床干燥后即可

得成品。

4. 平菇精粉　生产工艺：新鲜平菇→清洗除杂→破碎打浆→高压均质→喷雾干燥→密封包装。

挑选新鲜平菇，流动水清洗后适当破碎，配以适量水放入打浆机中进一步破碎打浆。移出浆液，放入高压均质机均质。将浆液水浴加热至75℃左右进行喷雾干燥，干燥结束后收集精粉，立即密封包装。精粉既可用于食用菌深加工的原料，又可作为食品添加剂和调味品的配料，且易于贮存（芦菲等，2012）。

（三）食用菌风味饮料加工技术

食用菌风味饮料是指以食用菌或其风味活性提取物、子实体发酵产物为原料，制成的兼具浓郁食用菌风味及特殊保健效果的饮料。从加工工艺上可以分为发酵饮料和非发酵饮料。从生产形式上，非发酵饮料又可分为澄清饮料、菇肉饮料、碳酸饮料、饮料冲剂、复配饮料等。常见的食用菌保健饮料主要有食用菌酒类、杏鲍菇橙汁复合饮料、金针菇枣汁饮料等。

发酵饮料的生产工艺：食用菌子实体→清洗除杂→沸水烫漂→破碎打浆→物料配比→杀菌→糖化→接种发酵→二次杀菌→灌装。其中，关键工艺主要是糖化和发酵。糖化即向食用菌子实体提取液中加入糖化曲。一方面，在适宜的温度下，糖化曲中的蛋白酶可以将提取液中的蛋白质水解成具有一定呈味作用的多肽和小分子氨基酸，丰富产品的风味和营养。另一方面，糖化曲中的糖化酶可以将提取液中的淀粉分解为葡萄糖，作为发酵菌种生长繁殖的碳源，同时可增加饮料的甜度。也可人工加糖，在发酵过程中要注意及时补糖，以免发酵菌增殖过快，耗尽碳源。

非发酵饮料的生产工艺：食用菌子实体→清洗除杂→沸水烫漂→高压均质→杀菌→冷却→灌装。其中，主要步骤是以食用菌子实体为原料，制备提取液，加入酸味剂、甜味剂和稳定剂等配制成即食饮品或喷雾干燥制成冲调饮品。

1. 香菇糯米酒　生产工艺：干香菇子实体→清洗除杂→热风干燥→加糖→杀菌→接种酵母→补糖→发酵→香菇原酒→勾兑→成品。

挑选新鲜香菇，剪除菇根，留菇柄长1～2cm，烘干。将干香菇用粉碎机粉碎，过80目筛。往香菇粉里加入10倍的水，再加入总量10%的蔗糖，用柠檬酸调节至pH 3.8。在80～85℃下杀菌10min，冷却至30℃。然后加入10%左右的活化酵母液，在发酵1d后补加蔗糖溶液。前发酵期7d，温度控制为20～24℃；后发酵期21d，温度控制在20℃以下。约经4周发酵后，就可以将酒液过滤，得到香菇原酒。将香菇原酒与发酵糯米酒按比例勾兑，即可得成品（王同阳，2005）。

2. 金针菇红枣汁　生产工艺：新鲜金针菇→沸水软化→匀浆→调配→高压均质→真空脱气→密封杀菌→成品。

挑选新鲜金针菇，加水煮制15min，使菇体软化。加水打浆，将金针菇浆液转移至胶体磨中进行细磨，离心，收集金针菇提取液，与红枣汁按比例混合，再加入柠檬酸、白砂糖和其他稳定剂等，利用高压均质机进行均质处理，均质后的浆体用真空脱气机脱气10min，脱气结束后立即转移至已消毒的玻璃瓶中，密封，100℃杀菌30min，冷却即可得成品（梁文珍，2003）。

3. 银耳茶 生产工艺：新鲜银耳→清洗除杂→糖渍熟化→鼓风干燥→微波真空干燥→物料配比→杀菌→成品。

挑选新鲜洗净的银耳，用一定质量分数的冰糖水溶液进行浸渍，使银耳达到一定的成熟度，加入0.18%的氯化钙钙化10min。通过鼓风干燥将水分预先降至30%～60%后，再将前处理的银耳在低温抽真空的条件下，控制真空度、微波温度和微波时间对银耳进行干燥，使银耳的水分含量控制在6%以下，制得的银耳茶产品的保质期可达12个月（朱丰等，2015）。

4. 杏鲍菇橙汁复合饮料 选择无杂质、无腐败和褐变的优良杏鲍菇，用自来水流动冲洗，去除表面的污物及农药残留物。在适量沸水中预煮20min软化菇体组织，钝化酶的活性，杀死表面微生物，驱除组织中的气体，以防止褐变。按料液比加水打浆，先用4层纱布过滤除去残渣，再用8层纱布过滤，即可得到杏鲍菇原汁。加入橙汁、柠檬酸、白砂糖调配，利用高压均质机均质，使物料大小均一，以提高产品的口感，获得不易分层、不沉淀的饮料。均质后的饮料进行巴氏杀菌处理，冷却即可得成品（张玉香等，2010）。

（四）食用菌类功能产品生产加工技术

食用菌中含有多种功能活性成分，主要是食用菌多糖，此外还有糖蛋白、核苷酸、氨基酸、多肽、甾醇类、三萜生物碱以及一些未知活性成分等，具有较高的药用和保健价值。食用菌中的活性物质分子量从几百到几万不等，表现出丰富多样的化学性质和生物学功能，因此在制备的过程中使用的技术手段和工艺流程也有较大差别。

1. 食用菌多糖类产品 一直以来，最受药物学家关注和重视的是食用菌多糖。食用菌多糖是指从食药用菌的子实体、菌丝体或发酵液中经提取、分离、纯化后得到的一类由10个以上单糖通过糖苷键连接而成的高分子聚合物。大量的研究表明，食用菌多糖具有抗氧化、抗衰老、降血糖、降血脂等作用，它可以激活机体的免疫反应，从而达到抗炎抗病的功效，少数食用菌多糖还可通过改变肿瘤细胞膜的生理生化特征，直接抑制肿瘤细胞DNA的合成，故被公认为是天然的免疫调节剂。

目前，研究已经建立了金针菇、杏鲍菇、双孢蘑菇、茶树菇、灵芝等食用菌多糖/蛋白的耦合提取技术、高效浓缩技术、超滤/纳滤技术、喷雾干燥技术、微胶囊活性保护技术、细胞模型快速筛选技术等食用菌功能成分高效制备与评价技术。虫草多糖、灵芝多糖、茯苓多糖、香菇多糖、金针菇多糖等已被广泛应用于临床药剂。此外，食用菌多糖还可广泛应用于食用菌加工的各个方面，可以作为加工食用菌发酵饮料的碳源基质，也可以用于新型功能性食品的开发，如食用菌调味品、食用菌压片糖果等，是目前食用菌深加工的研究热点。

（1）食用菌多糖的提取工艺 食用菌多糖大多溶于水而不溶于有机溶剂，故在提取时常以水为溶剂，而少数碱溶性多糖在碱性环境下溶解度较高，一般采用氢氧化钠或氢氧化钡作为溶剂，辅以物理、化学和生物的方法破碎细胞，待多糖溶出后，采用离心或过滤的方法进行固液分离，多糖即可留在液相中，利用乙醇、丙酮等有机溶剂将其沉淀，即可得到粗多糖。

常见的食用菌多糖提取方法主要包括热水浸提法、稀释溶液提取法等传统溶剂提取

法。现代先进提取工艺主要有生物酶解法、超临界流体萃取法、超声辅助提取法、微波辅助提取法和超高压辅助提取法等。

将传统方法与现代新工艺相结合可以极大地提高细胞破碎程度，加速胞内多糖的溶出，从而缩短提取时间，降低提取成本，提高多糖得率。

(2) 食用菌多糖的分离纯化工艺　上述方法获得的粗多糖中通常还含有较多的蛋白、核酸、色素、低聚糖等杂质或其他非活性成分，这些物质的存在会影响多糖纯度和活性，干扰多糖的结构和分子量的鉴定。因此，多糖的进一步纯化首先要去除这类干扰物质。

①脱蛋白工艺。常见的粗多糖脱蛋白的传统方法有 Sevage 法、三氟三氯乙烷法、三氯乙酸法和盐酸法。其中 Sevage 法是最经典的方法，它是利用蛋白质在氯仿、正丁醇等有机溶剂中易变性沉淀的原理，将二者按一定比例混合后加入粗多糖溶液，此时蛋白质成胶状存在于水相与溶剂相的交界面上，离心即可去除变性的游离蛋白。此法条件温和，但一般需重复数次才可除尽蛋白，工作量较大。

除上述 4 种方法外，还有蛋白酶法、氢氧化钠法、硫酸锌沉淀法、氯化钠法、氯化钙法、阴离子交换树脂法、鞣酸法、乙酸铅法、反复冻融法、酿酒酵母发酵法等。此外，还可以多种方法联用，以达到脱蛋白的最佳效果。

②脱色除杂。粗多糖多为棕褐色或黄色，其色素以游离态和结合态两种形态存在，不同的提取方法得到的食用菌粗多糖颜色略有差异。色素的存在会影响后续多糖的纯化，在一定程度上会影响多糖成品的品质。

色素的去除通常采用 DEAE-纤维素离子交换法、过氧化氢氧化脱色法、纤维素吸附法、硅藻土吸附法、活性炭吸附法、金属络合物法等（表 8-3）。具体脱色方法的选择需根据提取的食用菌粗多糖的特性、结合方式和色素的含量等实际情况确定。

表 8-3　主要脱色方法优缺点对比

脱色方法	优点	缺点
DEAE-纤维素离子交换脱色法	条件温和，在脱色的同时，可使多糖混合组分初步分离	只可除去多糖溶液中游离的负性离子色素，对结合态色素效果不佳
H_2O_2 氧化脱色法	可与多糖中的多酚类有色物质反应，达到脱色目的	过氧化氢是强氧化剂，一定条件下会引起多糖降解，破坏多糖结构
活性炭吸附脱色法	利用范德华力吸附色素，脱色效果好，操作简单经济	吸附色素的同时，也会吸附多糖，造成多糖损失，且易残留吸附剂，引进新的杂质

在利用活性炭或硅藻土脱色时，需先进行细度测试，降低多糖在活性炭上的吸附量，提高多糖得率。

此外，粗多糖中还存在较多不同分子量的小分子杂质，如无机盐离子、氨基酸、核苷酸、低聚糖等，为保证多糖纯度，仍需将这些小分子物质去除。常用的方法有逆向流水透析法、葡聚糖凝胶色谱法、凝胶电泳法、超速离心法等。其中，透析法是去除此类小分子杂质最常用的方法。采用此法时需注意的是要提前判断出所提多糖的分子量大小以选择合适的透析袋孔径，孔径太大会导致多糖随杂质流出，孔径太小又达不到除杂效果。

③纯化。经过分离除杂后的食用菌多糖是不同种类、不同活性、不同分子量多糖的混合物，不能完全保障所需多糖组分的含量和纯度，还需利用不同多糖组分分子量的差异，对其进行精制，以期得到具有相同性质的均一糖类。

常用的纯化食用菌多糖的方法有柱层析法、分步沉淀法、盐析法、金属离子络合物法、超速离心法、超滤法、膜分离技术和冻融分级法等。

柱层析法是现有方法中应用最广泛的一种多糖纯化方法，可以分为凝胶柱层析法、离子交换柱层析法、纤维素柱层析法和亲和层析法 4 种。其中凝胶柱层析法和离子交换柱层析法常用于纯化食用菌多糖。凝胶柱层析法又称分子筛层析法，是根据多糖分子量大小不同，选用不同孔径的凝胶以达到分离的目的。常用的凝胶有聚丙烯酰胺凝胶、琼脂糖凝胶和葡聚糖凝胶。DEAE-纤维素交换柱是最常见的用于多糖纯化的阴离子交换柱，它不仅可以用于分离不同极性的多糖，同时还可达到脱色的效果，对中性多糖和酸性多糖具有较好的分离效果。

对纯化后得到的多糖分别进行生物学检测，筛选出具有一定功能特性的多糖组分，进一步对其进行化学性质分析，以确定多糖的结构特征、组分特征和单元连接方式等。常见的多糖化学性质分析方法包括核磁共振分析法、傅里叶红外光谱分析法、紫外光扫描分析法、薄层层析分析法、液相色谱-质谱联用分析法等。经上述方法制得的纯多糖，需经严格的消毒处理，密封包装后低温贮藏，以避免多糖组分吸湿后影响其生物学功能，同时也要避免微生物生长，确保多糖的商品价值。

食用菌活性多糖分离、纯化的工艺流程见图 8-1。

(3) 灵芝多糖微胶囊　将灵芝子实体烘干、粉碎后得灵芝粉，将粉碎后的灵芝粉用 28 倍纯水混匀，用超声波设备于 680W 破碎 17min，抽滤弃滤渣，将提取液旋转蒸发浓缩至原体积的 1/4，缓缓加入 4 倍体积的 95%乙醇，4℃下醇沉 12h，离心，弃去上清液，沉淀分别用无水乙醇、丙酮、乙醚洗涤 3 次后，在 55℃烘箱中烘干，即得灵芝粗多糖（胡秋辉等，2010）。

制备的灵芝多糖是 1,6 连接的吡喃型葡萄糖为主链的非淀粉 β-葡聚糖，其单糖组成为葡萄糖、半乳糖、甘露糖、海藻糖、葡萄糖醛酸和鼠李糖。以海藻酸钠为包埋剂，加入氯化钙，制备灵芝多糖海藻酸钙微胶囊。

研究表明，灵芝多糖对巨噬细胞有明显的激活作用，能显著提高巨噬细胞增殖率及吞噬能力；灵芝多糖对乳腺癌细胞增殖有显著的抑制作用（Zhao et al.，2010）。

(4) 块菌多糖含片　挑选新鲜的印度块菌子实体并清洗干净，切片后置于 55℃条件下干燥 24h，粉碎。在料液比为 1∶40（g/mL），微波功率 320W，微波时间 200min 条件下浸提 3 次，过滤，合并滤液。滤液浓缩成稠浸膏，将稠浸膏置于 55℃干燥箱烘至水分含量 3%以下，放入搅拌机打碎成粉末，过 100 目筛，得块菌微粉。

选用甘露醇粉为填充剂，乳糖为甜味剂，与块菌多糖粉混匀，慢慢加入 70%乙醇润湿黏合剂，压过 18 目筛，使软料变为颗粒状。在整粒料中加入适量的柠檬酸作清凉剂，混入硬脂酸镁作润滑剂，压片即可得成品（清源，2017）。

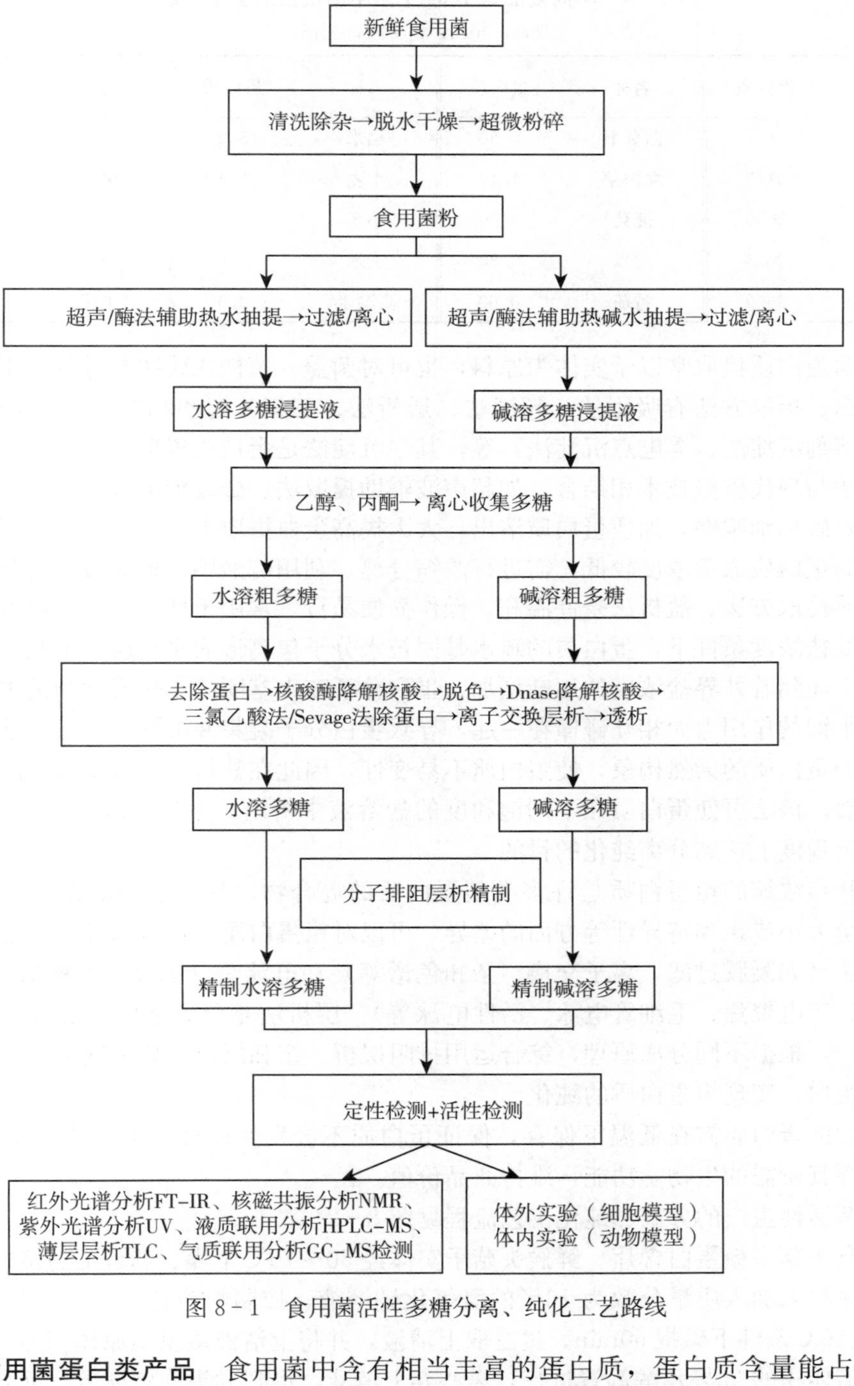

图 8-1　食用菌活性多糖分离、纯化工艺路线

2. 食用菌蛋白类产品　食用菌中含有相当丰富的蛋白质，蛋白质含量能占到干重的15%～40%，高于米面和水果、蔬菜类，与肉类、禽蛋类食物接近（表 8-4）（罗青，2015；杨月欣，2018）。食用菌蛋白在人体内极易被消化酶分解成可供吸收利用的小分子氨基酸，消化率高达70%。故食用菌被公认为优质蛋白质来源。

表 8-4 不同食品每 100g 干重中的蛋白质含量（g）

（罗青，2015；杨月欣，2018）

名称	蛋白质	名称	蛋白质	名称	蛋白质	名称	蛋白质
口蘑	38.7	白萝卜	0.60	稻米	8.5	牛肉	20.10
双孢蘑菇	21.0	大白菜	1.10	小麦	12.40	猪肉	16.90
香菇	20.0	菠菜	1.80	小米	9.70	鸡蛋	14.80
松茸	20.3	黄瓜	0.80	玉米	8.50	鲤鱼	18.10
羊肚菌	26.9	番茄	0.60	高粱米	9.50	牛奶	3.50

食用菌蛋白质提取常以子实体为原料，也可对菌盖、菌柄或残次菇进行利用。采用的蛋白质分离、提取方法有吸附法、超滤法、透析法、三相分离法和沉淀法（如盐析沉淀法、有机溶剂沉淀法、等电点沉淀法）等，其中沉淀法是蛋白质提取最常用的方法。将这些提取方法与现代破壁技术相结合，如超声波辅助提取法、微波辅助提取法、生物酶解法等，可有效破坏细胞壁，加速蛋白质溶出，大大提高蛋白提取率。

溶出的蛋白质通常浓度较低，需进行浓缩分离。利用硫酸钠、硫酸铵盐析蛋白质是常用的蛋白质提取方法。盐析法条件温和、操作简便易行，常用于植物蛋白的提取。该法的机理是在低盐浓度条件下，蛋白质的疏水基团被水分子包裹形成水化层，不利于分子间的相互接触，而随着外界盐浓度的逐渐增加，蛋白分子疏水基团的水化层逐渐消失，基团之间由于疏水键的作用力而相互碰撞在一起，导致蛋白分子凝集并沉淀。由于中性盐可一定程度上保护蛋白质的天然构象，使蛋白质不易变性，因此在盐析法提取蛋白质的过程中常选用中性盐。该法可使蛋白质在不同饱和度的盐溶液中析出，不仅可以起到浓缩的作用，还能在一定程度上达到分离纯化的目的。

经过初步浓缩的粗蛋白质是许多类型蛋白质的混合物，基于蛋白质在溶解性、荷电性、分子量大小或亲和特异性等方面的差异，可以对粗蛋白质进行分离纯化。常采用的方法有色谱法（如凝胶过滤、离子交换、亲和色谱等）和电泳法（如聚丙烯酰胺凝胶电泳、双向电泳、等电聚焦、毛细管电泳、活性电泳等）。层析法是分离蛋白质最常用、最有效的方法之一，根据不同分离原理，综合运用排阻层析、亲和层析和离子交换层析，可去除大量杂质蛋白，实现粗蛋白质的纯化。

纯化后的蛋白质需在低温下保存，保证蛋白质不会发生变性、微生物污染等劣变现象，以发挥其所需的生物学功能，维持商品价值。

食用菌活性蛋白的分离、纯化工艺流程见图 8-2。

（1）猴头菇多糖蛋白含片　鲜猴头菇子实体经 50～70℃干燥、粉碎后过 60 目筛。取适量子实体粉末加入质量分数为 10%的氢氧化钠溶液，控制料液比（m/v）为 1∶(20～30)，70～80℃条件下碱提 60min。过滤取上清液，并将上清液蒸发至原体积的 1/3，透析后加入 4 倍体积的 95%乙醇静置过夜，离心弃上清液，得到猴头菇多糖蛋白沉淀。

称取 0.1g 猴头菇多糖蛋白，以 0.02g 柠檬酸、0.1g 木糖醇、0.16g 淀粉为填充剂进行调配、造粒和压片，配制出 0.38g/片规格的猴头菇口含片，经微波灭菌后包装成产品。经测定，该产品不仅口感清凉、酸甜适宜，具有浓厚的猴头菇特殊风味，同时还兼具良好

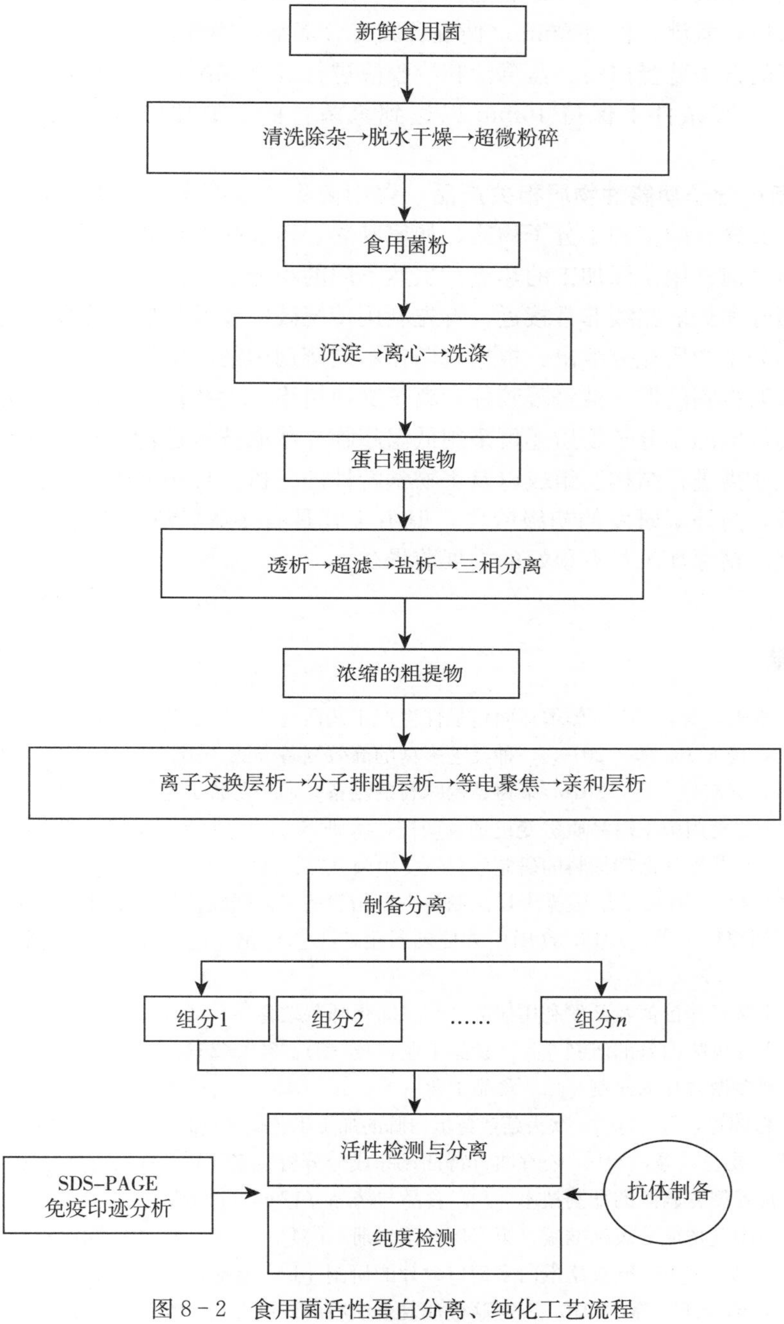

新鲜食用菌
↓
清洗除杂→脱水干燥→超微粉碎
↓
食用菌粉
↓
沉淀→离心→洗涤
↓
蛋白粗提物
↓
透析→超滤→盐析→三相分离
↓
浓缩的粗提物
↓
离子交换层析→分子排阻层析→等电聚焦→亲和层析
↓
制备分离
↓
组分1　组分2　……　组分n
↓
活性检测与分离
纯度检测
SDS-PAGE 免疫印迹分析 →
← 抗体制备

图 8-2　食用菌活性蛋白分离、纯化工艺流程

的抗氧化（张鑫等，2016）。

（2）猴头菇蓝莓蛋白胨　将猴头菇清洗除杂后，40℃低温烘干，粉碎至60～80目，采用CO_2超临界萃取法提取猴头菇干粉蛋白，设置萃取压力为2.53MPa，萃取温度50℃，萃取时间2.5h。得到的粗蛋白质经脱脂处理后，干燥成粉状，即为猴头菇蛋白粉。

准确称取食用胶，按比例复配后加入到40～50℃的温水中，搅拌15min，使其混合均匀并充分溶胀后，煮沸，保持5min，使混合胶充分溶解，冷却。

将制备好的猴头菇蛋白粉、蓝莓汁和溶胶液进行混合调配，并调至pH 3.5左右，灌装，封口后于85℃条件下保持10min以达到杀菌目的，冷却即可得成品（申世斌等，2017）。

3. 食用菌小分子功能性物质相关产品 食用菌除了含有多糖、蛋白质等大分子功能性物质以外，其含有的多种小分子物质，如氨基酸、核苷酸、短肽类等，也具有一定的功能特性，均是目前食用菌深加工的热点。虽然不同的小分子物质具有不同的结构、分子量等特性，但其分离提取路线非常接近。首先利用传统破壁技术与现代提取工艺相结合，破碎细胞，使小分子物质充分溶出，根据它们在不同溶剂中溶解度不同的特点，采用合适的溶剂萃取。萃取得到的混合液经凝胶柱、离子交换树脂、大孔树脂进行吸附分离，具有特殊性质或重要价值的小分子物质还可采用低温超临界萃取技术进行分离。分离、纯化后得到的小分子物质需进行结构、组成以及生物学特性的分析。食用菌中的小分子物质种类繁多，极其复杂，尚处于研发的初级阶段，但由于其具有多种特殊的功能和极高的利用价值，因此食用菌精深加工具有很好的发展前景。

（方东路　胡秋辉）

主要参考文献

付永明，韩冰，李娜，等，2017. 黑木耳面包最佳生产工艺研究［J］. 农产品加工（18）：17-20.
胡秋辉，董艳红，杨方美，等，2010. 一种灵芝多糖的高效制备方法：200810156039.7［P］. 12-08.
纪莹双，曹金诺，李胡佳，等，2016. 茶树菇调味料的制备［J］. 食品研究与开发（23）：83-86.
姜天甲，2010. 主要食用菌采后品质劣变机理及调控技术研究［D］. 浙江大学博士论文.
梁文珍，2003. 金针菇枣汁保健饮料的研制［J］. 食用菌（2）：39-40.
芦菲，李波，程远渡，等，2012. 喷雾干燥法制备平菇精粉的工艺研究［J］. 食用菌（6）：57-58.
吕呈蔚，刘通，刘婷婷，等，2016. 食用菌方便汤料生产工艺优化［J］. 食品安全质量检测学报（3）：1275-1282.
罗青，2015. 食用菌营养价值及开发利用研究［J］. 郑州师范教育，4（2）：31-35.
清源，2014. 毛木耳风味面条的研制［J］. 食品工业科技（8）：260-263.
清源，2017. 块菌多糖含片的研制［J］. 食品工业（5）：40-42.
申世斌，韩越，付婷婷，等，2017. 猴头菇蓝莓蛋白胨的加工工艺研究［J］. 中国林副特产（5）：6-10.
陶虹伶，杨文建，裴斐，等，2016. 松茸曲奇特征风味成分分析鉴定［J］. 食品科学（16）128-134.
王同阳，2005. 营养型香菇酒的配制技术［J］. 食品与药品（12）：65-66.
杨月欣，2018. 中国食物成分表标准版（第6版，第二册）［M］. 北京：北京大学医学出版社.
张鑫，张海悦，李震，2016. 猴头菇蛋白多糖口含片的研制［J］. 食品研究与开发（9）：100-104.
张玉香，刘进杰，杨润亚，等，2010. 杏鲍菇橙汁复合饮料的研制［J］. 鲁东大学学报（1）：45-47.
朱丰，刘斯琪，刘施琳，等，2015. 功能性银耳茶的工艺研究［J］. 农产品加工（23）：42-46.
Zhao L，Dong Y，Chen G，et al.，2010. Extraction，purification，characterization and antitumor activity of polysaccharides from *Ganoderma lucidum*［J］. Carbohydrate polymers，80（3）：783-789.

ZHONGGUO SHIYONGJUN
ZAIPEIXUE

下 篇

各 论

第九章

香菇栽培

第一节　概　　述

一、香菇的分类地位与分布

香菇（*Lentinula edodes*），曾用名 *Lentinus edodes*，又名香蕈、香信、冬菰、花菇、香菌等。

香菇自然分布在亚洲东南部热带、亚热带区域。在中国，主要分布于广东、广西、湖南、湖北、福建、江西、浙江、江苏、云南、河南、陕西、辽宁、四川、贵州及台湾等地。目前，浙江庆元、磐安，河南西峡、泌阳，湖北随州，河北平泉等地已成为我国香菇主产区。

二、香菇的营养保健与医药价值

香菇是世界著名的食用菌之一，具独特香味，经化学分析，香菇的主要香味物质是5′-鸟苷酸，这是一种天然鲜味剂，其鲜味度比味精高150倍左右。香菇含有糖类、脂类、蛋白质、矿物质和维生素等营养物质。含有人体必需8种氨基酸中的7种，其中赖氨酸、精氨酸含量较高，是人类的理想食品（康源春等，2006）。

香菇还具有特殊的医疗保健价值，我国历代医药学家对香菇的药性和功能有诸多著述。《本草纲目》记载香菇“性平，甘，无毒”；《医林纂要》记载香菇“甘寒，可托痘毒”；《本经逢原》记载香菇“大益胃气”；《现代实用中药》中有“香菇为补充维生素D的要剂，预防佝偻病并治贫血”的记载。现代科学研究证实，香菇具有降低胆固醇，预防心血管疾病、糖尿病、佝偻病和健脾胃、助消化的功效，能强身滋补、清热解毒，还有抗流感病毒、抗肿瘤作用等。

三、香菇的栽培技术发展历程

香菇栽培历史悠久，中国是世界上最早人工栽培香菇的国家，栽培历史已有800多年，经历了原木天然接种栽培（俗称砍花法）、段木人工接种栽培和代料栽培等三个重要发展阶段（谭琦，2017）。

古时香菇栽培常用砍花法，初始于3世纪西晋时期，成熟于13世纪，相传为宋代浙江省龙泉县龙岩村的农民吴三公发明，后被尊奉为菇神。砍花技术可简述为：“腊月断树。

置深山树林中，密斫之，湿暑气蒸而菌。”这种方法几乎完全依赖气候环境，采收年限长达4年，产量低。1928年日本的森木彦三朗尝试利用木屑培养菌种接种法，1937年北道君三开始在日本各地普及纯培养菌种接种法。1942年，纯培养菌种接种法因森喜作发明了“木钉”菌种而变得更加成熟，用“木钉”菌种代替木屑菌种，提高了接种的存活率，被迅速普及。纯菌种的研发成功，真正实现了从原木砍花法（日本称铊目式法）向有种（zhǒng）有种（zhòng）有预期收获的段木接种生产方式转变，实现了香菇人工栽培史上的第一次飞跃，使香菇的稳定生产成为可能。木钉菌种使日本香菇产量1970年达到8 000t。

受日本香菇栽培技术发展的影响，中国有识之士开始关注香菇，1938年浙江省龙泉县李师颐建立了龙泉县香菇菌种繁殖场，采集香菇树种标本近200种，试验段木人工接种孢子粉菌种和木片菌种，获得成功。为我国进一步研究香菇纯菌丝菌种和段木栽培技术奠定了基础。1939年位于上海的中国农业书局出版了李师颐的著作《改良段木种菇术》，这是中国第一部论述香菇栽培技术的著作。该书内容包括三个部分：第一部分是香菇的生物学特性，阐明了子实体—孢子—菌丝的生活规律，香菇的形态结构和商品分级；第二部分是适于香菇栽培的树种；第三部分是段木孢子和菌木接种。

在长期的栽培实践中，我们的前辈发明总结了惊蕈技术。惊蕈就是当菇木发菌良好不出菇时，用材质松软的木板轻轻敲击菇木，几天之后，香菇则大量长出。惊蕈技术对我国香菇栽培产量的提高发挥了重要作用。

新中国成立后，以上海市农业科学院食用菌研究所第一任所长陈梅朋先生为代表的中国科技人员，开始了系统的香菇生产技术研究，1956年获得了香菇纯菌种，1958年正式生产香菇木屑菌种，并在全国各地迅速推广。1957年，陈梅朋先生开始研究用木屑生产香菇，1960年栽培试验获得成功。香菇代料压块栽培技术于20世纪70年代末在上海嘉定县推广，70年代末至80年代初嘉定县成为中国代料香菇栽培中心，全国各地同行纷纷前往学习。木屑代替段木的香菇栽培，大大提高了原料利用率和生产效率，为我国成为世界香菇产业大国奠定了基础，成为香菇人工栽培技术的第二次飞跃。

20世纪80年代，福建省古田县彭兆旺受银耳菌棒栽培的启发，改良木屑压块栽培，发明了香菇人造菇木大田栽培法。同时福建三明真菌研究所杂交选育出Cr系列香菇优良品种。栽培技术的进步配以优良品种，短短几年时间，香菇代料栽培技术在全国迅速推广，取代了段木栽培，从此我国香菇产业走向腾飞之路，1990年我国香菇产量首次超过日本。

人造菇木也称菌棒。目前，菌棒栽培已成为我国代料香菇的主导栽培技术。不同地区根据当地的不同自然条件，创造出了春栽越夏秋冬出菇模式、春栽夏出栽培模式、夏栽秋冬出菇栽培模式、大袋小棚立体秋季人工催花模式、塑料大棚平面栽培模式等，促进了我国香菇产业由规模型向质量效益型增长的转变，大大提高了香菇的市场竞争力，使香菇成为我国产量最高的食用菌（谭琦，2017）。

四、香菇的发展现状与前景

香菇棒栽生产技术的稳定，促进了香菇生产的极大发展。完成了家庭副业、庭院经济向产业的转变。经历几十年的发展，区域布局不断优化，豫、鄂、浙、闽等传统香菇产区规模逐年缩小，冀、辽、晋、陕冷凉地区生产规模不断增加，云、贵、桂、甘等西南反季节香菇产区逐渐形成，形成了不同区域各具特色的全国周年生产格局。这三大主产区占全国香菇总产量90%以上。随着社会经济的变化，香菇生产正在向专业化和多样化转变，生产设施不断完善，实现了规范化标准化生产。特别是冷链条件的不断完善，产品质量不断提高，促进了产业效益的提高。

香菇风味与基质关系极其密切，其特有风味的形成严重依赖木屑，特别依赖于特有的树种，如栎树。因此，优质菇的生产严重依赖于优质的栽培原料——栎树木屑。生产规模的扩张，必然受到资源的制约。香菇产业应科学规划与技术创新并重，寻找木屑替代基质，减少木屑用量，提高资源利用率。近年利用养蚕的柞树、桑树平茬枝丫、果树修剪枝丫或老果园更新的老果木替代部分栎树木屑，有效降低了林业资源的消耗，取得了实质性进展。

我们相信，随着经济社会的发展，人民生活水平的提高，香菇技术的进步，香菇生产水平还将提高，香菇产品会更加丰富多彩，香菇产业将保持持续健康发展。

（谭　琦）

第二节　香菇生物学特性

一、形态与结构

香菇菌丝白色，绒毛状，双核菌丝有明显的锁状联合。在PDA培养基上菌落圆整。老化后略有淡黄色色素分泌。早熟品种在冰箱内存放时间稍长后，有的会形成原基。

子实体幼时半球形，外被膜质外菌幕。

子实体幼时菌盖内卷，呈半球形。随着生长逐渐平展，趋于成熟。过分成熟时，菌盖边缘向上反卷。菌盖淡褐色或茶褐色，有的品种菌盖被有白色或黄白色鳞片。在较大温差湿差下出现菊花样纹斑，甚至龟裂，称为花菇。

菌褶着生于菌盖下方，辐射状排列呈刀片状，不等长，弯生。孢子印白色，孢子椭圆形，无色，光滑，(4.5～7) μm×(3～4) μm。

菌柄起支撑作用，中生或偏生于菌盖下方，呈圆柱形、锥形或漏斗形，实心，纤维质。有些品种菌柄表面附有纤毛。见图9-1。

图9-1　香菇子实体

二、繁殖特性与生活史

香菇是四极性异宗结合的担子菌类，它的生活史从孢子萌发开始，经过菌丝体的生长和子实体的形成，到产生新一代的孢子，完成一个世代。整个生活史经历如下过程：担孢子萌发，形成不同交配型的单核菌丝；两条可亲和的单核菌丝融合，形成有锁状联合的双核菌丝，并不断增殖；双核菌丝生长发育到生理成熟，在适合环境条件下扭结，形成原基，并分化形成子实体；在子实体的菌褶上，双核菌丝的顶端细胞发育成担子；在担子中，两个核发生融合（核配），形成一个短暂的双倍体核；担子中的双倍体核发生减数分裂，形成 4 个单倍体核；每个单倍体核通过小梗进入一个担孢子，形成单核的担孢子，至此完成生活史（图 9 - 2）。

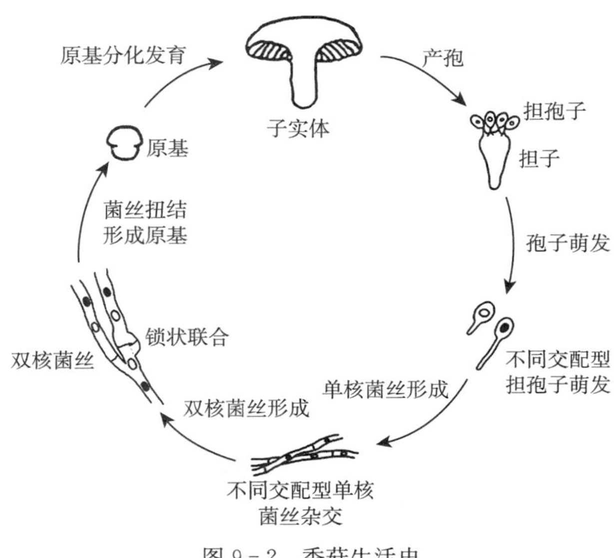

图 9 - 2　香菇生活史

三、生态习性

香菇是典型的木腐真菌，菌丝在基质中蔓延，以木质纤维素降解酶类分解原料中的纤维素、半纤维素和木质素等，同时消化胞腔中内含物的淀粉、糖类等，从而产生可溶性葡萄糖、阿拉伯糖、木糖、半乳糖和果糖等，为菌丝生长及子实体发育提供营养物质。野生香菇主要生长在壳斗科、鹅耳枥科、金缕梅科等 200 多种落叶阔叶树或常绿阔叶树中的枯干、风倒木上，偶尔也发生于杉木、马尾松、马桑等树木的倒木上。栽培香菇通常以硬杂木木屑为主要碳源，以麦麸等为氮源。

香菇在对木质纤维素的分解中，先将木质素分子打断，然后进入木质纤维素结构内分解纤维素，这使木质腐烂成为淡色的海绵状团块。香菇菌丝对木质素的降解能力强于草菇、双孢蘑菇等食用菌。香菇菌丝分解木质素的过程中会产生有机酸，使培养料 pH 下降，这有利于香菇菌丝的生长和子实体的形成。

四、生长发育条件

（一）营养

丰富而全面的营养是香菇优质高产的根本保证。

其主要营养需求是糖类和含氮化合物。以纤维素、半纤维素、木质素、果胶质、淀粉等作为生长发育的碳源，但要分解为单糖后才能吸收利用。以多种有机氮和无机氮作为氮

源，小分子的氨基酸、尿素、铵等可以直接吸收，大分子的蛋白质、蛋白胨要先降解后吸收。此外，还需要多种矿质元素，以磷、钾、镁最为重要。同时需要少量的无机盐和维生素等，这些栽培基质自身的含量都能满足香菇的需要。

1. 碳源　香菇能利用的碳源广泛，包括单糖、双糖和多糖类。基质中的木质纤维素是香菇最基本的也是最重要的碳素来源。在琼脂培养基中，常以马铃薯浸出汁、葡萄糖、玉米粉或可溶性淀粉作碳源。

2. 氮源　香菇能利用有机氮（蛋白胨、L-氨基酸、尿素）和铵态氮，不能利用硝态氮和亚硝态氮。其生长发育的最适氮浓度，因氮源种类和菌株不同而有所不同。

香菇营养生长阶段，碳氮比以（25～40）∶1 为好，高浓度的氮早期容易造成污染，同时会抑制香菇从营养生长向生殖生长转变，抑制原基分化。而在生殖生长阶段（子实体分化和生长期），碳氮比范围广，为（73～600）∶1。

3. 矿质元素　矿质元素可分为大量元素（钙、镁、磷、钾等）和微量元素（铜、铁、锰、锌等），这些元素在常用培养料中都存在，但对其适宜浓度尚不甚明确。

试验结果显示，大量元素钙和镁的添加，钙以硫酸钙（石膏，$CaSO_4 \cdot 2H_2O$），镁以硫酸镁（$MgSO_4 \cdot 7H_2O$），小剂量添加，添加量不超过 0.5%时，都可以促进菌丝的生长。添加量超过 0.5%对生长不再具进一步的促进作用。石膏在添加量超过 3%后会抑制香菇菌丝生长。培养料中微量元素锌和锰的自然含量就可以达到促进菌丝生长的目的，再多的添加没有更大的促进作用，额外添加对香菇生产没有意义。而铜与铁的添加则对香菇生产有害，铜元素的培养料本底浓度对菌丝生长不具抑制作用，但是添加到本底值 3 倍以上（10mg/kg）可显著抑制香菇菌丝生长，并显著降低产量。铁元素则随着添加浓度的增大，发菌速度降低，产量也随之显著降低。

需要说明的是各地原料的矿质元素本底值相差较大，尤其是钙、镁和铁元素的本底浓度可相差 10 倍以上。培养料的矿质元素含量应引起高度重视，不可随意添加，以免造成超量而影响生产。

4. 维生素类　香菇菌丝生长需要维生素 B_1，适宜浓度约 100μg/L。维生素类在马铃薯、麦芽浸膏、酵母浸膏、米糠、麦麸、玉米中含量较多。因此，使用这些原料配制培养基时，不必额外添加。

（二）环境条件

1. 温度　香菇是低温和变温结实性菇类，但不同香菇对温度的反应并不一致。担孢子萌发的最适温度为 22～26℃，菌丝生长温度范围 5～32℃，最适温度 23～25℃。子实体原基在 8～21℃分化，在 10～12℃分化最好。子实体在 5～24℃范围内都能生长，最适为 8～16℃。实际生产中，根据原基分化的最适温度范围，可将香菇分为低温（5～15℃）发生型、中温（10～20℃）发生型、高温（15～25℃）发生型，以及中低温发生型、中高温发生型和广温发生型品种。在适温范围内，较低温度条件下子实体发育慢，菌柄短，菌肉厚实，质量好；在高温条件下子实体发育快，菌柄长，菌肉薄，质量差。在恒温条件下，香菇不易形成原基。

2. 水分　香菇生长发育所需的水分来源于两方面，一是培养基内的水，二是空气中的水。不同发育阶段，香菇对水分的要求不同。

(1) 水分对菌丝生长的影响　在木屑培养基中，含水量30%以下接种成活率很低，我国常规栽培中，培养料含水量从45%到60%不等，含水量增加到80%后，菌丝生长速度与60%时无显著性差异，但80%含水量下菌丝非常稀疏。含水量直接影响灭菌效果，培养料过干易导致灭菌不彻底而造成污染，含水量过高则透气性差使菌丝生长稀疏。因此，在保证成品率和透气性的情况下含水量在50%左右比较理想。

(2) 水分对子实体的影响　子实体形成阶段培养料含水量保持在60%左右，空气相对湿度以80%～90%为宜。但培养料含水量过高，香菇质软易腐，菌盖呈暗褐色水渍状，商品价值低。含水量适宜，可以培养厚菇；若相对湿度低，可以培养柄短肉厚、菌盖色浅、有裂纹的花菇。

3. 空气　香菇是好气性菌类，足够的新鲜空气是保证香菇正常生长发育的重要环境条件之一。在香菇生长环境中，如遇通气不良、CO_2 积累过多、O_2 不足，菌丝生长和子实体发育都会受到明显的抑制。缺氧时菌丝借酵解作用暂时维持生命，但消耗大量营养，菌丝易衰老、死亡，同时加速菌丝老化，子实体易畸形，易滋生杂菌。在三气培养箱中，调节不同的 O_2、CO_2 和 N_2 的浓度，在保持极高浓度的 CO_2 情况下（15%），O_2 浓度从15%下降到2.5%。结果显示，在 O_2 浓度从15%下降到5%时，菌丝的生长速度与正常空气中没有显著差异；O_2 浓度下降到2.5%时，生长速度才极显著下降。这表明，CO_2 浓度的积累并不是抑制菌丝生长的原因，O_2 不足才是关键。在实际生产中，通过检测 CO_2 浓度是否上升，可以判断氧气的消耗情况，从而推测局部的菌丝是否因缺氧而受到抑制。

4. 光照　香菇菌丝生长不需要光线，在完全黑暗的条件下菌丝生长良好。强光照射会加速孢子失水而对孢子的萌发不利。强光对菌丝生长有抑制作用，在强光刺激下，菌丝易形成茶色被膜（俗称菌被或菌皮）。在明亮的室内，菌种瓶（袋）易出现褐色菌膜，有时甚至会诱导原基生成。但是，强度适合的散射光对香菇子实体发育是必要的。在完全黑暗的条件下，子实体不形成。但只要有微弱的光线，就能促进子实体形成。光线太弱，出菇少，菇型小，柄细长，质量差。但直射光又对香菇子实体有害，随着光照度增强，子实体的数目减少。

5. pH　香菇菌丝生长发育要求微酸性的环境，pH 3～7的培养料菌丝都能生长，以pH 5～6最适宜，pH超过7.5生长极慢或停止生长。在生产中常将栽培料调到pH 6.5～7，因为高温灭菌会使pH下降，菌丝生长过程中所产生的有机酸也会使栽培料pH下降。子实体生长发育最适pH 3.5～4.5。在培养基中，香菇菌丝产生和积累的有机酸，如醋酸、琥珀草酸等可使培养基酸化，进而促进子实体的发生。

（于海龙）

第三节　香菇的品种类型

香菇的品种类型按出菇适宜温度（温型）划分，有高温型（15～25℃）、中温型（10～20℃）、低温型（5～15℃）、广温型（10～25℃）四大类型。高温型品种有武香1号、L931、苏香、L18等（张金霞等，2012），适宜冬春栽培夏季出菇。中温型主要有浙香6号、申香16等，这类品种生产季弹性强，既可春栽，也可秋栽。加上我国幅员辽阔，

不同区域的自然气候差异较大，全国范围内周年均有生产。低温型品种主要是 9015、L087、9608、135、241－4、庆科 20 等（张金霞等，2012），适于早秋栽培，冬春出菇，这类品种菇质较软、菇形较差，适宜做烘干菇。对品种的温型划分也没有这么绝对，还有一些品种属于中高温型（如 L808），有的属于中低温型（如申香 215）。

按出菇需要的菌龄长短划分，香菇品种可以分为长菌龄（110d 以上）、中菌龄（80～110d）和短菌龄（80d 以下）三大类型。当然，菌龄天数也仅是原则上的划分，实际生产中具体天数也会有一定的差异。一般长菌龄品种，都是以春栽为主，采用层架出菇模式，该类品种大多是中低温型，菇体中等偏大，菇质偏软，代表品种为 9015 系列；中菌龄品种可做秋栽也可以做春栽，该类品种一般是中菌龄，适合层架栽培也适合立棒栽培，以保鲜菇为主，菇体有大有小，菇质有软有硬，代表品种为 L808 系列；短菌龄品种，又分高温品种和低温品种两类，高温品种是冬春栽培，夏季出菇，以鲜销为主，代表品种是武香系列。

按照产品用途划分，香菇还可以划分为鲜销种和干制种。鲜销种的特点是菇体较松软、含水量高，如武香 1 号；干制种的特点是菇体质地紧致，含水量低，出干率高，烘烤后外观皱褶少，表面美观，如 135、241－4。

（魏银初　于海龙）

第四节　香菇栽培技术

我国近代香菇栽培最早是利用段木栽培，随着技术的进步，从 20 世纪 70 年代开始，代料栽培逐渐取代了段木栽培，段木栽培技术在 90 年代前的专业著作中有详细记述（杨新美，1986），本文不再赘述。

一、栽培设施

菇棚建造是否合理，直接影响香菇生产的产量和品质，影响经济效益，这包括材料、朝向、结构、形状、大小、高低。香菇与其他食用菌种类的栽培设施有些是可以通用的，然而，不同栽培模式、地域或季节，要求栽培设施不同。总的要求是：搭建简便，取材容易，成本低廉，通风好，保温保湿性能良好，能利用太阳能，有散射光，并能通过掀盖覆盖物调节昼夜温差和光照。根据自身的经济条件，可选择搭建竹木结构、钢筋水泥结构、钢管结构及新材料结构等各类大棚。

因香菇生长需氧量大，出菇还需要温差，所以菇棚不宜过大，一般跨度 6～8m，长 30～50m。北方冬天下雪的地方，要考虑菇棚抗压能力，如棚高一般选择高 3m 以上；风大的地方，大棚高度应相对降低一些。培养花菇的大棚，面积宜小。

二、几种典型的棚架

（一）以浙江龙泉、庆元、景宁及河南西峡为代表的春栽模式菇棚

1. 外遮阴棚规格　棚高 3.5～4.5m，四周距内架 2m，四周围栏能通风、遮光。外棚顶和四周用 3 层遮阳网隔热，遮光 70%以上，外棚顶与内架顶间距 1.2～2.2m。棚内设

菇架 2～6 行。连片构筑内菇棚时，若共用一个外棚，菇架不多于 25 架（图 9－3）。

2. 内棚 棚长 10～12m，宽 3.6m。棚膜幅度 7.5～8m（图 9－4）。

图 9－3 香菇栽培外遮阴棚

图 9－4 香菇栽培内棚

3. 内架规格 以设置 4 行菇架为例，采用中间一大架（并列两行），两边各一小架一行搭架。中间层架地上部分高 2.2m（埋地 40cm），共 7 层，两侧走道各宽 90cm。两边层架地上部分高 1.9m（埋地 40cm），共 6 层。每个架长 2m，宽 45cm，层间距 30cm，底层距地面 10cm（图 9－5）。

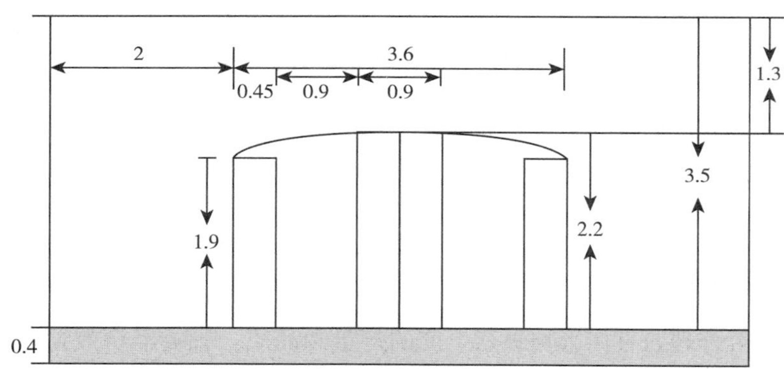

图 9－5 菇棚结构横切面示意图（单位：m）

越夏期间，每架每层摆放菌袋 10 袋，出菇期间每架每层摆放菌袋 7 袋。

4. 架柱材料 可用毛竹、杉木、木料等做架柱，也可用钢管焊制，或用钢筋混凝土预制。层架一般以毛竹或钢管为材料。

（二）泌阳县人工催花模式大棚

采用人工催花模式栽培，花菇率达 80%左右，改变了以往花菇率不及 10%的历史，是我国香菇栽培史上的一次飞跃。这种模式一般棚长 6m，棚宽 2.6m，边柱高 2m，内柱高 2.3m，拱顶高 2.5m，中间是 0.8m 宽的走道，两边各为 0.9m 宽的层架，菌袋双排摆放，5 层架，每棚可摆放 500 袋（图 9－6、图 9－7）的主要特点是小棚可调控温度和湿度。

（三）常规保鲜香菇模式大棚

1. 拱棚 拱棚主要为钢管大棚，跨度 6～10m，长度 30～50m，有单棚也有双棚，不

同地区采用的材料不同，冬天下雪的地区，一般采用口径 25mm 以上的钢管，雪大的地区中间要加立柱（图 9－8、图 9－9）。

图 9－6　泌阳人工催花小棚内菌袋摆设

图 9－7　泌阳人工催花小棚外观

图 9－8　单拱棚

图 9－9　双拱棚

2. 日光温室　采用日光温室在寒冷地区春秋和冬季生产香菇，后墙及两端利用墙体保温，向阳面用塑料薄膜加保温被，白天利用阳光增温，夜晚用保温被保温，较寒冷的地区可设置双层保温结构（图 9－10）。

图 9－10　日光温室

三、栽培季节

香菇栽培主要有春栽和秋栽两大季节，如春栽夏出、春栽秋冬出、夏栽秋冬出、秋栽冬春出等。随着香菇新品种的不断涌现，栽培模式的多样化，生产季节不断拉长，如香菇 L808，从 8 月初开始一直到翌年 5 月都可接种，香菇 0912 从 10 月到翌年 7 月都可制棒。在我国不同地理纬度、不同海拔高度，在适宜的农业设施条件下可以达到周年生产周年出菇。

四、栽培基质原料与配方

（一）主要原料

1. 木屑 木屑是袋栽香菇的主要原料，碳氮比（C/N）约为492∶1。板栗、青冈栎、麻栎、栓皮栎、蒙古栎、枫树、刺槐等硬质阔叶树种的木屑都是香菇生产的优质材料。木屑质地紧密、木质素含量高、有后劲，有利于香菇菌丝积累养分，长出的香菇菌盖大、肉厚。其他原料如棉秆、果树枝、桑条、豆秸、玉米芯、棉籽壳等，与硬杂木木屑按比例科学搭配，可以替代一定比例的硬杂木木屑。木屑要以专用粉碎机加工，颗粒呈方片状，颗粒直径6mm左右，粗细合理搭配。

2. 棉籽壳 棉籽壳必须无霉变、无结块，当年收集当年利用。在贮藏和运输过程中，应防止高温自燃。使用时无须加工，可与其他原料、辅料直接混合。

3. 玉米芯 干玉米芯含水量8.7%，有机质91.3%。其中粗蛋白质2%、粗脂肪0.7%、粗纤维28.2%、可溶性糖类58.4%、粗灰分2%、钙0.1%、磷0.08%，碳氮比（C/N）为100∶1。玉米芯一般和杂木屑配合使用，不单独用作主料。使用时粉碎成黄豆大小的颗粒。

（二）辅助原料

香菇生产常用的辅料有麦麸、玉米面、石膏、糖、磷酸二氢钾、硫酸镁等。为香菇生产补充微量元素等物质。

1. 麦麸 麦麸是袋栽香菇培养料中常添加的辅料，麦麸蛋白质中含有16种氨基酸，且质地疏松，透气性好。但贮存中易滋生霉菌，需严格挑选，一定要使用新鲜的麦麸。在香菇生产中，它既是优质的氮源，又富含维生素B_1，是袋栽香菇不可缺少的营养源。实践证明颗粒较大的麦麸比颗粒较小的效果要好。一般用量不超过20%。

2. 米糠 米糠是稻谷加工大米的副产品，是香菇生产的辅料之一，可部分代替麦麸，它含有粗蛋白质11.8%、粗脂肪14.5%、粗纤维7.2%、钙0.39%、磷0.03%。蛋白质、脂肪含量高于麦麸。要选用不含谷壳的新鲜细糠。含谷壳多的粗糠营养成分低，影响产量。米糠极易滋生螨虫，不宜长期贮存，应随时购进随时使用。

3. 玉米粉 玉米粉也是香菇栽培的主要辅料，一般含有粗蛋白质9.6%、粗脂肪5.6%、粗纤维3.9%、可溶性糖类69.6%、粗灰分1%，尤其是维生素B_2的含量高于其他谷物。加入2%～3%的玉米粉，可以加快菌丝定殖，增强菌丝活力，显著提高产量。

4. 蔗糖 蔗糖是培养料中最易于利用的碳源之一，有利于菌丝恢复和生长，用量常为1%～1.5%。香菇菌种菌丝在接种操作中受到损伤，定殖前没有分解和吸收木质纤维素的能力，需要易于吸收的糖类（蔗糖）提供能量，以开始恢复生长、定殖。糖含量不能过高，以免基质渗透压过高，导致菌丝细胞的水分外渗而不利于菌丝生长。

（三）添加剂

1. 石膏 香菇生产使用的是熟石膏，弱酸性，粉末状。其主要作用是改善培养料的结构和结块性，增加钙营养，调节培养料的pH。一般用量为1%～2%。

2. 碳酸钙 碳酸钙（$CaCO_3$）的纯品为白色结晶或粉末，极难溶于水，由石灰石等材料直接粉碎加工而成。化学方法制取的产品为轻质碳酸钙，易溶于水，水溶液呈碱性，

在溶液中能对酸碱起缓冲作用，故常用作缓冲剂和钙素养分添加于培养料中，用量一般为0.5%～1%。

五、栽培基质的制备

栽培香菇的原料配方并没有十分严格的标准，一般掌握的原则是木屑80%左右，麦麸15%～20%，石膏1%，具体要求和做法如下。

1. 场地要求　以水泥地坪为好。选好场地后进行清洗并清理四周环境。

2. 配制方法　配制时间以晴天的上午较为理想。

将木屑用2～3目的铁丝筛过筛，剔除小木片、小枝条及其他有棱角的硬物，以防装料时刺破塑料袋。先按比例称量木屑、麦麸、石膏粉，翻拌均匀，然后加水搅拌，直至均匀。机械拌料是直接将原料加入料槽，一边搅拌一边加水。人工拌料是先把混合均匀的原料摊开，做成中间凹陷周围高的料堆。再把清水倒入凹陷处，用搂耙或铁锨从凹陷处逐步向四周扩大，使水分逐渐渗透，并再次将料堆摊开，反复翻拌3～4次，使水分均匀吸收。

3. 培养基含水量和酸碱度的测定

（1）含水量的测定　培养基含水量以50%～55%为宜，生产中应掌握“宁干勿湿”的原则，以选用木屑的干湿程度决定加水比例。含水量过低，菌丝生长缓慢、纤弱；含水量过高，料温随之上升，易酸败，引起杂菌繁殖，含水量超过60%则菌丝生长受阻。

为了比较精准地掌握含水量，拌料前应先测量原料的含水量，然后再加水搅拌。一般含水量50%，15cm×55cm的袋装成后，松紧适度，1.9kg/袋，手握紧培养料，指缝间无水淌出，伸开手掌，掌心有水印，含水量一般为55%左右。若手握料掌中水印不明显，表明太干；若手握料指缝间有水滴，掷进料堆不散，表明太湿。生产上一般是提前1～2d预湿木屑，选择地势较高的场地，将木屑堆成大堆，一边翻拌一边浇水，直至堆周围有水流出，装袋前将麸皮、石膏等拌入，调节水分至55%。

（2）酸碱度测定　取pH试纸一小段，插入培养料1min后取出，对照标准比色卡，查出相应的pH。在生产实际中，一般会呈酸性，为防止培养料酸性增加，可用适量石灰水调节。

4. 配料时要把好“四个关键”

（1）调水要掌握“四多四少”　一是木屑颗粒偏细或偏干的，吸收性强，水分宜多些；木屑颗粒硬或偏湿的，吸水性差，水分应少些。二是晴天水分蒸发量大，水分应偏多些；阴天空气相对湿度高，水分不宜蒸发，则偏少些。三是拌料场所吸水性强的，水分宜多些；吸水性差的地坪，水分宜少些。四是海拔较高和秋季干燥天气，用水量略多些；气温在25℃以下配料时用水要少些。

（2）拌料力求均匀　配料时要求做到“三均匀”，即主料与辅料混合均匀，干湿搅拌均匀，酸碱度均匀。

（3）操作速度要快　生产上常因拌料时间延长，造成培养料酸败，严重影响菌丝萌发导致发菌不良，降低成品率。要当天拌料当天装袋灭菌。

（4）减少杂菌侵染　原料要求足干，无霉变，用前于烈日下暴晒1～2d。拌料选择晴天上午开始，争取上午10时前拌料结束并立即装袋、灭菌。

六、菌袋制作与灭菌

（一）装袋

拌好料后立即装袋。塑料筒袋的规格有多种，不同栽培季节不同栽培模式应选用不同规格，总的原则是高温区小，低温区大。采用机械装袋。装袋机形式多样，不同的装袋机操作方法略有不同。装袋机每小时可装 400～800 袋，甚至更多。每台机器 7 人为一组，其中添料 1 人，套袋 1 人，传袋 1 人，捆扎口 4 人。用扎口机扎袋口可减少扎袋口人员数量。装袋主要要求如下。

1. 松紧适中 培养料松紧检验标准是成年人手抓料袋，五指用中等力捏住，袋面呈微凹指印，有木棒状感觉。如果手抓料袋而两头略垂，料有断裂痕或手感较软，表明太松。

2. 不超时限 装袋时间不超过 6h。无论是机装或手工装袋，均应根据当天配料的多少安排好人手。

3. 扎牢袋口 抓紧捆扎袋口，要求捆扎牢固，若气压冲散扎头，袋口不密封，杂菌易从袋口进入。

4. 轻拿轻放 装料和搬运过程要轻拿轻放，以防破袋或产生沙眼，导致接种后杂菌侵染。

5. 日料日清 培养料的拌制量要与灭菌设备的灭菌量相配套，做到当日配料，当日装完，当日灭菌。

（二）灭菌

一般采用常压蒸汽方法灭菌。科学的灭菌方式是层架式灭菌（图 9－11）。

灭菌时主要应注意：①及时进灶。培养料营养丰富，容易发热。不及时灭菌，酵母菌、细菌加速增殖，易导致酸败。②合理叠码。应一行接一行，自下而上重叠排放，上下袋形成直线；前后袋的中间要留空间，以利气流自下而上流通，仓内蒸汽均匀运行。

大型罩膜导气灭菌灶是农户常使用的简易灭菌装置，采用外部蒸汽导入灭菌灶底部（图 9－12）达到灭菌。一次容量 3 000 袋以上的，其叠袋方式可采取四面转角处横竖交叉重叠，中间与内腹直线重叠（图 9－13），内面留一定空间，使气流正常流动。叠好袋后罩紧薄膜，外加彩条布（或帆布），然后用绳索缚扎，四边压沙袋等物，以防蒸汽压力把罩膜冲飞（图 9－14）。

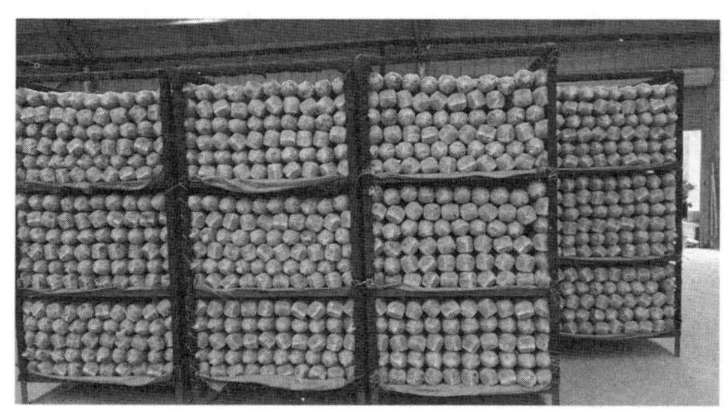

图 9－11　香菇菌袋层架式灭菌

图 9－12　罩膜导气灭菌灶木板底座

图 9－13　料袋装灶

图 9－14　大型罩膜灭菌灶外观

料袋进仓后，立即旺火猛攻，力争 6～8h 内仓内温度升到 100℃，保持 20～24h，中途不停火，缓加冷水，仓内温度稳定保持在 100℃，持续灭菌。灭菌量大于 4 000 袋时，应增加 1 台蒸汽发生炉，使蒸汽发生量与灭菌量相匹配。

灭菌时间根据灭菌物料多少灵活掌握。以 2 000 袋为例，气温达到 100℃后要维持 18h 以上，每增加 1 000 袋，灭菌时间延长 4h 以上。一次装 3 000～6 000 袋，维持 100℃ 30h，如果遇到大风天气，还要适当延长 2～3h，或在迎风面加遮挡物，否则迎风面的袋子灭菌不彻底。

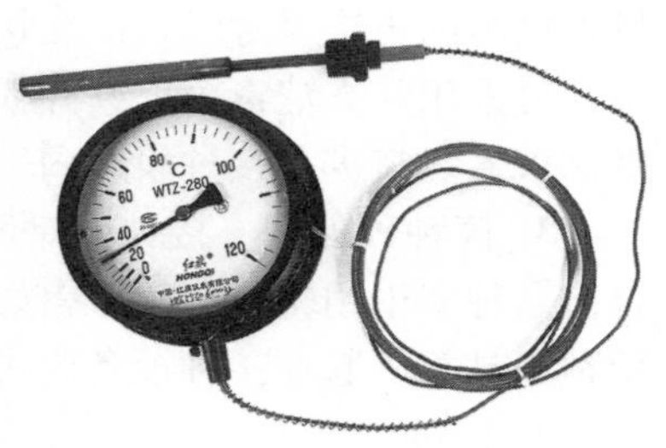

图 9－15　线控压力式温度计

为准确掌握料袋内部温度，可把线控压力式温度计（图 9－15）的测温探头放在灭菌垛底部 2～3 层中间，表盘放在仓外，监测温度，确保灭菌效果。

（三）冷却

灭菌后的料袋及时搬进洁净处理后的接种室（或接种棚）内冷却，“井”字形摆放，自然冷却，袋内温度下降到 28℃接种。

七、接种与发菌培养

（一）接种

1. 接种设备　生产可选用的接种设备有以下几种：一是接种室，要求清洁卫生、干燥、密闭、便于通风；二是专门搭建的临时塑料接种棚（图 9－16）；三是宽幅薄膜围罩成的接种帐（图 9－17）、移动式接种床（图 9－18）、简易接种箱（图 9－19）等。

图 9－16　临时塑料接种棚

图 9－17　接种帐

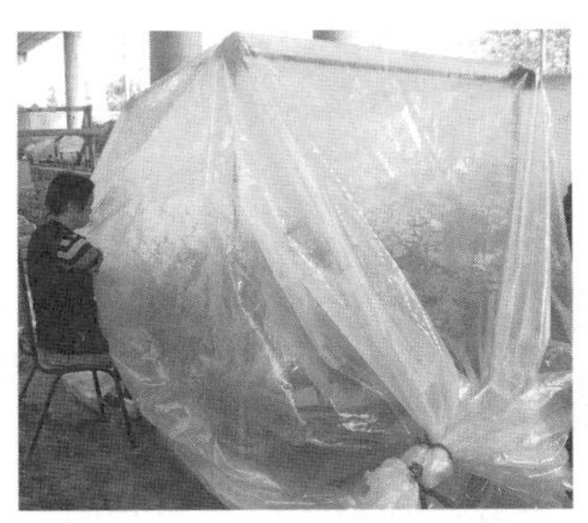
图 9－18　移动式接种床

图 9－19　简易接种箱

2. 接种前的二次消毒及消毒方法　接种前要进行两次消毒，即接种设施的初次消毒和料袋进入接种设施内的二次消毒。常用的消毒方法有紫外线照射、液体消毒剂喷洒、气雾消毒剂熏蒸等，可根据情况任选一种或几种同时用。

第一次对接种设施消毒，应在接种前24h进行，消毒方法宜用药物喷洒法。料袋进入接种设施内再次消毒时，应在接种前1h进行，不宜采用水剂药物喷洒法，为防止湿度提高，可采用气雾消毒盒、紫外线照射消毒。连续接种时，除第一批次需二次消毒外，其余批次仅需料袋进入接种设施内一次消毒。

3. 菌种预处理　接种前对所使用的菌种再行仔细挑选，剔除任何有疑点的菌种，将合格菌种集中用塑料薄膜覆盖好用烟雾剂消毒，取出后再用75%酒精擦拭表面。与料袋、接种工具等一起在接种设备内进行接种前的再次消毒。

4. 接种

（1）选好接种时间　大批量接种时，选择晴天午夜或清晨接种。此时气温低，空气较洁净，有利于提高接种成品率。雨天空气相对湿度高，容易感染霉菌，不宜接种操作。

（2）打穴接种　采用木棒制成的尖形打穴器（专用打穴钻）打孔，单面接种，每袋接种3～5穴，穴口直径1～2cm，深2cm（图9－20）。打好穴后将菌种接入穴内（图9－21），接满穴口，并使菌种略高出料面1～3mm，稍压紧，封穴，套外袋扎口（图9－22），置于培养室（棚）内养菌。

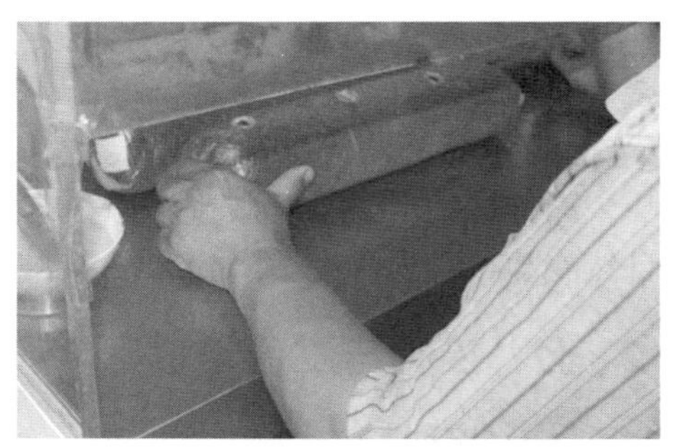
图 9－20　打　穴

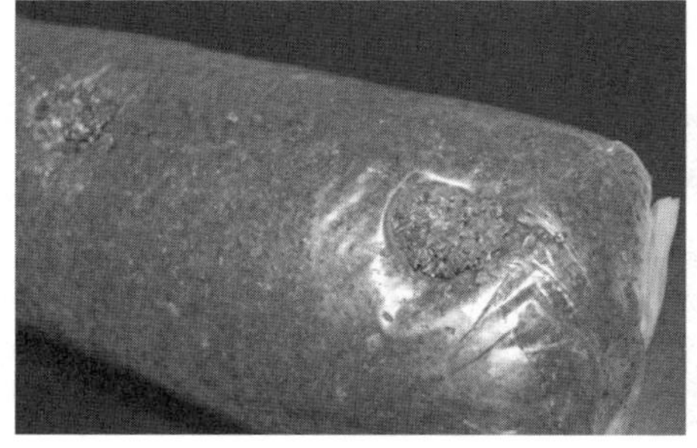
图 9－21　接　种

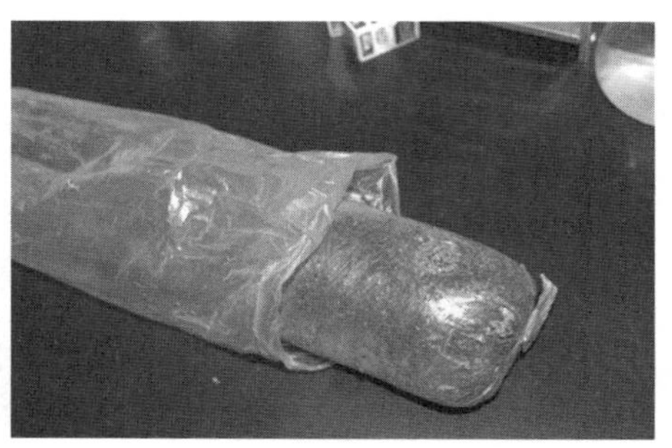
图 9－22　套外袋

（3）枝条菌种接种 将料袋表面用75%的酒精擦拭，擦拭时朝一个方向擦一次，切忌往复擦涂。接种操作者要戴无菌手套取种、接种，每袋接种3～5穴，枝条高出料袋1～2mm，接种后套上外套袋。

（二）发菌培养

整个发菌期主要是围绕着调节培养室的温度和氧气供应管理，其具体管理措施如下。

1. 合理摆放 初期可以集中堆码（图9-23），但随着香菇菌丝的定殖和发育，菌丝产生的呼吸热增加，会使室温迅速提高，料内温度会高出室温3～7℃，这时要降低菌袋的堆放高度，必要时转换成“井”字形或△形码放（图9-24）。

图9-23 集中堆码发菌

图9-24 “井”字形排放菌袋

2. 科学调节温度 菌袋培养期间，根据不同生长期的气温、堆温和料温的变化，及时调节，防止温度过高或过低。

（1）菌丝萌发定殖期 接种后最初3d为萌发期，料温一般比室温低1～2℃，此时室温应控制在27℃左右，如果气温低于22℃，可采用薄膜加盖菌袋，必要时考虑加温，以满足菌丝萌发对温度的需要。

（2）生长期 接种4～5d后，接种穴四周可以看到白色绒毛状菌丝，逐渐向四周蔓延。半个月后随着菌丝加快生长发育，料温会比室温高2～3℃。此时室温应调节至25℃，条件许可的情况下，可降至23℃左右。

（3）旺盛生长期 培养25d以后，菌丝处于旺盛生长状态，尤其是刺孔以后，需氧气量增加，堆温上升较快，应特别注意预防高温伤害。这一阶段室温宜控制在23～24℃或更低。这一阶段料温会高于室温2～4℃，甚至更多，应随时观测料温，以料温为依据调整堆形，疏袋散热，可以“井”字形或三角形重叠，加快散热，降低料温。

3. 加强通风换气 菌袋培育期间加强通风换气，可结合调节温度。气温高时选择早晨或夜晚通风，气温低时中午前后通风，菌袋堆大而密时多通风，料温高时勤通风，有条件的可以加装电风扇排风降温。

4. 注意防湿控光 菌袋培养阶段要求场地干燥，相对湿度在70%以下，防止雨水淋浇菌袋和场地积水潮湿。养菌期间严禁喷水。养菌期不需要光照，培养室（棚）应遮光，待菌丝长满后，再给以适量光照，促进菌丝隆起生长，逐渐转色形成菌皮。并注意通风，严防空气不对流。

5. 及时翻堆检查 菌袋养菌期间，要翻堆 4～5 次，第一次在接种后 10～15d，以后每隔 7～10d 翻堆 1 次。翻堆时做到上下、里外相互对调。目的是使菌袋均匀地接受光、氧气和温度，促进平衡发菌。翻袋时认真检查，发现杂菌污染及时处理。菌袋面和接种口上，出现花斑、丝条、点粒、块状等物，或有红、绿、黄、黑不同颜色，都属于杂菌污染。也有菌种不萌发死菌现象。轻度污染只是在穴口或菌袋上出现星点或丝状的杂菌小菌落，没有蔓延的，对后期发菌影响不大。可用 5%～10%的石灰上清液涂抹或注射。严重污染的菌袋表面遍布杂菌斑点或可见大片的霉菌，要及时整个拣出带出培养室（棚）。如发现链孢霉污染，要及时用塑料薄膜袋套住，搬出深埋或灭菌后晒干再利用，避免孢子传播。

6. 及时脱袋 接种穴的菌丝长到 6～8cm 时，即可将外袋脱掉，结合脱袋翻堆（图 9－25）。

7. 合理刺孔增氧 菌丝在袋内培养料中生长，要消耗氧气。当前端菌丝开始变淡或菌袋内出现瘤状物时，表明袋内已经缺氧，要及时刺孔。整个发菌期需要两次刺孔。第一次是菌丝圈完全相连后进行，每穴用直径 5mm 的铁钉针刺孔 6～8 个；第二次刺孔选择在菌丝长满，全袋变白的时期，在菌丝发透部位均匀刺孔 60～80 个，要深刺至袋心，以利菌丝长满发透，也可机械刺孔（图 9－26）。

刺孔时应注意几点：刺孔后 2～3d，因菌丝呼吸作用加强，释放出大量热能，袋内温度高出室温 6～10℃，当袋温达到 30℃时，应停止刺孔，防止烧菌；刺孔后 1 周内防止雨淋；含水量高的菌袋可多刺，含水量低的要少刺；菌袋污染部位、菌丝未发到部位、有黄水部位、菌丝刚连接部位均不刺孔；对同一发菌室（棚）内的菌棒刺孔，要分批进行，以防刺孔后散热不及时，造成烧菌。第二次刺孔后，刺孔部位应侧放。任何一次刺孔，都应特别注意通风降温排湿。要加大通风量和通风次数，要降低堆高，加大菌袋间距，降低菌袋密度，严防高温高湿引发烧菌和霉菌侵染。

图 9－25 脱外袋时的菌丝长相

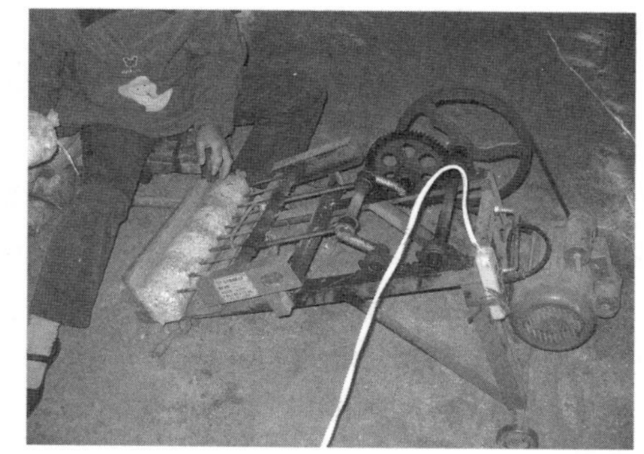

图 9－26 机械刺孔

8. 适时转色 菌丝长满袋后，会出现爆米花状瘤状物，待菌袋 2/3 表面出现大量瘤状物后，开始行转色管理。香菇菌袋转色好坏直接影响出菇的快慢、产量和质量。同时，转色能为香菇营造保护层预防不良环境的损害。

转色是在适宜的光照、温度和空气相对湿度条件下形成的。转色促熟的适宜温度

15～25℃，最适温度 18～22℃，适宜空气相对湿度 85%左右，辅以适量通风。

整个转色过程需要 15～20d，转色过程中常分泌黄色液滴，要及时刺孔排出，以防导致污染或形成铁皮。转色好的菌膜有光泽，棕红色，手触有弹性，菌皮厚薄适当。

八、出菇管理与采收

（一）春栽香菇出菇管理

春栽香菇又分为春栽普通菇和春栽花菇两种。春栽普通菇包括鲜菇和干菇两种形式。在春栽香菇中，秋季、冬季和翌年春季长出的子实体，分别称为秋菇、冬菇和春菇。

1. 普通菇出菇管理　菌袋经养菌、转色越夏、菌丝完全达到生理成熟后，10 月初外界日平均气温达到 20℃以下时，即可进入催蕾出菇管理阶段。脱袋上架，加大昼夜温差，刺激菇蕾发生。但应避免刺激过度，避免菇蕾发生过密。

秋季管理重点是保持棚内空气相对湿度在 85%～90%，每天喷水 1～2 次，喷水后通风 1h，采菇前停止喷水。冬季管理重点是减少棚顶遮阳物。增加光照，夜晚盖严薄膜，必要时加盖一层遮阳网。春季管理重点是降低棚内温度，增加通风，偏干管理。菇潮间隔期补水切忌过量，以防造成菌丝缺氧死亡和烂棒。

2. 补水管理　香菇补水管理是香菇管理的一个重要环节。一般香菇发菌结束出菇之前和每潮菇出菇之后养菌结束都要补水。补水方式有注水法和浸水法两种（图 9－27、图 9－28）。中袋栽培以注水补水为主。浸水法是将菌棒刺若干孔后搬入水池内，叠 5～8 层，上铺木板后重压，放水入池将顶袋淹浸 7～8 厘米，浸水应低温，水温超过 20℃要及时加换冷水。

不同时期补水量不同，脱袋后第一潮菇前是否补水要根据菌棒失水情况而定。如果失水不严重（菌袋减重不超过 30%），不需要补水。发菌完成后菌棒间的含水量差异很大，脱袋后，水分大的能够自然出菇，水分小的可以继续养菌。第一潮自然出菇结束后，菌棒之间的水分含量基本趋于一致，这时统一补水，补水量相对一致，提高第二潮菇出菇整齐度。脱袋时如果失水严重，菌棒重量低于制作重量的 30%以下，应立即补水。第一次补水量，补水后的菌棒恢复到制棒时重量的 95%～100%。以后每出一茬菇都要补水一次，但补水量逐渐减少，补水量要根据每潮的出菇量而定，以补水后的菌棒含水量达到 65%～70%为宜。

图 9－27　香菇菌棒注水补水

图 9－28　香菇菌棒浸水补水

温度也是决定补水量和补水时间的重要因素，温度高时适当少补水，防止菌丝缺氧造成烂棒，温度低时可以适当多补水。气温若在15℃以下时，宜选在晴暖天补水，补水量可以达到标准的上限；气温高于25℃以上时，需待气温降到20℃左右再行补水，补水量以标准的下限为宜（丁湖广，2005）。补水后，菌棒进入养菌阶段。

3. 花菇出菇管理 采用不脱袋割口出菇或保水膜出菇时，菇蕾形成后需要疏蕾与催花。由于菇蕾能从菌袋内获取水分细胞快速生长，而表皮细胞生长因空气干燥受到抑制，这种内外细胞生长的不同步导致菌盖表皮干裂，形成花菇。

采用不脱袋割口出菇时，当菇蕾直径1～1.5cm时，用锋利小刀将菇蕾边缘薄膜环割3/4，让菇蕾从割口处长出。对菇蕾留优去劣，兼顾分布均匀，每棒留菇蕾8～10个，这一操作称为疏蕾。

菇蕾直径长至2～3cm时，开始催花管理。白天揭膜让微风吹拂，夜间温度低于5℃盖膜，5℃以上不盖膜；阴天有风可揭膜，无风不揭膜。若遇阴、雨、雾天可烧火加温促进排湿，通过通风排湿降温使表皮组织干燥停止生长，表皮开裂成花。

经过秋冬季出菇后，菌棒养分消耗较大。南方春季多雨，较难培育优质花菇，此时应脱袋，转入普通菇培育。北方春季偏干，采取白天不盖棚膜，通过火炕烟道加温，加强通风排潮，也能培育出高品质的白花菇。

4. 春菇管理 进入3月后气温回升较快，达到20℃以上，香菇生长快，培育优质花菇的难度增加，此期菇棚应以遮阳降温为主，必要时喷水降温，同时注意菇棚通风。经历秋冬季大量出菇后的菌棒养分已大量消耗，菌丝的活力和抗性相应减弱，应以板菇为主实施管理。

（二）夏季香菇出菇管理

夏季香菇一般年前的秋冬季或早春接种，低温养菌。选用短菌龄或中菌龄品种。有覆土栽培、地面立棒栽培和架式栽培三种模式。

1. 覆土栽培 覆土栽培一般在5月中旬后实施。选择沙壤土或胶泥灰等为覆土材料，含沙量以40%左右为宜。除胶泥灰外，其他覆土材料应打碎过筛，消毒，然后摊开备用。将脱袋转色好的菌棒紧靠排列于畦土上，边缘用泥浆封好。将覆土材料覆盖在菌棒上，并将菌棒之间空隙填满，再浇水沉实，以菌棒表面露出覆土约5cm为宜。白天将畦床上拱膜盖上，形成高温和缺氧环境，傍晚揭膜通风，喷水降温，加大昼夜温差。经3～5d连续刺激，菇蕾即可形成，此时撤去拱膜，增加通风量。剔除丛生或畸形菇蕾，每袋保留菇蕾6～8个。

子实体生长期间应适时喷水，通风降温。子实体六分成熟时即可采收。采收一潮菇后，停止喷水4～5d，偏干养菌，同时对菌棒间空隙进行补土，喷水沉实，保持菌棒与覆土紧密接触。养菌结束后，再喷凉水催蕾，每天4～5次，待菇蕾形成后，再进行正常管理。

2. 地面立棒栽培 地面立棒栽培多在5月初进棚，利用地面温度低生产优质菇。

3. 架式栽培 在夏季相对冷凉的地区，如河北、山西、辽宁等地，架式栽培设施利用率高，优质茹比率高，经济效益好。一般摆放菌棒密度为27棒/m^2，标准菇棚（667m^2）摆放18 000棒。不论采用哪种出菇模式，夏季出菇管理的重点是降温和预防高温伤害导致烂

棒。要特别控制好温度与菌棒含水量，高温切忌补水。

当气温达到32℃以上时，要停止出菇，降低棚温，加强通风，减少菌棒含水量，预防霉菌侵染。当气温下降，即进入秋季出菇管理期，先用小铁钉在菌棒上刺孔，结合拍打菌棒进行催蕾，喷凉水补充菌棒含水量，增加昼夜温差，刺激菇蕾发生。3～4d后菇蕾形成，每天早中晚各喷水1次，喷水后通风降温。子实体采收后，加大通风量，降低菌棒含水量，偏干养菌5～7d，再重新补水进行催蕾和出菇管理。

（三）秋栽香菇出菇管理

秋栽香菇一般8～9月接种，10月后开始出菇管理。包括普通菇和花菇两种管理方式。

1. 普通菇出菇管理　包括秋菇（10～12月）、冬菇（1～2月）和春菇（2～4月）3个管理阶段，管理措施参考春栽普通菇管理。

2. 花菇出菇管理　秋栽花菇出菇管理的核心是催蕾和育花，不脱袋出菇管理。

（1）催蕾　将达到生理成熟并完成转色的菌棒，浸水2～4h。要求水温低于气温5℃以上，浸水后含水量不超过55%。浸水后上架，覆膜保温保湿，棚内空气相对湿度保持85%以上，温度15～20℃。经3～5d连续覆膜，菇蕾即可出现。

当菇蕾长至0.5～1cm大小或微微顶起袋膜时，及时用刀尖绕菇蕾周边划破袋膜3/4，让菇蕾自由长出（图9-29）。划膜过早，菇蕾太小，抗逆性差，难以成活。划膜过迟，菇蕾太大，易因挤压而畸形，商品性差。幼蕾对外界条件适应性差，环境不适合造成死蕾。需要温度10～12℃、空气相对湿度80%～90%、适当散射光、空气新鲜的环境条件。切忌割孔后2d内出现5℃以下、3级以上的大风和强光照射等不利气象条件。因此催蕾实施前要密切关注天气变化，在适宜气象条件下实施（魏银初等，2018）。

图9-29　割口疏蕾

当菇蕾发生过密时，应疏蕾，留优去劣，每袋保留8～15个。幼菇生长放慢，积累更多养分，使菇肉变得坚实致密，这一过程称蹲蕾或蹲菇。蹲蕾可使发生时间不同的菇蕾长速及长势尽量达到一致。蹲蕾一般需5～7d。当幼菇（直径≤2.5cm）进入生长后期，控温促壮，保持棚温5～12℃、空气相对湿度60%～70%，给予充足氧气和适当光照。无风的晴天可掀去薄膜，让阳光照射幼菇。

（2）育花管理　菌棒含水量与空气湿度是影响花菇形成的关键因子。蹲蕾处理后，大部分幼菇菌盖达到2～3cm时，即可进行催花管理。催花管理方法与春栽花菇管理方法基本相同。

一般于夜间11～12时在棚内加温排湿人工催花，加温方式以炕道、烟道、热风机为好。加温时将菇棚一端门打开，在另一端顶部留出一道缝隙，以便空气对流，以利热气和潮气顺畅排出。加温4～5h，期间控制棚温不超过30℃（袋温不超过15℃）。到上午晨雾散去后将菇棚薄膜全部揭开，幼菇菌盖表皮由湿热状态骤然遇冷，在冷风的吹刮下，会立刻出现裂纹。菌盖表皮出现裂纹后，施以自然催花或行人工催花管理措施 4～5d，使菌盖表皮裂纹不断加宽加深，白色菌肉呈龟裂状，这一过程称为育花。继续维持低温和干燥的环境条件，使花菇表面保持白色不变，这一管理过程称为保花。

（3）采收　在 5～12℃的低温下花菇缓慢生长。当菌膜即将破裂，菌盖内卷，即可采收烘干。采收时用拇指、食指和中指捏住菌柄基部，旋转拧下，不留菇蒂在菌棒上，以免后期滋生杂菌。采收一潮菇后，应养菌 10～15d，养菌温度应保持在 23～25℃，大气相对湿度维持在 70%左右，遮光，适当通风。当采菇处重新长出肉眼可见的白色菌丝后，即可实施菌棒补水，进入下一潮菇的管理。

（魏银初　于海龙）

主要参考文献

丁湖广，2005. 香菇速生高产栽培新技术 [M]. 北京：金盾出版社.
康源春，2006. 香菇栽培新技术 [M]. 郑州：中原农民出版社.
谭琦，2017. 中国香菇产业发展报告 [M]. 北京：中国农业出版社.
魏银初，班新河，2018. 香菇种植能手谈经 [M]. 郑州：中原农民出版社.
杨新美，1986. 中国食用菌栽培 [M]. 北京：中国农业出版社.
张金霞，黄晨阳，胡小军，2012. 中国食用菌品种 [M]. 北京：中国农业出版社.

第十章

平菇栽培

第一节　概　　述

一、平菇的分类地位与分布

在我国平菇包括白黄侧耳（*Pleurotus cornucopiae*）、佛州侧耳（*Pleurotus florida*）和糙皮侧耳（*Pleurotus ostreatus*）三种，其中糙皮侧耳（*Pleurotus ostreatus*）和白黄侧耳（*Pleurotus cornucopiae*）栽培量远大于佛州侧耳。调查表明，欧美栽培的主要是糙皮侧耳，我国则以白黄侧耳为主。平菇目前已衍化为商品名，侧耳属的许多种都被泛称为平菇，如扇形侧耳（*Pleurotus flabellatus*）。

平菇是世界性分布的食用菌，热带、亚热带、温带、寒带都有平菇的自然分布。平菇在我国分布也极为广泛，南部的海南、北部的黑龙江、西部的新疆、东部的山东及中部的河南等省份，几乎都有平菇分布。自然条件下平菇多于秋、冬、春簇生于杨、柳、槐、枫、榆、槭、构、栎等树的枯木或朽桩上。

二、平菇的营养保健与医药价值

平菇营养丰富，肉质肥厚，味道鲜美。据测定，每100g（干）不同原料栽培的平菇含蛋白质18.82%～23.30%、粗脂肪1.43%～2.28%、粗纤维4.88%～6.91%、总糖29.70%～49.10%、灰分6.83%～7.73%（申进文等，2016）。平菇含17种氨基酸，其中包括人体必需的8种氨基酸，占氨基酸总量的40%～50%（申进文等，2014），还含有谷物和豆类通常缺乏的赖氨酸、甲硫氨酸。平菇蛋白质所含氨基酸的数量和比例与人体所需氨基酸的数量和比例十分接近。Pardeep评价平菇“是人类的一种菌蛋白源”（贾身茂等，2000）。糖类是人体最主要的热能来源。张树庭测定的侧耳属一些种类含可溶性糖类4.20%，戊糖1.70%，己糖占总糖的32.30%（贾身茂等，2000）。平菇的糖类更具有特殊功能，如提高免疫力等。平菇的脂肪含量较低，其所含脂肪酸中70%以上是以亚油酸为主的不饱和脂肪酸，因而具有较高的营养价值。平菇中维生素C、维生素B_1、维生素B_2和麦角甾醇（维生素D原）等的含量也较为丰富，与双孢蘑菇接近，其维生素B_1、烟酸等的含量明显高于香菇和木耳。100g鲜平菇能满足联合国粮农组织和世界卫生组织提出的核黄素和叶酸的日摄入量要求（贾身茂等，2000）。平菇含有丰富的矿物质元素，以磷和钾含量最高，其次为钠、钙、镁和铁，还含有其他多种微量元素，能满足人体对矿物质元素的需要。

平菇具有较好的医疗保健作用和较高的药用价值，所含的酸性多糖、微量牛磺酸和多种酶类，可促进消化，能降低血压和胆固醇含量，还可有效地防治胃炎、肝炎、十二指肠溃疡、胆结石、糖尿病和心脑血管疾病等。平菇是中国传统医学中用于制作中药舒筋散的原料之一，可用于治疗腰腿疼痛、手足麻木、筋络不适等（申进文等，2001）。平菇还具有抗肿瘤作用，所含多糖对小鼠肉瘤 S180 抑制率达 75%（申进文等，2001）。

三、平菇的栽培技术发展历程

平菇人工栽培最早起始于 1900 年的德国。1974 年以后，平菇栽培逐渐扩散到世界各地。目前，世界平菇主要生产国有中国、韩国、日本、印度尼西亚、泰国、印度、波兰、匈牙利和德国等。

我国 1933 年开始研究平菇瓶栽技术。1960 年前后，上海市农业科学院用木屑瓶栽平菇技术研制成功。1972 年，河南省刘纯业用棉籽壳生料栽培平菇成功，为平菇的大面积栽培奠定了基础。此后平菇栽培在全国迅速推广。1978 年，河北晋州市利用棉籽壳栽培平菇获得高产，进一步促进了平菇栽培的扩展。20 世纪 70 年代后期，平菇的商业性栽培在华中地区崛起，然后沿长江和黄河流域发展，逐渐推广到全国，成为国内栽培地域最广的食用菌。1982 年河南安阳农业科学研究所的秦修本等完成的“平菇塑料袋堆积栽培法”成果通过河南省科委鉴定。棉籽壳栽培平菇和塑料袋栽培平菇两大技术极大地推动了我国的平菇生产。1986 年我国产平菇 10.8 万 t，产量跃居世界第一位。跨入 21 世纪，随着国民经济的快速发展和居民生活水平的提高，平菇市场需求不断增长，栽培量不断扩大，2018 年平菇总产量达到 643.5 万 t，占全国食用菌总产量的 17.8%。几十年来，平菇一直是我国大宗栽培食用菌之一。

四、平菇的发展现状与前景

就生产状况而言，目前平菇以农业生产方式为主，主产区仍集中在河南、河北、山东、湖北、湖南、江苏、四川等省，占全国平菇总产量 70%以上。

虽然我国平菇产业发展较快，但还存在不少问题，如菌种混乱，栽培配方设计随意，设施过于简陋，栽培管理粗放，保鲜技术滞后，鲜品货架期短等。

我国平菇野生资源丰富，栽培品种多样，适合我国各类气候和生态条件的区域栽培，为平菇全国范围的大规模生产提供了菌种保证。同时，我国是农业大国，农作物秸秆等农副产品资源丰富，为平菇生产提供了良好的原料条件。平菇因其适应性强、技术较易掌握、生产周期短、消费者认知度高、消费量大、经济效益高、投资回报快，深受生产者青睐。随着人类保健意识的增强，对绿色食品需求的增长，平菇市场消费量不断增加，平菇产业具有广阔的发展前景。

随着相关技术的不断改进，社会经济的进步，工厂化生产技术日臻成熟，倒逼着平菇产业升级。工厂化生产稳定、质量上乘的优势，催生着平菇的工厂化。经过几年探索，平菇工厂化袋栽技术取得显著进展，实现了周年生产，特别是高温高湿的夏季，工厂化平菇质量大大优于农业栽培产品，深受市场青睐。随着工厂化品种的选育，高产培养料配方、

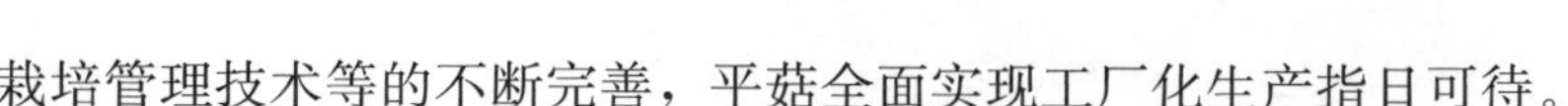
栽培管理技术等的不断完善，平菇全面实现工厂化生产指日可待。

第二节 平菇生物学特性

一、形态与结构

（一）菌丝体

平菇菌丝由孢子萌发而成。在适宜条件下，平菇担孢子萌发为单核菌丝。相互亲和的单核菌丝结合形成双核菌丝。双核菌丝粗壮、生长旺盛、抵抗力强，有大而明显的锁状联合。

菌丝体在PDA培养基上呈绒毛状、洁白、粗壮、浓密、整齐，气生菌丝发达，爬壁能力特别强，一般不产生色素，培养时间过长或温度过高或老化会出现黄色斑块。在适宜条件下培养物易扭结形成原基。

（二）子实体

子实体由菌盖、菌柄两部分组成。与大多数伞菌子实体形态不同的是，平菇非典型的伞状，而是菌柄侧生、菌褶延生的扇状或掌状。

1. 菌盖 扇形，叠生或丛生。菌盖大小和颜色因品种、环境不同而有明显差异。菌盖一般宽5～21cm，也有超过50cm的，有白色、瓦灰色、灰色、灰白色、灰褐色、土黄色、淡土褐色等，幼时颜色较深，随着成熟度的增加而逐渐变浅。同时也随温度的升高而变浅。菌盖与菌柄连接处有下凹，有时下凹处有白色绒毛。这层白绒毛是平菇成熟的标志之一。

菌盖下方有呈刀片状的菌褶，一般延生，质脆易断，长短不等，多为白色，有的品种低温条件下呈浅灰色。菌褶两侧是子实层，中间为菌髓。随子实体发育担孢子不断成熟并释放。子实体成熟后，大量担孢子喷发，形成肉眼可见的孢子雾。担孢子光滑无色、长圆柱形。

2. 菌柄 圆柱形，侧生，上下不等宽，上端与菌盖相连，下端与培养基质相连，将菌丝内的养分和水分输送到菌盖。菌柄长度和粗细受环境影响较大。

二、繁殖特性与生活史

平菇属于四极性异宗结合食用菌，性亲和由A、B两个独立的遗传因子控制。每个担子上产生4个交配型不同的担孢子，分别为AB、Ab、aB、ab。在合适的条件下萌发，形成单核菌丝，也称初生菌丝。菌丝纤细，无锁状联合，不能形成子实体。具亲和性的单核菌丝结合形成双核菌丝，也称次生菌丝。双核菌丝在适宜基质和环境条件下生长，积累养分，遇到适宜的温度、湿度等条件聚集、扭结，在基质表面形成原基，进而发育成子实体。子实体成熟后，又在菌褶的子实层中产生担子。在担子中，两个细胞核融合，经减数分裂，遗传重组，产生4个子核，每个子核在担子梗端各形成1个担孢子。担孢子成熟后从菌褶上弹射出来，完成生活周期（图10-1）。

三、生态习性

平菇是典型的木腐菌，自然条件下，多发生在阔叶树的枯枝、朽树木桩或活树的枯死

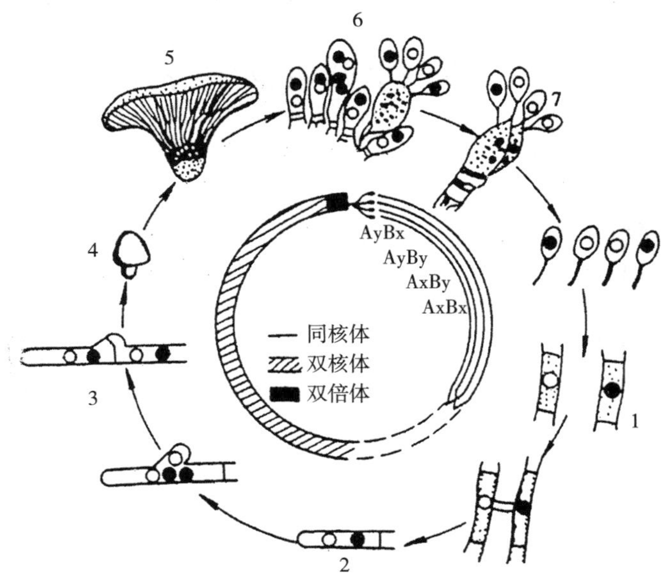

图 10-1　平菇生活史示意图

1. 单核菌丝　2. 双核菌丝　3. 锁状联合　4. 菇蕾　5. 成熟子实体　6. 子实层　7. 担子及担孢子

（贾身茂，2000）

部分。主要发生在栎属（*Quercus*）、栗属（*Castanea*）、栲属（*Castanopsis*）、桦属（*Betula*）、榛属（*Corylus*）、椴属（*Tilia*）、柳属（*Salis*）、杨属（*Populus*）、槐属（*Sophora*）、桉属（*Eucalypus*）等阔叶树上，偶尔也发生在针叶树的朽木上。

平菇发生的季节及其分布趋向受纬度、海拔、地形和树种等多种因素影响，发生时间、垂直分布和地域分布等具有一定的特性，并呈现出多样性。侧耳属的种类较多，从秋末至冬、春季节均可发生，高温种类多在夏季发生。受温度和降水量的影响，不同年份的发生量常有较大变化，甚至同一地区，发生量也有“大年”和“小年”之分。

四、生长发育条件

（一）营养条件

1. 碳源　碳源是能为平菇生长发育提供碳素营养的物质。碳源的主要作用是构成细胞物质和提供生长发育所需的能量。平菇的碳源有纤维素、半纤维素、木质素、淀粉、葡萄糖、蔗糖、有机酸和醇类等。平菇栽培中，除葡萄糖、蔗糖等简单糖类外，碳源主要是基质中的纤维素、半纤维素、木质素。它们广泛存在于各种农副产品，如棉籽壳、废棉、稻草、玉米芯、大豆秸、木屑、甘蔗渣、木糖醇渣、工厂化金针菇下脚料等（王庆武等，2012；孟丽君等，2014；何华奇等，1995；班新河等，2014）。

虽然平菇可以利用很多农副产品，但不同原料栽培生物学效率大不相同。笔者研究试验了 7 种常见原料栽培平菇（表 10-1）。废棉、大豆秸、棉籽壳栽培生物学效率较高，可能与其营养的可利用性与易利用性、碳氮比、物理结构的保水性和透气性有关；木屑栽培平菇生物学效率最低，可能与其木质素含量较高、含氮量较低、碳氮比不适有关。

表 10-1　常用 7 种培养料栽培平菇的产量（生物学效率,%）

培养料	生物学效率
废棉	83.0
大豆秸	81.2
棉籽壳	79.0
玉米芯	74.9
金针菇菌糠	67.9
棉柴屑	63.7
木屑	60.9

2. 氮源　平菇可利用各种有机氮，较好地利用铵态氮，不能利用硝态氮。栽培平菇所需要的氮源，一般选用含氮量较高的各种天然材料，如麦麸、豆粕、棉籽粕、米糠、玉米粉、豆饼粉等，也可适量加入尿素或磷酸二铵等无机氮。

3. 碳氮比　长期以来，大多数人认为，平菇营养生长阶段碳氮比（C/N）以（20～25）∶1 为好，而生殖生长阶段碳氮比以（30～40）∶1 为好。事实并非如此。笔者以棉籽壳为主料，添加不同比例的麦麸，研究了碳氮比对平菇产量的影响（表 10-2）。试验表明添加麦麸 25%～35%平菇生物学效率较高，与其相对应的含氮量和碳氮比分别为 1.75%～1.97%和（19.69～22.06）∶1。麦麸添加量为 32%时平菇生物学效率最高，含氮量和碳氮比分别为 1.92%和 20.26∶1。平菇对不同氮源的利用率有差异，使用不同的材料配制培养料要引起注意。

表 10-2　以棉籽壳为主料的平菇栽培碳氮比对产量的影响

麦麸添加量（%）	生物学效率（%）	含氮量（%）	含碳量（%）	碳氮比（C/N）
0	93.55	1.31	38.31	29.24∶1
5	98.83	1.43	38.52	26.94∶1
10	102.78	1.49	38.46	25.81∶1
15	105.59	1.55	38.58	24.89∶1
20	106.22	1.64	38.51	23.48∶1
25	110.46	1.75	38.60	22.06∶1
28	116.97	1.81	38.65	21.35∶1
30	122.86	1.86	38.72	20.81∶1
32	114.81	1.92	38.89	20.26∶1
35	107.53	1.97	38.78	19.69∶1
40	97.39	2.01	38.93	19.38∶1

4. 矿物质元素　矿物质元素是平菇生长发育不可缺少的营养物质，在矿质元素中，钙、镁、钾、磷、硫等大量元素，常通过添加磷酸二氢钾、硫酸镁、石膏、石灰等来满足。此外，平菇生长发育还需要铁、钴、锰、铜、锌、钼、硼等微量元素。培养料和水中

含有较多的微量元素，基本可满足平菇生长需要，一般不需额外添加。

（二）环境条件

1. 温度 温度是影响平菇生长发育的重要因子之一。平菇担孢子的形成和萌发、菌丝生长、子实体形成和发育对温度的要求各有不同。平菇担孢子在13～28℃下大量形成，以13～24℃为宜。孢子萌发温度范围为13～28℃，以24～28℃萌发快，萌发率最高。菌丝生长温度范围为5～35℃，最适为28℃左右；3℃以下和35℃以上生长极为缓慢，长时间超过40℃将导致菌丝死亡。平菇菌丝耐寒力较强，在－30℃下基质中的菌丝也不会死亡。一旦气温回升，菌丝即可恢复正常生长。

平菇属变温结实性菇类，温差刺激有利于原基形成与发育，以8～10℃的温差为宜。平菇子实体形成对温度的要求因品种而异，生产中常用品种5～28℃都能正常形成子实体，适宜温度在10～25℃。子实体发育的温度范围7～22℃，适宜温度13～17℃。在适温范围内，温度低时子实体生长缓慢，但菌盖肥厚、颜色深、菌柄短粗；温度高时子实体生长快，但菌盖薄、颜色浅、菌柄细长。

2. 水分和空气相对湿度 营养的吸收运输和物质代谢都以水为介质完成。平菇菌丝体和子实体含水量都在90%左右。平菇体内的水分主要来源于培养料及空气。菌丝生长阶段和子实体发育阶段，对培养料水分和空气相对湿度的要求不同。

平菇菌丝体生长培养料适宜含水量60%～65%，含水量过低，菌丝生长细弱，影响子实体的形成和发育。含水量过高，培养料内氧气量少，菌丝生长受抑；空气相对湿度应控制在70%以下。空气相对湿度过大，易于霉菌滋生，导致批量污染。

平菇子实体生长发育时期，应保持培养料含水量65%、空气相对湿度90%左右。相对湿度过低，子实体分化困难，已分化的幼菇也会枯死；相对湿度过高，超过95%，会影响子实体的正常水分蒸腾作用，生长受到抑制，甚至导致子实体腐烂。另外，过高的空气湿度易引发各类病虫害。

3. 光照 平菇菌丝生长阶段不需要光线，光线对平菇菌丝生长有抑制作用。在黑暗条件下平菇菌丝生长速度比在强光下快40%左右。因此，在平菇菌丝生长阶段，培养室要尽量避免光照，促使菌丝健壮生长。

平菇原基分化和子实体生长发育则需要散射光。散射光是平菇原基分化的重要因素。只有给予适度的散射光，平菇子实体才能正常发育，菌肉肥厚、色泽自然、产量高。在黑暗条件下，平菇柄细、盖小、畸形。但强烈的光照尤其直射光照（大于2 500lx）同样抑制子实体生长。光照度对平菇菌盖颜色影响较大，光照强颜色深，光照弱颜色浅。平菇子实体正常发育的光照度为200～1 000lx。

4. 空气 平菇生长快，代谢旺盛，需氧量大，好气性强。平菇菌丝生长阶段对O_2要求不严格，但CO_2浓度过高会影响菌丝正常生长。

平菇子实体生长阶段要求通气良好、空气新鲜，以满足原基分化及子实体发育对O_2的需求。空气不流通导致CO_2浓度过高，超过0.06%时平菇商品品质下降，菌柄长、菌盖小，严重时菌柄丛生并分叉，不形成菌盖，发育成高脚菇、菜花菇或珊瑚状等畸形菇，甚至二度分化。

5. 酸碱度 平菇菌丝在pH 3～7范围内均能生长，以5.5～6为宜。平菇菌丝生长代

谢产生有机酸使培养料 pH 下降。因此在培养料制备时应调至稍偏碱状态。

第三节 平菇品种类型

根据出菇温度范围的不同，可将平菇品种划分为低温型、中温型、高温型和广温型四大类型。低温型品种子实体分化温度范围 5～15℃，以 8～13℃为宜。这类品种子实体颜色多呈灰色，适宜秋、冬栽培，菇体质量较优；中温型品种子实体分化温度范围 12～22℃，以 15～20℃为宜。这类品种子实体颜色多为浅灰色或灰白色，产量中等，适宜秋季和早春栽培；高温型品种子实体分化温度范围 20～30℃，最适温度 25℃左右。这类品种子实体颜色为浅灰色、灰白色或乳白色，适宜高温季节栽培；广温型品种子实体分化适宜温度为 15～25℃。这类品种子实体颜色随温度变化而变化，温度高颜色浅，温度低颜色深。不过，温型的划分不是绝对的，有的品种倾向于中低温型，有的品种倾向于中高温型。

根据子实体颜色，平菇大致划分为瓦灰色品种、土黄色品种、深色品种、浅色品种、乳白色品种、白色品种几大类。颜色深浅受温度和光照等环境条件影响较大。纯白色品种颜色比较稳定，不论温度高低均呈现白色。这类品种由灰色品种自然突变而来。研究表明，白色受两对主基因控制（盛春鸽等，2012）。

根据平菇子实体散发担孢子情况，又分为多孢品种、少孢品种和无孢品种。这些品种释放担孢子的数量差别比较大，其中多孢品种释放担孢子比较多；无孢品种基本不释放。少孢和无孢品种的生产特性多与其本种内有孢的生产用品种相同或相近。

近年来，随着平菇工厂化生产逐渐兴起，可将平菇品种划分为工厂化生产品种和农业式栽培品种。农业式栽培品种比较多，现在生产上用的品种基本都适合农业式栽培。工厂化生产用种要求第一潮菇产量高、菇型好。但工厂化生产品种的育种起步晚，育种水平相对滞后，目前多从农业式生产用种中选育，还没有选育出特别适合工厂化专业生产的菌株。

第四节 平菇栽培技术

一、栽培设施

平菇栽培场所应选择向阳、通风、干燥、洁净、卫生，有生活饮用水水源。

适宜平菇栽培的设施比较多，包括拱形大棚、斜坡形大棚、地上式大棚和半地下式大棚等塑料大棚；利用竹木、水泥预制骨架、钢骨架等材料建造的日光温室；各类常见的砖混或其他材料建造的房屋等。

二、栽培季节

目前我国平菇栽培以季节性农业式栽培为主，主要利用自然气候条件生产。不同地域气温差别大，栽培季节也不尽相同。目前接种以春、秋季为主，在夏、冬季，辅以更好的设施条件或技术措施，也可获得较好的栽培效果。

我国多数地区适宜的平菇栽培时间是9月至翌年3月。根据平菇菌丝体和子实体生长对温度的要求，最佳接种季节在秋季。秋季气温由高到低，气温缓慢下降，与平菇生长发育所需温度变化趋势相同。一般在9月开始制袋，大袋栽培，可出菇至翌年4～5月，中小袋栽培，可出菇至翌年2～3月。春季气温由低到高，但后期气温不稳定，升温较快。春季栽培，时间越早越好，以便利用较低的温度发菌，减少杂菌污染，提高菌袋的成功率。春季栽培多在3～4月接种，4～6月出菇。由于出菇时间较短，多选择小袋栽培。

随着良种选育和栽培技术的不断改进，选择适宜的品种，辅以适当的环境控制条件，目前平菇基本实现了周年化生产。平菇工厂化生产的不断扩大，使平菇周年供应更加均衡，产品质量进一步提高。

三、熟料栽培技术

（一）栽培原料及培养料配方

平菇是利用栽培原料种类最多的食用菌，很多农副产品下脚料如棉籽壳、玉米芯、大豆秸、莲子壳、稻草、木糖渣、甘蔗汁、木屑等都是栽培平菇的好原料。设计培养料配方时尽量就地取材，多种原料搭配，这样既可在养分上互补，改善培养料物理性状，又可降低成本，达到节本增效，增产增收。

平菇生产配方较多，以下配方生产者可根据当地原料选用。

①棉籽壳72%（或玉米芯、大豆秸），麦麸25%，石灰2%，轻质碳酸钙1%，水适量。

②棉籽壳（或玉米芯、大豆秸）83.5%，麦麸10%，豆粕3%，磷酸二铵0.5%，石灰2%，轻质碳酸钙1%，水适量。

③玉米芯33.5%，棉籽壳50%，麦麸10%，豆粕3%，磷酸二铵0.5%，石灰2%，轻质碳酸钙1%，水适量。

④大豆秸66%，棉籽壳17.5%，麦麸10%，豆粕3%，磷酸二铵0.5%，石灰2%，轻质碳酸钙1%，水适量。

⑤大豆秸58.5%，玉米芯25%，麦麸10%，豆粕3%，磷酸二铵0.5%，石灰2%，轻质碳酸钙1%，水适量。

⑥棉籽壳25%，玉米芯16.5%，大豆秸42%，麦麸10%，豆粕3%，磷酸二铵0.5%，石灰2%，轻质碳酸钙1%，水适量。

⑦棉籽壳25%，大豆秸25%，玉米芯16.75%，棉柴秆16.75%，麦麸10%，豆粕3%，磷酸二铵0.5%，石灰2%，轻质碳酸钙1%，水适量。

（二）拌料

玉米芯、大豆秸等原料需要预湿，尽量提前预湿透。未经预湿，要延长搅拌时间，以利吸水、湿透。可以手工拌料，也可以机械拌料。机械搅拌时，按原料量的大小顺序加入，先行干混，然后加水搅拌，搅拌时间不低于30min，直至搅拌均匀，控制含水量在65%左右。

（三）装袋

培养料拌匀后要尽快装袋，防止长时间堆积而酸败。熟料袋栽多选用（17～24）cm

×(35～50) cm×0.004cm的低压聚乙烯塑料袋，一端或两端出菇。手工或机械装袋均可。装料要松紧适中，以料袋外观圆滑，用手指轻按不留指窝，手握料身有弹性为标准。装料过紧，菌丝生长缓慢；装料过松，菌丝生长较快，后期易形成袋内菇，不利于出菇管理。装袋后扎口或用套环封口。操作时导致料袋局部破损或微孔应及时用透明胶封好。

(四) 灭菌

袋装好后及时灭菌，需当天装袋当天灭菌，以防培养料内杂菌大量繁殖而导致变质。装筐或装编织袋常压灭菌，100℃维持12～16h。灭菌开始4h和结束前4h蒸汽通入量要充足，中间的温度维持阶段蒸汽量以保持温度100℃不下降即可。

(五) 接种

待料袋冷却至30℃以下时，在无菌条件下接种。接种室可以使用高效气雾消毒剂($5g/m^3$ 薰蒸30min) 消毒，也可用其他消毒剂或紫外线消毒。接种后多采用套环封口。

(六) 发菌管理

发菌场所要事先打扫干净，灭虫、消毒，在地面撒一层石灰粉，以减少环境杂菌基数，减少杂菌侵染，避免害虫危害。

发菌期保持环境温度25℃左右，空气相对湿度70%以下，较弱的光线，空气新鲜。发菌期要特别注意控制温度。为了发菌安全，避免烧菌，避免木霉侵染，发菌温度宁低勿高。另外，相对低温，也利于菌丝的养分积累，提高产量。笔者系统研究了培养温度对发菌和产量的影响（表10-3)。结果表明低温培养的菌袋菌丝长势好，生物学效率高。室温22～25℃，可以促进菌丝生长，菌丝健壮，产量提高。

表10-3 培养温度对熟料栽培平菇的影响

温度（℃）	菌丝长势	菌丝长速（cm/d）	生物学效率（%）
15	++++	0.30	93.18
18	++++	0.38	93.64
20	++++	0.42	95.05
22	++++	0.57	98.79
25	+++	0.62	96.93
28	+++	0.64	90.32
30	++	0.59	87.39
32	++	0.39	82.27
35	+	0.16	—

注：+至++++表示菌丝长势由差到好。

在各类大棚中养菌，培养温度可通过菌袋堆叠间距和高度调节。菌袋堆放层数应根据气温高低而定。一般来说，温度越高堆放的层数越少。气温低于10℃，可堆码5～7层；气温10～20℃，可堆码3～5层；气温在20℃以上，堆码2～3层；气温超过28℃，应单层排放在地面。如果环境温度过高，应增加通风，降低环境温度，同时结合翻堆，减少堆码层数，疏散菌袋，扩大发菌空间，并在两层菌袋间加竹竿等隔离物以利散热通风。如在低温季节发菌，可以增加菌袋堆放的高度和密度，并加盖覆盖物，提高小环境和菌袋温度。

发菌期间，要及时翻堆。翻堆时要将菌袋内外、上下交换位置，以使菌袋发菌整齐。翻堆时，及时拣出污染袋。局部污染的可以注射2%甲醛或0.1%多菌灵溶液，控制蔓延。中度和严重污染袋要及时搬离发菌场地，进行无害化处理，深埋或焚烧，严重的要远离栽培场所深埋。

平菇菌丝生长需要大量的氧气，随着菌丝生长，袋内氧气不能满足菌丝生长需要，要刺孔通气，增加袋内氧气量，促进菌丝生长。刺孔一般在发育好的菌丝顶端后1cm处，每圈等距离打孔5～6个，孔深3cm左右。刺孔次数可结合实际灵活掌握。刺孔后由于氧气充足，菌丝生长加快，产热量大增，要严密观察，加强通风降温，严防烧菌。

（七）出菇管理

菌丝满袋后及时搬入出菇棚进行出菇管理。目前多采用棚内立体堆积出菇法。场地事先铺塑料薄膜或编织袋，然后将菌袋堆叠摆放其上。菌袋一层层摆放，高4～9层，长度根据出菇场所的具体情况而定。断排需留60cm左右空隙以便操作，排间留有采菇和管理走道80cm左右。

出菇期要协调好温度、湿度、通风和光照之间的关系，创造适于平菇子实体生长发育的条件。

菌袋码放好后，最好采取催蕾措施，以利出菇整齐，便于后期管理。如袋口有厚厚的菌皮影响现蕾，可以用小铁耙或镊子将老菌皮扒去，露出菌丝。催蕾时，晚间打开门窗降低环境温度，白天增加光照提高菇棚温度，创造8～12℃的昼夜温差，同时保持地面和墙壁湿润，提高空气相对湿度至90%左右，增加通风，给予散射光照，促使菇蕾分化。

子实体生长期间，环境温度要控制在10～25℃，13～20℃最佳。如遇高温，可采取白天盖草苫、早晚掀膜通风等措施降温；如果温度过低，可在棚外增加覆盖物保温增温，或白天适当减少覆盖物、增加太阳照射等措施，提高菇棚温度。也可在棚内增设火道加火升温。

子实体生长期间，要提高菇棚空气相对湿度。原基期空气相对湿度应达到90%左右，通过增加地面湿度、空中喷细雾等措施增湿。切忌菇蕾直接给水，切忌菇蕾表面积水，以免引起死蕾和污染。幼菇期需水量不大，可向空中喷雾，同时向墙壁和地面喷水，保持潮湿，不要直接向菇体上喷过多的水，以免菇体吸收大量水分而窒息死亡。子实体进入快速伸展后可以向菇体上喷雾，雾滴要细。由于菇体生长迅速，需水量增加，再加上培养料的含水量逐渐下降，要增加喷水次数。要根据菇体不同生长发育期调节。菇大多喷，菇小少喷。还要根据天气状况等因素灵活掌握，晴天多喷，阴天少喷，雨天不喷。气温下降、菇体生长发育缓慢时喷水要减少。反之，则要增加喷水量。每次喷水后，菇体表面有光泽而不积水。每次喷水后给予一次大通风，以利生长。

原基分化和子实体生长，对O_2的要求不同。半封闭条件下，保持适当的CO_2浓度，能促进原基的发生。CO_2浓度还影响原基发生密度。原基对环境适应能力较差、抗逆性较弱，通风应缓慢进行，通风量不能过大，通风时间也不能过长，更不能直吹原基或菇蕾。若风力较强、气流过快易造成菌袋失水和原基干枯。原基分化之后，开启菇棚通风

窗，加强通风，供给足够的新鲜空气。随着子实体生长加快，生理代谢进入旺盛阶段，要加大通风量，延长通风时间，以利菇体的正常发育和菇体快速伸展。通风除了要根据菇体的发育进程调节外，还要与当时的环境温度和空气相对湿度相协调。气温偏高时，应加大通风换气，以利热量及时散发，减少高温对平菇的危害；当气温较低时，应缩短通风时间，特别是在冬季，当夜间气温低于菇体生长最低温度时，要减少通风，甚至不通风，以免菇体受冻或表面结瘤。阴雨天或多雾无风天，都应加大菇棚的通风量。若遇刮风天气，要关闭迎风的通风口，减少通风量，防止菇体失水过快。

散射光刺激平菇原基形成、子实体分化和生长发育。光照过低，子实体畸形、盖小、柄长。过强的光线尤其是直射光同样抑制子实体生长。光线对平菇菌盖颜色影响较大，可根据市场对颜色的需求调节光照。

（八）采收

当菌盖平展、连柄处下凹、边缘平伸时，菇体蛋白质含量较高，粗纤维含量较低，商品外观好，产量高，质量好，为最适采收期。

采收前要喷轻水 1 次，这样既可沉降空气中飘浮的平菇孢子，减少对工作人员呼吸道的影响，又利于菇体保鲜，减少菌盖开裂，提升外观质量。但喷水量不宜过大。

单生菇的采收，要一手按住菇柄基部的培养料，一手捏住菇柄轻轻扭下；丛生菇采取操作切不可硬掰，以免将培养料整块带起。最好用利刀紧贴菇床表面将菇体成丛割下。同一丛菇体如果大部分已经成熟，应该大小一起采收，因为剩下的小菇不会继续生长。

平菇菌盖质地脆嫩，容易开裂。要就地修剪，分级包装，轻拿轻放，尽量减少翻动次数。大包装以塑料筐或泡沫箱等容器为宜。不论使用哪种包装容器，都应单朵单层码放，不可多层叠压，以免造成菇体的机械损伤。包装后要及时移入 0～3℃冷库贮藏。

（九）后潮菇管理

采完一潮菇后，要把料面清理干净，将料面死菇和残留的菇根去除，停止喷水，控制温度 25℃左右、空气相对湿度 70%左右，保持空气新鲜，让菌丝恢复生长，积累养分。养菌 5～7d 后，采菇后的穴口有洁白的菌丝出现时，便可进行下潮的出菇管理。

四、发酵料栽培技术

（一）培养料配方

①棉籽壳 94.5%，尿素 0.5%，钙镁磷肥 2%，石灰 3%，水适量。

②玉米芯 91.5%，尿素 1.5%，钙镁磷肥 4%，石灰 3%，水适量。

③玉米芯 82%，麦麸 10%，尿素 1%，钙镁磷肥 4%，石灰 3%，水适量。

④玉米芯 61.5%，棉籽壳 30%，尿素 1.5%，钙镁磷肥 4%，石灰 3%，水适量。

⑤大豆秸 94.5%，钙镁磷肥 2%，尿素 0.5%，石灰 3%，水适量。

⑥玉米芯 61.5%，大豆秸 30%，尿素 1.5%，钙镁磷肥 4%，石灰 3%，水适量。

（二）培养料发酵

建堆场所要求环境清洁、取水方便、水源洁净，最好紧靠菇棚，地面平坦的水泥地面更为理想。

玉米芯、大豆秸等原料先要预湿，预湿透后将辅料均匀撒在料表面，翻拌均匀后建成料堆，料堆一般高 1m 左右，长度、宽度根据场地而定。建堆要松，表面稍加拍平后，打直径 5～10cm 的透气孔数个，孔间隔 30cm，要打透到堆底，以改善料堆的透气性，增加氧气量，预防厌氧发酵。

建堆后，堆内中高温好气性微生物活动产生代谢热，堆温逐渐升高。高温季节 24h 左右、低温季节 48h 左右，堆温可升到 60℃以上（堆顶以下 20cm 处）。堆温 60℃以上维持 24h 左右翻堆。翻堆时将料堆上、下、内、外层的培养料互换，混合均匀。翻堆的作用：一是使培养料发酵均匀；二是排出有害气体，补充氧气。翻堆后重新建堆，稍加拍平后打孔，继续发酵。重新建堆后，堆中氧气充足，微生物活动旺盛，料温很快升至 65℃，65℃以上保持 2h 左右，进行第二次翻堆。如此翻堆 3～5 次发酵结束。翻堆时要注意确保料温 60℃以上。如果 60℃以上持续时间不足，培养料发酵不均匀，中温性杂菌可能大量增殖，栽培中会危害平菇。发酵时间过长，有机质腐熟过度，损失养分，影响产量。

发酵终止时间应根据料温 60～70℃持续时间和料堆发酵的均匀度而定。一般棉籽壳发酵 5～7d、玉米芯发酵 7～12d，温度低时适当延长。

发酵好的培养料松散而有弹性，略带褐色，无异味，不发黏，料堆内有适量的白色放线菌，含水量 65％左右。如出现严重白化现象，腐软变黑，有刺鼻臭味、霉味，表示发酵不良，不可使用。

（三）装袋接种

平菇发酵料栽培常用聚乙烯塑料袋，秋季接种，大袋栽培的袋大小为（25～28）cm×（45～55）cm×0.001 5cm，装干料 1.5～2kg。早秋或早春接种则采取小袋栽培。

发酵完成后，趁料新鲜干净及时装袋、接种。装袋前应先散堆降温，并均匀喷洒 0.1％甲基硫菌灵或 0.15％的多菌灵、0.1％的氯氰菊酯等，预防病虫害发生。装袋最好在早晨或下午进行，避开中午高温时段和大风天气。

发酵料栽培接种与装袋同步，环境相对要求宽松，多采用层播法，三层料四层种或两层料三层种。不论四层种还是三层种，菌袋两端都应种量充足，完全覆盖料表面。两端袋口勿须扎系过紧，以利透气。

装料松紧要适宜，以手压菌袋有弹性，重压处有凹陷，菌袋不变形为好。装得过松，菌丝生长细弱联结不紧，影响产量；装得太实则通气不好，发菌慢，出菇推迟。

菌种的粒度以玉米粒大小为宜。菌种块过小，恢复生长慢。菌种块过大，需种量多，增加成本；菌种用量以培养料干重的 10％～20％为宜。一般低温季节用 10％，高温季节用 20％。适当加大用种量，菌丝生长快，封面早，可利用菌种量的优势，抑制杂菌发生。

发酵料栽培接种后一定要打通气孔，否则极易导致杂菌感染。常用直径 1.2～1.4cm 的木棒或铁棒从菌袋一端捅到另一端，形成整袋贯通的通气孔，以增加袋内氧气量。

（四）发菌和出菇管理

参考熟料栽培技术中的相应管理措施。

（申进文）

主要参考文献

班新河，魏银初，王震，等，2014. 豆秸玉米芯基质栽培平菇试验［J］. 食用菌（2）：25－27.

边银丙，王贺祥，申进文，等，2017. 食用菌栽培学［M］. 北京：高等教育出版社.
何华奇，鲍大鹏，文梅子，等，1995. 稻草、棉籽壳不同配方栽培平菇试验［J］. 安徽农业技术师范学院学报，9（4）：36－39.
贾身茂，2000. 中国平菇生产［M］. 北京：中国农业出版社.
孟丽君，王芳，张玉萍，等，2014. 酒糟栽培平菇的配方试验［J］. 食用菌（6）：23－24.
申进文，郭恒，吴浩洁，等，2001. 平菇高效栽培技术［M］. 郑州：河南科学技术出版社.
申进文，黄千慧，刘巧宁，等，2014. 七种培养料对糙皮侧耳熟料栽培的影响［J］. 食用菌学报，21（3）：36－40.
申进文，贾身茂，王振河，等，2014. 食用菌生产技术大全［M］. 郑州：河南科学技术出版社.
申进文，刘超，张倩，等，2016.5 种培养料对平菇营养成分的影响［J］. 河南农业科学，45（10）：103－106.
盛春鸽，黄晨阳，陈强，等，2012. 白黄侧耳子实体颜色遗传规律［J］. 中国农业科学，45（15）：3124－2129.
王庆武，安秀荣，薛会丽，等，2012. 大豆秸秆栽培平菇培养基配方筛选试验［J］. 山东农业科学，44（5）：48－50.

第十章附　秀珍菇栽培

第一节　概　　述

秀珍菇是商品名，生产中使用的品种大多属于肺形侧耳（*Pleurotus pulmonarius*），曾误用名 *Pleurotus sajor -caju*。肺形侧耳最早的栽培菌株源于印度南部查摩省，1974 年由真菌学家 Jandiaik 驯化成功，1980 年前后引入中国，当时称为凤尾菇。后来我国台湾科技工作者创造了搔菌袋栽幼菇采收的生产技术，该技术得到了广泛应用。

秀珍菇子实体单生或丛生，朵小形美，柄长约 6cm，菌盖直径约 4cm，平展后呈扁半球形，菇体质地脆嫩，清甜爽口，鲜味浓郁。据测定，秀珍菇中含蛋白质 3.34%～3.41%、粗脂肪 0.17%～0.20%、总糖 0.46%～3.34%、维生素 1.16%～1.21%，还含有多醣体、多种矿物质、氨基酸及多种微量元素等，具有一定的抗肿瘤作用，其独特的风味被誉为“味精菇”。

第二节　秀珍菇生物学特性

一、营养

研究表明，菌丝生长的适宜碳氮比为（10～20）∶1，生长较适宜的氮素浓度为 0.4%～0.55%；适合秀珍菇子实体生长的碳氮比为（39.21～51.32）∶1，适宜的氮素浓度为 0.82%～1.06%（李伟平等，2007）。亦有研究表明，秀珍菇碳氮比适应范围较广，以碳氮比为（67～69）∶1 菌丝生长综合性状表现最好（张宇，2013）。

生产上常用碳源为木屑、竹屑，玉米芯、玉米秸秆、稻草、棉秆、木薯秆与芦笋茎秆等多种作物秸秆，杏鲍菇、金针菇工厂化生产后菌渣也是可利用的优质碳源。氮源通常采用麦麸、米糠、豆粕等。

二、温度

秀珍菇菌丝体生长适宜温度20～30℃，最适温度为22～26℃。子实体发生温度范围12～30℃，原基形成和分化最适温度为16～22℃。原基形成需要温差刺激，11～14℃的温差刺激有利于子实体原基形成和分化。气温持续超过28℃难以形成原基。低于10℃，菌丝基本停止生长；低于20℃，菌丝生长缓慢；高于30℃，菌丝生长稀疏，色泽变黄并老化。低于15℃，子实体生长缓慢；高于28℃，菇蕾生长快，成熟早，质量较差。

三、湿度

秀珍菇喜湿性较强。基质适宜含水量62%～65%。子实体形成和发育适宜大气相对湿度80%～90%，低于70%，原基难以形成；高于95%，子实体易变软腐烂。

四、酸碱度

秀珍菇适宜在微酸性条件下生长，培养基最适pH 6.0～6.5，pH >6.5时菌丝长速开始下降。实际生产中为了抑制杂菌，培养料中常加入2%左右的生石灰调节pH。

五、光照和通风

秀珍菇发菌期不需光照，出菇期需要一定的散射光，适宜的光照度100～300lx。没有光照，子实体难以产生；光线过暗，易形成畸形菇。

秀珍菇菌丝对CO_2耐受性较强，0.06%的CO_2浓度下菌丝可以正常生长。子实体分化需要氧气充足，CO_2浓度高于0.1%，极易形成菌盖小、菌柄长的畸形菇。根据秀珍菇菌柄长5～7cm的商品性要求，子实体分化完成后需适当提高CO_2浓度。

第三节　秀珍菇栽培技术

一、栽培季节

根据秀珍菇中温出菇变温结实的特性，栽培季节一般选择在当地气温不超过28℃接种，35天培养后出菇，出菇期当地温度不低于12℃的气候条件。华北及以北地区、南方高海拔地区宜在5～9月出菇，中南部区域宜在9月至翌年4月出菇。

二、原料与配方

秀珍菇栽培所用原料来源广泛，几乎与平菇相同。也可以选用香菇、黑木耳、白灵菇、杏鲍菇等食用菌的菌糠作为原料，主要配方有：

①玉米芯40%，棉籽壳50%，麦麸7%，石灰3%。

②豆秸60%，棉籽壳15%，木屑8%，麦麸15%，石灰2%。

③杂木屑 90%，麦麸 7%，糖 1%，石灰 1%，石膏 1%。

④杏鲍菇菌渣 30%，玉米芯 30%，棉籽壳 30%，麦麸 8%，石灰 1%、石膏 1%。

三、关键栽培技术

秀珍菇菌棒制作、发菌期管理与平菇基本相同，仅将出菇管理特点介绍如下。

（一）原基分化期

在菌丝达到生理成熟和每潮菇采后的养菌期，拉大温差，并给予适当的散射光，诱导原基分化。出菇环境温度控制在 18℃左右，低于 15℃原基很难形成，在此基础上拉大温差至 11～14℃，给予 100～300lx 散射光。

一般在无光条件下，子实体难以形成；光照过强，也不易形成原基，或出现菇柄粗短、不易展盖现象。散射光对生长有利，特别是在冬季需更强的散射光，以保持菇体色泽美观。

在夏季，为拉大温差，如有冷库设施可将菌袋置于 2～4℃（或 5～8℃）冷库进行冷处理 10～12h，当菌袋内部降温至 5℃后转入出菇棚。有移动制冷设备的可直接在出菇棚降温，形成温差，低温诱导子实体形成。低温刺激促进出菇整齐，菇潮明显。尤其是夏季气温大大超过出菇温度，严重影响出菇，但只要进行冷处理就会再次出菇，实现高产和周年出菇。目前采用移动式制冷装置的栽培户较多，成本较低，操作简单，无需搬运菌棒，只需移动制冷装置。

（二）菇蕾期

此时期原基分化刚刚完成，子实体外观形态刚刚构建成型，要尽量减少温差、湿差，气温要尽量控制在 18～24℃，空气相对湿度稳定在 85%～90%，每天喷水 3～5 次，料面不能积水，发现料面有积水，要及时通风。

（三）成长期

菇蕾长到 2cm 左右时，子实体已完全分化进入菌盖快速扩展期，此时创造交替温湿差环境，促进菌盖增厚。空气相对湿度可在 75%～95%波动，温度保持在 18～24℃。在这一温度范围内，偏高温时间短、低温时间长，则子实体质地紧实、菌盖肥厚、外观敦实。

需要注意的是：秀珍菇从原基分化成小菇到成熟只需 2～3d，生长迅速，出菇密集，所以水分消耗量集中且较大，应在不同生长时期给足水分，保证空气相对湿度达到 85%～90%。低于 70%不易形成子实体，70%～80%子实体生长较慢，高于 95%则会引起杂菌滋生而烂菇。

由于 CO_2 浓度决定着秀珍菇菌柄的长短，为达到市场对菌柄长度的要求（商品菇要求柄长 5～7cm），出菇管理需要适当减少通气，提高 CO_2 浓度。在原基分化成菇蕾前结合喷水适当通风，形成小菇后，每次喷水结束，通风 0.5h 左右，当菇柄长至 3～4cm 时，应加大通风，使菇柄由纤细向粗壮生长。

（周廷斌）

主要参考文献

李伟平，2007. 碳氮营养对秀珍菇生长发育及胞外酶活性的影响 [D]. 保定：河北农业大学.

张宇，2013. 不同碳氮比栽培料对秀珍菇菌丝及子实体生长的影响 [J]. 北方园艺（3）：152-154.

第十章附　鲍鱼菇栽培

第一节　概　　述

鲍鱼菇即囊状侧耳（*Pleurotus cystidiosus*），又称台湾平菇、高温平菇、黑鲍菇，子实体肉质肥厚，菌柄粗、黑褐色，肉质清香脆嫩，有明显的鲍鱼风味。自然分布在热带、亚热带区域，我国南方多地也有分布。主要宿主有榕树、法国梧桐、番石榴等。据分析，鲜鲍鱼菇含水分92.75%，干品含粗蛋白质19.20%、脂肪13.48%、可溶性糖16.61%、粗纤维4.8%、氨基酸21.87%，其中必需氨基酸8.65%。是肥胖症、脚气病、坏血病及贫血症患者的理想食品（阮晓东等，2012）。

鲍鱼菇是一种高温型食用菌，菇体韧性强，耐运输，自然保鲜期相对较长，货架寿命较长。除以鲜品供应市场外，还可制罐、制干，干制率较高，干品具风味独特，质量佳，具有较高经济价值。

鲍鱼菇菌丝体特征是在菌落表面产生黑色油滴状的分生孢子，分生孢子下有白色的孢梗束。正是分生孢子梗束驱避了菇蝇的侵害。

第二节　鲍鱼菇生物学特性

一、形态与结构

鲍鱼菇子实体丛生或单生，单生较常见。菌盖呈扇形或半圆形，中央稍凹，直径5～24cm，灰黑色或黑褐色。菌盖表面有刚毛状囊体，近圆柱形或近棍棒状。菌褶延生，排列规则，长短宽窄不一，有横脉，色泽乳白并有明显的灰黑色边缘，其下沿与菌柄相连并形成黑色环。菌柄偏生，内实，质地致密，灰黑色，粗短，长3～5cm，直径2cm左右。褶缘囊体棍棒状或近柱形，浅褐色。孢子印乳白色。孢子无色，光滑，长椭圆形。

二、生长发育条件

（一）营养

鲍鱼菇分解木质素的能力较弱，在碳氮比（40～60）∶1的基质上子实体生长快，肉质肥厚、菇形美观。

PDA培养基添加0.2%蛋白胨，或2%玉米粉或高粱粉，可提高菌丝生长速度，且菌丝浓密粗壮；代料栽培中，以棉籽壳、废棉、稻草、麦秆、甘蔗渣、木屑、玉米芯等作为主料，以米糠、麦麸、玉米粉、大豆粉及油菜籽饼粉为辅料。以木屑或蔗渣为主料的培养料中，添加5%～10%的黄豆粉或玉米粉，或用棉籽壳代替部分木屑，均有大幅度增产作用。

（二）温度

鲍鱼菇菌丝生长温度为10～35℃，7℃以下、36℃以上菌丝不能生长，适宜温度25～28℃。在适温下，菌丝洁白、浓密、粗壮，常形成树枝状的菌丝束，爬壁力强，菌落表面常有白色分生孢子梗束和似墨汁的分生孢子堆。子实体发生温度范围20～32℃，适宜温度27～30℃，低于20℃或高于30℃子实体发生较少。在出菇期温度过低或过高，出菇少，菇体变形。温度还影响子实体颜色，25～28℃菇体灰黑色，28℃以上呈灰褐色，20℃以下呈黄褐色或黄白色。

（三）湿度

鲍鱼菇比较喜湿，培养料含水量60%～65%菌丝生长迅速。出菇的适宜空气相对湿度90%左右。空气相对湿度低不能出菇，或子实体发育不良，菌盖易龟裂。

（四）光线

发菌不需要光，子实体分化需要200～500 lx散射光，在黑暗条件下菌盖不分化。也有研究表明，100 lx散射光最有利于原基分化。子实体有明显的向光性，弱光下，子实体生长发育缓慢，菇柄较长。在较强散射光条件下，子实体生长发育快，菌盖厚实。

（五）空气

菌丝体营养生长阶段对氧气要求不严格，正常通风换气即可满足鲍鱼菇对氧气的需要。原基形成和子实体发育阶段，需要氧气充足，应随子实体的生长增加通风。通风不良容易形成柄长盖小菇或畸形菇。

（六）酸碱度

菌丝体在pH 4.0～8.5的培养料中均能生长，以pH 6.0～7.5为宜。

第三节 鲍鱼菇栽培技术

（一）栽培季节

各地可以根据当地气候特点，安排生产，应在自然气温20～32℃的季节出菇，南方地区适宜产期在5～10月，北方地区6～9月。

（二）原料与配方

常用配方如下：

①棉籽壳或废棉93%，麦麸5%，糖1%，碳酸钙1%。

②棉籽壳40%，木屑或甘蔗渣40%，麦麸18%，糖1%，碳酸钙1%。

③木屑73%，麦麸20%，玉米粉5%，碳酸钙1%，糖1%。

④玉米芯77%，麦麸20%，石膏1%，石灰2%。

⑤稻草74%，麦麸20%，玉米粉4%，糖1%，碳酸钙1%。

⑥麦秸25%，豆秸25%，玉米芯25%，杂木屑12%，麦麸10%，石灰1%，过磷酸钙1%，石膏粉1%。

⑦花生壳50%，木屑26%，麦麸20%，碳酸钙1%，玉米粉3%。

⑧甘蔗渣75%，麦麸23%，糖0.5%，石灰0.5%，碳酸钙1%。

（三）关键栽培技术

鲍鱼菇宜熟料袋栽生产。

1. 发菌管理 初期适宜温度为25～28℃，15d后菌丝达到生长高峰，应加强通风降温，降至室温22～25℃。一般25～30d菌丝长满袋。

当菌丝长至菌袋1/2时，应及时刺孔增氧，加快菌丝生长，促进菌丝健壮。刺孔适当，料内氧气充足，可缩短发菌期。经3～5次刺孔，20～22d即可长满袋，开始出菇。

2. 出菇管理 鲍鱼菇不宜菌袋两端开口出菇，因为开口处不一定长出子实体。往往开口处只出现柱头状分生孢子梗束，不能发育成子实体。也不宜脱袋出菇，应采用表面出菇法。具体做法是：将塑料袋反卷至培养料表面处，墙式排袋。气温高于25℃时菌袋间隔2～3cm，以利通风降温；若温度偏低，菌袋靠紧密排。每天喷水2～3次，保持大气相对湿度90%左右。保持料面湿润但无积水。保持通风透气，适量散射光，避免直射光，保持菇房温度25℃左右。一般经8～10d开始形成原基，从菇蕾至成熟5～8d。

每袋湿重1kg的菌袋头潮菇可产120～170g，最高200g。子实体一般丛生。二潮菇多为单生，单朵菇最重可达150g。采收两潮菇后菌袋需补水和再培养，可再采收一至二潮，产量可达生物学效率90%～100%。当菌盖稍有内卷即七八成熟时采收。采收后清除袋口残留菇根，停止喷水1～2d，让菌丝恢复生长。然后浇水保湿，经10d左右，下一潮菇开始形成。在适宜环境条件下，出菇期60～80d。

（周廷斌）

主要参考文献

阮晓东，阮周禧，李月桂，等，2012. 鲍鱼菇代料栽培技术［J］. 食药用菌，20（6）：362－363.

第十章附　榆黄蘑栽培

第一节　概　　述

榆黄蘑即金顶侧耳（*Pleurotus citrinopileatus*），俗称玉皇蘑，因常腐生于榆树枯枝上而得名。国外主要分布在欧洲、北美洲、非洲以及日本等地，多在温暖多雨的夏秋季节。腐生于榆树、栎树、桦树、杨树、柳树、核桃树等阔叶枯立木的基部、伐桩以及倒木上。我国榆黄蘑20世纪70年代在长白山地区试种栽培，80年代中期黑龙江、吉林、江苏、山西等省大范围栽培。

榆黄蘑菌盖颜色鲜黄艳丽，形如花朵簇聚，富含蛋白质、脂肪、糖类以及多种维生素，口感细腻脆嫩，风味独特。榆黄蘑还可入药，有滋补健身、化痰定喘、平肝健胃、降压减脂等疗效（刘小雷等，1996；金宗镰等，1991；李长田等，1998）。

第二节 榆黄蘑生物学特性

一、营养

榆黄蘑是木腐菌，可利用木屑、稻草、麦秸、玉米芯、棉籽壳、豆秸、葵花籽壳等多种农林副产品。栽培中常添加麦麸、豆粕等提供氮源，尿素、铵盐和硝酸盐等无机氮源也是榆黄蘑的氮素来源，能被菌丝直接吸收。栽培使用的天然培养料可满足其对磷、镁、硫、钙、钾、铁等矿物质元素的需要，无需另外添加。

二、温度

通常情况下，榆黄蘑菌丝生长温度范围7～32℃，适宜温度22～26℃；子实体生长温度范围14～28℃，适宜温度20～24℃。低温条件下产量降低，颜色变深；超过适宜温度，菇盖薄，产量下降。子实体分化不需温差刺激，恒温亦可出菇，但是温差能促进子实体原基形成。

三、水分

1. 培养料含水量 适宜含水量60%～70%。在保证正常发菌的情况下，含水量越高，产量越高。

2. 空气相对湿度 菌丝生长阶段适宜空气相对湿度50%～70%，原基分化和子实体发育的适宜空气相对湿度85%～90%。

四、光照

菌丝生长不需要光线，在强光照射下，生长速度约降低40%。由营养生长转入生殖生长需要光线，适宜光照度200～1 000 lx，光照过强（超过2 500 lx），原基不易形成，或菌柄粗短，菌盖不易展开。在栽培中，菌丝长透培养料后，应给予散射光刺激，促进原基形成和分化。

五、酸碱度

pH 5.8～6.2适宜菌丝生长。培养料配制时，需调高至pH 6.2～7.0。配料时一般添加生石灰提高pH。生料栽培时，较高的pH有利于抑制杂菌生长。

六、空气

榆黄蘑菌丝生长对氧气要求不高，发菌中无需刺孔增氧，只需保持发菌室内空气清新流通即可。榆黄蘑子实体对CO_2较敏感，出菇期需要加强通风换气。CO_2浓度超过0.3%会引发子实体畸形，降低产量和品质。

第三节　榆黄蘑栽培技术

一、栽培季节

榆黄蘑属中温偏高温出菇种类，适宜出菇温度多在22～26℃，耐高温品种28℃仍能出菇，生产周期一般100～120d。园艺设施条件下主要是春、秋两季栽培。由于北方地区春季升温快，适宜出菇温度时间短，秋季栽培更为适宜，一般在9月上旬至12月中旬栽培。东北、西北及高海拔等冷凉地区，在5～8月可充分利用降温设施及有利的气候条件进行错季栽培，南方地区可在秋、冬、春三季栽培。

二、原料与配方

栽培平菇的培养料都能用来栽培榆黄蘑，如使用棉籽壳、玉米芯、豆秸、花生壳、阔叶木屑、各种菌渣，都可获得较好的产量。平菇栽培配方都可使用，豆秸和菌渣栽培常用配方有：

①豆秸96%（长度3～5cm，适当切断即可），石灰3%，石膏1%，含水量70%。适于东北地区作圆柱形菌垛式生料栽培。

②工厂化生产无污染的菌渣（风干，粉碎）50%，棉籽壳40%，麦麸7%，石膏1%，石灰2%。

三、关键栽培技术

榆黄蘑可为熟料或发酵料袋栽。

（一）发菌管理

发菌期间要特别注意防止高温烧菌，尽量低温发菌，以20℃左右为宜。接种后3～4d温度可稍高些，23～28℃，切不可超过32℃，5d之后降温至22～26℃，每天通风换气。

（二）出菇管理

经过20～25d培养，袋内出现瘤状突起，用刀片将薄膜割2～3个出菇口，开口2d后即可现蕾。菇蕾初现时切忌喷水，待菇蕾大部分变成金黄色时，喷雾增湿，保持空气相对湿度85%。菇体发育期每天喷水1次，保持空气相对湿度90%以下，温度20～24℃。整个出菇期注意通风换气，严防畸形菇发生。

榆黄蘑鲜艳的黄色极易吸引各种飞虫，出菇前应在通风口处加封防虫网，出菇期注意门窗管理。

（解文强）

主要参考文献

金宗镰，周宗俊，1991. 榆黄蘑发酵液的抗衰老研究［J］. 北京联合大学学报（自然版），5（2）：8-12.

李长田，李玉，1998. 金顶侧耳清除OH′的能力研究［J］. 吉林农业大学学报，20（增刊）：109.

刘小雷，张兴岐，1996. 香菇、榆黄蘑抗衰老研究［J］. 内蒙古医学院学报，18（1）：23-26.

张姝，2013. 金顶侧耳品种比较研究［D］. 长春：吉林农业大学.

第十一章

黑木耳栽培

第一节 概 述

一、黑木耳的分类地位与分布

黑木耳（*Auricularia heimuer* F. Wu，B. K. Cui & Y. C. Dai）又称云耳、光木耳、细木耳等（吴芳等，2015），是一种典型的胶质真菌。广泛分布在世界热带、亚热带、温带地区，主要分布在温带和亚热带海拔 500～1 000m 的山区森林中。我国黑木耳野生资源十分丰富，北起黑龙江、吉林，南到海南，西至陕西、甘肃，东至福建、台湾，分布遍及 20 多个省（直辖市、自治区）（李玉，2001）。

二、黑木耳的营养与保健价值

黑木耳营养丰富、滑脆爽口，具重要食用价值。在实现人工栽培前，野生黑木耳是重要的山珍之一。黑木耳富含蛋白质、脂肪、碳水化合物及钙、磷、铁等矿物质，还含有人体必需氨基酸和维生素。每 100g 黑木耳中含蛋白质 10.6g、脂肪 0.2g、碳水化合物 65g、粗纤维 7g；铁的含量最为丰富，比肉类高 100 倍（李玉，2001）。随着科技的发展，人工栽培的黑木耳走入了寻常百姓家，如今在我国，黑木耳是老百姓久食不厌的食用菌之一，既可搭配不同食材烹调成美味佳肴，又可制作多种深加工食品。

黑木耳具有重要的保健和药用价值。我国最早记录黑木耳药用的药典《神农本草经》中记载："桑耳黑者，主女子漏下赤白汁，血病症瘕积聚。"《本草纲目》中记述了历代医书应用木耳治疗多种疾病的方法和治疗效果，常用于治痔、补气血、止血活血，有滋润、强壮、通便的功效（李玉，2001）。黑木耳富含的胶质、磷脂等物质，在人体消化系统内对不溶性纤维、尘粒等具有较强附着力，具有润肺、清涤胃肠的作用，从而成为许多特种行业，尤其是理发师、纺织业、面粉加工和矿石开采等行业从业人员的必备保健食品。同时黑木耳含有的核苷酸类物质，具有降低胆固醇、防血栓以及预防心脏冠状动脉疾病等功能；含有的多糖、酸性异葡聚糖等对高血压、眼底出血等疾病有一定疗效。

三、黑木耳的栽培技术发展历程

黑木耳是我国人工栽培最早的食用菌（张金霞等，2015），远在 2100 年前的《周礼》中就记载了黑木耳的栽培。黑木耳段木人工栽培主要分为 3 个阶段，即古代的自然接种法生产、半人工半自然接种生产（20 世纪 60 年代）和纯菌种接种生产（20 世纪 70 年代），至此开始真正意义上的人工栽培。

纯菌种接种生产有段木栽培和代料栽培两种生产方式。段木栽培在 20 世纪八九十年代达到高峰。代料栽培技术的研发和成熟，快速取代了段木栽培。

代料栽培分三个阶段。一是大棚、温室吊袋立体栽培。20 世纪 80 年代末参照其他食用菌的大棚、温室吊袋栽培开始了黑木耳的立体生产，并逐渐在东北地区形成规模。二是露地全日光间歇弥雾栽培。20 世纪 90 年代末至 21 世纪初，研究发现强光照、大温差及见干见湿的温光水气条件更适合黑木耳生长发育，将大棚、温室内的黑木耳栽培搬到了露地，形成了露地全日光间歇弥雾栽培。这种方式管理简单，减少设施投入 30%以上，产量高、质量优，同时良好的通风和强光照有效抑制病虫害发生。之后这一技术迅速取代了大棚、温室吊袋栽培。三是钢架大棚吊袋栽培。2010—2015 年以来，随着栽培棚室的配套设施进一步完善，出耳环境调控手段更加多样和有效，形成了更完善先进的出耳管理技术，使得早期大棚和温室吊袋栽培出现的问题逐步得到解决，大棚吊袋栽培大大提高了土地利用率，更便于管理，耳片更洁净，这使大棚吊袋栽培又重新兴起，应用比例逐年提高，尤其是在新兴产区应用更加普遍。

出耳技术按照出耳开口形式可分为两个发展阶段。一是代料栽培开始之初，借用食用菌的 V 形口和“一”字形口等大口出耳技术，耳片丛生成朵，俗称“菊花耳”，撕片晾晒不但浪费人工，而且大量耳基被废弃，产品形状不规整，深受市场诟病。二是 2010 年前后创新小孔出耳技术。研究发现，出耳孔大小对朵形有很大影响，从而发明了小孔出耳技术，产品单耳片率达到 90%以上，深受市场欢迎。此后陆续创新形成与之配套的菌包（袋）制备设备、后熟及催芽等产业化技术，黑木耳产品质量跨跃性提升。

四、发展现状与前景

黑木耳产业以东北创新的露地全日光间歇喷雾栽培模式、小孔出耳技术及棚室吊袋栽培为代表的产业化技术迅速由东北向南扩展，全国均有栽培。我国黑木耳产量从 2006 年 107.67 万 t 增长到 2018 年 679.54 万 t，已成为全国第二大食用菌。现代黑木耳代料栽培，以菌棒规格可分为两类，即以东北为主的短棒和以南方为主的长棒，这两种模式在全国各产区均有分布。短棒模式主要在东北、华北、西北及华东的山东等地区，长棒模式在华东（山东除外）、华中、华南、西南等气候相对温暖地区较多。以出耳场所可分为两类，即大棚吊袋立体栽培和露地（包括林下）全日光栽培。以菌棒生产方式可分为两类，即专业化生产和作坊式生产。按照栽培季节可分两类，即北方的冬春接种夏秋采收和南方的夏秋接种冬春采收。此外，近几年东北的夏栽秋出的秋耳也形成了一定规模。

黑木耳进入代料规模化栽培历史较短，产业规模发展迅速，亟须优良品种及配套的产业化技术。但是，黑木耳遗传育种相关基础研究薄弱，且无国际先进经验可以借鉴，产业技术研发的理论支撑严重匮乏。产业发展如此之快，规模如此之大，亟需全面开展遗传学、育种技术、营养利用、环境响应等的系统研究（Li - Xin Lu et al.，2017；Fang - Jie Yao et al.，2018）。同时开展菌种质量控制、菌棒工厂化生产、技术规程规范等相关产业化技术的优化与集成（万佳宁，2009；姚方杰等，2017）。

另外，随着科技的进步，黑木耳生产模式和栽培技术的不断完善，未来农业副产物有望逐步替代一定比例木屑或完全作为主料使用；菌棒工厂化集中生产再分散到农户出耳（张金霞，2015），液体菌种生产技术逐步取代固体菌种；立体吊袋栽培迅速推广；品种由高产型向优质型转变，进一步向功能型（膳食纤维、胶质、多糖）转变，农业方式生产向工业化生产转变。

第二节　黑木耳生物学特性

一、形态与结构

子实体呈褐色至黑色，丛生或单生。浅圆盘形，耳形或不规则形。新鲜时脆嫩且有弹性，干燥后强烈收缩，内含丰富胶质，复水能力强。子实层生于凹形腹面，光滑或有脉状皱褶；背面有纤毛，有的具脉状皱褶，颜色浅于腹面。担孢子肾形或者圆棒形，无色，透明（3.51～5.59）μm×（11.20～13.44）μm（张鹏，2011）。孢子印白色。菌丝纤细，在光学显微镜下，呈半透明状，有分枝，双核菌丝具有锁状联合。菌落白色，边缘整齐，长势较平菇弱。在PDA培养基上，菌丝体常向培养基内分泌黑色素，色素分泌的程度因品种而异。菌丝浓密度分为浓密型、中等型和稀疏型三大类型。

子实体发育主要包括原基形成期（浅黑色瘤状物），分化期（粒状物）；伸展期（耳状物），成熟期（耳片展开，孢子尚未弹射），及生理成熟期（孢子弹射，耳片变薄、颜色变浅）。

二、繁殖特性与生活史

黑木耳属于异宗结合真菌，子实体成熟时在腹面子实层形成担孢子。担孢子有一个或多个萌发孔，萌发长出一个或多个芽管，进一步生长为单核菌丝，交配型可亲和的两个单核菌丝结合，形成双核菌丝，具有锁状联合。双核菌丝不断生长、分化发育形成原基，原基进一步形成子实体，子实体成熟后又产生大量的担孢子，如此完成生活史（图11-1）。研究发现，单核菌丝、双核菌丝均可以产生马蹄状的分生孢子，形成生活史中的无性小循环（张鹏，2011）。

三、生态习性

黑木耳属于木腐菌，于春至秋季生长在桑、槐、榆、栎、桦树等阔叶树死树、倒木及腐朽木上（李玉，2001），特别是在栎属树木上更为常见（吴芳等，2015）。不同地区的黑木耳形态上具有一定差异，主要表现在耳片发生形式、大小、薄厚、色泽、褶皱、绒毛疏密和长短等的不同。

四、生长发育条件

（一）营养条件

1. 碳源　碳素是黑木耳的重要能量来源，常用碳源有蔗糖、葡萄糖。天然基质上主要碳源为木质素、纤维素、半纤维素和淀粉等。纯培养一般采用PDA培养基，生产中以

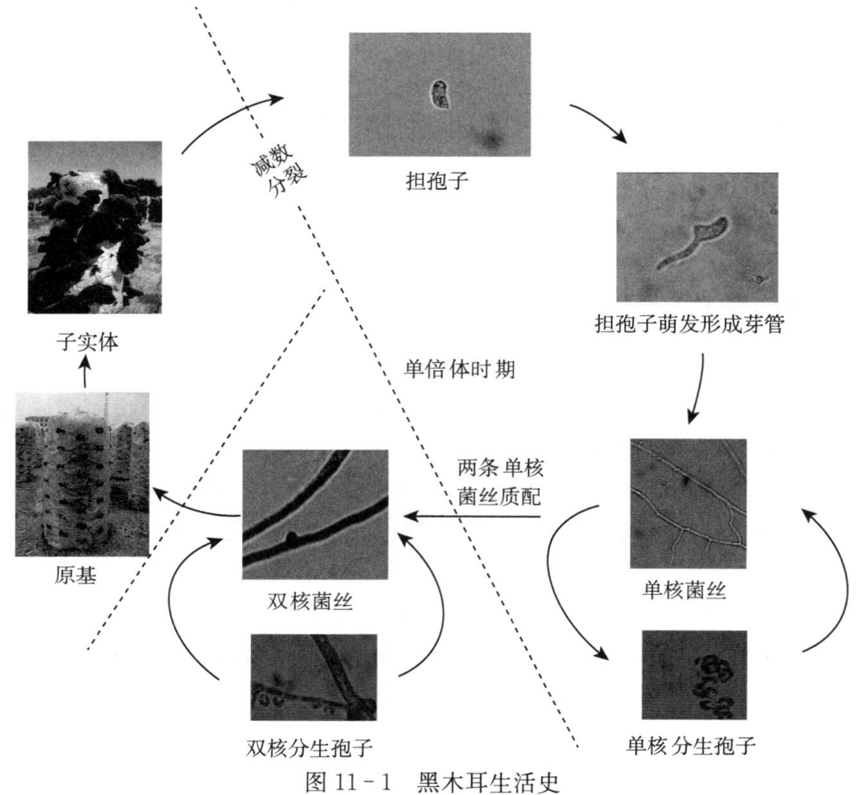

图 11-1 黑木耳生活史

阔叶树木屑等为碳源，也可利用农副产品作碳源，如玉米芯、棉籽壳等。

2. 氮源 黑木耳主要氮源有氨基酸、蛋白质、铵盐、硝酸盐和尿素等。其中有机氮比无机氮更容易吸收利用。在生产中多以麦麸、玉米粉、黄豆粉和蛋白胨等为氮源。

3. 矿质元素 钙、磷、硫、钾、镁等，黑木耳生长发育的矿质元素自然存在于培养料中，不需额外添加，适当添加石膏、石灰，在补充矿质元素的同时调节培养料的 pH。

4. 碳氮比（C/N） 适宜碳氮比是以菌丝和子实体的生长质量确定的。曾有文献报道称食用菌菌丝生长阶段的最适碳氮比为 20∶1，子实体生长阶段为（30～40）∶1。笔者团队经生产实践调查和实验表明，目前黑木耳栽培以 78%木屑、20%麦麸、1%石膏、1%石灰组成的培养基质碳氮比约 92∶1（刘佳宁等，2014）。多年栽培实践也证明碳氮比（90～140）∶1 更适合黑木耳栽培。

（二）环境条件

1. 温度 黑木耳属于中温型种类，菌丝体生长温度范围 10～35℃，生产中适宜发菌温度 23～28℃；子实体生长温度 15～33℃，适宜温度 20～25℃。生产上常采取相对低温或大温差条件下出耳，耳片生长缓慢，不易流耳，色深肉厚，相对高温或温差小的条件下，耳片生长快，色浅肉薄。

2. 水分和湿度 菌丝生长阶段，培养料适合含水量 58%～62%，子实体分化阶段，要求空气相对湿度 85%～90%。子实体富含胶质，具有干燥后吸水可恢复生长的特点。

因此，为了防止出耳期杂菌侵染，促进耳片增厚，采取间歇喷雾、见干见湿管理。高温高湿，易发生流耳。

3. 光照 黑木耳子实体喜光，菌丝生长对光照要求不严格，可在完全黑暗中正常生长，一定散射光促进生长。强光刺激易形成原基。因此，散射光条件下催芽。子实体生长需要大量散射光和一定强度的直射光，强光条件下，子实体生长相对缓慢，但能抑制杂菌发生，耳片颜色深，耳片肥厚；光照不足，耳片薄，颜色浅，产量低。

4. 空气 黑木耳好气性强，在栽培中需要大量通风，露地全日光喷雾栽培满足了黑木耳的这种大耗氧量的要求。大棚设施栽培要特别注意通风。当 CO_2 过高时，子实体分化不良，耳片畸形。

5. 酸碱度 黑木耳菌丝适宜在微酸性条件下生长，pH 4～8 菌丝均可生长，最适 pH 5～6.5（万佳宁，2009）。当 pH 小于 4 或大于 7.5 时，菌丝生长缓慢、稀疏，出耳困难。

第三节 黑木耳品种类型

在我国，黑木耳野生资源丰富，栽培历史悠久，生产区域气候条件多样，形成了多样化的品种，按照生育期、商品性状、出耳温度等的不同，可划分若干品种类型。各地的黑木耳生产，要按市场需求和当地的气候条件和设施管理特点，综合考量，选择适宜品种。

一、不同生育期品种

不同生育期的品种，生产特点不同，适合不同生产条件和市场要求。选择生育期短的品种可以早生产、早出耳，早上市，抢占市场；生育期长的品种往往抗性强、产量高。在东北地区秋季栽培一般选择生育期短、前一至二潮产量高的品种，例如黑木耳 1 号、黑耳 4 号、黑耳 5 号、中农黄天菊花耳；春季栽培一般选择生育期长、综合性状优良的品种，能多潮采收，可选择黑 29、丰收 2 号、吉 AU2 号、延特 5 号等。浙江等南方地区，自然条件温差小、光照较弱，大气相对湿度大，出耳期长，多选用 916 和新科 2。

二、不同商品性状品种

黑木耳商品性状以外形为主要依据，以出耳形态划分为菊花型和单片簇生型两大类；以耳片的平展度划分为多筋、半筋、少筋或无筋三大类。筋即耳片上的耳脉或褶皱。菊花型品种主要有黑木耳 1 号、黑耳 4 号、黑耳 5 号、旗黑 1 号、中农黄天菊花耳；簇生单片型品种主要有黑 29、丰收 2 号、吉黑 1 号、吉黑 3 号、吉 AU2 号、新科、916。

三、不同出耳温度品种

东北等北方地区应该选择要求温差大、耳片厚、产量高的品种，如黑木耳 1 号、黑耳 4 号、黑耳 5 号、旗黑 1 号、吉黑 1 号、吉黑 3 号、中农黄天菊花耳、黑 29、丰收 2 号、吉 AU2 号、延特 5 号。浙江等南方地区应选择耐高温高湿、抗性强、适宜小孔出耳的品种，如新科、916。区域试验表明，黑 29、吉黑 1 号、延特 5 号等品种在南方北方均适宜栽培。

第四节　黑木耳栽培技术

我国黑木耳栽培规模大、区域范围广，栽培技术和配套设施多样。本节主要介绍北方短袋栽培、南方长棒栽培和段木栽培三种栽培模式。

一、北方短袋栽培技术

（一）栽培设施

黑木耳栽培主要设备为菌袋制备设备和出耳田间管理设备两大系列。前者包括原料粉碎、筛料、拌料、装袋、窝口等机械以及灭菌锅（柜）、菌种培养设备、接种机、菌袋开口机环控设备或系统；后者包括水泵、浇水喷头喷水带、烘干机等。

主要设施包括原料储藏室、菌袋制备车间、灭菌室和冷却室、菌种制备室、接种室、培养室、露地出耳场或出耳棚、晾晒棚和产品储藏库等。大型菌袋厂还应配备菌种质量检验室和菌袋储存室。

液体菌种培养室、接种室、菌袋培养室应配备无菌空气过滤系统和环境条件检测调控装置。露地出耳场地和出耳棚应配备符合生活饮水标准的水源和给水装置，具备遮阴和通风等调控条件和附属设施。

（二）栽培季节

黑木耳栽培应根据菌丝生长和子实体发育所需环境条件，特别是温度条件推算和安排接种期，最大程度利用自然环境条件进行应季栽培，减少环境调控难度，降低因环境调控造成的人力物力消耗。北方宜“冬春养菌，春夏育耳”和“春夏养菌，夏秋出耳”，南方宜“夏秋养菌，冬春出耳”。尽量避免高温期养菌和出耳。

（三）栽培原料与配方

1. 原料　适合黑木耳栽培原料很多。木屑以柞树、水曲柳、榆树、桦树、椴树为好，杨树木屑次之。松树、樟树、柏树等树种不宜使用，如使用需事先堆制，去除有害物质。曾有报道西伯利亚落叶松腐木上发现黑木耳生长，并驯化栽培（汪智军等，2011）。

玉米芯、大豆秸杆、稻草、玉米秸等作物秸秆可替代部分木屑作主料，替代量一般不超过 30%。与全木屑相比，部分玉米芯栽培的子实体外观和口感无明显差异，粗脂肪、蛋白质、总糖、粗纤维和灰分含量有明显区别。应用秸秆等应充分揉搓粉碎、装料紧实，适当减低氮源和提高含水量，注意低温保湿发菌，要低温集中催芽、集中潮次出耳，尽量缩短出耳期。东北主产区栽培试验表明，添加 20%～40%的黑木耳菌渣与全木屑栽培无显著差异。

麦麸、稻糠、豆粉、豆粕等都是黑木耳优质氮源。与其他食用菌一样，石膏和石灰可以为黑木耳提供丰富的钙和硫元素，调节培养料酸碱度。

2. 配方　本着“目的明确、营养协调、条件适宜、经济节约”的原则，原料选择宜以粗代精、以废代常、以简代繁，以利节本增效。

菌种和栽培袋因培养目的不同而配方不同。菌种分为木屑种、谷粒种和枝条种等类型，木屑种常用配方为：木屑78%，麦麸或米糠20%，糖1%，石膏1%。谷粒种为：①麦粒或玉米粒100%；②麦粒或玉米粒84%，麦麸或米糠15%，石膏1%。枝条种主要配方为：①木块或枝条100kg，麦麸或米糠25kg，石膏1kg；②木块或枝条100kg，木屑18kg，米糠10kg，糖1kg，石膏0.5kg。

刘佳宁等（2014）研究表明，在不同菌种、不同氮源（稻糠、麦麸）和不同的技术水平条件下，均为碳氮比（100～140）∶1抗杂菌能力强、出芽整齐、产量高。碳氮比过低则出芽慢、污染率高；过高则产量下降。

根据黑木耳的营养和生长特点，笔者和团队对黑木耳栽培基质配方进行了节本增效优化，多种新型材料得到应用。黑木耳栽培参考配方为：①木屑88%，麦麸11%，石膏0.5%，石灰0.5%；②木屑78%，麦麸20%，石膏1%，石灰1%；③木屑86.5%，麦麸10%，豆饼2%，石膏粉1%，石灰0.5%；④木屑69%，玉米秸20%，麦麸8%，豆粉2%，石灰1%；⑤木屑69%，稻草20%，麦麸8%，豆粉2%，石灰1%；⑥木屑60%，大豆秸30%，麦麸8%，玉米粉1%，石灰1%；⑦木屑59%，玉米芯30%，麦麸8%，豆粉2%，石灰1%等。其中配方①出芽早、产量高。随着麦麸添加量增多，子实体粗蛋白含量增加、粗纤维含量降低。添加量20%或更高时，出耳后期杂菌污染增加。

（四）栽培基质制备

1. 原料预处理　木屑应自然堆放3个月以上使用。木屑堆放时适当浇水促进软化腐熟，有利于减少颗粒扎袋形成微孔造成杂菌侵染，同时去除有害物质，有利于菌丝萌发和生长。

试验表明，木屑等原料的粒径大小是影响基质松紧度、持水力和透气性的重要因素，使用粗（筛孔4.0～6.0mm）细（筛孔1.0～1.5mm）比例相近的复合基质菌丝萌发定殖快、洁白粗壮，菌袋弹性好，开口后菌丝愈合快、出芽早、出耳齐，产量高。颗粒大小相同，装料易过紧，菌丝生长缓慢。颗粒大，装料密度低，氧气充足，菌丝生长快、健壮。

利用作物秸秆作为黑木耳栽培基质要充分考虑物理性质与木屑的差异，调整工艺解决装料松、持水力差等问题。应粉碎充分、选用中等颗粒木屑、适当提高基质含水量和装袋密度，以达到与全木屑基质相近的菌袋物理性状。

使用黑木耳菌渣替代部分木屑生产时，菌渣需要认真挑选，要无霉菌或很少霉菌侵染，并充分晾干、充分粉碎、均匀拌料。试验表明，黑木耳菌渣经腐熟后使用更好，发酵后菌渣质地柔软、装袋紧实、菌丝萌发快、生长快。使用发酵菌渣栽培发菌期要注意多通风和控温，预防烧菌。

2. 拌料装袋　拌料要剔除小木片及其他异物以防扎袋，原料要搅拌混匀。北方含水量以55%～58%为宜（张介驰等，2015）。但由于北方冬季空气干燥，长时间养菌会造成基质水分散失，因此应根据养菌环境的温湿度和养菌周期适当调整。

结冰的原料不能直接使用。结冰原料会导致含水量的测试误差，造成含水量偏高。应待冻块融化后使用。

塑料袋多为聚乙烯或聚丙烯材质、折口袋，规格多为（16.0～16.5）cm×（35～38）cm，要求有较高的强度和较好的收缩性，避免破裂、微孔和袋料分离。使用插棒专用窝口机装袋，接种后用棉塞或专用盖体封口。

3. 灭菌冷却 灭菌和冷却要求与其他食用菌相同。由于黑木耳采用插棒制棒，接种后使用的棉塞等滤菌盖体要包装好一同灭菌。

（五）接种与发菌培养

1. 接种 接种环境要求易于清理消毒、温度可调、气流稳定；接种操作区域要求达到百级洁净标准。接种操作人员要求衣着整洁无尘落、动作标准规范、手法娴熟，操作敏捷。

大型工厂化菌棒企业应配备专门的接种车间，规范布局消毒间、缓冲间和接种间，配备洁净空气供给系统，建立规范的质量检验制度。

2. 发菌管理 发菌管理直接影响后期出耳和抗杂能力，应高度重视。发菌场所应干燥、通风，具备温度、湿度、O_2 和 CO_2 等调控能力，为菌丝生长提供洁净、均一、稳定的生长环境，实现黑木耳菌丝生长良好，体内养分充分积累。

发菌期菌袋摆放方式多种多样，以便于检视发菌状态并使环境条件一致为原则。切忌培养环境温度、湿度和通气差异过大，造成菌丝生长不一致，进而影响后期统一管理，甚至造成局部通风不良、温度升高，杂菌侵染风险增加。

温度控制是发菌管理关键。黑木耳发菌最适温度 22～25℃。发菌过程中温度控制"前高后低"，即发菌初期 3～5d 温度 28℃，以促进菌种萌发定殖；中期 22～24℃；后期 20～22℃。菌丝长满后应进一步降温至 20℃左右，促进营养积累和生理成熟。黑木耳不同品种对温度反应不同，发菌期因品种差异，温度调整应有所差异。如发菌结束后不能马上进入开口催芽环节，应在 10℃左右条件下临时贮存。发菌期的温度控制应综合考虑发菌室环控能力和条件的一致性，密切关注室温与基质内部的温度差异，应以基质内部温度为准、并保证室内温度均一稳定。

研究表明，低温发菌有利于提高黑木耳质量和抗性（张介驰等，2014）。试验考察了 15℃、20℃、25℃、30℃和 35℃培养对国家认定品种黑 29 菌丝生长的影响，结果表明 15℃下菌丝生长稀疏、缓慢，颜色灰白；25℃和 20℃下菌丝生长较快，菌丝洁白、浓密、成束，菌袋弹性好。30℃下菌丝颜色灰白、细弱、稀薄，菌袋弹性差。试验表明高温下菌丝长速快但长势弱，基质消耗大，呼吸代谢旺盛。低温发菌的菌袋出芽快且均一，出芽率高，耳片生长快，形好色黑，大小均匀，边缘整齐，产量高。高温发菌导致出耳阶段高温抗性明显下降（表 11－1）。

表 11－1 不同发菌温度的菌袋在 35℃条件下出耳的抗性表现

发菌温度（℃）	坚实度	流耳	杂菌
15	较坚硬、有弹性	极少	杂菌斑点少
20	软、无弹性	少多	杂菌斑点略多
25	软腐	多发，少部分残耳	杂菌斑点多发
30	严重软腐	大量发生，少部分残耳	杂菌斑点严重多发
35	全部流耳，耳片脱落，仅根部留有少量残耳		

发菌期间需要通风良好。笔者试验研究表明，充足的氧气供应可以提高菌丝对高温的

耐受性，降低高温伤害。发菌期通风应“先小后大，先少后多”，后期应加大通风量。北方冬春季气候寒冷，要注意协调温度与通风的关系，既要防止通风引起温度剧烈波动，又要避免保温而引起氧气不足。

发菌室大气相对湿度以40%～60%为宜。湿度过小则会造成水分散失过多，基质含水量不足而减产。要注意避光。发菌后期光照易造成菌丝老化、诱发原基、消耗营养而影响产量。邹莉等（2014）报道称蓝光和黑暗条件有利于黑木耳菌丝生长。

发菌期间要定期检查，及时采取措施。杂菌污染菌袋及时运出处置。

完成发菌后要严防高温伤害和低温冻害，防止通风过大、干燥引起菌袋失水。要适当降温，强化通风，增加光照和温差刺激，及时转入出耳管理。

（六）出耳管理与采收

1. 出耳管理

（1）开口　菌袋开口前3～5d应加强通风换气，这个时期不需要恒温，使菌丝逐步适应出耳场地的环境气候。开口前表面擦拭消毒，剔除杂菌感染菌袋。开口深度为0.5～1.0cm。开口过浅则菌丝营养输送效率低，耳片生长缓慢且容易过早脱落；开口过深则会延长原基形成时间。开口方式多种多样，口形有星形、“十”字形、斜线形和圆形，大小（直径）0.2～0.5cm，数量180～260个/袋。开口形式不仅影响耳芽形态和耳片大小，还与田间管理技术要求密切关联。大口一般耳基大、耳片集中簇生。圆形小口（钉子口）一般单片出耳、耳形圆整。小口出耳要求菌袋弹性好、初期培养料紧贴袋壁，后期袋可随料的收缩而收缩，不出现料袋分离；田间管理给水通风要及时、精准。

（2）催芽　露地栽培，应集中堆放，人工调控环境条件下催芽。催芽在开口后进行。开口后菌丝代谢活跃，通风、控温和保湿措施要精准协调。要足够的通风，防止氧气供应不足，严格控温以防止代谢旺盛造成料温升高诱发霉菌侵染，同时促进开口处菌丝恢复。合理保湿则以防开口处干燥导致菌丝死亡而不出耳（“瞎眼口”）。生产中可通过集中堆放、遮阴给水、草帘和塑料薄膜覆盖等综合调控，保持温度18～25℃、初期保持空气相对湿度60%～65%，促进菌丝恢复生长，扭结成原基，出芽封口。开口处菌丝恢复和出现原基后应进入催芽管理阶段。北方地区春季气候干燥、气温低，应根据催芽场地环境气候和设施条件，利用固定棚室、塑料薄膜、草帘等设施，通过苫盖、遮阴、给水和通风等措施，集中调控催芽环境温度、湿度、光照和通风等，提高黑木耳出芽率和耳芽质量（张介驰等，2011）。集中催芽应调控环境温度在15～25℃，温差10℃左右，封口后保持空气相对湿度80%～90%，CO_2浓度0.05%～0.15%。催芽完成后直接分床进入第一潮出耳管理。棚室栽培可出现原基后直接挂袋，利用塑料薄膜覆盖、自动给水、遮阴和通风等环控设施，灵活调控，提高出芽率和整齐度。

出芽温度试验表明，20℃和25℃催芽，耳芽齐、生长快、产量高；30℃催芽出芽率低、生长慢，且易发生杂菌污染和生理病害。高温环境下耳片褐黄、不圆整、长速慢、菌袋污染严重。

北方秋季高温多雨，露地栽培和棚室栽培的催芽都应该以降温、排湿、通风和遮阴为主，菌袋应该稀疏摆放或吊挂，采用多种方式降温排湿，降低高温高湿对菌丝的不良影响。

(3) 出耳　露地摆放和棚室吊挂前应做好设施准备。场地应环境清洁平整、方便取水和排水，设施内通风良好、光线适宜。应做好场地除草、环境消毒、给水遮阴等。

黑木耳子实体生长需要充分的菌丝生物量、积累足量的营养、良好的菌丝活性。子实体吸水膨润时，基质内菌丝和子实体同时生长，菌丝分解基质、吸收营养并向子实体输送。子实体缺水干缩时，则生长停滞，仅基质内菌丝生长发育，吸收积累营养。因此，耳芽长至足够大小后要及时转入出耳管理，给予干干湿湿的环境条件，干时促进菌丝进一步分解基质积累营养，湿时促进基质中菌丝内的营养向子实体输送、促进耳片生长。

出耳期管理要注意以下原则：一是协调菌丝和子实体的生长。通过给水和停水的调控，确保基质内菌丝的养分吸收和积累，为子实体生长发育获得高产奠定营养基础。同时提高菌丝的抗病能力和产出质量。二是确保子实体适温生长。在环境温度偏高或过低时，子实体持水生长会导致产品质量和抗病能力下降，因此要在适宜温度条件下给水促进子实体生长。避免温度过高或过低时浇水。黑木耳优质商品性状的形成适温 15～28℃，这一环境条件下生长的子实体，不论商品外观，还是质地口感都更好。三是防止菌袋水分散失。菌袋失水会造成芽口干缩、袋料分离和菌丝活力下降，导致出耳后期杂菌感染和生理性病害。因此，要通过环境给水增加湿度、塑料膜或草帘苫盖保湿等减少水分散失，尽量避免长时间暴晒和长时间停水。四是防范高温高湿。高温高湿环境极易造成杂菌浸染和流耳烂耳，应遮阴降温、强化通风，及时采摘，避免或减少高温高湿伤害。

出耳管理中给水是最重要的调控措施。耳芽催长阶段耳片小持水少且水分散失快，给水应少量多次。耳片湿润膨胀后不能过度给水，应在耳片边缘收缩脱水时再度给水。随耳片展片加快、由厚变薄、颜色由浅渐深，逐渐加大单次给水量。耳片生长后期要逐渐增大水量，减少给水频次，使耳片在干干湿湿条件下间歇性生长。当耳片生长缓慢时停水养息菌丝，停水时间应根据环境温度和出耳潮次调整，温度高、潮次少则停水时间短，相反，应延长停水时间。北方春夏出耳应选择夜晚相对低温时段给水、夏秋出耳气温低时则应选择白天相对高温时段给水，适宜温度时段给水，有利于提高产量和品质。给水降温时要同时加强通风，避免形成高温高湿环境。

出耳期需要增加光照，促进耳片生长和黑色素形成，因此，棚室栽培要经常“去遮阴、增光照”。同时日光的紫外线有消毒作用，可减少霉菌发生。试验表明，蓝光下耳片长速最快、颜色最深，其次是自然光和绿光。可以考虑棚室栽培加人工光源提高色泽品质。

棚室栽培吊挂菌袋密度不能过大，棚室上下均应设有通风口。加强通风可以降温除湿，有利于提高抗病性和产品质量，减少杂菌感染、畸形、流耳、烂耳、拳耳等。

2. 采收　要根据子实体成熟度和产品标准要求及时采收。试验表明，在一定期限内延长子实体生长时间可提高总体产量，但过度成熟时采收产量降低，因耳片变薄、颜色变浅，大量的孢子释放也影响产品质量，甚至出现红根、流耳和表面破裂。当耳片逐渐舒展、耳根收缩、耳片色泽开始转淡为采收适期。

采收前应停水 2～5h，待耳根收缩、耳片收拢但未完全干缩时轻轻摘下，切勿伤及袋内菌丝。大口出耳则要用利刃割下耳根，避免发生霉烂。采后的耳片应及时分摊晾晒，避免堆放时释放孢子或自溶腐烂。

采收要采大留小。小口出耳采摘后停水 1～2d，大口出耳要停水 3～5d，待创伤面菌丝恢复后继续给水管理。

二、南方长棒栽培技术

（一）栽培设施

南方长棒栽培黑木耳借鉴了代料香菇栽培技术，菌袋制作和发菌设施与香菇生产完全通用；菌袋采用叠棒培养，无需培养架；采用多点接种，均采用固体菌种，接种和封口方式与北方短袋栽培有所不同。

（二）栽培季节

南方长棒栽培季节选择主要依据：一是根据黑木耳对温度、湿度的要求和当地气候特点；二是尽量延长秋冬耳出耳期，提高秋冬耳产量。以浙江龙泉为例，800m 海拔以上地区 7 月中旬开始接种，平原地区一般选在 8 月上中旬，9 月底至 10 月上中旬最合适排场。

（三）基质原料及制备

1. 主要原辅材料选择　选择低压聚乙烯加入抗老化剂的塑料袋，这种袋半透明、柔而韧，抗张强度好。内袋规格为折径 15cm，长 53～55cm，厚 0.004 5～0.005cm。外套袋折径为 17cm，长 63cm，厚 0.001cm。多以木屑为主料，总体上硬杂木木屑产量和质量均优于软木木屑。脱绒棉籽壳也可使用，其质地松软，吸水性强，营养丰富。其他原料要求与北方短袋栽培相同。

2. 基质制备

（1）配方　常用配方有：①木屑 86%～91%，麦麸 7%～12%，碳酸钙 1%，石膏 1%。②木屑 66%～81%，麦麸 7%～12%，棉籽壳 10%～20%，碳酸钙 1%，石膏 1%。③竹屑 39%，木屑 39%，麦麸 10%，棉籽壳 10%，碳酸钙 1%，石膏 1%。含水量为 15cm×53cm 筒袋湿重 1.4～1.5kg。气温较高时为防止培养料酸化应加入 0.5%～1%石灰，灭菌后 pH 5.5～6。

生产实践表明，木片、丝状木屑和锯板木屑不同颗粒和大小的材料，宜搭配使用，木片 70%、丝状木屑 30%或木片 90%与锯板木屑 10%搭配比较合理。丽水市林业科学研究院试验表明，竹屑可以替代木屑 50%，产量和品质与全木屑配方无差异。南方气温高，配方要特别注意氮源不能过量，以控制污染和烂棒。

（2）拌料装袋　由于制棒处于高温季节，要求当天拌料、当天灭菌，拌料完成 4h 内入锅，否则培养料易酸败。

（3）灭菌与冷却　料棒采用“一”字形堆叠法，按常规方法灭菌。

待灭菌灶内温度自然下降至 80℃以下时出锅，搬到冷却场所冷却，待料温降至 30℃以下时接种。

（四）接种与发菌

1. 接种　与香菇相同。

2. 发菌管理

（1）场地要求　要求通风、干燥、光线暗，使用前进行 1～2 次杀虫杀菌。采用就地接种，就地发菌，减少接种后菌袋搬动。实践表明，室外荫棚发菌优于室内发菌。

（2）菌袋堆放　刚接种的菌袋采用“一”字形墙式堆放法，三孔、四孔单向接种的，穴口朝上；双向接种的穴口朝两边，层高5～6层，垛与垛之间留50～60cm通道散热，接种后盖上塑料薄膜，防止粉尘等污染接种口。5～6d后揭去薄膜以利通气。

（3）温度管理　接种后3～4d，尽量调控温度在28～30℃，第10～13天，生物量大增，菌袋温度显著升高，需要加强通风，向养菌棚顶喷水降温；13～15d开始散堆，以三段交叉堆放，层高不超过8层，穴口朝外，堆间距不少于25cm。翻堆后前3d，菌丝新陈代谢加强，极易引发烧棒，要加强通风甚至增加电风扇排风。翻堆后至长满前，不要随意搬动。菌丝发透刺孔前不宜解脱套袋，以免引起发热烧棒。

（4）湿度管理　要求空气干燥，大气相对湿度70%以下。可采取地面撒石灰粉、加强通风等降低湿度。

（五）出耳管理与采收

1. 耳场建设　耳场选择水源充足、电源方便、通风良好、阳光充足、排灌方便、远离污染源的田块或荒地。上季栽培过其他食用菌的田块应水旱轮作后使用。场地使用前应彻底清理四周及场内杂草、稻桩，每667m^2用25～30kg生石灰浸泡24～48h后翻耕，暴晒3～4d后做畦，畦高15～20cm，畦与畦之间要留排水沟，畦面平整。畦面上覆盖薄膜、稻草、黑白膜等预防杂草。用铁丝架设床架，架好喷水设施。喷水设施宽1.2～1.3m，高0.25m，横杆行距0.25～0.30m，耳床四周挖排水沟。

2. 刺孔催耳　菌袋经45～50d培养已经基本发透，用刺孔机刺孔150～200孔/棒。

刺孔后“井”字形或三角形堆放，电风扇辅助排风降温，培养2～3d菌丝恢复生长后下地排场。需要注意的是雨天不可排场。

田间刺孔要注意天气，要在未来3d内无雨的情况下边脱套袋边刺孔，2～3天后排场。菌丝恢复前不喷水，遇连续风干天气，采取地面灌水或喷水增加空间湿度，不可直接向菌袋喷水。

3. 菌袋排场　排场前对耳场喷水增湿，促使出耳整齐。将菌袋摆放倚在横杆上，露天接受自然光照催耳。排扬时气温应稳定在25℃以下。

4. 晒棒　高温闷热天气，刺孔排场的菌袋需要晒棒，晒棒时间一般15～30d。晒棒期间不喷水，翻棒1～2次，直至菌袋表面菌丝白而干、刺孔口出现黑线。

5. 出耳管理　晒棒结束、刺孔口出现黑线时开始早晚喷水，保持耳场湿度，轻喷或微喷保持刺孔口湿润，促使耳芽形成。耳芽封口后逐渐加大喷水量，高温天气选择在早晚气温低时喷水，白天不喷。低温季节白天温度较高时喷水，每天间歇喷水多次，连续喷水2～3d，停水晒袋1～2d。“干就干透储营养，湿就湿透长木耳”，干干湿湿管理，达到菌袋健壮、优质高产。

6. 采收　采收标准与北方短袋栽培相同。采收后停水晒棒7～8d，让菌丝恢复生长。之后恢复喷水，管理方法同一潮。冬季低温，以养菌为主，不喷水，依靠天气自然降雨。气温特别低的情况临时盖遮阳网或薄膜保温，避免来年形成低温黄耳，降低品质。

三、段木栽培技术

代料栽培技术成熟前，我国的黑木耳主要是段木栽培，至今仍有偏远山区有一定量的生产，尽管产量在总产中不足1%。

（一）栽培设施

段木栽培场地宜选择光照充足、通风良好、环境卫生、近水源、易排水、有电源的区域。场地选定后要平整场地，清除杂草，挖好排水沟，撒石灰进行场地消毒。

（二）栽培季节

段木栽培黑木耳接种时间因南北方气候而有所不同，一般选择在2月上旬至5月上旬、气温5～10℃、干燥少雨的时节。接种时间适当提早，可有效避免高温高湿引发的接种孔霉菌侵染及其对产量和质量的不良影响。

（三）原料及准备

树龄10年左右，树径8～10cm，土质肥沃阳坡生长，边材大、心材小、皮层厚而疏松的南方桦栎树或北方柞树是最适宜的耳木。

一般在冬至后到立春前砍树取材，锯成1～1.3m长木段，截面用石灰水涂刷预防杂菌侵染。在地势较高、通风、阳光充足的场地，按“井”字形或三角形将木段堆起架晒干燥。晒至鲜重的70%左右，敲击时声音变脆，即达到干燥要求，可以接种。

（四）接种与发菌

1. 接种 用电钻钻孔，孔径14～16mm，孔深15～20mm，孔距40～50mm，行距60mm，孔位交错成“品”字形。边钻眼、边点菌、边盖木盖。接种操作人员要带外科手套取种、接种，菌种成块勿碎使用，孔穴要填实，但不能用力太大挤出水分。

2. 发菌管理

（1）上堆定殖 接种后垛堆利保温保湿，促进菌种菌丝恢复和定殖生长，通过上堆、苫盖、喷水、通风、翻堆等，调节和创造利于菌丝生长的环境条件。如发现菌种未成活要重新补种。

（2）排场发菌 黑木耳木段内菌丝定殖成活后，为避免温度过高和通风不良影响菌丝生长，滋生杂菌，要及时散堆排场。排场可根据天气情况灵活排场放段、合理喷水、定期上下翻动，使耳木所处环境条件尽可能一致，使发菌一致，养好菌。

（3）起架催耳 当大部分接种穴半数以上长出耳芽；截断木可见菌丝长入木质部近2/3时，将耳木起架出耳。起架多以人字形架立。

（五）出耳管理与采收

出耳期给予干湿交替管理，根据天气情况灵活掌握喷水时间、喷水频度和喷水量。给水管理原则和采收参考本章短袋栽培部分的相关内容，尤其要关注天气预报，实施雨前采收，避免连阴雨造成流耳烂耳。

（六）越冬管理

木耳越冬前应清除杂菌。过分干燥时应适当喷水。翌年气温回升后应加强耳场地管理，及时除草、清洁、防虫、杀菌。

（张介驰 姚方杰 应国华）

主要参考文献

李玉，2001. 中国黑木耳［M］. 长春：长春出版社.

李玉，图力古尔，2003. 中国长白山蘑菇［M］. 北京：科学出版社.

刘佳宁，张介驰，张丕奇，等，2014. 代料栽培黑木耳碳氮比计算方法的探讨［J］. 黑龙江科学，5（7）：16－17.

万佳宁，2009. 小孔出耳法对黑木耳品质影响效应及机制的研究［D］. 长春：吉林农业大学.

汪智军，孙新平，2011. 新疆野生黑木耳人工驯化栽培技术研究［J］. 中国食用菌，30（6）：12－14，17.

吴芳，戴玉成，2015. 黑木耳复合群中种类学名说明［J］. 菌物学报，34（4）：604－611.

姚方杰，张友民，王晓娥，等，2012. 黑木耳菌种质量可追溯规范"表格式明白纸"［J］. 食药用菌，20（4）：202－203.

姚方杰，刘宏宇，于娅，等，2017. 黑木耳菌种质量可追溯规范［J］. 中国食用菌，36（3）：21－25.

张介驰，韩增华，张丕奇，等，2014. 发菌温度对黑木耳菌丝和子实体生长的影响［J］. 食用菌学报，21（2）：36－40.

张介驰，孔祥辉，王玉文，2015. 培养料含水量对黑木耳菌丝生长及出耳影响［J］. 食用菌（4）：24－26.

张金霞，陈强，黄晨阳，等，2015. 食用菌产业发展历史、现状及趋势［J］. 菌物学报，34（4）：524－540.

张鹏，2011. 木耳形态发育及木耳属次生菌丝和子实体的解剖学研究［D］. 长春：吉林农业大学.

邹莉，姜童童，王玥，等，2014. LED 光源不同光质对黑木耳菌丝体生长的影响［J］. 安徽农业科学，42（10）：2855－2856.

Lu L X，Yao F J，Wang P，et al.，2017. Construction of a genetic linkage map and QTL mapping of agronomic traits in *Auricularia auricula－judae*［J］. Journal of microbiology，55（10）：792－799.

Yao F J，Lu L X，Wang P，et al.，2018. Development of a molecular marker for fruiting body pattern in *Auricularia auricula－judae*［J］. Mycobiology，46（1）：72－78.

ZHONGGUO SHIYONGJUN ZAIPEIXUE

第十二章  双孢蘑菇栽培

第一节 概 述

一、分类地位与分布

双孢蘑菇（*Agaricus bisporus*）又称蘑菇、白蘑菇、双孢菇、洋菇等。

双孢蘑菇广泛分布于世界各地，在欧洲如法国、荷兰、英国、捷克、比利时均有分布，美国、加拿大、澳大利亚、俄罗斯、以色列、摩洛哥等地也发现野生居群（李荣春等，2002）。中国是世界野生双孢蘑菇的重要分布区，主要分布地有西藏、四川、新疆、甘肃、贵州、宁夏、青海等西部地区，其中西藏、四川、青海、甘肃和云南种质资源最为丰富（张金霞等，2016）。

二、营养与保健医药价值

双孢蘑菇味道鲜美，营养丰富，据测定，每100g双孢蘑菇约含蛋白质4g、粗脂肪0.2g、糖3g、纤维素0.8g、磷10mg、钙9mg、铁0.6g、灰分0.8mg、维生素B_1 0.1mg、维生素B_2 0.35mg、烟酸149mg、维生素B_3 0.3mg。双孢蘑菇干品蛋白质含量达42%以上，且蛋白质消化率高达88.5%。双孢蘑菇能减轻高脂人群的体重，减缓脂肪肝的发展，通过诱发干扰素的产生增强人体抗病能力。双孢蘑菇含有18种氨基酸。其丰富的纤维素和核苷酸类等对人体具有保健作用（吴素玲等，2006）。从双孢蘑菇提取的一种多糖（PS-K），具有抵抗人体病毒及抗癌作用，对乳腺癌、皮肤癌、肺癌有一定疗效；用双孢蘑菇罐藏加工预煮液制成的药物对医治迁延性肝炎、慢性肝炎、肝肿大、早期肝硬化有显著疗效（刘君昂等，2007）。此外，双孢蘑菇多糖可激活SOD酶活性，降低过氧化物的产生。

三、栽培技术发展历程

双孢蘑菇栽培于1600年起源于法国，至今有400多年历史。法国植物学家托尼弗特（1707）用长有白色霉状物的马粪团在半发酵的马粪堆上栽种、覆土后长出双孢蘑菇，这是最早的商业栽培记录。1865年，人工栽培技术经英国传入美国，在美国首次进行了小规模双孢蘑菇栽培，1870年发展成为双孢蘑菇工业。19世纪末（1894）Constantin和Matruchot发明了双孢蘑菇孢子培养法，20世纪初（1902）Dugger用组织

分离法培育纯菌种获得成功。1910 年，标准式双孢蘑菇床式菇房在美国建成，菌丝生长和出菇管理均在同一菇房内进行。1934 年，美国人兰伯特把双孢蘑菇培养料堆制分为两个阶段，即前发酵和后发酵，极大地提高了培养料的堆制效率和质量。1950 年美国培育出奶白色、棕色和白色等菌株，1980 年荷兰 Horst 蘑菇试验站的 Fritsche 利用双孢蘑菇不育单孢子培养物配对，以恢复可育性为标记选育杂交菌株，使杂交技术切实可行，于 1981 年首先育成纯白色品系和米色品系间杂交品种 U1 和 U3，并在欧洲广泛使用（张金霞，2011）。

我国于 20 世纪 30 年代在上海、福州等市郊引进双孢蘑菇菌种和栽培技术，试验栽培成功。1960 年上海市农业科学院成立了食用菌研究所，重点进行双孢蘑菇技术的试验研究，包括培养料配方、病虫害防治等，栽培上形成一套符合我国实际情况的双孢蘑菇栽培管理技术。1978—1979 年香港中文大学张树庭教授引进双孢蘑菇培养料二次发酵技术，全国蘑菇科研协作网对引进的各类双孢蘑菇菌株进行多点试验，比较筛选，对二次发酵技术因地制宜进行示范推广，极大地促进了全国双孢蘑菇生产的发展。

1983 年后双孢蘑菇生产在长江以南迅速扩大，主产区扩大到福建、浙江、四川、广东、上海等 10 个省份。福建省蘑菇菌种研究推广站先后推出杂交新菌株 As376、As1671、As2796 等，单产和质量的提高激发了菇农种菇的积极性。以后双孢蘑菇规范化、集约化栽培技术被各产区引入，并发展形成多种栽培模式。

四、发展现状与前景

双孢蘑菇栽培技术成功引进后在我国迅速发展，栽培规模不断扩大，发展势头持续升温，成为国内食用菌主栽种类之一。目前，双孢蘑菇生产遍及江苏、浙江、山东、福建、河南和广西等 20 多个省份，其中浙江平湖市、嘉善县和福建漳州市等地成为主产区。双孢蘑菇生产既不需要占用大量土地，又不需要昂贵的设备，而且原材料来源广泛，可就地取材，利用农闲季节，不影响农业生产，制罐加工促进食品加工业的发展。

随着我国社会经济和科技的进步，双孢蘑菇的设施栽培、工厂化栽培不断进步和发展，产业不断升级。

第二节　双孢蘑菇生物学特性

一、形态与结构

双孢蘑菇的菌丝粗 1～10μm，有分枝；有横隔，细胞多异核，子实体典型的伞状；菌盖表面白色、米色、奶黄色或棕色，光滑或有鳞毛，受机械损伤后易变色，适时采收商品菇直径为 2.5～5cm；菌盖平展时直径一般 7～12cm，菌柄长 5～9cm，粗 1.5～3cm；菌环单生于菌柄中部，膜质。菌褶离生不等长，早期粉红色，后变为暗褐色；担子无隔，多数担子上着生 2 个担孢子。担孢子椭圆形，一端稍尖，表面光滑，大小为（6～8.5）μm×（4.5～6）μm。

二、繁殖特性与生活史

双孢蘑菇有无性繁殖和有性生殖两种繁殖方式。Hayes（1978）描述了双孢蘑菇的无

性繁殖能产生厚垣孢子和次生孢子。

双孢蘑菇有性繁殖比较特殊，Lambert（1929）分离到单孢子培养物，表明它们都具有产生正常子实体的能力，首次认知到可以用孢子萌发形成的菌丝体制备生产用种。Sinden（1937）用单孢子菌株做试验，发现大约1/3的菌株不结菇，首次显现了双孢蘑菇有性繁殖的复杂性，即它的子实体既产生自体可育的担孢子，也产生自体不育的担孢子。观察发现双孢蘑菇有大约80%以上的担子是双孢的，多数具有结菇能力。但是在菌褶上还可观察到三孢担子、四孢担子等，这些异常担子上的孢子大多数情况下为单核，因此无结菇能力。Kligman（1943）对双孢蘑菇的有性繁殖做了进一步的研究，用自体不育的单孢分离物做杂交，恢复了可育性。美国的Miller（1971）和英国的Elliott（1972）都从四孢担子上分离出孢子，进行配对，表明双孢蘑菇的性特征介于同宗结合与异宗结合之间，属于次级同宗结合。Evans（1959）研究担子中的减数分裂，观察发现分裂过程纺锤丝的动态变化，提出较完整的核的非随机分离理论，即在减数分裂的第一次分裂分离中产生异核体的概率为80%，在第二次分裂分离中产生异核体的概率为60%。Miller和Kananen（1972）试验结果表明交配亲和性受单一因子控制，Elliott（1979）等揭示双孢蘑菇的性因子存在着复等位基因（张金霞，2011）。

双孢蘑菇是次级同宗结合交配系统的代表，每个担子上大多产生两个担孢子，每个担孢子通常含交配型不同的两个核，双核担孢子萌发后形成多核异核菌丝，之后再形成异核双核体菌丝在培养基中生长，在适宜的环境下产生子实体，同一担孢子萌发产生的菌丝体可结菇，在孢子内的两个细胞核交配，即完成有性生活史。双孢蘑菇的交配系统受通常称为“+”和“−”（或者A1和A2）的一对交配因子所控制。

三、生态习性

野生双孢蘑菇生于含氮丰富的土壤中，在富含腐殖质土壤的林地、草地、田野、公园和花园都可见到。在欧洲多个国家、北美、北非都有野生双孢蘑菇，在我国西藏地区，8～9月自然生长于海拔3 500m的高原草甸上（王波，2002；杨国良，2004；王泽生等，2012）。

四、生长发育条件

（一）营养条件

双孢蘑菇生长发育完全依赖于培养料，培养料中的营养是否丰富、均衡，直接影响产量和品质。良好的双孢蘑菇培养料，应具备以下两个主要条件：一是“质”，具有适宜于双孢蘑菇生长发育的营养成分，且各种营养成分比例协调、平衡，利于菌丝健壮生长；二是“量”，营养物质充足、丰富，能为双孢蘑菇高产提供充足的营养。这主要包括：碳、氮、无机盐、微量元素和生长素等。

1. 碳源 双孢蘑菇菌丝能利用各种糖类、淀粉、树胶、半纤维素、木质素等碳源，这些碳源主要存在于农作物秸秆中，通过堆肥中的嗜热和中温型微生物及双孢蘑菇菌丝分泌的酶，分解成为单糖、有机酸和醇类等简单的碳水化合物而被双孢蘑菇菌丝吸收利用。

2. 氮源 双孢蘑菇可利用氮源分为无机氮和有机氮两大类，无机氮源有氨、铵盐等，有机氮源有蛋白质、氨基酸、蛋白胨等。双孢蘑菇菌丝体不能直接吸收蛋白质，但能很好地利用其水解物，如氨基酸、蛋白胨等小分子化合物。同时，也不能直接吸收无机氮，需要通过堆肥微生物发酵将无机氮转化为简单的有机氮才能成为菌丝吸收利用。在双孢蘑菇栽培中，除了存在于农作物秸秆中的氮源外，通常还需添加麸皮、豆饼、菜籽饼、禽畜粪和尿素、硫酸铵等，补充氮素营养。

双孢蘑菇不仅需要丰富的碳源和氮源作为基本营养，而且需要氮碳的比值合理，即碳氮比。子实体分化和发育的最适碳氮比为 17∶1。按这个比例推算，在配制培养料时，碳氮比以 30∶1 为宜。如果氮素不足，会显著影响产量，若氮素过多，不仅造成浪费，还有碍子实体的发育和生长。在生产上，过量的氮素，容易导致发菌期培养料产生氨气和鬼伞等杂菌的发生，影响菌丝生长，甚至死亡。

3. 无机盐 无机盐是双孢蘑菇的矿质营养，主要包括钙、磷、钾和硫等，虽然其含量仅占鲜重的 0.3%～0.9%，也是核酸、蛋白质、酶等重要物质成分，有的参与能量代谢、碳素代谢和呼吸代谢等代谢活动，有的控制原生质的胶体状态、参与维持细胞的渗透性等。因此，无机盐也是双孢蘑菇生命活动必不可少的物质。

（1）钙 钙能促进菌丝体生长和子实体形成，同时能消除钾、镁对菌丝生长的抑制作用，钙还具有中和酸根，稳定培养料酸碱度的作用。此外，钙还能使堆肥和覆土聚成团粒，从而提高培养料的持水性和透气性。钙以离子状态控制细胞膜透性、调节酸碱度等生理活动。在生产上常用石膏、碳酸钙和熟石灰等作为钙肥。

（2）磷 磷不仅是核酸、磷脂、某些酶和能量物质（ATP）的组成成分，也是碳素代谢中必不可少的元素。没有磷，碳和氮不能很好地被利用。生产中常用过磷酸钙或含磷的复合肥作为磷肥添加到堆肥中。但过量的磷酸盐会造成酸性环境，导致减产。

（3）钾 钾在细胞组成、营养物质的吸收及呼吸代谢中起重要作用。钾是多种酶的活化剂，参与控制原生质的胶体状态、调节细胞透性等。由于双孢蘑菇培养料以秸秆为主要原料，秸秆中含有丰富的钾，已能满足双孢蘑菇的生长发育的需要，通常不需要额外添加。堆肥中氮、磷、钾的比例以 13∶4∶10 为好。

（4）硫 硫是蛋白质的重要组成元素，主要是含硫的氨基酸，某些酶的活性基团也含有硫。生产中通过添加石膏满足双孢蘑菇对硫的需要。

4. 微量元素 双孢蘑菇的生长发育，除了需要一些大量矿质元素外，还需要微量元素。研究发现，少量的铁对双孢蘑菇生长是有益的，可促进纯培养中原基形成；微量的铜也是双孢蘑菇发育所必需的；双孢蘑菇生长所需的其他微量元素还有钼、锌等。

5. 生长素 生长素包括维生素、核酸等一些有机化合物。维生素是多种酶的活性基团，对双孢蘑菇生长十分重要。其中，维生素 B_1（硫胺素）是双孢蘑菇的必需生长素，在糖代谢中起着重要的作用。维生素 B_1 缺乏时，生长发育变缓，浓度继续降低，菌丝生长将会受到抑制，如不及时补充添加，生长便会停止。此外，维生素 B_2（核黄素）、维生素 H（生物素）、维生素 B_6（吡哆醇）、维生素 B_5（泛酸）、维生素 B_{12}（叶酸）等维生素，对双孢蘑菇的营养代谢都具有重要的作用。生产上使用的生长素，如三十烷醇、萘乙酸、吲哚乙酸、蘑菇健壮素、助长素等，对菌丝生长和子实体生长发育都具有不同程度的促进作用。

（二）环境条件

1. 温度　温度是双孢蘑菇生长发育的重要因子，菌丝体和子实体两个生长阶段对温度要求不同。菌丝生长温度范围为5～33℃，最适温度22～26℃，此时菌丝生长速度快，生长势强。5℃以下生长极其缓慢，33℃以上菌丝基本停止生长，35℃菌丝死亡。子实体生长发育温度范围为4～23℃，最适温度16～18℃，19℃以上子实体生长快，菌肉疏松，品质下降，且菌柄细长、薄皮开伞，品质极度下降；低于12℃时，结实率下降，出菇稀少，子实体生长缓慢，菇体大而肥厚，组织致密，单菇重，但由于出菇少，产量下降。在子实体形成生长期间（从菇蕾形成到商品菇），环境温度应以下降的趋势为宜，而不应使温度回升。否则极易导致成批死菇。这是因为低温时菌丝体扭结成菇蕾后，菌丝体的营养向菇蕾输送，供菇蕾生长发育，此时如果温度升高，供应菇蕾生长的养分会倒流，返回到菌丝体，供菌丝体营养生长。

成熟子实体孢子释放适宜温度18～20℃，超过27℃，孢子不能释放。孢子萌发温度24℃左右。

2. 水分　水是双孢蘑菇的主要成分，子实体含水量90%左右，菌丝体含水量70%～75%。水分不仅是细胞原生质的主要成分，而且是细胞代谢的介质，许多营养物质只有溶解在水中才能被吸收利用，许多营养物质需要水的传导而转运。同时水分具有很高的比热和汽化热，能很好地调节细胞温度，使之维持在稳定合适的状态。不仅如此，水分还是代谢反应的直接参与者，参与菌体内有机物质的合成与分解。

双孢蘑菇不同品种（菌株）及不同生长发育阶段对水分的要求不同。子实体生长发育过程所需要的水分，主要来自于培养基质、覆土层及空气中的水分。

双孢蘑菇菌丝生长适宜基质含水量60%～65%，在这一条件下，菌丝生长快，长势强；低于52%，菌丝生长缓慢、纤细，不易形成子实体；含水量高于70%，导致基质氧气不足，形成线状菌丝，活力下降，甚至因缺氧而停止生长。

覆土是双孢蘑菇生长发育的重要水分来源之一，要根据不同覆土材料的持水性，调节覆土含水量，沙壤土（砻糠细土）适宜含水量18%～20%，砻糠河泥土适宜含水量33%～35%，不同质地的泥炭或草炭适宜含水量75%～85%。使用持水力强的覆土材料可有效提高双孢蘑菇的产量和品质。

菇房（棚）空气相对湿度会影响培养料和覆土层的湿度，菌丝生长阶段适宜相对湿度75%左右，出菇期90%左右。空气相对湿度过低，覆土干燥，易形成空心菇或菇体形成鳞片；空气相对湿度过高（95%以上），通风不良，易发生病虫杂菌。

3. 空气　双孢蘑菇菌丝体和子实体的呼吸作用需要消耗O_2，放出CO_2，堆肥的分解也会产生CO_2、NH_3、H_2S等有害气体，抑制菌丝和子实体生长。菌丝生长和子实体分化、生长发育不同阶段对氧气的要求不同，菌丝生长适宜CO_2浓度0.1%～0.5%；覆土层孔隙的低浓度CO_2对子实体形成有刺激作用，子实体分化覆土表面最适CO_2浓度为0.03%～0.1%。菇房内CO_2浓度过高，对菌丝体和子实体都有毒害作用。在通气不良情况下，菌丝徒长，影响子实体形成，易导致菇盖变小或菇柄细长。因此，栽培期间菇房要经常通风换气，排除有害气体，补充新鲜空气。

4. 光照　双孢蘑菇在整个生长过程中不需要光线，菌丝体和子实体都可以在完全黑暗的环境中生长发育。在黑暗的条件下生长的子实体颜色洁白，菇盖厚，品质好。光照，特别是直射光会导致菇体表面干燥变黄。

5. 酸碱度 菌丝在 pH 5.0～8.5 范围内均可生长，最适 pH 6.5～7。由于菌丝生长过程中产生碳酸和草酸，培养料也有氨气蒸发而发生脱碱现象，菌丝生长环境会逐渐酸化。因此，播种时的培养料需适当提高至 pH 7.5 左右，覆土 pH 7.2～7.5。这样不仅可减缓酸化进程，还能起到抑制霉菌生长的作用。在栽培过程中，由于基质 pH 不断下降，适于多种杂菌生长而引发病害。因此，在栽培后期，可喷施石灰水，调节 pH。

第三节　双孢蘑菇品种类型

双孢蘑菇根据菇盖颜色分为白色、米色和棕色 3 种，当前生产上栽培的主要以白色品种为主；根据生产方式的适应性分为非工厂化生产用品种和工厂化生产品种；从加工特点上分为适于鲜销品种、罐藏加工品种及兼用品种。

目前通过国家（认）定品种有：As2796、As4607、英秀 1 号、棕秀 1 号、蘑菇 176、棕蘑 1 号、蘑加 1 号（张金霞等，2012）；通过省级审（认）定或鉴定品种有：As1671、As1789、As3003、114-5、9501、12-1、双 1、双 7、川蘑菇 1 号、川蘑菇 2 号、W192、W2000、福蘑 38、双孢 106 等。此外，一些国外的工厂化生产品种也引进到国内使用，主要有美国的 A15、901 等。

第四节　双孢蘑菇栽培技术

一、栽培设施

双孢蘑菇栽培场地要求交通方便，近水源，水量充足，水质卫生，排水良好，环境干净，远离污染源。农法栽培设施主要有砖瓦栽培房、毛竹塑料大棚、钢管大棚等及相应的配套生产设备。工厂化栽培则采用保温性能较好的厂房和配套设备，在完全人工环控条件下生产。

砖瓦栽培房通常高 5～6m，长 12～15m，宽 10～12m，边高 5～6m，中高 6～7m，内设多层床架。床架排列方向与菇房方向垂直，床架长 9～10m，宽约 1.4m，每间 6～10 架。床架 7～8 层，底层离地 0.3m，层间距离 0.55m，顶层离房顶 1.5m 左右。床架间通道两端开上、中、下通风窗，窗大小为 0.3m×0.4m，通道上方屋顶设置拔风筒 5 个，筒高 1.0m 左右，内径 0.3m。拔风筒顶端装风帽，风帽直径为筒口的两倍，帽缘与筒口平。在中间通道或第 2、4、6 通道开门，宽度与通道相同，门上开设地窗。地面用混凝土浇灌，屋顶使用大片石棉瓦呈瓦状覆盖，栽培面积 400～700m^2。

毛竹塑料大棚以毛竹框架结构，毛竹框架外覆一层无滴塑料薄膜，外覆一层草帘遮阴保温。建造方位以坐北朝南为好，南北进深长度 12～16m，床面宽 1.5m，床架间走道宽 0.7～0.8m，菇床一般设 6 层，层间距 0.6m，底层离地面 0.4m，顶层距棚顶 1.4m 以上。每条走道两端棚壁开大小 0.3m×0.4m 的上、中、下窗，也可二次发酵后将走道两端薄膜自上向下割开，作为通风窗，需通风时拉开通风换气，不通风时拉紧夹住密封。早秋栽

培及栽培季节气温偏高地区，每条走道中间棚顶应设置拔风筒，提高通风降温能力。

钢管蘑菇大棚以增高型蔬菜钢管大棚为骨架，菇棚长20～22m，宽8m，中高3.8m，肩高2.0m，外加上保温遮阴层，由内向外分别为保温长寿无滴膜、硅酸盐棉（绒毯）、无滴膜、双色反光膜，冬季南端设阳光温室以提高棚内温度。棚内设3排栽培架，中间一排设4层床架，两边各设3层床架，层高0.6m，床架宽1.6m，走道宽0.8m；大棚北端每个走道上方安装排风扇，调控通风量。

二、栽培季节

双孢蘑菇为中低温型食用菌，根据生长发育对温度的要求，山东省一般4～6月备料，7月中旬至8月初堆肥发酵，8月中下旬播种，10月上中旬开始采收。浙江北部9月15日前后播种，浙江南部10月上中旬播种；福建省高海拔山区地区9月底至10月初播种，沿海地区通常11月中旬至12月下旬播种。各地双孢蘑菇的生产安排，主要根据当地和当年气候条件确定。

三、栽培基质原料与配方

（一）栽培基质原料

1. 草料　主要为双孢蘑菇生产提供碳水化合物，适宜原料种类很多，如麦草、稻草、黍子秸、玉米秸、玉米芯等。麦草作为优质原料广泛应用，其主要优点是纤维坚挺，吸水发酵后能够保持一定的结构，利于透气和排水。一般含碳量47%，含氮量0.48%。对麦草的要求是：①要有一定的长度和结构，保持麦草新鲜和良好的结构是蘑菇稳产的基础，发热后蜡质层被破坏的麦草是不合适的。②水分含量20%以下的麦草不会造成发热，含水量25%以上的麦草不适宜长期储存，尤其是目前麦草都是大捆打包的麦草。③灰分的存在基本没有价值，如：泥土、沙石，麦草灰分要求在10%以下。带来泥土的原因有：收割时混进；不良商家掺杂泥土增加重量；预湿和一次发酵操作带进。泥土危害主要是使二次发酵难以达到理想的消毒效果。另外，培养料黑腐病和胡桃肉状菌可能与堆肥被泥土污染有关。

在我国，特别是南方和东北地区的产稻区以稻草为主料，一般含碳量43%，含氮量0.69%。稻草秸秆软、叶片多，易吸水，在发酵过程中比麦草腐熟快。

2. 禽畜粪　主要为双孢蘑菇生长提供氮源，常用的有鸡粪、马粪、牛粪等。粪可以提供廉价的氮源，并且含有大量微生物以帮助发酵，但是用量过多会影响发酵料结构，造成发黏。一般需要尿素、豆粕、酒糟、饼肥等作为辅料，补充氮源不足。但是使用豆粕和饼肥等成本较高，而尿素在二次发酵中氨气不易转化。

鸡粪是双孢蘑菇氮素的主要来源。鸡摄入饲料的50%营养没有被消化吸收，因此鸡粪是所有禽畜粪便中养分最高的，其中大量的粗蛋白和脂肪是蘑菇高产的基础。还含有丰富的磷肥，所以添加鸡粪的培养料不再添加过磷酸钙。

鸡粪水分含量不一，多在35%～75%，高的甚至80%以上，含氮量2%～5%。含水量小于40%的鸡粪适合长期储存。及时在硬化地面晾晒的干鸡粪能够保持鸡粪的所有养分，有利于基质制备时把握添加量和混料的均质化。

湿鸡粪含水量高达60%～80%，优点是营养保存完好，便宜；缺点是批次间氮和水分含量不同，需要检测，不同季节质量差别很大，这都为准确添加增加了困难。另外，有的湿鸡粪较厚重，难以混拌均匀。湿鸡粪要防止早期发酵，防止氨的损失，保证含氮量。

鸡粪可分为雏鸡类、肉鸡类和蛋鸡类三类。雏鸡粪水分35%～40%、含氮量4.5%～5%，颗粒小、干燥、养分高、易于分散，是质量最好的鸡粪。肉鸡粪水分65%以上不等，含氮量3.5%～4.5%，有的较厚重，不易分散。蛋鸡粪水分65%以上不等，含氮量2%～3%，灰分可高达30%～50%，是质量较差的鸡粪。蛋鸡粪是饲料里添加了矿石或者贝壳等补钙辅料，氮量偏低。

牛粪也是非常好的氮源材料，干牛粪一般含碳量38%，含氮量1.78%；含氮量高于马粪、羊粪，质地黏。

3. 菌渣 工厂化菌渣为双孢蘑菇提供优质碳源和氮源，工厂化生产的木腐菌菌渣是双孢蘑菇生产的优质原料，特别是杏鲍菇菌渣更优。干杏鲍菇菌渣含碳量35%左右，含氮量2.14%；通气性好，栽培中易失水，最好与牛粪、稻草等材料混合使用。

4. 石膏 石膏的作用有五个方面：①补充钙、硫元素；②固氨，使氨态氮转化成化合态氮；③凝集秸秆表面胶体成大颗粒，产生凝析现象，增加培养料透气性；④减轻鸡粪造成的黏湿；⑤中和菌丝生长形成的草酸，稳定酸碱度。

石膏的种类有天然石膏、脱硫石膏、生石膏和熟石膏等。双孢蘑菇栽培中使用的多为生石膏即二水硫酸钙（$CaSO_4 \cdot 2H_2O$），生石膏粉由原矿粉碎研磨而成。

5. 碳酸钙（$CaCO_3$） 是一种无机化合物，俗称灰石、石灰石、石粉等。呈中性，基本上不溶于水，溶于盐酸。用于覆土，提高pH，如果碳酸钙pH不高，可以用熟石灰调节覆土的pH。

（二）培养料配方

根据粪肥的有无分为粪草培养料和合成培养料两种。常用配方如下：

1. 粪草培养料配方

①干稻草55%，干牛粪37.8%，过磷酸钙0.8%，豆饼粉2.2%，尿素0.7%，碳酸氢铵0.7%，石灰粉1.4%，石膏粉1.4%。

②干稻草62%，干牛粪30%，过磷酸钙0.8%，菜籽饼粉3%，尿素0.7%，碳酸氢铵0.7%，石灰粉1.4%，石膏粉1.4%。

③干麦草90.3%，干鸡粪2%，过磷酸钙0.7%，豆饼粉2%，尿素1%，石灰粉2%，石膏粉2%。

④干稻草52%，干牛粪44%，过磷酸钙1.3%，石灰粉1.3%，石膏粉1.4%。

⑤干麦草65.7%，干鸡粪30%，过磷酸钙0.6%，尿素0.6%，石灰粉0.6%，石膏粉2.5%。

⑥干麦草53%，干鸡粪43%，石膏粉4%。

⑦杏鲍菇菌渣82%，牛粪16%，过磷酸钙1%，轻质碳酸钙1%。

2. 无粪合成料配方

①干稻草88%，尿素1.3%，复合肥0.7%，菜籽饼7%，石灰粉1%，石膏粉2%。

②干稻草94%，尿素1.7%，硫酸铵0.5%，过磷酸钙0.5%，石灰粉1.3%，石膏粉

2%。

③干稻草85.2%，菜籽饼5.6%，过磷酸钙1.4%，尿素0.8%，碳酸氢铵2%，石灰粉3%，石膏粉2%。

自然季节栽培上堆发酵前适宜碳氮比（25～30）∶1，工厂化栽培适宜碳氮比（30～33）∶1。

四、栽培基质的制备

（一）前发酵（一次发酵）

堆肥场要求向阳、避风，地势高，雨天不积水。建堆前一天，用甲醛液、石灰水或漂白粉等对堆肥场地进行消毒处理，并做好场地周围环境清洁。培养料前发酵包括预湿、建堆和翻堆3个主要工艺环节。稻草、麦草切成30cm左右长，建堆前2～3d预湿，使草料湿透，干粪在建堆前调湿、预堆2～3d。建堆时，先铺一层宽2.0～2.3m、厚0.3m左右的稻草或麦草，再铺一层粪肥，草粪相间各铺10层左右，堆高1.5～1.8m。随着建堆撒入化肥、饼肥等辅料，通常在3～4层后分层均匀加入。堆料中，一般从第三层开始根据草料干湿度边堆料、边浇水，浇水量以建堆完成后，料堆四周有少量水流出为宜。次日将收集在蓄水池中的肥水回浇到料堆上。料堆顶部覆盖草帘，雨前盖薄膜防止雨水进入料堆导致堆肥过湿，雨后及时揭去，防止料堆缺氧而影响发酵。

前发酵期间需翻堆3～4次，每次翻堆都要求上翻下、下翻上、外翻内、内翻外，使整个料堆发酵均匀一致。

第一次翻堆：建堆后5～6d进行，重点是补充水分，并均匀加入过磷酸钙和60%的石膏粉，发酵的作用使料堆缩小到宽1.8m，高1.5m。

第二次翻堆：第一次翻堆后3～4d进行，加入余下的40%石膏，补充水分。料堆宽1.8m，高降到1.2m左右。

第三次翻堆：建堆后13d左右进行，均匀加入总量50%的石灰，根据需要补充调节水分。

第四次翻堆：建堆后15d左右进行，调节含水量至65%左右，即手紧捏料时有3～4滴水，并加入适量的石灰，调节pH至7.5左右。

最后一次翻堆后1～2d，进房进行后发酵。进房前，在料堆的表面喷0.5%敌敌畏后用塑料薄膜密封6～8h杀灭害虫。

前发酵结束后培养料的质量要求为：深褐色，手捏有弹性，不黏手，有少量放线菌；含水量65%左右，pH 7.2～7.5；有厩肥味，可有微量氨味。

不进行后发酵的地栽需要在上述堆制基础上，延长堆制7～10d，并增加翻堆次数，一般翻堆5～6次，至无氨味，直接铺床播种。

（二）后发酵（二次发酵）

国外后发酵在专门后发酵室集中进行；当前我国应用较多的床架层式栽培，通常在菇房内上架进行分散式后发酵，也称室内后发酵。

后发酵前，要对菇房严格消毒杀虫。先用石灰水清洗，培养料进房前5d再用漂白粉消毒一次，然后再熏蒸消毒灭虫。培养料进房前2d打开门窗，排除毒气。

前发酵结束后，将培养料趁热迅速搬运到菇房床架上。近地面1～2层温度低，难以达到后发酵温度要求，不铺料。进料结束后，封闭门窗，培养料自身会发热升温，5～6h后，当料温不再升高时，用小型蒸汽炉蒸汽加温发酵。

后发酵期间的料温变化分为升温巴氏消毒、控温发酵和降温3个阶段。后发酵开始，加温5～18h，使料温和气温都达到60～62℃，维持8～10h，即为升温巴氏消毒阶段。不同部位多点测温，确保各部位温度一致，达到巴氏消毒温度，不留死角。然后通风降温，使温度慢慢下降至55～48℃，维持4～5d，此阶段为控温发酵阶段。在控温发酵期间，每隔3～4h，斜对角开一扇上窗和一扇地窗通气，补充菇房内新鲜空气，促进高温微生物的活动。控温发酵阶段结束后，停止加温，慢慢降低料内温度至45℃，开门窗通风降温，后发酵即告结束，此为降温阶段。后发酵结束后的优质培养料暗褐色，柔软有弹性，有韧性、不黏手；热料无氨味，有发酵香味；含水量62%～65%，手紧捏有2～3滴水；pH 7左右；整个料层长满白色放线菌和有益真菌。

五、播种与发菌培养

后发酵结束后及时进行翻格、匀料和播种。翻格时要求抖松整个料层，不留料块，厚薄均匀；当料温降至28℃左右时播种。播种前要全面检查培养料的含水量，确保含水量均匀一致。

菌种应无病虫杂菌，菌丝上下均匀一致，洁白、整齐粗壮，长势旺，蘑菇香味浓；无菌丝萎缩、生长不均匀、吐黄水和异味等现象。

播种工具应清洁，并用新洁尔灭、0.1%高锰酸钾等消毒剂消毒。不同质料的栽培种播种量不同，以750mL菌种瓶为例，麦粒种1～1.5瓶/m^2，棉籽壳种为1.5～2瓶/m^2。混播加面播菌种萌发点多，发菌快，发菌好，具体方法是将2/3菌种均匀地撒在料面，用手指将菌种耙入1/3料层深，再把余下的1/3菌种播撒在料面，然后将培养料压紧拍平。

播种后关紧门窗，保持适宜的空气相对湿度和料面湿度，必要时地面浇水或空间喷石灰水，增加空气湿度，促进菌种萌发定殖；保持料温稳定在28℃以下，如料温高于28℃，需夜间通风降温，必要时料层打扦，加快料内热量散发，降低料温，严防“烧菌”。播种3～5d后，开始适当通风，通气量视湿度、温度和发菌情况而定。正常情况下，播种1周后菌丝长满料面（封面），逐渐加大通风，降低料表面湿度，抑制料表面菌丝生长，促进菌丝向料内生长。发菌过程中要经常检查，防止杂菌和螨类等虫害发生。一旦发现，及时防治。

在适宜的条件下，播种后20～23d菌丝长满料层，菌丝长满后，及时覆土。

六、覆土

（一）覆土前的准备

覆土前5d左右检查有无杂菌和害虫，尤其是螨类，简易检查方法是将一小张复写纸或黑膜放在料面，几分钟后仔细观察，若有移动的细小灰尘状物即是螨虫，用虫螨灵等杀螨剂连续防治。

整平菌床，同时“搔菌”，轻轻抓动表层菌料后用木板拍实拍平。“搔菌”可加快覆土

后菌丝爬土、促进绒毛菌丝增长。保持料面干爽、菌丝健壮，如表层过于干燥，菌丝会干缩、消退。应提前2～3d轻调水1～2次，促进表层菌丝恢复生长；若菌床表层过湿，应进行大通风，待菌床表面收干后再覆土。

（二）覆土制备

覆土材料应具有高持水能力，结构疏松、空隙度高和稳定良好的团粒结构。国外工厂化蘑菇生产中普遍应用自然潮湿的泥炭覆土，持水率可达80%～90%，是获得高产的重要因素，目前我国普遍应用的覆土材料砻糠细土和河泥砻糠土，持水率分别仅为28%～38%和35%～46.1%。近年来，浙江省推广应用草炭为主的新型混合覆土，效果良好。

1. 砻糠细土的制备　细田土或菜园土与砻糠按20∶1左右的比例混合即成砻糠细土。覆土前7d左右，挖取土表0.3m以下无根、无杂物的清洁田土或菜园土，打碎成直径1～0.2cm的细小土粒，即细土。干燥新鲜的砻糠使用前1d用5%石灰水浸泡预湿，捞出清水冲洗后与细土混合均匀。用石灰水调节pH 7.2～7.5。覆土材料必须进行严格消毒，通常在覆土前5d进行。110m^{2}栽培面积的覆土用甲醛3～5kg、50%咪鲜胺锰盐100克，稀释50倍，均匀喷洒到覆土中，立即用塑料薄膜覆盖密封消毒72h以上。使用前揭开薄膜彻底挥发甲醛后使用。有条件的情况下，覆土材料最好采用蒸汽消毒，在70～75℃下消毒2～3h。

2. 河泥砻糠土的制备　河泥砻糠土由无污染、无杂物的河泥与砻糠按9∶1左右的比例混合而成，通常110m^{2}栽培面积需用河泥2 250～2 400kg，干燥新鲜砻糠225～275kg。砻糠提前一天用5%石灰水浸泡预湿，捞出沥干后与河泥拌匀，打搅均匀，消毒方法和使用与砻糠细土相同。

3. 草炭细泥混合覆土的制备　国外工厂化蘑菇生产采用75%湿泥炭和25%甜菜渣（碱性）混合覆土配方。纯草炭覆土持水率高，每100m^{2}菌床需4m^{3}左右草炭，成本较高。草炭细泥混合覆土，不仅增产显著，同时可减少草炭用量，降低覆土成本。混合覆土配制方法是将干草炭充分调湿至饱和状态，然后按细泥和草炭体积比（1～2.3）∶1的比例混合拌匀，用石灰调节至pH 7.5左右，消毒方法与砻糠细土相同。

（三）覆土时间及覆土后管理

采用二次发酵生产的菌丝长满整个料层，才能覆土。采用一次发酵地栽生产，应在播种当天，或播种后5d内覆土，这是地栽关键技术之一。覆土过迟菌丝长至料底，接触床底泥土后，会在菌床下先出菇，形成“地雷菇”，严重影响产量。

1. 砻糠细土　覆土时应开窗通风，覆土厚薄均匀，首次覆土厚度2～2.5cm。如覆土材料含水量不足，覆土后须调水，调水应轻调慢打，2d内将覆土层充分调湿，忌过重过快，导致水流入料，影响菌丝生长甚至退菌烂料。调水后应继续开门窗通风，直至土表无水渍，以后逐步关紧门窗，以紧闭门窗为主，促进菌丝爬土。菌丝爬土期室温超过25℃应及时通风降温，待菌丝普遍长到土层2/3时，及时补覆0.5cm左右厚的细土。之后以细喷调水法，充分调湿覆土层，调水后及时通风，防止冒菌，控制出菇部位，促进子实体形成。

2. 河泥砻糠土　采用河泥砻糠覆土要在大部分菌床长满时先自底部向上打扦，增强菌床透气性，并通风至菌床表层干燥，提高菌床抗湿能力和菌丝爬土能力，然后再覆土。将覆土材料均匀撒在料面上，厚 2～2.5cm，轻轻撸平，表面呈粗糙状。覆土后次日，泥层略干时用钉耙刺孔，深至料层。每天早晚开窗通风，午间关窗，阴雨天可全天开窗通风，一般覆土后 4～6d，钉耙孔中可见菌丝长出，此时再覆一薄层细土，加强通风促进子实体形成。

3. 草炭/细泥混合覆土 覆土管理方法与砻糠细土相同，覆土后的整个栽培过程中应保持土层良好的湿润状态，注意及时补水。

七、出菇管理与采收

（一）出菇管理

当菌丝长至适宜出菇部位，并通风、补土后，根据覆土湿度喷一次结菇重水，采取轻喷法，2～3d 内充分调湿覆土层。避免高温喷水，当温度高于 20℃时，禁止调水。否则易发生菌丝萎缩退菌和杂菌侵染；18℃以上应谨慎用水。调水后应继续通风 2～3d，之后逐渐减少通风量，保持菇房和土层湿度，促进子实体的形成和生长。一般喷结菇重水后 2～4d 子实体原基大量形成，当原基生长膨大至黄豆大小时，喷出菇水，及时满足迅速生长子实体对水分的需要。用水量根据覆土湿度而定，充分调湿覆土层的同时避免水分流入料内。喷水时及喷水后都要开门窗大通风，直至覆土及子实体表面无水渍后才能逐步减少通风。

当菇房温度高于 18℃时，应在早晚加强通风，菇房温度低于 13℃时，应选择午间通风；菇房温度高于 20℃时，禁止向菇床喷水，高于 18℃需要喷水时，应在早晚气温低时进行。每次喷水后，必须通风至子实体或覆土表面无水渍后逐步关紧门窗。出菇期每天在菇房（尤其是砖木、砖混结构菇房）地面、走道空间、四壁喷雾浇水 2～3 次，以保持良好的空气相对湿度。经常开门窗通风换气，无风或风小天气开南北对窗，有风时开背风窗。为了缓解通风和保湿的矛盾，可在门窗上挂草帘，并在草帘上喷水。

（二）采收及采收后管理

一是采收前停水，否则易造成菇盖发红变色，影响质量。二是及时采收，早期秋菇气温较高、生长快，一天需采收 2～3 次。采收戴手套，轻采、轻拿、轻放，保持菇体洁净、最大限度地减少菇体擦伤。蘑菇采收、盛放容器应实行“一筐”或“一篮”制，避免转筐、转篮而擦伤菇体。采收后立即放入冷库预冷，运输途中防止挤压和振动。

每潮菇采收后应清理床面，补好细土，适当减少通风量，养菌 2～3 天，待下一潮菇黄豆大小时视覆土湿度调控水量，按上述出菇管理原则进行管理。全部采收结束后，及时清理废料，拆洗床架，并进行一次全面消毒。

第五节　双孢蘑菇工厂化栽培技术

一、培养料发酵

（一）菇房及栽培床架建造要求

工厂选择交通方便、地势开阔、水电供应充足之地；菇房密封性、保温保湿性好，通风换气充足、结构坚固。菇房长 40m，宽 7m 或 12m，高 4.5m，栽培床架长 30m、33m 或 36m，宽 1.34m 或 1.4m，层距 0.6m^2，菇房床架结构 2 排或 4 排，5～6 层。配备空

调、中控系统。

（二）发酵隧道设施及装备

发酵隧道是双孢蘑菇工厂化栽培的重要工艺设施，是一项集微生物发酵、机械制造、电子控制的综合工程，发酵隧道应当做到进出料和设备维护方便，能有效控制通风，一年四季都能实现整个隧道内培养料的升温、恒温、降温和均衡控温。一次发酵隧道、二次发酵隧道底部埋设通气孔，通气孔安装共聚苯高压气嘴，发酵隧道配备离心风机、变频器、电脑控制系统。

（三）预湿

用装载车将麦草推入水池中，与水充分混合，直到麦草完全预湿后用装载机捞起堆积，或用预湿装备将麦草充分预湿后堆积。将鸡粪、石膏以及辅料均匀撒到料面上，用装载机翻料，使主料、辅料充分混合，直至看不到明显的粪块；用抛料机将料进一步混合，抛送到堆肥场上预堆 2～3d，预堆期间的料堆水循环利用。

（四）一次发酵

将经预堆的堆肥用装料机配合抛料机送入隧道进行一次发酵，含水量 75%～78%。进料结束后，温度探头要插入料堆深 1m 左右。根据料温随时调整风机频率和启停，保持料温 70～80℃。转仓时间分别第 4 天、第 8 天、第 11 天，共转换 3 次。一次发酵开始时发酵料温在 40～60℃，中温型产芽孢和不产芽孢的细菌为主，其次是生长较快的藻状菌、霉菌等真菌。料温达到 65℃以上，料内有机氮和无机氮同时被微生物氨化，当温度上升至 80℃左右时，微生物活动迅速下降，进入化学反应为主阶段。在氧和氨同时存在、pH 8.5 左右时，碳水化合物和微生物活动不稳定，化学反应及产物多样，其中发生焦糖化。双孢蘑菇菌丝正是利用这种暗色焦糖化合物为碳源，这种焦糖化合物的利用占双孢蘑菇碳代谢相当大的比重。一次发酵中容易降解的碳水化合物被分解，形成复杂的木质素-腐殖质复合物。一次发酵结束后料堆呈棕褐色，具厩肥味，略有氨气；草料生熟度适中，有韧性，不易拉断，柔软有光泽；含氮量 1.8%～2.0%，含水分 72%～74%，灰分 18%～22%，pH 8～8.5。

（五）二次发酵

完成一次发酵的堆肥先进升温培养，内部循环 5～10h，以 1～1.5℃/h 的速度自然升温直至温度平衡、一致，温度差小于 3.5℃。进入巴氏灭菌阶段前，先建立微生物菌群。这一过程所需时间长短不一，这取决于堆肥活性，农场若有绿霉污染，调整时间可以是 8～36h。

1. 巴氏消毒 有效的巴氏消毒需要保持堆肥温度在 58～60℃持续至少 8h。不要使堆肥温度升到 60℃以上，超过 60℃微生物总量减少，超过 61℃菌群就会被破坏，堆肥中产生的氨不易清除。始终给以少量新鲜空气，避免缺氧，同时加大循环量。

2. 调节期 通过有益微生物将堆肥中的碳水化合物、脂肪和氮化物等，转化成最适合双孢蘑菇生长的化学成份及状态。巴氏消毒之后大量引入新风，5～8h 将料温降到 47～50℃，堆肥下的空气温度以 3～4℃/h 的下降，直到底部达到 50℃，再以 0.7～0.8℃/h 降低，直到底部达到 45℃。之后，底部和上方的空气温度差保持 3℃，而堆肥温度 47～48℃。

3. 降温冷却 空气输送管通道中氨含量低于5mg/L，即可以开始降温。堆肥空气降低3℃/h，最低达到24℃。达到27℃时便可以准备接种。尽量减少循环量，保持理想的含水量。

二次发酵后的优良基质长满白色放线菌，无氨味，无异味，有甜面包香味；培养料深褐色、不黏手、柔软而有弹性；含水量68%～70%，NH_3≤10mg/L，含氮量2.2%～2.3%，灰分21%～32%，pH 7.5～7.7。

二、播种与发菌培养

播种量0.7～1kg/m^2。或按培养料重量（湿）计，用种量0.7%～1%。栽培铺料需要用运输车、装载车、上料机、传送带，上料时确保地面湿润，不扬尘，铺料90～120kg/m^2，厚20cm左右。采用混播加面播法，80%菌种和料混合，随培养料一起铺在床架上，20%菌种播在表面。播种完毕后清理菇房，保持菇房卫生。启动空调，维持料温24～26℃，以监测料温为主调节气温。控制室内空气湿度在92%～95%，CO_2浓度在5 000～11 000mg/L。菌丝长满培养料，出现黄色水珠时，去除覆盖薄膜后覆土。发菌结束后良好菌床参数为水分64%～66%，pH 6.3～6.5，含氮量2.1%～2.3%，灰分29%～35%，碳氮比（15～17）∶1。

荷兰、英国、波兰等国家采用三次发酵，在三次发酵隧道完成，播种时在堆肥中添加营养剂，有些在即将覆土前添加营养剂。发菌温度25℃，15d左右发菌结束，转入覆土阶段。三次发酵后的理化参数为含水量62%～66%，pH6.2～6.5，含氮量2.1%～2.6%，灰分28%～32%。

三、覆土及覆土后管理

草炭土在使用之前，需要加入碳酸钙、石灰，用于提高pH，增加钙含量，提高覆土比重，使用覆土搅拌机将草炭土加水和辅料并搅拌均匀。每100m^2栽培面积加入碳酸钙20kg，石灰15kg，甲醛4kg，哒螨灵1∶550，水25～28L，闷72h。覆土前一天揭开膜挥发掉冷凝水和甲醛。调整至pH 7.5～7.8。料床准备需要提前一天掀膜，使料床表面水分蒸发，采用上料机覆土4.5～5cm，厚度、平面一致。覆土操作人员、工具等要清洁卫生，覆土完毕清房并杀虫处理。国外覆土时常将菌种添加到覆土中，以加快菌丝穿透覆土层，提前降温、增加均匀性。覆土后第二天至第八天，及时喷水使土层含水量接近饱和，但要防止水渗入菌床；气温保持23～25℃，料温保持25～27℃，大气相对湿度保持95%以上，CO_2保持在3 000～10 000mg/L。第六天至第七天土层菌丝达到2/3，使用搔菌机，将覆土底部的菌丝均匀打散到整个覆土层，搔菌后养菌2d。

四、催蕾与育菇

（一）催蕾

从催蕾开始直到采收结束均使用$NaClO_3$ 50～100mg/kg处理水源。

土表有较多绒毛状菌丝时，开始催蕾。将料温以平均1℃/d的下降至气温17～18℃、料温20～22℃，CO_2降至800～1 000mg/L，80%～100%新风，增加空气流动（内循环）

确保降温顺利和有效排除CO_2。降温期间尽可能维持高湿避免伤害菌丝。降温后避免重水，第一次浇水在原基黄豆粒大小。保持覆土湿润，经常检查。内循环新风维持CO_2 1 000mg/L以下，空气相对湿度保持83%～85%，尤其浇水后要增加蒸腾作用，内循环至最大。

（二）育菇

出菇期间将CO_2维持在1 000～1 500mg/L，CO_2高于2 000mg/L会形成长柄菇，且易开伞；料温维持在19～22℃，气温维持在17～18℃，有利于子实体形成数量适度，有序生长；菇蕾长至5～8mm开始根据情况浇水或不浇水，浇水量0.75～1L/m^2，浇水后要尽快去掉水渍，尽快除湿，空气相对湿度维持在83%～85%。相对湿度90%以上易发生细菌性病害。

五、采收及采后管理

当菇体直径3～5cm，菇形完整、饱满、有弹性、未开伞，及时采收。采收注意事项与上述相同。

第一潮菇采后，及时挑除老菇根及枯萎小菇，使床面平整，保持环境卫生。气温回升到19～20℃，维持1～2d；根据覆土层的含水量，打水3～4L/m^2，第二天再打水1～2L/m^2，保持覆土湿润。二潮转三潮清床后分批总打水5L/m^2，其他管理同第一潮出菇管理，每潮在5～7d，直至结束。待出菇全部结束，及时清床；通入蒸汽，温度70℃维持8h消毒，然后卸料，用洗网机将种植完成后的网布清洗干净，及时清洁菇房菇床。

（蔡为明　冯伟林）

主要参考文献

李荣春，杨志雷，2002. 全球野生双孢蘑菇种质资源的研究现状［J］. 微生物学杂志，22（6）：34-51.

刘君昂，李琳，周国英，2007. 双孢蘑菇的研究现状及其在湖南地区的发展前景［J］. 安徽农业科学，35（5）：1346-1347，1350.

王波，2002. 野生双孢蘑菇形态特征及出菇验证［J］. 中国食用菌，21（1）：37.

王泽生，廖剑华，陈美元，等，2012. 双孢蘑菇遗传育种和产业发展［J］. 食用菌学报，19（3）：1-14.

吴素玲，孙晓明，王波，等，2006. 双孢蘑菇子实体营养成分分析［J］. 中国野生植物资源，25（2）：47-48，52.

杨国良，2004. 蘑菇生产全书［M］. 北京：中国农业出版社.

张金霞，2011. 中国食用菌菌种学［M］. 北京：中国农业出版社.

张金霞，黄晨阳，胡小军，2012. 中国食用菌品种［M］. 北京：中国农业出版社.

张金霞，赵永昌，2016. 食用菌种质资源学［M］. 北京：科学出版社.

第十二章附　巴氏蘑菇栽培

第一节　概　　述

一、巴氏蘑菇的分类地位与分布

巴氏蘑菇（*Agaricus blazei*），又名姬松茸，是一种美食、保健作用兼具的食用菌，长期以来深受消费者青睐。巴氏蘑菇多生长在高温、多湿、通风环境中，原产于美国加利福尼亚州南部和佛罗里达州海边草地上，巴西首都圣保罗，秘鲁等国也有分布（黄年来，1994）。

二、巴氏蘑菇的营养与保健价值

巴氏蘑菇口感脆滑，具杏仁香味。干品粗蛋白质含量28.67%，氨基酸含量19.22%，其中50%为人体必需氨基酸，高于其他食用菌。深层发酵氨基酸分析表明，菌丝体富含促进儿童生长发育的精氨酸和赖氨酸（杨梅和林琳，1997）。巴氏蘑菇碳水化合物含量40%～45%，粗脂肪2%～4%，粗纤维6%～9%，灰分5%～7%，其中大半是钾。此外，子实体中含有大量维生素B_1、维生素B_2、维生素B_3和烟酸以及镁、磷、钠、钙等多种矿物质元素（陈智毅等，2001）。

巴氏蘑菇不仅味道鲜美、营养价值高，而且具有很好的保健功效，子实体含有丰富的多糖、麦角甾醇、凝集素、脂肪酸等生物活性物质。日本东京大学医学系、国立癌症中心研究所、东京药科大学对多种药用菌的抗癌作用进行比较研究发现，巴氏蘑菇抗癌作用最好，在肿瘤完全退缩率、肿瘤增殖阻止率、排除致癌物质方面皆有良好的效果。近年研究表明，巴氏蘑菇多糖还具有增强机体免疫力、降低血糖及血脂、保肝护肝、抗炎抗氧化等作用。

三、巴氏蘑菇的栽培技术发展历程

1965年，巴西日裔人古本隆寿在巴西圣保罗·皮埃达德郊外农场草地上采到一种不知名的美味食用菌，并送予日本三重大学农学部，岩出亥之助教授对其进行菌种分离和培养试验，并取名为姬松茸，中文为小松口蘑之意（黄年来，1994）。1967年，比利时海涅曼博士鉴定为新种，命名为*Agaricus blazei*。1975年，日本室内高垄栽培法首次获得成功，经改良确立了现在的人工栽培方法。1992年，福建省农业科学院植物保护研究所首次从日本引进巴氏蘑菇，进行了生物学特性、病虫害防治、栽培技术等系统研究，并在福建莆田、仙游、松溪、屏南、霞浦、古田、顺昌、南平等地开展小规模栽培生产，之后迅速推广，栽培技术日趋完善，生产规模不断扩大。

四、巴氏蘑菇的发展现状与前景

据中国食用菌协会统计，2017年全国巴氏蘑菇产量10.28万t，福建产量占全国的

48.79%，其次为云南（25.58%）、贵州（13.08%）。长期以来，巴氏蘑菇多采用农业方式栽培，鲜菇供应时间短，以干品销售为主。随着市场的扩大，生产者开始探索工厂化栽培。有研究表明，工厂化栽培产量和品质均高于农业方式栽培（郭倩和凌霞芬，2003），但工厂化栽培的关键工艺参数及环境控制条件还需进行深入研究。随着对巴氏蘑菇保健功效研究的深入，精加工产品不断涌现，如固体饮料、冲剂、胶囊、营养粉等。

第二节　巴氏蘑菇生物学特性

一、形态与结构

巴氏蘑菇子实体单生、群生或丛生，伞状，菌盖直径2～5cm，菌盖厚度0.65～1.3cm，初期半球形、扁半球形，浅褐色，逐渐呈馒头状，后期逐渐平展，顶部中央平坦，表面有棕褐色至栗色纤维状鳞片。子实体单重多15～50g，大的可达150g。

菌肉白色，中间厚、边缘薄，受伤后变微橙黄色。菌褶离生，极密集，宽0.8～1.1cm，从白色转肉色，后变为黑褐色。菌柄中生，上下等粗或基部稍膨大，近圆柱形，白色，长3～7cm，直径0.7～1.3cm，初实心，中后期松至空心，表面近白色，手触后变为近黄色。

巴氏蘑菇为异宗结合的食用菌。

二、生长发育条件

巴氏蘑菇是一种夏秋季节生长的腐生菌类，多生活在高温、多湿、通风的环境中，属于中温偏高型菌类。

（一）营养与基质

巴氏蘑菇可利用单糖、双糖以及多糖等碳源。单糖中葡萄糖、果糖是菌丝生长的良好碳源；双糖中蔗糖、麦芽糖能显著促进菌丝生长；适宜菌丝生长的碳源还有玉米粉、可溶性淀粉等。液体发酵适宜碳源有玉米粉、蔗糖。蔗糖浓度3.0g/L时，菌丝体干重和粗多糖得率较高（张建辉，2003）。巴氏蘑菇具有很强的基质分解能力，棉籽壳、稻草、麦秸、甘蔗渣、玉米芯、谷壳、芦苇秆等农作物下脚料均可作为栽培基质。

巴氏蘑菇对有机氮源的利用优于无机氮源。有机氮源中酵母膏、牛肉膏、蛋白胨等适宜菌丝生长，菌丝洁白、浓密、健壮。菌丝也可利用豆饼粉、麸皮等天然氮源（王六生等，2002）。无机氮源中硫酸铵、硝酸钾利用最差，菌丝细弱、稀疏、洁白、生长不良（赵秀芳，2005）。人工栽培时，麸皮、牛粪、猪粪、黄豆粉、菜籽饼、复合肥等均可作为有机氮来源。营养生长阶段，适宜含氮量1.27%～2.42%，氮含量过低，菌丝生长受影响；子实体生长阶段，适宜含氮量1.48%～1.64%，高浓度氮源对子实体生长发育不利。栽培基质的适宜C/N为29∶1，表现为菌丝生长旺，原基扭结早，出菇期短，转潮快。

（二）环境条件

巴氏蘑菇生长发育要求高温、高湿、通风的环境条件。

1. 温度　巴氏蘑菇菌丝生长温度范围10～37℃，高于30℃长速直线下降，37～38℃菌丝几乎停止生长（王六生等，2002）。菌丝生长最适温度22～23℃，部分菌株最适温度

25～27℃。适宜的培养料发菌温度22～26℃，最适温度下，菌丝洁白浓密、生长旺盛、爬壁强。温度低于18～19℃时，菌丝生长慢，29℃以上菌丝生长虽然较快，但易老化、萎缩变黄。

巴氏蘑菇在18～28℃均能出菇，适宜温度20～25℃，在此范围内，扭结到采菇只需7～8d，且子实体粗壮、结实、柄短。温度低于16～17℃时，出菇推迟，25℃以上子实体生长较快，但菌盖薄、柄小、朵轻、易开伞。

2. 湿度

（1）基质含水量　菌丝生长阶段适宜基质含水量50%～75%，最适基质含水量68.5%～72.5%。基质含水量在55%～75%均可形成原基，最适原基形成含水量为65%～70%。这一条件下，原基个数多，产量高。

（2）空气相对湿度　空气相对湿度在80%～95%，子实体均可生长，适宜的空气相对湿度85%～95%，在此条件下，子实体菌盖厚实，菌柄短而粗，单菇重。

3. 空气　巴氏蘑菇生长发育过程需要良好的通风换气条件。培养料堆制过程产生大量二氧化硫、硫化氢、氨气等有害气体，必须及时排出，并补充新鲜空气。子实体生长阶段需大量新鲜空气，通风不良，易形成菌柄长、菌盖小的畸形菇甚至死菇。

4. 光照　巴氏蘑菇菌丝生长不需要光照，子实体形成需要200lx左右散射光，光线过强影响子实体质量。

5. 酸碱度　菌丝在pH 3.5～8.5范围均可生长，适宜pH 6.5～7.5，不同品种适宜pH稍有差异。

第三节　品种类型

目前生产上应用的品种主要有3个类型：①小粒种，子实体个体较小，菌柄细长，丛生较多，产量高，但符合出口规格的菇较少；②中粒种，子实体个体中等，菌柄上部粗细较均匀，菌柄底部略膨大；③大粒种，子实体个体较大，菌柄粗长，但菌柄顶部较细，烘干后菌盖易脱落，成品率较低（肖淑霞等，2006）。

第四节　巴氏蘑菇栽培技术

巴氏蘑菇子实体容易吸收培养料及土壤中的砷、铅、汞、镉等重金属，产品常因重金属超标而受阻，尤以镉超标为重。

外源镉对巴氏蘑菇的影响具有菌株特异性。添加外源镉后，有的菌株菌丝生长速度提高，但爬壁能力减弱，且栽培后期扭结缓慢、原基数量减少；有的菌株菌丝生长速度减缓，但爬壁能力增强，扭结加快。高浓度的外源镉对巴氏蘑菇生长产生毒害作用，表现为接种块褐变，菌丝变细、变黄，长势不均匀，爬壁能力减弱，栽培后期原基减少甚至原基不能形成。毒害机理是高浓度镉对细胞壁、线粒体以及淀粉粒产生损伤（杨春香等，2004）。目前，巴氏蘑菇的栽培方式主要为发酵料床栽，栽培工艺与双孢蘑菇相似，主要是生长温度不同，导致栽培季节和环境调控参数的不同。

一、栽培设施

菇房坐北朝南，有利于通风换气，又可提高冬季室温，避免春秋季节干热的南风直接吹到菇床。栽培面积一般为100～200m²，菇房门窗安装防虫网。常见菇房有草棚菇房、塑料大棚、墙式菇房、半地下式大棚、拱棚栽培等。采用荫棚下地栽结构，菇房内可设置4畦，中间2畦宽1.4m，两边2畦宽0.8m，畦间共3条过道，每条宽0.5m，畦高0.10～0.15m。采用标准化菇房结构种植，菇床宽度为1～1.5m（两侧采菇）或0.6～0.8m（单侧采菇），菇床架3～5层，底层离地面0.2～0.3m，层间距离0.60～0.65m，顶层距菇房顶部1m，走道宽度0.6～0.8m。

二、栽培季节

我国幅员辽阔，全国各地气候差异大，栽培季节要根据当地气候条件及所用品种生物学特性适时调节。原则上要掌握播种后40～50d开始出菇时，当地自然温度达到18～28℃最为理想。

不同品种适宜温度不完全相同，应根据品种特性、当地气温条件及具体设施设备综合安排生产季节。生产中的菌丝生长适宜温度22～23℃，子实体发育适宜温度20～25℃，18～22℃下子实体健壮，不易开伞，出菇期2～3个月。因此，春季栽培安排在3～5月，秋季一般为8～11月。图12-1示巴氏蘑菇生产周期。

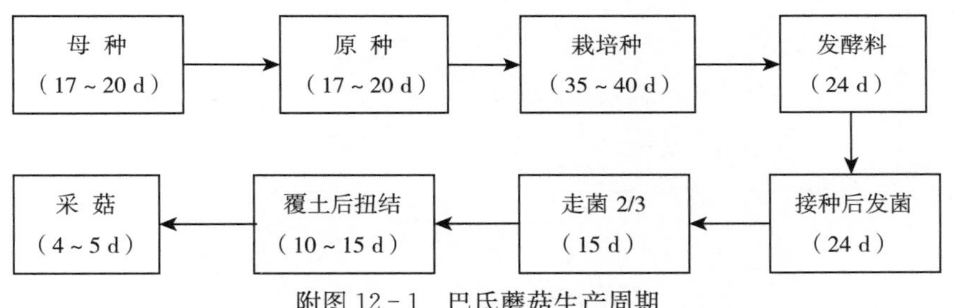

附图12-1　巴氏蘑菇生产周期

三、栽培技术

巴氏蘑菇栽培主料有稻草、玉米秆、麦秆、芦苇秆、棉籽壳、木屑、甘蔗渣等。辅料有麸皮、玉米粉或牛粪、马粪等家禽粪便，并添加一定量的尿素、硫酸铵、过磷酸钙、石膏、石灰等。不论采用何种原料，都应新鲜、干燥、无虫、无霉变、无异味。适宜的栽培配方有：①稻草92%～93%，尿素1.6%，过磷酸钙2.4%，石灰1%～2%，石膏2%，含水量60%～65%。②稻草47%，牛粪47%，过磷酸钙0.75%，碳酸钙1.5%，尿素0.75%，石膏0.5%，石灰2.5%，含水量60%～65%。③稻草47%，牛粪47%，过磷酸钙0.75%，碳酸钙1.5%，尿素0.75%，石膏0.5%，石灰2.5%。④稻草64.5%，牛粪23%，麸皮7%，过磷酸钙0.75%，碳酸钙1%，硫酸镁1%，尿素0.75%，石灰2%。⑤稻草（麦秆）4 000kg，牛粪1 000kg，尿素40kg，过磷酸钙10kg，石膏100kg，石灰75kg，添加一定量的棉籽壳，利于高产。基质制备和播种方法与双孢蘑菇相同。

（林衍铨）

主要参考文献

陈伙顺，2006. 巴西蘑菇高山反季节栽培技术［J]. 福建农业科技（2）：38－39.

陈智毅，李清兵，吴娱明，等，2001. 巴西蘑菇的食疗价值［J]. 中国食用菌，20（4）：4－6.

郭倩，凌霞芬，2003. 利用双孢蘑菇工厂化设施栽培姬松茸初探［J]. 中国食用菌，22（1）：11－12.

黄年来，1994. 巴西蘑菇值得研究和推广［J]. 中国食用菌，13（1）：11－13.

李玉贞，2007. 姬松茸出菇管理关键技术［J]. 福建农业（12）：18.

刘朋虎，陈爱华，江枝和，等，2012. 姬松茸“福姬 J77”新菌株选育研究［J]. 福建农业学报，27（12）：1333－1338.

刘朋虎，江枝和，雷锦桂，等，2014. 姬松茸新品种‘福姬 5 号’［J]. 园艺学报，41（4）：807－808.

王六生，谷文英，2002. 姬松茸深层发酵培养基的优化［J]. 无锡轻工大学学报，21（4）：389－392.

肖淑霞，唐航鹰，凌龙振，等，2002. 巴西蘑菇高效优质栽培技术［J]. 食用菌，24（6）：34－35.

肖淑霞，黄志龙，饶火火，2006. 珍稀食用菌栽培（二）［M]. 福州：福建科学技术出版社.

杨春香，林新坚，林跃鑫，2004. 镉（Cd）对姬松茸菌丝生长的影响［J]. 中国食用菌，23（4）：36－38.

杨梅，林琳，1997. 姬松茸菌丝深层培养及氨基酸分析研究［J]. 中国食用菌，16（3）：41－43.

张建辉，2003. 冬虫夏草、蛹虫草、姬松茸的液体培养条件及其富锌、硒的研究［D]. 沈阳：东北农业大学.

赵秀芳，2005. 姬松茸菌丝对不同碳氮源利用的研究［J]. 中国食用菌，24（1）：12－14.

ZHONGGUO SHIYONGJUN ZAIPEIXUE

第十三章 毛木耳栽培

第一节　概　述

一、毛木耳的分类地位与分布

毛木耳（*Auricularia cornea*）俗称耳子（四川）、木蛰（福建）、粗木耳（贵州）等，根据背面色泽的不同，有黄背木耳、白背木耳两类商品，曾用名 *Auricularia polytrcha* 和 *Auricularia nigricans*。毛木耳自然分布于我国河北、山西、内蒙古、黑龙江、吉林、山东、江苏、安徽、浙江、福建、河南、广东、广西、海南、台湾、香港、湖南、湖北、陕西、甘肃、青海、四川、贵州、云南、西藏等地，在夏秋季发生于柳（*Salix babylonica*）、桑（*Morus alba*）、榆（*Ulmus pumila*）、洋槐（*Robinia pseudoacacia*）及构树（*Broussonetia papyrifera*）等多种阔叶树的树干、死立木、树桩、倒木或腐朽木上。日本、菲律宾、泰国等也有分布（罗信昌等，1988；黄年来等，2010；刘波，1984；李玉等，2015；吴芳，2016；今關六也等，1998）。

二、毛木耳的营养与保健价值

毛木耳子实体营养丰富。每 100g 子实体（干）含粗蛋白质 7.0～9.1g，粗脂肪 0.16～1.20g，糖类 64.16～69.20g，热量 1 230.10～1 334.70kJ，粗纤维 9.7～14.3g，灰分 2.1～4.2g；含胡萝卜素 0.01mg，硫胺素 0.09～0.36mg，抗坏血酸 7.04～8.35mg，尼克酸 1.7～4.0mg（黄年来等，2010；张丹等，2004）。含人体必需氨基酸 7 种，占氨基酸总量的 42.31%；含 11 种矿质元素（袁明生等，2007）。子实体呈韧胶质的口感，被称为“木头上的海蜇皮”（王曰英，1996）。

毛木耳具有益气强身、活血、止血、止痛的药用功效，主治寒湿性腰腿疼痛、产后虚弱、抽筋麻木、外伤引起的疼痛、血脉不通、麻木不仁、手足抽搐、痔疮出血、子宫出血、反胃多痰等病症，还可治误食毒蕈中毒（刘波，1984）。研究表明，毛木耳子实体多糖具有降血脂、抗凝血（吴春敏等，1991）、补血（沈丛微等，2012）、抗肿瘤（Aroras et al.，2013；Yu J et al.，2014；张丹凤等，2014）、抗氧化（罗敬文等，2017；周学君等，2000）、抗突变（Zhao S et al.，2015）和提高免疫力（Sheu F et al.，2004；郑林用等，2014）等活性。

三、毛木耳的栽培技术发展历程

陈士瑜先生以文献为证，认为我国木耳栽培大约始于7世纪。李时珍《本草纲目》“木耳”条引甄权《唐本草》的记述：“煮浆粥安诸木上，以草复之，即生蕈尔。”古代称木耳为“木栭”“木菌”“木坳”或“木蛾”（陈士瑜，1983），可能包括黑木耳和毛木耳两个种。

1975年福建省闽西北山区率先以阔叶树段木栽培毛木耳，每100kg段木产干耳2.5～3.5kg。

1978年蔗渣袋栽毛木耳，产量达到生物学效率120%（林玉鹤，1985）。1980年在福建漳州地区开始推广。1989年漳州用杂木屑、甘蔗渣代料栽培毛木耳，达到每100kg干料产干耳10～15kg。1991年涌现了一大批100万袋以上的白背木耳规模化生产企业，年栽培量1.5亿袋，年产干耳1万t，成为全国最大的白背木耳生产基地（黄年来等，2010）。

1981年四川从台湾引入黄背木耳菌株，金堂县率先以棉籽壳和杂木屑为主料开展袋栽，随后迅速推广到全省50多个县（市），干耳单产达到150～250g/袋，1991年全省产量达5 000多吨，产值1亿元，成为全国黄背木耳栽培规模最大省（朱斗锡，1992）并保持至今。1985年河南鲁山从四川引进菌种及栽培技术，1996年达1亿袋以上，如今已成为我国毛木耳主产地之一（黄年来等，2010）。

毛木耳属我国大宗食用菌栽培种类之一，至2016年全国有17个省（直辖市、自治区）栽培，总产量约183万t（中国食用菌协会，2017），占食用菌总产量的5%，位居人工栽培食用菌种类第六位。我国毛木耳生产规模和出口量居世界第一位（谭伟等，2018）。

四、毛木耳的发展现状与前景

我国毛木耳栽培发展至今，形成了较为成熟的“熟料袋栽荫棚出耳”农法栽培模式，也是目前我国的主要栽培模式。各主产区自然气候不同，生产季节、栽培品种、菌袋大小和基质配方等有一定差异。随着我国社会经济的快速发展，多年的农业生产面临严峻挑战，对品种特性提出了新的要求。专业化的菌棒生产，对原料的高效利用、生产机械性能、节本增效技术等都提出了更高要求，需要产业技术的不断创新、优化和集成。

第二节　毛木耳生物学特性

一、形态与结构

毛木耳子实体单生或簇生（图13-1），新鲜时胶质，不透明，杯状、耳状或盘状，边缘浅裂或全缘，耳片最宽处直径可达60cm，厚1.0～2.5mm，红棕色至橘红棕色；不孕面被浓密的绒毛，干后棕灰色至黑褐色；子实层面光滑，干后暗褐色。担孢子无色，光滑，薄壁，具1～3个大液泡，腊肠状，大小为（13.2～15.3）μm×（4.5～5.6）μm（吴芳，2016）（图13-2）。

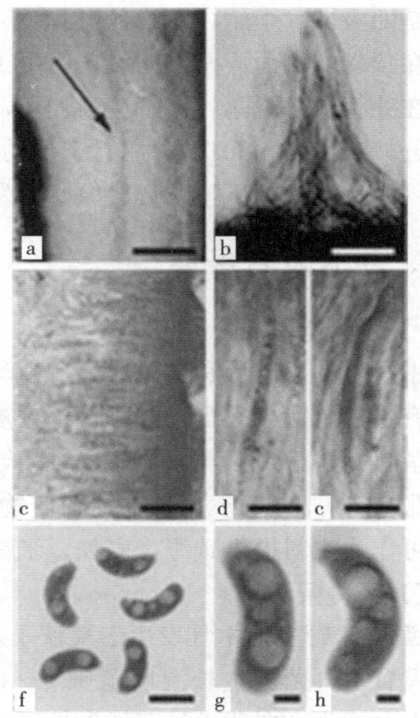

图 13-2　毛木耳显微结构

a. 子实体横切面，箭头表示髓层　b. 不孕面绒毛

c～e. 子实层中担子和拟担子　f～h. 担孢子

（吴芳，2016）

图 13-1　黄背木耳子实体

毛木耳次生菌丝有横隔，多分枝，直径（4.67±0.24）μm～（6.70±0.20）μm（王敬，2013），具有锁状联合。菌丝体在 PDA 培养基上呈絮状，菌落边缘较整齐，部分菌株产生色素（图 13-3）。

图 13-3　毛木耳菌落

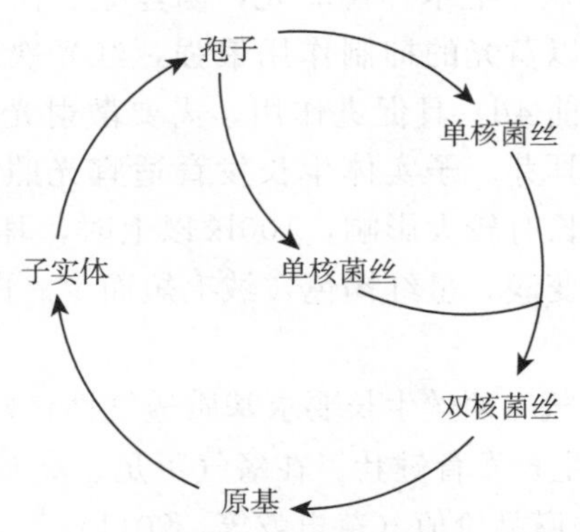

图 13-4　毛木耳的生活史

二、繁殖特性与生活史

毛木耳为异宗结合，有研究认为是二极性异宗结合（罗信昌，1988），也有研究认为

交配型是四极性（李婧，2011）。担孢子单核（王敬，2013）。子实体成熟时担孢子弹出，担孢子在顶端、侧面或两端萌发，产生1个或多个芽管，芽管形成分枝或分生孢子，分生孢子易在芽管顶部脱落，芽管逐渐伸长，形成单核的初生菌丝，单核菌丝生长特别快，出现树状分枝（王敬，2013）。相互亲和的单核菌丝结合形成双核菌丝，双核菌丝达到生理成熟后，在适宜条件下扭结形成原基，发育成子实体，产生担孢子（图13-4）。

三、生长发育条件

（一）营养与基质

毛木耳可利用碳源和氮源广泛，菌丝生长的适宜碳源有葡萄糖、蔗糖、果糖等，适宜的氮源有蛋白胨、牛肉膏、酵母膏、麸皮、豆饼粉、玉米粉等，适宜的无机盐营养物质有磷酸二氢钾等（王谦等，2007；谭伟 等，2011，2016，2018；王敬，2013；王庆武等，2016；张波等，2017）。多种农林副产物都是很好的培养料，如棉籽壳、玉米芯、稻草、木屑等可作为主料提供碳源，麦麸、米糠、菜籽饼、豆饼、玉米粉等是良好的氮源。

（二）环境条件

1. 温度　野生毛木耳发生于夏秋季，属于中偏高温型菌类。孢子萌发适宜温度25～30℃。黄背木耳菌丝生长温度范围5～35℃，最适温度25～30℃，35℃以上停止生长，40℃以上会死亡。白背木耳菌丝生长温度8～37℃，最适温度25～28℃。黄背木耳原基分化和子实体发育温度18～32℃，最适温度22～28℃。白背木耳原基分化和子实体发育温度13～30℃，最适温度18～22℃（黄年来等，2010）。

2. 湿度　野生毛木耳往往在雨后大量发生，属于喜湿性菌类。菌丝生长适宜基质含水量黄背木耳62%～65%，白背木耳60%～63%（袁滨等，2012）。菌丝培养适宜空气相对湿度70%。原基分化和子实体发育适宜空气相对湿度85%～90%（谭伟 等，2016）。

3. 光照　毛木耳喜弱光，菌丝生长阶段不需要光，光照对菌丝生长具有一定的抑制作用，以黄光的抑制作用最强，红光次之。绿光对菌丝生长影响不显著，在生长初期（培养前4d）具促进作用。需要散射光线诱导耳基（耳芽）形成，完全黑暗条件下不能形成耳芽。子实体生长发育适宜光照强度为300～800lx。光照对耳片颜色、厚度和绒毛生长有较大影响，100lx以上时，耳片厚、颜色深，绒毛长而密；弱光下，耳片薄，颜色变浅，呈红褐色，绒毛短而少。白背木耳适宜光照为40～500lx（黄年来 等，2010）。

4. 空气　菌丝生长要求基质透气性良好，发菌期和出耳期空气流通、氧气充足的环境条件，生长发育健壮。在氧气不足、高CO_2浓度环境中，易形成“指状耳”和“鸡爪耳”，丧失商品价值（黄忠乾等，2011）。

5. pH　毛木耳菌丝体在pH 4～10的培养基上均能生长，pH 4～6时生长慢，生长势差；pH 9～10生长快，但菌丝稀疏，长势差；pH 6～7时菌丝生长较快，菌丝浓密、长势好，为菌丝生长适宜pH（王庆武 等，2016）。灭菌将导致基质pH下降，灭菌前培养料的适宜pH 8～10。

第三节　毛木耳品种类型

毛木耳按商品特性主要分为黄背木耳和白背木耳两大类型品种。其中，黄背木耳品种生产主要集中在四川、河南等地，白背木耳品种主要在福建漳州生产。此外，还有毛木耳的白色变种，商品名玉木耳。

一、黄背木耳品种

国家认定品种有川耳1号、川耳2号、川耳7号、川耳10号、苏毛3号（张金霞等，2012）。

二、白背木耳品种

漳耳43-28，子实体生长发育温度13～32℃，适宜温度18～23℃。生物学效率97.5%。适宜福建福州、漳州及相似生态区栽培。

三、白色木耳品种

1. 银白木耳　耳牙形成温度16℃以上，子实体生长最适温度20～24℃，耐33℃高温（王朝江等，1991）。生物学效率130%～150%（王松梅等，1991）。

2. 玉木耳　出耳温度16～32℃，最适温度23℃（任梓铭等，2018）。生物学效率150%（姜建新等，2017）。适宜吉林、辽宁、山东、福建、江西等地栽培。

第四节　毛木耳栽培技术

一、栽培设施

毛木耳栽培设施主要有发菌室（棚）和出耳房（棚）。栽培场地应符合《NY/T 391—2013 绿色食品　产地环境质量》要求。漳州、徐州等地栽培毛木耳多采用“一场制”或“一区制”生产模式，即在同一棚内发菌和出耳，一棚两用。

（一）发菌室（棚）

发菌室（棚）用于摆放菌袋，培养菌丝。主产区通常专门搭建塑料遮阳拱棚作发菌棚。空间大小不等，特点是保温和透气兼顾。有的将闲置蔬菜大棚、住房、仓库等作发菌室使用。

专用发菌棚设分层床架，床架间距60cm；内挂杀虫灯、粘黄板，室（棚）外装防虫网，防控虫害。

（二）出耳房（棚）

出耳房（棚）专门用于出耳。出耳棚要求取水方便、水质符合饮用水标准。常见耳棚有平顶和拱顶两种结构类型。

1. 平顶出耳大棚　以木棒、竹笋为主要骨架，长方形，四周和顶部覆盖草帘，棚顶为平面。一般棚高3m左右，棚长和棚宽可因地势情况而定。此类大棚是四川黄背木耳产区采用的传统耳棚。优点是搭建成本低，缺点是低矮，遇长期降雨漏雨，空气湿度高，菌袋污染率高，严重时还会出现流耳、烂耳等。

2. 拱顶出耳大棚 将平顶耳棚的平顶改成有弧度的拱形或“人”字形。一般棚宽15.6m，棚中高度5.5m，边高3.5m，棚长8～10m，四周和顶部加覆盖2层75％遮光率的黑色遮阳网和一层75％遮光率的绿色遮阳网（谭伟等，2016）。江苏丰县的“山墙耳棚”（汪彩云等，2010；李勇等，2018）可归为这种类型。其优点是不易积水，空气流通性好，菌袋杂菌污染率低；缺点是搭建成本较平顶棚高。

3. 耳棚配套设施 与耳棚的配套设施有出耳层架、微喷灌设施、防虫网、杀虫灯和黄板等。

（1）出耳床架　用粗竹杆或树棒或镀锌管搭建成多层的床架，类似于商场的货架，用于摆放出耳菌袋。床架布置一般以棚中为界，与棚长平行分为两列，两列层架间距2.0m，层架距棚边0.8m；每列层架分为若干排，排间距为1.5m；每排分为4格，每格两端即为层架柱点，起到固定和支撑层架的作用，格间距为1.2m；耳架10层，第一层距地面0.4m，层间距0.2m，总层高为2.2m（谭伟等，2016）。

（2）微喷设施　在耳棚内安装微喷灌设施，由微喷头、输水管、过滤器和水泵等组成（图13-5）。

图13-5　毛木耳出耳微喷灌水分管理

（3）防虫辅助设施　与发菌室（棚）同样，棚内门窗安装防虫网防止害虫进入，棚内悬挂杀虫灯、黄板诱杀害虫成虫。

二、栽培季节

四川省黄背木耳菌袋生产期多在11月至翌年3月，出耳采收期在翌年4月下旬至10月。河南省黄背木耳菌袋生产期为2～3月，出耳采收期在6～8月；白背木耳菌袋生产期12月至翌年1月。采收期为翌年5～7月。福建省白背木耳菌袋生产期为8～10月，最适9月中旬前后，收获期12月至翌年3月中旬。

三、栽培原料与配方

（一）栽培原料

毛木耳代料栽培主料有棉籽壳、杂木屑、玉米芯等，辅料有麦麸、米糠、石膏、石灰等。

（二）基质配方

①棉籽壳30％，杂木屑（颗粒度≤2.0mm）30％，玉米芯30％，麦麸5％，石膏1％，石灰4％。

②棉籽壳10％，杂木屑（颗粒度≤2.0mm）33％，玉米芯30％，米糠20％，玉米粉

2%，石膏 1%，石灰 4%。

③棉籽壳 10%，木屑（颗粒度≤2.0mm）47%，玉米芯 30%，麦麸 8%，石膏 1%，石灰 4%。

④棉柴 10%，木屑（颗粒度≤2.0mm）23%，棉籽壳 10%，玉米芯 30%，米糠 20%，玉米粉 2%，石膏 1%，石灰 4%。

⑤蔗渣 11%，木屑（颗粒度≤2.0mm）22%，棉籽壳 10%，玉米芯 30%，米糠 20%，玉米粉 2%，石灰 4%，石膏 1%。

⑥蔗渣 30%，木屑（颗粒度≤2.0mm）33%，棉籽壳 10%，米糠 20%，玉米粉 2%，石灰 4%，石膏 1%。

⑦杏鲍菇菌渣 10%，木屑 33%，棉籽壳 10%，玉米芯 20%，米糠 20%，玉米粉 2%，石灰 4%，石膏 1%。

⑧杏鲍菇菌渣 11%，木屑 22%，棉籽壳 10%，玉米芯 30%，米糠 20%，玉米粉 2%，石灰 4%，石膏 1%。

⑨高粱壳 15%，木屑 28%，玉米芯 30%，米糠 20%，玉米粉 2%，石灰 4%，石膏 1%。

⑩金银花枝桠（屑）33%，玉米芯 30%，米糠 20%，玉米粉 2%，棉籽壳 10%，石灰 4%，石膏 1%。

⑪杂木屑 48%，棉籽壳 30%，麦麸 20%，石膏 2%。

⑫杂木屑 85%，麦麸 12%，轻质碳酸钙 3%（适宜白背木耳）。

⑬杂木屑 85%，麦麸 12%，轻质碳酸钙 2%，石灰 1%（适宜白背木耳）。

⑭木屑 35%，玉米芯 35%，米糠 20%，玉米粉 2%，麦麸 3%，石灰 4%，石膏 1%。

⑮木屑 33%，玉米芯 31%，米糠 10%，玉米粉 3%，高粱壳 6%，棉籽壳 9%，麸皮 3%，石灰 4%，石膏 1%。

四、栽培基质的制备

（一）原料准备

用专用粉碎机将玉米芯、棉柴、金银花枝桠等原料粉碎成颗粒状备用。按照生产量，准备齐全主料和辅料。

（二）拌料装袋

先将主料和辅料干混，搅拌均匀，然后再加水搅拌至含水量 62%～65%，堆积 15～17h 达到水分均匀后装袋。使用 22cm×42cm×0.003cm 的料袋，装湿料约 2.4kg/袋（干料约 1.0kg/袋）。漳州采取发酵料栽培白背木耳，堆料发酵 25d 左右，建堆发酵方法（袁滨等，2012）与双孢蘑菇栽培料发酵方法基本相同，发酵后再行装袋。

（三）灭菌冷却

一般采用常压灭菌。容量 1 800 袋/锅 100℃持续灭菌 14h，灭菌持续时间随灭菌仓的增大适度延长。灭菌结束后，要洁净环境冷却，防止灰尘沉落到料袋表面。

五、接种与发菌管理

（一）接种

料袋口温度降至30～35℃即可“抢时抢温”接种，接种量为750mL玻璃瓶栽培种接种8～10袋。接种作业以凌晨在接种箱内进行效果最佳，按照无菌操作要求，动作熟练“稳、准、快”，以减少接种污染概率。接种后随即搬至发菌室（棚）“抢温发菌”，促进菌种定殖。

（二）发菌管理

1. 发菌室（棚）处理　使用前1个月，对室（棚）内外清理清洁，开门窗或敞篷通风晾晒。使用前1～2周，消毒、杀虫。菌袋进室（棚）前2～3d，用硫黄20g/m^3燃烧熏蒸36h，或甲醛15mL/m^3＋高锰酸钾5g/m^3熏蒸；地面撒石灰粉1kg/m^2。

2. 菌袋合理堆码　菌袋墙式成行整齐堆码；前期堆高8层，菌丝长出长至5cm后改为堆高6层；行间距10～15cm。福建漳州等地采取的“一区制”栽培，菌袋直接摆放到耳棚。

3. 环境条件调控　培养期间避光，菌丝“下膀”（菌袋肩部）前保持堆内温度25～28℃，菌丝“下膀”后调控制堆内温度18～20℃（防止高温烧菌）。保持空气相对湿度65%～70%。保持空气新鲜，氧气充足，定期揭膜、开启门窗通风。

4. 去杂防霉　经常检查菌丝生长情况。发现污染袋，及时隔离去除，防止蔓延。

六、出耳管理与采收分拣

（一）催芽

菌丝长满10d后，移入出耳棚排放，进行催耳作业。具体方法是去封口纸，用竹片或刀片去除“接种块”，刮平料面，即搔菌。将棚内温度调控到18～25℃。开启微喷设施，增湿至空气相对湿度85%～90%。给予散射光，开启棚门每天早晚各通风15min。

（二）育耳管理

1. 温度　保持棚内温度18～30℃，以24～28℃为最佳，低于18℃，耳片生长缓慢，超过35℃，耳片生长受抑停止生长甚至流耳。

2. 湿度　保持空气相对温度85%～95%。喷水少量多次微细，严禁大水浇灌。耳片要不缺水、无积水。干湿交替管理，严防长期高湿流耳。耳片边缘出现卷曲发白，表明湿度不足，需要喷水保湿。晴天喷水2～3次/d；阴天和雨天少喷水或不喷水。

3. 光照　光照强度显著影响耳片颜色和厚度，光照强时耳片厚、大。生产者可通过调节光照强度生产颜色均一厚度均匀的优质产品。

4. 通风　加强通风，保持耳棚内空气新鲜促进耳片健壮生长，预防高浓度CO_2引发畸形。

（三）采收分拣

1. 采收适期　当耳片颜色转淡并充分舒展、边缘开始卷曲，刚开始弹射孢子前时，即可采收（图13-6）。推迟采收会降低产品质量，并延迟下潮耳基形成。选择在晴天采

收，采摘前1d停止喷水，利于干燥。

2. 晾晒方法 晴天起早采摘木耳，去掉耳基连带的培养料；露天架设竹笆晒架，摊铺于竹笆上，2d即可完全晒干。

3. 产品分级 以统货出售，可装入编织袋或厚塑料袋中。以分级产品出售，按照NY/T 695—2003《毛木耳》中感官要求进行产品分级（表13-1）包装。

图13-6 毛木耳出耳

（袁滨 供图）

表13-1 毛木耳产品等级划分及其感官要求

项目	各等级感官评价		
	一级	二级	三级
耳片色泽	耳面呈黑褐色或紫色，有光泽，耳背为密布较均匀的灰白色或酱黄色绒毛	耳面呈浅褐色或紫红色，耳背布有较均匀的灰白色或酱黄色绒毛	耳面呈浅褐色或紫红色，耳背布有白色或浅酱黄色绒毛
耳片大小	耳片完整，不能通过直径4cm的筛孔。每小包内耳片大小均匀	耳片基本完整，不能通过直径3cm筛孔，耳片大小均匀	耳片基本完整，不能通过直径2cm筛孔
一般杂质（%）	≤0.5	≤0.5	≤1.0
拳耳（%）	无	无	≤1.0
薄耳（%）	无	≤0.5	≤1.0
虫蛀耳（%）	无	≤0.5	≤1.0
碎耳（%）	≤2.0	≤4.0	≤6.0
有害物质		无	
流失耳		无	
霉烂耳		无	
气味		无异味	

注：①本品不得着色，不得添加任何化学物质，一经检出，产品即判不合格。

②拳耳：在阴雨多湿季节，因晾晒不及时，耳片相互粘裹而形成的拳头状耳。

③薄耳：在高温、高湿条件下，采收不及时而形成的色泽较浅的薄片状耳。

④流失耳：高温、高湿导致木耳胶质溢出、肉质破坏、失去商品价值的木耳。

⑤一般杂质：毛木耳产品以外的植物（如：稻草、秸秆、木屑、棉籽壳等）。

⑥有害杂质：有毒有害及其他有碍安全的物质（如：毒菇、霉菌、虫体、动物毛发和排泄物、金属、玻璃、砂石等）。

⑦碎耳：可通过相应级刷筛孔的毛木耳碎片。

（四）采后管理

1. 清除残耳基 耳片采收后，用竹片及时清除袋口的残余耳基，清扫清洁出耳棚。

2. 喷施转潮水 晴朗、空气湿度低的天气，采收当天或第二天喷转潮水。若天气阴湿，采收后停水2～4d，待伤口菌丝恢复后喷施转潮水，转入下潮耳管理。一般可出耳五至六潮，采干耳150～200g/袋。

3. 清理耳棚 出耳结束后，及时将废菌袋搬出耳棚，将场地内外的废渣废物清理干净，并晾晒，进行消毒杀虫处理。

（谭　伟）

主要参考文献

李玉，李泰辉，杨祝良，等，2015. 中国大型菌物资源图鉴［M］. 郑州：中原农民出版社.

罗信昌，1988. 木耳和毛木耳的极性研究［J］. 真菌学报，7（1）：56-61.

谭伟，郭勇，周洁，等，2011. 毛木耳栽培基质替代原料初步筛选研究［J］. 西南农业学报，24（3）：1043-1049.

谭伟，张建华，郭勇，等，2011. 毛木耳微喷灌出耳水分管理效果的研究［J］. 西南农业学报，24（1）：185-190.

谭伟，黄忠乾，苗人云，等，2016. 毛木耳栽培降本增效新技术［J］. 四川农业科技（11）：9-12.

谭伟，苗人云，周洁，等，2018. 毛木耳栽培技术研究进展［J］. 食用菌学报，25（1）：1-12.

谭伟，2019. 食用菌优质生产关键技术［M］. 北京：中国科学技术出版社.

吴芳，2016. 木耳属的分类与系统发育研究［D］. 北京：北京林业大学.

张波，苗人云，周洁，等，2017. 不同氮源配方栽培基质对毛木耳农艺性状、品质及生产效益的影响［J］. 南方农业学报，48（12）：2210-2217.

张金霞，黄晨阳，胡小军，2012. 中国食用菌品种［M］. 北京：中国农业出版社.

今關六也，大谷吉雄，本鄉次雄，1998. 三溪カラ一名鑑　日本のきのこ［M］. 東京：株式会社　山と溪谷社.

Arora S，Goyal S，Balani J，et al.，2013. Enhanced antiproliferative effects of aqueous extracts of some medicinal mushrooms on colon cancer cells［J］. International journal of medicinal mushrooms，15（3）：301.

Sheu F，Chien P J，Chien A L，et al.，2004. Isolation and characterization of an immunomodulatory protein（APP）from the Jew's Ear mushroom *Auricularia polytricha*［J］. Food chemistry，87（4）：593-600.

Yu J，Sun R，Zhao Z，et al.，2014. *Auricularia polytricha* polysaccharides induce cell cycle arrest and apoptosis in human lung cancer A549 cells［J］. International journal of biological macromolecules，68：67-71.

Zhao S，Rong C，Liu Y，et al.，2015. Extraction of a soluble polysaccharide from *Auricularia polytricha* and evaluation of its anti-hypercholesterolemic effect in rats［J］. Carbohydrate polymers，122：39-45.

第十四章 

金针菇栽培

第一节　概　　述

一、金针菇分类地位与分布

金针菇［*Flammulina filiformis*（Curtis）Singer］，又称冬菇、构菌、毛柄金钱菌、金菇、增智菇，野生金针菇广泛分布于中国、日本、澳大利亚及欧洲、北美等地。

二、金针菇的营养与保健价值

金针菇营养丰富，是高钾低钠、富含维生素和纤维素的食品，具有高蛋白、低脂肪的特点。金针菇含有18种氨基酸，尤以精氨酸和赖氨酸含量突出，对儿童脑发育具有一定促进作用。金针菇菌柄的大量膳食纤维具吸附胆酸、降低胆固醇、增加胃肠蠕动等食疗保健作用。

金针菇含金针菇多糖、免疫调节蛋白、金针菇毒素等多种生物活性物质。金针菇多糖具有抑菌、消炎、抗病毒、抗氧化、延缓衰老、降低胆固醇、缓解疲劳、辅助改善记忆的功效，同时对肝脏具有一定保护作用。免疫调节蛋白能够促进核酸和蛋白质合成、加速代谢，具有抗过敏、刺激免疫细胞产生细胞因子的免疫调节功能。金针菇毒素能够引起哺乳动物红细胞裂解，使肿瘤细胞溶胀破裂，并改变肠上皮细胞渗透压，具有促进药物吸收的作用。

三、金针菇的栽培技术发展历程

金针菇是重要的商业化生产食用菌种类，我国的规模商业化生产始于20世纪80年代，40年来经历了几次较大的栽培技术变革。

（一）栽培品种由黄色品系发展到白色品系

早期的金针菇人工栽培均使用野生驯化的黄色品种，菌盖黄色，菌柄粗壮、基部褐色，易开伞，口感脆嫩、爽滑，但商品外观不甚理想。自20世纪80年代后期，科技工作者先后选育出系列杂交品种，如杂交19号、FV129、F7、华金18、华金63、川金3号等，杂交的黄色品种迅速替代了野生驯化品种，黄色品种占据国内市场主导地位直至20世纪末。日本学者Kitamoto等首次培育出了世界上第一个白色金针菇品种M50，1988年在日本品种登录并逐渐推广。随着国内消费市场的需求变化，进入21世纪，白色金针菇品系逐渐替代了黄色品系，目前市场销售的金针菇绝大多数为白色，仅部分省份在特定季节栽培和销售黄色金针菇。由于黄色金针菇的口感和风味优于白色金针菇，近年黄色金针菇发展已重现生机。

（二）栽培容器由塑料袋发展到塑料瓶

我国的食用菌生产自20世纪80年代采用塑料袋作为栽培容器，逐渐开发出一套适合中国国情的生产方式。金针菇栽培有季节性的农法栽培和设施化冷房栽培两种方式。袋式栽培有直生法、搔菌法、再生法等育菇方式。袋式栽培在资金投入较少的情况下，极大地促进了中国金针菇产业的发展。

进入21世纪，随着经济社会的发展和资金投入的增多，以聚丙烯塑料瓶为栽培容器的工厂化瓶栽逐渐取代了袋栽，成为我国金针菇的主导栽培模式。经过20年的发展，已经达到原料搅拌、装瓶、灭菌、接种、发菌、育菇、采收、包装等全程机械化、自动化。

（三）栽培方式由农法栽培发展到工厂化栽培

传统的农法栽培曾是我国金针菇的主要生产方式，其特征是千家万户的手工作坊生产，生产效率低，产量不稳，质量参差不齐；产品供应受季节制约，难以实现周年供应。

工厂化栽培是金针菇产业发展的高级阶段，集生物工程技术、人工模拟生态环境、智能化控制、自动化作业于一体，利用环控设备、空间设施，在可控条件下进行精准化、立体化、周年化、规模化和标准化生产，生产效率高、生产规模大、质量稳定，但工厂化栽培需要强大的资金基础、技术条件、人员储备和完善的现代企业管理。

四、金针菇栽培的发展现状与前景

近20年的工厂化生产技术在金针菇中得到了完美的体现，栽培水平不断提高。随着市场需求的不断增加，新建工厂仍在增加，单厂生产规模不断扩大。市场竞争更为激烈。在工厂化产能不断释放的条件下，规模小、产品质量不高、销售渠道不畅的企业逐渐被淘汰出局，传统农法栽培持续萎缩。工厂化技术的完善和稳定，市场需求的提高，对金针菇品种和品质提出了新的要求。

第二节　金针菇生物学特性

一、形态与结构

金针菇是秋末至早春发生的低温种类。野生子实体丛生于腐木上。菌丝白色，菌落呈细棉绒状或绒毡状，稍有爬壁现象。显微镜下，菌丝粗细均匀，双核菌丝具有典型的锁状联合。

栽培金针菇子实体丛生，黄色金针菇菌盖直径2～15cm，初期为球形至半球形，后逐渐平展，呈黄褐色、淡黄褐色，菌盖表面黏滑。菌褶白色或近白色。菌柄硬直，长2～13cm，直径2～8mm，菌柄上部色泽较淡，近淡黄色，下部呈褐色、淡褐色，且有黄褐色或者深褐色短绒毛，初期内部髓心充实，后期变中空。孢子印白色。白色金针菇为黄色

金针菇的变异体，子实体通体白色。在工厂化环境条件下，子实体多发，柄细长，盖较小。

二、繁殖特性与生活史

金针菇的生长发育分为营养生长和生殖生长两个阶段，生活史复杂，既有有性生殖，又能进行无性生殖。

金针菇的有性孢子担孢子单核，担孢子萌发，形成同核菌丝，相互亲和的同核菌丝融合形成异核的双核菌丝，双核菌丝生长积累足够的营养后，在适宜环境条件下扭结形成原基，进而发育成子实体。子实体成熟后在担子内核配形成双倍体核，经减数分裂形成 4 个单倍体细胞核，通过担子小梗，在担子顶端形成 4 个担孢子。

金针菇的双核菌丝可进行无性繁殖产生单核的粉孢子，粉孢子萌发形成单核菌丝。

与香菇、平菇等其他异宗配合菌不同的是，金针菇的同核菌丝能形成正常形态的子实体，菌盖直径、菌柄长度与双核菌丝产生的子实体没有显著差异，但菌丝生长慢，出菇晚，产量低。研究发现，并非所有的同核体都能形成子实体，这种同核体结实的比例较低，能出菇的同核体菌丝的生长速度较不能出菇的稍快。

三、生长发育条件

（一）营养条件

1. 碳源　金针菇虽然是典型木腐菌，但是完全可以在没有木屑的基质上获得高产优质的子实体。木屑、棉籽壳、玉米芯、甜菜渣、麸皮、米糠都是金针菇良好的碳源。

2. 氮源　氮源对金针菇菌丝生长和子实体发育具有重要的作用。相较于其他常见的木腐类食用菌，金针菇对氮源的需求量较大。金针菇主要利用有机氮，麸皮、米糠、啤酒糟、玉米粉、豆粕等都可以作为氮源使用。

3. 维生素　维生素是金针菇生命代谢必需的生长因子，需要从培养基质中获取。米糠、玉米粉、麸皮中含有的维生素能够满足金针菇生长发育的需求。

（二）环境条件

1. 温度　金针菇属于低温型恒温结实性菌类，菌丝在 4～30℃范围均可生长，最适 18～22℃。原基形成最适温度 12～15℃，子实体生长发育温度 4～18℃。

2. 湿度　金针菇生长喜湿。栽培基质最适含水量 65%～69%，发菌适宜空气相对湿度 70%～80%。催蕾最适空气相对湿度 95%～98%，子实体生长发育阶段最适空气相对湿度 90%～95%。

3. 光照强度　金针菇整个生长发育对光照强度要求不高，不同生长发育阶段对光照的需求也不同。发菌阶段应保持黑暗条件，避免光照诱导过早产生原基，催蕾阶段需要弱光刺激，子实体生长发育阶段也需要一定的散射光。

4. 空气　发菌培养阶段需要充足的 O_2 保证菌丝生长，通风不良、缺氧会导致菌丝活力受损。子实体生长发育阶段，高 CO_2 浓度能抑制菌盖的生长，促进菌柄的伸长。

5. pH　金针菇适宜在弱酸性培养基上生长，培养基灭菌后适宜 pH 5.8～6.2。

第三节　金针菇品种类型

目前，我国栽培的金针菇根据子实体颜色分为黄色品种、淡黄色品种和白色品种三大类型。黄色和淡黄色品种主要来源于野生种驯化、杂交选育。栽培较多的黄色金针菇品种主要有杂交 19 号、川金 2 号、川金 3 号、金 2153、金 F3、金 F7 等。目前市场受欢迎的黄色金针菇一般要求子实体呈现淡黄色，菌柄颜色上下一致，菌盖厚实、不易开伞。

金针菇的白色变异菌株最早出现于日本，第一个注册应用于生产的首株是 M50。国内白色金针菇品种主要是从日本引进或经适应性系统选育而来，早期如福建省引进的 FL8801、FL8909，河北省引进的 FL088，浙江省引进的 FL21 等。进入 21 世纪，一些大型企业从日本引进纯白色金针菇菌株 T－011、T－022、LaLa 系列大面积应用。国内企业和科研单位陆续选育的品种处于生产性推广阶段。

第四节　金针菇栽培技术

一、栽培设施

（一）农法栽培

传统的农法栽培根据当地气候，选择适宜季节在菇棚内栽培，以人工或者自动、半自动的设备装袋，常压或高压灭菌后接种，发菌结束后原地育菇管理。农法栽培设备设施简单，投入少，需要大量的人力辅助。

（二）工厂化栽培

金针菇工厂化栽培通常在钢结构厂房内进行，以防火等级较高的聚氨基甲酸酯冷库板搭建相关的房间，辅以制冷、加湿、光照、通排风设备设施，完全人工调控金针菇生长需要的光照、温度、湿度、空气等环境条件。生产区域严格按照生产工艺布局，主要有原料仓库、搅拌间、装瓶间、灭菌区、冷却室、接种室、发菌室（培养室）、搔菌间、育菇室（生育室）、包装间、成品冷库、挖瓶间等。菌种生产与接种、冷却环节是整个生产流程的核心，对空气洁净度要求高，通常参照 GMP 标准建设，净化级别一般达到万级。随着土地的紧缺和环保政策的收紧，有的企业以混凝土楼房作厂房生产，楼房外墙严格保温处理，内部地面和墙面除保温处理外，另行严格的防水施工。

瓶式工厂化栽培机械化程度高，配备搅拌机、装瓶机、打孔机、盖盖机、灭菌锅、接种机、搔菌机、挖瓶机、包装机、机械手、流水线等一系列生产设备。不同企业采用的栽培瓶容积和形状各不相同，相关设备需专门定制。栽培容器聚丙烯塑料瓶的容积经历了从 1 100mL 到 1 200mL、1 300mL 再到 1 500mL 的增容，同时伴随着瓶口大小、瓶形以及瓶盖的变化，栽培瓶的不断更新带来了单产的提高和单位成本的下降，但同时对整体工艺设计和栽培技术也提出了更高的要求。

二、栽培基质原料与配方

（一）栽培原料

1. 木屑 木屑是栽培中常用的原料，颗粒度一般为2～3mm。木屑过细会导致培养基孔隙度小，通气性差，减缓发菌速度。木屑过粗导致培养基持水性变差，同时影响金针菇菌丝分解利用速率从而影响产量。木屑使用前需过筛，去除杂质、木块和树皮等，再经过淋水、发酵处理，去除其中的油脂、单宁类物质。木屑来源比较广泛，常用的为阔叶树木屑。随着生产规模的扩大和环保要求的提高，木屑已逐渐被其他原料替代。

2. 棉籽壳 棉籽壳是金针菇栽培中最常用的原料之一，农法栽培通常以棉籽壳为主料，考虑到农药残留和转基因风险，工厂化栽培用量逐渐减少。不同厂家的棉籽壳大小、颜色、棉绒长度、棉仁含量不同，中壳中绒、棉仁含量少的棉籽壳更适合金针菇。棉籽壳存放时间不宜过长，以不超过1年为宜，以防结块，滋生螨虫。

3. 玉米芯 玉米芯具有金针菇生产的理想的物理结构和适宜的营养成分，常作主料使用。玉米芯有红色和白色之分，白色玉米芯质地疏松，吸水性好；红色玉米芯质地较硬，不易吸水。使用红色玉米芯颗粒较多时，需要适当延长搅拌时间，以利于水分充分渗入颗粒内部，避免灭菌不彻底造成污染。有的栽培者为保证灭菌安全，往往将玉米芯用石灰水浸泡预湿后使用。

4. 米糠 米糠的营养价值较高，据测定，其蛋白质含量12%～16%，脂肪含量15%～20%，各种可溶性糖、半纤维素和淀粉含量35%～41%，米糠已成为金针菇的主要营养来源。米糠要求新鲜，优质米糠呈淡青色至淡黄色，有特定的香味和甜味，稻壳、碎米含量低。米糠因营养丰富容易变质，加工后要尽快使用，在通风阴凉处存放，一般冬季保质期不超过10d，夏季不超过7d，随着气温的升高，变质的风险将逐渐加大。

5. 麦麸 麦麸也叫麦皮、麸皮，维生素E和B族维生素含量丰富，是金针菇栽培常用原料之一。为保证麦麸新鲜，最好从临近的面粉加工厂采购新加工的产品。应选用大片的麸皮，以保证培养基的孔隙度。

6. 甜菜渣 甜菜渣是甜菜经压榨提取糖液后的残渣，粗纤维含量较高，甜菜渣需要经过脱水、挤压、造粒等加工处理，以便于运输和储存，干的甜菜渣具有良好的持水性能，其吸水率可以达到自身重量的4～6倍，在金针菇栽培中通常作为保水剂使用。

7. 啤酒糟 啤酒糟是啤酒工业的主要副产品，含有丰富的蛋白质、氨基酸及微量元素，适度添加能够获得较高的产量，因此获得了广泛的推广与使用。新鲜的啤酒糟含水率一般超过70%，易酸败变质，需要及时脱水烘干，以利于运输和储存。目前常用的有明火高温烘干和蒸汽烘干两种方式，以蒸汽烘干的质量更好，营养物质保存也较为完整。

8. 玉米粉 玉米粉含有大量的卵磷脂、亚油酸、谷物醇、维生素E、纤维素等，对金针菇的子实体生长发育具有明显的促进作用，玉米粉用量3%～5%。过高的玉米粉添加量可能延缓子实体的生长发育。玉米粉应新鲜、无霉变、无杂质，栽培规模较大时玉米粒自行粉碎使用效果更好。

9. 贝壳粉 贝壳粉也称为贝化石，经牡蛎壳粉碎获得，主要成分为碳酸钙，在金针菇栽培中作为碱性调节剂使用。

（二）参考配方

配方设计时，应充分考虑当地原材料供货的稳定性与储存周期，同时要关注各种原材料的价格，合理搭配各种原材料的比例，以获得投入产出比理想的培养基配方。产量的高低除了跟培养基营养有关外，还需考虑培养基的孔隙度，保证培养基良好的透气性。

①玉米芯 35%，棉籽壳 10%，米糠 35%，麸皮 10%，甜菜渣 5%，玉米粉 4%，贝壳粉（或轻质碳酸钙）1%。

②玉米芯 25%，棉籽壳 20%，米糠 35%，麸皮 10%，啤酒糟 5%，玉米粉 4%，贝壳粉（或轻质碳酸钙）1%。

③玉米芯 35%，棉籽壳 15%，米糠 30%，麸皮 10%，甜菜渣 5%，啤酒糟 4%，贝壳粉（或轻质碳酸钙）1%。

④玉米芯 33%，棉籽壳 8%，米糠 35%，麸皮 8%，甜菜渣 5%，啤酒糟 5%，干豆渣 5%，贝壳粉（或轻质碳酸钙）1%。

三、栽培基质的制备

配方确定后，需要严格按照比例称取各种原材料，混合均匀后加水搅拌制成培养基。为保证灭菌的彻底，农法栽培常将玉米芯和棉籽壳提前浸泡预湿。

四、接种与发菌培养

培养基经高温灭菌后，需要快速冷却到合适的温度，接入金针菇菌种，然后在合适的温度、湿度条件下发菌培养，培养过程不需要光照，但需保证良好的通风和充足的氧气。

五、出菇管理

发菌结束后，进入出菇管理期。农法栽培常采用直生法、搔菌法、再生法。直生法是发菌结束后，直接开袋出菇，直生法有竖立单面出菇和横放两头出菇两种方式。搔菌法是开袋后刮去料面老化的菌种和失水的培养基，同时对菌丝形成一定的机械刺激，使菇蕾发育得更加整齐。再生法是袋式设施化栽培最常采用的出菇方式，根据金针菇具有在菌柄上产生第二次分枝的特点，通过调节环境条件，在不开袋的情况下诱导原基形成，在高 CO_2 浓度下，金针菇菌柄伸长形成菇丛，然后开袋，给予强风进行快速气体交换，使菇蕾顶端失水倒伏，之后减少吹风，加大空气湿度，在接近枯萎的菌柄上就会再次长出整齐的菇蕾。工厂化瓶栽在催蕾前需用搔菌机进行搔菌处理。

六、采收与包装

金针菇的食用部分主要是细长的菌柄，开伞后的金针菇商品性下降。因此，在子实体长到合适的高度、菌盖尚未开伞时就应及时采收，分等分级进行包装。

第五节 金针菇工厂化栽培技术

金针菇工厂化栽培就是以工业管理模式，在专门设计的库房内，利用环境控制系统创造出金针菇最适合的生长环境，最终实现规模化周年栽培。工厂化栽培对生产工艺，以及流程的标准化、精细化、稳定性有极高的要求，对光照、温度、湿度、空气等环境因子的控制尤为重要，因此需要专业的自动化设施设备和成熟的工艺技术。

一、栽培基质制备工艺技术

（一）原料检测与配方确定

培养基是金针菇生长的营养来源，原料的质量有严格的标准限定，工厂化栽培企业一般建有专门的检测实验室，配备相关技术人员，原料使用前检测含水量、pH、糖度、颗粒度、感官等，部分原料还要进行营养指标检测。通过检测各项原料的营养成分和理化指标，并综合考虑原料供应的稳定性和价格，进行科学组方，工厂化栽培只采收一潮菇，整个栽培周期46～50d，需要在短期内获得尽可能高的单产，因此原料搭配时会设置较高的营养配比，同时各种原料应根据颗粒度合理搭配，以保证培养基有较好的透气性。

（二）搅拌与装瓶

根据配方要求，加水充分搅拌，使各种原料混合均匀，理化指标符合工艺需求。搅拌时原料由专人按照配方称取，投料顺序按颗粒度大的先投、使用量大的先投、营养价值高的后投的原则，先行干拌将原料混匀，再根据含水量要求缓慢加水，充分搅拌，搅拌均匀，充足吸水后进入装瓶程序。搅拌中要检测含水量、pH、糖度，要求含水量65%～69%，pH 6.2～6.8，糖度6～9。开始搅拌至开始灭菌要求在3h内完成，高温季节，更应注意搅拌时间的控制，防止时间过长细菌大量繁殖导致培养基“酸败”。

工厂化栽培以塑料瓶为容器，一般每16瓶为一个单元放在塑料筐内，由专人操作，自动装瓶、打孔、加盖，人工或机械手搬运到灭菌小车上，进入灭菌锅进行高压蒸汽灭菌。装瓶要严格按照标准进行，缩小装瓶的量差，并确保培养基料面平整、高度一致、打孔到底。

（三）灭菌与冷却

料瓶应及时灭菌，高压灭菌使培养基达到无菌状态，还具有培养基固形、原料熟化、去除有害物质的作用。为保证灭菌效果，可在瓶内放置耐高温温度记录仪，监测灭菌过程中培养基的温度变化。不同厂家灭菌程序略有不同，但都在培养基内温度121℃保持60min以上。

灭菌后料瓶在高洁净度的净化车间强制冷却，料温快速降至17～22℃。冷却过程料瓶内会吸入大量冷空气，因此冷却室内必须确保较高的空气洁净度，防止杂菌吸入造成污染。料瓶从灭菌锅内移出时应在80℃以上，可以大幅度降低污染风险。通入冷却室的新风必须经过高效过滤，每天要进行空间消毒，并经常进行环境洁净度检测。

二、接种与发菌培养工艺技术

工厂化栽培条件下，采用液体菌种。与传统的固体菌种相比菌种生产周期短，由固体菌种的30d缩短到6～8d，且菌龄一致，菌丝生长速度较一致，出菇更整齐，接种后萌发快（48h菌丝即可封面），菌丝活力强，污染率低。液体菌种生产节约人工、接种速度快、能够机械化自动操作。

料瓶冷却到合适的温度后，按照无菌操作要求，在净化车间内，使用自动接种机接种，接种量为25～35mL/瓶，接种室温度15℃左右。接种后的菌瓶通过机械手码放在塑料托盘上，进入培养室发菌培养。金针菇发菌培养一般按照两区式进行，接种后1～7d的前培养期为菌丝定殖期，温度稍高，利于菌丝快速萌发，较小风速，防止吹干料面，降低污染风险。接种后8d到培养结束为后培养期，随着发菌时间延长，菌丝量越来越多，呼吸热也越来越多，需要将菌瓶转移到室温更低、风速更大的培养室。后培养要注意堆放密度，保证托盘之间有足够的间距，避免因散热不良导致局部高温。

液体菌种萌发较快，48h菌丝基本封面，第6天菌丝延伸至瓶颈，第8～10天菌瓶底部可见到菌丝，第16～18天菌丝布满瓶身，培养21～23d菌丝完全长满瓶。发菌初期因发热量小，室温应维持在14～16℃，保证空气循环良好，CO_2浓度保持在3 000mg/kg以下。经过6～7d的培养，菌丝逐渐增多发热量加大，将菌瓶转移到后期培养室，保持室温11～14℃、瓶间温度15～19℃，空气相对湿度70%～80%，CO_2浓度4 000mg/kg以下。循环风机24h保持开启，以保证不同空间培养环境一致。培养室需要安装初/中效过滤器通风以确保环境清洁度。发菌期无需光照。

三、催蕾与育菇工艺技术

发菌培养结束后，菌丝由营养生长转向生殖生长，需要搔菌处理，用搔菌机挖除料面的老菌种和菌丝，形成一定的机械刺激，打断菌丝形成新的生长点，促使菇蕾在料面整齐地形成。搔菌后平整料面，再喷水冲洗干净后补水10～15mL。搔菌深度为搔菌后料面距瓶口2～2.5cm。搔菌后进入生育室出菇管理。育菇床架层数一般8～10层。育菇床架有固定式和移动式两种，后者更加省工。生育室使用前，需要臭氧消毒，以降低出菇期病害发生风险。

催蕾阶段，生长的环境条件，促进金针菇菌丝扭结长出原基，给予温度14～15℃，空气相对湿度95%～98%，CO_2浓度3 000～4 000mg/kg的环境条件，第4～5天料面可见原基。给予间歇性短时光照，光照强度100lx左右，可以避免菇蕾脱落。

菇蕾长至菌柄3～5mm时，采用低温、弱风、间歇性光照对抑制菇蕾生长，使菇蕾生长整齐。温度逐渐降至5～8℃，当菇蕾长出瓶口1～2cm时围包塑料包菇片，提高CO_2浓度至8 000～10 000mg/kg，空气相对湿度90%左右，在菇柄快速伸长期使用抑制剂进行间歇性吹风和光照。包菇片可以提高局部CO_2浓度，抑制菌盖开伞，促进菌柄伸长，同时保证金针菇直立生长，塑造整齐美观的商品菇形。整个育菇周期26～28d。

工厂化栽培通过智能化环境控制系统，采集记录整个育菇期的所有数据，再通过PLC自动控制生育环境，提供给金针菇生长最合适的温度、湿度、光照、通风等条件，

提高产量和质量。

四、病害防控

（一）绵腐病

绵腐病是金针菇工厂化栽培中经常出现的侵染性病害，搔菌到催蕾阶段是病害发生的关键时期。研究表明，金针菇绵腐病菌为葡枝霉属，异形葡枝霉种，其分生孢子在15℃条件下24h即可萌发，萌发后菌丝生长极快，初期在金针菇菌柄上形成白色的较稀疏的菌丝，后期形成浓密的白色霉层。一旦发现，必须及时拣出，就地套塑料袋，高压灭菌后挖瓶，同时需注意处理人员的隔离，防止交叉感染。如处理不及时，病害将很快蔓延至整个菇房，造成严重经济损失。

（二）细菌性斑点病

细菌性斑点病又称为锈斑病，是金针菇栽培中常见的侵染性病害，病原菌为荧光假单胞菌。病害发生一般有两种症状，一种是病斑较干燥，在菌盖上出现褐色斑点，另一种是病斑外圈颜色较深，潮湿条件下出现黏液，严重时病斑迅速发展，导致菌柄、菌盖全部变褐、变软，最后腐烂。发病主要原因：一是育菇房间内湿度过大，通风不良；二是加湿用水不洁净，带有病原菌；三是菇间消毒不彻底，病原基数大。

（三）黑根病

黑根病又称黑腐病，是金针菇出菇期常发性病害，病原菌为托拉氏假单胞菌。发病初期菌柄基部呈黑色水渍状病斑，由基部逐渐向上蔓延，菌盖受感染呈褐色至黑褐色病斑，严重时病斑连片，整个菌柄变黑褐色、质软、有黏液，甚至腐烂，有轻微的臭味。该病原菌广泛存在于空气中，目前尚不能判断初侵染时间，需要加强环节消毒、育菇室消毒彻底和保证搔菌用水洁净，预防发病。

五、采收与包装

长至菌柄长15.5～17cm、菌盖直径0.5～1cm是最佳采收期。先将包菇片撕下，将菇采下放入周转筐。根据销售要求进行分级、称量、包装。目前销售的金针菇通常需要切根处理，按质量优劣等级分为A、B、C级，要求菌盖圆整，呈半球形，未开伞，无破损，菌柄挺直，无畸形、病虫害、色斑、霉烂变质、虫体、毛发等杂质，不得带有培养基，要包装后美观、整齐一致。包装成品于0～4℃的仓库冷藏。

第六节　金针菇农业栽培法

一、培养基配方

栽培金针菇的原材料为棉籽壳和废棉等，辅料为玉米粉、麸皮等。

①棉籽壳77%，麸皮或玉米粉20%，石灰3%，含水量65%。

②棉籽壳50%，废棉30%，麸皮10%，玉米粉7%，石灰3%，含水量65%。

③棉籽壳33%，玉米芯33%，麸皮31%，石灰3%，含水量65%。

二、菌袋制作

1. 装袋 使用聚乙烯或聚丙烯塑料袋，规格为（22～23）cm×（42～45）cm，或者（17～18）cm×33cm。装入培养基，用绳扎口，或套7cm直径的塑料环，用塑料薄膜封口。

2. 灭菌 常压灭菌100℃左右维持12～18h，根据灭菌量的多少适当延长或缩短灭菌时间；高压灭菌需121℃维持2～3h。

3. 接种 灭菌后，料袋冷却至25℃以下接种，在无菌室或者接种箱内操作。栽培种使用前用消毒剂如新洁尔灭、克霉灵等擦洗外壁，瓶口在酒精灯火焰上灼烧杀菌，表层菌种扒出弃之不用，无菌操作将菌种接入料袋内，接种量为8～10袋/瓶。

4. 培养发菌 菌袋移到培养室或者出菇房内排放，调控温度18～22℃、空气相对湿度70%～80%，避光培养。菌丝长至1/2袋或者满袋后进入出菇管理。

三、出菇管理

（一）套袋出菇法

1. 菌袋排放与搔菌 将菌袋横放堆码，排间距1m，揭掉封口纸，挖除袋口表层菌种。将塑料套袋用橡皮筋环固定在袋口上，并将套塑料袋卷轴放置于袋口上，为子实体生长期间套袋作好准备，套袋大小为20cm×30cm。然后用塑料薄膜覆盖在菌袋口上保湿。

2. 催蕾 给予10～18℃（最适12～15℃），散射光照5～50lx，空气相对湿度95%左右的环境条件，12d左右，即可有菇蕾形成。

3. 子实体生长发育管理 当子实体长出袋口3～4cm时，打开套拉直成筒状，上端用橡筋扎好，留一个直径为1～2cm的通气孔，以利于通风换气，防止子实体大量分枝和畸形菇的发生。

子实体生长发育期间，调控温度在5～20℃，最佳温度为10～15℃。高于20℃，子实体生长快，易开伞和感染病虫害；低于5℃，子实体生长缓慢，且形成袋内菇，袋口出菇减少。因此，温度偏低时，要减少通风量，将菌袋重叠密集堆码，增加袋间温度，避免袋内出菇。套袋内的自然湿度足以维持金针菇的正常生长，不需要喷水增湿。光照强度以5～10lx为宜，大于50lx时，菌盖颜色加深，完全黑暗环境下，子实体生长不整齐。因此环境中以弱光照为好，适宜的光照度，经验上是以可清晰地操作管理为度。刚能看清操作管理。可同时利用遮阳网遮光，通风，保持菇房光照适宜，空气新鲜。若通风不良，菇房内CO_2浓度过高时，子实体会变软，含水量增加，品质下降。

4. 采收与采后管理 当子实体长度达到20cm左右，即可采收。将菇体从套袋内摘下，留下套袋并卷折放在袋口上，为下一潮出菇备用。采收一潮菇后，待下一潮菇长出袋口并达到长度3～4cm时，再套袋进行管理，方法同前，每袋可采收3～4潮菇。

（二）薄膜覆盖出菇法

1. 排袋催蕾 采用这一方法生产，塑料袋大小一般18cm×33cm，将菌袋横卧排放在菇房地面上，堆码高度为5层，堆码成墙状，两排为一堆，解开袋口，搔菌，诱导子实体形成。

2. 子实体生长发育管理　搔菌后覆盖黑色塑料薄膜，增加环境 CO_2 浓度和空气相对湿度。在菇蕾形成和生长初期，每 3d 晚上揭开薄膜通风换气 1 次，时长为 3～4h。菇体生长到 3～5cm 后，停止通风换气，用塑料薄膜完全覆盖，增加环境 CO_2 浓度和湿度，促进菌柄伸长、抑制菌盖生长。如果环境温度高于 15℃，需每日通风一次。

（张光忠　王　波）

主要参考文献

蔡和晖，廖森泰，叶运寿，等，2008. 金针菇的化学成分、生物活性及加工研究进展［J］. 食品研究与开发，29（11）：171－174.

蔡为明，金群力，冯伟林，等，2007. 金针菇细菌性斑点病的安全高效防治技术［J］. 浙江食用菌（复刊号）：53.

郭美英，2000. 中国金针菇生产［M］. 北京：中国农业出版社.

黄春燕，万鲁长，张海兰，等，2012. 金针菇工厂化生产中主要病害识别与综合防控措施［J］. 山东农业科学，44（2）：93－96.

黄春燕，张柏松，万鲁长，等，2012. 金针菇工厂化生产中黑腐病病原菌的分离与鉴定［J］. 食用菌学报，19（1）：75－78.

黄年来，林志彬，陈国良，等，2010. 中国食药用菌学［M］. 上海：上海科学技术文献出版社.

黄毅，2008. 食用菌栽培［M］. 3 版. 北京：高等教育出版社.

黄毅，2014. 食用菌工厂化栽培实践［M］. 福州：福建科学技术出版社.

金湘，娄恺，毛培宏，2007. 金针菇生物活性物质结构与功能的研究进展［J］. 中草药，38（10）：1596－1597.

孔祥辉，张介驰，张丕奇，等，2007. 金针菇免疫调节蛋白基因表达及活性初步研究［J］. 中国生化药物杂志，28（5）：304－308.

潘保华，李彩萍，郭明慧，等，1994. 金针菇单孢结实性的研究及其应用［J］. 中国食用菌，13（3）：21－22.

谭艳，王波，赵瑞琳，2015. 金针菇生活史中核相变化［J］. 食用菌学报，22（2）：13－19.

王卫国，张仟伟，李瑞静，等，2016. 金针菇多糖的生理功能及其应用研究进展［J］. 河南工业大学学报（自然科学版），37（1）：120－127.

许昭仪，李浩，张平，2015. 金针菇生活史各阶段核相研究［J］. 菌物学报，34（3）：386－393.

支月娥，张引芳，赵宁，等，2004. 金针菇绵腐病病菌生物学特性研究［J］. 上海交通大学学报（农业科学版），22（2）：149－152.

第十五章

杏鲍菇栽培

第一节　概　　述

一、杏鲍菇分类地位

杏鲍菇又名刺芹侧耳、雪茸、干贝菇，学名 *Pleurotas eryngii*（DC. Fr.）Quél，英文名 king oyster mushroom。杏鲍菇是一种大型肉质真菌，因其香味浓郁似杏仁、味道鲜美如鲍鱼而得名，素有“蚝菇王”的美誉，广受消费者青睐。

二、杏鲍菇的营养、保健与药用价值

（一）营养价值

根据中国预防医学科学院的测定，杏鲍菇每 100 克鲜品含粗蛋白质 1.3%，膳食纤维 2.1%，碳水化合物 6.2%，脂肪 0.1%，粗多糖 0.21%，灰分 0.7%，水分 89.6%，每 100g 含叶酸 42.8μg、烟酸 3.68mg、泛酸 1.44mg、维生素 E、维生素 B_1、维生素 B_2、维生素 B_6 分别 0.60mg、0.03mg、0.14mg。杏鲍菇干品的蛋白质含量 18.61%，17 种氨基酸总量 13.64%，其中人体必需氨基酸 5.12%，占总氨基酸的 37.53%，必需氨基酸与非必需氨基酸比例为 60.14%。其中，甲硫氨酸、缬氨酸、酪氨酸含量较高（张化明，2013）。杏鲍菇矿质元素含量也相当高，每克杏鲍菇干品，含钙 142.4μg、镁 1 214.3μg、铜 11.5μg、锌 79.6μg、锰 13.4μg、铁 101.8μg、钾 1.81%、磷 1.45%。

（二）保健价值

杏鲍菇的保健功能成分主要是活性多糖、抗菌多肽和甾醇类等（刘鹏，2011）。研究表明，杏鲍菇总糖含量为 39.41%，粗多糖含量为 13.18%（张化明，2013）。杏鲍菇多糖具有抗癌、抗氧化和提高免疫功能作用（Yanan，2017；孙亚男，2017），对小鼠实体瘤有较好的抑制作用，体外抑制强度可与阿昔洛韦相媲美，并具有抑制Ⅰ型单纯疱疹病毒的活性（迟桂荣，2006）。杏鲍菇水溶性多糖能有效提高肝损伤小鼠的抗氧化酶活性，清除自由基，并显著降低高脂肪负荷小鼠的总胆固醇、总甘油三酯和低密度脂蛋白胆固醇的脂质水平，提高高密度脂蛋白胆固醇水平（Chen，2012）。杏鲍菇提取物在骨新陈代谢中扮演重要角色，能够增强格根包尔氏细胞碱性磷酸酶和萤光素酶的活性，提高 *Runx2* 基因表达水平，使骨保护素分泌增多（Kim，2006）。随着研究的不断深入，杏鲍菇的更多生理活性物质将被发现，造福于人类。

三、栽培技术发展历程与现状

1958年，Kalmar首次进行杏鲍菇栽培试验。1970年，Henda在印度北部的克什米尔高山上发现杏鲍菇，并首次在椴木上栽培。1971年，Vessey分离到杏鲍菇菌种。1974年法国首次用孢子分离获得杏鲍菇纯菌种。同年，Cailleux用菌褶分离到杏鲍菇菌种，并在12～16℃、275lx光照条件下栽培成功。1977年Ferri尝试商业性栽培，获得初步成功（黄年来，1997）。1991年，中国台湾发明了杏鲍菇工厂化瓶栽和袋栽技术。目前，杏鲍菇商业化栽培技术已经日臻成熟（图15-1）。世界多个国家和地区也都有杏鲍菇的商业化生产，如日本、韩国、泰国、美国等。

图15-1　杏鲍菇工厂化袋式栽培（左）和瓶式栽培（右）

我国从20世纪90年代初开始引种试验栽培，2000年前后农艺式栽培模式得以推广。这种栽培模式按季节性栽培，夏末秋初制作栽培袋，冬春季出菇，在大棚内将菌棒直接码放出菇（6～8层）或砌泥墙出菇或覆土栽培。随着农村劳动力的逐年减少，这种费工费时的农业栽培模式的推广受到严重制约。随着人们生活节奏的加快，要求菇品周年供应。这自然需要实行工厂化周年生产。2001年，郑雪平开始在广州梅山建厂，探索工厂化袋栽技术，经过5年多的探索，2006年形成了我国特色的杏鲍菇袋栽成套技术。之后，福建、江苏、浙江、山东、湖南、湖北、山西、辽宁、河北、北京、天津等地实现工厂化袋栽的规模化周年生产。

杏鲍菇肉质肥厚脆嫩，风味独特，耐贮藏，货架寿命长，鲜销干制均可。工厂化袋栽技术成熟后发展迅猛，成为我国发展最快的珍稀种类，成为继金针菇工厂化栽培之后发展最快的菇种。根据中国食用菌协会统计，2001年产量约0.73万t，2008年24.8万t，2015年达136.48万t，2018年195.64万t，已经成为我国产量第七的大宗食用菌。目前，我国几乎各省（直辖市、自治区）都有杏鲍菇工厂，多为袋栽，少量瓶栽，这些工厂多分布在人口密集的大城市周边。农业栽培模式几乎绝迹。

第二节　杏鲍菇生物学特性

一、形态与结构

野生条件下，子实体单生或群生，菌肉白色，在伤口处短时间内变浅黄。菌盖幼时略呈弓形，后渐平展成扇形，成熟时其中央凹陷呈漏斗状，直径 2～12cm，一般单生个体稍大，群生时偏小；菌盖表面有辐射状褐色条纹，并具丝状光泽；菌盖幼时呈灰黑色，盖缘内卷，随着子实体的生长发育，颜色逐渐变浅，成熟后变为浅土黄、浅黄白色；菌褶延生、边缘和两侧平滑、乳白色、略宽、不齐、有小菌褶；菌柄侧生或近中生、实心、肉白色、表皮纤维态，长 2～18cm、直径 0.5～8cm，不等粗，基部有时膨大，棒状至保龄球状、球茎状；孢子印白色，孢子椭圆形或近纺锤形，平滑，大小为（9.58～12.50）μm×（5.0～6.25）μm。菌丝白色，初期纤细，逐渐浓密，有锁状联合（郭美英，1998）。菌落白色，气生菌丝较发达，菌落边缘整齐、棉绒状。

二、生活史与繁殖特性

（一）生活史

与其他多数担子菌纲的食用菌一样，杏鲍菇的生活史从担孢子萌发开始，在适宜的环境条件下萌发，形成单核菌丝，亲和性的单核菌丝结合，形成双核菌丝。双核菌丝经过大量的生长，积累足够的养分，在适宜环境条件下形成子实体原基，继而发育形成子实体，产生担孢子，完成生活史（Rajarathnam，2009），如图 15－2。其有性繁殖为四极性异宗结合交配系统，A、B 两个交配型因子均不相同的单核菌丝间才可交配，形成双核菌丝，才具结实性（冯伟林，2010）。

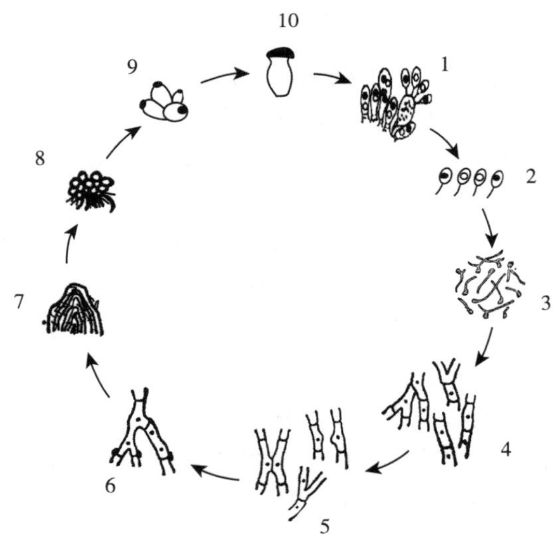

图 15－2　杏鲍菇生活史

1. 担子和担孢子　2. 不同交配型的担孢子　3. 担孢子萌发　4. 单核菌丝　5. 具亲和性的单核菌丝结合　6. 双核菌丝　7. 菌丝纽结　8. 原基　9. 菇蕾　10. 子实体

（二）菌丝生长与子实体形成

杏鲍菇的生长分为菌丝的营养生长与子实体的生殖生长两个阶段。这里的营养生长是指双核菌丝的生长。在具备营养的条件下，菌丝具有无限生长的能力。在 PDA 培养基上，在（25±1）℃条件下，90mm 培养皿 8～10d 长满；18mm×180mm 的试管斜面 10～

12d 长满。在天然栽培基质上生长，一般 30～45d 长满容器。

菌丝长满基质 5～7d 后菌丝即可生理成熟，具备出菇的生理条件。在适宜条件下菌丝扭结，形成白色颗粒状原基，继而发育成菇蕾，形成子实体。

在工厂化条件下，杏鲍菇从原基发生到子实体成熟分以下 5 个时期：

①原基期。菌丝生理成熟后，在低温刺激下扭结，形成子实体原基。

②菇蕾期。原基不断膨大，呈小球状，顶部有浅灰色小菇帽，伸长，继而伸长成丛状的菇蕾。

③幼菇期。菇蕾继续生长、伸长，由球形变为球茎状，子实体显著分化出菌柄、菌盖、菌褶。基部膨大，菇帽逐渐伸展形成菌盖。此时期菌盖边缘内卷，颜色由灰白色逐渐加深。

④菇柄伸长期。生产中，为了提高产量和质量，人工控制、创造和保持有利于菌柄生长的环境条件，菌柄迅速伸长、加粗，形成保龄球状或棒状较长的菌柄。而菌盖生长较慢，菌盖半球形，菌褶不明显。

⑤成熟期。菌盖平展，颜色呈灰色或土黄色，菌褶发育加快，明显显现。

三、分布与生态习性

杏鲍菇是典型的亚热带草原—干旱沙漠地区的野生食用菌，于春末至夏末单生、腐生或兼性寄生于伞形花科（Umbelliferae）植物根茎部，寄主植物主要有刺芹（*Eryngium campestre*）、阿魏（*Ferula asafetida*）、拉瑟草（*Laserpitium latifolium*）等。主要分布于欧洲南部的意大利、西班牙、法国、德国、捷克、斯洛伐克、匈牙利等国家，非洲北部的摩洛哥等，以及中亚、西亚地区的伊朗、以色列（郭美英，1998；黄年来，1997）。

四、生长发育条件

（一）营养条件

和其他食用菌一样，杏鲍菇生长发育需要碳源、氮源、矿质元素及生长因子等营养成分。基质中丰富的碳源、氮源有利于杏鲍菇菌丝生长和产量提高。

杏鲍菇菌丝生长的最适碳源是麦芽糖，其次是蔗糖、果糖、葡萄糖和乳糖；最适氮源为酵母粉，其次是牛肉膏、蛋白胨、硝酸铵、硫酸铵。其中，有机氮源明显优于无机氮源（晏爱芬，2016）。母种培养基中，一般 PDA、PDPYA 培养基均适合菌丝生长，添加一定量的蛋白胨、酵母或麦芽汁可加快菌丝生长。普通阔叶树木屑、麦麸混合培养基适合原种和栽培种的培养。添加少量棉籽壳、棉籽粉、玉米粉、大豆粉，均可促进菌丝生长（注：PDPYA 引自农业行业标准 NY 862—2004《杏鲍菇和白灵菇菌种》）。

杏鲍菇的木质纤维素降解能力较强。富含木质纤维素的多种速生型阔叶树木屑及棉籽壳、花生壳、玉米芯、甘蔗渣、甜菜渣等农林废弃物均是良好的杏鲍菇栽培原料。目前使用较多的树种有杨树、泡桐、桉树等。巨菌草、象草、芒萁等可作主料使用（陈晓斌，2017），但实际生产中应用较少。而木质坚硬的阔叶树种，如青风栎等，菌丝分解慢，产量低。

五节芒、麦麸、玉米粉、豆粕粉、米糠均是杏鲍菇的良好氮源。笔者研究表明，混合氮源优于单一氮源，且氮源种类越丰富菌丝生长越好，产量也越高（表 15-1）。使用单一氮源时，麦麸最好，其次是东北米糠、豆粕。因此，生产实际中，可以将麦麸等作为主要氮源，配合使用玉米粉、豆粕粉等多种氮源，促进菌丝生长，提高产量。以木屑、玉米芯、甘蔗渣为主要碳源，以麦麸为氮源制作栽培基质，适宜的碳氮比为（23～35）：1。

表 15-1 不同氮源对杏鲍菇菌丝生长和生物学效率的影响

项目	麦麸＋玉米粉＋豆粕粉	麦麸	玉米粉	豆粕粉	米糠
菌丝生长速度（mm/d）	3.69±0.26	3.59±0.25	3.42±0.11	3.21±0.23	3.80±0.15
单位产量（g/袋）	228.0±17.0	216.4±17.9	158.1±16.8	206.4±18.5	209.8±12.4
生物学效率（%）	75.14	71.83	55.17	68.97	69.94

除碳源和氮源外，杏鲍菇生长还需要矿质元素。菌种生长的培养基，通常需要加入磷酸二氢钾、硫酸镁等。尽管生产用栽培基质中含有丰富的矿质营养，但适当补充锰、铜、磷、钾等元素，仍有利于产量的提高。

值得指出的是，栽培基质的营养和出菇管理显著影响杏鲍菇的营养品质。如，以柠条木屑为主要栽培基质替代甘蔗渣时，蛋白质含量提高 14.3%，灰分减少 6.2%。基质中添加硒，添加 10～300mg/kg 时，蛋白质含量显著高于对照。此外，子实体的蛋白质含量受光照影响，粗蛋白质含量随波长的缩短而降低，红光条件下子实体的粗蛋白质含量为 21.07%，蓝光为 19.17%。

（二）环境条件

1. 温度 杏鲍菇菌丝体生长温度范围 5～32℃，28℃下生长最快；高于 30℃，菌丝生长不良（图 15-3）。为恒温结实型菇类，但是温差可以加快子实体原基形成。而温差过大，不利于原基的发生。子实体形成温度范围为 10～18℃，最适 12～16℃。子实体生长温度为 10～21℃，最适 12～18℃。在生产中对温度的掌握，因菌株不同略有差异。

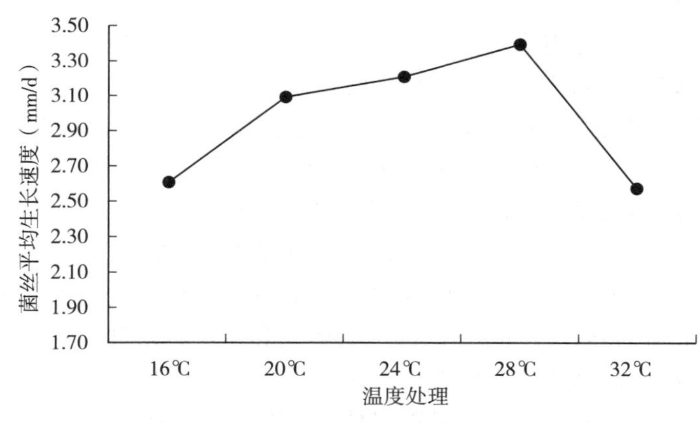

图 15-3 不同温度下杏鲍菇菌丝的生长速度

2. 水分 杏鲍菇耐旱性大大优于其他种类。但适宜的含水量更有利于杏鲍菇生长发育，从而提高产量。菌丝生长阶段，基质适宜含水量为 63%～67%，适宜空气相对湿度 60%左右；子实体分化阶段空气相对湿度以 90%～95%为宜，子实体生长阶段 85%～

90%，适当降低空气相对湿度有利于预防细菌性病害的发生。

3. 空气　菌丝体生长阶段需氧量相对较少，较高浓度的 CO_2 对菌丝生长有刺激作用。袋（瓶）中 CO_2 浓度高达 2%时，菌丝仍能很好生长。原基形成与分化则需要充足的 O_2，此时 CO_2 浓度应降低至 0.5%左右。否则原基不分化而膨大成球状。菇蕾期需要较多的新鲜空气，CO_2 浓度宜低于 0.4%。菌柄伸长期 0.8%～1%的 CO_2 浓度有利于菌柄的伸长。

4. 光照　杏鲍菇菌丝生长阶段不需要光照，应避光培养，而子实体生长发育需适量散射光。不同光质对菌丝和子实体的生长发育影响不同。光照过强，菌盖颜色加深；光照过弱，菌盖颜色则变浅，且菌柄变长。生产的适宜光照强度为 150～2 000lx。

5. 酸碱度（pH）　菌丝体生长 pH 范围为 4～8，最适为 6.5～7.0，出菇阶段的最适 pH 为 5.5～6.5。研究表明，配料时加入 1%～3%石灰调整 pH 至 7.5～8.2，灭菌后基质 pH 下降至 6.5～7.2，菌丝生长速度快、产量高。

第三节　杏鲍菇品种类型

生产上按形态特点将品种分为长棒形和保龄球形两大类。随着产业的迅猛发展，对商品外观、丰产性、抗病性、口感风味等产生了多样化的需求，目前已经育成口感脆嫩型品种中农脆杏，斑纹美丽的品种中农美纹等。

长棒形品种：适合袋栽。子实体棍棒状，单生或群生，朵形大（图 15-4）。菌盖直径 3～6.5cm，平均 4.9cm，菌柄长度 15～24cm，平均 18.8cm。最适发菌温度 24℃，原基形成最适温度为 12～15℃，子实体形成和发育适宜光照强度 500～1 000lx。从接种到采收 60d 左右，生物学效率 90%左右。

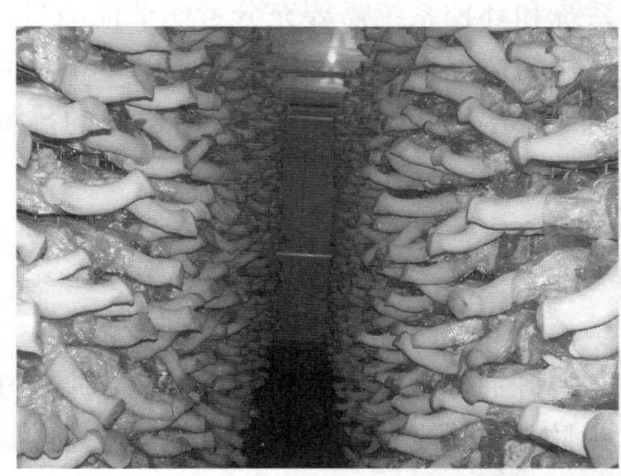
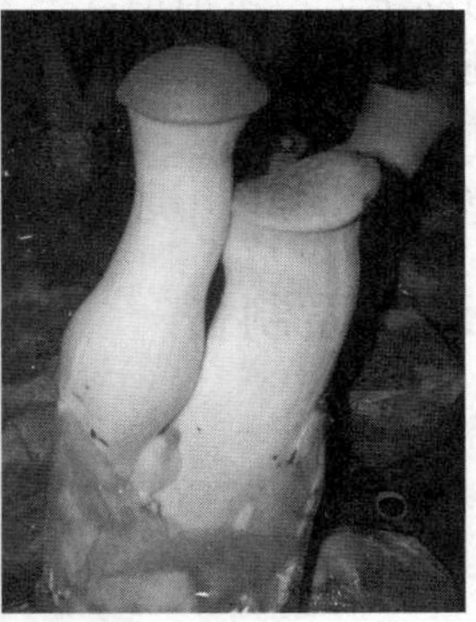

图 15-4　杏鲍菇长棒形品种

保龄球形品种：适合瓶栽。子实体近圆柱形至保龄球形，菌盖灰白色，表面较光滑。菌柄长 8～15cm，菌柄粗 1～2.5cm（图 15-5）。质地紧实，纤维化程度低。菌丝体粗壮，洁白色，菌丝分枝能力强，爬壁现象明显，28d 左右长满栽培瓶，现蕾整齐。子实体生长发育温度 8～20℃，最适温度 11～16℃，适宜光照强度 100～2 000lx。从接种到采收 46d 左右，生物学效率 70%左右（根据 2019 年底试验结果确定）。

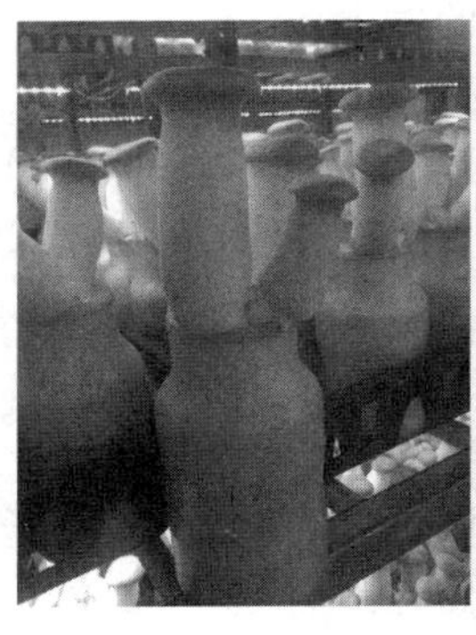

图 15－5　杏鲍菇保龄球形品种

第四节　杏鲍菇栽培技术

一、栽培场地与基本设施条件要求

（一）场地条件与布局

生产场所选择应远离食品酿造工业区、禽畜舍、垃圾场、医院、居民区；空气清洁，四周空旷，空气流畅；地势高燥，排涝畅通，雨季无积水；有符合生活饮用水质量要求的水源。要按照料场、基质配制、接种培养和出菇、废料处置等功能区合理布局，人流物流、有菌无菌等分流，合理建造设施，配制设备机械等。

（二）设施设备基本条件

要建设良好的排水系统、供水和供电设施和场内道路。室外的地面应硬化并在适当区域设置清洗槽以维护厂区清洁。电力系统和环控系统需要充分考虑节能减排，最大限度的提高菇房设施利用率。在各系统工程优化的情况下，菇房的栽培量每 667m^2 可达到 9 万～10 万包。杏鲍菇较多数种类更喜低湿，耐高湿性能较差。因此，菇房的排湿和洁净比其他种类更重要，厂房设计中要给予足够的重视。

二、栽培基质制备

（一）原料与配方

适宜杏鲍菇生长的基质原料很多，主料主要是各种速生型阔叶树木屑、玉米芯、棉籽壳、花生壳、甘蔗渣、桑枝木屑等。为防止扎袋造成杂菌侵染，木屑应过筛。辅料有麦麸、玉米粉、米糠、豆粕、碳酸钙、石膏粉等。无论选用哪种原料，均要求新鲜，无霉变。原料存放进仓前应烈日曝晒，杀灭病原菌和害虫。推荐配方如下：

①杨木屑 20％，甘蔗渣 30％，玉米芯 20％，麸皮 15％，豆粕粉 8％，玉米粉 7％，pH 自然，培养基含水量为 65％左右。适宜于甘蔗渣产区。

②杨木屑 30％，甘蔗渣 10％，玉米芯 20％，甜菜渣 10％，麦麸 14％，豆粕 9％，玉米面 6％，轻质碳酸钙 1％。适宜于华北杨木屑资源丰富区。

③棉籽壳 20％，木屑 20％，玉米芯 25％，麸皮 28％，玉米粉 5％，轻质碳酸钙 2％，

培养基含水量为66%左右。适宜于棉籽壳资源产区。

④柠条木屑38%，甘蔗渣21%，麦麸8.3%，棉籽壳4%，玉米芯18.4%，玉米粉6.8%，豆粕粉1.5%，石灰1%，石膏1%。适宜于柠条资源产区。

⑤柠条木屑35%，杨木屑21%，麦麸11.3%，棉籽壳4%，玉米芯18.4%，玉米粉6.8%，豆粕粉1.5%，石灰1%，石膏1%。适宜于柠条资源产区。

⑥桉树木屑21%，甘蔗渣21%，麦麸18.4%，棉籽壳4%，玉米芯18.4%，玉米粉6.8%，豆粕粉8.4%，石灰1%，石膏1%。适宜于桉树资源产区。

（二）预堆、预湿

杨木屑、甘蔗渣使用前最好经过堆制发酵处理，自然堆制发酵半年以上较好。柠条木屑、桉树木屑可直接使用。

玉米芯由于吸水较慢，生产中需要进行预湿处理，未进行预湿处理的玉米芯直接用于拌料，接种后污染率将高于30%。玉米芯预湿时间为12～24h，根据生产季节和玉米芯颗粒度灵活调节预湿时间。棉籽壳一般使用前一天预湿，甜菜渣吸水速度快，可以随用随时预湿。

（三）混合拌料、分装

混合拌料工艺：各种原料按配方比例混合，加入适量水，特别注意拌料要均匀，一般需用三级拌料。试验结果表明含水量65.2%产量最高。

分装：袋栽使用装袋机装袋，使用（17～18.5）cm×（33～35）cm×0.004 cm聚丙烯折角袋，装湿料1 250～1 350g/袋。袋口扣塑料套盖。装料要均匀，松紧一致，过松不利于菌丝出菇期的菌丝扭结和产量的形成，过紧则通气性不够，导致发菌慢，发菌不良，出菇不整齐。瓶栽一般采用1 100～1 300mL塑料瓶，装湿料720～950g/瓶。

（四）灭菌

分装完毕的菌袋或菌瓶，直接码放于定制的周转筐内，整筐进入高压灭菌器灭菌，灭菌条件为压力0.11～0.14MPa、121～126℃，灭菌2.0～2.5h。

三、接种与发菌培养工艺技术

（一）接种技术

菌袋（瓶）灭菌后，袋（瓶）中心温度冷却至24℃以下，可移入接种室接种。接种室温度应在18℃左右。严格无菌操作。袋栽使用枝条种时，每袋插入枝条种1根，表面接入木屑菌种覆盖，以加速萌发，预防霉菌侵染，提高发菌成功率。瓶栽接种，固体菌种使用专用接种机全自动接种，接种量约25g；使用液体菌种，接种量为20～30mL/瓶。

（二）发菌管理技术

发菌室使用前需要严格消毒，洁净度控制在万级以内。袋栽一般采用周转架，分装、灭菌、冷却、接种、发菌的系列操作都以培养架为单位进行（图15-6）。瓶栽则无需周转车，而是灭菌筐直接码放（图15-7）。

培养温度对杏鲍菇发菌速度、产量影响较大，19～25℃培养产量较高（表15-2、表15-3）。根据发菌速度，早期可适当提高培养温度，后期适当降低温度。培养期间空气相对湿度控制在60%左右，南方湿度高，需要注意通风除湿；北方湿度低，可适当增加地面洒水增加空气湿度。尽管杏鲍菇菌丝可耐受较高浓度CO_2，培养期间仍需足够的氧气，才能确保发菌质量。发菌室密度过大，通风不良，会导致发菌质量下降。

图 15－6　袋栽杏鲍菇的发菌

图 15－7　瓶栽杏鲍菇的发菌

表 15－2　不同温度对杏鲍菇发菌速度的影响

培养温度（℃）	平均值±SD（mm/d）	满袋天数±SD（d）	菌丝长势
17	2.80±0.24	71.6±0.59bcd	++
19	2.86±0.19	70.5±0.51bcde	++
21	3.02±0.21	70.3±0.92ab	+++
23	3.35±0.19	65.6±0.58bcde	+++
25	3.57±0.19	64.1±0.65bcde	+++
27	3.62±0.23	63.0±0.87ef	++
29	3.65±0.27	62.8±0.89def	++
31	3.69±0.23	62.8±0.68f	+

表 15－3　不同发菌温度对杏鲍菇产量及生物学效率的影响

培养温度（℃）	出菇天数±SD（d）	平均产量（g）	生物学效率（%）
17	21±0.23	279.33c	79.7
19	19.2±0.11	301.54c	86.0
21	15.7±0.17	298.37bc	85.1
23	15.4±0.19	318.26abc	90.8
25	17.2±0.21	314.18abc	89.7
27	18.6±0.19	288.35bc	82.3
29	18.2±0.24	290.67bcd	81.9
31	18.3±0.17	291.19bc	83.1

四、催蕾与育菇工艺

菌丝长满菌袋（瓶），经后熟培养后，移入菇房进行出菇管理。杏鲍菇从原基形成到

子实体采收，在适温环境条件下需 10～15d。催蕾与育菇工艺包括：催蕾、疏蕾、育菇 3 个阶段，期间根据杏鲍菇生物学特性重点调控温度、湿度、通风和光照条件。

（一）催蕾

袋栽模式，当菌丝长满菌袋，经 5～7d 后熟培养，移进菇房，插入网格架，拔掉棉塞或盖子，保留套环。菇房温度调至 12～14℃；光照强度 100lx 以上，采用白光或蓝光照射，光照时间 8～12h/d；据调查有的生产基地每小时照射 1 次，每次仅 10min；根据我们试验结果，光照强度 100～4 000lx 对菇蕾形成的影响差异不明显，但黑暗条件下原基难以形成和分化菇蕾。催蕾期每天通风 2～3 次/d，CO_2 浓度控制在 0.3%～0.5%，促进原基形成。7～9d 后培养基表面产生大量原基，再经过 2～3d 后原基顶部分化出菌盖，形成菇蕾。此时，若光照不足，菌盖难以形成，导致畸形菇产生；蓝光可促进菌盖形成。

瓶栽模式，当菌丝长满菌瓶，后熟培养 4～6d 达到生理成熟时，搔菌，除去瓶口 1～1.5cm 厚老化菌丝。搔菌的作用，一是机械刺激原基形成；二是促使出菇整齐。搔菌后的菌瓶倒扣摆放，以利菌丝恢复生长。菇房相对空气湿度调整为 90%～95%，温度 12～15℃，适度通风。菌丝恢复生长后，湿度降到 80%～85%，调节光照 100lx 以上，CO_2 浓度至 0.1%以下，7～10d 形成菇蕾。菌瓶进入菇房 10d 左右，菇蕾形成前，菌瓶翻筐，瓶口朝上，以利子实体正常生长。

（二）疏蕾

为了提高产量和质量，菇蕾长成幼菇后，一般都要经过疏蕾，去除生长不理想的个体，留下 2～4 个较大、较强壮且外观更好的菇蕾继续生长。袋栽模式，菇蕾高 8cm 左右时疏蕾。瓶栽模式，菇蕾长至 5cm 左右疏蕾。过小时疏蕾，既影响菇蕾正常生长，又可能需要二次疏蕾；过大时疏蕾，则影响产量和菇形。疏蕾期控制温度在 13～15℃，空气相对湿度在 90%左右，光照强度在 500～3 000lx。也可不进行手工疏蕾，而是自然生长，淘汰弱小的菇蕾，同时通过温湿度控制，减少菇蕾数量，降低疏蕾成本，采菇后再行产品分级。

（三）育菇

疏蕾后，保持菇房温度 12～17℃。这个温度可加速子实体生长，菌柄伸长快、均匀，菌盖光滑，不易开伞，产量高。菇房温度低于 10℃时，子实体生长慢，菌盖呈现深灰到灰黑色，菌柄短，有的菌株菌盖表面会出现粗糙突起，温度越低表现越明显；温度超过 18℃，同时湿度过大时，子实体上出现暗黄色液滴，严重时呈条状，培养基表面也出现黄棕色的水渍，传染速度极快，可导致整个栽培室的感染，子实体腐烂发臭。

育菇期菇房空气相对湿度应保持在 85%～90%，湿度过低，子实体干缩，菌盖外观粗糙，甚至出现柄裂和菌盖龟裂；湿度过高易出现假单胞杆菌感染，导致细菌性病害发生。提高空气相对湿度应喷雾化水，或者使用超声波加湿器，切勿将水直接喷到菇体上，特别在菇房温度较高时。直接喷水容易导致子实体发黄，感染细菌，造成腐烂。

育菇期，较高浓度的 CO_2（0.1%）有助于菌柄的迅速伸长，低浓度的 O_2 可以控制菌盖的过度增大。但通风不良，CO_2 浓度过高，会出现畸形菇。因此，出菇期要根据子实体的生长发育情况调整通风，一般要通风换气 3～4 次/d，前期通风次数较多，后期通风次数减少。

育菇阶段管理要求光照强度低（150～500lx）、时间短（每天不超过 0.5h）。光照过强或过长，会抑制子实体菌柄伸长生长，促进菌盖增大、开伞。生产者应根据市场对产品的要求，进行光照管理。

五、采收

袋栽模式，菌袋入菇房 18～19d 开始采收；瓶栽模式 16～17d 开始采收。采收前几天调节菇房温度至 11～12℃，降低空气相对湿度至 80%～85%，暗光或短时光照，以降低子实体生长速度，促进产品质量提高。菇盖尚未开伞，即将平展，孢子尚未弹射时为采收适期。

杏鲍菇工厂化栽培，仅采收一潮菇。采收用锋利的刀片，从菌柄基部直接割取。将基部有连接的菇体分开，削去基部小菇、修形，按大小分级放入筐中。修正分级分装后抽真空包装，1～3℃下保鲜或预冷后起运上市。

与一般食用菌产品相比，杏鲍菇保存时间较长，4℃冷藏 10d 仍品质良好，气温 10℃时可放置 5～6d；瓶栽杏鲍菇真空小包装，货架寿命更长，4℃下可达长达 45～50d。杏鲍菇不易破碎，煮后不烂，口感脆嫩，可切片制成罐头，亦可切片烘干成干制品或加工成盐渍品。

经历 20 年的发展和进步，杏鲍菇已实现了工厂化周年生产。袋栽模式每间出菇房一个生产周期 22d 左右，全年可生产 15～16 个周期；瓶栽模式出菇房一个生产周期 18d 左右，全年可生产 17～18 个周期。发菌阶段二者管理几乎无差异，区别在于出菇阶段，袋栽需要进行适时开袋、疏蕾；瓶栽需要搔菌，疏蕾或不疏蕾根据不同企业管理习惯而定。

（胡清秀）

主要参考文献

陈晓斌，张双双，林冬梅，等，2017. 熳菌草栽培杏鲍菇培养基配方筛选试验 [J]. 北方园艺，41（7）：146-149.

迟桂荣，徐琳，吴继卫，等，2006. 杏鲍菇多糖的抗病毒、抗肿瘤研究 [J]. 莱阳农学院学报，23（3）：174-176.

冯伟林，蔡为明，金群力，等，2010. 杏鲍菇担孢子交配型的鉴定分析 [J]. 浙江农业学报，22（1）：100-104.

郭美英，1998. 珍稀食用菌杏鲍菇生物学特性的研究 [J]. 福建农业学报，13（3）：44-49.

黄年来，1997. 18 种珍稀美味食用菌栽培 [M]. 北京：中国农业出版社.

李玉，李泰辉，杨祝良，等，2015. 中国大型菌物资源图鉴 [M]. 郑州：中原农民出版社.

孙亚男，李文香，胡欣蕾，2017. 杏鲍菇菌丝体多糖的免疫活性及抗肿瘤作用 [J]. 现代食品科技，33（5）：1-7.

晏爱芬，常宏富，2016. 不同营养条件对杏鲍菇菌丝生长量的影响 [J]. 保山学院学报，35（2）：18-22.

张化名，张静，刘阿娟，等，2013. 杏鲍菇营养成分及生物活性物质分析 [J]. 营养学报，35（3）：307-309.

中国科学院青藏高原综合科学考察队，1996. 横断山区真菌 [M]. 北京：科学出版社.

Chen J J, Mao D, Yong Y Y, et al., 2012. Hepatoprotective and hypolipidemic effects of water-soluble polysaccharidic extract of *Pleurotus eryngii* [J]. Food chemistry, 130: 687-694.

Kim S W, Kim H G, Lee B E, et al., 2006. Effects of mushroom, *Pleurotus eryngii* extracts on bone metabolism [J]. Clinical nutrition, 25: 166-170.

Rayarathnan S, Bano Z, Miles P G, 2009. *Pleutotus* mushroom. Part A. morphology, life cycle, taxonomy, breeding, and cultivation [J]. Critical reviews in food science and nutrition, 26: 157-223.

Sun Y N, Hu X L, Li W X, 2017. Antioxiant, antituomr ang immunostimulatory activities of the polypeptide from *Pleurotus eryngii* mycelium [J]. International journal of biological macromolecules, 97: 323-330.

第十六章

斑玉蕈栽培

第一节　概　　述

一、斑玉蕈的分类地位与分布

斑玉蕈［*Hypsizygus marmoreus*（Peck） H. E. Bigelow］，商品名有蟹味菇、海鲜菇和白玉菇。根据子实体颜色和形态赋予不同商品名，灰黄色的叫蟹味菇，白色、菌柄长的叫海鲜菇，白色、菌柄短的叫白玉菇。

也有称为真姬菇。这一名称实际上是日语翻译中的误称。斑玉蕈栽培起源于日本，为了提升其商品价值，以“やまびこほんしめじ”为商品名，而真姬菇的日文名称为“ぶなしめじ”，国内被称为真姬离褶伞，隶属于离褶伞属（*Lyophyllum*），真姬离褶伞口感非常美味，可以与名贵的食用菌松茸相媲美。日本古老的农谚“香り松茸，味しめじ”，此处的しめじ指的是“ほんしめじ”，是真姬离褶伞，并不是斑玉蕈。因此，国内许多的文献均以“闻则松茸，食则玉蕈”来形容斑玉蕈，其实是错误的。

斑玉蕈自然分布于日本及西伯利亚、欧洲、北美洲等地，据报道，在我国云南、西藏等地也有分布。在自然条件下，秋季发生于壳斗科植物的枯木、倒木上。

二、营养与保健价值

斑玉蕈味道极其鲜美，口感滑韧，具有独特的蟹香味。每 100g 可食部分含蛋白质 3.3g、脂质 0.3g、碳水化合物 6.5g、食物纤维 4.8g、钠 340mg、钙 2mg、锌 0.5mg、铁 0.5mg、维生素 B_1 0.15mg、维生素 B_2 0.12mg、维生素 B_6 0.06mg、叶酸 25mg。

斑玉蕈蛋白质氨基酸种类齐全，包括 7 种人体必需氨基酸，其中赖氨酸、精氨酸含量高于多数食用菌种类，有研究表明对青少年脑发育等有一定作用。子实体中的 β-1，3-D 葡聚糖具有很高的抗肿瘤活性，聚合糖酶活性也大大高于其他菇类。其子实体热水提取物有清除体内自由基作用，有防止便秘、抗癌防癌、提高免疫力、延缓衰老的独特功效。

日本元金泽大学池川哲郎研究斑玉蕈的抗癌功效，他将 72 只小鼠分为两组，向 A 组提供普通饲料，向 B 组提供混有 5%的斑玉蕈饲料，1 周后皮下注射强致癌剂，观察发病情况。76 周后吃普通饲料的 A 组小鼠中有 21 只患癌，而吃混有斑玉蕈饲料的 B 组小鼠中仅有 3 只患癌。实验表明，体内移植癌的小鼠，取食混有斑玉蕈的癌细胞增殖速度明显得

到抑制。经证实，其抗癌主要活性物质为β-葡聚糖。

池川等通过检测小鼠血液证实，斑玉蕈的抗氧化功能。

三、斑玉蕈的栽培技术发展历程

斑玉蕈栽培起源于日本，至今有40多年的栽培历史。其栽培历史是新品种不断研究与改良的历史；同时也是各种自动化设施、装备、生产制式不断改进完善，生产水平不断提高的历史。

（一）斑玉蕈品种的改良历程

1970年日本宝酒造株式会社研发出了世界上第一个斑玉蕈商业化菌株“宝1号菌”，并很快被长野县经济连契约垄断，计划在其授权下进行商业化栽培；1972年在长野县饭田市上乡町利用金针菇设施首次人工栽培，1973年1月商品菇开始采收，长野县经济连与宝酒造株式会社联合以商品名“やまびこほんしめじ”登录日本市场，拉开了人工商业化栽培斑玉蕈的序幕。

由于宝1号菌株由野生株选育而来，美观度稍差，宝酒造株式会社经过品种改良，于1988年将宝2号菌（宝の華M8171）投入生产，宝2号菌外观品质较好，且菇柄白度增加，烹饪后颜色与形态维持较好，备受推崇，1989年宝1号菌退出市场。

宝1号菌与宝2号菌均稍有些许苦味，经过改良，宝酒造株式会社于1999年推出宝3号菌（宝の華K0259），该菌株苦味明显减少，美观度进一步提高，培养时间较前两个菌株长，需达100d。

宝酒造株式会社开发的3个菌株均由长野县经济连契约垄断，全部在长野县农协管理下的农户栽培。在斑玉蕈市场不断培育发展的同时，孕育出了大型企业北斗株式会社，陆续开发了北斗8号菌、北斗16号菌等棕色品种，所有菌株仅在公司内的基地栽培销售，与农户栽培形成竞争态势。

2002年7月，北斗株式会社开发了首个纯白菌株“北斗白1号菌”，该菌株基本无苦味，通体洁白，以商品名“ブナピー”在日本销售。

2007年，长野县农村工业研究所与长野县中野农业协同组合共同开发了优良菌株“NN-12”，该菌株至今仍是最为优良棕色菌株，具有菌盖厚、圆整度好、不易开伞、菌盖花纹明显、美观度极佳、菇柄白度好、菌盖大小均匀等诸多优点。

在日本菌株不断推陈出新的同时，我国企业上海丰科生物科技股份有限公司经过多年努力，于2012年推出我国第一个纯白菌株“FINC-W-247”，该菌株具备了日本棕色品种“NN-12”几乎所有的优点，仅是颜色作了改变。该菌株投放市场后反馈良好，受到一致好评，是我国斑玉蕈品种自主创新的典范。

（二）斑玉蕈栽培生产制式与装备改进过程

斑玉蕈自人工栽培以来，日本均采用瓶式栽培，使用850mL聚丙烯塑料瓶、瓶口直径58mm、每筐16瓶的生产制式。栽培之初产量一般在100g/瓶左右，随着配方的改进，增产剂的开发成功、菌株更新、栽培技术的不断提高，产量逐步至200～220g/瓶。基于消费市场需求、产品价格、包装成本与卫生管理等综合因素提高，生产者重新设计生产制式，瓶体逐渐变小，每筐由16瓶变成25瓶或36瓶。这样就衍生了发芽后分瓶工艺，

25 瓶在发芽后分成两筐，一筐 12 瓶，另一筐 13 瓶；36 瓶在发芽后分成每筐 18 瓶。分瓶的目的是给予斑玉蕈生育后期有充分的生长空间。无论是 25 瓶还是 36 瓶制式，均朝着“单瓶单朵”的小包装方式设计，单朵产量均达到设计要求，节省包装环节大量人力与包装成本。

1986 年，大连从日本引进斑玉蕈袋栽试种，先后在山西、河北、山东等地形成一定的栽培规模。1999 年 2 月留日研修人员回国后在深圳建设了小规模瓶栽流水线，产品以商品名“本占地菇”主销深圳、香港等地区。2000 年上海丰科生物科技股份有限公司从日本长野县引进了全套斑玉蕈生产流水线，形成日产 2t 的生产规模，实现了国内斑玉蕈商业化生产，2002 年初产品投放市场，以商品名“蟹味菇”畅销国内外市场。2010 年、2016 年、2020 年，分别在青岛、秦皇岛、成都建厂，实现了改进型 25 瓶和 36 瓶生产制式。

技术与品种发展的同时，高度自动化的生产设备与流水线也大量引入到斑玉蕈的生产中，投料系统的称量、投料与水分添加均实现了自动化，消除了粉尘对作业人员的影响；搅拌出料、进料、装瓶、盖盖、车入灭菌锅的整条流水线均实现了自动化，在劳动成本大大降低的同时大大减少了人为操作不当带来的工艺问题。整板入锅方式，变人力推车为电动推车，让生产中最费人力的推车入锅变得相当便利；接种、搔菌、挖瓶工段均像装瓶工段一样实现了自动化。

自动化程度最高的日本北斗株式会社，整个培养室全部无人叉车作业，每日接种与搔菌的垫板都精准定位，出入毫无偏差。生育床架采用全床架自动滚筒式，瓶筐不需人力自动进入生育库的指定位置，出库时成品菇也会自动通过床架的滚筒输出至生育室门口的上下抬升机上，输出至包装室加工。采收也实现了机械化，一朵一朵的产品直接进入自动包装机中，包装流水线仅有作业员在检测是否有包装漏气。后段的包装入箱、封箱、成品箱入冷库、成品发货均由机械手自动完成。北斗株式会社在日本国内有 28 个栽培基地，海外延伸至美国、中国台湾、马来西亚等地，除了它独立的综合研究所的开发实力外，还借力了日本丰田、日本精机、富士高科、田中技研等高顶尖的自动化设备设施生产商。当然生产线高度自动化的实现依赖于稳定的技术与管理。在技术还不太稳定的工厂引入高度自动化是非常可怕的事情。

近 20 年来国内不少斑玉蕈生产企业引入了一些自动化的流水线，因地、因时制宜地改进完善，取得了不错的成效。

四、斑玉蕈栽培发展现状与前景

（一）瓶式栽培的发展现状与趋势

斑玉蕈瓶栽已不再只有 850mL 的单一瓶型，目前正在朝小瓶型和大瓶型改变。小瓶型为 600mL，甚至 500mL，口径缩小至 52mm，追求固定的产量，节省人力，提升品质，产品设计以超市和出口为主销市场。小瓶型生产，工厂设计的一次性投入较大。大瓶型为 1 100mL，甚至 1 450mL、1 950mL，口径 70mm、85mm、97mm 等，追求的是单位面积内更高的产量，优势在于初始投资与运转成本较低。

（二）袋式栽培的发展现状与趋势

国内斑玉蕈袋栽生产产品均以“海鲜菇”的商品名称销售。袋栽多为白色菌株，菌柄

较瓶栽长，主要产自福建顺昌。一般采用18cm×33cm的低压聚乙烯塑料袋栽培，因地制宜，逐渐形成了中国特色的"海鲜菇"栽培模式，栽培面积逐年扩大，已由福建扩展至江苏、广东、贵州等地，有的基地日产能达到100t。与瓶栽比较，袋栽近年快速发展得益于以下几个因素：①初始投资低，无瓶栽大量的瓶子投入，生产设备国产，价格低，维护便捷；②袋栽工艺成熟，技术人才较多，产量较高；③袋栽用工多，适宜贫穷山区带动脱贫致富，相应的政策红利多。

（三）液体菌种在斑玉蕈栽培中的应用趋势

无论瓶栽培还是袋栽，目前均有使用液体菌种的倾向。液体菌种确有诸多独特的优点，但是也存在一些不稳定因素。实践发现不是所有品种都适合液体菌种。选择液体菌种可重复的稳定性实验和工艺技术的探索，严瑾实施，谨慎选择。

（四）斑玉蕈发展的市场前景

斑玉蕈由于栽培周期长，达100～120d，相对周期46～50d的金针菇，同样产能，一次性投资大，投资回收期长，近年生产投资增长稳定，生产规模和市场都相对稳定。目前阶段性的市场供给过剩，有干制或冷冻贮存、旺季投放市场销售的倾向。

第二节　斑玉蕈生物学特性

一、形态与结构

在自然界斑玉蕈9～10月发生在阔叶树的倒木、枯木上，子实体簇生为主，偶见单生。菌盖5～15cm，表面有明显的大理石花纹，周缘淡色；菌肉白色，菌褶白色或奶油色，菌褶排列整齐或中间稍有波纹；孢子印白色。幼小子实体菌盖颜色较深，菌盖展开后颜色逐渐变淡直至大理石花纹周缘部消失。菌柄灰色或灰白色，柄基部稍膨大。

菌丝体白色，绒毛状，菌座圆整，菌丝束呈放射状，排列均匀，环境条件变化出现星点状菌丝（镜检为节孢子，时有休眠孢子）。在不同培养基上菌丝浓密度不同。

人工培育的纯白色菌株子实体通体洁白，日本来源的北斗白1号菌在琼脂培养基上生长速度比棕色菌株稍慢，我国育成的FINC-W-247与棕色菌株长速基本相同。

二、繁殖特性与生活史

斑玉蕈为四极性担子菌，担子呈棒状，每个担子上着生担孢子2～4个，担孢子呈卵圆形，无色光滑，有颗粒。多数担孢子单核，萌发后，单核菌丝交配形成双核菌丝，双核菌丝成熟后在适宜的环境条件下形成子实体。

斑玉蕈双核菌丝在不良环境条件下发生断裂形成节孢子或休眠孢子，虽未发现双核菌丝单核化现象，但有节孢子发生或休眠孢子产生影响子实体产量。单核菌丝可以形成子实体，但畸形菇多，基本无商品价值。

三、生长发育条件

（一）营养条件

自然条件下，斑玉蕈仅在枯木上生长，分解木质纤维素，合成菌丝生长必需的营养物质。人工栽培需要优化使用最适宜的营养配方。

1. 碳源 适合斑玉蕈栽培的碳源供给者一般指木屑，针叶树如松树、杉树均可以使用，但需要经过长时间的发酵；阔叶树木屑如栎木类、水曲柳等为较好的木屑种类。种植者需根据当地木屑的树种采取不同的堆制工艺，以满足配方中对碳源的要求；玉米芯亦是碳源的提供者之一，具有较高的碳氮比，但玉米芯半纤维素含量较高，过多使用菌丝生长缓慢，所以玉米芯与木屑同时使用效果更佳。也可因地制宜，选用甘蔗渣作为辅助碳源。

2. 氮源 米糠、麦麸、玉米粉、高粱粉、大豆皮、甜菜渣、干豆腐渣等均是氮源的提供者，其中的大豆皮、甜菜渣、干豆腐渣等又具很好的保水功能。米糠中B族维生素丰富，是菌丝体生理活动的重要辅酶。

3. 其他 斑玉蕈栽培中经常使用添加剂“增收剂”，又称菌丝活性剂，其中含有微量元素铝、镁、硅等，据称有增加菌丝量的作用，在日本广泛使用。国内使用不多，一般使用石灰、轻质碳酸钙、石膏等调节培养基的pH。

（二）环境条件

1. 温度 菌丝在温度5～30℃范围内生长，最适温度20～25℃。原基发生温度为12～20℃，最佳温度15～16℃。

2. 湿度 最适培养基含水量62%～66%。培养阶段适宜空气相对湿度70%～80%，原基形成期95%～100%，子实体发育期90%～95%。

3. 光照强度 菌丝培养阶段不需要额外增加光照。原基发生期适宜光照50～100lx，子实体发育期500～1 000lx。

4. 空气 斑玉蕈培养阶段与出菇阶段均需要充足的O_2。CO_2浓度培养阶段应3 000mg/L以下，原基发生期2 000～3 000mg/L，生育期1 500～2 500mg/L。如需要菇柄较长的商品，原基发生后期和生育期CO_2浓度需要调高。

5. pH 菌丝适宜弱酸性培养基，适宜pH 5.8～6.3。

第三节 斑玉蕈品种类型

目前我国栽培的品种分为棕色品种与白色品种两个类型，早期均来源于日本或我国利用日本材料选育的品种。棕色品种主要有源于日本的NN-12，栽培广泛，主要以组织分离后保种用于生产。棕色品种还有通过日本民营菌种公司销售到中国的チクマッシュH-120、チクマッシュH-130、チクマッシュH-140，日本九州的大木oh-494、大木Turbo42、大木Turbo48等。“NN-12”综合性状优异，尤其是外观、口感和烹饪有效得率均优于其他棕色品种。

斑玉蕈白色菌株最早是日本长野县北斗株式会社开发的北斗白1号菌，国内最早开始种植的白玉菇均来源于此。后来株式会社大木食用菌菌种研究所开发的大木W-155、葛城产业株式会社开发的KB-W2均为白色菌株。上海丰科生物科技股份有限公司经过多年努力，自主研发选育出白色菌株FINC-W-247，该菌株为棕色菌株与纯白菌株杂交的F_1代，再与纯白菌株回交筛选而出。无论是商品性状、栽培难易程度、栽培成本均优于

日本的白色品种，目前可以称得上是世界上最优良的白色菌株，受到国内多家种植者与销售商的认可。

第四节　斑玉蕈栽培技术

一、栽培设施

早期的袋式栽培设施相对简单，用工多，人员需求量大，一次性投资成本低。经过多年的探索与改进，现已形成较为稳定的生产工艺。设施配置上需要户外堆场区、原料仓库区、搅拌区、装袋（瓶）区、灭菌区、冷却区、接种区、培养区、搔菌区、出菇区（发芽与生育）、采收包装区、产后菌渣处理区、成品贮存区、发货区、品质检测区、菌种生产区、蒸汽供应区（锅炉）等，每个区域都对应着相应的生产设备设施。工厂内要配备应对意外停水、停电而准备的储水区、发电机。由于设备或育菇对水质的要求，还配备相应的纯水处理区。对自动化设备要配备压缩空气系统等设备设施。

二、栽培季节

在自然条件下斑玉蕈栽培只能安排在春季或秋季，北方地区如山西省一年可以考虑春季与秋季生产两季。南方如福建省、浙江省一般选择秋季栽培生产一季，从菌种制备到出菇结束需要 200d。目前我国的斑玉蕈生产绝大部分实施了周年化的工厂化栽培。

三、栽培基质原料与配方

（一）栽培原料

1. 木屑　以山毛榉、七叶树、椴树、桦树、水曲柳等木屑最好，产量稳定。在试验发现泡桐、杨树木屑也可使用。随着栽培技术的提高，日本有种植户使用针叶树木屑如杉树、松树栽培。

2. 玉米芯　玉米芯是配方中重要组分，需要筛选不同产地的玉米品种，对玉米芯的加工工艺、保管条件要进行确认，确保含水量、颗粒度和新鲜程度稳定。配方中玉米芯含量高的情况下，发菌变慢，但也有工厂配方主料中用玉米芯完全替代木屑。

3. 棉籽壳　棉籽壳纤维素丰富，增产效果显著。但过多使用延迟后熟。不同来源的棉籽壳大小、含绒量、棉仁含量不同，使用前应根据栽培实践筛选，使用最适合的类型。

4. 米糠　米糠作为最主要的原料之一，其质量优劣对产量与品质影响很大。米糠首先要求新鲜，通过感官与理化指标均可以检测；其次是粗蛋白质含量，要求粗蛋白质含量 12％～16％。米糠掺假的可以通过检测粗蛋白质含量确认。日本使用脱脂米糠做测试，发现产量显著下降。米糠夏季容易酸化而 pH 下降，有条件的工厂应配备冷库放置米糠。

5. 麦麸　麦麸也是斑玉蕈的重要营养源，要尽可能使用大片麦麸，以改善吸水性，增加培养基孔隙度。与米糠一样，可通过检测粗蛋白质含量确认麸皮质量。

6. 甘蔗渣　甘蔗渣富含纤维素，堆制后，作为基质保水剂之一。

7. 其他营养添加物 近年来有使用大豆皮、干豆渣、玉米粉、高粱粉、豆粕粉等作为营养添加物。使用玉米芯的配方，均使用大豆皮作为保水剂之一。干豆渣分为两种，一种是脱皮大豆提取蛋白后的残留物，另一种是不脱皮做豆腐后的残留物，要区别对待使用。玉米粉除含淀粉外，还含有丰富的维生素，应即粉即用。高粱粉在日本使用较多，与玉米粉效果等同。豆粕粉价格较贵，但由于氮源充足，少量添加就可以达到较好的增产效果。

8. 增收剂 斑玉蕈在日本均使用专业的增收剂。其组成的具体比例未见文献或专利发表。栽培应用表明可减少产品的瓶间差。目前日本开发的增收剂有タカラクーリン（宝化成）、傲哥（オルガk-1）、ニョキデール（创新贸易株式会社 NYOKIDALE），应用效果不尽相同。

9. pH 调节剂 常用的 pH 调节剂有熟石灰、轻质碳酸钙、贝壳粉等，贝壳粉的主要成分是碳酸钙。

（二）参考配方

栽培配方应以“因地制宜，因材施用，营养合理，水分充足，透气良好”的原则设计。配方如下：

①木屑 40%，玉米芯 20%，米糠 20%，麸皮 15%，玉米粉 4%，氢氧化钙 1%。

②木屑 25%，玉米芯 25%，大豆皮 5%，米糠 25%，麸皮 15%，玉米粉 4%，氢氧化钙 1%。

③玉米芯 40%，棉籽壳 10%，米糠 15%，麸皮 25%，大豆皮 5%，玉米粉 4%，轻质碳酸钙 1%。

④木屑 15%，玉米芯 15%，棉籽壳 50%，麸皮 10%，玉米粉 4%，豆粕 5%，氢氧化钙 1%。

四、栽培基质的制备

物料按比例称量，倒入搅拌器中，干拌一定时间让物料充分混匀，再加水使物料吸水均匀。也可提前将木屑与玉米芯混合发酵一段时间以利提前吸水腐熟，或将玉米芯等难吸水的物料在搅拌之前预湿。

五、接种与发菌培养

栽培瓶（袋）灭菌后，迅速冷却至适宜温度后接种，再移至培养室发菌。斑玉蕈菌丝发满后需要后熟培养较长时间，才可进入出菇阶段管理。

六、出菇管理

袋栽不需要搔菌，将盖去除即可。瓶栽需要搔菌并注水，给以适宜温度、湿度、光照、通风等，菇芽发生并逐步发育为商品子实体。

七、采收与包装

菌盖发育至七八成开伞即可采收，以“海鲜菇”类型出售的产品菌盖 1.7cm 以下采收。

第五节 斑玉蕈工厂化栽培技术

斑玉蕈工厂化栽培自上海引进第一条自动化流水线至今已 20 年，栽培技术逐渐成熟完善。不同品种，栽培技术参数不尽相同，瓶栽与袋栽工艺和技术参数也有一定差异。本文以棕色品种为例，以 850mL、口径 58mm 栽培瓶为例介绍斑玉蕈工厂化栽培技术。

一、栽培基质制备工艺技术

（一）原料的准备

木屑需要提前发酵处理，可放置在有坡度的场区堆制，针叶树木屑要求堆制 6 个月以上，阔叶树木屑 3 个月堆制期间，定期加水、翻堆，以使发酵均匀。经过发酵不仅可以去除阻碍斑玉蕈菌丝生长的成分，如多元酚、树脂，还可以经微生物分解促使木屑软化。发酵后的木屑，细胞壁内保持了大量水分，此种状态的水分更容易被菌丝体吸收，并确保培养基的空隙度，增加透气性。

木屑的颗粒度在保证培养基的透气性上作用重大，尤其单独使用木屑为主料时更应注意。木屑过细培养基空隙率降低，导致菌丝生长缓慢，推迟菌丝生理成熟，影响菇蕾发生和子实体生长；木屑过粗，培养基的持水性差，易失水干燥，因此木屑要粗细搭配使用。

堆制腐熟的木屑使用前含水量 72%或更高。使用前 1 周要由室外移至室内过筛，以确保充足的含水量。夏季要注意木屑发热现象，使用前尽可能降至常温，以降低混料后的迅速发热、引起培养基酸化。

（二）搅拌与装瓶

搅拌分为干拌、边加水边搅拌和水加完后再搅拌的过程。干拌 15min，边加水边搅拌 10～15min，水加完后再搅拌 35～50min。之后开始装瓶作业。搅拌时间的长短与玉米芯等难吸水物料的处理有关。玉米芯经过预湿，可以适当减少搅拌的时间。搅拌后的培养料 pH 不定。人工调整至灭菌后 pH 5.8～6.3。含水量达到灭菌后 64%～66%。加水通过水桶计量或流量计控制完成，使用流量计要注意定期校验。装料量 580～620g（含瓶重，不含盖重），灭菌后料面在瓶颈高度的 2/3。瓶口料太深，接种量要求大，灭菌前装料高度取决于灭菌后料面反弹多少。装瓶应尽快完成，控制装瓶时间对培养料理化性状的一致性保持具有重要的意义。应尽量提升装瓶速度，如使用快速装瓶机、增加装瓶机数量、减少设备故障等。装瓶质量主要体现在瓶间重量差、料面平整度、接种孔成型度、孔深到底度、瓶肩充实度。打孔后的栽培瓶筐在流水线上要尽可能减少振动，以防料面崩塌堵塞接种孔。接种孔一般 1 个，也有 3 个的。实践表明接种孔数量对发菌影响不大，多孔的发菌速度前期稍快，后期也会慢。

装瓶中要注意瓶子、盖子、筐子的完整性，以降低之后各工序中杂菌侵染的风险。斑玉蕈栽培中盖子过滤材料，以海绵或无纺布居多，随着使用年限的增加，过滤材料会出现收缩或粉尘、菌丝及其混合物的黏附，影响透气性和发菌。这常在老厂出现，导致发菌变慢，产量降低。生产实践中还会发生瓶盖过滤器没问题，由于刷盖机出了问题而没有将透气孔清理干净，造成栽培瓶内外空气交换异常，影响产量。目前针对过滤器的定期更换成本增加问题，开发出了无过滤器的瓶盖。这种不同的设计需要不同的工艺管理技术达到丰产优质目标。

另外，装瓶机与搅拌机的性能也非常重要，重要的参数是靠稳定运转的设备达成的，设备的日常清洁与维护是正常生产的前提条件。搅拌机搅拌翅的变形会导致培养料的均匀性下降。因此，拌料机要经常检查，避免这种培养料的不均匀性发生。装瓶机要每日去除积料箱中的杂物，防止造成瓶重差加大……。总之，机械设备需每天检查，保证精准。

搅拌过程中还应注意投料时的检查，以防霉变、结块物料的误投，还应注意物料包之间的重量差异，以达到培养料营养的一致。

斑玉蕈是需要较长时间培养的菌类，漫长的培养过程增加了害虫与杂菌的侵染风险。所以装瓶中培养料绝不可漏入筐底，这些培养料富含有机质，被带入接种和培养环节都会增加菌瓶杂菌风险。

（三）灭菌与冷却

目前普遍使用高压灭菌。日本灭菌多为102℃保温100min；118℃保温45min。这温度是指栽培瓶培养料的温度，即料温传感器直接置入瓶内所反馈的温度。由于木屑经过充分堆制发酵，虽休眠芽孢较少，若上压前冷气排出不彻底，或灭菌中排水不畅，或传感器校验不准、压力表不准等，均导致灭菌不彻底。另外，玉米芯吸水不充分造成的干芯料也会导致灭菌不彻底。

目前，我国尚未建立食用菌生产的专业原料供应系统，这种非专业化的束缚，尤其是玉米芯，粉尘多，微生物基数大，生产中灭菌时，多数都选择121～122℃确保灭菌效果。应根据工厂自身的实践来确定最佳的灭菌程序。也有厂家选择相对稍低的温度，通过延长灭菌的时间达到彻底灭菌的目的。

可应用耐高温芯片检测灭菌效果，通常是在灭菌前置入栽培瓶料中央，灭菌后取出，读取相关数据，温度记录时长可以自行设定，从而知晓整个灭菌过程中料温的实时变化，判定灭菌效果。

灭菌后，栽培瓶移入冷却室中冷却，冷却室温度的设定，以保证接种前料温21～23℃为准。冷却室温度不宜很低，接种后菌种萌发慢。冷却室要定期检查密封性，地面破损、通气扬尘、地面清洁度与消毒效果。高效过滤器要定期检测更换。冷却室要保持产中正压状态，可安装压差计监测。冷却室空调配备的制冷量要充足，以达到快速冷却。降温过缓，尤其料温长时间28～35℃会导致个别未杀灭的细菌大量增殖，造成菌丝发至一半停滞生长。冷却室通常使用氯化物，或配备臭氧发生器、紫外灯消毒。氯化物对金属制品有腐蚀作用，使用后要保持空间干燥；臭氧发生器启动时要停止新风进入以保证臭氧浓度；紫外灯应在作业人员下班后的夜晚照射杀菌。

灭菌后检查培养基pH和含水量，上部、中部、下部应分别检测。

二、接种与发菌培养工艺技术

固体菌种接种量以盖子压住菌种为准，接种栽培瓶30～32个/瓶，接种操作要检查接种机所落菌种位置，确保菌种落于料面的正中央，减少菌种漏料。菌种使用前要去除老菌

种，灼烧瓶口，菌种瓶周身用75%酒精擦拭。接种室要保持正压，保持15～18℃。斑玉蕈对菌种的物理性状要求较高，其中“脆性”最为重要，接种机刮铲刮出的菌种要求松软而富有弹性，不可大块落入，保证一定量的菌种落入接种孔中，以实现栽培瓶“两端发菌”，尽快长满。

接种后分为两段培养，一段为前置培养，又称定殖培养，8～10d，此时菌种萌发、封面、稍有延伸。要求22～24℃，黑暗，空气相对湿度60%～70%，CO_2浓度不限，室内维持略微正压。前置培养菌丝发热量小，密度可以稍大。风量以满足温度为准，降至最小，尽可能减少气流搅动。前置培养对环境洁净度要求高于后面的后置培养，新风入口应安装高效过滤器。

前置培养结束后，栽培瓶转移至后置培养室，后置培养要求瓶间温度22～23℃，空气相对湿度70%～80%，CO_2浓度3 500mg/L以下，室内有循环风，培养期70～85d。栽培瓶培养18～25d为发热高峰期，菌丝大量生长，瓶内急剧发热，此期应调控瓶内温度不超过26℃。培养温度过高会造成“菌种硬化症”，出芽不良，表现为料面一部分长芽，一部分不长芽。培养期空气相对湿度过高导致培养室杂菌密度上升、栽培瓶污染率上升，湿度过低造成老菌种菌丝退化、搔菌后料面中间不出芽、外周出芽现象。要定期监测培养室霉菌基数与螨虫密度，及时挑出杂菌瓶，每日清洁、消毒。

木屑为主料的配方32～35d发满，玉米芯为主料的配方要延迟5d左右。发满后不可马上搔菌，需继续培养40～60d，即后熟培养。后熟充分的栽培瓶，菌丝淡黄白色，菌丝量充足，上下颜色一致，无色差；后熟不良的栽培瓶上下色泽不一致，有色差，菌丝稀少，有“水分重”的压力感。后置培养期上下颠倒垫板，有利于提升后期出菇的一致性。

三、催蕾与育菇工艺技术

培养成熟的菌瓶进入搔菌出菇阶段，此时含水量70%～72%，pH降至5.3～5.8，菌瓶四周颜色黄白色，看不到培养料颜色。搔菌处料面要呈馒头形，馒头又分为“平馒头”与“凸馒头”两种类型，这取决于瓶盖的内腹面是平面设计还是凹形设计。日本有在“馒头”中央打一小圆孔的方式，也有中间“一”字形切的方式，取决于栽培品种的特性与期望发芽量的多少。搔菌后注水10～15mL，主要作用是刺激料面，促使发芽一致。搔菌要检查料面颜色，挑除杂菌瓶，避免污染搔菌刀具造成新的感染。

搔菌后的菌瓶进入发芽室，覆盖无纺布保湿发芽，保持15～16℃，空气相对湿度95%～100%，CO_2浓度3 000mg/L以下，光照强度50～100lx。空气相对湿度切勿过高，以防形成水滴滋生细菌造成烂菇。发芽与生育同一房间的管理，可适当采用1 000lx的强光照促发芽，但有时会造成发芽量过多，商品性状下降。

采用25瓶或36瓶生产制式生产，发芽完成后，移入分瓶室分瓶，再移入生育室直至菇体发育完成。正常管理条件下8～10d发芽，芽长出瓶口约2cm时，移入生育室育菇，为了提高菇体成型度与采收便捷，可发芽后瓶口套“采收夹”。育菇阶段要开启层架灯进行大光量照射，光照强度500～1 000lx，照射时间因品种和子实体发育阶段的不同而异。棕色品种照光时间要多于纯白色品种。子实体长势显著受光抑制影响。而菇体变得结实、坚硬，菌盖颜色变深，大理石花纹逐渐形成。随着子实体的生长，光照时间逐步延长，有的品种要求连续照光，否则疯长，商品外观变差。育菇阶段的适宜温度14～15℃，空气相对湿度90%～95%，CO_2 浓度2 000～2 500mg/L。以海鲜菇商品类管理时，工艺有所不同，CO_2 浓度6 000mg/L。生育后期温度适当降低，有利于增强菇体硬度，延长货架期。采收前湿度不宜过高，过高会导致包装后菇体产生气生菌丝现象。CO_2 浓度过高，菇体的整齐度会下降，子实体变得细长，菇盖开伞受到抑制。一般在搔菌后第21天开始采收，2d内采尽。

斑玉蕈栽培中使用LED节能灯，其中460～470nm的蓝光过滤其他无效光源而实现节电。使用全热交换机，对排出的冷量部分回收再利用。大大节约用电成本。

斑玉蕈栽培中经常出现菌盖瘤状物，严重影响外观品质。这种“瘤盖菇”是菇体对不良环境的反应。这种反应因品种的敏感度不同而异，在症状上有星点状、片状、网纹状等不同类型。主要影响因素有：①温度变化，培养过程中或生育过程中温度的突然变化（骤升或骤降）；②湿度变化过大；③后熟不足；④生育室不洁，细菌等杂菌隐性侵染。“瘤盖菇”一旦发生很难通过工艺调整改变，必须预防为主。适当降低生育室湿度症状会有所缓解。

四、采收与包装

当菇体长出瓶口7～8cm，菌盖七八成开伞度，直径2.3cm时即进入采收期。以海鲜菇为商品的菇柄长度13～15cm，菌盖直径1.7cm时进入采收期。采收后先进入2～5℃冷库预冷，然后进入包装室包装。

五、斑玉蕈的病虫害防控

螨虫是斑玉蕈栽培中经常发生、危害最为严重的虫害。一旦发生很难根除。斑玉蕈培养温度也正是螨虫生长发育的适宜温度。在培养室通过气流移动蔓延，螨虫侵入同时带入霉菌，形成复合侵染。螨虫发生严重的培养室，甚至在垫板下可见到一层类似木屑状的物质，这是螨虫及其排泄物。螨虫预防的关键是控制人流、物流，保证生产资材与器具的清洁，及时剔除杂菌瓶，使用塑料垫板不使用木制垫板。在培养室设计上预留前置培养室。日本最大的斑玉蕈企业富山栽培基地曾因螨虫暴发而停产半年，教训惨痛，足以为戒。

斑玉蕈病害主要是吐水病，症状为搔菌后第8～10天，发芽延迟，料面上“吐”茶色液滴，逐渐扩大化连成片。经检测确认为病毒感染。“吐水”严重的生育室可以通过阶段性降低湿度予以缓解，但是后期长成的子实体往往保鲜期较短。

绵腐病（蛛网病）也是斑玉蕈常见病害，发生在子实体生长阶段，初期在菌柄基部产生白色绒毛状菌丝，形似蜘蛛网，逐渐沿菌柄向菌盖蔓延，子实体逐渐枯萎、腐烂。病原菌为绵腐病菌（*Cladobotryum varium*）。一旦发现，即用塑料袋包裹灭菌处理。有发病的生育室需要严格消毒后再投入使用。同时对道路、设施进行全面的清洁消毒。

（程继红）

主要参考文献

陈士喻，陈惠，2003. 菇菌栽培手册［M］. 北京：科学技术文献出版社.

黄毅，2014. 食用菌工厂化栽培实践［M］. 福州：福建科学技术出版社.

刘明广，冯志勇，霍光华，等，2008. 真姬菇交配型研究［J］. 食用菌学报，15（1）：14－16.

张琪辉，王威，李成欢，等，2015. 斑玉蕈珠网病的病原菌及其生物学特性［J］. 菌物学报，34（3）：350－356.

赵荣艳，段毅，2009. 蟹味菇栽培技术［M］. 北京：金盾出版社.

大桥等，2010. 最新きのこ栽培技术［M］. 日本：株式会社ブランッワールド.

大森清寿，小出博志，2003. きのこ栽培全科［M］. 日本：农山渔村文化协会.

松山正彦，2003. きのこ生产システムの经济性と环境制御［M］. 日本：美味技術研究会.

小演秀泰，茶山和敏，横山俊夫，等，2003. マウスにおける　EEM（エノキタケおよびブナシメジ抽出物）の抗肿瘤作用［J］. 应用药理，65（3），73－77.

第十七章 绣球菌栽培

第一节 概 述

一、绣球菌的分类地位与分布

绣球菌（*Sparassis latifolia*），中国、日本、俄罗斯、英国、韩国、美国、加拿大、澳大利亚等国家均有分布。国内主要分布于吉林、黑龙江、云南、西藏、河北、陕西、福建、广东等地。自然条件下，夏秋交替时发生在近树干基部的裸露根上，如云杉、冷杉、云南松、马尾松、红松、落叶松等（刘正南，1986）。

二、绣球菌的营养与保健价值

绣球菌口感鲜美、香气浓郁。每百克干品含粗蛋白质 12.9%、粗纤维 13.7%。其氨基酸总量（9.93%）高于香菇（6.93%）和双孢蘑菇（7.78%）（黄建成等，2007）。绣球菌富含多种矿物质元素，其中钾含量最高，达 17 300mg/kg，含铁 48.1mg/kg、锌 38.5mg/kg、锰 30.6mg/kg，维生素 C、维生素 E 和烟酸含量分别为 112mg/kg、3.5mg/kg 和 17.4mg/kg。

绣球菌保健和药用功效更为突出。据日本食品研究中心（Japan Food Research Laboratories）分析，每 100g 子实体含 β-葡聚糖 43.6g（Harada et al.，2002）。绣球菌 β-葡聚糖可提高人体免疫力和造血功能（Kimura，2013），具有抗癌防癌、抗肿瘤的功效，绣球菌和灰树花的混合提取物可治疗癌症和艾滋病（JP 2003265139 - A）。

三、绣球菌的栽培技术发展历程

日本于 1990 年开展绣球菌人工栽培技术研究，1993 年首次原木人工栽培成功，1995 年完善了原木栽培技术，1996 年瓶栽成功。韩国在 2004 年实现绣球菌人工栽培，成为世界上第二个掌握绣球菌人工栽培技术的国家（Kim et al.，2008）。国内绣球菌的研究始于 20 世纪 80 年代，开展了形态、分布、生态环境、人工驯化栽培等研究（孙朴等，1985；刘正南，1986）。2005 年，福建省农业科学院食用菌研究所实现了绣球菌人工栽培，明确了适宜的琼脂培养基（PDPA）和栽培原料（林衍铨等，2005）。随后，绣球菌的液体发酵（游雄等，2006）、营养成分（黄建成等，2007）、生物学特性（林衍铨等，2011）等研究相继展开。

2009 年，福建省农业科学院食用菌研究所率先实现了绣球菌工厂化栽培，随后建立多个工厂化栽培基地。经过十几年的努力，栽培技术不断进步，为绣球菌产业的发展奠定了基础。

四、绣球菌的发展现状与前景

目前，绣球菌主要采用工厂化栽培且形成一定规模，福建、山西等地均有栽培，福建已形成绣球菌技术研发、生产、销售一体化的产业链。

随着对绣球菌保健与医药功效研究的不断深入，相关功能性产品不断涌现，如多糖饮品、果蔬粉、美容化妆产品等。目前，全球正掀起绣球菌研究开发的热潮。

第二节　绣球菌生物学特性

一、形态与结构

绣球菌子实体单生、白色或乳白色，部分品种灰白色；有柄，柄上分化出不规则小枝梗，枝梗末端形成扁平瓣片，瓣片相互交错呈波浪状或银杏叶状，较薄且不规则，边缘弯曲不平，形如绣球。人工栽培子实体直径 10～15cm，白色或乳白色，单朵重 150～230g。鲜菇耐贮性较好，烘干后收缩成角质，质硬而脆，黄色或金黄色。子实层生于瓣片下侧，菌肉洁白。孢子无色、光滑，卵圆形至球形，（4～5）μm×（4～4.6）μm（图 17－1b）。菌丝体白色绒毛状、较浓密，气生菌丝较旺盛，无色素，具锁状联合（图 17－1a）。

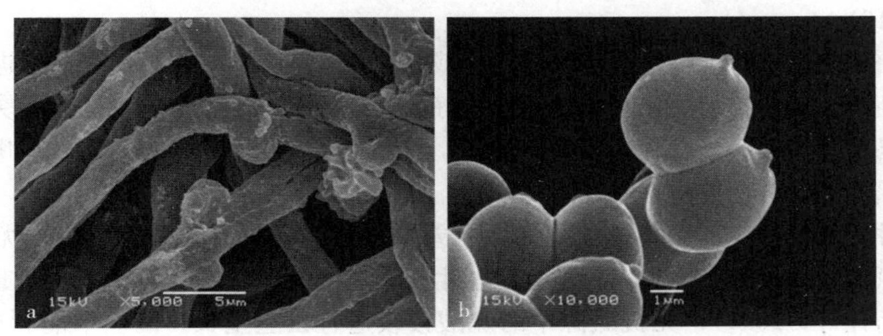

图 17－1　绣球菌菌丝与担孢子显微结构

a. 菌丝　b. 担孢子

二、繁殖特性与生活史

绣球菌为异宗结合食用菌，其极性尚未见研究报道。其生活史与其他异宗结合种类相同，未见无性孢子的产生。

三、生态习性

绣球菌多生于针叶林内树干高 15.3～38.0m、胸径大于 20cm、树龄 30 年以上的近树干基部的裸露根上。生长环境土壤肥沃、呈酸性，pH 4.2～5.2，土壤有机质含量 3.79%～

14.32%，阳离子交换量（CEC）16.1～27.2cmol/kg（Oh et al.，2009）。

在我国云南，绣球菌主要生长在海拔较高的向阳山地林内（坡度8°～26°），林内腐殖质层较厚，6～14cm。子实体7～9月发生。发生期年均温度12.7～14.6℃，平均降水量148.3～228.9mm，林地平均郁闭度0.5，在密林区郁闭度大于0.6或郁闭度小于0.2时无绣球菌生长。在我国东北小兴安岭和长白山林区，绣球菌多分布于海拔2 460～2 680m范围内，主要生长在兴安落叶松［*Larix gmelini*（Rupr.）Kuzenneva］、长白落叶松（*Larix olgensis* A. Henry）和落叶松为优势树种的混交林内，平均树高18.5～26.0m（刘正南，1986）。

四、生长发育条件

（一）营养与基质

绣球菌可利用单糖、双糖、多糖类等多种碳源为营养。以葡萄糖为碳源，菌丝生长速度快，菌丝浓密、健壮，其次为果糖、半乳糖、木糖。双糖中，对麦芽糖的利用优于蔗糖，以麦芽糖为碳源，菌丝尖端生长较整齐，有疏密相间的条纹，气生菌丝呈绒毛状翘起。适宜的碳源还有玉米淀粉、糯米淀粉等（林衍铨等，2011）。采用啤酒酵母、蜂蜜粉培养基时，培养效果也较好（贾培培等，2010）。液体培养结束时，除红糖外，其他碳源（葡萄糖、乳糖、麦芽糖、果糖、蔗糖、半乳糖、木糖）的培养基pH均下降，以红糖、乳糖、果糖为碳源，菌丝生物量大，以葡萄糖为碳源，菌球直径小；在供试的淀粉类碳源中，糯米粉培养基菌丝生物量最大，菌球直径最小，玉米粉培养基的菌球密度最大（Ma et al.，2016）。

松木屑、麦麸、米糠等是绣球菌的良好栽培原料。栽培料中添加淀粉可促进绣球菌菌丝生长，新鲜去皮马铃薯块比马铃薯淀粉更好，大米淀粉、小麦淀粉与马铃薯块接近，甘薯淀粉与马铃薯淀粉接近（林衍铨等，2007）。南方生产可选用马尾松代替落叶松、云南松等为栽培原料（林衍铨等，2005）。

不同种类氮源对绣球菌菌丝生长的影响差异很大，有机氮源的利用明显优于无机氮源。有机氮源中，蛋白胨、牛肉膏适宜菌丝生长，菌丝生长洁白、浓密，添加量以0.3%为宜（林衍铨等，2011）；无机氮源中的硫酸铵较适宜菌丝生长。菌丝不能利用硝酸铵、尿素、复合肥等（林衍铨等，2007）。以蛋白胨为氮源的液体培养基，添加量分别为0.15%、0.25%时，菌丝生物量和胞外多糖产量最高（刘成荣和冯旭平，2008）。鱼粉蛋白胨、牛肉蛋白胨、牛肉膏为氮源时，菌丝生物量最大，菌球直径较小（Ma et al.，2016）。

固体培养基添加适量的无机盐可促进菌丝生长。硫酸镁、磷酸二氢钾和氯化钠质量浓度为1.0g/L时，菌丝生长速度最快。硫酸钠和氯化钙对菌丝生长有一定促进作用，但效果不显著。液体培养基中添加磷酸二氢钾有利于提高菌丝生物量（Ma et al.，2016）。维生素B_1和维生素B_6质量浓度6mg/L时，促进菌丝生长。且随浓度增加，菌丝长速逐渐增大，添加量8mg/L时，长速最快。6-苄氨基嘌呤对菌丝生长有较强的促进作用。

（二）环境条件

1. 温度　绣球菌菌丝生长温度范围10～30℃，适宜温度20～26℃，最适温度22～

24℃。低于10℃或高于30℃时，菌丝停止生长。原基形成温度范围17～23℃，最适温度20～22℃。子实体发育温度范围15～20℃，最适温度17～19℃。

2. 湿度

（1）基质含水量　在基质含水量45%～65%范围内，随着含水量增加，菌丝生长速度逐渐加快、长势增强；含水量大于65%时，菌丝生长速度变慢、长势减弱（江晓凌等，2012）。绣球菌人工栽培生长周期较长，栽培后期保持培养基适宜的含水量是保证绣球菌高产的前提。图17-2是不同含水量对绣球菌菌丝生长的影响。

图17-2　不同含水量对绣球菌菌丝生长的影响

（2）空气相对湿度　菌丝培养的适宜空气相对湿度60%～65%。原基诱导阶段时，空气相对湿度85%～90%，原基分化和子实体发育，适宜空气相对湿度90%～95%。

3. O_2　菌丝生长阶段空间CO_2浓度为0.3%以下。原基形成与分化阶段具有独特的发育生理现象，称为"兼性嫌氧微生态"或"兼性需氧"发育生理现象（林衍铨等，2007）。

4. 光照　菌丝生长阶段不需要光照，应避免光照直射，防止原基过早出现。原基诱导阶段需适量光照，菌丝生长后期给予一定量散射光有利于原基形成，子实体生长发育需要光照刺激。研究表明，500～800lx的光照可满足子实体生长发育的要求。

5. 酸碱度　菌丝在pH 3.5～7.0范围内均可正常生长，最适pH 4～5，pH低于3或高于7.5，菌丝生长困难。

第三节　绣球菌品种类型

目前，国内通过品种审（认）定的绣球菌品种为闽绣1号（闽认菌2013005）（图17-3），该品种由福建省农业科学院食用菌研究所选育，是国内第一个通过省级认定的品种，适合工厂化栽培。闽绣1号子实体白色或乳白色，整个栽培周期120d左右。

虽然目前应用于生产的栽培品种较少，但国内绣球菌菌株有一定的保藏量，如福建农业科学院食用菌研究所、中国林业微生物菌种保藏管理中心（CFCC）、四川省绵阳市食用菌研究所、杭州市农业科学院蔬菜研究所、吉林农业大学、青岛农业大学等，这为绣球菌优良品种的选育奠定了材料基础。

图 17-3　绣球菌工厂化栽培（闽绣 1 号）

第四节　绣球菌栽培技术

一、栽培季节

绣球菌属中低温结实型菌类，原基分化的适宜温度范围窄且敏感，农法栽培风险较大，适宜工厂化栽培。

二、栽培基质原料与配方

绣球菌可利用的栽培原料主要有：松木屑、麦麸、玉米粉、米糠、石膏、过磷酸钙等。常用栽培配方为：

①松木屑 70%，玉米粉 28%，碳酸钙 2%，含水量 60%～65%。

②松木屑 76%，麦麸 18%，玉米粉 2%，蔗糖 1.5%，石膏 1.5%，过磷酸钙 1%，含水量 60%～65%。

③松木屑 70%，米糠 28%，糖 1%，碳酸钙 1%，含水量 60%～65%。

三、栽培基质的制备

松木屑使用前需过筛除去树皮及其他异物，以防刺破塑料袋，造成杂菌污染。根据生产计划，选择适宜的栽培配方，按比例准确称取各种原辅材料，加水搅拌均匀。搅拌均匀后及时装袋（图 17-8）。工厂化栽培采用聚丙烯栽培袋（33cm×17cm×0.04mm），装袋要培养料上下松紧一致。装袋过松，后期生长过程中培养料与栽培袋之间容易形成间隙，形成无效原基，浪费营养而减产；装袋过紧，培养料透气性差，不利于菌丝生长和营养积累，也影响产量。

装袋完毕须及时灭菌。灭菌参数为 126℃保持 2.5h。温度降至 40℃左右后出锅冷却，料袋温度降至室温时，移入净化接种室内接种，接种量为 24 袋/瓶（750mL 菌种瓶，装料量 250～300g/瓶）。

四、发菌管理

发菌期实施避光培养，以控温为主，初期保持发菌室 24～26℃；当菌丝长出 5cm 深之后，要降低室温至 22～24℃，保持空气相对湿度 60%～65%，注意通风换气，保持室内空气清新。

菌丝长满菌袋后，控制温度 17～23℃和一定散射光，诱导原基形成。10～15d 后菌袋四周可见菌丝聚集扭结并出现原基，随着原基不断膨大突起，进入分化阶段，随后出现瓣片。从原基上分化出瓣片约 7d。

五、出菇管理与采收

原基形成后，将菌袋移入出菇室开袋出菇。给予 16～20℃、空气相对湿度 90%～95%的栽培条件，采用 LED 灯带提供光照，每天光照时间 8h，加强通风管理，CO_2 浓度保持在 1 000～3 000mg/L。

当子实体瓣片颜色由白色转向淡黄色、且瓣片展开呈波浪状时即可采收，采收前 12h 停止加湿（图 17－4）。

图 17－4　采收前停止加湿

绣球菌耐贮性好，3～5℃条件下可保鲜 15d 左右。干制时，烘烤初期要严格控制温度，掌握先低后高的原则。一般从 35℃开始，随后逐渐升高温度，充分通风排气。烘烤温度不可过高，以不超过 60℃为宜，过高易烤焦。子实体烘干后收缩成角质，质硬而脆，黄色或金黄色，外观品质良好。

（林衍铨）

主要参考文献

黄建成，李开本，林应椿，等，2007. 绣球菌子实体营养成分分析［J］. 营养学报，29（5）：514－515.

贾培培，卢伟东，郭立忠，等，2010. 绣球菌驯化栽培［J］. 食用菌学报，17（3）：33－36.

江晓凌，马璐，应正河，等，2012. 绣球菌的生物学特性研究［J］. 食药用菌（6）：341－343.

林衍铨，李开本，余应瑞，等，2005. 绣球菌菌丝生长营养生理研究［C］. 首届海峡两岸食（药）用菌学术研讨会论文集，24：170－173.

林衍铨，林兴生，余应瑞，等，2007. 绣球菌生物学特性若干问题的研究［J］. 菌物研究，5（4）：237－239.

林衍铨，马璐，应正河，等，2011. 碳源和氮源对绣球菌菌丝生长的影响［J］. 食用菌学报，18（3）：22－26.

刘成荣，冯旭平，2008. 绣球菌深层发酵工艺条件的研究［J］. 莆田学院学报，15（5）：50－53.

刘正南，1986. 一种珍贵的食用菌——绣球菌［J］. 食用菌（5）：6－7.

孙朴，汪欣，刘平，1985. 绣球菌引种驯化研究初报［J］. 中国食用菌（3）：7－8.

游雄，钱秀萍，吴丽燕，等，2006. 绣球菌的诱变育种和深层发酵工艺的初步研究［J］. 中国食用菌，25（3）：41－45.

Ma L, Lin Y Q, Yang C, et al., 2016. Production of liquid spawn of an edible mushroom, *Sparassis latifolia by submerged fermentation and mycelial growth on pine wood sawdust* [J]. Scientia horticulturae, 209: 22-30.

Sil O D, Moh P J, Hyun P, et al., 2009. Site characteristics and vegetation structure of the habitat of cauliflower mushroom (*Sparassis crispa*) [J]. The Korean journal of mycology, 37 (1): 33-40.

Takashi K, 2013. Natural products and biological activity of the pharmacologically active cauliflower mushroom *Sparassis crispa* [J]. Biomed research international, 2013: ID 982317.

Toshie H, Noriko M, Yoshiyuki A, et al., 2002. Effect of SCG, 1,3-β-D-glucan from *Sparassis crispa* on the hematopoietic response in cyclophosphamide induced leukopenic mice [J]. Biological & pharmaceutical bulletin, 25 (7): 931-939.

Young K M, Philippe S, Kuk A J, et al., 2008. Phenolic compound concentration and antioxidant activities of edible and medicinal mushrooms from Korea [J]. Journal of agricultural and food chemistry, 56 (16): 7265-7270.

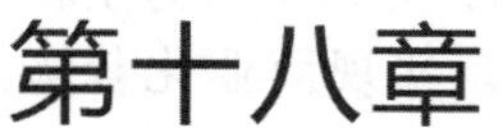

第十八章

白灵菇栽培

第一节　概　　述

一、白灵菇分类地位

白灵菇，中文学名白灵侧耳［*Pleurotus tuoliensis*（C. J. Mou）M. R. Zhao & J. X. Zhang］，曾误用名 *Pleurotus nebrodensis*（Inzenga）Quél.。

在我国新疆，有一种知名的野生食用菌——阿魏蘑，主要分布在新疆塔城、阿尔泰、木垒等地有新疆阿魏（*Ferula sinkiangensis* K. M. Shen）的荒滩上，海拔800～900m，发生于新疆阿魏根上，因气候条件恶劣、牲畜践踏而产量稀少。阿魏蘑最初学名记载为 *Pleurotus ferulae* Lanzi，最新研究表明，阿魏蘑是两个生物学种，一个是阿魏蘑（*P. ferulae* Lanzi），另外一个是白灵菇［*P. tuoliensis*（C. J. Mou）M. R. Zhao & J. X. Zhang］（Zhao et al.，2016）。

最早的研究者将其定名为 *Pleurotus eryngii* var. *tuoliensis* C. J. Mou（牟川静等，1987）。1997年北京金信食用菌有限公司从新疆购进阿魏蘑菌袋，在北京大面积种植成功，大型真菌分类专家卯晓岚鉴定其为白灵侧耳（*P. nebrodensis*），并取商品名为白灵菇。从此，“白灵菇”成为白灵侧耳的商品名称（卯晓岚，2000）。赵梦然通过对新疆野生阿魏蘑种质资源的群体遗传学分析，将形态学与多基因分析相结合，将白灵菇定名为 *P. tuoliensis*（C. J. Mou）M. R. Zhao & J. X. Zhang（Zhao et al.，2016）。

二、白灵菇的营养与保健价值

白灵菇富含人体必需的多种氨基酸、多糖、维生素等有益物质。菇体硕大，洁白如玉，口感细腻，风味独特，味如鲍鱼，具“素鲍鱼”之美誉。

野生白灵菇是新疆著名的土特产品，传统的出口商品。由于白灵菇自然发生在药用植物阿魏上，民间认为其具有中药阿魏的药物功效，能消积、杀虫、解毒，对气管炎、肠胃炎、痢疾、疟疾、肠道寄生虫也有较好疗效。甘勇和吕作舟（2001）研究发现白灵菇子实体和菌丝体粗多糖均具有免疫活性。郑琳等（2003）证明白灵菇子实体可能是天然抗氧化剂的新资源。董洪新和吕作舟（2004）发现白灵菇子实体中的多糖 PF_3 可有效防止体内核糖核酸酶的降解。

三、白灵菇的栽培技术发展历程

1987年，牟川静等发现了阿魏蘑群体中的托里变种，随后以棉籽壳、木屑为主料，以麦麸、阿魏根屑和石膏粉为辅料栽培，驯化成功。1997年在北京实现商业化栽培。2010年之前，白灵菇以大棚农业方式栽培，栽培区域主要在北京、天津、河北、内蒙古、新疆等地。随着对白灵菇生物学特性研究的深入和栽培技术的改进，2010年前后实现工厂化栽培。

随着我国食用菌产业的发展，白灵菇一度成为栽培的热点珍稀种类。据中国食用菌协会统计，2001年全国白灵菇产量7 343t，2003年逾5万t，2005年超过17万t，2011年达31万t。但是，近年来白灵菇产量呈下降趋势。

四、白灵菇的发展现状与前景

与其他食用菌比较，白灵菇栽培周期长、子实体一致性差、优质菇率低、出菇需要较大低温刺激。这导致生产成本大大高于风味口感相似的杏鲍菇，工厂化栽培规模逐渐萎缩，农业式栽培规模也逐渐缩小。2017年全国白灵菇总产量比2016年下降了25.88%，2018年比2017年又下降19.25%。白灵菇的产业发展亟待选育生长周期短、子实体商品化率高、低温刺激需求较小的品种。随着人民生活水平的提高，白灵菇鲜品仍具广阔的市场前景。

第二节　白灵菇生物学特性

一、形态与结构

白灵菇菌丝白色、纤细，菌落平展、呈辐射状向外蔓延。在试管或平板培养时，肉眼观察，菌丝多匍匐状、紧贴培养基表面生长，菌丝较稀疏，气生菌丝少，菌落薄，比平菇菌丝生长慢。

在自然条件下，由于干旱、干燥，子实体常单生，菌盖表面粗糙，上有龟裂状斑纹，菌肉白色、厚。菌柄侧生、偏生或偏中生，菌盖白色、表面光滑，成熟时偶有浅黄褐色微细条状隐斑或隐纹；菌柄纯白色、肉质、表面光滑，中实；菌褶密集，延生，基部常呈网纹交织，奶油色至肉黄色；孢子印白色，孢子无色，孢子椭圆形至长椭圆形，有油滴。子实体幼时呈半球形，边缘内卷，后逐渐长大平展，直径6～13cm，或更大，中央厚，边缘薄。在空气干燥的条件下生长时表面易形成裂纹。栽培条件下，子实体形状受温度、湿度、管理方式等因素影响较大。栽培条件下，子实体大多散生或丛生，少单生，棒状、掌状、贻贝状，依品种的不同而异。栽培品种的子实体分为棒状、掌状、贻贝状三大类型；野生菌株尚有勺状、浅盘状、馒头状等。

二、繁殖特性与生活史

白灵菇是四极性异宗结合食用菌。白灵菇生活史和侧耳属大多种类基本相同，但是，有的菌株在双核菌丝体生长中产生大量的分生孢子。李何静等（2013）对51株新疆野生

白灵侧耳的84个原生质体单核体的交配型因子进行了分析。在84个单核体中存在54个不同的A因子和59个不同的B因子。

三、分布与生态习性

野生白灵菇主要分布在新疆塔城、阿尔泰、木垒等地。经研究推测，中国白灵菇自然群体中的单核交配型总数79×100＝7 900个，由此可形成不同交配型的双核体个体31 201 050个，这也正是白灵菇的自然种群个体数量，表明我国拥有丰富的野生白灵侧耳资源（李何静等，2013）。

侧耳属大多种类是木腐型真菌。但是，白灵菇具有弱寄生性，在自然条件下发生于半枯死的草本植物阿魏的根部或近地面的茎部。

四、生长发育条件

（一）营养与基质

多种农林副产品均可用来栽培白灵菇，如棉籽壳、棉秆粉、玉米芯、大豆秸粉、甘蔗渣、杂木屑等。为了获得更好的产量，需要补充麦麸、米糠、玉米粉等氮源。

（二）环境条件

1. 温度　白灵菇是中低温型食用菌。温度是白灵菇生长中最敏感的影响因素。菌丝生长和子实体发生发育所需要的温度不同，不同品种对温度的敏感度也不同。多数品种菌丝生长最适温度在26～28℃，个别种类高达30℃，20℃以下生长速度明显下降，温度高于35℃或低于5℃菌丝体生长极其缓慢。子实体发生需要低温刺激，0～10℃刺激7～20d较好，子实体发生以10～13℃最适，发育以15～18℃最适，13℃以下子实体生长慢，但质地结实，产品品质好。

2. 湿度　栽培种的白灵菇菌丝培养适宜含水量60%～65%，空气相对湿度在50%～70%。子实体原基形成、分化和生长阶段要求较高的空气相对湿度，以80%～90%最适。若湿度低于80%，菌盖易发生裂纹，商品价值降低；若湿度高于95%，易发生斑点病甚至烂菇。

3. 光照　菌丝生长阶段不需要光线。子实体原基形成、分化和生长都需要一定的散射光，光照不足，影响原基的形成和分化，并影响色泽。光照不足时，子实体色泽暗淡、不鲜亮，商品品质下降。但应避免日光直射，以防菌盖龟裂。

4. O_2　白灵菇发菌和出菇全过程都需要通风。菌丝生长初期，消耗O_2少，通风次数可少一些，随着菌丝生长量增加，需要增加通风。出菇阶段，菇棚一定要通风充足，保持空气新鲜。若O_2不足，易形成畸形菇和长柄菇，且菌盖小，菇柄长，影响商品价值。特别需要指出的是，白灵菇子实体分化和发育要求的通风量大大高于其他食用菌，因此，要特别注意通风。

第三节　白灵菇品种类型

生产中使用的品种主要有：中农翅鲍（国品认菌2008029）、中农1号（国品认菌2007042）、KH2（国品认菌2007043）和华杂13号（国品认菌2008028）（张金霞等，2012）。

第四节　白灵菇栽培技术

一、栽培设施

白灵菇的低温属性，在以自然条件为主、人工调控为辅的条件下，更适合于气候相对冷凉的区域栽培。自然和经济条件的不同，需要因地制宜，以降低成本，降低技术风险，提高效益。农业方式栽培的菇棚设施和使用，需要特别注意发菌期菇棚的保温与通风，出菇期的温差与光照，合理安排生产季节。工厂化生产需要综合考虑较长的栽培周期与能源消耗，按照白灵菇特有的要求进行厂房和工艺设计，以及精准化的各环节工艺和技术的配套。

二、栽培季节

（一）栽培季节的确定依据

白灵菇栽培季节的确定依据主要有两个，一是菌丝生长和子实体发生发育的温度，二是栽培地区的自然气候特点。二者时空的重合就是适宜的栽培季节。菌丝生长最适温度26℃左右，一般栽培袋长满需要35～50d，子实体发生发育要求8～20℃，最适温度10～18℃。另外，子实体形成前还需要25～45d的后熟期和0～10℃低温刺激7～20d。以此推算，确定接种时间。我国目前农法栽培白灵菇一般在夏末和秋初接种，冬季和春季出菇。

（二）栽培季节和接种时间

栽培季节的选择是栽培白灵菇的重要环节，直接关系到产量和品质，也是成败的关键，直接决定经济效益。

在我国北方，最佳接种期一般为7月底至9月30日。以旬最高气温为30℃/d为最佳接种期。各地纬度不同，同一纬度地区海拔高度不同，每年在同一地区气候变化又不完全一致，因此要灵活掌握。例如，在北京和河北北部地区，以8月为最适接种期，河北南部地区以8月下旬至9月中旬为最佳接种期。

（三）生产周期

生产周期的长短是衡量技术水平和管理水平的重要指标。在季节选择合理的情况下，白灵菇从接种到第一潮菇采收结束，一般需要110～120d。

接种后，一般只要条件适宜、管理得当，40～50d菌丝即可长满袋（17cm×34cm），完成发菌。菌丝长满袋后，再经过25～45d的后熟培养，可达生理成熟。生理成熟的菌袋需要0～10℃的低温一定时间，才可有子实体形成。一般而言，在普通塑料大棚的自然条件下，达到这种低温刺激效果要30d以上，如在河北北部8月20日接种，9月底长满袋，完成发菌，10月底完成后熟，11月底完成自然条件下的低温刺激开始扭结形成原基，原基出现到可采收一般需要10～20d，具体天数因品种不同而异。12月10日左右采收。如果管理得当，8月接种最迟元旦前结束；如果管理不当，可能拖长时间，甚至到翌年3～4月出菇。

多数生产者认为白灵菇只能出一潮菇。实际不然，管理得当完全可以出二潮菇，甚至三潮菇。一潮菇采后，在冬季棚内不加温的条件下放置，翌年2月底至3月初开始缓慢补水养菌，或采用泥墙式堆垛出菇管理，3月中下旬即可开始出二潮菇。管理得当，二潮菇的产量可与头茬相当，甚至更高。

三、栽培基质的制备

（一）常用配方

与其他食用菌不同的是，玉米粉是白灵菇生产不可缺少的辅料。培养料加入5%～10%玉米粉，可以增加菌丝活力，并显著提高产量。生产常用配方如下：

①棉籽壳78kg，麦麸16kg，石膏1kg，玉米粉5kg。

②棉籽壳81kg，麦麸12kg，玉米粉5kg，石灰2kg。

③棉籽壳38kg，玉米芯38kg，麦麸17kg，玉米粉5kg，石膏1kg，石灰1kg。

④棉籽壳100kg，玉米粉5kg，石膏1～2kg，石灰1～3kg。

⑤棉籽壳1 000kg，玉米芯150kg，麦麸100kg，芝麻饼粉10～20kg，玉米粉5kg。

⑥棉籽壳80kg，玉米芯15kg，玉米粉5kg，石灰、石膏各1kg。

⑦棉籽壳100kg，麦麸20kg，玉米粉5kg，石膏1kg。

⑧棉籽壳100kg，麦麸15kg，玉米粉5kg，磷酸二氢钾0.1kg，酵母粉0.1kg，生石灰3kg。

多数情况下，料水比为1∶(1.2～1.4)。

（二）基质制备

1. 原料储备 各类原材料应妥善保存，在贮存条件不足的情况下，要事先预定，使用前再购进，可以有效地预防发霉、长虫。特别是玉米粉、麦麸等营养丰富的材料，若保管不当，极易生虫。所有原料在使用前都要仔细检查，要求无霉、无螨、无虫，符合要求才可使用。

2. 原料预处理 杂木屑需要过筛，以除去尖锐碎片，清除杂物，以免刺破菌袋导致污染。木屑要粗细搭配，疑混有松、杉、柏、樟等的杂木屑使用前应经暴晒或自然发酵处理，以挥发、驱除芳香类物质。棉籽壳、玉米芯等需要暴晒。玉米芯应粉碎成玉米粒大小的颗粒。

3. 培养基配制 按配方比例先称取主料，平铺在地面上，再将辅料与主料混合均匀。之后再加水搅拌，多数情况下，料水比在1∶(1.2～1.4)，从操作经验上掌握在加水至搅拌均匀后10min手用力攥指缝间见水而水不滴出。搅拌均匀后即可装袋。

4. 装袋 装袋方法有手工装袋和机械装袋两种。二者各有利弊，手工装袋费时，劳动强度大，但装袋松紧度可人为控制；机械装袋效率高、劳动强度降低，但成本高、不同人操作松紧度不一。随着劳动力成本不断提高和机械改进，机械装袋将取代手工装袋。

较为适宜的菌袋培养料高度为20cm，湿重0.95～1.05kg。这一标准下，含水量适宜、松紧合适。

5. 灭菌 农法生产白灵菇，装袋正值高温的夏季，需要格外注意拌料与进锅间相隔的时间不可过长，加水搅拌均匀后6h内进锅灭菌，否则，难以达到灭菌效果。常压灭菌要注意一次不可量太大，以小量多次为宜。锅炉容量要充足，要求封锅后2h内锅内物品下部空间达到100℃。常压灭菌需要100℃ 12～14h。

6. 冷却 灭菌后要整筐出锅、整筐搬运和接种。灭菌后在降尘后的冷却场所冷却至料温30℃以下即可接种。出锅与接种的间隔时间越短，污染的概率越小，菌袋成品率越高。

四、接种与发菌培养

（一）接种

接种前有3个关键环节要高度重视并做到：一是检查灭菌效果，二是检查菌种质量，三是严格接种场所消毒。

1. 检查灭菌效果 随机抽取样本，在无菌条件下，挑取灭过菌的培养料接入无菌的试管斜面上，25℃下培养2d，若出现任何绒毛状菌丝或绿、红、黑等色斑或黏稠状物，则表明培养料灭菌不彻底，不可使用。

2. 检查栽培种质量 无论是在具有生产资质单位生产的菌种，还是自己生产的栽培种。使用前必须逐个检查。肉眼观察菌丝是否旺盛、均匀一致，有无萎缩或污染，舍弃有问题菌种。

3. 严格接种场所消毒 要将待接菌袋、接种工具、酒精灯等送入接种帐（箱）后，再进行空气消毒。严格无菌操作，接种操作要轻盈、迅速、不走动、不说话，一批接种一气呵成。

（二）发菌培养

1. 发菌场地处理 农法栽培，一般都一场制完成。大棚使用前先将棚膜揭去，至少暴晒1～2周。然后盖好薄膜，清洁、消毒、杀虫、闷棚，利用日晒产生的高温增强消毒灭虫效果。

2. 栽培袋码放 根据实际状况，可以选择不同的堆垛方式。一般以顺码式堆垛，菌袋间隙1～2cm。根据当地气温决定码放层数，温度高时，要码放层数少些，自然降温后可以增加层数，一般发菌期码放50袋/m^2。

3. 翻堆 翻堆是发菌期重要的管理措施之一，需要高度重视。否则，易发生烧菌、发菌不均、中途停滞生长等，影响栽培成效。翻堆的目的：一是检查菌袋发菌情况、及时剔除污染菌袋，避免霉菌扩大蔓延；二是增加O_2供给，利于发菌；三是调换菌袋位置，使其所处的环境尽可能相同，发菌均匀一致。当菌丝向下生长1cm左右时（10～15d）进行第一次翻堆，此后每隔7～10d翻堆一次。

4. 环境条件的调控 温度、湿度、通风、光照四大因素互相制约、相互影响，要统筹兼顾，创造菌丝生长的最佳环境。

（1）温度　白灵菇菌丝在26℃下生长快，长势旺、健壮。高于30℃生长虽快，但菌丝纤细，长势弱；低于20℃生长明显减慢，但是菌丝生长粗壮旺健。因此，发菌期应尽量保持料温20～26℃。接种15d以后，要特别注意气温料温变化，谨防高温伤害。

（2）湿度　空气相对湿度以70%以下为好。高湿天气可以撒布生石灰吸潮。发菌环境空气过于干燥，导致菌袋失水过多而减产。因此，空气干燥的区域可以拌料时含水量高些，或发菌期喷水增湿，或发菌后出菇前料内补水。

（3）O_2　发菌场所要经常通风换气，保持O_2充足。以通风调节温度、湿度，促进菌丝生长。

（4）光照　白灵菇菌丝生长不需要光照，因此发菌场所要蔽光。无光条件下菌丝生长快而且健壮。光照易形成菌皮，消耗营养，不利于出菇。

五、出菇管理与采收分拣

（一）出菇管理

农业设施季节性栽培是白灵菇栽培的主要方法。受自然条件的约束，一般在晚秋、冬、早春季节出菇。

1. 催蕾 催蕾的前提是菌丝要达到生理成熟，即完成后熟培养。其标志是肉眼可见乳白色菌皮的形成，且菌丝浓密、浓白，手触有坚实感、有弹性。

催蕾的适宜环境条件为最高气温 15～20℃、最低气温 2～8℃，菇棚通风良好，O_2 充足，光照强度在 500lx 以上，空气相对湿度 85%～90%。催蕾由搔菌和低温刺激两个程序组成。搔菌要求刮去老菌块或轻轻搔去料面中央的菌皮，面积约 $2cm^2$。搔菌的面积切忌过大。搔菌后将袋口外拉，留出菇蕾成长空间，松扎口，形成既保湿又通风的小环境，以利菇蕾形成。搔菌后给予温差刺激，最佳昼夜温差为 12℃以上。可以通过棚体塑料薄膜和覆盖物调节。在空气相对湿度 85%～90%、光照充分、O_2 充足的环境里，温差刺激后，一般搔菌 9～12d 后即可现蕾。

2. 现蕾后的管理 原基出现后，再次拉长袋口，加大原基生长空间，确保小环境湿润、O_2 充足，菇蕾健壮。保持棚内温度 8～12℃，空气相对湿度 85%～90%，白天光照 500lx 以上。

当原基长至蚕豆大小时，要及时舒蕾，去除弱势蕾，保留形状端正、长势健壮的主蕾 1～2 个。疏蕾时注意不要伤及留下的主蕾，疏下的小蕾可收集起来食用或加工，切勿丢弃于棚内，以免腐烂引发杂菌。当幼蕾长至乒乓球大小时，要及时将塑料袋口挽起翻套成圈，让幼菇完全暴露在菇棚大环境中生长发育。此后，子实体进入快速生长发育期。

幼菇发育期间切忌挪动，切忌改变幼菇生长方向，以避免形成畸形菇。这一时期适宜的环境条件为温度 12～15℃、空气相对湿度 80%～90%、CO_2 浓度 700mg/L 以下、白天光照强度 600lx 以上。在这一环境条件下，菇体柄短、盖大、盖厚、质地致密、色泽洁白鲜亮。低温 8～12℃时菇体质量更好。

3. 出菇期的环境条件控制 出菇期控制的主要环境条件有温度、空气相对湿度、光照、O_2 和 CO_2 浓度。在农法栽培中主要通过菇棚的附属设施的使用调控，如遮阳网、覆盖物、排风扇、通风窗（孔）的使用，辅以喷水、通风等。

（二）采收分拣

1. 采收 采收是否科学合理，直接关系着白灵菇的产量、品质和生产效益，应高度重视。适时采收的白灵菇产量高、商品质量好。白灵菇采收期取决于它们的成熟度。采收过早，子实体的大小和重量达不到最大限度，影响产量；采收过晚，菌盖边缘变薄甚至上翘，大量释放孢子，消耗营养，失水，菇体变得疏松甚至萎蔫，商品品质大大下降。当菌盖已基本展开、边缘仍内卷时，是采收适期。此时菇体饱满硬实、表面光滑、洁白鲜亮。不同品种，子实体生长快慢不同，在较适宜的环境条件下，中农翅鲍从现蕾到采收需要 15～20d，遇到低温，生长期要更长，而中农 1 号仅需要 7～10d。

色泽洁白鲜亮是白灵菇特色商品特征，采收时要尽可能避免操作损伤，以确保其商品价值。要边采收边修整，一次修整到位并包装。若在晴天中午或午后采收，菇体温度高，体内的热量不易散发，在缺乏冷链的情况下易变酸、变馊。因此，尽可能在早晚采菇。采收前 24h 应避免喷水。

2. 分级 我国目前各地市场上交易的鲜白灵菇分级标准不尽相同，多数是依据单菇重量、菌盖形状，菌柄大小、颜色等划分等级。分级时要依据不同市场和不同客户的要求进行。

3. 包装 包装纸应使用原纸，不能使用有荧光剂成分的纸张。外包装用食品级塑料泡沫箱。装箱的白灵菇要分层码放，菌褶朝上，菌盖朝下；箱内要装实装满，空隙用包装纸填塞。

4. 预冷 白灵菇采收后应及时运至冷库预冷，预冷的适宜温度为 0～1℃。预冷时间以 15～20h 最佳。及时预冷的白灵菇，0℃下可存放 3 个月。

第五节 白灵菇病虫害防控

一、侵染性病害

（一）菌丝体病害与杂菌侵染

与糙皮侧耳等大多食用菌相比，白灵菇目前尚未发现菌丝体病害。在菌丝培养阶段出现细菌或霉菌侵染主要是技术不规范所致。如原料颗粒过于尖锐、搅拌不均匀、菌袋质量不合格、灭菌不彻底、菌种带杂、培养条件不适等。

（二）子实体病害

1. 蛛网病 又称为软腐病，病原菌为 *Hypomyces aurantius*，属于子囊菌门，粪壳菌纲，肉座菌目，肉座菌科，菌寄生属（图 18－1）。其在双孢蘑菇、真姬菇、杏鲍菇、香

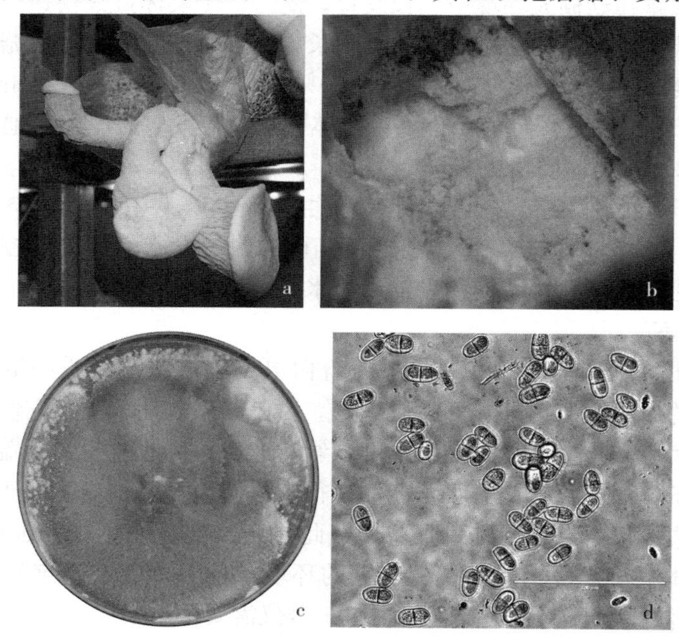

图 18－1 白灵菇蛛网病

a. 子实体危害症状 b. 菌袋内病原菌分生孢子 c. 病原菌菌落形态 d. 光学显微镜下分生孢子形态

菇、平菇等多种食用菌中均有发病，发现其无性型为金黄菌寄生菌 *Cladobotryum variospermum*。该病害工厂化生产中较常见。该病初期子实体表面有白色、粗糙和蛛网状的菌丝体覆盖，随后菌盖和菌柄腐烂，后期病原菌产生大量分生孢子。这些分生孢子又可以成为侵染源，通过气流传播，导致大面积暴发。

2. 白灵菇红斑病 病原菌为黏红酵母 *Rhodotorula glutinis*（Wang et al.，2015）。在工厂化生产中比较常见。主要症状为菌褶和菌柄背面出现红斑；无水渍状或黏液，也无明显异味（图 18－2）。

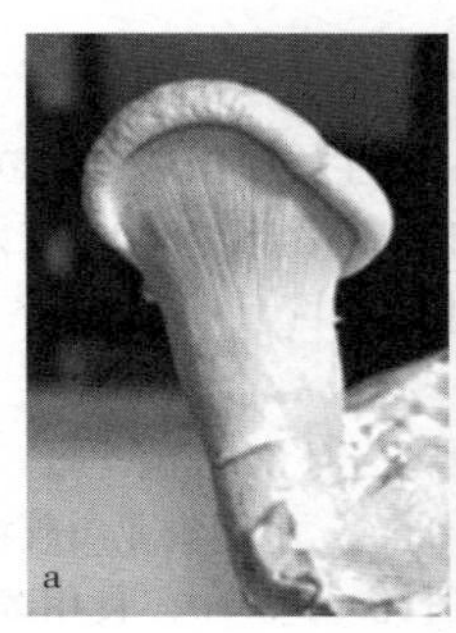

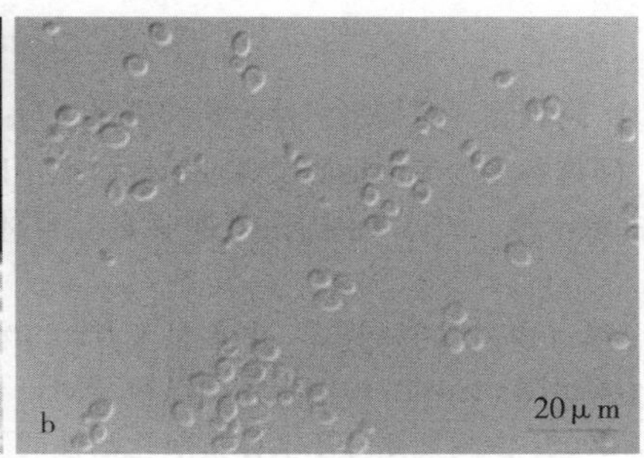

图 18－2 白灵菇红斑病

a. 子实体危害症状 b. 光学显微镜下病原菌形态

3. 防控措施 对于白灵菇病害，目前研究较少，一旦发生，尚无有效的防治方法。主要通过保持环境洁净、降低菇房湿度、消除污染源、切断传播途径来预防。

二、非侵染（生理）性病害

白灵菇的非侵染性病害主要是畸形菇。农法生产畸形菇多发生在低温季节。温度低于8℃时，处于菇棚角落或通风不良、光线较差、较长时间覆盖薄膜而没有注意换气的情况下易形成畸形菇。工厂化生产主要的非侵染（生理）性病害是水渍斑（图 18－3）。

图 18－3 白灵菇水渍斑

农法栽培，在低温季节，要保持菇棚温度不低于 8℃，特别是白灵菇子实体原基分化生长期，更不能连续几天低于 8℃，若低于 8℃易形成菌柄粗长的畸形菇。低温季节出菇时，当白灵菇子实体正处于成形阶段，要注意通风换气，勿使菇棚内 CO_2 累积。注意调节菇棚的光线，尤其是容易遮光的角落处，更应注意给予充足的光照。白灵菇原基形成和分化阶段，要经常注意调节菇棚内空气相对湿度，保持菇棚内空气相对湿度在80%～90%，干燥时，要喷水增湿。

工厂化生产时，出现畸形菇的主要原因是空

气湿度大，形成的水点积累所致。解决办法是出菇房间加湿时使用超声波雾化水。

另外，选择原料时，要先检测，不能使用被农药污染的原料。

三、虫螨害

在栽培袋发菌时期，需要注意环境卫生，尤其是要远离栽培原料，防止螨害发生。采用工厂化生产白灵菇，管理措施到位，操作规范，一般不会暴发虫害。

（黄晨阳）

主要参考文献

董洪新，吕作舟，2004. 阿魏侧耳酸提水溶性多糖的研究［J］. 微生物学报，44（1）：101-103.

甘勇，吕作舟，2001. 阿魏蘑多糖理化性质及免疫活性研究［J］. 菌物系统，20（2）：228-232.

李何静，陈强，图力古尔，等，2013. 中国白灵侧耳自然群体的交配型因子分析［J］. 菌物学报，32（2）：248-252.

牟川静，曹玉清，马金莲，1987. 阿魏侧耳一新变种及其培养特征［J］. 真菌学报，6（3）：153-156.

张金霞，黄晨阳，胡小军，等，2012. 中国食用菌品种［M］. 北京：中国农业出版社.

郑琳，蒲训，毕玉蓉，2003. 白阿魏侧耳子实体抗氧化活性的研究［J］. 中国食用菌，22（1）：23-25.

Wang S，Rong C，Ma Y，et al.，2015. First report of *Rhodotorula glutinis*-induced red spot disease of *Pleurotus nebrodensis* in China［J］. Journal of plant pathology，97（1）：218.

Zhao M R，Zhang J X，Chen Q，et al.，2016. The famous cultivated mushroom Bailinggu is a separate species of the *Pleurotus eryngii* species complex［J］. Scientific reports，6：33066.

第十九章 灰树花栽培

第一节 概　述

一、分类地位与分布

灰树花［*Grifola frondosa*（Dicks. Fr.）S. F. Gray］，俗称栗子蘑、莲花菇、云蕈、千佛菌，是一种大型食药两用真菌。

灰树花自然分布广泛，日本、俄罗斯及北美均有分布，在我国主要分布在长白山林区及河北、北京、四川、云南、浙江、福建等地。

二、营养与保健价值

灰树花具有独特香气，肉质柔嫩、口感生脆、营养丰富。据测定，每百克子实体干品含蛋白质31.5%、脂肪1.7%、碳水化合物49.69%、粗纤维10.7%、灰分6.41%、维生素B_1 1.47mg、维生素B_2 0.72mg、维生素C 17mg、维生素E_1 9.7mg、胡萝卜素0.04mg，蛋白质中含有8种人体必需氨基酸，其中亮氨酸、色氨酸、赖氨酸含量高于其他食用菌。

灰树花不仅是宴席上的珍品，还具有保健和药用价值，是珍贵的食药兼用菌。1709年，日本贝原益轩的《大和本草》中收载了灰树花，其药用作用最早记载于日本坂然的《菌谱》中，“甘、平、无毒，可治痔疮”。现代医研究发现，灰树花含有丰富的生物活性物质。其中的灰树花多糖具有生物免疫调节活性，能激活细胞免疫功能，提高机体免疫力、抗肿瘤，通过与放化疗的协同作用，提高癌症治疗效果，并降低放化疗的毒副反应。此外，灰树花多糖还具有调节血糖、血脂，改善脂肪代谢，辅助治疗肝炎等作用。

三、栽培技术发展历程

日本最早进行灰树花人工栽培研究，20世纪80年代初，开始规模化栽培。我国灰树花栽培始于1980年，四川省农业科学院土壤肥料研究所刘芳秀、张丹首次栽培成功。1982年河北省迁西县利用当地野生资源进行灰树花驯化栽培获得成功，1993年经济规模栽培获得成功，在全县大面积推广。随新品种选育和推广，栽培技术的不断完善，1994年，选育的迁西1号、迁西2号在仿野生栽培中，生物学效率达到128%。1996年“仿生栽培法”获国家发明专利。庆元县于1982年开始驯化试验，1991年驯化成功，先后育成庆灰151、庆灰152并推广生产，形成了“长棒一茬割口出菇及二茬覆土或无土覆盖出菇”栽培技术。

四、发展现状与前景

目前，灰树花在多地生产，农业生产主要集中于河北迁西、浙江庆元两大产区，规模较小，标准化水平不高。工厂化生产处于起步阶段，江苏、四川、贵州有小型工厂化生产企业探索工厂化栽培工业技术。

我国多样化的自然条件，许多地区均可栽培，可实现错季栽培、周年生产。

第二节　灰树花生物学特性

一、形态与结构

子实体重叠丛生，丛径大的达 60～80cm；肉质，呈莲花状分枝；菌盖鳞片状；呈莲花状分枝；直径 2～7cm，灰白色或灰色至浅褐色。表面有细毛，有放射状条纹，边缘薄，内卷。菌肉白色，厚 2～7mm。菌管长 1～4mm，孔面白色至淡黄色，管口多角形，平均 1～3 个/mm。孢子无色、光滑、卵圆形至椭圆形（图 19－1）。

图 19－1　灰树花

二、繁殖特性与生活史

担孢子在一定温度和营养条件下萌发形成初生菌丝，不同性别初生菌丝相互结合，发生质配后形成较粗壮的双核菌丝。双核菌丝在适宜条件下生长、相互扭结形成灰树花原基，原基经过分化，进一步发育成幼小子实体，幼小子实体逐渐发育成熟，产生新的担孢子，在适宜条件下，孢子又行萌发，开始新的生活史。

灰树花菌丝在越冬或遇到不良环境时能形成菌核，菌核直径 3～8cm，长 30cm 以上，外表凹凸不平，有瘤状突起，棕褐色至黑褐色，坚硬，菌核外层 5～8mm 木质化，菌核内部由密集的灰白色菌丝体组织，无锁状联合。菌核都深埋于地下，野生灰树花子实体都是从菌核顶端长出。菌核既是越冬的休眠器官，又是营养储藏器官，野生灰树花的世代就是由菌核延续的。因此，野生灰树花在同一地点能连年生长。

三、生态习性

灰树花是一种中温型、好氧、喜光的木腐菌，夏秋季发生于栎树、板栗、栲树、青冈栎等壳斗树种及阔叶树的树桩或树根上，造成心材白色腐朽，是典型的白腐菌。

四、生长发育条件

（一）营养条件

灰树花吸收利用的营养有碳源、氮源、无机盐、生长因子和水。适宜碳氮比为发菌期

(15～20)∶1；出菇期（30～35）∶1。氮素不足，会明显影响灰树花的产量；氮素过多，会出菇困难。木屑、农作物秸秆及农产品的加工下脚料很丰富，只要适当调整其碳、氮含量，就可用于灰树花培养料。

（二）环境条件

1. 温度 菌丝生长的温度范围 5～32℃，最适温度 20～25℃。原基分化适宜温度范围 18～22℃；菇体发育适宜温度 10～25℃，最适温度 18～23℃。

2. 湿度 培养料适宜含水量 55%～63%，发菌期适宜空气相对湿度 60%，若过高易感染杂菌。在子实体发生和发育阶段，适宜空气相对湿度 85%～90%，低于 50%，原基不分化，幼菇枯萎死亡。

3. O_2 灰树花对 O_2 的需求量比其他食用菌多。虽然菌丝生长阶段需氧量比出菇阶段少，但不能缺氧。否则菌丝衰弱、生长缓慢。菇体发育阶段需氧量增加，菇室（棚）每天需通风 5～6 次。浓度较高的 CO_2 会影响菇体发育，产生珊瑚状畸形菇，严重时菇体停止生长。

4. 光照 菌丝生长不需要强光，但适宜的光照度有利于子实体形成，适宜光照强度 15～50lx。光线过强抑制菌丝生长，完全黑暗条件下，菌丝徒长形成“菌被”。原基形成及子实体发育需要较强的散射光，以 200～500lx 为最适。散射光越强，菌盖颜色越深，香味越浓，品质越好；反之，则颜色浅，品质差。光照严重不足时会影响子实体分化，形成畸形菇。

5. 酸碱度 灰树花喜弱酸性环境，在 pH 4.0～7.5 范围菌丝均能生长，最适 pH 5.5～6.5，过酸或过碱都不利于灰树花的生长发育。

第三节 灰树花品种类型

一、根据子实体色泽划分

按灰树花子实体色泽分可分为灰褐色（或黑褐色）、灰白色、白色 3 种类型。灰褐色（或黑褐色）品种是目前生产最多的主要品种，子实体色泽深浅除与菌株有关之外，也取决于水分和光照强度，含水量越大、光照越强颜色越深。灰白色品种在同样的环境条件下，子实体色泽没有灰褐色（或黑褐色）品种深，如小黑汀等。白色品种是灰树花的白色变种，菇体纯白色，较耐高温，从原基到子实体成熟均为白色，目前生产栽培较少。

二、根据子实体生长最适温度划分

按子实体生长最适温度可分为中温型、中偏高温型两种，中温型品种如庆灰 151 等，中偏高温型品种如庆灰 152、小黑汀、迁西 1 号、白色灰树花等。这两类品种温型虽有差异，但不甚显著，最佳出菇温度 15～20℃。目前迁西栽培这两类品种 5～11 月均有出菇。

根据栽培时期或栽培地域，选品种要有针对性。低温季节选择耐低温或耐郁闭的小黑汀、飘香 60、庆灰 151 等品种，高温季节出菇选择迁西 1 号更好。

第四节 灰树花栽培技术

目前，灰树花栽培按出菇方式主要有两种，一是以河北迁西为代表的“短棒覆土仿野生出菇”，简称“迁西模式”；二是以浙江庆元为代表的“长棒一茬割口出菇及二茬覆土或无土覆盖出菇”，简称“庆元模式”。基本栽培工艺为微光培养—做畦浇水—排菌—覆土—出菇。

一、栽培设施

（一）林下小拱棚

适宜“迁西模式”出菇，在选好的场地上，挖成东西走向小畦，长 2.5～3m，宽 45cm 或 55cm，深 25～30cm，南北畦间距 60～80cm，东西畦间距 80～100cm 作人行道，兼具排水功能。北高南低，呈 30°斜坡，上覆草苫遮阴，北面自最高到畦埂悬挂塑料膜。在畦四周筑成 15cm 宽、高 10cm 的土埂，以便挡水（图 19－2）。

（二）双层中拱棚

适宜迁西、庆元两种模式出菇，是目前灰树花栽培使用最多的菇棚。以竹竿、镀锌管建造，内棚顶高 1.5～2m，外棚顶高 2.5～3m，棚长、宽视实际情况而定。北方低温季节内棚盖大棚膜、遮阳网，高温季节外棚加盖遮阳网。在拱棚内外都设置微喷带，内微喷带以增湿为主，外微喷带用于夏季降温（图 19－3）。

图 19－2 小拱棚外观

图 19－3 双层中拱棚外观

（三）日光温室

适宜北方低温季节出菇，在河北迁西等北方地区用于为初冬至翌年春季的反季出菇。其建造同常规温室大棚（图 19－4）。

图 19－4 温室大棚

（四）专用菇房

包括利用砖混结构和彩钢板建造的专门用于灰树花生产的出菇场所，即灰树花工厂。这类菇房按照灰树花的要求设计建造，像金针菇等工厂化栽培种类一样，采用专业设计、专业材料、专业建造和专业设备机械，实行工厂化生产。

二、栽培季节

灰树花应根据中高温条件出菇的特点，结合当地气候条件安排生产。

迁西模式：适宜出菇期为 5 月上旬至 10 月上旬，制袋期 10 月至翌年 4 月，排菌期 4～5 月，且宜早不宜晚。此期气温明显回升，5cm 地温 10℃左右。如脱袋排菌时间迟至 5 月中旬，虽然出菇较快，菇蕾多，但由于菌块间菌丝连接不充分，营养不能集中，难以形成大朵菇，产量低，头潮菇产量显著降低，生物学效率一般不足 20%。若排菌晚至 7～8 月，不但气温高、杂菌滋生严重，而且第三潮菇未出完就遇气候转凉停止生长，需第二年继续管理，导致生产周期延长，影响效益。反季出菇期一般为 10 月至翌年 4 月，制袋期 8～12 月，排菌期 9～12 月。

庆元模式：菌棒式春秋两季栽培。春季栽培一般在 2～3 月接种，5～6 月出菇；秋季栽培在 7～8 月接种，10～11 月出菇。二潮出菇管理 6～7 月下田，9～10 月出菇。

三、栽培基质的制备

（一）常用配方

①棉籽壳 41%，栗木屑 41%，麸皮 15%，石膏 1%，糖 1%，磷肥 1%，含水量 57%～60%。

②木屑 70%，麸皮 20%，生土（20cm 以下土壤）8%，石膏 1%，糖 1%，含水量 57%～60%。

③杂木屑 34%，棉籽壳 34%，麸皮 10%，玉米粉 10%，山表土 10%，红糖 1%，石膏粉 1%，含水量 57%～60%。

（二）拌料、装袋

1. 拌料 准确称量各种原料。先将木屑、棉籽皮、麦麸、石膏混合搅匀，糖于温水中溶化后与水一起进入拌料机，充分搅拌，及时装袋。

2. 装袋

（1）短棒 聚乙烯折角袋（17～20）cm×（30～33）cm×0.005cm，装干料 0.5～0.7kg/袋。料高 13cm 左右，料表面按压紧实，中间扎 1～3 个的直通料底的通气孔，孔大小为直径 1.5～2cm，采用套环和盖封口。

（2）长棒 聚乙烯折角袋 15cm×（45～50）cm×0.005cm，装袋操作与香菇菌棒相似，装干料为 0.9～1.1kg/棒，料棒长 35～38cm。

（三）灭菌

灰树花通常采用常压灭菌，灭菌时间根据灭菌量的多少决定，一般 100℃维持 16～18h。

四、接种与发菌培养

（一）接种

短棒采用一端接种；长棒与香菇接种相似，采用打穴接种。

灰树花菌种与其他种类的不同在于长满后易分泌色素，常在表面见到茶色液滴，不影响使用。另外，易于表面形成子实体原基。菌种生产与使用应紧密衔接，以确保菌龄适宜。优良健壮的灰树花菌种打开瓶塞有独特的芳香味，无异味，菌种成块，有韧性，不松散，接种后在25℃下72h内可见萌发。

（二）发菌培养

短棒直立摆放于培养架上或垛式培养，发菌期翻垛2～3次。

长棒按“井”字形堆放培养。翻堆两次，分别于接种后10d和20d进行；两次刺孔通氧，第一次在菌丝圈直径8cm时，在接种孔周围刺孔4～6个，孔深1cm；第二次在菌丝长满全棒4～5d后，菌棒周身均匀刺孔25～30个。

发菌期培养室保持黑暗，保持室温度恒定，23℃左右，空气相对湿度55%～65%。定时通风，保持室内空气新鲜，清爽天气每天通风2次，每次通风10～30min。污染的菌袋，要及时拣出。

五、出菇管理与采收

（一）迁西模式

1. 做畦摆棒

出菇场地要背风向阳、地势高、靠近水源、排灌方便、周边环境清洁。

挖坑做畦，畦深20～25cm，长、宽按菇棚大小和操作方便而定。

畦坑挖好后，排放菌棒前1d，浇1次大水，水量为坑畦内积水10cm。水完全下渗后，在畦底层撒一薄层石灰粉，石灰粉量以表面见白为度。

菌棒脱袋，平行单层顺畦摆满畦面之后，覆土。先用松散细土填满菌棒间的空隙，再铺畦面上1～2cm，表面整平，然后大水浇透。

覆土7d后铺石砾，在覆土层表面铺放1.5～2.5cm大小石砾一层，防止出菇期浇水畦泥沙溅到菇体上。

2. 出菇管理　在适宜温度和水分管理的情况下，一般覆土后10～35d出菇。

（1）湿度控制　出菇的菌棒适宜含水量65%～70%，畦内空气相对湿度85%～95%，需要每天向畦内喷水3～4次，喷水次数和水量视天气和菇棚情况而定。

子实体发育不同阶段给水方式不同，应格外注意。原基形成至分化前，不能直接向原基上浇水。原基分化后，每天可浇水1次，轻浇水，让水从畦的一端流到另一端，不要积水，更不可淹没原基。有条件的用喷头喷水。淋湿原基表面和畦面、畦埂、保持足够的畦内空气湿度即可。子实体发育期切忌给水过大，保持足够的棚内湿度即可。特别是在采摘前1～2d，不可直接淋水到菇体上，以保证菇体含水量适宜，提高商品价值。

（2）加强通风　通风不良严重影响子实体分化，轻者形成空心菇，重者形成“小老菇”或“鹿角菇”，甚至造成溃烂死亡。通风一般结合水分管理进行，给水后立即通风。通风多在无风的早、晚温度较低时进行。每次通风0.5～1h。原基期通风要避开通风口。干旱季节，通风口要用湿草遮盖，以兼顾畦内的透气与保湿。

（3）调控温度　畦内温度超过30℃要加厚遮阴物、给水和夜间通风等措施降温。

（4）适当光照　光照强弱影响灰树花的分化、菌盖颜色的深浅和香味的大小。原基形成时不需要光照，但原基形成以后需要较强的散射光，因此，在畦的南面加盖草帘，使阳光不能直射畦内。

3. 采收

（1）采收标志　灰树花将成熟时有孔形成，多孔的出现为采收最适期。

（2）辅助标志　灰树花菌盖颜色深，在子实体伸展期，菌盖外沿有小小的白边，白边是子实体还能继续生长的标志，不宜采收；当白边发黄或变暗，子实体就不会再伸展，要采收。

（二）庆元模式

菌丝长满全棒10～20d后，当环境温度适合出菇时，即进入出菇管理阶段。一潮采用割口出菇（图19－5），二潮采用覆土出菇（图19－6）或无土覆盖出菇。

图19－5　灰树花割口出菇

图19－6　灰树花覆土出菇

1. 一潮割口出菇　选择菌丝浓密处割口搔菌，割口成V形，长1.5～2cm，深2～3mm，刮去菌皮及少许培养料，每个菌棒割口1～3个。割口后，菌棒平行排放于地面或“井”字形或三角形立体码放，将割口朝向空隙处，避免压住割口不透气；保持空气相对湿度85%～90%、温度22℃左右（恒温）培养7～10d，在割口处即可形成原基（白色突起物）。形成原基后移入大棚出菇，给予光照200～500lx，保持空气相对湿度85%～90%，加强通风增氧，一般15～20d子实体可采收。采收后，在阴凉、通风场地以“井”字形堆放养菌，选择适宜条件进入二潮菇管理。

长棒栽培需要特别注意割口不可过深过大，以避免割口处积水。灰树花与其他食用菌的原基形成条件不同，需要恒温，以18～22℃最适。幼小的子实体给水应使用雾状水，少量多次，不可一次给水过大。加强通风，要随子实体分化与生长，增加光照，避免强光照射。

2. 二潮覆土出菇　棚内畦床先整成宽90～130cm的畦面，再挖成宽80～120cm、深约20cm的沟畦。菌棒脱袋1/3，相互紧靠横向排放于畦沟内，排棒两层。上盖3～4cm厚的消毒覆土。将大棚塑膜全部放下，保温保湿，达到空气相对湿度80%～85%，温度20～24℃。在土表看到呈球状的幼嫩子实体长出时增加光照至200～500lx，保持空气相对湿度85%～90%、温度15～20℃。

3. 二潮无土覆土出菇　也可采用不覆土的方式出二潮菇。摆畦方式同覆土方式，菌棒排好后，向菌棒畦床周边填土不留空隙，然后在菌棒表面铺一层覆盖材料。覆盖材料可选择遮阳网、编织袋、稻草、棉毡等，其中遮阳网和编织袋要用两层，棉毡一层即可。适当喷水，保持畦床表面湿润。在环境温度降到 20℃左右时，增加喷水时间和次数，少量多次，促进原基生长。在菌棒大量出现原基后，掀去覆盖物，放下大棚四周薄膜，喷雾状水保湿。原基分化期增加畦内湿度，加强通风，增强光照，保持空气相对湿度 85%～90%。菇蕾期采取喷雾状水、地面喷水等措施提高湿度，叶片分化以后可适当增加喷水次数与强度，每天喷水 3～5 次。

管理要点：①场地选择，要选择通风、凉爽、排水方便、洁净的水田或沙性地块，做好土壤消毒；②覆土时间，一般安排 6～7 月覆土，9～10 月出菇；③调控环境温度，通过调整外棚遮阴或喷水调控出菇棚内环境温度，原基形成要处于相对恒温状态下，适宜温度 18～22℃；④控制湿度，采用雾化喷水方式对出菇环境增加空气湿度，子实体分化期保持空气相对湿度 85%～90%；在原基已分化出分枝、叶片，形成幼小的子实体时，可向空间喷雾状水，要求少量多次，一般视情况每天喷水 3～5 次；⑤加强通风管理，维持出菇环境较充足的 O_2 含量，以保持空气清新，及时排出 CO_2 等废气；⑥控制光线，原基形成期不需光线，原基开始分化和子实体生长期需要增加光线，散射光为主，避免强光照射；⑦适期采菇，子实体七八分成熟时采收。

第五节　灰树花工厂化栽培技术

灰树花工厂化栽培是周年栽培、高投入、高产出的栽培模式，在日本已经很普遍，我国目前工厂化生产还很少，2015 年迁西众德生态食品有限公司“灰树花工厂化仿野生栽培”投产。灰树花工厂化栽培工艺、设备与金针菇、杏鲍菇等工厂化生产基本相同（图 19－7）。

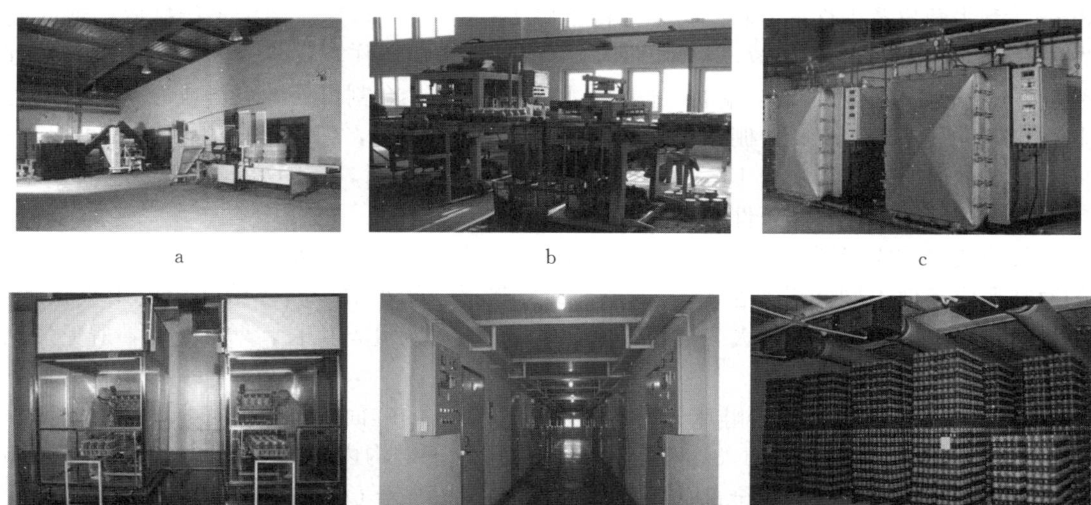

a　b　c　d　e　f

图 19－7　灰树花工厂化生产

a. 拌料　b. 装瓶　c. 灭菌　d. 接种　e. 培养室　f. 菌丝培养

一、日本工厂化生产模式

（一）棒（瓶）制作工艺技术

1. 装袋（瓶）　采用方形聚丙烯袋栽培（图 19－8），袋子上部有通风用的除菌过滤膜。用装料机装入 2 500g 湿料，料块高15～18cm，同时打 6 个 15～20mm 的孔，料顶部在滤膜下 3～4cm 处。袋栽的生产周期为 60～70d。

瓶栽采用聚丙烯瓶，容积为 1 000mL，一般装培养料 600g，塑料瓶栽培需要 45～55d。

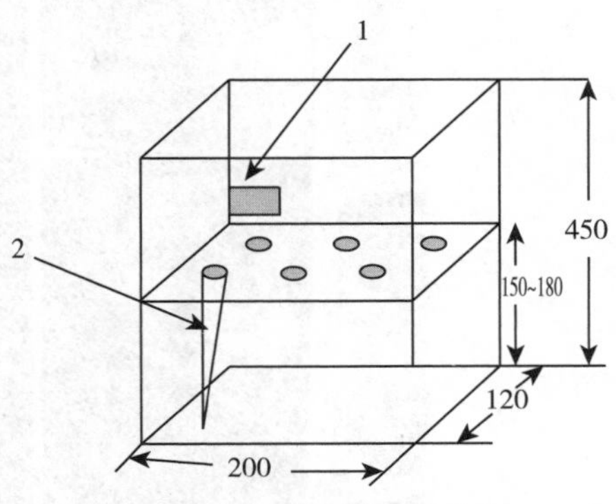

图 19－8　日本方形栽培袋（单位：mm）
1. 透气膜　2. 通气孔

2. 灭菌　120℃ 2h 高压灭菌，然后冷却到 25℃接种。

3. 接种　在无菌空气净化接种室接种，接种期间一直保持接种室正压。接种量：每瓶菌种（600g）袋栽时接 20 袋，瓶栽时接 40～50 瓶。

4. 菌丝培养　在温度、湿度、O_2 自动化调节的培养室内，发菌期一般需要 40d 左右。

接种后控制培养室的温度以 22～23℃为宜。空气相对湿度控制在 60%左右，CO_2 的浓度不要超过 0.3%。菌丝培养前期不需要光照，发好菌以后，料面上的菌丝开始集结，形成菌膜，给予 500lx 的光照。7d 后，菌膜从灰白色变为黑色的灰树花原基，其中有一部分隆起成块状，不久其表面出现皱褶（组织分化），此时正是开袋出菇的时期。进入出菇室时原基必须尚未开始分化，其表面刚由光滑状态转为粗糙状态。

（二）菇期管理技术

灰树花出菇期一般需要 30～40d，主要从温度、通气两个方面进行调控。

（1）温度管理　灰树花结实期要求温度稳定，如果温度变化较大，原基发育会停止。灰树花原基分化的适宜温度为 18～22℃，菇体发育的适宜温度为 18～20℃。菌袋内形成灰树花原基后的 2～3d，用小刀以“十”字形切开灰树花原基上方的塑料薄膜；瓶栽时把盖子去掉。

（2）通风换气　通风降温是诱导灰树花原基形成最重要的因素。温度降到 18℃，同时最大限度进行通风换气，CO_2 浓度为 0.1%，如果 CO_2 浓度超过 0.15%，就会长成菌盖小而薄的灰树花；CO_2 浓度为 0.2%，灰树花菌盖就会长成漏斗状。

灰树花菌盖不断分化，形成覆瓦状重叠，菌盖表面的颜色也由深灰黑色变成浅灰黑色，菌盖下面的白色子实层也逐渐发育形成，并出现菌孔，此时就可以采摘了。

图 19－9 是日本工厂化出菇模式。

图 19-9　日本工厂化出菇模式

二、迁西众德工厂化生产模式

迁西众德工厂化生产模式（图 19-10）模式工艺、设备与日本模式基本相同，主要区别有两点，一是菌袋规格，采用宽 17～20cm、长 30～33cm、厚 0.05mm 的聚乙烯折角袋，每袋装干料 0.5～1kg；二是出菇模式，采用筐式仿野生覆土架式出菇。菌袋发菌完成后，挑选无污染的菌袋脱去塑料袋，直立摆放于塑料筐中，筐内事先用无纺滤布铺好，然后覆土。覆土时菌袋之间填满压实，顶部覆土 1cm。覆土完成后继续浇水，待筐内没有水滴沥下时上架，蓝光照射，进行出菇管理，1 周左右就可出菇。

图 19-10　众德工厂化出菇模式

（周廷斌　吴应森）

主要参考文献

韩省华，吴克甸，王星丽，1994. 灰树花菌核的形成及分离纯培养［J］. 食用菌，S1：14.
胡清秀，2010. 珍稀食用菌栽培实用技术［M］. 北京：中国农业出版社.
彭学文，周廷斌，2016. 灰树花种植能手谈经［M］. 郑州：中原农民出版社.
赵国强，王凤春，于田，2011. 灰树花无公害栽培实用技术［M］. 北京：中国农业出版社.

第二十章

滑菇栽培

第一节 概 述

一、分类地位与分布

滑菇［*Pholiota nameko*（T. Ito）S. Ito & S. Imai］，俗称珍珠菇、滑子菇。自然分布于美国、日本、韩国、中国及欧洲地区。

二、营养保健价值

滑菇肉质细嫩、鲜美爽口、营养丰富，不仅含有蛋白质、氨基酸及多糖等营养物质，而且钙、磷、铁、钠及维生素 B_1、维生素 B_{12} 等含量丰富。滑菇具提高机体免疫力、增进智力、改善视力、提高耐力等多重功效（江洁等，2013）。研究表明，滑菇含有的多种活性成分，具抗肿瘤、抗氧化、提高免疫力、降血脂、降血凝、抗血栓形成等功效（黄年来等，2010）。对滑菇菌丝体与子实体的蛋白质营养价值进行的全面评价表明，菌丝体蛋白质的氨基酸评分、化学评分、必需氨基酸指数、生物价、营养指数和氨基酸比值系数分等 6 项指标均高于子实体（江洁等，2013），具有比子实体更好的营养价值。

三、栽培技术发展历程

1921 年，日本开始用段木砍花法人工栽培滑菇，1932 年开始用木屑试验栽培。20 世纪 60 年代初，日本开始利用木屑箱式栽培；80 年代初年产量达 16 500t，成为当时世界上栽培滑菇规模最大的国家（罗信昌等，2010）。我国在 1979 年前后实现了滑菇的规模化生产。当时的辽宁省外贸部门从日本引进滑菇菌种进行试验栽培并取得成功，后推广到黑龙江、吉林、河北、内蒙古、福建等地。

我国滑菇最初均为半生料盘栽，即早春接种发菌、经越夏后秋冬季出菇收获。随着我国食用菌袋栽技术逐渐成熟，滑菇生产方式不断进步，目前在比较冷凉的地区仍有传统的半生料盘栽，更多的是熟料袋栽，有园艺设施内的大袋栽培，也有周年出菇的小袋栽培和工厂化袋栽或瓶栽。

第二节 滑菇生物学特性

一、形态与结构

滑菇菌丝呈绒毛状，初期白色，逐渐变为微黄色或淡黄色。滑菇子实体菌盖初为半球形，黄褐色或红褐色；随着生长逐渐平展，中央凹陷，色泽较深，边缘呈波浪形。菌盖直径一般为 3～8cm，表面光滑有黏液。菌褶直生，在子实体幼嫩时为白色或乳黄色，成熟后棕色或赭石色。担子多为 4 个担孢子。菌柄中生，圆柱形，淡黄色，下部为淡黄褐色，长 5cm 左右，直径 0.5～1.0cm。

二、繁殖特性与生活史

滑菇的生活史较为复杂。滑菇为二极性异宗结合种类。担孢子萌发形成单核菌丝，具亲和性的单核菌丝细胞质融合形成双核菌丝，双核菌丝生长发育积累足够养分后，在适宜的环境条件下扭结形成原基，并分化发育形成子实体，子实体成熟后产生孢子，完成其有性生活史，这也是滑菇的基本生活史。人类利用滑菇这一生活史进行栽培，获得比较理想的收获。滑菇有性生活史中困扰菌种生产和栽培的最大问题是双核菌丝常发生单核化，甚至整个菌落的细胞群体几乎全部脱双核化而成为单核菌丝，从而表现出产量下降、出菇不整齐等劣化特征。研究表明，滑菇单核菌丝也可形成子实体，形成无性繁殖的生活史。这在食用菌中是非常罕见的，这种单核菌丝形成的子实体个体瘦小、质硬、量少（罗信昌等，2010）。

三、生态习性

滑菇是低温型木腐生菌类，自然发生在阔叶树木的枯死部位和砍伐截面，好氧、喜暗光、喜潮湿。在我国分布于北方大部分地区，广西、西藏等地也有分布。

四、生长发育条件

（一）营养条件

1. 碳源 碳源是提供滑菇生长发育的重要营养来源，滑菇菌丝能分泌多种酶以分解和利用木质素、半纤维素、纤维素、淀粉、果胶、戊聚糖类、有机酸和醇等物质，因此常自然着生于阔叶树的伐根、倒木及腐木上。人工栽培培养料主要选用木屑、米糠、麦麸等富含木质素、纤维素、半纤维素等农林副产品。

2. 氮源 滑菇不能利用无机氮合成其生长发育所必需的全部氨基酸，因此需要有机氮源营养。人工栽培中常使用麦麸作为氮源。但是若培养基中氮含量过高，会造成菌丝徒长和子实体形成困难，而且易感染杂菌和发生病虫害。

3. 矿物质元素 主要有磷、硫、镁、钾、钙、铁、钴、锰、锌等，具有参与细胞结构物质组成、维持酶活性作用、调节细胞渗透压等作用。

4. 维生素与生长因子 维生素是构成某些酶的辅酶成分，生长因子能对滑菇生长发育起着调节作用，二者缺乏会影响滑菇的正常生长发育。

（二）环境条件

1. 温度 滑菇属低温变温结实性菇类，营养阶段（发菌期）温度比繁殖阶段（出菇期）温度高，滑菇菌丝可在5～32℃范围内生长。与其他多数食用菌最大的不同，滑菇菌丝在试管斜面上生物学适宜生长温度20～25℃，而生产中的发菌并非如此。生产中发菌适宜温度为18～22℃，特别是培养初期，不同栽培方式最适培养温度并不完全相同，将在本章第四节介绍。总体说来，滑菇出菇温度为5～20℃，不同品种有所不同，多数品种出菇的适宜温度在12～18℃。

2. 水分 滑菇栽培基质适宜含水量60％～65％，精准含水量需要根据接种季节和栽培方式做细微调整。半生料盘栽和接种季节温度偏高时都应采用偏低含水量；环控性能好、发菌场所洁净度高的条件下含水量可以相对提高，以提高产量。另外，由于含水量与培养料透气性共同影响菌丝生长及子实体形成，因此含水量掌握还需要考虑培养料颗粒度。菌丝生长阶段适宜的空气相对湿度60％～70％，在子实体发育阶段则以85％～95％为宜。

3. 酸碱度 基质酸碱环境影响滑菇菌体细胞酶活性、细胞膜渗透性以及对金属离子的吸收能力。滑菇适宜在偏酸环境中生长，培养料酸碱度以pH6～6.5为宜。

4. CO_2 浓度 环境中 CO_2 浓度对滑菇生长发育有明显抑制作用。由于子实体发育阶段呼吸代谢强度大，因此出菇期应及时通风换气，菇房内 CO_2 浓度不能高于0.25％。

5. 光照 菌丝生长阶段不需要光照，光照过强反而会抑制菌丝生长。适当光照强度有诱导出菇的作用，在子实体分化催蕾阶段应有散射光，200lx左右。光照强度直接影响子实体色泽深浅，若光照不足，子实体色泽较浅，700～800lx色泽更为鲜亮，商品外观更受市场欢迎。

第三节　滑菇品种类型

根据出菇需要的菌龄和适宜温度，滑菇品种可分为极早生、早生、中生和晚生4个品种类型。一般而言，极早生品种的适宜出菇温度20℃左右；早生品种的适宜出菇温度15℃左右；中生品种的适宜出菇温度10℃左右；晚生品种的出菇适宜温度10℃以下。虽然各品种在出菇的高温限度上有所差别，但低温发生限度没有多大差别。一般情况下，早生滑菇品种的菌伞呈橘红色，中、晚生品种呈红褐色；早生品种菌柄比晚生品种细而长，菌伞上黏液少。中生品种菌盖橘黄色、黏液较多、质地较密，以加工罐头为主；中晚生品种菌盖红褐色、黏液多，以出售盐渍品为主。应根据栽培季节和产品标准选择不同品种或搭配使用（单耀忠，1983）。

张敏等（2010）对我国大规模栽培的9个滑菇主要栽培菌株进行同工酶分析和颉颃实验，结果表明我国滑菇栽培品种有着丰富的遗传多样性，品种间遗传距离不尽相同。目前，使用品种主要有4个：

（1）辽滑1号　育种者为辽宁省农业科学院食用菌研究所，单孢杂交选育。耐高温，平均气温20℃以下即可脱袋出菇，出菇适宜温度12～20℃，出菇整齐，菇体丛生，深黄褐色，菌盖半球形，朵大肉厚；菌盖直径2.5～3.0cm，厚度0.4cm左右；菌柄粗短，紧

实不空；菇体壮，不易开伞；性状稳定，丰产质优，抗逆性强，越夏污染发生少于其他品种，尤其适合于半熟料栽培，产品适合鲜销和盐渍。

（2）早生2号（国品认菌2010005）　平泉市食用菌研究会野生菌株驯化而来。适宜出菇温度14～20℃，适宜光照500lx左右，菇潮明显；子实体丛生，菇形圆整，质地致密；菌盖黄白色，直径2～6cm，厚0.8～1.5cm，表面附有透明黏液；菌柄白色，圆柱状，长4～8cm，直径0.5～1.4cm，有片状鳞片；货架寿命15d，适于鲜销和干制。

（3）奥羽3-1（C3-1）　引自日本，已推广应用20年以上。出菇温度7～22℃，子实体丛生，个体大小中等，浅黄色，出菇早，较辽滑1号早5～7d。

（4）奥羽3-3（C3-3）　引自日本，已推广应用20年以上。出菇温度范围5～20℃。子实体红褐色，个体中等。后熟期短、出菇集中、不易开伞。适合腌渍和速冻等。

第四节　滑菇栽培技术

一、栽培设施

滑菇菌袋（棒）制备需要的设备设施和条件与其他袋（棒）栽木腐菌相同，栽培出菇场所可利用闲置房屋、棚室、大棚及地下室等，搭建床架，配备温度、湿度、光照和通风等环境条件控制设备，满足滑菇低温生长的环境条件需求。滑菇栽培有多种方式，如袋栽、盘栽、箱栽等，可根据不同的出菇方式选择装料设备和搭建配套栽培设施（图20-1至图20-5）。

二、栽培季节

根据滑菇低温出菇的特点，应充分利用自然气候，选择春季和秋季出菇。在我国东北地区，春季出菇可在每年10～11月接种，冬季低温发菌，翌年3～5月出菇；秋季出菇应在每年3～5月接种，通风降温越夏，9～11月出菇。

图20-1　滑菇方便袋盘式栽培

（张景文　供图）

图20-2　滑菇墙式栽培

（宋长军　供图）

图 20－3　滑菇吊袋栽培
（宋长军　供图）

图 20－4　滑菇长棒层架栽培
（赵满堂　供图）

图 20－5　滑菇长棒立式栽培
（张介驰　供图）

三、栽培原料与配方

人工栽培滑菇由段木栽培发展到代料栽培，段木栽培有架木栽培和埋木栽培两种方式，近年已不再应用，本文不再介绍。目前滑菇栽培几乎全部为代料栽培，主要有熟料袋栽、半生料盘栽培和箱栽 3 种方式。代料栽培原料来源广泛，阔叶木屑、棉籽壳、玉米芯等都可作为滑菇栽培的主料，大豆秸、麦麸、米糠、甜菜渣可作为辅料。栽培者可因地制宜，就地取材，进行滑菇生产。常用配方有：

①木屑 89%，麦麸 10%，石膏 1%；

②木屑 80%，米糠 18%，石灰 1%，石膏 1%；

③木屑 79%，甜菜渣 15%，麦麸 5%，石膏 1%；

④木屑 60%，豆秸粉 25%，麦麸 13%，石灰 1%，石膏 1%；

⑤木屑 45%，玉米芯 40%，麦麸 13%，石灰 1%，石膏 1%；

⑥玉米芯 68%，木屑 15%，麦麸 15%，石灰 1.5%，石膏 0.5%；

⑦玉米芯 69%，豆秸粉 20%，麦麸 10%，石膏 1%；

⑧棉籽壳 59%，木屑 30%，麦麸 10%，石膏 1%。

各配方含水量为 60%～63%，pH5.5～6.5。

李爱科等（2016）研究了不同培养料配方对滑菇产量及效益的影响，认为杂木屑、棉秆粉、玉米芯分别为主料产量最高。王秀艳等（2012）研究表明，适量赤霉素（8mg/L）和稀土（80mg/L）单独施用能促进滑菇菌丝生长和胞外多糖的产生。李士怡等（2007）研究表明麦麸含量 17%、石膏含量 1%时滑菇产量较高，虽然 63%的基质含水量可获得最高产量，但是 60%～66%范围内不同含水量获得的产量间差异不显著。杜春梅等（2014）研究表明添加适当浓度的维生素 B_1（0.13mg/L）、维生素 B_2（0.10mg/L）、维生素 B_{12}（0.05mg/L）能促进滑菇菌丝生长。

研究表明，基质的物理性质直接影响着发菌和出菇产量，其影响程度从大到小，依次为：松散密度、pH、含水量。利用非线性优化理论与方法得到滑菇培养料理化特性最佳参数为：含水量 67%、pH5.6、松散密度 356kg/m^3（林静等，2006）。

四、栽培基质的制备

滑菇对培养料要求相对宽松，可采用半熟料和熟料栽培方式。原料要求洁净、无霉变、无腐烂变质。玉米芯需粉碎至3～5mm，大豆等作物秸秆需粉碎成木屑状颗粒，颗粒较大的盘锯木屑透气性好，利于发菌。配料前应筛除原料中树皮、木块、铁器、石块等杂质，一方面，有利于压平料面且避免扎破塑料袋或薄膜而造成感染杂菌；另一方面，可防止颗粒过大引起拌料混合不均匀和灭菌不彻底，从而引起杂菌污染。

培养料经过预湿发酵，有利于均匀水分、软化基质和杀灭虫卵，利于菌丝萌发和生长。与发酵料栽培双孢蘑菇相比，滑菇培养料预湿发酵要求简单，常用于半熟料栽培。具体方法：培养料拌匀后按常规方法堆肥发酵，根据堆料中间温度和保持一段时间择机翻堆。通常堆料中心温度标准为45～55℃、保持时间12～24h，翻堆时料温和保持时间选择既要防止料堆温度过低和保持时间过短造成灭菌不彻底，又要防止过度发酵造成营养消耗过大而影响产量，同时还要与后续蒸料灭菌工艺衔接配合。由于培养料发酵和半熟料栽培影响因素多、栽培效果波动大，目前实际生产中已不多见，而是更多地采用熟料栽培。培养料含水量要适中，若含水量偏低，则难以获得高产；若含水量偏高，则影响基质的透气，不利于菌丝生长，且易感染杂菌。

根据不同的栽培方式分别准备塑料袋、塑料薄膜、料箱、托盘和木框。塑料袋可参考选用17cm×33cm聚乙（丙）烯折角袋，料箱参考规格为60cm×35cm×10cm，托盘和木框参考规格为55cm×35cm×8cm。袋栽可用插棒和棉塞封口，盘栽和箱栽用打孔板打孔并用塑料薄膜包料。装料宜外紧内松，以利于通气和菌丝生长。

培养料可采用常压灭菌或高压灭菌。培养料中维生素类多数不耐高温，因此灭菌要防止温度过高和时间过长。袋栽和箱栽装料后可根据灭菌常规方法直接灭菌，盘栽则多采用常压蒸料趁热做盘的方式。培养料蒸料时“见气撒料”，蒸料中心达到100℃维持6～8h，停火后，当料温降至90℃时趁热出锅包盘，尽量减少杂菌侵染风险。

五、接种与发菌管理

（一）接种

与其他木腐菌类相比，滑菇菌丝生产慢，长势弱，抗逆性差，栽培种质量至关重要，特别是对于半熟料栽培方式，菌种质量是成败的关键。不可使用尚未长满袋（瓶）的菌种，只有发菌后的栽培种方可用于生产，这对提高成活率、降低污染率有一定效果（张开鑫，2015）。优质适龄栽培种外观菌丝上下一致、健壮洁白、均匀浓密，有少量黄褐色液滴，无菇蕾、不干缩；掰开成块、质地致密、手压菌块有弹性感，无异味。菌龄应不超过2个月。

蒸料灭菌后的培养料整体温度降到30℃以下时即可接种。熟料栽培应在无菌环境下按照无菌操作规范完成接种。半熟料栽培尽量选择低温、干燥、自然空气洁净度好的时段接种，以降低空间杂菌污染风险，提高接种成功率。接种前要准备充分，接种场所的地面、屋顶、墙壁、空气等要全面清洁和消毒，接种操作要动作敏捷、迅速、准确、快速压实覆盖，避免大的空气流动。

（二）发菌管理

袋栽发菌期50～100d，可采取架式培养或堆垛培养。接种后5d环境温度控制22℃左右，促进菌种萌发；6～10d调至20℃左右；10d后控制在18℃左右，低温发菌可促进菌丝健壮生长和营养积累。整个发菌期空气相对湿度应控制在55%～60%，避光并给予良好通风。单耀忠（1983）和赵占军等（2003）报道称发菌阶段变温培养能刺激菌丝生长。发菌环境温度的调控应根据菌种特性和生产周期安排等因素协调确定。

盘栽和箱栽的发菌条件与袋栽不同，前期宜低温养菌以控制杂菌滋生，接种10d内应保持环境温度在10～15℃，空气相对湿度70%左右，适当通风换气，遮阴培养。发菌中期环境温度可升高至13～18℃，空气相对湿度65%左右，加强通风，营造利于菌丝健壮生长的环境。根据发菌情况可每隔10d倒垛一次，使每个栽培盘或箱所处环境条件尽可能一致，以利出菇阶段统一管理。发菌期出现杂菌感染要分别处理，轻微染菌者可撒石灰覆盖杂菌菌落、然后于低温黑暗处继续培养，严重染菌应封闭带出发菌场所。

对于盘栽和箱栽而言，发菌后期管理尤为重要。这一时期管理目标是促进基质表面菌膜形成。菌膜需要在较高温度和良好散射光条件下才能形成。这样的条件下，菌丝长满后基质表面逐渐变为黄褐色或红褐色，并产生分泌物，这些分泌物干涸后看起来似一层蜡膜——菌膜。菌膜能有效减少基质内水分蒸发和防止害虫杂菌侵入。但菌膜过厚会影响水分和气体交换。发菌后期应适当提高环境温度至18～22℃，增加散射光、增强通风，以促进菌膜形成。发育良好的菌膜为橙黄色或锈褐色，有漆样光泽，有弹性，厚度0.5～0.8mm；菌膜内基质充满白色菌丝、湿润新鲜，有典型的蘑菇气味。

东北地区滑菇“春种秋出”模式要经过菌包（盘、棒）越夏管理阶段，应控制环境温度不能超过28℃。一旦温度偏高，要及时采取遮阴、给水、通风等降温措施，确保不烧菌。越夏期间如出现杂菌污染，应及时处理，防止扩散蔓延。

六、出菇管理与采收分拣

（一）袋式栽培

1. 摆放开口　菌丝长满、表面菌丝由白色转为黄色即可转入出菇管理阶段。出菇室使用前需要全面清洁和消毒，之后摆放菌袋，割平一侧袋口以备出菇。

2. 变温催蕾　利用昼夜温差、加大通风和喷水降温等方式形成10℃左右的昼夜温差刺激，温度控制在5～18℃，增加散射光，增湿至空气相对湿度80%～85%。出菇场所湿度不够时，可用薄膜覆盖开口侧、以保持局部空间较高的空气相对湿度，利于原基形成。

3. 水分管理　菇蕾出现后空气相对湿度提高到85%～95%，以空中喷雾为主，以地面适当浇水为辅，不可直接喷到菇蕾上。当菇蕾分化出菌盖后，可向菇蕾上少喷雾状水。子实体长大后可适当加大给水量和给水频率。喷水应与通风相结合，不喷“关门水”。

4. 通风管理　加强通风保持适宜CO_2浓度。浇水后要及时通风20～30min。在自然环境温度过低时通风应有适当缓冲并预热，防止冷风直吹菇体，造成菇体畸形和死亡。

5. 增加光照　适当散射光照诱导早出菇、多出菇和保证子实体色泽纯正，以“三阳七阴”为度，避免直射光。

6. 及时采收　袋式栽培中滑菇子实体形态一致、菇体干净整洁，子实体菌柄较长，

宜用刀割采收以保护料面。采收后停水2～3d后再进行催蕾。采收一潮后可将另一端的袋底割开，两头出菇有利于提高产量。

（二）盘式栽培

盘栽多春季接种，越夏后秋季出菇。当环境温度降到20℃以下时即可以开盘划面，划面线间隔3cm，深度以划破菌膜触及内部菌丝为准。划面后继续覆盖塑料薄膜至划痕处长出新生菌丝，给予温差刺激、喷水、诱导原基形成。环境温度超过20℃时应停止向盘面喷水；温度15～20℃时每天向菌盘喷水；出现少量原基时暂停向盘面喷水，只向地面和空间喷水，保持空气相对湿度90%左右。子实体生长期间菌盘内含水量应达到70%以上，空气相对湿度保持85%以上。合理调控通风，散射光700～800lx为宜。采菇后清理表面并停止喷水，盖上薄膜保湿提温培养菌丝，3～5d后进行下一潮次出菇管理。

（三）箱式栽培

发菌完成后，给予10℃左右温差和搔菌刺激，促进原基形成。搔菌破坏菌膜，可以促进菌丝吸收水分和强化呼吸。调节环境温度至15℃，待搔菌处新菌丝出现时浇水，使菌体含水量达到70%再盖薄膜。之后搔菌处将很快出现原基，1～2d转成黄褐色或红褐色并分化，此时即打开薄膜进入出菇管理。

出菇期间环境温度控制在10～15℃，空气相对湿度85%～90%。未开伞前采收，采收后要及时清除残根和菌皮，停止浇水、覆盖薄膜、保温保湿，经5～7d恢复生长，当再次出现新原基时，进行出菇管理。

（四）采收分拣

根据市场要求确定采收标准，菇体大小和开伞度是分级的主要标准。滑菇多数是丛生，极少单生，用锋利刀片从菌柄基部将整袋（盘或箱）的子实体全部割下，尽量减少培养料夹带。滑菇保鲜试验表明，4℃贮藏PE保鲜袋不打孔包装的保鲜效果最佳（付永明等，2017）。

（五）注意事项

催蕾期间开始形成原基或原基已经形成时，如遇20℃以上高温，低温刺激效应将消失，菌丝会恢复营养生长，原基会停止发育，菇蕾萎缩死亡。如已开始进入子实体分化阶段，菌盖会变薄且色淡、易开伞、菌柄细。因此，要随时了解气象信息，选择适当时段施以催菇措施，避免催蕾出菇遭遇高温环境。温度低于5℃则子实体生长非常缓慢，此时需要注意增温保温，尽量调节到7～15℃。

出菇期间喷水过多易造成菌体色泽变深至暗红褐色，影响子实体生长，子实体会生长缓慢、色泽加深至深红褐色，菌盖表面黏质增多，从而引发子实体腐烂。菌盖表面长期留有水滴则易引起细菌性斑点病。

空气相对湿度长时间低于70%，则菌盖外表变硬甚至发生龟裂；低于50%则会停止出菇，已形成的幼蕾也会因脱水而枯萎死亡。

出菇环境中CO_2浓度过高会导致出菇晚，菌柄长而粗，菌盖小，并形成畸形菇。

光照不足则造成出菇延迟，菌柄长而弯曲、菌盖小、颜色淡，开伞早，甚至出现畸形菇。

第五节　滑菇工厂化栽培技术

日本滑菇工厂化生产已有数十年历史，并实现了自动化。我国则仍处在小规模的探索中，技术尚未完全成熟。

日本滑菇栽培品种有KX-002、KX-006、KX-007、KX-008、KX-009、KX-0010，栽培最为广泛的为KX-007和KX-008。采用常规木腐菌瓶栽栽培工艺，以阔叶树木屑、麦麸、豆腐渣为栽培基质的主要原料，使用液体菌种，用800mL两头粗、中段细的塑料瓶瓶栽。先后以18～20℃和23～24℃变温发菌，发菌期控制空气相对湿度60%～70%、CO_2浓度小于0.25%，发菌期45～65d，具体天数依品种而异。发菌完成后，给予14～16℃、空气相对湿度90%～95%、CO_2浓度小于0.2%、光照200lx的条件进行出菇管理。搔菌及菌丝恢复期（5～8d）和催蕾期（7～10d）空气相对湿度95%以上。原基形成后降低空气相对湿度到90%，直至采收，原基形成、分化到子实体商品采收状态历时15～18d，产量在180～200g/瓶，每个栽培周期72～101d，具体周期天数视不同品种而异。

中国滑菇的工厂化栽培处在小型试验阶段，尚未做到周年生产。试验采用普通瓶栽或袋栽栽培工艺，常用品种有早生2号、C3-3。主要栽培原料有阔叶树木屑、麦麸、棉籽壳、玉米芯。木屑颗粒度为过8mm筛孔，棉籽壳质量为小壳中绒含少量棉籽粉，玉米芯颗粒度3～5mm。常用配方有①木屑69%，棉籽壳15%，麦麸15%，石膏1%。含水量55%～60%，pH自然。②木屑41%，玉米芯41%，麦麸15%，石膏1%，石灰2%，pH 5～6，含水量60%～65%。不同品种和栽培模式的发菌及出菇环境要求有差异，发菌期温度一般为16～23℃、空气相对湿度60%～70%、CO_2浓度不超过0.25%，避光培养。出菇阶段温度为15～19℃、空气相对湿度90%～95%、CO_2浓度不高于0.2%、光照50～500lx。姜建新等（2016）报道工厂化栽培出菇周期65d左右，在菌盖未开伞、菌膜未破时整丛采下，生物学效率约70%。一潮采收后立即清出栽培袋，清扫、消毒和杀虫以待下一批栽培袋进场出菇管理。褚秀丹等（2019）工厂化栽培试验表明，17℃出菇栽培周期最短，菌包（每袋装干料约400g、含水量64%）第一潮采收周期为86d，3d内全部采收完毕，平均每袋产量为186.38g；第二潮采收周期为104d，16d内可全部采完，平均每袋产量为145.68g，两潮菇总产量为平均每袋332.06g，生物学效率为83%。

滑菇工厂化袋栽中常会出现出菇不同步、不整齐、菇蕾成熟率低等现象，既影响产量，又影响菇房周转，降低经济效益。菌丝后熟阶段保证散射光照12h/d以上是解决这一问题的有效技术措施（姜建新等，2016）。

（张介驰）

主要参考文献

褚秀丹，施乐乐，李昕霖，等，2019. 滑菇工厂化栽培的菌株及参数筛选［J］. 食用菌学报，26（1）：23-28.

杜春梅，欧滢蔓，董锡文，等，2014. 三种维生素对滑菇固体培养的影响［J］. 北方园艺（21）：149-

151.
付永明，孔祥辉，张娇，等，2017. 包装方法对滑菇保鲜效果的影响［J］. 食用菌（6）：73－77.
黄年来，林志彬，陈国良，等，2010. 中国食药用菌学［M］. 上海：上海科学技术文献出版社.
姜建新，徐代贵，王登云，等，2016. 滑菇工厂化栽培技术［J］. 食用菌（6）：48－49.
江洁，李文静，2013. 滑菇菌丝体和子实体蛋白质营养价值的评价［J］. 食品科学，34（21）：321－324.
李爱科，门庆永，吴乃国，等，2016. 不同培养料配方对滑子菇产量及效益的影响试验［J］. 中国食用菌，35（1）：72－73.
李士怡，曹玉谦，赵玉良，等，2007. 三个不同因子对滑菇产量的影响［J］. 中国林副特产（2）：22－23.
林静，李宝筏，刘向东，2006. 滑菇培养料理化特性对产量影响的分析［J］. 农业机械学报，37（1）：87－89.
罗信昌，陈士瑜，2010. 中国菇业大典［M］. 北京：清华大学出版社.
单耀忠，1983. 滑菇的生理生态和栽培环境管理［J］. 食用菌科技（1）：43－46.
王秀艳，白秀云，2012. 赤霉素稀土对滑菇液体培养中菌丝体和多糖产量的影响［J］. 湖北农业科学，51（1）：88－89.
张开鑫，2015. 中高海拔山区滑菇长袋栽培技术［J］. 食药用菌，23（3）：203－204.
张敏，肖千明，李红，等，2010. 滑菇主要栽培品种间亲缘关系的同工酶研究［J］. 辽宁农业科学（4）：25－27.
赵占军，王贵娟，2003. 滑菇菌丝生物学特性初探［J］. 食用菌（6）：11－12.

ZHONGGUO SHIYONGJUN ZAIPEIXUE

第二十一章 草菇栽培

第一节 概 述

一、分类地位与分布

草菇［*Volvariella volvacea*（Bull. Ex Fr.）Sing.］。Shaffer（1957）对北美的调查，认为全世界苞脚菇属（*Volvariella*）有100多种、亚种或变种。我国草菇种类，邓叔群（1962）记载了4种，即草菇、银丝草菇、黏盖草菇、矮小草菇，卯晓岚（1998）的记载又增加了2种，即美味草菇、美丽草菇。这些均可食用。只有草菇广泛人工栽培。草菇喜高温高湿环境，一般早秋生于草堆四周，分布于福建、广东、广西、云南、湖南、江西、四川、香港、台湾等地。

草菇（*V. volvacea*），俗称苞脚菇、贡菇、南华菇、麻菇等，英文名为Chinese mushroom（中国菇）或Paddy straw mushroom。草菇菌盖灰色至灰褐色，中部具有辐射的纤毛状线条。成熟子实体菌褶粉红色，孢子印粉红色，担孢子椭圆形，（6～8.4）μm×（4～5.6）μm。亚洲的韩国、日本、泰国、新加坡、马来西亚、印度尼西亚和印度等亚洲国家的热带和亚热带高温多雨地区均有。我国主要分布于福建、台湾、广东、广西、湖南、四川、云南等地。目前我国的栽培种均为草菇*V. volvacea*，主要有两个品系，即白色品种（如屏优1号）和黑色品种（如V23）。白色品种产量较高，但菇质较松、风味略差，黑色品种则相反。

银丝草菇（*V. bombycina*），菌盖白色或淡黄色，菌盖表面有银丝状刚毛。菌褶初期白色，后变成粉红色，孢子印粉红色，担孢子宽椭圆形至卵圆形，（7～10）μm×（4.5～5.7）μm。分布于河北、山东、辽宁、黑龙江、福建、甘肃、云南、新疆、西藏、广东、广西等地。

黏盖草菇（*V. gloiocephala*），菌盖表面光滑、黏，灰褐色，边缘有长条棱。菌褶初期白色，后变成粉红色，孢子印浅粉红色，担孢子宽椭圆形至椭圆形，（10～15）μm×（7～8）μm。分布于四川、新疆、西藏、湖南、陕西、吉林等地。

矮小草菇（*V. pusilla*），子实体很小，成熟期菌盖直径仅0.6～3cm。菌盖白色至污白色，表面有丝状细毛。成熟子实体菌褶粉红色，孢子印粉红色，担孢子卵圆形至近球形，（5.5～6.5）μm×（4～5）μm。分布于河北、山西、四川、江苏、广西、甘肃、北京、宁夏、贵州、青海等地。

美味草菇（*V. esculenta*），菌盖灰色至灰蓝色，边缘有细条纹，菌褶初期白色，后变成粉红色，孢子印淡粉红色，担孢子椭圆形，（6～7）μm×（4～5）μm。分布于广东、香港等地。

美丽草菇（*V. speciosa*），菌盖表面光滑而且黏，菌盖白色至污白色，边缘有细条纹。成熟子实体菌褶粉红色，孢子印粉红色，担孢子椭圆形，（9.5～15.5）μm×（7～8.5）μm。分布于广东、香港、湖南、吉林等地。

二、营养与保健价值

草菇不仅口感鲜嫩、味道鲜美、肉质细腻可口，还具有丰富的营养和保健作用而备受青睐。其营养主要表现在：高蛋白、低脂肪、高维生素和膳食纤维。据测定，每100g鲜菇含蛋白质2.66g、脂肪2.24g，8种必需氨基酸总量为29.1g。维生素种类丰富、含量高。尤其是维生素C，每100g鲜菇含维生素C 206.28mg，居蔬菜水果之首，比富含维生素C的番茄、石榴、柚子、辣椒等水果、蔬菜高2～8倍。草菇维生素D含量是菇类中最高的，占干重的0.47%。纤维素含量高，能预防胆结石和便秘，减慢人体对碳水化合物的吸收，是糖尿病患者的良好食品。研究已证明，草菇中多糖类化合物和凝集素蛋白均具有明显的抗癌作用。老年人常食用草菇，可预防肿瘤发生，同时降低胆固醇的含量，对预防高血压、冠心病也有积极作用。此外，草菇中磷、钙、铁、钠、钾等多种矿质元素含量也很丰富。

三、栽培技术发展历程

据张树庭（1976）考证，草菇人工栽培起源于我国广东南华寺，最早记载见于《广东通志》（1822）："南华菇，南人谓菌为蕈，豫章、岭南又谓之菇，产于曹溪南华寺者名南华菇，亦家蕈也，其味不下于北地蘑菇"。同治十三年（1874）编修的《潮州府志》描述了南华寺僧人栽培草菇的方法："贡菇产于南华寺，味香甜，种菇以早稻秆堆积，稍水浇之随地而生，今乡人仿种颇多。"同年编修的《曲江县志》（1874）也记载："当日南华菇已驰名京师，年有岁贡。"草菇人工栽培较为详细的记载于《英德县志》（1928）："秆菇，又名草菇，稻草腐蒸所生，或间用茅草亦生。光绪初，溪头乡人始仿曲江南华寺制法，秋初于田中做畦，四周开沟蓄水，其中用牛粪或豆麸撒入，以稻草踏匀卷为小束，堆置畦上，五、六层作'一'字形，上盖稻草，旁盖以稻草围护，以免浸风雨，且易蒸发。半月后，出菇蕾如珠，即须采取，剖开烘干。若过时不采，则开如伞形，俗名'老菇婆'，其价顿贬"。关于麻菇一名的由来可在湖南《浏阳县志》（同治年间）获得溯源，该县志记载："县西南刈麻后，间生麻菌，亦不常有也。"

1929年，福建闽侯三山农艺社潘志农进行栽培试验。20世纪50年代，福建农学院李家慎、李来荣开展草菇栽培研究，推广草菇栽培技术。60年代以后，香港中文大学张树庭教授等对草菇的形态学、细胞学、遗传学以及营养和栽培学进行了系列研究，取得丰硕成果，为草菇的高产栽培奠定了基础。张树庭教授在草菇的基础理论和栽培技术上都做出了巨大贡献。他开创的废棉栽培草菇技术和泡沫菇房保温栽培技术至今仍在国内外广为应用。同时，广东省微生物研究所、上海农业科学院食用菌研究所、福建三明真菌研究所、福建农业大学等的草菇研究，极大促进了草菇发展。80 年代初，广东引进香港泡沫菇房保温栽培技术，取得成效。福建菇农借鉴理论蘑菇栽培技术，搭建室外菇棚，应用二次发酵技术堆制培养料，进一步提高了产量。

1991 年以来，江西省信丰县康遇庆探索出稻草袋栽草菇新技术，栽培周期 21d，生物学效率达到 25%～30%，曾全县生产 1 000 万袋，产鲜菇 1 500t（戈杰，1999）。

2010 年前后，山东莘县开发了“一步法”地栽技术（吕军等，2017），利用日光温室大棚或拱棚在夏季蔬菜休产期覆土栽培草菇。优点在于设施简便、成本低、产量高、效益好，栽培后菌渣还田，改良土壤，提高肥力，还大大减轻土传病害发生，克服土壤连作障碍。

四、发展现状与前景

目前，商业化栽培的近 30 种食用菌中，唯有草菇一直是供不应求，价格居高不下。然而由于草菇产量不稳定、鲜菇耐贮藏性较差，不易保鲜，生产发展受到很大制约。此外草菇不耐低温，鲜菇易受冷害而凋萎，影响长江以北地区冬季的运输和市场供应，难以培育周年稳定的消费市场。

近年来，传统栽培面积不断萎缩，主要由于分散生产的农户无力处理培养料预处理和发酵产生的废水。连年利用杏鲍菇、金针菇等菌渣进行草菇设施栽培取得成功，降低了原料成本，保护了环境，栽培效益提高。山东莘县的草菇菌菜轮作生产，菌菜双丰收，在循环农业中获取综合效益。

草菇工厂化周年栽培一直是草菇产业化技术的研发目标，相关厂房设施基本研发成型，在菌种栽培操作和贮藏等技术方面仍需努力突破。但是目前在菌种、栽培技术、采后贮藏保鲜等方面均没有突破。

第二节　草菇生物学特性

一、形态与结构

草菇菌丝在琼脂培养基上呈半透明、灰白色或银灰色（图 21 - 1a），老化时呈浅黄褐色。菌丝纤细，无锁状联合（图 21 - 1b），多核（图 21 - 1c），气生菌丝发达，爬壁力强，生长速度快。培养后期易出现红褐色的厚垣孢子斑块（图 21 - 1d），在显微镜下厚垣孢子直径比菌丝宽 5～10 倍（图 21 - 1e）。原种和栽培种，菌丝稀疏，半透明，生长迅速，分

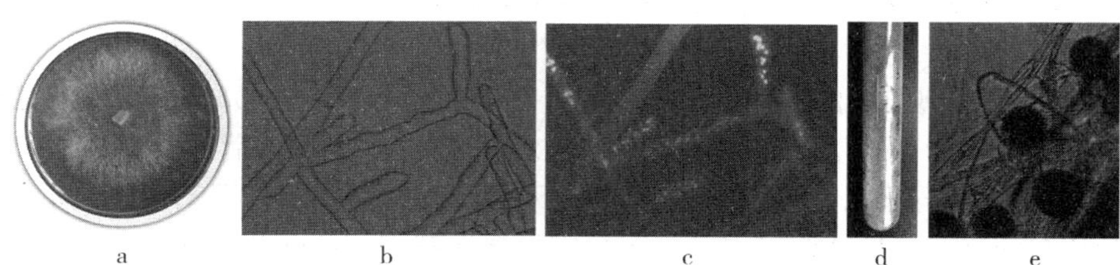

图 21 - 1　草菇菌丝体特征

a. 菌落　b. 菌丝　c. 细胞核　d、e. 厚垣孢子

布均匀，培养后期常在瓶壁或袋壁上出现红褐色的厚垣孢子斑块。研究表明，草菇厚垣孢子形成和多发与品种有关，与产量和质量无直接关系。

草菇子实体由菌盖、菌柄和菌托3个部分组成（图21-2a）。幼嫩子实体由外菌幕包围，呈蛋形，灰色至深灰色。草菇子实体发育可分为针头期（pin head）、小纽扣期（tiny button）、纽扣期（button）、蛋形期（egg）、伸长期（elongation）和成熟期（mature）等6个时期。播种后5～7d菌丝扭结成小白点状集结物，似针头，然后形成组织化原基，不断膨大并分化，当菇蕾长至小鸡蛋大小时，开始有担子和担孢子形成，随后菌柄伸长加快。当菌柄伸长顶破包膜时，担孢子基本成熟。当菌盖完全展开，菌柄不再伸长，逐渐中空和纤维化，菌褶发育为淡红褐色，担孢子（图21-2c）完全成熟，大量弹射散发。

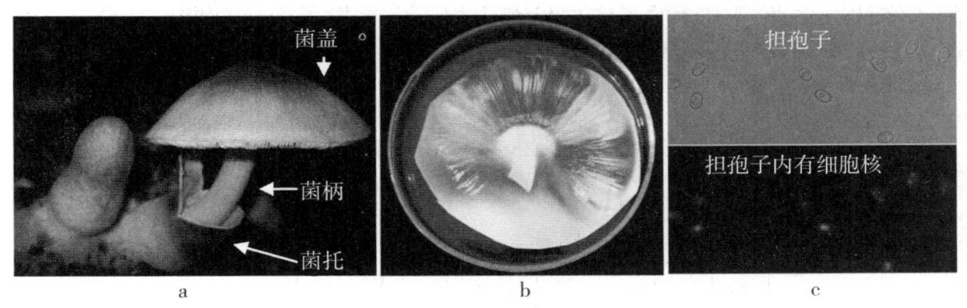

图21-2　草菇子实体及其特征
a. 子实体　b. 孢子印　c. 担孢子

二、繁殖特性与生活史

大多数担子菌的担孢子是单倍体，萌发产生同核菌丝或单核菌丝，两个可亲和的单核菌丝融合形成异核菌丝或双核菌丝。异核菌丝经过营养生长，在适合环境条件下纽结形成子实体，经生长发育在子实层中形成担子，在孢子内进行核配和减数分裂，产生4个单倍体子核，每个子核进入一个担孢子中。真菌控制质配的交配型系统有两大类，即同宗结合（homothallism）和异宗结合（heterothallism）。同宗结合是指单一菌体不需要其他菌体的作用（质配）就能完成有性生殖过程，而异宗结合需要在其他可亲和的菌体的作用下才能完成有性生殖过程。张树庭实验发现两朵草菇（H和K）的单孢菌株（同核体）中约有75%可以出菇，这表明草菇不需要与可亲和的个体融合就可出菇并完成有性生殖过程，为此提出草菇属于同宗结合的真菌（Chang and Yau，1971）。然而，草菇单孢菌株菌落形态差异很大，不同研究者的单孢出菇比例也不尽相同，草菇的有性繁殖方式一直困扰着研究者。说明担孢子存在。2013年，Bao等（2013）通过对草菇菌株V23-1基因组的测序，发现了A交配型因子及信息素受体基因，对担孢子的A因子类型进行检测，发现有18.6%的担孢子含有2个亲本的交配型A位点，认为这些担孢子很可能是异核体，从而提出草菇与双孢蘑菇有性繁殖方式相同，为假同宗结合（pseudo-homothallic），等同于次级同宗结合。Elliott和Langton（1981）发现双孢蘑菇有95%双孢担子、4.5%三孢担子、0.5%四孢担子，根据减数分裂四分体随机进入担孢子的规律，推测双孢蘑菇的担孢子中异核担孢子占62.8%，单核或同核担孢子占37.2%。实验分析表明，双孢蘑菇的异核担孢子比例远大于草菇，定义草菇属次级同宗结合仍存争议。研究者分析了草菇的基因组中A因子和B因子的编码基因、担子类型、担孢子核数量、分子标记分离规律，发现草菇可能存在非整倍体（Chen et al.，2016）。应用遗传学、分子标记、细胞核荧光染色、电子显微镜观察表明，对草菇的生活史进行研究，发现草菇异核担孢子占7.14%、同核或单核担孢子占92.86%，认为草菇可能是二极性异宗结合（陈炳智等，2017）。草菇的生活史如图21-3所示，同核担孢子萌发产生同核菌丝，同核菌丝生长后期，有的菌株能产生多核的厚垣孢子，厚垣孢子萌发产生同核菌丝。两个可亲和的同核菌株融合，形成异核菌丝，异核菌丝生长后期可形成多核（异核）的厚垣孢子，这类厚垣孢子萌发后产生异核菌丝。生产用的草菇品种是异核菌丝。异核菌丝分解基质、吸收营养，在条件适宜时形成原基，逐渐生长发育为成熟的子实体，在菌褶表面的子实层发育出担子，在担子内核配和减数分裂，形成4个子核，每个核进入到一个担孢子中。少数担子生3个或2个担孢子。

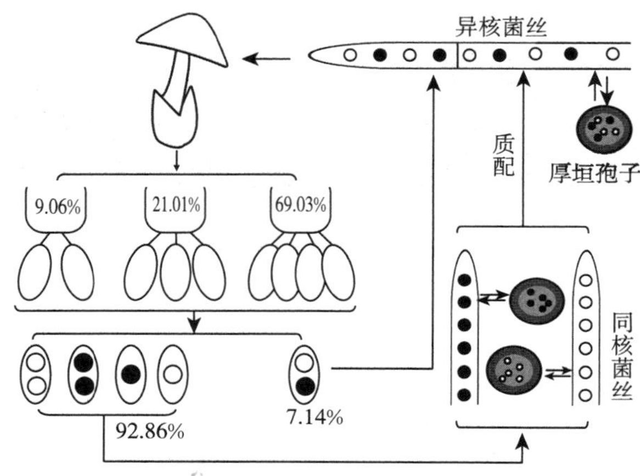

图21-3　草菇的生活史

三、生长发育条件

1. 营养要求　草菇属于草腐菌，基质活性酶（CAZymes）协同作用，从培养料中获取碳素营养。基因组测序与分析表明，草菇*CAZymes*基因有285个，包括降解纤维素、半纤维素、几丁质、果胶、淀粉和木质素所需酶的基因，其中半纤维素降解酶基因非常丰富，高达38个。基因组研究显示草菇可以用作碳源的原料很多，如富含纤维素的稻草、麦秆、废棉、蔗渣，富含半纤维素的玉米芯，富含木质纤维素的废菌渣，富含淀粉的麦麸和米糠。生产实践已证明上述原料均可用于草菇栽培。

草菇可以利用的氮源包括有机氮和铵态氮，不能利用硝态氮。有机态氮包括蛋白质和尿素。草菇基因组中有大量的基因编码蛋白酶，分解蛋白质能力较强。然而草菇对病虫害的抗性较弱。培养料含氮量太高，易导致病虫害发生严重。草菇培养料适宜含氮量1.2%左右。

采用农林废弃物作为栽培原料，矿质营养已能满足草菇生长的需求。但是生产上常添加较多石灰，其目的不完全是为了提供矿质营养，更重要的是破坏栽培原料表面的蜡质层和角质层及纤维素分子结构，调节酸碱度。

2. 环境条件

（1）温度　菌丝生长温度20～40℃，最适温度30～35℃，低于20℃时，菌丝生长缓慢，15℃停止生长，5℃以下或45℃以上死亡。厚垣孢子抵抗不良环境能力较强，50℃下24h或4℃下14h仍能存活。子实体发育温度25～38℃，最适温度30～32℃，低于25℃或高于38℃都难形成原基。温度越高，子实体发育越快，但菇体小，易开伞；在较低温度下，子实体发育较慢，但不易开伞。草菇属于稳温结实性菌类，稳定温度有利于子实体的形成和发育，大幅度降温会引起原基和菇蕾死亡。

（2）水分与空气相对湿度　草菇属于喜湿的菌类，只有在高温高湿条件下才能获得高产。培养料含水量直接影响到草菇菌丝的生长，培养料含水量65%～72%为宜。水分不足时菌丝难以在培养料间隙蔓延和降解基质，菌丝易干枯死亡；但水分过多时，培养料通气不足，并促进厌氧菌增殖，使草菇菌丝萎缩。原基形成后，需要降低空气相对湿度至85%～90%，否则原基容易萌生菌丝返回到营养生长。草菇子实体生长所需水分主要来自培养基质，空气相对湿度应增加到90%～95%。

（3）空气　草菇菌丝生长和子实体发育都需要足够的O_2。不同栽培材料的理化性质存在差异，需要根据物料特性调整填料的松紧度。在菇蕾形成时，草菇呼吸产生的CO_2含量达最高峰。由于草菇发育甚快，尤其出菇期释放的CO_2聚积过量时，影响菇体生长。出菇期菇房必须时常通风换气，但通风换气不可过急，以免菇房温度和空气相对湿度变化过大导致菇体顶端凹陷，影响商品外观。

（4）光照　光线对草菇菌丝生长没有明显影响，但对子实体形成影响较大。直射光抑制子实体发育，完全黑暗条件下不能形成子实体。散射光能促进子实体形成，最适光照强度300～500lx。光照使子实体颜色加深，呈灰黑色；光照不足时，子实体颜色较浅，甚至不出菇。

（5）酸碱度　草菇菌丝在pH 5～10范围内均能生长，最适pH 8～9。子实体发生最适pH 7.5～8。

第三节　草菇品种类型

草菇按子实体大小可分为大粒种、中粒种与小粒种3个类型。大粒种的品种有屏优1号，该品种最大单朵重可达到350g，适合干制。V23、V238及V9715属于中粒型品种，平均单朵重30g左右，大的可达到100g。小粒品种有V1295和V1296，平均单朵重15～20g，具有出菇快、单产高的特点。

按菇体颜色可分为黑色品种和白色品种，屏优1号和V1296属于白色品种，菇体灰白色；V23、V238、V1295属于黑色品种。

各地消费习惯不同，生产者应根据市场需求选择栽培品种。

第四节　草菇栽培技术

草菇栽培的模式有多种，室内栽培和温室大棚栽培是目前主要栽培模式。

一、栽培设施

大棚栽培多是使用夏季闲置的蔬菜大棚。室内栽培的菇房有多种，常见的有砖瓦房（图 21－4a）、泡沫保温菇房（图 21－4b）和蘑菇栽培房（图 21－4c）三类。

a

b

c

图 21－4　草菇栽培房

a. 砖瓦房　b. 泡沫保温菇房　c. 蘑菇栽培房

各地的草菇栽培房没有统一的规格，但是菇房内的栽培层架的规格基本相同。设有两个走道采菇的层架宽 1.2～1.4m，靠墙的层架一侧采菇，层架宽 0.7m。层架走道宽 0.7m。草菇需氧量约是双孢蘑菇的两倍，用蘑菇房栽培草菇时，架层不能全部利用，要间隔使用；新建草菇栽培房，栽培架层间距 0.6m 以上，底层距地面 0.5m 左右，顶层距屋顶 1.5m 以上。栽培架层数视菇房高度而定。

周年栽培菇房，冬季需要加温。加温设施主要有两种。一种是烟道式加温，在菇房外建造炉灶（图 21－5a），灶膛建在菇房内（图 21－5b），烟道从菇房内穿过（图 21－5c），排烟口设在菇房另一端，选用散热性能好的陶管作烟道，利用烟道散热提高菇房温度。另一种是地热式加温，常用于工厂化栽培菇房。地面铺设水管后（图 21－5d）再铺一层水泥，热水炉连接管道水泵后再连接地热管的进水口，菇房地热管出水口连接热水炉，构成一个循环系统，热水炉通过热水加热菇房。这种加热菇房上下温度均匀。

a

b

c

d

图 21－5　草菇菇房加温设施

二、栽培季节

根据各地的气象资料，选择气温稳定在 25℃以上的日期即可开始大棚栽培草菇，我国南方一般是 5 月中旬至 9 月中旬，可连续生产 3～4 批次。

三、栽培基质配方与制备

（一）室内栽培

1. 稻草栽培料制备　配方：稻草90%，麸皮7%，石灰粉2%，过磷酸钙1%。

在水池中铺一层稻草、撒一层石灰粉，再铺一层稻草，如此循环，铺最后一层稻草之后，用数根木棒或木板压住并固定；随后灌入清水至淹没稻草，浸泡4～6h。捞起沥干水分。在水泥地面的发酵场建堆，堆宽1.8m、长4m。先在地面铺一层稻草，厚10～15cm，撒一薄层麸皮，浇过磷酸钙溶液，再铺第二层稻草。如此层层往上堆，堆高1.6～1.8m。建堆后发酵3d翻堆，再发酵2d，把发酵料搬入菇房，铺于层架上，关闭门窗，向菇房内通入蒸汽，进行后发酵。使菇房温度达到65～70℃，保持5～8h。然后通风降温，排出废气。待料中温度降至40℃左右即可播种。

2. 废棉栽培料制备　配方：废棉90%，麸皮6%，石灰4%。

用铁板做成1.8m×3.0m×0.5m的筐，在水泥地面上放置铁筐，随后在铁筐中铺废棉，层厚10～15cm，撒一薄层石灰粉，边洒水边踩踏使废棉吸足水分，然后撒麸皮，再铺一层废棉，撒一薄层石灰粉，再洒水踩压，再撒麸皮。如此层层地压踏到满框，将筐向上提，再继续加料压踏，直到堆高1.5m左右。发酵3d后翻堆，再继续发酵2d即可搬入菇房中后发酵。

3. 菌渣栽培料制备　配方：杏鲍菇废料95%，干牛粪4%，石灰1%。

剥去菌袋，粉碎废菌包块成菌渣，添加预湿好的牛粪和石灰粉，搅拌混合均匀，加水调整含水量，随后建堆发酵，料堆高度1.3～1.5m，长和宽视培养料的多少而定。发酵4～5d后翻堆，再发酵3～4d，铺于菇房层架上，进行后发酵。

（二）大棚栽培

配方：玉米芯43%，鸡粪37%，麸皮2%，石灰18%。

选用整个玉米芯为栽培材料，要求新鲜、无霉变，使用前暴晒3～5d。在栽培大棚边上挖一个水池，池的大小以可浸泡玉米芯量为度。在水池里铺上塑料布，均匀堆制玉米芯30cm厚，上撒1～3cm厚石灰，再铺玉米芯、再撒灰。如此进行，石灰用量下层少上层多，石灰总量1/5，留作日后分次补充时加入。最后压木板及石块，向水池灌满水，使玉米芯完全浸入水中。玉米芯吸水后水面下降，需要补充石灰水。一般浸泡6～9d，浸泡至玉米芯掰开无白心、断面浅黄为度。浸泡后玉米芯的pH 14以上。

将鸡粪调湿，堆成堆，堆大小以实际使用情况而定，一般为2m宽，上盖塑料布，保温防水，自然发酵15～20d后使用。

四、接种（播种）与发菌管理

（一）室内栽培

培养料经过后发酵，待料温降至35℃左右，抢温播种。播种前，需要将菌种捏散。播种量一般为每平方米一袋（或一瓶）。取3/4的菌种均匀撒于料面，轻翻培养料使菌种与培养料混合，整平料面，再把剩余的1/4菌种撒于料面。播种后覆盖一层发酵处理的牛粪或火烧土，也可以覆盖谷壳。最后在料面盖一层地膜。

播种后关闭门窗保温保湿，保持菇房温度32～35℃。1～2d内菌丝萌发吃料，随后草菇菌丝快速生长，3～5d蔓延整个培养料。这期间若料温达到38℃，必需打开门窗逐渐增加通风降温。

播种后2～3d要检查草菇菌丝是否萌发吃料。如果菌丝此时已经萌发并开始吃料属于正常。若菌丝没有萌发，应马上检查原因，分析培养料是否有氨味、菌种是否老化、是否料温太高而出现烧菌、料堆的pH是否适宜、料温是否太低、培养料含水量是否太高或干燥等。分析原因后采取相应的措施。

草菇室内栽培属于半发酵料，播种后容易继续发酵发热，料温不断上升。因此，播种后需要经常观测料温，如果料温达到40℃以上，需要采用通风、淋水等措施降温。

冬季栽培，播种后即需要加温。

（二）大棚栽培

把发酵过的鸡粪施入大棚地面上，翻地后整平，把经过浸泡的玉米芯铺成畦，料厚40cm以下，畦宽不超过80cm，撒播菌种，用种量15%左右，菌种均匀撒于玉米芯上。把畦沟的土均匀覆盖在玉米芯上，覆土厚5cm左右。最后覆盖黑色薄膜保温保湿遮光。

播种后大棚温度控制在28～32℃，不能低于25℃。播种后2～3d，料温会上升，高于38℃需掀开薄膜通风降温。发菌期间控制大棚内空气相对湿度85%～95%，保持培养料含水量65%～70%。播种后5～6d，菌丝长满料面。

五、出菇管理

播种后5～6d，菌丝已长透培养料，但是料面失水干燥，需要喷出菇水，每天喷水3次，连续喷水2d，把料面水分调到70%～75%。喷水后需要通风30min左右。播种后7～8d可见到针头状小白点出现，渐停直接向菇床料面喷水，改为向空间喷雾化水保持空气相对湿度。当原基长至黄豆大小时，用喷雾器轻喷，保持菇房温度30～32℃，给予较大的通风换气量，经过3～4d菇蕾长到蛋形期，是草菇采收适期。最适采收期是个体不再显著增长，手轻捏中腰无松软感，通体结实。若中腰明显松软，采后将很快破膜开伞，商品质量下降。

采收后用1%石灰水补充培养料含水量，关闭门窗，让菌丝恢复。经过2～3d，第二潮原基开始形成，随后如同第一潮菇管理。

冬季栽培，子实体原基形成后也需要通风，若开门窗进行通风，菇房的温度会迅速下降，大的温度波动会使菇蕾死亡。因此需使用热风机，向菇房内鼓入温度为40℃左右的热风。每天通风3次，每次20～40min。通风量的多少以子实体基部无绒毛状菌丝长出为度。通入热风，菇房湿度下降，需要经常用温水喷雾增湿。

大棚栽培时，播种后5～6d菌丝长满料面，掀开薄膜，每天早晚喷水1次，喷水后通风半小时再盖上薄膜。控制棚内温度28～32℃，空气相对湿度85%～95%。播种后第7～10d开始有形成原基，2～3d可长至蛋形期，即可采收。大棚栽培可采菇四至五潮。

六、采收与烘干

由于草菇生长发育快，必须在蛋形期采收，如果进入伸长期很快就会开伞，失去商品价值。一般每天要采菇3～5次。采菇时一手按住菇体周围培养料，另一手握住菇体轻轻旋转采下，切勿用力拔，以免牵动培养料伤害周围小菇蕾。

采后的草菇仍会继续生长，导致开伞，降低品质。采下的草菇应立即置于较干燥的15～20℃的保鲜库中贮藏。如需要干制，要削弃蒂头和杂质，在菇体基部“十”字形切开，菇盖相连，排放于竹筛上，于太阳下暴晒至干或在烘干机上烘烤，最终烘烤温度为60～64℃下30min，然后降温至50℃烘烤至干。

（邓优锦　谢宝贵）

主要参考文献

陈炳智，傅俊生，龙莹，等，2017. 基于担孢子形成过程四分体随机分离规律揭示草菇的有性生活史[J]. 菌物学报，36（4）：466-472.

邓叔群，1962. 中国的真菌[M]. 北京：科学出版社.

戈杰，1999. 草菇撑起信丰特色农业一方天[J]. 中国食用菌，18（4）：43.

吕军，曹修才，张牧海，等，2017. 3种草菇栽培模式比较[J]. 中国食用菌，36（4）：83-85.

卯晓岚，1998. 中国经济真菌[M]. 北京：科学出版社.

Bao D，Gong M，Zheng H，et al.，2013. Sequencing and comparative analysis of the straw mushroom（*Volvariella volvacea*）genome[J]. PLoS one，8（3）：e58294.

Chen B，van Peer A F，Yan J，et al.，2016. Fruiting body formation in *Volvariella volvacea* can occur independent from its *A* controlled bipolar mating system，enabling homothallic and heterothallic life cycles[J]. G3：genes genomes genetics，6（7）：2135-2146.

Chang S T，Yau C K，1971. *Volvariella volvacea* and its life history[J]. American journal of botany，58（6）：552-561.

Elliott T J，Langton F A，1981. Strain improvement in the cultivated mushroom *Agaricus bisporus*[J]. Euphytica，30（1）：175-182.

Shaffer R L，1957. *Volvariella* in North America[J]. Mycologia，49：545-579.

第二十二章 鸡腿菇栽培

第一节 概 述

一、分类地位与分布

鸡腿菇［*Coprinus comatus*（O. F. Müll.）Pers.］因其口感和风味与鸡腿相似而得名，正名毛头鬼伞。全球广泛分布，我国主要分布在河北、河南、山东、山西、黑龙江、安徽、甘肃、青海、吉林、辽宁等地。

二、营养与保健价值

鸡腿菇子实体肉质鲜嫩，风味独特，有鸡腿肉的口感，含多种抗癌活性物质，具缓解糖尿病功效，具有较高的营养价值和药用价值。据报道，鸡腿菇鲜品含水量92.9%。干品中总糖含量57.65%，其中还原糖53.54%、多糖4.11%、蛋白质24.45%、粗纤维2.78%、粗脂肪2.82%、总灰分10.8%。子实体中含有17种氨基酸，其中人体必需的8种氨基酸占氨基酸总量的46.8%，主要的游离脂肪酸为十六醇、软脂酸、亚油酸、硬脂酸，其中亚油酸为主要成分。含有人体必需的常量元素钾、磷、硫、钙、镁、钠以及多种微量元素与维生素。长期食用助消化、益脾胃、降血糖、增加人体免疫力。

三、栽培技术发展历程

据史料文献，早在元末明初，我国的山东、淮北就沿用埋木法栽培鸡腿菇，20世纪60年代起，德国、捷克斯洛伐克和英国的食用菌科技工作者，开始进行鸡腿菇人工驯化栽培研究，其后美国、荷兰、法国、意大利、日本相继栽培成功。20世纪80年代后期，我国开始鸡腿菇菌株的分离筛选、生物学特性、栽培工艺及加工等研究，栽培技术不断完善，单产不断提高，形成了多种高产高效栽培模式。

四、发展现状与前景

鸡腿菇具有生产原料来源广、栽培周期短、市场前景广等优势，特别适合在我国广大农村推广种植，近年种植区域不断扩大，产品具有较高的商业潜能和巨大的市场发展前景。

第二节　鸡腿菇生物学特性

一、形态与结构

（一）菌丝体

在 PDA 培养基上，菌丝浓密、菌落边缘整齐，菌丝初期呈灰白色，后期呈灰褐色；在麦粒、棉籽壳等栽培料上，菌丝呈灰白色，后期分泌黑色素。

（二）子实体

由菌盖、菌褶、菌柄、菌环组成。菌盖菇蕾期形状为圆柱形，与菌柄紧密相连，表面白色、光滑，中期呈钟形，成熟后平展，表皮开裂，形成鳞片，鳞片初期呈白色，中期为淡锈色，成熟时鳞片上翘翻卷，色泽加深，菌肉白色，较薄，直径 3～5cm。后期菌柄圆柱形，向下渐粗，呈白色纤维质，有丝状光泽，长 7～25cm，直径 1～2.5cm。菌环白色，可上下移动，薄而脆，易脱落。菌褶密，离生，宽 6～10mm，初白色，成熟时菌褶变黑，边缘液化。孢子黑色，光滑，椭圆形，(12.5～16) μm×(7.5～9) μm。囊状体无色、棒状或圆柱状，顶部钝圆，略带弯曲，较稀疏，(24.4～60.3) μm×(11～21.3) μm，成熟后自溶产生的液体初红褐色后变为墨色。

二、繁殖特性与生活史

当菌丝体营养生长结束，并积累了一定养分后，在适宜的环境条件转入生殖生长，并生长发育为子实体。子实体生长发育需要覆土刺激、低于菌丝生长的温度、较高的空气湿度、适宜的散射光和充足的 O_2 等。

鸡腿菇为典型的异宗结合种类，从担孢子、单核菌丝、双核菌丝到原基分化，直至子实体成熟产生担孢子，其中未见有无性孢子产生的报道。

三、生态习性

鸡腿菇是一种适应性很强的土生草腐菌，常见于夏秋雨后的田野、林下、树旁、草地中，子实体单生、丛生或群生。

四、生长发育条件

（一）营养条件

1. 碳源　鸡腿菇既可利用葡萄糖、蔗糖等简单碳源，也可分解利用棉籽皮、酒糟、玉米芯、作物秸秆等复杂碳源。制作母种培养基多用葡萄糖、蔗糖，而制作栽培种和栽培料多用富含纤维素、半纤维素、木质素的天然原料。

2. 氮源　鸡腿菇对有机氮利用率较高，对无机氮利用较差，含氮量低的培养料上，菌丝细弱、长势差；含氮量过大，菌丝生长旺盛，原基分化受抑。菌丝体生长发育阶段最适碳氮比为 20∶1，子实体生长发育阶段最适碳氮比为 40∶1。

3. 矿质元素和生长素　鸡腿菇生长所需的矿质元素主要有钙、磷、镁、硫、钾等常量元素以及锌、钼、锰、钴、铁等微量元素，这些矿物质主要参与细胞物质的组成，调节氧化还原电位、氢离子浓度、酶的激活以及渗透压等，有助于代谢活动的正常进行。除钙和磷需额外添加外，其他矿物质，生产中不需额外添加。

鸡腿菇生长需要少量维生素 B_1、维生素 B_2 等，麸皮、米糠等原料含量足以满足其生长需要。

（二）环境条件

1. 温度 鸡腿菇属于典型的中温型食用菌，菌丝生长温度范围 3～35℃，最适温度 24～28℃。菌丝高温耐受力较差，35℃停止生长并发生自溶，40℃菌丝死亡。菌丝抗寒能力较强，－10℃下菌丝依可存活。子实体生长温度范围 10～30℃，适宜温度 13～20℃。当环境温度低于 8℃时，原基不分化，甚至死亡；高于 25℃，长速加快，菇体品质变差，易开伞，发生自溶。

2. 光照 菌丝需避光培养，子实体发育需要一定的散射光刺激，最适光照度 100～1 000lx；光照强度小于 10lx 子实体生长缓慢，甚至不分化。

3. 湿度 鸡腿菇菌丝生长适宜培养料含水量 60%～70%，65%最适，空气相对湿度 75%左右；覆土层含水量因土质不同而不同，多在 20%～30%，适宜空气相对湿度 85%～95%，湿度过低幼菇发育不良，甚至不出菇，湿度过高影响空气流动，导致子实体发育异常，并滋生各种杂菌和病虫害。

4. 空气 鸡腿菇好氧性强，在从菌丝到子实体整个生长发育过程中均需要大量 O_2，特别在出菇阶段要经常通风换气。

5. 酸碱度 鸡腿菇菌丝喜中性偏碱性环境，pH 5～8.5 均可生长，最适 pH 6.5～7.5，pH<4 或 pH>9，菌丝均不能生长。栽培料以中性偏碱为宜，在配制培养料时通常加入石灰调节 pH，同时减少杂菌污染。

第三节　鸡腿菇品种类型

目前，国内鸡腿菇品种名称繁多，经遗传学鉴定多为同物异名，主栽品种仅 1～2 个。但是食用菌菌种遗传和生理的特性，使遗传学上的同一品种栽培性状上存在一定差异。这种差异表现在个体大小、生长方式、鳞片多少等。栽培者大规模投产前需引种先做小试，确认性状。

第四节　鸡腿菇栽培技术

一、栽培设施

栽培设施可根据当地条件和投入能力采用不同设施。常用设施包括现代化智能菇房、冬暖式大棚、小拱棚、土洞、山洞、防空洞等。

（一）土洞

选择适宜的黏土沟壑建造人工土洞，于距地面垂直厚度大于 6m 处，水平开挖长 80～100m、宽 2.5m、高 2m 的土洞，要求尽量平直，洞口处建通风缓冲室，一般长 4m、宽 3m、高 2.5m，前后门高 1.8m、宽 1.2m。土洞内建通风口，要求上下垂直，下口直径

1.5～2.0m，上口直径0.6～0.7m，总高度7.5～8.0m，一般高出地面1.5～2.0m。洞顶部一般呈弓形，靠两壁在洞内搭床架，多层栽培，床架间设置走道，宽0.4～0.5m。

（二）冬暖式大棚

冬暖式大棚东西长40～50m、内宽7～9m，棚内地面下挖30～60cm，墙体厚0.8～1.2m，北墙高出地面1.8m以上，每隔2m设一个直径30～35cm的通风孔或拔气筒，棚内菇畦或菇床架为南北向，过道宽40～60cm。棚顶覆盖无滴膜或黑色薄膜，上面覆草苫。低温季节可以在顶膜下横遮黑色薄膜升温；高温季节可在棚顶上方搭盖遮阳网降温。

（三）小拱棚

可以将畦床设置在农作物、果树或蔬菜作业行间，长满菌丝的菌袋脱袋覆土于行间，在畦面上搭拱形塑料小棚，棚高40～50cm。常规管理出菇即可。这种栽培方式套种的蔬菜、果树、农作物可以为鸡腿菇遮挡日光，场地通风好、O_2充足，鸡腿菇产后菌渣直接作农作物及果蔬的有机肥，实现生态系统的循环再生。

二、栽培季节

利用自然气候条件生产，春季至夏初和秋季都可以栽培；利用现代化控温菇房工厂化生产，可以周年生产。

三、栽培基质原料与配方

鸡腿菇适应力强，适应性广，可以作为营养源利用的材料广泛：秸秆、稻草、木屑、玉米芯、酒糟、菌渣、甘蔗渣、畜粪等农、林、轻工等副产品都可以作为主料使用，其他食用菌应用的麸皮、米糠、玉米粉、石灰粉、石膏粉、复合肥等也同样是鸡腿菇栽培的辅料。

根据主料的不同，生产上常用配方有：

①棉籽壳50%，玉米芯45%（粉碎至黄豆粒大小），尿素1%，磷肥2%，石灰2%。

②稻草（切段或粉碎）40%，玉米秸秆（粉碎）40%，牛粪15%，磷肥2%，石灰3%。

③食用菌菌渣65%，棉籽壳25%，麸皮5%，石灰3%，石膏2%。

④棉籽壳45%，甘蔗渣45%，麦麸3%，过磷酸钙1%，碳酸钙2%，石灰4%。

⑤阔叶树木屑50%、棉籽壳35%，麦麸10%，过磷酸钙1%，碳酸钙2%，石灰2%。

⑥酒糟60%，玉米芯30%，石灰8%，石膏1%，过磷酸钙1%。

⑦玉米芯80%，麦麸15%，生石灰3%，石膏2%。

培养基含水量60%～65%，pH为7.0～7.5。

四、栽培料的制备

鸡腿菇培养料可用生料、熟料和发酵料。生料栽培可在低温季节发菌，但菌丝生长较慢，应适当加大接种量；熟料栽培适合于高温季节，可减少病虫危害，提高成品率；发酵料栽培是近年来推广较为普遍的一种方式，在高温微生物的作用下，促进养分的转化，制备利于鸡腿菇生长发育的培养基，同时减少病虫危害，还可减少灭菌和劳动成本。

1. 熟料 培养料经搅拌均匀后由物料传输系统进入自动打包机装袋，料袋为17cm×33cm的聚乙烯（常压灭菌）或聚丙烯（高压灭菌）塑料袋，也可用（20～24）cm×（45～50）cm的大菌袋，灭菌时间要适当延长，常压灭菌8～10h，高压灭菌为112℃，1.5～2h。灭菌后冷却至室温接种。

2. 发酵料 选择地势较高、平坦、地面硬化、朝阳的场地，将混拌均匀的培养料堆成长方体，在发酵堆底部铺加送风管，送风管为管壁带有多个圆孔的PVC管，圆孔直径为1～2cm，孔间距为20～30cm，送风管连接鼓风机，通过继电控制，每小时鼓风一次，每次3min，向料堆输送O_2，促进发酵，控制发酵温度在60～70℃，连续发酵12～14d，中间翻堆一次。

五、接种与发菌

目前，我国鸡腿菇栽培主要是利用发酵料进行袋栽和畦栽，以及熟料栽培三种方式。栽培方式不同，播种方法也不同。

1. 发酵料袋栽 采用三层菌种、两层料的层播方式播种，接种时菌种块要适当大一些。用种量为培养料的10%以上。接种后7d在料袋菌种层部位扎微孔，以促进发菌。发菌时室温控制在23～26℃，料温一般不要超过28℃，遮光培养，并经常通风换气。

2. 发酵料畦栽 播种时料温需要降到28℃以下，采用撒播与穴播相结合的方式：首先采用“品”字形穴播，穴距10cm左右，然后在培养料表面再撒一层菌种，最后用木板轻轻压紧料面，播种量一般在12%～15%，其中穴播播种量一般占5%左右，剩余菌种用于撒播。为保湿保温、防止杂菌感染、促进菌种萌发定殖，播种后立即用消过毒的薄膜覆盖。

3. 熟料栽培 熟料栽培的接种与发菌管理与其他袋栽食用菌方法基本相同，此文不再赘述。

六、覆土

鸡腿菇只有覆土才能出菇，目前对其覆土出菇的机理尚不清楚，一般认为是土壤中微生物、挥发性有机组分、O_2、CO_2、物理作用等多因素相互作用的结果。覆土是影响产量和品质的重要因素，覆土材料应选择来源方便、价格低廉、通气性好、结构疏松、持水保水、孔隙度大、中性或偏碱性、有一定的团粒结构的腐殖质土，以草炭土为佳，其次是黄泥土，不能使用沙土、黏淤土。为降低生产成本，可采用黄土与草炭土体积比2∶1的混合土，或采用添加15%～20%稻壳的田园土作为覆土材料。

覆土前，按照每立方米覆土材料用40%甲醛150mL，兑水15kg，均匀喷洒在覆土上，建堆，盖上薄膜，四周封严，密闭熏蒸3～4d，使水分充分浸润土壤，然后翻晾3～5d，覆土中残留的不良气体挥发干净后使用。或用50%咪鲜胺锰盐35g，兑水15kg，均匀喷洒在$1m^3$覆土上，建堆后盖薄膜，把土堆四周封严，密闭3～4d，使水分充分浸润土壤后备用。最后覆土前应调节土壤含水量，以手握成团、落地即散为宜。覆土时一般采用二次覆土法，覆土总厚度为3cm出菇效果最好。

七、出菇管理与采收

（一）出菇管理

主要是协调温度、光照、水分、通气的关系。鸡腿菇适宜出菇温度13～20℃，在13～17℃的温度范围内，子实体生长慢、菇体粗壮、品质好。超过20℃，子实体生长快、容易发生病虫害、质量差。幼蕾期避免直接向子实体喷水，应以增加空气湿度为主，保持空气相对湿度85%～95%；出菇期间要定期通风，从而保持空气新鲜，健壮菇体，防止畸形。出菇期每天给予微弱的散射光照射，光照不可太强，适宜光照300～500lx为宜。

（二）采收及保鲜

菌盖光滑、洁白，菌柄硬实、呈圆柱形，菌盖紧包着菌柄时为最佳采收期。采收时手轻捏住子实体旋转采下，及时清理残余子实体并补充覆土。采收后及时削根、削皮，清除杂质，放于保鲜袋，抽真空，低温冷链运输。应采用低温气调保鲜，保鲜期不超过7d。

（宫志远）

主要参考文献

杜纪格，王尚堃，2010. 鸡腿菇模式化栽培技术研究进展［J］. 江西农业学报，22（8）：46－49，52.

黄年来，1997. 18种珍稀美味食用菌栽培［M］. 北京：中国农业出版社.

李振海，2007. 鸡腿菇工厂化栽培一些相关工艺探索［D］. 福州：福建农林大学.

龙志芳，2007. 鸡腿蘑营养物质的研究［J］. 食品研究与开发（5）：150－152.

米青山，2005. 鸡腿菇优良菌株筛选与高产栽培模式研究［D］. 武汉：华中农业大学.

万鲁长，万仁忠，陈黎明，等，2005. 利用酒糟与土洞周年栽培鸡腿菇高效生产技术［J］. 山东省农业管理干部学院学报（6）：160－162.

王灿琴，韦仕岩，陈少珍，等，2004a. 鸡腿菇生物学特性及高产栽培技术［J］. 广西农业科学（2）：160.

王世东，周学政，2004. 酒糟栽培鸡腿菇高产技术［J］. 中国食用菌（6）：30－31.

吴靖娜，2008. 鸡腿菇保鲜机理及保鲜技术研究［D］. 福州：福建农林大学.

吴巧凤，刘敬娟，陈京，等，2005. 鸡腿菇营养成分的分析［J］. 食品工业科技（8）：161－162.

吴圣进，陈振妮，王灿琴，等，2005. 甘蔗渣栽培鸡腿菇的试验［J］. 食用菌（3）：23.

第二十三章

茶树菇栽培

第一节 概　　述

一、分类地位与分布

茶树菇［*Cyclocybe aegerita*（V. Brig.）Vizzini≡*Agrocybe aegerita*（V. Brig.）Singer］，常用中文名为柱状田头菇，别名和俗名有茶薪菇、柳菇、茶菇、柳环菌、朴菇、柳松菇、柳松茸、柱状环锈伞等。因最早驯化栽培的茶树菇野生种质来自茶树蔸部，以茶树菇为名，使用更为广泛（张金霞等，2016）。近代分类学研究表明，茶树菇应是复合种群，目前除狭义茶树菇（*C. cylindracea sensuangusto*）外，已确定的独立种尚有杨柳田头菇（*C. salicacola*）和茶薪菇（*C. chaxingu*）。

茶树菇分布广泛，欧洲、亚洲、美洲均有分布，春秋季节生长于茶树、柳树、杨树、枫香等阔叶树的腐木上或活木的枯枝上（张金霞等，2016）。茶树菇在我国主要分布于云南、广东、海南、台湾、福建、江西、浙江、四川、贵州、西藏、青海等地。

二、营养与保健价值

茶树菇外观秀美，子实体香味浓郁、菌盖清爽润滑、菌柄脆嫩可口。根据国家食品质量监督检验中心（北京）检验报告，茶树菇（干品）中蛋白质含量29.51%，粗脂肪0.16%，粗纤维0.06%，碳水化合物46.22%。蛋白质含有18种，其中人体必需氨基酸8种占游离氨基酸总量的27.94%，赖氨酸的含量高达1.75%。茶树菇胞内粗多糖含量为11.20%，胞外粗多糖含量为20.3%（郑义，1999）。茶树菇富含的多糖、蛋白质、三萜类化合物等活性物质，具有抗肿瘤、抗氧化、延缓衰老、调节血脂、降低血糖和血压、缓解肌肉疲劳的作用。中医理论认为茶树菇具有清热、平肝、明目、利尿、健脾的功效。现代医学研究表明，茶树菇对尿频、高血压、水肿、癌症、早衰、肾虚、小儿尿床及低热等都有较理想的辅助疗效，闽西北民间常用于治疗胃冷、肾炎水肿和腰酸痛等。

三、栽培技术发展历程

据文献记载，公元前50年欧洲就有人工栽培茶树菇。早期的希腊和罗马采用仿生法种植茶树菇。1550年，又有人把茶树菇捣烂施于木头上，盖上土壤实施人工栽培。近代最早报道在杨树段木上成功栽培茶树菇的人是Desvaux（1840）。Kesrten（1950）用大麦

麸皮和碎稻草栽培茶树菇。20 世纪 50 年代法国用白杨等树种进行茶树菇的段木栽培（Zadrazil，1989）。Singe R（1961）用杨树树桩培养出茶树菇子实体。1974 年法国巴黎国立自然历史博物馆 Cailleur R 和 Doip A，以及 1980 年铃木敏雄等分别对茶树菇的生物学和栽培条件进行了研究。1981 年捷克的 I. Jblonsky 以玉米芯作培养料开展了茶树菇生物化学和生理学研究，为茶树菇的大规模人工栽培奠定了基础。1989 年德国的 Zadrazil F 研究了利用谷类作物秸秆、木屑、芦苇和向日葵等农业下脚料栽培茶树菇（鲍大鹏等，1999）。

20 世纪 60 年代初，我国福建开始对茶树菇的生物学特性和遗传多样性开展研究，为后来国内茶树菇驯化及人工栽培奠定了基础。黄年来（1984）首先报道了茶树菇野生菌种的分离、生物学特性和栽培方法。丁文奇（1984）报道了该菌的人工栽培试验。随后，对茶树菇生产技术的研究报道不断增加，形成适应不同生态环境条件的区域生产技术（鲍大鹏等，1999）。到 90 年代，江西广昌县和黎川县率先实现规模化生产。广昌年生产茶树菇在 2 亿袋以上，产鲜菇超过 1 万 t。后来，逐渐推广发展到福建、广东、湖南、山东、上海、天津等地。

四、发展现状与前景

我国茶树菇人工栽培成功后，生产规模不断扩大，快速发展成为国内重要的规模化商业栽培种类。目前，江西、福建、北京、上海、广东、天津、湖南、浙江和云南等地都有规模化生产商品上市，其中江西的广昌县、黎川县和福建的古田县为国内茶树菇干品主产区，广州、昆明及北京等地区为国内较大鲜菇产区（张金霞等，2016）。茶树菇干品销售价格较稳定，较鲜品销售更受生产者青睐，多年来生产规模相对稳定，增长预期良好。

第二节　茶树菇生物学特性

一、形态与结构

茶树菇子实体单生或丛生。菌盖直径 2～10cm，初内卷、呈半球形、表面平滑，有浅皱纹；幼菇暗红褐色，后渐变为黄褐色或浅土褐色；菌褶密集，初白色，后变为咖啡色，多直生；菌柄近白色，柄长 2～13cm，直径 0.3～1.2cm，具有纤维状条纹和小鳞片，内中实，脆嫩；菌环膜质，着生于菌柄上部；孢子印锈褐色，孢子椭圆形、光滑，大小（8.5～11）μm×（5.5～7）μm。

二、繁殖特性与生活史

目前，国内外学者对茶树菇的有性繁殖类型还存在不同的看法。多数研究者认为茶树菇是典型的多等位基因四极性交配系统（Meinhardt et al.，1980；Meinhardt et al.，1982；善如寺厚，1987；Labarere et al.，1992；郑元忠等，2007）。丁文奇（1984）认为其属于具锁状联合的次级同宗交配型。张引芳和王镭（1995）认为，我国栽培的茶树菇既不同于典型的异宗结合，也有异于典型的次级同宗结合。鲍大鹏等（2000）通过荧光染色，观察了 4 株来自欧洲希腊和我国四川、台湾和贵州三地的 *A. aegerita* 的担子和担孢子，发现前三者的有性繁殖结构特征是四孢双核，而后者是双孢四核，据此推测我国贵州菌株 Ag9 可能具有介于次级同宗和异宗结合类型（周会明等，2009）。国外研究者对 *A. aegerita* 交配型的研究还发现 3 个独特的遗传现象，一是 A、B 因子功能等效（Meinhardt et al.，1980）；二是 A、B 因子在自然界中总数偏低（Noel et al.，1991a、b）；三是同核体后代能自发转换为新的交配型（Labarere et al.，1992）。一方面，A、B 因子位于不同染色体上，具有相同功能，结构模式是单位点结构，这种结构导致交配型位点的变异性低，从而交配型位点数目偏低。另一方面，A、B 因子存在 3 个位点，其中仅有一个处于表达状态，其余两个处于沉默状态，如果沉默位点的交配型基因转座于表达位点，则同核体的交配型便会发生转化（张金霞等，2016）。

茶树菇属于单核体结实类真菌。茶树菇同核菌丝体能形成 3 种类型的子实体，第一种类型可称为败育同核体结实（Abortive homokayrotic fruiting，AHF），其特征是在典型的同核菌丝体上分化出不能开伞也不产孢子的败育子实体。第二种类型可称为真同核体结实（True homokaryotic fruittgn，THF），其特征是在典型的同核菌丝体上分化出小而发育完全的子实体，这种子实体的担子多生成两个孢子，且数量较少，在其后代中没有不同于亲代的新的交配型出现。第三种类型可称为假同核体结实（Pseud homokaryotic fruittgn，PHF），其特征是初生同核菌丝体已经自发地转变为双核体，具有典型的锁状联合结构，最终能分化出完全正常的子实体，子实体的担子多生成 4 个孢子且数量丰富，而且在其后代中会出现 4 种交配型，其中有两种是不同于亲本的新的交配型。在茶树菇的单个担孢子萌发生成的单核体中 60%以上能形成 AHF 型和 THF 型子实体。形态学观察证明，在 THF 型子实体的幼小担子中，不发生核配和减数分裂。因此，AHF 型和 THF 型同核体结实并不是有性生活史的一部分，而是一种无性繁殖（鲍大鹏等，1999）。

茶树菇的生活史有有性世代和无性世代两个循环。多数研究者认为，茶树菇类似四极性异宗结合菌类，其有性生活史从担孢子萌发开始，同一担子的担孢子产生 4 种不同交配型的单核菌丝，两个可亲和的单核菌丝融合形成有锁状联合的双核菌丝，双核菌丝发育到一定的生理阶段，在适宜的环境条件下纽结形成原基，原基分化形成子实体，成熟子实体的菌褶上形成担子，在担子中完成核配和减数分裂，最后形成 4 个担孢子，完成有性生活史。

茶树菇的无性繁殖通常是菌丝体在生长过程中遇到不良环境条件，如营养匮乏或菌龄过长等情形，产生梨形的厚壁孢子，有时也能形成节孢子，这些孢子在适宜的条件下萌发，形成菌丝体和产生子实体。

三、生态习性

茶树菇一般在春、秋两季自然发生于杨、柳、枫、榕、小叶榕等阔叶树的枯死树干、腐朽的树桩或埋于土内的树根上。

四、生长发育条件

（一）营养条件

茶树菇属于木腐菌类，能够利用多种碳源，菌丝生长最适碳源是葡萄糖。在茶树菇

生产中，通常选择棉籽壳、木屑、玉米芯和甘蔗渣等原材料为碳源。茶树菇对氮源的选择性不强，不但能利用有机氮，还能较好地利用多数食用菌不能利用的无机氮，最适氮源为蛋白胨。培养料中适当增加氮含量（麸皮、米糠、玉米粉、饼肥等）有助于提高产量和品质。茶树菇能够在较广的碳氮比范围内生长，适宜碳氮比（40～60）：1。

（二）环境条件

1. 温度　茶树菇属于广温型菌类，菌丝体在5～35℃均能生长，低于5℃或高于35℃菌丝生长受到影响，最适生长温度24～26℃。茶树菇子实体发生和生长温度13～34℃，原基分化适宜温度20～22℃，子实体生长适宜温度22～24℃。在适宜温度范围内的温差刺激有利于原基分化。

2. 湿度　茶树菇栽培基质适宜含水量60%～65%，菌丝体生长适宜空气相对湿度65%～70%。原基形成适宜空气相对湿度90%～95%，在子实体生长适宜空气相对湿度85%～90%。

3. O_2　在菌丝生长和子实体生长，都要求通风良好，保持环境空气清新。对于商品生长来说，较高浓度的CO_2可以抑制菌盖开伞，促进菌柄伸长，有利于提高产量和商品品质。

4. 光照　菌丝体在黑暗和微光条件下良好，原基形成需要200～300lx的散射光，子实体生长期150～200lx的散射光为宜。茶树菇子实体在生长发育过程中有明显的趋光性。

5. 酸碱度　茶树菇菌丝体和子实体可以在pH 3.5～7.0范围内生长，最适pH 5.5～6.5。与多数食用菌不同的是，茶树菇在栽培过程中没有那么多的有机酸产生，培养料pH值始终保持自然（鲍大鹏，1999）。

第三节　茶树菇品种类型

茶树菇品种类型按照子实体菌盖颜色划分，可以分为褐色和乳白色两大类型；按照出菇温度划分，可以分为低温型（16～20℃）、中温型（22～26℃）和高温型（28～32℃）三大类型。

目前，由国内相关育种单位选育并通过认定的品种有：古茶1号（国品认菌2008033）、明杨3号（国品认菌2008034）、古茶988（国品认菌2008035）、赣茶As-1（国品认菌2008036）和古茶2号（国品认菌2008037）（张金霞等，2012）。

第四节　茶树菇栽培技术

一、栽培设施

在茶树菇生产过程中，需要一定的栽培设施来满足茶树菇生长发育对环境条件的要求，才能达到高产、优质、高效的栽培目标。选择茶树菇栽培设施主要包括接种室、发菌室和出菇房（菇棚）等以及相应的配套生产设备。栽培场地要求交通便利、环境清洁、水源充足且取水和排水方便以及通风条件良好、有散射光。

接种室是茶树菇料袋接种场所，接种室的位置通常规划在灭菌室与培养室之间，使料袋灭菌后近距离移入接种室接种，再转入培养室内培养，形成流水作业。接种室的面积以5～7m^2 为宜，入口处设有一缓冲间。

发菌室要求环境干净、场地干燥、通风和遮光条件良好，地面和墙面平整光滑，安装控温设备。可以将发菌室与接种室合为一体，实行就地接种、就地培养，不仅可以降低劳动强度，而且可以避免由搬动而造成杂菌污染。

茶树菇室内栽培，可以利用现有的空房、地下室、防空洞、民房等改造成出菇房，也可以建造新的菇房来进行栽培。菇房可以配套相应的控温、加湿、通风和光照等设施。为了充分利用菇房空间，菇房内可以建造多层床架进行立体栽培。也可以搭建菇棚栽培，菇棚以角钢、木料、毛竹、水泥柱等材料搭建骨架，菇棚顶外面用黑色塑料薄膜遮盖，菇棚顶内面用白色薄膜覆盖，大棚顶内外之间利用泡沫、芦苇、芒萁或等隔热材料隔热。不论菇房还是菇棚，都应在通风窗和门口处安装防虫网。茶树菇出菇温度高于多数食用菌，农法栽培的出菇季节自然环境利于多种病虫害的发生，应格外注意，特别是在设施建设中充分考虑应用物理措施避免害虫进入，阻断虫源，对害虫防治至关重要。

二、栽培季节

茶树菇栽培季节在自然条件下可分为春、秋两季栽培，各地应根据当地的气候条件选择适宜栽培期。春季栽培，以气温稳定在20℃以上往前推2个月为接种时间；秋季栽培，当气温稳定在26℃以下再往前推50d为接种时间。我国南方地区春季栽培一般安排在11月至翌年2月接种，4～6月出菇；秋季栽培安排在7～8月接种，9月至翌年4月出菇。我国北方地区的春季栽培一般安排在2～3月接种，4～6月出菇；秋季栽培安排7～8月接种，9～10月出菇。

在一定设施条件下，可以采取适当增加控温设施，实现周年栽培。

三、栽培基质原料与配方

（一）栽培基质原料

栽培基质多以阔叶树木屑和棉籽壳等为主料，以玉米粉、麦麸、米糠、大豆粉等为辅料，添加少量的石膏、碳酸钙、磷酸钙等缓冲剂，按照一定比例配制而成。添加少量的糖有利于初期菌丝定殖。

（二）栽培配方

栽培基质配方。应综合考虑当地可利用资源、品种特性、栽培季节、碳氮比、物料物理特性等因素。生产上常用配方如下：

①棉籽壳82%，麸皮15%，石灰2%，糖1%。

②棉籽壳75%，麸皮18%，玉米粉5%，石膏2%。

③阔叶树木屑67%，麸皮30%，石膏2%，糖1%。

④阔叶树木屑78%，麸皮10%，大豆粉4%，玉米粉5%，石膏2%，糖1%。

⑤阔叶树木屑42%，棉籽壳32%，麸皮18%，玉米粉5%，石膏2%，石灰1%。

⑥甘蔗渣50%，木屑12%，棉籽壳10%，麸皮20%，玉米粉5%，石膏2%，石灰1%。

⑦玉米芯 40%，棉籽壳 40%，麸皮 10%，大豆粉 3%，玉米粉 5%，石膏 2%。

各配方适宜含水量 55%～60%，pH 自然。高温季节接种，通常添加适量的石灰，适当减少麦麸或米糠用量，可有效降低杂菌污染。

四、栽培基质的制备

对于玉米芯等不易吸水的原材料，必须提前充分预湿后使用。拌料结束后立即装袋。栽培袋通常选用（14～17）cm×（30～33）cm×0.005cm 规格的聚乙烯塑料袋。规格为 15cm×30cm×0.005cm 的塑料袋装料高 18～20cm，干重 0.40～0.45kg，湿重 0.85～1.00kg。培养料的松紧度直接影响到发菌期菌丝生长快慢、出菇期现蕾的早晚以及栽培效益。

可以采取高压灭菌或常压灭菌两种方式。高压灭菌 1.5MPa，料温达到 126℃保持 1.5～2h。常压灭菌料温 98～100℃保持 16～18h。灭菌结束后，锅内温度降至 60～70℃，趁热出锅、冷却、接种。

五、接种与发菌培养

接种室或接种箱使用前按要求清洁和消毒处理。搬入料袋后连同接种工具进行第二次消毒，待料温冷却至 30℃以下后接种。严格按照无菌操作要求接种。接种量为一瓶（袋）栽培种（500mL）接种 35～40 袋。

发菌室要求环境卫生，空气干燥，通风、避光、保温条件良好。发菌室在使用前要进行清洁、消毒和杀虫处理。菌袋可墙式堆码也可立式摆放培养架上。码放密度依发菌期环境温度调节。发菌期间，将发菌室环境温度调控在 24～26℃，空气相对湿度 65%～70%，保持环境黑暗，或实施菌垛和培养架遮光培养，有利于菌丝生长健壮。定期通风，保持空气清新 O_2 充足。特别是密度较大和高温季节，要加强通风等降温措施，避免烧菌。定期检查，随时清理污染严重的菌袋。当菌丝长至过半后，可行刺孔或放松袋口增氧，满足日渐增长的菌丝体对 O_2 需求的增长。

六、出菇管理与采收

（一）出菇管理

在适宜环境条件下，45～55d 菌丝长满，移入出菇场所。出菇场所在使用前清洁、杀虫和消毒处理。可在地面竖直一层出菇，也可墙式堆码出菇，或床架上立体栽培。

一般菌丝长满袋 7～10d 后达生理成熟。标志是当袋口出现黄色水珠物、局部有棕褐色色斑。此时开袋，进入催蕾、育菇等出菇管理阶段。

1. 开袋　不同出菇方式采取不同的开袋方法。立式出菇，解开菌袋扎绳或拔出棉塞和脱掉盖体，拉直菌袋袋口后再稍收拢；墙式出菇，在齐菌袋绳线扎口处或套环处割去菌袋袋口塑料袋，让袋口稍呈收拢状态，避免菌袋袋口料面完全暴露于空气中而导致菌袋料面过度失水。

2. 催蕾　重点是调控温度、湿度、通风和光照等。调控温度在 20～22℃；喷雾状水，保持菇房空气相对湿度 90%～95%；给予 200～300lx 散射光；加强通风换气，保持菇房空气清新。一般开袋 3～5d 袋口开始出现米粒状原基，1～2d 后原基分化成菇蕾。

3. 育菇 在育菇前期，将环境温度调控到 22～24℃，空气相对湿度调控至 85%～90%，减少光照强度至 150～200lx，加强通风换气，促进子实体生长。在育菇后期，减少通风，适当提高室内 CO_2 浓度，促进菌柄伸长，抑制菌盖开伞，提高出菇整齐度，培育菌柄粗长、菌盖肥厚的商品茶树菇。

（二）采收

1. 采收 当菌盖内卷呈半球形、菌膜尚未脱离菌盖时，及时采收。采收时，手抓子实体基部一次性整丛采下，避免菌盖破损脱落和菌柄折断。清除附着的杂质，按市场要求分类，预冷后鲜销或烘干后分级包装销售。

2. 采收后管理 采收后及时清理残菇和废料等，停止喷水，养菌 5～6d 后，再进行催蕾、育菇，10～15d 后可出第二潮菇。三至四潮菇后，由于菌袋营养和水分消耗过多，菌袋明显变轻，需要补水。可直接向菌袋喷水，直立出菇的可注水至水面高于料面 1cm，24～48h 后倒去多余水。补水以料重 80%～90%为标准。

采收三至四潮生物学效率一般 90%以上。

（魏云辉）

主要参考文献

鲍大鹏，王南，谭琦，等，1999. 柱状田头菇的栽培生理及生活史研究概述 [J]. 食用菌学报，6（4）：55-60.

鲍大鹏，王南，谭琦，等，2000. 用荧光染色法对柱状田头菇子实体担子和担孢子的观察 [J]. 南京农业大学学报，23（3）：57-60.

黄年来，1984. 食用菌新品种 [J]. 食用菌（1）：1-3.

张金霞，赵永昌，等，2016. 食用菌种质资源学 [M]. 北京：科学出版社.

张金霞，黄晨阳，胡小军，2012. 中国食用菌品种 [M]. 北京：中国农业出版社.

郑义，1999. 茶树菇人工栽培及营养成分分析 [J]. 中国食用菌，18（5）：13-14.

周会明，2011. 杨柳田头菇生活史及分类地位研究 [D]. 昆明：昆明理工大学.

周会明，柴红梅，赵永昌，2009. 田头菇属真菌研究进展 [J]. 中国食用菌，28（6）：3-8.

Esser K，Meinhardt F，1977. A common genetic control of dikaryotic and monokaryotic fruiting in the basidiomycete *Agrocybe aegerita* [J]. Molecular and general genetics，155（1）：113-115.

Meinhardt F，Esser K，1981. Genetic studies of the basidiomycete *Agrocybe aegerita*：part 2：genetic control of fruitbody formation and its praetical implications [J]. Theoretical and applied genetics，60（5）：265-268.

ZHONGGUO SHIYONGJUN
ZAIPEIXUE

第二十四章 银耳栽培

第一节 概 述

一、分类地位与分布

银耳（*Tremella fuciformis* Berk.）。在自然界分布广泛，大部分国家都有野生银耳。我国主要分布于福建、台湾、浙江、江苏、江西、安徽、湖北、湖南、海南、香港、广东、广西、四川、重庆、云南、贵州、陕西、甘肃、西藏、内蒙古等地。

二、营养与保健价值

银耳含有大量海藻糖、多缩戊糖、甘露醇等多糖类物质，营养丰富，且具诸多保健功能，每百克银耳中含钙 643mg、铁 30.4mg。

银耳的食用、药用历史源远流长。659 年，苏敬等 22 人修订的《新修本草》，收录药物 844 种，银耳（桑耳）收录其中。该书是世界上最早的药典，比欧洲《纽伦堡药典》早 800 余年。960—970 年，陶穀采摘隋唐五代及宋初相关典故，编汇成的《清异录》中记载“北方桑上生白耳，桑鹅，富贵有力者嗜之”。可见银耳在 1 000 多年前就被视为珍馐美馔。据史书记载，明世宗嘉靖皇帝朱厚熜（1507—1566）以银耳调养，心神安定，遂以银耳为岁贡。《本草问答》（御医唐宗海，字容川）中记载，慈禧太后得痢疾，久治未愈，后以银耳调养，得康复，且皮肤光滑，自此每日食用银耳羹。

历代中医认为银耳有滋阴补肾、润肺止咳、和胃润肠、益气和血、补脑提神、壮体强筋、嫩肤美容、延年益寿的功能。现代医学表明，银耳蛋白质中含有 17 种氨基酸，还含有酸性异多糖、中性异多糖、有机铁等化合物，能提高人体免疫能力，提高肝脏解毒功能。对老年慢性支气管炎、肺源性心脏病等具有显著疗效。

三、栽培技术发展历程

银耳人工栽培源于我国川鄂接壤大巴山东段的四川通江、湖北房县等地。据吴世珍修编的《续修通江县志稿》（1926）记载，“光绪庚辰（1880）、辛巳（1881）间，小通江河之涪阳、陈河一带，突产白耳，以其色白似银，故称银耳”。由于通江自古以来就有很多乡民以银耳为生，而且银耳质量优良，成为国内外闻名的土特产，一直被视为银耳的原产地。据陈士瑜（1992）考证，银耳人工栽培最早的文字记载是湖北房县，同治五年（1866）杨延烈纂修的《房县志·物产》记载了银耳栽培，“木卫，有红、白、黑三种，白者尤贵。房东北有香耳山，鹜利者货山木伐之，杈丫纵横，如结栅栏。阅岁五、六月，霖雨既零，朽木余液，凝而生之，获数倍”。此记述的银耳栽培方法与通江早期的栽培方法相似。

1941年，杨新美在贵州湄潭获得子实体担孢子弹射分离的银耳纯菌种。其后，用这种纯菌种做成孢子悬浮液，用壳斗科段木进行了3年（1942—1944）的田间人工纯种接种对比试验，最高可增产20倍，成效显著。在长期的栽培实践中，人们注意到一种经常与银耳相伴生长的菌，其外表很像“香灰”（人们称之为“香灰菌”），它与银耳的产量有关。杨新美（1954）对香灰菌与银耳的关系做了调查与研究，在他的《中国的银耳》一文中叙述如下：有一种灰绿色的淡色线菌及一种球壳菌（未做鉴定）经常与白木耳伴随生长，耳农称前者为“新香灰”、后者为“老香灰”，认为是银耳的变态，并认为与银耳产量有极其重要的关系。根据初步考察，二者确与银耳相伴，前者约占产耳段木总数的77.4%，后者约占74.5%，而且在湿润的气候下，“新香灰”经常发生在“老香灰”的黑色子座上，在培养中尚未断定其间的关系。它们可能在营养上与银耳有着密切的关系，但它们并非银耳的一个世代是可以肯定的（在它们的培养上并未发现其相互转化的迹象）。

1949年后，陈梅朋、杨新美等真菌学工作者深入四川、云南、贵州、湖北、福建等银耳产区，总结各地的栽培经验，研究了银耳的生态学和生物学特性。1959年陈梅朋首次分离到银耳和香灰菌的混合菌种，并认为是银耳纯菌种，以此进行段木人工接种试验，亦长出银耳子实体。1962年以后，上海市农业科学院、三明市真菌研究所证明银耳纯种在灭菌的人工培养基上能够完成生活史。经过华中农业大学、上海农业科学院、三明市真菌研究所等单位的科研人员的深入研究，探明银耳必须与分解能力较强的香灰菌（羽毛状菌丝、耳友菌丝）混合，共同生长，才能提高出耳率。三明市真菌研究所将银耳和香灰菌的纯菌种混合制种进行栽培试验，出耳率达到100%。1974年福建古田姚淑先改进了银耳瓶栽方法。其后，该县的戴维浩创立了木屑、棉籽壳棒式栽培法，降低了生产成本，产量大幅度提高。目前，该工艺在全国推广应用，成为我国银耳主栽技术。

四、发展现状与前景

目前我国银耳栽培模式有3种，一种是四川通江的段木栽培方式，是一种富有银耳历史文化的生产方式。产出银耳洁白，开片好，复水率高，品质好，价格高，年产量2万t（鲜）左右。另一种是代料栽培，也是20世纪戴维浩发明的棒式栽培法，沿用至今，年产量45万t（鲜），这种生产方式成本低、产量高、效益好，是一种适合我国目前经济条件的生产方式。第三种是瓶栽，瓶栽是近几年形成的工厂化周年生产技术；采用自动化机械设备和人工气候菇房生产，工厂化瓶栽银耳达到年产量1.7万t（鲜）。这种生产方式生产效率高、产品卫生品质高、产量高质量稳定。随着我国社会经济的发展，劳动力成本不断提高，对产品质量需求不断提高，工厂化生产优势将更加彰显。

第二节　银耳生物学特性

一、形态与结构

新鲜银耳子实体白色，半透明，由多片呈波浪曲折的耳片丛生在一起，呈菊花形或鸡冠形（图 24－1a），大小不一。干后呈白色或米黄色。子实层着生于耳片一侧，担子椭圆形或近球形，被纵隔膜分割成 4 个细胞（图 24－1b），每个细胞上方 1 个细长的担子梗，每个担子梗上着生 1 个担孢子。孢子印白色，担孢子无色透明，大小为（5～7.5）μm×（4～6）μm。担孢子萌发生出菌丝，交织形成菌落（图 24－1c），可亲和的单核菌丝融合形成异核菌丝，并有锁状联合（图 24－1d）。担孢子也可以通过芽殖方式产生酵母状细胞（图 24－2）。

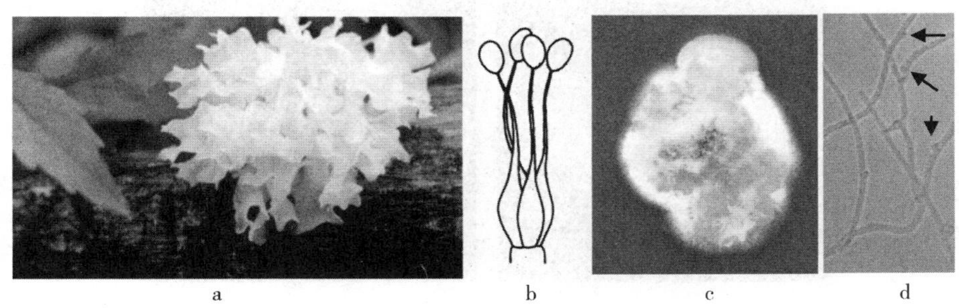

图 24－1　银　耳

a. 子实体　b. 担子与担孢子　c. 菌落　d. 菌丝及锁状联合

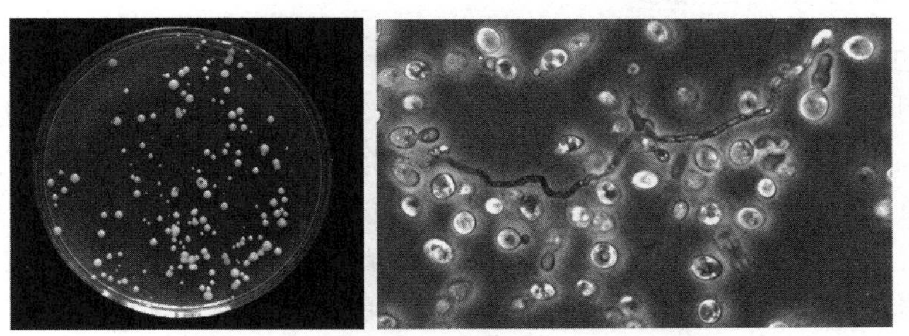

图 24－2　银耳酵母状细胞的菌落及细胞形态

银耳菌丝白色，双核菌丝有锁状联合，多分枝，直径 1.5～3μm。菌丝生长极为缓慢，有气生菌丝，从接种块直立或斜立长出，菌落呈绣球状（图 24－1c），少数菌丝平贴于培养基表面生长。菌丝体易扭结和胶质化，形成原基。银耳菌丝也易产生酵母状细胞，尤其是转管接种时受到机械刺激后，菌丝生长转向以酵母状细胞的芽殖或裂殖方式进行无性繁殖。银耳在生长发育过程中，需要与香灰菌，即暗环碳团菌（*Annulohypoxylon stygium*）伴生（图 24－3a、图 24－3b、图 24－3c）。香灰菌菌丝生长迅速，初期白色，后渐变灰白色，有时产生碳质的黑疤，使培养基变为黑褐色（图 24－4）。

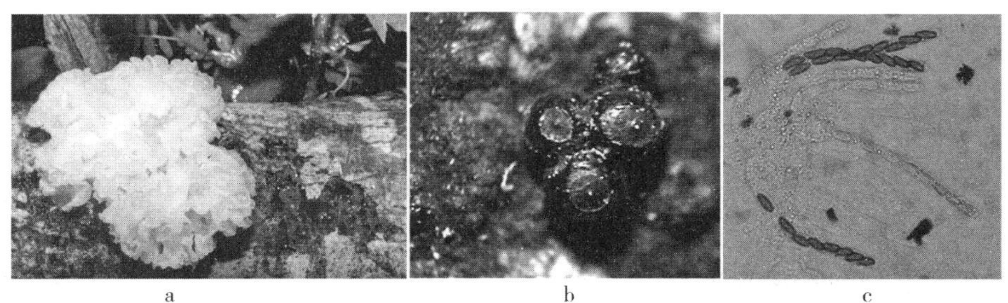

图 24-3　香灰菌

a. 银耳与香灰菌（箭头处）　b. 香灰菌子囊壳　c. 香灰菌的子囊及子囊孢子

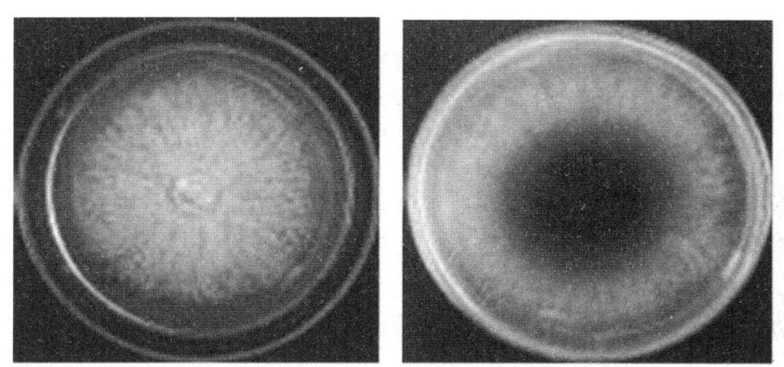

图 24-4　香灰菌菌落特征

二、繁殖特性与生活史

银耳是四极性异宗结合真菌。产生的担孢子弹射到子实体表面，担孢子芽殖形成酵母状细胞，酵母状分生孢子萌发形成同（单）核菌丝，两个可亲和的单核菌丝融合形成异（双）核菌丝。异核菌丝有锁状联合，形成的菌落绣球状或绒毛团状。培养条件不适或菌丝受伤时，异核菌丝形成椭圆形酵母状细胞，以芽殖方式进行无性繁殖，在适宜条件才萌发形成菌丝。香灰菌在基质上降解大分子物质，为银耳菌丝生长提供易于利用的营养物质。银耳菌丝在生长达到生理成熟后，在基质表面形成“白毛团”，并胶质化形成原基。原基逐渐发育分化形成耳片，在耳片一侧的子实层上产生担孢子（图 24-5）。

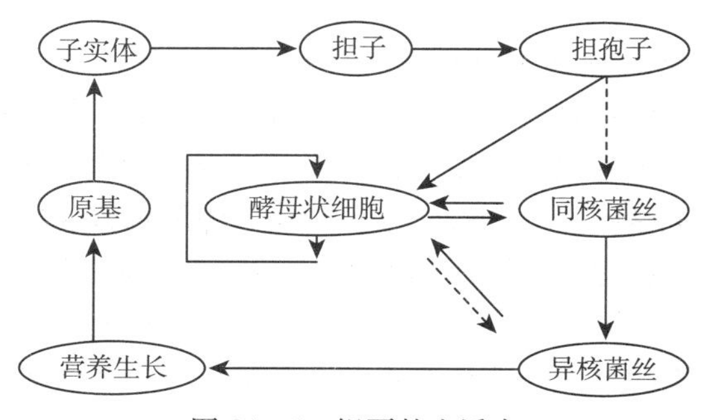

图 24-5　银耳的生活史

三、生态习性

我国大部分地区均有银耳分布，每年 5～8 月发生在栓皮栎（青冈木）、麻栎（细皮青冈）、水青冈树、槐树、柳树、核桃树、梧桐树等树干上（图 24－6），这类树种具有边材发达、心材小、木质松软的特性。

生长有银耳的树干都有伴生菌即香灰菌，臧穆（1999）发现香灰菌有吸器，认为它是银耳的寄生菌。福建农林大学谢宝贵团队研究发现，银耳仅在耳基之下 2cm 范围内有菌丝，银耳与香灰菌的菌丝接触处有类似吸器的突起（图 24－7），因而推测银耳是寄生菌，香灰菌是寄主。

图 24－6 野生银耳

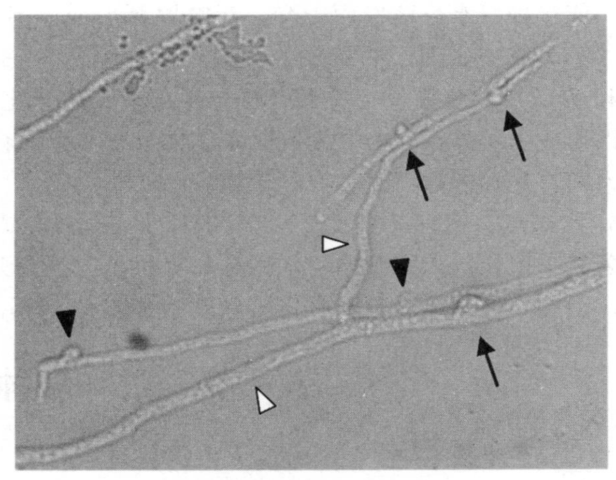

图 24－7 银耳与香灰菌接触处类似吸器的突起（长箭头所指）

注：黑三角为具有锁状联合的银耳菌丝，白三角为香灰菌菌丝，箭头为吸器。

四、生长发育条件

（一）营养要求

银耳是一种营养吸收利用很特殊的木腐菌，菌丝能吸收利用葡萄糖、蔗糖、麦芽糖等小分子糖类，但不能在木屑培养基上生长。银耳菌丝需要借助香灰菌才能在木材或木屑上生长。

研究表明，银耳菌丝几乎没有分解纤维素和木质素的能力，也不能利用淀粉。香灰菌中纤维素酶、半纤维素酶和多酚氧化酶活性较高，主要分解纤维素和半纤维素，不分解木质素。香灰菌将纤维素和半纤维素降解成可被银耳利用的养分分子拟态，供银耳孢子萌发、菌丝定殖、菌丝生长和子实体生长发育。对银耳与香灰菌胞外酶系的研究发现，两者不仅具有酶及其作用的互补性，还有极显著的酶的协同增效作用。

由于银耳栽培中使用银耳与香灰菌的混合菌种，栽培原料可用木屑、棉籽壳、蔗渣、秸秆等作为碳源，以米糠、麦麸、尿素等作为氮源，添加少量的磷酸二氢钾、硫酸镁、石膏等提供矿质营养。

（二）环境条件

1. 温度 银耳是中温型恒温结实性菌类，稳定的温度有利于子实体形成与发育。银耳菌丝生长最适温度20～25℃，低于12℃菌丝生长极慢，高于30℃菌丝生长不良。子实体分化发育最适温度20～24℃，不可超过28℃。

2. 水分与空气相对湿度 银耳培养基质最适含水量53%～58%，低于52%菌丝生长不良，但高于60%培养料通气不良，菌丝生长缓慢或停止。

银耳菌丝耐干燥，将长有银耳菌丝的木屑菌种块置于硅胶干燥器中2～3个月，香灰菌丝死亡，而银耳菌丝仍然存活，可以利用这一特性从混合菌种或栽培基质中分离纯银耳菌丝。在子实体生长阶段，空气相对湿度对产量和质量影响较大，适宜空气相对湿度85%～95%，偏低会影响原基形成，偏高易发生"流耳"现象。

3. 空气 银耳好气性强。菌丝培养室通风不良，易造成接种穴杂菌污染；但通风量过大，使接种口水分蒸发而干燥，影响原基形成。出耳阶段的O_2不足、CO_2浓度过高，子实体膨大成胶质团，不易开片，失去商品价值。

4. 光照 银耳菌丝生长不需要光照。子实体分化发育需要少量的散射光，黑暗环境中难以形成子实体，直射光不利于子实体分化发育。在银耳子实体接近成熟的4～5d，应保证室内有足够的散射光，有利于提高品质。

5. 酸碱度 银耳适宜pH 5.2～7.0，最适pH 5.2～5.8。低于pH 3.8或高于pH 7.0时，菌丝不生长。人工栽培时，银耳和香灰菌菌丝会分泌出一些酸性物质，使培养料pH下降。因此，配制培养料时常将酸碱度调至6.0～6.5。

第三节 银耳品种类型

一、品种类型

我国银耳的品种类型有两个，即黄色品种和白色品种（图24-8），色泽差异主要表现在鲜耳上，烘干后，白色品种呈浅黄色，而非白色。

图24-8 银耳

a. Tr21 b. Tr2016 c. Tr01

常用品种有银耳Tr01、银耳Tr21和银耳Tr2016三个；品种间新缘关系相近，但生产性状存在差异。

Tr01 为白色品种，子实体成熟时耳片全部展开，没有小耳蕾，形似牡丹或菊花，朵直径 10～14cm，耳片纯白，蒂头微黄，品质较优，栽培周期 33～40d，适于加工成剪花银耳。

银耳 Tr21 为黄色品种，子实体成熟时耳片全部展开，没有小耳蕾，形似牡丹或菊花，朵直径 10～14cm，栽培周期 35～42d，单产高于 Tr01。耳片白中带黄，有光泽，光照有增白作用，蒂头黄。

Tr2016 为白色品种，子实体成熟时耳片全部展开，没有小耳蕾，牡丹花状，朵直径 11～14cm，栽培周期约 45d，耳片颜色与 Tr01 接近，蒂头微黄，产量与 Tr21 接近或略高。适合工厂化瓶栽。

第四节　银耳栽培技术

一、栽培设施

银耳栽培属于熟料栽培，培养料配制后装袋、灭菌、冷却等工艺与香菇等种类相似。袋栽采用塑料袋折径 12cm 或 12.5cm，香菇菌棒细，因此装袋机的绞龙直径、周转筐的大小与香菇不同，其他均相同。

发菌室和出耳房均可采用砖瓦结构菇房，砖瓦房既保温、保湿，又通风，还有较适合的散射光，砖墙厚 24cm（土墙厚 40cm、20cm 空心砖），“人”字形屋顶，覆盖瓦片，用 3～5cm 的泡沫板设置隔热层，在走道上方开 80cm×80cm 可开合的天窗 2 个。内墙壁要衬农用薄膜和 1cm 厚的泡沫板。通气窗和门安装 60～80 目防虫网，栽培房外用防虫网设置缓冲道，将栽培房与外界隔离，以防人员出入带入蚊蝇。缓冲道宽 1.6～2.0m，常根据菇房宽度及并排菇房房间个数和地势而定，安装杀虫灯、诱虫板。房间内安装诱虫灯（如黑光灯）诱杀菇蚊、菇蝇等害虫。每间菇房内设一条或两条通道。1 条通道的菇房长 10m、宽 3.5m、高 3.5～4m，1 个门，门上方安装 1 个 150W 的排气扇；两排栽培床架，床架宽 1.1m，中间留走道 1.1m，走道上方安装 2 个小型电风扇和 2 盏白炽灯。2 条通道的菇房长 10m、宽 4.5m、高 3.5～4m，2 条通道，两个门，前后设置可开合的玻璃窗 4 个，窗顶上方安装排气扇；三排栽培床架，两条通道均宽 1.1m，走道上方安装 2 个小型电风扇和 2 盏白炽灯。发菌室和出耳房也可以用 18K 以上的双面彩钢保温板建造。

棒栽银耳一般是冷却、接种、培养三室合一，利于轻简化操作，利于提高菌棒成品率，控制杂菌侵染。

根据各地的气象资料，日平均气温稳定在 18～26℃的季节都适合栽培银耳。

二、栽培基质原料与配方

银耳栽培的主料是木屑和棉籽壳，近年来也有用黄豆秸粉代替部分木屑。辅料包括麦麸、石膏粉。木屑要求使用边材丰富、心材质地松软的树种，如壳斗科、金缕梅科、桦木科、杜英科、漆树科、胡桃科、五加科、榛科、豆科、安息香科、大戟科、杨柳科等。棉籽壳、麦麸要求新鲜、干燥、无霉变、无虫蛀、无结块、无异味。常用配方有：

①棉籽壳 82%～88%，麦麸 11%～16%，石膏粉 1%～2%，含水量 55%～60%。

②木屑 60%，黄豆秸粉 23%，麦麸 15%，石膏粉 2%，含水量 55%～60%。

配方①产量高，是目前的主栽配方，配方②的产量略低。

配方中麦麸用量和含水量应根据季节及原材料加以调整，高温季节麦麸用量减少，如果棉籽壳含油分多，也可减少麦麸用量。高温季节含水量也应适当减少，低温季节含水量适当提高；如果棉籽壳的棉绒少，通透气性强，可适当提高含水量。

三、栽培基质的制备

近年来，银耳生产设备有多种型号可供选择，即有适合于农户小规模生产的设备，也有全自动生产线。后者由铲车、拌料机、传送带、装袋机等设备组装成自动化程度很高的生产线。

培养料的混合、搅拌及含水量调控方法与香菇相同。培养料的含水量控制在 55%～60%，简易的测试方法是用手握紧培养料指缝间有水渗出、但不滴下，伸开手指料成团、落地即散为度。

12cm×(45～50) cm 料袋装干料 0.6～0.75kg/袋、湿料重 1.3～1.5kg。

小规模生产需配备螺旋推进式装袋机。当培养料装至离袋口约 8cm 时，取下料袋扎口。扎好袋口后，用木板将料袋稍压扁，便于出耳时排放。随后用打孔器打接种穴 4～5 个，穴口直径约 1.2cm，深约 2cm。擦去表面木屑杂质后，贴上 3.25cm×3.25cm 的小块胶布封口。

大规模生产场一般配置一条或多条生产线，采用全自动装袋生产线，套袋、装料、袋口绑扎、打穴、封穴等均由装袋机自动完成。

银耳培养料灭菌方法有常压灭菌与高压灭菌两种，灭菌技术与香菇相同。

四、接种（播种）与发菌管理

灭菌后的料袋于冷却室“井”字形堆垛冷却。穴口胶布翘起或破袋要立即贴封，以防杂菌侵入。当料袋温度降至 30℃以下时接种。

银耳菌种是混合菌种，银耳菌丝仅生长于培养基表层。接种前 1d，需要将栽培种中的银耳与香灰菌无菌操作混合均匀。确保银耳与香灰菌菌丝均匀分布在料中，在 20～25℃中恢复约 24h 后使用。先用 5%石炭酸或 1%新洁尔灭喷雾接种室，沉降空间尘埃，杀灭附着其上的微生物。随后用福尔马林 5～10mL/m^3 或气雾消毒盒（3～5g/m^3）熏蒸 2h。接种时两人或多人配合接种，接种时应注意穴内菌种要凹下胶布 1～2mm，这样有利于出耳期白毛团的形成和胶质化。一瓶菌种接种 20～25 袋，接种穴 80～100 个。

菌袋接种后按“井”字形码放，就地培养。接种后 3～4d 为菌种萌发期，培养室温度控制在 25～28℃。如果发现胶布翘起，应及时粘好，避免污染杂菌或接种块失水。3～4d 后菌丝开始吃料，菌袋料温会高于室温，降低室温至 24～25℃。接种后 5～7d，翻堆一次，并适当将菌袋散开摆放，避免“烧堆”。在翻堆中仔细检查及时拣出污染菌袋。

菌袋培养约10d后，搬至出耳房的床架上出耳，菌袋间隔2～3cm。此时穴与穴之间菌落已相互交接，菌丝因袋内缺氧而生长受阻，需要揭开胶布，通气增氧。将胶布的一角撕起，卷折呈半圆形，再将胶布边贴于袋面，形成一个黄豆粒大小的通气孔。菌袋间通气孔口要求朝一个方向，以免水分管理的水雾喷入接种穴。揭胶布后12h开始喷水，将空气相对湿度升高至80%～85%，每天喷水3～4次。

五、出菇管理

出耳房应通风良好，易于保温保湿。床架隔层无需搁板，仅需3～4条横杆支撑菌袋，门窗需安装纱网防虫。揭开胶布通气后，菌丝呼吸作用加快，室内CO_2浓度增加，注意加强通风换气。喷水前打开门窗，喷水后继续通风30min，再关闭门窗。揭胶布后2d，接种穴开始出现黄色水珠，这是出耳的前兆。若黄水太多，可侧放菌袋，让黄水流出，或用干净纱布、棉球将黄水吸干，否则易引起烂耳。

当接种穴内白毛团胶质化、形成耳芽后揭去胶布，并用锋利小刀沿接种穴边缘环割约1cm的塑料膜，形成直径4～5cm的穴口。割膜扩穴操作切勿割伤菌丝体。随后上覆无纺布，喷水，保持无纺布湿润。每天1次，通风换气，避免菌丝长到无纺布上。

原基形成后，保持温度在23～25℃。若温度低于18℃，耳芽成团，不易开片；温度高于30℃，耳片疏松、薄，容易烂蒂。保持空气相对湿度90%～95%，低于80%时分化不良，色泽黄；高于95%，虽耳片舒展，色白，但易烂耳。割膜扩穴后，每隔4～5d，应将覆盖的无纺布取下，在太阳下暴晒消毒，同时也让子实体露出通风8～10h，之后再行覆盖保湿。这样干湿交替，有利于子实体生长健壮。如果耳片干燥、边缘发硬，可收起无纺布，直接向耳片喷少量雾状水，通风后再盖。

子实体形成和发育期间，需要有一定的散射光。通常15m^2的出耳房安装3～4只日光灯，补充光照。光照充足银耳肥厚，色白，开片好，有活力，产量高。经过10d以上的出耳管理，子实体进入成熟期，耳片完全展开，疏松，弹性减弱。此时降低空气相对湿度至80%～85%，减少喷水，延长通风时间，确保尚未展开的耳片继续扩展，使耳片加厚，1周左右后即可采收。

六、采收与烘干

用锋利小刀沿耳基割取。再用小刀削去蒂头，一般只采收一潮。在太阳下晒干或用烘干机干制，但色泽黄，商品价值低。近年来采用剪花脱水技术，即将新鲜银耳用清水浸泡4～8h，使耳片充分吸水展开，手工将成朵的子实体掰成7～8小朵，摊于塑料薄膜上，在太阳下暴晒，边晒边喷淋清水，直到蒂头变白，再倒入水池中清洗，捞起沥干，摊于竹匾上，烘干，即可获得雪白的银耳子实体产品。

（邓优锦　谢宝贵）

主要参考文献

陈士瑜，1992. 中国方志所见古人菌类栽培史料［J］. 中国科技史料，13（3）：71-82.

卯晓岚，1998. 中国经济真菌［M］. 北京：科学出版社.

杨新美，1954. 中国的银耳［J］. 生物学通报（12）：17－19.
臧穆，1999. 与银耳生长的香灰菌新种［J］. 中国食用菌，18（2）：43－44.

第二十四章附　金耳栽培

第一节　概　　述

一、金耳的分类地位与分布

金耳［*Naematelia aurantialba*（Bandoni & M. Zang）Millanes & Wedin］，曾用名 *Tremella aurantialba*，又名黄金银耳、金木耳、黄耳、金银耳、黄木耳、脑耳、脑形银耳、胶耳等。野生金耳分布于亚洲、欧洲、美洲和大洋洲，在我国主要分布于云南、福建、四川、山西、西藏、湖北、江西、贵州、吉林等地（张光亚，1984，1999）。野生资源能形成少量商品的只限于云南省靠近金沙江和澜沧江流域的河谷林区（刘波，1992）。人工栽培金耳主要产地在云南、四川、福建、山西等地。

二、金耳的营养与保健价值

金耳胶质细腻，清润可口，营养丰富。化学成分分析发现，金耳不仅含有多糖，还存在着大量的氨基酸及蛋白质。金耳子实体氨基酸含量高达10%，深层发酵菌丝体含有18种氨基酸。此外，金耳子实体中矿质元素含量丰富，种类齐全，除钾、钙、铁、锰、锌、磷、铜等外，还含有部分少量元素，如硒、锗等，分别为15μg/g、228μg/g。金耳还富含维生素A、B族维生素、烟酸等。

金耳除食用价值高以外，保健和药用价值也十分突出，研究表明金耳多糖提高记忆力和免疫力效果显著，降血糖、抗肿瘤功效良好。此外，也可延缓衰老，滋润皮肤，驻颜美容，是化妆品的优选原料。

三、栽培技术发展历程

金耳的人工栽培研究历史较短。福建省三明市真菌研究所黄年来等（1983）对金耳生活条件、菌种分离与制作、段木栽培进行研究并获得金耳栽培子实体。商业部昆明食用菌研究所金耳组在对滇西北野生金耳生态调查的基础上，于1982年开始人工栽培试验（商业部昆明食用菌研究所金耳组，1984），在菌种分离、段木栽培、代料栽培工艺方面都取得较成熟的经验，并大面积示范推广（郑淑芳等，1985），至今，金耳栽培工艺无论段木栽培还是代料栽培都普遍沿用了刘正南等开创的栽培工艺。

四、发展现状与前景

目前，国内对金耳的成分研究较多，栽培技术研究尚不足，工厂化栽培未见报道，国外更是鲜有报道。金耳外形美观营养滋补，但与生活中常见的大宗品种平菇、香菇等相比

较，金耳现有产量和市场都很小，鲜品和干货都多见于野生菌批发市场，普通农贸市场很少见，在很多地区仍不为人们认识。近年来随着金耳保健功能的研究的深入，同时金耳传统消费区的消费带动与传播，在全国范围内越来越多的人认识到金耳及其价值，并开始接受金耳产品，市场需求量快速增长。另外，金耳的保存方法较其他食用菌更为多样和简便，可作为化妆品原料，还可以加工成保健品、饮品等，具有巨大的深加工潜力。这为金耳产业发展带来巨大空间。

第二节　金耳生物学特性

一、形态与结构

金耳子实体（附图 24－1）大型，半球状至不规则块状，呈脑状，由数个深浅不一的沟槽分隔形成的肥厚裂瓣组成，高 2～8cm，直径 3～12cm，人工栽培子实体一般 10cm 以上，甚至可达 25cm，基部狭窄。干后缩小，坚硬，基本保持原形。鲜时表面金黄色、橙黄色至橘黄色，干后橙黄色至金黄色。裂瓣内层主要由毛韧革菌菌丝组成，微白色，肉质纤维状，外层胶质金黄色、橙黄色至橘黄色，裂瓣厚薄不一，内实偶有中空。菌丝直径 2～5.5μm，有锁状联合密集分布，吸器丰富。下子实层菌丝或多或少呈平行状，并常常相互联结或融合。子实层遍生，外露表层，子实层宽，细胞排列疏松，包含着担子；原担子初椭圆形至卵形；成熟下担子球形、近球形，稀有梨形，有时具短柄状基部，长 13～25μm，宽 11～20μm，十字形纵分隔或稍斜分隔，上担子圆筒形，长 15～25μm，大的长达 100～190μm，直径 2.5～3.5μm，顶部常膨大至 6～7μm，担孢子球形至广卵形，有小尖，近轴侧稍平直，(8～13) μm×(7～10.5) μm，无色，成堆时黄色，萌发产生再生孢子或出芽生殖。子实层稀疏分布的产孢细胞以出芽形式产生分生孢子，分生孢子球形至卵形，2μm×3μm。

附图 24－1　人工栽培金耳子实体

二、繁殖特性与生活史

（一）生殖方式与性特征

金耳为四极性异宗结合真菌，有性生殖由两个具有复等位基因、互不连锁的不亲和性因子 A 和 B 控制，减数分裂时独立分离、自由组合。同一担子上产生的 4 个担孢子，有 4 种交配型（A_1B_1、A_1B_2、A_2B_1、A_2B_2），A 因子控制锁状联合中锁状细胞的形成，B 因子控制核迁移。只有同时具有两对等位基因的单核体之间才能进行交配。

（二）金耳生活史

金耳完整的生活史包括一个有性世代和若干个无性世代（附图 24－2）。

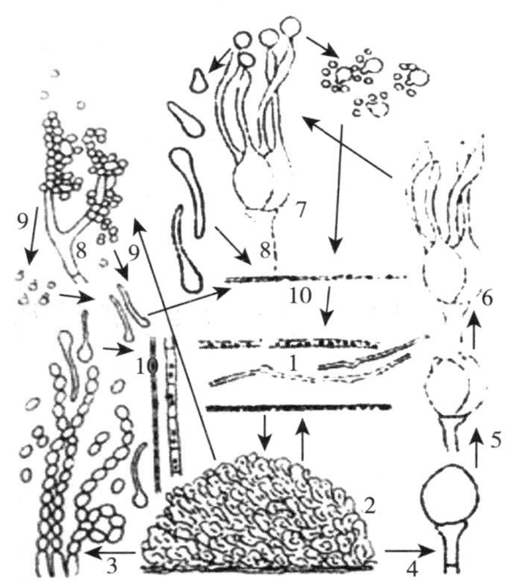

附图 24-2 金耳生活史

1. 混杂型双核菌丝 2. 金耳正常型子实体 3. 特定条件下形成的粉孢子链及粉孢子发芽 4. 幼担子内两个细胞核融合，产生核配，开始第一次减数分裂，进入二核期 5、6. 第二次减数分裂，产生 4 个单倍体核进入四核期，内部纵向十字形分隔形成 4 室，每个细胞顶端隆起伸长为上担子 7. 担子和担孢子成熟，在特定条件下发芽或芽殃 8. 子实层部位，金耳型菌丝分化，形成分枝或不分枝的分生孢子梗和分生孢子链 9. 分生孢子在特定条件下两种萌发方式发芽或芽殖 10. 单核菌丝体及其双化

（刘正南和郑淑芳，1995）

三、生态习性

金耳多生长于夏秋季，海拔 1 800～3 200m 范围内发生较多，常单生或群生于阔叶林，针阔混交林中的壳斗科（Fagacese Dumort.）、桦木科（Betulaceae Gray）阔叶树的朽木上，恒寄生于毛韧革菌（*Stereum hirsutum* Fr.）。

四、生长发育条件

（一）培养基质条件

1. 碳、氮源及其他元素 单纯的金耳菌丝，自身不具备分解木质素、纤维素的能力，基质的木质素、纤维素须先经其寄主毛韧革菌分解成简单的糖类，才能被金耳菌丝利用。而金耳寄主毛韧革菌能利用常见木腐菌利用碳源、氮源，金耳培养基质来源广泛。

2. 酸碱度 金耳酸碱度的适应范围较宽，在 pH 4～8.5 范围内都能生长，最适 pH 6.0～6.5。

3. 栽培基质及含水量 栽培金耳的主料为杂木屑、棉籽壳等，辅料为麦麸和玉米粉等。栽培基质适宜含水量 55%～65%。

（二）环境条件

1. CO_2 金耳菌丝生长阶段对 CO_2 浓度不甚敏感，只需间断增加通风量即可。子实体形成需要通风量较大。研究表明，如通风不良，CO_2 高于 1 500mg/L，则子实体膨大

缓慢，而且整体特色不均匀，形成局部黄色的子实体（附图 24－3），不能获得整体金黄色或橙黄色的商品耳。

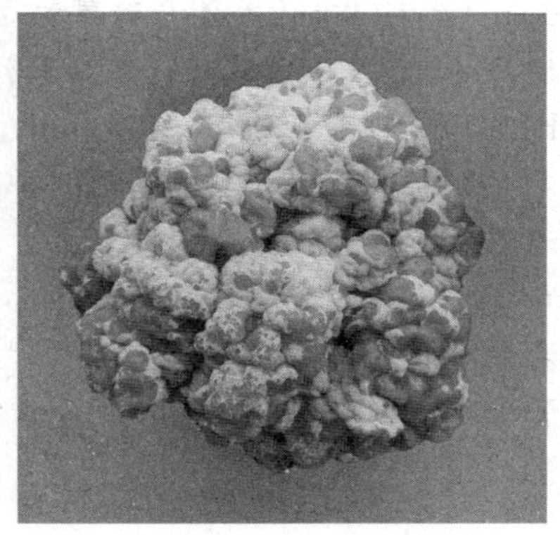

附图 24－3　局部转色的金耳子实体

2. 湿度　菌丝生长阶段不需要特别补充培养室空气相对湿度，原基形成后必须保持空气相对湿度不低于 85%，否则原基表面干燥死亡或产生畸形耳，转色期缺水还会造成转色不均匀，影响商品外观。

3. 温度　金耳菌丝在 8～30℃均可生长，适宜生长温度 22～25℃，在此温度范围内菌丝长速快，菌丝洁白、粗壮，长势旺盛。子实体形成温度范围较窄，为 18～22℃，子实体形成后在 10～25℃的温度范围内可以生长，低于 10℃生长发育受阻，高于 25℃时子实体抗逆性较弱且老化迅速很容易感染杂菌。

4. 光照　菌丝阶段不需要光照，子实体原基形成后需要散射光刺激转色，适宜光照强度 2 000～3 000lx，光照时间 8～12h/d，光照强度和时间不足都导致子实体颜色偏淡，且转色不均匀。足够的光照是优质金耳形成的必要条件。

第三节　金耳栽培技术

一、菌种制作

（一）菌种制作方法

金耳母种制作以组织分离法最简便有效，是目前金耳菌种分离的常用方法；用金耳芽孢菌种与毛韧革菌进行混合培养（田果廷等，2012），虽然也能在木屑培养基上形成子实体，但菌种分离、混合培养的技术性强不易掌握和推广；用耳木分离法通常只能得到毛韧革菌。金耳原种和栽培种制作也以组织分离法最为简便、有效。

目前，普遍认为金耳与其伴生菌毛韧革菌之间为寄生关系，寄生机制尚不明确。据报道，金耳子实体和培养料中的菌丝体都为二者的混合菌丝，二者配比尚不明确，但二者的合适配比是金耳产生子实体的关键。因纯金耳菌丝获取困难，且金耳与革菌的生理状态会对二者的配比产生影响，因此金耳菌种在实际制作中很不稳定，一致性较差，为此有学者提出了有效菌种与无效菌种的概念（刘正南和郑淑芳，1995），并从外观上对金耳菌种的优劣予以区别。菌种中组织块膨大为小耳或长出新的小耳的菌种为有效菌种，菌种中组织块未膨大、也没有小耳长出的菌种为无效菌种。这种方法虽能在一定程度上保证栽培出耳，但因为金耳菌丝与革菌菌丝的配比不能人为掌控，导致每瓶菌种的生理状态都有差异，因此出耳不整齐、不一致无法避免。生产中制作和使用菌种时，要认真挑选生理状态基本一致的菌种以保证一致度。

（二）金耳菌种培养基配方

1. 菌种分离和母种培养基　①PDA 培养基。②PDA＋麦芽煮汁培养基：在 PDA 培养基基础上，添加麦芽 30g/L 浸煮液。③玉米粉培养基：玉米粉 40g，葡萄糖 20g，琼脂

20g，水 1 000mL。④马铃薯黄豆粉培养基：马铃薯 100g，黄豆粉 20g，葡萄糖 20g，琼脂 20g，水 1 000mL。⑤木屑煎汁培养基：麻栎木屑 500g，蛋白胨 2g，蔗糖 20g，维生素 B10.5g，琼脂 20g，水 1 000mL。

2. 原种和栽培种培养基 原种和栽培种配方相同，含水量 55%～65%，pH 6～6.5，培养基配方有：①杂木屑 78%，麦麸 20%，蔗糖 1%，石膏粉 1%。②杂木屑 70%，玉米粉 20%，豆秆粉 3%，米糠 5%，蔗糖 1%，石膏粉 1%。③杂木屑 40%，棉籽壳 40%，麦麸 18%，蔗糖 1%，碳酸钙 1%。④棉籽壳 82%，麦麸 8%，玉米粉 8%，蔗糖 1%，石膏粉 1%。⑤棉籽壳 50%，杂木屑 48%，蔗糖 1%，石膏粉 1%。

二、栽培时机

金耳栽培适宜温度为 18～25℃。一般而言，金耳发菌期 30～40d，从原基出现到采收 30～35d，一潮耳的栽培生产周期 60～75d。我国北方适宜春季栽培，南方春、秋两季都可栽培。具环控设施设备条件的可室内周年栽培。

三、栽培方式

(一) 段木栽培

气温稳定在 12～15℃为接种适期，依据当地气候状况提前制备菌种，菌龄不超过 45d。金耳段木栽培的适宜树种比较狭窄，以金耳天然寄主为主，选用树径 8～16cm 的小径木，砍树，截取、缩水、接种方法与传统的香菇段木栽培相同。接种时段木含水量应保持 50%～60%，孔距 12～20cm，行距 5～10cm，孔径 0.8～1.2cm，孔深 2～3cm。使用的菌种要有胶质子实体，每个接种孔要放入黄豆粒大小的子实体块，菌种接入后立即用树皮盖封闭接种孔。

接种后在洁净、向阳处建堆发菌。上堆时，先在地面垫石块或枕木，离地面约 15cm，耳床堆成“井”字形堆，高约 1.5m，先覆盖薄膜，再盖遮阴网或草席等覆盖物，保温保湿，以利发菌。发菌期堆内温度尽量保持在 22～25℃。15d 后揭膜翻堆促使发菌均匀，结合翻堆喷 1 次水。同时抽样，打开树皮盖检查菌种成活定殖情况，如菌丝已侵入木质部，则表明菌种已定殖；反之要补种。之后每隔 10～15d 翻堆 1 次，根据段木干湿情况，施予适当的水分管理。翻堆 2～3 次后要揭膜通风晾棒 7～10d，促进金耳菌丝生长，抑制杂菌发生。经 6～8 次翻堆，段木上有金耳子实体出现，即可排场出耳。在耳棚内设高 60～80cm 的支架，将段木“人”字形排放。出耳期要保持耳场空气相对湿度 80%～90%，进行日常喷水管理。经 20d 左右子实体充分舒展即可采收。采收前 1d 停止喷水。采后停水 2d，有利于耳基创口愈合再次出耳。管理得当出耳率可达 80%～100%，平均每根段木可产金耳（干）100g 左右，可连续出耳 2～3 年。

(二) 代料栽培

1. 栽培袋制作 栽培袋培养料配方参照原种及栽培种。有长袋和短袋两种栽培方式，长袋 15cm×55cm，装料后扎口封口；短袋 14cm×28cm 菌袋，装袋后用套环加滤菌盖或菌环加牛皮纸封口。高压湿热（121℃）灭菌 3h 或常压湿热灭菌 16～24h，灭菌结束后待菌袋冷却至室温后接种。

2. 接种　长袋采取卧式出耳，在菌袋一侧打孔接种，孔间距约 10cm，孔深 4cm，接种时需同时接入蚕豆大小的金耳子实体组织块和适量菌丝体，用透明胶或透气胶带封口，也可套袋。短袋采取立式出耳，直接打开袋口接种。接种后盖好滤菌盖或更换无菌牛皮纸封口。

3. 发菌培养及出耳管理　发菌期间黑暗培养，保持室温 18～25℃，CO_2 浓度低于 2 500mg/L，不需要特别补充空气相对湿度。培养 20～25d 子实体原基形成并开始膨大，及时转入出耳管理，去除接种点的覆盖物，继续保持温度 18～25℃，CO_2 浓度低于 1 500mg/L，提高空气相对湿度至85%。30d 左右后小耳直径 2.5cm 左右，提高空气相对湿度至 90%，每天给予 2 次雾状水，喷水量以子实体表面全部湿透但不积水为度。大棚出耳的给予自然散射光刺激，室内出耳的以人工光源照射刺激，光照强度 2 000～3 000lx。从接种日计，60～75d 金耳子实体表面褶皱深裂，并且颜色变为金黄色即可采收。一潮耳生物学效率多在 50%～70%，管理得当可采收 3 潮。

第四节　金耳病虫害防控

一、病害

金耳栽培中常见的杂菌与其他食用菌相似，主要是青霉、木霉和链孢霉。防控技术方法与其他食用菌相同。

常见的非侵染性病害主要有畸形耳、菌袋黄水和转色不均匀三种。

（一）畸形耳

畸形耳主要表现为子实体局部生长停滞使子实体形状扭曲，商品价值大大降低。主要原因是在原基膨大初期湿度不足导致原基表面干燥而局部死亡。在管理过程中，应及时了解金耳生长情况，合理补水，保证足够的空气相对湿度。

（二）菌袋黄水

黄水出现在菌袋表面，黄水极易引起杂菌污染。当黄水浑浊、变黑且有异味时，表明已感染杂菌，会引发侵染性病害。主要原因是营养不协调或环境胁迫加速生理老化所导致。营养不协调主要是营养过剩，需要改良栽培基质配方；当培养温度不适宜或环境条件较大变化时，也会出现黄水。栽培中要尽可能确保环境条件稳定，预防黄水的产生。

（三）转色不均匀

优质的商品金耳子实体，外形周正饱满，整体色泽均一，呈金黄色或橙黄色。子实体转色不均匀或色泽浅，主要原因主要是通风不足、光照不足、水分喷洒不均匀，栽培管理中应注意调整。

二、虫害

（一）螨虫

螨虫是金耳栽培为害最为严重的虫害，螨虫从母种到出耳袋各阶段均可发生为害，对菌种危害更甚。螨虫啃食菌丝体和子实体表面，由于繁殖扩散快，从发现到遍布整个生产空间只需 1 周左右。螨虫扩散易携带杂菌进入菌种或栽培袋内造成整个培养室或出耳室的杂菌爆发。且螨虫虫体微小，个体活动很难被发现，群体活动才可肉眼可见。这也是螨虫难以防控的原因。螨虫防治要先使用杀螨剂对环境进行熏蒸处理，杀灭菌袋外的螨虫，然后再行灭菌，杀灭袋内的螨虫和卵。不论在菌种培养室还是栽培室任何地方发现螨虫，都要整个菌种栽培的全过程场所检查，彻底杀灭。要仔细检查彻底消灭后再行生产。切忌螨虫未彻底消灭即行恢复生产。

（二）眼蕈蚊

金耳栽培中普遍发生的虫害为眼蕈蚊，幼虫常见于子实体上，主要是幼虫钻蛀性危害，导致子实体局部溃烂，之后感染杂菌导致整个子实体腐烂或霉烂。应以预防为主，及时清理虫害菌棒。农法栽培可采用防虫网覆盖、粘虫板捕捉成虫、糖醋液诱捕等方法防治。工厂化耳房则不可用粘虫板捕捉成虫，这是因为耳房空气相对湿度较高且恒定，粘在粘虫板上的害虫尸体在高湿环境中会滋生霉菌造成二次污染。

第五节　问题与展望

人工栽培金耳技术虽已出现30余年，但是针对金耳的生物学基础研究尚十分缺乏，目前人工栽培金耳依然存在两大难题。一是不能把控菌种中纯金耳菌丝与革菌菌丝的比例及两种菌丝的生理状态，导致菌种稳定性和一致性较差。二是转色机制不明确，导致在出耳，特别是工厂化耳房不能准确调节光照、CO_2 浓度和空气相对湿度，导致转色不均匀，形成劣质耳。这些问题是不可回避的。笔者认为随着生物科技的发展，特别是转录组分析技术的发展将使揭示这些问题的本质成为可能。从而促进生产技术的创新，使栽培技术不断完善，走向成熟。

（李荣春）

主要参考文献

黄年来，吴经纶，1983. 金耳菌种分离法初步研究［J］. 食用菌（6）：1-2.

刘波，1992. 中国真菌志：第二卷［M］. 北京：科学出版社.

刘平，1985. 金耳人工段木栽培研究初报［J］. 中国食用菌（2）：6-8.

刘正南，郑淑芳，1995. 金耳的生理特性及有效优良菌株的制备原理［J］. 中国食用菌（5）：10-11.

商业部昆明食用菌研究所金耳组，1984. 金耳引种驯化、人工栽培试验报告［J］. 食用菌科技（4）：13-15.

田果廷，陈卫民，苏开美，等，2012. 金耳代料栽培技术研究［J］. 食用菌学报，19（1）：43-46.

张光亚，1984. 云南食用菌［M］. 昆明：云南科技出版社.

张光亚，1999. 中国常见食用菌图鉴［M］. 昆明：云南科技出版社.

郑淑芳，刘平，汪欣，1985. 金耳人工栽培研究［J］. 食用菌（2）：23-24.

Liu X Z，Wang Q M，Göker M，et al，2016. Towards an integrated phylogenetic classification of the *Tremellomycetes*［J］. Studies in mycology，81：85-147.

第二十五章 猴头菇栽培

第一节 概 述

一、分类地位与分布

猴头菇［*Hericium erinaceus*（Bull.）Pers.］，又名猴头菌、猴头蘑、猴头、刺猬菌、羊毛菌、猬菌，主要分布我国黑龙江、云南、四川、吉林、辽宁、内蒙古、山西、甘肃、河北、河南、广西、湖南、西藏等地，欧洲、北美洲及日本也有分布。

二、营养与保健价值

（一）猴头菇营养、保健与药用价值

猴头菇素有山珍之美誉，是我国特有的栽培种类。猴头菇营养丰富，口感柔绵、风味独特，而且具多种保健功能和药效，是典型的食药兼用型的大型真菌。主要药效成分有多糖、低聚糖、多酚、猴头菌素、猴头菌酮、甾醇类和不饱和脂肪酸等。猴头菇多糖、多肽及氨基酸对机体神经系统、消化系统、循环系统以及免疫系统疾病具有预防和治疗作用，可用于治疗消化道溃疡、神经衰弱、身体虚弱等疾病，具有抗癌、增强免疫力等功效（张微思等，2017）。

（二）猴头菇加工产品

猴头菇加工食品种类繁多，常见的有饮品、调味品、乳制品、保健酒、强化主食（猴头菇挂面）、休闲食品（猴头菇脯）等。用猴头菇发酵的菌丝体为原料制成的猴菇菌片已临床应用数十年，用于气血病症引起的胃溃疡、十二指肠溃疡、慢性胃炎、萎缩性胃炎等症状的治疗。陈慧敏等（2009）观察表明猴头菇片联合铝碳酸镁对患者胃癌术后的消化不良有较好治疗作用。王利丽等（2011）的研究表明猴头菇具有益智保健功效，对由糖尿病引起的多种典型症状有治疗和改善作用。王钰涵等（2016）研究表明猴头菇浸膏胃黏附片对大鼠急性胃黏膜损伤有很好的预防及修复作用，其机制可能为对抗自由基的损伤作用，提高机体的细胞免疫功能，从而保护和修复胃黏膜。

三、栽培技术发展历程

猴头菇最早见于古代文献《农政全书》（1639）。1959 年陈梅朋从齐齐哈尔分离到野生猴头菇种进行驯化栽培，20 世纪 70 年代猴头菇人工栽培技术成熟。目前以袋栽为主，

主要产地在福建、黑龙江、内蒙古、浙江、江苏等地。

第二节 猴头菇生物学特性

一、形态与结构

菌丝在PDA培养基上生长初期稀疏、细弱，菌落乳白色至微黄色，边缘不整齐，后逐渐变浓密粗壮，气生菌丝呈粉白绒毛状；易出现原基。猴头菇子实体块状或头状，直径5～15cm，基部着生处较窄，外表布有针形肉质菌刺，向下生长，下垂如被短发，菌刺长一般1～3mm。子实体新鲜时色泽洁白、乳白色或淡黄色，干燥后呈淡黄褐色。担孢子椭圆至圆形，无色、光滑、直径5～6μm。

二、繁殖特性与生活史

猴头菇为异宗结合种类，担孢子生于子实体表面的菌刺外表。猴头菇的生活史从担孢子萌发开始，单核的担孢子萌发生长为单核菌丝，具有亲和性的两个单核菌丝结合形成双核菌丝，双核菌丝分解利用基质，积累营养，在适宜的环境条件下形成子实体，在菌刺上形成担孢子，至此完成其生活史。在干燥或高温等不良环境条件下，双核菌丝产生厚垣孢子，一旦条件适宜，厚垣孢子又会萌发产生双核菌丝，继续生长。猴头菇繁殖方式分为有性繁殖和无性繁殖。有性繁殖需经过担孢子、菌丝体、子实体和担孢子等连续发育阶段，无性繁殖是从菌丝体直接到子实体。

三、生态习性

猴头菇夏、秋季生于栎属、胡桃属等阔叶树的枝干断面或腐朽的树洞中以及枯木上。单生。能引起木材白色腐朽。

四、生长发育条件

（一）营养条件

猴头菇以纤维素、木质素、有机酸、淀粉等作为碳源，以分解蛋白质、氨基酸等有机物质、吸收利用铵盐等无机氨化物作为氮源。高颖等（2015）观测了玉米面、麦麸、豆皮粉、苜蓿草粉等天然氮源对猴头菇菌丝体和子实体的影响，认为苜蓿草粉为最佳氮源。猴头菇能利用某些无机态氮，如硫酸铵、硝基态氮等，但生长情况不及有机氮源。同时还需要一定量的钾、镁、钙、铁、铜、锌等微量元素营养。

贺新生（2000）选用20种配方进行栽培试验，结果表明含碳量50%±5%、含氮量1.0%～1.2%，最佳碳氮比为（30～45）∶1。冯改静等（2007）综合考察营养生长和生殖生长，认为最适碳氮比为38∶1。

猴头菇的生长发育与碳氮源种类及其浓度都密切相关，氮源过高，菌丝徒长，子实体形成推迟；碳源过高，菌丝细弱，子实体小，产量低。相同碳氮比条件下，氮水平较高则菌丝生长旺盛，易感染杂菌，影响子实体产量。琼脂培养基使用两种以上碳源显著改善菌丝生长，菌丝粗壮，菌落平展，菌丝生长显著加快，且不易形成原基。原料的形态、装料

松紧度等也影响猴头菇的营养利用从而影响产量。

（二）环境条件

1. 温度　菌丝在10～34℃都可以生长，适宜温度为20～26℃；子实体生长适宜温度12～26℃。温度偏高则菌刺长、球块小、组织疏松，且易形成分枝状畸形。温度偏低则菌刺短、球块大、组织致密结实。温度低于12℃时，子实体呈浅橘红色或浅粉红色。

2. 湿度　栽培基质适宜含水量为60%～70%。出菇期适宜空气相对湿度80%～90%。空气相对湿度低于60%时，子实体形成和发育受到抑制，颜色变黄，枯萎干缩。空气相对湿度高于95%时，子实体易感染杂菌，形成畸形菇。

3. 通风　猴头菇菌丝和子实体生长发育都需要O_2充足，需要加强通风。特别是子实体生长阶段，CO_2浓度应不超过0.1%。高浓度CO_2抑制子实体的正常生长，导致不分化或形成根状假柄和多次分枝，甚至子实体畸形。

4. 光照　猴头菇菌丝生长不需要光照，在黑暗环境中生长正常，子实体则必须有散射光，才能生长良好，适宜光照强度为200～400lx。光照过强也具抑制作用，石斌等（1986）试验表明，1 000lx的光照强度对猴头菇具显著的抑制作用，菌丝和子实体生长都变慢，菌丝变得苍白无力、菌落稀薄，子实体产量显著降低。

5. 酸碱度　猴头菇菌丝在pH3～8范围内均可生长，最适pH范围为4.5～5.0。

第三节　猴头菇栽培技术

一、栽培设施

可利用闲置房屋、温室、荫棚、大棚等场所栽培。栽培场所要求远离污染源、集市及畜禽舍，环境干净、通风良好，开设高低窗口以便消毒和通风换气，门窗都应安装纱窗防止害虫进入。门窗开设位置应避免室外风直吹栽培架。栽培室不宜过大过高，有散射光50～400lx，避免阳光直射。床架宽1～1.2m，4～5层，层间距40～50cm，床架间作业道70cm。栽培场所使用前需要清洁和严格消毒（图25-1至图25-3）。

图25-1　猴头菇长棒层架栽培

（张介驰　供图）

图 25-2　猴头菇短袋立式层架栽培
（冯龙　供图）

图 25-3　猴头菇短袋卧袋墙式栽培
（宋长军　供图）

二、栽培季节

我国大部分地区都可进行春、秋两季栽培，以江、浙地区为例，每年 9 月至翌年 5 月都适宜栽猴头菇，秋栽可安排在 10 月至翌年 1 月上旬，春栽可安排在 1 月中下旬至 4 月。东北地区春季栽培多是在 2～3 月制种，4～6 月出菇；秋季栽培可在 7～8 月制种，9～11 月出菇。不同区域自然气候差异较大，应根据当地气候和设施条件栽培选择适宜品种。猴头菇品种按照商品形态分为长刺品种和短刺品种两类，从出菇温度上分为低温品种和高温品种两大类。长刺类型大多属低温类型，多起源于东北林区，适于北方栽培；短刺类型多为高温类型，在南方省份栽培较广（李春艳等，2007）。杨爽（2011）对全国 54 个栽培菌种和川西高原 11 个野生种质分析表明了我国猴头菇种质资源具丰富的多样性，但是栽培品种同物异名现象严重。

猴头菇适用熟料袋栽工艺，由于袋大小的差别，发菌期和出菇期分别为 30～50d 和

40～70d，整个生产周期 70～120d。

三、栽培原料与配方

猴头菇栽培主料有阔叶树木屑、稻草、棉籽壳、甘蔗渣、大豆秸、木薯秆屑等，阔叶树中又以栎、椴、黄檗、乌桕等树种产量最高；麦麸、玉米粉是主要辅料。猴头菇喜酸的特性，可以很好地利用发酵工业副产品，如各类酒糟、醋糟。白酒糟可部分替代主料，白酒糟和棉籽壳 4∶3 栽培菌丝生长最好，子实体产量最高（王敏，2016）。金针菇产后菌渣可以替代棉籽壳或玉米芯栽培猴头菇，产量可提高 10%（张维瑞等，2017）。加入一定量的稻壳，可改善通气状况，有利发菌并提高产量。

参考配方：①杂木屑 80%，麦麸 18%，豆粉 1%，石膏 1%。

②杂木屑 80%，麦麸 5%，米糠 11%，石膏 2%，过磷酸钙 2%。

③棉籽壳 97%，蔗糖 1%，过磷酸钙 1%，石膏 1%。

④甘蔗渣 80%，麦麸 10%，米糠 8%，过磷酸钙 2%。

⑤玉米芯 78%，玉米粉 20%，石膏 1%，过磷酸钙 1%。

⑥大豆秸粉 70%，木屑 20%，麦麸 9%，石膏 1%。

⑦酒糟 80%，稻壳 8%，麦麸 10%，石膏 1%，碳酸钙 1%。

四、栽培基质制备

玉米芯作主料应粉碎成 3mm 以下颗粒，大豆秸、稻草粉碎至 5mm 以下。吸水力差的原料要预湿 12～24h。

栽培基质按配方加水充分搅拌均匀，含水量一般为 60%～70%。使用硬木木屑作主料含水量应略低些，否则基质通气不良；选用质地疏松原料为主料时含水量应略高些，以加快菌丝生长、促进产量的提高。

全国各地猴头菇几乎全部采用熟料袋栽，栽培工艺基本相同，只是袋的大小不完全相同。短袋栽培多使用折角封口袋，菌棒棉塞封口。装料尽可能满，以确保子实体菌柄更短，商品外观更好，提高可食部分比例。

培养料配制好应尽快分装灭菌，确保 8h 内入锅灭菌。高压灭菌要求 0.15MPa 持续 1.5h；常压灭菌要求 100℃持续 8～10h。如果原料颗粒较大、菌袋规格较大或一次灭菌菌包数量大，需要适当延长灭菌时间。灭菌结束后冷却至菌袋内部 30℃以下即可接种。

五、接种与发菌管理

严格无菌操作接种。短袋栽培一头接种，长袋栽培双面打穴接种，一般接种穴 4 个，一面 2 个，两面错开。

接种后移入洁净的发菌房（棚）黑暗变温培养。发菌期的最初 3d 室温调至 23～25℃，促进菌丝吃料、定殖，减少杂菌入侵。4～9d 将室温调至 22～24℃；10d 后，菌丝生物量大增，生长代谢旺盛，进一步降温到 20～22℃。这两次降温有利于促进菌丝健壮和体内营养物质的积累，有利于提高产量。发菌期要及时检查袋间温度和料温，防止高温烧菌和减产。料温超过 26℃时要倒袋、通风、降温。

环境湿度会影响菌袋内水分挥发，大气干燥的区域和季节，需要适当提高发菌场所的空气相对湿度。气候潮湿温度较高的区域要加强通风，预防湿度过大引起杂菌污染。猴头菇对光线敏感，菌丝积累了一定的养分后，微弱的光刺激即可形成子实体原基。为了菌丝体内积累足够的养分，避免袋内过早形成原基，获得理想的产量，发菌室要有严密的遮光措施，遮挡窗门，严格避光，并尽可能减少人员出入。菌袋检查作业要尽可能缩时、少光，临时性照明要及时关闭。

发菌室应定时通风，确保空气清新。采用外套袋发菌在必要时应脱掉外套袋增加通气性，接种穴采用胶布封口的可以刺口增加袋内的透气性，促进菌丝健壮生长。

发菌期轻度杂菌侵染的菌袋，可用2%甲醛和5%苯酚混合液注射感染部位以控制蔓延。严重污染菌袋应及时移出烧毁，以防杂菌孢子扩散蔓延。虫害可采用杀虫剂诱杀，如在培养期间发现菌虱虫害，可使用棉球蘸50%的敌敌畏悬挂熏蒸或在虫害处喷施1%的硫酸化烟碱溶液进行杀虫。

良好的发菌是猴头菇获得丰产的重要基础。丰产对营养生长的要求，不仅仅是菌丝的长速，更重要的是长势，长势则更多地展示了菌丝的生物量、健康状态和体内养分积累的状态。

六、出菇管理与采收分拣

当菌丝长满菌袋、菌袋表面或接种穴表面零星出现原基，表明已经发菌成熟，应及时移至出菇房（棚）实施出菇管理措施。菌袋移入前，菇房要事先做好清洁、消毒和杀虫，将菌袋摆放于层架上，之间要留有足够的出菇间隙，以防菇体挤压出现畸形菇。短袋栽培菌袋要直立摆放，袋表面出菇。长袋栽培菌袋平放，接种穴朝下。

（一）催蕾

根据菌袋长度和出菇周期选择开口数量和方式。调整出菇环境温度到16～22℃，空气相对湿度提高到80%～85%，适当增加散射光和温差刺激，进行催蕾。利用自然低温促进原基发生和菌蕾形成。若室温过高可采取增加遮阴、棚顶外喷水、室内空中喷水、加强夜晚通风等方式降温。菌袋开口后可搭盖薄膜保湿以利原基形成。当菇蕾长出袋口直径达到2～3cm时，即可进入出菇管理。

（二）出菇

猴头菇子实体发育对环境较其他种类敏感。管理稍有不当，极易出现畸形菇，严重影响产品质量和产量。因此，根据品种特性调控优化出菇环境条件尤为重要。

1. 控制温度稳定 猴头菇子实体虽然在12～26℃都可以形成，但要获得丰产和理想的商品外观的温度范围较窄，为16～22℃。超过22℃，子实体生长变得缓慢，发散生长呈菜花状；超过25℃子实体萎缩、绵软。遇到高温天气要采取喷雾、早晚通风、棚顶淋水、加强遮阴等多种方式尽快降温。同样，出菇期也应避免低温伤害。子实体色泽会随着温度的下降逐渐变为粉红色或橘红色，温度越低，色泽越深，极大的影响商品外观。菇蕾期短时变温引起的变色，温度恢复正常后颜色可以恢复正常。但是，已经完成分化中后期的子实体一旦低温出现变色，以后给予适宜温度颜色也不可恢复。因此，出菇阶段要确保温度稳定。

2. 保持湿度协调　菇房（棚）空气相对湿度应保持在85%～95%。增湿以向空中喷雾为主，辅以地面适当浇水。喷水后要及时通风，防止喷“关门水”。空气相对湿度高于95%且通风不良，极易引起杂菌污染，同时导致畸形菇多发，畸形菇主要表现为分枝状、球块小、菌刺粗。大气湿度过低时，子实体失水而表面干萎、菌刺短，发育受阻，产量显著降低。空气相对湿度低于70%时，已经分化的幼菇停止生长，日后再增加湿度，子实体虽然恢复生长，菇体表面也将留下永久瘢痕，商品外观大大下降。

菇房（棚）喷水加湿不可直接喷到子实体上，尤其是在高温期，水喷到菇体上导致子实体基部积水过多，极易引起病害和子实体吸水霉烂。子实体采收后要停水1～2d，出菇面菌丝愈合恢复后再向空中喷水增湿。

3. 加强通风换气　CO_2浓度超过0.1%时会刺激菌柄分枝，并导致菇体中心发育不良而呈珊瑚状畸形菇。因此，要加强通风。通风不但有利于温度、湿度和CO_2的调节，还可有效预防杂菌侵染和多种病害。北方低温季节的园艺设施栽培中，通风应有缓冲预热、湿帘遮挡等设施，防止直吹造成菇体萎缩、发黄等发育不良现象。

4. 调节光照　散射光可诱导原基发生，促进菇蕾生长和分化，猴头菇出菇期适宜光照为100～300lx。

5. 畸形菇发生与处理　出菇阶段管理不当或异常天气应对措施不及时，都可能造成猴头菇子实体畸形。主要表现、发生原因和应对措施如下。

（1）光秃无刺畸形　菇体呈簇状分枝、肥大，表面皱缩粗糙、无刺毛，肉质松脆，略黄褐色。主要是因温度偏高和空气相对湿度偏低。应注意控温保湿，加强水分管理，向空间喷雾化水或地面洒水，降低温度，补充水分。此外，菌种转管次数过多导致的菌种退化，也会产生畸形菇。

（2）珊瑚丛集畸形　菇体基部多次分枝丛集，形成多个小子实体。主要原因是CO_2浓度过高。应加强通风，已形成的珊瑚状幼蕾应予挖除，减少养分浪费，给予适宜条件后即可形成正常子实体。

（3）色泽异常畸形　菇体色泽变黄甚至发红、菌刺短而粗、菇体味苦。主要原因是温度偏低。应及时采取升温措施，将菇房（棚）温度调到14℃以上。

（4）萎缩霉烂畸形　生长中期刺毛萎倒形成皱缩、部分菇体变褐发霉。主要原因是温度过高、干燥缺水。应及时空间喷水，摘除霉烂菇体（丁湖广，2016）。

刘久波等（2012）对猴头菇致畸因子研究试验表明，袋壁打孔透气增氧可减少畸形菇的发生。在基质含水量60%～65%、室温16～22℃、空气相对湿度85%～90%、空气CO_2浓度小于0.1%、光照500～1 500lx条件下畸形菇发生率最低。

（三）采收分拣

以鲜品应市，应在七八成熟时采摘，此时菇体饱满，菌刺长度适中，色泽洁白，孢子尚未大量释放，风味鲜美纯正。若作为干制，成熟度可以稍高一些。但也不可完全成熟才采收。完全成熟的子实体肉质疏松、苦味重。且采收过迟会拖延转潮，影响下一潮菇的产量。

采收时用利刃从子实体基部割下，清理干净采收产生的残渣或菇根，整平料面，停水2～3d养菌，要防止通风过度导致开口处过度失水。此后保持温度16～20℃，空气相对湿度80%左右，10～15d后可出第二潮菇。管理得当猴头菇可采收二至三潮。一、二潮菇菇体大而丰满，商品外观好，占总产量75%～90%；第三潮子实体较小、畸形菇多。

猴头菇子实体可以冷冻保鲜，也可以烘干储存。猴头菇子实体肥厚紧实、含水量高，脱水干制难度大。应在采后24h内完成干制，否则会导致子实体色泽变化、商品价值降低。

（张介驰）

主要参考文献

陈慧敏，李晓波，2009. 猴头菌片结合西药治疗胃癌根治术后消化不良临床观察［J］. 上海中医药杂志，43（3）：23-25.

丁湖广，2016. 猴头菇生物特性及高品位栽培新技术［J］. 科学种养（7）：27-28.

冯改静，李守勉，李明，等，2007. 不同碳氮比栽培料对猴头菌菌丝及子实体生长的影响［J］. 华北农学报（增刊），22：131-135.

高颖，李田春，盛明，2015. 不同氮源对猴头菇生长速度及产量的比较研究［J］. 农业科技与信息（12）：64-65.

贺新生，2000. 猴头菌产量与培养料含氮量的动态关系［J］. 食用菌学报，7（1）：51-55.

胡建伟，龚明福，王凤云，2002. 石灰和多菌灵对猴头菌丝生长的影响试验［J］. 中国食用菌，21（4）：39.

李春艳，贾志成，2007. 辽南猴头菇覆土栽培技术［J］. 食用菌（1）：47-48.

刘久波，张跃新，2012. 猴头致畸因子优化及猴头畸形菇防治措施的研究［J］. 中国林副特产（6）：30-31.

石斌，肖琳，1986. 光照对猴头菌丝体生长速度的影响［J］. 中国食用菌（1）：25.

王利丽，郭红光，王青龙，等，2011. 鲜猴头菌口服液益智保健功效初步研究［J］. 菌物学报，30（1）：85-91.

王敏，2016. 不同配方基质对猴头菇生长发育的影响［J］. 现代园艺（4）：7-8.

王钰涵，蒋殿欣，王黎荣，等，2016. 猴头菌胃黏附片对胃黏膜损伤保护作用的研究［J］. 人参研究，28（2）：26-28.

杨爽，2011. 猴头菌菌株鉴定与主要性状评价研究［D］. 四川：四川农业大学.

张金霞，赵永昌，等，2016. 食用菌种质资源学［M］. 北京：科学出版社.

张维瑞，刘盛荣，苏贵平，等，2017. 金针菇松杉木屑菌糠栽培猴头菇的技术研究［J］. 热带作物学报，38（4）：597-601.

张微思，何容，李建英，等，2017. 猴头菇的营养药用价值及产品研究现状［J］. 食品与发酵科技，54（1）：104-108.

第二十六章

榆 耳 栽 培

第一节 概　　述

一、榆耳的分类地位与分布

榆耳学名肉红胶韧革菌（*Gloeostereum incarnatum* S. Ito et S. Imai），俗称榆蘑、肉蘑。曾误用名 *Phelbia* sp.。分布于我国辽宁、吉林、黑龙江、内蒙古、新疆等地。在我国，8 月中旬至 10 月下旬自然发生于小叶榆（*Ulmus pumila*）和春榆（*Ulmus propinqua*）的半枯树的树干上和树洞中，偶发生于糖槭上。日本北海道、俄罗斯西伯利亚等也有分布。

二、榆耳的营养与药用价值

榆耳子实体胶质，干品无味，鲜品撕开具独特的鲜香味。多年来，榆耳为我国东北居民采食，并用来治疗腹泻，效果显著。20 世纪 80～90 年代，野生榆耳作为特产出口日本。我国榆耳 1988 年驯化为人工栽培（张金霞等，1988）。分析表明，榆耳的蛋白质含量低于多数伞菌类，为 11.3%，在被测的 20 种氨基酸中，谷氨酸含量最高，达 1%，这与鲜品浓郁的鲜香味相符。此外，还含有丰富的 B 族维生素和维生素 E（张金霞，1988）。榆耳在民间用于治疗腹泻的经验，引起了研究者对其抗炎成分的研究。研究表明，榆耳子实体水提物对金黄色葡萄球、大肠杆菌、枯草杆菌、绿脓杆菌、沙门氏杆菌、痢疾杆菌均具显著抑制作用，含有呋喃唑酮（痢特灵）类似成分（周建树等，1994），也有人认为其抑菌消炎作用成分是糖苷类物质（李士怡等，2006）。

有研究表明，可以榆耳为主要原料，制备蔬菜和食用菌的保鲜剂，显著延长龙牙楤木嫩芽和香菇的货架寿命（冯磊等，2015；姜宏志等，2015）。

第二节 榆耳生物学特性

一、形态与结构

子实体单生或丛生、无柄、边缘内卷，（3～15）cm×（4～15）cm，厚 1～2cm，胶质、柔软。菌盖上表面有松软而厚的绒毛层，米黄色至肉红色。子实层表面起伏不平，表面乳白色、米黄色或近橘黄色，其上密布小疣，小疣半透明，1～3mm。绒毛层和子实层之间由较疏松而相互交织的薄壁菌丝组成，菌丝间充满胶质物。子实层由担子和囊状体相间组成，栅栏状排列，易于乳酸棉兰和荧光桃红着色。担子无隔膜、棍棒状，表面有较稀疏的凸起网状纹饰，顶端着生 4 个瓶梗状小梗，每个小梗上着生一个担孢子。孢子无色、光滑、椭圆形，（6.3～7.6）μm×（2.7～3.6）μm，表面有不规则网状纹饰。孢子印白色。菌丝无色，有锁状联合，直径 3.3～3.6μm。菌落幼嫩时白色，培养数日后呈微黄色。子实体干时强烈收缩，坚硬、变色为深褐色至浅咖啡色（张金霞，1990；颜耀祖等，1993）。

二、繁殖特性与生活史

榆耳为异宗结合，担孢子绝大多数单核，极少数双核。单核菌丝不能形成子实体。单核菌丝和双核菌丝均可形成厚垣孢子，厚垣孢子的形成与光照和培养温度关系密切。研究表明，光照与黑暗交替条件更利于厚垣孢子的形成，低于最适温度，在 15～20℃的光照培养条件下，产生的厚垣孢子最多，其生活史见图 26－1。

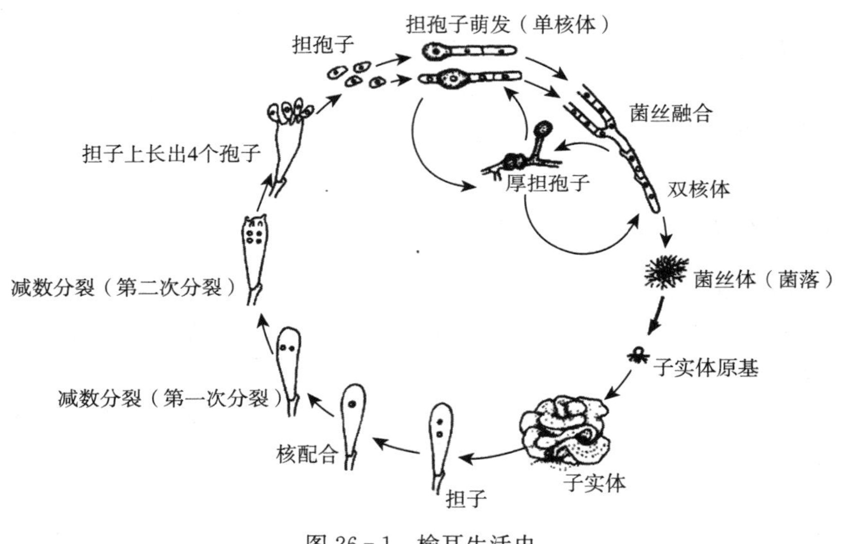

图 26－1 榆耳生活史
（颜耀祖等，1993）

三、生长发育条件

（一）营养与基质

榆耳可利用的碳源氮源广泛，菌丝在 PDA 培养基中生长良好，在添加麦麸浸出液的培养基中生长最快，25℃暗培养 7～8d 长满斜面。榆耳属于褐腐菌类，木质素利用率较低，对多种农林废弃物，如棉籽壳、废棉、玉米芯、大豆秸、木屑等都可很好地利用，麦麸、多种饼肥则是很好的有机氮源。

（二）环境条件

1. 温度 温度是影响榆耳生长的最为活跃的因素，虽然自然分布于我国的较寒冷区

域，但是菌丝体适宜生长温度与多数食用菌相似，同为20～30℃，最适温度为25℃。菌丝的耐高温性低于多数食用菌，35℃下菌丝停止生长并死亡。子实体原基形成的温度范围较广，为5～26℃，以10～22℃为宜。但是，适宜子实体分化的温度范围较狭，最适为18～22℃。温度过低则原基分化率明显降低，产量大大降低；温度过高，则原基不断膨大，形成菜花状、大小不等的疙瘩而不分化。温度直接影响子实体生长发育的速度。在适宜温度范围内，温度高则发育快，反之则发育慢。虽然在30℃下菌丝生长速度与最适的25℃相差不大，但是难以形成子实体（表26－1、表26－2）。此外，温度还影响子实体的色泽和厚度，温度高则色泽较浅、菌肉薄，温度低则色泽较深、菌肉较厚。

表26－1　榆耳在不同温度下子实体原基形成情况

培养温度（℃）	子实体原基形成情况（%）		
	7d	10d	15d
20	0	10	33.3
25	100	—	—
30	0	0	0

注：子实体分化的观测为30d。

表26－2　榆耳在不同温度下子实体分化情况

出耳温度（℃）	子实体分化情况		
	原基天数（d）	分化率（%）	30d形态
5	30	0	原基
10～12	10～15	40～60	片状、成熟
18～22	7～10	100	20～25d片状、成熟
26～28	30	0	膨大至菜花状

注：子实体分化的观测为30d。

2. 湿度　与多数食用菌相似，栽培的适宜基质含水量在65%左右，子实体原基发生适宜空气相对湿度90%～95%，子实体生长发育则以85%左右为宜。榆耳子实体发育阶段抗霉力较差。空气湿度过大、通风不良，特别是温度较高的情况下，极易发生霉菌侵染，甚至批量的侵染。

3. 光照　榆耳菌丝体生长对光不甚敏感，在有光和无光条件下均能生长。但菌丝体生长不需要光，不同的光照强度下生长势和生长速度明显不同。有光抑制其生长，其抑制程度与光线强度成正相关，过强的光照强烈抑制菌丝的萌发。与多数食用菌不同的是，菌丝萌发后，强光较弱光条件下生长更快，但分枝减少，菌丝稀疏，气生菌丝更少。而且随着菌丝体的生长，老龄菌丝出现自溶。榆耳子实体形成和发育都需要光照强度。试验表明，光可以诱导子实体的形成，而且散射暗光效果最好。光照过强则抑制子实体的形成。在完全黑暗的条件下不易形成子实体，菌丝长满30d仍不见原基。但是，其光敏感性很强，在24h内，偶尔有几次20～60lx的光照强度足以诱导子实体形成。给予7～8h/d的15lx光照强度即可形成子实体。此外，光线还有促进色素形成和积累作用。暗光下生长的子实体色浅，散射光和强光下生长的子实体色泽较深，菌盖也较暗光下的厚。可见，光具有促进子实体形成、生长和提高商品质量的作用。

4. 酸碱度 榆耳菌丝体在 pH4～9 的培养基上均能生长，但是生长速度不同，适宜 pH 5.5～7.0，最适 pH 5.5～6.0。

第三节 榆耳栽培技术

榆耳栽培适宜熟料袋栽，根据当地气候条件，于各类园艺设施中栽培。一般而言，可分为春栽和秋栽两季。具体接种和出耳期以当地气候温度推算。在适宜环境条件下，榆耳发菌期 35～40d，无需生理后熟，一般完成培养 7～10d 即可形成子实体原基。从原基出现到采收约 20d。清洁生产，适当管理，一般可以出耳 3 潮，出耳期 50d 左右，整个生产周期 90～100d，生物学效率 70%～120%。

一、栽培基质的制备

（一）常用配方

①棉籽壳 89%，麦麸 10%，石膏 1%。

②废棉 90%，麦麸 5%，木屑 4%，石膏 1%。

③玉米芯 74%，麦麸 15%，木屑 10%，石膏 1%

④木屑 84%，麦麸 15%，石膏 1%。

⑤大豆秸 90%，麦麸 5%，玉米粉 3%，石膏 2%。

⑥玉米芯 54%，棉籽壳 20%，木屑 10%，麦麸 15%，石膏 1%。

（二）基质制备

总体上，榆耳抗霉菌能力较差。降低霉菌发生率，除接种操作和生产环境的洁净外，基质制备也是重要的一环。原料搅拌的均匀、适当降低含氮量和含水量、保持袋内足够的空气，都有利于避免或减少霉菌的侵染。以此，含水量不可过高，原料搅拌要充分，装袋松紧要适度。因此，选用任何主料，颗粒度都要合适，在确保含水量的同时确保颗粒间的孔隙度，在减少霉菌侵染的基础上，获得理想的产量。

二、发菌培养

榆耳属于不耐高温的种类，同时，培养温度极大地影响子实体的形成。正如前文所述，低于和高于适宜培养温度，原基的形成和分化将显著影响最终的产量和品质。榆耳发菌期应给予 22～26℃的环境温度。特别是在温度控制条件不够的园艺设施栽培，要格外注意预防高温及其引发的不出耳。在培养温度偏低的条件下，适当延长培养期。在培养密度较大或高温季节，培养期需要加强通风，在加快发菌，促进菌丝健康健壮的同时，可有效降低发菌期的霉菌侵染，有效提高单产。

三、出菇管理与采收

在适宜环境条件下，菌丝长满袋 7d 左右，开始进行出耳期管理。给予足够的通风和

100lx以上的光照，地面和空间给水，提高空气相对湿度，以刺激子实体原基的形成。

当多数出现原基、料表面原基成片、呈凹凸不平的菜花状表面并稍有粉红色时，剥掉棉塞，加盖无纺布或地膜保湿，以确保原基成活和分化。当子实体明显分化、长出袋口时，可适当降低空气相对湿度，加强通风和光照，以利健康健壮子实体的形成。子实体发育期间做好通风工作及温度、空气相对湿度和光照的调控，特别注意高温高湿的侵害。在子实体充分生长、边缘紧绷、出现波状松弛状前采收。

榆耳子实体的形成和发育与多数伞状菌不同的是，可以用器具割取采收，采收后下一潮子实体即可从割取的伤口处直接长出，长出即是片状，无需漫长的原基膨大期，这可大大缩短以后的子实体发育期。

采收是要特别注意环境卫生和操作的洁净。采收人员应佩戴洁净的手套。采收前先将耳棚通风，将刀片用75%酒精棉球擦拭。割取时要留下充足的原基，从料面计，以高出料面1cm左右为宜。耳片割取后，不可马上覆盖，应给予一定时间的干燥环境，以利伤表面愈合，预防霉菌的侵染。一般情况下，子实体割取后，令伤口直接暴露于空气中36～48h，当肉眼见割取面微收缩后再行覆盖保湿。覆盖初期每天观察伤口处的菌丝再生情况，当有显著肉眼可见白色再生菌丝时，表明霉菌敏感期顺利度过，进入下潮子实体生长期。在适宜环境条件下，第二潮耳7～8d即可采收。二潮耳采收时，不再需要刀片，双手可轻轻从上次割取处将子实体采下。这时，伤口处伤流液大大小于第一潮时的割取。再行干燥、通风、保湿等，即可有第三潮子实体的形成。

一般可采三潮，第一潮产量占总产的50%左右，第二潮占30%左右，第三潮占20%左右。耳片的厚度也逐渐变薄。为了提高二潮、三潮的子实体产量，袋内补水至关重要。补水需注意以下几点：

①切忌采收后立即补水。补水一定要在割取伤口愈合后进行，否则，极易发生霉菌侵染。

②切忌补水过量。补水过量将导致菌丝窒息，进而霉菌的侵染发生。补水至采收前80%左右的含水量即可。

③切忌补水直接接触割取伤口。补水直接接触子实体的割取伤口，将导致伤口的霉菌感染。因此，补水动作要轻巧。

总之，补水是必须的，但是量要适度，动作要轻巧，时机要精准。

四、干制

榆耳采收后要及时干制，首先将粘连的子实体分开，摊晒、自然风干，必要时，也可烘干。总之，干制过程尽可能快，切忌耳片叠压，密度过大，干制过慢。特别高温高湿季节采收，干制中要防止滋生真菌。

（张金霞）

主要参考文献

冯磊，刘健美，2015. 榆耳天然复合防腐剂应用于龙牙楤木嫩芽保鲜的研究［J］. 林业科技（5）：31-34.

姜宏志，齐玲，么宏伟，等，2015. 一种榆耳天然复合防腐剂应用于香菇保鲜的研究［J］. 中国林副特产（5）：25－28.
李士怡，周一荻，2006. 关于榆耳抑菌作用有效成分的研究［J］. 中医药学刊，24（5）：928.
刘瑞君，李凤珍，1990. 榆耳的抗炎性研究［J］. 中国食用菌，9（3）：9－10.
图力古尔，李玉，2000. 大青沟自然保护区大型真菌区系多样性的研究［J］. 生物多样性，8（1）：73－80.
颜耀祖，李秀玉，王玉玲，等，1994. 榆耳有性结构及生活史的研究［J］. 真菌学报，13（4）：290－294.
张金霞，1988. 榆蘑的营养成分［J］. 中国食用菌，13（6）：25－26.
张金霞，1990. 榆蘑生物学特性和人工栽培技术的研究［J］. 北京农业大学学报，16（1）：91－96.
张金霞，崔俊杰，1988. 榆蘑的驯化［J］. 食用菌，10（2）：8.
钟扬明，1989. 新疆亦有榆耳分布［J］. 中国食用菌，8（4）：47.
周建树，邢瑛，1994. 榆耳提取液抑菌作用的研究［J］. 微生物学杂志（2）：34－37.

ZHONGGUO SHIYONGJUN ZAIPEIXUE

第二十七章

裂褶菌栽培

第一节　概　　述

一、分类地位与分布

裂褶菌（*Schizophyllum commune* Fr.），又名白参菌，还有树花、白花之称。我国主要分布在云南、黑龙江、吉林、陕西、山西、山东、江苏、内蒙古、安徽、浙江、江西、福建、台湾、河北、河南、湖南、广西、广东、海南、甘肃、西藏、四川、贵州等地（马布平，2017）。在热带、亚热带杂木林下常见生长，也是木耳、香菇段木栽培常见的"杂菌"。人工栽培裂褶菌主要集中在云南、湖北、甘肃等地。

二、营养保健与医药价值

裂褶菌幼嫩时可食用，子实体韧性大，具有特殊浓郁香味。中医药理论认为，裂褶菌性平，具有滋补强壮、镇静的作用，且云南居民多采食裂褶菌，用来治疗妇科疾病，效果显著。裂褶菌子实体蛋白质含量 27%（Aletor，1995），也有报道为 16%（Longvah，1998），我国学者测定为 7.8%（郝瑞芳，2015）。2017 年，云南农业大学食用菌研究所对栽培的两个品种 LZJ－1、LZJ－5 与野生菌株 SM－1 进行了营养成分分析，结果表明，栽培的裂褶菌蛋白质含量、氨基酸总量均高于野生菌株（表 27－1）。裂褶菌含有丰富的矿质元素，其中磷含量最高，达 11.2mg/g（表 27－2）。裂褶菌含有 17 种氨基酸，总量达 14.28%，其中以谷氨酸含量最高，占总氨基酸含量的 14.99%。谷氨酸作为鲜味氨基酸，含量高低决定了裂褶菌的风味（表 27－3）。

裂褶菌含有的裂褶菌多糖（SPG），又称为裂褶菌素，是裂褶菌主要活性物质之一，是存在于子实体、菌丝体和发酵液的水溶性多糖，为 β－葡聚糖结构，主链为 β－（1→3）连接，支链为 β－（1→6）连接（冀颐之，2003）。研究发现 SPG 对乳腺癌的抑制作用与乳腺癌临床用药他莫昔芬效果相同。体外实验表现出对人乳腺癌细胞（MCF－7）的抑制作用，1 500μg/mL 的 SPG 能够将乳腺癌细胞阻滞在 G/M 期，其作用机理是通过加强抑制 CDK1 激酶的磷酸化及人体抑癌基因 *p53* 的积累发挥作用。SPG 水溶液在动物体内对肉瘤 180 具有抑制作用，同时与化疗药物联合作用可抑制肿瘤细胞（贺凤，2016）。SPG 抗肿瘤药物"Sizofiran"（施佐非兰）于 1986 年上市，临床上主要用于治疗宫颈癌。与常用的化妆品保湿剂甘油、透明质酸钠、壳聚糖、聚乙二醇（PEG）相比，SPG 48h 的综合保湿能力更强，168h的综合保湿能力仅次于甘油，表现出良好的吸湿和保湿性能，是一种很有开发潜力的天然皮肤保湿剂（张琪，2015）。

三、栽培技术发展历程

我国人工驯化栽培裂褶菌始于20世纪80年代，1984年，上海农业科学院食用菌研究所对生长在乌桕树倒木上的裂褶菌进行分离，得到菌丝并进行了菌丝生长条件的优化试验。

1990年，组织分离获得裂褶菌菌种在液体培养基上长出子实体（曹素芳，1990）。

1996年，云南进行了万袋规模的栽培，标志着裂褶菌人工栽培在云南取得成功。同年，云南农业大学对野生裂褶菌菌种进行筛选，采用以木屑、麦麸为主的培养料栽培取得成功，采三潮，生物学效率达到35%～50%。

表27-1 营养成分含量

样品	蛋白质（%）	粗脂肪（%）	灰分（%）	水分（%）	氨基酸总量（%）
LZJ-1	24.9	1.01	6.3	68.2	14.28
LZJ-5	17.7	1.11	5.4	67.4	12.94
SM-1	12.2	1.10	5.9	67.5	7.35

表27-2 矿物质元素成分及含量

样品	Zn (mg/g)	Fe (mg/g)	Ca (mg/g)	Mn (mg/kg)	Cu (mg/kg)	Na (mg/g)	K (mg/g)	P (mg/g)	Mg (mg/g)
LZJ-1	0.070 7	0.086 4	0.256	8.77	5.88	0.573	8.81	11.2	1.86
LZJ-5	0.020 4	0.045 0	0.298	4.72	1.77	0.189	1.47	3.76	0.694
SM-1	0.053 4	1.820	1.480	89.6	2.73	0.208	7.61	3.51	1.48

表27-3 氨基酸含量

氨基酸	LZJ-1	LZJ-5	SM-1	氨基酸	LZJ-1	LZJ-5	SM-1
天冬氨酸# (ASP)	1.36	1.27	0.72	甲硫氨酸* (MET)	0.12	0.13	0.067
苏氨酸* (THR)	0.85	0.74	0.44	异亮氨酸* (ILE)	0.71	0.62	0.35
丝氨酸 (SER)	0.8	0.73	0.45	亮氨酸* (LEU)	1.21	1.14	0.66
谷氨酸# (GLU)	2.14	1.78	0.97	酪氨酸 (TYR)	0.43	0.36	0.23
甘氨酸 (GLY)	0.82	0.71	0.43	苯丙氨酸* (PHE)	0.55	0.52	0.32
丙氨酸 (ALA)	0.77	0.77	0.32	组氨酸 (HIS)	1.54	1.47	0.87
胱氨酸 (CYS)	0.26	0.22	0.14	赖氨酸* (LYS)	0.85	0.84	0.47
缬氨酸* (VAL)	0.51	0.44	0.26	精氨酸 (ARG)	0.86	0.72	0.36
脯氨酸 (PRO)	0.50	0.48	0.29				
氨基酸总量	14.28	12.94	7.35				
E/(E+N)	33.6	34.2	34.9				
E/N	50.6	55.7	53.7				

注：*代表必需氨基酸，#代表鲜味氨基酸；

E/(E+N)表示必需氨基酸比值，即样品必需氨基酸含量（E）/样品氨基酸含量（E+N）；

E/N表示必需氨基酸与非必需氨基酸含量比值。

2000 年，罗新野等引种驯化栽培成功，改变了野生裂褶菌小片形的子实体外观，形成了大朵形、菊花瓣状、重叠生长的优良性状的菌株和栽培技术，商品外观性状和产量都显著提高，申请专利（专利号：CN 1306084A）。同年，万勇在湖南省永顺县黄土界林场的菇木上采集到裂褶菌开展了菌种和栽培技术研究，以麦麸、杂木屑为原料栽培，生物学效率平均在 10%～13%。

2002 年，李荣春在昆明市西山区规模化栽培成功，产品批量上市。

2004 年，云南昆明、玉溪、楚雄等地人工批量栽培成功。

2005 年，云南腾冲扩大试验，栽培示范 3.3hm^2。

2006 年，福建古田进行了商业化栽培，取得理想的经济效果。

2007 年，筛选出棉籽壳 80%、豆秸 8%、麸皮 10%、蔗糖 1%、石膏 1%的栽培配方，产量达到生物学效率 46.1%（郝瑞芳，2007）。

2016 年，利用芦笋秸秆进行栽培试验，芦笋秸秆 45%、玉米芯 45%、辅料 10%的配方产量最高，可以出菇三潮，生物学效率达 50%（张玉洁等，2016）。

出菇开口和栽培模式也在不断摸索并改进，对不同出菇方式的试验表明 V 形开口，菌筒直接覆土出菇是裂褶菌最佳出菇方式（张传利，2010）。菌棒两头出菇和周身出菇比较试验中，两头开口出菇生物学效率 31.8%，脱袋周身出菇生物学效率达到 41.0%（程远辉，2014）。目前，裂褶菌出菇开口仍有数种，主要有一头出菇、两头出菇、多处划口出菇、脱袋周身出菇、覆土出菇、打孔出菇等。随着市场需求的变化，对裂褶菌的外观和口感等质量要求越来越高。以市场需求质量看，以层架式栽培圆孔出菇（孔间距 7cm）为主更符合市场需求。

四、发展现状与前景

国外对裂褶菌的深层发酵研究较多，对于栽培研究不多。国内正好相反，栽培研究相对较多，成效显著。裂褶菌南方市场需求较多，北方地区少见。总体上仍有诸多地区不为所知。与大宗的平菇、香菇等比较而言，鲜菇现有市场小推广不足。

第二节　裂褶菌生物学特性

一、形态与结构

子实体片状，长 2.5～4.0cm，厚 0.5～2mm，灰色至白色，短柄，菌盖上着生密集灰色纤毛，菌褶边缘呈锯齿状，乳白色至浅黄色；单生、丛生、簇生。人工培育的菌株 50～80 个子实体重叠簇生组成菊花状。子实体发育经历原基、管状菇蕾、片状子实体三个形态时期。原基初期形状不规则，主要有棱形、圆形、多边形，最后均逐渐变成圆形；原基发生后 3～6d 形态变化明显，由单个圆形原基纵向生长成管状菇蕾，顶端逐渐形成圆形小孔，孔径 140～160μm（图 27－1）；小孔一侧有浅裂口并开始沿管状开裂，7～10d，子实体叶片平整展开，形成片状子实体。担子无隔膜，顶端着生 4 个小梗，每个小梗上着生 1 个担孢子。孢子印白色至浅黄色。菌丝无色，菌落白色。子实体缺水时，菌盖边缘内卷。

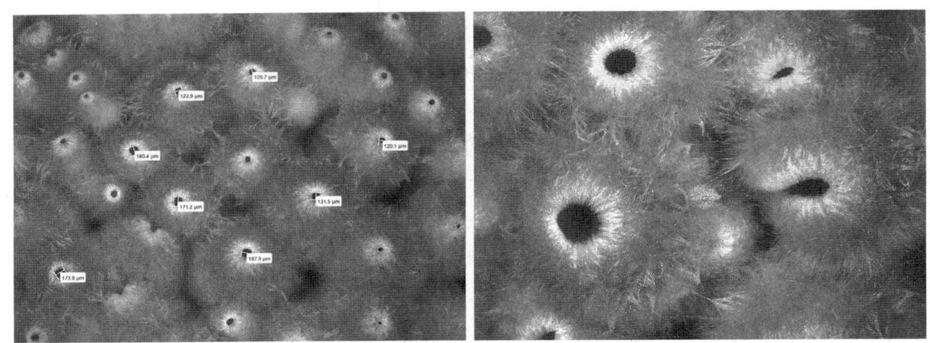

图 27-1　菇蕾顶端裂口

二、繁殖特性与生活史

裂褶菌为典型的异宗结合担子菌，是大型真菌研究的模式种之一，生活史见图 27-2，质配是通过锁状联合进行，只有不同的 A 和不同的 B 等位基因结合才能形成子实体（Chang and Liu，1969）。在育种工作中，利用单孢杂交进行育种的选育工作量极大，主要通过显微镜观察锁状联合，出菇验证进一步筛选，获得优势杂交后代。

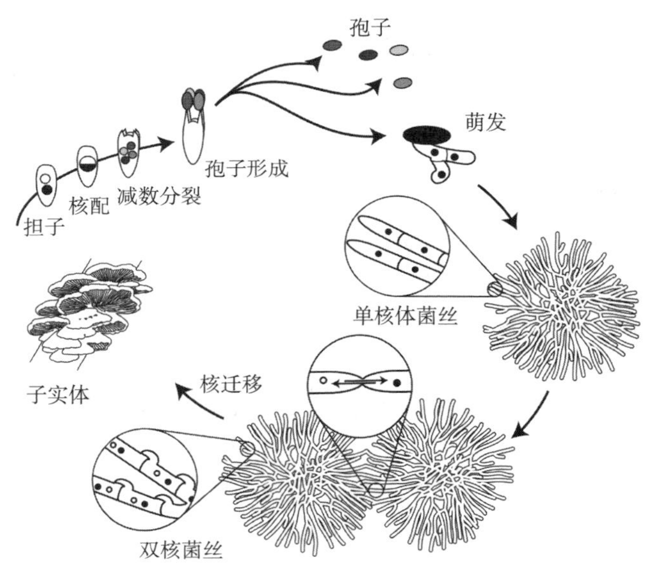

图 27-2　裂褶菌生活史

（Nieuwenhuis and Aanen，2018）

三、生态习性

主要发生在春、秋季，在夏季和冬季也能采集到子实体，多种阔叶树及针叶树的腐木或半腐木上均有发生。裂褶菌耐干燥是其重要的一个生态习性，在受到干旱胁迫时，菌盖边缘反卷以保护子实层，这也是长期适应环境致使形态结构和功能的统一。

四、生长发育条件

（一）基质营养与条件

1. 碳、氮源及其他元素 裂褶菌可利用的碳、氮源广泛，菌丝生长的优势碳源主要有果糖、葡萄糖、蔗糖、麦芽糖，优势氮源主要有牛肉膏、蛋白胨、酵母膏。25℃下避光培养 6d 即可长满平板（15mm×90mm）。研究表明，2,4－D 在不同浓度下、IAA 高浓度（0.3mg/mL）、GA_3 与矮壮素（CCC）中浓度（0.2mg/mL）对裂褶菌菌丝生长有促进作用，IBA、6－BA 在低浓度（0.01mg/mL）和高浓度（0.03mg/mL）下均对菌丝有明显的抑制作用（赵琪，2004）。此外，无机盐对于菌丝生长至关重要，在 PDA 培养基中添加适量的 KH_2PO_4 和 $MgSO_4$ 利于菌丝萌发及生长。

2. 酸碱度 裂褶菌菌丝生长对 pH 敏感，适宜的 pH 范围较窄。pH 4.0～4.5 培养基凝固性差，菌丝附着培养基能力低，菌丝萌发慢；pH 4.5～5.0 条件下，菌丝长速急速增加，生长旺盛；pH 5.0～5.5 菌丝长速缓慢下降；到达 6.0 时，生长速率开始急速降低，随着 pH 逐渐增大，菌丝长速逐渐下降；pH 7.5～8.0 菌丝长势显著变差。

3. 栽培基质及含水量 裂褶菌菌丝能很好地分解纤维素，可利用栽培基质广泛。目前常用栽培基质主料为木屑和多种作物秸秆。基质含水量不宜过高，以 57%～59%为宜。

（二）环境条件

1. CO_2 浓度 裂褶菌菌丝生长对 CO_2 浓度变化不敏感，间断通风即可。子实体形成和生长所需通风量较大，适宜 CO_2 浓度 0.1%～0.12%。与工厂化栽培杏鲍菇的 0.2%、金针菇的 0.5%、海鲜菇的 0.2%～0.25%相比，裂褶菌需要通风量较大，排出 CO_2，保持低 CO_2 的出菇环境才能形成商品菇。CO_2 浓度大于 0.15%会导致原基“变态”，不能获得商品菇（图 27－3）。

图 27－3 裂褶菌“变态”原基

2. 湿度 菌丝生长对空气相对湿度不敏感，但在子实体形成过程中空气相对湿度扮演着至关重要的角色，如刺激原基形成，保证片状子实体的正常形态等。研究表明，子实体形成适宜空气相对湿度 88%～91%，较其他种类适宜范围较窄。过低或过高都显著影响产量和品质。在出菇管理中 CO_2 与湿度的维持是一对矛盾，需认真调控，两者兼顾。

3. 温度 菌丝生长温度范围较广，为 10～34℃，最适生长温度 26～28℃。子实体形成温度范围较窄，为 19～24℃，低于 19℃或高于 24℃时原基分化差，子实体菌肉薄，单丛朵形小。裂褶菌属中温型恒温食用菌，恒定温度条件下形成的子实体比变温条件下好，最适恒定温度为 22℃。在云南楚雄、景洪等地区均采用大棚栽培，环境可控性差，秋季温差大，鲜菇质量大大降低（图 27－4），主要表现在出菇不整齐、颜色偏暗、子实体韧性大、口感差。对于工厂化栽培而言，环境不受限，鲜菇质量稳定（图 27－5）。

4. 光照 菌丝培养不需要光照，菌丝由营养生长向生殖生长转化，需要散射光，每天给予3～4h的300～500lx的光照，刺激子实体原基的形成。光照时间过长或光照强度过大，子实体颜色变深，呈灰暗色。原基分化完成后，可缩短光照时间。

图27-4　变温培养裂褶菌

图27-5　恒温培养裂褶菌

第三节　裂褶菌栽培技术

2017年，云南菌视界生物科技有限公司首次实现了裂褶菌工厂化栽培，将栽培周期缩短至20～25d，鲜菇口感清脆，清香四溢，单潮出菇的生物学效率可到21.5%。工厂化栽培工艺设备等与其他种类基本相似，只有环境调控参数不同。以下主要介绍农法栽培技术。

一、栽培设施

常规栽培主要设施设备：材料仓储房、养菌房、灭菌器、打孔机、加湿器、换气扇，出菇时选择简易厂房或者大棚（需搭建遮阴网）。

二、栽培季节

根据裂褶菌19～24℃出菇的特点和要求，适宜栽培季节为春、秋两季，在海拔高的地区夏季也可栽培。采用长棒栽培，类似于香菇。一般而言，裂褶菌发菌期10～13d，不需生理后熟，从原基出现到成菇约13d，管理得当可采收4潮，前后间隔约9d，整个生长周期50～53d。生物学效率30%～50%。

三、栽培基质的制备

（一）常用基质配方

①棉籽壳75%，麦麸20%，玉米粉4%，石灰1%。

②棉籽壳50%，木屑25%，麦麸20%，菜籽饼4%，石灰1%。

③棉籽壳80%，麸皮10%，豆秸8%，蔗糖1%，石膏1%。

④木屑69%，麦麸25%，玉米粉5%，石灰1%。

⑤木屑63%，麦麸25%，菜籽饼5%，玉米粉5%，石膏1%，轻质碳酸钙1%。

⑥锯木屑80%，米糠15%，木薯淀粉3%，石灰2%。

⑦菊花秆40%，玉米芯50%，麦麸8%，蔗糖1%，石膏1%。

⑧作物秸秆45%，玉米芯44%，辅料10%，石灰1%。

⑨中药渣 74%，米糠 13%，麦麸 12%，生石灰 1%。

（二）基质制备

木屑、棉籽壳、秸秆等提前 10～12h 预湿，以保证吸水均匀，灭菌彻底。石灰、蔗糖溶于水后与各种原料混合，充分搅拌至混匀后装袋。适宜含水量 56%～58%，切忌过高。装袋要紧实，以避免原基过量发生，消耗营养，影响品质。高压灭菌温度 123℃保持 2h 或常压灭菌 100℃维持 25～30h。

四、接种与发菌培养

无菌条件下接种，接种方式多为一侧打孔接种，孔间距 6cm，最适孔深 2cm，接种后用透明胶或美纹纸封口。

发菌期间要保持温度稳定，切忌温差刺激，由于裂褶菌菌丝长速快，温差会加快原基形成，影响产量和品质。发菌期无需光照，最适环境温度 23～26℃，高温季节发菌要严防烧菌，加大通风，做好降温。

五、出菇管理与采收分拣

正常管理情况下，裂褶菌发菌 10d 即可出菇，无需菌丝长满袋。培养 10d 后的菌棒移进出菇房，撕开胶带，平摆在层架上，给予 300～500lx 的散射光照，给予足够的通风，增加湿度，维持空气相对湿度 88%～90%，2d 后原基逐渐分化呈不规则状，多为椭圆形、棱形、多边形。原基分化期切忌温度过高，以免吐黄水严重，控制温度在 20～24℃，温度过低时原基分化慢，且原基个数少，影响单产。

原基分化后增强通风，培养时间 3～8d 内，单个原基纵向生长成类似管状的小菇蕾，顶端形成圆形小孔，上着生密集绒毛，灰白色，小孔面向地面的一侧有浅裂口，逐渐沿管状开裂，形成子实体片状朵形。再有 9～12d，片状子实体逐渐展开，边缘呈浅锯齿状，多个子实体重叠生长成菊花状。12d 后，孢子开始弹射，要及时采收。

采收前停止加湿，并通风。采收人员应佩戴口罩、手套，小刀提前消毒。小刀沿基部平整切割，清理掉培养料，采收后不可马上增加空气湿度，应干燥 1～2d 以养菌。肉眼观察到菌丝愈合并长满料面时，开始加湿，继续按照上述方法管理。管理得当，9d 即可采收第二潮。二潮及以后的菇形不及第一潮，随着潮数增加，菇形逐渐松散。可在其他部位开口，以提高产量。

按照单丛子实体形态、颜色、单片子实体展开度为分级指标。单丛朵形似菊花、直径 7～9cm、颜色灰白色、单片子实体展开平整为一级品；直径 6～7cm、颜色灰白色或灰色、单片子实体展开平整为二级品；直径 6cm 以下、颜色为灰白色或灰色、单片子实体展开平整或稍平整的为三级品；其余畸形菇为次品，包括不成丛、单片子实体、开片不良等。

第四节　裂褶菌病虫害防控

一、杂菌侵害

菌丝生长阶段常见杂菌为绿色木霉（*Trichoderma viride*）和短蜜青霉（*Leuconostoc*

mesenteroides)。其中绿色木霉侵染严重，农法栽培中从接种到吃料阶段污染率为11.1%，菌丝长满后有26.7%的菌袋因木霉污染而不能出菇，出菇后有46.7%的菌袋因木霉侵染不能出菇（陈英林，2005）。短蜜青霉的发生率也较高。这两种霉菌长速快，侵染蔓延快，特别要做好生产场所的空间消毒，培养中发现污染源及时清理，轻微发生时，用浓度0.5%～1%的50%咪鲜胺、氯化锰处理；严重感染者及时拣出，灭菌或埋土处理。

二、非侵染性病害

（一）畸形菇

常见畸形菇主要表现为无叶片子实体，单丛朵形呈珊瑚状。主要原因可能有原基分化后通风不够，CO_2 浓度过高；子实体分化发育中温度不适，温度过高导致菌盖边缘呈锯齿状裂口，肉质薄；温度过低，子实体分化困难。湿度低于85%时，管状菇蕾也很难展开成片（图27-6）。因此，管理中要细心观察子实体发育状态，根据发育的需要调控环境条件，保证温度湿度，及时通风。

图27-6 畸形菇

（二）菌袋黄水

菌丝在生长过程中会有吐黄水现象，黄水严重影响鲜菇产量、质量，甚至导致鲜菇基部变黄后腐烂。当黄水浑浊且有异味时，表明已感染杂菌，会出现病害。黄水清澈，很可能是营养不协调或环境不适，加速生理老化。以后需要改良培养料配方。适当降低培养温度，可有效预防吐黄水。

（三）菌丝萎缩

菌丝生长过程中出现稀疏、纤细、萎缩、长势差，甚至死亡，可能原因是培养料含水量过高（65%以上），导致通气性不好，菌丝缺氧。这主要靠选择适宜的原材料，拌料时严格控制含水量解决，另外，培养期保持环境干燥，加强通风换气。

三、虫害

裂褶菌出菇期主要虫害为眼菌蚊，菌袋开口后，以幼虫危害菌丝，导致不能形成子实体。

对裂褶菌子实体有害的蝇类主要是蚤蝇，以幼虫蛀食菇柄，防治措施首先要求栽培场地远离垃圾池，通风良好。菇房使用粘虫板、夜间使用杀虫灯，都可有效杀灭成虫，减少产卵量，控制危害。

第五节　裂褶菌工厂化简要栽培技术

一、设施设备

裂褶菌工厂化栽培设施设备与其他工厂化栽培种类基本一致，只是在长棒栽培多孔出菇的出菇方式与瓶栽或短袋栽一头出菇种类不同，与此相关的机械有所不同。

二、工厂化栽培工艺技术

（一）基质制备

棉籽壳、木屑需要提前 10～15h 预湿，使用聚丙烯塑料袋（15cm×55cm），装袋，料高 39cm，含水量 57%。

（二）灭菌与冷却

高压灭菌 123℃保持 2h。冷却环境要求与其他工厂化栽培种类相同，要求 12h 冷却到室温。

（三）接种

接种环境和操作要求与其他工厂化栽培种类相同。料袋打孔接种 4 个，孔间距 8cm，孔深 3cm。固体种量每孔 8～10g，液体种每孔 2～5mL，用消毒胶带或套袋封口。

（四）养菌

养菌期间调控室温 25℃、通风换气 3min/h、完全黑暗培养。培养 9d 后转到出菇房，刺激出菇。

（五）出菇管理

使用前应空间消毒并检测空气洁净度。撕开胶带，拣出污染袋，接种面向上整齐摆放在菇架上。设置菇房温度 22.3℃、湿度 90.3%、CO_2 浓度 0.12%。不同品种的出菇环境参数可能存在差异。子实体生长达到七八成，即孢子还未完全弹射前完成采收。工厂化栽培出菇整齐，子实体美观，口感更好，更受市场欢迎（图 27－7）。

a

b

图 27－7　工厂化栽培裂褶菌

a. 工厂化栽培的子实体　b. 工厂化床架栽培

（李荣春）

主要参考文献

曹素芳，1990. 裂褶菌的培养研究［J］. 中国食用菌（3）：10－11.

陈英林，2005. 裂褶菌主要病虫防治技术初步研究［J］. 中国食用菌（1）：49－52.

程远辉，郝瑞芳，陈志星，等，2014. 菊花杆种植白参菌研究［J］. 中国食用菌，33（6）：38－39.

郝瑞芳，李荣春，2007. 不同配方培养料栽培裂褶菌的试验［J］. 食用菌（2）：25－26.

郝瑞芳，2015. 裂褶菌子实体营养成分的测定与分析［J］. 山西农业科学，43（5）：536－538.

贺凤，黄龙花，刘远超，等，2016. 裂褶菌多糖的研究进展［J］. 食用菌学报，23（2）：88－93.

冀颐之，杜连祥，2003. 深层培养裂褶菌胞外多糖的提取及结构研究［J］. 微生物学通报（5）：15－20.

马布平，罗祥英，刘书畅，等，2017. 裂褶菌研究进展综述［J］. 食药用菌，25（5）：303－307，322.

万勇，2004. 裂褶菌的驯化栽培试验［J］. 食用菌（5）：10.

张琪，钟葵，周素梅，2015. 裂褶多糖保湿功效评价［J］. 中国食品学报，15（3）：223－228.

张玉洁，李洪超，卓家泽，等，2016. 芦笋秸秆栽培白参菌技术探索［J］. 文山学院学报（3）：1－4.

赵琪，袁理春，李荣春，2004. 裂褶菌研究进展［J］. 食用菌学报（1）：59－63.

Aletor V A，1995. Compositional studies on edible tropical species of mushrooms［J］. Food chemistry，54（3）：265－268.

Chang S T，Lui W S，1969. Analysis of the mating types of *Schizophyllum commune* in natural population of Hong Kong［J］. Botanical bulletin of academia sinica，10：75－88.

Longvah T，Deosthale Y G，1998. Compositional and nutritional studies on edible wild mushroom from northeast India［J］. Food chemistry，63（3）：331－334.

Nieuwenhuis B P S，Aanen D K，2018. Nuclear arms races：experimental evolution for mating success in the mushroom－forming fungus Schizophyllum commune［J］. PLoS one，13（12）：e0209671.

ZHONGGUO SHIYONGJUN
ZAIPEIXUE

第二十八章

大杯蕈栽培

第一节 概 述

一、分类地位与分布

大杯蕈（*Panus giganteus*），又名大杯伞，俗名笋菇、猪肚菇。我国主要分布在山西、河北、内蒙古、吉林、浙江、福建等地，自然条件下发生于夏初至秋末炎热季节的林下及草地上。人工栽培主要集中在福建、浙江、河北等地。

二、营养价值

大杯蕈营养丰富，含粗蛋白质 26.4%，含有 7 种人体必需氨基酸，必需氨基酸含量占氨基酸总量的 45%，每百克大杯蕈干品的能量值 1 578.3kJ。在其氨基酸中异亮氨酸、亮氨酸含量较高，可促进训练后肌肉恢复，有效地防止肌肉组织受损，对健美运动员的保健具显著功效。从大杯蕈子实体中分离得到的凝集素 CML 相对分子质量 4.9×10^4，对热、酸、碱具有一定的稳定性，具有独特的生化性质和生物学功能。大杯蕈子实体含有钾、铁、锌等 10 种矿质元素，其中钾含量较高，与钠元素协同维持细胞内外正常渗透和酸碱平衡，且有助于维持神经和肌肉的正常功能。

三、栽培技术发展历程

1979 年，福建科研人员从福建尤溪分离获得野生的大杯蕈菌株，经过 10 年驯化栽培，对其生物学特性、生活史、生长条件及栽培技术等进行系统研究，1988 年通过福建省省级鉴定。

随后，许多学者相继开展大杯蕈栽培试验研究，明确了大杯蕈的栽培季节，形成了菌种制作、培养料配方、栽培管理、采收加工等技术，相关技术规范和标准的制订实施进一步促进了大杯蕈产业的发展。目前福建是全国大杯蕈主要产区，2017 年生产规模近亿袋，产量超过 2 万 t（鲜重），产值 3 亿多元。浙江、山东、广西等地也有一定规模的大杯蕈生产。

大杯蕈系高温型菌类，高温高湿环境条件下出菇，易引发病虫害的发生，尤其是螨虫。控制不当，连续使用 2～3 年的老菇棚，病虫害可导致减产甚至绝收现象。这也正是大杯蕈大规模生产的首要限制因素。

在福建大杯蕈出菇期4～10月，恰好弥补夏季食用菌鲜品淡季供给的不足，对调节鲜菇市场有积极作用。

第二节　大杯蕈生物学特性

一、形态与结构

大杯蕈菌丝体在PDA平板培养基上菌落圆整，菌丝放射状生长，菌丝颜色为白色或近白色，浓密度适中。常有同心环纹出现，菌丝直径2～3μm，锁状联合多且明显，在较老的菌丝上可见到单生球状分生孢子，顶生或侧生，分生孢子直径2～3μm。培养后期，紧贴培养基表面长出短密有粉质感的气生菌丝，菌丝直径7.2～10μm，分枝多且密，细胞短粗，前端细胞瓶形，顶端分杈。这类菌丝的出现后，意味着即将进入生殖生长，形成子实体。

大杯蕈子实体菌盖直径4～25cm。表面光滑，灰黄色或土黄色，有的品种菌盖颜色从中心到边缘色泽由深至浅渐变；菌盖中间下凹呈漏斗状，背面菌褶白色，延生，较稀；菌肉白色，中央厚，边缘薄；菌盖边缘内卷，黏附有白色鳞片。菌柄长度3～13cm，近柱形，中生，菌柄上部白色；中部土黄色，表面有点状锈斑；基部污白色，具绒毛；菌柄内部松软，白色。

二、繁殖特性与生活史

具有典型异宗结合食用菌的生活史，未见到无性孢子和无性生活循环的报道。

三、生态习性

自然条件下，大杯蕈发生在夏初至秋末炎热季节，其菌丝的营养源于地下枯枝、枯根及落叶，待条件适宜时菌丝穿过土层形成子实体。人工栽培时，前期采用木腐菌培养方法培养菌丝体，后期采用草腐菌覆土出菇方法培育子实体。

四、生长发育条件

木屑、稻草、麦秸、蔗渣、棉籽壳、废棉等农副产品均可作为大杯蕈栽培原料，适量添加麦麸、玉米粉等氮源，提高产量效果显著。生产实践表明，碳氮比（40～60）∶1较适合大杯蕈的生长发育。

大杯蕈属于高温恒温结实性菌类，菌丝生长温度15～35℃，最适生长温度26～28℃；子实体生长温度23～32℃，最适生长温度26～30℃。子实体形成不需温差刺激。子实体形成温度特点与多数食用菌不同，多数食用菌菌丝生长温度高，子实体形成温度低，而大杯蕈子实体与菌丝体生长温度相近或更高。

菌丝体与子实体生长均需要充足的水分，培养料含水量以60%～65%为宜。菌丝生长阶段，空气相对湿度70%左右；原基分化时，有覆土层保护，空气相对湿度75%左右即可，随着原基的分化发育，对水分需求量逐渐增加，要喷水提高覆土层含水量，同时提高空气相对湿度至80%～95%为宜。

大杯蕈菌丝生长无需光照，子实体生长需要充足的散射光，适宜光照500～1 000lx，直射光和强光抑制子实体形成，导致减产。完全黑暗条件下子实体原基不能形成，光照不足原基不能分化，光照充足适度促进原基分化和菌盖生长。大杯蕈原基形成需要一定浓度CO_2的刺激，否则不易形成。原基形成后，需要充足的O_2，促进子实体生长发育。大杯蕈菌丝和子实体生长均喜欢酸性环境，以pH 5.1～6.4为宜。覆土材料以pH 6左右为宜，不可使用碱性土壤覆土。

第三节　大杯蕈品种类型

目前，生产使用的大杯蕈栽培品种均由野生菌株驯化而来，系统的育种研究未见报道。不同品种子实体形态、颜色以及出菇温度有所不同，栽培者引种时应充分了解品种的种性。

1. 大杯蕈1号　大杯蕈1号（图28－1），系三明市真菌研究所驯化，适合农法栽培，出菇适宜温度26～30℃。

2. 莆蕈1号　莆蕈1号（图28－2），系福建省莆田市农业科学研究所驯化，于2015年通过福建省农作物品种审定委员会认定，适合工厂化栽培，出菇温度稍低，适宜温度25～28℃。

图28－1　大杯蕈1号

图28－2　莆蕈1号

第四节　大杯蕈栽培技术

一、栽培设施

大杯蕈发菌期的设施与木腐菌栽培相似，需要制袋、灭菌、接种与培养等设施，出菇环节为覆土出菇，可采用层架式栽培和畦地式栽培两种模式。

（一）层架式栽培

菇棚（房）内如果是两边操作的菌床，菌床宽度为1.6～1.8m；如果是单边操作，菌床宽度为0.8～0.9m，层距0.55～0.65m，底层菌床与地面距离0.3m，最上层菌床距屋顶1.0～1.3m，菌床之间的通道0.8～1.0m。菌床之间每条通道两端开上下纱窗一对，上窗低于檐0.5m，下窗高出地面0.2m，窗大小为0.4m×0.5m。

（二）畦地式栽培

在室外搭建大棚，大棚边高1.5～1.8m，中间高2.5～2.8m，宽6.0～8.0m，长

20.0～50.0m，棚内畦宽 0.8～1.0m，沟深 0.4m。在棚两端各开一扇门和数个通风窗，两侧也开若干通风窗，窗宽为 0.4m，高 0.45m，大棚宜按南北走向建造，以利棚内温度均匀。

二、栽培季节

应根据品种生物学特性结合当地气候条件选择适应自然季节栽培，福建以 5～9 月为宜，当气温低于 16℃时，大杯蕈原基难以形成。工厂化栽培可以通过人工调控温、湿、光、气，全年均可栽培，不受季节影响。

三、栽培基质原料与配方

大杯蕈分解纤维素、半纤维素能力较强，能利用多种农副产品的碳源和氮源，阔叶树木屑、棉籽壳、稻草、甘蔗渣等农林副产品均可作为栽培主料，杂木屑可选择栎树、油茶、山毛榉等阔叶树树种，使用前过 2～4 目筛，一般粗木屑占 30%～40%，细木屑占 60%～70%。不宜使用含绒量多的棉籽壳，常用配方有：

①干杂木屑 39%，棉籽壳 34%，麦麸 22%，玉米粉 3%，糖 1%，轻质碳酸钙 1%。

②阔叶树木屑 38%，稻草（粉碎或切成小段）38%，麸皮 20%，玉米粉 2%，糖 1%，石膏 1%。

③棉籽壳 42%，甘蔗渣 35%，麸皮 20%，玉米粉 2%，石膏 1%。

四、栽培基质的制备

生料制备基质，先将原料干拌 5min，然后加水搅拌 30min，适宜含水量 60%左右。生料也可发酵后制备。发酵料基质制备需要发酵 15d。发酵时将原料置于拌料场干拌混匀，再加水翻拌均匀至含水量 65%左右，建堆发酵，当料堆温度达到 65℃时翻堆，发酵期间需翻堆 2～3 次，发酵好的栽培基质呈深褐色、无异味。

采用 17cm×（35～38）cm 的聚乙烯或聚丙烯塑料菌袋，袋长短也可依据当地生产习惯适当调整，料高 18～20cm，袋口套塑料颈圈，滤菌盖封口，周边压实，中间打孔，以保证发菌一致。

常压灭菌升温要快，要在 4h 内升温至 100℃；生料基质灭菌，温度 100℃保持 12h；发酵料基质灭菌，温度 100℃保持 10h 即可。使用聚丙烯塑料袋生产，高压灭菌 121℃维持 2h；采用聚乙烯塑料袋生产 118℃维持 4h。

五、接种与发菌培养

料袋冷却至 28℃以下时接种。接种量为每袋菌种接栽培袋 30 袋左右。

培养的最初 5d 适宜温度 26～28℃，然后调至 24～26℃，保持空气相对湿度 70%。发菌前期关闭门窗，避免室内温度波动幅度过大，后期加强通风透气，保持室内空气清新。培养过程中，分别于菌丝长至袋高的 1/3～4/5 时进行 2 次检查，剔除污染或生长异常的菌袋。一般 35～40d 长满袋，之后继续培养 7～10d 转入出菇管理。

六、覆土

出菇管理前应先准备覆土材料，以沙质壤土、泥炭土、菜园土、塘泥土或深层黄泥土为好。土壤使用前7d左右暴晒2～3d，然后用低毒高效杀虫、杀菌剂灭虫杀菌处理，加盖塑料膜，过筛备用，使用前调节覆土pH 6.5左右。

覆土分全脱袋覆土和不脱袋覆土两种方式。全脱袋覆土具体做法是，菌丝长满袋后，移至出菇场所，将塑料袋全部剥开，清除表面原基，竖立并排于层架或菌床畦面，然后覆盖土，以周边看不到菌袋，表面覆土3～5cm厚。这种方式覆土出菇朵形较大，较厚实，后期产品质量较好，但前期子实体偏大，质地较硬，市场销售较差。不脱袋覆土是去掉棉塞与套环，拉直袋口，清除原基，袋内覆土5cm左右。这种方式出菇子实体大小适中，较受市场欢迎，但后期因养分消耗，子实体肉质较薄，品质较差。

七、出菇管理与采收分拣

（一）出菇管理

覆土后管理侧重于水分管理，应根据天气变化给水，通常每天早晚各喷水一次，以覆土层完全湿润、含水量22%为宜，菇棚（房）内空气相对湿度以80%～90%为宜，菇房温度控制在23～32℃，经7～15d土面上即可见到原基形成。

1. 原基形成期　原基形成前期需要一定浓度CO_2的刺激，可适当减少通风，提高菇棚内CO_2浓度，以刺激原基形成。

2. 分化期　原基分化，开始形成菌盖、菌柄。大杯蕈的产量、质量与散射光光照强度成正比，要适当增加散射光，促进子实体分化。同时，加大通风，确保O_2充足，并加大喷水量，确保空气相对湿度不低于85%，覆土层处于较湿润状态。

3. 杯形期　菌盖迅速生长增大呈漏斗状，此阶段是大杯蕈商品价值最高时期，可适当减少喷水，延长商品保鲜期，提高商品价值。

4. 成熟期　菌盖完全伸展，菌柄表皮增厚，同时释放大量孢子，应于孢子大量弹射前采收。

（二）采收分拣

采收时间以杯形期后期或成熟期前期为最佳，采收宜在夜晚或清晨进行，以延缓后熟。采收后，要及时清理遗留在覆土中的残渣残柄，以防在土中腐烂招致病虫害发生；有孢子散落的覆土部分，要及时予以挖除，重新覆盖新土。第一潮菇采收结束后，停止喷水3～5d，然后转入下一潮管理，经25d左右可采收第二潮菇，一般可采收三至四潮，产量集中在第一、二潮，生物学效率100%～120%。

大杯蕈多以菌盖鲜销为主，采收后应立即将菌盖与菌柄分开。菌柄纤维含量较高，可适当加工处理后销售。菌盖等级规格指标见表28-1。但不同客商往往指标要求不尽相同，可根据市场需求另行分级。分级包装后及时进入冷库贮藏，冷链运输上市销售。

表 28-1 大杯蕈菌盖等级规格

项目	指标		
	一级	二级	三级
外观	菌盖圆、呈漏斗状、边缘内卷，菌柄直，大小均匀	菌盖圆、呈漏斗状、边缘内卷，菌柄较直，大小较均匀	菌盖较圆、边缘平直，少部分菌盖稍有缺裂，菌柄稍弯曲，大小不太均匀
色泽	菌盖浅灰黄色至淡黄色		
气味	具有鲜大杯蕈特有的香味，无异味		
菌盖直径（cm）	4.0～8.0	8.0～12.0	≤4.0 或≥12.0
碎菇（%）	无	≤1.0	≤1.0
虫损菇（%）	无	≤1.5	≤2.0
破损菇（%）	无	≤1.0	≤2.0
一般杂质（%）	≤0.5		
有害杂质	无		

（黄志龙）

主要参考文献

黄年来，等，1997. 18 种珍稀美味食用菌栽培［M］. 北京：中国农业出版社.
黄年来，林志彬，陈国良，2010. 中国食药用菌学［M］. 上海：上海科学技术文献出版社.
肖淑霞，黄志龙，饶火火，等，2006. 珍稀食用菌栽培（二）［M］. 福州：福建科学技术出版社.
郑美腾，2000. 福建食用菌［M］. 北京：中国农业出版社.
朱坚，2011. 食用菌品种特性与栽培［M］. 福州：福建科学技术出版社.

ZHONGGUO SHIYONGJUN
ZAIPEIXUE

第二十九章 

巨大口蘑栽培

第一节　概　　述

一、分类地位与分布

巨大口蘑［*Macrocybe gigantea*（Massee）Pegler & Lodge］。曾用名洛巴伊口蘑（*Tricholoma lobayense* R. Heim）、大白口蘑（*Tricholoma spectabilis* Peerally& Sutra）。商品名金福菇、白色松茸、金鞭口蘑等。分布于我国香港、台湾、广东、广西、福建、云南、湖南、贵州等地，夏秋季在凤凰木等树桩附近、榕树下、竹丛中的沃土上丛生。非洲以及亚洲的印度、日本、韩国等地也有分布（Chang，et al.，1995）。

二、营养保健与药用价值

巨大口蘑是一种子实体大型簇生的大型真菌，外形美观，质地致密，口感细腻，脆而鲜甜，香气浓郁。细胞分生慢，不易开伞，不易生虫或腐烂，耐贮运性好，在8～12℃条件下，保存30d不变色、不变味，有着优良的商品性状（马紫英等，2015）。子实体含有丰富的蛋白质、多糖、纤维素和矿质元素，脂肪含量低。蛋白质含量高达16.70%～36.59%，多糖11.59%～12.96%。含有17种氨基酸，脂肪含量低于5%。巨大口蘑含有丰富的人体必需矿质元素锌、钾、钙、镁、锰等，有机酸和5′-核苷酸含量丰富（王元忠等，2005），含多种麦角甾酮和麦角甾醇（孙程亮等，2014）。

巨大口蘑具有抗肿瘤，抗氧化，降血压，抗辐射，抑制细菌、真菌、病毒等多种生理功能。其多糖蛋白复合物具有免疫调节和抗肿瘤活性。子实体中含有血管紧张素Ⅰ转变酶抑制肽，能竞争性抑制该酶的活性，因此具有抗高血压的药效；漆酶能抑制艾滋病毒、逆转录酶的活性；多酚及黄酮类化合物具有抗氧化、扩张血管、降血脂等作用（Pushpa et al.，2014）。另外，子实体提取物对细菌、真菌有较强的抑制作用（莫美华等，2009）。在亚洲，巨大口蘑由于具有许多药用特性，作为民间药物长期被利用。

三、栽培技术发展历程

巨大口蘑是法国真菌学家Heim最早在非洲发现，并于1970年定名为洛巴口蘑（*Tricholoma lobayense* Heim）。1992年，卯晓岚首次在香港中文大学校园内采到一株标本（Chang et al.，1995）。随后研究人员在不同地区相继分离到巨大口蘑新菌株，并进行了驯化栽培研究（马紫英等，2015）。

近年来，国内各地争相引种驯化栽培巨大口蘑，对栽培条件、栽培方式等进行了深入研究，产量逐步提高，生物学效率从50%～60%提高到了90%～100%（叶海寿，2014）。

国外对巨大口蘑研究主要集中在日本、韩国、印度、英国、法国和美国，其中日本和印度研究较多（Nagasawa et al.，1981；Prakasam et al.，2011）。1991年，Ganeshan用稻草栽培获得子实体。1995年，Inaba K. 研究了巨大口蘑在人工培养基上菌丝生长和子实体的形成情况，用木屑、米糠、麦麸（体积分数400∶23∶35）培养基，采用覆土栽培，可形成子实体，生物转化率24%～26.8%。Kim et al.（1998）研究了韩国巨大口蘑人工栽培环境条件，认为在富含有机质和磷酸盐的黏性土壤比普通土壤生长好。Prakasam et al.（2011）在印度驯化栽培巨大口蘑，获得了177%的生物学效率。

四、产业发展现状与前景

巨大口蘑是近年开发的珍稀食用菌新品种，其营养丰富、味道鲜甜、口感爽脆，且具有多种生理功能；鲜品货架时间长，干品香气浓郁，具有优良的商品性状；其出菇温度较高，适宜夏秋季栽培，有利于缓解夏季食用菌栽培面积少、品种少的市场需求；生产技术简单、管理粗放、高产潜能巨大，适应棚架式栽培。这些特点都利于商业化生产。据Prakasam et al.（2011）报道，印度的泰米尔纳德地区于2002年开始商业化栽培，已成为巨大口蘑重要的商业化生产地。目前在日本、中国、韩国、印度等均有小规模生产，我国的台湾、广东、广西、福建等地已有小规模的商业化栽培，其商业开发利用稳步发展。

第二节　巨大口蘑生物学特性

一、形态与结构

巨大口蘑子实体中等至大型，簇生，菌盖大，边缘内卷，直径4～23（32）cm，初期半球形或扁半球形，表面平滑，白色、米黄至微棕色，后期扁平至稍平展，中部稍下凹，成熟时波曲状反卷；菌肉厚，致密，白色，伤不变色，有特殊香气或淀粉味。菌褶白色至浅黄白色，密集，直生至短延生，不等长，初期窄后变宽。菌柄棒状，大小为（8～47）cm×[1.5～4.6（8）] cm（顶部），中生，实心，稍弯曲，白色或与菌盖几乎同色，表面纤维状，幼时基部膨大成瓶状，无菌环菌托，基部连成一大丛。孢子印白色，孢子无色，孢子卵圆形至宽椭圆形，大小为（4.5～7.5）μm×（3.5～5）μm，孢子光滑。菌丝有锁状联合（马紫英等，2015）。

二、繁殖特性与生活史

巨大口蘑的交配型属于四极性异宗结合，每个担子上着生4个担孢子，担子经减数分裂产生4个担孢子，担孢子萌发形成单核菌丝体，可亲和的单核菌丝交配形成双核菌丝进而产生子实体，完成生活史（傅俊生等，2007）。担孢子绝大多数为单核，极少数为双核。单核菌丝不能形成子实体。研究表明，在4～10℃冰箱长期保存，单核菌丝和双核菌丝均可形成厚垣孢子，且保存时间越长，产生厚垣孢子量越多（汤洪敏等，2007）。菌丝呈圆

形，有横隔，大部分表面光滑，部分有较浅纹饰，大小较均匀，菌丝宽度为 1.3～1.7μm，锁状联合大小均匀，有的菌丝附着有单核体（黄敏敏等，2010）。菌丝体浓密，洁白，气生菌丝发达、粗壮，通常能长满整只试管或平板。

三、分布与生态习性

巨大口蘑是热带和亚热带地区的大型高温型食用菌。发生于竹林、凤凰木、常绿阔叶林、咖啡林、草地和林缘灌丛的山地和林园中的腐殖层。我国分布在北纬 21°11′～29°04′，东经 100°75′～118°06′，海拔在 340～1 500m，土壤以富含有机质的黑壤和棕壤为主。

巨大口蘑每年 10 月初至翌年 2 月下旬为菌丝越冬休眠期，3 月上旬随着气温回升，土壤中菌丝开始生长，4 月上旬，地表下白色菌丝便清晰可见，5～9 月期间可采到自然发生的子实体。巨大口蘑生长所需空气相对湿度为 85%～95%，土壤含水量 20%～30%，土壤温度为 20～30℃。一般来说，巨大口蘑自然发生一季，发生期 20～30d。

四、生长发育条件

（一）营养与基质

巨大口蘑可利用的碳源、氮源种类较多，如果糖、葡萄糖、麦芽糖、玉米粉、可溶性淀粉、蔗糖等；酵母粉、蛋白胨、氯化铵、硫酸铵、硝酸钾等可作氮源。菌丝在 PDA 培养基生长良好，添加 B 族维生素能促进菌丝生长。多种农林废弃物，如棉籽壳、稻草、蔗渣、玉米秸、玉米芯、麦秸、大豆秸、麦麸、米糠、玉米粉、黄豆粉等均可作为巨大口蘑栽培的原、辅材料。

（二）环境条件

1. 温度　巨大口蘑属于高温型菌类，菌丝体在 15～35℃下生长，最适温度范围 28～32℃。原基形成温度在 20～38℃，以 26～32℃最佳。由于巨大口蘑对低温和温差均较敏感，气温低于 20℃不能出菇，甚至成死菇，栽培中要予以重视。

2. 湿度　巨大口蘑在栽培基质含水量 40%～75%下均能生长，以 58%～62%长速最快，覆土层适宜含水量 20%～25%。菌丝生长阶段适宜空气相对湿度 70%左右，子实体发育的最适空气相对湿度为 85%～95%。

3. 光照　菌丝生长阶段对光不敏感，在有光无光下均能生长，在黑暗条件下菌丝生长旺盛，但微弱散光对菌丝生长发育有一定的促进作用，可加快菌丝的生理成熟进程。在子实体发育阶段，需要一定散射弱光，有利原基的分化发育，最适宜光照 150～750lx。

4. 酸碱度　巨大口蘑菌丝体生长的 pH 范围较广，pH 2.0～10.0 均可生长，但生长速度不同，不同菌株适宜的 pH 范围也不同，但多数菌株最适宜 pH 6.5～8.0。

第三节　巨大口蘑品种类型

目前，巨大口蘑的品种都是农法栽培的品种，且都属于高温型品种。不同菌株生物学特性不完全相同，也采用了不同的商品名。福建分离的菌种有夏 1、夏 3 和荆西口蘑。广东湛江分离的为诺巴口蘑。台湾栽培的品种商品名为金福菇。广州、广西兴安栽培的商品名为金鞭口蘑。广西其他地区栽培的菌种主要有金福菇桂菌 Tg505、柳州金福菇 506。云南栽培的为当地分离的大白口蘑。由于各地的引种驯化栽培。总体上看同物异名现象严重。

第四节　巨大口蘑栽培技术

巨大口蘑有多种栽培模式，既可采用袋栽，也可采用盆栽、箱栽、床栽、畦栽等；既可进行熟料栽培，也可采用发酵料栽培。熟料栽培是目前巨大口蘑高产稳产最常用的栽培方法，熟料栽培也需事先发酵然后灭菌，就是栽培料经过发酵后、再进行高压灭菌或常压灭菌、然后接种栽培的方法。发酵料栽培是将原材料搅拌均匀、堆沤发酵后直接进行接种栽培。

一、栽培设施

栽培场地要选择远离畜禽饲养场、垃圾堆、厕所等，可利用室内栽培，也可利用室外稻田、菜园及果园搭棚作栽培场，选择地势较高、平坦、近水源、排水方便、背风向阳、土壤有机质丰富、土质疏松的阔叶林地块为出菇场地。

根据栽培季节的不同，栽培设施的建造也不同。夏季出菇，则选择建造钢架或竹架遮阴大棚（以下简称菇棚）栽培较好。菇棚宜坐北朝南，宽 5～7m，长 35～50m，高 2.0～2.5m，采用透光率为 20%～30%的遮阳网覆盖，也可用草帘或芦苇遮阴，遮阴度约七阴三阳。棚中挖畦，畦宽 1.2～1.5m，中间微凸，呈龟背状。畦面撒石灰粉或喷甲醛消毒备用。若冬季出菇，则选择建保温室（以下简称菇房）来栽培较佳。菇房可以建砖瓦房，也可以建造 10cm 厚的泡沫塑料彩钢板房。

二、栽培季节

南方可分为春栽、秋栽栽培，春栽可于 3～4 月前接种，5～7 月出菇。由于巨大口蘑菌种不易老化，也可于 10～12 月制袋，菌袋越冬培养，翌年 4 月中旬开袋口或脱袋覆土出菇，5 月就可采收；秋栽 7～8 月接种，9～11 月出菇。若一年仅栽培一季，可于 3～4 月接种，5～10 月出菇。在人工控温条件下巨大口蘑可以进行周年栽培生产。

三、栽培基质原料与配方

①玉米芯 58%，麸皮 25%，蔗糖 10%，酵母粉 5%，磷酸二氢钾 0.2%，硫酸镁 0.1%，轻质碳酸钙 0.2%，石灰 1.5%。

②稻草 40%，棉籽壳 30%，豆粕 13%，麸皮 15%，石膏粉 1%，石灰 1%。

③蔗渣 50%，棉籽壳 30%，酵母粉 0.5%，麦麸 18%，轻质碳酸钙 0.1%，硫酸镁 0.1%，磷酸二氢钾 0.2%，石灰 1%。

④木屑 20%，稻草 25%，棉籽壳 18%，玉米芯 15%，牛粪 12%，米糠 8%，轻质碳酸钙 1%，石灰 1%。

⑤野草 53%，棉籽壳 15%，玉米芯 15%，麸皮 15%，石灰 1%，石膏 1%。

⑥棉籽壳35%，玉米秆20%，玉米芯15%，豆粕12%，花生秆14%，石灰2%，石膏粉1%，过磷酸钙1%。

⑦菌糠35%，棉籽壳20%，花生壳16%，豆粕10%，麦麸15%，石灰2%，石膏粉1%，过磷酸钙1%。

四、栽培基质的制备

（一）原料预湿

预湿前先将稻草及麦秸等农作物秸秆切成3～5cm长的小段，玉米秸、玉米芯、花生秸、花生壳等原料加工成黄豆粒大小，用石灰水浸泡，或喷水、浇水预湿1～2d，充分吸水软化，再沥去多余水分。

（二）混合拌料

配制培养料时先按一定的比例将所需主要原料充分混合拌匀，主料预湿后，再将辅料麦麸、石膏、矿质元素等混合均匀，加入经预湿的主料中，充分搅拌均匀，检查料含水量60%～65%，pH 7.5～8.5，然后进行建堆、发酵。

（三）堆制发酵

目前在生产上，一般先对培养料进行建堆发酵，这样既能使原料软化、熟化、持水性好，且能分解有害物质，杀死部分杂菌或虫卵，使基质更有利于巨大口蘑菌丝生长。堆料场地应选择地势较高、不易积水，阳光充足，且离菇房和水源较近的地方，有利于原料发酵。将拌好的料堆成宽1.5～2m、高1.0～1.3m的长形堆，长度不限。为通气良好，发酵均匀，铺料时可以在底部放两根竹竿，竹竿上面打孔，孔与底部竹竿垂直，堆好后拉出竹竿，便于气体交换，然后覆盖塑料薄膜保温、保湿。发酵期间翻堆3～4次，当料温升到65～70℃时，持续发酵24h后翻堆，翻堆时应把上下左右料对调均匀，具体间隔时间和发酵总天数，依据培养料种类、天气及堆温的变化而定，一般第一次翻堆为4d，第二次和第三次均为3d，第四次翻堆为2d，待培养料呈黄褐色或深褐色，无不良气味，手感松软，调节含水量60%左右，便可装袋。

（四）装料

分装模式分为袋装和瓶装。栽培袋可选用（17～24）cm×（33～45）cm×（0.004～0.005）cm规格的聚乙烯或聚丙烯塑料袋，将发酵好的培养料装入袋内，装料松紧度要适中，上下一致，料袋内无明显空隙，料紧贴袋壁。以套环和滤菌盖封口。

（五）灭菌

料袋装好后，必须在当天灭菌处理，防止物料继续发酵。常压灭菌要求料温100℃保持10～16h。灭菌结束后，闷锅一夜，降温至60℃左右，出锅冷却。温度降至28～30℃时接种。高压灭菌0.11～0.15MPa保持4～6h，灭菌结束后自然降压降温。温度降至80℃以下时出锅冷却，温度降至28～30℃接种。

五、接种与发菌管理

按无菌操作接种，扒去菌种表层2cm厚的老皮，将菌种分成玉米粒大小的颗粒使用。培养室要清洁、干燥、通风、透气，调控温度到25～30℃。接种后的菌袋竖放于培养架上，留足袋间空隙，以免烧菌。也可侧放堆叠，堆高 4～5 层。接种后 5d 给予微通风，5～7d 后适当加大通风，7d 内保持温度 25℃以上。温度不够，将会延迟菌种萌发，导致污染率提高。保持培养室黑暗，空气新鲜，空气相对湿度 60%～70%。每天早晚各通风 1 次，每次 1h。在适宜条件环境下 40～50d 菌丝满袋。

菌丝满袋后，不能立即覆土出菇，因为这时菌丝还未达到生理成熟。覆土过早容易导致退菌现象发生，造成失败。菌丝满袋后在 25～29℃下继续培养 15d，使其达到生理成熟。培养期间，注意保持培养基水分，给予一定弱光诱导原基形成。

六、覆土

巨大口蘑既可选择室内床架层栽，也可利用室外稻田、菜园及果园作栽培场地栽，还可用泡沫箱、塑料筐等箱栽。巨大口蘑子实体形成需要土壤中微量元素和微生物的刺激。覆土还有稳定料温和保水作用，利于小菇蕾形成及生长。

覆土材料要选用有团粒结构、孔隙多、保水性好、含有适量腐殖质的颗粒土壤，如林地腐殖土、果园土、菜园土、稻田土、泥炭土、塘泥或添加煤渣的红壤土等。使用灭虫消毒，方法和标准与双孢蘑菇相同。使用前用石灰调节至 pH 7.5～8.0。将培养好的菌袋除去套环，将备好的土粒逐袋装填或脱袋后畦面排场覆土，整平，覆土要均匀一致，厚度 2～3cm。覆土后喷水使土面湿润，保持栽培场地的空气相对湿度在 85%～95%，当土面出现小菇蕾时，用喷雾器喷水使土层稍湿，以后每天喷水 1～2 次，定时通风，每 2h 进行通风 10min 或早、晚通风 2 次，每次 30min，并开启下窗排除 CO_2。

七、出菇管理与采收分拣

在适宜的温、湿度条件下，覆土后 13～15d 白色菌丝爬上土表。此阶段空气湿度应控制在 85%～90%，可向地面、空间和墙壁喷水，以提高湿度。待菌丝均匀分布于土表时，加强通风换气或喷水，促使菌丝倒伏，扭结形成原基。出菇时需要一定散射光，适宜的光照强度一般为 150～750lx。当子实体长至 2～3cm 时，对环境的适应性增强，可向地面和空间同时喷雾状水，每天喷水 1～2 次，切忌向菇体直接喷水，同时增加通风量。子实体进入成熟期，可少量喷水，保持空气相对湿度 80%～85%。

尽管巨大口蘑具有很强的抑制细菌、真菌、病毒的作用，不易生虫和染病，但是，如果在出菇期管理不善，也会出现病虫害，因此应注意病虫害防治。据报道，该菌常见的病害有青霉病、曲霉病、病毒病等。栽培前期的消毒措施能有效预防这些病害的发生。

适时采收是保证质量和产量的重要前提。菌盖肥厚坚实、尚未开伞，当子实体长至菌柄长 15cm 左右为最佳采收期，应及时采收。采收时手握菌柄基部、整丛拔起，或用干净的刀片切下菇体，保留其他小菇继续生长。巨大口蘑开伞后体积过大，不便于包装，采后应分割成单个并削去基部残物后用塑料袋或托盘包装上市，也可烘干加工。

采收后，清理床面上残留的菌柄和老化菌丝，补土整平料面，停水 5～7d 后再补水，也可结合补水喷施一次食用菌专用营养液，调整温度、湿度、通风等环境条件，12～15d 后形成第二潮菇，一般可采收二至三潮菇，管理得当，生物学效率平均 70%～120%。

（莫美华）

主要参考文献

傅俊生，蔡衍山，柯丽娜，等，2007. 金福菇的交配型研究［J］. 食用菌学报，14（3）：10－12.

黄敏敏，江枝和，翁伯琦，2010. 不同 pH 值条件下金福菇菌丝体形态的电镜观察［J］. 电子显微学报，29（2）：173－176.

马紫英，倪焱，魏要武，等，2015. 野生巨大口蘑 1 株新菌株 ITS 鉴定及菌丝培养基优化［J］. 华南农业大学学报，36（3）：98－103.

莫美华，张倩勉，2009. 巨大口蘑子实体抽提物抑菌活性研究［J］. 食品工业科技，30（5）：151－153.

孙程亮，李正辉，冯涛，等，2014. 大白口蘑子实体的化学成分研究［J］. 安徽中医药大学学报，33（4）：814－86.

汤洪敏，虞泓，李长利，等，2007. 大白口蘑生物学特性的观察［J］. 菌物学报，26（2）：297－301.

王元忠，汤洪敏，虞泓，等，2005. 巨大口蘑子实体营养成分分析［J］. 食用菌学报，12（2）：24－26.

叶海寿，2014. 高山金福菇层架高产栽培技术［J］. 食药用菌，22（3）：167，169.

Chang S T，Mao X L，1995. Hong Kong mushrooms［M］. Hong Kong：The Chinese University of Hong Kong Press.

Ganeshan G，1991. Cultivation of *Tricholoma lobayense* Heim on paddy straw substrate［J］. Mushroom journal for the tropics（10）：31－33.

Inaba K，Takano Y，Mayuzumi Y，et al.，1995. Fruiting－body formation of *Tricholoma giganteum* on artificial medium［J］. Environment control in biology，33（3）：169－174.

Kim H K，Kim Y S，Seok S J，et al，1998. Artificial cultivation of *Tricholoma giganteum* collected in Korea（I）－Morphological charateristics of fruitbody and environmental condition in habitat of *T. giganteum*［J］. Korean journal of mycology，26（2）：182－186.

Nagasawa E，Hongo T，1981. *Tricholoma giganteum*，an agaric new to Japan［J］. Transactions of the mycological society of Japan，22：181－185.

Prakasam V，Karthikayani B，Thiribhuvanamala G，et al.，2011. *Tricholoma giganteum*－a new tropical edible mushroom for commercial cultivation in India［C］. ICMBMP7（4）：438－445.

Pushpa M A，Kasimaiah P，Pradeep P J，et al.，2014. Antioxidant and anticancer activity of *Tricholoma giganteum* Massee an edible wild mushroom［J］. Academic journal of cancer research，7（2）：146－151.

ZHONGGUO SHIYONGJUN
ZAIPEIXUE

第三十章 

大球盖菇栽培

第一节　概　　述

一、大球盖菇分类地位与分布

大球盖菇（*Stropharia rugosoannulata* Farl. Ex Murrill），自然分布于欧洲、北美洲和亚洲等地，在我国主要分布在西南地区的云南、四川、西藏以及东北的吉林等地（黄年来，1995）。

二、大球盖菇的营养和保健功能

大球盖菇色鲜味美、脆滑爽口、营养丰富，包含所有人体必需氨基酸及其他氨基酸共17种，还含有人体所需的多种矿物质如磷、钙、铁、镁等。大球盖菇多糖含量较高，能增强肌体免疫力，并具有抗病毒、抗肿瘤的作用，而且还能降低胆固醇含量、预防动脉硬化（黄年来，1998）。子实体含有丰富的膳食纤维，有助消化和润肠的功能，所含的多种氨基酸和微量元素能起到强身健体、调节生理平衡、缓解精神疲劳和增强免疫力的作用。所含多糖类物质，具有降低血胆固醇、预防心肌梗死和动脉硬化的功效（罗信昌等，2016），是具有一定保健功能的食药用菌。

三、大球盖菇栽培技术发展历程

大球盖菇首次报道于1922年，1930年以后在德国和日本也发现其野生种群，1969年德国人工驯化栽培成功，而后波兰、匈牙利等国引种栽培。1980年，上海农业科学院食用菌研究所许秀莲等从波兰引种并试栽成功。20世纪末和21世纪初，浙江省丽水市林业科学研究所刘跃钧和福建省三明市真菌研究所颜淑婉等的大量栽培取得良好的效益（黄年来，1995）。随后四川等南方部分省区也相继开始了试验和生产，黑龙江省农业科学院倪淑君2009年在黑龙江引种试种，为草腐菌在寒区的推广提供了系列配套技术。目前国内各地陆续有规模成功栽培的报道，仍以天然气候条件的季节生产为主，工厂化生产技术处于探索中。

四、大球盖菇栽培的发展现状与前景

大球盖菇是联合国粮食及农业组织（FAO）向发展中国家推荐栽培的食用菌之一，

近年来在国际菇菌交易市场上已上升至前10位（罗信昌，2016）。大球盖菇能利用多种农牧废弃物作基料进行栽培，原料来源丰富，用生料或发酵料栽培，不需要制备料袋，不用高温灭菌，出菇后菌糠直接回田培肥地力，改良土壤。

近年来，由于秸秆焚烧、环境污染日趋严重，人们开始重视发展大球盖菇。大球盖菇外观美丽，营养丰富，易被消费者接受，市场认可度不断提高。大球盖菇生产门槛低，产量高，投入少，见效快，符合生态循环农业要求。大球盖菇已从过去福建、四川局部零星种植，向全国多省区发展，河南、河北、山东、浙江、贵州、云南、辽宁、吉林、黑龙江等都有一定规模栽培，掀起了大球盖菇栽培热潮。

大球盖菇出菇期集中，鲜品货架期较短，目前除鲜品外，还有腌渍品、干品、速冻品等主流产品。相对于其他大菇种，研究基础比较薄弱，尚有不少科学技术问题有待攻克，优良品种、高产、精准化栽培、保鲜、加工等技术都亟待开发。

第二节 大球盖菇生物学特性

一、形态与结构

大球盖菇在PDA培养基上生长不良，气生菌丝少（颜淑婉，2002），紧贴培养基蔓延生长；菌丝有锁状联合。子实体丛生或单生（黄年来，1998；颜淑婉，2002），菌盖接近半球形，成熟后趋于扁平，直径5～15cm，个别可达25cm。子实体生长初期为白色，以后菌盖颜色逐渐变为红褐色至暗褐色或葡萄酒红色。成熟子实体菌盖边缘内卷并在菌柄与菌盖之间有白色菌幕残片。鳞片呈白色纤毛状，湿润时的菌盖平滑、稍黏（黄年来，1998）。菌褶直生、排列密集。菌柄长5～15cm，直径1～5cm，近圆柱形，近基部稍膨大，菌环以上部分白色，近光滑，菌环以下部分带黄色细条纹，成熟时呈淡黄色，易中空。孢子椭圆形，孢子印呈紫黑色，孢子大小为（11～16）μm×（9～11）μm（黄年来，1998；颜淑婉，2002）。

二、繁殖特性与生活史

大球盖菇为异宗配合真菌，担孢子单核，萌发后形成单核菌丝，可亲和的单核菌丝融合形成双核菌丝体，在条件适宜时形成子实体，产生担孢子。大球盖菇的交配型受双因子控制，属于四极性交配系统（汪虹等，2006）。

三、生态习性

大球盖菇在春季到秋季时期，常生长于草丛、林缘、路旁、园地等含有丰富腐殖质的土地上，有的还生长在牧场区的牛马粪上（黄年来，1995）。在青藏高原上生长于阔叶林下的落叶层上，在攀西地区生长于针阔混交林中（张胜友，2010）。

四、生长发育条件

（一）营养条件

1. 碳源 碳源是大球盖菇生长发育过程中重要的营养源，不但可以作为碳水化合物及蛋白质合成的基本物质，又能够提供细胞正常生命活动所需能量。据报道，淀粉是大球盖菇菌丝生长的最适碳源，葡萄糖、蔗糖、甘露醇、山梨醇次之（刘胜贵等，1999）。葡萄糖是大球盖菇菌丝生长的最佳碳源（闫培生，2001；黄清荣，2005）。也有报道蔗糖为大球盖菇菌丝生长的最佳碳源，其次是可溶性淀粉（颜淑婉，2002；张世敏等，2005）。蔗糖作为大球盖菇菌丝生长的碳源时，其适宜浓度范围为1.6%～2.0%；麦芽糖的最适宜的浓度为2.0%（黄春燕，2012）。液体深层培养时，以乳糖为碳源的菌丝体的干重最大（孙萌等，2013）。

2. 氮源 据有关报道称，以 $(NH_4)_2SO_4$ 作为大球盖菇菌丝生长的氮源时，促进效果优于 NH_4NO_3（刘胜贵等，1999）。豆粉是最适有机氮源，所筛选的氮源之中蛋白胨和牛肉膏的效果最差（闫培生等，2001）。尿素是促进菌丝生长的最适氮源（张世敏等，2005；黄清荣，2005）。尿素的最适浓度为0.026%；蛋白胨的最适浓度是0.1%（黄春燕等，2012）。

3. 无机盐 无机盐是大球盖菇生长不可缺少的重要因子。研究表明，Na_3PO_4 对大球盖菇菌丝生长明显促进，K^+ 和 Mg^{2+} 对菌丝的生长有微弱抑制作用，Ca^{2+} 抑制菌丝生长，Na^+ 促进菌丝的生长，而 Fe^{2+} 无影响（闫培生等，2001）。研究结果表明，无机盐对菌丝生长影响较大，硫酸钙为最适无机盐（孙萌等，2013）。

（二）环境条件

1. 温度 大球盖菇菌丝生长温度范围5～35℃，最适温度24～27℃。原基形成和子实体发育适宜温度为14～25℃。

2. 湿度 大球盖菇菌丝在基质含水量65%～85%范围内都能正常生长，最适含水量70%～75%。子实体发育培养基含水量65%～75%，空气相对湿度85%～95%。

3. 空气 大球盖菇对通风透气的影响极敏感，在其实验中，双层报纸和纤维棉封口的菌瓶中，菌丝生长的速度是用聚丙烯薄膜封口的菌瓶的1.59倍和1.55倍（刘本洪等，2004）。

4. 光照 大球盖菇菌丝生长阶段不需要光照，子实体形成阶段需要一定的散射光，散射光可促进子实体的生长健壮并提高产量（刘胜贵等，1999）。

5. 酸碱度 大球盖菇菌丝在pH 4～11的范围内均可生长，其中pH 5～8为适宜范围，最适pH 6（何华奇等，2004；闫培生等，2001；颜淑婉，2002）。

第三节 大球盖菇品种类型

生产中使用的大球盖菇品种名称较多，同名异物、同物异名现象严重，为科研和生产带来诸多不便。目前经过省级以上部门认定登记的有4个：大球盖菇1号（国品认菌2008049）、明大128（国品认菌2008050）、球盖菇5号（国品认菌2008051）、黑农球盖菇1号（黑登记2015054）。

表 30-1　大球盖菇品种简介

品种	审定编号	育成单位	品种来源	特征特性
大球盖菇1号	国品认菌2008049	四川省农业科学院土壤肥料研究所	从自然环境中分离获得的优质、高产菌株	该品种子实体菌盖赭红色，具有灰白色鳞片，直径8～12cm，菌柄白色，菌褶污白色，适宜出菇温度为10～20℃，菇潮不明显。子实体单重大，产量高；转潮快；生物转化率35%～45%，不易开伞；出菇温度广；以稻草为主要栽培原料
明大128	国品认菌2008050	福建省三明市真菌研究所	国外引进、系统选育	子实体单生或群生，朵形中等至较大；菌盖近半球形后扁平，直径5～20cm；菌柄近圆柱形，近基部稍膨大，柄长5～20cm，直径1.5～10cm，成熟后中空；幼嫩子实体白色，后渐变成酒红色，菌褶直生、密集。菌丝白色、线状，气生菌丝少；菌丝生长温度5～34℃，最适温度25～28℃；子实体生长温度4～30℃，最适温度14～25℃，遇高温时菌柄易空心，生物学效率40%左右
球盖菇5号	国品认菌2008050	上海市农业科学院食用菌研究所	国外引进、系统选育	子实体单生或丛生；单个子实体大小差别大；菌盖红褐色，被有绒毛，菌柄白色粗壮，子实层灰黑至紫黑色，能产生大量担孢子，孢子紫黑色；菌丝洁白浓密，有绒毛状气生菌丝；菌丝生长最适温度为23～27℃，培养料含水量以70%左右为宜，发菌阶段不需光照；子实体生长最适温度为12～20℃，空气相对湿度以90%～95%，子实体生长阶段需散射光；口感嫩滑，适合鲜食也可晒干或烘干，浸水回软后口感不变。每平方米可产鲜菇4.5kg左右
黑农球盖菇1号	黑登记2015054	黑龙江省农业科学院畜牧研究所	从四川省绵竹县民间引进，经扩繁、组培、分离、筛选而成	该品种子实体中等大小，菌盖酒红色，具白色鳞片，平均直径6.0～7.0cm。菌褶直生，污白色；菌柄平均长6.0～8.0cm，粗2.5～5cm，菌柄粗壮，色白。质地紧密，不易开伞，保鲜期长，商品性好。耐低温，出菇温度广，最适出菇温度15～22℃，以各种农作物下脚料为主要栽培原料。产量高，转潮快，生物学效率达50%以上

第四节　大球盖菇栽培技术

一、栽培设施

大球盖菇栽培场所选择灵活，无需特殊设施就可种植。在房前屋后、大田露地、温室大棚、水稻育秧棚、林下，以及与其他作物间作等方式均可栽培生产。

二、栽培季节

大球盖菇在15～26℃的条件下播种为宜，出菇最适温度为15～20℃。各地可以根据大球盖菇的生理特性和当地的气候条件，灵活安排栽培生产。如在南方省份，大球盖菇栽培生产一年可进行两次，播种时间可分别选在 9 月中旬和 2 月上旬，经过 45～60d 就可出菇。通常情况下，从播种到采收结束需 3～4 个月。若采用保护棚，还可进行冬季反季生产，即在 11 月中下旬至 12 月上旬播种，春节前后大量出菇，此时正处在蔬菜淡季，蘑菇售价高，经济效益更好（夏志兰，2002）。在北方一般采用夏种秋收，当年 9 月中旬出菇，冬季休眠，翌年春季出第二潮菇。

三、栽培模式

大球盖菇的栽培模式有许多种，主要有大田露地栽培、玉米间作栽培、林下栽培、果园套种栽培及温室、大棚保护地栽培等，各地可根据各自实际情况灵活选择。

1. 大田露地栽培　技术要点详见下文四至八部分。

2. 玉米间作栽培

（1）栽培方式　玉米宽窄行栽培。玉米大垄宽行距 70～90cm，窄行距 40cm，玉米株距 28～35cm，亩保苗 3 800～4 500 株。在玉米宽行处做畦床用于大球盖菇生产，玉米与大球盖菇种植垄数比例为 1∶1 或 1∶2。

常规栽培。玉米垄宽 65cm，株距 15～20cm。两垄或四垄玉米间隔种植两垅大球盖菇，种植垄数比例为 2∶2 或 4∶2。

（2）技术要点　玉米应选抗倒伏、株型紧凑、抗逆性强的品种，根据各地情况按期播种，常规生产方式管理。玉米生长期间不应使用食用菌禁用的农药。

大球盖菇播种时期以玉米出苗后到小喇叭口期为宜。采用玉米宽窄行栽培模式，在宽行处做畦床用于大球盖菇生产，畦床一般宽 60～70cm。播种前先在畦内浇透水，待水渗完后在菇畦内均匀撒入适量熟石灰消毒。出菇后期若玉米秸秆遮阳不足，可采取遮阴网等辅助措施。玉米及鲜菇采收后可以将废菌糠直接翻入土壤中用作底肥。其他管理可参照大田露地栽培模式。

3. 林下栽培

（1）栽培方式　行距小于 3m 的杨树等林下一般可以直接露地栽培。林下空间过大，为了达到良好效果，可以采用塑料中棚或塑料拱棚进行栽培。

（2）技术要点　塑料中棚适用于郁闭度（林冠的投影面积与林地面积之比）0.7 以上或树行距 4m 以上的林地。塑料中棚宽 3～4m，高 1.5～1.8m，长短因林地而定。塑料拱棚适用于行距小于 4m 的杨树等林木或行距小于 4m 的经济林果园。塑料拱棚宽 1.5～1.8m，高 0.7～1.0m，长度不宜超过 30m。塑料棚顶盖薄膜，气温低时可以覆盖草帘保温。其他管理可参照大田露地栽培模式。

4. 果园套种栽培　要以当地气候条件和果园的遮阳度为原则。一般可在春、秋两季进行，也可在 10 月初前后播种。选择秋季栽培为佳，因秋季气温较适宜，原料资源丰富、价格低廉，秋季雨水较少，更有利于生产。

果园应选择交通及水源方便、土壤肥沃、排水良好、避风向阳的梨、柑橘、桃、李、板栗果园等，最好是轮换套种。沿着果园平台整地作畦，畦高 10～15cm，宽 1m 左右，长度不限，畦间留 30～40cm 宽的人行道。整地作畦完成后，铺料前要对场地进行消毒，

在有白蚂蚁和蚯蚓的场地撒放灭蚁药和菜籽饼粉。

5. 温室、大棚等保护地栽培　栽培时间按可控制温度、湿度、光照等条件，以及市场、综合利用等因素综合考量。

四、栽培基质原料与配方

大球盖菇可以利用各种作物秸秆、玉米芯、稻壳、树叶、枝丫、菌糠等农林下脚料为栽培基质，栽培原料来源广泛、成本低廉。所用的原料要求新鲜干燥、无霉变。每亩用干料 6 000～7 000kg。

参考配方：

①稻草、麦秸或玉米秸秆 50%，稻壳 39%，干牛粪 10%，石灰粉 1%。

②稻壳 85%，木屑 14%，石灰粉 1%。

③稻壳或稻草 70%，豆秸 29%，石灰粉 1%。

④玉米秸秆、玉米芯、稻壳、硬杂木树叶或枝丫（柞树、杨树等）等 60%，栽培滑子蘑、平菇、香菇、木耳等食用菌后的菌渣（经高温灭菌或发酵加入，和主料混拌后再发酵使用）25%，干牛粪 10%，麦麸 4%，石灰粉 1%。

五、栽培基质制备

大球盖菇生产中常用生料栽培和发酵料栽培两种方式。生料栽培原料只需预湿和简单混拌即可，能够节省大量的人工成本，但生物转化率较低、后期污染率较高，适宜在低温期播种，适宜雇工困难或用工费用高的地区选用。相对生料栽培，发酵料栽培基质需要建堆和发酵，会耗费一定的人力，但产量高，后期污染率低，是生产常用栽培技术。

（一）生料栽培

首先，将栽培原料适当处理，如作物秸秆应破碎或扎断（长 3～5cm），玉米芯、枝丫、菌糠等应粉碎成直径 1～2cm 的块状。然后采用喷淋的方式，将各种原料充分预湿，用水浸透，如果数量较多，必须翻动数次。最后按照栽培料配方将各种预湿好的原料混合拌匀，含水量控制在 70%～75%。

（二）发酵料制作

原料处理同生料。先将场地进行杀虫处理，将调湿适度、混合均匀的培养料堆成底宽 2～3m、高 1～1.5m、长度不限的梯形堆，料堆上表面呈平面，避免大底尖锥形。料堆大小应适当，过小则不易升温，过大则中心易缺氧，影响发酵效果。料堆好后，从顶面向下打孔洞至地面，孔距 40cm，孔径 10cm 以上，并在料堆两侧面间距 40cm 处扎两排孔洞至堆中心底部，防止料堆中部和底部缺氧产生酸变或氨臭。

料堆四周用草帘封围，顶部不封盖。经 3～4d 堆内就会开始升温，当料堆内温度达到 55～60℃时，保持 48h 以上。当料内有白色粉末状高温放线菌出现时，进行第一次翻堆。培养料发酵完成后要及时散堆，不要长时间堆积、过度发酵，否则会使料中养分大量损耗，不利于后期菌丝的生长。当培养料温度降到 25℃以下铺料播种。

六、播种、覆土与发菌期管理

（一）铺料播种

以大田露地栽培方式为例，首先用石灰或低毒杀菌剂（如高氟氯氰菊酯）对畦床进行喷撒消毒，畦床宽约 1m 为宜，以便于日常管理和采菇操作。铺料时，每平方米栽培面积折合使用干料量 13.3～15.5kg，铺料厚度 20～25cm。菌种掰成核桃大小、间距 8～10cm，成“品”字形点播，最后将栽培料整理成龟背形。

覆土宜选择肥沃的菜园土和田野土，盖草以稻草为佳。覆土一般厚度 3～5cm，盖草厚度 5～8cm。覆土和盖草可以在铺料播种后进行，也可以在菌丝长满料面 2/3 时进行。覆盖后为防止菌丝窒息、退菌死亡，需要在料垄两侧扎“品”字形的孔洞，间距 20～25cm。为了保持料面的湿度，气温较高时稻草覆盖的要厚一些，以防阳光直射菌床伤菌。稻草的覆盖也很有讲究，发菌期横向覆盖利于防雨，出菇期改为顺床覆盖利于料垄受水充分，干湿均衡。覆土后可以将覆土层喷一次高氟氯氰菊酯进行杀虫处理。

（二）发菌期管理

发菌期管理主要是控制好温度和湿度。培养料温度要保持在 23～27℃，不能高于 28℃，以免影响大球盖菇菌丝的生长。温度过高时可以通过扎孔增氧排热，利用微喷浇“毛毛雨”降温。每天每次浇水时，要保持少浇、勤浇，稻草保持湿润即可，切忌大水喷浇水浸入培养料中。发菌期间，空间相对湿度保持 70％～75％。在正常情况下，2～3d 菌丝开始萌发吃料，40～60d 菌丝发满开始出菇。

七、出菇期管理与采收

出菇期间空气相对湿度保持在 90％～95％，覆土持水量为 20％。应加强水分管理，采用少量多次喷水的原则，保持稻草湿润。加大通风，并给予适当的散射光。通常菌丝在爬满料层后，向土层和覆盖草上蔓延，从小菇蕾到成熟期一般需 5～10d，整个生长期为 3～4 个月。

大球盖菇应在菌膜没破裂、菌盖内卷不开伞时及时采收。采菇时，用手指抓住菇脚轻轻扭转摘下，子实体较大时，另一手应按住基部土面避免损伤周边的小菇蕾。一潮菇采完后，畦面应用土补平。经 12～20d，开始出第二潮，可连续采二至四潮菇。其中以第二潮菇产量最高（项寿南等，2005）。

虽然大球盖菇的栽培模式有大田露地栽培、玉米间作栽培、林下栽培和果园套种栽培、温室或大棚保护地栽培等许多种，但均要播种、覆土和覆盖稻草。

八、病虫害防治

大球盖菇抗性强、易栽培，但在发菌期，尤其是出菇前，偶有鬼伞、盘菌等竞争性杂菌，养菌和出菇期偶有白色石膏霉、绿色木霉、白粒霉等霉菌发生。常见的害虫有跳虫、菇蚊、螨类、蚂蚁、蛞蝓、鼠等。

①栽培场应选择通风好、排水好、周围无污染的地块，栽培和发酵场地用石灰和低毒杀虫剂处理，宜实行三季轮作，如重茬栽培应清除上茬菌料，用客土覆盖。

②选择新鲜干燥的原料，栽培前最好先在阳光下暴晒几天，杀灭部分杂菌孢子和虫卵。

③选用生长健壮的适龄菌种，使得大球盖菇菌丝发菌快而健壮，迅速占据优势地位。

④发酵料要快速而彻底发酵，如生料或用菌糠为原料，最好在料中使用适量多菌灵等低毒杀菌剂。

⑤发现鬼伞、盘菌等要尽快拔除，霉菌挖除，并在上面撒上石灰消毒。

⑥栽培场地用黄板或频振式杀虫灯诱杀害虫效果甚佳。在栽培过程中，菌床周围放蘸有0.5%的敌敌畏棉球可驱避螨类、跳虫和菇蚊等害虫，也可以在菌床上放报纸、废布并蘸上糖液，或放新鲜烤香的猪骨头或油饼粉等诱杀螨类。对于跳虫，可用蜂蜜1份、水10份和90%的敌百虫2份混合进行诱杀。对蛞蝓的防治，可利用其晴伏雨出的规律进行人工捕杀，也可在场地四周喷10%的食盐水驱赶。栽培场或草堆里发现蚁巢要及时撒药杀灭。红蚂蚁可用红蚁净药粉撒放在有蚁路的地方，蚂蚁食后，能整巢死亡；白蚂蚁，可采用白蚁粉1～3g喷入蚁巢，经5～7d即可见效。老鼠破坏菌床，伤害菌丝及菇蕾，采取诱杀或电网捕杀。

（倪淑君）

主要参考文献

古焕泉，2004. 大球盖菇栽培技术［J］. 食用菌（6）：35.

何华奇，曹晖，潘迎捷，2004. 培养料含水量对大球盖菇菌丝生长的影响［J］. 安徽技术师范学院学报，18（2）：12-14.

何华奇，曹晖，潘迎捷，2004. 温度和pH对大球盖菇菌丝生长的影响［J］. 安徽技术师范学院学报，18（1）：42-45.

黄春燕，万鲁长，张柏松，等，2012. 大球盖菇菌丝生长最佳碳源研究［J］. 山东农业科学（1）：75-76.

黄年来，1995. 大球盖菇的分类地位和特征特性［J］. 食用菌，17（6）：11.

黄年来，1998. 中国大型真菌原色图鉴［M］. 北京：中国农业出版社.

黄清荣，姜华，钟旭生，等，2005. 不同浓度葡萄糖、酵母粉对大球盖菇深层培养的影响［J］. 食用菌（4）：13-15.

刘本洪，甘炳，彭卫红，等，2004. 透气性及低温处理对大球盖菇菌丝生长的影响［J］. 应用与环境生物学报，10（2）：246-248.

刘胜贵，吕金海，刘卫金，1999. 大球盖菇生物学特性的研究［J］. 农业与科学技术，19（2）：19-22.

罗信昌，陈士瑜，2016. 中国菇业大典［M］. 北京：清华大学出版社.

孙萌，2013. 大球盖菇菌丝培养及胞外酶活性变化规律研究［D］. 吉林：延边大学.

汪虹，曹晖，2006. 大球盖菇交配系统的研究［J］. 食用菌学报，13（2）：9-11.

夏志兰，2002. 大球盖菇［J］. 湖南农业（1）：12.

项寿南，刘德云，施丽芳，等，2005. 大球盖菇栽培技术研究—多层播种栽培试验初报［J］. 中国食用菌，24（1）：27-28.

闫培生，李桂舫，蒋家慧，等，2001. 大球盖菇菌丝生长的营养需求及环境条件［J］. 食用菌学报，8（1）：5-9.

颜淑婉，2002. 大球盖菇生物学特性［J］. 福建农林大学学报，31（2）：401-403.

张金霞，黄晨阳，胡小军，等，2012. 中国食用菌品种[M]. 北京：中国农业出版社.
张胜友，2010. 新法栽培大球盖菇[M]. 武汉：华中科技大学出版社.
张世敏，和晶亮，邱立友，等，2005. 不同碳氮营养源和培养温度对大球盖菇生长的影响[J]. 微生物学杂志（6）：32-34.

第三十一章 高大环柄菇栽培

第一节 概　　述

一、分类地位与分布

高大环柄菇［*Macrolepiota procera*（Scop.）Singer］，又名高脚环柄菇、高环柄菇、高脚菇、雨伞菌、棉花菇等，在世界广泛分布，亚洲、欧洲、非洲、美洲、大洋洲都有分布报道。在我国广泛分布于温带和亚热带，东北的吉林、黑龙江、辽宁，西南的四川、贵州、云南，华中的湖南、湖北、江西、河南，华东的江苏、浙江、安徽、福建，华南的广西、广东等大部分地区都有分布。

二、营养与保健价值

高大环柄菇含有蛋白质、氨基酸、维生素、矿物质等多种营养成分，尤以人体必需的8种氨基酸含量高而著称，游离氨基酸主要有苯丙氨酸、脯氨酸、精氨酸、赖氨酸、天冬氨酸、谷氨酸和丝氨酸。此外还含有豆荚蛋白、木瓜蛋白酶和多种组织蛋白酶等化学成分。根据Jandaik和Thiang对高大环柄菇的分析测定，鲜菇含水量90%左右。菌盖（干）含蛋白质32.6%、脂肪1.6%、灰分6.2%、维生素C 0.082%、总氮5.18%、钾2.035%、磷1.16%、钙0.032%、锰0.15%；菌柄（干）含蛋白质27.9%、脂肪1.2%、灰分7.5%、维生素C 0.080%、总氮4.85%、钾1.950%、磷1.15%、钙0.030%、锰0.10%（黄年来等，2010）。

三、栽培技术发展历程

早在1918年，博耶（Boyer）就用双孢蘑菇堆肥进行高大环柄菇人工栽培的报道，但直到1979年，才有印度索兰蘑菇研究所的Jandaik和Thiang详细栽培报道（黄年来等，2010），此后不久，浙江省庆元县的姚传榕开展了高大环柄菇的人工驯化栽培试验，并取得成功，福建省南平县的于智权开展了高大环柄菇驯化与发酵料栽培，为高大环柄菇栽培推广奠定了良好的基础。近年来，高大环柄菇的栽培技术研究报道很少，仍是采用熟料袋栽。

四、发展现状与前景

甜和脆是高大环柄菇独特的口味，高大环柄菇在欧洲很受消费者喜爱，有多种烹饪方式，如油煎和肉烤等，在斯洛伐克、意大利和匈牙利，人们常用高大环柄菇夹上绞肉烘烤食用（刘明广，2017）。

笔者2013年在野外采集到野生高大环柄菇，组织分离获得纯菌种，栽培试验表明，高大环柄菇具有抗杂力强、原料来源广、产量高、管理粗放等特点，开发前景广阔。

我国高大环柄菇野生菌种资源丰富、分布广，目前在多地驯化成功，但目前未见形成商品生产规模。

第二节　高大环柄菇生物学特性

一、形态与结构

高大环柄菇子实体呈伞形，由菌盖、菌柄、菌环构成。菌盖初期为圆球形，有褐色鳞片，四周灰白色，菌盖伸展后直径10～20cm，最大直径达35cm。菌肉白色，质地较软，海绵状，菌褶离生，长短不一，宽0.8～1.3cm，菌柄圆柱形，基部膨大呈头状，菌柄上有细小的褐色鳞片，长10～25cm，最长的达到50cm，粗0.8～3.5cm，与菌盖色相近，易与菌盖分离，后期中空。在菌柄的上部有菌环，双层，上层白色下层与柄同色，与菌柄分离，能上下滑动。孢子印白色，孢子光滑，无色卵形，（11.9～14.5）μm×（8.5～12.8）μm。

二、生态习性

单生或散生在草地、牧场路旁，在葡萄园、柑橘、猕猴桃园等果园存放过堆肥旁边常有发生。自然出菇季节为5～11月，不同区域发生季节有差异。

三、生长发育条件

1. 营养　菌丝生长的最适碳源为淀粉，最适氮源为大豆蛋白胨；菌丝生长适宜的碳氮比为（10～30）：1，最适碳氮比为20：1；最适生长因子为维生素B_1（潘雪娇等，2016）。菌丝可在PDA培养基上很好地生长。

试验表明，高大环柄菇是一种兼有草腐和木腐特性的腐生菌，菌丝能够分解利用富含纤维素的农作物秸秆和富含木质素的木屑等农林副产品。栽培主料有稻草、棉籽壳、木屑，牛粪、麸皮、米糠和尿素是主要氮源，碳酸钙、磷酸二氢钾、过磷酸钙等是补充矿质元素的主要来源。

2. 温度　高大环柄菇菌丝生长的温度范围5～36℃，最适合生长温度24～28℃；子实体发生温度15～33℃，最适20～25℃。

3. 水分　菌丝生长基质适宜含水量55%～65%，空气相对湿度60%～70%为宜，子实体生长阶段适宜空气相对湿度85%～95%。

4. 光照　菌丝生长以黑暗或弱光条件为适，子实体生长需要一定的散射光。

5. O_2　菌丝生长阶段需要充足的O_2，子实体形成阶段可耐较低O_2的环境，子实体生长需要充足O_2，通气不良影响子实体正常发育。

6. 酸碱度　喜中性偏酸环境，适宜的pH为6.5～7.2。

第三节　高大环柄菇栽培技术

高大环柄菇栽培方式有熟料栽培和发酵料栽培两种（丁智权等，2003）。熟料栽培优点是产量高、稳定。栽培工艺包括配料、装袋、灭菌、接种、培养、出菇管理等环节。发酵料栽培条件较为简单，但培养料发酵耗时较长、费工，对发酵技术要求较高，稳定性较熟料栽培要差。

一、熟料栽培

1. 栽培季节安排　高大环柄菇的菌丝体在避光条件下不易衰老，有不见土不出菇的特性，熟料栽培的栽培袋可较长时间存放，出菇季节的时间安排更宽泛。高大环柄菇栽培季节一般安排在冬春季制作菌袋，春秋出菇，具体可根据当地海拔、气候特点而定。

2. 栽培原料及培养料配方　熟料袋栽高大环柄菇的栽培原料广泛，杂木屑、棉籽壳及金针菇、杏鲍菇等栽培后的菌渣都可采用，辅料有麦麸、米糠、玉米粉、尿素、复合肥、石膏粉等。

推荐培养料配方如下：

①杂木屑66%，棉籽壳20%，麦麸8%，玉米粉5%，石灰1%。

②菌渣56%，杂木屑30%，麦麸8%，玉米粉5%，石灰1%。

3. 菌袋制作　菌袋制作与香菇等熟料栽培的菇类制作方法相同，包括配料、装袋、灭菌、接种等环节。

（1）拌料　按配方准确称取原料，菌渣、棉籽壳先预湿后与杂木屑混合，加水至手握成团、落地能散为度，然后装袋。要求当天拌料、当天尽快灭菌，防止培养料酸败，拌料要求木屑与辅料混合均匀、干湿一致、酸碱度一致。

（2）装袋　栽培袋规格为15cm×55cm的聚乙烯折角塑料袋，每袋装干料0.8kg，也可以用17cm×33cm的塑料袋装料，拌料结束后应立即装袋，装袋要紧实、均匀。

（3）灭菌　料棒采用“一”字形柴堆叠法灭菌，料棒每排间留一定的空隙，保证蒸气畅通，灭菌后料棒无凹陷痕。常压灭菌在料温达到98～100℃保持16h以上，高压灭菌121℃保持90～120min，高压灭菌需在菌袋打一个透气孔防止涨袋。

（4）接种　采用打穴接种，菌种掰块使用，不要打碎，以利定殖。

（5）发菌管理　培养室要遮光，避免强光直射。温度保持20～30℃。30～45d菌丝即可长满全袋。

4. 排场与出菇管理　菌棒菌丝发满袋后，就可以排场进行出菇管理。

（1）出菇场地选择　选择在排水良好、土壤肥沃、平整的地块上搭建拱形塑料大棚，分成数畦，塑料大棚外搭荫棚，荫棚高2.5～3m、宽5～8m，棚顶与四周用遮阳网等覆盖物，便于调节温湿度和通风，以利于高大环柄菇生长发育。

（2）土壤处理　在覆土前7d，畦面撒上石灰，将表土铲细，拌入0.5%～1%的石灰，调节含水量至手握成团、落地能散，堆成堆，喷洒1%的福尔马林或其他土壤消毒剂，盖上塑料膜闷 3～5d。

(3) 覆土　一般选择在 3～4 月、9～10 月进行，覆土时，割去塑料袋，将菌棒横放于畦面，棒与棒之间留少量间隙，排好后进行盖土，盖土 1～3cm，浇透水。

(4) 管理　以通风、调节温湿度为主，并保持土壤湿润。一般在覆土后的 1 周菌丝可长至土表，15d 可见菌丝开始扭结，20d 形成菇蕾，菇蕾形成后保持畦面空间相对湿度，直至菇蕾长大成熟。每潮菇采收结束后，停止喷水 7d 左右，然后喷重水一次，进行下潮菇的管理。

5. 采收　夏秋气温较高，高大环柄菇子实体生长快，因此要及时采收。以菌柄基部膨大、菌柄开始伸长、菌盖仍较紧贴菌柄时采收，边采收边削去柄基部的泥土，放入容器中。当菌柄完全伸长、菌盖平展时采收，菇体的口感变差，影响品质。

6. 病虫害防治　高大环柄菇是一种抗逆性相当强的食用菌，在生产过程中，病虫害发生较少，主要是出菇阶段高温和高湿导致烂菇和死菇，只要加强管理，防止过多喷水，烂菇和死菇的状况就能得到控制。

二、发酵料栽培

1. 季节安排及选场　栽培季节宜选择 8 月。场地选择平坦、洁净、交通方便、近水源的大田或有一定郁闭度的林地，如竹林、果树林、生态公益林等，大田栽培需要搭建荫棚，大棚规格与熟料栽培规格相同。

2. 备料与堆料　以栽培面积 100m^2 计算，需要稻草 1 400kg、干牛粪 600kg、棉籽壳 250kg、石膏 20kg、过磷酸钙 20kg、尿素 10kg。

(1) 原料预湿　重点是所有主料需要预湿透，掌握好含水量。稻草用水浸 24h，沥去多余水分，以手握有 3～5 滴水挤出为宜；棉籽壳要预湿；牛粪需粉碎后预湿，预湿后手捏成团、落地即散。

(2) 建堆　先用稻草铺 20cm 厚，在稻草上撒一层薄薄的牛粪，棉籽壳、尿素以及 50%的石膏从第三层开始撒入，撒在每层中间，最后一层铺上稻草，以防日晒雨淋，一般堆宽 120～150cm，长度视场地而定，顶部呈龟背状。

(3) 翻堆　一般堆料后 24h 料温开始上升，2～3d 后，堆温最高可达 70～75℃，进行第一次翻堆，翻堆时加入其余的 50%石膏粉，同时要视堆料的干湿情况予以补水，待温度升至 55～60℃进行第二次翻堆，粪草混合均匀撒入过磷酸钙，根据堆料情况进行补水，调整原料含水量 60%～65%，堆料结束后培养料呈咖啡色，柔软有弹性，无氨味或异味。培养料发酵过程 10d 左右，其间翻堆 3 次，相隔时间大致为 4d、3d、3d。

3. 播种　先将田地整理畦状，畦宽 80～100cm，将发酵好的培养料摊到畦面，每平方米用料量 15～20kg，料温降至环境温度时开始播种，用种量为每平方米麦粒种 300～400g。先将菌种总量的 2/3 均匀撒入培养料内，用手轻轻提起培养料，让麦粒落入培养料中，其余 1/3 撒在料面上，再覆盖一层薄薄培养料，压平，使菌种和培养料紧密结合。以粪草、棉籽壳、木屑为主的菌种，需要增加 50%的用种量，把菌种掰成块，穴播或层播，层播分为 3 层料 2 层种，先铺 1/2 的原料，撒上 2/3 菌种，再铺剩余的 2/3 的原料，撒上剩余的菌种，上面将剩余的原料铺在菌种上。穴播操作是将所有原料一次性铺在畦面上，

按间距 10cm×15cm 左右将菌种播入，深约 10cm 厘米，然后用原料将菌种覆盖。增加播种量能够缩短发菌时间，提早出菇。

4. 覆土　覆土材料配方有 2 种，一是腐殖土 50%、泥炭土 50%；二是菜园土 65%、煤渣灰 30%、牛粪粉 5%。用甲醛和其他土壤消毒剂拌匀，覆膜堆闷 2～3d，摊开气味散去后使用。播种后覆土，厚 3～4cm，覆土含水量 30%～40%，拱膜覆盖。

5. 出菇管理　播种后 5d，重点检查菌种菌丝恢复吃料情况，若发现菌种不吃料，要重点检查原料是否有氨味，若有氨味须等氨味散尽后补播。一般发菌 20～25d，菌丝开始扭结、小菇蕾出土时，通过空中或畦沟喷水加大空气相对湿度，最好保持在 85%～95%，保持温度在 18～26℃，采后及时清理床面及补土防止病虫害发生。

出菇管理、采收与病虫害防治与熟料栽培基本相同。

（应国华）

主要参考文献

丁智权，2000. 高大环柄菇栽培技术［J］. 食用菌，22（1）：29-30.

丁智权，黄水珍，2003. 高大环柄菇特性及高产栽培技术［J］. 食用菌（4）：32-33.

黄年来，林志彬，陈国良，等，2010. 中国食药用菌学［M］. 上海：上海科学技术文献出版社.

刘明广，丁寅寅，张新红，等，2017. 高大环柄菇研究进展［J］. 中国林副特产（6）：91.

潘雪娇，曲晓华，刘宇，等，2016. 高大环柄菇菌株的鉴定及生物学特性［J］. 江苏农业科学，44（1）：199-202.

第三十二章 羊肚菌栽培

第一节 概 述

一、羊肚菌的分类地位与分布

羊肚菌（*Morchella* spp.）为子囊菌，又称羊肚蘑、阳雀菌、包谷菌、狼肚菌、编笠菌等，我国目前发现羊肚菌属30种，分布于四川、云南、西藏、重庆、贵州、湖北、甘肃、陕西、河南、山东、山西、安徽、广东、浙江、北京、河北、黑龙江、吉林、辽宁、新疆、台湾等21省（自治区、直辖市）。东亚、欧洲、北美等地区也有分布（杜习慧等，2014）。目前实现人工栽培的有5种。

二、羊肚菌的营养、保健与医药价值

羊肚菌味道鲜美、风味独特，含有丰富的蛋白质和人体必需氨基酸及多种维生素和矿质元素。长期以来，羊肚菌作为一类名贵珍稀食药用菌备受消费者青睐，被称为"菌中之王"。在欧美市场，被用作高端餐饮的食材或佐料，价格昂贵。我国食用羊肚菌的传统也由来已久，在野生羊肚菌产区，民众有采食野生羊肚菌的习惯，民间还流传"年年食羊肚，八十照样满山走"的说法。据李时珍《本草纲目》记载其"性平、味甘，具有益肠胃、消化助食、化痰理气、补肾纳气、补脑提神之功能，对脾胃虚弱、消化不良、痰多气短、头晕失眠有良好的治疗作用"。

据测定每100g羊肚菌干品中含蛋白质24.5g、脂肪2.6g、碳水化合物39.7g、粗纤维7.7g、烟酸82.0mg、核黄素24.6g、泛酸8.7mg、吡哆酸5.8mg、硫胺素3.92mg、生物素0.75mg。含有19种氨基酸，其中包括8种人体必需氨基酸，占氨基酸总量的47.47%，比一般食用菌高出25%～40%（张广伦等，1993）。羊肚菌含有几种稀有氨基酸，如顺-3-氨基-L-脯氨酸、α-氨基异丁酸和2，4-二氨基异丁酸，这是其风味独特的主要原因（高爱华，1989）。

羊肚菌含有锌、硒、铁、锗、铜等多种微量元素和维生素 B_1、维生素 B_2、维生素 B_{12}，粗脂肪中以油酸、亚油酸等不饱和脂肪酸占优势，可降低胆固醇含量，对中风、心肌梗死、肥胖症及肾功能不全有一定的预防作用。现代医学研究表明，羊肚菌多糖等活性物质具有抗氧化、降血脂、抗肿瘤、抗疲劳、免疫调节、保护胃黏膜、调节肠胃蠕动、抗菌等功效（殷伟伟等，2009；陈彦等，2008；张利平等，2009），是食品和保健品开发的

原料来源。

三、羊肚菌的栽培技术发展历程

国内外开展羊肚菌的人工栽培研究已经有100多年的历史。据报道，早在1889年Baron就用羊肚菌子实体的碎块作菌种栽培过羊肚菌，1953年，刘波在自然状态下半人工栽培羊肚菌获得了子实体。

1982年，Ower等发明了羊肚菌人工栽培方法，分别于1986年和1989年取得羊肚菌栽培的美国专利。2003年，Miller利用接种羊肚菌菌丝于植物幼苗根系的方法，获得美国专利。2009年，赵琪、程远辉等报道利用圆叶杨为基质的尖顶羊肚菌仿生栽培技术，获得子实体，并在云南一定范围内生产应用。陈惠群、谭方河、朱斗锡等开展了田间羊肚菌的栽培，获得子实体。1982—2012年期间，羊肚菌人工栽培出现了室内层架式栽培、菌根菌栽培及以圆叶杨为基质栽培等多种栽培模式的探索，技术逐步发展。但稳定性和丰产性差，栽培成本过大，成为商业化栽培的主要问题。

2012年，四川省农业科学院土壤肥料研究所在羊肚菌人工大田栽培方面取得突破性进展。采用“分段培养，外源转化”的模式，在土壤中培养菌丝体，在土壤表面放置营养转化袋，菌丝从土壤向营养转化袋内生长，并分解利用营养转化袋内的营养物质，在土壤内形成原基和子实体。表现出菇稳定，环境友好，生产周期短，劳动强度低，每667m^2产量达到150kg以上，当年每667m^2产值达到2万元以上，纯利润1万元以上，实现了羊肚菌商业化栽培的成功。2013年3月，四川省农业厅和四川省农业科学院在金堂县赵家镇召开了羊肚菌示范栽培现场会，在国内外引起了很大反响，并迅速推广应用，全国迅速形成羊肚菌生产热潮。

羊肚菌大田栽培，可利用稻田、旱地与粮食作物或经济作物轮作，也可在林下套作，栽培操作相对简单，劳动强度小，易学易推广。技术示范推广后，产量不断创新高，四川省农业科学院土壤肥料研究所2014年在成都市新都区柑橘林下每667m^2获得了鲜羊肚菌337.5kg，2016年在稻菌水旱轮作模式下羊肚菌测产为每667m^2产464.5kg，2018年在甘孜州康定市三合乡江坝村创造了每667m^2产592.5kg的超高产记录，在泸定县泸桥镇挖角村33hm^2大面积测产实现平均每667m^2产量292kg。

四、羊肚菌的发展现状与前景

羊肚菌属于低温型食用菌，产品附加值高，种植效益好、见效快。不仅适于亚热带、温带平原丘区集约化规模化生产，也适于边远山区、高原地区和少数民族地区生产。对于调整我国食用菌品种结构、提升我国珍稀食用菌产品供给能力、引领特色产业发展具有重大意义。近年来，国内羊肚菌的人工栽培面积逐年扩大，据不完全统计，全国羊肚菌人工栽培面积已由2013年的不足33hm^2迅速上升到2015年的1 667hm^2左右，2017年又迅猛增加到4 667hm^2以上。羊肚菌的栽培模式也呈现出多样化发展，现有的模式包括“羊肚菌-水稻”轮作、“羊肚菌-蔬菜”轮作、“羊肚菌-蔬菜”套作、林下栽培、层架式栽培等，这些对提高土地利用率、降低生产成本、增加栽培效益具有重要意义。

随着羊肚菌产业的不断发展壮大，一些突出问题也亟待解决。科技和推广人员愈发感到基础研究滞后于产业发展，人工栽培对自然环境和气候的依赖性尚未完全解决，栽培品种和技术相对单一、病虫害绿色防控措施缺乏等严重制约着产业发展（彭卫红等，2016）。抗逆品种的选育、稳定优质菌种的扩繁、高产高效栽培技术、病虫害防控等系统性研究等将成为科技攻关的重点。我们相信随着技术的不断完善、市场认可度的不断提高，羊肚菌产业的发展前景将十分广阔。

第二节　羊肚菌生物学特性

一、形态与结构

羊肚菌是我们对羊肚菌属所有物种的统称。根据色泽不同，羊肚菌分为黑色支系、黄色支系和变红支系，目前我国人工栽培种类属黑色支系。羊肚菌子囊果单生或丛生，菌盖呈不规则卵圆形或圆锥形，表面布满凹陷和棱脊，呈蜂窝状，貌似羊肚（图 32－1）。子囊果菌盖呈褐色至深褐色；菌柄平整或有凹槽，中空，白色至黄白色；子囊布满于蜂窝状凹陷中，每个子囊含 8 个子囊孢子，单行排列，椭圆形，光滑，无色或近无色（图 32－2）。羊肚菌属不同物种在形态上的差别较大，即使同一种羊肚菌在不同的生长环境条件下也会出现形态上的差异。

图 32－1　羊肚菌子实体

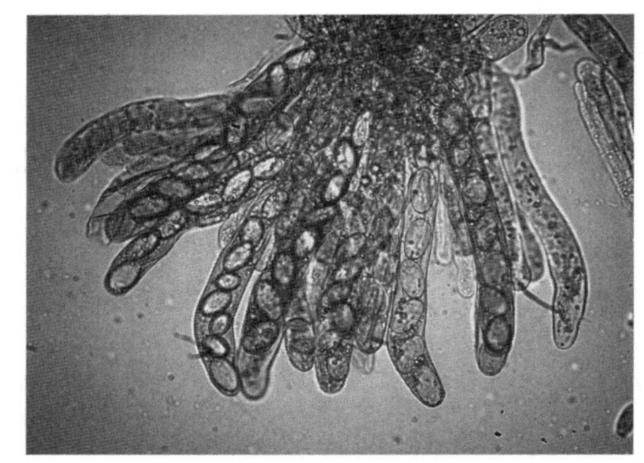

图 32－2　羊肚菌子囊及子囊孢子

在 PDA 培养基上生长的初期菌丝无色至白色，后期颜色加深，生长速度快，菌丝体透明、丝状，有横隔，具有“桥状连接”特点（图 32－3）。菌核初期为白色，成熟后变为黄色，后加深至黄棕色、棕色（图 32－4）。

二、繁殖特性与生活史

羊肚菌生活史开始于成熟的子囊果，每个子囊中包含 8 个子囊孢子，子囊孢子萌发产生芽管并形成单倍体菌丝（n），随着菌丝不断生长和分枝形成初生菌丝体，菌丝体可产生分生孢子（n）或形成菌核。初生菌丝间可交错生长，发生融合，从而产生次生或异核（$n+n$）菌丝体，菌丝体再通过菌丝的重复分枝和胞质融合后形成异核（$n+n$）菌核，在这一过程中，次生菌丝体还可产生厚垣孢子和人工栽培中土表常出现的白色“粉状菌霜”即分生孢子（$n+n$）。异核菌核在经过外界环境因子的刺激后会出现两种情况：一是长出

新的营养菌丝体，继续营养生长；二是形成产子囊果菌丝体，菌丝体首先产生针头状的结构，后形成原基，原基再进一步生长和分化形成子囊果，其生活史见图 32－5（Alvarado－Gastillo et al.，2014）。

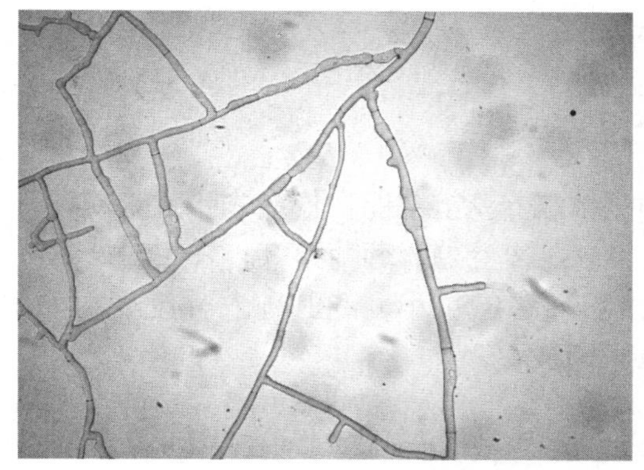

图 32－3　羊肚菌菌丝

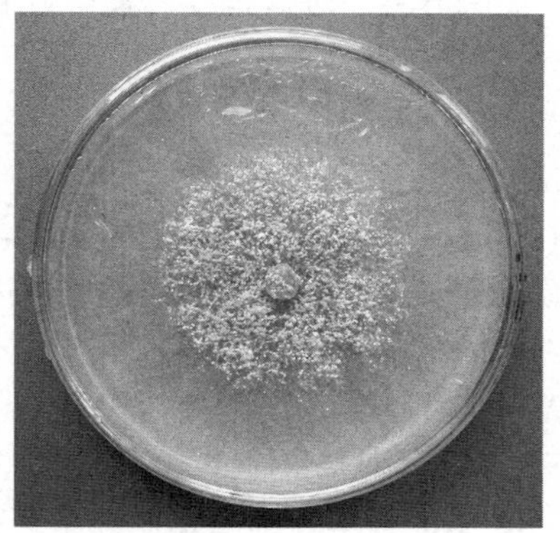

图 32－4　羊肚菌菌落

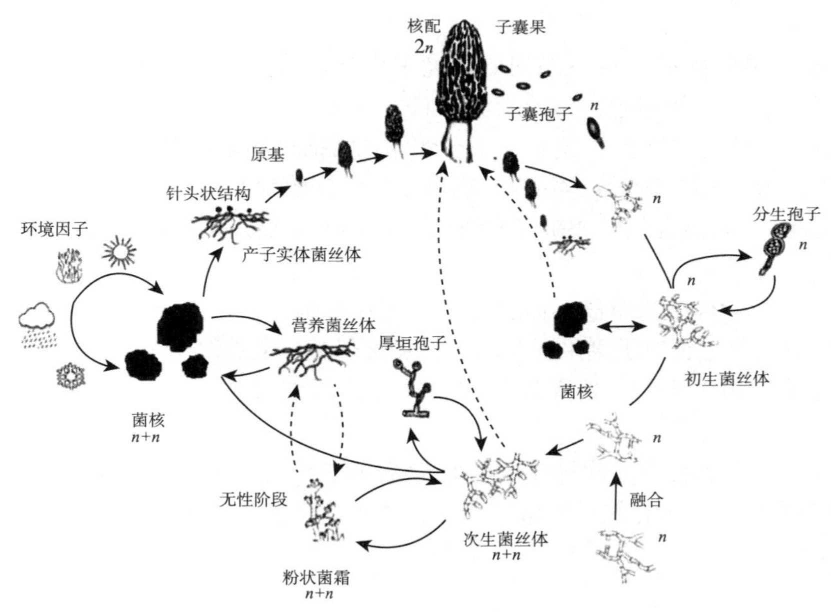

图 32－5　羊肚菌生活史

（Alvarado－Gastillo et al.，2014）

三、生态习性

羊肚菌属物种分布的生态环境多样，在柳树林、冷杉林、杨树林、草地等生境中均可生长。在山林火烧之后，翌年羊肚菌常大量发生。

在平原地区和海拔 3 000m 以下地区，羊肚菌出菇季节主要集中在 3 月初至 4 月中旬；

在海拔高于 3 000m 的地区，出菇季节主要是在 5 月中旬至 6 月中旬，个别种类在夏季和秋季出菇。黄色羊肚菌分枝上的多数物种分布在海拔 1 500m 以下的阔叶林或路边杂草中，个别物种分布在海拔 2 700m 左右的阔叶林中；而黑色羊肚菌主要分布在海拔 2 400m 以上的阔叶林、针阔混交林或针叶林中。

四、生长发育条件

（一）营养与基质

羊肚菌碳、氮源利用范围较广，在多种真菌培养基上都能生长。羊肚菌能较好利用的碳源有甘露醇、乳糖、阿拉伯糖、丙三醇、淀粉、麦芽糖、葡萄糖等；较好的氮源是硫酸铵、蛋白胨、天冬酰胺、各种铵盐等（周洁等，2016）。小麦和其他农林废弃物如木屑、稻壳、秸秆均可作为羊肚菌较好的培养基质原料。

（二）环境条件

1. 温度　羊肚菌属偏低温型真菌，孢子萌发适宜温度为 15～20℃，菌丝体生长温度范围 3～28℃，最适生长温度 18～22℃，低于 3℃或高于 28℃停止生长；子囊果生长温度范围 10～22℃，最适生长温度 15～18℃，温度低于或高于生长范围均不利于原基分化和子实体正常发育。

2. 湿度　羊肚菌适宜在较湿润的环境中生长，菌丝体生长适宜基质含水量 50%～80%，最适 65%，含水量超过 80%，菌丝停止生长，低于 50%菌丝生长纤细、微弱；子囊果形成和发育适宜空气相对湿度 85%～90%，从播种到采收需要一直保持土壤湿润。

3. 空气　菌丝生长阶段足够的 O_2 有利于菌丝体的生长；子囊果生长发育阶段需要通气良好，充足的 O_2 能促使子囊果多发快长。当 CO_2 浓度过高时，子囊果会出现瘦小、畸形，甚至腐烂。

4. 光照　菌丝体生长阶段不需要光照，菌丝在暗处或微光条件下生长很快，光照过强反而会抑制菌丝生长。子囊果形成和生长发育需要一定散射光照，在“半阴半阳”的条件下较适宜羊肚菌的生长。覆盖物过厚、树林荫蔽度过大或太阳直射都不适宜羊肚菌生长。

5. 酸碱度　菌丝体和子实体生长适宜的土壤酸碱度范围为 5～8，最适 pH 为 6.5～7.5。羊肚菌多生长在暗棕壤、沙壤、沙土、沙砾、紫色土等土壤中，最喜生长于火烧迹地及旧苹果园。

第三节　羊肚菌品种类型

目前，已有多个种实现了人工栽培，包括黑色类群中的梯棱羊肚菌（*M. importuna*）、六妹羊肚菌（*M. sextelata*）、七妹羊肚菌（*M. septimelata*）和紫褐羊肚菌（*M. purpurascens*），美国 Ower 等实验栽培的种类为变红羊肚菌类群中的变红羊肚菌（*M. rufobrunnea*）。梯棱羊肚菌和六妹羊肚菌两个种是目前大田商业化栽培的主要种类。

1. 梯棱羊肚菌　最早实现大田人工栽培的羊肚菌种类，目前国内通过省级审定的梯棱羊肚菌新品种有 4 个，分别为川羊肚菌 1 号（川审菌 2013007）、川羊肚菌 3 号（川审

菌 2015004)、川羊肚菌 4 号（川审菌 2015005）和川羊肚菌 5 号（川审菌 2016011），2017 年获农村部植物新品种权授权（陈影等，2016，2017）。子囊果的菌盖褐色至深褐色，菌柄白色至黄白色，菌盖棱纹密度中等，菌盖纵棱明显，子实体兼有单生和丛生。子囊果不规则卵圆形和圆锥形，长 4～12cm，直径 2～5cm。菌盖表面形成许多凹坑，似羊肚状；菌柄中空，长 2～6cm，直径 1～3cm，表面有颗粒状物，基部稍膨大。子囊大小为（250～300）μm×（17～20）μm，子囊孢子 8 个，单行排列，椭圆形，大小为（20～24）μm×（12～15）μm。梯棱羊肚菌商品性优良，菌盖质地韧性较强，耐贮运，颜色较深，适宜鲜品销售和速冻加工；与六妹羊肚菌相比，出菇较迟，耐高温和低温能力不及六妹羊肚菌品种川羊肚菌 6 号。

2. 六妹羊肚菌　羊肚菌人工栽培的主要类群，目前六妹羊肚菌新品种川羊肚菌 6 号（川审菌 2016012）已通过省级审定，并获农村部植物新品种权授权（陈影等，2017）。子囊果菌盖红褐色至暗红褐色，菌柄光滑、白色，菌盖棱纹密度中等，菌盖纵棱极明显，菌盖与菌柄交接处凹陷不明显，子实体单生或丛生。子囊果中等大，长 5～12cm。菌盖近圆锥形，长 3～8cm，直径 2～5cm，中空，表面凹陷，呈蜂窝状；幼时灰白色、灰色，成熟时灰褐色至黑褐色略带红色色调。菌柄长 3～6cm，粗 2～3cm。子囊近柱状，孢子 8 个，单行排列。子囊孢子椭圆形，光滑，大小为（18～23）μm×（10～14）μm。六妹羊肚菌菌盖形态为尖顶、商品性状优良，具有出菇早、整齐度高、采收期较集中等优点；缺点是菌盖易碎，不耐贮运。

第四节　羊肚菌栽培技术

一、栽培设施

羊肚菌的栽培设施既可简单也可复杂，大体分为简易遮阳网大棚和钢架大棚两类。遮阳网大棚又可分为矮棚、中棚和高棚 3 种，适用于气候温和、不积雪、风力较小的区域，需要每年搭建和拆迁。钢架大棚可利用蔬菜大棚、育苗大棚或其他园艺设施改造后栽培羊肚菌，也可根据羊肚菌栽培要求单独搭建。棚外均需覆盖一层遮阳网，以遮挡阳光直射，遮阳网密度可根据当地光照强度进行选择，以营造适宜于羊肚菌生长的“半阴半阳”的环境条件（彭卫红等，2016）。在一些冬季寒冷区域，栽培大棚需要增设保温设施。

水分管理应避免使用强水流直接冲刷土壤，适宜采用微喷灌、喷带等水分管理系统，雾状水可有效调节空气和土壤湿度，有利于羊肚菌生长，并可提高商品品质。

二、栽培季节

羊肚菌播种适宜期为气温稳定在 10～18℃的时节。南方低海拔地区栽培季节一般安排在 10 月下旬至 12 月上旬，播种结束后进入越冬发菌期，出菇期为翌年 2 月至 3 月底，若冬季气温偏高，出菇还会提前，一般从播种到采收的时间为 90～120d，在一些条件适宜区域，栽培周期可明显缩短。北方和高海拔地区需根据当地温度情况提前播种，出菇时间较南方地区有所推迟，周期较长。

三、栽培场地选择

选择地势平坦、水源充足、排灌方便、无污染源、土壤肥沃、疏松透气、重金属和农残不超标的田地。

四、栽培模式

（一）菌稻轮作模式

菌稻轮作模式是四川省农业主推技术之一。在每年 10 月水稻收割后即可进行羊肚菌种植，翌年 4 月羊肚菌采收完毕后又可种植水稻，羊肚菌/水稻轮作的优势在于羊肚菌种植后土壤中残余的大量菌丝和菇脚可作为天然有机肥；水稻种植后的秸秆还田可作为羊肚菌的栽培基质，为羊肚菌的生长提供天然底肥；水旱轮作还能有效降低连作障碍和病虫害发生，稳定羊肚菌产量。

（二）菌菜轮作、套作模式

羊肚菌与番茄、辣椒等轮作，能够提高栽培效益，减少蔬菜种植阶段化肥的施用量；与油菜等套作，油菜的生长对羊肚菌能够起到一定的遮阴保湿作用，有利于羊肚菌的生长。

（三）林下栽培模式

利用树林下的空间种植羊肚菌，在桂花树、柑橘林、桃树、猕猴桃、梨树林下种植已有很多成功的实例。其优势在于树林本身具备自然遮阴功能、且林下空气相对湿度大，可有效防止高温天气影响，满足羊肚菌生长适宜的湿润环境；以树干作为支柱，降低了栽培设施的投入；林下落叶和果实等经微生物分解后形成大量腐殖质，是羊肚菌菌丝生长和子实体发育的天然营养物质来源，为高产奠定了基础。

（四）层架式栽培模式

通过将大田式平面栽培提升为层架式立体栽培，能够显著提高土地利用率，增加单位面积产量，有助于推动羊肚菌的人工栽培向集约化、标准化、工厂化的方向发展。

五、营养转化袋配方与制备

营养转化袋制作原料与配方：

①小麦 99%，石膏 1%。

②小麦 85%～90%，谷壳 14%～9%，石膏 1%。

营养袋规格：12cm×24cm；制作工艺为小麦和谷壳浸泡充分吸水，取出滤去表面水分，与 1%石膏拌匀装袋，采用食用菌常规方法灭菌。

六、播种覆土

翻耕疏松土壤，土质较细为宜。播种方式可分为条播和撒播两种。条播方式：畦面宽度为 80～100cm，长度不限，畦面之间留宽 40～50cm、深 15～25cm 的走道，顺着畦面开 2 条播种沟，深度 3～5cm，然后将羊肚菌栽培种（每 667m^2 播种量 500～600 瓶，菌种瓶容量 460mL）均匀地播在沟内；撒播方式：畦面宽度 80cm，畦间留宽 60cm、深 15～25cm 的走道，不开播种沟，将栽培种均匀地撒在畦面上。播种后利用畦面或走道余土立

即覆土，厚度为 3～5cm，整平畦面和走道。

七、发菌培养与摆营养转化袋

播种后 3d，浇一次重水，浇透耕作层 30cm 以上的土壤。在发菌期间始终保持畦面土壤湿润。播种后 10～15d，待菌丝爬满畦面出现白色“粉状菌霜”时，按照每 667m^2 1 600～2 000 袋的数量在畦面上均匀摆放营养袋，操作方法为转化袋一面打孔后横放，打孔面紧贴土壤表面。

八、出菇管理

羊肚菌从播种到采收的田间管理主要围绕水分开展，当春季气温回升到 8℃以上，土壤水分蒸发量增大时进入频繁补水期，适宜的温湿度促使羊肚菌由营养生长转向生殖生长；首次重水将耕作层 30cm 的土壤浇透，加速畦面“粉状菌霜”消退（图 32－6）。原基形成和幼菇期仍保持土壤湿润，避免水分过多，并注意通风。高温（22℃）或低温（0℃）易伤害原基和影响子实体发育，高温高湿还易引发病虫危害。子实体成熟阶段少量多次补水，增加空气湿度。采收前 1～2d，停止浇水，避免菌柄呈水渍状，影响产品质量（陈影等，2016）。

图 32－6　羊肚菌出菇

九、采收分拣

羊肚菌采收标准一般为子囊果出土后菌盖长至 3～12cm、菌柄长 2～4cm、蜂窝状的子囊果部分已基本展开、棱纹与凹坑明显可见时，即达到商品成熟期，应及时采收，采大留小，要求菌柄基部不封闭，以利于子实体烘干后保持原有形状。采收后进行清理泥土杂质、剪柄、分级等商品化处理，及时鲜销或干制（表 32－1、表 32－2）。

表 32－1　羊肚菌等级

项目	等级	要求		
		外观	子囊果	菌柄
鲜羊肚菌	级内菇	菇形饱满，硬实不发软，完整无破损	浅黄色至深褐色，长度 3～12cm	白色
	级外菇	级内菇之外，符合基本要求的产品	浅黄色至深褐色，允许有少量白霉斑	白色
干羊肚菌	级内菇	菇形饱满，完整无破损、无虫蛀	浅茶色至深褐色，长度 2～10cm	白色至浅黄色
	级外菇	级内菇之外、符合基本要求的产品	浅茶色、深褐色至黑色，允许有少量的白霉斑	白色至黄色

表 32-2　羊肚菌规格（cm）

<table>
<tr><th>项目</th><th colspan="2">规格</th><th>小</th><th>中</th><th>大</th></tr>
<tr><td rowspan="2">鲜羊肚菌</td><td colspan="2">子囊果长度</td><td>3～5</td><td>5～8</td><td>8～12</td></tr>
<tr><td colspan="2">菌柄长度</td><td>≤2</td><td>≤3</td><td>≤4</td></tr>
<tr><td rowspan="3">干羊肚菌</td><td colspan="2">子囊果长度</td><td>2～4</td><td>4～7</td><td>7～10</td></tr>
<tr><td rowspan="2">菌柄长度</td><td>半剪柄</td><td>≤4</td><td>≤3</td><td>≤2</td></tr>
<tr><td>全剪柄</td><td colspan="3">无柄</td></tr>
</table>

十、加工

羊肚菌鲜品可进行烘干或速冻加工处理。烘干过程中需首先将鲜菇均匀地摊放在烘干筛上，不重叠，烘干要注意控制温度，应每隔 2h 将烘烤室的温度升高 3～5℃，6h 后温度升到 48℃，再保持 48～50℃烘烤 3～4h，直至羊肚菌形状固定。烘干后的干品一般含水量低于 10%，待自然冷却至 35～40℃后装塑料袋密封保存。冻品在－20～－18℃冻库保存。

（甘炳成　唐　杰）

主要参考文献

陈影，唐杰，彭卫红，等，2016. 四川羊肚菌高效栽培模式与技术［J］. 食药用菌，24（3）：151－154.

陈影，彭卫红，甘炳成，等，2016. 羊肚菌新品种‘川羊肚菌 1 号’［J］. 园艺学报，43（11）：2289－2290.

陈影，唐杰，彭卫红，等，2017. 羊肚菌新品种‘川羊肚菌 5 号’［J］. 园艺学报，44（9）：1831－1832.

陈影，唐杰，彭卫红，等，2017. 羊肚菌新品种‘川羊肚菌 6 号’［J］. 园艺学报，44（12）：2431－2432.

陈彦，潘见，周丽伟，等，2008. 羊肚菌胞外多糖抗肿瘤作用的研究［J］. 食品科学，29（9）：553－556.

杜习慧，赵琪，杨祝良，等，2014. 羊肚菌的多样性、演化历史及栽培研究进展［J］. 菌物学报，33（2）：183－197.

高爱华，曲新民，1989. 羊肚菌液体培养及其营养成分［J］. 食用菌（6）：15－16.

高尚士，2000. 保健珍品——羊肚菌［J］. 特种经济动植物（3）：38.

彭卫红，唐杰，何晓兰，等，2016. 四川羊肚菌人工栽培的现状分析［J］. 食药用菌，24（3）：145－150.

殷伟伟，张松，吴金凤，2009. 尖顶羊肚菌活性提取物降血脂作用的研究［J］. 菌物学报，28（6）：873－877.

张广伦，肖正春，1993. 羊肚菌的营养成分及其利用［J］. 食用菌（3）：3－4.

张利平，陈彦，王子尧，等，2009. 羊肚菌胞外多糖免疫活性研究［J］. 中国食用菌，28（3）：47－49.

周洁，谭伟，曹雪莲，等，2016. 羊肚菌 A1 菌株菌丝体的培养特性［J］. 中国食用菌，35（4）：12－17.

Alvarado－Gastillo G，Mata G，Sangabriel－Conde W，2014. Understanding the life cycle of morels（*Morchella* spp.）［J］. Revista mexicana de micologica，40：47－50.

第三十三章

暗褐网柄牛肝菌栽培

第一节 概 述

一、分类地位与分布

暗褐网柄牛肝菌［*Phlebopus portentosus*（Berk. & Broome）Boedijn］，俗称黑牛肝菌。国内分布于云南、四川、广西和海南等地；国外分布于泰国和斯里兰卡等地。暗褐网柄牛肝菌多发生在有人类活动的地方，和人类的农耕和园艺活动关系十分密切。自然发生于凤凰木（*Delonix regia*）、粉叶金花（*Mussaenda hybrida*）、小叶榕（*Ficus microcarpa*）、蟛蜞菊（*Wedelia chinensis*）、桃（*Amygdalus persica*）、枇杷（*Eriobotrya japonica*）、柚子（*Citrus maxima*）等植物下，发生期为 3 月中旬至 12 月下旬。

二、营养保健与医药价值

暗褐网柄牛肝菌口感滑润，味道鲜美，菌香四溢。分析表明，暗褐网柄牛肝菌蛋白质含量为 21.1%～23.3%，纤维素含量 4.0%～6.9%，脂肪含量为 1.45%～1.70%。暗褐网柄牛肝菌属高蛋白、低脂肪、富含纤维素及矿物质的食用菌。暗褐网柄牛肝菌含有 17 种氨基酸，其中谷氨酸含量最高，为 2.32%～2.71%，谷氨酸可使食物味道鲜美，有增进食欲的功效，同时还有健脑功能。

Karnchanatat 等（2013）利用水提醇沉法获得多糖蛋白质复合物，经分离纯化后，得到大量的多糖片段 PPC－P11，PPC－P11 具有很强的抗氧化能力，并且在体外对 5 种人类细胞株有相对较强的抗增殖能力，说明暗褐网柄牛肝菌在抗肿瘤方面有一定的潜力。

第二节 暗褐网柄牛肝菌生物学特性

一、形态与结构

子实体单生或丛生。菌盖半球形，成熟后开展，中央下凹，边缘波状，8～20cm 或更大；表面绒毛状，由直立分枝的菌丝组成，褐色或黑褐色。菌肉厚实，厚度可达 5cm，黄褐色，伤后缓缓变蓝色，变蓝存在个体差异和成熟度差异。菌管幼时淡黄褐色，老熟后为橄榄绿褐色，管口 4～5 边形，菌管长可达 1.5cm，菌管髓细胞平行排列。

菌柄粗壮，长度 8～30cm，菌柄直径 4～8cm，基部稍膨大，有明显皱纹，上部黄褐色，基部黑褐色，实心。

子实层由担子、囊状体和不孕细胞组成，担子棒状，大小为（16.0～25.0）μm×[4.5～6.0（8.0）] μm，有4个小梗，长可达13.0μm，侧囊状体长棒状，纺锤形，形状多样。孢子阔椭圆形，光滑，内有一个大油滴，（8.0～10.0）μm×[6.5～7.0（8.0）] μm，显微镜下浅黄褐色。孢子印黄褐色。

菌丝无色透明，多分枝，锁状联合明显，直径约3μm。菌落褐色，浓密（何明霞等，2009）。子实体干时强烈收缩，坚硬、变为深褐色。

二、繁殖特性与生活史

暗褐网柄牛肝菌为典型的异宗配合菌，担孢子单核，萌发后形成单核菌丝体，不同交配型的单核菌丝经质配后形成异核菌丝体，在条件适宜时形成子实体，产生担子，每个担子上着生4个担孢子（曹旸等，2016）。遇不良环境条件时，易形成菌核，适宜条件下菌核又可以萌发形成菌丝体。

三、生长发育条件

（一）营养与基质

暗褐网柄牛肝菌可利用的碳氮源较广泛，菌丝生长的最佳碳源为葡萄糖，最佳氮源为酵母膏；最适无机盐为 KH_2PO_4 和 $MgSO_4 \cdot 7H_2O$。暗褐网柄牛肝菌在自然红壤、森林棕壤和农耕土壤都可以生长，但更适宜于疏松、有机质多的土壤。

（二）环境条件

1. 温度 暗褐网柄牛肝菌是一种泛热带真菌，分布在云南省的西双版纳傣族自治州、红河哈尼族彝族自治州、德宏傣族景颇族自治州、保山市、普洱市和楚雄彝族自治州的干热河谷地区，在广西壮族自治区南宁市、海南省海口市和四川省攀枝花市也有生长。温度是暗褐网柄牛肝菌分布和生长发育的限制因子，在28～30℃时菌丝生长迅速，菌丝浓密褐色，长势最佳；35℃时，菌丝生长速度急剧下降，达到40℃时菌丝完全停止生长；低于15℃时，菌丝生长缓慢且长势弱，低于10℃时菌丝完全停止生长。

子实体发育的最适温度为26～28℃。暗褐网柄牛肝菌子实体从出土到成熟一般需要4～5d。气温高，发育所需的时间短；反之，子实体发育时间就长，且个体小。

2. 湿度 基质含水量和空气湿度都影响暗褐网柄牛肝菌子实体的发生，湿度与暗褐网柄牛肝菌子实体发生有密切关系，基质的适宜含水量为50%左右，适宜空气相对湿度为80%～90%。

3. 光照 暗褐网柄牛肝菌多生长在“三分阳七分阴”的地方。暗褐网柄牛肝菌菌丝体生长不需要光，子实体形成与发育需要一定的散射光。光照与暗褐网柄牛肝菌子实体的颜色有密切关系，在光照较弱环境下形成的子实体一般呈暗褐色，光照较强或裸露在阳光下形成的子实体为黄褐色。

4. 酸碱度 暗褐网柄牛肝菌菌丝在偏酸条件下生长较好，菌丝在pH 2～6均可生长。pH低于3或pH高于5时菌丝生长缓慢且长势较弱；当pH高于7时，菌丝不生长。

第三节　暗褐网柄牛肝菌人工栽培技术

暗褐网柄牛肝菌栽培出菇离不开土壤，就场地而言有室内栽培和室外仿生栽培两种，室内有袋栽和瓶栽覆土出菇两种，室外有埋包出菇或林地人工接种出菇两种。一般农户生产规模较小，建议进行袋式栽培或箱式栽培。具有一定规模的暗褐网柄牛肝菌生产企业，一般使用袋栽或瓶栽方式，便于进行自动化生产。在适宜的环境条件下，暗褐网柄牛肝菌发菌期45～60d，菌袋长满后即覆土，覆土8～10d，菌丝扭结形成子实体原基。暗褐网柄牛肝菌对基质的利用率不高，生物学效率在25%左右。

一、栽培基质的配备

（一）常用配方

①橡胶木木屑63%，红土粉11%，谷粒25%，碳酸钙1%。

②橡胶木木屑64%，红土粉15%，麦粒20%，碳酸钙1%。

（二）基质制备

暗褐网柄牛肝菌栽培基质主料为木屑、甘蔗渣，辅料有谷粒、土壤等。西双版纳地区橡胶种植十分普遍，橡胶木木屑资源丰富，在西双版纳地区主料用橡胶木木屑。选择其他适宜的原材料时应进行栽培试验，通过小规模试验确认后方可用于生产。栽培前主料需发酵；土壤选取当地的土壤即可，在西双版纳地区可选择易得到的红土。

栽培基质的制备是暗褐网柄牛肝菌产量和质量的关键因素之一。橡胶木木屑需自然发酵3个月以上；红土粉碎过筛；谷粒或麦粒需加水浸泡。制作时将谷粒、木屑、土壤按照一定的比例搅拌均匀，硫酸镁、磷酸二氢钾按照培养料0.1%的比例溶于水中，然后均匀混入料堆中，再充分搅拌，培养料含水量55.0%左右。

二、接种与灭菌

基质制备好后，将其装入高密度聚丙烯塑料菌袋或栽培瓶内，松紧适度、均匀，装好后高压灭菌，灭完菌后接入液体种或固体种，接种后的菌袋移入培养室进行发菌培养。

三、发菌培养

发菌期温度应控制在28～30℃，空气相对湿度控制在60%～70%，避光培养，通风换气，保持室内空气新鲜。当温度偏低时，适当延长培养期。定时检查发菌状况，及时清除污染菌袋。一般培养10d左右暗褐网柄牛肝菌菌丝可长满料面，俗称盖面，之后很快进入快速生长阶段，45～60d菌丝达到生理成熟，即可进入覆土和出菇管理阶段。

四、覆土管理

覆土是暗褐网柄牛肝菌人工栽培的关键环节，能诱导菌丝体从营养生长阶段向生殖生长阶段发展。暗褐网柄牛肝菌必须覆土才能出菇，覆土的机理尚未完全清楚。覆土材料直接影响出菇效果，要选择透气性好、肥沃的土壤。覆土后需避光培养，培养期间注意保持覆土层湿度，温度在28～30℃。覆土8～10d，菌丝爬上土面时，适当增加通风量，诱导菌丝扭结形成原基。

五、出菇管理和采收

原基出现后，覆土层的湿度、空气温湿度、通风和光照都直接影响原基分化和子实体生长发育。覆土层保持表面湿润，温度控制在26～28℃，空气相对湿度80%～90%，给予一定的散射光照，保持通风换气，5～7d子实体会发育成熟。

当菌盖边缘尚未完全平展时采收。采收时，戴手套捏住基部轻轻扭转摘下，勿带动过多的覆土。采好的牛肝菌鲜品可在5℃冷藏室内储藏，一般可以储藏7～10d。采完头潮菇后，袋口表面清理干净，停水养菌3～5d，再喷水增湿、催蕾出菇，一般可收二潮菇。

第四节　暗褐网柄牛肝菌仿生栽培技术

暗褐网柄牛肝菌仿生栽培生物转化率较高，同时在凤凰木、柚子、枇杷等经济作物林下套种，可以实现果（林）菌双收，仿生栽培用的菌种可以是未出菇的栽培袋，也可以是室内出过菇的废菌袋。

一、林地的选择

林地选择是仿生栽培的关键环节，除林型外主要注重土壤和温度，如果在气温较低的地区，由于热量不足难以栽培成功，所以选择腐殖土层厚、地势平坦、排灌水方便、阳光充足、远离污染源的林地。

二、接种与管理

林下3～12月均可接种，雨季土壤潮湿可直接接种，旱季浇透水后接种。雨季接种要防积水引起菌种腐烂。接种当年不宜翻动土壤，翌年可带状松土。出菇时，雨季不需人工浇水，旱季应适当浇水，保持土壤湿润。林地仿生栽培要注意防虫和杂草，防治应采用生物防治和物理防治，不宜使用化学药剂，严禁使用草甘膦等除草剂，杂草可人工拔除。另外，透光和通风不足影响牛肝菌的产量，郁闭度过高时，可以适当修剪枝条增加透光，一般郁闭度保持在0.4～0.6的范围。

三、采收与贮存

清理开暗褐网柄牛肝菌周围的树枝、杂草、石块等杂物，采用人工采收，减少和避免机械损伤。采收时，应采摘发育成熟的暗褐网柄牛肝菌，不应采收幼嫩子实体和过熟子实体，一只手用采收工具撬开暗褐网柄牛肝菌菌柄基部的土，另一只手轻握菌柄，轻轻取下暗褐网柄牛肝菌，用竹片、竹签除去子实体上的泥土及其他杂质。采摘后，把撬出的土复原，减少对菌塘的破坏，保持暗褐网柄牛肝菌的再生。每30～50m² 林地应保留1～2个开伞成熟的子实体。除净菌柄基部的杂物，避免损伤，防止变色，装入非铁质容器中于

5℃贮存。

（张春霞）

主要参考文献

曹旸，纪开萍，刘静，等，2010. 瓶栽条件下覆土方法对暗褐网柄牛肝菌子实体生长的影响［J］. 食用菌学报，17（3）：29－32.

曹旸，方艺伟，高锋，等，2016. 暗褐网柄牛肝菌交配系统研究［J］. 北方园艺（24）：133－135.

何明霞，张春霞，纪开萍，等，2009. 暗褐网柄牛肝菌菌丝的生物学特性研究［J］. 食用菌学报，16（2）：41－44.

胡生华，朱志钢，李文佳，等，2018. 暗褐网柄牛肝菌研究进展［J］. 食用菌（1）：6－8.

Ji K P，Cao Y，Zhang C X，et al.，2011. Cultivation of *Phlebopus portentosus* in Southern China［J］. Mycological progress，10：293－300.

Karnchanatat A，Puthong S，Sihanonth P，et al.，2013. Antioxidation and antiproliferation properties of polysaccharide－protein complex extracted from *Phaeogyroporus portentosus*（Berk. &Broome）McNabb［J］. African journal of microbiology research，7（17）：1668－1680.

ZHONGGUO SHIYONGJUN ZAIPEIXUE

第三十四章 灵 芝 栽 培

第一节 概　述

一、分类地位与分布

灵芝俗称赤芝、红芝等，我国广泛分布和栽培的灵芝学名为灵芝（*Ganoderma* spp.），是对灵芝属（*Ganoderma*）几个栽培种的统称，我国栽培的有灵芝（*Ganoderma lingzhi* Sheng H. Wu et al.），曾误用名 *Ganoderma lucidum*（Curtis）P. Karst.（戴玉成等，2013；李玉等，2015），还有松杉灵芝（*Ganoderma tgugae*）、密纹灵芝（*Ganoderma tenus*）。也有人将紫芝（*Ganoderma sinerses*）归于灵芝属群。狭义上灵芝只指 *Ganoderma lingzhi*。自然分布于河北、山东、河南、安徽、江苏、浙江、江西、湖北、湖南、四川和云南等省，在夏秋季发生于多种阔叶树的垂死木、倒木和腐木上。

二、保健与医药价值

本文以灵芝（*G. lingzhi*）为例介绍灵芝的相关生物学和栽培技术。据测定，灵芝（*G. lingzhi*）（干）每 100g 含蛋白质 4.98%～7.78%、脂肪 1.40%～2.50%、碳水化合物 40.8%～48.3%、粗纤维 34.9%～42.8%、灰分 1.30%～1.50%、能量 12.1～12.9kJ/g，含微量元素锰 32.01～62.26μg/g、铬 0.90～2.10μg/g、铜 3.74～5.35μg/g、铁 141.02～377.05μg/g、钙 491.62～2 251.53μg/g、镁 377.75～805.00μg/g、锌 3.20～9.86μg/g，含氨基酸 17 种，总量 19.16～46.35g/kg，其中，必需氨基酸总量 6.77～17.06g/kg，必需氨基酸所占比例 35.33%～36.81%；含 14 种脂肪酸，其中饱和脂肪酸 8 种、质量分数 29.82%～34.80%，不饱和脂肪酸 6 种、质量分数 65.20%～70.18%；含灵芝酸 A 0.44～5.08mg/g、灵芝酸 B 0.07～0.54mg/g（陈杰，2016）。

灵芝是我国传统的名贵中药材，具有治疗神经衰弱、心悸头晕、夜寐不宁、慢性肝炎、肾盂肾炎、支气管哮喘、积年胃病、冠心病等病症，还可治误食毒蕈中毒（刘波，1984）。《中华人民共和国药典》指出灵芝具有“补气安神、止咳平喘”的功能，主治“心神不宁，失眠心悸，肺虚咳喘，虚劳短气，不思饮食”病症。研究表明，灵芝水提取物或灵芝多糖具有抗肿瘤、免疫调节、对放射性损伤及化疗药损伤的保护、抗氧化、清除自由基、镇静、催眠、改善学习与记忆、脑保护、促进神经再生、强心、对心肌缺血的保护、减压抑制动脉粥样硬化斑块形成、降血脂、镇咳和平喘等作用（黄年来等，

2010）。虽我国将灵芝属多种统称为灵芝，但进入我国药典的只有灵芝（*G. lingzhi*）和紫芝（*G. sinensis*）两种。

三、栽培技术发展历程

我国灵芝栽培可追溯到唐代。农史学者引用唐诗“偶游洞府到芝田，星月茫茫欲曙天，虽则似离尘世了，不知何处偶真仙”，认为：在唐代人们栽培灵芝要利用截成一定长度的木段，从诗中提及的“芝田”来看，表明这些段木是埋入土中的。明朝李时珍《本草纲目》记载：“方士以木积湿处，用药傅之，即生五色芝”，该句话中的“用药傅之”可理解为“接种菌种”的意思（魏露苓，2003）。

1960 年，上海食用菌研究所人工栽培灵芝成功（黄年来等，2010），1969 年中国科学院微生物研究所真菌学研究室灵芝组，用现代科学方法和技术，首次成功地人工培育出菌盖发育良好并释放孢子的灵芝子实体，并首次发现空气相对湿度是影响菌盖形成和发育的关键因子（余永年等，2003）。1987 年泰安市农业科学研究院以棉籽壳为主料栽培灵芝，周边形成规模栽培，产品出口韩国等地。浙江龙泉等地 20 世纪 90 年代开始灵芝段木栽培。浙江、福建、四川、吉林、安徽等地均以段木栽培为主。

我国灵芝栽培发展至今，已经形成了较为成熟的“高温灭菌、棚（室）发菌出芝”的农法栽培技术，技术流程可简要概括为：原料准备→菌袋生产→发菌管理→出芝管理→采收干燥。各主产区在生产季节、栽培品种、料袋大小和基质配方等有一定差异。

四、发展现状与前景

目前，我国灵芝栽培有段木栽培和代料栽培，以段木栽培为主。2016 年全国栽培灵芝有 20 个省（自治区、直辖市），总产量约 12 万 t（中国食用菌协会，2017），产品出口日本、韩国等国家和地区。

2010 年后栽培原材料和劳动力成本大幅上涨，导致了灵芝栽培经济效益的明显下滑（谭伟等，2018）。灵芝生产亟需优良品种、新型基质、高效生产机械等技术研发，特别是高效成份的品种和栽培技术的研发，以提高栽培者的效益，提高生产积极性。

第二节　灵芝生物学特性

一、形态与结构

灵芝（*G. lingzhi*）子实体由菌盖和菌柄组成（图 34－1）。菌盖（芝盖）平展，（3～12）cm×（4～20）cm，基部近柄处厚 2.6cm；幼时浅黄色、浅黄褐色至黄褐色，成熟时黄褐色至红褐色；边缘钝或锐，有时微卷。菌管口孔口表面幼时白色，成熟时硫磺色，触摸后变为褐色或深褐色，干燥时淡黄色；近圆形或多角形，5～6 个/mm；边缘薄，全缘。不育边缘明显，宽可达 4mm。肉质木

图 34－1　灵芝子实体

色至浅褐色，双层，上层肉质色浅、下层肉质色深，软木栓质，厚可达 1cm。菌管褐色，木栓质，颜色比菌肉深，长可达 1.7cm。担孢子椭圆形，大小为（9～10.7）μm×（5.8～7）μm，顶端平截。浅褐色，双层壁，内壁具小刺，非淀粉质。菌柄扁平状或近圆柱状，侧生或偏侧生，幼时橙黄色至浅黄色，成熟时红褐色至紫黑色，一般长度 16～18cm、长的可达 22cm，一般直径 1.5～2.2cm、可达 3.5cm（李玉等，2015）。

灵芝次生菌丝有横隔、多分枝，具有锁状联合。在琼脂培养基上初期白色，菌落呈棉絮状，后期形成微黄色菌皮；菌丝尖端直径较细，直径 0.8～1.2μm；菌丝中部直径 1.6～2.2μm；较老的细胞直径 8～10μm（陆文樑等，1975）。

二、繁殖特性与生活史

灵芝为异宗结合真菌，担孢子不易萌发。相互亲和的单核菌丝融合形成双核菌丝，双核菌丝达到生理成熟后，在适宜环境条件下扭结形成原基，原基进一步分化为菌蕾（芝芽），芝芽不断发育、分化出菌柄和菌盖，形成完整的子实体，子实体成熟后又产生担孢子完成生活史（图 34-2）（谭伟等，2007）。

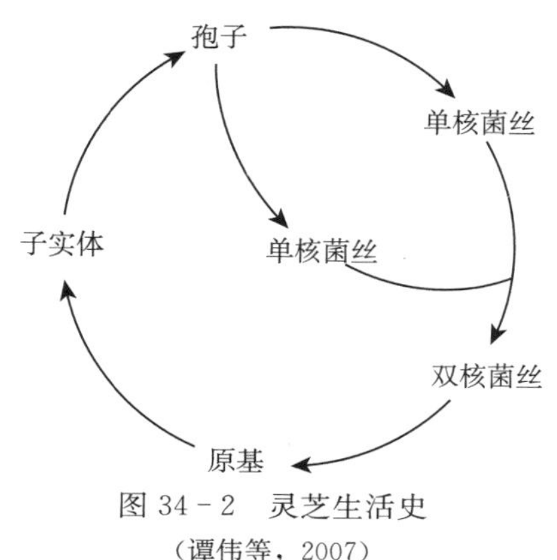

图 34-2　灵芝生活史
（谭伟等，2007）

三、生长发育条件

（一）营养与基质

灵芝可利用的碳源氮源广泛。研究表明，适宜菌丝生长的碳源有蔗糖、果糖、葡萄糖和麦芽糖，适宜的氮源有酵母膏和牛肉膏（王庆武等，2016；兰玉菲等，2016）。菌丝在 PDA 培养基上生长良好，22～25℃恒温培养 10d 长满斜面，在添加麦麸浸出液和蛋白胨的培养基中生长更快，7d 长满斜面（虞和澍等，1994）。多种农林副产物可作为栽培基质，如棉籽壳、玉米芯、玉米秸秆、栗蓬、芒草、芦笋秆、阔叶树树杆枝桠、木屑等，麦麸、米糠、玉米粉等氮源物质能被很好地利用。泰山灵芝适宜碳氮比为（30.23～38.00）∶1（王庆武等，2017）。

（二）环境条件

1. 温度　灵芝属于高温结实型菌类，野生灵芝多在夏秋季发生。菌丝生长的温度范围为 3～40℃，最适温度 25～28℃，10℃以下和 36℃以上菌丝生长极为缓慢，30℃以上菌丝细弱，抗逆性降低。子实体分化温度为 18～30℃，最适温度 26～28℃。子实体分化形成不宜有大温差，变温条件菌盖易形成厚薄不均的“发育圈”，导致菌盖畸形。

2. 湿度　灵芝属于喜湿性菌类，野生灵芝往往发生于湿度较大的树林中。段木栽培适宜含水量 33%～45%；代料栽培基质适宜含水量 60%～65%。菌丝生长阶段适宜空气相对湿度 60%～70%，子实体发育和生长阶段空气相对湿度 85%～90%。湿度过低，不产生子实体或子实体生长不良，幼嫩的浅黄色或乳白色生长点很易老化成暗褐色而停滞发育。

3. 光照　光对灵芝菌丝生长和子实体发育影响较大，显著影响灵芝菌丝体生长、活性物质积累和子实体产量。尤其是子实体的分化发育。红、黄、绿、蓝光均不同程度抑制灵芝生长（田雪梅等，2007）。研究发现，蓝光利于灵芝菌丝体生长代谢（王立华等，2011），促进菌丝生长、三萜酸和多糖的积累以及相关酶的活性（梅锡玲等，2013；余昊

梦晓等，2017）。黄光（550～600nm）下子实体产量高于红光（650～700nm）、绿光（500～550nm）、蓝光（450～500nm）和可见光（350～750nm，对照），子实体单株干重111.899g，比对照高1.55g。蓝光下孢子产量高于其他处理，孢子单株产量干重5.25g，比对照高0.98g，差异达显著水平。据此，若以收获子实体为主要生产目的，子实体阶段应给予黄光；若以收获孢子为主要目的，应给予蓝光（吴惧等，1992）。

光照强度影响灵芝子实体分化和发育。光照强度在20～100lx只形成类似菌柄的突起物而不分化菌盖；300～1 000lx照度下菌柄细长、菌盖瘦小；达到3 000～10 000lx时，菌柄和菌盖生长正常；菌柄和菌盖生长最适的光照强度为15 000～50 000lx（谭伟等，2007）。可见灵芝的生长发育是极其喜光的，且喜强光。

灵芝子实体生长方向有强烈的向光性。在栽培管理中，菇棚四周光线要尽量均一。原基一旦分化菌袋就不宜挪动，以免造成畸形芝。也可利用其向光性制作弯曲子实体的灵芝盆景（谭伟等，2007）。

4. O_2 与 CO_2 灵芝是一种好气性菌类，生长发育对 O_2 需求量大。环境 CO_2 浓度高，会导致供氧不足生长缓慢，严重缺氧菌丝生长停止甚至死亡。菌丝生长适宜 CO_2 浓度3.5%～11.1%，停止生长 CO_2 临界值18.74%，菌丝死亡 CO_2 临界值大于20%（郭家选等，2000）。子实体形成发育对 CO_2 极其敏感，已分化形成菌柄和菌盖的子实体，当 CO_2 增至0.1%时，会产生畸形芝。菌盖停止生长发育的畸形子实体，只要降低 CO_2，菌盖就能重新发育。因此，培育初期适当提高 CO_2，以促进菌柄生长，后期增加通风换气降低 CO_2，有利于菌盖发育（陆文樑等，1975）。空气中 CO_2 积累增至0.1%、O_2 低于26%时，不分化菌盖；CO_2 0.3%时，原基多点发生，菌柄抽长，并产生多个分枝。利用这一特性，人为提高栽培环境的 CO_2，可定向栽培出无菌盖、多分枝的鹿角灵芝（钟孝武，2002）。

5. 酸碱度 灵芝适宜在偏酸性环境生长，菌丝体在pH 4～10的培养基上均能生长，适宜pH 6～7（王庆武等，2015）。

第三节 灵芝品种类型

我国灵芝栽培品种，按照采收产品形式，可划分为采收子实体品种（图34－1）和采收孢子粉品种（图34－3）两大类型。现将省级和国家已经审定和认定部分品种名称及其出芝温度、生物学效率、适宜区域等简介如下。

图34－3 采收孢子粉灵芝品种——沪农灵芝1号

一、采收子实体品种

通过国家认定的适于采收子实体的品种有金地灵芝、川芝6号、灵芝G26、泰山赤灵芝1号（TL－1）（张金霞等，2012）。之后选育的品种还有灵芝泰山-4、芝102（刘新锐等，2014）、仙芝

1号（朱惠照等，2014）、龙芝2号（李朝谦等，2016）、晋灵芝1号（孟俊龙等，2016）、川圆芝1号（陈秀炳等，2017）、攀芝1号（周洁等，2018）。

二、采收孢子粉品种

目前的专用品种为沪农灵芝1号。子实体生长发育温度偏低，最适温度为18～20℃。适合段木栽培和代料栽培，产孢量大，产季在1～3月接种，4～5月排场覆土，8月上旬采集孢子粉，10月底前结束（何建芬等，2011）。

第四节　灵芝栽培技术

我国的灵芝栽培，以栽培基质划分，可分为段木栽培（又称为短段木栽培）和代料栽培两种主要栽培类型（谭伟等，2007；郑林用等，2011）。二者在栽培技术中的最大不同之处：代料栽培有“基质拌料”环节，段木栽培有“脱袋埋土”环节。灵芝栽培技术可简要归结为“熟料发菌，棚（室）出芝”。

一、栽培设施

灵芝栽培设施主要有发菌室（棚）和出芝棚。栽培场地选择应符合《绿色食品　产地环境质量》（NY/T 391—2013）要求。产区多搭建塑料薄膜遮阳大棚作为发菌和出芝设施，主要多以木棒、竹棒或者钢架为主要骨架，配以塑料薄膜、遮阳网搭建而成。有的地方采用“一场制”生产，即在同场所发菌和出芝。

（一）发菌室（棚）

发菌室（棚）用于排放菌袋、培养菌丝。搭建要求既能保温又能通风。也可用闲置蔬菜大棚、仓库等作为发菌室。

专用发菌棚设置6～8层的分层床架，床架间留出60cm宽的通道；悬挂杀虫灯、黄板纸，以诱杀害虫成虫。在发菌室（棚）外安装防虫网，以阻止害虫成虫飞入发菌室（棚）危害菌袋。

（二）出芝棚

出芝棚（室）用于摆放完成发菌的菌袋，培育子实体。出芝棚选址要求取水方便、水质符合饮用水质量要求、进出道路方便。四川、浙江、河南等地多搭建拱形荫棚，山东等地有日光温室、钢架大拱棚、半地下芝棚等作出芝棚（谭伟，2007；郑林用等，2011）。建造型式和大小虽有一定差别，但多以木棒、竹棒钢架为主要骨架，配套塑料薄膜、遮阳网搭建而成。山西有利用日光温室等作为出芝棚的探索（萧晋川等，2014）。

二、栽培季节

四川地区，一般安排在11月下旬至12月下旬接种段木，4月上旬埋土，5月开始现蕾，7～9月采芝，当年可收得2～3批子实体。浙江龙泉地区，在11月下旬至翌年1月下旬，或2月中旬至3月上旬接种栽培，当年均可收获2批子实体。福建闽北地区，一般在10月下旬至翌年2月下旬均可接种段木，但以11月中旬至12月下旬为最佳接种时间，

出芝时间在5月中旬至10月下旬。河南地区，一般在11月上旬至翌年2月上旬接种段木。山东大部分地区，代料栽培一般2～4月接种制袋，5月中旬至6月中旬出芝，7～8月采芝。东北地区，一般可在3月中旬接种段木，5月中旬埋段，7月高温季节利于灵芝子实体的生长发育。

三、代料栽培基质原料与配方

灵芝栽培基质的主料有阔叶树的树干和枝丫、杂木屑、棉籽壳、玉米芯等，辅料有麦麸、米糠、玉米粉、石膏等。常见代料栽培的基质配方如下，各地可根据原料来源情况参考使用。

①棉籽壳85%，麦麸10%，过磷酸钙3%，石膏2%。

②棉籽壳80%，杂木屑10%，麦麸5%，玉米粉4%，石膏1%。

③棉籽壳75%，麦麸20%，玉米粉2%，蔗糖1%，磷肥1%，石膏1%。

④棉籽壳60%，杂木屑15%，玉米芯15%，麦麸9%，石膏1%。

⑤棉籽壳50%，杂木屑30%，玉米芯10%，麦麸5%，玉米粉4%，石膏1%。

⑥杂木屑78%，麦麸20%，蔗糖1%，石膏1%。

⑦杂木屑70%，麦麸25%，黄豆粉2%，石膏1.5%，磷肥1%，蔗糖0.5%。

⑧杂木屑70%，玉米粉28%，石膏粉1%，蔗糖1%。

⑨杂木屑42%，棉籽壳42%，麦麸15%，石膏1%。

⑩杂木屑40%，棉籽壳40%，麦麸10%，玉米粉9%，石膏1%。

⑪杂木屑50%，玉米芯35%，麦麸12%，玉米粉2%，石膏粉1%。

⑫蔗渣或棉籽壳86%，麦麸12%，石膏1%，糖1%。

⑬木糖醇渣67%，玉米芯20%，麸皮10%，石灰3%，石膏1%。

⑭高粱壳60%，木屑20%，玉米粉10%，米糠8%，石膏1%，过磷酸钙1%。

⑮玉米秸秆60%，苹果枝屑36%，石膏1%，过磷酸钙3%。

⑯葵壳40kg，葵粉60kg，麦麸10kg，油粕粉4kg，木屑6kg，尿素400g，磷酸二氢钾200g，石膏粉1kg，白糖500g（注：葵壳需先用清水浸泡16～20h）。

⑰栗蓬40%，棉籽壳40%，麦麸18%，蔗糖1%，石膏粉1%（注：栗蓬晒干粉碎成细木屑状，下同）。

⑱栗蓬40%，木屑40%，麦麸18%，石膏粉1%，蔗糖1%。

⑲芒草75%，麦麸20%，玉米粉3%，蔗糖1%，石膏粉1%。

四、栽培基质的制备

（一）原材料准备

1. 短段木　实践表明，壳斗科树种和毛梣较适宜灵芝栽培。秋冬季砍树，树径6～20cm，剃掉枝丫和树干表面毛刺（以免刺穿塑料袋），锯成长度15～30cm的短木段，较大的枝丫也可切成短段使用，晾晒1～3d，见断面中心有长1～2cm微细裂痕时，含水量为40%左右，即可装袋灭菌使用。

2. 袋栽原料　玉米芯、玉米秸秆、栗蓬、芒草等秸秆需使用专用粉碎机粉碎成细小颗粒作主料，粉碎机要使用孔径 2cm 的筛网。

3. 塑料袋及扎口绳 用高密度低压聚乙烯薄膜袋作菌袋，段木栽培菌袋规格多，都是在当地的气候和自然条件下多年探索形成的，河南产区主要用（33～35）cm×（17～20）cm×（0.04～0.05）cm，浙江产区主要用（33～65）cm×（17～35）cm×（0.04～0.05）cm，四川产区主要用（55～80）cm×（15～32）cm×（0.04～0.05）cm。山东的代料栽培主要用 33cm×17cm×0.04cm 或 39cm×18cm×0.04cm。袋口用扎口绳捆扎。按照拟生产规模，备足所需料袋及扎口绳的用量。

（二）装袋灭菌

1. 短段木装袋 先用扎口绳将料袋一端扎紧，再将短段木装进料袋中，遇有太大直径的段木可劈小后装袋，太小直径段木或枝椏可多棒扎捆后装袋，尽量装紧实，装好后用扎口绳扎紧。

2. 代料装袋 代料栽培各基质原料先干混再加水搅拌，至含水量均匀，最适合水量60%～65%。

搅拌均匀后不急于装袋，上堆闷 0.5～1.0h，使培养料吸水充分均匀。塑料袋两头扎封，不用套环和滤菌盖，装干料 0.4kg/袋或 0.6kg/袋。

3. 灭菌 装袋结束后要及时灭菌。常压灭菌要求 98℃以上保持至少 12h，容量大的要保持 24～36h，停火后再闷 12h。高压灭菌，要求温度 121～126℃保持 3h。

五、接种与发菌管理

（一）冷却接种

按无菌操作接种，段木栽培接种量为 750mL 菌种瓶接种 6～8 段；代料栽培接种量为 10～12 袋/瓶（750mL）。接种中发现有袋膜破损，及时用透明胶带密封。

（二）发菌培养

1. 发菌室（棚）处理 发菌室（棚）的清洁、消毒、灭虫方法与其他食用菌相同，处理后在使用前 1 个月，清除室（棚）内外垃圾、杂物，地面应在使用前 1～2 周处置。铺撒石灰粉约 1kg/m^3（吸潮杀菌）。

2. 环境综合调控 段木菌袋要在地面交叉摆放，不可压住袋口，3 行一列，堆高约 1.5m，15d 后结合翻堆改 3 行一列为 2 行一列。代料菌袋摆放于床架上，无层架时沿畦埂方向垂直摆，高度 7 层，10～15d 翻堆一次。

接种后 1 周内采取盖膜、闭门窗等措施，尽量保持或提高菌袋堆内温度，促进菌丝萌发吃料。7～10d 后，中午掀膜、开启门窗通风换气，1 次/d，15min/次，以后随发菌时间延长而逐渐加大通风量增至 2～3 次/d，40min/次，以满足菌丝生长对 O_2 的需要。第 15d 左右，低温时盖膜并闭门窗，高温时揭膜开门窗，结合通风降温措施，控制环境温度在 20～25℃内。

段木菌袋中菌丝布满断面并形成菌膜时，微开袋口，必要时可将袋口一端解开，以增强 O_2 进入，促进菌丝向段木内生长。发菌期保持空气相对湿度 60%～70%。结合翻堆拣出污染袋。段木菌袋一般培养 60～70d，菌丝生理成熟特征是菌木表层菌丝洁白粗壮，菌木间菌丝紧密连接不易掰开，指压表皮有弹性、菌木断面有白色草酸钙结晶物，有的还出

现红褐色菌膜，少数表面有豆粒大小原基发生。此时即可转入脱袋埋土环节。代料菌袋，一般培养30～35d，菌丝长满，之后转入出芝管理。

六、脱袋埋土

（一）做畦开沟

栽培地块在晴天翻土20cm深，去除杂草、石块、瓦砾等杂物，翻挖时在表土中按每667m^2 40～50kg撒入生石灰，暴晒1～2d后做畦开沟，畦宽1.5～1.8m，畦长依场地长度，畦与畦之间及畦的四周挖U形沟，沟深30cm、宽50cm，作为作业道和排水沟，沟道一头高，另一头低，能自然留出沟内积水；沟底撒灭蚁粉。

（二）脱袋埋土

1. 炼棒脱袋　将生理成熟的菌袋搬入出芝棚（室）内，先不急于脱袋，摆放在畦床上7～15d，这个过程称为炼棒，以提高其适应性，让其逐渐适应新的环境，如昼夜的温差、光照的变化。选择在晴天脱袋——用刀划开袋膜并去除，去袋后的菌棒称菌木。

2. 埋木覆土　将菌木平卧横埋或竖直立埋于畦床内，横埋时菌木断面相对排放，间距3～5cm，竖埋菌木间距3～5cm，行间距10～15cm，排列整齐，上下高度一致，以利浇水等管理作业。埋木挖出的余土盖在菌木上，将菌木完全覆盖，覆土厚度1～2cm。

3. 喷水盖膜　埋木24h后及时喷淋重水一次，并及时补土。在床面上覆盖地膜，或搭建小拱棚后加盖塑料膜，以保持土壤湿润，尽量减少出芝前的浇水次数，覆盖还具提高床面温度作用。

七、出芝管理

（一）段木出芝

菌木埋土后，在适宜环境条件下，15d左右就可见原基分化，进入出芝阶段。

1. 芝芽形成期　原基分化是在覆土层以下进行的，分化后期向上伸展冲出土层，形成芽状幼小子实体。这一时期为芝芽形成期。当原基大量分化时，掀开地膜或拱棚膜，防止温度过高烧伤原基。使用微喷设施将棚内空气相对湿度提高到85%～90%。调节将棚内环境温度到25～28℃。每隔2d或3d，晴天午后通风1h/d。一般菌木埋土后8～20d畦床上可见到瘤状的芝芽。

2. 芝柄伸长期　指瘤状芝蕾纵向分化出菌柄，伸长生长至还未分化菌盖的时期。棚内环境空气相对湿度继续保持85%～90%。减少通风次数，让芝柄伸长至一定长度。适当调整光照至300～1 000lx，保持棚内光照均匀，以防芝柄弯曲生长。适度疏蕾，去掉特别瘦小、细长的芝蕾，直径≤15cm的菌木保留2朵/段，直径>15cm的菌木3朵/段，让每个子实体长到足够大小，且具较好品相。

3. 芝盖形成期　指菌柄伸长生长至5cm直至菌盖开始成形的时期。为避免菌柄过长，采取促控措施，促进分化菌盖、形成成型菌盖。直接向菇体上加大喷水次数和喷水量，空气相对湿度保持85%～95%。菌柄长5cm时，及时加大通风量。温度调控至28～32℃，促使柄顶白黄色生长点由原来的纵向伸长向横向扩大生长，形成完整的菌盖。其间，菌盖中部表面会产生锈褐色孢子粉，产孢面随着芝盖不断扩大而扩大。

4. 芝体成熟期 指从芝盖边缘鲜黄色或乳白色生长点开始消失至完全消失的时期（图 34-4）。芝盖不会无限长大，芝盖边缘鲜黄色或乳白色生长圈会慢慢消失而进入成熟期。要尽量少喷水，不直接向子实体上喷水，保持空气相对湿度 85%左右保持土壤湿润。大棚两侧膜上卷至畦床面以上 6～8cm，加强通风换气。温度调控至 28～32℃。其间，菌盖发育增厚，表面孢子粉不断增多、孢子粉层增厚。

图 34-4 灵芝短段木栽培出芝

（二）代料出芝

菌袋墙式摆放于地面，剪去袋头，轻松袋口以利原基分化。一般开口后一周袋口处可见原基。代料栽培灵芝不易形成芝柄。可按照生长发育时期进行如下管理。

1. 原基形成期 调控环境温度到 25～28℃；喷水或向地面灌水，1 次/d，提高空气相对湿度到 85%～90%；开启门窗通风 1～2 次/d，15min/次；散射光照 500～2 000lx。这一环境条件下 6～7d 袋口可见直径 2～3cm 乳白色或浅黄色瘤状物，即原基。

原基出现 2～3d 后，进行人工修整，每个袋口将最健壮的原基留下，削去多余原基。

2. 芝盖形成期 向空中喷水或向地面灌水，尽量不喷到原基上，继续保持空气相对湿度在 85%～90%；增强光照到 2 000～3 000lx；增强通风至 CO_2 在 0.1%以下；增强温度调节至 25～30℃。促进子实体分化，形成芝盖并扩展。这时芝盖中部大量释放产生担孢子形成孢子粉。

3. 芝体成熟期 子实体经过 30d 以上的生长发育，逐渐成熟（图 34-5）。管理和环境调控与段木栽培基本相同。

图 34-5 灵芝代料栽培出芝

八、适时采收

（一）成熟标志

芝盖上面孢子粉堆积厚度 1.0～1.5mm，甚至更厚。芝盖不再扩大和增厚生长，芝盖边缘鲜黄色或乳白色生长圈完全消失。

（二）适时采收

1. 采摘子实体 用果树修剪刀或园艺修枝剪，在芝盖下芝柄 1.5～2.0cm 处剪下即可。留下芝柄的伤口愈合后，再会形成芝蕾并发育灵芝子实体。

2. 采集孢子粉 灵芝孢子粉的采集方法有套

图 34-6 套筒法采集灵芝孢子粉

筒采孢（图 34 - 6）、套袋采孢、地膜集孢和风机吸孢等方法。一般新鲜孢子粉收获量在 10～20g/朵。

九、干燥分级

采后及时烘干：35～55℃（先低后高）下一次性烘干，中途不停机烘烤。干品含水量要求≤13%。按照《木灵芝干品质量》（LY/T 1826—2009）分级后包装。包装、标签：执行《包装储运图示标志》（GB/T 191）和《食品安全国家标准预包装食品标签通则》（GB 7718）的规定。贮存、运输：防虫蛀、防霉变；防雨、防潮和防暴晒。贮藏期一般不超过 1 年（谭伟等，2007；郑林用等，2011）。

（谭　伟　安秀荣）

主要参考文献

陈秀炳，周洁，张波，等，2017. 灵芝新品种‘川圆芝 1 号’[J]. 园艺学报，44（11）：2239 - 2240.

戴玉成，曹云，周丽伟，等，2013. 中国灵芝学名之管见 [J]. 真菌学报，32（6）：947 - 952.

黄年来，林志彬，陈国良，等，2010. 中国食药用菌学 [M]. 上海：上海科学技术文献出版社.

兰玉菲，王庆武，唐丽娜，等，2016. 灵芝属 3 个种菌丝生长的最适碳源、氮源及温度比较 [J]. 中国食用菌，35（1）：31 - 33.

李玉，李泰辉，杨祝良，等，2015. 中国大型菌物资源图鉴 [M]. 郑州：中原农民出版社.

梅锡玲，陈若芸，李保明，等，2013. 光质对灵芝菌丝生长及三帖酸量影响的研究 [J]. 中草药（24）：3546 - 3550.

谭伟，郑林用，郭勇，等，2007. 灵芝生物学及生产新技术 [M]. 北京：中国农业科学技术出版社.

谭伟，周洁，张波，等，2018. 灵芝栽培现状调研及栽培技术需求分析 [J]. 四川农业科技（1）：11 - 12.

田雪梅，宋爱荣，张国利，等，2007. 不同光质光量对灵芝 MP - 01 菌株菌丝生长的影响 [J]. 食用菌（5）：8 - 9.

王立华，陈向东，王秋颖，等，2011. LED 光源的不同光质对灵芝菌丝体生长及抗氧化酶活性的影响 [J]. 中国中药杂志，36（18）：2471 - 2474.

王庆武，孔怡兰，玉菲，等，2016. 毛木耳 I 菌株的菌丝培养条件初探 [J]. 食用菌（5）：12 - 13.

余吴梦晓，兰进，张薇薇，等，2017. 蓝光对灵芝菌丝体多糖积累和糖代谢相关酶的影响 [J]. 中国农学通报，33（36）：47 - 51.

余永年，沈明珠，2003. 中国灵芝培育史话 [J]. 菌物系统，22：9 - 15.

郑林用，魏银初，安秀荣，等，2011. 灵芝栽培实用技术 [M]. 北京：中国农业出版社.

周洁，张波，杨梅，等，2018. 灵芝新品种‘攀芝 1 号’[J]. 园艺学报，45（1）：197 - 198.

ZHONGGUO SHIYONGJUN ZAIPEIXUE

第三十五章

茯 苓 栽 培

第一节 概 述

一、茯苓的分类地位与分布

茯苓［*Wolfiporia cocos*（F. A. Wolf）Ryvarden & Gilb.］，在全球广泛分布，主要分布在中国、日本以及拉丁美洲、大洋洲和东南亚国家。在中国，除东北、西北、内蒙古、西藏外，其他省份均有茯苓分布，目前茯苓的野生资源较为少见，腐生或弱寄生在松科植物如赤松和马尾松的根部，市场上供应的茯苓多为人工栽培产品。

二、茯苓的保健与医药价值

茯苓是中国传统的药食两用大型真菌，其地下形成的菌核是传统中药材，我们通常所说的茯苓是它的菌核。茯苓药性缓和，“补而不峻，利而不猛”，既能“扶正”，又能“祛邪”，故称之为除湿之圣药，仙药之上品，中药“八珍”之一。在我国，茯苓有 2 000 多年的应用历史，汉《神农本草经》记载有：茯苓性平，淡、味甘，具有益气宁心、健脾和胃、除湿热、行水止泻之功效；用于脾虚食少、水肿尿少、痰饮眩悸、便溏泻泄、心神不安、惊悸失眠等症。近年来对茯苓化学成分研究方面报道较多，主要成分有茯苓聚糖、茯苓三萜（土莫酸、茯苓酸等）、树胶、脂肪酸和蛋白质等，还有麦角甾醇、腺嘌呤、胆碱、组氨酸、卵磷脂、β-茯苓聚糖分解酶、蛋白酶及钙、铁、镁、磷、钾、钠、锰等无机元素（仲兆金等，2002），其中对茯苓多糖、茯苓三萜的研究较为深入。

在中国，自古就有“十药九茯苓”之说。2015 版《中国药典》中记载，1 493 种成方制剂和单味制剂中，以茯苓为原料的有 251 种，约占 1/5。此外，茯苓还是众多食品、保健品和美容品的原料，如我国传统食品茯苓糕、茯苓夹饼等。据资料记载，茯苓菌核的不同部位有着不同的药用功效。茯苓外皮和紧挨外皮很薄的红色部分（赤茯苓）在利水渗湿功效上较为突出，常与猪苓、泽泻配伍；茯苓菌核的白色部分（白茯苓）功擅健脾胃，常与党参、白术、甘草配伍。还有一种就是茯苓菌核中贯穿有松根的部分，称为茯神，功擅宁心安神，适用于心神不安、心悸、失眠等证，常与朱砂伴用，称为朱茯神或朱衣茯苓。

三、茯苓栽培技术的发展历程

我国早期应用的是野生茯苓。野生茯苓蕴藏在深山密（松）林中，且生长在地下，难

以发现和采挖，判断有茯苓主要依据以下两点：①将松树砍倒后，断面无松脂气味，一敲即碎，则地下松树根部可能有茯苓生长；②松树树干附近不长草、土地表面有裂缝，则地下可能有茯苓生长。人工栽培茯苓起源于1 500年前的南北朝时期，南宋《癸辛杂识》就有相关记载“茯苓生于大松之根，尚矣。近世村民乃择其小者，以大松根破而系于其中，而紧束之。使脂渗入于内，然后择其地之沃者，坎而瘗之，三年乃取，则成大苓矣”（赵根楠，1980），将采挖的野生茯苓接种于松树根部，选择肥沃的土壤，进行覆土栽培，此法即为沿用至今的“肉引栽培法”。20世纪70年代以来，随着华中农业大学杨新美教授和湖北中医药院王克勤研究员研制成功“茯苓纯菌丝菌种”，改用人工分离、培育的纯菌丝菌种作种扩大繁殖，逐步形成规范的生产模式。这种菌种栽培分为段木栽培、松树蔸栽培等，以大别山地区的“段木坑穴覆土栽培”最为典型。随后，茯农积累多年栽培经验，在传统“段木坑穴覆土栽培”的基础上建立了“茯苓诱引栽培”，即接种菌种后20d左右，茯苓菌丝长至松木段2/3或至末端时，在远离菌种的段木一端补植一小块的新鲜茯苓菌核。该法显著提高茯苓的产量和质量（李苓等，2008；Xu et al.，2014），已在全国大部分茯苓产区推广应用。由于以上栽培方法要消耗大量的松木资源，近年来，华中农业大学和湖北省中医院医药科技人员在国内率先开展了以松木屑、松木碎块和以松木屑、棉籽壳作为主料的代料栽培研究（李剑等，2008），扩大了培养原料来源，为茯苓的绿色生产提供了新方法、新技术，为茯苓生产由资源消耗型过渡到资源节约型、环境友好型积累了宝贵的经验。

四、茯苓的发展现状与前景

野生茯苓如今已日益稀少，人工栽培规模逐渐扩大。茯苓产区历经500多年的迁徙与变革，近年来形成了3个主要产区：一是包括湖北罗田、英山、麻城，安徽岳西、霍山、金寨和河南商城为主的大别山产区，所产茯苓以质量优良、产量丰硕统领市场；二是以云南丽江、大理、楚雄、普洱和宝山等为主的云南产区，早期以野生茯苓“云苓”质优闻名，近年来也以栽培茯苓为主；三是以湖南靖州、贵州黎平等为中心的湘黔茯苓产区，以“中国靖州茯苓大市场”为依托，进行茯苓加工与流通交易。

目前茯苓主要用于临床和中成药生产，其中以茯苓为原料的“六味地黄丸”和“藿香正气系列”年销售已突破10亿元，“桂枝茯苓胶囊”正在申请美国FDA认证并顺利进入三期临床试验。此外，随着人们生活水平提高的和保健意识的增强，对以茯苓为原料的保健食品和功能食品等需求也逐年增加。然而，与此不相适应的是，栽培粗放，规范化种植规模小、农艺操作随意性大，菌种质量参差不齐，茯苓生产处于“广种薄收”“靠天收”等落后层面。多数茯苓产区延续“种茯苓、卖原料”状态，加工水平低下，质量参差不齐，产品附加值低。此外，我国现行茯苓质控标准远低于国际相关标准，使得茯苓产区栽培产业和加工产业向更高水平发展进展缓慢。茯苓的遗传基础研究相当薄弱，育种水平低下，仍停留在对现栽培菌株的分离和系统选择的水平。随着继代次数的增加，菌种退化非常普遍。仍以消耗大量松木资源的“段木坑穴覆土栽培”为主，“树蔸原地栽培”和“茯苓代料栽培”较少，茯苓可持续发展面临严峻挑战。

第二节　茯苓生物学特性

一、形态与结构

茯苓生长发育包括菌丝体、菌核和子实体 3 个阶段（图 35－1）。菌丝外观呈白色绒毛状，为有隔膜的多核菌丝，无锁状联合；幼嫩的菌丝形态细长，分枝少，两条平行的菌丝间常有长短不一的横向连接菌丝形成菌丝连桥；老化的菌丝较粗。茯苓菌核形态各异，有圆球形、长椭圆形、扁圆形、垫盘状、陀状等至不规则形状。表面粗糙，呈瘤状皱缩，新鲜时颜色较浅，呈淡棕或棕褐色，内部为白色粉末状至颗粒状，质地较松，容易掰开，有淡淡的中药气味；干燥后的菌核深棕褐色至黑褐色，菌肉白色或灰白色，质地坚硬，较难掰开。茯苓子实体在发育过程中不易出现。通常生于菌核表面，也可由菌丝体直接诱导产生。茯苓子实体大小不一，无柄，平伏于栽培场地覆土表面或收获的新鲜菌核上，也发生在长满菌丝体的松木或菌种上，子实体呈蜂窝状，初时白色，老后或干后变为淡黄白色。

a　　b　　c

图 35－1　茯苓菌丝体、菌核和子实体形态

a. 生长在培养皿中的茯苓菌丝　b. 生长在短松段木上的菌核　c. 生长在土壤表面的子实体

二、繁殖特性与生活史

早期的国内外研究者多认为茯苓为异宗结合真菌。单毅生和王鸣歧（1987）、李益健和王克勤（1988）均认为茯苓菌丝是具有锁状联合的二极性异宗结合真菌；富永保人（1991）认为茯苓为异宗结合真菌，但不产生锁状联合。近几年对茯苓菌丝体形态的荧光染色观察表明茯苓菌丝多核具有明显隔膜，无锁状联合。李霜等（2002）、熊杰等（2006）和徐雷（2007）认为茯苓为同宗结合真菌，且后者认为是次级同宗结合的可能性很大。James 等（2013）基于茯苓交配型基因结构和序列信息推测茯苓为二极性异宗结合真菌；孟虎等（2014）通过单孢配对、体细胞不亲和反应和子实体诱导试验也初步认定茯苓为二极性异宗结合真菌。此外，Xu 等（2014）通过扫描电子显微镜观察到茯苓每个担子上有 4 个担子梗，每个担子梗上一个担孢子；担孢子的荧光染色表明茯苓担孢子中绝大多数双核，少数单核；对茯苓单孢菌丝的栽培试验表明，绝大部分单孢不能形成菌核。根据以上研究进展，可以推测茯苓的生活史为：在菌孔上形成担孢子，成熟担孢子释放萌发形成有隔膜无锁状联合的同核菌丝；2 个交配型可亲和的同核菌丝融合形成异核双核菌丝体；异核双核

菌丝体吸收松木或松树粗根的营养，在环境条件适宜时形成菌核；菌核长大后暴露在光照条件下，在合适湿度和温度条件下在表面形成子实体，或者长在松木表皮的菌丝体在合适条件下也可直接在松木上形成子实体；子实体成熟后再释放担孢子，进入下一轮生活史循环。

三、生长发育条件

1. 营养条件　在自然界茯苓通常生长在松树砍伐后的树蔸和松树朽木上，人工栽培时生长在松树短段木上和树蔸上，通过分泌胞外木质素纤维素降解酶类分解基质获得本身需要的养分。人工培育纯菌丝菌种时，用葡萄糖、蔗糖、淀粉、纤维素等作碳源，蛋白胨、氨基酸、尿素等作氮源，磷酸二氢钾、硫酸镁等无机盐作矿质营养。好的菌种配以足够量的培养料可以生产大的菌核，培养料不多很难结出大的茯苓。

2. 温度　茯苓菌丝在10～35℃均可生长，最适温度25～28℃。菌丝体在20℃以下生长缓慢。0～4℃是茯苓菌种常用保存温度。茯苓菌核的形成和发育需要较高的温度，适宜温度为28～30℃。茯苓菌核能忍受较高或较低的温度，暴露于土表的菌核在夏季短时间烈日暴晒不会灼伤，在冬季温度低至－10℃下也不会冻伤。

3. 水分　茯苓生长的适宜段木含水量在35%～40%，土壤含水量25%左右；茯苓菌种培养的适宜基质料含水量50%～55%。在栽培生产时，通常选择坡度10°～35°的场所作苓场，这是因为一定坡度可以改善土壤的排水和通气状况。培养料和土壤中水分过多易导致菌丝体停止生长或菌核腐烂，因此，阴雨季节要注意防水排滞，避免烂窖，干旱季节应加强培土，适当灌溉。

4. 空气　茯苓生长发育过程中均需要充足的O_2。在试管或培养皿培养时，菌丝通常在基质表面形成气生菌丝；在液体培养基中静置培养时，接种菌块不能淹没到培养液中，否则菌丝会缺氧致死；摇瓶培养需置于摇床上不断震荡，深层培养需要不断通入足够的O_2，否则菌丝生长不良；田间栽培时，为了保证土层中含有一定量的空气，通常选择七分麻骨（粗沙）、三分土的场所作栽培场，此外，覆土也不能过厚，一般以5～7cm为宜。

5. 光照　茯苓菌核生长发育不需要光照，但光照可以通过影响环境温度和病虫害的发生间接影响茯苓菌核形成。一般来说，向阳的场地，阳光充足，温度较高，有利于茯苓生长发育。土壤温度上升促进土壤水分的蒸发，使土壤得以通风透气，病虫害也相对发生少。因此茯苓栽培场地一般选择朝南坡地。茯苓子实体的形成需要有散射光的刺激。在覆土的苓窖内不能形成子实体，只有当栽培场地漏出裂纹，菌核露出地表或有散射光进入后，在环境条件适宜时才能形成子实体。

6. 酸碱度　茯苓喜好偏酸性环境。菌种培养适宜的pH 4～6，pH大于8时菌丝生长不良。偏酸性土壤（pH 5～6）中茯苓菌丝体生长良好。一般来说，生长有松树和映山红的场地土壤pH可以满足茯苓生长要求。

第三节　茯苓栽培技术

一、栽培设施

尽管茯苓栽培已有500多年历史，但栽培方式比较原始，主要为大田或林地露地栽培，仍沿用农业生产中最原始的手锯、斧砍、肩扛、背驮、锄挖和铣铲等。

二、栽培季节

茯苓传统栽培季节为每年 6 月初（即芒种前后）接种，翌年 6 月初采收，生长期为 1 年。20 世纪 80 年代以来，茯苓栽培季节改为每年两季，即春栽和秋栽。春栽为 4 月下旬至 5 月中旬（即谷雨至小满期间）栽培，当年 10 月下旬至 11 月下旬采收，生长期为 6 个月左右；秋栽为 8 月末至 9 月初（处暑至白露）栽培，翌年 4 月末至 5 月下旬采收。秋栽茯苓形成的菌核较小，收获的新鲜茯苓往往作为春栽的“诱引”菌核。

三、栽培基质原料与配方

马尾松（*Pinus massoniana*）、湿地松（*P. elliottii*）、华山松（*P. armandii*）、黄山松（*P. taiwanensis*）、巴山松（*P. henryi*）等均可栽培茯苓。松树的树龄以 15～20 年生、直径 10～20cm 为宜，树干、树蔸、粗枝等均可用。

四、栽培基质的制备

（一）伐木

北方及中原地区一般在立冬前后伐木。湖北省苓农有谚语：“备料十冬腊，正月只能扫尾巴。”冬季备料的好处是：①冬季气温低，松树形成层活动缓慢，树皮与木质部结合紧密，不易脱落，同时树内积蓄的营养较为丰富。②气候干燥，再加上风吹冰冻，树内的水分和油脂容易挥发、干燥，虫害、杂菌的侵染也较少。③冬季为农闲期，有利于劳动力的安排。南方一些地区除冬季伐木备料外，也进行夏季伐木。夏季伐木在 7 月初（小暑前后）进行。此时气温高，阳光充足，松树也容易干燥。

（二）剔树留梢，削皮留筋

松树砍倒后，剔去较大的树枝，保留树顶部分小枝及树叶，以加快树内水分的蒸发（剔树留梢）。松树剔枝后经几天略微干燥，随后用板斧纵向从蔸至梢削去宽约 3cm 的树皮，以见到木质部为宜。间隔 3cm 宽的树皮再纵向削去一道树皮，使树干被削去 3～4 道树皮，这个处理工艺称为削皮留筋。

（三）锯筒，堆码晒干

及时将削皮留筋处理后的松树集中，锯成长 45～65cm 的段木，这种短段木被称为料筒。在栽培场周围选择通风向阳处，用无皮的树筒或条石垫底，将料筒交叉排码堆架成井字形、圆形或顺坡形，日晒干燥。挖出的树蔸可用同样方法进行削皮留筋及码晒。料筒码晒约在接种菌种前 30d 左右进行。优质合格的料筒培养料周身有细小的晒裂纹，击打时发出“咚咚”的清脆响声，此时含水量约 25%。

此外，一般在备料的同时提倡对栽培场地进行挖场整理（春节前后进行）挖场时应不浅于 50cm，除去杂草、石块和树根等杂物，同时打碎场内的泥沙土块。苓场经深挖处理后，任其暴晒。挖场整理一般在接种前 3～4 个月进行，经过冬季风吹冰冻，日光暴晒，土壤疏松，杂菌和害虫也相应减少。

五、接种与发菌培养

（一）段木坑穴覆土栽培（图 35－2）

1. 挖窖　下窖接种前，在准备好的茯苓场内顺坡挖窖沟，栽培窖长约 80cm、宽 30～45cm、深 30cm 左右，并注意窖底与坡面平行。为充分利用栽培场地，窖间可选择留或不留间距，如果留间距，窖间距离 10～15cm 即可。栽培窖挖好后，应立即接种栽培，挖窖与栽培基本上同时进行，即边挖窖边接种。

2. 接种和封窖　接种要选择晴天进行。接菌前应准备好挖锄（沙耙）、斧、刀等工具。接种量应根据菌种质量和段木量而定，一般每 8～10kg 段木接种三级菌种（栽培种）1～2 袋（每袋约 400g）。在栽培窖内先将窖底土壤挖松，然后将段木分两层摆放在窖底，使“留筋”部位相互靠紧，周围用沙土填实。用刀具将菌种袋顶端划开，或将其中的一个侧面划开，只划开 3/4，上面仍然相连。然后将露出的菌种与段木紧贴在一起，后用沙土填实，注意阻隔沙土与菌种要直接接触，减少污染。最后在上面覆盖 5～7mm 厚、呈龟背状的疏松沙壤土进行封窖。

3. 植入诱引　诱引来源于前一年收获的同一菌株的新鲜茯苓，一般在茯苓春栽接种后 20d 左右，此时茯苓菌丝体已长满培养料。每窖接种诱引（新鲜菌核）50～100g。先将栽培窖内接种菌种的段木另一端一侧的沙土轻轻扒开，将新鲜菌核小块用贴引的方法紧紧接植在段木远离接种菌种那一端的顶端，然后重新用沙土填充，封窖。注意选用的诱引鲜菌核要尽早使用，如需短暂贮存，必须掩埋在湿沙内，以防干燥。运往栽培场的待用诱引鲜菌核必须装于容器内，置田间阴凉处暂放，忌暴晒、损伤。此外，诱引接植必须选择晴天或阴天，忌雨天。

a

b

图 35－2　茯苓段木坑穴接种（a）和植入诱引菌核（b）

（二）松树蔸栽培

用松树砍伐以后 3 个月至 1 年的直径在 12cm 以上的树桩为培养料，以直径为 20cm 以上的树蔸最佳，树蔸直径越大产量越高。栽培前将距松树蔸中心 1m 范围内的杂草和灌木等清除，铲去树蔸周围的表土，让树蔸露出地面，对树桩和粗侧根削皮留筋处理，对其他侧根进行断根处理。待松树蔸和粗根干燥且有小细裂纹时，选择自然气温稳定在 20℃以上时接种。用刀具将菌种袋顶端划开，或将其中的一个侧面划开，只划开 3/4，上面仍然相连。然后将露出的菌种与干燥的树蔸或粗树根紧贴在一起，接菌种后用沙土填实，注意阻隔沙土与菌种直接接触，减少污染。依树蔸直径大小一般接种 2～3 袋栽培种（每袋栽培种约 400g），最后在上面覆盖 10mm 左右厚、呈龟背状的疏松沙壤土进行封窖。根据苓场实际情况开挖必要的排水沟。

（三）代料栽培

将松木加工后剩余的边角余料截成小段，待干燥后，与干燥的松树下脚料包括松树枝条、针叶、细根等捆扎在一起，装入专用的栽培袋（聚丙烯塑料袋）内，栽培袋周围其缝隙处用松木屑或其他农林下脚料如麸皮等填充，压实、灭菌备用。在灭菌后的栽培袋内接入茯苓菌种，于 25℃发菌；待菌丝长好后，移入栽培场地，按上述段木坑穴覆土栽培方式挖窖，在窖沟内放入发菌好的栽培袋，并接上新鲜菌核作为诱引，覆土栽种。

六、田间管理与采收分拣

（一）田间管理

1. 查窖补窖 接种后 1 周左右，应随机抽检，轻微扒开段木处的土壤检查菌种定殖情况。在正常情况下，此时菌种上的菌丝应向外蔓延生长至段木上，俗称“上引”。若菌种内的茯苓菌丝没有向外延伸至培养料上，或污染了杂菌，可将菌种取出，补种新的菌种。若茯苓窖内湿度过大，可将窖面土壤翻开，晒 1～2d，待水分减少后，加入干燥沙土，再重新补种。若土壤或段木过于干燥，影响茯苓菌丝的正常生长，可适当在窖面上喷水，或翻开窖面用 0.5%的尿素稀释液喷洒在段木上，可促使菌丝健壮生长。

接种后 20～30d，茯苓菌丝可在培养料中蔓延生长至 30cm 左右。40～50d，扒开茯苓窖底部检查，可看到茯苓菌丝沿着段木传菌线（即留筋处）生长到段木下端，并封蔸返回向上端生长。段木间也因茯苓菌丝的生长出现网状连接现象，俗称“捆窖”。70d 以后，茯苓栽培场上开始出现龟裂纹，表示窖内茯苓菌核已形成，并生长膨大，以后场内龟裂纹不断出现，表示菌核继续生长发育。

2. 清沟排渍 接种后应立即在厢场间及苓场周围修挖排水沟，平时注意保持沟道疏畅，及时将流落到沟内的沙土铲回场内。降雨季节更应注意清沟排渍，防止苓场沙土流失和积水。若降雨较多或遇暴雨时，可在茯苓窖上端的接种处覆盖树皮、塑料薄膜等，防止雨水渗入窖内，造成菌种腐烂。

3. 覆土掩裂 接种后，随着茯苓菌丝的不断生长、菌核的逐渐形成及发育，窖面上层土壤常发生流失，严重时部分段木，甚至菌核暴露出土面（俗称“冒风”）。所以在茯苓生长过程中应经常检查，及时补土，加以保护。尤其在窖面大量出现龟裂纹时，更应注意巡视，及时覆土掩裂，防止菌核“冒风”被日晒炸裂，或遭雨淋引起腐烂。

覆土厚度应根据不同季节灵活增减，一般春、秋季覆土较薄，利于日晒提高茯苓窖内温度；夏季应适当增厚，以防高温袭入窖内；冬季增厚覆土，以保温。若覆盖土层过厚，可用板锄轻轻耙去。若土层发生板结，应轻轻耙松，保持覆土层疏松通气。

4. 围栏护场 茯苓接种初期，若受震动，菌种容易与段木脱离，造成“脱引”，使茯苓菌丝体不能进入培养料内生长。菌核形成后的生长发育，也要由菌丝体不断供给营养，若菌丝体受震动与菌核脱离，菌核则中断生长。因此，茯苓场内严禁人畜践踏而产生震动。预防的方法是：在茯苓场周围用树枝、竹竿等修建围栏，加以保护。管理人员检查和操作时，也应在排水沟内走动，以避免或减少损失。

（二）采收分拣

一般 4 月下旬至 5 月中旬接种的春栽茯苓，10 月下旬至 12 月初进行采收，而 8 月末至 9 月初接种的秋栽茯苓，翌年 4 月末至 5 月中下旬采收。采收时段木或松树蔸营养基本耗尽，颜色由淡黄色变为黄褐色，材质呈腐朽状。菌核表皮颜色由淡棕色变为褐色，裂纹渐趋弥合，茯苓栽培场地表面不再出现新的龟裂纹。

采收时先将窖面沙土挖开，掀起段木，轻轻取出菌核。当菌核长在段木上时，可将段木放在窖边用工具轻轻敲打段木，将菌核完整地震落下来。采收后的菌核要及时运输放置在加工厂或阴凉处，以备加工。

较小的段木上菌核成熟较早，应提前起挖采收。较大的段木及树蔸上的菌核，可适当推迟采收。采收时要选择晴天或阴天，切忌雨天起场采收。茯苓菌核有时因菌丝顺着土壤缝隙或窖内细树根等物，延伸到窖外几十厘米处结苓，起挖采收时要在窖底及窖周仔细翻挖，以防漏掉。栽培茯苓后的段木要全部搬离，以免堆弃在原栽培场内，造成杂菌或害虫滋生蔓延，污染环境。

（徐章逸）

主要参考文献

边银丙，2016. 食用菌栽培学［M］. 北京：高等教育出版社 .

李剑，王克勤，苏玮，等，2008. 茯苓棚室代料栽培技术研究初报［J］. 食用菌学报，15（4）：40－43.

李苓，王克勤，白建，等，2008. 茯苓诱引栽培技术研究［J］. 中国现代中药，10（12）：16－18.

李益健，1997. 茯苓生物学特征和特性的研究［J］. 武汉大学学报（自然科学版），3：107－115.

王克勤，付杰，苏玮，等，2002. 道地药材茯苓疏［J］. 中药研究与信息，4（6）：16－17.

王克勤，方红，苏玮，等，2001. 茯苓药材规范化种植研究要点［J］. 中药研究与信息（8）：13－14.

熊杰，林芳灿，王克勤，等，2006. 茯苓基本生物学特性研究［J］. 菌物学报，25（3）：446－453.

徐锦堂，1997. 中国药用真菌［M］. 北京：北京医科大学，中国协和医科大学联合出版社 .

Xiang X Z，Wang X X，Bian Y B，et al.，2016. Development of crossbreeding high－yield－potential strains for commercial cultivation in the medicinal mushroom *Wolfiporia cocos*（Higher Basidiomycetes）［J］. Journal of natural medicines，70：645－652.

Xu Z Y，Meng H，Xiong H，et al.，2014. Biological Characters of Teleomorph and Optimized in Vitro Fruiting Conditions of Medicinal Mushroom，*Wolfiporia extensa*（Higher Basidiomycetes）［J］. International journal of medicinal mushrooms，16（5）：421－429.

Xu Z Y，Tang W R，Xiong B，et al.，2014. Effect of revulsive cultivation on the yield and quality of newly formed sclerotia in medicinal *Wolfiporia cocos*［J］. Journal of natural medicines，68：576－585.

第三十六章

天 麻 栽 培

第一节 概 述

一、分类地位与分布

天麻（*Gastrodia elata* Blume），俗名赤箭、独摇芝、离母等，系多年生草本植物，其地下干燥块茎为我国传统名贵中药材。天麻分类上属树兰族（Trib. Epidendreae）、天麻属（*Gastrodia*）（中国科学院中国植物志编辑委员会，2004）。目前，全球天麻属植物约 30 种，我国已确认 15 种（徐锦堂等，1993）。

说天麻就不得不说与它密不可分的几种大型真菌。天麻是一种特殊的异养兰科植物，无根、无绿色叶片，表皮组织只能简单吸收土壤中的水分和无机盐。天麻种子依靠消化侵入的真菌菌丝体、自身的营养物质和周围可溶营养物质获得营养而萌发（王秋颖等，2003）。能促进天麻种子萌发的真菌，均称为天麻种子萌发菌，简称萌发菌。目前，已报道有 4 种可以促进天麻种子萌发的萌发菌，分别是紫萁小菇（*Mycena osmundicola*）、兰小菇（*M. prchicola*）、石斛小菇（*M. dendrobii*）和开唇兰小菇（*M. anoectochila*）（范黎，1999；徐锦堂等，1993）。这 4 种萌发菌均为小菇属（*Mycena*）真菌，隶属担子菌门（Basidiomycota）、伞菌纲（Agaricomycetes）、伞菌目（Agaricales）、小菇科（Mycenaceae）。

种子萌发后形成的原球茎需要另一种真菌——蜜环菌的侵入为其提供营养，天麻才能完成由种子到米麻、白麻以及箭麻的整个生长发育过程。蜜环菌［*Armillaria mellea*（Vahl）P. Kumm］，隶属担子菌门（Basidiomycota）、伞菌纲（Agaricomycetes）、伞菌目（Agaricales）、膨瑚菌科（Physalacriaceae）、蜜环菌属（*Armillaria*）（中国科学院中国植物志编辑委员会，2004）。与天麻共生的蜜环菌种类还存在争议，日本报道了 6 种蜜环菌与天麻相关或者可与天麻共生（Cha et al.，1995；Sekizaki et al.，2008），分别是粗柄蜜环菌（*A. cepistipes*）、高卢蜜环菌（*A. gallica*）、蜜环菌日本亚种（*A. mellea* subsp. *Nipponica*）、北海道蜜环菌（*A. jezoensis*）、假蜜环菌（*A. tabescens*）和九妹蜜环菌（*A. nabsnona*）。郭婷（2016）研究表明粗柄蜜环菌和九妹蜜环菌确实能与天麻共生，但并没有发现日本之前报道的其他蜜环菌与天麻共生的证据。

天麻分布于热带、亚热带、温带及寒温带的山地。在我国野生天麻多生长于北纬 22°～46°、东经 91°～132°范围内的山区潮湿林地（张光明，2007）。天麻生产主要分布在陕西、云南、贵州、安徽、湖北、四川、湖南、吉林、辽宁、内蒙古、河北、山西、甘肃、江

苏、浙江、江西、河南和西藏等地（袁崇文，2002）。

二、保健与医药价值

天麻是我国公布的34种名贵药材之一。早在2 000多年前的《神农本草经》中就记载：天麻“主杀鬼精物，蛊毒恶气。久服益气力，长阴、肥健，轻身增年”。天麻性甘，味平，归肝经，具有息风止痉、平抑肝阳、祛风通络之功效；主治小儿惊风、癫痫抽搐、破伤风、头痛眩晕、手足不遂、肢体麻木、风湿痹痛之症。天麻主要含有酚类、苷类、有机酸类、甾醇类、氨基酸、微量元素等成分。以天麻素、天麻皂苷等为代表的酚苷类成分，能增强高级神经中枢兴奋过程，降低血压和血脂，可用于治疗老年冠心病、老年痴呆症、中风麻木、半身不遂等。

天麻不仅具有较高的药用价值，还具有较高的食用价值。民间常用天麻蒸鸡蛋、煮猪脑、蒸羊脑、炖鸡、烧鸭等，烹饪方便，味道可口，营养丰富，风味独特。

三、栽培技术的发展历程

长期以来，天麻一直以野生资源入药，古代本草书籍中未见天麻人工栽培的记载。1911年，日本学者草野俊助（Kusano，1991）研究了天麻和密环菌的相互关系，为后人开展天麻人工栽培研究奠定了基础。1958年，胡胜传、白风发表了“四川古蔺的天麻栽培方法”，是我国最早报道天麻栽培的文献。此后，中国医学科学院徐锦堂，中国科学院昆明植物所周铉，四川省中药研究所刘玉亭，南京药学院沈栋侠，南京中医学院庄毅、王永珍，贵州植物园牟必善、袁崇文等学者先后开展了天麻人工栽培技术攻关，为解决我国天麻资源短缺、探索天麻栽培技术做出了重要贡献。其中徐锦堂和周铉是攻克天麻人工栽培技术的关键学者。

1965年，徐锦堂等利用野生蜜环菌菌材伴栽天麻获得成功，首创了利用蜜环菌侵染的野生树根做菌种培养菌材的方法，结束了我国天麻不能人工栽培的历史。1972年，同他人协作发明了“天麻无性繁殖——固定菌床栽培法”，取得了高产稳产的效果，在全国大规模推广。1980年，发明的“天麻有性繁殖方法——树叶菌床法”获得了“国家技术发明奖二等奖”（徐锦堂等，1980）；1980—1981年，进一步从天麻种子发芽的原球茎中分离、筛选出12株能供给天麻种子萌发营养的菌株，其中01号菌株经鉴定为紫萁小菇，这不仅从理论上阐明了天麻种子发芽与真菌的营养关系，同时应用于生产，提高了天麻种子发芽率。1993年，与冉砚珠编著出版了《中国天麻栽培学》，第一次系统介绍天麻人工栽培相关技术理论。

1966—1979年，周铉在云南昭通彝良县小草坝朝天马林场进行了长达13年的天麻无性、有性繁殖方法研究与实践，发明了“带菌须根苗床法”，首次实现了天麻种子有性播种繁殖。1974年和1981年，分别发表了“天麻有性繁殖”和“天麻生活史”论文，介绍了利用天麻种子进行有性繁殖和生产商品麻的方法。1987年，出版了《天麻形态学》，详细介绍了天麻形态解剖学工作和天麻栽培技术（周铉等，1987）。

20世纪90年代以后，全国科研人员在对天麻形态、生活史、生长发育特性，及其与萌发菌、蜜环菌相互关系深入研究的基础上，进一步开展了天麻两菌优良菌株筛选和生产技术、天麻杂交育种技术、天麻有性高效繁育技术、天麻高效栽培技术等研究工作，取得了一大批先进实用的科研成果。

四、发展现状与前景

近年来，国内天麻栽培产业发展较快，已基本满足国内市场需求，并有部分出口海外。随着天麻栽培技术日趋成熟、完善和规范，种植天麻已成为山区人民脱贫致富有效途径，经济效益和社会效益显著。

通过多年发展，栽培天麻的品质得到了较大提高，但道地性天麻药材的物质基础不明；天麻萌发菌和蜜环菌菌种混杂，菌种质量参差不齐，麻种混乱退化严重；生产规范化不够；市场混乱，加工技术不全，产品质量差。

根据国家卫生健康委、国家市场监管总局联合印发《关于对党参等9种物质开展按照传统既是食品又是中药材的物质管理试点工作的通知》（国卫食品函〔2019〕311号）的精神，天麻将作为药食同源植物管理，这意味着天麻不再仅是以药品的存在形式，未来将以更多食品的形式出现。随着全球“返璞归真”“回归自然”“绿色消费”“健康消费”理念的兴起，人们更加注重生活质量、更加关注健康水平，天麻作为食品的需求量将剧增。

第二节　天麻生物学特性

一、形态与结构

（一）天麻的形态与结构

株高30.0～200.0cm；根状茎肥厚，块茎状，椭圆形至近哑铃形，肉质，长8.0～12.0cm、直径3.0～7.0cm，具较密的节，节上被许多卵状三角形的鞘。茎直立，橙黄色、黄色、灰棕色、蓝绿色等，无绿色叶片，有数枚膜质鞘。总状花序长5.0～50.0cm，通常具30～50朵花；花苞片长圆状披针形，长1.0～1.5cm，膜质，花梗和子房长7.0～12.0mm，略短于花苞片；花扭转，橙黄、淡黄、蓝绿或黄白色，近直立；萼片和花瓣合生成的花被筒长约1.0cm、直径5.0～7.0mm，近圆筒形，顶端具5枚裂片，但前方亦即两枚侧萼片合生处的裂口深达5.0mm，筒的基部向前方凸出；外轮裂片（萼片离生部分）卵状三角形，先端钝；内轮裂片（花瓣离生部分）近长圆形，较小；唇瓣卵圆形，长6.0～7.0mm、宽3.0～4.0mm，3裂，基部贴生于蕊柱足末端与花被筒内壁上并有一对肉质胼胝体，上部离生，上面具乳突，边缘有不规则短流苏；蕊柱长5.0～7.0mm，有短的蕊柱足（周铉，1987）。蒴果倒卵状椭圆形，长1.4～1.8cm、宽8.0～9.0mm。花果期5～7月。

（二）紫萁小菇的形态与结构

紫萁小菇是近年一直应用效果较为稳定的萌发菌。子实体单生或散生，菌盖直径0.5～2.5cm，圆锥形，凸镜形，半球形，中央顿圆突起，老后渐平展，白色，表面覆白色皮屑状、颗粒状细小绒毛。菌柄长0.5～3.1cm，圆柱形，中空，脆骨质，白色或近透明，基部有时稍膨大（娜琴，2019）。菌褶白色，直生至稍弯生，放射状排列，不等长；担孢子

无色，光滑，薄壁，淀粉质，长椭圆形。菌丝无色透明，有分隔。

（三）蜜环菌的形态与结构

子实体多呈伞状，丛生于老树桩、朽木、死树或倒木上。菌盖黄色或土黄色、肉质、半球形，中央稍隆起，成熟时稍凹陷，表面中央有多数暗褐色毛鳞。菌柄呈圆柱状，大多数有菌环，较松软，膜质，白色有暗色斑；菌柄上部微白色，下部淡褐色，基部有时有纤细鳞片，菌柄外围为纤维质，中心海绵质，成熟后中空（郭婷，2016）。孢子圆形或椭圆形，无色透明。

培养时菌落黄白色、绒毛状，菌丝无色透明、有分隔。在纯培养中菌索幼嫩时呈白色，逐渐变为黄褐色至棕黑色；在室外林地上和菌材上的菌索，幼嫩时呈棕红色，顶端有白色生长点。生长旺盛的菌索富有弹性，不易拉断；其断后可见到由若干菌丝组成的较坚韧的乳白色菌丝束。

二、繁殖特性与生活史

（一）天麻的繁殖特性与生活史

天麻的生活史（图 36－1），包括种子被萌发菌侵染而萌发，经原球茎、米麻、白头麻（白麻）、箭麻各阶段的块茎生长，然后箭麻消耗自身营养开花、授粉、结实的过程。其中箭麻消耗自身营养开花、授粉、结实阶段为天麻的生殖生长期，其余时期为天麻的营养生长期（徐锦堂，1993；周铉，1987）。研究表明，天麻经历一代生活史所需时间有长有短，一般 24～36 个月，最长 48 个月，最短为 24 个月。天麻一代生活史所经历时间的差异，除受营养条件影响外，还受气候环境条件影响，此外还可能与种植技术及天麻变型有关。

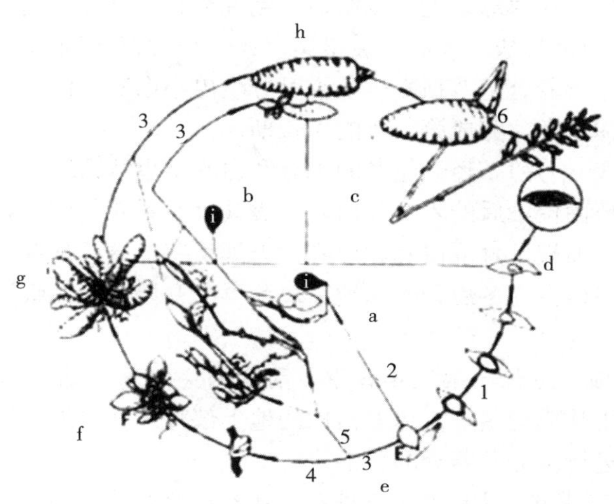

图 36－1　天麻生活史

a. 播种当年　b. 第 2～3 年　c. 第 3～4 年　d. 种子　e. 原球茎

f. 米麻　g. 白麻　h. 箭麻　i. 死亡的原球茎

1. 种子接萌发菌萌发　2. 未能接蜜环菌　3. 接蜜环菌　4. 早期接蜜环菌　5. 晚期接蜜环菌　6. 开花结实

（徐锦堂，1993）

（二）紫萁小菇的繁殖特性与生活史

紫萁小菇的生长发育分为营养生长和生殖生长两个阶段，在室内人工培养条件下，可完成孢子到孢子的全部生活周期（袁崇文，2002）。子实体诱导培养过程中，首先在基质上见到有别于一般营养菌丝体的直立有光泽的菌丝丛，在菌丝丛中间分化出菇蕾，3～6d菌盖平展；此期间菌柄迅速生长，1～1.5d子实体发育完全，孢子成熟后散落，约5d后倒伏（徐锦堂等，1993）。

（三）蜜环菌的繁殖特性与生活史

蜜环菌的生长发育分为营养生长和生殖生长两个阶段。蜜环菌的子实体常于夏末秋初湿度较大的条件下产生。成熟的子实体释放大量孢子于地面，在温湿度适宜条件下萌发出初生菌丝，进而转为次生菌丝和菌索（徐锦堂，1993；袁崇文，2002）。菌索在低温、高湿的环境下可长出子实体。

三、生态习性

（一）天麻的生态习性

1. 天麻种子萌发 6～8月，天麻种子被萌发菌侵染后，建立共生关系。侵染10d左右种胚细胞开始分化，15d后胚直径显著增加，种胚逐渐达到与种皮等宽的程度。20d左右，种胚继续膨大，种子成为两头尖中间鼓的枣核形，胚逐渐突破种皮而发芽，形成原球茎，种皮仍附着在原球柄上（徐锦堂，1993；周铉，1987）。温度、湿度及萌发菌是影响种子发芽率和原球茎生长速度的重要因子。

2. 天麻地下块茎形成 发芽后的原球茎，仍靠消化侵入的萌发菌菌丝体获得营养，无论能否接上蜜环菌，当年发芽的原球茎都能分化出营养繁殖茎。原球茎与蜜环菌建立营养共生关系30～40d后，在原球茎上可以明显看到乳突状苞被片突起，然后分化出第一片苞被片，当年11月底就能形成小米麻（袁崇文，2002）。营养繁殖茎被蜜环菌侵染，在营养丰富的情况下，当年营养繁殖茎顶端生长锥可分生出小白麻，侧芽可分生出米麻。立冬后小白麻和米麻进入休眠期，完成第一年的生长期。

翌年春季（一般3～4月），经过越冬的米麻和白麻结束休眠，开始萌动生长，进行第二次无性繁殖。被蜜环菌侵染后的米麻和白麻，靠共生关系获得营养，继续生长发育。到秋末，米麻营养繁殖茎前端发育成白麻，白麻营养繁殖茎前端的顶芽发育成具有明显顶芽的成熟天麻块茎——箭麻。立冬后，天麻地下块茎再次开始进入休眠期，即完成第二年的生长期。

3. 天麻花茎的形成与生长 第三年春季，箭麻的芽体萌动抽薹出土，花茎芽伸出地面经过一系列的发育生长成花茎，支撑着植株的地上部分，并将地下的块茎和地上的鳞片及花果连接在一起，进行水分及养分的输导。

4. 天麻授粉及果实成熟 天麻花为两性花。花药在合蕊柱的顶端，雌蕊柱头在合蕊柱下部，花粉粒之间有胞间联丝相连，花粉呈块状不易分开。自然条件下，依靠昆虫（如芦蜂）进行授粉，自花和异花均可授粉结实。授粉后花朵逐渐凋谢，子房开始膨大。授粉16～20d后果实内种子开始成熟，成熟时果皮由缝线处自行开裂形成六瓣，种子由纵缝线中散出。天麻果实的成长大约可分为3个时期：幼果形成期、幼果生长期、果实成熟开裂期。

（二）萌发菌的生态习性

1. 腐生兼性寄生 小菇属一类真菌，多腐生于高山林间落叶、枯枝及植物腐根上，对纤维素有强烈的分解能力，地面上的枯枝腐叶，感染这类真菌而被分解。在适当条件下，也可寄生活体，如活树、天麻种子。

2. 好气 天麻种子的共生萌发菌是一类好气真菌，它们在森林中主要分布在林间枯枝落叶层及表层土壤中。在培养过程中发现，若培养料通气不好，会影响其生长，生长速度延缓，培养时间延长。

3. 发光 在黑暗处培养会发出微弱荧光，其发光的强度不及蜜环菌。

4. 对天麻块茎无侵染能力 小菇属真菌只能侵染天麻种胚基部细胞，还没有观察到侵染天麻原球茎、米麻、白麻。当蜜环菌侵入原球茎分化出的营养繁殖茎后，小菇属真菌和蜜环菌可同时存在于同一个营养繁殖茎中，其对天麻的营养作用逐渐被蜜环菌所代替。

（三）蜜环菌的生态习性

1. 腐生，兼性寄生 多腐生在林间枯死的树根、树干、枯枝和杂草上，也可寄生在活树上（郭婷，2016）。

2. 好气 在通气良好的条件下，生长旺盛；在缺氧条件下，生长不良，甚至停止生长。

3. 发光 蜜环菌菌丝体和幼嫩的菌索在黑暗处会发出荧光，发光的强弱与温度、湿度和空气有关。

四、生长发育条件

（一）天麻对养分的要求

天麻是一种特殊形态的高等植物，不能通过光合作用制造营养，也不能从土壤中直接吸收营养，只能通过块茎的表皮吸收土壤中的水分和少量的无机盐类。

天麻是典型的异养类型植物，生长发育的营养来源依赖于侵入体内的蜜环菌菌丝体，靠自身的某些细胞分泌出溶菌素，将侵入天麻体内的蜜环菌分解，变成自身生长发育所需的营养物质。天麻种子极小，无胚乳及其他营养成分，其萌发靠侵入种子的萌发菌供给营养。

（二）天麻对环境的要求

1. 气候条件

（1）温度 天麻对温度的反应比较敏感，温度是影响天麻生长的首要因子，适宜在夏季凉爽、冬季又不十分严寒的环境下生长。天麻种子在15～28℃范围内都能发芽，最适温度在25～28℃，超过30℃种子发芽受到抑制。地温10～12℃时天麻块茎开始生长，地温20～25℃为生长旺季（徐锦堂，1993）。天麻在生长发育过程中，形成了低温生理休眠的特性，深秋温度降至10℃左右时，天麻停止生长进入休眠（王绍柏等，2007）。较低的温度条件能打破生理休眠，所以做种用的白麻、米麻或箭麻，必须经过冬季2～5℃的低温处理才能萌发生长。天麻虽能耐一定的节律性变温，但若遇非节律性变温，如在初冬寒流或春季倒春寒，就会遭受冻害。

（2）湿度 天麻适合在多雨、阴凉、潮湿的气候环境中生长，我国天麻主产区年降水量总量在1 000～1 500mm，空气相对湿度在80%左右，土壤相对湿度在60%以上。天麻在不同生长季节，需水量不同。春季块茎萌动期需要土壤相对湿度在65%左右，若土壤相对湿度降到40%以下，蜜环菌和天麻都难以生长。6～8月是天麻的生长旺季，需要土壤相对湿度在75%左右；9月下旬至11月初土壤相对湿度>80%，水过多，会出现蜜环菌"吃"天麻，引起天麻腐烂、中空，造成天麻减产，不利于天麻的生长。天麻在不同生长发育阶段需水量也不同，在箭麻抽薹开花时，要求土壤相对湿度在75%左右，空气相对湿度在65%～85%，当空气相对湿度低于50%，花开后花粉极易干枯，无法结果。在天麻种子萌发阶段，要严格保障水分含量，太干不利于种子萌发，太湿又容易腐烂。

（3）光照　天麻无光合作用的生理机能，光照只能为它的生长提供热量。天麻整个无性繁殖过程都是在地下完成的，阳光对其影响不大。天麻的有性繁殖过程中需要一定的散射光，虽然天麻的花茎生长具有明显的趋光性，需要一定的散射光，但强烈的直射光会危害花茎，导致植株基部变黑枯死（袁崇文，2002；张光明，2007）。

（4）风　大风对地下生长的天麻块茎无影响，但对正在抽薹生长的花茎危害很大，过大的风易造成花径折断。

2. 海拔、地形、地势　低纬度地区，天麻多适宜生长在海拔1 500～2 500m的高山区；高纬度地区，天麻多分布在海拔300～700m的丘陵或低山地区。阴坡和阳坡均有野生天麻分布。人工栽培天麻，要根据当地气候条件，选择适宜山向。在同一地区，高山区温度低，生长季短，应选择阳坡栽天麻；低山区夏季温度高、雨水少，就应选择温度较低、湿度较大的阴坡种天麻。人工种植天麻，宜选择坡度在5°～30°的坡地种植，平地易积水，造成烂麻，尤其是雨水多的地区。

3. 土壤　土壤养分是天麻的第二营养来源。土层深厚、疏松、肥沃的腐殖土蜜环菌生育良好，天麻也生长健壮，产量高，质量好。具团粒结构的土壤是天麻生产上最好的土壤，它能协调土壤中水分、空气、养料之间的矛盾，同时也能满足蜜环菌生长所需的水分与良好的透气性能。总之只要土质疏松、利水，透气的微酸性或中性土壤都可以栽培天麻。

4. 植被　天麻多生长在阔叶林、针阔叶混交林、竹林或灌木丛中。伴生植物种类较多，主要有青冈、栗树、野樱桃、杜鹃、桦树、野山楂、板栗、水冬瓜，以及禾本科草本植物、蕨类和苔藓植物等。这些植物不仅为天麻和蜜环菌提供了荫蔽、凉爽、湿润的环境条件，其根和枯枝落叶腐烂后，增加了土壤有机质，改变了土壤理化性质，还为天麻生长创造了良好的土壤条件。

（三）天麻共生萌发菌生长发育条件

1. 温度　天麻共生萌发菌生长的温度范围为15～30℃，最适温度为25℃，低于20℃或高于25℃菌丝生长速度明显减慢。高于30℃以上24h，菌丝将失去生活力甚至死亡（徐锦堂，1993；娜琴，2019）。

2. 湿度　基质的适宜含水量为45%～65%，基质含水量过高或过低，都不利于菌丝生长。

3. pH　适宜的pH为5.0～5.5，中性及偏酸性条件下菌丝均可生长，但碱性条件不利菌丝生长。

4. 光线 菌丝生长一般不需要光线，光照对菌丝生长有抑制作用，但子实体的形成需要一定的散射光。

（四）天麻共生蜜环菌生长发育条件

1. 温度 蜜环菌生长的温度范围为6～30℃，最适生温度为23～26℃，超过30℃时菌丝停止生长（徐锦堂，1993）。

2. 湿度 蜜环菌生长要求基质含水量大于45%，蜜环菌适宜在多雨湿润的土壤中生长。空气相对湿度对蜜环菌子实体形成有重要影响，子实体形成的空气相对湿度为85%～95%。

3. pH 适宜的pH为5.0～6.0，蜜环菌分解利用各种有机质，生长中可逐渐使局部环境酸化。

4. 光照 在直射光线下，蜜环菌菌丝生长缓慢，难以形成菌索，蜜环菌子实体的生长发育需要一定的散射光，黑暗条件下子实体不能形成（郭婷，2016）。

5. 适宜的树种 多种阔叶树适宜蜜环菌生长，但壳斗科的茅栗、青冈、槲栎等与蜜环菌有很好的亲和力，最适宜蜜环菌生长。

第三节 天麻品种类型

一、天麻变型

周铉根据天麻花及花茎的颜色、块茎的形状和含水量等特点，结合人工栽培经验，将我国天麻分为以下5个变型（周铉等，1987）。

1. 红天麻（原变型） 花茎橙红色，花黄色而略带橙红色。果实呈椭圆形，肉红色。根状茎长圆柱形或哑铃形，含水量在85%左右。主要产于长江及黄河流域海拔500～1 500m的山区，遍及西南至东北大部分地区。目前我国大部分地区栽培的多为此变型。其种子发芽率高，栽培产量高，适应性较强。

2. 乌天麻 花茎灰棕色，带白色纵条纹，花蓝绿色。果实有棱，呈上粗下细的倒圆锥形。根状茎短粗，呈椭圆形至卵状椭圆形，节较密，含水量常在70%以下。主要产于海拔1 500m以上的高山区。块茎繁殖率和种子发芽率较低，产量较低。含水量低，干品质量好，是云南昭通和贵州大方栽培的主要品种。

3. 绿天麻 花茎淡蓝绿色，花淡蓝绿色至白色。果实呈椭圆形，蓝绿色。根状茎长椭圆形或倒圆锥形，节较密，节上鳞片状鞘多，含水量在70%左右。主要产于西南及东北各省，常与乌天麻、红天麻混生，在各产区均为罕见。

4. 黄天麻 茎淡黄色，幼时淡黄绿色，花淡黄色。根状茎卵状长椭圆形，含水量在80%左右。主产于云南东北部、贵州西部，栽培面积小。

5. 松天麻 茎黄白色，花白色或淡黄色。根状茎常为梭形或圆柱形，含水量在90%以上。野生主要产于云南西北部，因折干率较低，未引种栽培。

二、人工选育品种

近十几年，湖北、四川等天麻产区，分别采用杂交育种和系统选育方法，培育出一批优良天麻品种，具体如下（刘大会，2017）。

1. 鄂天麻1号 云南乌天麻为母本，宜昌红天麻为父本杂交育成。花茎淡灰色，花淡绿色；块茎形态偏向母本乌天麻，短粗，椭圆形，含水量76%左右，折干率较高。种麻饱满，地上部生长势强，麻体病斑少。该品种块茎形态好，药用质量高；但分生能力差，不耐旱，生长适应范围较窄。适宜湖北省海拔1 200～2 000m的天麻产区种植。

2. 鄂天麻2号 宜昌红天麻为母体，云南乌天麻为父本杂交育成。花茎灰红色，花淡黄色；块茎形态偏向母本红天麻，暗红色，肥大，粗壮，长椭圆形至长圆柱形，含水量80%左右，折干率中等。块茎分生点多，萌发率强，耐旱性较强，适应范围较广。适宜湖北省海拔500～2 000m的天麻产区种植。

3. 宜红优1号 以高海拔山区采集的野生健壮红天麻为父本，江汉平原人工室内箱式栽培的优良红天麻为母本，采用异地异株异花有性杂交育成。繁殖力特强，繁殖系数大，产量较无性继代常规品种高30%以上。该品种既适宜低海拔平原地区室内栽培，又适合高海拔500～1 800m高山丘陵地区仿野生栽培。

4. 川天麻金红1号 经四川盆地周边山地收集的野生天麻系统选育而成。花黄白色；蒴果具短梗、长圆状倒卵形、淡橙红色；块茎粗大、长椭圆形、上部较大。适宜在四川省海拔1 000～1 600m的天麻种植区种植。

5. 川天麻金乌1号 川西南天麻野生混合种植中的自然变异株经系统选育而成。地上茎灰棕色，带白色纵条纹；块茎粗壮肥大，椭圆形或卵状长椭圆形，表面黄色或淡棕色，平均含水率31.9%，优级品率45.1%。适应区域为四川金口河及相似生态区。

第四节　天麻栽培技术

一、菌种的分离和培养

（一）萌发菌菌种的分离和培养

1. 萌发菌分离材料的准备及分离

（1）异地播种收集分离材料　在天麻种子成熟季节，从有野生天麻分布的山林下收集枯枝落叶，拌上天麻种子，将拌上天麻种子的枯枝落叶装入带小孔的尼龙网袋，放入装有沙土的花盆或塑料箱等容器中再盖上沙土。2个月后若发现有天麻种子萌发，可将原生球茎作为分离材料，进行萌发菌的分离。

（2）原地播种收集分离材料　在天麻种子成熟季节，在有野生天麻分布的山林下收集枯枝落叶，拌上天麻种子，将拌上天麻种子的枯枝落叶装入带小孔的尼龙网袋，埋入林中浅土层。2个月后若发现有天麻种子萌发，可将原生球茎作为分离材料，进行萌发菌的分离。

（3）在播种穴中收集分离材料　在天麻种植区，选择播种穴中的原球茎或萌发菌菌叶作为分离材料。

2. 原种生产　①棉籽壳麸皮培养基。棉籽壳87.5%、麸皮10%、蔗糖1%、石膏粉1%、磷酸氢二钾0.3%、硫酸镁0.2%。②锯木屑麸皮培养基。青冈、板栗等阔叶树的木屑77.5%、麸皮15%、玉米粉5%、蔗糖1%、石膏粉1%、磷酸氢二钾0.3%、硫酸镁0.2%。分别按照上述①②原料比例配制萌发菌基质，加水使基质含水量在50%左右，进

行原种生产。

3. 栽培种生产　目前，天麻生产上用的萌发菌栽培种的基质大多采用阔叶树落叶制作，具体方法是将树叶用清水浸泡湿透后，捞出沥干明水，按树叶干重计算，均匀拌入麸皮15%～20%、蔗糖1%和石膏粉1%，加水使基质含水量在55%左右，进行萌发菌栽培种的生产。

（二）蜜环菌菌种的分离和培养

1. 分离材料的准备及分离

（1）以蜜环菌菌索作为分离材料　夏季或秋季雨过天晴之后，采集枯树枝或枯树桩上棕红色的蜜环菌菌索，用靠近白色生长点生活力强的幼嫩部位作为分离材料；或将有蜜环菌菌丝的枯树枝或枯树桩带回室内培养，等其长出蜜环菌菌索后，再用幼嫩菌索作为分离材料，进行菌种分离。

（2）以带菌索的天麻块茎作为分离材料　天麻采收季节，挑选健康的、带菌索的白麻、母麻或营养繁殖茎为分离材料，进行菌种分离。

（3）以蜜环菌子实体或孢子作为分离材料　在天麻种植区或有野生蜜环菌生长的地方，采发育正常、无病虫害、尚未开伞的子实体作为分离材料或收集子实体成熟后散出的孢子作为分离材料，进行菌种分离。

2. 蜜环菌原种生产

①棉籽壳20%，锯末50%，麸皮28%，蔗糖1%，石膏粉0.5%，磷酸氢二钾0.3%，硫酸镁0.2%。

②玉米粒87.5%，麸皮10%，蔗糖1%，石膏粉1%，磷酸氢二钾0.3%，硫酸镁0.2%。

分别按照上述①②原料比例配制蜜环菌基质，加水使基质含水量在60%左右，进行原种生产。

3. 栽培种生产

①小树段加清水或培养液培养基。制作时先将直径1cm左右的树枝截成长2～3cm的小段，在水中浸泡48h左右，使树枝段充分吸水，装入500mL栽培瓶中，以瓶容的4/5为宜，再加水至瓶口，盖瓶后高压灭菌2h。

②玉米粒50%、锯木屑27.5%、麸皮10%、蔗糖1%、石膏粉1%、磷酸氢二钾0.3%、硫酸镁0.2%。加水至含水量60%左右，装瓶（袋）灭菌，冷却后接种生产。

二、天麻种子种苗培育技术

（一）种子生产

1. 种麻的选择　商品麻采收季节进行挑选，选择鲜重在100～250g、个体健壮、新鲜、无畸形、发育完好、顶芽饱满、无损伤、无病虫害的箭麻作种麻。种麻在搬运时要轻拿轻放，防止碰伤顶芽和麻体。

2. 定植时间　种麻定植时间应根据当地气候条件而定。一般冬季地下5.0cm处地温不低于0℃的地区，可边选边定植；冬季地下5.0cm处地温低于0℃地区，为防止种麻冻伤，应在早春解冻后再定植。

3. 定植方法 定植时，将种麻顶芽朝上平放，株间距10～15cm，覆5～8cm的栽培基质，栽培基质最好选用生土、沙壤土或河沙，要求干净无污染。定植完成后，浇水使栽培基质相对湿度保持在60%～80%。现生产上一般选择在室内或大棚内通过盆、箱或作畦进行种麻定植。

4. 定植后管理

（1）控温控湿 种麻经过50～60d的低温（0～5℃）休眠后，可根据种子播种的时间进行加温，一般加温时间在播种前30～50d进行，控制室内温度保持在18～25℃。种麻抽薹、开花、坐果时期，白天需增加室内湿度，使空气湿度保持在65%～85%；早晚通风，降低湿度，防止在果实成熟前后，由于温室郁闭，湿度过大，造成花茎、果实发霉腐烂（刘大会，2017）。

（2）控光 花茎出土后仅需要少量散射光，避免阳光直射，直射会使受光面的茎秆变黑倒伏。

（3）防倒防折 种麻抽薹后，要注意插杆固定，以防植株倒伏折断。

（4）防病虫害 天麻开花期气温较高，加之棚（室）内湿度较大，易发生各种病虫害，应定期通风通气，并用多菌灵等农药兑水进行喷洒。

（5）摘顶 当天麻顶端花序展开但未开放时，连同花茎一起摘掉顶部的4～6朵花蕾，去除顶端优势，减少种麻的养分消耗，利于中下部果实的发育和成熟，提高其饱满度。

5. 授粉 天麻开花后采用人工授粉。人工授粉时间应在花开前后1～2d内，过早过迟都会影响蒴果和种子的发育。授粉时左手轻轻握住花序，拇指和食指捏住花朵基部，右手持尖嘴镊子（或竹签）将花朵的唇瓣下压或直接夹掉，然后轻轻夹住药帽，可连同花粉一起带出，将装有花粉的药帽扣在花朵里面基部的雌蕊柱头上，使花粉和黏液粘合，再把药帽移走，即完成授粉。

6. 种子采收及保存 授粉16d后，每天检查，当果壳上6条纵缝线突起，但未开裂，手捏果实发软，即为种子的最佳采收期。用剪刀剪下蒴果装入纸袋，放在室内摊晾，果实完全开裂后，抖出种子。种子采收后，一般应立即播种，不宜长期贮存，常温下放置1周天麻种子发芽率将大幅降低；若不能及时播种，应将种子存放到3～5℃冰箱或拌上萌发菌栽培种后装入干净的塑料袋，扎紧袋口，置于室内阴凉通风处保存。

（二）种苗生产

1. 准备工作

（1）备材 在播种前1～2d准备好新鲜树干和树枝。将直径5～10cm新鲜树干和树枝，锯成10～15cm的节段，并砍好鱼鳞口。将1～3cm粗的阔叶树树枝砍成4～5cm的节段备用。

（2）树叶准备 壳斗科树种（青冈、板栗等）的干树叶，在播种前1～2d，将干树叶浸泡24h，捞出沥干明水备用。

2. 拌种 将萌发菌栽培种撕成小块，放入拌种盆内，将蒴果里的种子均匀地撒在萌发菌栽培种小块上，拌匀，一般3～4个蒴果拌1袋萌发菌栽培种（500～800g/袋），可播0.5～0.7m^2。将拌好种子的萌发菌栽培种小块用塑料袋装起，扎好袋口，置于阴凉处发菌3～5d，待栽培种小块上重新长出一层白色的菌丝，且种子完全包住后即可播种。

3. 选地、整地、开挖种植塘　选择水源良好、年平均温度为 9～16℃、空气相对湿度为 65%～90%、海拔 800～2 000m、坡度 5°～30°的疏松林地，清除杂草和石块，根据地势，顺坡开挖长、宽不等，深 20～25cm 的种植塘。

4. 播种　在有松土 2～3cm 的种植塘底部铺放一层砍过鱼鳞口的木段，木段间距 3～5cm，用土将木段的间隙填实，在木段两端及鱼鳞口处摆放蜜环菌栽培种，在木段上铺一薄层准备好的树叶，将拌好天麻种子发好菌的萌发菌掰成小块，均匀摆放在树叶上，再均匀撒铺一层准备好的新鲜树枝，在小树枝中摆放少量蜜环菌栽培种，最后回填一层土，厚度 10～15cm，夯实覆土。

5. 种植后管理

（1）温度调控　冬季，在种植塘表面加盖落叶以保暖。

（2）水分管理　播种后，保持种植塘土壤相对湿度 70%左右，种子发芽后应经常保持种植塘湿润；雨季经常检查避免种植塘积水，撤掉表面的覆盖物增加透气性。

（3）建栏防护　在人畜容易到达的种植区域，建防护栏，严禁人畜践踏。

（4）病虫害防控　及时除去种植塘杂草，预防田间病虫害。

三、种苗的采挖、保存及运输

1. 采挖

（1）采挖时间　采挖期应在天麻休眠期，一是当年播种，第二年春季栽时采挖，这属于一代麻种；二是播种一年半采挖，天麻越冬经过一整年的生长发育，产量有较大提高，并经过了一次换头，这属于二代麻种（刘大会，2017）。

（2）采挖方法　晴天，用锄头或铁铲拨去种植塘表面的土，当露出天麻时用手理出天麻着生处，取出白头麻，小米麻留在原处继续生长，翌年再采挖。

2. 保存　采收的天麻种苗应及时栽种，如不能及时栽种，应根据种苗的性质和个体的大小进行分级。首先应注意要把一、二代麻种严格分开，分别贮藏。一代麻种生长比较整齐，麻种的个体大小差异不大，可不分等级贮藏。二代麻种大小差异较大，要按麻种的大小分级保存。种苗贮藏所需要的材料是木箱、河沙和锯末。装箱的方法是先将河沙和锯末按 3∶1 混合均匀，湿度保持在 40%～50%，在箱底铺一层沙和锯末的混合料，铺平，放一层种苗，加入混合料后再放一层种苗，直至装满箱的顶部再覆盖混合料 3～5cm。

3. 包装、运输　种苗采挖后，在室内晾 1～2d 后，用竹筐和木箱包装，装种苗前要检查箱、筐的内侧有无毛刺，有毛刺要及时除掉，防止扎坏种苗。装筐时，先在筐的四周垫上 1～2 层包装纸，在纸上单摆一层种苗，种苗上再铺一层纸，再摆种苗，这样一层纸一层种苗，直至装满，上面盖纸封盖。要轻拿轻放，并尽量缩短运输时间。运输途中，筐或箱要放在凉爽通风的地方，温度不能超过 35℃，防止过热和太阳暴晒。

四、天麻种植技术

（一）选地、整地

天麻忌连作，应选择新地或间隔 5 年以上地块。选地应在种植当年的 3 月之前完成，一般选择多雨潮湿，海拔在 1 400～2 800m，坡度在 5°～30°，土壤 pH 4.0～6.5 的稀疏天然林区或人工林林区。土壤以黄沙壤为主，土层厚度 30cm 以上，土壤相对湿度常年保持在 50%以上。冷凉高寒山区，选择在阳坡种植；低海拔高温地区，选择在阴坡种植；半山区，选择半荫半阳坡种植。

天麻种植对整地要求不严格，只需砍掉地面上过密的杂树、灌木，挖掉大块石头，不需要翻挖土壤。陡坡大的地方可稍整理成小梯田或鱼鳞坑。

（二）备材

在培养菌塘（床）前 1～2d 准备好新鲜树干和树枝。将直径 5～10cm 新鲜树干和树枝，锯成长 15～25cm 的节段，并砍好鱼鳞口。将 1～3cm 粗的阔叶树树枝砍成 4～5cm 的节段备用。

（三）菌塘（床）培养与管理

种植当年 4～6 月培养菌塘（床）。根据地形地势顺坡向挖菌塘，菌塘的长沿着等高线，宽沿着坡向，一般菌塘长 60～70cm、宽 40～50cm、深 20～30cm。挖松塘底土壤，顺坡向放入提前砍好鱼鳞口的木段，木段摆放方向平行于等高线，相邻两木段间距离为 4～5cm，相邻两木段断面间距离 2～3cm；在木段断面及鱼鳞口处均匀地接上优质蜜环菌栽培种和新鲜的小树枝。木段和塘底土间不留空隙，用土填实每根木段之间的空隙，填满为止，最后盖土 10cm 左右。

夏季温度高于 30℃，在菌塘表面覆盖树叶或杂草降温。夏季土壤干旱，适当浇水保持土壤湿润，使之手握成团，落地能散。雨季及时检查清理好排水沟、撤掉菌床表面土壤上的覆盖物并及时清除天麻塘面和地沟表面的杂草，增加透气性，减少病虫害的发生。

（四）选种

选择长 5～7cm、直径 1.5～2cm、重 5～30g、饱满健壮、无损伤、无感染、无畸形、无病虫害且无密环菌菌索侵染、有性繁殖后的 1～2 代的白头麻作种苗，即白头麻要“浆足玉头圆”。

（五）定殖

当年 12 月至翌年 3 月进行定殖。选择晴天定殖。定植时挖开事先培育好的菌塘，先挖开菌塘表土，将菌材露出来，在蜜环菌长势良好的菌材上定植白头麻，通常在靠菌材断面及破口处摆放白头麻，每塘放 8～20 个白头麻，每个白头麻间隔 3～5cm，白头麻摆放时，茎芽朝上，脐眼靠近菌材断面及破口处。并在白头麻肚脐眼部放 2～3 根长 4～5cm 的新树枝引菌。摆放好白头麻后，用土填满空隙，把表土复位，覆土厚度以 8～15cm 为宜。若种植时土壤湿度过低，应在菌塘上浇一遍透水。

（六）田间管理

1. 水分管理 定植后根据土壤墒情，早晚及时浇水使土壤相对湿度保持在 70%左右。雨季及时清理好排水沟，排除多余水分；10 月以后要控制水分，防止雨水过多，土壤过湿，造成天麻含水量过大、麻形过长及烂麻。

2. 温度调控 夏季温度高于 30℃时，在菌床表面覆盖树叶或杂草降温。入冬后，要在菌塘上覆盖厚土、树叶进行防冻。

3. 割草覆盖 4 月中上旬和 8 月下旬，及时割除天麻种植地蕨草、小灌木等杂草，并将其覆盖于菌塘上，以减少水分蒸发，保持土壤湿润，防止雨水冲刷造成土壤板结。

4. 病虫鼠害防治　病虫害的防治要认真贯彻“预防为主、综合防治”的植保方针，采取农业综合防治措施，创造有利于天麻生长发育，不利于各种病菌繁殖、侵染、传播的环境条件，将有害生物控制在允许范围内，使经济损失降到最低程度。危害天麻的鼠类主要有褐家鼠、黄胸鼠、小家鼠及其他野鼠等，防治鼠害的常用方法有利用捕鼠夹、捕鼠笼、捕鼠箭、电子捕鼠器等进行器械捕鼠和利用化学试剂磷化锌、溴敌隆配置毒饵进行化学药物灭鼠。

（七）采收及初加工

1. 采收及贮藏　采收时间为定植当年 11 月至翌年 3 月。采收时先用挖锄铲去表层土，然后戴手套用手扒开土层，小心取出天麻，严防器械损伤。采收后的天麻从种植地运输到加工场地，需用透气性好的装载工具（如竹篓）并加上少量海花（一种水草）或蕨草保持新鲜。做到轻装轻卸，不得与农药、化肥等其他有毒有害物质混装。鲜天麻运回应及时加工，如不能及时加工，应置于库房存放，库房应阴凉、通风。如冷库贮存，控制温度在 3～5℃，空气相对湿度在 70%以上。

2. 产地初加工

（1）分拣、清洗　天麻运回加工场地后，按天麻大小进行分拣。天麻按鲜重大小可分为 5 个等级。依次为特级（＞250g/个）、一级（200～250g/个）、二级（150～200g/个）、三级（100～150g/个）和四级（＜100g/个），各级要求箭芽完整，无病虫害、无创伤破皮、无腐烂。破损、病虫害危害鲜麻统归为等外品。分拣后的天麻运往清洗车间，先用高压水枪冲去表层泥土，再用毛刷小心洗净。清洗天麻时不去鳞片，不刮外皮，清洗过程中小心保护顶芽，避免损伤。洗净的天麻放置时间不能过长或过夜，要及时蒸煮，以保持新鲜的色泽和质量（吴连举等，2013）。

（2）蒸制　洗净的天麻及时运往蒸制车间进行蒸制加工。将天麻按大小分别放入蒸笼中蒸制，待水蒸气温度高于 100℃以后，250g 以上天麻蒸 35～40min，200～250g 天麻蒸 30～35min，150～200g 天麻蒸 20～25min，100～150g 天麻蒸 15～20min，100g 以下天麻蒸 10～15min（刘大会，2017）。

（3）晾凉　蒸制好的天麻摊开晾凉，晾干麻体表面的水汽。

（4）干燥　①晾干水汽的天麻及时运往烘房，均匀平摊于竹帘或木层架上。将烘房温度加热至 40～50℃，烘烤 3～4h；再将烘房温度升至 55～60℃，烘烤 12～18h，直至麻体表面微皱。烘烤过程中烤房要装鼓风设备，吹风排干烤房湿气，以利天麻脱水干燥。②高温烘制后的天麻集中堆放于回潮房，在室温条件下密封回潮 12h，至麻体表面平整。③回潮后的天麻在 45～50℃条件下继续烘烤 24～48h，烘至五六成干。④在室温条件下密封回潮 12h，回潮后麻体柔软，进行人工定型。⑤重复步骤③④直至天麻水分低于 12%（应符合药典的要求），整个烘干过程需 10～15d。

（王　丽）

主要参考文献

范黎，郭顺星，徐锦堂，1999. 天麻种子萌发过程与其共生真菌石斛小菇间的相互作用［J］. 菌物系统，18（2）：219－225.

郭婷，2016. 中国蜜环菌属的分子系统发育及与天麻共生的物种多样性［D］. 昆明：中国科学院昆明植物研究所.

刘大会，2017. 天麻高效栽培［M］. 北京：机械工业出版社.

娜琴，2019. 中国小菇属的分类及分子系统学研究［D］. 长春：吉林农业大学.

王绍柏，余昌俊，周富君，等，2007. 天麻规范化栽培新技术［M］. 北京：中国农业出版社.

吴连举，关一鸣，王英平，等，2013. 天麻标准化生产与加工利用一学就会［M］. 北京：化学工业出版社.

徐锦堂，1993. 中国天麻栽培学［M］. 北京：北京医科大学，中国协和医科大学联合出版社.

徐锦堂，冉砚珠，王孝文，等，1980. 天麻有性繁殖方法研究［J］. 药学学报，15（2）：100－104.

袁崇文，2002. 中国天麻［M］. 贵阳：贵州科技出版社.

张光明，杨廉玺，2007. 昭通天麻的研究与开发［M］. 昆明：云南科技出版社.

中国科学院中国植物志编辑委员会，2004. 中国植物志［M］. 北京：科学出版社.

周铉，陈心启，梁汉兴，等，1987. 天麻形态学［M］. 北京：科学出版社.

Cha J Y，Igarashi T，1995. *Armillaria* species associated with *Gastrodia elata* in Japan［J］. European journal of forest pathology，25（6－7）：319－326.

Kusano S，1991. *Gastrodia elata* and its symbiotic association with *Armillaria mella*［J］. Journal of college agriculturai imperial university Tokyo，4：1－66.

Sekizaki H，Kuninaga S，Yamamoto M，et al.，2008. Identification of *Armillaria nabsnona* in *Gastrodia* tubers［J］. Biological and pharmaceutical bulletin，31（7）：1410－1414.

ZHONGGUO SHIYONGJUN ZAIPEIXUE

第三十七章

蛹虫草栽培

第一节　概　　述

一、分类地位与分布

蛹虫草（*Cordyceps militaris*）也称北冬虫夏草、北虫草，为子囊菌，是虫草属的模式种（邵力平等，1984）。

一般认为蛹虫草无性型是蛹草头孢霉（*Cephalosporim militaris*），但又因具有轮枝孢型和链状拟青霉型两种产孢结构而命名有所分歧，如蛹草拟青霉（*Paecilomyces militaris* Z. Q. Liang）和蛹草蚧霉［*Lecanicillium militaris*（Liang）C. R. Li et al.］（汪晓艳等，2010）。

虫草属真菌为兼性寄生菌，寄主范围很窄，往往只限于一种或近缘的数种昆虫，但蛹虫草的专化性不强，有多寄主寄生特性，可以以鳞翅目、鞘翅目、同翅目及双翅目昆虫的幼虫、成虫或蛹为寄主，以寄生于鳞翅目昆虫的蛹上最多。目前已知寄主昆虫种类达70种以上（Shrestha et al.，2012），蛹虫草在自然界的分布十分广泛，是一种世界性的广布种。蛹虫草主要分布于热带、亚热带地区及寒、温气候带。国外分布在法国、德国、英国、美国、加拿大等地；国内自然资源丰富，在辽宁、陕西、山西、安徽、四川、贵州、云南、湖北、湖南、吉林、河南、广东、广西、山东、云南、江苏、甘肃、福建等省份均有发现。蛹虫草主要生长在阳光充足、湿度较大的中山和浅山区，子座通常在每年的夏末秋初分化形成。

二、营养与保健和医药价值

（一）营养价值

碳水化合物是蛹虫草中含量最高的组分，一般占干重的60%左右，其中，营养性糖类含量约为10%，它们经水解生成葡萄糖被吸收利用。蛋白质含量约30%，脂类物质较少，且以亚油酸等不饱和脂肪酸为主。蛹虫草中除组氨酸外，还含有其余17种氨基酸，这些与其风味的形成有关。

蛹虫草含有23种矿质元素，其中钙、镁、磷、钾和硅5种含量最高，硒的含量高达0.54μg/g。此外，蛹虫草还含有维生素E、维生素B_{12}、维生素C、维生素D和胡萝卜素等多种维生素。

（二）保健与药用价值

蛹虫草具有抗氧化、延缓衰老、增强免疫力、抗肿瘤和保护心肺组织等功效，在治疗肿瘤、心脑血管疾病、呼吸系统疾病、性功能障碍、肾功能衰竭、肝脏疾病等方面具有良好效果，这与蛹虫草具有生物活性成分的种类和含量密切相关（表 37－1）。

表 37－1　蛹虫草的药效与化学成分之间的关系

有效成分	功能及作用
虫草素	抗病毒、抗菌，明显抑制肿瘤生长，干扰人体 RNA 及 DNA 的合成
喷司他丁	腺苷脱氨酶（ADA）抑制剂，具有抑制免疫、抑制某些肿瘤细胞的作用
虫草酸	预防脑血栓、脑溢血、肾功能衰竭，利尿
腺苷	抗病毒、抗菌，预防脑血栓、脑溢血，抑制血小板积聚，防止血栓形成，消除面斑，抗衰防皱
虫草多糖	提高免疫力，延缓衰老，扶正固本，保护心脏、肝脏，抗痉挛
麦角甾醇	抗癌、抗衰、减毒
超氧化物歧化酶	抑制或消除超氧自由基的形成，抗癌、抗衰、减毒
硒（Se）	抗氧化剂，增强人体免疫力，抗癌

现代研究表明，蛹虫草的主要活性成分为虫草菌素、虫草多糖、腺苷、超氧化物歧化酶（SOD）、麦角甾醇及微量元素等（张平等，2003）。王树生等报道了蛹虫草能够由同一基因簇共同合成虫草素及有抗癌活性的药物喷司他丁（pentostatin），这为蛹虫草具有抗癌活性提供了科学依据（Xia et al.，2017）。

三、栽培技术发展历程

（一）液体发酵

19 世纪 50 年代开始，国外通过液体深层发酵并获得化学组成与野生蛹虫草几乎相同的蛹虫草菌丝体。20 世纪 90 年代，国内也利用液体发酵方法获得了蛹虫草菌丝体。随着市场对蛹虫草及其制品需求的增加，利用液体深层发酵培养蛹虫草并提高蛹虫草发酵产品中虫草多糖、虫草素、虫草酸等代谢产物产量的研究受到关注。

（二）固体培养生产子实体

在 19 世纪 60 年代国外就开始对蛹虫草子座进行人工培养。我国蛹虫草人工栽培比国外起步晚，1986 年吉林省蚕业研究所利用家蚕和柞蚕为寄主获得蛹虫草子实体，随后各地以柞蚕和桑蚕活蛹、家蚕、蓖麻蚕蛹以及樗蚕蛹等蛹体为寄主种植蛹虫草也取得成功。随着市场需求扩大，利用复合培养基栽培蛹虫草子实体逐步成为主要栽培方式，研究人员先后以大米、小米、玉米、小麦、蚕蛹为基质，培养出蛹虫草子座，为实现蛹虫草的规模化生产奠定了基础，我国成为第一个对蛹虫草进行商业化生产的国家。

四、蛹虫草的发展现状与前景

当前蛹虫草批量生产中的主要技术难题是菌种的退化（宋金俤等，2009）。退化菌株与正常菌株相比，其生理过程、分子水平和遗传性状都可能表现出极大差异。研究表明，

蛹虫草退化菌株的过氧化氢酶活性、脱氢酶活性、脱色能力以及虫草素、腺苷含量与正常菌株相比均出现不同程度的降低。而蛹虫草菌株退化的主要原因有：①核型发生改变（异核体变成了同核体）（Lil et al.，2008）；②基因突变；③胞内有害物质的积累，引起细胞凋亡的信使因子与效应因子活性氧与其引起的氧化应激的影响会引起蛹虫草菌种的退化；④菌株感染病毒，当病毒在蛹虫草体内增殖，会影响细胞内正常代谢活动，导致菌种退化。菌种退化是可遗传的，表现为不易出草、产量不稳定等问题，给批量生产带来极大的风险。在生产中常用的回接蛹体复壮、出草观察后生产等方法无法根本解决菌种退化问题，因此应加快菌种退化机制研究，保持种性稳定，为产业发展提供技术支撑。

如今，蛹虫草的人工栽培在我国已初具规模，以吉林省和江苏省等地为主产地，年产量达60多万t，常年有新鲜蛹虫草在市场上以菇类农产品形式销售。生产上多以技术成熟的生产大户为主，少数现代化企业工厂化周年生产为主，其产量和质量得到有效提升。蛹虫草加工产品也在逐年增多，涉及医药保健、餐饮、食品、饮料、保健品等诸多领域。

第二节　蛹虫草生物学特性

一、形态与结构

蛹虫草属于子囊菌（图37-1），菌丝隔管状、无色透明，菌丝顶端可形成分生孢子梗，分生孢子球形或椭圆形，链状排列，分生孢子梗单生或轮生；菌落白色，见光后转色呈淡黄色或橙黄色。子实体长而直立，有柄，棍棒状，单生，少数丛生，长0.8～8.0cm、粗0.2～0.9cm，明显分为柄部和上部可孕部。子座上部可孕部分埋生或半埋生子囊壳。子囊壳的孔口突出子座表面，呈毛刺状；柄部没有子囊壳，光滑，柄长1.5～6.0cm；子囊壳中有多个圆柱形子囊，每个子囊中有3～8个线状子囊孢子在子囊内并排排列，大多数为8个，成熟的线状子囊孢子在子囊中断裂成小段，形成次生子囊孢子。野生的子座可孕部为橘黄至橘红色，柄的颜色浅，灰白色至浅黄色。寄生的蛹体长0.8～3.0cm、粗0.5～1.3cm，为深褐色或土褐色。用大米、小麦、玉米等培养料进行人工栽培时，基质为浅黄色或橘黄色，子座单生或分枝状发生，子座通体橘黄色或橘红色，长3.0～16.0cm、粗0.2～0.6cm。子座上部具有细毛刺，下部（柄）光滑，柄长2.0～8.0cm、粗0.15～0.50cm，基部料面有气生菌丝蔓延性生长。

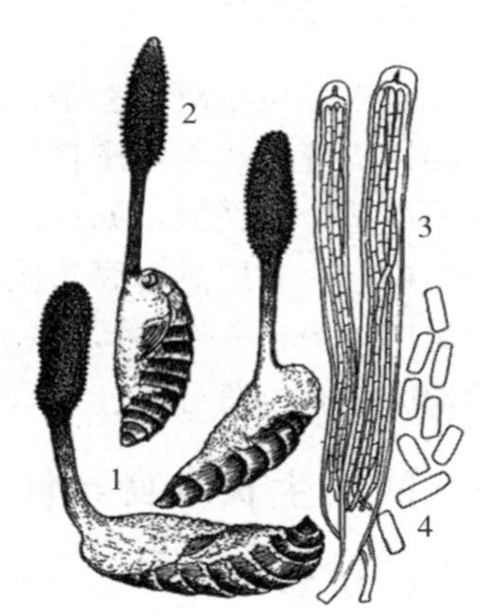

图37-1　蛹虫草形态结构
1. 寄主（虫体）　2. 子实体（虫草）
3. 子囊　4. 子囊孢子

二、繁殖特性与生活史

自然界中蛹虫草存在两个生长阶段：产生子实体及子囊孢子的有性型阶段和只产生菌丝、菌核及分生孢子的无性型阶段。

在自然界中蛹虫草主要侵染因子是子囊孢子。蛹虫草的子实体成熟后，子囊孢子借助风雨自然力或其他媒介传播到寄生昆虫体上，在适宜的温度和湿度下，孢子萌发产生芽管，芽管可能分泌几丁质酶等孢外水解酶以及产生的机械压力，穿透昆虫体壁，或者经昆虫体壁上的气孔等自然孔口或微小伤口等进入昆虫体内，在寄主体内菌丝大量生长并与虫体组织共同形成菌核。菌核在地下越冬后翌年春末夏初从虫体自然孔口处或体壁薄弱处长出棒状子实体，子实体成熟再释放子囊孢子，再度进行侵染循环，形成完整的生活史，如图 37－2 所示。也有学者认为，侵染昆虫的蛹虫草菌丝在野外形成分生孢子梗，顶端产生分生孢子，分生孢子借助外力传播感染寄主昆虫。人工栽培实践证明，蛹虫草可营完全腐生生活，这使自然界中蛹虫草的生活史更为复杂多样。

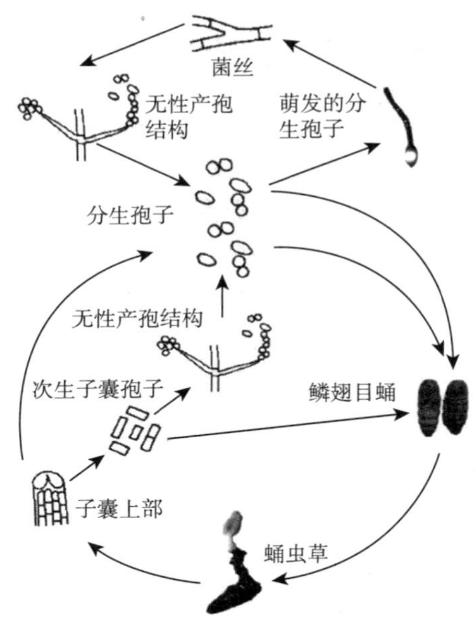

图 37－2　蛹虫草生活史

三、生态习性

野生蛹虫草对生态条件要求较高，多发生在丘林的阴坡地带的土中、树叶、草丛或地上的树皮缝里。与周围自然界有着密切的关系，易受环境中温、光、水、气因素的影响，在环境适合的区域，如在排水良好的褐色或黑褐色混交林土壤中，土质疏松呈偏酸性，团粒结构好，表层具有腐殖质，且有树叶覆盖的场地易有虫草出现。在华东一带地区蛹虫草发生期一般在 6～9 月，在土壤含水量 70%～80%、地表温度 19～20℃、海拔 150～550m 的地区才有虫草分布。

四、生长发育条件

（一）营养条件

1. 碳源　蛹虫草可以利用单糖、双糖、多糖和醇糖等，但蛹虫草生长发育及有效成分合成所需的碳源不同。葡萄糖能促进蛹虫草的菌丝生长和虫草素的合成，而淀粉有利于多糖的合成，不利于虫草素的合成（Kwon et al.，2009）。人工栽培时，蛹虫草可利用的碳源有葡萄糖、蔗糖、麦芽糖、淀粉等，尤以蔗糖、葡萄糖等利用效果更好。

2. 氮源　蛋白胨是最有利于蛹虫草菌丝生长的氮源。蛹虫草发酵培养优质氮源有蛋白胨、酵母膏、奶粉等。在蛹虫草栽培中蚕蛹粉也是使用较多的氮源之一。

3. 无机盐　一定浓度的矿质元素可以促进细胞生长和新陈代谢，但浓度过高则会对细胞产生毒害作用。钾、钠、镁、钙、铜、铁、锌、硒等矿质元素在适宜的浓度范围内均可促进蛹虫草菌丝的生长（荆留萍等，2010），其中，钾、镁、钙对蛹虫草子座的生长有明显的促进作用。此外，钾、钠也有利于虫草多糖的合成（王英臣，2005）。

4. 维生素　适量的维生素 B_1 可促进蛹虫草菌丝的生长，一定浓度的叶酸有利于虫草素的合成（Masuda M et al.，2006）。此外，维生素 B_2、维生素 B_6、维生素 C、烟酸均可

促进蛹虫草生长。

5. 植物生长调节剂　植物生长调节剂具有促进生长、增强酶活性、改善品质、提高抗逆性、增加作物产量等重要作用，是蛹虫草生长发育中重要的营养因子，如2，4-D、赤霉素都能促进蛹虫草菌丝生长。

（二）环境条件

1. 温度　蛹虫草属于中低温真菌，高温不利于蛹虫草的生长发育。菌丝生长需要温度相对较低，以20℃为宜，14～28℃均可形成原基，其中以18～22℃为最佳分化温度，低于12℃或高于25℃不分化。

2. 湿度　蛹虫草菌丝生长适宜空气相对湿度60%～70%，菌丝转色及原基形成最适空气相对湿度80%～90%，子实体生长期最适空气相对湿度90%～95%。

3. 酸碱度　蛹虫草的菌丝生长阶段适宜pH 5.0～7.0，最适pH 5.5～6.5。子实体生长最适宜pH 6.0左右。人工栽培时，调至基质pH 6.5～7.5，也可添加0.1%～0.2%的磷酸氢二钾或磷酸二氢钾等缓冲物质。灭菌后pH下降0.2～0.4，后期菌丝大量生长至子实体生长阶段，pH会降至6.0左右。

4. 光照　蛹虫草孢子萌发和菌丝生长阶段应避光，但在原基分化和子实体生长过程中需要一定强度的光照。光照强度10～5 000lx可促进原基形成；光照时长影响蛹虫草原基形成和子座生长，当光/暗为8/16时，蛹虫草子座的产量较高。

5. 空气　蛹虫草发菌期需氧量相对较少，子座发生期需要增加O_2供给。高浓度CO_2易导致菌丝生长时间延长，菌被增加，子实体不能正常分化。

第三节　蛹虫草品种类型

常见的蛹虫草品种就子实体外观可以分为以下几种类型：①子座较粗，顶端膨大明显，有毛刺状附着物；②子座中等粗细，子座顶端尖细，且较光滑；③子座中等粗细，子座顶端略有膨大，外缘具毛刺状附着物（刘娜等，2016）。但对于上述不同形态菌株的鉴定和分类仍需进一步研究。

第四节　蛹虫草栽培技术

一、栽培设施

蛹虫草生长期间较易受环境条件影响，栽培场地要求环境清洁，地势高燥，通风良好，排水畅通，要求至少1 000m之内无污染源（如水泥厂、化工厂、石灰厂、养殖场等）。

栽培设施包括原料仓库、配料室、灭菌室、冷却间、接种室、发菌室、出草室、储藏加工室等，生产用房需从结构和功能上满足蛹虫草生产的基本需要。如生产室配备自动化小环境控制设备，则可实现周年生产。

配料室要求空间充足便于操作，规模化生产可采用自动灌装设备，每小时可装瓶1 500瓶以上。灭菌采用自动控制的高压灭菌器，接种室以空气百级净化要求设计，宜采用传送带下的流水线操作，将层流罩下的菌落数控制在 3 个/m^3 以内。发菌室应以空气洁净度控制在万级以内，采用新风和自动化温控系统，确保中低温下的恒温发菌。

近年来蛹虫草的栽培容器根据不同的生产方式从玻璃广口瓶发展为塑料材质的瓶、盆状容器，也有部分厂家定制专用容器，其原则上应以便于操作不易被杂菌污染为原则。

二、栽培季节

目前蛹虫草栽培方式分为农法栽培和工厂化栽培。农法利用自然气温辅以室内温度调节，一年可栽培两个周期。在华东地区的秋冬季 10 月至翌年 1 月，冬春季 1～4 月。东北地区可在秋冬季 9～12 月，冬春季 1～4 月。掌握好栽培季节，可降低杂菌污染，提高成品率。工厂化栽培利用设备进行环境调控，实现周年出草。

三、栽培基质原料与配方

当前人工蛹虫草栽培主要采用复合培养基，基质主料为大米、小米、小麦、大麦等谷物、并添加少量的葡萄糖或白糖、无机盐（磷酸二氢钾、柠檬酸铵、硫酸镁等)、维生素 B_1。也可根据需要添加特殊物质，如蚕蛹粉、酵母粉、奶粉、鸡蛋清、蛋白胨、豆粕、豆粉、玉米粉等。

一般认为碳氮比为 30∶1 或 35∶1 较为合适，但也有报道认为最适碳氮比 20∶1（宋仙妹，2008)，这与采用的菌株、接种方法、培养条件有关。常用配方：

①大米 68%，蚕蛹粉 26%，葡萄糖 5%，蛋白胨 1%，维生素 B_1 微量（1 000mL 水加 2～3mg)。

②大米 93%，葡萄糖 2%，蛋白胨（或鸡蛋清）2%，蚕蛹粉 2.5%，柠檬酸铵 0.2%，硫酸镁 0.2%，磷酸二氢钾 0.1%，维生素 B_1 微量（1 000mL 水加 2～3mg)。

③小麦 85%，白糖（葡萄糖）2%，蛋白胨 2%，蚕蛹粉 10%，柠檬酸铵 0.2%，硫酸镁 0.1%，磷酸二氢钾 0.1%，酵母粉 0.6%，维生素 B_1 微量（1 000mL 水加 2～3mg)。

④小麦 95%，白糖（葡萄糖）2%，蛋白胨 0.5%，蚕蛹粉 2%，硫酸镁 0.4%，磷酸二氢钾 0.1%，维生素 B_1 微量（1 000mL 水加 2～3mg)。

四、栽培基质制备

上述配方原料来源方便，其中大米、小麦为主要碳源，添加的蚕蛹粉、蛋白胨、酵母粉等提供氮源，配方中的葡萄糖、白糖及微量元素能加快菌丝生长速度。

生产者可根据实际情况选择配方，按照配方比例把原料搅拌混匀后装入培养容器中封口（图 37－3)。高压灭菌温度 110℃维持 2.3～3.3h。灭菌结束后要缓慢排汽，防止气体压力将培养容器封口膜掀起。当压力自然降至零时，取出培养容器，放置到冷却间冷却至 25℃以下方可接种。

图 37－3　装瓶封口

五、接种与发菌培养

（一）品种选用与菌种生产

生产上所用的蛹虫草菌种必须具有性状优良，结实性稳定，具有结实性的优良菌种特征是：①在培养基表面易分泌橘黄色色素，菌丝体在光照的刺激下较易转变为橘黄色或橙黄色；②抗性强、生长旺盛；③出草快、出草一致并整齐均匀、产量高等。菌丝运输中要避开高温天气，避免菌种因受热致活力衰退，影响长势，并在规模生产前做出草试验，以保证菌种的稳定性和结实性。

蛹虫草母种一般采用PDA培养基配方，也可加入适量微量元素和缓冲剂促进菌丝生长。近年来食用菌液体菌种生产技术和接种技术日臻成熟，广泛应用，这为蛹虫草液体菌种在生产中应用提供了借鉴。

可参考液体菌种培养基配方为：葡萄糖20g，蔗糖10g，淀粉5g，蛋白胨5g，酵母膏3g，磷酸二氢钾1g，磷酸氢二钾1g，硫酸镁1g，水1 000mL。分装于250mL三角瓶，每瓶装100～120mL；用透气膜封口，121℃高压灭菌25～30min。冷却后接种1cm^{2}大小的菌种块，以50～80r/min、温度18～23℃下摇床培养5～6d，每天检查2次。培养3d后如观察到瓶内液体出现泡沫过多，菌液浑浊，菌球异常，则予淘汰。应选择菌球数量多、小而密、均匀分布、菌液澄清的菌种，在5～10℃、200lx光照条件下放置2～4d，观察菌液上沿菌丝的转色情况，选择转色快而深的菌种使用。菌种的无菌检验和转色观察是关键。在没有经验的情况下，可进行预备实验或预接种观察。

（二）出草培养基配制

按照栽培培养基配方比例将原料搅拌混均后装入培养容器并封口（图37－4）。

图37－4　装料后蛹虫草栽培瓶

（三）接种

接种（图37－5）操作人员和接种室的洁净处理按无菌操作要求进行。液体菌种用接种枪接种。接种之前接种枪用沸水煮30min灭菌处理，需更换菌种时，用接种枪吸射75%的乙醇处理2～3min后，再吸射无菌水冲洗除去乙醇。也可采用液体菌种稀释后直接倾倒接种。将液体菌种稀释5～10倍作接种的菌液。接种枪吸收的剂量可以在0.1～2.0mL调节；一般一次为1.0～1.5mL，连续接种2～3枪。尽量减少接种操作时间并使接种的菌液在料面均匀分散。

接种后的菌瓶平放保持约24h，使菌种渗透到培养料中尽快定殖；24h后上架发菌。上架要清洁操作、轻拿轻放。也可在灭菌后直接上架培养。

图 37-5 接种

（四）发菌

菌瓶尽可能直立放置一段时间，以利于菌液渗透进培养料内。现在普遍采用立体框架菌瓶卧位栽培方式，发菌1～3d后开始通风供氧。发菌阶段初期温度保持15～18℃；发菌中后期，温度保持在21℃左右，不要超过23℃或低于6℃，空气相对湿度50%～70%（图37-6）。无须遮光培养，但应避免直射光或较强的散射光。

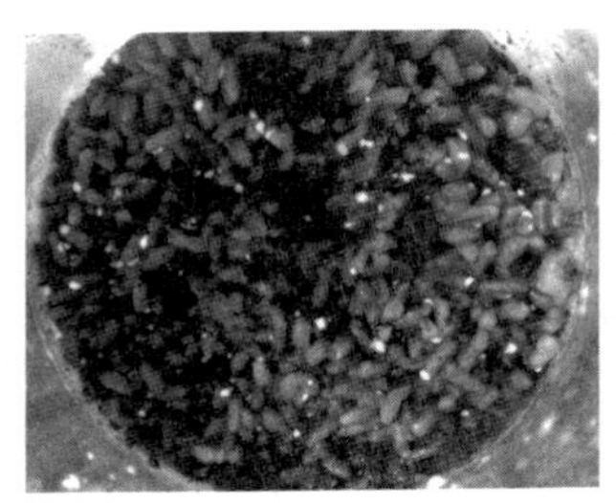

发菌第1天

发菌第3天

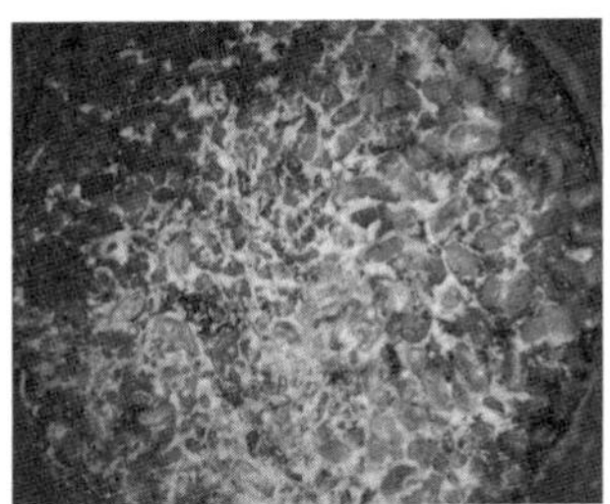

发菌第5天

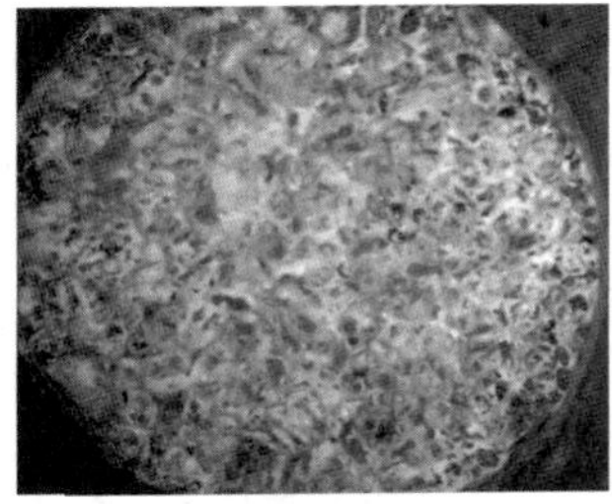

发菌第7天

发菌第9天

图 37-6 液体菌种接种后发菌期菌丝生长变化

（五）转色与通气

接种后在适宜的温度和湿度条件下发菌10～15d，菌丝发至瓶底。此时，应及时进行转色培养，温度调控在20℃左右，光照强度为200～800lx，每天见光时间不少于10h。空气相对湿度保持在85%左右，处理5d左右，料面由白色、浅黄色逐渐转为深黄色至橘黄色，并在料面上发生小米粒状原基突起，表明转色成功（图37-7）。

六、出草管理

菌丝转色成功后，需要增加O_2供应量，并利用自然散射光光照。保持环境温度在20℃左右，空气相对湿度80%～90%，以利原基发生（图37-8）。

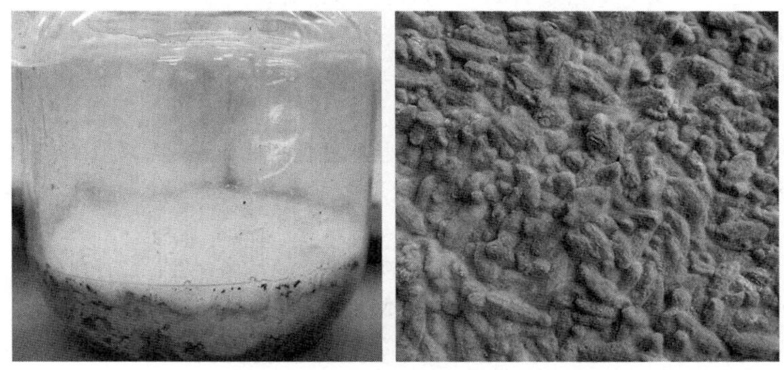

图 37-7 转色前后颜色对比

原基发生后生长速度加快，此时需要加大 O_2 供应量。保持温度 20～22℃，空气相对湿度维持在 85%～95%，在子实体生长后期，适当提高光照强度和时间。

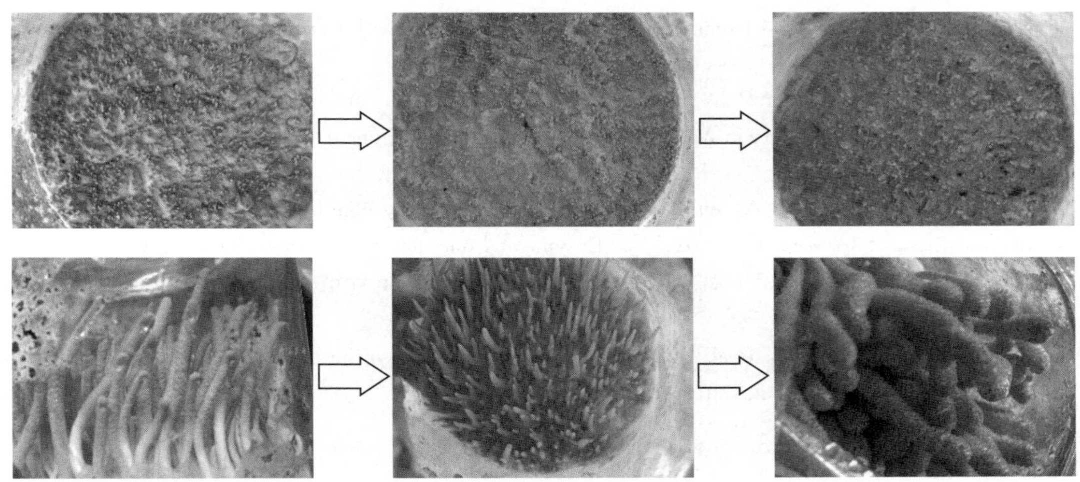

图 37-8 蛹虫草子实体生长过程

七、采收和存储

蛹虫草子实体从出现菌蕾后继续生长 15～20d，表面出现毛刺状子囊果，此时子实体即为成熟。应及时用刀剪、手摘等方法采收，采收时注意保持子实体形状完整。子实体采收后先摊开避光晾干，待晾干后热风 40～60℃烘干至水分 14%以下。于干燥避光、0～5℃条件下贮藏。

（宋金俤）

主要参考文献

方华舟，向会耀，王小艳，2010. 不同碳源对蛹虫草菌丝及子实体生长状况的影响［J］. 荆楚理工学院学报，25（2）：5-8.

荆留萍，杜双田，金凌云，等，2010. 8种物质对蛹虫草液体发酵中虫草素及多糖含量的影响［J］. 西北农林科技大学学报（自然科学版），11：156－160.

李美娜，2003. 人工栽培蛹虫草（*Cordyceps militaris*）性状变异的遗传学分析［D］. 大连：辽宁师范大学.

刘娜，闫玲，张林，等，2016. 退化蛹虫草生物学特性的变化特征研究［J］. 河南农业，9：61－62.

宋金俤，刘超，华秀红，等，2009. 蛹虫草产业化栽培瓶颈及其对策［J］. 中国食用菌，28（1）：62－64.

宋仙妹，常继东，2008. 蛹虫草菌丝体培养特性的研究［J］. 食用菌（3）：12－14.

邵力平，沈瑞祥，张素轩，等，1984. 真菌分类学［M］. 北京：中国农业出版社.

汪晓艳，荣跃文，徐莉，等，2010. 蛹虫草无性型蛹草拟青霉的电泳核型分析［J］. 安徽农业大学学报，37（4）：716－719.

王英臣，2005. 关于蛹虫草菌多糖发酵及培养基的研究［J］. 中国酿造，10：29－31.

张平，朱述钧，钱大顺，等，2003. 北冬虫夏草功能成分及保健作用分析［J］. 江苏农业科学（6）：105－107.

Kwon J S，Lee J S，Shin W C，et al.，2009. Optimization of culture conditions and medium components for the production of mycelial biomass and exo－polysaccharides with *Cordyceps militaris* liquid culture ［J］. Biotechnology and bioproeess engineering，14：756－762.

Li L，Pischetsrieder M，Leger R J，et al.，2008，Associated links among mtDNA glycation，oxidative stress and colony sectorization in *Metarhizium anisopliae* ［J］. Fungal genetics and biology，45（9）：1300－1306.

Masuda M，Urabe E，Sakurai A，et al.，2006. Production of cordycepin by surface culture using the medicinal mushroom *Cordyceps militaris* ［J］. Enzyme and microbial technology，39（4）：641－646.

Shrestha B，Han S K，Lee W H，et al.，2005a. Distribution and in vitro fruiting of *Cordyceps militaris* in Korea ［J］. Mycobiology，33：178－181.

Xia Y L，Luo F F，Shang Y Y，et al.，2017. Fungal cordycepin biosynthesis is coupled with the production of the safeguard molecule pentostatin ［J］. Cell chemical biology，24：1－11.

ZHONGGUO SHIYONGJUN ZAIPEIXUE

第三十八章

桑 黄 栽 培

第一节 概 述

一、分类地位与分布

1. 分类地位 桑黄古称为桑臣、桑耳、胡孙眼和桑黄菇，最早记载于两千多年前的《神农本草经》的“桑耳”，桑黄名称最早出自唐初甄权所著的《药性论》（吴声华，2012）。两千年来各类典籍所载之桑黄，包含了真正桑黄以及若干外观相似的种类，先后用过的学名有 *Phellinus igniarius*、*Phellinus linteus*、*Phellinus baumii*、*Inonotus linteus*、*Inonotus baumii* 等。2016 年，吴声华等提出桑黄类群为一个新属——桑黄孔菌属 *Sanghuangporus*，属担子菌门（Basidiomycota）、伞菌纲（Agaricomycetes）、刺革菌目（Hymenochaetales）、刺革菌科（Hymenochaetaceae），该属目前已知有桑树桑黄［*Sanghuangporus sanghuang*（Sheng H. Wu，T. Hatt. & Y. C. Dai)］、杨树桑黄［*Sanghuangporus vaninii*（Sheng H. Wu，T. Hatt. & Y. C. Dai)］、暴马桑黄［*Sanghuangporus baumii*（Sheng H. Wu，T. Hatt. & Y. C. Dai)］等 14 个种。

2. 分布 桑树桑黄分布于国内吉林、云南、湖北、四川、陕西、山西、西藏、浙江，以及日本、韩国等国外区域，吴声华等通过族群分析，把桑树桑黄分为“华西南”“华东南-台湾”“中国东北-韩国-日本”3 个主要族群，认为华西南可能是桑树桑黄的起源中心。暴马桑黄分布于我国东北、华北及俄罗斯、日本、韩国等，长在丁香属（*Syringa*）树干。杨树桑黄分布于中国长白山、小兴安岭、陕西秦岭等地及北美洲，俄罗斯远东、日本、朝鲜半岛等东北亚地区，长在山杨（*Populus davidiana*）树干上，并已实现人工栽培。

二、营养保健价值

桑黄是一味古老的中药，在《神农本草经》中有记载其“利五脏，宣肠胃气，排毒气”。据现代研究资料，桑黄是目前抗肿瘤实验效果最强的药用菌，是国际医药与保健品行业生产抗癌产品原料。桑黄化学成分较复杂，且因种类、培养方法、提取方法等不同会有所差异。目前研究较多的成分有多糖类、黄酮类、三萜类化合物、核苷类、甾醇类、生物碱类、呋喃衍生物、氨基酸多肽类、脂肪酸、无机元素等。与灵芝相比，桑黄除含有多糖体与萜类化合物外，还含有较高量的黄酮类物质，这也是桑黄的特色。有研究统计，桑黄的药理学功能有 20 多种，包括抑菌、消炎、抗氧化、抗肿瘤、增强机体免疫、保肝护肝、降血糖、降血脂、抗肺炎等（张维博等，2014）。由于桑黄具有抗氧化、抗炎症的功效，韩国一些企业推出了不少含桑黄成分的日化品，如洗面奶、面膜、紧致霜等。

由于目前桑黄尚未列入《中国药典》和“国家卫计委药食两用名单”，在药材标准和炮制规订方面也无统一标准，影响了桑黄进入大众消费市场的进程。优选开发高活性成分的桑黄品种，改进栽培和发酵技术，加强产品开发和标准制定，塑造桑黄健康食品的良好形象，对于桑黄的开发至关重要。

三、栽培技术发展历程

桑黄利用历史悠久，国内最早记载在秦汉时期的《神农本草经》，朝鲜 500 多年前的医书《乡药集成方》和 400 年前的医书《东医宝鉴》均称“桑黄有如灵丹妙药”，在 200 多年前日本江户时代即把产于长崎县女岛与伊豆群岛之八丈岛桑树桑黄蕈当成汉方药。第二次世界大战后长崎女岛居民因服用桑黄罹癌少，引起日本学者注意，1968 年发表了药用菌中桑黄肿瘤抑制作用最强的报道，1983 年将桑黄提取物制成抗癌新药，引起各国对桑黄研究的浓厚兴趣。韩国于 1984 年起全力支持桑黄研究及开发，1997 年韩国政府核准桑黄菌丝体为抗癌辅助药品。1997 年，韩国成功地培养出桑黄子实体。目前，日本和韩国的桑黄栽培产业，已具相当规模（吴声华等，2016）。

国内浙江龙泉等地的灵芝段木栽培始于 20 世纪 90 年代，桑黄的栽培借鉴了灵芝的段木栽培技术。胡伟等从 1990 年末开始杨树桑黄的资源调查及栽培试验研究，1995 年陈艳秋等引进韩国桑黄菌种，开展了驯化培养试验，成功培养了菌丝，但未获子实体。2007 年黑龙江完达山杨树桑黄菌株驯化栽培成功，人工代料年栽培量高达 30 万袋（胡伟，2007）；卢尚杰等引进韩国桑黄菌株在吉林省柳河县进行段木人工栽培试验，所得子实体特征与野生者基本相同。自 2012 年起浙江省杨树桑黄桑枝代料人工栽培得到快速发展，浙江省农业科学院园艺研究所育成杨树桑黄代料栽培品种浙黄 1 号。

四、发展现状与前景

目前，国内已经形成较为成熟的代料栽培和段木栽培两种方式，按照出菇场所不同又可以分为代料单季/双季大棚栽培、林下仿野生栽培、工厂化设施周年栽培等模式，林地荫棚代料或段木立式栽培和室内层架式栽培，这种多元化的生产方式可能会较长时间的共存。随着天然林禁伐、农村劳动力外流和菇农老龄化等因素影响，桑黄栽培会逐步向专业化农场发展，并向工厂化生产菌包、在人工调控环境条件下室内层架出菇方式发展，以降低劳动强度，保证栽培桑黄产品的品质。

第二节　桑黄生物学特性

一、形态与结构

1. 杨树桑黄　发生在山杨树上，子实体孔口表面呈黄色、菌盖边缘呈现黄色带状环纹。多年生、无柄、盖状，鲜时无特殊气味，干后变成坚硬木质，菌盖多为扁蹄形，子实体大小不均，厚 3～5cm，最大幅宽 10cm 以上。菌盖表面红褐色至灰褐色，略粗糙，后

期有不规则的带状环纹，最外侧环纹带呈黄色。菌肉呈鲜黄色至黄褐色，木栓质。菌盖上表面后期形成一层黑色薄壳，菌管多层且分层明显，菌管层与孔口表面同色。有时野生子实体被苔藓覆盖。菌丝体没有锁状联合，无色、薄壁，骨架菌丝占多数，初期白色，后期金黄色至黄褐色（图 38－1）。担孢子卵形至广椭圆形，淡黄色、厚壁、光滑（胡伟，2013），孔口密度 6～8 个/mm，孢子大小（3.8～4.4）μm×（2.8～3.7）μm。

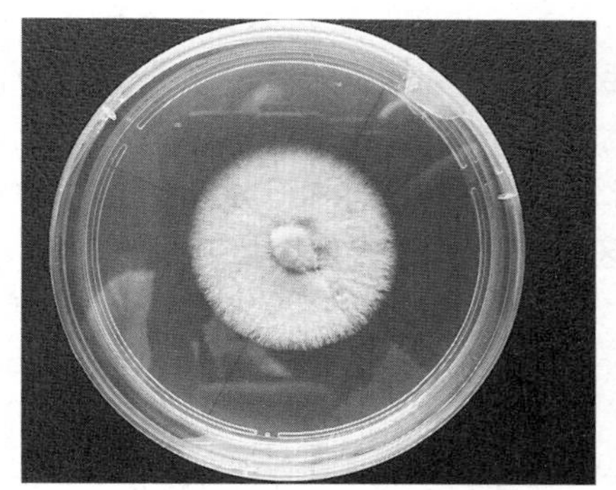

图 38－1 杨树桑黄菌落
（冯伟林 供图）

图 38－2 桑树桑黄纵剖面

2. 桑树桑黄 桑树桑黄，担子果多年生，通常具菌盖，有时平伏反转，菌盖蹄形、贝壳形或半圆形，菌盖表面暗棕色、深褐色至灰黑色，新鲜时木栓质，后期硬木质；被绒毛或光滑无毛，成熟时常有径向的开裂；孔口表面黄色、黄褐色至深棕色，菌肉同质或异质；菌丝系统二体系，生殖菌丝简单分隔，无锁状联合；子实层中通常有锥形刚毛，部分种类有结晶。担孢子椭圆形至近球形，淡黄色至深黄色，壁稍厚，光滑，成熟的担孢子在 Melzer 试剂中无变色反应，在棉蓝试剂中无嗜蓝或有弱嗜蓝反应（吴声华等，2012）。

桑黄子实体多发生在 10 年以上树龄的桑树上（图 38－4），着生在反复剪伐而膨大的“头”部偏下方或其下方“颈”部的桑枝剪口下方。子实体无柄，具有菌盖；菌盖扇形、马蹄形或不规则形。扇径 5～10cm，基部厚边缘薄，基部一般厚 1.5～3cm，最厚的达 5cm，边缘厚 0.5～1cm，菌孔椭圆形或多角形，孔口密度 5～8 个/mm。菌盖表面黄棕色至棕色，子实层表面呈金黄色或棕黄色，老时变为黄棕色；子实体背面可见“年轮”状分层线和瘤状凸起，干燥后木质化、坚硬，新生层停止生长后木质化。子实体剖面可见明显的分层线（图 38－2）。菌肉黄色、棕色或具光泽的木色，菌盖表面附近颜色较深（蔡为明等，2012）。

图 38－3 人工栽培的杨树桑黄

图 38－4 着生在桑树上的桑树桑黄

二、生活史

桑黄生活史目前尚无报道，一般认为与灵芝相似。

三、生态习性

自然界，桑黄多生长于桑树、杨树、丁香、忍冬等阔叶树的枯立木或立木树干。因所寄生的树种不同，其形状、颜色及成分也不同。目前，作为药用的有桑树桑黄、杨树桑黄、暴马桑黄、桦树桑黄、漆树桑黄等。杨树桑黄国内分布在长白山、小兴安岭、陕西秦岭等地，俄罗斯远东地区、日本、朝鲜半岛等东北亚地区也有其分布。黑龙江杨树桑黄分布区域位于寒温带大陆性季风气候的低海拔浅山区，发生林分为郁闭度超过55%、平均树龄50年以上的天然山杨、桦树针阔混交林。子实体常见于阳坡或半阳坡缓坡地带、郁闭度较高、近水源的天然林或林间阴湿草甸之中，常有多种木本植物和草本植物相伴，以山杨为寄主（胡伟，2013）。

野生桑树桑黄，国内西藏、四川、云南、山东、河南、吉林、甘肃、陕西、湖北、湖南、江西、浙江和台湾等省（自治区、直辖市）有发现，韩国、日本有分布，近年来缅甸也有发现，其分布和鸡桑（*Morus australis*）几乎一致，两者间有共同演化关系，因此推测在印度、不丹、尼泊尔等有野生鸡桑的地区应该也有野生桑黄分布。桑黄生长于较低温的环境，在华南地区通常生长在中海拔山区，高山和平原均未见发生；在华北地区通常生长在低海拔丘陵；在台湾，桑黄通常生长在海拔1 000m左右的山区，产量很少。在日本，野生桑黄主要分布在中部及南部地区，然而目前日本的野生桑黄也很难找到。在我国浙江、四川、云南、陕西等地发现桑黄也生长在家桑上（吴声华，2016）。

四、生长发育条件

（一）营养与基质

桑黄液体发酵最适碳氮比为24∶1（傅海庆，2005）；罗惟希等2008年报道，桑黄菌株代料栽培高产的碳氮比为（101～104）∶1。杨树桑黄（完达山菌株）菌丝体生长的最佳碳源为葡萄糖、最佳氮源为麦麸、最佳无机盐为硫酸镁。固体培养营养因素对菌丝体生长（干重）的影响效应顺序为麦麸＞葡萄糖＞硫酸镁。液体培养则为葡萄糖＞硫酸镁＞麦麸。葡萄糖与麦麸和葡萄糖与硫酸镁的互作效应相对较大。固体最佳培养条件为培养基配方：马铃薯200g/L浸出汁、琼脂粉20g/L、葡萄糖30g/L、麦麸15g/L、硫酸镁2g/L、磷酸二氢钾3g/L；pH 6.5、温度28℃、完全黑暗、适当的CO_2浓度，可获菌丝体干重12.9g/L。最佳液体培养条件为培养基配方马铃薯200g/L浸出汁、葡萄糖30g/L、麦麸10g/L、硫酸镁5g/L、磷酸二氢钾3g/L、维生素B_1 100mg/L，温度28℃，起始pH 6.5，摇床转速170r/min，振荡培养12d，可获菌丝体干重14.5g/L（胡伟，2013）。桑黄可以采用杨树、桦树、柞树、桑树等阔叶树木进行段木栽培。桑黄也可以利用大多数阔叶树及桑枝等木屑，加适量的麦麸和石膏进行代料栽培。代料栽培最佳配方为桑树木屑80%、玉米粉10%、稻皮2%、棉籽壳7%、石膏1%（刘艳等，2019）。

（二）环境条件

1. 温度　桑黄属于中高温型药用菌，15～35℃菌丝均可生长，最适生长温度25～28℃；低于15℃、高于35℃均不利于子实体形成。

2. 水分及湿度　菌丝在含水量50%～70%的培养基上均能生长，含水量以60%生长最快，菌丝长势旺盛，菌落边缘整齐（胡伟，2013）。发菌期适宜空气相对湿度为50%～70%，子实体生长期适宜空间相对湿度为85%～95%。段木栽培的适宜含水量50%左右，如低于35%，菌种难以成活；低于30%，已经成活的菌穴会因干燥死亡。因此，段木栽培接种后，一直到出菇，段木含水量应不低于45%。

3. 光照　桑黄菌丝培养阶段不需要光照，强光照抑制菌丝生长；子实体生长需散射光，三分阳七分阴、透光度30%～50%、光照强度200～300lx最有利于出菇（杜萍等，2009）。而在无光照（低于10lx）条件下，不能正常形成子实体。

4. 空气　桑黄菌丝生长期对O_2量要求不高，发菌期CO_2浓度一般控制在0.3%以下，子实体形成和生长需要充足的O_2。

5. 酸碱度　菌丝体在pH 4.5～9.0均可生长，pH 6～6.5最适，代料栽培基质适宜pH 5.5～6.5（孙坚等，2015）。

第三节　桑黄品种类型

目前人工栽培的均为杨树桑黄，浙江省农业科学院园艺研究所育成的品种浙黄1号特征特性如下：

子实体呈扇形或马蹄形，菌盖长径6～15cm，短径3～5cm，基部厚2～5cm，边缘厚0.2～2cm。子实体表面呈金黄色至棕黄色，菌肉黄褐色。菌丝体生长适温25～30℃，子实体发育适温20～25℃。浙江省地区有春、秋两季栽培；抗逆能力较强，子实体成品率较高、整齐，商品化程度高，产量13.3g/袋（干料470g），适宜代料栽培。据测定，桑黄样品，干黄含粗蛋白质10.4%、总糖25.4%、粗纤维14.2%、粗脂肪0.2%、氨基酸总量为8.68%、总黄酮8.26%、粗多糖5.40%、总三萜0.96%（冯伟林等，2020）。

第四节　桑黄栽培技术

桑黄目前均采用熟料栽培，工艺流程与其他袋栽食用菌相同，只是所需要的环境条件不同，生产周期不同。按照栽培基质的不同，可分为段木栽培和代料栽培两种方式。按照栽培环境条件的不同，又可以分成自然季节栽培和工厂化栽培。工厂化栽培尚处于试验和完善阶段，一个栽培周期5～6个月。

一、栽培设施

（一）菌包生产设施

菌包生产设施主要包括仓库、拌料装袋、灭菌、冷却室、接种室、发菌室以及冷库等，并布局合理。具备菌包生产所需的各种装备和器具，具有完备的环控条件。

（二）栽培大棚

农业方式栽培桑黄的大棚一般宽 6～8m，顶高 2.8～3.2m，棚顶铺设 12 丝大棚膜，上加盖 95%遮阳网或草帘或 1 层 12 丝以上的绿白膜。畦床整成龟背状，使用前松土，并用石灰消毒和杀虫剂杀虫。先在地面作栽培床，一般 6m 宽大棚可安排 2～3 畦，畦宽 1～2m，畦之间留 60cm 作业道，棚两边各留 20cm 排水沟，畦中间安装微喷管；畦两旁插入弧形毛竹片或小拱杆，构成拱形架，架中间离畦面高 70～80cm。栽培袋入地后，铺上塑料薄膜，将整个畦地罩住（图 38－5）。棚内安装自动通风循环装置，通风散热。

（三）栽培房

工厂化栽培，要设有专门的栽培房，安装冷热空调机组、通风、加湿、补光等设备设施。栽培房内设两排或四排床架，分隔成 3～4 层，不超过 6 层，层间距 60～65cm，底层距地面 30～40cm。床架宽 100～150cm，床架间留通道宽 1.0～1.2m。架上搭透气网格框架，床架承重力 80～100kg/m^2（图 38－6）。

图 38－5　桑黄大棚出菇

图 38－6　桑黄工厂化室内出菇

（宋金俤　供图）

二、栽培季节

自然条件下，北方 2 月中下旬制袋，3～4 月养菌，5～10 月出菇，8～10 月为采收期。南方可分春、秋两季。春季栽培一般 1 月下旬接种，3 月下旬排场，4 月初割口出菇，7 月开始采收，9 月中旬结束；秋季栽培一般 4 月中旬至 6 月上旬接种，9 月上旬排场，9 月中旬割口出菇，11 月底开始采收，翌年 4 月初结束。

三、栽培原料与配方

（一）原料选择与准备

常用主料有木屑、棉籽壳、玉米芯、豆秸等。浙江多采用桑枝木屑栽培，桑枝粉碎成木屑（粒度 0.5～1.0cm）。常用辅料有麦麸、米糠、玉米粉、菜籽饼，以及石膏粉、碳酸钙、磷酸二氢钾等。

在树种选择上，桑树、杨树、桦树、柞树等阔叶树都可作为栽培原料，其中以桑树为佳。桑树自身也是一种中药材，菌丝在利用桑树的营养时，可吸收利用其某些特有成分，这应是桑树栽培的桑黄功效优于其他树种的原因之一。树木的最佳采伐期为入冬到翌年发芽前，此时树干营养积累丰富。将采伐的树木放在通风阴凉处，以免杂菌滋长。将树木和枝干截成 20cm 左右长的木段，修整掉表面树结、枝杈，以免扎破塑料袋。梢头

枝杈材可劈成两半，再将劈开的短木段与小径枝条捆拼成直径 15cm 的段木捆后使用。

（二）代料栽培基质配方

常用代料栽培基质配方如下，可根据当地原材料资源情况选用，含水量需根据物料粗细、培养环境及季节适当调整，一般在 60%～65%。

①柞木屑 77%，麦麸 10%，玉米面 10%，葡萄糖 2%，石膏 1%。

②柞木屑 50%，棉籽壳 39%，麦麸 10%，石膏 1%。

③桑枝木屑 78%，麸皮 10%，玉米粉 10%，石膏或碳酸钙 1%，糖 1%。

④桑枝木屑 40%，杂木屑 40%，麸皮 18%，石灰 1%，石膏 1%。

⑤桑树木屑 77%，麸皮 15%，玉米粉 5%，糖 1%，磷肥 1%，石膏 1%。

⑥桑树木屑 80%，玉米粉 10%，稻谷壳 2%，棉籽壳 7%，石膏 1%。

⑦杂木屑 80%，麸皮 18%，石灰 1%，石膏 1%。

⑧杨树木屑 80%，麸皮 18%，石膏 2%。

四、菌种

桑黄母种应从具有相应资质的单位或菌种场引进。母种可用 PDA 培养基，10～15d 长满斜面；原种培养基配方为桑枝木屑 80%，麸皮 18%，石灰 1%，石膏 1%，含水量 60%。25℃黑暗培养，750mL 菌种瓶需 28～30d 长满；15cm×30cm 菌种袋一般 35～40d 长满。优良的桑黄菌种的各项要求应满足表 38－1。

表 38－1 桑黄菌种质量感官要求

<table>
<tr><td colspan="2" rowspan="2">项目</td><td colspan="3">要求</td></tr>
<tr><td>母种</td><td>原种</td><td>栽培种</td></tr>
<tr><td colspan="2">容器</td><td colspan="3">容器规格按 NY/T 528—2010 中 4.7.1 的规定执行，且完整，无损</td></tr>
<tr><td colspan="2">棉塞（无棉盖体）或硅胶塞</td><td colspan="3">干燥、洁净、松紧适度，满足透气和滤菌要求</td></tr>
<tr><td colspan="2">接种量</td><td>（3～5）mm×（3～5）mm</td><td>每支母种接原种 4～6 瓶（袋）</td><td>每瓶（袋）原种接栽培种 30～50 瓶（袋）</td></tr>
<tr><td rowspan="7">菌种外观</td><td>菌丝生长量</td><td>长满试管斜面</td><td>长满容器</td><td>长满容器</td></tr>
<tr><td>菌丝体特征</td><td>菌丝淡黄色至黄褐色，绒状，浓密</td><td>菌丝显淡黄色或黄色，浓密呈放射状排列、边缘整齐，无黄褐色菌被形成</td><td>菌丝显淡黄色或黄色，浓密呈放射状排列、边缘整齐，无黄褐色菌被形成</td></tr>
<tr><td>菌丝体表面</td><td>舒展，无角变，菌落边缘整齐</td><td>无角变，无高温抑制线</td><td>生长齐整，色泽一致，无角变，无高温抑制线</td></tr>
<tr><td>培养基及菌丝体</td><td>培养基无干缩，反面观察除接种块点外无任何斑点、条纹或阴影</td><td>紧贴瓶（袋）壁，无干缩</td><td>紧贴瓶（袋）壁，无干缩</td></tr>
<tr><td>菌丝分泌物</td><td>无</td><td>无</td><td>无</td></tr>
<tr><td>杂菌菌落</td><td>无</td><td>无</td><td>无</td></tr>
<tr><td>子实体原基</td><td>无</td><td>无</td><td>无</td></tr>
<tr><td colspan="2">气味</td><td colspan="3">有桑黄特殊气味，无酸、臭、霉等异味</td></tr>
</table>

引自淳安地标 DB 330127/T 067.2—2014。

五、菌袋制备

段木栽培和代料栽培两种栽培方式的装料、灭菌、冷却和接种等菌袋制备相关技术要求与灵芝相同，本文不再赘述。

培养室须事先进行清洁、消毒，调控培养温度在25～28℃、空气相对湿度60%左右，培养室应避光并保持空气新鲜，高温高湿时要加强通风降温排湿。春季制袋时需注意萌发期加温保温，发菌高峰期和夏季要防高温烧菌。CO_2浓度控制在0.3%以下，随菌丝量的增加逐步加大通风量。在适宜条件下50～60d完成发菌。

六、出菇管理

（一）出菇场地准备

出菇棚内做畦松土，撒石灰消毒，用杀螨剂杀虫。曾发生过螨虫危害的菇棚，需隔2～3d重复杀虫1～2次，确保无螨虫存留。1周后移入菌袋或菌段。

（二）排场催蕾

1. 代料栽培 菌袋直立摆放于大棚畦床出菇，间距10～15cm。排场15～20d后，待菌袋完全转成黄色或者棕黄色时，开始割口催蕾，割口圆弧形，弧长5cm，4～6个呈“品”字形排列，调控大棚温度15～32℃，空气相对湿度80%左右。

室内床架出菇，立式摆放，袋间距10～15cm。在原基和菌丝扭结处划V形口或弧形口，划口法不同，形成的子实体形状不同。原基形成期室温不可变化过大，以25～28℃为宜，通风时注意避免直吹菌袋，空气相对湿度保持在85%～95%。原基分化阶段，降低空气相对湿度至85%～90%。当幼菇形成时宜提高空气相对湿度至95%，并保持稳定，否则易造成霉菌污染（杜萍等，2009）。采用超声波加湿器进行加湿效果好，切忌直接喷水到子实体上。保持稳定的湿度的同时，要保持空气清鲜，氧气充足。

2. 段木栽培 菌段不脱袋，立木划口栽培。挖深6cm的浅坑，间距10cm×10cm，菌段离袋底6cm处环切，脱掉袋底，立放于坑中，培上沙土，然后将菌段划2道出菇口（缝）。当菌丝由浅黄变为深黄色时，加大昼夜温差，白天28℃，夜间20℃，连续处理3d，加速子实体原基的产生（孙坚等，2015）。

也可采取菌段墙式出菇法栽培。将菌袋两端袋口打开，墙式栽摆放5～6层，高70～80cm，菌段墙间留作业道70cm。菌段墙式栽培可两端出菇，产量高，便于管理。

（三）育菇管理

整个子实体生长发育期的温度、湿度、通风管理要随时观察子实体生长状态，及时调整，特别要注意防止温度过高，不可超过35℃，否则子实体易提前木质化、停止生长。通风量管理，前少后多，前期每天早晚各通风换气10～30min，后期增加到3～4次/d，每交换气时间延长到1～2h。

多年生的段木栽培桑黄子实体生长期呈亮黄色，随着秋冬季温度下降，颜色逐渐转暗，表明桑黄即将停止生长。此时需进行越冬准备，停止喷水，保持每天通风换气。寒冷地区上冻后，行闭棚管理。冬季及时清除棚顶积雪，防止压塌大棚。至翌年3月，气温回升，开始水分管理，喷水加湿由少渐多，直至子实体重新出现鲜黄色的生长层，之后进入

正常的栽培管理。如此栽培管理2～5年，根据子实体的紧密度、大小、生长势等状况，综合判断，适时采收（李希政，2016）。

第五节　桑黄采收与加工

一、代料栽培桑黄采收

当菌盖亮黄色生长圈消失、转为金黄色或黄棕色，表面有明显可见的孢子粉时，表明子实体已进入采收期，要及时采收。不同割口形式子实体形态也不同，多呈扇形或马蹄形，质地较疏松。一般情况下，原基形成到成熟采收需要30～50d。

二、段木栽培桑黄采收

段木栽培的子实体生长较慢，2～3年采收1次。子实体呈马蹄形或肾形，木栓质、质地较硬、单片或二三层叠生，基部较厚，边缘渐薄、钝圆，菌盖呈深黄至浅咖啡色。当菌盖不再生长、并见有少量孢子散发时，子实体进入成熟期，用刀将子实体从基部割下，采大留小。

不同树种栽培，菌丝、子实体生长速度、产量等差异显著。柞树段木内的菌丝生长较快，48d左右基本长满菌段，排场35d左右便陆续形成原基。两年后秋季可采收第一潮子实体，产量最高，平均产桑黄（干）110g/段，子实体质地较硬，形态与野生相近。杨树段木内的菌丝生长速度快，45d左右长满菌段，排场30d左右陆续形成原基，产量低于柞木，平均单产80g/段，子实体质地较疏松。桑树段木内的菌丝长势弱、长速慢，需60d左右长满菌段，接种成活率低，不足50%，平均单产58g/段（孙坚等，2015）。

三、加工

子实体须及时烘干或晒干至含水量12%以下。烘干后分级、密封包装，于冷库内保存。桑黄干品可加工成片、颗粒、超细粉等。

四、产品分级

代料栽培桑黄干品的分级可参考表38-2的规定。

表38-2　桑黄分级感官指标

项目	等级			
	一级	二级	三级	等外
朵形	单朵、扇形或马蹄形，肥厚美观，无畸形		含连朵，扇形或马蹄形	包括畸形、大薄片桑黄

菌盖	色泽	金黄色或黄棕色，有光泽		金黄色或黄棕色，部分有光泽	金黄色或黄棕色
	孢子粉	有			
	长度（cm）	≥8	6～8	4～6	≤4
	宽度（cm）	≥6	4～6	2～4	≤2
	厚度（cm）	≥3	2～3	1～2	≤1

（续）

项目	等级			
	一级	二级	三级	等外
杂质（%）	无		≤0.5	≤1
含水量（%）	≤11			
虫孔、霉变（%）	无			

引自淳安地标 DB 330127/T 067.2—2014。

（金群力）

主要参考文献

蔡为明，金群力，郑社会，等，2012. 浙江野生桑黄的生长特征与初步鉴定结果［J］. 食药用菌，20（4）：235-236.

陈艳秋，武红，傅伟杰，等，1997. 桑黄菌的人工驯化培养试验初报［J］. 食用菌，19（1）：17.

戴玉成，崔宝凯，2014. 药用真菌桑黄种类研究［J］. 北京林业大学学报（5）：1-7.

杜萍，张春凤，崔宝凯，等 .2009. 药用真菌桑黄的人工栽培技术研究［J］. 中国食用菌学，28（3）：35-37.

冯伟林，蔡为明，王建功，等 . 桑黄‘浙黄 1 号’的选育报告［J］. 菌物学报，39（6）：1196-1198.

胡伟，2013. *Phellinus* 属桑黄遗传多样性分析及瓦尼木层孔菌培养模式优化［D］. 哈尔滨东北林业大学.

蒋宁，宋金俤，曹艳芳，等，2020. 江苏地区桑黄栽培中主要虫害的防控措施［J］. 食药用菌，28（2）：133-136.

李剑梅，王艳华，郭玲玲，等，2014. 桑黄液体发酵工艺的研究［J］. 微生物学杂志，34（6）：74-78.

李希政，2016. 桑黄人工段木栽培技术［J］. 食用菌，38（2）：57-58.

孙坚，傅锋，张世义，等，2015. 桑黄短段木栽培技术研究［J］. 现代园艺（22）：12.

王秋颖，陈邦国，秦绍新，2005. 桑黄菌人工栽培技术研究［J］. 食用菌（5）：32.

吴声华，2012. 珍贵药用菌“桑黄”物种正名［J］. 食药用菌（3）：177-179.

吴声华，戴玉成，2020. 药用真菌桑黄的种类解析［J］. 菌物学报，39（5）：781-794.

杨宏伟，杨永顺，2006. 野生桑黄的人工栽培技术及发展趋势［J］. 北方园艺（4）：153.

张维博，王家国，李正阔，等，2014. 药用真菌桑黄的研究进展［J］. 中国中药杂志，39（15）：2838-2845.

第三十九章

竹荪栽培

第一节　概　　述

一、分类地位与分布

竹荪（*Phallus* spp.）又名竹笙、竹参、竹花、网纱菌，是竹荪组（*Phallus* sect. *Dictyophora*）多个种的统称，曾单独成属（*Dictyophora*），但普遍认为竹荪仍应归在广义的鬼笔属。目前发现竹荪组有52种和变种，常见的有12种，主要分布于北半球温带至亚热带地区。我国已知有7个种，在贵州、云南、四川、福建、江西、湖南、浙江等地均有分布。实现人工栽培的种类包括长裙竹荪（*P. indusiatus*）、短裙竹荪（*P. duplicatus*）、红托竹荪（*P. rubrovolvatus*）和棘托竹荪（*P. echinovolvatus*）4种，福建和贵州是我国竹荪人工栽培的主要产区（张金霞，2016）。竹荪4～7月和9～11月的雨季常自然发生于腐殖质丰富而湿润的竹林内，也可生长在热带经济作物橡胶林和香蕉园，以及青冈栎、甜槠等阔叶树混交林内，偶见于腐朽的杉木上。

二、营养与药用价值

竹荪因其形态优美、脆嫩爽口、香甜鲜美、营养丰富，素有“真菌皇后”“真菌之花”等美誉，历史上列入“宫廷贡品”，是我国重要的珍稀食用菌之一。竹荪富含多糖、氨基酸、维生素等成分。其中，蛋白质含量20.2%，糖类38.1%，含有的21种氨基酸中谷氨酸含量达1.76%，8种必需氨基酸占总量的1/3以上，长裙竹荪和红托竹荪干品的维生素B_2（核黄素）含量较高，分别为53.6μg/g和21.4μg/g。现代科学研究表明，竹荪具有提高免疫恢复、抗肿瘤、抗氧化、降血压、保肝及抑菌抗炎等作用，还对人体降脂减肥和食物防腐具显著效果。

第二节　竹荪生物学特性

一、形态与结构

菌丝初期呈白色、绒状，逐渐发育为线状，自然条件下，多产生色素而呈不同颜色。子实体形成前在覆土层形成污白色或褐色索状菌丝。原基和幼小子实体圆形，俗称竹蛋。子实体单生、散生或群生，发育成熟后形成菌托、菌柄、菌裙、菌盖4个部分，不同种类之间形态特征存在一定差异（表 39－1）。

表 39－1 不同种类竹荪形态特征

种类	菌丝体	子实体					孢子
		菌蕾	菌托	菌柄	菌裙（菌幕）	菌盖	
长裙竹荪	粉红色或白色	散生或群生，近球形至卵球形，(3～5) cm×(4～5) cm，污白色、浅灰色或紫红褐色	鞘状蛋形，近白色、粉红色至淡褐色，膜质，长 3～5cm，直径 3.5～5.0cm	纺锤或圆筒状，白色至乳白色，中空，壁海绵状，长 9～15cm，基部粗 2.5～4.0cm，向上渐细	白色，由管状线组成，网眼多角形、近圆形或不规则形，直径 0.3～1.5cm，长 10cm 以上，边缘宽可达 8～12cm	钟形或圆锥形，顶部平截并有穿孔，高 2.8～4.5cm，宽 2.8～4.5cm，表面深网状突起，附着暗绿色孢体	椭圆形，平滑，透明，(3.0～4.5) μm×(1.5～2.3) μm
短裙竹荪	紫红色、紫色或白色	单生或群生，球形至近球形，直径 3～5cm，污白色至污粉红褐色	鞘状，粉色至淡紫红色，膜质，直径 3～5cm	圆柱形或近纺锤形，白色，中空，海绵质，长 10～20cm，中部粗 2～3cm，边缘网眼较小	白色，长 3～5cm，由多孢线状体组成，上部网眼圆形，下部网眼多角形，直径 0.4～1.2cm	白色，钟形，顶端平，有穿孔，高 3.5～4.5cm，宽 2.5～3.5cm，网格突起明显，附着青褐色孢体	椭圆形，光滑，无色，(3.5～4.0) μm×(1.5～2.0) μm
红托竹荪	粉红色、紫红色或白色	散生或群生，近球形或卵圆形，直径 4～6cm，紫红色或暗紫红褐色	球形，紫红色，膜质	圆锥形或柱状，白色，中空，海绵质，长 7～20cm，粗 2.0～4.5cm	白色，质脆，长 5～8cm，边宽 3～8cm，具多角形网眼，直径 0.2～0.7cm	白色，钟形，高 3.5～5.0cm，宽 3.5～4.0cm，顶端有孔，四周有显著网格，附着青褐色孢体	卵形至椭圆形，光滑，透明，(3.5～4.0) μm×(1.3～2.5) μm
棘托竹荪	白色索状，在基质表面呈放射性匍匐生长	多群生，少数单生，近球形或卵圆形，(2.5～3.5) cm×(2.0～3.5) cm，白色至浅灰褐色，表面散生白色棘状突起	杯状，白色、灰白色至灰褐色，表面具白色棘毛，柔软，上端呈锥刺状，后逐渐退缩成褐斑	圆锥形，白色，中空，海绵质，长 9～15cm，粗 2～3cm	白色，长 6～12cm，多角形网眼，直径 0.3～1.0cm	钟状，顶端开口，具皱和不规则网格，附着橄榄褐色、青褐色孢体	椭圆形或近棒状，微弯曲，无色，(3～4) μm×(1.3～2.0) μm

二、繁殖特性与生活史

竹荪为异宗结合的种类，经历单核菌丝、双核菌丝、菌索、子实体 4 个阶段完成生活史。与其他担子菌不同的是，竹荪担孢子生于菌盖外侧，成熟后液化，担孢子主要靠昆虫携带或雨水冲刷传播，可在土壤腐殖质内越冬。

三、生长发育条件

1. 营养与基质 竹荪是腐生真菌，其生长发育所需营养主要包括碳源、氮源、无机盐和维生素。

（1）碳源　竹荪可广泛利用阔叶树木屑、竹子下脚料、棉籽壳、甘蔗渣、秸秆等富含木质纤维素的材料为碳源，对不同复杂碳源的分解能力依次为：木质素＞半纤维素＞纤维素，菌丝营养生长阶段纤维素酶活力较低，进入生殖生长阶段后显著增强。

（2）氮源　竹荪生产需要较高的含氮量，常用的氮源包括麦麸、玉米粉、黄豆粉等。

（3）无机盐和维生素　磷酸二氢钾、硫酸钙、硫酸镁等无机盐可提高竹荪的生理活性。竹荪自身不能合成维生素 B_1，需从外界摄取。

2. 环境条件

（1）温度　不同种类对温度要求不完全相同。红托竹荪、长裙竹荪、短裙竹荪属中温型，子实体生长温度范围为 16～28℃，菌丝生长温度范围为 5～30℃，最适 22～25℃。棘托竹荪则为高温种类，子实体生长温度范围 22～32℃，最适 26～30℃；菌丝生长温度范围 15～33℃，最适 27～29℃。

（2）湿度　培养基质含水量以 65%左右为宜，覆土层适宜含水量 40%～45%（手感为手捏土粒扁而不碎、不黏手）。基质水分和空气相对湿度不足都导致大幅度减产，还会引起菌柄伸长和菌裙张开受阻而菌柄折断，菇体商品价值丧失（表 39－2）。

表 39－2　空气相对湿度对菌裙生长的影响

空气相对湿度	菌裙张开度	菌裙饱满度	裙边完整度	裙面湿润度
＞95%	完全张开	饱满	完整	湿润
90%～95%	完全张开	较饱满	较完整	湿润
80%～89%	半张开	半皱缩	半残损	半湿润
75%～79%	下垂	皱缩	残损	枯干
＜75%	菌盖包裹或紧贴菌柄	全皱缩	全残损	枯黄

（3）空气　竹荪生长各个阶段都需要充足的 O_2。培养料配制应加入大小适宜的粗料，增强透气性。子实体发生发育时期不仅要小环境空气流通，覆土层也要良好的透气性。因此，菇棚内菌棒密度不可过大，覆土要选择使用团粒结构的腐殖质土壤，粗土、细土要合理搭配。

（4）光照　菌丝喜在黑暗条件下生长，光抑制菌丝生长，强光或阳光直射会使其产生色素、易老化，甚至丧失活力而衰亡。子实体生长需要一定的散射光，栽培场所适宜光照强度 50～200lx。

（5）pH　菌丝生长适宜基质 pH 5.5～6.5，子实体发育适宜基质 pH 5～6。

第三节　竹荪栽培技术

生料、熟料和发酵料均可进行竹荪生产，栽培模式多样，如棚内畦床式栽培、室内层架与箱框栽培、野外仿生态栽培及粮果间套栽培等。竹荪栽培一般分春、秋两季，应结合各地气候条件和市场需求，因地制宜选择栽培种类和品种，在环境优势突出的适宜地区可实现周年化生产。栽培的 4 种竹荪对基质要求大同小异，主要是对温度要求不同。近年我国栽培比较多的是红托竹荪和棘托竹荪两种，福建等高温区域以棘托竹荪栽培为主；人工栽培红托竹荪主要集中在贵州，已经成为贵州特色栽培种类。贵州红托竹荪通常在海拔800～1 600m的区域范围内，播种期以11月至翌年1月和5～7月为宜。本章以红托竹荪为例介绍竹荪栽培技术。

一、栽培基质的制备

1. 常用配方

（1）木块生料栽培

①木块80%，麦麸14%，玉米面2%，黄豆粉2%，石膏1%，蔗糖1%。

②木块60%，秸秆20%，麦麸10%，玉米面5%，黄豆粉3%，石膏1%，蔗糖1%。

（2）发酵菌棒栽培

①木屑88%，促酵剂[①] 10%，石灰1%，石膏1%。

②木屑60%，秸秆28%，促酵剂10%，石灰1%，石膏1%。

2. 基质制备 红托竹荪菌丝生长缓慢，易受到外界条件影响及杂菌污染，可以通过基质制备加以改善。各种栽培原料要新鲜、干燥、无霉变，适当提高氮素水平，粗细搭配，增加通透气性，菌棒松紧适宜。也可将原料适度发酵，以利菌丝生长。

此外，覆土材料应选用透气保水性好、疏松不易黏结、富含腐殖质且均匀无杂质的细土，使用前还需过筛及石灰消毒处理。

二、铺料与播种

1. 木块生料栽培法 应选择阔叶树枝或小径材，截为5～7cm的节段，铺料前用石灰水浸泡，控制含水量在55%～65%。做畦后铺料播种，床宽60cm，床间沟宽30cm、深10cm，长度依地块而定。铺料厚度约20cm，用料量为20～25kg/m^2。采用“三层料、二层菌种”铺料播种法，铺料厚度为第一层5cm，第二层10cm，第三层5cm；第一层与第二层的播种量为1∶2，菌种2～2.5kg/m^2。播种完毕后床面上覆土3～4cm，覆土表面再铺2cm左右松针保湿。

2. 菌棒栽培法 按上述配方建堆发酵，制备方法同促酵剂。将发酵料按常规方法装袋、灭菌、接种、发菌，制作菌棒，菌棒发好菌后覆土出菇。可选择大棚地面床栽或层架式栽培，也可选择林下仿野生床栽或小窝式栽培。菌棒码放前先铺基土，脱袋后纵向或横向排放于菌床上。用细土均匀填满菌床空隙，做成龟背形菌床以增加出菇表面积，防止积水。

无论选择哪种栽培方式，播种后都要及时清理场地，保持环境整洁，并预设薄膜调温保湿条件。

---

① 促酵剂需要事先制备，具体方法为将市购发酵菌剂加入辅料（麦麸14份、玉米面2份、黄豆粉2份、蔗糖1份）建堆发酵，待温度达60～70℃后保持3d进行第一次翻堆，共翻堆3～4次；当料色均匀转深，料内出现大量白色放线菌，料温降至30℃左右后即可使用。

三、发菌管理

播种后要浇一次透水，以手紧握土壤指间有水渗出但不滴落，松手土壤成团，轻碰后能自然散开为宜。然后紧闭大棚或覆盖地膜保温保湿，刺激菌丝恢复生长，保持土内温度20～28℃。待菌丝开始爬土并向覆土层生长后，控制温度 22～26℃，空气相对湿度65%～80%，土壤表面湿润且无积水，早晚通风半小时，直至菌丝出土。

四、出菇管理与采收

当菌丝在覆土层形成菌索后，揭开农膜，加强通风。在床面出土菌丝处补撒细土，浇表面水，加大温差刺激原基形成。通常 10～15d 即可出现大量原基。原基期尽可能保持环境条件稳定，促进原基发育成蕾。原基直径 1cm 前要喷空气雾化水调节湿度，确保幼蕾成活和分化。竹蛋成熟前，避免阳光直射和强通风，要特别防止高温高湿导致病害暴发。

与其他食用菌不同的是，竹蛋一旦成熟，菌柄将迅速伸长，菌裙很快散开，孢子快速液化。因此，特别要注意及时采收。竹荪有竹蛋销售和竹花销售两种型式。竹蛋作为商品销售的，当竹蛋呈椭圆形、顶端较硬时采收最为适宜。采收中要特别注意防止损伤土壤中菌丝及周围竹蛋或幼蕾。竹花作为商品销售的，采收适期为开始撒裙至菌裙不超过菌柄1/3 时，可分为揭盖、割托、取花 3 个步骤，用手轻轻旋转菌盖至与菌柄分离；割断菌托底部菌索或抓住菌托基部旋转向上轻提剥离菌托；留下洁白的竹花。

在适宜环境条件下，红托竹荪一般可出菇三潮。每潮菇采收后要立即清理场地，用细土填补床面坑洼，整齐床面，加强通风，覆盖松针或薄膜，直至进入下一潮发菌及出菇管理。在全程科学规范的生产和管理条件下，单产可达生物学效率 120%～150%，个别小区甚至达到 200%。

五、干制

多数采用热风烘干或电热烘箱烘干，低温烘干法可保持红托竹荪原有的形状与色泽，在干制过程中要注意充分的通风排湿，防止子实体发黄变黑，商品性下降。烘干后的红托竹荪以菌柄和菌裙洁白，且无严重皱缩缺损为优。

（杨仁德）

主参考文献

黄年来，林志彬，陈国良，等，2010. 中国食药用菌学［M］. 上海：上海科学技术文献出版社．

杨新美，1996. 食用菌栽培学［M］. 北京：中国农业出版社．

张金霞，赵永昌，等，2016. 食用菌种质资源学［M］. 北京：科学出版社．

第四十章

冬 荪 栽 培

第一节 概 述

一、分类地位与分布

冬荪系商品名。学名为白鬼笔（*Phallus impudicus*），又称竹下菌、竹菌、无裙荪，春秋季节生于淡竹（*Phyllostachys glauca*）、麻栎（*Quercus acutissima*）、构树（*Broussonetia papyrifera*）、枫杨（*Pterocarya stenoptera*）、泡桐（*Paulownia fortunei*）等杂木林下腐殖质层中，主要分布于贵州、四川、安徽、云南、广东等地（黄年来，1993），欧洲、非洲、北美洲和南美洲也有零星分布。20 世纪 90 年代初，冬荪在贵州省大方县驯化为人工栽培，目前以贵州毕节市人工栽培面积最大，至 2016 年，贵州省大方县及周边已种植冬荪约 1 000hm^2。大方冬荪为贵州省毕节市大方县特产，是中国国家地理标志产品。目前，贵州之外的省份未见栽培的报道。

二、营养与药用价值

冬荪子实体洁白，久煮不糊，口感松脆、鲜嫩，香味浓郁，味道鲜美。蛋白质含量 13.6%，多糖含量 9.64%（张林，2017）；有 21 种氨基酸，8 种为人体所必需，约占氨基酸总量的 1/3，其中谷氨酸含量尤其丰富，占氨基酸总量的 17%以上（李文力等，2016）。富含维生素 C、维生素 E，以及钙、镁、钾、磷、硒、锌等微量元素。

冬荪具有明显的保健功效，可提高人体的抗病能力，可减少高血压、胆固醇、血管疾病的发生，具有抗癌活性。冬荪菌柄可入药，据《全国中草药汇编》和《中华本草》记载，其药性为甘、淡、性温，有活血止痛、祛风除湿的功效，可用于治疗风湿痛。

第二节 冬荪生物学特性

一、形态与结构

菌丝体有丝状、线状、索状 3 种形态。菌丝有锁状联合，直径 1.53～5.08μm。菌丝生理成熟前由丝状转变为线状，生理成熟后，组织化形成菌索。

在适宜的环境条件下，菌索前端扭结形成原基，原基逐渐膨大，形成菌蕾。菌蕾多数呈白色，有时呈粉红色，基部有白色或浅黄色菌索，后期表面有皱纹；菌蕾球形至卵圆

形，地上生或半埋生，直径5～7cm。菌蕾结构为4层，外部为土黄色胶质菌幕，其次为黑色子实层，再次为白色轴状结构，中央为淡灰色的菌髓。菌蕾生长成熟以后，菌柄伸长，将菌托层上部顶破开裂，形成笔状成熟的子实体。成熟子实体高14.8～20.8cm，单重69.9～120.0g。菌托、菌柄、菌盖形态如下：

菌托：白色苞状，大小为（5.8～6.2）cm×（7.1～9.0）cm；菌托基部有分枝或不分枝的菌索，菌索长7.0～10.8cm。

菌柄：白色，海绵状，中空，近圆筒形，长8.0～10.5cm，粗2.8～3.2cm。

菌盖：钟形，褐色，有深网格，高4.8～6.2cm，宽3.5～4.4cm，成熟后顶平，有穿孔。孢子覆盖在菌盖网格内表面，青褐色、黏稠、并产生黏而臭的暗绿色孢子液。担孢子（3～5）μm×（1.5～2.5）μm，圆柱状，两端钝圆或椭圆形，外孢壁平滑，透明无色。

二、繁殖特性与生活史

自然界中冬荪主要靠昆虫传播或孢子黏液被雨水冲到适合冬荪生长的基质上繁衍后代，在湿度、温度适宜的条件下，担孢子萌发形成菌丝，菌丝通过分解枯木、腐烂的树根、树叶、竹叶等取得营养，在适宜的条件下进入生殖生长阶段，在菌盖外形成子实层，继而产生担孢子，完成生活史。

三、生长发育条件

1. 营养与基质　冬荪可利用碳源、氮源广泛，碳源有蔗糖、葡萄糖、淀粉、木质素及纤维素等，氮源有米糠、麦麸、蛋白胨、牛肉膏、酵母粉等。菌种培养料适宜碳氮比为（15～20）∶1，栽培料适宜碳氮比为（30～40）∶1。试管种常用蛋白胨、酵母粉等为氮源。原种、栽培种一般以木屑为主料，栽培基质一般以木材、农作物秸秆、火麻秆等为主料。

2. 环境条件

（1）温度　冬荪是中低温型真菌，耐低温，在4℃可出菇。菌丝生长最适温度为18～24℃，温度低于10℃时菌丝生长缓慢。原基分化温度15～30℃，最适分化温度20～25℃，温度过低形成原基少，温度太高则容易死亡。菌蕾生长温度8～30℃，最适温度18～25℃。出菇温度4～15℃，最适温度9～11℃，温度过高菌蕾难以破壳出菇。

（2）湿度　基质适宜含水量65%左右；发菌期空气相对湿度65%～70%，湿度过高易感染杂菌。子实体原基分化、菌蕾发育、菌柄伸长及开伞的适宜空气相对湿度为70%～80%，低于50%原基不分化、菌蕾容易失水不开伞。原基形成前，适宜的覆土含水率40%左右。原基分化、菌蕾发育和菌柄伸长期，土壤湿度50%左右为宜，覆土湿度过低，会引起菌丝死亡。覆土湿度过高，透气性差，菌蕾顶端容易发生霉菌感染。

（3）氧气　冬荪生长的各个阶段对氧气的需求量都远高于其他食用菌。因此，栽培要选择疏松透气的覆土材料，覆土层不宜过厚，并严防积水。否则，菌丝容易缺氧衰退。原基分化和菌蕾生长阶段需加强通风，尤其是大棚栽培，要保持空气流动。否则，菌蕾生长缓慢，甚至会缺氧死亡。

（4）光照　光抑制冬荪菌丝生长。因此菌丝培养阶段要遮光。原基形成要求光强控制在400～600lx。菌蕾生长、菌柄伸长、开伞均不需要光照。在生产实践中，冬荪多在夜间开伞，白天开伞较少。因此，林下栽培应选择遮光率60%～80%的林地，空旷的熟地栽培要有较好的遮阴设施。

（5）pH　冬荪菌丝适宜土壤pH 5.0～8.5，尤以pH 5.5～6.5为佳。

第三节　冬荪栽培技术

冬荪栽培周期长、出菇晚，生产一季长达一年左右。子实体发育耐低温、不耐高温适宜在温度较低的地区栽培；且抗杂菌能力较差，不宜连作。目前，冬荪以木块仿野生栽培法为主。主要材料为阔叶树木材，以青冈树、毛栗树为优；辅助材料可用林中常见的杂竹枝、竹叶等。栽培基地一般选择在海拔1 000～2 000m的冷凉区域，10月至翌年3月播种，3～5月为发菌期，6～7月冬荪原基分化形成菌蕾，8～9月为菌蕾发育期，10～12月菌柄菌盖发育突破菌蕾、开伞，子实体成熟。

一、栽培基质的制备

1. 常用配方

①阔叶树木块35kg/m^2，麦麸0.15kg/m^2，箭竹叶或阔叶树叶1kg/m^2。

②阔叶树木块18kg/m^2，麦麸0.15kg/m^2，箭竹叶或阔叶树叶1kg/m^2，玉米秆5kg/m^{2}或火麻秆12kg/m^{2}或果树修剪枝15kg/m^2。

③阔叶树木块18kg/m^2，麦麸0.15kg/m^2，箭竹叶或阔叶树叶1kg/m^2，粗木屑10kg/m^2。

④阔叶树木块20～25kg/m^2，麦麸0.15kg/m^2，竹叶0.5～1kg/m^2。

2. 基质制备

各种栽培原料均要求新鲜、干燥、无霉变，增加粗料比例，优化粗细搭配，加强通透气性，以利菌丝生长。阔叶树木块直径2～5cm，长度6cm左右；新鲜的箭竹用铡刀切成5～8cm长度，随用随切，不能使用存放时间长而发霉的箭竹；农作物秸秆、火麻秆、修剪枝切割成5～10cm。木块、箭竹叶或阔叶树叶、玉米秆、火麻秆、果树修剪枝提前用石灰水浸泡1d，然后拿出沥水至不再有大量水滴渗出时使用；麦麸、粗木屑用水预湿，含水量在65%左右。覆土要选择疏松透气、保水性好、有机质含量高，不易黏结的腐殖土，且均匀无杂质，使用前过筛，用石灰消毒。覆盖材料选择新鲜无霉变的松针、蕨类植物等。

二、播种

栽培场地选择沙性壤土，夏季凉爽、通风良好、不积水地块。接种操作和生产环境要求洁净，以降低霉菌发生率。大田采用沟式栽培：挖深15～20cm、宽30cm、长度依田块而定。林下采用小窝式栽培：挖深15～20cm、宽30cm、长60～100cm（也可据实而定）的小坑。将沟（坑）底松土3～4cm，土面平整。播种时尽量避开低温期和高温期，一般

以 10～12 月，翌年 3～4 月为宜。播种从下到上分别为底材、菌种、竹叶、盖材，共 4 层。底层材占用材量的 2/3，厚 12～15cm，然后把菌种掰成直径 4cm 左右大小的菌种块撒播在底层材上，菌种块相间 3～4cm，盖 1 层稀薄的竹叶，撒少许麦麸；再在竹叶上铺 6～8cm 厚的木材，尽量使木材厚度一致。每平方米用料 20～25kg，菌种用量为 2～2.5kg/m^2。栽培料上覆土厚 3～4cm，最后盖 2cm 左右厚的松针、蕨类植物等覆盖物遮阴保湿。

三、发菌培养

发菌期间，覆土含水量应控制在 40%左右，空气相对湿度保持在 65%～70%。初期不需要洒水，若覆土表面干燥，可喷洒适当的水保持覆土层湿度。此后，要经常检查栽培料及覆土的水分情况，湿度不够，应适当浇水。当菌丝即将出土时，晴天翻动覆盖物，避免菌丝蔓延至覆盖物。并注意防止人畜践踏及蚂蚁、老鼠等动物的破坏。

四、出菇管理与采收

发菌完成后，6～7 月即可形成原基。菌蕾形成期间，切忌阳光直射，并适当提高覆土的含水量和空气相对湿度。覆土要保持含水量 50%以上，但不可超过 65%，空气相对湿度 70%～80%。出菇期间，温度控制在 5～20℃。

冬荪菌柄脆嫩、易断，采收时需特别小心。要轻轻扒开菌托周边覆盖物及土壤，轻轻转动，拗断菌丝束，连同菌托一起采出，避免周边菌蛋受损。然后将菌柄和菌盖分离存放，避免菌盖上的孢子弄脏菌柄，难以清洗。

冬荪由于生产周期长，特别是子实体原基形成到采收时间长，抗逆性差，极易遭受病虫害的侵袭。因此要特别注意以下几点：

①发菌前期发现杂菌，应及时挖净，用生石灰在病区消毒并及时补种。

②菌材要做好消毒处理。

③栽培场地应经常保持良好的空气质量。

④场地选择时应避免白蚁活动频繁的地方。

⑤加强管理，一旦发生病虫害，及时处置。

⑥不可采用化学药剂防控病虫害。

五、干制

冬荪子实体采收后应及时清洗，晾干后干制，延迟干制将直接影响品质。菌盖较容易清洗的可直接用水枪冲洗，菌盖难以洗净的可将菌盖摘下用冷水浸泡过夜后再清洗。切忌温水浸泡清洗，温水将导致菌盖变黄发软。应用低温热风烘干或电热烘箱烘干，切忌煤火直接烘烤，否则将导致子实体发黄，硫、重金属超标。烘干温度 35～45℃为宜。先 45℃烘烤 3～4h，再 38℃烘至全干。烘干过程中要注意排湿，避免高温高湿引起发黄发黑。烘干后回潮 10min 后包装封严，于空气相对湿度<30%干燥仓库保存。

（杨仁德）

主要参考文献

黄年来，1993. 中国食用菌百科［M］. 北京：中国农业出版社.

李文力，黎璐，汤洪敏，2016. 黔产白鬼笔不同部位提取物的成分分析［J］. 食品科学，37（2）：72－76.

张林，杨仁德，陈旭，等，2017. 黔蕈菌［M］. 贵阳：贵州科技出版社.

第四十一章 其他种类食用菌

第一节 长根菇栽培

一、概述

（一）分类地位与分布

长根菇，卵孢小奥德蘑［*Oudemansiella raphanipes*（Berk.）Pegler & T. W. K. Young］，曾用名长根小奥德蘑（*O. radicata*），野生长根菇在我国分布于云南、海南、广东、福建、湖南、湖北、江西、四川、广西、贵州、江苏等地。印度、韩国、日本也有分布（郝艳佳等，2016）。夏秋季生于林地上，特别是壳斗科林下，假根与地下腐木相连。

（二）营养与保健价值

长根菇子实体菌肉洁白细嫩，菌柄脆而爽口，味道鲜美。分析表明，长根菇的蛋白质含量高于香菇、平菇和金针菇等食用菌，为32.12%；在被测的17种氨基酸中，谷氨酸含量最高，达4.50%。呈鲜味的氨基酸主要有天冬氨酸、谷氨酸、丙氨酸和甘氨酸，每100g中总量7 961mg，占总氨基酸的43.33%（欧胜平等，2017）。此外，长根菇子实体、菌丝体及发酵液中含有多种药用成分，具有温胃养脾、清肝利胆、镇静安神、缓解胃肠痉挛、提高巨噬细胞的吞噬能力、抑制肿瘤细胞生长等功效（卯晓岚，1998）。从长根菇中分离的长根素具有降血压作用（Tsantrizos et al.，1995）；长根菇多糖主要由甘露糖、葡萄糖和半乳糖组成，具有抗氧化、消炎和护肝等作用（Gao et al.，2017）。

（三）栽培技术的发展历程

国外关于长根菇的栽培报道较少，在研究长根菇活性成分中首次报道了栽培技术（Umezawa，1970）。长根菇在我国的栽培历史迄今只有30年左右。我国长根菇驯化栽培首次报道于1982年（纪大干等，1982），以后栽培技术不断改进完善，实现了仿野生栽培（吴春玲等，2013）、室内层架式袋栽（刘瑞璧，2017；钟祝烂等，2017）、室内层架式床栽（郭立忠等，2018）及设施大棚周年栽培（万鲁长等，2019）。

（四）发展现状与前景

长根菇具有菌丝长速快、抗逆性强、产量高、货架期长等优点，深受消费者和生产者喜爱。长根菇生产属于典型的劳动密集型产业，在管理、采收、修整、包装等环节用工量大，适于安排农民就业，特别是农村的辅助劳动力，目前在全国多数省市均有种植。长根菇需要覆土栽培，设施大棚的地面畦栽存在的连作障碍问题，严重制约着产业发展。近年探索的上凸式地面栽培和层架栽培便于场所处理和消毒，避免了重茬导致的减产，将逐步取代地面畦栽，达到稳产高产。

二、长根菇的生物学特性

（一）形态与结构

子实体单生或群生，菌盖直径 1～12cm，初半球形，后期近平展，中部稍凸起，褐色，湿时黏；菌肉白色，受伤不变色；菌褶弯生，白色，稀疏，不等长。菌柄长 2～30cm，直径 0.2～2.1cm，近圆柱形，向上稍变细；表面与菌盖颜色相同但稍浅，基部稍膨大，具假根；担子具 2 或 4 小梗，担子基部横隔上具锁状联合；孢子印白色，孢子无色，光滑，卵圆形，大小为（13～18）μm×（10～15）μm；褶侧囊状体（70～200）μm×（17～52）μm，花瓶形，顶端膨大呈头状或不膨大；褶缘囊状体（25～240）μm×（5～41）μm，披针形、梭形、棒状至窄棒状（王守现等，2009；郝艳佳等，2016）。

（二）繁殖特性与生活史

据报道，长根菇有四孢担子和双孢担子两种不同类型菌株（李浩，2012）。据此推测其存在两种生活史，其中四孢长根菇行典型的异宗结合的生活史，即担孢子萌发→单核菌丝→双核菌丝→子实体→担孢子。双孢长根菇单孢菌丝在适宜的环境条件下也可形成子实体，完成生活史（李浩，2012）。

（三）生长发育条件

1. 营养与基质 长根菇菌丝在 PDA 培养基上生长良好，对碳源选择范围较宽，可在含有纤维二糖、葡萄糖、麦芽糖、蔗糖的培养基上正常生长，其中在纤维二糖上具更强的生长优势；长根菇属于土生型木腐菌类，分解木质素能力较强，能利用多种农林副产品，如棉籽壳、木屑、甘蔗渣、玉米芯等。长根菇对氮源的利用也比较广泛，在含有酵母膏、蛋白胨、豆饼粉的培养基上均能正常生长，其中以酵母膏最适（李建宗，2001）；麦麸、细米糠、玉米粉等均是其良好的有机氮源。

2. 环境条件

（1）温度　长根菇属于中偏高温结实性食用菌，菌丝体最适生长温度 23～25℃。子实体生长发育最适温度 25～28℃，高于菌丝生长温度。15℃以下或 30℃以上子实体难以形成；昼夜温差 10℃以上有利于出菇（钟祝烂等，2017）。

（2）湿度　与多数食用菌相似，栽培基质适宜含水量为 65%左右，低于 60%或高于 70%菌丝生长受抑制；覆土材料要求湿而不黏，含水量在 25%左右，子实体原基分化最适空气相对湿度 85%～90%。

（3）光照　长根菇菌丝生长阶段不需要光照，黑暗条件下菌丝生长洁白粗壮，不易老化。原基分化和子实体发育需要一定的散射光，以 100～300lx 为宜（刘瑞壁，2017）。

（4）空气　长根菇菌丝体生长和子实体发育均需要充足的 O_2，特别是子实体发育阶段需氧量较大，CO_2 浓度应低于 0.35%。

（5）pH　长根菇菌丝喜微酸性至中性基质，基质 pH 6.7 时，菌丝粗壮，长势最好；基质 pH 低于 5.5 或高于 8.5 时，菌丝生长受到抑制（李建宗，2002）。由于培养料灭菌后 pH 会降低，所以拌料时应调节至 pH 7 左右。

三、长根菇栽培技术

长根菇适宜熟料袋栽，根据当地气候条件，可在控温条件较好的设施大棚内栽培，一般菌袋制备时间为12月至翌年6月，出菇季节为4～11月。各地可因地制宜安排栽培季节。具备环控条件的可周年生产。长根菇一般采收3～4潮，整个生产周期144～180d，生物学效率100%左右。

（一）栽培基质的制备

1. 常用配方

①木屑39%，棉籽壳39%，麦麸20%，石膏1%，红糖1%。

②木屑30%，棉籽壳45%，麦麸18%，玉米粉5%，石膏1%，石灰1%。

③棉籽壳60%，木屑20%，麦麸18%，碳酸钙1%，红糖1%。

④棉籽壳38%，木屑20%，玉米芯20%，麦麸20%，碳酸钙1.5%，石灰0.5%。

⑤棉籽壳20%，木屑20%，玉米芯15%，甘蔗渣15%，麦麸26%，玉米粉2%，碳酸钙1%，石灰1%。

2. 基质制备　木屑、玉米芯等大颗粒原料提前一天浸泡，第二天按配方混合，充分搅拌，调节含水量至65%左右。及时分装灭菌。冷却后按无菌操作接种。

（二）发菌培养

菌丝培养要暗光条件，调控培养室温度23～25℃、空气相对湿度60%～65%，并适当通风换气，维持CO_2浓度在0.4%以下。密切关注袋内温度，严防烧菌。在适宜环境条件下，湿重1.1kg/袋左右的菌袋30～45d发满。继续培养25d左右，待培养基表面出现黑褐色菌皮或组织凸起时，表明菌丝达到生理成熟，移至出菇场所。

（三）出菇管理与采收

1. 出菇方式　长根菇需要覆土栽培，不覆土也可出菇，但产量低。一般情况下覆土材料选用非黏土与沙按3：1混合，加入1.5%生石灰，拌匀、敲细，颗粒度在0.5cm左右。

（1）设施大棚栽培　多采用脱袋覆土出菇。夏季将栽培场地松土、平整，做畦，宽80～100cm，低于地面呈凹式，长度视场地而定，畦底撒一层生石灰，脱袋后的菌体竖直排放于畦面，间距3～5cm，加盖覆土，厚度3～4cm。冬季低温条件下出菇，与夏季高温期相反，应做上凸式，以利提高菇床温度。

（2）室内层架栽培　多采用不脱袋覆土出菇，将袋口下卷至料面上方5～6cm，除去表面老菌种块覆土3～4cm。层架栽培与大棚栽培的菌袋处理和码放要求相同。

2. 出菇管理　覆土后及时喷雾浇湿土层，前15d尽量保持覆土表层干爽，之后及时喷雾化水，始终保持覆土处于湿润状态；调控出菇环境温度前15d在20～22℃，之后25～28℃，昼夜温差在10℃以上。一般覆土后25d左右，即有大量原基出现；出菇期间，保持空气相对湿度85%～90%，空气清新、CO_2浓度不超过0.35%。适宜环境条件下，从原基出现到子实体采收，一般7～10d。

3. 采收　适时采收在长根菇中显得尤为重要，采收过晚，菌盖开伞，形成大量白色孢子，影响商品性状，也不易运输。菌盖稍开伞或不开伞，菌柄长度4～7cm为采收适期。手指捏住菌柄基部轻轻旋转拔起，及时削除菌柄基部带土部分，置冷库保存。

采收后及时整理料面，补土，养菌7～10d后喷重水，给予温差刺激，行出菇管理，12～15d可采收第二潮。整个产季一般可采收三至四潮，头潮菇产量占总产量50%左右。

（王守现）

第四十一章附　丝球小奥德蘑栽培

一、概述

（一）分类地位与分布

丝球小奥德蘑（*Oudemansiella apalosarca*），与长根菇同属，曾用名淡褐奥德蘑、热带小奥德蘑（*O. canarii*），分布于云南、海南、广东等地。春季至秋季生于阔叶林的树干或倒木上。斯里兰卡也有分布（郝艳佳，2016）。

（二）营养与保健价值

丝球小奥德蘑每100g干菇含蛋白质16.35～18.88g，脂肪1.64～2.34g，膳食纤维33.24～35.27g，碳水化合物30.08～33.39g，含18种氨基酸含量，总氨基酸为10.05～11.90g，其中，谷氨酸含量最高，1.23～1.81%，其次为缬氨酸，1.21～1.42%（Xu et al.，2016）。丝球小奥德蘑黄酮和多糖提取物对1，1-二苯基-2-三硝基苯肼（DPPH）自由基清除率IC_{50}分别是1.73μg/mL和593.66μg/mL。黄酮和多糖提取物总抗氧化能力IC_{50}分别是24.74μg/mL和240.18μg/mL。其中黄酮提取物具较强的自由基清除和抗氧化能力（王守现，2019）。

（三）栽培发展历程

丝球小奥德蘑为我国人工驯化栽培种。近年来主要在北京房山、通州、海淀等基地进行示范种植。

（四）发展现状与前景

丝球小奥德蘑生产上具有发菌快、产量高的优势。其烹制的菜肴口感滑嫩、鲜脆，深受生产者和消费者喜爱。目前设施栽培条件下子实体易开伞，运输中易破碎，影响市场销售。这些问题尚有待于系统性的技术研发，有待于栽培实践的探索。工厂化栽培模式将是今后的发展趋势。

二、丝球小奥德蘑的生物学特性

（一）形态与结构

子实体丛生，菌盖直径4～12cm、厚4.4～5.6mm，初扁半球形，表面有黏液；初期中央褐色、边缘渐浅，后期变为灰白至鼠灰色，具白色或灰白色鳞片，易脱落；菌肉白色，胶质；菌柄常弯曲，长5～16cm、粗5～15mm，污白色，表面有深褐色纤毛及纵条纹；菌褶白色至污白色，较稀，不等长，直生至延生；孢子印白色，孢子近球形，大小为（14～16）μm×（16～18）μm；菌丝有锁状连合（王守现等，2013）。

（二）繁殖特性与生活史

目前国内外对小奥德蘑属有性生活史研究匮乏，仅有少数报道在卵孢小奥德蘑中存在双孢菌株和四孢菌株（李浩等，2012；Hao et al.，2016），二者可否杂交及有性生殖尚未见报道。笔者研究表明，丝球小奥德蘑存在无核、单核、双核及3核以上的多核现象，且担孢子多为3核双孢、三孢和四孢担子同时存在。此外，丝球小奥德蘑单孢分离物具锁状联合并可形成子实体，符合次级同宗结合的特征。但少量同批次单孢分离物无锁状联合，不出菇。单孢分离物杂交，杂合子形成子实体，符合异宗结合规律。因此，推测丝球小奥德蘑可能为同宗异宗结合的有性生殖模式。

（三）生长发育条件

1. 营养与基质　丝球小奥德蘑可利用的碳源、氮源广泛，菌丝在PDA培养基上生长良好。最佳碳源为葡萄糖，最佳氮源为大豆蛋白胨。可以利用棉籽壳、木屑、玉米芯等多种农林废弃物，麦麸、玉米粉、豆粕等是良好的有机氮源。

2. 环境条件

（1）温度　丝球小奥德蘑菌丝在20～32℃均可正常生长，以28℃最适，36℃停止生长。生产选用室温22～25℃发菌。子实体原基分化的温度范围较广，为12～26℃，以16～22℃最适。温度过低，原基分化率显著下降，影响产量；温度过高，易开伞、甚至萎蔫。此外，温度还影响子实体的颜色，温度高色泽较浅，温度低则色泽较深。

（2）湿度　与多数食用菌相似，栽培基质的适宜含水量65%左右，原基分化和子实体生长适宜空气相对湿度80%～90%。

（3）光照　丝球小奥德蘑菌丝生长不需要光，培养期的光线诱导原基形成，不利于后期出菇管理。出菇阶段，以300lx左右的白光刺激现蕾，后期采用蓝光抑制菌盖开伞。

（4）pH　丝球小奥德蘑菌丝喜微碱性基质，在pH 7.0～9.0基质上生长良好，pH 8.5菌丝粗壮浓密，长势最好。基质低于pH 5.5或者高于pH 9.0时，菌丝生长受到抑制。

三、丝球小奥德蘑栽培技术

丝球小奥德蘑适宜熟料袋栽，根据当地气候条件，可在林下、日光温室、暖棚栽培，采收4潮，整个生产周期70～88d，生物学效率122%～140%。可春栽和秋栽，还可工厂化周年栽培。工厂化生产采收1潮，生产周期41～54d，生物学效率62%～75%。

（一）栽培基质的制备

1. 常用配方　①棉籽壳80%，麦麸18%，石灰2%。②棉籽壳50%，木屑30%，麦麸18%，石灰2%。③棉籽壳30%，玉米芯20%，木屑30%，麦麸18%，石灰2%。

2. 基质制备　与长根菇相同。

（二）发菌培养

暗光培养，培养温度22～25℃，空气相对湿度60%～65%，CO_2浓度0.4%以下。在适宜环境条件下，湿重1kg/袋的菌袋25～30d发满。

（三）出菇管理与采收

丝球小奥德蘑，不需覆土即可出菇，适宜采用菌袋立式出菇。

1. 设施栽培（附图 41-1） 菌袋发满后 7～10d 转移至菇棚，打开袋口，覆盖报纸或无纺布保湿，调控棚内温度不超过 26℃，空气相对湿度 80%～90%，适时通风，5～7d 后原基分化，继续培养 3～5d，待菌柄长至 10cm 左右，菌盖未完全展开，孢子尚未弹射时采收。采收后停水，保持空气相对湿度 50%～60%，通风良好，使菌丝恢复 5～7d，然后按第一潮出菇方式管理。一般可采收四潮。

2. 工厂化栽培（附图 41-2） 为确保出菇整齐，菌袋发满后于 22～25℃暗光培养条件下，后熟培养 5～7d。生理后熟完成后，搔菌，15～17℃条件下培养 3～5d，促进原基形成。然后调节温度至 16～22℃、空气相对湿度 80%～90%、白光 300lx、通风良好、CO_2 浓度 0.15%以下的条件下培养 5～7d，诱导原基分化。待幼菇生长到 3cm 左右，采用蓝光、提高 CO_2 浓度，抑制菌盖生长，3～5d 后菌柄长至 10～13cm、菌盖直径 2.2～2.6cm 时采收。

工厂化栽培商品性状较设施栽培的优良，市场前景较好。

附图 41-1 设施栽培丝球小奥德蘑

附图 41-2 工厂化栽培丝球小奥德蘑

第二节 蜜环菌栽培

一、概述

（一）分类地位与分布

蜜环菌［*Armillaria mellea*（Vahl）P. Kumm］，又名榛蘑、蜜蘑、栎菌、根索菌、青冈菌等，是一种在夏秋季发生，兼性寄生于多种木本、草本植物的高等真菌，广泛分布于中国、日本、俄罗斯和欧洲、北美洲和大洋洲等地，在中国主要集中分布在云南、四川、贵州、陕西、甘肃、安徽、浙江、福建、河北、黑龙江、吉林等省。

（二）营养、保健与医药价值

蜜环菌富含蛋白质、矿物质和多种维生素及人体必需微量元素，具有增强免疫功能和抑制肿瘤等生理活性，有较高的营养价值和食疗保健作用。《中国药用真菌》记载：蜜环菌有清肺、驱寒、益胃肠等功效。从蜜环菌发酵液中已分离到赤藓醇、甘露醇等近 40 种化合物，目前已开发出了蜜环菌糖浆、蜜环菌片和蜜环菌饮料等药品和保健品（徐锦堂，1997）。

（三）栽培技术发展历程及前景

比利时Gent大学在1974年进行栽培试验，以树皮加木屑作培养基，经7个月培养获得子实体。贵州省植物园张永祥等（1983）利用栽培天麻废菌材在室内栽培子实体获得成功。李良生等（1988）曾用棉籽壳压块栽培亦获成功（罗信昌等，2010）。

蜜环菌作为天麻栽培伴生菌，菌丝培养技术比较成熟。但由于林地自然发生和人工无序采摘，野生蜜环菌产量波动大、产品质量参差不齐，催生了蜜环菌人工栽培，目前东北地区多家科研单位和企业开展蜜环菌规模化栽培试验研究和产业化技术开发。

二、蜜环菌的生物学特性

（一）形态与结构

蜜环菌菌丝体以菌丝和菌索两种形态存在。人工培养基上菌丝纤细，初为乳白色绒毛状，后转变为粉棕色，颜色逐渐加深。显微镜下菌丝无色透明、有分隔。菌索是菌丝纽结而成的特化组织，外包盖角质菌鞘。幼嫩菌索棕红色、韧性较好，老化后较脆、呈暗褐色或黑色。

蜜环菌子实体菌盖直径40～140mm，淡土黄色至浅黄褐色、棕褐色。中部微凸起，有黑褐色小鳞片，边缘具条纹。菌肉白色。菌褶白色或肉粉色、直生至延生。菌柄细长、圆柱形，稍弯曲，长50～130mm，粗6～18mm。有纵条纹和毛状小鳞片，纤维质，内部松软至空心，基部稍膨大。菌环白色，幼时呈双层。孢子印白色，孢子无色或带黄色，光滑，椭圆形或近卵圆形，（7～11.3）μm×（5～7.5）μm。

（二）繁殖特性与生活史

蜜环菌典型生活循环为“担孢子→初生菌丝→次生菌丝→菌索→子实体→担孢子”（图41－1）。

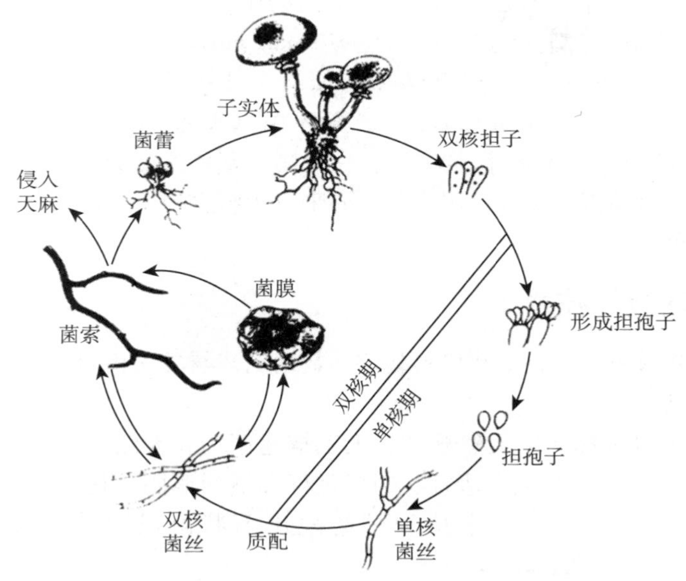

图41－1　蜜环菌生活史

（徐锦堂，1993）

(三) 生态习性

蜜环菌子实体生于湿度较大的树桩、活立木根部及朽木上，能引起活立木根朽病。在我国较常见为壳斗科、桦木科及蔷薇科等树种。

蜜环菌以寄生生活为主，同时进行腐生生活，是名贵中药天麻和猪苓栽培的共生菌。绝大多数生长在植被遮阴的高湿低温环境，在干旱炎热处只能生长菌索。菌索可在寄主中生活多年，不形成子实体，条件适宜时子实体大量发生。蜜环菌菌丝和幼嫩菌索能发出青白色荧光。

(四) 生长发育条件

1. 营养 蜜环菌能利用多种碳源，对淀粉、纤维素和木质素有较强分解能力，易利用葡萄糖、麦芽糖和果糖等碳源。氮源物质包括蛋白胨、酵母浸膏、麦麸、米糠等。蜜环菌生长发育过程中需要无机盐类、维生素和核酸等有机物质。

2. 温度 蜜环菌菌丝生长温度范围为 6～28℃，适宜温度为 20～25℃，30℃停止生长。原基形成温度 15～20℃。子实体最适生长温度 15～25℃。

3. 湿度 适宜培养料含水量 60%～70%，在子实体发育适宜空气相对湿度 85%～95%。

4. 空气 蜜环菌为好气性真菌，发菌出菇阶段培养基质应疏松透气。

5. pH 蜜环菌可在 pH 4.5～7 条件下生长，最适为 pH 5～6.5。

6. 光照 光照对菌丝生长有抑制作用。子实体发育阶段需要散射光，光照刺激可促进原基形成。

三、蜜环菌的品种类型

经统计，在中国分布的蜜环菌有 15 个不同的生物种，常见的有 8 种：介黄蜜环菌（*Armillaria sinapina*）、高卢蜜环菌（*Armillaria gallica*）、黄盖蜜环菌（*Armillaria luteopileata*）、奥氏蜜环菌（*Armillaria ostoyae*）、科赫宁蜜环菌（*Armillaria korhonenii*）、假蜜环菌（*Armillaria tabescens*）、蜜环菌（*Armillaria mellea*）、北方蜜环菌（*Armillaria borealis*）（黄年来等，2010）。在我国，蜜环菌主要用于天麻种植和发酵的相关活性成分提取。目前蜜环菌栽培用菌种主要来自于野生种质资源的分离驯化，未形成商业化规模栽培品种。

四、蜜环菌栽培技术

蜜环菌采用熟料短段木栽培和代料栽培，栽培工艺与灵芝相同。

(一) 栽培设施

蜜环菌栽培可以选择林区天然菇场、人工搭建菇场和天然人工结合型菇场，要求有稳定水源和排水方便，需温湿度适宜、通风良好和适当遮阴（遮阴度 70%左右）。调查发现，在管理得当情况下，灌木丛和林荫地出菇状况没有明显差异（邬俊财等，2009）。

(二) 栽培季节

栽培季节以春季接种秋季出菇为宜。一般在 4～5 月气温稳定在 15℃以上时接种培

养。在 9～10 月气温降到 18℃以下时开始出菇。不同地区和海拔区域栽培季节受到温度影响略有不同。

（三）栽培基质原料与配方

选择木段栽培时要求树皮不易脱落、韧皮部与木质部贴合紧密，砍伐期一般在每年立冬至翌年惊蛰节气之间。

母种培养基配方为 PDA 加富培养基。原种培养基配方为杂木屑 78%、麦麸 20%、蔗糖 1%、石膏 1%，含水量 65%。栽培种培养基配方多样化，可参考以下配方：

①杂木屑 77%，麦麸 20%，蔗糖 2%，石膏粉 1%。

②杂木屑 68%，玉米粉 20%，麦麸 10%，蔗糖 2%。

③杂木屑 46%，玉米芯粉 40%，肥沃泥沙 10%，蔗糖 2%，石膏粉 2%。

④棉籽壳 60%，枝条 38%，过磷酸钙 1%，石膏粉 1%。

⑤玉米芯粗粉 60%，玉米粉 20%，田土 16%，石膏粉 1%，葡萄糖 1%，豆饼粉 1.2%，酵母粉 0.8%。

⑥枝条 50%，杂木屑 30%，麦麸 10%，玉米粉 8%，蔗糖 2%。

（四）栽培基质制备

栽培用木段直径以 5～10cm、长度 40～60cm 为好，一般 3～4 段捆成一捆装袋。还可使用直径 1cm 左右的杂木枝条捆成捆装袋。木段和木枝捆好后都填入杂木屑和玉米芯等辅料，以利菌丝生长和联接。制备方法与灵芝相似。装后灭菌。

（五）接种与发菌管理

灭菌后冷却至 25～28℃，在无菌条件下接种。培养温度 22～25℃，30～35d 可长满，可见白色粗壮的菌索。长满菌索后熟 1 个月左右。

（六）出菇管理与采收

将完成后熟的菌段或菌袋移入出菇场所，开口，覆土，浇水，行出菇管理。

1. 出菇管理　利用林地遮阴保湿的自然环境栽培蜜环菌管理方便、操作简单，接种一次可出菇 3 年左右（于洋等，2010）。林下覆土的木段栽培和代料栽培中蜜环菌菌丝有较强的温度耐受能力，出菇管理以自然气候为基础，采取覆盖地膜、适当遮阴和给水等方式调节温度和湿度，营造适宜子实体发生和生长环境。

（1）控制温度　原基形成适宜温度 15～20℃，子实体生长期适宜温度为 15～25℃。要给予温差刺激现蕾。

（2）调节湿度　现蕾期提前浇透水，刺激出菇。在子实体生长期空气相对湿度要提高到 85%～95%，湿度宜稳定，切忌干干湿湿。在少雨地区应每隔 10～15d 灌水一次。雨水过多则应及时排水，防止长时间浸泡导致腐烂或杂菌侵染。

（3）加强通风　子实体生长期加强通风，同时防止基质过度失水。

（4）适当光照　原基发生和子实体生长期需要散射光，光线过暗会导致子实体颜色偏浅。

2. 采收　在菇盖平展前整丛采下，注意不要折断菇柄和弄破菇盖。剪去菇脚，整理包装鲜品上市，也可脱水干制后包装销售。

（张介驰）

第三节 元蘑栽培

一、概述

（一）分类地位与分布

元蘑（美味扇菇）（*Panellus edulis*），曾用名亚侧耳（*Panellus serotius*），又名冻蘑。野生的元蘑在世界多地均有分布，在我国主要分布于吉林、黑龙江、江西、浙江、河北、山西、陕西、云南、四川、广东、广西和内蒙古等地。

（二）营养与保健价值

元蘑富含蛋白质、氨基酸、脂肪、多糖、维生素及矿物质等多种营养物质（Cao et al.，1996，曹瑞敏等，1995）。具有祛风活血、强筋健骨的功效，长白山地区居民以其泡酒来治疗手足麻木、脉络不通、关节炎等症。子实体中分离得到的多糖具有较强的还原力，免疫调节和抗辐射作用（Li et al.，2014），对^{60}Co辐射引起的体内损伤有抗氧化、免疫调节和辐射防护活性。

（三）栽培技术发展历程

元蘑的人工栽培始于20世纪80年代，1980年我国学者进行了简易栽培实验，1982年驯化栽培成功，这一阶段的初步尝试为此后的人工栽培奠定了基础。到80年代末成功实现了人工栽培，并筛选出最佳母种和原种培养基。此后开展了室内人工栽培试验，发现人工栽培的元蘑肉厚、朵大、无病虫害、质量好；利用简易设施，采用代料栽培与段木栽培两种方式进行了元蘑栽培。营养生理和环境生理的研究（罗升辉，2007）为基质利用和栽培技术的改进提供了技术参数。随着食用菌产业的迅速发展和林木资源的开发逐渐受到限制，将废弃菌糠开发为新型的栽培基质成为研究热点。利用黑木耳菌糠栽培获得生物学效率81.96%的好收成。从栽培方式上，元蘑经历了瓶栽和袋栽两种方式，目前主要生产方式为袋栽。主要有地摆畦栽、墙式棚栽和吊袋棚栽，以墙式棚栽为主。元蘑产区主要分布在黑龙江和吉林省。

（四）发展现状与前景

元蘑生育期长，凭经验栽培较多，规模化产区较少。利用自身生物学特点在栽培季节上与其他食用菌的差异性，在适宜地区具有较大的生产潜力。这种潜力来源于两方面，一是季节优势，利用其他食用菌不能生长的季节生产元蘑既可以弥补食用菌供应淡季的消费需要，还可以增加农闲期农户收入；二是区域优势，元蘑栽培需要一定的低温，可以充分利用当地的冷资源，打造区域性特色产品。此外，元蘑含有的多种多糖的抗肿瘤、抗辐射、提高机体免疫力的功能，疏风活络、强筋健骨的功效极具开发前景。采用液体发酵，提取有效活性成分，制成药品或保健品，可以显著提升产品附加值，在促进栽培产业发展的基础上，在食品、保健品和医药产业均具有较大发展潜力。

二、生物学特性

（一）形态与结构

子实体丛生或叠生。菌盖直径3～12cm，幼时呈球形，成熟后逐渐平展，菌盖较大且

厚，为扇形或肾形，黄色或乌黄色，有短绒毛，边缘平滑，表皮易剥离，初期内卷，后逐渐平展，老熟翻卷；菌肉白色、肉质；菌褶延生，较密，白色或淡黄色，薄，幅宽，前方窄；菌柄短粗，子实体有效茎数较多；原基黄色，针刺型，近直立长条状，顶端细尖，下部较上部粗；子实层均等地覆盖于菌褶的两面，为等式子实层类型（陈宝理等，1992）。子实层主要由棒状担子构成，担子上一般有 4 个担子梗，每个担子梗上有 1 个担孢子。担子间混杂有少量透明、壁薄、呈梭形的囊状体，表面凹凸不平。两子实层间为菌髓结构，全部由丝状菌丝构成，菌丝较粗壮，锁状联合结构明显；孢子印白色，孢子腊肠形，无色光滑（酒连娣，2014）。

（二）繁殖特性与生活史

元蘑交配系统由两对不亲和性因子构成，属于四极性异宗结合食用菌。其中有 8 个特异性 A 因子和 9 个特异性 B 因子，不亲和性因子总数为 7 590 个（宋吉玲，2011）。元蘑具有典型异亲结合食用菌生活史（图 41－2）。

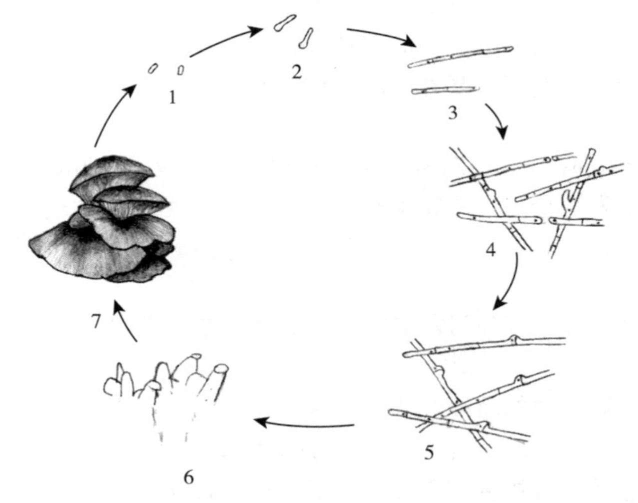

图 41－2　元蘑生活史

1. 担孢子　2. 芽管　3. 初生菌丝　4. 质配阶段　5. 次生菌丝　6. 原基　7. 子实体

（三）生态习性

在野生条件下元蘑的菌盖呈半圆形、扇形或肾形，平展或中部稍凹；菌盖表面浅黄色至乌黄色，黏，初期有绒毛，后期变为光滑。菌褶新鲜时白色至浅黄色；菌褶稍密，延生。菌肉白色。菌柄很短或无，侧生。夏季生于桦树或其他阔叶树的腐木上，覆瓦状丛生，在霜冻的条件下也可生长。

（四）生长发育条件

1. 营养要求

（1）碳源　元蘑可以利用多种碳源，如小分子物质麦芽糖、葡萄糖、蔗糖、乳糖、果糖、糊精等，其中果糖的效果最佳。栽培中阔叶树木屑、甘蔗渣、玉米芯和棉籽壳等均可作为培养料使用。

（2）氮源　根据测定，元蘑栽培基质适宜的碳氮比在（20～40）∶1，最适碳氮比为

35∶1（罗升辉，2007）。

（3）矿质元素　矿质元素包括大量元素S、P、K、Ca、Mg等，这些物质主要以碳酸钙、硫酸钙、硫酸镁、硫酸亚铁、磷酸二氢钾和磷酸氢二钾等无机盐的形式存在。此外还包括微量元素，如铁、锰、锌等。实际生产中适当添加石膏、石灰等物质来满足元蘑对矿质元素的需求，此外，拌料的水中也含有一定量的离子，因此在生产中一般不额外添加其他微量元素。

（4）维生素类　麦麸、米糠、木屑等栽培原料中的维生素含量完全可满足元蘑生长发育的需要，生产中不需要额外添加。

2. 环境条件

（1）温度　元蘑属于低温结实菌类，菌丝生长温度6～32℃，适宜温度25℃，34℃以上生长受抑制；出菇温度5～22℃，最适温度为10～15℃，适宜早春、晚秋栽培。

（2）湿度　适宜基质含水量50%～70%均可生长，65%最适。对空气相对湿度的要求随着子实体的生长逐渐增加，以85%～95%为宜（裘平，2008）。

（3）pH　元蘑可以在pH 3.5～9.0范围内生长，以pH 6.5最适。

（4）光照　菌丝生长期不需要光线，原基和子实体分化期要求散射光，适宜光照强度60～100lx。

（5）空气　元蘑在整个生育期需要充足的O_2，对CO_2特别敏感，超过0.3%可导致菌柄分化异常，菌盖发育受阻，造成畸形。

三、品种类型

目前经过国家和省级主管部门审定的元蘑品种有蕈谷黄灵菇（张金霞等，2012）、旗冻1号、牡元08号。

旗冻1号为中低温、中熟品种，从接种到采收110～120d，子实体深黄色、丛生、扇贝型，抗杂能力较强。每100kg干料可产鲜菇83.8kg。牡元08号子实体丛生，菌盖黄色。中温型中早熟品种，从接种到采第一潮菇110～120d，从出现原基到采菇20～30d。抗病虫害和抗杂能力强，生物学效率100%以上。

四、栽培技术

元蘑目前仍以农法栽培，采用熟料袋栽生产工艺。

（一）栽培季节

元蘑低温结实性食用菌，出菇适宜温度10～15℃，各地可根据当地自然气候情况安排生产。在黑龙江地区，一般6月上旬制菌袋，8月中下旬划口出菇，9月下旬至10月中旬采收。

（二）栽培基质原料与配方

元蘑为白腐菌，以分解木质素为主。生产中多以杂木屑、杨木屑、棉籽壳、玉米芯为碳源，添加米糠、麦麸、黄豆粉等作为氮源实施栽培，不同地区可因地制宜，经济取材。

①木屑78%，麦麸20%，石膏粉1%，糖1%，水60%～65%。

②木屑84%，麦麸14.5%，黄豆粉1%，石膏粉0.5%，水60%～65%。

③木屑39%，棉籽壳39%，麦麸20%，石膏粉1%，糖1%，水60%～65%。

④木屑78%，稻糠或麦麸16%，黄豆粉2%，玉米粉3%，石膏粉1%，水60%～65%。

⑤木屑50%，玉米芯30%，麦麸15%，玉米粉3%，豆粉1%，石膏粉0.5%，白灰0.5%，水65%。

（三）栽培基质制备

1. 拌料　先将麦麸、米糠、豆粉、石灰、石膏等辅料混匀，然后再与主料混合搅拌，含水量60%～65%。

2. 装袋　可选用聚丙烯或聚乙烯塑料折角袋。北方地区可选择17cm×33cm折角袋，每袋装干料500g左右，南方可采用15cm×52cm栽培袋。

3. 灭菌　农法生产一般采用常压灭菌方法，装袋后2h内入锅灭菌，4h内达到100℃保持12～14h，灭菌结束后继续闷锅4～6h。

（四）接种与发菌培养

1. 接种　接种前的冷却、环境净化与其他种类要求相同。严格无菌操作。元蘑袋栽多采取插棒式装袋，接种量要充足，以塞满接种孔为宜。接种后用灭菌的棉花或海绵块封口，不可塞得过紧，保证一定的透气性；以套环制袋接种量要铺满料面。

2. 发菌管理　接种后的菌袋移至培养室或者大棚培养。初期的适宜培养温度25℃左右，1周以后降到20℃。适宜空气相对湿度60%左右。一般经35～45d菌丝长满袋。

（五）出菇管理与采收分拣

1. 出菇管理

（1）菌袋开口出菇　开口前要对场地进行除草和环境消毒，铺设喷水设施。元蘑从营养生长向生殖生长转变需要一段时间的生理后熟。其标志为菌袋表面出现黄色色素膜，重量减轻，菌袋变软。此时即可开袋或划口。划口前需要进行消毒处理，可采用0.1%的高锰酸钾溶液擦拭菌袋表面。划口方式可采用“1”形或采用V形，划口深度0.5cm，划口后即进入出菇管理阶段。

（2）出菇管理

①温度。保持子实体发育的最适温度10～15℃。

②O_2。出菇场所需保持良好的通风。

③水分。保持空气相对湿度85%～95%。子实体发育初期保持在70%～75%，中后期提高至85%～95%。露地栽培可通过覆盖草帘进行保湿，操作时向草帘喷水，不可直接向菌袋直接喷水。

④光照。子实体发育阶段需要一定的散射光，适宜光照强度60～100lx。

2. 采收　子实体的采收标准是菌盖颜色由黄绿色变成黄白色，菌盖平展，边缘微微上翘，边缘由光滑变为波浪状，菌褶展开。一般要整袋一次性采收完毕。采收后养菌15～20d后可出第二潮，一般采三潮菇。

3. 分拣　采收时按子实体大小进行分拣，选择菇形规整的鲜菇出售，不规整的可烘干作为干菇出售。

（姚方杰）

第四节　花脸香蘑栽培

一、概述

（一）分类地位与分布

花脸香蘑（*Lepista sordida*），又名紫晶口蘑、丁香蘑、花脸蘑等。花脸香蘑主要分布于中国、日本和欧洲一些国家，北美亦有分布。在我国主要分布在黑龙江、吉林、辽宁、河北、河南、四川、新疆、内蒙古和福建等地。

（二）营养、保健与医药价值

花脸香蘑色泽艳丽、外观怡人、菇味浓郁鲜美，鲜品和干品口味俱佳。花脸香蘑蛋白质含量丰富，各种氨基酸比较齐备，特别是钙、铁和烟酸含量丰富，还有较多的微量元素铜、锌、氟、碘等，因此具有养血、益神、补肝和五脏之功效，常食有利于治疗贫血、崩漏、久病体虚、神疲、健忘等症，能使肌体及时排毒并增加食欲，令人充满活力。意大利、瑞典学者用花脸香蘑菌株发酵分离出抗癌活性物质，对人体肝癌和人口腔上皮癌（KB）细胞具抑制力；能选择性地增强亚油酸对DNA聚合酶活性的抑制作用。

（三）培技术发展历程

花脸香蘑的栽培可追溯20世纪80年代初，吉林延边土产公司李琮铉在《食用菌》1981年第4期发表的《花脸蘑的驯化》中把几年的栽培尝试做了介绍，随后东北农业大学的肖玉珍等在《东北农业大学学报》1995年第1期发表《花脸蘑人工驯化栽培技术的研究》更详细地阐述了花脸香蘑的营养需求。进入21世纪后，全国各地对花脸香蘑栽培技术的研究更加积极，但产量低且不稳定，限制了大规模的推广，目前仍还属于试栽摸索阶段（图41-3）。

图41-3　花脸香蘑

二、花脸香蘑生物学特性

（一）形态与结构

1. 菌丝形态特征　菌丝灰白，绒毛状。在加富的小麦麸皮琼脂培养基上长势旺盛，菌丝粗壮分枝多且密，爬壁能力比较强。培养后期会产生色素，使培养基上面的气生菌丝转变成紫色。

2. 子实体形态特征　子实体群生或是单生，子实体一般中等大小，菌盖直径2～10cm。幼嫩时中部稍微上凸，呈钟形，扁半球形至平展，子实体稍大时中部颜色发白，湿润时半透明或水渍状，子实体菌盖中间白色边缘紫色，幼菇边缘内卷，盖缘有时具不明显的条纹，成熟时子实体边缘上翘呈波状或瓣状。菌肉浅紫色、菇味浓而香，菌褶淡蓝紫色，菌柄直生或弯生。菌柄长3～10cm、粗0.5～2.0cm，菌柄内实。人工栽培的菌柄要

粗一些。其余和野生花脸香蘑子实体形态一样。孢子印白色，孢子表面粗糙有麻点，形状正方形或长方形。

（二）生态习性

花脸香蘑喜阴湿环境，多发生于连续阴雨的夏末秋初季节，生长在富含腐殖质的田野、菜园、坡地、耕地、肥堆等处，单生、群生或近丛生，在草原上生长的花脸香蘑可形成蘑菇圈。野生花脸香蘑多生长在草丛中。

（三）生长发育条件

1. 营养 属草腐菌，分解木质素能力不强。栽培中可以用稻草、稻壳、麦秸、豆秸、甘蔗渣、棉籽壳、废棉、玉米芯、玉米秸秆等作为主要碳源，以牛粪、猪粪等畜类粪便或麸皮、玉米粉、大豆粉和各种饼粕为氮源，同时还需要补充微量的无机盐，如磷酸二氢钾、过磷酸钙、石膏或碳酸钙。

2. 温度 属中温偏高型菌类，菌丝生长温度 8～35℃，最适温度 24～26℃，子实体发育温度 10～32℃，最适 20～26℃，低于 10℃和高于 32℃时不易产生菇蕾。

3. 水分 花脸香蘑是喜湿性菌类，抗干旱能力较弱，适宜菌丝生长的培养料含水量为 60%～65%，空气相对湿度在 60%左右为宜，子实体生长发育期的空气相对湿度应达到 90%左右；出菇时期要保持少浇水，勤浇水。

4. 光照 菌丝生长不需要光照；出菇期应有散射光，光线太暗或太强都不利于子实体色泽的形成。

5. pH 花脸香蘑菌丝在 pH 6.0～9.0 的培养料中均能生长，最适宜 pH 为 6.5～8.0。建堆拌料时可添加 1%～2%的石灰，提高到 pH 9.0 左右，有利于控制杂菌生长。

6. 空气 菌丝生长阶段对空气要求不严格，一定浓度的 CO_2 能刺激花脸香蘑菌丝的生长，出菇阶段则需要大量新鲜空气，通风不良不利于子实体形成。

三、花脸香蘑品种类型

目前人工种植花脸香蘑品种比较少，有紫色和淡紫色两个品种类型。花脸香蘑颜色与营养、湿度、温度有关，适合工厂化栽培的花脸香蘑品种选育尚在探索当中。

四、花脸香蘑栽培技术

（一）栽培季节

花脸香蘑属于中温偏高型草腐菌类，当春季地温稳定在 15～25℃即可播种栽培。

（1）塑料大棚 蔬菜大棚或闲置水稻育秧大棚用遮阴度最高（遮阴度 90%）的遮阳网覆盖，再用旋耕机疏松、平整，达到土壤疏松、水分适宜，做床，宽 60～70cm、高 8～12cm，菌床间留 40cm 作业道。撒一薄层石灰地面消毒。

（2）林下种植 选择遮阴度比较好的林下，用旋耕机把林地疏松平整建床。建成 90cm 畦床，床高 12cm，宽 75cm。

（3）温室大棚种植 冬天利用温室大棚种植花脸香蘑，温室大棚需配备供暖设备。

（二）栽培基质的制备

1. 培养料配方 干牛粪 50%、农作物秸秆 48%、石膏 1%、石灰 1%。或猪粪 20%，秸秆 78%，其余成分不变。根据当地资源选取配方，在水稻主产区可用稻草和稻壳，玉米、大豆主产区可用玉米芯、玉米秸秆、大豆秸秆。

2. 培养料发酵 农作物秸秆粉碎成 2～3cm 的颗粒，建堆前 1d 预湿，边浇水边搅拌使其充分吸收水分，使含水量达到 65%～70%。用机械或人工把牛粪和秸秆混合均匀建成高 1.2～1.5m、宽 2.5～3m、长不限的梯形料堆，在料堆上垂直打行距 80cm、孔距 50cm 的两行通气孔，栽培料一般要进行 4 次翻堆。建堆后 6～7d 料温达到 60℃以上维持 1d 后进行第 1 次翻堆，同时加入石膏粉和石灰粉。此后隔 5～6d、4～5d、3～4d 各翻堆 1 次。每次翻堆应注意上下、里外对调位置，还要给料堆打孔。堆制全过程大约需 25d，发酵好的培养料水分控制在 65%～70%，外观呈深咖啡色，无粪臭气、氨气味，草粪混合均匀、松散、细碎、无结块。

（三）播种与发菌培养

1. 播种 培养料搬入栽培大棚的畦床中铺厚 12cm 左右。料温自然降到 28℃播种，按 12cm×12cm 的株行距穴播，穴深 6～8cm。播后盖严菌种，再撒播一层菌种，播种量为 0.8kg/m^2，穴播量占 70%，面播量占 30%。播种后拍实床面，覆盖地膜保温保湿，地膜边缘不要压得过严，以利于通风。

2. 发菌期管理 发菌期间主要是调控温度和湿度，及时通风，防止高温烧菌。发菌期间料温要保持在 20～28℃，发菌期 15～20d。

（四）覆土

覆土以草炭土和林下黑土为好，草炭土和林下黑土 1∶1 混合使用，菌丝长满培养料要及时覆土，覆土厚度 1.5～2cm。覆土后浇水，使覆土层含水量达到 60%～65%，保持温度 20～28℃。

（五）出菇管理与采收分拣

1. 出菇管理 覆土 10～15d 后菌丝长出覆土层要及时进行出菇管理。首先要对床面浇大水，要把覆土层浇透，增加空气相对湿度至 80%～90%，促使营养生长向生殖生长转变。连续 3d 每天浇水 2 次，增加覆土湿度，增加昼夜温差促进子实体形成。4～5d 即可出菇，从菇蕾形成到采摘需要 5～7d，在此期间要注意通风和增湿降温。出菇后水要勤浇少浇。

2. 采收 花脸香蘑要在菌盖刚开始展平，七八成熟时采收。采大留小，采后要单层摆放，避免弄脏子实体。在适宜环境条件下花脸香蘑播种到出菇大约需要 30d，菇蕾 5～7d 即可采摘，潮次不明显。出菇期 30d 左右。采收后床面杂菌要及时清理，根据菌床干湿度适当浇水增湿。

3. 加工与保藏 花脸香蘑采收后要及时加工处理，用小刀削净根部泥土，包装出售或干制。5℃冷库可保藏 5～7d，冷库保藏期水分减少紫色变淡。干制花脸香蘑－15℃冷库可贮藏两年。

（史文全）

第五节 猪苓栽培

一、概述

（一）分类地位与分布

猪苓［*Grifola umbellate*（Pers. ex Fr.）Pilat］俗称猪屎苓、猪茯苓、鸡屎苓，在我国分布广泛，北至黑龙江省，南达福建省，西可到青海省。主产于陕西、云南、山西、河南、甘肃、吉林、四川等省份。以云南产量最大，传统认为陕西出产的品质最佳（罗英等，2003）。在国外，猪苓主要分布于欧洲和北美洲国家，亚洲的日本也有分布（郭顺星等，1996）。

（二）保健与医药价值

猪苓是我国常用的珍稀菌类药材，其用药历史已经有2 500多年，药用部位为干燥菌核，具有利尿渗湿之功效，主治小便不利、水肿、泄泻、淋浊、带下等症，对急性肾炎、全身浮肿、口渴、尿频、尿道痛等有一定的疗效（许广波等，2003）。猪苓化学成分主要有麦角甾醇、α-羟基-24碳酸、生物素、蛋白质、糖类等。近代医学经药理、药化和临床试验发现，猪苓多糖具有抗肿瘤、抗衰老及提高机体免疫力的功效，并已广泛应用于肿瘤及慢性肝炎的治疗，其活性成分还可生产高档化妆品等（王天媛等，2017）。猪苓子实体从地下菌核上长出，俗称“猪苓花”“千层蘑菇”，形美质软，可以食用。

（三）栽培技术发展历程

我国科研人员在20世纪70年代就进行过人工种植猪苓的探索研究。山西省药材公司在1965年进行人工栽培猪苓研究。甘肃陇南武都区的药场在1968年用进行了多次仿野生栽培试验，但都未成功（吴媛婷等，2012）。1972年中国医学科学院药用植物研究所的科研人员从天麻和蜜环菌的共生关系中得到启发，用带有蜜环菌菌索的菌材进行伴栽试验初获成功，猪苓的人工栽培方法开始在全国有关猪苓的产区推广（郭顺星等，1996）。中国医学科学院药用植物研究所徐锦堂研究员于1978—1990年在陕西省汉中开展猪苓人工栽培，获得成功。随着研究的深入，20世纪80年代科研人员总结出一套较完整的猪苓半野生栽培方法，并从理论上初步阐明了猪苓和蜜环菌的相互关系，猪苓的半野生栽培逐渐推向生产（郭顺星等，1996；吴媛婷等，2012）。20世纪90年代以后，广泛开展了人工栽培技术的研究，形成适合不同地区推广的多种栽培模式。

（四）发展现状与前景

依据杨海燕等2017年对猪苓市场的调查发现，目前我国药材市场上猪苓以陕西、四川、山西、东北、云南为主，陕西产量最大。药材市场猪苓野生品占35.71%，栽培品占27.27%，另外37.02%不能确定具体来源（杨海燕等，2017）。近几年猪苓价格回落，但是品质、是否野生等对价格影响较大。随着我国近几年加大中药资源开发与利用，猪苓必将走向世界，其出色的抗肿瘤等药效必然会得到全世界认可，市场潜力十分巨大。

目前，猪苓栽培技术成熟，受价格影响栽培模式也在不断变化。林下猪苓半人工栽培不占耕地、人力成本投入少，受到广大猪苓栽培者青睐，另外，林下猪苓与其他药用植物套种模式在一些地区也广受好评，林下蜜环菌-猪苓-党参立体化栽培新模式生产经济效益大大提高，所产苓核个大结实，色泽乌黑光亮，每 667m^2 林地综合经济收益提高 15%（王华等，2018）。猪苓-重楼-五味子立体栽培技术取得圆满成功。这种多种中药材套种必将成为猪苓等中药材未来生产的主要模式。

二、猪苓的生物学特性

（一）形态与结构

1. 子实体形态 猪苓子实体白色，有短的主柄，主柄多次分枝而呈丛生状，每丛可达 10～100 枝，分枝顶端着生菌盖。菌盖肉质，圆形，中部脐状，近白色至浅褐色，有淡黄褐色纤维状鳞片，边缘薄而锐，常内卷。子实体为猪苓有性繁殖结构，成熟后弹射孢子，孢子无色，光滑，圆筒形，一端圆形，一端具歪尖，大小为（7～10）μm×（3～4.2）μm，子实体发生到成熟为 3～5d，弹射孢子后或温度高于 25℃自行消融（郭顺星等，1998）。

2. 菌核结构及形态 猪苓菌核埋生于地下，呈不规则块状，表面有凹凸不平的皱纹，并有许多瘤状突起。猪苓菌核有黑、灰、白 3 种颜色，称为枯苓、黑苓、灰苓和白苓。枯苓为黑苓生长而成，系猪苓菌丝与蜜环菌菌丝相互吸收营养物质而成的产物，形似枯木，具有漆黑光泽，因而得名，这种猪苓只能作为商品（郭顺星等，1991；郭顺星等，1998）。黑苓为灰苓生长发育而来，颜色黑但无光泽，部分呈现黑灰色，手捏有弹性，可以较轻松地掰开，断面呈现浅黄色或者白色，这个时期的猪苓菌丝生命力极强，可以用作猪苓栽培的种苓。灰苓由白苓发育而来，表面呈现灰色或者灰黄色，质地松易折断，断面白色，可以用作种苓（郭顺星等，1991；郭顺星等，2001）。白苓由种苓萌发而来，特点为表面乳白色，内部菌丝生命力极强，生长旺盛，含水量 88%～92%，可以食用。白苓无法直接获取蜜环菌的营养物质，需要依靠母体黑苓或者灰苓获取营养，如果白苓从母体脱落则无法继续生长（郭顺星等，1991；郭顺星等，2001）。白苓常发生在夏季，白苓一碰就掉，因此一般夏季禁止翻窝，以免给猪苓生长带来毁灭性后果。

3. 猪苓菌丝体 猪苓菌丝体在固体培养基上无色透明，具大量分枝，具有锁状联合。猪苓菌丝在 PDA 培养基上生长极其缓慢，且容易老化死亡，一般不采用 PDA 培养基。在含有麦芽糖、大麦汁、蛋白胨、琼脂，pH 6.0～6.5 的培养基上菌丝生长更好（邢晓科等，2005）。

（二）繁殖特性与生活史

猪苓的生长发育要经过担孢子、菌丝体、菌核和子实体 4 个阶段。担孢子成熟后从菌管中弹射出来，萌发成菌丝（初生菌丝），可亲和的初生菌丝配对结合，进行质配发育成双核菌丝，菌丝不断生长，生长到一定数量时交叉绕结成菌核。菌核能贮存营养，环境不适时休眠，环境适宜或遇到蜜环菌就能萌生菌丝（李雯瑞等，2012）。

春天地温升至 10℃左右，土壤含水量在 35%～50%时，菌核开始萌发。菌丝突破菌核表皮，不断增多形成菌球，进而长成白苓。随着地温不断升高，白苓生长速度加快，并产生许多新分枝（郭顺星等，1991；李雯瑞等，2012）。秋季地温逐渐降低，白苓生长速度渐慢，表皮颜色加深，在越冬后颜色变黄或灰黄色，即成灰苓。灰苓再经过一个冬季后会变成黑色，即黑苓。只要条件适宜，一年中的春、夏、秋 3 季，母苓上随时可以萌发出新生白苓（郭顺星等，1991；李雯瑞等，2012）。因此，白苓、灰苓和黑苓实际上为生长

年限不同（当年、翌年、第三年）的猪苓菌核。夏秋条件适宜时，子实体从近地表的菌核顶端长出（李雯瑞等，2012）。子实体不常见，一般情况下，埋藏较浅的猪苓在适宜的条件下才会长出子实体，再次产生担孢子（李雯瑞等，2012）。

（三）生长发育条件

1. 猪苓与蜜环菌的关系　猪苓与蜜环菌存在着特殊的菌内共生关系。猪苓菌核不能自养，需要蜜环菌为其提供营养，营寄生生活的蜜环菌是一种兼性寄生菌，既能寄生于活的有机体，也能寄生于腐烂的有机质。蜜环菌通过寄生腐生有机质，从中获得营养进行自养，同时也为寄生的猪苓菌核提供营养。猪苓的特性受制于蜜环菌，它随着蜜环菌的生长而生长（郭顺星等，2001）。一年中4～6月和9～10月为蜜环菌菌丝的活跃生长期，猪苓菌核的特性亦如此。

2. 猪苓生长的地势及地形　猪苓喜凉爽湿润气候，怕高温干旱及水淹。野生猪苓多分布于海拔1 000～2 000m的山区，以半阴半阳的二阳坡生长最多（邢咏梅等，2011）。坡度以20°～25°缓坡地分布为宜，平缓地呈单穴或梅花状分布。在杂灌木林，阔叶混交林，次生林中分布较广（邢咏梅等，2011）。猪苓属好气性真菌，喜富含腐殖质的表层土壤，深度一般在10～40cm。人工栽培一般选择坐南朝北，海拔900～1 300m的缓坡林地或耕地。

3. 温度、湿度　温度10℃，土壤含水量为35％～60％时，猪苓菌核开始萌动。温度超过12℃白苓开始萌发，超过14℃时猪苓生长速度加快，16～20℃时生长速度达到最快，温度超过25℃时生长速度开始下降，超过28℃时猪苓停止生长（吴媛婷等，2012）。据此，栽培猪苓选择海拔较高的林地，或者人工搭建遮阴棚可以起到调节温度增产的效果。猪苓生长最适土壤湿度为50％～60％，每年7～8月，降雨量较大，空气相对湿度为70％～90％时猪苓生长迅速，这个时段属于猪苓生长关键期（吴媛婷等，2012）。土壤含水量小于30％时猪苓生长停止。

4. 土壤及pH　猪苓生长的最适土壤pH为5.0～6.7。猪苓在腐殖土和黄土内均能生长，以不积水、不板结的土壤为宜，尤以颗粒状团粒结构、含腐殖较高、疏松的黑沙土、黄沙土生长最好、产量最高（吴媛婷等，2012）。

三、猪苓的栽培技术

（一）栽培设施

选择海拔900～1 300m的缓坡或者平地为栽培场地。林地可以选择次生阔叶林、混交林、杂灌林等坐南朝北半阳坡栽培，每667m^{2}栽培450～500窝。耕地可以搭建遮阳棚，宽度3～4m、高度约2m、长度10～20m，透光率为70％～80％，每667m^{2}栽培800～900窝，窝坑长度约70cm、宽60cm、深度20cm。海拔低处可以将坑深度加至30cm，以保证深层土壤对温度的调节。

（二）栽培季节

猪苓生长周期较长，种苓需3年，商品苓一般需4～5年，要求在生长期内均有丰富的营养供给。因此，要培育优质菌材，培育用的菌材及菌床必须在猪苓下种前3～4个月开始准备。人工栽培猪苓，前茬的收获期即为下茬的栽培期。人工栽培猪苓多在春、秋两季进行，3 月下旬至 5 月上旬或 8 月下旬至 11 月下旬进行。若是种源取自人工栽培的新鲜猪苓，一般在 3～4 月或 7～8 月栽培，这时猪苓刚度过休眠期进入生长期，蜜环菌也处在生长期，两者可相互建立良好共生关系。

（三）栽培基质及菌种制备

1. 蜜环菌菌枝及木棒的准备 取不含芳香物质及杀菌物质的阔叶树枝，例如青岗、桦树、椴树、橡树、马桑树、苹果树等树木枝条，直径 4～8cm 截成长 50cm 的短棒，在树棒两面或三面砍成鱼鳞口并深入至木质层，晾晒 30～50d 后将木棒分两组，一组留下作为树棒备用，另一组制作菌枝。制作前将木棒清水浸泡 1d，以保证木棒湿度，有利于蜜环菌侵染（吴媛婷等，2012；殷书学等，2015）。挖长约 100cm、宽 50～60cm、深 20～30cm 的坑，铲平坑底，先用清水浸透土坑，待水渗干后，在坑底铺 1 层厚 2cm 左右的树叶，将树枝依次摆在树叶上，后将蜜环菌菌种放在树枝间的截口处，盖 1 层薄土并填实空隙。依次做第 2 层、第 3 层直至 4 层到 5 层，最后坑顶覆土 5～8cm，用树叶覆盖表面。经常浇水（1 个培育坑，1 次浇水 30～40kg），使坑内湿度维持在 70%～80%，2～3 个月后树枝即可长满蜜环菌，长有蜜环菌的树枝节称为菌枝（吴媛婷等，2012；殷书学等，2015）。

2. 蜜环菌菌种制备 猪苓的生长发育与蜜环菌有密切关系，没有蜜环菌的侵入，猪苓是不能自养的。猪苓不能直接寄生在活树或腐朽的树木上，而需要蜜环菌索一端侵入腐朽的树木上吸收营养物质，另一端侵入猪苓菌核，并提供营养给猪苓。蜜环菌分泌物中，某些成分是猪苓的营养来源，两者互为利用。栽培种采用果树细枝条短截成 2～3cm、装入菌种瓶，加水至淹没枝条，封口后常规高压灭菌，然后接入活化的蜜环菌菌种，待菌索长满瓶后备用（殷书学等，2015）。

3. 猪苓菌种的制备 人工栽培猪苓，要选择黑苓（3 年生）与灰苓（2 年生）作种苓。在蜜环菌的伴生下，具备适宜的环境条件，猪苓菌核从某一点突破里皮，发出白色菌丝，每个萌发点均可生长发育成包着 1 层白皮的新生苓；白苓又在适宜的条件下不断生长发育，成为灰苓。灰苓继续生长发育成为黑苓，即成品苓（吴媛婷等，2012；殷书学等，2015）。将活化的猪苓菌种，接入罐头瓶中，在 20～22℃下培养，待由菌丝体长满罐头瓶并形成猪苓小菌核，即为栽培种。

（四）接种与发菌培养

1. 单层菌材栽培法 先在窝底铺 1 层 3～4cm 厚枯枝落叶，压实后排放 5～7 根树棒平压在上面。棒间距离 10cm，取种苓 250～350g，均匀摆放在棒的两端（各 1 个）和棒两侧（各 3 个），并靠紧。取新培育的菌枝 1kg，夹放在种苓两侧和棒间，一端必须紧接种苓或鱼鳞口，在菌枝的空隙处填加树枝节，要放平压实（吴媛婷等，2012；殷书学等，2015）。空隙用腐殖土填实，防止空洞积水造成杂菌感染。用枯枝落叶填充棒间，厚 10cm，全坑铺平；用土封顶，厚 15cm，坑口要平，以蓄积雨水和截留坡上滚下来的虚土落叶，坑面用落叶树枝覆盖（殷书学等，2015）。

2. 双层菌材栽培法 与前法基本相同，不同之处在于前法底层木棒与猪苓种只放一层，窝底铺 1 层 3～4cm 厚枯枝落叶，再排放 5 根树棒平压在上面，取种苓 250～350g，均匀摆放在棒的两端。取新培育的菌枝约 1kg，夹放在种苓两侧和棒间，按照这一层的放置方法，上面再放两层木棒、种苓及菌材。每窝需要的木棒、猪苓及菌材种是单层菌材栽

培方法的两倍，保证了猪苓 3～4 年内生长营养需求（吴媛婷等，2012；殷书学等，2015）。

3. 菌种菌材伴栽法　这一方法适宜于林下栽培，在林木茂密区域，林下空地十分适宜猪苓生长的。林下栽培时为便于透气，提高温度，不致下层湿度过大或积水，一般只栽一层。每窝用种苓 0.5～0.75kg，菌种 1～2 袋，菌棒 5 根。窝底铺厚 3cm 的湿润树叶，上面撒一层厚 3～5cm 的菌枝，或菌枝与新枝的混合物，也可全是新枝，把菌棒摆在菌枝上，或菌棒新棒间隔摆放，棒间距 10cm，用细沙土将棒间空隙填一半高，稍压实，再将新鲜猪苓菌核以 10cm 间距摆放在菌棒中间和端头上，猪苓菌核中间用蜜环菌种填实与棒齐平，然后盖厚 3cm 左右的湿润树叶，树叶上盖厚 10cm 左右的腐殖土，呈屋脊状，窝顶上面再覆盖树叶，以利保温保湿（吴媛婷等，2012；殷书学等，2015）。最后四周挖好排水沟。

（五）猪苓栽培后管理

1. 温度及湿度控制　野生猪苓一般在气候凉爽的山林土壤中生长较多，在地温 8～25℃条件下均可生长，其中最适生长温度为 15～24℃，当温度低于 8℃、高于 25℃即停止生长，进入休眠状态。因此林地栽培猪苓，主要靠自然状态调节温度，人工可以干预的成分很少。人工遮阴棚栽培猪苓要注意观察棚内温度，低于 8℃或者高于 25℃可以通过加盖草帘等保温或者加大人工棚通气等方法调节温度。猪苓有喜冷凉湿润、怕干旱的特性，实践表明，遮阴降温对猪苓生长有极好的促进作用。注意观察猪苓生长场地水分含量，土壤含水量低于 30%时要及时补水，土壤含水量超过 60%时则要及时排水，做到防旱防涝，创造适于猪苓生长的环境条件（殷书学等，2015）。

2. 培土管理　新生猪苓菌核有向两侧辐射生长的习性，一般新栽培猪苓会长成倒三角锅底形，栽培后第二年就露出头来，因此每年冬春秋季节应该在猪苓露头处添加一些枯枝落叶及菌材为猪苓生长提供营养，并加盖一层土。覆土尽量不要在猪苓生长旺盛季节进行，否则易伤到白苓，白苓一旦脱落即死亡，对后期产量造成影响。

（六）采收和分级

1. 采收　入药猪苓在栽植 4 年左右就进入成熟期，当猪苓色黑质硬时，可于 4～5 月或 7～9 月采收。若以培育种源为目的，3 年即可采收。人工栽培猪苓，3 年每窝可产猪苓鲜品 5.0～7.5kg，可提供商品药材 0.3～0.5kg。4 年每窝可产猪苓鲜品 10.0～12.5kg，提供商品药材 0.4～0.6kg。栽培后第三、第四年秋季收获，挖出栽培穴中全部菌材和菌核，选灰褐色、核体松软的菌核，留作种苓。色黑变硬的老核，应除去泥沙，晒干入药（殷书学等，2015）。

人工栽培猪苓一般 3～4 年即可收获。采收的感官标准是：开穴检查，黑猪苓上不再分生小猪（白）苓或分生量很少、菌材已腐朽散架时，可及时予以采挖。如果蜜环菌菌材的木质较硬，或使用的段木较粗，可以只收获老苓、黑苓及灰苓，留下白苓继续生长。如果段木已被充分腐朽、不能继续为蜜环菌提供营养，则必须全部起出，重新进行栽培。一般在每年 4 月或 11 月前后采收。收获后的猪苓先进行分级，小猪苓可作苓种，继续栽培；老苓、黑苓按个体大小分级，用清水冲洗，晒干或烘干成商品苓。通常情况下，一般晒 5～10d，使含水率达 10%～12%时，即可作为商品出售或保存。如果天气不好也可采用烘干的办法，制成商品苓（吴媛婷等，2012）。

2. 等级标准 甲级：苓块大，表面黑色，质地坚实，肉质白色；乙级：苓块小，表皮呈灰色。等体烂碎，皱缩不实，肉质褐色（殷书学等，2015）。

（七）猪苓栽培中存在的问题与注意事项

1. 选种不严或苓种退化 人工栽培猪苓目前主要采用无性繁殖，即用小猪苓（菌核）作种，与蜜环菌伴栽，猪苓得到蜜环菌提供的充足养分后，菌丝迅速繁殖，长出新的猪苓。受市场需求刺激，有栽培者将老化的、机械损伤的、感染病毒杂菌的、保藏不当失去生活力的猪苓菌核作种，或将多代无性繁殖后的猪苓菌核作种，造成猪苓菌种老化、退化，生活力差（殷书学等，2015）。种下去之后，不仅不能分解吸收蜜环菌，而且其本身的营养反而被蜜环菌吸收殆尽，导致空窝。种苓应选择表面凹凸不平多疤状、色泽鲜艳、手捏有弹性、鲜嫩不干浆、重 100g 以下、生活力强、出芽快而多的灰苓或黑苓作种。灰苓的菌丝幼嫩可全部作种，黑苓应选菌丝为白色或浅黄色、手捏菌核有弹性、菌龄短的作种。白苓作种易腐烂，菌核肉质变为褐色、手捏无弹性、中空坏死的不能作苓种（殷书学等，2015）。

2. 场地选择不当 猪苓生长发育与周围环境因素有着密切关系，其中，林地生态系统是猪苓世代延续的主要场所，相比空旷地，其光、温、水、气等条件更适合猪苓生长。猪苓生长最适温度为 15～24℃，温度低于 8℃、高于 25℃时即停止生长，进入休眠状态。选地不当，往往导致土壤环境中水分、温度等主要因素不能满足猪苓与蜜环菌的生长要求，是造成空窝和栽培失败的主要原因之一（殷书学等，2015）。

3. 灾害性天气及病虫危害 猪苓虽然在地下土壤中生长，但降水多少和温度的变化及场地的选择对猪苓的生长至关重要。近年来，由于自然环境的破坏，灾害性天气时有发生，干旱少雨，暴雨成灾，山洪、泥石流等都可能造成空窝。较常见的是杂菌影响蜜环菌的生长，积水造成的猪苓生理性腐烂，蛴螬、蝼蛄等害虫咬食菌材、蜜环菌菌丝和幼嫩的猪苓菌核，以及鼢鼠、野猪等动物打洞、毁窝，破坏猪苓生长。

4. 猪苓栽培中尚待解决的问题 猪苓生长周期较长，进行人工栽培的时间较短，很多省时、省力、高产的栽种模式都处于试验阶段。如平地栽培的水分管理、营养管理、病虫害防治和采收都比较便利，但是夏季温度难以控制，并且土壤中腐殖质含量通常太低，不适宜猪苓生长。即使是仿野生的传统栽培模式，问题依然很多，如林地栽培虽然猪苓生长所需的温度适宜、营养物质充足，但是管护难度很大，野猪破坏严重，以及优良种苓品种短缺等问题都直接影响猪苓的产量。

（兰阿峰）

第六节　野生食用菌驯化栽培及驯化中的种类

一、野生菌驯化栽培的意义

野生食用菌富含有氨基酸、蛋白质、糖类、脂类、维生素、矿质元素等多种营养成分（李玉，2008；余丽等，2017）。具有高蛋白、低糖、低脂肪、多种氨基酸并存的特点（姜萍萍等，2009；庄海宁等，2015）。食用菌具有调节机体免疫功能力、抗肿瘤、降低胆固

醇、降血脂等作用（戴玉成等，2008）。例如已从香菇中分离出的香菇嘌呤具有降低胆固醇的作用（Sánchez - Minutti et al.，2019），主要通过抑制体内胆固醇的合成、促进胆固醇分解、抑制胆固醇的吸收和刺激胆固醇的排泄作用调节人体的胆固醇。又如灵芝多糖对糖尿病有一定的功效（陈伟强等，2005），由于灵芝含有水溶性的多糖，可以促进组织对糖的吸收，提高胰岛素的浓度，促进组织细胞利用血液中的葡萄糖，从而促进肝代谢葡萄糖。木耳具有较好的降血脂和解决血稠血栓健康问题（Chen et al.，2018）。随着人们的需求，目前开发的野生食药用菌资源越来越多。

但近些年的研究发现，野生食用菌富集大量重金属（如 Cd、Pb、Zn、Hg 和 As 等）。蘑菇吸附重金属的机理主要包括细胞外累积、细胞表面吸附和细胞内累积，其中细胞外累积仅限于活生物细胞（周启星等，2008）。蘑菇中存在一些类似于植物中金属硫蛋白（metallothionein）的重金属结合体，它们协助完成重金属的吸收、转化、转移和存储，另外也有一部分重金属以离子形式在真菌中存在和流动（Collin - Hansen et al.，2002）。蘑菇中的金属结合体包括一些蛋白质、多肽和其他一些有机物。据资料报道，一些在废弃矿区或者一些被污染生境下生长的野生蘑菇中重金属含量通常都超出一定的标准（张丹等，2006），所以通过野生菌的驯化栽培过程中可通过栽培基质的选择控制食用菌中重金属含量，使人们更能吃到安全放心的蘑菇。

二、驯化栽培野生珍稀食用菌种类的选择

驯化种类的选择可参考发表记录的 966 个食用菌分类单元，这包括 936 种，23 变种，3 亚种和 4 变型（戴玉成等，2010）。同时可结合《中国生物多样性红色名录——大型真菌卷》（姚一建等，2018）选择。目前已报道能栽培出菇的 300 余种，具食用价值的 100 余种，虽然已有的 40 种左右实现了商业化栽培，但潜在价值的种类仍然较多，从栽培出菇到商业化栽培的路很长，一般都要按照一定的方案和程序进行，以缩短驯化时间尽快实现商业化生产（李玉，2008）。

三、如何进行驯化栽培

野外通过市场调查，采集踏查，确定可驯化食用菌的种类，进而对野生食用菌进行菌种的分离，实验室内纯化后进行鉴定，鉴定通过宏观和微观特征，必要时需结合分子生物学的手段，鉴定后初步评价其生物学特性，生物学特性包括菌丝生长的最适碳源、最适氮源、最适 pH 及最适温度，可结合单因素及正交实验确定其生长最适的培养配方。之后进行二级种的扩繁，结合其生长特点（如地生、腐木生）选择栽培基质的配方，进行几种栽培配方的驯化出菇小试，分析比较栽培子实体的农艺性状，确定其生长的有效配方。

四、驯化中的主要种类

（一）毛尖蘑

1. 分类学地位和生物学特性　毛尖蘑（*Lepista* sp.）属担子菌门（Basidiomycota）、菌纲（Agaricomycetes）、伞菌目（Agaricales）、口蘑科（Trocholomataceae）、香蘑属（*Lepista*），

又称金砂蘑、仙蘑菇，发生于黑龙江省大兴安岭，因常发生在金矿开采后的沙滩（毛尖）上而得名（图 41-4）。

图 41-4 野生毛尖蘑

2. 驯化栽培情况 温度对毛尖蘑菌丝生长影响显著。在 13～28℃不同温度条件下菌丝均生长，恒温培养 20d 后，在 16℃恒温下培养，菌丝长势明显优于其他温度，菌丝适宜的生长温度 16～19℃。28℃培养接种块周围产生深褐色色素，菌丝失活（图 41-5）。

图 41-5 初步驯化栽培的毛尖蘑

不同初始 pH 对菌丝生长的影响。在初始 pH5.5～8.0 条件下，菌丝均生长，即在一定酸碱范围内毛尖蘑菌丝均能生长，当 pH 控制在 5.5～6.5 范围内，菌丝生长浓密，当培养基 pH 增加，菌丝生长受到抑制。因此，该菌适宜在偏酸性条件下生长。

在不同碳源葡萄糖、木糖、麦芽糖、可溶性淀粉、蔗糖、乳糖培养条件下，毛尖蘑菌丝均能生长。除乳糖外其余碳源培养基菌丝长势差异不显著。菌丝生长速度由快到慢的碳源依次为蔗糖、麦芽糖、葡萄糖、淀粉、木糖。

毛尖蘑对不同的氮源利用不同，在蛋白胨和酵母浸粉氮源培养基上长势极显著优于无机氮源，其中酵母浸粉菌丝生长旺盛，呈现浓密而整齐的状态。在尿素培养基上菌丝不萌发。

毛尖蘑在杂木屑 30%、麦麸 25%、玉米芯 35%、豆粕 4%、玉米粉 3%、石灰 1.5%、石膏 1.5%的培养料中能正常发菌，110d 长满袋，菌丝洁白浓密。后熟 15d 开袋，其中覆土 20d 产生大量菇蕾。不覆土菇蕾推迟形成 10～15d，且生长缓慢。采用温差刺激出菇，保持较高的空气湿度，并保证一定散射光照射，经 30～40d 子实体成熟（图 41-5）。

（二）小刺猴头菇

1. 分类地位和生物学特性 小刺猴头菇（*Hericium erinaceus*）（图 41-6），我国西南和东北地区有分布。

图 41-6 野生小刺猴头菇

2. 驯化栽培情况 试验发现菌丝生长以葡萄糖为碳源最好，蔗糖次之。淀粉、玉米粉培养基

上菌丝较稀疏，长势弱。

在以蛋白胨为氮源的培养基中，菌丝生长速度和长势均显著优于其他供试氮源。适宜 pH 6～8。

适宜栽培培养料配方为阔叶树木屑 78%、麦麸 20%、糖 1%、石灰 1%，含水量 60%～65%（图 41－7）。

图 41－7　栽培的小刺猴头菇

（三）毛栓孔菌

1. 分类学地位和主要生物学特性　毛栓孔菌（*Trametes hirsuta*），别名硬毛栓菌、毛多孔菌、毛革盖菌，是一种广泛分布的药用大型真菌（图 41－8a、b）。

2. 驯化栽培情况　毛栓孔菌最优碳源为葡萄糖，在蔗糖或淀粉培养基上生长不均匀，较稀疏。在酵母浸粉培养基上，菌丝生长快，均匀整齐，浓密洁白，粗壮。适宜 pH 5.0，生长温度范围为 15～30℃，最适 30℃。

在阔叶林木屑 78%、麦麸 20%、糖 1%、石灰 1%的培养料上，25℃暗培养 40～45d 菌丝长满袋，在（25±2）℃、空气相对湿度 85%～95%、散射光照条件下 30～35d 后子实体成熟（图 41－8c、d）。

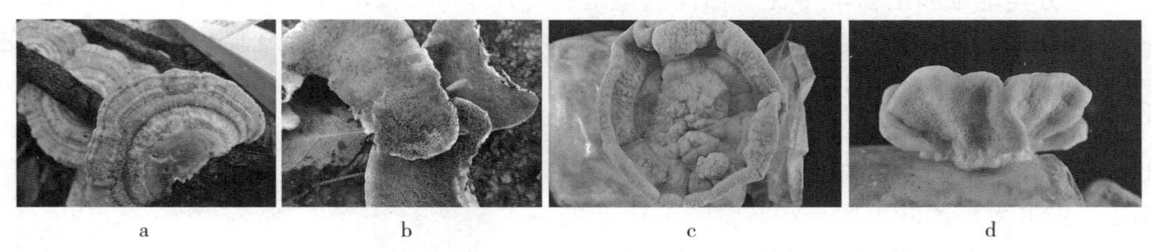

a　　b　　c　　d

图 41－8　毛栓孔菌

a. 野生子实体　b. 栽培的子实体　c、d. 成熟的子实体

（四）毛柄硬脆柄菇

1. 分类地位和基本生物学特性　毛柄硬脆柄菇［*Ossicaulis lachnopus*（Fr.）Contu］，吉林、云南、四川等地有分布。主要发生于腐殖层较厚的阔叶林下，喜阴喜潮，中低温型，主要发生在秋季。

2. 驯化栽培情况　试管种适宜培养基为 PDA 或 YPD（0.2%酵母膏、0.2%蛋白胨、2%葡萄糖、1.2%～1.5%琼脂），菌丝生长适宜温度 18～22℃。栽培种适用麦粒木屑培养基（70%小麦、30%发酵阔叶木屑）。栽培：采用袋栽覆土或埋包技术栽培，先在培养袋中，长满菌袋后打开菌，可采用 85%发酵阔叶木屑、15%麦麸，培养料栽培，发菌 40～50d，熟料覆土栽培，从原基出现到开伞采收 7～10d（图 41－9）。

图 41－9　毛柄硬脆柄菇埋包出菇及采收后的子实体

（五）木生硬脆柄菇

1. 分类地位和基本生物学特性　木生硬脆柄菇［*Ossicaulis lignatilis*（Pers.）Redhead & Ginns］，吉林、辽宁、云南、四川、河北等地有分布。主要发生于腐殖层较厚的阔叶林下，喜阴喜潮，中温型，主要发生在夏末秋初。

2. 驯化栽培情况　试管种在 PDA 或 YPD 上 22～25℃培养。栽培种在麦粒木屑培养基（60%小麦、20%发酵阔叶木屑、20%腐殖土）上 22～25℃培养。栽培方法与毛柄硬脆柄菇相同。

（六）伯氏瘤孢地花

1. 分类地位和生物学特性　伯氏瘤孢地花［*Bondarzewia berkeleyi*（Fr.）Bondartsev & Singer］，吉林、辽宁、云南、广西、广东等地有分布，发生于阔叶林或针阔混交林地上，属中高温型，主要发生季节为夏季。

2. 驯化栽培情况　试管种在 PDA 或 YPD 上 22～25℃培养。栽培种在麦粒木屑培养基（60%小麦、20%发酵阔叶木屑、20%腐殖土）上 22～25℃培养。采用袋栽覆土栽培，培养料配方为 60%发酵阔叶木屑、10%麦麸、30%腐殖土，22～25℃培养 60d 长满菌袋，开袋口覆土 2～3cm，覆土后 30d 可见原基（图 41－10）。

图 41－10　伯氏瘤孢地花覆土栽培出菇

（七）冷杉侧耳

1. 分类地位　冷杉侧耳（*Pleurotus abieticola* R. H. Petersen & K. W. Hughes），云南、四川、西藏、甘肃等地有分布。喜杉侧耳主要发生在针叶林或针阔混交林的腐木上，喜阴喜潮，低温型，主要发生在春季或秋初。

2. 驯化栽培情况　试管种在 PDA 或 YPD 上 15～21℃培养。栽培种在麦粒培养基（80%小麦、20%锯末）上 15～21℃培养。熟料袋栽，避光培养，40～50d 长满菌袋，长满即可出菇，从原基到开伞平展 8～12d。

（张　波）

主要参考文献

曹瑞敏，王志才，陈海燕，等，1995. 长白山野生亚侧耳中部分化学成分及微量元素分析［J］. 中国中药杂志，20（4）：233－234.

陈宝理，金晓萍，1992. 元蘑子实层结构及担子发育的研究［J］. 华南农业大学学报（S1）：36－38.

陈伟强，黄际薇，罗利琼，等，2005. 灵芝多糖调节糖尿病大鼠血糖、血脂的实验研究［J］. 中国老年学杂志，25（8）：957－958.

戴玉成，杨祝良，2008. 中国药用真菌名录及部分名称的修订［J］. 菌物学报，27（6）：801－824.

戴玉成，周丽伟，杨祝良，等，2010. 中国食用菌名录［J］. 菌物学报，29（1）：1－21.

郭立忠，葛志豪，臧玉佳，等，2018. 一种利用闲置养殖棚立体架栽的长根菇覆土栽培方法［P］. 中国，CN 201810009428.0，1－7.

郭顺星，王秋颖，张集慧，等，2001. 猪苓菌丝形成菌核栽培方法的研究［J］. 中国药学杂志，36（10）：658－660.

郭顺星，徐锦堂，1991. 猪苓菌核结构性质的研究［J］. 真菌学报，10（4）：312－317.

郭顺星，徐锦堂，肖培根，1996. 猪苓生物学特性的研究进展［J］. 中国药学杂志，21（9）：515－517.

郭顺星，徐锦堂，肖培根，1998. 猪苓子实体发育的形态学研究［J］. 中国医学科学院学报，20（1）：60－64.

郝艳佳，2016. 膨瑚菌科的系统发育框架及中国广义小奥德蘑属的物种［D］. 昆明：中国科学院大学.

胡先运，李香莉，张勇民，等，2006. 花脸香蘑 *Lepista sordida*（Fr）Sing 的研究进展［J］. 中国食用菌，25（5）：20－22.

黄年来，林志彬，陈国良，等，2010. 中国食药用菌学［M］. 上海：上海科学技术文献出版社.

黄瑞贤，高景恩，李世荣，等，2017. 榛蘑代料栽培出菇效果观察［J］. 蔬菜科技（8）：26－27.

纪大干，李代芳，宋美金，1982. 长根菇及其栽培［J］. 食用菌（1）：11－12.

姜萍萍，韩烨，顾赛红，2009. 五种食用菌氨基酸含量的测定及营养评价［J］. 氨基酸和生物源，31（2）：67－71.

酒连娣，2014. 亚侧耳形态发育及优良菌株选育的研究［D］. 长春：吉林农业大学.

李琮铉，1981. 花脸蘑的驯化［J］. 食用菌，12（4）：12，35.

李凤春，郭砚翠，高文轩，1988. 元蘑 *Hohenbuehelia serotina* 驯化的研究［J］. 中国食用菌，6（4）：15－17.

李浩，2012. 长根菇生活史研究［D］. 长沙：湖南师范大学.

李浩，张平，2012. 长根小奥德蘑双孢菌株与四孢菌株核相变化的比较［J］. 菌物学报，31（2）：223－228.

李建宗，2001. 人工培养长根菇的营养条件研究［J］. 河南师范大学学报，29（2）：68－70.

李建宗，2002. 酸碱度、空气和光照对长根菇生长发育的影响［J］. 湖南师范大学自然科学学报，25（2）：85－87.

李良生，隋岳才，崔书民，1988. 棉籽壳压块栽培蜜环菌［J］. 食用菌（3）：18.

李雯瑞，梁宗锁，陈德育，2012. 猪苓生物学特性的研究进展［J］. 西北林学院学报，27（6）：60－65.

李玉，2008. 中国食用菌产业现状及前瞻［J］. 吉林农业大学学报，30（4）：446－450.

李玉，李泰辉，杨祝良，等，2015. 中国大型菌物资源图鉴［M］. 郑州：中原农民出版社.

刘梦雪，荣成博，牛玉蓉，等，2018. 亚侧耳遗传多样性的 ISSR 和 SRAP 综合分析［J］. 江苏农业科学，46（7）：43－47.

刘瑞壁，2017. 长根菇生物学特性及栽培技术要点［J］. 食用菌（4）：46－47.
罗升辉，2007. 亚侧耳优良菌株选育及其优质高产参数的研究［D］. 长春：吉林农业大学.
罗信昌，陈士瑜，2010. 中国菇业大典［M］. 北京：清华大学出版社.
罗英，李梁，2002. 猪苓生长的土壤条件研究［J］. 核农学报，16（2）：115－118.
卯晓岚，1998. 中国经济真菌［M］. 北京：科学出版社.
欧胜平，程显好，高兴喜，等，2017. 卵孢小奥德蘑固体培养特性及营养成分分析［J］. 中国食用菌，36（5）：52－59.
裘平，2008. 赣西地区人工驯化元蘑栽培技术［J］. 北方园艺，32（12）：180－181.
宋吉玲，2011. 美味冬菇不亲和性因子多样性及优良品种选育研究［D］. 长春：吉林农业大学.
万鲁长，李晓博，赵敬聪，等，2019. 北方地区长根菇大棚地栽周年生产标准化技术［J］. 食药用菌，27（2）：135－138.
王华，周林，郭尚，等，2018，林下蜜环菌-猪苓-党参立体化栽培新模式［J］. 安徽农学通报，24（15）：31－34.
王建瑞，刘宇，鲁铁，等，2013. 利用荻枯茎栽培糙皮侧耳和美味扇菇［J］. 食用菌学报，20（4）：24－26.
王守现，陈杰，牛玉蓉，等，2019. 一株淡褐奥德蘑及其应用［P］. 中国，ZL 201610245029.5，1－8.
王守现，刘宇，耿小丽，等，2009. 长根菇交配系统研究［J］. 安徽农业科学，26：12547－12548.
王守现，刘宇，许峰，等，2013. 热带小奥德蘑的驯化与培养［J］. 食用菌学报，20（1）：31－34.
王天媛，张飞飞，任跃英，等，2017. 猪苓化学成分及药理作用研究进展［J］. 上海中医药杂志，51（4）：109－112.
王翾，符虎刚，孙涛，2012. 猪苓标准化栽培技术［J］. 中国食用菌，31（2）：62－64.
王志彬，邹莉，尼玛帕珠，等，2012. 利用木耳菌糠栽培元蘑技术的研究［J］. 中国农学通报，28（28）：255－259.
邬俊财，张忠伟，薛光艳，等，2009. 蜜环菌（榛蘑）林地栽培技术［J］. 辽宁林业科技，（3）：61－62.
吴媛婷，陈德育，梁宗锁，等，2012. 猪苓人工栽培技术研究进展［J］. 北方园艺（18）：201－205.
肖玉珍，赵静珍，1995. 花脸蘑（*Lepista sordida*）人工驯化栽培技术的研究［J］. 东北农业大学学报，26（1）：7－12.
邢晓科，郭顺星，2005. 猪苓与其伴生菌在几种不同培养基上的生长特性［J］. 中国药学杂志，40（6）：417－420.
邢咏梅，郭顺星，2011. 环境因子对猪苓菌丝体生长发育的影响［J］. 中国药学杂志，46（7）：493－496.
徐锦堂，1993. 中国天麻栽培学［M］. 北京：北京医科大学，中国协和医科大学联合出版社.
徐锦堂，1997. 中国药用真菌学［M］. 北京：北京医科大学，中国协和医科大学联合出版社.
许广波，傅伟杰，赵旭奎，2003. 我国猪苓研究的进展［J］. 菌物研究，1（1）：58－61.
杨海燕，张思获，杨瑞山，等，2017. 猪苓药材市场调查与分析［C］. 中国商品学会第五届全国中药商品学术大会论文集.
姚一建，王科，2018. 中国大型真菌红色名录评估［G］. 中国菌物学会 2018 年学术年会论文汇编.
叶云霞，金宁，杨杰，等，2011. 不同培养料对元蘑胞外酶活性的影响［J］. 山西农业大学学报（自然科学版），31（2）：172－175.
殷书学，陈文强，邓百万，等，2015. 秦巴山区猪苓标准化高产栽培技术与推广［C］. 全国猪苓会议.
于洋，李锐，董锐，等，2010. 蜜环菌林下栽培技术及生物学特性观察［J］. 中国林副特产（6）：58－

59.
余丽，晏爱芬，张悦，等，2017. 几种常见野生菌多糖含量的比较［J］. 安徽农业科学，45（12）：80－82.
张丹，高健伟，郑有良，等，2006. 四川凉山州9种野生蘑菇的重金属含量［J］. 应用与环境生物学报，12（3）：348－351.
张永祥，陆官，1983. 室内培养蜜环菌［J］. 食用菌（1）：9.
钟祝烂，益志能，2017. 长根菇工厂化栽培技术［J］. 食用菌（2）：51－53.
周启星，安鑫龙，魏树和，2008. 大型真菌重金属污染生态学研究进展与展望［J］. 应用生态学报，19（8）：1848－1853.
庄海宁，张劲松，冯涛，等，2015. 我国食用菌保健食品的发展现状与政策建议［J］. 食用菌学报，22（3）：85－90.
邹莉，王义，王轶，等，2008. 亚侧耳菌丝生物学特性研究［J］. 菌物学报（6）：915－921.
邹莉，杨民宝，王义，等，2009. 亚侧耳原生质体的制备与再生研究［J］. 中国食用菌，28（3）：53－55.
Cao R，Ma Y，Mizuno T，1996. Chemical constituents of a heat－dried chinese mushroom，*hohenbuehelia serotina*［J］. Bioscience，biotechnology，and biochemistry，60（4）：654－655.
Chen G，Luo Y C，Ji B P，et al.，2008. Effect of polysaccharide from *Auricularia auricula* on blood lipid metabolism and lipoprotein lipase activity of ICR mice fed a cholesterol－enriched diet［J］. Journal of food science，73（6）：H103－H108.
Collin－Hansen C，Yttri K E，Andersen R A，et al.，2002. Mushrooms from two metal－contaminated areas in Norway：occurrence of metals and metallothionein－like proteins［J］. Geochemistry：exploration，environment，analysis，2（2）：121－130.
Gao Z，Li J，Song X L，et al.，2017. Antioxidative，anti－inflammation and lung－protective effects of mycelia selenium polysaccharides from *Oudemansiella radicata*［J］. International journal of biological macromolecules，104：1158－1164.
Hao Y J，Zhao Q，Wang S X，et al.，2016. What is the radicate *Oudemansiella* cultivated in China?［J］. Phytotaxa，286（1）：1－12.
Li X，Wang L，Wang Z，et al.，2014. Primary characterization and protective effect of polysaccharides from *Hohenbuehelia serotina* against γ－radiation induced damages in vitro［J］. Industrial crops and products，61：265－271.
Sánchez－Minutti L，López－Valdez F，Rosales－Pérez M，et al.，2019. Effect of heat treatments of *Lentinula edodes* mushroom on eritadenine concentration［J］. LWT，102：364－371.
Tsantrizos Y S，Zhou F，Famili P，et al.，1995. Biosynthesis of the hypotensive metabolite oudenone by *Oudemansiella radicata*. 1. Intact incorporation of a tetraketide chain elongation intermediate［J］. The journal of organic chemistry，60：6922－6929.
Umezawa H，Takeuchi T，Linuma H，et al.，1970. A new microbial product，oudenone，inhibiting tyrosine hydroxylase［J］. The journal of antibiotics，23（10）：514－518.
Xu F，Li Z M，Liu Y，et al.，2016. Evaluation of edible mushroom *O. canarii* cultivation on different lignocellulosic substrates［J］. Saudi journal of biological sciences，23（5）：607－613.

ZHONGGUO SHIYONGJUN ZAIPEIXUE

第四十二章 菌根食用菌栽培

第一节 概　　述

除了少数几种地下块菌和地上菌之外，大部分菌根食用菌都未栽培过。诸如牛肝菌、鸡油菌等上千种都依赖于野外采摘供应市场。这是一个价值数十亿美元的产业，但科学文献大多是对块菌栽培技术的研究，而块菌在整个菌根食用菌产业中仅是很小的一部分。

中国气候多样，并计划在未来十年内森林覆盖率提高到国土面积 26%，这正是菌根食用菌利用和发展的好机会。这些种类不仅可以像块菌那样在专门种植园栽培，也可作为林业的第二产业林下经济，大大增加育林的收入。

一、菌根食用菌技术发展历程

（一）菌根食用菌起源

前述章节充分体现了中国多种腐生菌栽培技术是国际领先的。然而，对于菌根食用菌的栽培，中国和许多食用菌产业大国都尚未取得显著的进展。其中一些菌根食用菌是世界上最昂贵的食品之一（Hall et al.，2003b）。多达 1 000 种外生菌根食用菌和某些树木或灌木的根部之间形成相互依存的共生关系（Hall et al.，2007b）。在过去的 1.56 亿年，菌根的习性似乎已经进化了很多次，特别是 Betulaceae（桦木科）、Cistaceae（半日花科）、Corylaceae（榛科）、Dipterocarpaceae（龙脑香科）、Fabaceae（豆科）、Fagaceae（壳斗科）、Pinaceae（松科）、Rosaceae（蔷薇科）、Salicaceae（杨柳科）和 Tiliaceae（椴树科）与许多真菌形成共生关系（Brundrett，2008；Hibbett and Matheny，2009；Percurdani et al.，1999；Veneault - Fourrey and Martin，2013）。在这种共生关系中，菌根菌在寄主植物的根系末端形成手套一样的保护层。在这个独特的保护层内部，寄主植物为真菌提供有机养分和生存空间。相应地，真菌也为寄主植物提供便利，包括加强植物对养分，特别是氮和磷的吸收，不然由于寄主植物根部吸收面积小于菌丝，将很难得到充足的养分（Cheng et al.，2016）。

第一次人工栽培菌根食用菌（EMM）可以追溯到 18 世纪末至 19 世纪初，当时人们还没有发明“菌根”这个名词，也无人知晓真菌与树根紧密的关系。第一种被栽培的菌根食用菌是黑孢块菌（*Tuber melanosporum*），Pierre Mauléon 和 Joseph Talon 两人先后偶然发现了人工栽培的方法（Hall and Zambonelli，2012a）。他们发现，将生长块菌树自然

萌发的幼苗移植到新的区域，长成大树后可能会产生块菌。这种方法通常被称为“Talon技术”，成为生产块菌的唯一方法，获得巨大的成功，一直广泛沿用了170年至19世纪末。当初，仅在法国，块菌的年产量就高达约2 000t，预示着块菌黄金时代的到来。时至今日，块菌仍然是最昂贵的菌根食用菌之一（表42-1），所有块菌中最昂贵的是意大利白块菌，但其目前还不能人工培育。

表42-1　一些菌根食用菌和部分已经被栽培的菌根食用菌公布价

种类	价格（美元）	栽培
Boletus edulis sensu lato（美味牛肝菌）	10～80	+/-
Cantharellus spp.（鸡油菌）	14～77	-
Lactarius deliciosus（美味乳菇）	2～30	+
Lactarius hatsudake（红汁乳菇）	5～15	+
Rhizopogon roseolus（红须腹菌）	≥85	+
Suillus granulatus（点柄乳牛肝菌）	5～30	+
Terfezia and *Tirmania*（地菇属）	26～330	+/-
Tuber indicum（印度块菌）	110	+
Tuber canaliculatum（密歇根块菌）	220	-
Tuber gibbosum（白块菌）	220	-
Tuber lyonii（山核桃块菌）	220	-
Tuber oregonense（俄勒冈白块菌）	220	-
Tuber borchii（波氏块菌）	440+	+
Tuber brumale（冬块菌）	660	+
Tuber macrosporum（波甘地块菌）	660	-
Tuber magnatum（意大利白块菌）	5 060	-
Tuber melanosporum（黑孢块菌）	≥1 760	+

来源于Berch（2013），Bonito et al.（2013），Morte et al.（2012），de Román and Boa（2006），互联网和其他资源。

（二）20世纪块菌产业的消亡

遗憾的是，因为产量开始下降（Hall et al.，2007a），块菌的黄金时代并没有持续到19世纪末。这一下降趋势在法国最为明显，其原因是人们猜测最多的话题：也许是在两次世界大战需要木材来制造军火而导致块菌森林的消失；或不断加厚的落叶层可能造成块菌产量下降；气候变化等因素或许也是罪魁祸首之一（Hall et al.，2003c，2007）。

用Talon方法培育块菌苗的过程中，幼苗接触母株根系周围所有的有机物质，包括和块菌相关的其他外生菌根真菌、病原体、害虫和细菌（Antony-Babu et al.，2014；Frey-Klett et al.，2007；Martin et al.，2016），还包括块菌的雌雄菌株MAT1-1-1和MAT1-2-1。现代研究显示，雌雄菌根彼此具有竞争性（Rubini et al.，2011，2014）。Talon栽培法的母株树很可能已经有几百年历史，而它们所生存的森林或许也有几千年了，MAT1-1-1和MAT1-2-1的菌株表现相同，于是人们可能认为块菌种群已经具有稳定性。

当时在 Talon 居住的法国东南部没有运河和铁路，公路也不发达。我们猜测，Talon 培植的侵染苗是在距母株树不远的地方，气候和土壤条件相似，生长的侵染苗能很好地适应环境。但到了 19 世纪末和 20 世纪初，交通条件改善后，Talon 技术培养的块菌苗可能会被移到很远的地方。而那里的土壤和气候条件与它们最初生长的地方多少有些不同，加剧了 MAT1－1－1 和 MAT1－2－1 之间的竞争，从而导致一方的消失。随后造成块菌产量下降，进而导致 20 世纪初块菌产量的整体下降。

（三）块菌孢子接种宿主植物

至 20 世纪 60 年代，法国和意大利的块菌产量下降到不足 19 世纪末的 10%。他们决定，必须采取措施来挽救这一颓势。短短几年时间，开发了温室培育块菌苗的方法——给每株宿主幼苗接种约 1 000 万个子囊孢子，即侵染苗法。这一栽培方法不仅是欧洲，也是目前南、北半球所有块菌种植园使用的方法（Hall and Zambonelli，2012a、b；Hall et al.，2017a）。然而，意想不到的是，块菌的基因组可能不适于外植地条件，再次表现出雌雄菌株 MAT1－1－1 和 MAT1－2－1 之间的竞争。因此推理，用于培养侵染苗的块菌最好是选择当时某个特定区域新出来的鲜块菌子实体，而不是任意在欧洲、阿根廷、澳大利亚、智利、新西兰、南非或美国等地方取块菌作菌种使用。

被用作菌种的块菌必须要接受严格检查，以确定菌种是否正确。近 50 年普遍采用的方法是，首先查看块菌表面特征及颜色；然后切掉一块，检查内部的颜色、块菌内部交错白线的宽度，还有香味；从中间取出一小块，在低倍显微镜下观察子囊的形状、大小以及内部孢子的数量。接下来，在高倍显微镜下观察孢子表面的纹饰。这些都是鉴别物种的重要特征。当然如果块菌不够成熟，这些特征则不能用于块菌的鉴定，这样，这个块菌是否可以作为菌种也很值得怀疑。例如，未成熟的冬块菌孢子极易与不成熟的黑孢块菌的孢子混淆。同样，未成熟的印度块菌孢子也很难与成熟的黑孢块菌区分开。因此，黄金法则是：绝对不用未成熟的块菌作菌种。例如在新西兰，从 20 世纪 80 年代末到 2000 年中期，几乎所有批次从欧洲进口到新西兰的块菌都受到了冬块菌的污染，有些还携带了印度块菌。但有些惊讶的是，在对新西兰块菌种植园的调查中没有发现印度块菌，而冬块菌却造成了很大污染。

如果想当然地认为整个块菌是同质的，且只含有单一物种的孢子，也会犯错误。例如，一种块菌的碎屑嵌入另一种块菌表面的裂隙中。这种情况可能在采挖人随身携带的包里，也可能在批发商的处理中，因不同种类的块菌产生碰撞而发生。这些隐藏在黑孢块菌表面裂缝中的其他块菌碎屑，可能说明了少量冬块菌就这样进入早期新西兰块菌种植园的。但如果块菌种植园彻底被冬块菌污染，肯定是育苗失败造成的。

过去，人们一直强烈地认为，分子测试是比形态学和解剖学更高级的物种鉴定和检测方法，因为它能成功地发现藏在裂缝中污染的其他物种。但是，这完全依赖于污染物样本的获得。换言之，如果不能获得常混在裂缝中不易发现的污染物，污染风险依然存在。此外，形态学检测还能发现虫卵、幼虫、线虫和其他可能意想不到的夹杂物（图 42－1）。所以从某种意义上，形态学检测优于分子检测。

在一些国家，如新西兰，对作为食品和生产育苗的进口块菌进行了区分。然而，这并

无法保证那些据说是作为食品进口的块菌不会落到育苗人员手中。当有人在餐馆吃到 2 000g 价格低得出奇的冰冻块菌时，这一点显得格外清楚。显然它们是作为食品进口来的，可能因为缺乏香味，进口商不得不想办法处理掉。这些块菌后来发现可能是来自中国的印度块菌。

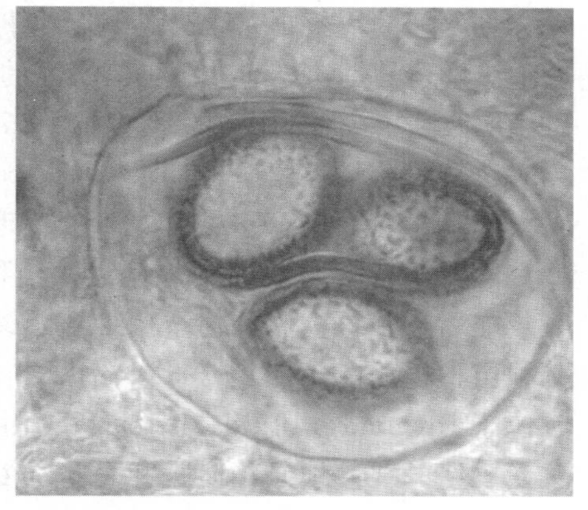

图 42-1　线虫

二、块菌栽培发展现状与前景

（一）欧洲以外的块菌种植

1. 北美　Françoise Picart 首次尝试在黑孢块菌原产地法国、意大利和西班牙之外的美国加利福尼亚州及后来的得克萨斯州种植（Picart，1980）。最初从法国进口菌根苗，由于生物风险意识，最终在美国建立了小型菌根苗生产厂。据我们所知，最后仅有加利福尼亚州北部尤凯地区一处块菌种植园产出了块菌，其他种植园都无疾而终，经济损失巨大。但也确实证明在原产地之外种植黑孢块菌是有可能的。现在美国和加拿大许多公司都在生产块菌菌根苗，包括 New World Truffieres 和 Tennessee Truffles。很多种植园取得了成功，尤其在加利福尼亚、田纳西、北卡罗来纳和不列颠哥伦比亚。

2. 新西兰　20 世纪 70 年代后期开始研究块菌栽培，当时只有一本 Jacques Delmas（1978）所著书籍提供了关于黑孢块菌部分产地的翔实信息。其中一张法国黑孢块菌分布图极具参考价值。通过这张地图，Ian Hall 使用了 Arléry（1970）的气候图和表格推断出黑孢块菌对气候条件的大概需求。然而，除了块菌生长对土壤高 pH、钙含量及对地质的要求外，再没有详细的土壤数据。为了获取这些信息，他们派专业人员到法国和意大利黑孢块菌适生地收集样本，并使用标准土壤分析技术（Cornforth and Sinclair，1982；Eurofins，2017）进行分析，为后来的研究成功提供了必要的基础数据，诸如通过添加石灰或熟石灰提高土壤 pH，甚至必要情况下调整土壤质地和主要、次要和微量元素的浓度等。

因为法国和意大利并没有公开发表培育块菌菌根苗的技术细节，所以 Hall 只能从他对丛枝菌根真菌所了解的基本常识及工作经验开始，同时使用孢子和菌根切片接种块菌的方法（Hall，1988），后者之前已被 Chevalier 作为接种块菌的来源（Chevalier and Grente，1973）。1987 年，几批次菌根苗生产之后，Ian. Hall 曾预测 10 年内新西兰将生产出块菌，而这一基础将形成一个为北半球反季节生产块菌的产业。在充足资金到位后，他们建成了一个小型育苗场。第二年，选择在新西兰可能合适块菌种植地点种植了约 3 000 株块菌菌根苗。然而，政府只提供了少量的资金来帮助块菌种植园的建设，因此一些种植园只有 20 株苗，最大的只有 400 株苗。但是除了一本薄薄的块菌种植技术书外（Hall et al.，1989），Ian. Hall 不可以在科学论文中发表他的任何研究成果，这一规定一直持续到 1997 年。当时新西兰的科学基金开始以出版物为基础进行评估——这对于大学的学术研究比较合适，但是，这对于农渔部和科研部门工作的研究者来说是非常糟糕的。他们承担着提高农业收入的责任，但却没有机会在高影响力的期刊上发表他们的研究结果。

新西兰的块菌研究经费在1995年停止了，有限的资源被用在其他种类的菌根菌种植研究上。幸运的是，之前进行块菌研究的一些工作人员继续受雇于块菌幼苗生产场。1993年种植园收获了少量的块菌，但直到1997年才取得突破性进展，也就是Ian. Hall预测的年份。当时在新西兰北岛东海岸吉斯本（Gisborne），一个面积0.5hm^{2}有400棵块菌苗种植园收获了大约12kg黑孢块菌。那里的气候接近法国波尔多的内陆地区，土壤pH调整为7.8。

2006年7月，在基督城附近一个种植仅3年的意大利松树下找到了第一个波氏块菌。一年之后，在栎树和榛树块菌种植园又发现了商业量级的波氏块菌。这些块菌的发现仅在菌根苗种植后的第四年（Hall et al.，2017a）。新西兰南岛产量最大的波氏块菌块菌种植园位于Invercargill以北，南纬47°，也是在种植3年后就有块菌产出。那里的气候比苏格兰爱丁堡的北部地区稍微暖和一些（爱丁堡北部是欧洲最凉爽的地区之一，是波氏块菌的发现地）。

3. 澳大利亚 尽管新西兰没有发表关于块菌种植的论文，但是其第一次的块菌收获的新闻报道没有逃过澳大利亚投资者的关注。有人参加了1997年新西兰吉斯本的庆祝南半球第一个块菌收获季的户外展示活动（Hall et al.，2017a）。最终，澳大利亚的投资者在政府减免150%的税收政策支持下，建立了几个大型块菌种植园，最大种植园块菌苗达1万多株，远远超过了新西兰。目前，澳大利亚的块菌的产量相当于法国的平均年产量，或许几年内将达到45t。显然，新西兰以学术牵头的资助机构本可以做得更好，以确保好的创意和技术设想得到扶持。有人把这个失败归咎于创意提出和商业化生产之间的"资金缺口"，事实上，这是新西兰一切取决于市场的"撒手主义"导致的普遍存在的问题。其结果是，农业和林业的收入继续主要依赖于大宗商品的生产，这与科研者的初衷理念相反。

4. 南美洲

（1）智利　纬度跨度从17°～57°，包括温暖的沙漠气候、温和的地中海气候，以及苔原冻土地带，是一个可以考虑块菌种植的国家。这一提议是由卡塔利卡、德尔、莫勒大学的Ricardo Ramírez在21世纪初倡导、西班牙德·瓦伦西亚理工大学的Santiago Reyna参与的项目。整个项目是智利政府工作规划的一部分，旨在实现农业多样化，为国际市场生产高价值作物。智利第一个块菌种植园建立于2003年，其后4年种植面积扩大到70hm^2，主要在麦托波利顿、欧·希金斯、德尔·莫里、比奥-比奥、阿劳干尼亚·依·洛斯·里奥斯、洛斯·里奥斯·依·德尔·莫里（Duao）和潘吉普伊地区（德·洛斯·里奥斯区），大部分资金来源于智利农业部。

2009年5月在位于德·洛斯·里奥斯区潘吉普伊的一个5年块菌种植园（南纬40°，海拔268m），收获了智利第一批黑孢块菌（Extra Noticias. cl，2010）。翌年，在塔尔卡（南纬35°）西南约12km处的都奥（南纬36°，海拔163m）一棵刺叶栎（*Quercus ilex*）树下又发现了块菌。2011年，在Quepe和Chufquen，Traiguén（南纬38°，海拔120m）一个种植4～5年的种植园也收获了块菌。根据Agro Bio Truf（2017年）的数据，在过去14年里，智利政府和私人投资者建立了近400hm^{2}的块菌种植园，种植块菌苗超过155 000株，总投资为80万美元（Agro Bio Truf，2017；Ramírez，2015）。

（2）阿根廷　纬度宽，在22°～55°，有适合块菌种植的温度区间，尤其是中南部地区在布宜诺斯艾利斯南部。2014年8月在Buenos Aires省的Lobería第一次发现块菌

(Mercosur，2016)。那里的月平均气温与世界其他发现黑孢块菌的地方相似。据我们所知，在巴西南部和乌拉圭的高地地区还没有建立块菌种植园，而那里有些地区冬季和夏季的温度都很适宜。

(3) 南非　块菌栽培相对较晚，直到住在开普敦附近的米罗家族介入，才开始探索在仲夏和仲冬在海拔相对较高的地区商业化种植块菌的可行性（Hall et al.，2017a、b）。最初的块菌种植园主要栽种栎树（*Quercus*）和少量的欧榛（*C. avellana*），而近几年开始栽种刺叶栎（*Quercusilex*）。在西班牙，刺叶栎似乎更适合当地的气候条件。然而，最终这个物种的产量可能比不上澳大利亚和新西兰的欧榛和栎树。块菌种植园的土壤最初是pH 4.5～6.5 的酸性土，后用石灰水调整为 pH 7.9。南非的土壤大多属于沙质，土壤结构见图 42-2。至少有两个种植园是建于这种土壤之上的。其中一个在 2016 年产出块菌，我们认为它是在最极端的土壤条件下长出来的黑孢块菌。在 4 个不同地区的 5 个种植园都已经产出块菌，其中一个种植园两年后就有块菌产出。

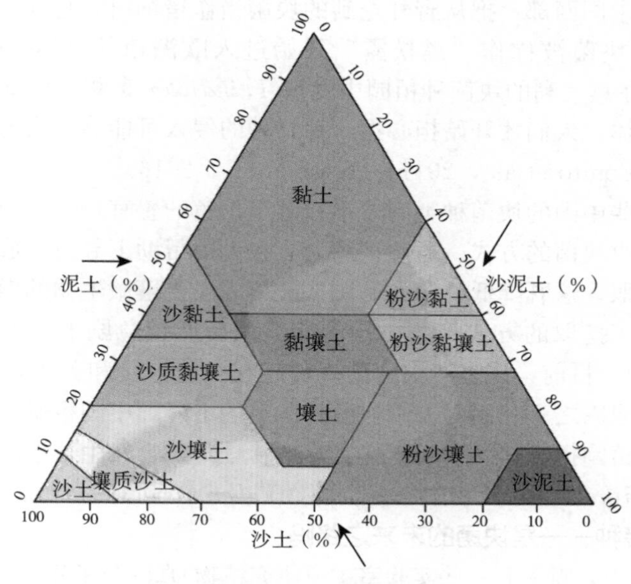

图 42-2　土壤结构

（二）块菌生产的未来展望

除法国、意大利、西班牙和美国以外的北半球国家生产块菌，原本在南半球生产的所有块菌主要供应北半球的淡季市场，弥补块菌不利于存放而造成的市场缺口。然而，过去120 年北半球块菌产量的大幅下降，南半球块菌的产量只是杯水车薪。因此，北半球与法国、意大利和西班牙气候相似的国家可以充分发挥作用。例如，海拔在大约 800m 的国家，诸如希腊、以色列、约旦、黎巴嫩、摩洛哥、叙利亚和土耳其，以及海拔在 1 050～2 500m 的尼泊尔，可以商业化生产黑孢块菌。类似地，英国许多地方适合种植波氏块菌，而波甘地块菌几乎可以在所有欧洲国家种植。同样，克罗地亚、匈牙利和罗马尼亚黑孢块菌产量将来也可能进一步提高（Benucci et al.，2014)。也许有一天，这些国家甚至还可以栽培意大利白块菌。尽管与 20 年前相比较，目前并没有取得更多的进步。但可以说，中国和美国这两个北半球拥有大片土地可以种植块菌的国家，有一天可能会成为北半球重要的块菌生产国。对此，我们有充足的信心。

根据中国 2017 年的中国气候地图，用曾在新西兰等地使用过的方法（Hall and Haslam，2012；Hall et al.，2017a、b），制作了中国 1 月（0～10℃）和 7 月（16～24℃）适于黑孢块菌和波氏块菌的种植图。然后，把这两个地图叠加在一起，显示出了 1 月和 7 月具有理想温度的区域（Hall and Xiong，2016）。由于降雨量太大，调整了西藏南部一些区域；保留了西藏一些降雨量过低的区域，因为我们设想可以通过引水灌溉来解决雨量不足问题，如引用雅鲁藏布江水源（Hall and Xiong，2016）。

（三）中国块菌的多样性

块菌在欧洲之外进化了较多的种类，中国有着丰富的块菌多样性。2014 年（Li et al.，2015）发现的 163 种地下真菌中就包括块菌 25 种（Wikipedia，2017b）。仅在 2016 年前的 4 年时间里就发现中国块菌新种 30 余个（Fan et al.，2016）。块菌在中国早期的开发令人惊讶，在中国西部，把从野外挖到的块菌当作猪饲料。直到一种看起来和黑孢块菌非常相似的印度块菌被称作“黑松露”开始进入欧洲市场（Beech，2005；Wang et al.，2007），并且在意大利的块菌种植园中发现 *T. indicum* 菌根、在北美寄主植物上也发现它的菌根和子实体，人们才开始担心这一种物种的侵入可能会使黑孢块菌在其欧洲的原产地被取而代之（Bonito et al.，2011；Dickie et al.，2016）。

毫无疑问，一些中国的块菌种类有着不错甚至出色的感官特性，但要想让欧洲厨师们接受，就得改变采收块菌的方式。通过训练犬，在犬的帮助下寻找到成熟的块菌，而不是用镐头或耙子等挖取，这既降低块菌的品质又破坏表层土壤微生物的微妙平衡。几乎可以肯定的是，这种手工挖取的方式将是中国的印度块菌产量急剧下滑的主要原因（Anon，2015；Ping，2017）。目前，许多产块菌的森林正在迅速老化和关闭，这也是欧洲天然块菌园的产量下降的原因之一。面对天然块菌林产量的下降，中国科研人员也在加紧研究如何通过开辟新的种植园扭转这一局面，并更好地管理野外自然生长地的印度块菌、攀枝花块菌（*Tuber panzhihuanense*）和中华夏块菌（*Tuber sinoaestivum*）。

（四）菌丝体接种——是块菌的未来之路吗

在过去的 20 年里，意大利一些实验室主要研究植物-真菌分子间的相互作用，让波氏块菌在受控条件下生长（Guescini et al.，2003；Menotta et al.，2004；Miozzi et al.，2005）。但这一技术从未用于商业化块菌园的培育。2007 年春季，用意大利果松（*P. pinea*）、绒毛栎（*Q. pubescens*）、欧榛和夏栎（*Q. robur*）的无菌苗接种波氏块菌 Tb98、2352、2292、1Bo，并在同年年底种植（Iotti et al.，2016）。第一批块菌于 2016 年收获，证实了这项技术是未来一个不错的选择。

商业化培育菌苗使用菌丝体接种技术，可以消除在接种过程中引入的污染。此外，由于菌丝体在寄主植物根部的繁殖比孢子更迅速，将缩短培植块菌寄主植物所需的时间。这种方法是综合考虑宿主植物、土壤、气候等因素，为丰产量身定制整套技术（Zambonelli et al.，2012）。确实，有的波氏块菌菌株可能更易受高温影响（Leonardi et al.，2017）。

（五）沙漠块菌

沙漠块菌包括 Delastria、Kalaharituber、Mattirolomyces、Picoa、Terfezia、Tirma-

nia 以及一些能够承受周期性严重干旱的块菌物种，如 *Tuber oligospermum*（Moreno et al.，2014；Rodríguez，2008）。它们尤其与 *Helianthemum*（半日花科植物）和其他一些外生菌根的植物相关，包括岩蔷薇（Cistus）、橡树（Oaks）和松树（Pines）。这些块菌分别属于地菇科（Terfeziaceae）、块菌科（Tuberaceae）和火丝菌科（Pyronemataceae），主要分布在地中海周围干旱和半干旱地区的摩洛哥、阿尔及利亚、利比亚、埃及、以色列、阿拉伯半岛、伊朗、伊拉克、叙利亚、科威特、土耳其、匈牙利、意大利、法国、西班牙中部和南部以及葡萄牙。在美国和卡拉哈里沙漠也发现了这类生物（Bonito et al.，2013）。这些地区的年降水量在 50～400mm，1 月平均气温可能低至 3℃，7 月气温超过 30℃。对于春季结实来说，只有 12 月前北非和中东及 10 月前欧洲南部有足够的降水才会发生。Terfezia 是由西班牙穆尔西亚 Mario Honrubia 领导的团队开创的培养技术，他们采用孢子悬浮液或菌丝体接种幼苗或组培苗（Morte et al.，2012）。

在没有这类真菌分布的国家如果考虑生产，可能需要进口这种真菌。也许还得引进寄主植物，尽管在中国的植物志中（2017）记录了半日花（*Helianthemum ordosicum*）。中国西部一些省份夏季气温非常高、冬季气温非常低且降水量不可预测。如果在中国种植沙漠块菌，首先需要进行全面的气候研究。

三、其他菌根食用菌的研究现状

与块菌相比，生长于地面上的其他菌根食用菌只受到了很少的关注。例如，关于鸡油菌（*Cantharellus*）的科学论文只有 10 篇左右。虽然关于牛肝菌（*Boletus*）和乳菇（*Lactarius*）的论文数量相对较多，但其中多数并非针对它们的栽培，或者即使有在植物上培养菌根的方法探索，也因知识产权潜在价值的问题而达不到商业化。

对地面上的菌根食用菌的培养或许是中国可以参与的重要的研究领域，因为它可以与中国政府计划森林覆盖面积达到国土总面积的 1/4 的目标很好地结合。

（一）松乳菇（*Lactarius deliciosus*）

松乳菇也称美味乳菇、浓香乳菇，是许多国家喜爱一种食用菌。从欧洲大陆和塞浦路斯东部、马其顿、土耳其、乌克兰和俄罗斯西部，以及瑞典北部到西班牙南部、亚洲许多地方，甚至澳大利亚（维多利亚和新南威尔士的辐射松松林）也有分布。

位于法国波尔多的国家农业科学研究所（INRA）的 Nicole Poitou、Jean - Marc Olivier 和他的同事们（1989、1997）将松乳菇和牛肝菌栽培成功。他们那时建立的松乳菇松林（*L. deliciosus* - *Pinus pinea*）种植园 20 年后仍在出菇（Savoie and Largeteau，2011）。

松乳菇是引进新西兰辐射松（*Pinus radiata*）随树体进入的（Hall and Wang，2000）。1999 年秋，在英国威尔士首次获得松乳菇菌种，在达尼丁的因弗梅农业中心用琼脂培养基扩繁。之后，Wang 发明了将菌种接种到无菌植物苗上、在温室培养、长到足够大时移栽到室外的菌根苗培养方法。新西兰第一批松乳菇菌根苗，于 2000 年 8 月在普通的辐射松（*P. radiata*）林中成功地培育了 8 年（Wang et al.，2002）。随后又建立了几个松乳菇种植园，管理方法不断简化，除了一个种植园外，其他种植园都已出菇。后又用类似于 Talon 技术的方法，将松乳菇菌根的根切段成功接种了 $100hm^2$ 以上的种植园。温暖潮湿的地区的松乳菇产品不及凉爽干燥地区更易于货架品质的保持。曾用这种方法先后培育出黑孢块菌和丛枝菌根真菌（Chevalier and Grente，1973；Hall，1976）。

在中国比较受欢迎的乳菇种类是松乳菇 *L. deliciosus sensu lato*、红汁乳菇 *L. hatsudake* 和血红乳菇 *L. sanguifluus sensu lato*。大约在 Wang 等研究 *L. deliciosus* 的同一时期，湖南谭祝明和他的同事们也在进行红汁乳菇（*L. hatsudake*）的研究，在马尾松（*Pinus massoniana*）接种红汁乳菇（*L. hatsudake*），形成菌根苗，在湖南、江苏、重庆和广西等地建立了 65hm^2 的种植园，3 年后开始出菇（Tan et al.，2007）。橙色乳菇（*L. akahatsu*）、蓝绿乳菇（*L. indigo*）和血红乳菇（*L. sanguifluus*）也培育出了菌根苗（Flores et al.，2005；Yamada et al.，2002），但并没有建立种植园。

（二）鸡油菌（*Cantharellus*）

任何尝试种植鸡油菌的人都会遇到细菌污染的问题，这些细菌遍布鸡油菌子实体的每个部分。20 世纪 90 年代初，曾有菌株 SNGT2－A 从细菌中分离出来，植入幼苗中，并在温室中生产出子实体（Danell，1994、1999）。然而，之后尽管尝试多次，Danell 再也无法重复他的这一突破。

在加州大学 JGI 基因组门户网站（2017）曾报道"*C. anzutake* 曾在松树和橡树幼苗上产生过淡黄色的外生菌根根尖。该菌株来自日本学者 Akiyoshi Yamada"。

（三）松茸（*Tricholoma matsutake*）

在过去的 100 多年里，许多人开展过大量的松茸研究工作，也曾用 Talon 法尝试于松茸子实体的培育研究，但都以失败告终。总结前人和之前所做的研究，我们认为：尽管传统上认为松茸是一种典型的菌根真菌，但有证据表明，它可以是寄生也可以是腐生的，至少是在其生命周期的某一阶段或宿主遭受压力的某些环境条件下是这样（Masui，1927；Hiromoto，1963a、1963b；Wang，1995；Wang et al.，1997；Vaario et al.，2011）。例如，松茸菌丝可以入侵宿主的皮层细胞，有时完全将细胞破坏。特别是在实验室中，厚垣孢子可以在皮层细胞内产生，更像一种病原体。然而它能腐生于菌塘基质中，更像典型的腐生菌。因此，很难说松茸是典型的菌根菌。这很可能是菌根苗难以正常生长而最后归于失败的原因。

此外，Wang（1995）还发现松茸可以穿透根毛，与赤松（*Pinus densiflora*）建立菌根关系。这是一种非常奇怪的菌根形成方式！另外，典型的菌根菌会在树的周围形成蘑菇圈或者不太完整的蘑菇圈，而松茸在宿主之间形成菌塘需要 20 年。

（四）红须腹菌（*Rhizopogon roseolus*）

在 1958 年 Gilmore 就认为新西兰的道格拉斯冷杉（*Pseudotsuga menziesii*）生长缓慢的原因是缺乏合适的菌根真菌。这个问题在 20 世纪 80 年代和 90 年代再次出现，在新西兰 Otago 和 Southland 种植的道格拉斯冷杉，都出现发育不良和萎黄病。于是新西兰一个森林公司公司 Ernslaw One 研发了用孢子培育菌根苗的方法，培植了 1 000 万株树苗，成功率接近 100%（Hall et al.，2018）。

20 世纪 90 年代初，在新西兰辐射松下发现了红须腹菌。当地有一企业家投资创办了一个小型企业，出口红须腹菌到日本（日本人喜食）。随后，采用类似孢子接种法，将红须腹菌接种到辐射松上，也产出了子实体（Hall et al.，2003a）。后来从日本进口另一种红须腹菌接种到辐射松上，建立了种植园，翌年即开始出菇（Visnovsky et al.，2010）。

（五）改良的Talon技术在美味乳菇、牛肝菌和其他菌根菌的应用

到目前为止，使用乳菇和红须腹菌的方法生产美味牛肝菌菌根苗野外种植，一直没有出菇的先例。然而有些还是有收获的，在新西兰一种类似于 Talon 的技术已被用于确保在苗木移植前有足够的菌根。从形成树林的树下，取一些菌根或菌塘做接种物。Hall 使用类似的方法成功建立了美味牛肝菌苗圃（未公开），既确保树根不仅有牛肝菌，还有适合于菌根的其他有益细菌，这似乎是在受控条件下培育牛肝菌菌根苗的关键（Barbieri et al.，2016；Mediavilla et al.，2016；Sánchez et al.，2017）。

然而在一些苗圃中，用上述方法还是存在一定风险。需要用分子技术与视觉检查相结合。从生长美味乳菇的树根取一段进行检查，如果确认，再用它接种无菌幼苗。这样，幼苗不仅接种美味乳菇，还接种了土壤所有菌群，其中包括有益于菌根生长的细菌，已被证实这对于乳菇菌属的一些种类是很重要的（Aspray et al.，2013）。当接种美味乳菇菌根苗长到合适大小后，使用分子技术检测美味乳菇（*L. deliciosus*）是否存在后，再行野外定殖。试验的首批菌根苗在几年内就产出了美味乳菇子实体。但之后几批菌根苗产出的却是点柄乳牛肝菌（*Suillus granulatus*）。而外植地点可能没有点柄乳牛肝菌，推论可能点柄乳牛肝菌是接种时未被发现的污染物，点柄乳牛肝菌是美味乳菇野外生存的更具竞争力的对手。目前，已经有了更可靠的技术生产美味乳菇。

在意大利，改良的 Talon 技术也以孢子为菌种应用于接种白块菌（Zambonelli 未发表）。

（六）"菌根"黄蘑菇

黄蘑菇，藏语称 Ser sha，是一种仲夏生长在青藏高原高山草甸上的美味食用菌。这与在北美西海岸和落基山脉之间的树林中发现的一种菌根菌黄金菇（*Floccularia luteovirens*）非常相似。2009 年卯晓岚将其定名为黄绿蜜环菌（*Armillaria luteovirens*），后来被更正为 *Floccularia luteovirens*（*Alb. & Schwein.*）*Pouzar*（Li et al.，2015）。一项分子研究表明它更接近于腐生菌环柄菇属（*Lepiota*）（Mycobank，2017），也就是说它可能不是 *Floccularia*。尽管我们还没有找到关于北美 *Floccularia* 和黄蘑菇的分子研究数据的比较来确认这一点。

在北美，黄金菇（*F. luteovirens*）作为菌根菌早已为人所知，人们认为黄蘑菇可能也是菌根菌，尽管在青藏高原草原上似乎没有潜在的菌根寄主植物。然而，黄蘑菇好像与线叶嵩草、莎草或许还有蓼科植物和掌参有关系（Ging，1997；Winkler，2012）。然而实地观察表明，情况并非如此。相反，生长黄蘑菇的区域附近常有一片片深绿色植被，这表明黄蘑菇可能是一种产生神奇蘑菇圈的腐生菌（Peter，2006；Xu et al.，2011）。

四、菌根苗的质量控制

菌根苗销售前要对是否存在菌根菌进行检验，这是菌根苗生产的最重要的一步，是菌根苗质量控制的基本原则。此时最有可能检测到污染物。诸多情况都可能造成菌根苗的污染，如：操作不慎，意外或故意；某种原因致使接种物中的污染物质未能检出；某种块菌碎片隐藏作为菌种使用的块菌的裂缝中；空气中的真菌通过敞开的通风口、门窗吹进；没有执行质量控制。这也唯一在菌根苗生产设施中检测污染物侵入的机会，导致菌根苗污染的主要有长毛盘菌、*Pulvinula constellatio*、*Sphaerosporella brunnea* 和革菌（*Thelephora* spp.）。

2000 年，新西兰多数黑孢块菌的菌根苗生产中受到了 *Tuber brumale* 和 *Tuber dryophilum* 的污染，尽管专业技术人员对种菌进行了认真筛选和种植前的菌根检查。有些菌根苗的菌根发育很差，很容易受其他杂菌的污染。也可能是外植后一些其他微生物在植物根部竞争力更强大，以至于取代了所选择培植的菌根菌。因此，我们认为块菌菌根苗的质量控制总体来讲需要加以规范，正如现在意大利部分地区所做的那样（Bagnacavalli et al.，2012）。意大利发明了分子技术，实施菌根苗的质量控制（Bertini et al.，1998），该项技术在智利也有应用，保证了提供的菌根苗确实是黑孢块菌而不是其他杂菌。

五、讨论

（一）研究与市场相匹配

在学术届，涉及商业栽培块菌的大约有 10 种，研究论文、书籍和文章超过 1 万份，其中绝大多数是针对黑孢块菌的。相比之下，地上的其他菌根食用菌的论文数量相对较少。因此，人们可能会认为块菌的价值远远超过了其他上千种菌根食用菌的价值。虽然 1kg 意大利白块菌、黑孢块菌、波氏块菌或中华夏块菌的价格远远超过地上其他菌根食用菌的价格。然而，黑孢块菌在法国、意大利和西班牙总和年产也只有 125t，假设零售价格是 2 000 美元/kg（可能会更高），北半球全年产量的零售价值只有 2.5 亿美元（表 42－2）。地球上有上千种菌根食用菌，从市场和经济学上看，为什么它们没有像黑孢块菌那样得到研究人员的关注，值得分析和思考。

表 42－2　对法国、意大利和西班牙的黑孢块菌产量和价值的估计

	产量（t）	平均每千克零售价格（美元）	产值（百万美元）
法国	50	1 375	37.8
意大利	30		41.3
西班牙	45		61.9
合计	125		172

数据来源：Le Tacon et al.，2013；Appennino Funghi e Tartufi 2016，Il medico de famiglia，2014。

目前，地上生的菌根食用菌可栽培出菇的只有 12 种，商业化生产的种类就更少。菌根食用菌的供应几乎完全依赖于野外采集，因此市场实际规模很难判断。2006 年，De Román 和 Boa 在报告里指出，西班牙北部 Castille－Leon 的小村庄 Buenavista De Valdavia，一个秋天的 4～6 周内就收获了超过 100t 的美味乳菇，而当年整个西班牙收获的新鲜和冷冻的美味乳菇只有 404t（Gonzáles et al.，2008，Table 1，níscalos）。当然菌根食用菌世界市场的实际产量还来自其他种类。据估计，美味牛肝菌的市场量在 2 万～20 万 t，而中国每年的野生菌收获量为 30 万 t（Sun and Xu，1999）。在日本最受欢迎的 100 种野生菌中（Ueda et al.，1992），大约一半是菌根菌。在Sun 和Xu 作出估计的 12 年后，仅云南就产生野生菌 13.5 万 t，其中有牛肝菌和松茸等主要种类（Zhang and Yang，2013）。另一些引人注目的收获数据来自 FAO（Boa，2004），他认为白俄罗斯的野生蘑菇产量为 5.3 万 t（1981—1985 年）；加拿大 1 000t；爱沙尼亚 2 200t（出口年度 1929—1938）；芬兰 360t（1996）；波兰 3 500t。

计算地上生根菌食用菌的实际价值比计算产量更难。这要取决于采用数据的层面，是

采摘者、中间商还是零售商。2006 年，付给 Buenavista De Valdavia 的美味乳菇采摘者的价格是 2 欧元/kg，批发价 3.6～7.2 欧元/kg，零售价在 1 欧元/kg（碎块）至 13 欧元/kg（一级）（De roman and Boa，2006）。我们了解到，欧洲高品质的新鲜美味牛肝菌近期零售价格大约为 23 美元/kg，大致和鸡油菌（*Cantharellus* spp.）价格相同，这两种菌根食用菌的市值估计都是 1 亿英镑（Danell，1999；Hall et al.，2003b、c；Watling，1997）。另一个估算来自 2014 年的一个报告《多功能树木和非木材林业产品——挑战和机遇》（Wong and Prokofieva，2016）。报告中指出“在 2011 年栽培双孢蘑菇和块菌产值 49.8 亿美元，其中野生菌产值 22.7 亿美元，占总产值的 45.6%。

1994 年，新西兰接种了美味乳菇的辐射松，2 年后蘑菇产量大约是每棵树 1kg，与谭祝明等（2007）预估的红汁乳菇的最大产量相似。然而，10 年后新西兰的美味乳菇的产量大约在每棵树 6kg。假如每公顷 600 棵树，如以 25 美元/kg 的保守批发价格计算，理论上年回报收入超过 90 000 美元/hm^2。当然，这是按全部为一级产品计算的。2017 年，Wang 自豪地宣布新西兰美味乳菇种植园里“一棵小欧洲赤松就能生产 120 多个蘑菇”。这说明我们早期的估产量太低了。另外，在澳大利亚墨尔本的批发市场上，一级美味乳菇的售价超过 25 美元/kg。我们保守地假设，美味乳菇有 28 年以上的生产期，当然这也是辐射松在新西兰可以砍伐的大致树龄，前 3 年没有蘑菇产量，以及之后还没有达到稳定生产水平的 7 年中，产量从每棵树 1kg 逐渐上升到 3kg，出场价为 8 美元/kg，种植园要返回林场主每公顷 32.6 万美元的 28 年的林木使用费。以目前的价格收获的美味乳菇大约是木材价值的 3 倍。相比之下，假设一个黑孢块菌种植园第六年才开始产出蘑菇，当年每公顷产量 5kg，第十年增加到每公顷 50kg，在接下来的 18 年中达到稳定状态，如售价为 1 000 美元/kg，回报价值只有美味乳菇种植园的 3 倍。据此完全可以推断，多种地上生的菌根食用菌的培育经济潜力巨大。

（二）研发激励机制亟待改革

一般说来，大学教师不愿让一名学生去研究一个在三年博士学业中都不可能完成的课题，更不用说成功与否了，如过去很少受到关注的 EMM 的培植。相反，他们可能会选择一个要求没那么高的课题，比如用分子工具对一个种（属）成员进行分类研究，或者是其他一些非应用领域的研究，而导师也有这方面的专业知识。这些都可能让人了解一些非常有用的背景知识，写出很好的科学论文，但它们实际上不能在提高作物产量上直接发挥作用。由经费有限的学术机构的学生进行的科学研究，可能会被预算大得多的私营部门的研究所超越。但这类研究成果很可能没有机会发表，也许仅仅公司为了自己的利益不愿泄露机密信息，甚至不去公开他们所做的研究。培植夏块菌菌根苗的方法，在商业化生产 25 年之后才得以出版（Pruette et al.，2008、2009）。

出版物的数量是困扰科学家从事应用研究的重要问题。长期的应用技术方法研究和实验可能会导致出版物数量不多，或者涉及企业利益而不能发表。Ian Hall 从 20 世纪 80 年代末到 1997 年期间就深受这一问题的困扰。对这类研究课题是否给予奖励可能并不重要，但如果是基于发表论文的数量、发表论文的期刊质量（影响因子）和一位科学家的论文被引用的次数（引文索引）给予奖励就大不一样了。虽然这是当今世界的方式，并且正在成为中国东部的常态，但对于发展中地区这是错误的，也许那里的基本农业问题还没有得到解决。因此，我们认为现行应用研究领域的成果奖励制度存在缺陷，需要彻底改革。

野生菌最大的价值是可以被开发利用，但蘑菇给人带来的意外收获有时会超过金钱。回忆在日本北部围着炭火和同事们盘腿而坐，烤着刚摘下来的新鲜松茸，余香飘远；在湖南西部的乡间小路上，与偶遇的悠闲采摘红汁乳菇者攀谈，其乐融融，等等。无价的回忆已超越了蘑菇的自身价值。与其用几十美元购买 1kg 的蘑菇，游客可能会更高兴被带到某个偏远的、原始古朴的角落去寻找蘑菇，然后返回他们所住的酒店，让厨师把它们变成神奇的菜肴，那将是多么美好的黄金时光!

[Ian Robert Hall（伊恩）、Alessandra Zambonelli（艾蕾山德拉） 本节由熊卫萍女士翻译]

主要参考文献

刁治民，1997. 青海草地黄绿蜜环菌生态学特性及营养价值的研究 [J]. 中国食用菌（4）：21－22.

李海波，吴学谦，王立武，等，2008. 青藏高原黄绿蜜环菌纯培养菌种的分离培养及分子鉴定 [J]. 菌物学报，27（6）：873－883.

卯晓岚，2009. 中国蕈菌 [M]. 北京：科学出版社.

孙万山，徐景英，1999. 我国食用菌产业成为农村经济发展的支柱产业 [J]. 中国食用菌，18（2）：5－6.

Antony-Babu S，Deveau A，van Nostrand J D，et al.，2014. Black truffle-associated bacterial communities during the development and maturation of *Tuber melanosporum* ascocarps and putative functional roles [J]. Environmental microbiology，16（9）：2831－2847.

Arléry R，1970. The climate of France，Belgium，The Netherlands，and Luxembourg [M] //Wallén C C. World survey of climatology. Vol. 5，Climates of Northern and Western Europe. Amsterdam：Elsevier Press.

Aspray T J，Jones E E，Davies M W，et al.，2013. Increased hyphal branching and growth of ectomycorrhizal fungus *Lactarius rufus* by the helper bacterium *Paenibacillus* sp [J]. Mycorrhiza，23（5）：403－410.

Bagnacavalli P，Capecchi M，Zambonelli A，2012. Al via la certificazione delle piante tartufigene [J]. Agricoltura，40（4）：12－13.

Barbieri E，Ceccaroli P，Agostini D，et al.，2016. Truffle-associated bacteria：extrapolation from diversity to function [M] //Alessandra Z，Mirco I，Claude M，True truffle（*Tuber* spp.）in the world. Soil ecology，systematics and biochemistry. Switzerland：Springer Press.

Beech H，2005. Chinese fungi are flooding gourmet-markets，and Europeans are not amused [N]. Time magazine，4－17.

Benucci G M N，Raggi L，Albertini E，et al.，2014. Assessment of ectomycorrhizal biodiversity in *Tuber macrosporum* productive sites [J]. Mycorrhiza，24（4）：281－292.

Berch S M，2013. Truffle cultivation and commercially harvested native truffles [C] //Proceedings international symposium on forest mushroom. Korea forest research institute.

Bertini L，Agostini D，Potenza L，et al.，1998. Molecular markers for the identification of the ectomycorrhizal fungus *Tuber borchii* [J]. New phytologist，139（3）：565－570.

Bonito G, Smith M E, Nowak N, et al. , 2013. Historical biogeography and diversification of truffles in the Tuberaceae and their identified southern hemisphere sister lineage [J]. PLoS one, 8 (1): e52765.

Bonito G, Trappe J M, Donovan S, et al. , 2011. The Asian black truffle *Tuber indicum* can form ectomycorrhizas with North American host plants and complete its life cycle in non-native soils [J]. Fungal ecology, 4 (1): 83 - 93.

Caron F, 1997. Histoire des Chemins de Fer en France [M]. Paris: Fayard Press.

Cheng L, Chen W, Adams T S, et al. , 2016. Mycorrhizal fungi and roots are complementary in foraging within nutrient patches [J]. Ecology, 97 (10): 2815 - 2823.

Chevalier G, Grente J, 1973. Propagation de la mycorhization par la truffe à partir de racines excisées et de plantes inséminateurs [J]. Annales de phytopathologie, 5: 317 - 318.

Cordero C, Cáceres P, González G, et al. , 2011. Uso de marcadores moleculares para la detección rápida y precisa de trufa negra (*Tuber melanosporum* Vitt.) en plantas de vivero y plantaciones comerciales de Chile [J]. Chilean journal of agricultural research, 71 (3): 488 - 494.

Cornforth I S, Sinclair A G, 1984. Fertilisers and lime recommendations for pastures and crops in New Zealand [M]. Agricultural Research and Advisory Service Divisions, New Zealand Ministry of Agriculture and Fisheries, Wellington.

Csorbainé A G, Bratek Z, Illyés Z, et al. , 2008. Studies on *Tuber macrosporum* Vittad. natural truffle habitats in the Carpatho-Pannon region [C]. Spoleto: 3rd Congresso Internazionale de Spoleto sul Tartufo.

Danell E, 1994. *Cantharellus cibarius*: mycorrhiza formation and ecology [D]. Uppsala: ACTA Universitatis Upsaliensis.

Danell E, 1999. *Cantharellus* [M] //John W G, Cairney J W G, Chambers S M. Ectomycorrhizal fungikey genera in profile. Berlin: Springer Press: 253 - 267.

Delmas J, 1978. *Tuber* spp [M] // Chang S T, Hayes W A. The biology and cultivation of edible mushrooms. London: Academic Press: 645 - 681.

De Roman M, Boa E, 2006. The marketing of *Lactarius deliciosus* in northern Spain [J]. Economic botany, 60: 284 - 290.

Dickie I A, Nuñez M A, Pringle A, et al. , 2016. Towards management of invasive ectomycorrhizal fungi [J]. Biological invasions, 18 (12): 3383 - 3395.

Duggan T, 2017. Ground-breaking truffle harvest portends something big in California [N]. San Francisco chronicle: 5 - 9.

Fan L, Han L, Zhang P R, et al. , 2016. Molecular analysis of Chinese truffles resembling *Tuber californicum* in morphology reveals a rich pattern of species diversity with emphasis on four new species [J]. Mycologia, 108: 191 - 199.

Flores R, Díaz G, Honrubia M, 2005. Mycorrhizal synthesis of *Lactarius indigo* (Schw.) Fr. with five neotropical pine species [J]. Mycorrhiza, 15 (8): 563 - 570.

Frey-Klett P, Garbaye J, Tarkka M, 2007. The mycorrhiza helper bacteria revisited [J]. New phytologist, 176 (1): 22 - 36.

Ghosh A, Bhujel S, Maiti G G, 2014. Occurrence of mycorrhizae in some species of *Carex* (Cyperaceae) of the Darjeeling Himalayas, India [J]. International journal of life science and pharma research, 4: 1 - 10.

Gilmore J W, 1958. Chlorosis of Douglas fir [J]. New Zealand journal of forestry, 7 (4): 106.

Gonzáles R V, Balteiro L D, Herruzo A C, 2008. Una aproximación al mercado de Lactarius deliciosus en España. Evolución y tendencias recientes [C] . Mallorca: Congreso de la Asociación Hispano-Portuguesa de Economía de los Recursos Naturales y Ambientales.

Guescini M, Pierleoni R, Palma F, et al., 2003. Characterization of the *Tuber borchii* nitrate reductase gene and its role in ectomycorrhizae [J]. Molecular genetics and genomics, 269: 807 - 816.

Habte M, 2000. Mycorrhizal fungi and plant nutrition [M] //Silva J A and Uchida R. Plant nutrient management in Hawaii's soils, approaches for tropical and subtropical agriculture. College of Tropical Agriculture and Human Resources, University of Hawaii at Manoa.

Hall I R, 1976. Response of *Coprosma robusta* to different forms of endomycorrhizal inoculum [J]. Transactions of the british mycological society, 67: 409 - 411.

Hall I R, 1988. Potential for exploiting vesicular-arbuscular mycorrhizas in agriculture [M] //Mizrahi A. Advances in biotechnological processes, Vol. 9. biotechnology in agriculture. New York: Alan R. Liss, Inc.

Hall I R, De P, Mare L, et al., 2019. Commercial inoculation of *Pseudotsuga* with an ectomycorrhizal fungus and its consequences [M] //Sridhar K. Advances in macrofungi: diversity, ecology and biotechnology. CRC Press.

Hall I R, Brown G, Zambonelli A, 2007a. Taming the truffle: the history, lore, and science of the ultimate mushroom [M]. Portland: Timber Press.

Hall I R, Dixon C A, Bosselman G, et al., 2003a. Production of shoro (*Rhizopogon rubescens*) infected pine seedlings and results of field trials [R]. Crop and Food Research Confidential Report, No. 858.

Hall I R, Fitzpatrick N, Miros P, et al., 2017. Counter-season cultivation of truffles in the Southern Hemisphere-an update [J]. Italian Journal of Mycology, 46: 21 - 36.

Hall I R, Frith A, Haslam W, 2016. Climatic information for some areas where some edible ectomycorrhizal mushrooms are found [M]. Dunedin: Truffles and Mushrooms (Consulting) Limited.

Hall I R, Garden E, 1984. Effect of fertilisers and ectomycorrhizal inoculum on stunted Douglas firs [C]. Bend, Oregon: Proceedings of the sixth North American conference on mycorrhizas.

Hall I R, Haslam W, 2012. Truffles in the Southern Hemisphere [M] //Zambonelli A, Bonito G. Edible mycorrhizal mushrooms, soil biology 34. Dordrecht: Springer Press: 191 - 208.

Hall IR, Perley C, De P, et al., 2010. Mushrooms in plantation forests-a secondary crop or the main event? [M]. ForestTECH.

Hall I R, Perley C, 2007b. Ectomycorrhizas, forestry practices and edible ectomycorrhizal mushrooms [M]. Gwangju, Korea: Chonnam National University: 35 - 45.

Hall I R, Stephenson S, Buchanan P, et al., 2003b. Edible and poisonous mushrooms of the world [M]. Portland: Timber Press.

Hall I R, Wang Y, 2000. Edible mushrooms as secondary crops in forests [J]. Quarterly journal of forestry, 94: 299 - 304.

Hall I R, Wang Y, Amicucci A, 2003c. Cultivation of edible ectomycorrhizal mushrooms [J]. Trends in Biotechnology 21 (10): 433 - 438.

Hall I R, Xiong W P, 2016. Mycorrhizas, mushrooms, irrigation and reforestation [C]. Longquan, China: International Economic Fungi Conference & 229th Chinese Academy of Engineering Forum on Engineering, Science and Technology of China Economic Fungi Forum.

Hall I R, Zambonelli A, 2012a. Laying the foundations. Chapter 1 [M] //Zambonelli A, Bonito G. Edible mycorrhizal mushrooms, soil biology 34. Dordrecht: Springer Press.

Hall I R, ZambonelliA, 2012b. The cultivation of mycorrhizal mushrooms-still the next frontier [M] // Zhang J, Wang H, Chen M. Mushroom science XVIII. Beijing: China Agricultural Press.

Hibbett D S, Gilbert L B, Donoghue M J, 2000. Evolutionary instability of ectomycorrhizal symbioses in basidiomycetes [J]. Nature, 407: 506 - 508.

Hiromoto K, 1963a. Life-relation between *Pinus densiflora* and *Armillaria matsutake*. I. Components in the pine needle decoction concerned with the growth of *Armillaria matsutake* [J]. Botanical magazine Tokyo, 76: 264 - 272.

Hiromoto K, 1963b. Life-relation between *Pinus densiflora* and *Armillaria matsutake*. Ⅱ. Mycorrhiza of *Pinus densiflora* with *Armillaria matsutake* [J]. Botanical magazine Tokyo, 76 (902): 292 - 298.

Iotti M, Amicucci A, Stocchi V, et al., 2002. Morphological and molecular characterization of mycelia of some *Tuber* species in pure culture [J]. New phytologist, 155: 499 - 505.

Iotti M, Piattoni F, Leonardi P, et al., 2016. First evidence for truffle production from plants inoculated with mycelial pure cultures [J]. Mycorrhiza, 26: 793 - 798.

Iwase K, 1997. Cultivation of mycorrhizal mushrooms [J]. Food Review International, 13: 431 - 442.

Lagrange A, Ducousso M, Jourand P, et al., 2011. New insights into the mycorrhizal status of Cyperaceae from ultramafic soils in New Caledonia [J]. Canadian journal of microbiology, 57: 21 - 28.

Lee T S, 1988. Status of mycorrhizal research in Korea. Mycorrhizae for Green Asia [M] // Mahadevan A, Raman N, Natarajian K. Proceedings of the First Asian Congress on Mycorrhizae, Madras, India. Madras: Alamu Printing Works.

Lee T S, Kim K S, Shim W S, et al., 1984. Studies on the artificial cultivation and propagation of pine mushroom [J]. Research report forest research institute of Korea, 31: 109 - 123.

Leonardi P, Iotti M, Donati Zeppa S, et al., 2017. Morphological and functional changes in mycelium and mycorrhizas of *Tuber borchii* due to heat stress [J]. Fungal ecology, 29: 20 - 29.

Le Tacon F, Marçais B, Courvoisier M, et al., 2014. Climatic variations explain annual fluctuations in French 'Périgord black truffle' wholesale markets but do not explain the decrease in 'black truffle' production over the last 48 years [J]. Mycorrhiza, 24: 115 - 125.

Li L, Zhao Y C, Li S H, et al., 2014. Diversity of hypogeous fungi in China [J]. Applied mechanics and materials, 448 - 453: 943 - 947.

Li Y, Li T, Yang Z, et al., 2015. Atlas of Chinese macrofungal resources [M]. Zhenghu: Central Plains Farmers Press.

Martin F, Deveau A, Labbe J, 2016. Mycorrhiza helper bacteria [M] //Francis M. Molecular mycorrhizal symbiosis. New York: John Wiley & Sons, Incorporated Press.

Masuhara K, 1992. Growth of pine saplings to be infected by *Tricholoma matsutake* (Ito et lmai) Sing. [J]. Bulletin hiroshima forestry experimental station, 26: 45 - 61.

Mediavilla O, OlaizolaJ, Santos-del-Blanco L, et al., 2016. Mycorrhization between *Cistus ladanifer* L. and *Boletus edulis* Bull is enhanced by the mycorrhiza helper bacteria *Pseudomonas fluorescens* Migula [J]. Mycorrhiza, 26 (1): 161 - 168.

Menotta M, Amicucci A, Sisti D, et al., 2004. Differential gene expression during pre-symbiotic interaction between *Tuber borchii* Vittad. and *Tilia americana* L [J]. Current genetics, 46 (3): 158 - 165.

Miozzi L, Balestrini R, Bolchi A, et al., 2005. Phospholipase A2 up-regulation during mycorrhiza formation in *Tuber borchii* [J]. New phytologist, 167 (1): 229 - 238.

Meney K A, Dixon K W, Scheltema M, et al., 1993. Occurrence of vesicular mycorrhizal fungi in dryland species of Restionaceae and Cyperaceae from south-west Western Australia [J]. Australian journal of botany, 41 (6): 733 - 737.

Moreau P A, Mleczko P, Ronikier M, et al., 2006. Rediscovery of *Alnicola cholea* (Cortinariaceae): taxonomic revision and description of its mycorrhiza with *Polygonum viviparum* (Polygonaceae) [J]. Mycologia, 98: 468-478.

Moreno G, Alvarado P, Manjón, 2014. Hypogeous desert truffles [M] //Varda K Z, Asunción M, Nurit R, et al. Desert truffles: phylogeny, physiology, distribution and domestication. Berlin Heidelberg: Springer Press.

Morte A, Andrino A, Honrubia M, et al., 2012. *Terfezia* cultivation in arid and semiarid soils [M] //Zambonelli A, Bonito G M. Edible ectomycorrhizal mushrooms. Berlin Heidelberg: Springer Press.

Morte A, Zamora M, Gutiérrez A, et al., 2009. Desert truffle cultivation in semiarid Mediterranean areas [M] //Concepción A, Jose M B, Silvio G, et al. Mycorrhizas-functional processes and ecological impact. Dordrecht: Springer Press.

Mousain D, Domergue O, Collombier C, et al., 2010. La mycorhization contrôlée des pins par les lactaires comestibles a lait rouge: questions et avancées [C] //Abstracts of the International congress Mycorrhizal symbiosis; ecosystems and environment of the Mediterranean area (MYCOMED). Marrakesh.

Murat C, Zampieri E, Vizzini A, et al., 2008. Is the Périgord black truffle threatened by an invasive species? We dreaded it and it has happened! [J]. New phytologist, 178 (4): 699-792.

Navarro-Ródenas A, Pérez-Gilabert M, Torrente P, et al., 2012. The role of phosphorus in the ectendomycorrhiza continuum of desert truffle mycorrhizal plants [J]. Mycorrhiza, 22 (7): 565-575.

Ogawa M. 1978. Biology of matsutake mushroom [M]. Tokyo: Tsukiji Shokan.

Ogawa M, Ito I, 1989. Is it possible to cultivate matsutake? [M]. Tokyo: Sou Shin Press.

Olivier J M, Guinberteau J, Rondet J, et al., 1997. Vers l'inoculation contrôlée des cèpes et bolets comestibles? [J]. Revue Forestiere Francaise, XIIX: 222-234.

Peintner U, Iotti M, Klotz P, et al., 2007. Soil fungal communities in a *Castanea sativa* (chestnut) forest producing large quantities of *Boletus edulis* sensu lato (porcini): where is the mycelium of porcini? [J]. Environmental microbiology, 9: 880-889.

Percudani R, Trevisi A, Zambonelli A, et al., 1999. Molecular phylogeny of truffles (Pezizales: Terfeziaceae, Tuberaceae) derived from nuclear rDNA sequence analysis [J]. Molecular phylogeneticsand evolution, 13 (1): 169-180.

Peter M, 2006. Ectomycorrhizal fungi-fairy rings and the wood-wide web [J]. New phytologist, 171: 688-693.

Pither S, 2016. How truffles went from pig food to treasure in Yunnan, China [N]. The Guardian: 2-7.

Poitou N, Mamoun M, Ducamp M, et al., 1989. Mycorrhization controlee et culture experimentale du champ de *Boletus* (= *Suillus*) *granulatus* et *Lactarius deliciosus* [C] //Grabbe K, Hilber O. Mushroom science. Proceedings of the twelfth international congress on the science and cultivation of edible fungi, Braunschweig.

Polidori E, Agostini D, Zeppa S, et al., 2002. Identification of differentially expressed cDNA clones in *Tilia platyphyllos-Tuber borchii* ectomycorrhizae using a differential screening approach [J]. Molecular genetics and genomics, 266: 858-864.

Pruett G E, Bruhn J N, Mihail J D, 2008. Colonization of pedunculate oak by the Burgundy truffle fungus is greater with natural than with pelletized lime [J]. Agroforestry systems, 72 (1): 41-50.

Pruett G E, Bruhn J N, Mihail J D, 2009. Greenhouse production of Burgundy truffle mycorrhizae on oak roots [J]. New forests, 37 (1): 43-52.

Ramírez R, Henriquez R, Reyna S, et al., 2011. Cultivo de trufa negra en Chile [M] //Reyna. Truficultura: fundamentos y técnicas. Madrid: Mundi Prensa Press.

Rigamonte T A, Pylro V S, Duarte G F, 2010. The role of mycorrhization helper bacteria in the establishment and action of ectomycorrhizae associations [J]. Brazilian journal of microbiology, 41 (4): 832-840.

Rubini A, Belfiori B, Riccioni C, et al., 2011. Isolation and characterization of MAT genes in the symbiotic ascomycete *Tuber melanosporum* [J]. New phytologist, 89 (1): 710-722.

Rubini A, Riccioni C, Belfiori B, et al., 2014. Impact of the competition between mating types on the cultivation of *Tuber melanosporum*: *Romeo and Juliet* and the matter of space and time [J]. Mycorrhiza, 24 (S1): 19-27.

Salerni E, Iotti M, Leonardi P, et al., 2014. Effects of soil tillage on *Tuber magnatum* development in natural truffières [J]. Mycorrhiza, 24 (S1): 79-87.

Sánchez J A, Blanco D, González-Andrés F, et al., 2017. Autochtonous bacteria are the key to produce boletus in rockrose thickets [N]. European Forest Institute.

Savoie J M, Largeteau M L, 2011. Production of edible mushrooms in forests: trends in development of a mycosilviculture [J]. Applied microbiology and biotechnology, 89 (4): 971-979.

Séne S, Avril R, Chaintreuil C, et al., 2015. Ectomycorrhizal fungal communities of *Coccoloba uvifera* (L.) L. mature trees and seedlings in the neotropical coastal forests of Guadeloupe (Lesser Antilles) [J]. Mycorrhiza, 25 (7): 547-559.

Tan Z M, Shen A R, Fu S C, 2007. Successful cultivation of *Lactarius hatsutake* an evaluation with molecular methods [J]. Opera mycologica, 1: 38-41.

Tominaga Y, Komeyama S, 1987. Practice of matsutake cultivation [M]. Tokyo: Youken Press.

Vaario L M, Fritze H, Spetz P, et al., 2011. *Tricholoma matsutake* dominates diverse microbial communities in different forest soils [J]. Applied environmental microbiology, 77 (24): 8523-8531.

Veneault-Fourrey C, Martin F, 2013. New insights into ectomycorrhizal symbiosis evolution and function [M] //Frank K. The Mycota, 11-Agricultural applications.

Visnovsky S B, Guerin-Laguette A, Wang Y, et al., 2010. Traceability of marketable Japanese shoro in New Zealand: using multiplex PCR to exploit phylogeographic variation among taxa in the *Rhizopogon* subgenus *roseoli* [J]. Applied and environmental microbiology, 76 (1): 294-302.

Wang Q, Jiang W, Chen B, 2005. Effects of fairy ring growth of *Armillaria luteo-virens* on soil fertility and plant community [J]. Chinese journal of ecology, 24 (3): 269-272.

Wang X, 2012. Truffle cultivation in China [M] //Zambonelli A, Bonito G. Edible Mycorrhizal Mushrooms, Soil Biology 34 [M]. Dordrecht: Springer Press.

Wang Y, 1995. *Tricholoma matsutake* [D]. Department of Botany, University of Otago, Dunedin, New Zealand.

Wang Y, Cummings N, Guerin-Laguette A, 2012. Cultivation of basidiomycete edible ectomycorrhizal mushrooms: *Tricholoma*, *Lactarius*, and *Rhizopogon* [M] //Zambonelli A, Bonito G. Edible mycorrhizal mushrooms, soil biology 34 [M]. Dordrecht: Springer Press.

Wang Y, Hall I R, 2004. Edible mycorrhizal mushrooms: challenges and achievements [J]. Canadian journal of botany, 82: 1063-1073.

Wang Y, Hall I R, 2005. Matsutake-a natural biofertiliser? [M] //Rai M K. Handbook of microbial fertilizers. Haworth, Binghampton, N.Y.

Wang Y, Hall I R, Dixon C, et al., 2002. Potential for the cultivation of *Lactarius deliciosus* (saffron milk cap) and *Rhizopogon rubescens* (shoro) in New Zealand [M] //Hall I R, Wang Y, Danell E, et al. Edible mycorrhizal mushrooms and their cultivation. Proceedings of the second international conference on edible mycorrhizal mushrooms, 2001. CD-ROM. New Zealand Institute for Crop & Food Research Limited, Christchurch.

Wang Y, Hall I R, Evans L, 1997. Ectomycorrhizal fungi with edible fruiting bodies. 1. *Tricholoma matsutake* and allied fungi [J]. Economic botany, 3: 311 - 327.

Watling R, 1997. The business of fructification [J]. Nature, 385 (6614): 299 - 300.

Xinhua, 2011. China to plant pine trees in Horqin sandy area [N]. China daily, 9 - 4.

Xu X, Ouyang H, Cao G, et al., 2011. Dominant plant species shift their nitrogen uptake patterns in response to nutrient enrichment caused by a fungal fairy in an alpine meadow [J]. Plant soil, 341 (1): 495 - 504.

Yamada A, Ogura T, Ohmasa M, 2002. Cultivation of some Japanese edible ectomycorrhizal mushrooms [C] // Hall I R, WangY, Danell E, et al. Proceedings of the 2nd International Conference on Edible Mycorrhizal Mushrooms. Christchurch, New Zealand.

Zambonelli A, Iotti M, Boutahir S, et al., 2012. Ectomycorrhizal fungal communities of edible ectomycorrhizal mushrooms [M] // Zambonelli A, Bonito G M. Edible ectomycorrhizal mushrooms, soil biology 34. Dordrecht: Springer Press.

Zeppa S, Vallorani L, Potenza L, et al., 2000. Estimation of fungal biomass and transcript levels in *Tilia platyphyllos-Tuber borchii* ectomycorrhizae [J]. FEMS microbioloby letters, 188 (2): 119 - 124.

第二节　褐环乳牛肝菌栽培

一、概述

（一）褐环乳牛肝菌的分类地位与分布

褐环乳牛肝菌［*Suillus luteus*（L.）Rousse］又名土色牛肝菌、红乳牛肝菌，隶属担子菌门（Basidiomycota），伞菌纲（Agaricomycetes），牛肝菌目（Boletales），乳牛肝菌科（Suillaceae），乳牛肝菌属（*Suillus*）。

褐环乳牛肝菌是一种广布性的菌根食用菌，我国浙江、黑龙江、吉林、辽宁、内蒙古、河北、山东、江苏、安徽、福建、江西、湖南、广西、广东、云南、山西、贵州、四川、陕西、西藏等地均有分布，日本、俄罗斯（远东地区）、欧洲、北美等地有分布。与马尾松、台湾松、落叶松、云杉和冷杉等树木形成外生菌根。在浙江丽水的庆元、景宁等地，由于褐环乳牛肝菌菌盖表皮容易整块剥下，当地称其为剥皮菇，在东北称为黏团子。在西南、东北、浙南等均有采食，也有企业收购加工成腌渍品、干品销售。

（二）褐环乳牛肝菌的营养、保健与医药价值

褐环乳牛肝菌营养丰富，味道鲜美，颇具特色，鲜菇菌盖富含胶质，烹饪后口感软、滑，汤色鲜黄；干品炒、煲汤皆宜，质感软硬适中，口感不亚于美味牛肝菌等野生食用菌。该菌含有胆碱、腐胺等生物碱，试验表明，对小白鼠肉瘤 180 和艾氏癌的抑制率分别为 90%和 80%，具有较好的抗肿瘤、抗癌作用（弓明钦等，2007）。

（三）褐环乳牛肝菌的栽培技术发展历程

历时 6 年多的探索研究，褐环乳牛肝菌由丽水市林业科学研究院应国华研究团队采用菌根技术栽培成功，用分离培养的菌种接种松树类无菌苗，获得的菌根苗进行种植、管理，一定年限后林地即可出菇；2006 年，在苗圃地上成功栽培出褐环乳牛肝菌子实体，最多的区块子实体量每平方米超过 90 个。2007 年春季，采用多种种植方式，将二年生的菌根苗种植于 174m^2 的山地，2008 年冬季和 2009 年春季的褐环乳牛肝菌产量合计 14.5kg，折合每 667m^2 产量高达 55.57kg，取得褐环乳牛肝菌山地人工栽培技术的成功（应国华等，2009）。

（四）褐环乳牛肝菌的发展现状与前景

虽然褐环乳牛肝菌菌根苗的集约化生产技术需要进一步研究，但作为一种菌根食用菌其市场前景广阔，实现产业化人工栽培的技术基础和市场前景良好。

二、褐环乳牛肝菌的生物学特性

（一）形态与结构

菌盖黄褐色、红褐色或肉桂色，过熟后色变暗，肉质，幼时半球形，后发育成扁半球形，成熟时近扁平，直径 3～12cm，有光泽，湿时黏滑，菌盖表面有褐色条纹。菌肉淡黄色，柔软，伤不变色。菌管黄色或芥黄色，鲜亮，成熟后变暗，管口三角形，菌管直生或略延生，不易分离；菌柄近柱形，基部稍膨大，淡黄褐色，长 1.5～7.0cm，直径 0.9～2.4cm，实心，菌柄上部常具小腺点；菌环生于菌柄上部，初黄白色，后呈褐色，易脱落；孢子平滑，带黄色，近纺锤形或长椭圆形，大小为（7.5～9.0）μm×（3.0～3.5）μm，孢子印锈褐色；囊状体丛生，棒状，无色至淡褐色，大小为（22～41）μm×（5～8）μm。

（二）繁殖特性

着生于子实体菌管内的担孢子成熟后弹射飞散在空中，在风、雨水和自身重力等作用下传播到不同距离的地面，渗入表土，接近松树根系的担孢子，在松树根分泌物的刺激下萌发成菌丝，部分菌丝进入松树新根皮层细胞间隙形成相互联结的哈蒂氏网，即形成菌根，该过程主要发生在春天根系开始生长时，菌根形成后褐环乳牛肝菌的菌丝继续生长发育形成菌索，进一步发育形成子实体原基，原基分化形成菌盖、菌管、菌柄、菌环等结构的子实体，菌管内发育分化出担子和担孢子，完成一个生育周期（应国华等，2006）。

（三）生态习性

1. 子实体发生季节　由于气候条件的原因，不同地区褐环黏盖牛肝子实体发生的季节有所差别。河北、山东及东北、西南等多数地区发生在夏秋季节，而夏季高温冬季不冷的地区在秋冬或早春出菇，如在浙江省丽水市郊区百果园的马尾松林褐环乳牛肝菌的自然发生期多在 11 月初到翌年 4 月上中旬，呈散生或群生，而在浙江省庆元县海拔高于 1 100m 的大洋林区，发生季节为 4 月至 5 月下旬。

2. 子实体发生发育过程　根据调查，在非出菇季节，土中可见的褐环乳牛肝菌菌丝较稀少，而临近出菇季节，土层及土表石块或落叶下菌丝增多，逐渐密集、趋浓变白，在温湿度、土壤水分等适宜条件下，形成长约 0.5cm、直径 2mm 的白色小棒状菇蕾，此阶段不能触动菇蕾，需要保持土壤的湿度，菇蕾继续生长，从顶端分化出菌盖，先呈白色，后变为淡褐色，菌盖由幼时半球形逐渐长大，菌膜开始破裂，留在菌柄上形成菌环，颜色变为褐色。当菌盖趋于平展即子实体成熟时，孢子开始大量散发，菌管也由黄色变为污黄色，子实体继续发育，部分子实体受取食昆虫幼虫的影响菌管开始腐烂。褐环乳牛肝菌从原基到成熟需 8～12d，发育时间的长短与温度关系密切。

(四) 生长发育条件

1. 营养要求

(1) 碳源　褐环乳牛肝菌属于菌根菌，不同于木腐菌，无法通过酶分解纤维素、木质素作为营养来源，只能利用单糖、多糖、淀粉作为碳源。研究表明，葡萄糖、麦芽糖和果糖是褐环乳牛肝菌菌丝生长适宜的碳源，以这些碳源为培养基的菌丝生长快、白，气生菌丝旺盛；在以蔗糖为碳源的培养基上接种块萌发慢，菌丝生长虽快但菌丝细弱、稀少；以甘油为碳源的培养基上，菌丝生长慢、细弱。

(2) 氮源　研究表明（应国华等，2007），褐环乳牛肝菌菌丝对铵态氮利用较好，在以磷酸二氢铵、氯化铵为氮源的培养基上，菌丝生长快、白，气生菌丝旺盛，培养过程中色素分泌较少（应国华等，2007）。在有机氮源中，牛肉膏较好，发菌速度快，气生菌丝多；酵母膏次之；在豆胨、蛋白胨为氮源的培养基上，菌丝生长较差。在培养基中添加麦麸能够促进菌丝生长。

(3) 无机元素　褐环乳牛肝菌的生长需要磷、镁、钾、硫、铁等矿质元素，在固体斜面和液体培养中添加硫酸镁、磷酸二氢钾、氯化铁，能够促进菌丝生长。

2. 生态环境条件　褐环乳牛肝菌发生的森林生态环境条件包括林分结构、土壤以及气象因子。研究表明（应国华等，2005），一个地区决定褐环乳牛肝菌子实体能否发生和发生量多少的根本因素是共生树种、林分结构、土壤；而降水量、温度等气象因子是决定每年子实体发生的时间和当年产量高低的关键。

(1) 林分结构　在浙江丽水，褐环乳牛肝菌发生在以马尾松、黄山松为共生树种的针叶林、针阔混交林或马尾松林缘的竹林内，除马尾松、黄山松外，还有赤楠、米槠、白栎、微毛柃、冬青、拔葜、杜鹃、雷竹、蕨等。在丽水市郊低海拔的百果园发现，在马尾松纯林边缘雷竹林内生长有褐环乳牛肝菌，林下植被种类和数量均少，地表覆有枯落的竹叶，厚度在 2cm 以下，一年发生 2～4 潮子实体。

根据调查，在自然条件下，发生褐环乳牛肝菌子实体的马尾松林、黄山松的树龄多为 12～28 年。

林内郁闭度对褐环乳牛肝菌的发生有明显影响，调查发现郁闭度为 0.7～0.85 的林内地易发生，在郁闭度超过 0.85 的马尾松林中很少有发现褐环乳牛肝菌的发生。

(2) 土壤　在丽水低海拔子实体发生林土壤的基岩为凝灰岩，土壤类型为红壤，土壤质地为中壤土，pH 为 4～4.5，土壤瘠薄，土层厚度在 30cm 以内，有的基岩裸露，土壤有机质含量低，为 0.75%～1.84%。土壤的石砾含量较高，达到 33.04%～36.59%。而高海拔发生林的土壤为黄壤，pH 为 4～5，土壤的石砾含量较高达到 50.91%～69.72%。

(3) 温度　根据对丽水市百果园褐环乳牛肝菌出菇季节的温度观察记录，菌丝生长适宜温度为 24～26℃，子实体生长发育的适宜温度 10～18℃。

(4) 湿度　菌丝生长和原基形成需要一定的土壤水分，原基形成要求土壤含水量在

15%以上，子实体生长发育期间空气相对湿度在80%以上，若空气相对湿度低于80%，幼小的菇蕾容易干枯死亡，适宜的温度条件下，降水量对产量的影响较大。

三、褐环乳牛肝菌的栽培技术

（一）菌种分离

1. 培养基配方　PDA改良培养基：马铃薯100g、磷酸二氢钾1.5g、硫酸镁1g、酒石酸铵1g、1%柠檬酸铁0.05mL/L、0.1%硫酸锌2.5mL/L、葡萄糖2.0%、维生素B_1 10mg、琼脂2.0%，水1 000mL、自然pH。

该培养基适合褐环乳牛肝菌生长，表现菌丝生长快，气生菌丝发达、健壮。

MMN培养基：$CaCl_2 \cdot 2H_2O$ 0.5g、NaCl 0.025g、KH_2PO_4 0.5g、$(NH_4)_2HPO_4$ 0.25g、$MgSO_4 \cdot 7H_2O$ 0.15g、$FeCl_3$（1%溶液）1.2mL/L、麦芽粉3g、葡萄糖10g、牛肉汁15g、维生素B_1 10mg、琼脂20g、蒸馏水1 000mL，自然pH。

培养基配置灭菌参照常规方法。

2. 菌种分离　选择个体大、肉厚、未开伞的子实体，去除子实体表面附着杂物和基部带土部分的菌柄，用吸水纸包好带回实验室。分离前，用75%酒精药棉擦菌盖表面，之后用75%酒精药棉擦拭双手，将菌柄从基部开始向上一分为二撕开，用小刀在菌肉与菌管交界处切割成0.2～0.5cm的组织块，用接种针或镊子移入斜面培养基中间部位。

3. 菌种培养　将分离好的试管置于24～26℃恒温箱中培养，约48h，组织块表面开始萌发，周围长出白色菌丝，当菌丝在培养基上生长1～2cm时，选择菌丝良好的试管，切取尖端菌丝转接到新的斜面培养基上，经培养成为扩繁用母种。

（二）菌种扩繁

菌种扩繁的目的是获取大量的菌丝体，用于接种无菌苗培育成菌根苗，褐环乳牛肝菌的菌种扩繁有固体培养和液体培养两种方式，液体菌种比较适宜。

1. 母种扩繁　根据试验表明，MMN配方比较适宜褐环乳牛肝菌的菌丝扩繁，母种扩繁可以采用斜面和平板，相比之下斜面更容易控制污染。平板培养基制备和母种转接参照常规方法。

2. 液体菌种扩繁

（1）母种选择　选择菌龄短、菌丝白色、生长快、气生菌丝较浓、培养基部分为亮黄色的斜面母种或平板母种，这样的母种菌丝活力强，菌丝体产量高。

（2）液体培养基　马铃薯5.0%、葡萄糖1.0%、红糖1.0%、KH_2PO_4 0.05%、$MgSO_4 \cdot 7H_2O$ 0.025%、$FeCl_3$（1%溶液）1.2mL/L、水1 000mL，pH自然。按常规方法，配制好培养基，要注意一点，马铃薯煮液时间比常规要短，煮液要过滤干净。

1 000mL三角瓶中装入600mL液体培养基，500mL三角瓶中装入300mL液体培养基，这样比例的装液量，既能满足通气条件，又可以培养尽量多的菌丝体。

（3）接种　将扩繁母种的菌丝体划成2cm见方的小块，用接种铲铲取斜面或平板菌丝块，菌丝块尽量少带培养基，以确保接入后浮在液体表面，一般1 000mL三角瓶接2块菌丝块，500mL三角瓶接1块菌丝块。

(4) 培养　保持菌丝块浮在液面上，然后放到25℃条件下静置培养2d，待菌丝块切口萌发长出新菌丝后，再放到25℃、水平圆周回转的振幅30mm的摇床，转速为150r/min，而水平圆周回转的振幅50mm的，摇床转速为130r/min即可，振荡培养14～17d即可，若低于14d，菌丝产量达不到最大值，若超过17d，增殖的菌丝球活性下降（薛振文等，2010）。

3. 固体菌种培养　蛭石、膨胀珍珠岩、泥炭按体积比1∶1∶1混匀，用MMN液体培养基调节含水量，至手握成团，落地能散即可。装入盐水瓶或14cm×27cm菌种袋，装料高以6～8cm较合适，压平料面，中间打孔，塞好棉塞，灭菌冷却后接入褐环乳牛肝菌菌种，采用液体培养的适龄菌丝球，比斜面菌种萌发和吃料速度快。接种后置于25℃恒温条件下培养，菌丝长满菌袋即可使用。

（三）菌剂

菌剂可以保持菌丝体的活性，提高菌丝体与松树根系的附着力，进而提高菌根合成率，菌剂包括固体菌剂和液体菌剂。

1. 液体菌剂制作　将培养好的液体菌种用沙网过滤，获得菌球。将300mL/L菌丝球，加过滤后的培养液至1L，加海藻酸钠4g/L，用小型粉碎机打碎拌匀制成一瓶菌剂，配好的菌剂最好随配随用，每500mL的菌剂可接菌根苗约450株。

2. 固体菌剂制作　固体菌剂就是用固体培养基培养制成的菌种，接种时直接掰成块状使用即可。

（四）菌种保藏

褐环乳牛肝菌的菌种保藏采用斜面低温保藏和菌丝球低温保藏两种方法。

（五）无菌苗的培育

无菌苗是指将种子催芽培育到接种菌剂前的小苗，根部未受其他外生菌根真菌侵染。

1. 共生树种的选择　自然界中，褐环乳牛肝菌共生树种有多种松属植物，不同区域的松树种类不一，在浙南山区褐环乳牛肝菌的共生树种主要有马尾松和黄山松。试验表明，湿地松也是褐环乳牛肝菌良好的共生树种，尤其是湿地松根系发达，生长速度快，其效果显著优于马尾松和黄山松。

2. 无菌苗培养基质　无菌苗的基质不仅要为无菌苗提供营养，还要考虑保水、透气的功能，为接种菌剂后的菌丝体侵染和生长提供适宜的条件，而且无菌苗的基质也是菌根苗的培养基质，因此既要考虑营养成分，还有考虑保水性、透气性等因素。适宜湿地松和马尾松无菌苗生长的主要基质有泥炭、蛭石、珍珠岩、土、沙。配方以泥炭、蛭石、珍珠岩和土按1∶1∶1∶1混合最佳，也可以采用泥炭、珍珠岩、土和沙按1∶1∶1∶1混合的配方。

基质消毒是为确保基质没有其他竞争性共生菌和苗木猝倒病病原菌。基质消毒宜采用高温消毒方法，配制好的基质装入塑料筐或编织袋中，放入高压灭菌锅或常压灭菌中进行湿热杀菌，灭菌时间为食用菌培养料灭菌时间的一半。

3. 育苗容器的选择　育苗容器不仅影响基质的保水性和通气性，而且影响基质的保温性，对育苗有重要影响。试验表明，南方培育无菌苗以泡沫箱作为育苗容器效果较好，泡沫箱保温、保水、保肥性均较好，根系与外界相对隔离，可以防止杂菌侵入基质，同时泡沫箱属于大容器，一个泡沫箱可容纳上百株苗木生长，根系相互接触机会较大，利于根

系之间共生菌的相互感染。

4. 播种

（1）时间　从播种到长出侧根达到接种要求至少需2个月，而接种的最佳时间为2月和10月，因此无菌苗的播种时间应安排在8月和10～12月。

（2）播种　用清水冲洗湿地松种子，去除上浮的空壳和不饱满的种子，之后用40℃温水浸泡12～14h，捞出控干的种子放到0.1%升汞溶液中浸泡1～2min或0.5%高锰酸钾溶液浸泡1h，清水冲净后与湿沙拌匀，18～25℃温度下催芽，部分种子露白时即可进行播种。

播种可以采用在泡沫箱中撒播或条播的形式，先取出3cm厚的培养料，均匀撒上种子，盖回取出的培养料，再在上面撒一层薄沙。

（六）菌根苗的培育

1. 接种时间选择　接种的时间要考虑苗木根系与季节两个因素。一年生湿地松实生无菌苗，侧根生长6～10根，苗高控制在6～10cm。接种后要有一段菌丝体与无菌苗的根系均处于生长状态的时间，以提高菌丝体侵入苗木的感染率，增加菌根合成率，接种时间一般为3月和10月。

2. 无菌苗接种　液体菌剂分为蘸根和注射两种接种方式，固体菌剂分为泥浆蘸根和打孔填充两种接种方式。

（1）液体菌剂蘸根接种法　配制好的菌剂倒入清洁容器中，接种时将无菌苗从基质中挖出，除去根系上的基质，放到菌剂中翻动，根系过长或数量多时，可以先剪去部分根系，根系蘸菌剂后的苗移栽到泡沫箱中。蘸根接种法能使苗木根系与菌剂有较充分的接触，接种效果较好，但工作量较大。

（2）液体菌剂注射接种法　当无菌苗达到接种要求，用打孔器在无菌苗生长基质上按梅花形打孔，孔深6～10cm，直径2～3cm，深达无菌苗的根系部位，将配制好的菌剂用漏斗灌入孔内，填平接种孔。该方法简单，易于操作，虽然菌剂与根系接触机会不如蘸根方式多，但如使用泡沫箱育苗，苗木根系相互“纠缠”，一部分苗木感染就会“传染”给其他苗木，有较好的接种效果，适宜菌根苗的规模化生产。

3. 菌根苗培育管理　接种后的松树苗放到具避雨、通风等条件的设施棚内，配备清洁水源喷滴灌系统，采用喷滴相结合的方式保持基质的水分。

接种后的无菌苗经过一段时间培养，褐环乳牛肝菌的菌丝就会侵染到苗木根系形成菌根。菌根苗的培育涉及温度、湿度、水分、光照控制及病虫害防治。根据试验，在3月或10月接种的苗木，温度适合褐环乳牛肝菌的菌丝体侵染松树根系，只需要基质含水量保持在30%～40%即可，该季节气温不高，基质水分蒸发量较少，视基质表面干湿情况，适量给予喷水即可。

进入夏季高温阶段，虽然马尾松和湿地松是阳性树种，但处于接种褐环乳牛肝菌菌丝的幼苗需防高温和强光照，盛夏季节采用加盖遮阳网，降低光照，基质中的温度保持在比较适宜的范围，在晴天将薄膜卷到棚顶，呈全通气状态，雨天放回至屋顶；由于不接受雨水，高温和强光照会增加基质的水分蒸发，仅表面喷水不容易补充基质下部的水分，容易引发猝倒病，采用滴灌的办法直接补充基质水分，确保菌根苗生长所需要的水分。

4. 菌根苗检测　菌根苗检测是就是检测培育的苗是否成功形成菌根，是菌根苗培育必不可少的重要环节，有形态观察判别法和分子鉴别法。

菌根形态观察判别法是通过对菌根的形态、色泽等观察，判断是否为接种的目的菌根。初期菌根颜色与共生菌菌丝颜色一致，褐环乳牛肝菌与湿地松根系形成的菌根，初期颜色为白色，棒状和二叉状，后期菌根变为褐色、棕色。菌根形态检测法简单、快捷、实用，适用于经验丰富的专业人士对菌根生长初期的判别，对于褐色、棕色阶段的准确判断难度较大。

分子技术检测法是应用分子生物学方法，将待检测的菌根 DNA 序列与原接种的褐环乳牛肝菌菌株的序列进行比对来判定菌根是否为原接种的褐环乳牛肝菌的方法，分子技术检测法鉴定菌根的可靠性高。

四、褐环乳牛肝菌栽培技术

褐环乳牛肝菌栽培就是选择适宜的林地进行造林，种植培育的菌根苗，经过 1～2 年的培养，在林地上长出褐环乳牛肝菌子实体（应国华等，2012）。

（一）菌根苗选择

选择经过检验确定为感染褐环乳牛肝菌的菌根苗，菌根表面有许多白色菌丝缠绕、根系发达粗壮、生长良好的菌根苗为适宜种植的种苗。

（二）造林地选择

山地、旱地和苗圃地均可，但要尽量避免原来临近松林地。松林地内有许多与褐环乳牛肝菌竞争的其他外生菌根菌，造林后部分褐环乳牛肝菌因竞争力不够而退出，导致褐环乳牛肝菌产量低，严重的甚至失败。种植地应选择在坡度比较平缓、靠近水源、土质疏松、有一定的土层厚度的地区。

（三）菌根林营造

1. 造林季节　造林季节选择在 2 月下旬至 3 月初。

2. 苗木运输　菌根苗应保留育苗容器运到造林地，运输过程中避免菌根苗根系失水及机械损伤，菌根苗运到造林地后，边分株，边栽种，保持菌根的完好，提高造林成活率。

3. 造林　造林采用 3～5 株团状造林法，造林密度 1.2m×1.2m，出菇效果较好。按造林常规方法，注意根系要展开，回土要压实，有条件可以浇定植水，刚种植的苗木进行适当遮阴，防止苗木水分过度蒸发，影响菌根苗成活和生长。

4. 造林后管理　种植后防连续干旱天气，保持菌根苗生长良好，春季林地有草不需要清理，以减少地表水分蒸发，有利于疏松土壤，帮助菌根苗顺利度过夏季；秋季，可割去生长茂盛的茅草、狼衣等，但不能挖，防止损伤根系而影响菌塘形成。

5. 催菇　种植两年后发育良好的菌根林，具备产生褐环乳牛肝菌子实体的条件，为了多产子实体，可以采取适当的催菇措施，11 月对林地进行灌水，灌水 1d 放掉，增湿是促进大量菇蕾形成增加产量的有效措施。

6. 采收与烘干　褐环乳牛肝菌从现蕾到成熟采摘一般 7～10d，鲜食的采收标准是子实体将开伞，此时味鲜，质感滑爽，口感好；烘干加工时，子实体开伞至平展时采收，50～60℃条件下烘干。

（应国华）

第三节　菌根食用菌保育促繁

一、保育促繁的相关概念

（一）背景

影响野生食用菌生长发育的因子包括：①气候或空气因子：光照、温度、水（基质含水量、空气湿度）、降水、空气（O_2、CO_2、风）；②地形：海拔、山脉或山谷的方向、坡度；③土壤：物理化学性质；④生物因子：动物、植物、微生物等；⑤限制因子：依赖性和非依赖性的群体密度。人们对影响因子的了解和认知还是比较有限的，只有通过持续的研究和观察才能掌握这些因素。从大的地理学概念来说，同属不同种分布区域差别较大，如黄色类群羊肚菌分布区域较广但居群数量较小，而黑色分布区域小但居群大，同一物种同一区域不同年份也会有产量和小区域的变化。

野生食用菌子实体形成的前提条件是足够的营养物质和适宜的环境条件。营养来源包括木本植物（死亡的倒木和立木、活立木、枯枝、落叶等）、枯死的草本植物和矿物质，环境条件包括适宜的温度（10～20cm 深度土壤温度、地表温度、空气的平均温度、积温和极端温度）、湿度（空气湿度、基质水分）和光照（强度、时间）等。研究表明，生态环境是影响野生菌产量质量的最主要因素，包括地形因素（海拔、坡度、坡向、土壤类型等）、气候条件（温度、湿度、降水量、光照等）、植被条件（树种、林分密度、树龄）。土壤温度、湿度影响真菌和细菌对碳的代谢，从而影响大型真菌从无性生殖（菌丝生长）到有性生殖（出菇）；高温、干旱导致部分寄主死亡；地下氮源变化引起真菌群落变化；而干旱或多雨则会引起土表层（10～20cm）菌根食用菌菌丝体的生物量突增或突减。总之，真菌的代谢与生长对微小的温度和湿度变化反应均较敏感，其生态功能与宽泛的生态系统功能强烈依赖气候条件，气候对其最直接的影响是，同一区域，温度、降水量变化导致栖息环境变化或寄主转移，野生食用菌品质变化、分布区域变化、子实体产量变化、出菇时间变化（夏菇春出、夏菇秋出、秋菇初冬出）和出菇持续期变化（Büntgen et al.，2013；Kauserud et al.，2012；Kauserud et al.，2008；Salerni et al.，2014）。

（二）保育促繁相关概念

保育：在野生食用菌出菇期间，将产地管护起来并对幼菇进行适当管护，实现适时采收提高产量和质量的措施。

促繁：通过人工的手段，增加野生食用菌出菌点（菌塘），达到增加产量提高质量目的的方法，包括成熟林人工接种和生态干预两种。促繁明显不同于传统意义上的腐生菌仿生栽培或林下栽培，也与保育有本质区别，即增加菌塘数。

成熟林人工接种促繁：在野生食用菌适宜发生的林地，人工将菌种（纯培养的固体、液体菌种，孢子液，子实体匀浆液）接种到寄主植物根部，通过管护形成新菌塘的方法。

生态干预促繁：通过人为的手段改变野生食用菌的生境，以达到影响其生长发育的方法。干预的手段包括人为改变野生菌生长发育过程中的光照、温度、湿度、营养来源等任何措施；生态干预具有长期和短期、正向和负向、广义与狭义、强与弱、一次与多次、单因素与多因素、简单与复杂等特点。

虽然干预对野生菌生长发育影响的机理还不是很清楚，但围绕生态环境变化对野生食用菌生长发育影响的研究已取得一些进展：①温度、降水量的变化，导致栖息地的环境变化或寄主转移，其品质、分布区域、子实体产量、出菇时间、出菇持续期发生变化，夏菇春出、夏菇秋出、秋菇初冬出。②土壤温度湿度影响真菌和细菌对碳的代谢，从而影响大型真菌从无性生殖（菌丝生长）转为有性生殖（出菇）；高温、干旱导致部分寄主死亡，地下氮源变化引起真菌群落变化；干旱或多雨会引起土表层（10～20cm）菌根食用菌菌丝体的生物量突增或突减；真菌的代谢与生长对温度和湿度的微小变化反应比较敏感；真菌的生态功能与宽泛的生态系统功能强烈依赖气候系统。③采收野生食用菌是广大林区农民的重要收入来源，合理的商业化采集不会破坏真菌资源，高强度的地面踩踏虽然对子实体数量和真菌物种多样性有一定的影响，但国外研究表明适度的人畜践踏不会破坏土壤中的菌丝体。④生态干预对野生食用菌的发生和产量影响明显。

二、干巴菌保育促繁

干巴菌是云南著名的野生食用菌之一，同时是市场平均价格最高的野生食用菌。干巴菌含有多种生物活性较高的化合物，以特殊的香味出名，深受云南人民喜爱。

（一）干巴菌分类地位及生态特性

干巴菌（*Thelephora ganbajun* M. Zang）属于担子菌门（Basidiomycota），伞菌纲（Agaricomycetes），革菌目（Thelephorales），革菌科（Thelephoraceae），革菌属（*Thelephora*）。干巴菌主要发生于雨季（6～10月）的滇中地区，近年在四川、湖北、湖南、陕西等地也有报道分布。

干巴菌是典型的菌根食用菌，主要寄主是云南松、华山松、油杉等，主要分布针叶林或针叶林为主的针阔混交林中，次生植被种类没有特殊性，不同区域差异较大，土壤以红壤（包括泥红土、沙红泥、红松泥、沙黏红泥等）为主。由于干巴菌整个子实体像莲花一样，没有明显的柄，在生长发育过程中有可能将枯枝落叶和泥沙包裹在里面，这些都对其菌种分离和生态特性研究带来较大困难。但研究者对干巴菌生态特性的研究仍在进行中，试图通过此研究实现干巴菌“栽培”的突破。

较多的研究认为商品干巴菌可能是包括了多个物种的复合类群（周汐等，2018；王鹏飞，2015），在干巴菌菌种分离（王康康等，2016）、菌根特性（魏杰等，2017）和菌根合成（张光飞等，2017；杨智慧，2017）等方面也进行了研究，特别是干巴菌子实体和根际微生物研究也取得一些进展（王冉等，2018）。

获得干巴菌的纯培养物是进行人工栽培或菌根苗合成研究的基础，除个别报道已获得纯培养物外，深入的研究较少。只有成熟的干巴菌子实体才能看到子实层，在其发育过程中原基期较长，且原基发育过程中常有泥土和腐殖质包裹在里面，包裹的土壤和腐殖质携带的真菌会存在于原基和子实体中，普通表面消毒杀菌后也会影响干巴菌菌种的分离，加之干巴菌的担孢子空壳率较高，目前还没有干巴菌担孢子萌发成功的报道，而用原基进行组织分离多数情况下得到的也是杂菌。杨大智等（1997）较早就报道了干巴菌子实体内生真菌有毛霉（*Mucor* sp.）、赤霉（*Gibberella* sp.）、交链孢霉（*Alternaria* sp.）、拟盘多毛孢霉（*Pestalotiopsis* sp.）、肠茸毛菌（*Enterobryus* sp.）、双足囊菌（*Dipodascus* sp.）

共6属6种真菌。

近年在干巴菌的促繁过程中发现，众多的真菌对干巴菌的生长发育以及其香味物质的形成有重要的作用。干巴菌原基和子实体内真菌多样性的研究，样品扩增的ITS片段回收后进行克隆，随机选择200克隆进行测序，结果表明（表42-3），干巴菌原基和子实体组织中平均95%以上的克隆仍为干巴菌，即干巴菌组织中伴生或内生真菌数量和种类是很有限的，且担子菌的量高于子囊菌。对30份样品进行了组织分离，每个样品分别在4种不同的培养基上分离20个接种块，若一接种块上长有多种菌，分别纯化，分离纯化的菌株进行ITS测序鉴定，结果表明（表42-4）无论是原基还是子实体，干巴菌内可培养的真菌种类并不多，多数分离组织（大于50%）看不到有真菌萌发，共计分离得到17个种896株菌株，分布频率最高的为*Pestalotiopsis grevilleae*、*P. trachicarpicola*、*Cytospora pruinosa* 和*Clonostachys rosea*，4种菌菌株的比例为92.6%，其中*Pestalotiopsis*与前期报道的研究结果吻合；70%以上的分离组织有细菌生长［主要是芽孢杆菌属（*Bacillus*）3个以上种］。分离培养与直接ITS测序的结果表明，尽管干巴菌原基和子实体中真菌种类不多，但多数是易培养的，样品采集后都进行了及时处理（测序的进行硅胶干燥，菌种分离就地进行），避免了采后杂菌快速繁殖影响结果，干巴菌的香味成分在采后一段时间变得更浓，采后内部真菌的快速生长也许是香气成分形成的重要原因，这些真菌的作用值得研究。

表42-3　干巴菌原基和子实体中真菌多样性

样品	产地	克隆数				
		干巴菌	干巴菌外担子菌		子囊菌	
			种类	数量	种类	数量
P-1	宜良	192	5	6	2	2
P-2	宜良	190	5	7	3	3
P-3	石屏	193	4	5	1	2
P-4	石屏	185	7	11	3	4
P-5	石屏	191	8	9	0	0
P-6	石屏	190	3	8	1	2
F-1	宜良	189	7	10	1	1
F-2	宜良	192	6	7	1	1
F-3	石屏	195	2	4	1	1
F-4	石屏	190	1	2	3	8
F-5	石屏	188	3	7	4	5
F-6	石屏	187	6	10	2	3
		2 282 (95.08%)		86 (3.58%)		32 (1.34%)

注：编号P表示原基，F表示子实体。

表 42-4 干巴菌原基和子实体内真菌分离情况

样品编号	接种块数	长真菌接种块数量				分离情况	
		①	②	③	④	菌株数	真菌种数
P-01	80	7	11	9	12	42	8
P-02	80	5	5	7	8	30	7
P-03	80	4	3	5	7	25	5
P-04	80	2	3	4	5	14	6
P-05	80	8	9	13	18	62	8
P-06	80	0	1	3	3	7	3
P-07	80	1	2	5	5	15	5
P-08	80	2	2	3	4	13	4
P-09	80	2	3	4	3	12	5
P-10	80	7	8	9	12	34	11
P-11	80	1	0	2	3	6	2
P-12	80	3	3	6	5	22	6
P-13	80	7	7	4	5	28	5
P-14	80	6	4	6	7	30	6
P-15	80	11	10	13	12	52	3
F-01	80	8	8	9	10	45	8
F-02	80	7	8	8	8	37	9
F-03	80	12	12	17	19	83	7
F-04	80	2	3	5	5	15	3
F-05	80	3	5	6	5	22	3
F-06	80	9	10	8	8	38	5
F-07	80	12	12	16	10	62	9
F-08	80	8	12	8	8	41	7
F-09	80	3	6	12	11	37	5
F-10	80	0	1	2	2	6	1
F-11	80	1	4	3	2	12	3
F-12	80	7	9	6	6	35	5
F-13	80	12	13	11	17	58	8
F-14	80	0	0	0	0	0	0
F-15	80	1	3	3	4	13	1

注：编号 P 表示原基，F 表示子实体。

(二) 干巴菌保育促繁

干巴菌是我国最早进行森林管护保育的野生食用种类，早在 20 世纪 80 年代，云南省宜良县狗街镇即采取承包山林管护采收干巴菌，措施就是管护起来到干巴菌有较好的商品价值时采收。云南省农业科学院科技人员在野外调查中发现，在新修的路基、新挖的沟边、树根泡出后的塘里，经常有较多的干巴菌发生，表明微生态干预对干巴菌产量和质量

有明显的影响。赵永昌等（2005）通过研究建立了干巴菌的菌塘促繁技术，近年在干巴菌的保育促繁方面取得了一些进展，包括调整郁闭度和腐殖质及挖塘、挖沟和人工接种等（屈春霞等，2005；何俊等，2009；范宝福等，2012），基于“掘塘”的生态干预技术在得到了较大的应用和发展后，“掘塘”逐渐变为“挖沟”。“挖沟”存在两个明显不足，一是对生态的影响较大，二是挖沟的不确定性可能破坏原有的干巴菌菌塘。基于生态效益和经济效益之间的平衡，下列干巴菌的生态干预促繁技术是可行的。

1. 发掘原始菌塘　经多年的调查发现，干巴菌采收不同于其他野生食用菌，其产量降低的主要原因不是生态破坏或过度采集，而是次生植被过盛，即多数情况下干巴菌的菌丝体大量存在于土壤中，只因不具备出菇的适宜条件而不出菇。基于生态干扰的干巴菌促繁技术，第一步便是找到地下干巴菌菌丝的存在点。

①选择以前有干巴菌发生的林地，面积在 1hm² 以上。

②在每年 5 月或 10 月割去地表杂草，修剪过密的灌木，修剪干巴菌寄主植物云南松、思茅松、华山松、滇油杉等幼苗的部分侧枝；割下的杂草及修剪的枝条可用作堆制有机肥或生活燃料，不可放置于山上，以防止火灾。

③雨季来临后注意观察干巴菌出菌情况，同时对出菌点进行标记。这些出菌点即为干巴菌原生菌塘。

2. 进行生态干预　在确定菌塘位置后，在 5 月或 10 月，根据菌塘周边是否有寄主植物以及菌塘是否具有适当坡度进行掘塘或掘沟处理（图 42－3）。沟宽 0.10～0.30m、深 0.15～0.50m，长度根据实际情况而定。

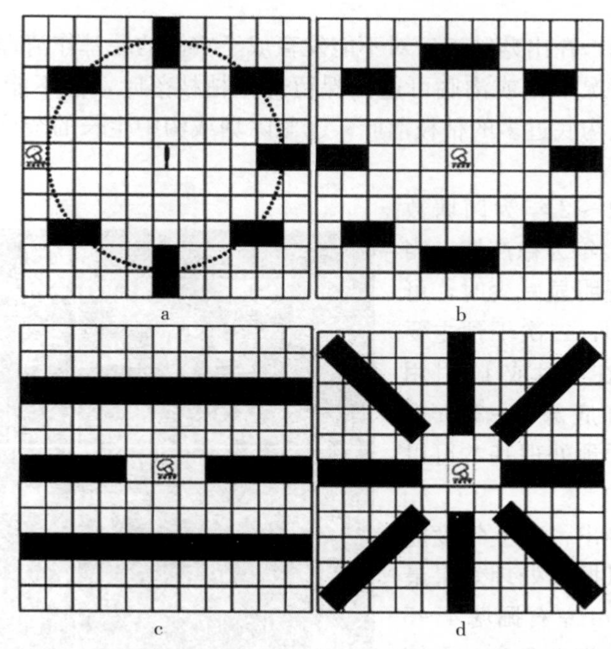

图 42－3　挖掘处理方法（图中▌表示寄主植物位置，表示菌塘位置，■表示挖掘的位置）

a. 有明显寄主植物的处理方法　b、c. 坡度为 10°～30°的坡地处理方法（处理的长度方向与坡向垂直）

d. 坡度小于 10°的处理方法

注意事项：①坡度大于30°的林地不适宜进行干预处理；②图42-1中是方式方向示意图，挖掘时塘和沟大小深度应根据植被情况进行避让处理；③挖掘过程中见到根系尽量避开，挖掘深度在0.15～0.50m范围内以见到大量植物根为限；④挖掘出的土就地夯实；⑤在进行地表处理时如发现原生菌塘数较多，特别是相邻菌塘较多时，应减少掘塘或挖沟处理；⑥掘塘或沟的面积以不超过地表面积的5%为宜。

3. 干预后管理 干预完成后，用树枝或遮阴网遮盖塘或沟，以减少水分损失，同时减少人畜活动，避免塘或沟被掘出的泥土回填。

4. 出菇管理

①雨季到来时，尽量避免塘或沟底积水；②注意观察，原基一旦出现，清除原基周围的枯枝落叶，禁止用手触碰原基；③原基上方可用适量树枝或遮阳网遮盖但保留散射光，不得有水滴直接滴在原基上；④在自然出菇季节，湿度能保证干巴菌的正常生长发育，禁止浇水施肥，施肥不会增加产量只会导致干巴菌死亡和一定时间内的菌塘消失。

5. 采收

①原基分化成片状子实体且子实层开始变褐色说明干巴菌已成熟，可以采收。采收时用锋利刀片或竹片在土表0.5cm左右处切割收获子实体，采收后尽量去除子实体基部的泥土，同时压实采菇处的泥土。遇到病害的干巴菌子实体应单独用工具采收或采收后对工具进行消毒处理。②正常情况下，一个菌塘一年可采收2～3次干巴菌。③禁止采用直接拔起或齐土表切割的方式采收干巴菌。直接拔起会影响干巴菌的根系，使当年再难以发育出子实体；齐地表切割收获，干巴菌发育成原基的速度减慢，且可能导致干巴菌病害。

6. 出菇后管理

①处理过的塘沟，在出菇结束后对不能发育成子实体的原基作清理处理，并将处理处覆土夯实；②一般情况下塘或沟底可适当保留部分枯枝落叶，但不能全遮盖。春季来临时，应及时清除塘或沟底过多的枯枝落叶；③割除塘或沟中生长的杂草。

7. 再次干预

一次干预后的1～2年为菌塘数和产量增长期，3～4年为稳产期。当菌塘数量和产量出现明显减少时，可以考虑进行二次干预，二次干预主要采用“切除法”，即在5月或10月用锄头切去塘或沟边和底部2～3cm表层土，如此反复的干预处理基本可以保持稳产（图42-4）。

图42-4 不同处理新产生的干巴菌菌塘

a、c. 挖沟 b. 掘塘 d. 地表处理

通过综合比较得出：①上年度能确定菌塘位置的，以掘塘处理效果最好，即在菌塘周围1m左右掘塘4～5个，平均菌塘增加数为3.3个，而挖沟菌塘增加数虽然也比较明显，但成本较高，并会对植被造成一定的影

响；②若只知道某片林地之前干巴菌产量较高，但近几年产量越来越低，优先采用的办法是去除地表杂草和部分次生植被，即在上年度9～10月割去地表杂草，并对部分次生植物进行疏除处理，此处理每667m^2的干巴菌菌塘数可达20～30个，产量在2～3kg。

三、松茸保育

（一）松茸分类及生态

松茸［*Tricholoma matsutake*（S. Ito & S. Imai）Singer］又名松口蘑，隶属担子菌门（Basidiomycota），伞菌纲（Agaricomycetes），伞菌目（Agaricales），口蘑科（Tricholomataceae），口蘑属（*Tricholoma*）。松茸是一种珍贵的野生食用菌，被称为“蘑菇之王”。其菇体肥大，肉质细嫩，是一种美味可口且具有一定药用价值的名贵食用菌。松茸至今尚不能人工栽培，全靠天然资源供应市场。

国内松茸主要分布于西南（云南、四川、西藏）和东北（吉林、黑龙江），云南松茸分布在海拔1 600～3 500m范围内的针阔混交林、阔叶林、针叶林中，过成熟林明显少于幼龄林。

松茸丰产林，树龄为一般为10～30年，郁闭度50%～70%，林下次生植被稀少，地貌为半阳坡面的上部或山脊，土壤为沙岩山发育的山地棕壤，地表裸露，无枯枝落叶层覆盖。土层瘠薄疏松、干燥、通透性好。土壤pH 4.5～5.0。

松茸是典型的菌根真菌，在松茸子实体附近的土壤内采菌根根样，在显微镜下观察表明，松茸外生菌根有哈蒂氏网结构，菌套不明显，菌根呈多种形态，与云南松形成的菌根呈二叉状、棒状，与壳斗科植物形成的菌根呈羽状、棒状，菌根颜色为黑褐色，最年轻的菌根为浅黄褐色（牛皮纸的颜色）。

在西南地区松茸发生于6～10月，滇中及四川凉山一带有两个出菇高峰，而大香格里拉地区（迪庆州、阿坝州、甘孜州及西藏）只有一个高峰，黑龙江、吉林也只有1个月左右的出菇期，松茸对温度的敏感性是较高的，土壤（10cm处）12～17℃，空气温度18～26℃，空气相对湿度60%～85%，生长发育良好。

野外调查结果表明，松茸菌丝体即使在冬季也不休眠。在菌丝体营养生长期间，干旱比低温更制约着菌丝体的生长，特别是5～6月雨季之前降水量的多寡对出菇产量起决定性的影响。楚雄地区进入3月气温可回升到15℃以上，此时松茸菌丝体的营养生长进入旺盛期。6月进入雨季，水热条件较好的林分开始产菇，8、9月为产菇高峰期，之后可一直延续到11月。产菇期6～9月年均降水量为630mm左右，前3个月月均降水量在150mm以上，平均气温为20.5℃，空气相对湿度为85%左右。可见，在松茸子实体发生期，温热高湿的气候条件是楚雄地区松茸丰产的主要原因。

（二）生态保育促繁技术

1. 留种　松茸主要通过担孢子和土壤中的菌丝体两种途径来扩散繁殖，为有效增加松茸的扩散速度和范围，孢子是最有效的方法。从商品的角度，无论大小都是未开伞的子实体经济价值高，在生物学商品松茸多数属于幼茸，其繁殖下一代的担孢子还没有成熟。没有担孢子补充一方面降低了物种的多样性，另一方面也降低了松茸的扩散速度，长期下去原有的菌塘会逐渐萎缩，而新的菌塘较难形成，因此，每个菌塘每年至少留1个或30～

$50m^2$ 必须留一个子实体让其成熟开伞，开伞前可将地表枯枝落叶刮开，使担孢子有机会直接落入土中，结束后再将枯枝落叶重新覆盖，如果将林地土壤适当进行疏松，让树木营养根系与孢子直接接触效果会更好。也可将商品价值低的松茸子实体加水匀浆后喷淋寄主植物的营养根上，并用土壤填埋。

2. 调整腐殖质厚度 松茸的品质与腐殖质的厚度有密切的关系。腐殖质一方面能为树木、松茸的菌丝体提供营养，另一方面能使林地保持一定的相对湿度，为松茸的生长发育创造一个较好的环境。腐殖质薄，子实体个体小，产量低，蛆虫比例增加，菌塘也会逐渐消失；腐殖质厚度超过 10cm，松茸长得肥大，太厚的腐殖质影响地温，出茸数会减少，松茸还有可能长不出就烂在腐殖质里，同时相对湿度太大容易发生蛞蝓危害。一般保持腐殖质厚度在 3～5cm 较为适宜，发现出菇点时可适当调整周围的腐殖层厚度。

3. 调整郁闭度 中下层植被影响林中的光照、温度、湿度等，对松茸的生长发育有较大的影响。森林太茂密，植被状况太差，都不利于松茸的生长发育。郁闭度在 30%左右，光照太强，松茸生长快，个体小易开伞；当郁闭度为 30%左右，就要适当遮阴；郁闭度到 90%以上，光照太弱，松茸颜色好，经济价值较高，但松茸个体数量少，且受到蛞蝓的侵害；当郁闭度超过 80%，就要对林地的枝叶进行适当的修剪，增加通风透光，但不能大量砍树；当郁闭度接近 100%，几乎无散射光，即使地下菌丝很发达也不会出菇。总之，郁闭度过大时进行适当的修枝打叶，保持林地的郁闭度在 70%左右，有利于松茸的生长发育。

4. 调控温湿度 长期无雨空气湿度较低时，刚长出的小松茸就会萎缩或开裂，具备条件时可对松茸菌塘实施温湿度调控技术，一方面可以增加产量提高质量，另一方面可以做到早出菇。对一些具备管护条件、松茸产量高且灌溉条件较好的地区（特别是滇中地区），在松茸出菇区安装雾喷设施，在 4～5 月当气温在 20℃左右进行雾喷，保持空气和土壤湿度，松茸的上市时间可提前 15～20d；夏季出菇期间，遇到连续无雨，可以对菌塘适当淋水，保持土壤（地下 5～10cm）湿度在 30%左右，但水分也不宜过多，温度过高或中午禁止给水。用透明地膜对菌塘进行适当的覆盖，可以提高地表温度，促进松茸子实体的生长发育，从而提高产量，但气温较高的地方不宜采取此措施，温度过高松茸子实体生长过快会导致结构过于疏松，从而影响松茸的品质。具体做法是：发现刚出土的幼小松茸（俗称子弹头）后，在其上方用做好的竹片两端插入土中，竹片上覆盖 0.08mm 厚的塑料薄膜，薄膜四周用枯落物压住，做成一个小拱棚，拱棚高 30cm；拱棚的大小视松茸的多少而定，松茸多做大一些，松茸少则做小一些，一般 1～2 个松茸就可做一个小拱棚，若拱棚被阳光直射易增加温度，可在其上覆盖 1～2cm 土或用树枝遮阴。

5. 保护松茸菌塘 松茸菌塘是一种由菌丝、菌索、根系、土壤颗粒、腐殖质等相互交错绞结在一起形成的疏松、透气的团状结构。它是植物根系形成菌根的主要场所，也是菌丝体细胞核进行核配和分化的主要场所，同时也是菌根菌子实体原基及子实体形成的场所。因此保护菌塘是确保松茸持续产出的关键环节。松茸菌塘一旦遭到破坏，几年乃至十几年都难以恢复，不仅造成资源减产，而且可能导致该物种区域性灭绝。保护松茸的菌塘有 3 个方面：一是禁止烧山，烧山的高温会导致菌塘菌丝体死亡和部分寄主死亡，从而菌塘消失；二是过度干扰，过度翻找、踩踏、放牧、开荒，会破坏菌塘上的菌丝体，导致减

产，甚至菌塘消失；三是绝对禁止对松茸菌塘进行施肥，松茸菌生长的营养主要来自树木根系，无需另加营养，任何形式或种类的施肥措施，不仅不能达到松茸增产的目的，还会导致菌塘的死亡。

三、可食乳菇人工接种促繁

（一）分类地位及生物学特性

属于担子菌门（Basidiomycota）、伞菌纲（Agaricomycetes）、红菇目（Russulales）、红菇科（Russulaceae）、乳菇属（*Lactarius*），是主要的野生食用菌，均属于菌根类真菌，乳菇属分布较广，可食的主要贸易种类是松乳菇［*Lactarius deliciosus*（L.）Gray］、红汁乳菇（*L. hatsudake* Nobuj. Tanaka）、多汁乳菇［*L. volemus*（Fr.）Fr.］。

由于其营养生理特殊，乳菇属是为数不多的易培养的菌根食用菌，松乳菇、红汁乳菇、多汁乳菇均很容易得到纯培养物，在 PDA 或 YPD（0.2%酵母粉、0.2%蛋白胨、2%葡萄糖、1.2%～1.5%琼脂）22～25℃可生长。

（二）人工接种促繁

1. 菌种培养

（1）固体菌种　试管种：菌种接种于 PDA 或 YPD 上，22～25℃培养 10～15d。原种：将试管种接于培养基［60%小麦，40%锯末（阔叶锯末和松锯末 1∶1 混合发酵 30d）］上 22～25℃培养，原种可用瓶或袋。

接种用菌种：将原种按 5%的比例接种于含木屑培养基［80%木屑（阔叶木屑和松木屑 1∶1 混合发酵 30d）、20%麦麸］的培养袋上 22～25℃培养，长满袋 10d 后可用。

（2）液体菌种　试管种：同固体种。液体原种：将试管种接于液体培养基（3%全麦粉，3%玉米粉，用 10%锯末煮汁配制）上 22～25℃培养。接种用液体菌种：将液体原种按 5%的比例接种于液体培养基（3%全麦粉，2%玉米粉，用 10%锯末煮汁配制）上 22～25℃培养，培养 10～12d 可用。

2. 接种

（1）场地选择　选择有野生资源分布且主要寄主树龄在 6～12 年的森林，接种林地坡度较缓。

（2）接种时间　接种一般选择在雨季（6～9 月）进行，由于各地气候（主要是温度）差异较大，具体接种时间的地温和气温在 18～25℃较适宜。

（3）接种　环沟接种法：选择好寄主植物，在距植物主干 60～120cm 处挖环形沟，沟宽 20cm，深 20cm，避免挖断主根，每棵树接种固体菌种 1kg 或液体菌种 500mL（约 100g 湿菌丝体），接种后原土覆盖，留 2～3cm 浅沟。

点接种法：在距 60～120cm 处打直径 5cm 左右圆孔，孔深 20cm，每孔接种固体菌种 50g，液体菌种 50mL，接种后用周边土回填覆盖，每棵树接种 5～10 个。

3. 管护和出菇　接种后一般不需要专门的管护，主要做好防虫即可，正常情况下，接种后次年即可出菇，正常的出菇期为 5～8 年。

（赵永昌）

主要参考文献

弓明钦，仲崇禄，陈羽，等，2007. 菌根型食用菌及其半人工栽培［M］. 广州：广东科技出版社.

卯晓岚，2009. 中国的大型真菌［M］. 北京：科学出版社.

屈春霞，何俊，杨晏平，等，2010. 昌宁县野生干巴菌人工增产技术［J］. 林业调查规划，35（5）：53-56.

王康康，沙涛，杨智，等，2016. 两株不同地区干巴菌菌丝体培养基的优化［J］. 中国食用菌，35（3）：33-36.

王鹏飞. 2015. *Thelephora-Tomentella* 分子系统发育分析及干巴菌（*Thelephora ganbajun*）群体遗传学和线粒体异质性研究［D］. 昆明：云南大学.

王冉，于富强，2018. 云南干巴菌子实体内可培养微生物［J］. 微生物学通报，45（5）：1112-1119.

薛振文，应国华，吕明亮，等，2010. 褐环乳牛肝菌液体发酵研究［J］. 浙江食用菌（3）：25-27.

杨大智，朱启顺，杨正斌，等，1997. 干巴菌子实体内伴生真菌的研究［J］. 中国食用菌，16（2）：8-9.

应国华，吕明亮，陈益良，等，2005. 褐环乳牛肝菌生态学特性研究［J］. 林业科学研究（3）：267-273.

应国华，吕明亮，冯福娟，等，2006. 褐环乳牛肝菌菌塘复壮及增产技术研究［J］. 中国食用菌（4）：18-19.

应国华，吕明亮，李伶俐，等，2009. 褐环乳牛肝菌人工栽培技术研究［J］. 中国食用菌（5）：14-15.

应国华，薛振文，吕明亮，等，2012. 菌根食用菌栽培研究与实践［M］. 杭州：浙江科学技术出版社.

应国华，叶荣华，吕明亮，等，2007. 褐环乳牛肝菌菌丝营养特性研究［J］. 浙江食用菌（1）：22-23.

张光飞，余婷，杨小雨，等，2017. 基质对干巴菌侵染云南松幼苗形成菌根的影响［J］. 中国食用菌，36（6）：23-26.

赵永昌，柴红梅，李树红，等，2005. 掘塘技术对干巴菌菌塘数量和产量的影响［J］. 西南农业学报，18（6）：829-831.

周汐，冯云利，陈正启，等，2018. 云南主要贸易类干巴菌遗传多样性分析［J］. 中国食用菌，37（2）：56-61.

Büntgen U，Kauserud H，Egli S，2012. Linking climate variability to mushroom productivity and phenology［J］. Frontiers in ecology & the environment，10（1）：14-19.

Kauserud H，Heegaard E，Büntgen U，et al.，2012. Warming-induced shift in European mushroom fruiting phenology［J］. Proceedings of the national academy of science of the United States of America，109（36）：14488-14493.

Kauserud H，Stige L C，Vik J O，et al.，2008. Mushroom fruiting and climate change［J］. Proceedings of the national academy of science of the United States of America，105（10）：3811-3814.

Salerni E，Gardin L，2014. Linking Climate Variables with *Tuber borchii* Sporocarps Production［J］. Natural resources，5：408-418.

图书在版编目（CIP）数据

中国食用菌栽培学 / 张金霞，蔡为明，黄晨阳主编．—北京：中国农业出版社，2020.12（2021.6 重印）
“十三五”国家重点图书出版规划项目
ISBN 978-7-109-27241-5

Ⅰ.①中…　Ⅱ.①张…②蔡…③黄…　Ⅲ.①食用菌—蔬菜园艺　Ⅳ.①S646

中国版本图书馆 CIP 数据核字（2020）第 162114 号

中国农业出版社出版
地址：北京市朝阳区麦子店街 18 号楼
邮编：100125
责任编辑：黄　宇　李　蕊　杨金妹　吴丽婷
版式设计：王　晨　　责任校对：刘丽香
印刷：北京通州皇家印刷厂
版次：2020 年 12 月第 1 版
印次：2021 年 6 月北京第 2 次印刷
发行：新华书店北京发行所
开本：787mm×1092mm　1/16
印张：35.25
字数：820 千字
定价：360.00 元